Werkstoffkunde

Prof. Dipl.-Ing. Hans-Jürgen Bargel
Prof. Dr.-Ing. Peter Cardinal
Dr.-Ing. Hermann Hilbrans
Prof. Dr. phil. nat. Karl-Heinz Hübner
Prof. Dr.-Ing. Günter Schulze
Prof. Dipl.-Ing. Georg Wurzel †

Herausgegeben von

Prof. Dipl.-Ing. Hans-Jürgen Bargel
Prof. Dr.-Ing. Günter Schulze

Fünfte, neubearbeitete Auflage

VDI-Verlag GmbH

Verlag des Vereins Deutscher Ingenieure · Düsseldorf

CIP-Kurztitelaufnahme der Deutschen Bibliothek

Werkstoffkunde / Hans-Jürgen Bargel ...
Hrsg. von Hans-Jürgen Bargel; Günter Schulze.
5. Aufl. – Düsseldorf:
VDI-Verlag, 1988
ISBN 3-18-400 823-1

NE: Bargel, Hans-Jürgen (Hrsg.)

Printed in Germany

ISBN 3-18-400823-1

Herstellung: Oeding Druck und Verlag GmbH, Braunschweig

Hans-Jürgen Bargel/Günter Schulze (Hrsg.) · Werkstoffkunde

Vorwort zur fünften Auflage

Nicht nur die Weiterentwicklung der Werkstoffwissenschaften und Werkstoffanwendungen, sondern auch die nach wie vor sehr positive Bewertung des Buches durch die Leserschaft haben eine gründliche Neubearbeitung erforderlich gemacht. Für die zahlreichen und nützlichen Hinweise und Anregungen hierzu bedanken sich Autoren, Herausgeber und Verlag an dieser Stelle recht herzlich.

Neben der Anpassung an DIN-Normen (Stand Frühjahr 1987) und vielen kleinen Änderungen im Hinblick auf eine noch bessere Verständlichkeit des Werkes hatte die Neubearbeitung unter anderem folgende Schwerpunkte:

- In Kapitel 1 „Grundlagen der Metall- und Legierungskunde“ wurde das *Ausscheidungshärten* überarbeitet und erweitert.

- In Kapitel 2 „Einwirkung von Herstellung und Weiterverarbeitung auf die Eigenschaften von Metallen“ erfuhr das Fügeverfahren *Löten* notwendige werkstoffliche Ergänzungen.

- In Kapitel 3 „Werkstoffprüfung“ wurde den *Bruchvorgängen* in Metallen ein breiterer Raum gewidmet. Diese Thematik gewinnt zunehmend an Bedeutung für die Sicherheitsbeurteilung von Konstruktionen.

- Kapitel 4 „Eisenwerkstoffe“ wurde nach den folgenden zwei Schwerpunkten neubearbeitet: schweißgeeignete Feinkornstähle und hochlegierte Stähle. Die Anwendung der *Feinkornstähle* für höher beanspruchte Konstruktionen steigt ständig, so daß sie auch in einem Grundlagenbuch gebührend berücksichtigt werden müssen. *Hochlegierte Stähle* gelten allgemein als korrosionsbeständig, sind es aber nicht. Bei der Überarbeitung wurde deshalb ausführlicher auf das Korrosionsverhalten dieser Stähle eingegangen, um Schadensfällen vorzubeugen, wie sie in letzter Zeit Schlagzeilen machten.

- Kapitel 6 *„Anorganische nichtmetallische Werkstoffe“* wurde schließlich vollständig umgestaltet, wofür ein neuer Autor gewonnen werden konnte. Unter Vernachlässigung der Feuerfestwerkstoffe, als Randgebiet von Maschinenbau und Elektrotechnik, wurde vor allem der technischen Keramik und den Halbleiterwerkstoffen der gebührende Platz eingeräumt.

Autoren, Herausgeber und Verlag hoffen, mit dieser Neubearbeitung die gute Akzeptanz des Buches zu erhalten. Hinweise und Anregungen der Benutzer werden weiterhin gern dankend angenommen.

Berlin, im April 1988

Hans-Jürgen Bargel
Günter Schulze

Vorwort zur vierten Auflage

Die vorliegende vierte Auflage des Titels „Werkstoffkunde" wurde auf Grund einer anhaltend guten Nachfrage erforderlich. Der Inhalt ist gegenüber der dritten Auflage unverändert.

Berlin, Oktober 1987

Hans-Jürgen Bargel
Günter Schulze

Vorwort zur dritten Auflage

Die vorliegende dritte Auflage wurde notwendig, weil die alte Auflage auf Grund einer anhaltend guten Nachfrage vergriffen ist. Der Inhalt ist gegenüber der zweiten, berichtigten Auflage unverändert.
Die Herausgeber danken den Lesern, die in ihren Zuschriften Verbesserungen des Buches anregten. Gleichzeitig bitten wir um Verständnis dafür, daß sinnvolles und konsequentes Einarbeiten der Hinweise häufig den Rahmen kleiner Korrekturen sprengt. Weiterreichende Vorschläge werden wir berücksichtigen, wenn neuere Entwicklungen eine Anpassung des Stoffes an den Stand der Technik erfordern, was auch eine gründliche Überarbeitung des gesamten Buches zur Folge hätte. Deshalb sind wir für Zuschriften dieser Art offen und nehmen sie dankend entgegen.

Berlin, Juli 1983

Hans-Jürgen Bargel
Günter Schulze

Vorwort zur ersten und zweiten Auflage

Die Neuerscheinung *„Werkstoffkunde"* soll die bestehende Lücke zwischen stark praxisorientierten Lehrbüchern und den theorieorientierten Lehrbüchern der Werkstoffwissenschaft schließen. Das Buch richtet sich hauptsächlich an *Ingenieure und Studenten der Fachrichtungen Maschinenbau und Elektrotechnik.*

Stoffauswahl

Die Werkstoffkunde stellt eine Brücke her zwischen der Werkstoffwissenschaft und der praktischen Anwendung der Werkstoffe. Die wissenschaftlichen Erkenntnisse gelangen nur zögernd in die Praxis, weil die einschlägige Literatur oft nur dem Werkstoffachmann verständlich ist. Andererseits enthalten die für die Praktiker geschriebenen Lehrbücher häufig eine Vielzahl von Einzelerscheinungen, die scheinbar zusammenhanglos nebeneinanderstehen. Es wird deshalb leider oft behauptet, die Werkstoffkunde sei ein Fachgebiet, deren Fakten nur auswendig zu lernen seien.
Ziel dieses Buches ist es, die Erkenntnisse der Werkstoffwissenschaft in vereinfachter Form und deren Bezug zur Praxis darzustellen. Damit wird sowohl dem Studenten als auch dem in der Praxis tätigen Ingenieur die Möglichkeit gegeben, *das Verhalten von Werkstoffen zu verstehen.* Die Autoren waren bemüht, immer wieder zu zeigen, daß wenige grundlegende Tatsachen und Vorgänge im Werkstoff die Eigenschaften bestimmen. Natürlich ist ein derartiges Vorhaben nicht mit letzter Konsequenz durchführbar. Der begrenzte Umfang des Buches erzwingt Beschränkungen in der Darstellung wissenschaftlicher Erkenntnisse und in der Beschreibung singulärer Erscheinungen.

Zum Inhalt

Der Inhalt einzelner Kapitel unterscheidet sich in verschiedenen Punkten von vergleichbaren Werken. So wurde die *Korrosion von Metallen* in die Grundlagen der Metall- und Legierungskunde einbezogen, um der allgemeinen Bedeutung dieses Problems gerecht zu werden.
Von einer ausgedehnten Darstellung der Verfahren der Werkstoffherstellung wurde abgesehen. Die Autoren waren der Auffassung, daß Ingenieure des Maschinenbaus und der Elektrotechnik nur selten auf Herstellungsprozesse einwirken. Dagegen ist es für eine sinnvolle Auswahl von Werkstoffen unumgänglich zu wissen, *wie die Herstellverfahren die Werkstoffeigenschaften beeinflussen.*
In gleicher Art wurde auf das Beschreiben von Fertigungsverfahren völlig verzichtet und nur die grundsätzlich mögliche *Einwirkung der Weiterverarbeitung auf Werkstoffeigenschaften* erläutert. Damit erfolgte eine eindeutige Abgrenzung zum Fachgebiet Fertigungstechnik.

Demgegenüber wurde den *werkstofflichen Fragen auf dem Gebiet der Schweißtechnik* breiter Raum gewidmet, wodurch sich das Buch ebenfalls von vergleichbaren Werken abhebt. Die ständig zunehmende Bedeutung des Schweißens in der Fertigungstechnik erfordert von jedem Ingenieur grundlegende Kenntnisse über das Verhalten der Werkstoffe.
Wenn der Titel des Buches nicht Werkstoffkunde und Werkstoffprüfung lautet, so deshalb, weil das entsprechende Kapitel kein Lehrbuch für das Prüfen von Werkstoffen ersetzen soll. Die Definition von Werkstoffkennwerten, ihre technische Bedeutung und ihre Veränderung infolge abweichender Prüfbedingungen haben hier eindeutigen Vorrang vor dem Beschreiben von Verfahren, Geräten und Meßmethoden. Auf das *Bruchverhalten metallischer Werkstoffe* wird dagegen wegen der Bedeutung der Zähigkeitseigenschaften für die Sicherheit von Konstruktionen gesondert eingegangen.
Bei den Eisenwerkstoffen steht neben der *Wärmebehandlung* vor allem wieder die *Schweißeignung von Stählen* im Vordergrund. Soweit die einzelnen Sorten in den DIN-Normen aufgeführt sind, wurde auf tabellarische Darstellungen weitestgehend verzichtet, aufgeführt werden dagegen z. B. die *Feinkorn-Sonderbaustähle.*
Die Nichteisenmetalle zeichnen sich häufig durch besondere Korrosionsbeständigkeit, Temperaturbeständigkeit, elektrische Leitfähigkeit etc. aus, wogegen die statische Festigkeit in den Hintergrund treten kann. Die Beschreibung der NE-Metalle konzentriert sich deshalb auf diese Sonder-Eigenschaften, wobei insbesondere auch die *Belange der Elektrotechnik* berücksichtigt werden.
Auch die nichtmetallischen anorganischen Werkstoffe werden vorzugsweise im Hinblick auf ihre *Einsatzfähigkeit in der Elektrotechnik* dargestellt. Allerdings kann im Rahmen dieses Buches dieser Anwendungsbereich nur exemplarisch behandelt werden. Ein zweites Einsatzfeld nichtmetallischer anorganischer Werkstoffe ist das der Verbundwerkstoffe.
Die Bedeutung, die die Kunststoffe in allen Bereichen der Technik gewonnen haben, erfordert eine ausführliche Behandlung dieser Werkstoffgruppe. Die *Unterschiede gegenüber den Metallen* werden herausgestellt und – soweit es der gesetzte Rahmen des Buches zuläßt – jene Fragenkomplexe erörtert, deren Klärung erst ein echtes *Verständnis der Verhaltensweise der verschiedenen Kunststoffe* ermöglicht. Dazu zählen auch die Vorgänge und Auswirkungen der chemischen und technischen Prozesse der Herstellung.
Das abschließende kurze Kapitel über Schadenfälle soll zeigen, daß es vermeidbare und unvermeidbare *„Werkstoffehler"* gibt. Es vermittelt zudem einen Einblick in die *Systematik einer Schadensanalyse.*

Hinweise für den Benutzer

Die in den Text eingefügten *Querverweise* dienen dem Aufzeigen von Zusammenhängen und der Verbindung von Einzelinformationen. Dabei ist zu beachten, daß die Numerierung von Bildern und Tabellen auf der Basis der Seitenzahlen erfolgt.
Kursiv gedruckte Wörter sind häufig Stichwörter, **halbfett** gedruckte sind es in der Regel. Das umfangreiche *Stichwortverzeichnis* erleichtert den Zugang zu Einzelfragen. Es sollte aber auch genutzt werden, um die unter demselben oder ähnlichen Stichwörtern an verschiedenen Stellen des Buches zu findenden Informationen zu verknüpfen.
Literaturhinweise am Ende eines jeden Kapitels sollen eine Ergänzung und Vertiefung des Stoffes dieses Buches ermöglichen.
Wir danken Herrn *Prof. Dr. Appel,* Wilhelmshaven, und Herrn *Prof. Fink,* Frankfurt, für die vielen Anregungen und Diskussionsbeiträge. Besonderer Dank gebührt Frau *Regina Reichelt,* Berlin, für die Anfertigung der Zeichnungen und Frau *Jutta Fritz,* Berlin, für die Ausführung vieler Fotoarbeiten. Den Mitarbeitern des Schroedel-Verlages danken wir für ihre Initiative und die gewährte Unterstützung. Herrn Dipl.-Ing. *Roland Werner* von der Verlagsredaktion sind wir besonders dankbar für viele Anregungen und die sehr gute Zusammenarbeit.
Weiterhin danken wir Herrn *Prof. Dipl.-Ing. Schlinke* (HTL Mödling) für zahlreiche Anregungen und Verbesserungsvorschläge.
Anregungen und Kritik unserer Leser sehen wir mit Interesse entgegen.

Berlin, im Herbst 1978

Hans-Jürgen Bargel
Günter Schulze

In der vorliegenden 2. Auflage wurden lediglich kleinere Korrekturen vorgenommen. Anregungen unserer Leser konnten leider nur in dem Maße berücksichtigt werden, wie dies ohne größere Umstellungen möglich war.

Berlin, im Sommer 1980

Hans-Jürgen Bargel
Günter Schulze

Bildquellenverzeichnis

Birgid Dunger, Berlin: *28.1,* Metallgesellschaft-Mitteilungen Nr. 11: *234.4, 234.5,* Deutsches Kupfer-Institut e.V., Berlin: *237,* Volk, Nickel und Nickellegierungen, Springer-Verlag: *242.2,* Hauffe, Reaktionen in und an festen Stoffen, Springer-Verlag: *244.1,* Bundesanstalt für Materialprüfung, Berlin: *359.3, 360.1, 360.2*

DIN-Normen

Wiedergegeben mit Erlaubnis des DIN Deutsches Institut für Normung e. V. Maßgebend für das Anwenden der Norm ist deren Fassung mit dem neuesten Ausgabedatum, die bei der Beuth Verlag GmbH, 1000 Berlin 30 und 5000 Köln 1, erhältlich ist.*)

*) Dieser Hinweis dient dem Schutz des Benutzers des Buches. Bisweilen werden Normen überarbeitet und neu herausgegeben. Daher dürfen Bestellungen für genormte Erzeugnisse stets nur nach der Originalfassung der Norm im Format A 4 aufgegeben werden, um Hersteller und Verbraucher vor unter Umständen hohen Verlusten zu bewahren.

Inhaltsverzeichnis

Abkürzungen

Ac, Ar	Umwandlungspunkte von Fe-C-Legierungen beim Erwärmen bzw. Abkühlen
e	Elektron
EKS	Eisen-Kohlenstoff-Schaubild
EMK	Einlagerungsmischkristall
F	Freiheitsgrad
hdP	hexagonales Gitter dichtester Kugelpakkung
K	Komponente
kfz	kubisch-flächenzentriert
krz	kubisch-raumzentriert
L	Legierung
Li	Liquidus(linie)
M, Me	Metall
MK	Mischkristall
M_s, M_f	Martensit-start- bzw. -finishing-Temperatur
P	Phase
REM	Raster-Elektronenmikroskop
S	Schmelze
SMK	Substitutionsmischkristall
So	Solidus(linie)
V	Verbindung
WEZ	Wärmeeinflußzone
ZTU	Zeit-Temperatur-Umwandlung(-Schaubild)

Häufig benutzte Symbole

A_5, A_{10}	Bruchdehnung
A_V	Kerbschlagarbeit
c	Konzentration
d	Korndurchmesser
D	Diffusionskoeffizient
D_0	Diffusionskonstante
E	Elastizitätsmodul
G	Schubmodul
K_{Ic}	Rißzähigkeit
R	Gaskonstante
R_{eH}	Streckgrenze
R_m	Zugfestigkeit
$R_{p0,2}$	0,2 %-Dehngrenze
T	Temperatur
T_{Rk}	Rekristallisationstemperatur
Z	Brucheinschnürung
ε	Dehnung
σ	Normalspannung
τ	Schubspannung
φ	Verformungsgrad

1 Grundlagen der Metall- und Legierungskunde

1.1 Aufbau kristalliner Stoffe

Die in diesem Kapitel erläuterten Begriffe werden in den nachfolgenden Kapiteln immer wieder angewendet. Die Kenntnis dieser Begriffe ist unumgänglich für das Verständnis der Vorgänge in den Werkstoffen und damit letztlich für die Beurteilung der Möglichkeiten, durch technische Prozesse die Werkstoffeigenschaften zu beeinflussen.
Beschrieben werden dabei vorrangig die metallischen Werkstoffe. Die Mehrzahl der Definitionen gilt aber auch für andere Werkstoffgruppen, insbesondere für die nichtmetallischen anorganischen Stoffe.
Metalle bilden im festen Zustand **Kristalle.** Das heißt, die Atome, aus denen sie aufgebaut sind, befinden sich in einer *regelmäßigen räumlichen Anordnung*.
Fehlt der kristalline Aufbau, so werden die Stoffe als **amorph** bezeichnet. In diesem Zustand sind die Atome oder Moleküle vollkommen *ungeordnet.* Amorph sind z. B. alle Flüssigkeiten, Glas und zum Teil auch die Kunststoffe. Die Verschiedenheit eines kristallinen und eines amorphen Aufbaus wird z. B. deutlich, wenn man die Bruchflächen von Metall und von Glas miteinander vergleicht.
Der Unterschied zwischen den Metallen und den anderen kristallinen Stoffen, wie z. B. den Salzen oder den teilkristallinen Kunststoffen, besteht in der Form der Bindung zwischen den einzelnen Atomen.

1.1.1 Bindungsformen anorganischer Stoffe

Jedes Atom hat das Bestreben, mit seiner äußeren Elektronenschale einen bestimmten stabilen Zustand, den sog. Edelgaszustand, anzunehmen. Dieses Ziel wird entweder durch Aufnahme oder durch Abgabe von Elektronen erreicht, wodurch das elektrisch neutrale Atom zum negativen bzw. positiven Ion wird. Ein solches Ion ist von einem elektrostatischen Feld umgeben und übt eine Kraftwirkung auf seine Umgebung aus.

Metallatome geben grundsätzlich Elektronen ab, bilden also positiv geladene Ionen. Da in einem reinen Metall keine Atome vorhanden sind, die Elektronen aufnehmen, bleiben die abgegebenen Elektronen, **Valenzelektronen** genannt, ungebunden. Es entsteht ein *Elektronengas.*
Die elektrostatischen Kräfte zwischen dem Elektronengas und den positiv geladenen *Atomrümpfen* sind das Kennzeichen der **metallischen Bindung** (Bild 1.1).

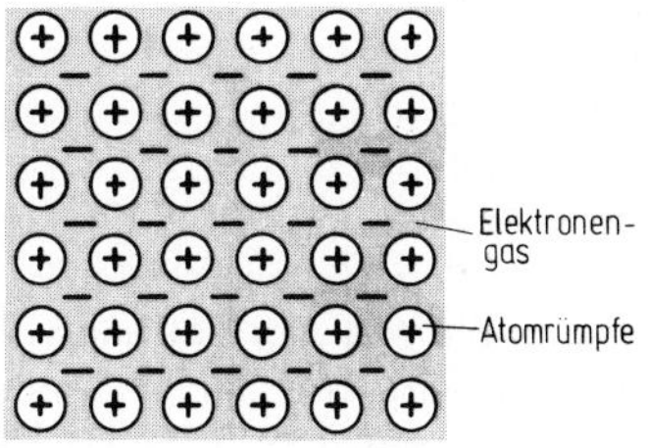

Bild 1.1 Metallische Bindung (schematisch)

Die Valenzelektronen sind im Metall frei beweglich. Hierin liegt die Ursache für die gute *elektrische* und *thermische Leitfähigkeit* der Metalle. Lediglich die sogenannten Halbleiter bilden eine Ausnahme.
In einem absolut reinen Metall sind alle Atomrümpfe einander vollkommen gleichwertig. Ein Platzwechsel einzelner Atomrümpfe bewirkt folglich keine einschneidende Veränderung der elektrostatischen Kräfte zwischen diesen und dem Elektronengas. Es lassen sich also Atome gegeneinander verschieben, ohne die metallische Bindung aufzuheben. Hierauf beruht die *plastische Verformbarkeit* der Metalle.

Die grundsätzlich anderen Verhältnisse bei der **Ionenbindung,** die bei der Mehrzahl der nichtmetallischen anorganischen Stoffe vorliegt, seien am Kochsalzkristall erläutert. Das vom Natriumatom abgegebene Elektron wird von einem Chloratom aufgenommen, es entsteht das NaCl-Molekül (Bild 1.2a).

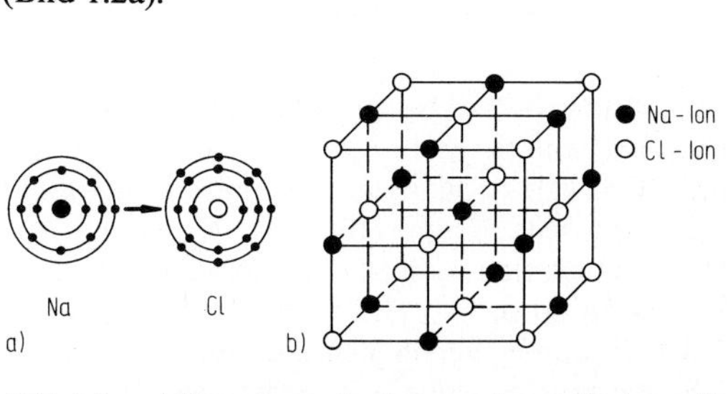

Bild 1.2 a) Entstehung der heteropolaren Bindung (Ionenbindung) durch Elektronenaustausch
b) Regelmäßige räumliche Anordnung der Ionen im Kristall

Im Festkörper bewirken die elektrostatischen Kräfte, daß jeweils ein positiv geladenes *Kation* und ein negativ geladenes *Anion* (siehe S. 56) – Kennzeichen der Ionenbindung – aufeinanderfolgen. Im NaCl-Kristall ergibt sich dabei die in Bild 1.2b gezeigte würfelförmige Anordnung der Ionen.
Die Verschiebung eines Teils der Ionen um einen Atomabstand hätte zur Folge, daß sich die Kationen bzw. die Anionen gegenüberständen. Die aufgrund der gleichnamigen Ladungen abstoßenden Kräfte zerstören den Kristall. Eine plastische Verformbarkeit ist folglich bei der Ionenbindung nicht zu erwarten. Auch ist der Kristall nicht leitend, denn die von den Kationen abgegebenen Elektronen werden von den Anionen gebunden und sind nicht beweglich.

Bei der **kovalenten Bindung** bilden sich zwischen benachbarten Atomen Brücken aus jeweils zwei Elektronen, daher auch: *Elektronenpaarbindung*. Diese insbesondere bei Gasen auftretende Bindungsform hat ihre technische Bedeutung bei Stoffen mit 4 Valenzelektronen, den Halbleitern (siehe S. 297 ff). Wie sich aus der schematischen Darstellung in Bild 1.3 ergibt, ist hierbei wiederum eine regelmäßige räumliche Anordnung der Atome, also eine Kristallstruktur, die Folge. Die Bindungsformen der organischen Stoffe werden in dem entsprechenden Kapitel beschrieben.

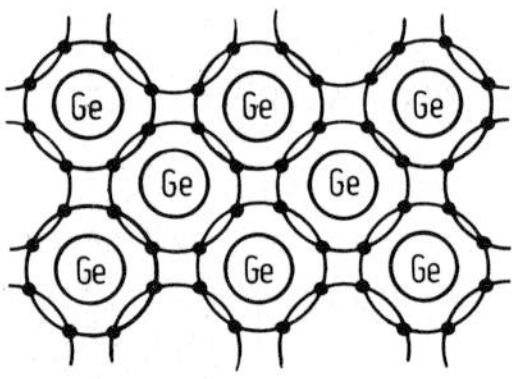

Bild 1.3 Schematischer Aufbau der kovalenten oder homöopolaren Bindung

1.1.2 Gitteraufbau des Idealkristalls

Zwischen einem positiv geladenem Atomrumpf und dem Elektronengas bestehen anziehende elektrostatische Kräfte (Bild 1.4, Kurve 1). Andererseits stoßen sich die gleichnamig geladenen Atomrümpfe ab (Bild 1.4, Kurve 2). Beide Kraftwirkungen verringern sich mit zunehmendem Abstand x, wobei sie jedoch verschiedenen Gesetzen folgen. Für eine bestimmte Entfernung x_0 zweier Atomrümpfe sind die Kräfte gerade im Gleichgewicht.

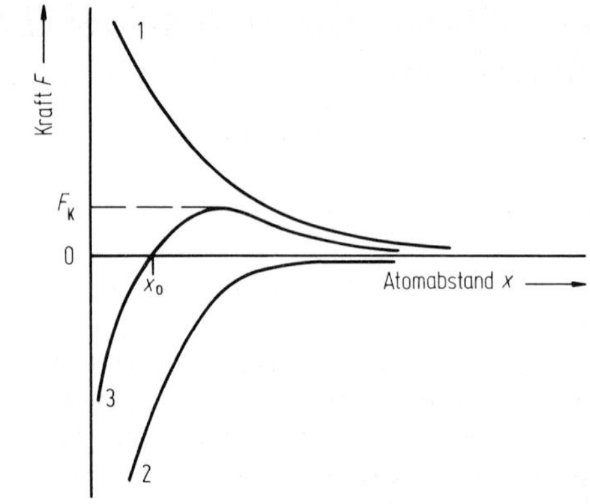

Bild 1.4 Kräfte in der metallischen Bindung
1: anziehende Kräfte zwischen Atomrumpf und Elektronengas
2: abstoßenende Kräfte zwischen Atomrümpfen
3: resultierende Kräfte; F_K = Kohäsionskraft, x_0 = kleinster Gleichgewichtsabstand zweier Atomrümpfe

Diese Entfernung x_0 ist der *kleinste* Abstand, den zwei Atome im Gleichgewicht voneinander haben können. Sie ist eine charakteristische Größe für das jeweilige Metall. Die genau definierte Gleichgewichtslage führt zu der regelmäßigen räumlichen Anordnung der Atome, die man ein **Kristallgitter** nennt (Bild 1.5).

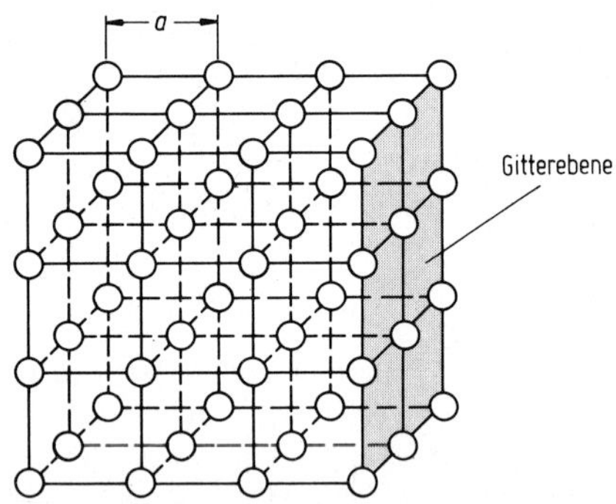

Bild 1.5 Einfaches kubisches Raumgitter, a = Gitterkonstante

Der genaueren Beschreibung eines Gitters dienen einfache geometrische Körper, **Gitterzellen** oder **Elementarzellen** genannt, die durch die Atomabstände a, b und c auf den Achsen x, y und z eines Koordinatensystems und durch die Winkel α, β und γ zwischen diesen Achsen gekennzeichnet

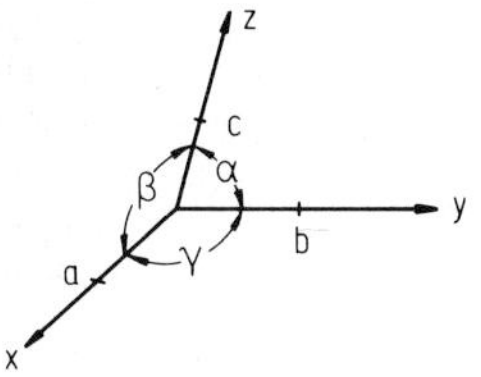

Bild 1.6 Koordinatensystem der Kristallachsen

sind (Bild 1.6). Die Achsabschnitte *a*, *b* und *c* werden als **Gitterkonstanten** oder **Gitterparameter** bezeichnet. Ihre Größe liegt für die Mehrzahl der Metalle bei 0,25...0,5 nm [1], d. h. auf einen Millimeter kommen 2...4 Millionen Atome.

Eine mit Atomen belegte ebene Schnittfläche durch ein Gitter heißt **Gitterebene** oder **Netzebene.** Nach der Form der Gitterzellen unterscheidet man 7 verschiedene Kristallsysteme, von denen das *kubische* (Bild 1.7), das *tetragonale* (Bild 1.8) und das *hexagonale* System (Bild 1.9) für metallische Werkstoffe am wichtigsten sind.

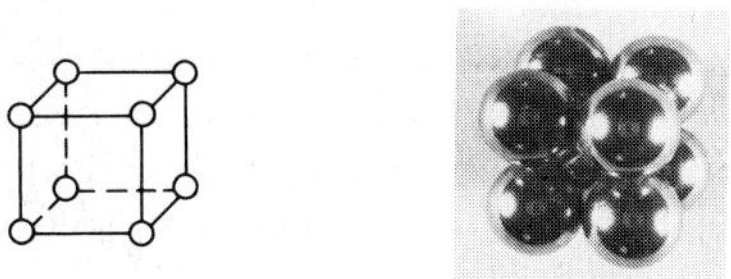

Bild 1.7 Kubisches Grundsystem ($a = b = c$, $\alpha = \beta = \gamma = 90°$)

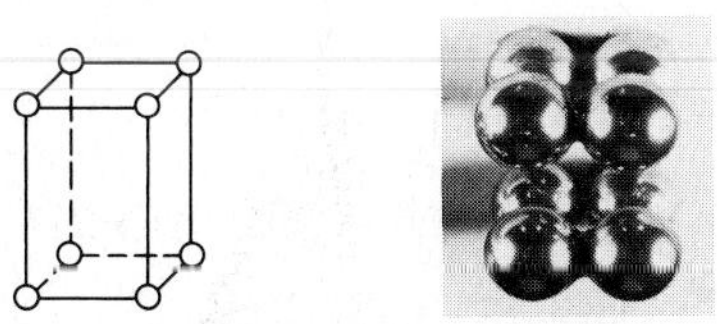

Bild 1.8 Tetragonales Grundsystem, ($a = b \neq c$, $\alpha = \beta = \gamma = 90°$)

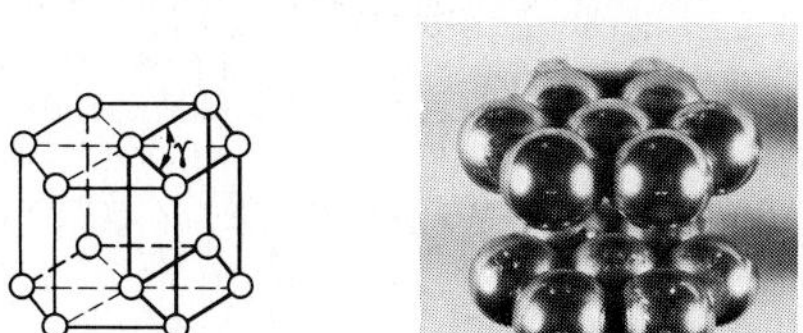

Bild 1.9 Hexagonales Grundsystem, ($a = b \neq c$, $\alpha = \beta = 90°$, $\gamma = 120°$)

[1] 1 nm = 1 Nanometer = 10^{-9} m

Raumgitter, bei denen nur die Eckpunkte der Elementarzellen mit Atomen besetzt sind, sind *einfache* oder *primitive Gitter.* Meist enthalten die Elementarzellen zusätzliche Atome in den Schnittpunkten der Flächendiagonalen oder in ihrem Innern. Die bei den Metallen am häufigsten auftretenden **Gittertypen**, das sind die Modifikationen der Grundgitter, sind das **kubisch-flächenzentrierte (kfz)** (Bild 1.10), das **kubisch-raumzentrierte (krz)** Gitter (Bild 1.11) und das **hexagonale Gitter dichtester Kugelpackung (hdP)** (Bild 1.12). Auch das kfz-Gitter ist ein System dichtester Kugelpackung, beide Systeme unterscheiden sich lediglich in der Reihenfolge, in der die am dichtesten mit Atomen belegten Netzebenen übereinandergeschichtet sind.

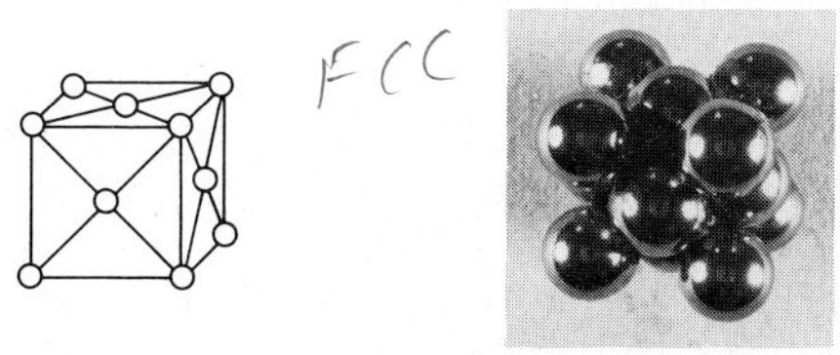

Bild 1.10 Kubisch-flächenzentrierte (kfz) Elementarzelle

Bild 1.11 Kubisch-raumzentrierte (krz) Elementarzelle

Bild 1.12 Hexagonale Elementarzelle dichtester Kugelpackung (hdP)

Bild 1.13a zeigt die Draufsicht auf eine Ebene dichtester Kugelpackung. Kugeln, die in gleicher Weise die darüber oder darunter befindlichen Ebenen bilden, befinden sich immer in den Zwischenräumen zwischen jeweils drei Kugeln der ersten Ebene. Ein lückenloser Aufbau der benachbarten Ebenen erfordert aber, daß deren Kugeln entweder alle in den mit × oder alle in den mit ○ bezeichneten Zwischenräumen liegen.

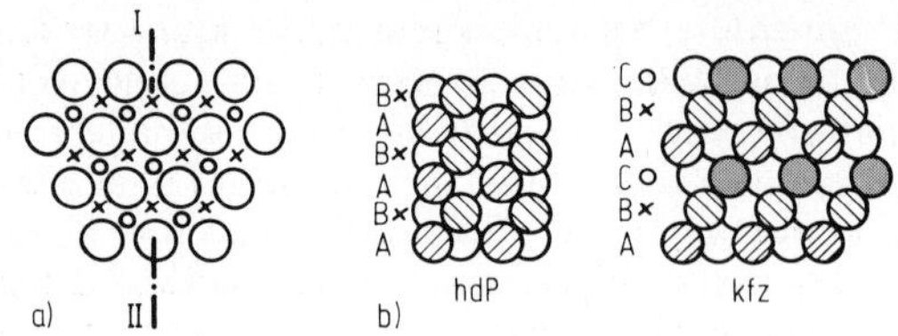

Bild 1.13 Schichtaufbau dichtester Kugelpackungen
a) Draufsicht auf dichtgepackte Ebene
b) Schnitte längs I–II im hdP- und kfz-System

Sind die Atome der 1. und 3. Ebene, die über und unter der gezeichneten 2. Ebene liegen, jeweils in derselben Art von Zwischenräumen, so liegt ein hexagonales Raumgitter vor. Befinden sich dagegen die Atome in der 1. Ebene z. B. in den mit × gekennzeichneten Zwischenräumen, die in der 3. Ebene aber in den mit ○ bezeichneten, so ist das Raumgitter kubisch-flächenzentriert.
Bei einem ebenen Schnitt längs der Linie I–II in Bild 1.13a machen die *geschnittenen* Kugeln den unterschiedlichen Aufbau der Schichtungen deutlich (Bild 1.13b). Bei hexagonalem Gitter gibt es zwei Schichten AB, die in ständigem Wechsel aufeinander folgen, während bei kubisch-flächenzentriertem Gitter eine stetige Folge von 3 Schichten ABC vorliegt.
Wie Bild 1.13b vermuten läßt, gibt es beim kfz-Gitter offensichtlich noch weitere, anders geneigte Ebenen dichtester Kugelpackung, ein Umstand, der bei der Verformung von Metallen von Bedeutung ist (siehe S. 17).

In dem als Gitter- oder Elementarzelle bezeichneten Körper sind bereits sämtliche Gesetzmäßigkeiten des gesamten Kristalls vorgezeichnet. Manche Eigenschaften, so z. B. das Verformungsverhalten der Metalle, können primär auf die Art der Elementarzelle zurückgeführt werden.
Innerhalb einer Elementarzelle sind die Abstände der Atome untereinander in den verschiedenen Richtungen unterschiedlich. So sind sie im kfz-Gitter in Richtung der Raumdiagonalen am größten und in Richtung der Flächendiagonalen am geringsten, während es beim krz-Gitter umgekehrt ist. Die unterschiedlichen Abstände der Atome haben zur Folge, daß ein Teil der Eigenschaften der Metalle ebenfalls richtungsabhängig ist.
Diese Richtungsabhängigkeit der Eigenschaften heißt **Anisotropie**; der Werkstoff ist **anisotrop.**

Für Kupfer beträgt z. B. der Elastizitätsmodul 190 000 N/mm² in Richtung der Raumdiagonalen und 66 600 N/mm² in Richtung der Flächendiagonalen. In technischen Werkstoffen wirkt sich die Anisotropie allerdings meist nicht aus, weil die Achsen der einzelnen Kristalle im allgemeinen völlig regellos ausgerichtet sind *(Quasi-Isotropie)*.

Die Mehrzahl der Metalle hat nur eine Kristallstruktur, die wichtigsten sind nachfolgend zusammengestellt.

Tab. 1.1: Gitterkonstanten der wichtigsten Metalle

Gitterkonstanten in nm						
krz		kfz		hdP		
					a	c/a[1]
Cr	0,288	Al	0,404	Be	0,227	1,57
Mo	0,314	Ag	0,408	Cd	0,29	1,83
V	0,303	Au	0,407	Mg	0,32	1,62
W	0,315	Cu	0,361	Zn	0,27	1,87
		Ni	0,352			
		Pb	0,490			
α-Fe	0,287	γ-Fe	0,365			
β-Ti	0,330			α-Ti	0,295	1,60

[1] Der theoretische Wert für strenge dichteste Kugelpakkung beträgt c/a = 1,633

Einige Metalle können jedoch bei bestimmten Temperaturen umkristallisieren. Sie sind in verschiedenen Temperaturintervallen in unterschiedlichen Modifikationen stabil. Diese Erscheinung heißt **Allotropie** oder **Polymorphie.**
Wichtigstes Beispiel für eine Allotropie ist das Eisen, das zwischen 911 °C (1184 K) und 1392 °C (1665 K) kubisch-flächenzentriert ist, bei höheren und tieferen Temperaturen kubisch-raumzentriert. Titan geht bei Erwärmung über 882 °C (1155 K) vom hdP-Gitter in ein krz-Gitter über.

1.1.3 Realkristalle, Gitterbaufehler, Energie von Fehlstellen

Das Raumgitter realer Kristalle weist viele Abweichungen vom ideal regelmäßigen Aufbau auf. Jede dieser Abweichungen führt zu einer Störung und Verspannung des Gitters, wodurch der Kristall (ähnlich einer gespannten Feder) einen höheren Energieinhalt bekommt.
Der kleinste Gleichgewichtsabstand x_0, den zwei Atomrümpfe im ungestörten Raumgitter annehmen (siehe Bild 1.4), ist durch einen Minimal-

wert der Bindungsenergie zwischen den Atomen gekennzeichnet. Die **Bindungsenergie** entspricht der Arbeit, die erforderlich ist, um die beiden Atome bei 0 K zu trennen. Jede Störung des idealen Gitteraufbaus hat zur Folge, daß ein Teil der Atome den Gleichgewichtsabstand x_0 nicht einhalten kann. Sie müssen sich damit auf einem höheren Energieniveau befinden.

Dieses Energieniveau ist nun wiederum durch eine – jetzt störungsabhängige – Minimalbedingung festgelegt. Bei Temperaturen > 0 K ergibt die Bindungsenergie zusammen mit der kinetischen Energie der Wärmeschwingungen der Atome die **innere Energie** des Systems. Vermindert man die innere Energie um den Entropieanteil[1], so erhält man die **Freie Energie.** Diese strebt immer – in jedem Zustand und bei jeder Reaktion – einem *Minimum* zu.

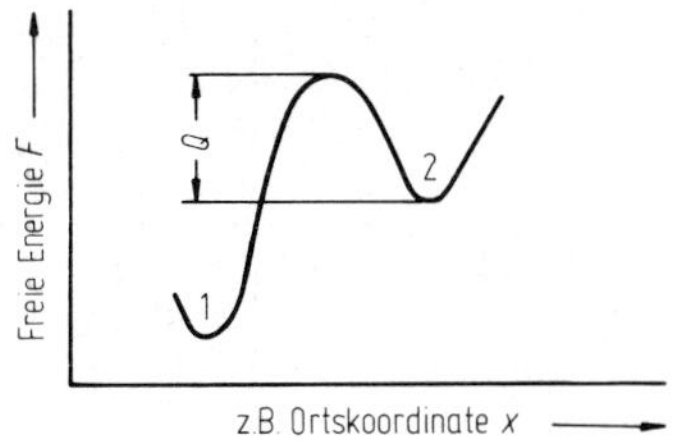

Bild 1.14 Energiezustände
1: stabiles, 2: metastabiles Gleichgewicht,
Q = Aktivierungsenergie

In Bild 1.14 sind die grundsätzlichen Möglichkeiten schematisch wiedergegeben. Befindet sich ein Atom bei einer Temperatur T auf dem niedrigst möglichen Energieniveau (Zustand 1), so befindet es sich im *thermodynamischen Gleichgewicht.* Eine Minimallage mit höherem Wert des Minimums (Zustand 2) wird als *metastabiles Gleichgewicht* bezeichnet, weil das Atom diesen Zustand nur verlassen kann, wenn ihm zusätzlich Energie zugeführt wird. In der Umgebung von Störungen des idealen Gitteraufbaus befindet sich immer eine Anzahl von Atomen im metastabilen Gleichgewicht.

Die Abweichungen vom idealen Gitter *(Gitterbaufehler)* entstehen in jedem Kristall, wenn bei dessen Erzeugung das thermodynamische Gleichgewicht gestört wird. Sie können aber auch im festen Kristall durch Energiezufuhr, z. B. mechanische Verformung oder Kernstrahlung, gebildet werden.

Die Bezeichnung Baufehler sollte nicht negativ bewertet werden. Im Gegenteil: von wenigen Ausnahmen abgesehen ist die gezielte Erzeugung bestimmter Fehler ein wesentliches Element, um die Werkstoffeigenschaften zu verbessern (z. B. Legierungen, Halbleiter).

Entsprechend ihrer Form werden die Gitterfehler in Punktfehler, linienförmige und flächenhafte Fehler eingeteilt.

1.1.3.1 Punktförmige Gitterbaufehler

Gitterplätze, die nicht von einem Atom besetzt sind, heißen **Leerstellen** (Bild 1.15). Die Häufigkeit der Leerstellen, die *Leerstellendichte,* ist temperaturabhängig. Sie beträgt bei Raumtemperatur ca. 10^{-12}, d. h. von einer Billion Gitterplätzen, das entspricht etwa einer 1 mm^2 großen Gitterebene, ist ein Platz nicht besetzt. Bis zum Schmelzpunkt der Metalle nimmt die Leerstellendichte auf ca. 10^{-4} zu, das entspricht ca. 100 Millionen Leerstellen je mm^2 Gitterebene. Die Leerstellendichte beeinflußt entscheidend den Ablauf thermisch aktivierter Vorgänge, z. B. der Diffusion (siehe S. 27).

Da die Leerstellendichte von der Temperatur abhängig ist, kann sich der Kristall mit Leerstellen im thermodynamischen Gleichgewicht befinden. Diese Möglichkeit besteht bei den meisten anderen Gitterbaufehlern nicht.

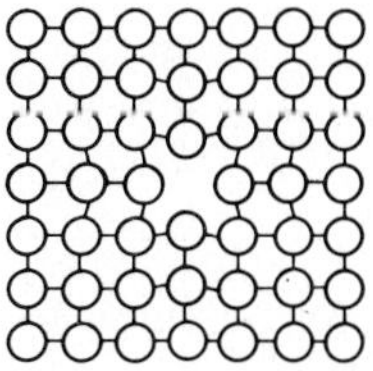

Bild 1.15 Leerstelle

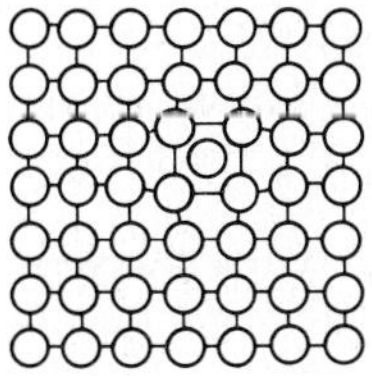

Bild 1.16 Zwischengitteratom

Befindet sich ein Atom nicht auf einem Gitterplatz, sondern zwischen diesen, so liegt ein **Zwischengitteratom** (Bild 1.16) vor. Häufig entsteht ein Zwischengitteratom dadurch, daß ein Atom seinen Gitterplatz verläßt und dort eine Leerstelle zurückläßt. Eine derartige Anordnung heißt **FRENKEL-Paar** (Bild 1.17). FRENKEL-Paare können z. B. entstehen, wenn ein Werkstoff energiereicher Kernstrahlung ausgesetzt ist.

[1] $F = U - T \cdot S$. F = Freie Energie, U = innere Energie, T = Temperatur, S = Entropie. Die Entropie ist ein Maß für den Unordnungszustand. Sie berücksichtigt z. B., daß die Atome in einer Flüssigkeit weniger geordnet sind als in einem festen Stoff.

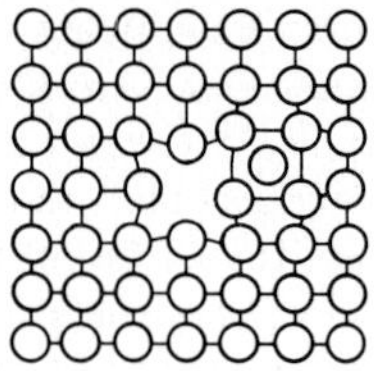

Bild 1.17 FRENKEL-*Paar*

Auch **Fremdatome** sind Fehler im Gitter. Sie sind dann im Gitter gelöst, es liegt eine *feste Lösung* vor. Nehmen die Fremdatome Gitterplätze ein, d. h. sind sie ausgetauscht gegen die Atome des *Wirtsgitters* (der *Matrix*), so heißen sie *Austausch-* oder *Substitutionsatome* (Bild 1.18). Befinden sie sich dagegen auf Zwischengitterplätzen, werden sie *Einlagerungsatome* oder *interstitielle Atome* genannt (Bild 1.19).

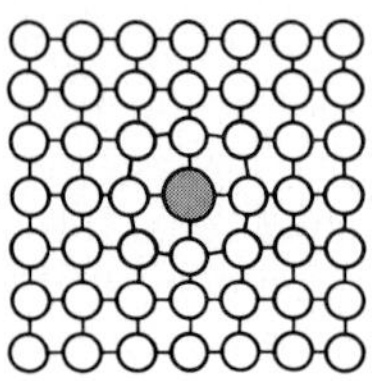

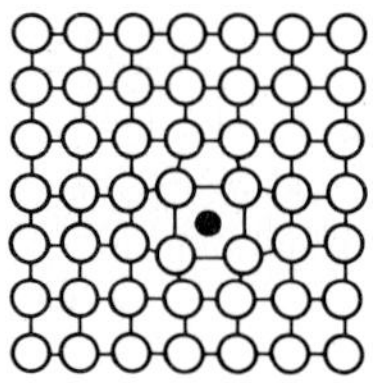

Bild 1.18 Substitutionsatom *1.19 Einlagerungsatom*

Sind größere[1] Mengen einer zweiten Atomart im Gitter gelöst, werden die so aufgebauten Kristalle als *Mischkristalle* (MK) bezeichnet. Sie sind wichtige Bestandteile von Metallegierungen und werden bei der Legierungskunde besprochen. Die in den Mischkristallen durch die Fremdatome bewirkte Verspannung des Gitters führt unter anderem zu einer Steigerung der Festigkeit (Mischkristallverfestigung).

1.1.3.2 Versetzungen

Versetzungen sind linienförmige Baufehler des Gitters. Man unterscheidet zwei Formen: Stufenversetzungen und Schraubenversetzungen. **Stufenversetzungen** (Symbol ⊥) kann man sich als Rand von Gitterebenen vorstellen, die im Kristall enden (Bild 1.20). Bei **Schraubenversetzungen** (Bild 1.21) sind die Gitterebenen im Bereich der senkrecht zu ihnen stehenden Versetzungslinie wendelförmig verzerrt. Die Versetzungslinien sind meist nur auf kurzen Teilstücken reine Stufen- oder Schraubenversetzungen. Im allgemeinen sind sie eine Kombination beider Komponenten: *gemischte Versetzung.*

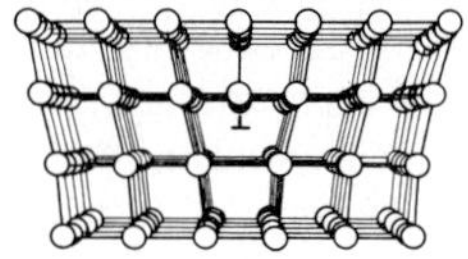

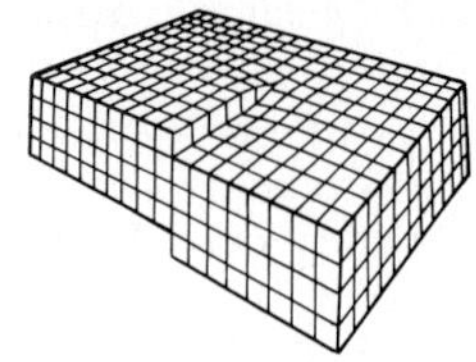

Bild 1.20 Stufenversetzung *Bild 1.21 Schraubenversetzung*

Versetzungen müssen entweder an der Oberfläche des Kristalls beginnen und enden oder innerhalb des Kristalls geschlossene Linienzüge bilden. Es entstehen dann *Versetzungsringe und -netzwerke* (Bild 1.22).

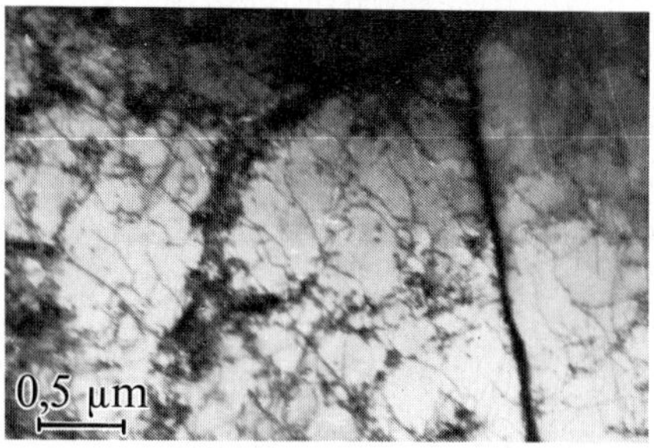

Bild 1.22 Versetzungsnetzwerk in Stahl nach Dauerschwingbeanspruchung bei 400° C

Die Häufigkeit von Versetzungen, die **Versetzungsdichte**, wird als Linienlänge je Volumeneinheit angegeben. In einem weichgeglühten Metall beträgt sie etwa 10^6 mm/mm^3 [1], d. h. in einem Volumen von 1 mm^3 sind Versetzungslinien mit einer Gesamtlänge von 1 km vorhanden. Durch Kaltverformung kann diese Linienlänge bis auf 10 000 km anwachsen, d. h. die Versetzungsdichte steigt auf 10^{12}/cm^2.

Versetzungen erhöhen die Energie des Gitters (ca. 10^{-12} Joule je mm Versetzungslänge) merklich. Sie befinden sich deshalb *nie* im thermodynamischen Gleichgewicht. Ihre dadurch weitreichenden Spannungsfelder beeinflussen sich wegen ihrer Häufigkeit gegenseitig. Bild 1.23 zeigt die Richtungen der Kräfte, die eine Stufenversetzung auf gleichartige Versetzungen in den einzelnen Sektoren ihres Spannungsfeldes ausübt. In

---

[1] Größere Mengen in diesem Sinne können bereits Anteile von 0,001 Massenprozent sein.

[1] 10^6 mm/mm^3 = 10^8 cm/cm^3 = 10^8/cm^2. In der Metallphysik wird die Versetzungsdichte allgemein in der letztgenannten Weise angegeben.

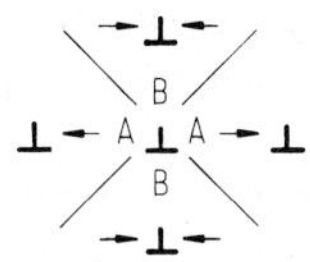

Bild 1.23 Kraftwirkungen zwischen gleichartigen Versetzungen
Felder A: die Versetzungen stoßen sich ab
Felder B: die Versetzungen ziehen sich an und können sich übereinander anordnen

den Sektoren A entfernen sich die Versetzungen voneinander, während sie in den Sektoren B die Tendenz zeigen, sich übereinander anzuordnen, wenn Energie zugeführt wird.
Der Kraftaufwand zum Bewegen von Versetzungen d. h. zum Erzeugen von Verschiebungen innerhalb des Kristallgitters ist relativ gering. Dieser Umstand ist wesentlich für die gute plastische Verformbarkeit von Metallen, die hauptsächlich durch die Bewegung von Versetzungen erfolgt. Die bei der Kaltverformung beobachtete Verfestigung ist darauf zurückzuführen, daß während des Verformungsvorganges neue Versetzungen erzeugt werden, die sich dann gegenseitig behindern (siehe S. 18).

1.1.3.3 Zweidimensionale Gitterbaufehler

Die in Bild 1.4 dargestellte Gleichgewichtslage gilt zunächst nur innerhalb eines Kristalls, in dem ein Atom allseitigen Kraftwirkungen ausgesetzt ist. An der Oberfläche des Kristalls sind diese Kräfte nach außen hin nicht vorhanden, so daß die Atome in der Oberfläche andere Gleichgewichtsabstände einnehmen müssen (Bild 1.24). Die Oberfläche hat folglich einen höheren Energieinhalt: die *Oberflächenenergie.*[1]

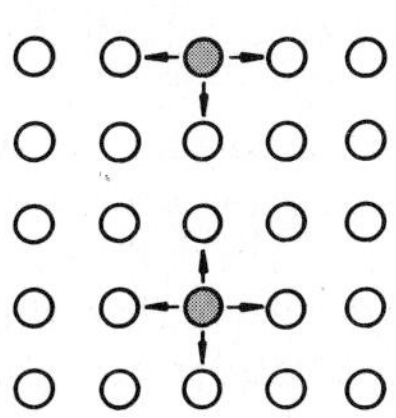

Bild 1.24 Kraftwirkungen zwischen benachbarten Atomen im Inneren und an der Oberfläche eines Kristalls

[1] Man kann sich die Oberflächenenergie auch vorstellen als die Arbeit, die erforderlich ist um einen Kristall zu teilen, also neue Oberfläche zu erzeugen.

In Metallen rühren die Bindungskräfte in erster Linie von den freien Elektronen her. Da diese nicht an bestimmte Atome gebunden sind, können sich die Bindungen bei einem Trennvorgang relativ leicht umordnen. Das hat zur Folge, daß die Oberflächenenergie von Metallen geringer ist, als die von nichtmetallischen anorganischen Kristallen. Sie beträgt z. B. bei Gold ca. $2 \cdot 10^{-6}$ J/mm^2, bei Eisen ca. $1 \cdot 10^{-6}$ J/mm^2.

Die gegenseitige Beeinflussung der Spannungsfelder von Versetzungen kann, wie im vorigen Abschnitt beschrieben ist, zu einer Übereinanderreihung gleichartiger Stufenversetzungen führen. Die Folge ist eine flächenhafte Störung des Gitters, die in Bild 1.25 dargestellt ist und als **Kleinwinkelkorngrenze** bezeichnet wird. Der Energieinhalt einer Kleinwinkelkorngrenze kann bis zu $0{,}3 \cdot 10^{-6}$ J/mm^2 betragen und verringert sich mit zunehmendem Abstand der Versetzungen, d. h. kleinerem Winkel.

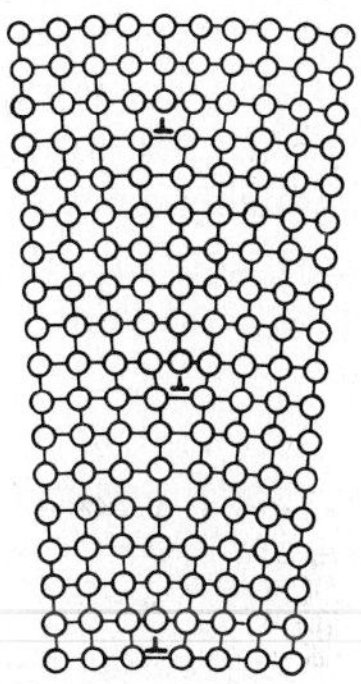

Bild 1.25 Kleinwinkelkorngrenze

Kleinwinkelkorngrenzen werden auch *Subkorngrenzen* genannt, weil jeder Kristall durch sie in Teilbereiche aufgeteilt wird, die die Bezeichnung **Subkorn** oder *Mosaikblöckchen* tragen. Der Durchmesser eines Subkorns beträgt im allgemeinen weniger als 1 µm.

Die Gitterebenen, die die Kleinwinkelkorngrenze kreuzen, werden hier nur um einen kleinen Winkel abgelenkt und sind im übrigen weitgehend ungestört. Trifft ein Kristall bei seinem Wachstum (bei der Erstarrung aus der Schmelze oder bei der Rekristallisation) auf einen anderen, so bilden die Gitterebenen der beiden Kristalle meist größere Winkel untereinander. Es entstehen als Grenzflächen *(Großwinkel-)***Korngrenzen,** die dadurch gekennzeichnet sind, daß 2 bis 3 Atomabstände

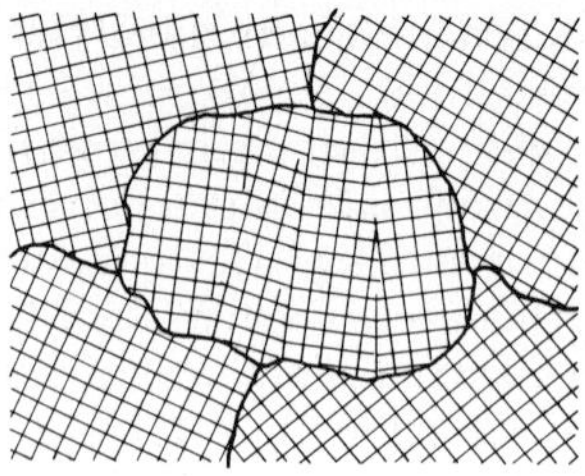

Bild 1.26 Großwinkelkorngrenzen, mittleres Korn durch Kleinwinkelkorngrenzen in Mosaikblöckchen unterteilt

dicke, strukturlose (amorphe) Zonen vorliegen (Bild 1.26). Die Energie der Großwinkelkorngrenze ist naturgemäß höher als die der Kleinwinkelkorngrenze und beträgt je nach Metall maximal 30 bis 50 % der Energie der freien Oberfläche.

Unter bestimmten Bedingungen können zwei Kristalle eine verzerrungsfreie Korngrenze bilden. Das ist der Fall bei **Zwillingsgrenzen,** bei denen die beiden Kristalle spiegelsymmetrisch zur Korngrenze angeordnet sind. Eine solche Grenze hat einen sehr geringen Energieinhalt. Zwillinge findet man vorwiegend innerhalb eines Korns (Bild 1.27).

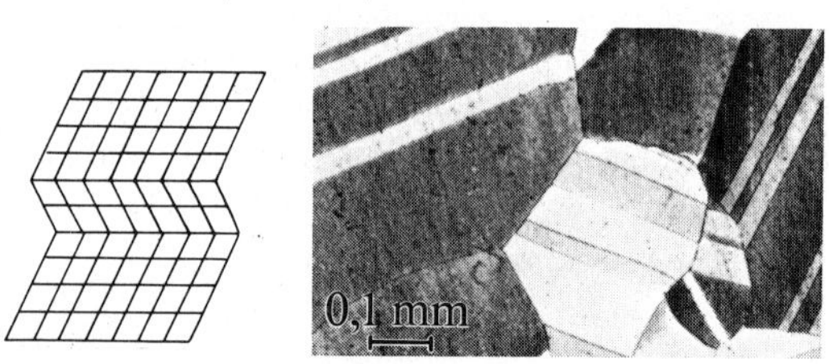

a) *b)*

Bild 1.27 a) Zwillingsbildung innerhalb eines Kristalls
b) Zwillinge in geglühter Zinnbronze

Ein weiterer flächenhafter Fehler ist der sogenannte **Stapelfehler,** ein Fehler in der Stapelfolge (siehe S. 6) der dichtest gepackten Gitterebenen.

Nachfolgend sind für Kupfer die Energiewerte für die verschiedenen Grenzflächen von Kristallen vergleichend gegenübergestellt:

Zwillingsgrenze	$0{,}03 \cdot 10^{-6}$ J/mm²,
Stapelfehler	$0{,}16 \cdot 10^{-6}$ J/mm²,
Kleinwinkelkorngrenze	max. $0{,}25 \cdot 10^{-6}$ J/mm²,
Großwinkelkorngrenze	max. $0{,}50 \cdot 10^{-6}$ J/mm²,
freie Oberfläche	$1{,}6 \cdot 10^{-6}$ J/mm².

1.1.4 Einkristall, Vielkristall

Kristalle, die allseitig eine freie Oberfläche haben und keine Korngrenze enthalten, werden als **Einkristalle** bezeichnet. Sie enthalten natürlich alle anderen Fehler, wie z. B. Leerstellen, Versetzungen und Kleinwinkelkorngrenzen. Ihr Einsatz für technische Anwendungen ist auf einige Spezialfälle beschränkt.

Ein Beispiel sind die sogenannten *Whisker* (Haarkristalle). Das sind Kristalle mit Dicken im µm-Bereich und Längen in der Größenordnung weniger Millimeter. Da sie praktisch fehlerfrei sind (z. B. nur eine Schraubenversetzung), haben sie eine sehr hohe Festigkeit in Längsrichtung. Sie werden deshalb als Verstärkungsfasern in Verbundwerkstoffen eingesetzt. Einkristalle größerer Abmessungen (Durchmesser und Länge im cm-Bereich) haben besondere Bedeutung bei der Herstellung von Halbleitern.

Die technischen Metalle sind fast ausschließlich *vielkristallin,* d. h., sie bestehen aus einer Vielzahl von einzelnen Kristallen, die zur Unterscheidung von frei gewachsenen Kristallen als **Kristallite** oder **Körner** bezeichnet werden. Der vielkristalline Aufbau kann deutlich wahrgenommen werden, wenn man z. B. die Zinkschicht auf einem Stahlteil betrachtet.
Der Verband der Körner heißt **Gefüge.** Gefüge ist nicht zu verwechseln mit Struktur, womit der Gitteraufbau bezeichnet wird. Zur Kennzeichnung des Gefüges eines reinen Metalles dienen zwei Begriffe: die *Korngröße* und die *Kornform.*

Reine Metalle haben ein *homogenes Gefüge* (**Bild** 1.28), weil alle Kristallite die gleiche Struktur besitzen. Die Körner sind hinsichtlich ihres Gitteraufbaus und der Art der Atome, ggf. auch der gelösten Fremdatome, einander völlig gleichwertig. Sie unterscheiden sich lediglich in der räumlichen Lage der Gitterebenen.

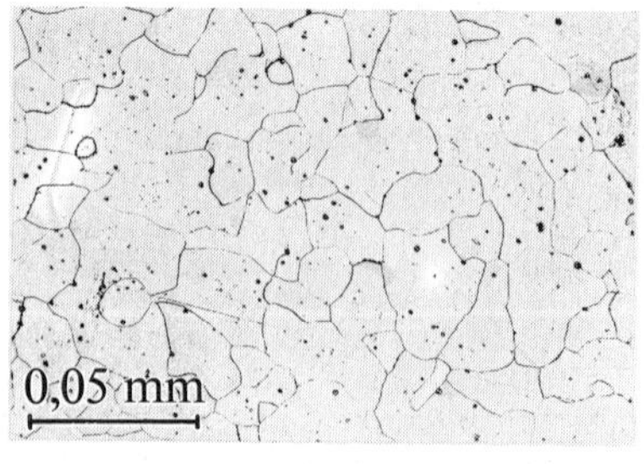

Bild 1.28 Homogenes Gefüge

Die Vielzahl der Körner eines vielkristallinen Werkstoffes führt zu einer statistischen, d. h. regellosen Verteilung der Richtungen der Kristallachsen, so daß sich die Anisotropie des einzelnen Korns nicht auswirken kann (Bild 1.29a). Der Werkstoff hat in allen Richtungen gleiche Eigenschaften, er ist **quasi-isotrop.**

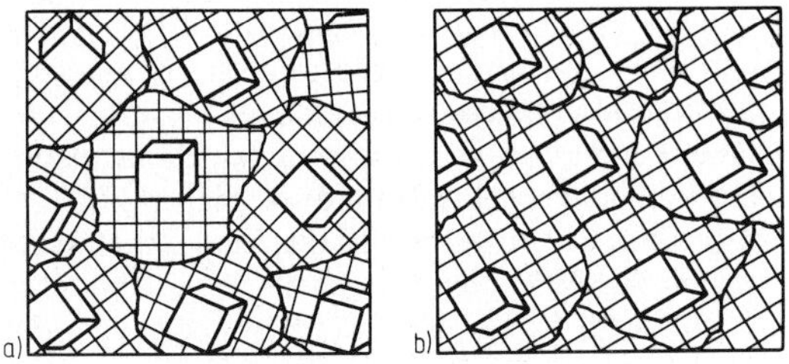

Bild 1.29 *a) Gefüge mit nicht-ausgerichteten Kristalliten, Werkstoff ist quasi-isotrop*
b) Gefüge mit ausgerichteten Kristalliten, Werkstoff hat Textur und ist anisotrop

Bei bestimmten Herstellprozessen, insbesondere Umformvorgängen, können **Texturen** (Bild 1.29b) entstehen, d. h., die einzelnen Kristallite werden so ausgerichtet, daß ihre Achsen mehr oder weniger parallel sind. In solchen Fällen sind auch feinkörnige Werkstoffe anisotrop, wobei die Anisotropie aber meist entsprechend genutzt wird.

1.1.4.1 Korngröße

Die Korngröße wird entweder durch den mittleren Durchmesser oder die mittlere Fläche des einzelnen Korns in einem ebenen Schliff gekennzeichnet. Der mittlere Korndurchmesser liegt üblicherweise zwischen wenigen µm und mehreren mm (Bild 1.30).

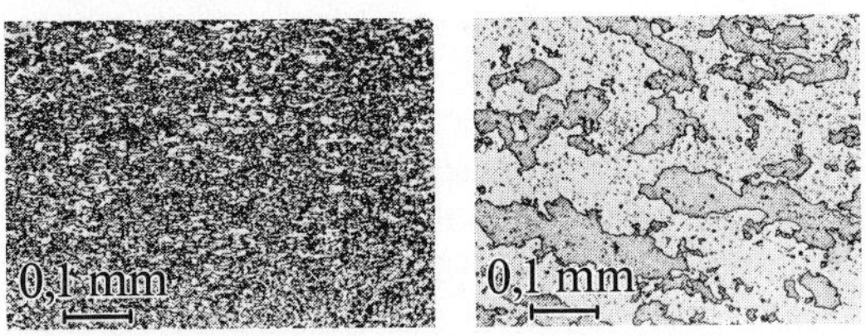

Bild 1.30 *Feinkörniges und grobkörniges Gefüge (AlCuMg)*

Die Korngröße wird beeinflußt durch Erstarrungs-, Umform- und Wärmebehandlungsprozesse. Dabei ist zu beachten, daß ein Korn grundsätzlich die Tendenz zum Wachsen hat, weil dadurch die Energie der Korngrenzen einem Minimalwert zustrebt.

Die Eigenschaften feinkörniger Werkstoffe sind im allgemeinen günstiger als die grobkörniger. Die im Verhältnis zum Volumen größere Korngrenzenfläche hat z. B. ein besseres Festigkeitsverhalten zur Folge (siehe S. 20 und 198). Feinkörnige Werkstoffe behalten auch bei Verformung eine bessere Oberfläche, bei grobkörnigen wird diese oft narbig (Bild 1.31).

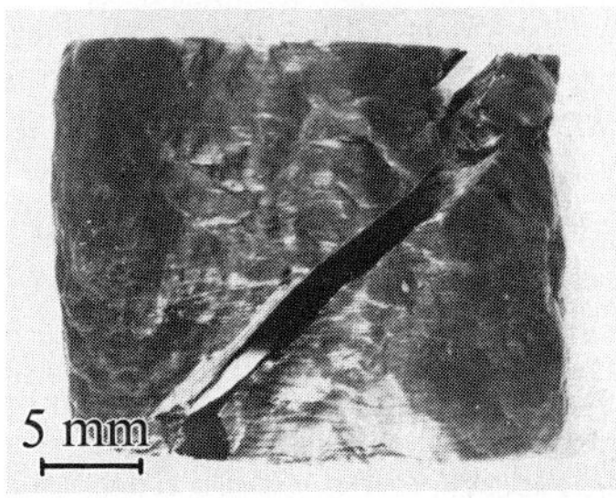

Bild 1.31 *Narbige Oberfläche einer Druckprobe aus grobkörnigem Messing*

1.1.4.2 Kornformen

Jeder Körper hat das Bestreben, eine möglichst kleine Oberfläche anzunehmen, um die zu deren Bildung erforderliche Energie gering zu halten. Das Korn strebt die Kugelform an, seine Gestalt ist i. a. **globular.**

Typisch für krz Metalle ist ein Gefüge, das aus kurvig begrenzten, zwillingsfreien Körnern besteht (Bild 1.32a). Das Gefüge von kfz Metallen besteht aus eckigen Körnern mit den für diese Werkstoffe typischen Zwillingen (Bild 1.32b).

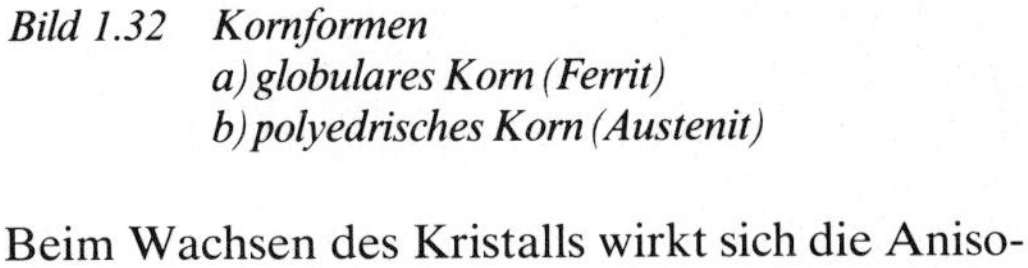

a) *b)*

Bild 1.32 *Kornformen*
a) globulares Korn (Ferrit)
b) polyedrisches Korn (Austenit)

Beim Wachsen des Kristalls wirkt sich die Anisotropie der Struktur aus: die Wachstumsgeschwindigkeit ist nicht in allen Richtungen gleich groß. Es entstehen z. B. *nadel- und plattenförmige Kristallite* oder auch **lamellare Gefüge** als dichte Folge von Nadeln oder Platten.

Die mehrfache Symmetrie, die z. B. beim kfz-Gitter vorliegt, bewirkt gleichartiges Wachstum in bestimmten Richtungen. Kann ein Kristall frei wachsen, weil er z. B. noch allseitig von Schmelze umgeben ist, so entsteht ein verzweigter Aufbau, den man als **Dendriten** oder *Tannenbaumkristall* bezeichnet. Bei *Legierungen* können Dendriten im Schliffbild nachgewiesen werden, weil die zuletzt zwischen den Zweigen erstarrende Restschmelze eine andere Zusammensetzung hat (siehe Bild 5.14 b, Seite 246).

Wachsen die Kristalle frei in einen Hohlraum hinein, so daß die Zwischenräume nicht ausgefüllt werden, werden die »Tannenbäume« auch bei einem *reinen Metall* deutlich sichtbar. Bild 1.33 zeigt Dendriten, die aus der Gasphase im Vakuum gewachsen sind.

Bild 1.33 Dendriten (REM-Aufnahme Dunger)

Zum Entstehen von Dendriten müssen neben den Wachstumsvoraussetzungen bestimmte Abkühlbedingungen gegeben sein (siehe S. 23). Bei anderen Bedingungen entstehen z. B. die parallel wachsenden **Stengelkristalle**.

1.2 Eigenschaften der Metalle

Die Bindung der Atome begründet eine Reihe von Eigenschaften der Metalle, wie auf S. 19 angedeutet. Es sind dies die gute elektrische und thermische Leitfähigkeit, sowie die gute plastische Verformbarkeit.

1.2.1 Elektrische und thermische Eigenschaften

1.2.1.1 Elektrische Leitfähigkeit

Die gute elektrische Leitfähigkeit der Metalle beruht auf der freien Beweglichkeit der Valenzelektronen. Damit diese Elektronen das Wirkungsfeld eines Atomrumpfes verlassen können, um in das Feld eines anderen zu gelangen, müssen sie aber einen anderen Energiezustand annehmen.

Betrachtet man ein einzelnes Atom, so können die Elektronen, die den Atomkern umgeben, sich nur auf konkreten Energieniveaus befinden. Jedem dieser Niveaus sind darüber hinaus jeweils nur maximal zwei Elektronen zugeordnet, die sich im Richtungssinn ihrer Eigenrotation, dem *Spin*, unterscheiden müssen.[1]

Nähern sich zwei Atome bis auf den kleinstmöglichen Gleichgewichtsabstand x_0 (siehe Bild 1.4), so geraten die einzelnen Elektronen zunehmend auch in den Wirkungsbereich des jeweils anderen Atomkerns. Die Folge davon ist, daß statt des einen Energieniveaus nunmehr zwei dicht beieinanderliegende Energiezustände für jedes Elektron möglich sind. Bild 1.34 zeigt schematisch die Verhältnisse für zwei Energieniveaus, wobei die Wechselwirkung zwischen den beiden Atomen sich auf dem äußeren, höheren Niveau stärker ausprägt.

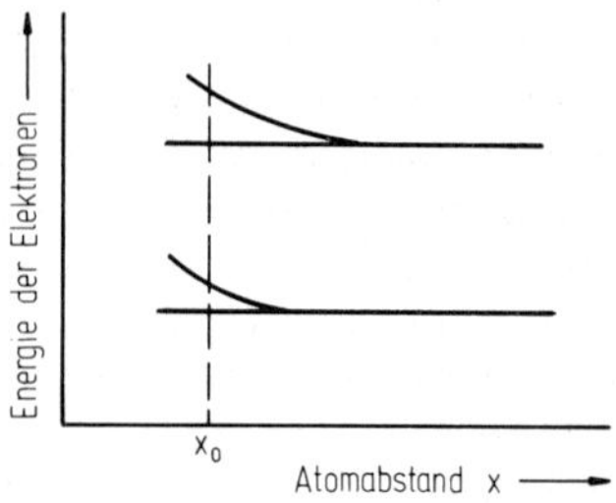

Bild 1.34 Aufspaltung des Energieniveaus von Elektronen eines Atoms in der Nähe eines zweiten Atoms (schematisch)

Im festen Körper sind viele Atomabstände zwischen x_0 und sehr großen Werten möglich, so daß sich auch viele Zwischenzustände der Wechselwirkung ergeben. Es liegen keine Aufspaltungen in jeweils zwei konkrete Energiewerte vor, sondern es entstehen Energiebänder mit vielen dicht gestaffelten Niveaus. Für die elektrische Leitfähigkeit sind die beiden äußersten Energiebänder maßgebend: das letzte noch mit zwei Elektronen besetzte **Valenzband** und das darüber liegende **Leitungsband**.

[1] Genau genommen stellt der unterschiedliche Spin der beiden Elektronen bereits zwei verschiedene Energiezustände dar.

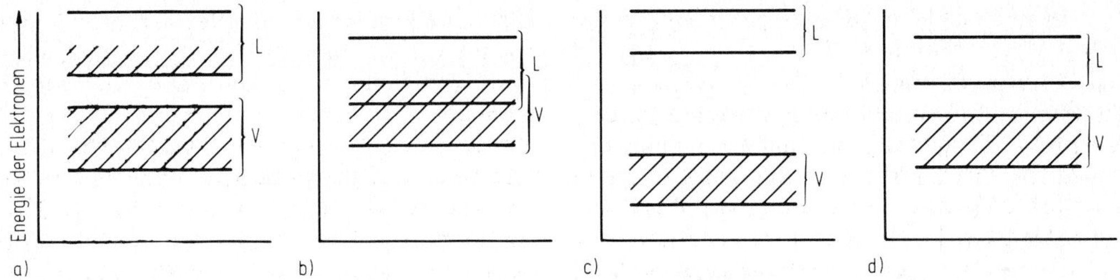

Bild 1.35 Anordnung der beiden äußeren Energiebänder a) einwertiges Metall b) zweiwertiges Metall c) Nichtleiter (Isolator) d) Halbleiter

L = Leitungsband, V = Valenzband

Metalle zeichnen sich durch eine *besonders gute Leitfähigkeit* dann aus, wenn sie nur ein Elektron in ihrer äußersten Schale haben, das Leitungsband also nur zur Hälfte gefüllt ist (Bild 1.35a). Dieser Fall liegt z. B. bei Kupfer und Silber vor. Bei zweiwertigen Metallen läßt sich die Leitfähigkeit dadurch erklären, daß das Valenzband infolge der Wechselwirkungen so breit ist, daß es bis in das Leitungsband hineinreicht (Bild 1.35b). In beiden Fällen können Elektronen benachbarter Atome leicht die noch freien Energiezustände im Leitungsband annehmen, wodurch sich ein ständiger, wenn auch regelloser Austausch von Elektronen zwischen den Atomen ergibt. Das Anlegen einer elektrischen Spannung gibt diesem Austausch eine Richtung: es fließt ein Strom.

Die Bilder 1.35 c und d zeigen ergänzend die Verhältnisse bei einem *Isolator* und einem *Halbleiter*. Beide Male ist das Leitungsband leer und von dem Valenzband durch einen Energiebereich getrennt, in dem sich Elektronen nicht befinden können. Ist diese *verbotene Zone* groß, so liegt ein Isolator vor (Bild 1.35c). Bei einem Halbleiter ist die verbotene Zone so schmal, daß Elektronen durch Zufuhr von Energie, z. B. Wärme, vom Valenzband in das Leitungsband übergehen können.

Elektronen, die unter der Wirkung einer elektrischen Spannung den Bereich eines Atoms verlassen, bewegen sich immer um eine größere Anzahl von Atomabständen, bevor sie wieder in den Wirkungsbereich eines anderen Atoms gelangen und dort verbleiben. Störungen im Gitteraufbau des Metalles haben zur Folge, daß diese *freie Weglänge* reduziert wird. Aus diesem Grund ist die Leitfähigkeit geringer bei kaltverfestigten Metallen, infolge der höheren Versetzungsdichte, und bei Metallen mit Beimengungen (Verunreinigungen und Legierungselemente), infolge der Fremdatome im Gitter (Bild 1.36).

Auch die Zunahme des Widerstandes mit zunehmender Temperatur läßt sich auf eine Verringerung der freien Weglänge zurückführen. Die größere Schwingungsamplitude der Atome bei höheren Temperaturen führt eher zu einem »Zusammenstoß« zwischen einem sich bewegenden freien Elektron und einem Atom.

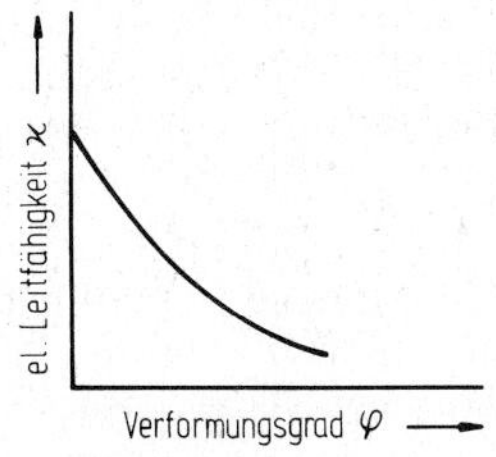

Bild 1.36 Abminderung der Leitfähigkeit durch Kaltverformung (schematisch)

1.2.1.2 Wärmeleitfähigkeit

Die gute Wärmeleitfähigkeit der Metalle beruht ebenso wie die elektrische Leitfähigkeit auf dem Vorhandensein und der Beweglichkeit der freien Elektronen. Zwei Erscheinungen sind es, mit denen sich diese Art des Wärmetransports begründen läßt:

Die Wärmeleitfähigkeit nimmt ebenfalls mit zunehmender Temperatur ab. Dies ist ein Zeichen dafür, daß andere Möglichkeiten des Wärmetransports, nämlich eine Weitergabe des Impulses der Wärmeschwingungen, von untergeordneter Bedeutung sind.

Zum anderen besteht bei gleicher Temperatur zwischen dem Wert der Wärmeleitfähigkeit und dem der elektrischen Leitfähigkeit ein Zahlenverhältnis, das für die Mehrzahl der Metalle mit hinreichender Genauigkeit als gleich und damit konstant angesehen werden kann (WIEDEMANN-FRANZsches-Gesetz).

1.2.1.3 Magnetismus

Magnetische Eigenschaften stellen keine Besonderheit der Metalle dar. Die Bedeutung, die dem Magnetismus in der Technik zukommt, erfordert aber hier auch ein Eingehen auf die Ursachen dieser Stoffeigenschaften.

Die Ursachen der magnetischen Erscheinungen liegen ebenfalls im Aufbau der Atome begründet. Die Umlaufbewegungen der Elektronen um den Atomkern und auch ihre Eigenrotation, ihr **Spin,** stellen kreisende Ströme dar, die entsprechende magnetische Felder erzeugen. Normalerweise heben sich diese Felder gegenseitig auf, so daß sich der Stoff äußerlich magnetisch neutral verhält.

Erst durch ein starkes äußeres magnetisches Feld werden die Elektronenströme so beeinflußt, daß es zu einer teilweisen Ausrichtung der inneren Felder und damit zu einer magnetischen Wirkung des Stoffes kommt. Dabei müssen zwei Erscheinungen unterschieden werden. Im ersten Fall wirkt das innere Feld dem äußeren entgegen und schwächt dieses geringfügig. Diese Erscheinung wird als **Diamagnetismus** bezeichnet. Diamagnetische Stoffe sind z. B. Wasser, Kupfer und Silber. Im anderen Fall wird das äußere Feld geringfügig verstärkt, was sich auch in einer minimalen Anziehung des Stoffes äußert. Solche Stoffe werden als **paramagnetisch** bezeichnet. Beispiele sind Luft, Aluminium und Chrom.

Eine Sonderform des Paramagnetismus, auf der die technische Bedeutung magnetischer Stoffeigenschaften beruht, ist der **Ferromagnetismus.** Ferromagnetische Stoffe bewirken eine vielfache Verstärkung eines äußeren Feldes und werden von diesem stark angezogen. Die Elektronenströme werden durch das äußere und insbesondere das innere Feld dabei so stark beeinflußt, daß auch nach Wegnahme des äußeren Feldes der magnetisierte Zustand erhalten bleiben kann. Zu den ferromagnetischen Stoffen gehören in erster Linie Eisen, Nickel und Kobalt.

In den Kristalliten ferromagnetischer Werkstoffe befinden sich immer größere Bereiche im magnetisch ausgerichteten Zustand **(WEISSsche Bezirke),** deren magnetische Felder sich jedoch meist gegenseitig aufheben (Bild 1.37). Durch die Wirkung eines äußeren Feldes werden die Übergangszonen zwischen den WEISSschen Bezirken, die **BLOCHwände,** so verschoben, daß die Bezirke vergrößert werden, deren Felder einen günstigen Winkel zum äußeren Feld bilden (**Bild** 1.38).

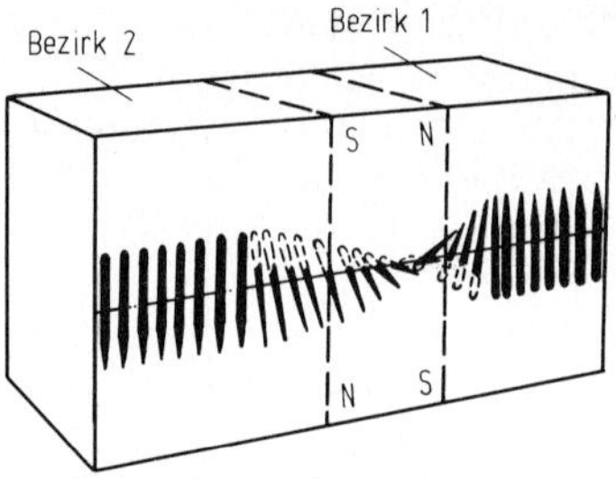

Bild 1.37 *Schematische Darstellung der WEISSschen Bezirke und der BLOCHwände durch Magnetnadeln*

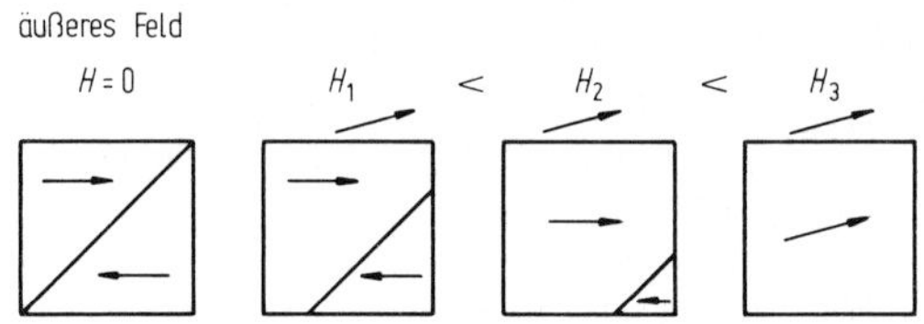

Bild 1.38 *Verschiebung der BLOCHwände und Drehung des inneren Feldes durch ein äußeres Feld H*

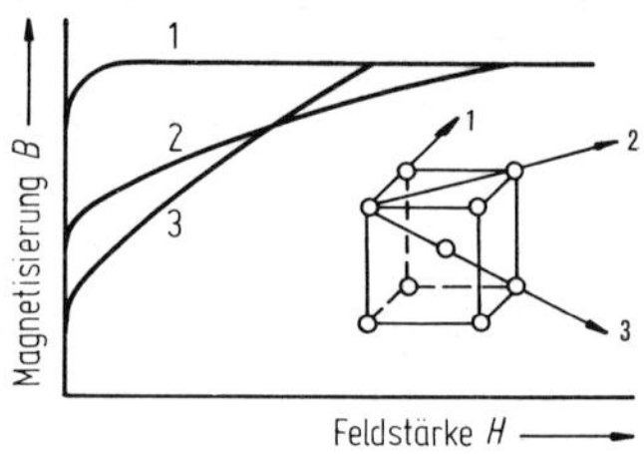

Bild 1.39 *Anisotropie der Magnetisierungskurven von Eisen*

Ferromagnetische Eigenschaften sind stark anisotrop (**Bild** 1.39). Für die technische Anwendung ferromagnetischer Werkstoffe bedeutet dies die Möglichkeit, die magnetischen Eigenschaften gezielt zu beeinflussen. Bekanntestes Beispiel ist die GOSS-*Textur* von Transformatorblechen. Durch einen besonderen Walz- und Glühprozeß wird erreicht, daß in allen Körnern die Würfelkanten des krz-Gitters in einer Richtung parallel zueinander sind (siehe Bild 1.77). Die Folge ist ein minimaler Energieverlust bei der ständigen Ummagnetisierung, wenn das Feld des Transformators ebenfalls parallel zu diesen Würfelkanten verläuft.

Ferromagnetische Eigenschaften sind nur bis zu einer Höchsttemperatur, der CURIE-Temperatur, vorhanden. Darüber wird eine Ausrichtung der inneren Felder infolge der Intensität der Wärmeschwingungen der Atome unmöglich, die Stoffe verhalten sich dann paramagnetisch. Die CURIE-Temperatur beträgt bei Eisen 1041 K (768 °C), bei Nickel 631 K (358 °C) und bei Kobalt 1403 K (1130 °C).

1.2.2 Mechanische Eigenschaften

Die mechanischen Eigenschaften der Metalle sind nicht nur von der Struktur, sondern in starkem Maße auch vom Gefüge, d. h. auch von Korngröße und Kornform abhängig. Die wichtigsten mechanischen Eigenschaften sind die Verformbarkeit und die Festigkeit, von denen wiederum das Bruchverhalten abhängig ist.

1.2.2.1 Elastische und plastische Verformung

Wie im Kapitel Werkstoffprüfung gezeigt wird, unterscheidet man makroskopisch zwei Arten der Verformung: Längenänderungen *(Dehnungen)* und Winkeländerungen *(Schiebungen)*. In der Gitterstruktur sind nur letztere möglich. Eine Längenänderung im Gitter, d. h. eine Abstandsänderung der Atome, erfordert so hohe Kräfte, daß der Bruch einträte, weil das Maximum der atomaren Bindungskräfte, die *Kohäsionskraft* F_K (siehe Bild 1.4), überschritten wird.

Bezieht man die für die Verformung erforderliche Kraft auf ihre Wirkungsfläche, so erhält man als spezifische Größe die mechanische **Spannung.** Bei Gleitverformungen heißt sie *Schubspannung* τ. Aus den Gesetzmäßigkeiten der Mechanik läßt sich herleiten, daß bei jeder äußeren Belastung in den einzelnen Schnittebenen, die durch den Werkstoff gelegt werden können, Schubspannungen unterschiedlicher Größe auftreten. So entsteht z. B. bei Angriff einer Zugkraft in den Ebenen, die einen Winkel von 45° zu dieser Kraft haben, eine maximale Schubspannung, die halb so groß ist, wie die äußere Zugspannung σ_z (Bild 1.40).

Die Schubspannungen erzeugen auf gleitfähigen Gitterebenen Gleitverformungen. Hinsichtlich der Wirkung der Schubspannungen muß man zwei Erscheinungen der Verformung unterscheiden. Kleine Schubspannungen führen nur zu einer

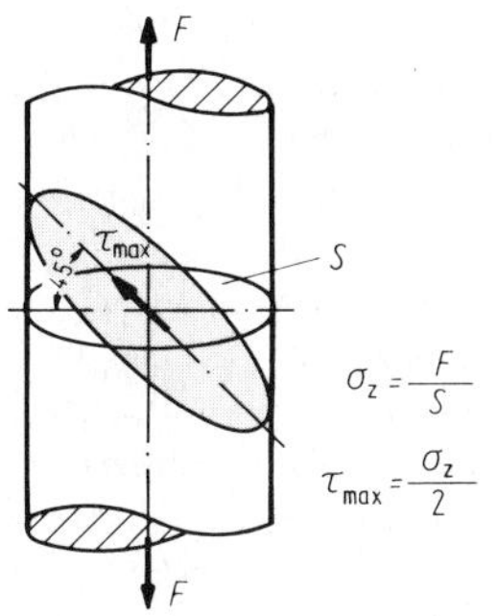

Bild 1.40 Normal- und Schubspannung bei einachsiger Zugbeanspruchung

Winkeländerung des Gitters. Wird die Spannung wieder zu Null, so verschwindet auch die Verformung, sie war **elastisch** (Bild 1.41b)

Überschreitet die Schubspannung (und damit die Winkeländerung des Gitters) einen kritischen Wert τ_0, so geraten die Atome einer Gitterebene in das Wirkungsfeld des jeweils nächsten Atoms der benachbarten Gitterebene und bewegen sich dadurch sprunghaft auf den nächsten Gitterplatz. Diesen Platz behalten sie auch nach Wegnahme der Spannung: die Verformung ist bleibend oder **plastisch** (Bild 1.41c).

Diese stark vereinfachende Darstellung und das Bild 1.41c beschreiben aber nur den Endzustand der plastischen Verformung. Zum Abgleiten ungestörter ganzer Gitterebenen wäre nämlich eine theoretische Spannung $\tau_{th} \approx G/30$ erforderlich. Die wirklich gemessenen Spannungen zur Einleitung plastischer Verformungen betragen aber nur 1/10 000 bis 1/100 dieses Wertes. Für α-Eisen beträgt z. B. der theoretische Wert $\tau_{th} \approx 2000$ N/mm², der gemessene Wert $\tau_0 \approx 10$ N/mm². Der Vorgang der plastischen Verformung muß folglich anders ablaufen, wobei die Versetzungen eine wesentliche Rolle spielen.

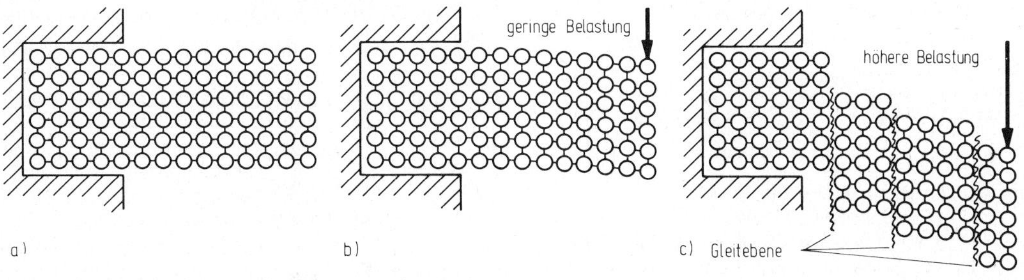

Bild 1.41 Verformung eines Biegestabes (schematisch)
a) unverformt *b) elastisch verformt* *c) elastisch und plastisch verformt*

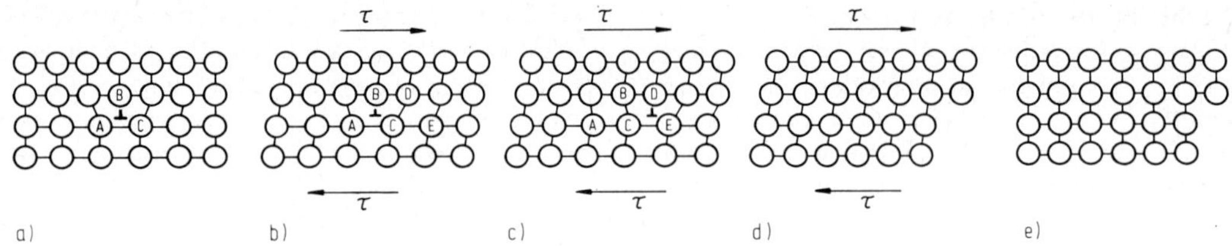

Bild 1.42 *Plastische Verformung durch Versetzungsbewegung*
a) unverformter Gitterausschnitt mit Versetzung ⊥
b) Verformung durch Schubspannung
c) Verschiebung der Versetzung ⊥ um einen Atomabstand
d), e) durchgelaufene Versetzung hat an der Oberfläche zu Stufenbildung geführt

1.2.2.2 Mechanismen der plastischen Verformung

Bild 1.42 a zeigt einen Ausschnitt aus einer Gitterebene mit einer Stufenversetzung ⊥. Die Atomabstände AB und BC sind gleich, so daß ein Gleichgewicht der Bindungskräfte vorliegt.

Durch eine Schubspannung τ wird das Gitter verzerrt. Der Abstand AB ist nicht mehr gleich dem Abstand BC (Bild 1.42 b), das Gleichgewicht ist gestört. Die Störung bewirkt eine geringfügige Verlagerung der Atome, als deren Folge aber die Atome CDE (Bild 1.42 c) die gleiche Lage zueinander einnehmen, wie sie eben noch die Atome ABC hatten. Da bei weiterhin anliegender Spannung die Störung des Gleichgewichtes der Bindungskräfte erhalten bleibt, wandert die Versetzung weiter, bis sie die freie Oberfläche des Kristalls erreicht und dort eine Stufe bildet (Bild 1.42 d und e) oder auf ein Hindernis (z. B. eine Korngrenze) stößt.

Einen bildhaften Vergleich für die durch die **Versetzungsbewegung** erzeugte Abgleitung von Kristallteilen ergibt die leichte Verschiebbarkeit eines Teppichs durch eine weitergeschobene Falte (Bild 1.43).

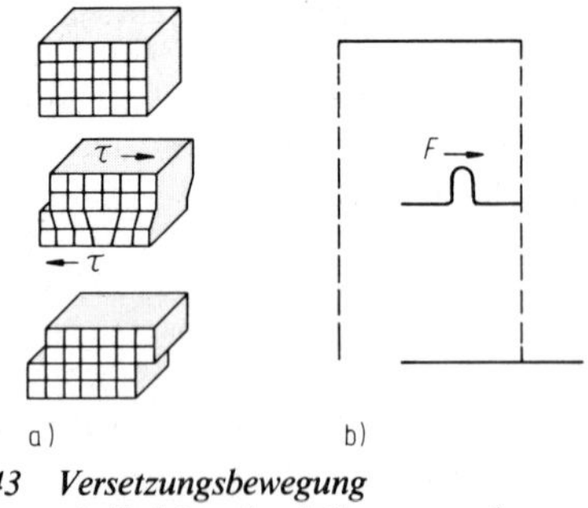

Bild 1.43 *Versetzungsbewegung*
a) Abgleiten durch Versetzungsbewegung
b) Verschieben eines Teppichs durch Weiterschieben einer Falte

Die Spannung, die zum Bewegen einer Versetzung erforderlich wäre, ist nun u. U. wiederum um mehrere Zehnerpotenzen kleiner als die gemessenen Werte τ_0. Ursache für diesen scheinbaren Widerspruch sind die immer vorhandenen weiteren Fehlstellen im Gitter, durch die die Bewegung der Versetzungen behindert wird. Um auf den Vergleich mit der Teppichfalte zurückzukommen: die Fehlstellen im Gitter wirken z. B. wie die Beine eines Tisches, der auf dem Teppich steht.

Die Stufenbildung an der freien Oberfläche führt zur Bildung von **Gleitlinien** und **Gleitlinienbändern** (Bild 1.44). Diese sind Ursache des häufig zu beobachtenden Mattwerdens ursprünglich glänzender Metalloberflächen bei plastischer Verformung, insbesondere von grobkörnigen Werkstoffen (siehe Bild 1.31).

Bild 1.50 *Gleitlinienbänder im Mikrogefüge von Kupfer*

Durch Anlagern von Leerstellen können Versetzungen auch ihre Gleitebene verlassen (Bild 1.45). Dieses **Klettern** erfolgt wegen der höheren Leerstellendichte in erster Linie bei höheren Temperaturen *(Kriechvorgang)*.

Eine weitere Möglichkeit der plastischen Verformung besteht darin, daß Gitterbereiche in eine andere Orientierungsrichtung umklappen. Es bilden sich **Verformungszwillinge** (Bild 1.46).

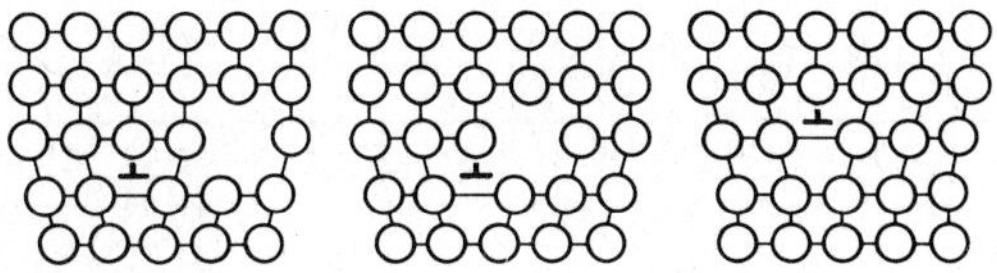

Bild 1.45 Klettern einer Stufenversetzung durch Anlagern einer Leerstelle

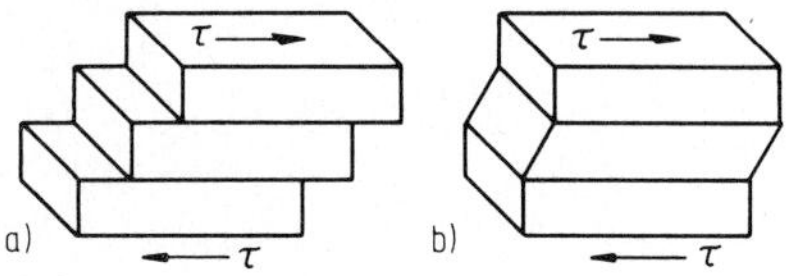

Bild 1.46 Plastische Verformung
a) Gleitung b) Zwillingsbildung

1.2.2.3 Verformbarkeit, Gleitsysteme

Die Verformbarkeit von Metallen ist eine Eigenschaft, die besonders stark anisotrop ist. Die Bewegung von Versetzungen kann nicht auf allen Gitterebenen gleich leicht erfolgen, sondern es gleiten im allgemeinen nur solche Gitterebenen aufeinander, die am dichtesten mit Atomen besetzt sind. Aus der Anordnung der Atome in Bild 1.47 wird deutlich, daß zur Bewegung von Versetzungen auf dichtest gepackten Ebenen geringere Spannungen erforderlich sind als auf Ebenen weniger dichter Atompackung.

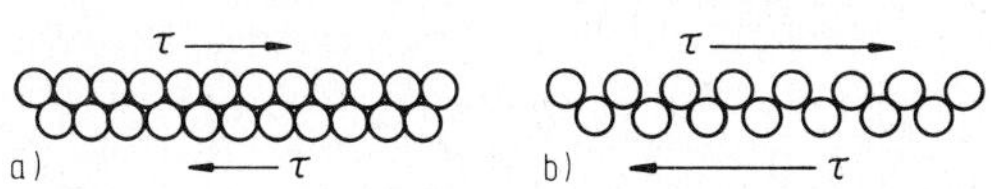

Bild 1.47 Gleitbewegung auf Ebenen verschiedener Packungsdichte
a) hohe Packungsdichte, geringe Schubspannung
b) geringe Packungsdichte, hohe Schubspannung

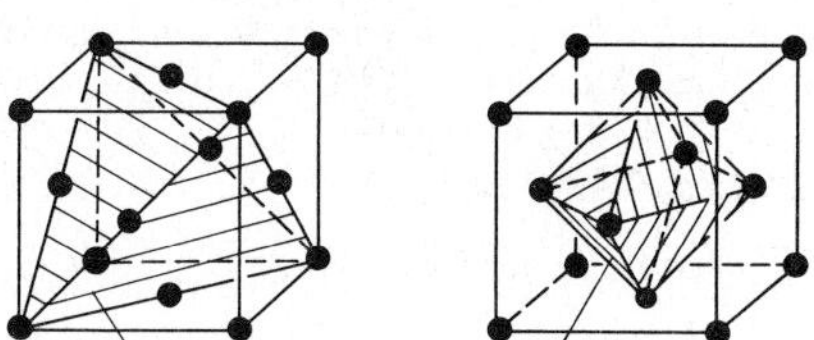

Bild 1.48 Gleitebenen im kfz-Gitter
a) Tetraederebenen b) Oktaederebenen
(beide Systeme sind gleichbedeutend)

Am Beispiel der dichtesten Kugelpackung werden hier zudem die Unterschiede zwischen den verschiedenen Gittertypen sichtbar. In der Elementarzelle eines kfz-Gitters gibt es vier verschiedene (dichtest besetzte) **Gleitebenen,** die ein Tetraeder bilden, das von den Flächendiagonalen begrenzt wird (Bild 1.48). Dagegen hat das hdP-Gitter nur eine Gleitebene, nämlich die Basisebene der sechseckigen Säule (Bild 1.49). Den unterschiedlichen Möglichkeiten entsprechend werden hier auch die Begriffe *Oktaedergleitung*[1] und *Basisgleitung* verwendet.

In beiden Gittersystemen liegen die Atome der dichtest besetzten Ebenen in den Dreierlücken der parallelen Ebenen, so daß sich für die Gleitbewegungen grundsätzlich drei *Richtungen* anbieten (Bild 1.50). Diese Richtungen sind nicht zwangsläufig identisch mit dem Tal zwischen zwei Atomen. Hier müssen die weiteren Atome in der Gitterebene und die Lage der benachbarten Ebenen berücksichtigt werden, wodurch sich andere resultierende Richtungen ergeben.

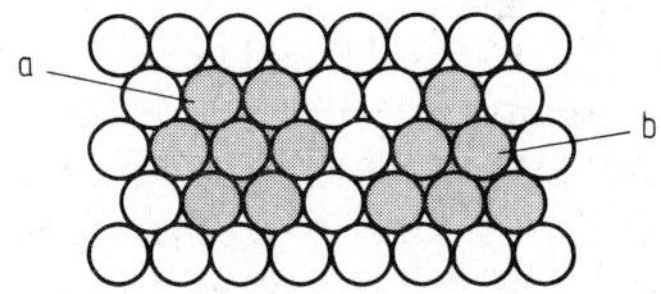

Bild 1.49 Dichtest besetzte Gleitebenen
a) Basisfläche im hdP-Gitter
b) Tetraederfläche im kfz-Gitter

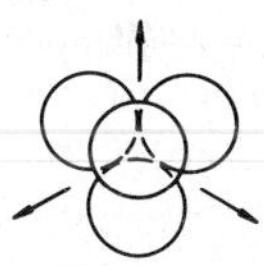

Bild 1.50 Gleitrichtungen bei dichtester Kugelpackung

Eine Gleitebene mit einer Gleitrichtung ergibt ein **Gleitsystem.** Demnach hat das kfz-Gitter bei 4 Gleitebenen mit je 3 Richtungen 12 Gleitsysteme, das hdP-Gitter dagegen nur 3. Dieser Unterschied ist die primäre Ursache für die relativ schlechte Verformbarkeit hexagonaler Werkstoffe gegenüber kubisch-flächenzentrierten. Aus diesem Grunde gibt es z. B. viele *Knetwerkstoffe,* die Aluminium oder Kupfer als Basismetall enthalten, während Zink- oder Magnesiumlegierungen fast ausschließlich *Gußwerkstoffe* sind.

Wegen der einsetzenden Verfestigung ist das Gleiten auf den einzelnen Gleitsystemen innerhalb eines Korns nur

[1] Die Oktaederfläche stellt die kleinste Einheit der Gleitebene dar.

beschränkt möglich. Für eine hohe Gesamtverformung, die die *Verformungsfähigkeit* des Werkstoffes wiedergibt, müssen möglichst viele Gleitsysteme in möglichst vielen Kristalliten arbeiten.
Beim kfz-Gitter ist die Wahrscheinlichkeit viel höher, daß Gleitsysteme in einem günstigen Winkel zur maximalen Schubspannung liegen. Es können nämlich selbst unter ungünstigsten Bedingungen in jedem Kristalliten bis zu 9 Gleitsysteme aktiviert werden. Außerdem können sich Gleitebenen durch Zwillingsbildung in einen günstigeren Winkel zur maximalen Schubspannung umordnen. Im hexagonalen Werkstoff werden hingegen einige Kristallite gar nicht verformt, weil parallel zu ihren Basisebenen gegebenenfalls keine Schubspannungen auftreten.

1.2.2.4 Verfestigung

Bei der plastischen Verformung laufen die Versetzungen selten bis an die Oberfläche des Kristalls. Die naheliegende Vermutung, daß durch diesen Vorgang die Zahl der Versetzungen abnimmt, trifft also nicht zu. Das würde nämlich eine Abnahme der Gitterverspannung bedeuten. Die Erfahrung zeigt aber, daß die Metalle sich bei plastischer Verformung verfestigen. Es sind ständig höhere Spannungen erforderlich, um Versetzungen zu bewegen.
Im vielkristallinen Metall wird die weitere Bewegung durch *Hindernisse* verhindert oder zumindest behindert. Solche Hindernisse sind in erster Linie die Korngrenzen mit ihrem hohen Energieinhalt. Die Versetzung wird vor der Korngrenze aufgehalten und bewirkt durch ihre abstoßende Kraft auf die nachfolgenden Versetzungen (siehe Bild 1.23) einen **Versetzungsaufstau,** wie er in Bild 1.51 dargestellt ist.

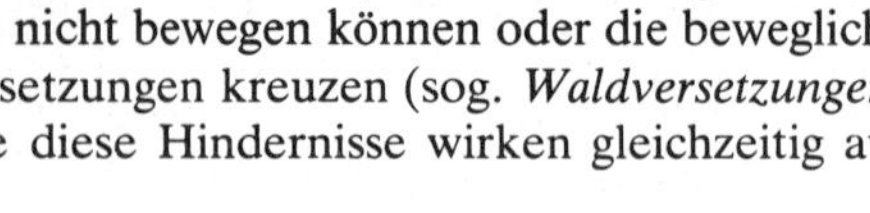

Bild 1.51 Versetzungsaufstau vor einem Hindernis

Andere Hindernisse sind z. B. Einschlüsse im Gefüge (Bild 1.52 u. 1.53) und Versetzungslinien, die sich nicht bewegen können oder die beweglichen Versetzungen kreuzen (sog. *Waldversetzungen*[1]). Alle diese Hindernisse wirken gleichzeitig auch

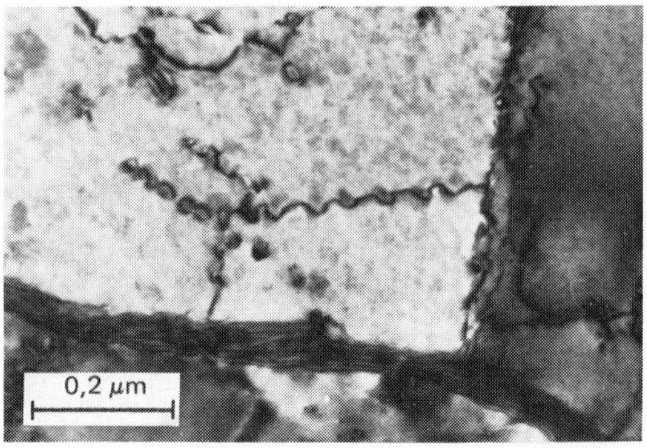

Bild 1.52 Versetzungslinie an Ausscheidungen in einem nitrierten Kohlenstoffstahl (IWT Bremen)

als Versetzungsquellen, d. h., sie erzeugen während der plastischen Verformung ständig neue Versetzungen. Der wichtigste Mechanismus ist die nachfolgend beschriebene **Frank-Read-Quelle** (Bild 1.54).

Eine Versetzung, die ja meist einen geschlossenen Linienzug bildet, sei nur zwischen den Punkten A und B beweglich, weil nur dieser Abschnitt in einer Gleitebene liegt (Bild 1.54a). Unter der Wirkung einer Schubspannung τ will sich die Versetzung bewegen, wird aber in den Punkten A und B festgehalten, weil der geschlossene Linienzug erhalten bleiben muß. Die Linie biegt sich durch (Bild 1.54b). Durch die gegenseitige Beeinflussung parallel verlaufender Abschnitte der Versetzungslinie kommt es schließlich über die in den Bildern 1.54c und d angedeuteten Zwischenstadien zu dem in Bild 1.54e dargestellten Zustand. Die in Bild 1.54d aufeinanderzulaufenden Teile der Versetzung heben sich gegenseitig auf, wodurch wieder die ursprüngliche Linie A–B und ein zusätzlicher Versetzungsring entstanden sind.
Da sich dieser Vorgang bei weiterhin anliegender Schubspannung wiederholt, erzeugt eine solche Quelle ständig neue Versetzungsringe. Es ist somit erklärlich, warum in einem kaltverformten Metall die Versetzungsdichte um Zehnerpotenzen größer ist als in einem unverformten. Die Versetzungsringe reagieren wiederum mit anderen Hindernissen oder mit Ringen, die in weiteren Quellen erzeugt werden. Dadurch bilden sich schließlich Netzwerke von Versetzungen, wie in Bild 1.22 gezeigt.

Die gegenseitige Beeinflussung der Versetzungen erfordert eine stetige Erhöhung der Spannungen zu ihrer Bewegung und Erzeugung. Der Widerstand gegen die plastische Verformung steigt, das Metall verfestigt sich. Die Abhängigkeit der erforderlichen Spannung von der Verformung wird durch die Fließkurve dargestellt.

[1] Man stelle sich die bewegliche Versetzung als eine Stange vor, die quer zu ihrer Längsachse transportiert wird. Die anderen Versetzungen behindern die Bewegung der Versetzung ebenso, wie ein Wald den Transport der Stange.

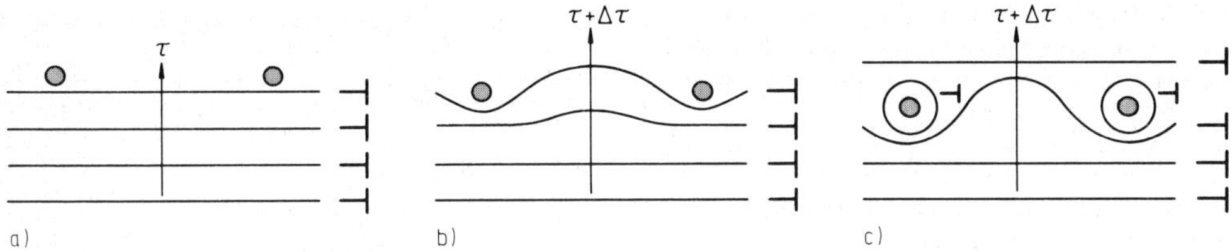

Bild 1.53 *Orowan-Mechanismus*
a) Versetzungsaufstau vor Teilchen
b), c) Umgehen der Teilchen durch Spannungserhöhung Δ τ und Zurücklassen von Versetzungsringen

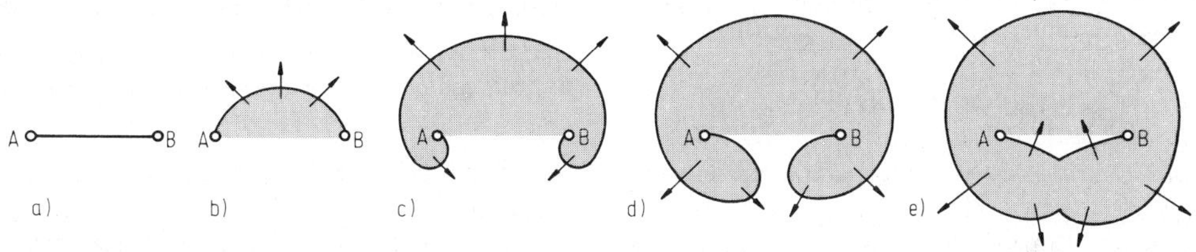

Bild 1.54 *Frank-Read-Quelle*
a) gleitfähiges Versetzungsteiltück A-B
b) bis e) Erzeugung eines Versetzungsringes und eines neuen Teilstückes A – B durch Erhöhung der Schubspannungen

1.2.2.5 Fließkurve

Bild 1.55a zeigt schematisch die **Fließkurve eines Einkristalls** mit kubisch-flächenzentriertem Raumgitter. Das Gebiet plastischer Verformungen ist in drei Teilbereiche I, II und III eingeteilt, in denen unterschiedliche Mechanismen wirksam sind.

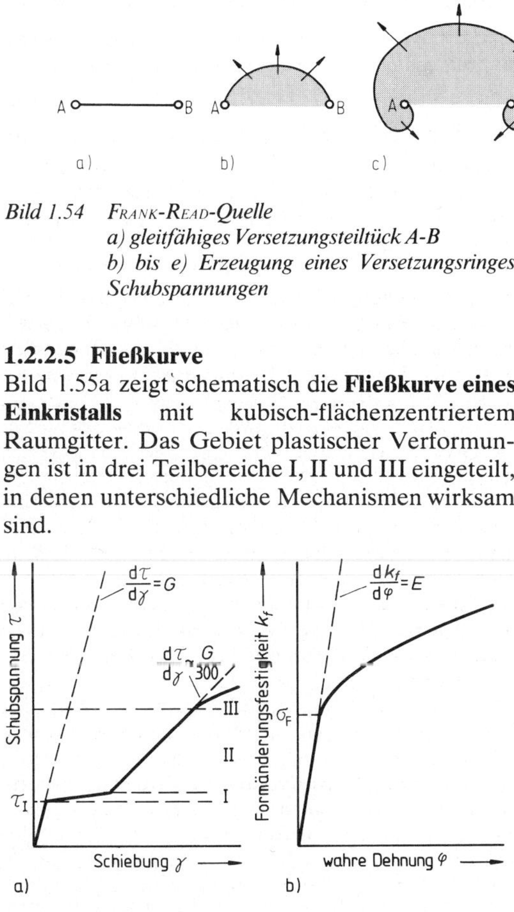

Bild 1.55 *Fließkurven*
a) kfz-Einkristall *b) vielkristallines Metall*

Für Spannungen $\tau < \tau_I$ ist die Verformung rein elastisch. Der Anstieg der elastischen Geraden ist gegeben durch den Schubmodul G des Metalles. Die *kritische Schubspannung* τ_I stellt die Spannung dar, bei der die ersten Abgleitungen um mindestens einen Atomabstand erfolgen. Wie bereits beschrieben, liegen die gemessenen Werte reiner Metalle für τ_I bei (0,01...10) N/mm^2, während die theoretischen Werte mit $\tau_{Ith} \approx G/30$ um mehrere Zehnerpotenzen höher sind.

Im *Bereich I* erfolgt die plastische Verformung ohne nennenswerte Verfestigung, weil noch *keine* Wechselwirkungen zwischen den Versetzungen bestehen.
Der anschließende *Bereich II* mit linearer Verfestigung entsteht durch *zunehmende* Wechselwirkung zwischen den Versetzungen. Der Anstieg der Geraden, der **Verfestigungskoeffizient,** ist mit $G/300$ wesentlich kleiner als der der elastischen Geraden. Die Festigkeitszunahme ist verbunden mit einer quadratischen Zunahme der Versetzungsdichte, d. h., die Spannungserhöhung ist proportional der Wurzel aus der Versetzungsdichte.
Im *Bereich III* nimmt der Verfestigungskoeffizient ab. Die Schubspannungen sind so hoch, daß die Versetzungen ihre Gleitebene verlassen und damit Hindernissen ausweichen können. Der Mechanismus dieses sog. *Quergleitens* soll hier nicht besprochen werden.

Technische Metalle sind fast immer vielkristallin. Die **Fließkurve eines Vielkristalles** wird üblicherweise als Normalspannung-Dehnung-Kurve aufgenommen (Bild 1.55b), wobei die Formänderungsfestigkeit k_f (= wahre Normalspannung, s. Seite 94) über der wahren Verformung (s. Seite 73) aufgetragen wird. Die *Fließspannung* σ_F[1] für das Einsetzen plastischer Verformungen setzt sich i. a. aus drei Bestandteilen zusammen:

$$\sigma_F = \sigma_0 + c_1 \cdot \sqrt{N} + c_2 \cdot \frac{1}{\sqrt{d}}.$$

$\sigma_0 = 3\ \tau_I$ ist die Spannung, die zur Bewegung von Versetzungen im Vielkristall erforderlich ist. Der Faktor 3 ergibt sich aus mechanischen Beziehungen und der regellosen Verteilung der Kristallachsen im Vielkristall, er gilt streng genommen nur für Vielkristalle mit unendlich großem Korn.

$c_1 \cdot \sqrt{N}$ berücksichtigt die Behinderung durch bereits vorhandene Versetzungen (N = Versetzungsdichte), $c_2/\sqrt{d}$ die Korngröße (d = mittl. Korndurchmesser). Die Proportionalitätsfaktoren c_1 und c_2 beinhalten Werkstoff, Temperatur, Verformungsart und -geschwindigkeit. Auf diese Einflüsse wird beim Spannung-Dehnung-Diagramm im Kapitel Werkstoffprüfung eingegangen.

1.3 Phasenumwandlungen

Die wichtigsten technischen Eigenschaften metallischer Werkstoffe werden im festen Zustand genutzt. Aber fast jeder Werkstoff durchläuft bei seinem Herstellprozeß Schmelz- und Gießvorgänge. Der „Urzustand" Gußgefüge wird in den meisten Fällen durch anschließende Verformungs- und/oder Wärmebehandlungen abgewandelt bzw. völlig beseitigt. Für das Verständnis der Werkstoffeigenschaften von Guß- und Knetwerkstoffen ist daher eine genauere Kenntnis der Erstarrungsvorgänge (Kristallisation) notwendig. Das Erstarrungsgefüge beeinflußt außerdem:
- *Umwandlungs-* und *Ausscheidungsvorgänge*, die bei Temperaturen *unterhalb des Schmelzpunktes* ablaufen und
- die mit einer *Wärmebehandlung* verbundenen *Gefügeänderungen*.

Der Übergang *flüssig/fest* wird als **Primärkristallisation,** das dabei entstehende Erstarrungsgefüge (Gußgefüge) als **Primärgefüge** bezeichnet. Durch thermische (z. B. Normalglühen) und thermomechanische (z. B. Warmformgebung) Behandlungen kristallisiert der Werkstoff im *festen Zustand* um, es entsteht das **Sekundärgefüge.**

[1] exaktere Definitionen siehe S. 93 ff.

1.3.1 Primärkristallisation bei reinen Metallen

1.3.1.1 Keimbildung

In der Schmelze befinden sich die Atome nicht mehr an ihren durch den Gitteraufbau vorgegebenen Plätzen, d. h. geometrisch wohlgeordnet, sondern in ständiger Bewegung in einem weitgehend ungeordneten Zustand. Beim Abkühlen wird durch Wärmeentzug der Energiegehalt geringer, bis bei Erreichen der Schmelztemperatur T_s die Erstarrung einsetzt.

Die Kristallisation der Schmelze beginnt an Kristallisationszentren (Keimen), an die sich die Atome der Schmelze bei weiterer Temperaturabnahme anlagern. Die Vorgänge lassen sich demnach durch die Teilvorgänge **Keimbildung** und **Kristallwachstum** beschreiben.

Keime sind feste, sehr kleine Partikel. Aus energetischen Gründen können nur die in der Schmelze befindlichen Partikel weiterwachsen, die eine bestimmte Größe überschritten haben. Exakt lassen sich die Vorgänge mit der freien Energie F beschreiben. Eine Reaktion kann dann selbständig ablaufen, wenn dadurch die freie Energie abnimmt. Durch die in der Schmelze entstehenden Partikel (»langsamere« Atome kristallisieren z. B. in der Schmelze) wird Kristallisationswärme frei, weil der feste Zustand einen geringeren Energiegehalt hat als der flüssige. Andererseits ist für die Bildung der Partikeloberfläche Energie erforderlich. Die Teilchen lösen sich also wieder auf, solange die Kristallisationswärme kleiner ist als die zum Bilden der Partikeloberfläche erforderliche Energie. Erst wenn eine der kritischen Keimgröße r_0 entsprechende Energie (Aktivierungsenergie) für die Keimbildung zur Verfügung gestellt wird, kann der Keim unter Abnahme der freien Energie wachsen. Das Kristallwachstum beginnt.

Erfolgt die Keimbildung in einer idealen, homogenen Schmelze, die keine schon vorgebildeten Keime (Karbide, Nitride, Oxide, andere feste Verbindungen) enthält, dann muß die Aktivierungsenergie dem Energiegehalt der Schmelze entnommen werden. Für diese **homogene Keimbildung** (Eigenkeime) ist eine *Unterkühlung* ΔT erforderlich. Die Schmelze erstarrt also nicht bei T_s, sondern erst bei $T = T_s - \Delta T$.

Bild 1.56 zeigt, warum eine Unterkühlung erforderlich ist. Bei kleinem Keimradius ist die freiwerdende Kristallisationswärme geringer als die zur Bildung der Keimoberfläche benötigte Oberflächenenergie. Kleine Keime lösen sich deshalb wieder auf, wenn keine Energie zugeführt wird. Erst wenn der Keim bis zu einem kritischen Radius r_0 gewachsen ist (Bild 1.56a), wird Energie bei weiterer Kristallisation frei. Die bis zum Erreichen der kritischen Keimgröße erforderliche Aktivierungsenergie ΔF_0 ist nur verfügbar, wenn die unterkühlte Schmelze einen ausreichenden Überschuß ΔF an freier Energie gegenüber dem kristallinen Zustand hat (Bild 1.56b).

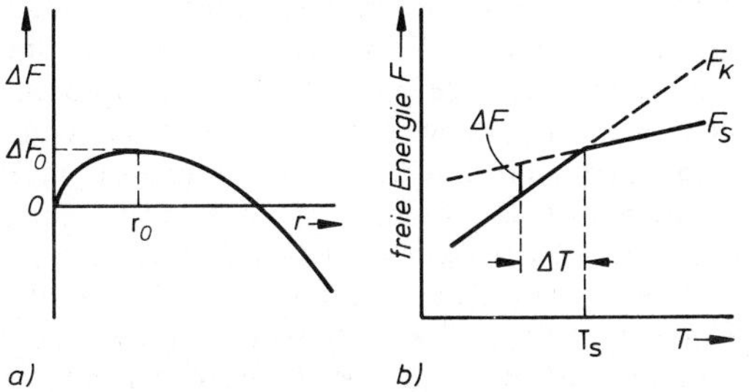

Bild 1.56 a) Energiebilanz wachsender Keime bei $T < T_s$ b) Freie Energie der Kristalle F_K und der Schmelze F_s in der Nähe der Schmelztemperatur T_s

Obwohl eine gewisse Unterkühlung für die Keimbildung wesentlich und notwendig ist, kann sie aus verschiedenen Gründen nicht beliebig vergrößert werden. Wohl nehmen mit zunehmender Unterkühlung ΔT die kritische Keimgröße und die Aktivierungsenergie für die Keimbildung ab, während die verfügbare Energie zunimmt, wodurch die Zahl der in der unterkühlten Schmelze in der Zeiteinheit gebildeten Keime *(Keimzahl K)* zunächst größer wird. Die für die Keimbildung notwendigen Diffusionsvorgänge verlaufen aber bei tieferen Temperaturen zunehmend träger, so daß die Keimzahl dann wieder abnehmen kann (Bild 1.57). Diese Erscheinung führt bei extrem hoher Abkühlgeschwindigkeit zur Erstarrung ohne Kristallisation, d. h. zur Bildung amorpher Stoffe. Auch amorphe Metalle (metallische Gläser) werden für spezielle Anwendungen, insbesondere in der Elektrotechnik, so erzeugt.
Die Korngröße des Primärgefüges hängt aber von K und der Wachstumsgeschwindigkeit der Kristalle W ab. Je größer (kleiner) die Keimzahl K und je kleiner (größer) die Wachstumsgeschwindigkeit W ist, desto feiner (gröber) ist das Primärkorn (Bild 1.57).
Die Keimzahl K läßt sich bei technischen Gußlegierungen weitgehend durch die Größe der Un-

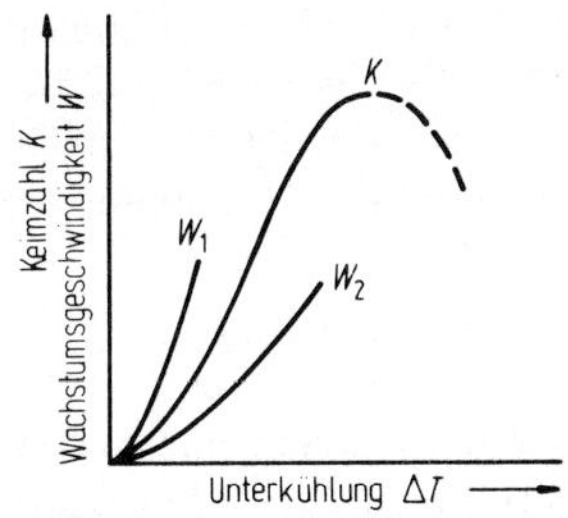

Bild 1.57 Einfluß der Unterkühlung ΔT metallischer Schmelzen auf die Keimzahl K und Wachstumsgeschwindigkeit W der Kristallite

terkühlung beeinflussen. Durch große Abkühlgeschwindigkeiten (Kokillenguß) wird die Kristallisationswärme schnell abgeführt, damit nehmen Unterkühlung und Keimzahl zu. Entgegengesetzte Verhältnisse findet man bei dem sehr langsam abkühlenden Sandguß.
Bild 1.58 zeigt zusammenfassend den Einfluß der Abkühlgeschwindigkeit v_{ab} auf die Unterkühlung ΔT von Metallschmelzen. Punkt a der Kurve kennzeichnet den Beginn der Keimbildung, d. h. der Kristallisation. Durch die freiwerdende Kristallisationswärme steigt die Temperatur bis zur Schmelztemperatur an. Die weitere Erstarrung erfolgt dann bei T_s und ist im Punkt b beendet. Bei extrem schneller Abkühlung kann die abgeführte Wärme größer werden als die Kristallisationswärme. In diesem Fall erstarrt die Schmelze bei der niedrigeren Temperatur T_s'.

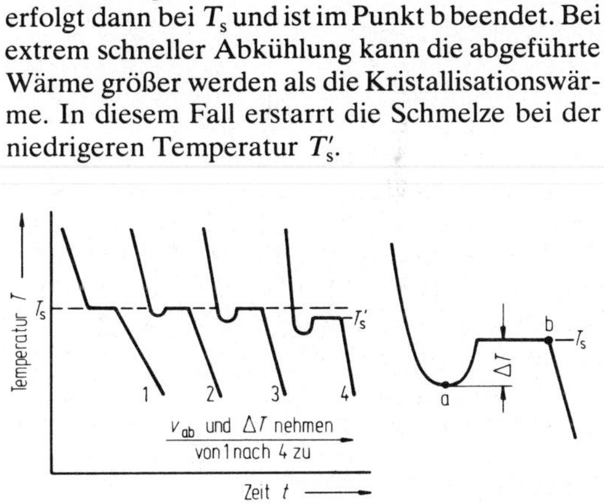

Bild 1.58 Einfluß der Abkühlungsgeschwindigkeit v_{ab} auf die Unterkühlung ΔT erstarrender Schmelzen

In metallischen Werkstoffen technischer Reinheit sind immer genügend »Oberflächen« **(heterogene Keimbildung)** in der Schmelze vorhanden, an denen die Kristallisation beginnen kann. Solche als Keime wirkenden »Oberflächen« können sein:
- Wand des die Schmelze aufnehmenden Gefäßes (z. B. Gußform)

- höherschmelzende Verbindungen (Karbide, Nitride, Oxide) oder Legierungsbestandteile.
- Zugabe von arteigenen oder artfremden Keimen kurz vor Erstarrungsbeginn der Schmelze (»Impfen« der Schmelze).

Das *Impfen* ist eine weitgehend empirisch begründete Methode. Die Wirksamkeit des zugegebenen »Kristallisators« läßt sich nur in wenigen Fällen wissenschaftlich genau erklären. Bei dem bekannten Beispiel der AlSi-Legierungen führt das Impfen mit Natrium (≈ 0,1 %) zu einer Schmelzenunterkühlung und damit zu der gewünschten feinkörnigen Ausbildung des Eutektikums.

1.3.1.2 Kristallwachstum

Bei den kubisch erstarrenden Metallen wächst der Kristall in bevorzugten Richtungen (senkrecht zur Würfelfläche) sehr schnell, in anderen Richtungen langsamer. Die sich daraus ergebende räumliche Anordnung der Kristalle wird als *Dendrit* bezeichnet (siehe S. 12). Genauere Untersuchungen zeigen aber, daß die Kristallisationsformen weitgehend von den Abkühlbedingungen abhängen.

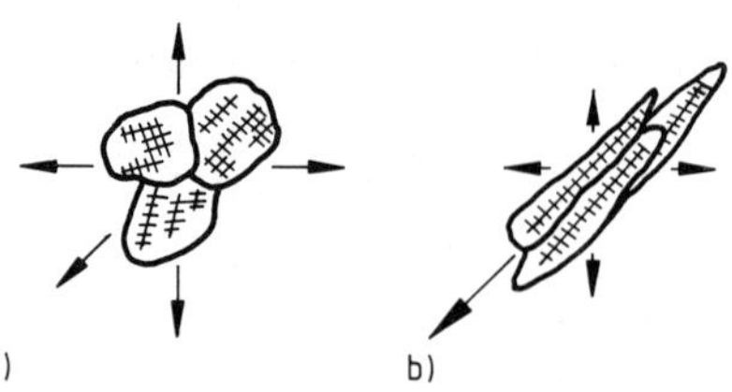

Bild 1.59 Auswirkung des Wärmeflusses auf die Ausbildung von Körnern (Kristalliten)
a) Wärmefluß in verschiedenen Richtungen annähernd gleichmäßig: globulares Korn
b) Wärmefluß bevorzugt in einer Richtung: Stengelkristalle

Kühlt die Schmelze annähernd gleichmäßig ab, entstehen rundliche *«äquiaxiale»* Körner: *Globulite.* Bei einer ungleichmäßigen (gerichteten) Wärmeabfuhr bilden sich längliche Kristallite: *Stengelkristalle* (Bild 1.59). In Tab. 1.2 sind die Erstarrungsvorgänge zusammenfassend in einer schematischen Übersicht dargestellt.

1.3.2 Primärkristallisation bei Legierungen

Legierungen und technisch »reine« Metalle bestehen mindestens aus 2 Atomsorten. Für die besonderen Erstarrungsvorgänge bei diesen Werkstoffen ist die **konstitutionelle Unterkühlung** von großer Bedeutung. Hier treten an der Erstarrungsfront Entmischungserscheinungen auf. Die ersten kristallisierenden Mischkristalle (Bild 1.60a) haben einen sehr viel geringeren B-Gehalt (c_1) als die Schmelze (c_0). An der Phasengrenze flüssig/fest entsteht eine Entmischung: Durch die Bildung der Mischkristalle reichert sich die Schmelze mit B-Atomen an (Bild 1.60b). Die über dem B-Gehalt der Legierung (c_0) liegende Schmelzenschicht hat eine mit zunehmendem B-Gehalt abnehmende Erstarrungstemperatur T_{Li}. Ihren Verlauf zeigt Bild 1.60c. Bis zum Schnittpunkt der wahren Temperaturkurve T_{Real} mit der tatsächlichen Erstarrungstemperatur ist also eine unterkühlte Schmelzenschicht (Δx) vorhanden. Man bezeichnet diese auf der Schmelzenentmischung beruhende Erscheinung als *konstitutionelle Unterkühlung.*

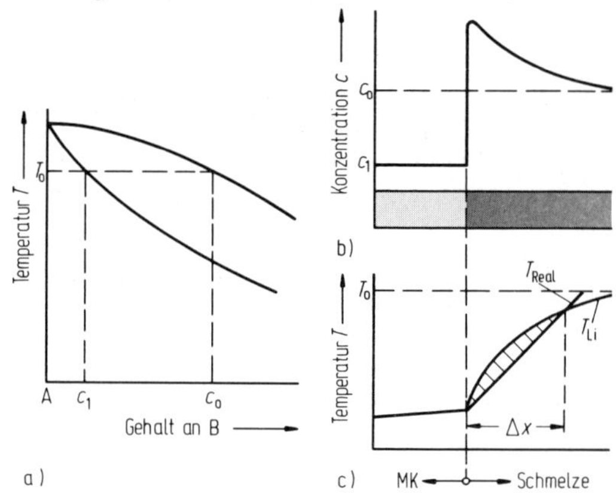

Bild 1.60 Vorgänge bei der konstitutionellen Unterkühlung metallischer Schmelzen (schematisch)

Je nach der Größe des konstitutionell unterkühlten Bereiches, der vom Temperaturgradienten in der Schmelze abhängt, entstehen prinzipiell unterschiedliche Erstarrungsstrukturen mit erheblich voneinander abweichenden Eigenschaften. Wird die Wärme so schnell abgeleitet, daß kein unterkühlter Schmelzenbereich vorhanden ist (Tab. 1.3a), dann entsteht eine *ebene Erstarrungsfront.* Schneller wachsende Kristalle kämen in Bereiche höherer Temperatur, wodurch die Kristallisationsgeschwindigkeit sofort wieder abnimmt. Hierauf beruht eine Methode, Einkristalle herzustellen: *Ein* Keim wird mit der Kristallwachstumsgeschwindigkeit aus der Schmelze ge-

Tab. 1.2: Erstarrungsvorgänge (schematische Übersicht)

Keimbildung	Kristallwachstum	
	Beginn	Ende
a) 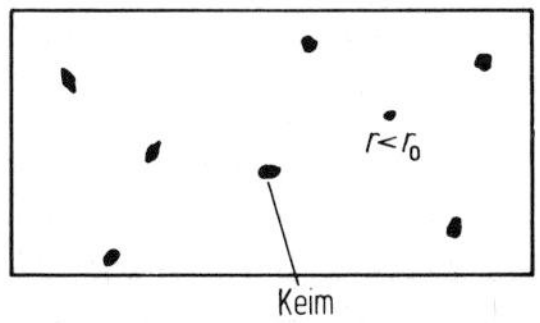	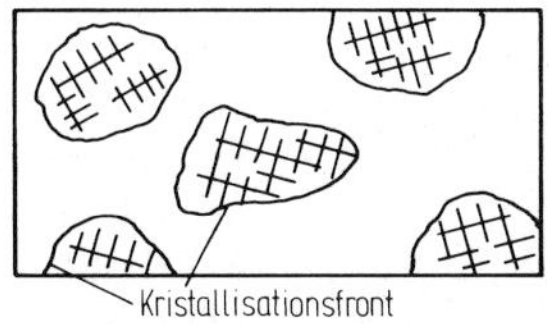	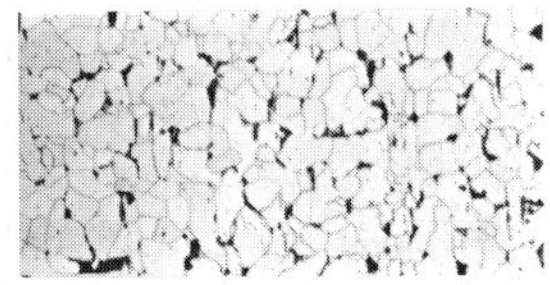
Grobkörniger Werkstoff		
b) 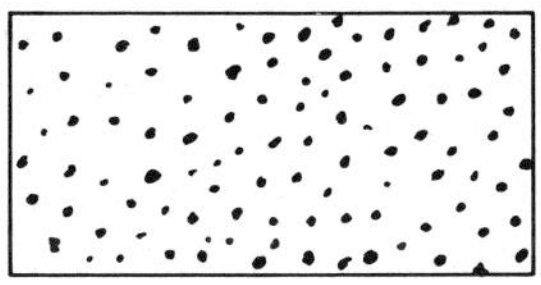	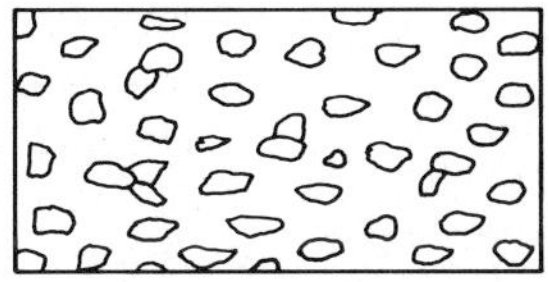	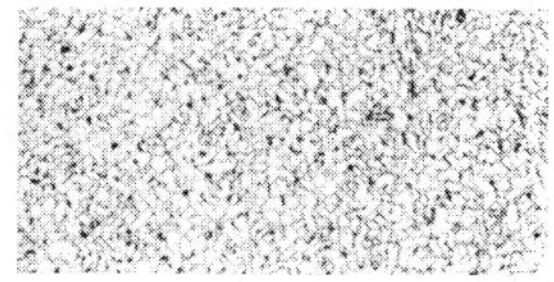
Feinkörniger Werkstoff		
Keime sind Kristallisationskerne, die homogen oder heterogen als Eigen- oder/und Fremdkeime erzeugt werden. Stabil nur, wenn $r > r_0$. Größere Abkühlgeschwindigkeiten und/oder zugesetzte Fremdkeime erhöhen Keimzahl und führen zu feinkörnigem Gefüge.	Erstarrung beginnt an den Keimen. Vor der Kristallisationsfront werden in Schmelze nicht lösbare Verbindungen/Atome und niedrigschmelzende Bestandteile – meist Verunreinigungen – hergeschoben. Bei kubisch kristallisierenden Metallen erfolgt Wachstum in bevorzugten Richtungen: Dendrite.	Gefüge besteht aus Körnern und Korngrenzen. Hier geringere Bindungskräfte durch gestörte geometrische Anordnung der orientierten Gitterbereiche, stärker verunreinigt (Korngrenzensubstanz). Daher häufig Schwachstellen im Werkstoff.

Tab. 1.3: Ausbildung der Erstarrungsfront und der Gefügeart in Abhängigkeit von der Größe der konstitutionellen Unterkühlung Δ_x

Thermische Bedingungen	Ausbildung der Erstarrungsfront		Gefügeeigenschaften
	Schnitt	Draufsicht	
a) 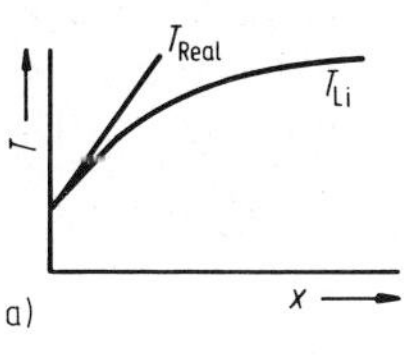	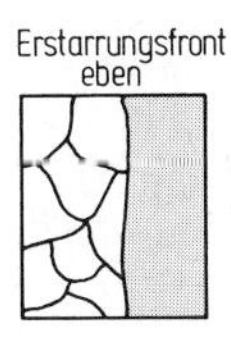	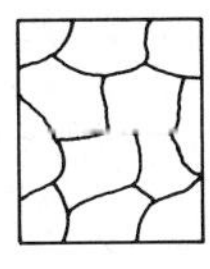	Nur bei reinen Metallen bei Anwendung steiler Temperaturgradienten möglich. Erstarrung als viel- oder einkristallines Gefüge (Einkristall), keine Mikroseigerungen. Voraussetzung für Einkristall: nur ein Keim vorhanden, der mit geringster Geschwindigkeit (= Kristallwachstumsgeschwindigkeit) aus Schmelze gezogen wird. Für wissenschaftliche Zwecke angewendet, anisotrop.
b) 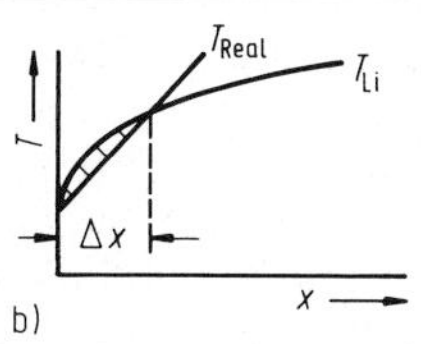	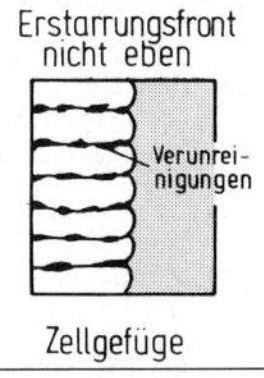	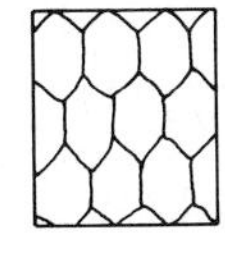	**Zellstruktur,** entsteht bei geringen Verunreinigungen, die sich auf Zellgrenzen anreichern, ausgeprägt anisotrop, führt i. a. zu schlechten Zähigkeitswerten. Bei *gerichtet* erstarrten Legierungen in Achsrichtung der Zellen meistens herausragende Eigenschaften.
c) 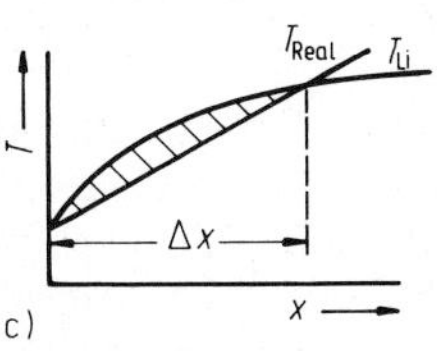	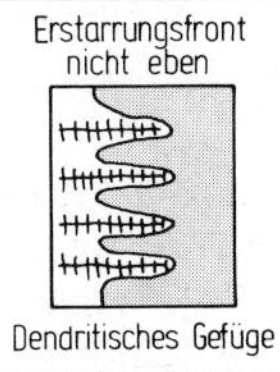	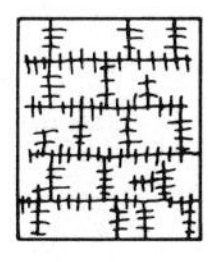	**Dendriten** entstehen bei höherem Gehalt an Verunreinigungen oder Legierungselementen. Typisch für kubisch kristallisierende Metalle. Zuerst erstarrenden Dendritenskelette von Restschmelze abweichende Zusammensetzung. In Bereichen der Restschmelze Mikroseigerungen, Einschlüsse, Poren, schlechtere mechanische Gütewerte.

zogen. Da keine Entmischung entstehen kann, ist er frei von Mikroseigerungen.

Bei kleinen Unterkühlungen (Tab. 1.3b) und geringen Gehalten an Verunreinigungen bilden sich *Zellstrukturen.* Die Zellgrenzen enthalten die Verunreinigungen. Wegen der schlechten Zähigkeitseigenschaften und der ausgeprägten Anisotropie wird diese Erstarrungsform möglichst vermieden. Große Vorteile ergeben sich aber bei der sog. gerichteten Erstarrung (siehe S. 70). In Achsrichtung der Zellen, die mit der Beanspruchungsrichtung übereinstimmen muß, sind meistens herausragende Eigenschaften vorhanden.

Tab. 1.3c, mit der deutlich größeren Unterkühlung, zeigt die Bedingungen, wie sie bei den üblichen technischen metallischen Schmelzen vorliegen. Da die Schmelze im Bereich Δx unterkühlt ist, kann jeder in die Schmelze voreilende, kristallisierte Bereich beschleunigt in Richtung abnehmender Temperatur wachsen. Es entsteht die *dendritische Struktur.*

Die Kristallisation der Schmelze im Inneren größerer Gußblöcke wird ebenfalls entscheidend durch die konstitutionelle Unterkühlung beeinflußt. Da hier der Temperaturgradient flach ist, ist die Unterkühlung sehr groß. Damit wird die Keimbildung erleichtert, so daß i. a. ein feinkörniges Gefüge entsteht (siehe S. 69).

1.3.3 Einfluß der Korngrenzen

Die in der Schmelze nicht lösbaren sowie die niedrigschmelzenden Bestandteile (häufig Werkstoffverunreinigungen) werden vielfach vor den Kristallisationsfronten hergeschoben und bilden nach dem Erstarren die **Korngrenzensubstanz.**

Diese Bereiche mit stark gestörtem Gitteraufbau und »schlechter Passung« führen grundsätzlich zu einer Abnahme der Bindungskräfte. Je nach den Eigenschaften der Korngrenzensubstanz ist folgendes prinzipielles Werkstoffverhalten zu erwarten:

- Ist die Korngrenzensubstanz verformbar, dann werden die Festigkeits- und Zähigkeitseigenschaften – zumindest bei Raumtemperatur – entscheidend von den Eigenschaften der *Körner* bestimmt. Die Korrosionsbeständigkeit wird durch Korngrenzensubstanzen in jedem Fall verringert.
- Spröde Substanzen an den Korngrenzen führen zum Verspröden des gesamten Werkstoffs bis zur Unbrauchbarkeit. Bekannte Beispiele in technischen Werkstoffen sind z. B.
  - FeO auf den Korngrenzen von Stahl (»verbrannter« Stahl). Der Werkstoff kann nicht mehr verwendbar gemacht werden (Einschmelzen!).
  - Cu_2O auf den Korngrenzen von sauerstoffhaltigem Kupfer (siehe Wasserstoffkrankheit des Kupfers).

1.3.4 Umwandlungen im festen Zustand

Die Phasenumwandlungen werden eingeteilt in

- *Umwandlungen:*
  eine (instabile) Gittermodifikation wandelt in eine stabilere Gitterform um. Das geschieht unterhalb der Gleichgewichtstemperatur. Bekannte Beispiele dafür sind die Umwandlung des γ-Fe in α-Fe (keine Konzentrationsänderung) und der γ-MK in α-MK (mit Änderung der Konzentration) bei Stahl.
- *Ausscheidungen:*
  Eine oder mehrere Phasen scheiden sich aus Mischkristallen aus, wenn mit abnehmender Temperatur die Löslichkeit abnimmt (siehe S. 43). Die Zusammensetzung und die Gitterstruktur der ausscheidenden Phasen weichen von der Ausgangsphase ab. Diese Vorgänge erfordern Massentransport durch Diffusion, d. h., sie sind zeit- und temperaturabhängig.

Neuerdings wird für alle Phasenänderungen allgemein die Bezeichnung Phasenumwandlung verwendet.

In den meisten Fällen entsteht auch die neue Phase durch *Keimbildung* und *Keimwachstum.* Daher ist grundsätzlich der in Bild 1.61 gezeigte Zusammenhang zu erwarten. Er zeigt schematisch das Umwandlungsverhalten der γ-MK (0,8% C) in α-MK in Abhängigkeit von der Temperatur.

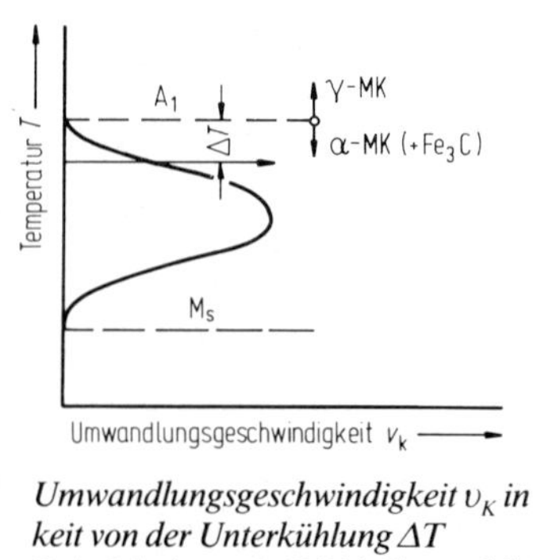

Bild 1.61 Umwandlungsgeschwindigkeit v_K in Abhängigkeit von der Unterkühlung ΔT
Beispiel: Austenit (0,8 % C) wandelt isotherm in ein krz-Gefüge um

Mit zunehmender Unterkühlung ΔT nimmt die Umwandlungsgeschwindigkeit v_K zunächst zu. Nach Erreichen des Maximums wird v_K geringer, da die eingefrorenen Platzwechselvorgänge die Keimbildung und damit die Umwandlung sehr erschweren.

Es ist vielfach zweckmäßig, den Umfang der Konzentrationsänderung bei der Phasenumwandlung zu berücksichtigen. Keine Änderung tritt auf bei:

- polymorphen Gitterumwandlungen (γ-Fe $\rightarrow$ α-Fe),
- Rekristallisation,
- Kornwachstum,
- Martensitbildung,

  d. h., Diffusionsvorgänge sind nicht erforderlich. Die neue Phase bildet sich im wesentlichen durch thermisch aktivierte Platzwechselvorgänge bzw. durch Scherbewegungen (Martensit).

Merkliche Änderungen findet man bei:

- Ausscheidungen,
- einphasigen Entmischungen (siehe S. 53),
- diskontinuierlichen Umwandlungen. (Zwei oder mehr Phasen werden gleichzeitig, beginnend an den Korngrenzen, gebildet, z. B. Perlitbildung: $\gamma \rightarrow \alpha + Fe_3C$ oder allgemein: $\alpha \rightarrow \beta + \delta$).

Um eine Phasenumwandlung einzuleiten, d. h. eine *Neuordnung* des Gefüges oder der Struktur herbeizuführen, sind gewisse Energiebeträge erforderlich, die den Vorgang aktivieren. Da Leerstellen, Versetzungen und insbesondere Korngrenzen energiereiche Fehlstellen darstellen, erfolgt die Keimbildung häufig an diesen Orten. Die aufzuwendende Aktivierungsenergie ist dann etwa um die Energie dieser Defekte geringer. Vorzugsweise wird die Umwandlung daher an Korngrenzen beginnen. Damit wird auch verständlich, daß durch Erhöhen der Fehlstellendichte (Verformen, Abschrecken) die Umwandlung i. a. früher beginnt oder erleichtert wird.

1.3.4.1 Martensitbildung

Wegen der großen technischen Bedeutung soll die Martensitbildung in Fe-C-Legierungen eingehender besprochen werden.

Dazu sind folgende Voraussetzungen zu erfüllen:

- Die Abkühlung muß so schnell erfolgen, daß keine thermisch aktivierten Platzwechselvorgänge der beteiligten Atomarten auftreten können. Diese *kritische Abkühlgeschwindigkeit* v_{ok} hängt von der chemischen Zusammensetzung und in geringerem Umfang von der Korngröße des Werkstoffs ab (siehe S. 159).
- Während der Abkühlung muß sich die Kristallstruktur ändern, d. h., der Werkstoff muß in mindestens 2 allotropen Modifikationen vorliegen. Kann die Hochtemperaturmodifikation mehr Legierungselemente lösen als die bei der niedrigen Temperatur beständige, dann steigen Härte und Festigkeit der umgewandelten Phase (Martensit) stark an. Es muß aber betont werden, daß die Bezeichnung Martensit nicht unbedingt auf ein hartes, verformungsloses Gefüge hinweist. Niedriggekohltes martensitisches Gefüge (Stahl) ist sehr hart, aber auch erstaunlich verformbar. Auch ist nicht die Anwesenheit eines Legierungselementes erforderlich, wie die martensitische Umwandlung des hdP Kobalts bei 450 °C in die kfz Modifikation zeigt. In jedem Fall ist ein nadeliges (auch plattenförmiges) Gefüge typisch für den Martensit.

Dieses extremste Ungleichgewichtsgefüge wurde zuerst bei Fe-C-Legierungen beobachtet. Es entsteht aber auch bei einer Reihe anderer Legierungen, z. B. bei Fe-Ni (Nickelmartensit) und Cu-Zn. Die Umwandlung des kfz Austenitgitters in das krz des Martensits bei Fe-C-Legierungen stellt man sich als diffusionslosen *Umklappvorgang* vor, der in komplizierter Weise durch Scher- und andere Verformungsvorgänge erfolgt. Der im kfz Gitter gelöste C bleibt nach der Umwandlung im krz Gitter des Martensits zwangsgelöst (Bild 1.62). Die Folge ist eine tetragonale Verzerrung des krz Gitters in z-Richtung. Sie ist die Ursache

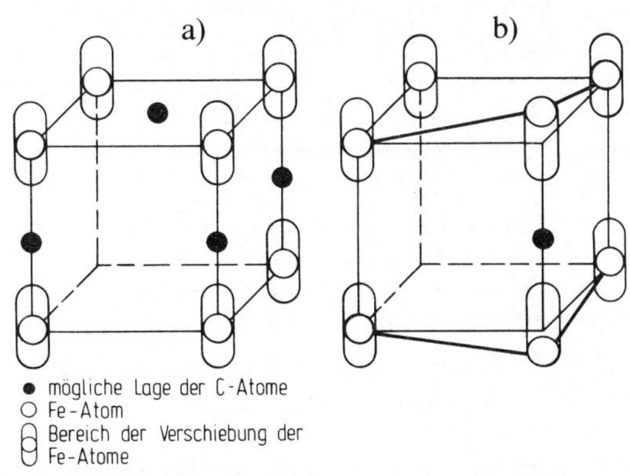

Bild 1.62 *Martensitbildung*
a) Tetragonale Verzerrung des Martensits
b) Verzerrungsdipol (nach LIPSON *und* PARKER*)*

für die große Martensithärte. Da nicht alle möglichen Gitterlücken (siehe S. 137) mit Kohlenstoffatomen besetzt sind, entstehen sogenannte Verzerrungsdipole (Bild 1.62b).

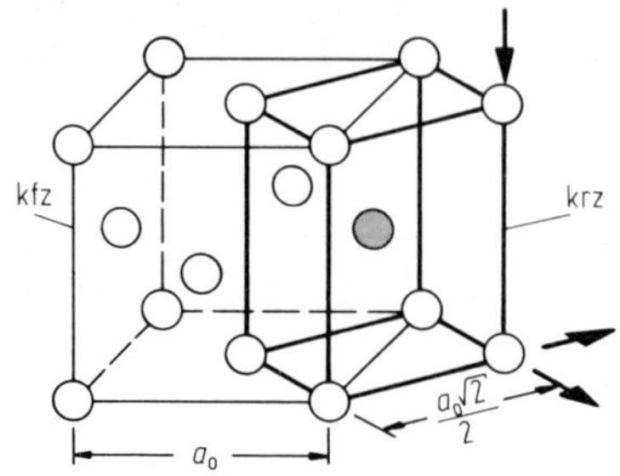

Bild 1.63 Entstehung des krz Martensitgitters aus dem kfz Gitter als Folge kleiner Verformungen (schematisch)

Bild 1.63 zeigt, wie aus einer Folge kleiner Verformungen das kfz-Gitter in das tetragonal verzerrte des Martensits umgewandelt werden kann. Dazu muß das Gitter in der *z*-Richtung gestaucht in den anderen gedehnt werden. Diese homogene Gitterverformung würde aber zu nicht beobachteten Gestaltänderungen führen. Tatsächlich ist zum Erhalten der Form eine zusätzliche Verformung durch *Gleitung* oder *Zwillingsbildung* notwendig. Diese Vorgänge sind schematisch in Bild 1.64 dargestellt.

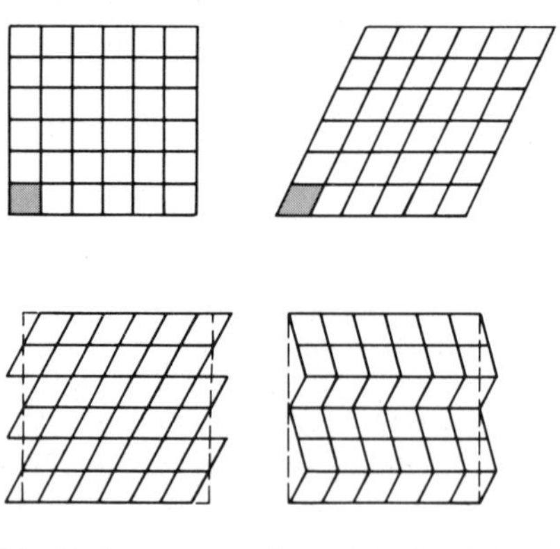

Bild 1.64 Verformungsvorgänge bei der Martensitbildung (nach Bilby und Christian)

Die bei der Martensitbildung entstehenden Spannungen wirken der treibenden Kraft der Umwandlung entgegen und behindern diese Verformungen. Dadurch ist die gebildete Martensitmenge – sofern die obere kritische Abkühlgeschwindigkeit überschritten ist – nicht mehr von der Abkühlgeschwindigkeit, sondern nur noch vom Maß der Unterkühlung abhängig. Der Martensitanteil nimmt erst dann zu, wenn durch ausreichend große Unterkühlung eine weitere plastische Verformung erzwungen werden kann. Dabei entsteht eine hohe Fehlstellendichte (Zwillinge, Versetzungen, Stapelfehler).

Die Martensitbildung beginnt und endet bei von der chemischen Zusammensetzung abhängigen Temperaturen:

- M_s = **M**artensite **s**tarting temperature (Beginn),
- M_f = **M**artensite **f**inishing temperature (Ende).

Der eingelagerte Kohlenstoff erschwert die Martensitbildung erheblich. Mit steigendem Kohlenstoffgehalt fällt also die M_s-Temperatur. In gleicher Weise wirken nahezu alle Legierungselemente.
Mit steigendem Kohlenstoffgehalt wird die Gitterverzerrung stärker, Festigkeit und Härte steigen, aber das Verformungsvermögen nimmt ab.

1.4 Thermisch aktivierte Vorgänge

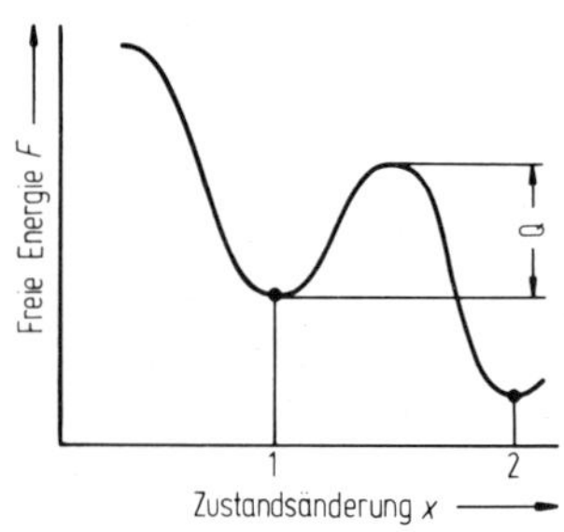

Bild 1.65 Abhängigkeit der freien Energie F von der Zustandsänderung x
Q = Aktivierungsenergie

Mit Ausnahme der martensitischen Phasenumwandlung erfordern alle anderen Zustandsänderungen einen Platzwechsel der beteiligten Atomarten. Diese Vorgänge verlaufen nicht kontinuierlich, sondern stufenweise. Sie können nur ablaufen, wenn dadurch die freie Energie des Systems geringer wird (Bild 1.65). Sie besitzt ein Minimum, wenn der Gleichgewichtszustand erreicht ist, Zustand 2. Zustände, die durch relative

Energieminima gekennzeichnet sind, z. B. Zustand 1, werden als metastabil bezeichnet. Eine Zustandsänderung z. B. von 1 nach 2 erfordert, daß dem Körper die Energie Q zugeführt werden muß. Erst dann kann die notwendige Abnahme der freien Energie erfolgen, d. h. der Zustand 2 erreicht werden. Der Vorgang muß aktiviert werden. Daher wird Q als **Aktivierungsenergie** bezeichnet. Sie kann z. B. durch

- Temperaturerhöhung, aber auch durch
- Kaltverformung oder
- elektrische oder magnetische Felder aufgebracht werden.

Man bezeichnet daher Platzwechselvorgänge von Teilchen (Atome, Moleküle: N_2, H_2, O_2, Leerstellen) als *thermisch aktiviert,* wenn sie durch thermische Einwirkung stattfinden.

Quantitativ läßt sich die Geschwindigkeit der Platzwechselvorgänge k durch die Arrhenius-Gleichung beschreiben:

$$k = A_0 \exp(-Q/\mathrm{R}T)$$

A_0 = Konstante
Q = Aktivierungsenergie
(werkstoffabhängig)
R = Gaskonstante
T = absolute Temperatur in K,

Durch Logarithmieren erhält man:

$$\ln k = \ln A_0 - \frac{Q}{\mathrm{R}T}$$

d. h. die Form einer Geraden, wenn auf der Abszisse $x = 1/T$ und auf der Ordinate $\ln k$ aufgetragen wird. Die Neigung der Geraden $(-Q/\mathrm{R})$ – d. h. die Aktivierungsenergie Q – läßt sich bestimmen, wenn zwei Punkte bekannt sind (Bild 1.66).

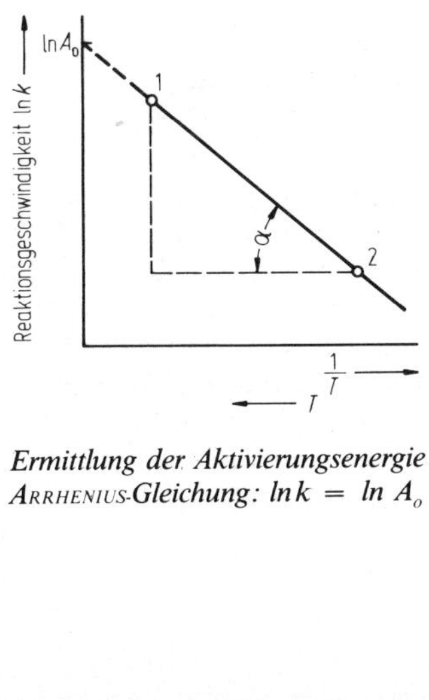

Bild 1.66 Ermittlung der Aktivierungsenergie Q aus der Arrhenius-Gleichung: $\ln k = \ln A_0 - Q / RT$

Die Geschwindigkeit des Platzwechsels nimmt also mit zunehmender Temperatur ständig zu, und sie ist Null beim absoluten Nullpunkt.

In der Werkstofftechnik spielen viele thermisch aktivierbare Vorgänge eine wichtige Rolle:

- Erholung und Rekristallisation kaltverformter Metalle,
- Kriechvorgänge in Metallen bei höheren Temperaturen,
- Konzentrationsausgleich in Mischkristallen durch Diffusion, z. B. beim Diffusionsglühen.

1.4.1 Diffusion

1.4.1.1 1. Ficksches Gesetz, Diffusionskoeffizient

Die temperaturabhängige Wanderung der Atome, Ionen und anderer Teilchen ist ein statistischer Vorgang. Sie wird als **Diffusion** bezeichnet und ist entscheidend für den Massentransport im festen Werkstoff. Die Platzwechselvorgänge der völlig gleichartigen Teilchen in einphasigen, homogenen Körpern erfolgt statistisch regellos. Bei dieser **Selbstdiffusion** kommt im allgemeinen kein Massentransport zustande.

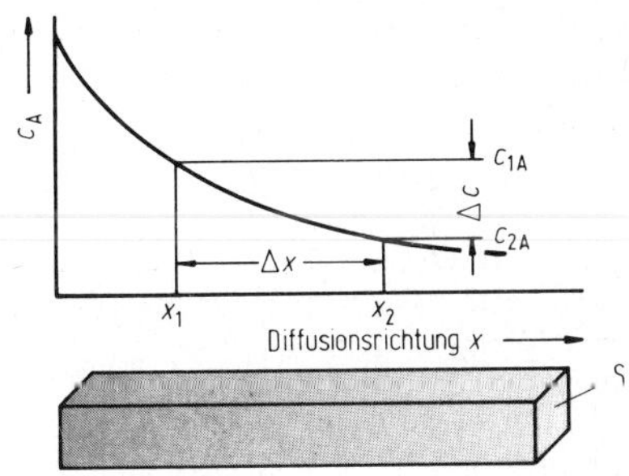

Bild 1.67 Zur Abbildung des 1. Fickschen Gesetzes

Technisch bedeutsamer sind die Diffusionsvorgänge in inhomogenen Körpern. Die hier vorhandenen *Konzentrationsunterschiede* führen zu einer gerichteten Bewegung der Teilchen. Quantitativ wird dieser Vorgang durch das **1. Ficksche Gesetz** beschrieben (Bild 1.67):

$$\mathrm{d}m_\mathrm{A} = -D \frac{\mathrm{d}c_\mathrm{A}}{\mathrm{d}x} S \,\mathrm{d}t$$

$\mathrm{d}m_\mathrm{A}$ ist die Stoffmenge A, die in der Zeit $\mathrm{d}t$ durch eine Fläche S senkrecht zur Diffusionsrichtung

transportiert wird, bei einem Konzentrationsgefälle von dc_A/dx. D ist der **Diffusionskoeffizient,** er ist ein Maß für das Wanderungsbestreben (Diffusionsfähigkeit) der Atomart A, also für diesen Werkstoff charakteristisch.
D bestimmt nach der Beziehung

$$\frac{1}{S}\,\frac{dm_A}{dt} = -D\,\frac{dc_A}{dx}$$

neben dem Konzentrationsgefälle dc_A/dx die Geschwindigkeit der Diffusionsvorgänge. Für D gilt eine der ARRHENIUS-Gleichung sehr ähnliche Beziehung

$$D = D_0 \exp(-Q/RT)$$

Q, R und D_0 sind von der Temperatur unabhängig. D_0 ist die Diffusionskonstante (»Frequenzfaktor«), die ein Maß für die Schwingungsfrequenz der diffundierenden Atome darstellt. Schneller schwingende Atome (größeres D_0) können in der Zeiteinheit öfter ihren Platz wechseln als langsamer schwingende.

Tab. 1.4 enthält die Diffusionskonstanten D_0, die Aktivierungsenergien Q und die Diffusionskoeffizienten D einiger Diffusionspaare. Es ist verständlich, daß die Aktivierungsenergie bei der Selbstdiffusion etwa proportional der Schmelztemperatur der Metalle ist (siehe Fe und W).

Tab. 1.4: Werte der Diffusionskonstante D_0, der Aktivierungsenergie Q und des Diffusionskoeffizienten D ausgewählter Diffusionspaare

Diffundierendes Element	Grundgitter	D_0 $\frac{cm^2}{s}$	Q $\frac{kJ}{mol}$	$D = D_0 \cdot \exp(-Q/RT)$ 20 °C $\frac{cm^2}{s}$	800 °C $\frac{cm^2}{s}$
H	α-Fe	0,002	12,14	10^{-5}	10^{-3}
H	γ-Fe	0,0067		10^{-10}	10^{-4}
C	α-Fe	0,0079	75,78	10^{-17}	10^{-5}
C	γ-Fe	0,21	141,52	10^{-27}	10^{-8}
Fe	α-Fe	5,8	250,0	10^{-46}	10^{-12}
Fe	γ-Fe	0,58	284,30	10^{-53}	10^{-14}
Ni	Cu	0,001	148,64	-	-
Cu	Ni	$65 \cdot 10^{-6}$	124,77	-	-
W	W		594,55		

Mit abnehmender Aktivierungsenergie wird die Diffusion erleichtert. Daher können Atome aus dem festgefügten Gitterverband (Q groß!) sehr schwer, aus den stark gestörten Korngrenzenbereichen leichter, und aus freien Oberflächen sehr leicht abwandern.

Bild 1.68 zeigt diese Verhältnisse für die Diffusion des Thoriums im Wolfram. Die *Volumendiffusion* läuft sehr viel langsamer ab als die *Oberflächendiffusion.* Trotzdem ist die transportierte Stoffmenge im allgemeinen sehr viel größer, weil bei der Oberflächendiffusion der *Diffusionsquerschnitt* sehr gering ist: das Gesamtvolumen der Körner ist sehr viel größer als das der Korngrenzen.

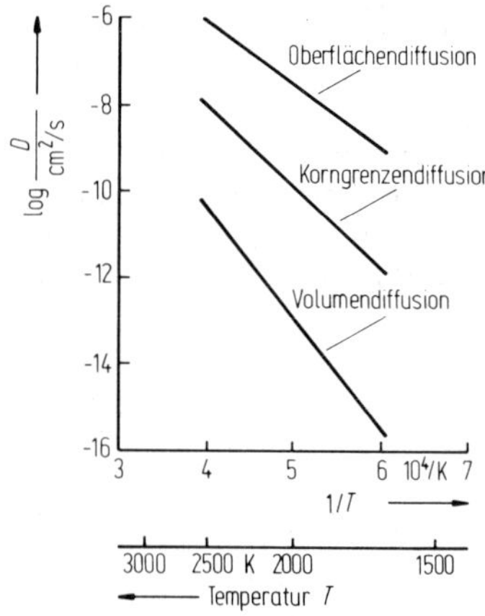

Bild 1.68 Diffusionsverhalten des Thoriums in Wolfram

1.4.1.2 Platzwechselmechanismen

Bild 1.69 zeigt die drei grundsätzlichen Mechanismen des Platzwechsels in Festkörpern. Der direkte Platzwechsel ist aus energetischen Gründen unwahrscheinlich und auch nicht erforderlich, da reale Metalle eine relativ hohe Fehlstellendichte

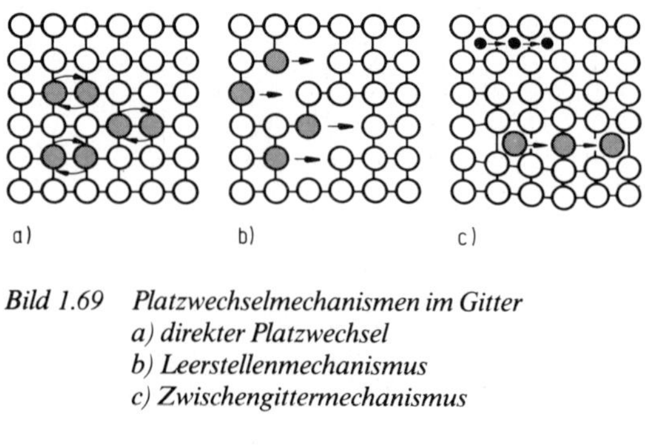

Bild 1.69 Platzwechselmechanismen im Gitter
a) direkter Platzwechsel
b) Leerstellenmechanismus
c) Zwischengittermechanismus

besitzen. Der Platzwechsel über die Leerstellen erfordert nur eine geringe Aktivierungsenergie. Mit zunehmender Temperatur werden die Schwingungsweiten der Atome und die Leerstellenkonzentration größer, wodurch die Diffusion erleichtert wird.

Der Zwischengittermechanismus ist für arteigene Atome (Selbstdiffusion) nur bei höheren Temperaturen wahrscheinlich. Er ist aber für solche Einlagerungsatome von Bedeutung, die einen deutlich geringeren Atomdurchmesser als die Wirtsatome (z. B. Kohlenstoff, Stickstoff, Wasserstoff im Eisengitter) besitzen. Es ist bemerkenswert, daß dieser Mechanismus auch in idealen, d. h. völlig fehlerfreien Werkstoffen wirksam wäre.

1.4.1.3 Technische Anwendungen

Eine tiefere Einsicht in das Diffusionsgeschehen vermittelt das 2. Fickѕche Gesetz, das eine Beziehung zwischen der zeitlichen und örtlichen Konzentrationsänderung darstellt:

$$\frac{\partial c}{\partial t} = D\,\frac{\partial^2 c}{\partial x^2}.$$

Je nach den vorliegenden Randbedingungen ergeben sich verschiedene Lösungen dieser Differentialgleichung. Einige wichtige technische Fälle sollen besprochen werden.

Aufkohlen beim Einsatzhärten, Entkohlen

Für diesen Sonderfall ergibt sich folgende Lösung:

$$\frac{c_{x,t} - c_0}{c_s - c_0} = 1 - \phi\left(\frac{x}{2\sqrt{Dt}}\right)$$

$c_{x,t}$ = **die von der Zeit t und dem Abstand von der Oberfläche x abhängige Kohlenstoffkonzentration in dem aufzukohlenden Werkstück,**

c_s = die von der Temperatur T_1 und dem Kohlenstoffpotential c_1 des aufkohlenden Mediums abhängige maximale Kohlenstofflöslichkeit des Stahls (Bild 1.70).

c_0 = **Kohlenstoffkonzentration des aufzukohlenden Werkstoffs.**

$$\phi(u) = \frac{2}{\sqrt{\pi}}\int_0^u \exp(-\zeta^2)\,d\zeta$$

das Gaussѕche Fehlerintegral. Diese Funktion ist tabelliert, sie muß nicht erst berechnet werden.

In Bild 1.70 b ist der Verlauf der Kohlenstoffkonzentration beim Aufkohlen nach verschiedenen Einsetzzeiten dargestellt. In der Praxis wird meistens ein bestimmter Kohlenstoffgehalt c_v in einer vorgegebenen Eindringtiefe x_v verlangt.

Da $c_{x,t}$ nur von $\frac{x}{2\sqrt{Dt}}$ abhängig ist, muß für $c_{x,t} = c_v$ = konst. auch $\frac{x}{2\sqrt{Dt}}$ = konst. sein. Daraus folgt, daß bei vorgegebenem c_v, c_0 und c_s für eine Verdopplung der Eindringtiefe die vierfache Glühzeit erforderlich ist.

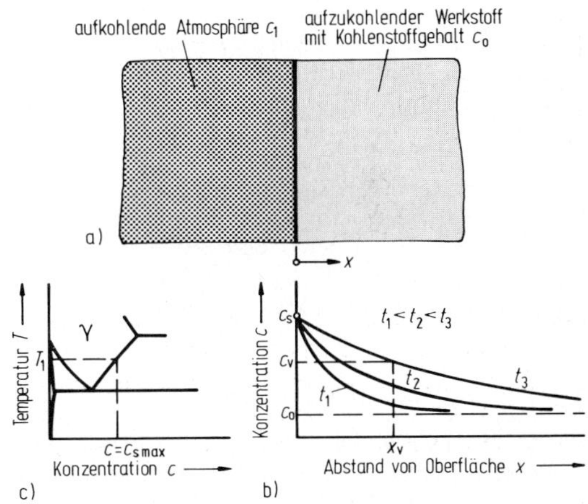

Bild 1.70 Vorgänge beim Aufkohlen von Stahl

Aus der obigen Gleichung läßt sich eine sehr einfache, anschauliche Näherung für eine »mittlere« Eindringtiefe x_m ableiten. Setzt man die linke Seite = 0,5 (was für einen bestimmten »mittleren« Wert von $c_{x,t}$ zutrifft), so erhält man mit:

$$\phi\left(\frac{x_m}{2\sqrt{Dt}}\right) = 0{,}5$$

$$\frac{x_m}{2\sqrt{Dt}} \approx 0{,}48 \approx 0{,}5$$

und damit $x_m^2 = Dt$.

Man berechne z. B. die mittlere Eindringtiefe des Kohlenstoffs beim Aufkohlen. Die Glühzeit bei 1000 °C beträgt $\approx 4 \cdot 10^4$s (ca. 10h). Der Diffusionskoeffizient im γ-Eisen bei 1000 °C ist etwa $4 \cdot 10^{-7}$ cm²/s. Damit ergibt sich:

$$x_m = \sqrt{4 \cdot 10^{-7}\,\frac{\text{cm}^2}{\text{s}} \cdot 4 \cdot 10^4\,\text{s}} \approx 0{,}13\ \text{cm}.$$

Beim Entkohlen, z. B. beim Wärmebehandeln wird

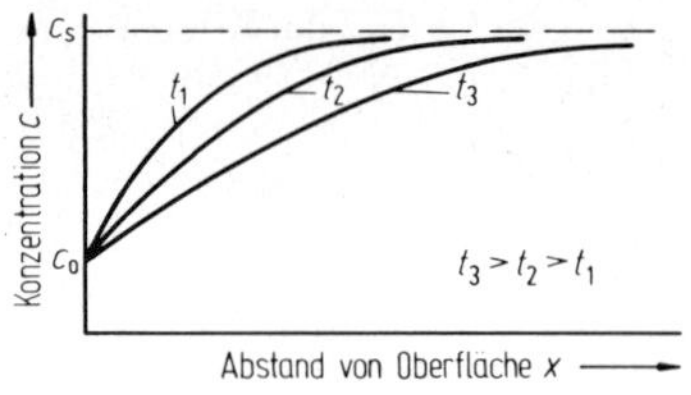

Bild 1.71 Vorgänge beim Entkohlen von Stahl

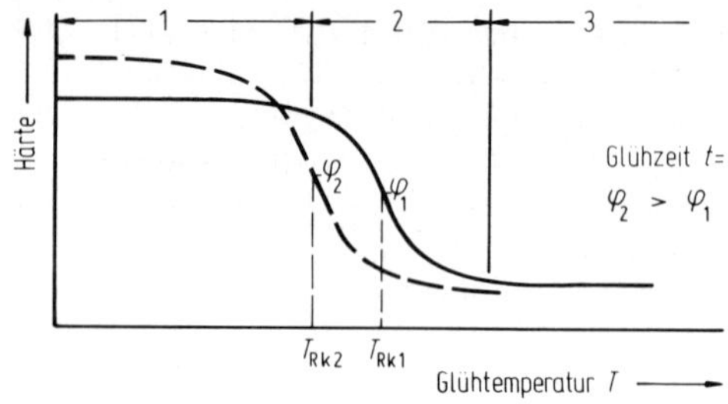

Bild 1.72 Verlauf der Härte beim Glühen eines unterschiedlich stark kaltverformten Metalles $\varphi_2 > \varphi_1$ bei konstanter Glühzeit (schematisch)
1: Erholung 2: Rekristallisation
3: Kornwachstum

häufig $c_0 = 0$, d. h. der Randkohlenstoffgehalt ist Null. c_s ist der ursprüngliche Kohlenstoffgehalt des Stahles. In Bild 1.71 ist der Entkohlungsverlauf bei verschiedenen Haltezeiten im entkohlenden Medium dargestellt.

Diffusionsvorgänge im Eisen
Infolge der dichtesten Packung des kfz γ-Eisens ist die Selbstdiffusion von Eisen und die Diffusion der substituierten Legierungs- und Begleitelemente bei jeder Temperatur etwa um den Faktor 10^2 bis 10^3 kleiner als im α-Eisen.
Die α-Modifikation ist daher thermisch weniger beständig, thermisch aktivierte Platzwechselvorgänge sind leicht möglich. Bei höheren Betriebstemperaturen ist daher prinzipiell der Einsatz krz Werkstoffe nicht empfehlenswert (siehe S. 208, warmfeste Stähle).

1.4.2 Erholung und Rekristallisation

Durch eine plastische Verformung wird der Energiegehalt des Werkstoffs merklich erhöht, d. h., der Zustand des Gefüges wird in Richtung zunehmenden Ungleichgewichts verschoben. Die gespeicherte Energie besteht in der Hauptsache aus der elastischen Verzerrungsenergie der Versetzungen, deren Konzentration bei der Verformung von $10^{5...6}$mm/mm^3 auf $10^{8...10}$mm/mm^3 gestiegen ist. Eine hinreichende Aktivierung (Temperaturerhöhung) führt oberhalb bestimmter Temperaturen zum Energieabbau durch Ausheilen und Umordnen der Gitterdefekte (*Erholen*) oder zur Kornneubildung (*Rekristallisation*), wobei die Zahl der energiereichen Versetzungen auf den Wert des nicht verformten Werkstoffs zurückgeht. Die dafür erforderlichen Platzwechsel betragen Bruchteile des Gitterparameters. Gleichzeitig bilden sich auch alle anderen Eigenschaften zurück (z. B. Härte, Festigkeit, Verformbarkeit, Leitfähigkeit).
Beim Glühen plastisch verformter Werkstoffe erfolgen die Eigenschaftsänderungen in drei Stufen (Bild 1.72):
- Erholung,
- Rekristallisation,
- Kornwachstum.

Bei der **Erholung** erreichen die physikalischen Eigenschaften (z. B. elektrischer Widerstand, Thermokraft) praktisch wieder die Werte vor der Verformung, die mechanischen werden kaum geändert. Die Eigenspannungen werden in einem wesentlichen Umfang abgebaut. Änderungen des Mikrogefüges sind noch nicht erkennbar. Leerstellen heilen aus, und Versetzungen lagern sich durch thermische Aktivierung in einen energieärmeren Zustand um, die Versetzungsdichte bleibt dagegen weitgehend erhalten. Daraus wird deutlich, daß sich bei der Erholung nur die von der Leerstellendichte abhängigen Eigenschaften ändern. Tab. 1.5 zeigt einige Möglichkeiten für das *Ausheilen* und *Umordnen* von Gitterdefekten, Vorgänge, die bei der Erholung ablaufen.
Bei höheren Temperaturen im Bereich der Erholung können sich die regellos verteilten Versetzungen in Reihen anordnen. Innerhalb der Körner entstehen Kleinwinkelkorngrenzen, die häufig polygonale Flächen umschließen. Daher wird dieser Vorgang auch *Polygonisation* genannt.
Wird die Temperatur weiter erhöht, dann *rekristallisiert* das verformte Gefüge. Es bilden sich durch thermisch aktivierte Platzwechsel bei sehr geringen Weglängen neue, *unverzerrte* Kristallite. Die treibende Kraft der mit der Primärkristallisation vergleichbaren (primären) **Rekristallisation** ist die Verzerrungsenergie der Versetzungen. Das rekristallisierte Gefüge besitzt die gleichen Festigkeits- und Zähigkeitseigenschaften wie das nicht verformte Gefüge. Die durch die Verformung entstandenen Gitterdefekte (Leerstellen, Versetzungen) werden beseitigt.
Die Kornneubildung verläuft ähnlich wie die Primärkristallisation über die Vorgänge Keimbildung und Keimwachstum.

Tab.1.5: Möglichkeiten für das Ausheilen und Umlagern von Gitterdefekten

Ausheilen	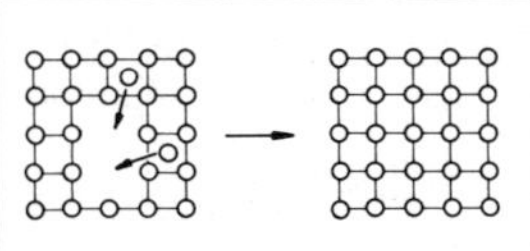	Zwischengitteratome diffundieren in Leerstellen
	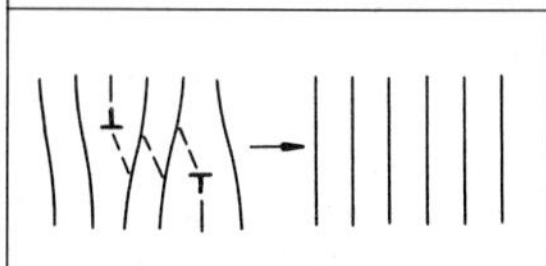	Versetzungen mit umgekehrten Vorzeichen „löschen sich aus“
Umlagern	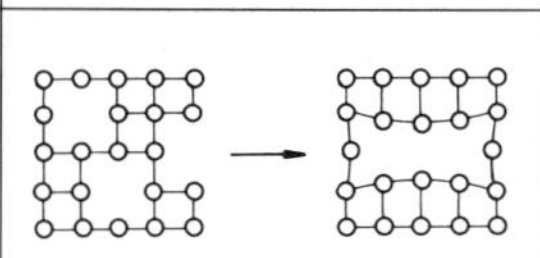	Kondensation von Leerstellen
	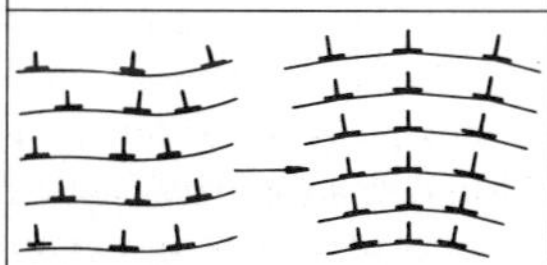	Bildung v. Kleinwinkelkorngrenzen (Subkorngrenzen). Versetzungen ordnen sich in regelmäßigen Reihen. Versetzungsenergie nimmt ab: Polygonisation

Bild 1.73 zeigt schematisch das zellartige Mikrogefüge eines kaltverformten Werkstoffs. Neben relativ wenig verformten Bereichen besteht das Gefüge aus stark verspannten *Bändern* mit großer Versetzungsdichte. Diese Gebiete – deren Anzahl mit zunehmendem Verformungsgrad zunimmt – wirken als Keime. Ausgehend von diesen Keimen wird das verformte Gefüge allmählich rekristallisiert. Die sich allseitig ausbreitenden *Kristallisationsfronten* der wachsenden Körner bilden die neuen Korngrenzen. Korngröße, Kornform und Korngrenzen des rekristallisierten Gefüges sind also in keiner Weise mit denen des verformten identisch. Der wichtigste Vorgang ist dabei die »Bewegung der Korngrenzen«, die bis jetzt noch nicht in allen Einzelheiten geklärt wurde. Verunreinigungen, Legierungselemente und nicht gelöste Partikel erschweren die Korngrenzenbewegung außerordentlich.

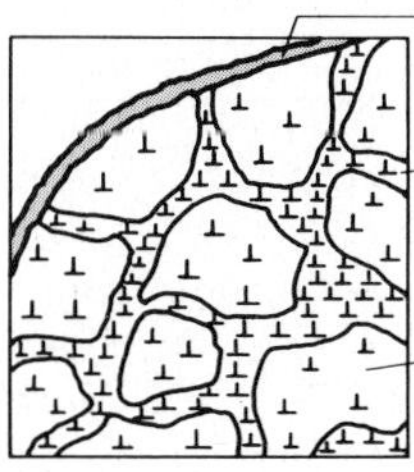

Bild 1.73 Mikrogefüge kaltverformter Werkstoffe (schematisch)

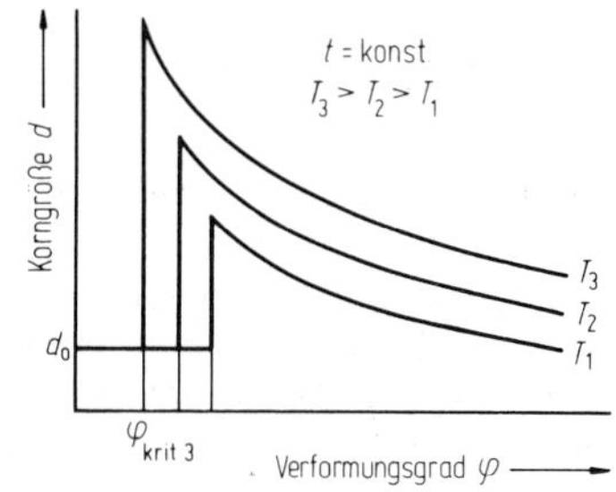

Bild 1.74 Einfluß des Verformungsgrades φ auf die Korngröße des rekristallisierten Gefüges (schematisch)

Die Vorstellung der energiereichen als Keime wirkenden Bereiche ergibt einige wesentliche Hinweise auf den Rekristallisationsvorgang.

- Der Verformungsgrad φ muß einen vom Werkstoff abhängigen Mindestwert φ_{krit} (= Energiebetrag) überschreiten, ehe die Rekristallisation beginnen kann. Die für die Kornneubildung erforderliche Triebkraft ist erst dann ausreichend.
- Die geringe Keimzahl und die geringe treibende Kraft in der Nähe von $\varphi \approx \varphi_{krit}$ führen i. a. zu einem ausgeprägt groben, rekristallisierten Gefüge (Bild 1.74).
- Wird die von außen zugeführte Energie (Temperatur) größer, dann setzt die Rekristallisation bei geringeren Verformungsgraden ein (Bild 1.74).
- Die Platzwechselvorgänge beim Rekristallisieren laufen um so träger ab, je fester die atomare Bindung, d. h. je höher die Schmelztemperatur T_s ist (Bild 1.75). Die unterste Rekristallisationsschwelle beträgt etwa:

$$T_{Rkmin} \approx 0{,}4\,T_s,$$

z. B. gilt für Eisen

$$T_s \approx (1536 + 273)\ \text{K} = 1809\ \text{K und}$$

$$T_{Rkmin} \approx 720\ \text{K} \approx 450\ ^\circ\text{C}.$$

Die Rekristallisationstemperatur ist kein fester Werkstoffkennwert (wie z. B. die Schmelztemperatur), sie hängt u. a. von folgenden Faktoren ab:

- Verformungsgrad,
- Glühtemperatur und -zeit,
- Korngröße des verformten Gefüges,

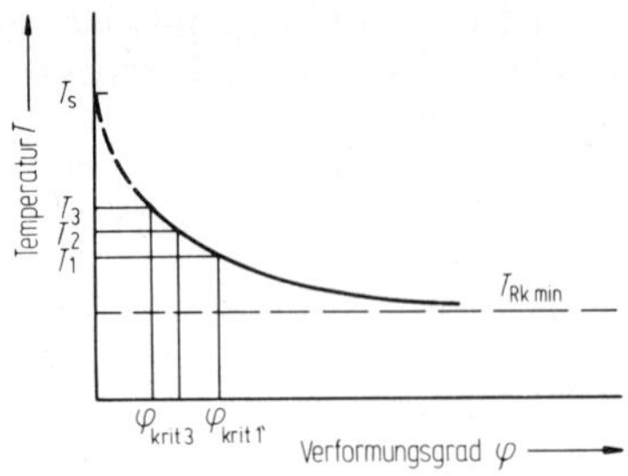

Bild 1.75 Einfluß des Verformungsgrades φ auf die Rekristallisationstemperatur (schematisch)

– chemische Zusammensetzung. Insbesondere geringe Mengen an Begleit- und Legierungselementen verzögern die Rekristallisation reiner Metalle erheblich.

Die Temperatur, bei der ein kaltverformter Werkstoff in einer Stunde rekristallisiert, wird i. a. als **Rekristallisationstemperatur** T_{Rk} bezeichnet. Die Rekristallisationstemperatur wird als metallphsysikalisch begründete Kenngröße gewählt, mit der die Verfahren Kaltverformen, Warmverformen eindeutig unterschieden werden können. Jede Verformung oberhalb dieser Temperatur wird als *Warmverformen* bezeichnet: Der Werkstoff wird nicht verfestigt, er rekristallisiert während (oder kurz nach) der Verformung. Beim *Kaltverformen* ist die plastische Verformung mit einer Verfestigung verbunden, d. h., der Vorgang hat unter der Rekristallisationstemperatur stattgefunden. Danach ist die Verformung von z. B. Blei und Zinn bei Raumtemperatur eine Warmverformung, von Stahl bei 400 °C eine Kaltverformung. (siehe auch Seite 74).

Die mechanischen Gütewerte des rekristallisierten Gefüges werden weitgehend durch dessen Korngrößen bestimmt. Die Glühbedingungen müssen daher meistens so gewählt werden, daß sich ein möglichst feinkörniges Gefüge ergibt. Im **Rekristallisations-Schaubild** (Bild 1.76) ist die Abhängigkeit der Korngröße von der Glühtemperatur und dem Verformungsgrad dargestellt. Die Verformung sollte möglichst groß sein, damit das rekristallisierte Gefüge feinkörnig wird und die Glühtemperatur kleiner gewählt werden kann.

Im allgemeinen ist die technische Anwendbarkeit dieser Schaubilder begrenzt, da meistens die Angabe der Glühzeit fehlt, und das Rekristallisationsverhalten auch scheinbar gleichartiger Werkstoffe (Begleitelemente!) erheblich voneinander abweicht. Die Glühbedingungen sind daher im wesentlichen durch Versuche festzulegen.

Bei höheren Glühtemperaturen und/oder länge-

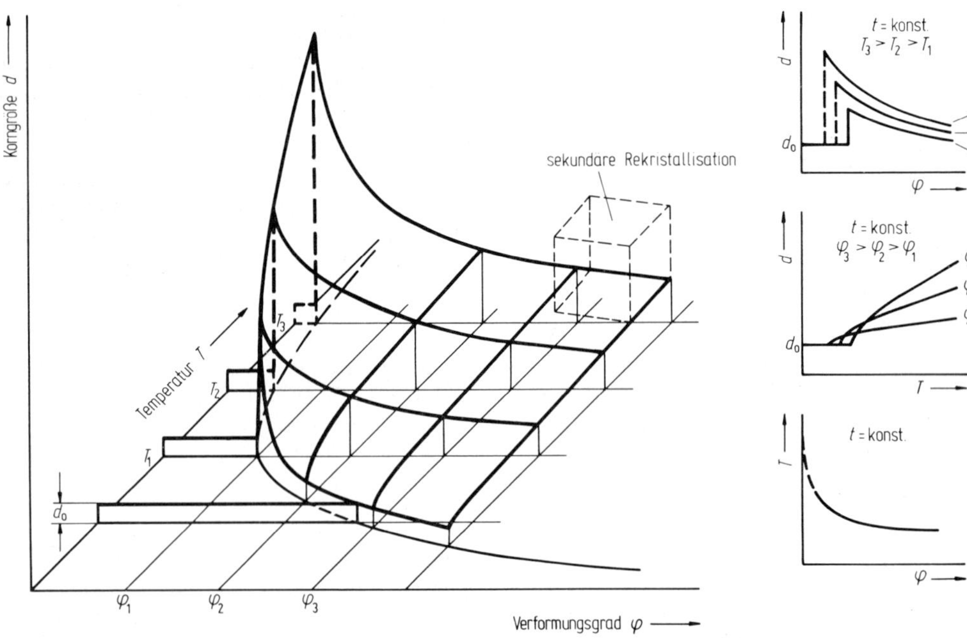

Bild 1.76 Rekristallisationsschaubild bei konstanter Glühzeit (schematisch)

ren Glühzeiten können die rekristallisierten Körner vor allem nach großen Verformungen zu extremer Größe weiterwachsen. Die treibende Kraft ist die größere Oberflächenenergie eines feinkörnigen Gefüges. Dieser Vorgang wird als **sekundäre Rekristallisation** bezeichnet (Bild 1.76).

Rekristallisationstexturen können entstehen, wenn die Rekristallisationskeime eine bestimmte Orientierung besitzen, die z. B. durch die vorhergehende Verformung (Verformungstextur) erzeugt werden kann. Im allgemeinen sind Werkstoffe mit Texturen unerwünscht, weil sie in den verschiedenen Richtungen unterschiedliche Eigenschaften besitzen. Kornorientierte Transformatorenbleche aus siliziumlegierten Eisen sind allerdings von großer praktischer Bedeutung. Bei ihnen werden Rekristallisationstexturen (GOSS-Textur) erzeugt, so daß die Körner im Blech parallel zur Richtung der leichtesten Magnetisierbarkeit liegen (Bild 1.77), (siehe auch S. 14).

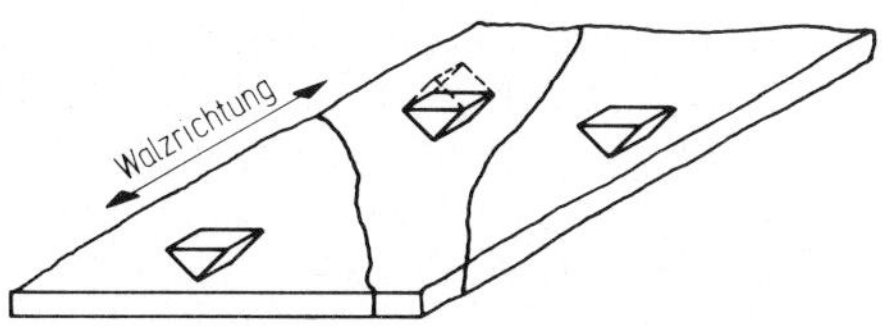

Bild 1.77 GOSS-Textur in weichmagnetischen Werkstoffen (nach FAHLENBRACH)

Zusammenfassend ergeben sich folgende wichtige technische Anwendungsgebiete der Rekristallisation:

- Durch Kaltverformung verfestigte und daher ohne Gefahr der Rißbildung nicht weiter verformbare Bauteile erhalten durch ein rekristallisierendes Glühen ihre ursprüngliche Verformbarkeit zurück. Beispiel: Glühen tiefgezogener Teile.
- Durch Rekristallisation läßt sich ein nahezu beliebig feinkörniges Gefüge herstellen, wenn entsprechend große plastische Verformungen technisch möglich sind.
- Bei nicht umwandelbaren Werkstoffen (Kupfer, Nickel, ferritische und austenitische Stähle) läßt sich die Korngröße nur durch ein rekristallisierendes Glühen ändern.

1.4.3 Kriechvorgänge und Spannungsrelaxation

Unter **Kriechen** versteht man die zeitabhängige, fortschreitende plastische Verformung bei konstanter Belastung. Die zeitabhängige Abnahme der Spannung bei konstanter Verformung heißt **Spannungsrelaxation.**

Beide Erscheinungen beruhen bei metallischen Werkstoffen auf der mit der Temperatur zunehmenden Beweglichkeit der Atome, der größeren Anzahl und dem Verhalten der Gitterdefekte. Die diffusionskontrollierten thermisch aktivierten Platzwechselvorgänge sind für diese Vorgänge von ausschlaggebender Bedeutung. Kriech- und Relaxationsvorgänge sind entscheidend für die Gebrauchseigenschaften warmfester Werkstoffe (siehe S. 208).

Nachfolgend werden einige Änderungen des Gefüges und der Werkstoffeigenschaften bei höheren Temperaturen angegeben:

- die Leerstellenkonzentration nimmt zu: die Diffusion wird erleichtert,
- neue Gleitsysteme entstehen durch Klettern und Quergleiten der Versetzungen,
- Korngrenzendeformationen sind möglich: die Verformung wird zunehmend einfacher,
- Stabilität des Gefüges nimmt ab: kaltverformter Werkstoff rekristallisiert, ausgehärteter überaltert,
- Werkstückoberfläche reagiert leichter mit der Umgebung: Probleme der Korrosion und des Verzunderns.

Von besonderer technischer Bedeutung ist die Tatsache, daß ertragbare Dehnung bzw. Spannung eines bei hohen Temperaturen beanspruchten Werkstoffes *nicht* aus den Kennwerten eines Zugversuches abgeleitet oder berechnet werden können. Die Festigkeitswerte hängen weitgehend von der Beanspruchungsdauer ab. Sie müssen mit aufwendigen Prüfverfahren (siehe S. 99) festgestellt werden. Die Prüfzeiten können bis zu 10 Jahren betragen!

Die Abhängigkeit der Gesamtdehnung ε_t von der Beanspruchungszeit zeigt Bild 1.78. Durch die aufgebrachte Last entsteht sofort die Dehnung ε_0, die sich aus einem proportionalen (elastischen) Anteil ε_e und einem nichtproportionalen Anteil ε_i zusammensetzt.

Die Kriechgeschwindigkeit $\dot{\varepsilon}_f = d\varepsilon_f/dt$ nimmt im 1. Kriechbereich *(primäres Kriechen)* ständig ab. Die Ursache sind Verfestigungserscheinungen durch sich schneidende Versetzungen, die sich gegenseitig behindern. Eine Verringerung der Verformbarkeit und damit der Kriechgeschwindigkeit

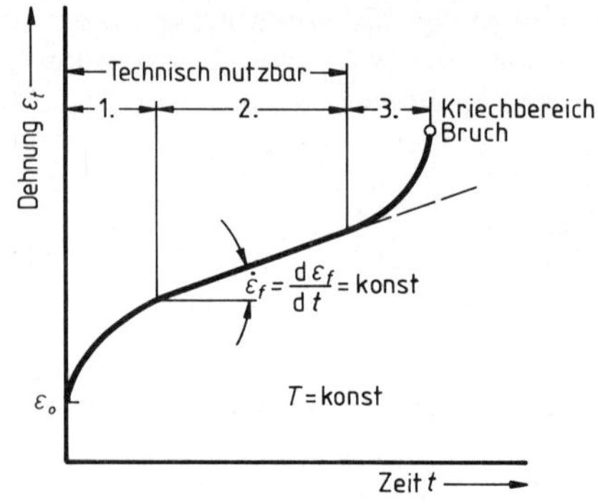

Bild 1.78 *Typische Kriechkurve eines metallischen Werkstoffes bei konstanter Belastung*
1. Kriechbereich: primäres Kriechen, $\dot{\varepsilon}_f$ nimmt ab
2. Kriechbereich: sekundäres Kriechen, $\dot{\varepsilon}_f$ = konstant
3. Kriechbereich: tertiäres Kriechen, $\dot{\varepsilon}_f$ nimmt zu = beschleunigtes Kriechen → Bruch
ε_f = Kriechdehnung

$\dot{\varepsilon} = d\varepsilon/dt$ ist die Folge. Diese Vorgänge sind bei tieferen Temperaturen – etwa (0,4 . . .0,5) T_s – entscheidend für das Kriechgeschehen.
Thermisch aktivierte Platzwechsel, also Diffusionsvorgänge, sind hier von untergeordneter Bedeutung. Vielmehr sind hier die Vorgänge der Erholung (Polygonisation, Quergleiten) entscheidend.

Die Kriechkurve im 1. Kriechbereich kann etwa durch die Bezeichnung

$$\varepsilon_f = \text{a} \ln t \text{ mit } a = \text{konst.}$$

dargestellt werden (*logarithmisches Kriechen*). Sie ist charakteristisch für das Kriechen bei niedrigen Temperaturen und Spannungen.

Das **stationäre Kriechen** (2. Kriechbereich: *sekundäres Kriechen)* besitzt die größte praktische Bedeutung, da die Werkstoffe i. a. in diesem Bereich beansprucht werden. Hier gilt

$$\varepsilon_f = kt = \dot{\varepsilon}_f t,$$

d. h., die Kriechgeschwindigkeit $\dot{\varepsilon}_f$ ist konstant. Die Vorgänge sind überschaubar und der Rechnung einfacher zugänglich. Hier besteht ein Gleichgewicht zwischen Verfestigung und Erholung. Das Klettern der Versetzungen (siehe Bild 1.44) ist der maßgebliche Vorgang: Hindernisse und nicht bewegliche Versetzungen können umgangen werden, so daß eine weitere Verformung (Kriechen) erfolgen kann.

Der 3. Kriechbereich *(tertiäres Kriechen)* ist gekennzeichnet durch stark beschleunigtes Kriechen, das rasch zum Bruch führt. Leerstellenbildung und ausgeprägte Korngrenzendeformation (Korngrenzenrisse) sind die wesentlichen Ursachen. Technisch nutzbar ist dieser Bereich nicht mehr.
Bemerkenswert ist die Veränderung des Bruchgeschehens mit zunehmender Temperatur. Bei niedrigen Temperaturen ist die Verformung der Körner i. a. leichter als die der Korngrenzen, so daß die Werkstofftrennung als transkristalliner Bruch erfolgt.
Bei höheren Temperaturen wird die Diffusion im Bereich der energiereichen Großwinkelkorngrenzen sehr erleichtert. Die dadurch entstehende höhere Leerstellendichte in Korngrenzennähe ermöglicht das Klettern der Versetzungen und bildet so die Voraussetzungen für ausgeprägtes Kriechen. Der **Kriechbruch** ist interkristallin.

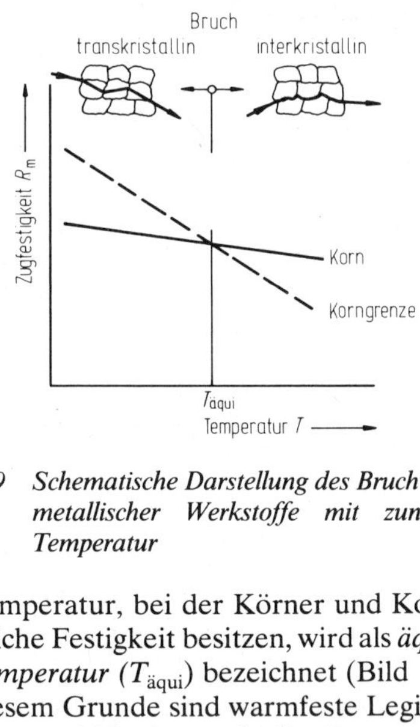

Bild 1.79 *Schematische Darstellung des Bruchverhaltens metallischer Werkstoffe mit zunehmender Temperatur*

Die Temperatur, bei der Körner und Korngrenzen gleiche Festigkeit besitzen, wird als *äquikohäsive Temperatur* $(T_{\text{äqui}})$ bezeichnet (Bild 1.79).
Aus diesem Grunde sind warmfeste Legierungen meistens grobkörnig, weil die Summe der zu Platzwechselvorgängen neigenden Korngrenzen geringer wird.

1.5 Grundlagen der Legierungsbildung

Metallische Werkstoffe bestehen praktisch immer aus mehreren (meistens metallischen) Elementen. Sie sind Legierungen. Im technischen Sprachgebrauch werden als **Legierungen** einschränkend nur solche Werkstoffe bezeichnet, denen absichtlich ein Element oder mehrere Elemente zuge-

setzt wurden, um bestimmte Eigenschaftsänderungen zu erzeugen.
Die Legierungselemente beeinflussen den kristallinen Aufbau und damit die Eigenschaften der Werkstoffe außerordentlich. Es können sich folgende, aus mehreren Atomsorten bestehende Kristallarten bilden:
- Mischkristalle,
- intermediäre Verbindungen,
- außerdem können Kristallgemische (z. B. Eutektikum) entstehen.

1.5.1 Mischkristalle

Die meisten Metalle können in ihrem Gitterverband (Matrix) bestimmte Mengen anderer Atome aufnehmen. Die Fremdatome werden im (Wirts-) Gitter *gelöst,* wodurch es stets mehr oder weniger stark verspannt wird. Derartige aus mindestens zwei Atomsorten »gemischte« Kristalle werden **Mischkristalle** (MK) genannt, zutreffender als **feste Lösungen** *(solid solution)* bezeichnet.
Je nachdem, wie die Legierungsatome B im Wirtsgitter A verteilt sind, unterscheidet man
- Substitutionsmischkristalle (SMK) und
- Einlagerungsmischkristalle (EMK).

1.5.1.1 Substitutionsmischkristalle (SMK)

Substitutions- oder Austausch-Mischkristalle entstehen, wenn Atome A des Wirtsgitters durch Fremdatome B ausgetauscht (substituiert) werden (Bild 1.80).

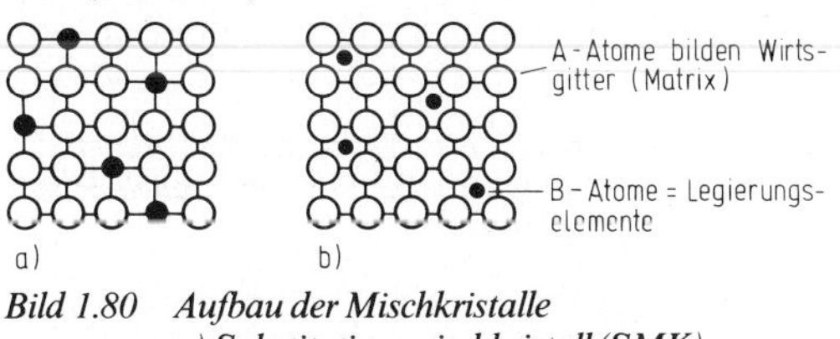

Bild 1.80 Aufbau der Mischkristalle
a) Substitutionsmischkristall (SMK)
b) Einlagerungsmischkristall (EMK)

Unter bestimmten Voraussetzungen kann jedes A-Atom durch ein B-Atom ersetzt werden. Man spricht dann von einer *lückenlosen MK-Reihe.* Die Löslichkeit des Metalles A für B beträgt in diesem Fall 100%. Wichtige Beispiele für dieses Verhalten sind die Metallpaarungen: Cu-Ni, Fe-Ni, Au-Ag, Au-Cu, Mo-W, Fe-Cr, Ti-Zr. Normalerweise ist die Löslichkeit von B in A begrenzt.

Voraussetzungen für eine lückenlose Mischbarkeit von A und B sind:
- A und B müssen den gleichen Gittertyp haben,
- ihre Atomdurchmesser dürfen sich um höchstens 14% unterscheiden.

Außer diesen geometrischen müssen noch einige chemische und elektrochemische Bedingungen erfüllt sein. Sie betreffen also den atomaren Aufbau der beteiligten Elemente. Der Eingriff in den atomaren Bereich ist die Ursache dafür, daß die Eigenschaften der Mischkristalle in keiner Weise additiv aus denen der beteiligten Elemente bestimmt werden können.
Im allgemeinen verhalten sich die Atomsorten gegeneinander indifferent. Es bestehen keine gerichteten, anziehenden oder abstoßenden Kräfte. Die Atome B sind im Wirtsgitter völlig regellos (statistisch) verteilt (Bild 1.81a).

Sind die anziehenden Kräfte zwischen den ungleichen Atomen (A-B) stärker als zwischen den gleichartigen (A-A, B-B), entsteht eine geordnete atomare Struktur, die **Überstruktur** (Bild 1.81b). Diese Atomanordnung wird auch als *Fernordnung* bezeichnet, sie ist nur möglich bei *bestimmten* Anteilen der gelösten Atome. Überstrukturen sind nur bei niedrigeren Temperaturen beständig, sie werden durch thermische Einwirkung leicht zerstört, höhere Temperaturen begünstigen nämlich den Unordnungszustand (die Entropie wird größer!).

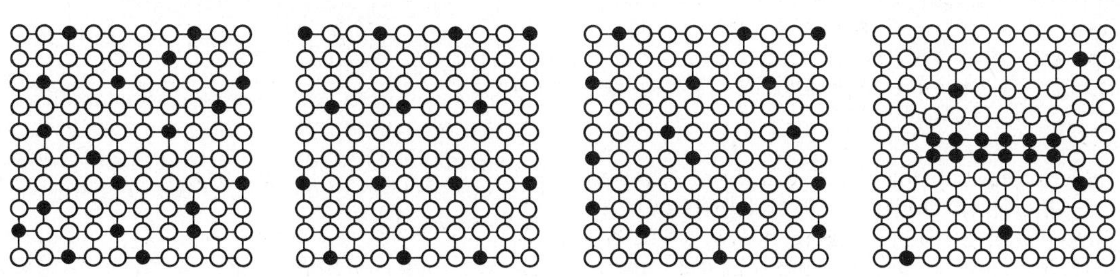

Bild 1.81 Mögliche Atomanordnungen in einem Substitutions-Mischkristall
a) B im A-Gitter statistisch verteilt
b) Überstruktur (Fernordnung)
c) Nahordnung
d) einphasige Entmischung (Zonenbildung)

Die Einstellung des Ordnungszustandes erfordert Platzwechsel, d. h., es muß genügend Zeit zur Verfügung stehen. Die Überstruktur kann sich daher aus ordnungsfähigen Mischkristallen nur nach langsamer Abkühlung von höheren Temperaturen bilden. Bei schnellem Abkühlen unterbleibt die Bildung geordneter Strukturen.
Die Eigenschaften der Überstrukturen weichen wesentlich von denen der regellos aufgebauten Mischkristalle ab (siehe S. 51).

Wegen der durch die gelösten Atome B verursachten Gitterverzerrungen entsteht praktisch nie eine völlig regellose Verteilung, sondern die sogenannte *Nahordnung*. Die gelösten Atome B liegen wesentlich seltener direkt nebeneinander, als es der Wahrscheinlichkeit entspricht (Bild 1.81c).
Durch geeignete Wärmebehandlungen kann z. B. ein weiterer spezieller Verteilungszustand der gelösten Atome erreicht werden: in bestimmten Bereichen ist ihre Konzentration besonders groß (Bild 1.81d). Durch die mehr oder weniger stark abweichenden Atomdurchmesser wird ein relativ großer Bereich in der Nähe der gelösten Atome stark elastisch verspannt. Die Festigkeit des Werkstoffes wird durch derartige »entmischte« Bereiche (siehe S. 53) erheblich gesteigert.

1.5.1.2 Einlagerungsmischkristalle (EMK)

Nichtmetallatome, mit einem Durchmesserverhältnis f von maximal 0,41 können in die Zwischengitterplätze eingelagert werden (Bild 1.82). Da nur die Zwischengitterplätze besetzt werden, ist die Löslichkeit im allgemeinen geringer als ein Prozent.

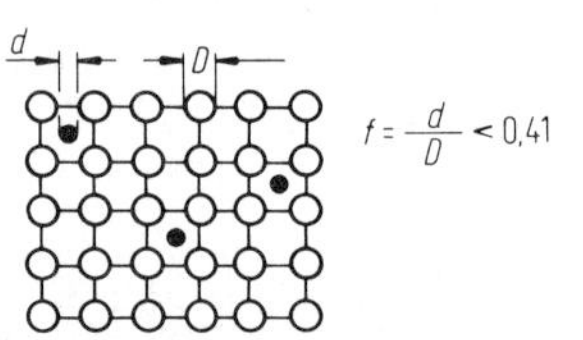

Bild 1.82 Schematische Darstellung des Einlagerungsmischkristalls (EMK)

Wasserstoff, Stickstoff, Kohlenstoff und Bor sind die technisch wichtigsten EMK-bildenden Elemente. Ihre Diffusionsfähigkeit nimmt mit fallender Temperatur im allgemeinen sehr stark ab.
Ändert sich beim schnellen Abkühlen die Gittermodifikation, so daß eine Gitterstruktur mit einer geringeren Löslichkeit für das eingelagerte Element entsteht, können starke Gitterverzerrungen, d. h. hohe Härten entstehen. Diese Vorgänge spielen bei der *Umwandlungshärtung* eine entscheidende Rolle.

1.5.2 Intermediäre Kristalle

Zwischen den Atomsorten bestehen sehr starke anziehende Kräfte, die wesentlich größer sind als die zur Bildung von Überstrukturen. Je nach dem elektrochemischen Verhalten der Atomarten sind neben der metallischen Bindung noch andere Bindungsarten (kovalent, Ionenbindung) wirksam. Die Bindungsform liegt daher im allgemeinen zwischen der reinen metallischen und der chemischen Bindung: *intermediate* (engl.) bedeutet dazwischen liegend. Diese Kristallarten werden auch als intermetallische Verbindungen bezeichnet. Diese Bezeichnung ist aber nur für Verbindungen korrekt, die aus *Metallen* bestehen.

Bei stark elektronegativen Elementen kann sich eine echte chemische Verbindung bilden, die stöchiometrisch zusammengesetzt ist. Sie besitzt keine metallischen Eigenschaften mehr. Im allgemeinen entstehen intermediäre Kristalle innerhalb eines größeren Konzentrationsbereiches. Sie bilden dann Mischkristalle.

Ihre Gitter weichen oft von denen der beteiligten Elemente ab und sind meistens sehr kompliziert aufgebaut. Eine Elementarzelle kann mehrere hundert Atome enthalten. Die Folge davon ist große Härte und Sprödigkeit. Die intermediären Kristalle übertragen ihre Eigenschaften auf die gesamte Legierung. Daher sind i. a. nur Gehalte von wenig mehr als einigen Zehntel Prozent zulässig. In bestimmten Fällen wird ihre große Härte technisch genutzt.

Eine wichtige Untergruppe dieser Kristallart sind die **interstitiellen Phasen,** die auch als *Einlagerungsstrukturen* bezeichnet werden. Sie haben einen hohen Schmelzpunkt und sind extrem hart. Die zum Teil sehr dichte Packung ist eine Ursache für die hohe Härte dieser Phasen. Sie haben im Hinblick auf ihren Aufbau große Ähnlichkeit mit EMK. Der hohe Anteil an nichtmetallischen (= chemischen) Bindungskräften und die großen Packungsdichten unterscheiden sie aber wesentlich von den EMK.

Von besonderer Bedeutung sind die Karbide, Nitride, Boride der (Übergangs-)Metalle. Ist das Durchmesserverhältnis (Bild 1.82) $f < 0{,}59$, bilden sich einfache Strukturen mit der ungefähren Zusammensetzung M_4X, M_2X, MX (M = Metall,

X = Nichtmetall). Bei einem größeren Verhältnis f bilden sich i. a. komplexe, vom Wirtsgitter stark abweichende Kristallgitter. Die Karbide des Cr, Cu, Fe, Mn und Ni ($f \approx 0{,}60 - 0{,}61$) gehören dazu.

Einige der härtesten und beständigsten Karbide, die z. B. in Werkzeugstählen und hitzebeständigen Stählen verwendet werden, wie TaC (Schmelzpunkt 3800 °C), NbC (3500 °C), ZrC (3500 °C), VC (2800 °C), WC (2750 °C) sind interstitielle Kristallarten.

1.6 Zustandsschaubilder

1.6.1 Grundlagen, Begriffe, Definitionen

Eine Legierung besteht aus mindestens zwei verschiedenen Atomsorten, den **Komponenten.** Das Gefüge der Legierung ist aus Körnern aufgebaut, die durch Korngrenzen voneinander getrennt sind.

Der Zustand von Legierungen wird durch die Zustandsgrößen:
- Temperatur *T*,
- Druck *p*,
- Konzentration *c* eindeutig bestimmt.

Die **Konzentration** wird aus dem Mischungsverhältnis der Komponenten A und B (binäre Legierung) berechnet und meistens in Masseprozenten angegeben.

$$c_A = \frac{m_A}{m_A + m_B}\,100\,\% \qquad c_B = \frac{m_B}{m_A + m_B}\,100\,\%$$

m_A, m_B = Masse der Komponenten A und B

Gefügeänderungen, wie Erstarren, Lösungs- und Ausscheidungsvorgänge, Umwandlungsvorgänge, Bildung neuer Phasen sind stets mit einer Änderung der Zustandsgrößen *T*, *p*, *c* verbunden.

Abgesehen von der Vakuummetallurgie laufen die meisten technischen Herstell- und Verarbeitungsprozesse der Werkstoffe bei Normaldruck ($p \approx 1$ bar) ab. Jeder Werkstoffzustand läßt sich daher durch ein *bestimmtes* Wertepaar *T*, *c* beschreiben.

Das **Zustandsschaubild** gibt in Abhängigkeit von der Temperatur *T* und der Konzentration *c* eine lückenlose und vollständige Übersicht über alle möglichen *Zustandsänderungen des Gefüges* aller Legierungen, bestehend aus A und einem von Null bis 100% ansteigendem B-Gehalt.

Die Zustandsänderungen müssen in einem **thermodynamischen System** untersucht werden. Bestehen die Systeme nur aus einer Komponente, spricht man von einem *Einstoffsystem.* Entsprechend bezeichnet man die Gesamtheit aller Legierungen aus zwei, drei oder mehreren Elementen als *Zwei-*, *Drei-* oder *Mehrstoffsystem.*

Die gleichartigen, einheitlichen Bestandteile eines Systems werden als **Phasen** bezeichnet. Existiert in einem System (innerhalb der vorgegebenen oder gewählten *T*, *c*-Grenzen) nur eine Phase, wird es *homogen* genannt.

Der Begriff Phase ist nicht gleichbedeutend mit dem des Aggregatzustandes. In jedem Aggregatzustand können auch mehrere Phasen gleichzeitig auftreten. In diesem Fall treten *Mischungslücken* auf, d. h., es liegen mehrere durch Phasengrenzen getrennte Bestandteile vor. Das System und die entstehenden Gefüge sind *heterogen.*

In den hier zu behandelnden Systemen können prinzipiell folgende Phasen auftreten:
- **homogene Schmelzen** S_A, S_B,
- **reine Metalle** A, B, C . . . (die Komponenten des Systems),
- **Mischkristalle.** Man beachte, daß auch diese atomaren »Mischungen« als Phase, also als einheitlich und homogen bezeichnet werden. Eine »Heterogenität« wird erst nachweisbar, wenn man sich atomaren Abmessungen nähert. Der Begriff Phase erfordert daher die Betrachtung hinreichend großer Massen, so daß dann von einheitlichen, homogenen Zuständen gesprochen werden kann. A-reiche MK werden als α-MK, B-reiche als β-MK bezeichnet, u.s.w.
- **Intermediäre Kristallarten.**

Daneben treten häufig Gemische auf:
- Gemenge von Phasen (flüssig oder fest)
- charakteristische Kristallgemenge, z. B. das Eutektikum, das Eutektoid.

1.6.2 Phasengesetz

Das Phasengesetz von Gibbs stellt den Zusammenhang her zwischen
- der Anzahl der **Komponenten K**
- der Anzahl der **Phasen P** und
- der Anzahl der **Freiheitsgrade F**

eines sich im Gleichgewicht befindenden heterogenen Systems.

$$F = K + 2 - P$$

Unter **Freiheitsgrad** versteht man die Zahl der Zustandsgrößen (*T*, *p*, *c*), die unabhängig voneinander geändert werden können, ohne daß sich der Zustand, d. h. die Zahl der Phasen, ändert. Da der Einfluß des Druckes vernachlässigt werden kann, verringert sich die Zahl der Freiheitsgrade um 1.

$$F = K + 1 - P$$

Beispiele:

- *Einstoffsystem,* z. B. reines Metall A, d. h. K = 1. Wegen $c = 1$ = konst. ist die einzige Zustandsgröße des Systems die Temperatur *T*:
  $$F = 1 + 1 - P = 2 - P$$
  Für den einphasigen Zustand (Metall ist fest oder flüssig) ist P = 1 also F = 2 − 1 = 1. Die Phase ist in einem bestimmten *Temperaturbereich* beständig, d. h., die Temperatur kann geändert werden, ohne daß sich der Zustand des Systems ändert.
  Ist P = 2, d. h. existieren die feste und flüssige Phase gleichzeitig, dann wird F = 0, das System besitzt also keinen Freiheitsgrad mehr. Folglich ist die Temperatur, bei der die beiden Phasen gleichzeitig auftreten, ein fester Wert, nämlich die *Schmelztemperatur.*
- *Zweistoffsystem,* z. B. Legierung aus A und B, d. h. K = 2 und
  $$F = 2 + 1 - P = 3 - P.$$
  Zustandsgrößen sind *T* und *c.*
  Für eine einphasige Legierung (homogenes System) ist P = 1, also F = 3 − 1 = 2, d. h., *T* und *c* können in gewissen Grenzen unabhängig voneinander geändert werden, ohne daß sich der Zustand des Systems ändert.
  Für eine zweiphasige Legierung (heterogenes System) ist P = 2, also F = 3 − 2 = 1.
  Die heterogene Legierung (zwei Phasen existieren bei c = konst.) besteht daher in einem bestimmten Temperatur- oder Konzentrationsbereich. *T* und *c* können nicht mehr unabhängig voneinander geändert werden, ohne daß sich der Zustand der Legierung ändert. Der Schmelz- oder Erstarrungsvorgang (flüssige und feste Phase liegen gleichzeitig vor) erfolgt bei Legierungen also innerhalb eines bestimmten Temperaturintervalls (*Schmelz-* bzw. *Erstarrungsintervall*).
  Kommen in einem Zweistoffsystem gleichzeitig drei Phasen vor, dann ist F = 0. Die Temperatur muß solange konstant bleiben (Haltepunkt), bis sich die Zahl der Phasen um 1 verringert hat.
  Dies kann nur für jede Phase bei einer bestimmten Konzentration und Temperatur geschehen. Derartige »singuläre« Gleichgewichtspunkte sind das Eutektikum, das Eutektoid und das Peritektikum.

1.6.3 Aufstellen der Zustandsschaubilder

Das Zustandsschaubild ist die bildliche Darstellung der Zustandsänderungen von Legierungen in Abhängigkeit von den sie bestimmenden Zustandsgrößen *T, c.*

Der Zustand der Legierung wird nur in Abhängigkeit von Temperatur *T* und Konzentration *c* betrachtet.

Auf der Abszisse wird in Richtung B der B-Gehalt bis 100 %, in Richtung A der A-Gehalt bis 100 % aufgetragen. Damit ist die Zusammensetzung jeder Legierung (x%A, y%B) eindeutig auf der Abszisse festgelegt.

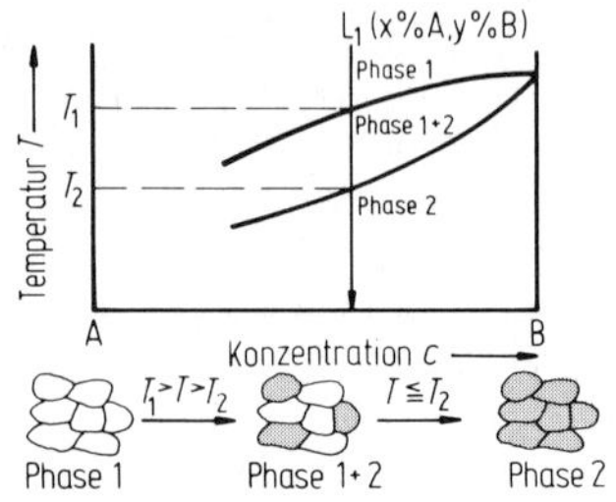

Bild 1.83 Phasenänderung, dargestellt im Zustandsschaubild (schematisch)

Die Aufgabe besteht im Ermitteln der *Phasengrenzlinien* in dem *T-c*-Schaubild (Bild 1.83). Unterschreitet eine Legierung L_1 beim Abkühlen oder Erwärmen die Phasengrenzlinie (Temperatur T_1), dann ändert sich ihr Zustand: die Anzahl der Phasen ändert sich. In Ausnahmefällen gehen Phasen unmittelbar in andere über, ohne daß sich ihre Anzahl ändert. Bei einer Zustandsänderung ändern sich sehr viele Eigenschaften *unstetig.* Dazu gehören:

- Änderungen des *Wärmeinhaltes* (thermische Analyse): Wärme wird frei oder gebunden.
- *Volumen-* oder *Längenänderung* (Dilatometerverfahren): unterschiedliche Packungsdichte der Phasen.
- Änderung verschiedener *physikalischer Eigenschaften:* elektrischer Widerstand, magnetische Suszeptibilität.

Bei dem Verfahren der *thermischen Analyse* wird die Temperatur der abkühlenden Legierung in Abhängigkeit von der Zeit gemessen. Dabei ergeben sich in den Temperaturkurven bei den verschiedenen Phasenänderungen charakteristische Unstetigkeiten (Bild 1.84):

- **Haltepunkte.** Die Temperatur der abkühlenden Legierung bleibt bis zur vollständigen Phasenänderung konstant. Dies kann nur geschehen, wenn der Freiheitsgrad F = 0 ist, z. B. beim Erstarren (Schmelzen) reiner Metalle.
- **Knickpunkte** sind typisch und ausgeprägt für Zustandsänderungen im Bereich Schmelze – feste Bestandteile von Legierungen (F = 1). Sie entstehen durch die bei der Erstarrung freiwerdende Kristallisationswärme.

In manchen Fällen ist die Änderung des Wärmeinhaltes für den Nachweis der Phasenänderung zu gering, z. B. bei Ausscheidungsvorgängen. Bei dem *Dilatometerverfahren* dienen sehr kleine Längenänderungen zum Nachweis von Phasenumwandlungen. Bild 1.85 zeigt schematisch die Dilatometerkurven einer Fe-C-Legierung während des Aufheizens und des Abkühlens.

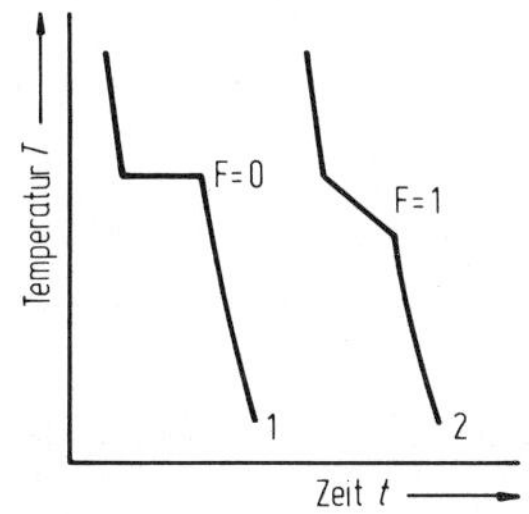

Bild 1.84 *Halte- und Knickpunkte bei Zweistofflegierungen*
F = 0: Haltepunkte bei der Erstarrung reiner Metalle, Eutektika, Eutektoide, Peritektika. Zwei bzw. drei Phasen sind im Gleichgewicht
F = 1: Knickpunkte bei Zustandsänderungen in Zweiphasengebieten

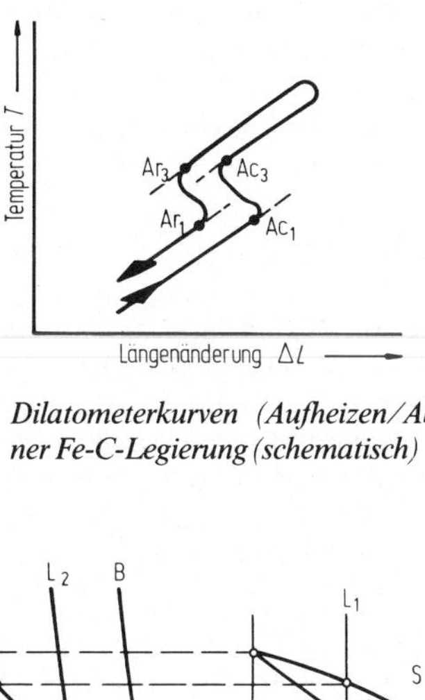

Bild 1.85 *Dilatometerkurven (Aufheizen/Abkühlen) einer Fe-C-Legierung (schematisch)*

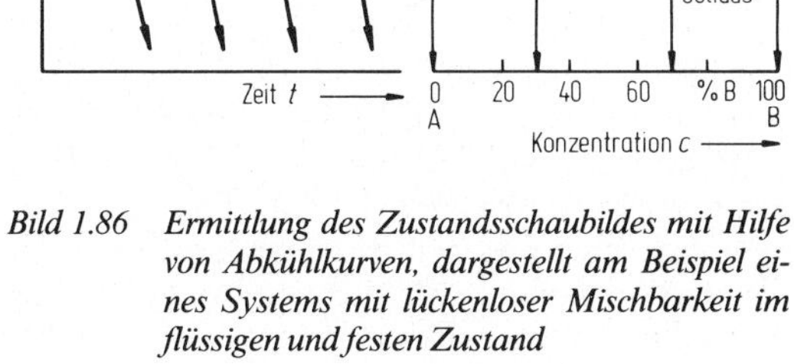

Bild 1.86 *Ermittlung des Zustandsschaubildes mit Hilfe von Abkühlkurven, dargestellt am Beispiel eines Systems mit lückenloser Mischbarkeit im flüssigen und festen Zustand*

Die Phasengrenzen (und damit das Zustandsschaubild) werden bestimmt, indem die von einer Vielzahl von Legierungen gemessenen Knick- und Haltepunkte in das *T*-*c*-Schaubild eingetragen werden. Bild 1.86 zeigt schematisch diese Konstruktion am Beispiel der lückenlosen Mischkristallreihe. Die Phasengrenzlinie zwischen der homogenen Schmelze (S) und dem Zweiphasenfeld Schmelze und Mischkristall (S + α) bezeichnet man als **Liquiduslinie;** die zwischen dem Zweiphasenfeld und dem festen Mischkristall als **Soliduslinie.**

Oberhalb der Liquiduslinie Li ist die Legierung vollständig flüssig, unterhalb der Soliduslinie So vollständig erstarrt. Zwischen Li und So existiert eine flüssige und eine feste Phase.

Von besonderer Bedeutung für das Verständnis der Zustandsschaubilder ist die Einsicht, daß die Anzahl der Phasen, ihre Art und Menge nur dann stabil ist, wenn sich das System im thermodynamischen Gleichgewicht befindet. Daher müssen alle Aufheiz- und Abkühlvorgänge so langsam erfolgen, daß es sich einstellen kann.

Im flüssigen Zustand ist das innerhalb kurzer Zeiten möglich. Zustandsänderungen in der festen Phase erfordern meistens sehr lange Zeiten (Tage, Wochen, Monate).

Die Werkstoffe werden überwiegend in einem für den betreffenden Anwendungsfall hinreichend beständigen metastabilen, selten in ihrem thermodynamisch stabilen Zustand verwendet. Daraus folgt (siehe auch S. 48 ff):

- Die Aussagen der üblichen (Gleichgewichts-) Zustandsschaubilder dürfen nicht kritiklos auf technische Legierungen übertragen werden. Aufheiz- und Abkühlbedingungen, die wesentlich von denen abweichen, die zum Erreichen des Gleichgewichtszustandes erforderlich sind, führen oft zu deutlich abweichenden Eigenschaften.
- Sind metastabile Zustände technisch bedeutsamer, oder ist die zum Einstellen des Gleichgewichts erforderliche Zeit zu lang, werden häufig metastabile Zustandsschaubilder aufgestellt. Die Phasengrenzen in diesen, bei höheren Abkühlgeschwindigkeiten aufgenommenen, **realen Schaubildern** sind gegenüber den **idealen** (Gleichgewichts-) **Schaubildern** zu tieferen Temperaturen verschoben. Ein technisch wichtiges Beispiel ist das metastabile Fe-Fe_3C-Schaubild.

1.6.4 Zustandsschaubilder von Zweistofflegierungen

1.6.4.1 Vollkommene Unlöslichkeit im flüssigen und festen Zustand

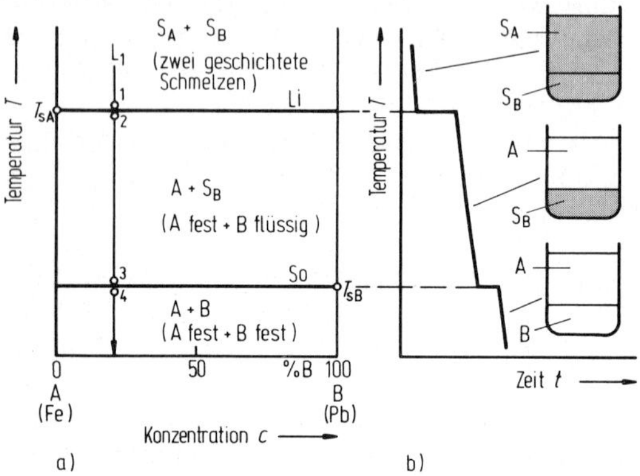

Bild 1.87 Zustandsschaubild mit vollständiger Unlöslichkeit im flüssigen und festen Zustand (Beispiel Fe-Pb)

Die Abkühlkurven aller Legierungen des Systems Fe-Pb zeigen den in Bild 1.87b dargestellten Verlauf. Daraus kann das einfache Zustandsschaubild (Bild 1.87a) konstruiert werden.

Die Abkühlung der Legierung L_1 (80% A, 20% B) von Temperaturen oberhalb T_{sA} (= Schmelztemperatur von A) ergibt:

- Bis Punkt 1 liegen *zwei* homogene Schmelzen S_A und S_B vor, die entsprechend ihrer Dichte übereinander geschichtet sind (Schwerkraftseigerung).
- Bei Punkt 2 kristallisiert A (Fe). Die zweite Phase S_B bleibt bis Punkt 3 flüssig.
- Nach Unterschreiten von T_{sB} sind beide Phasen kristallisiert. Sie liegen schichtartig übereinander (Bild 1.87b).

Die völlige Unmischbarkeit der beiden Metalle Eisen und Blei erklärt, daß flüssiges Blei in eisernen Tiegeln transportiert werden kann, ohne daß diese angegriffen werden oder mit Blei reagieren.

1.6.4.2 Vollkommene Löslichkeit im flüssigen und festen Zustand

Die Voraussetzungen für die Bildung einer *lückenlosen Mischkristallreihe* wurden auf S. 35 genannt. Alle Abkühlkurven, ausgenommen die der Komponenten A, B, zeigen Knickpunkte (Bild 1.86).

Die bei der Abkühlung ablaufenden Vorgänge sollen anhand der Legierung L_1 (60% A, 40% B) deutlich gemacht werden (Bild 1.88):

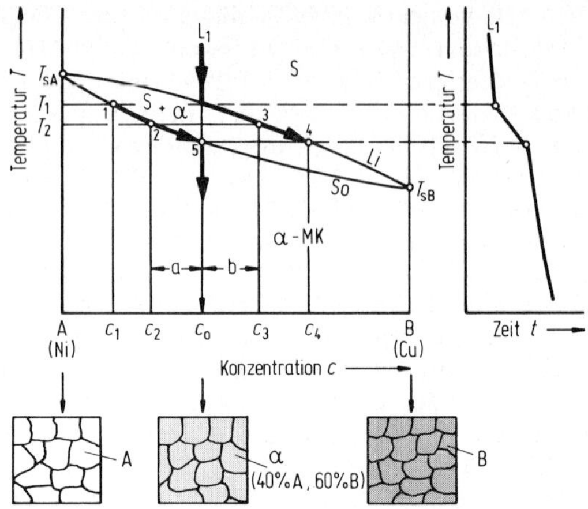

Bild 1.88 Zustandsschaubild mit vollständiger Löslichkeit im flüssigen und festen Zustand

Nach Unterschreiten der Liquiduslinie Li bei T_1 befindet sich die Legierung im Zweiphasenfeld, in dem Schmelze und die sich gerade bildenden Mischkristalle α im Gleichgewicht sind.

Die Zusammensetzung der aus der Schmelze auskristallisierten Mischkristalle gibt der Schnittpunkt der durch T_1 gezogenen Waagerechten (= *Konode T* = konst.) mit der zu diesem Phasenfeld gehörenden nächsten Phasengrenze an, Punkt 1. Dessen B-Gehalt (= c_1) ist wesentlich geringer als der der ursprünglichen Schmelze.

Fällt die Temperatur bis T_2, dann besitzt der größer gewordene Anteil der Mischkristalle den B-Gehalt c_2. Während der Erstarrung ändern also die ausgeschiedenen Mischkristalle ständig ihre Zusammensetzung gemäß der Soliduslinie. Im Punkt 5 – nach Unterschreiten der Soliduslinie – ist die Kristallisation abgeschlossen. Es liegen nur homogene Mischkristalle vor.

Da der B-Gehalt der gebildeten Mischkristalle immer geringer ist als der der ursprünglichen Schmelze (c_0), muß der B-Gehalt der Restschmelze entsprechend dem Verlauf der Liquiduslinie ständig zunehmen. Diese Konzentrationsänderungen in der Schmelze und den Mischkristallen sind in Bild 1.88 durch die dick ausgezogenen Linien dargestellt. Man beachte, daß kurz vor dem Erstarren die von der ursprünglichen Zusammensetzung stark abweichende Restschmelze (B-Gehalt c_4) vorhanden ist. Sie muß zum homogenen Mischkristall (B-Gehalt c_0) erstarren.

Der Konzentrationsausgleich erfolgt in der Schmelze einfach und schnell. Die entsprechenden Diffusionsvorgänge im festen Mischkristall erfordern sehr viel längere Zeiten. Bei technischen Abkühlgeschwindigkeiten kann sich deshalb das Gleichgewicht nicht einstellen. Es kommt zu unangenehmen Entmischungserscheinungen (Kristallseigerung, siehe S. 48).

Die Gefüge aller Legierungen dieses Systems bestehen bei Raumtemperatur nur aus einer Phase: α-Mischkristallen. Da es bis auf eine evtl. geänderte Eigenfarbe keine Gefügebesonderheiten zeigt, sind die einzelnen Legierungen bei mikroskopischer Betrachtung kaum voneinander zu unterscheiden. Das gelingt z. B. erst durch Feststellen geeigneter mechanischer Gütewerte (z. B. Härte, Streckgrenze).

Außer der Zusammensetzung, Anzahl und Art der Phasen, können aus dem Zustandsschaubild auch die Mengen der in heterogenen Zustandsfeldern vorhandenen Phasen ermittelt werden. Dabei geht man davon aus, daß der Gehalt z. B. an B im Mischkristallanteil (Menge m_K, Konzentration c_2) und der restlichen Schmelze (m_S, c_3) bei jeder Temperatur im Zweiphasenfeld zusammen genauso groß sein muß, wie in der ursprünglichen Schmelze L_1 (m, c_0).

Ist die Gesamtmenge

$$m_S + m_K = m,$$

dann gilt, bezogen auf den B-Gehalt bei der Temperatur T_2:

$$m_S c_3 + m_K c_2 = m c_0.$$

Daraus ergeben sich:

$$m_K = \frac{c_3 - c_0}{c_3 - c_2} m = \frac{\mathrm{b}}{\mathrm{a}+\mathrm{b}} m; \quad m_S = \frac{\mathrm{a}}{\mathrm{a}+\mathrm{b}} m;$$

$$\frac{m_K}{m_S} = \frac{\mathrm{b}}{\mathrm{a}}.$$

Diese Beziehung wird in Anlehnung an die Mechanik als **Hebelgesetz** bezeichnet. Anstelle von Kräften werden hier Mengen eingesetzt. Bild 1.89 zeigt diesen Vergleich anschaulicher.

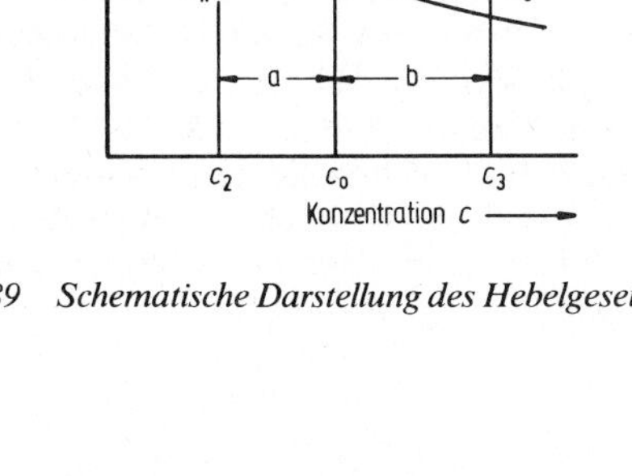

Bild 1.89 Schematische Darstellung des Hebelgesetzes

Die *wichtigsten Regeln* zum Lesen und Interpretieren von Zustandsschaubildern sollen wegen der grundsätzlichen Bedeutung noch einmal zusammengestellt werden:

- Abkühlen/Erwärmen einer Legierung im *einphasigen Zustand,* d. h., in einem *Einphasenfeld* (homogene Schmelze, Mischkristalle, intermediäre Verbindungen) ändert nicht *Art, Menge* und *Zusammensetzung* der Phase.
- Erreicht man nach Überschreiten einer Phasengrenze ein *Zweiphasenfeld,* d. h., geht z. B. Schmelze S in Schmelze und Mischkristall S + α über, dann kann Art, Menge und Zusammensetzung der beiden Phasen bestimmt werden. *Die Schnittpunkte der Horizontalen (Konode) mit den dieses Feld begrenzenden Phasengrenzen geben die Zusammensetzung an:* der Schnittpunkt mit der Soliduslinie die der erstarrten Mischkristalle, der Schnittpunkt mit der Liquiduslinie die der restlichen Schmelze. Die Mengen der Phasen werden mit dem *Hebelgesetz* ermittelt.

1.6.4.3 Vollkommene Löslichkeit im flüssigen Zustand, vollkommene Unlöslichkeit im festen Zustand

Durch zunehmenden A- oder B-Gehalt sinken die Liquidustemperaturen der Legierungen ständig, wenn eine vollständige Löslichkeit im flüssigen Zustand vorliegt und aus der Schmelze nur die reinen Komponenten A bzw. B auskristallisieren. In diesem Fall entstehen daher von T_{sA} bzw. T_{sB} abfallende Teil-Liquiduslinien, die sich im Punkt e schneiden (Bild 1.90a). Dieser Punkt wird als *eutektischer Punkt* bezeichnet. Die Legierung mit der eutektischen Zusammensetzung c_e heißt **eutektische Legierung,** ihr Gefüge im festen Zustand **Eutektikum.**

Die Isotherme $T = T_e$ wird als **Eutektikale** bezeichnet. Eine eutektische Legierung erstarrt nicht in einem Intervall, sondern bei einer festen Temperatur wie ein reines Metall. Die Abkühlkurve weist deshalb einen Haltepunkt auf (Bild 1.90b).

Bei T_e sind drei Phasen (S_e, A, B) im Gleichgewicht, d. h. es gilt:

$$\mathrm{F} = \mathrm{K} + 1 - \mathrm{P} = 3 - \mathrm{P} = 0.$$

Der Freiheitsgrad F = 0 bedeutet, daß sich die Temperatur erst ändern kann, wenn sich die Zahl der Phasen um eine verringert hat. Erst wenn die gesamte Schmelze S_e erstarrt ist, nimmt die Temperatur weiter ab. Es *muß* also ein Haltepunkt entstehen.

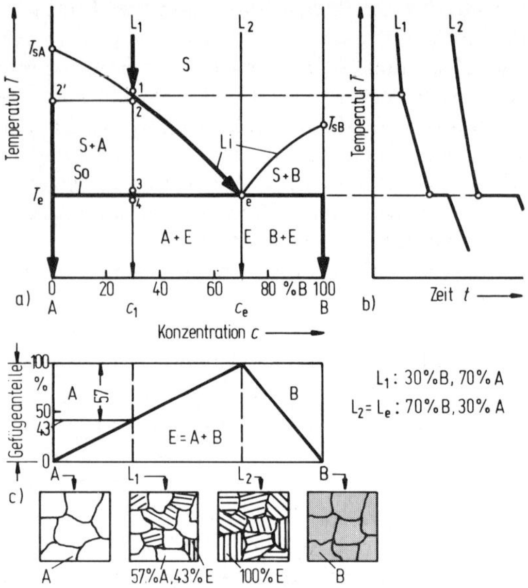

Bild 1.90 *Zustandsschaubild mit vollständiger Löslichkeit im flüssigen und vollständiger Unlöslichkeit im festen Zustand*

Die eutektische Reaktion bei T_e lautet:

$$S_e \xrightarrow{T=T_e=\text{konst.}} A+B$$

Die eutektische Schmelze S_e *zerfällt bei konstanter Temperatur in das eutektische Gemenge:* A *(fest)* + B *(fest).*

Die Schmelze S_e erstarrt gleichzeitig zu A und B: eine Waagerechte dicht unter T_e schneidet die Ordinaten A und B! Wegen der niedrigen Schmelztemperatur T_e haben sich *sehr viele Keime* gebildet. Außerdem muß das Kristallisieren wegen des nicht vorhandenen Erstarrungsintervalls schneller als bei jeder anderen Legierung des Systems erfolgen. Das Ergebnis ist ein Gefüge, das durch gleichzeitig wachsende, sich gegeneinander behindernde A- und B-Kristalle entsteht:

- es ist i. a. sehr feinkörnig,
- es besteht eine *charakteristische Orientierung* zwischen den Bestandteilen. Diese liegen also nicht regellos nebeneinander, sondern sind häufig lamellen- oder spiralförmig angeordnet. Bild 1.91 macht die Bezeichnung Eutektikum (das »Schöngeformte«, »gut gebaut«) verständlich.

Die Abkühlung der Legierung L_1 ergibt:

Bis Punkt 1 besteht die homogene Schmelze S. Nach Unterschreiten der Liquiduslinie, Punkt 2, scheiden sich aus der Schmelze primär feste Kristalle A aus: Der Schnittpunkt der Waagerechten durch Punkt 2 mit der *nächsten* Phasengrenze innerhalb des heterogenen Zustandsfeldes (S + A) ist Punkt 2', der also die »Konzentration« von A angibt. Mit abnehmender Temperatur wird der Anteil der primär ausgeschiedenen Kristalle A größer, wodurch die Restschmelze an A verarmt. Im Punkt 3 hat sie die eutektische Zusammensetzung, Punkt e, erreicht. Hier existieren nebeneinander:

$$\frac{m_A}{m} = \frac{70-30}{70}\,100\,\% \approx 57\,\% \text{ Primärkristalle}$$

$$\frac{m_S}{m} = 100\,\% - 57\,\% = 43\,\% \text{ eutektische Schmelze der Zusammensetzung } 70\,\%\,\text{B},\ 30\,\%\,\text{A.}$$

Das Gefüge der Legierung L_1 bei Raumtemperatur besteht damit aus ≈ 57% primär erstarrten A-Kristallen, die in der Restschmelze allseitig frei wachsen konnten und daher meist rundlich (Erkennungszeichen!) sind. Sie sind in ≈ 43% Eutektikum eingebettet. Die in der Schmelze ursprünglich vorhandenen 70% A und 30% B sind wie folgt verteilt:

Schmelze		Primärkristalle		Eutektikum
70% A	=	57% A	+	0,43 · 30% A
	=	57% A	+	12,9% A
30% B	=			30% B

Die Konzentrationsänderungen während des Erstarrens sind in Bild 1.90a als dick gezeichnete Linien dargestellt.

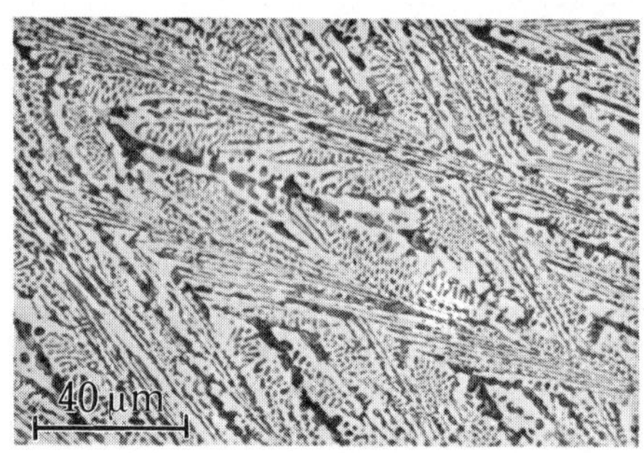

Bild 1.91 *Eutektikum (Ledeburit, weißes Gußeisen)*

Die eutektische Legierung L_2 bleibt bis T_e flüssig und erstarrt nach Unterschreiten der Eutektikalen T_e sofort vollständig als feinkörniges Eutektikum.

Legierungen, die links von der eutektischen Konzentration liegen, werden **untereutektische,** die rechts davon liegenden als **übereutektische Legierungen** bezeichnet. Die Erstarrungsverhältnisse bei übereutektischen Legierungen sind prinzipiell die gleichen wie bei Legierung L_1, nur scheiden sich primär B-Kristalle aus der Schmelze aus. In Bild 1.90c sind die schematischen Gefügebilder dargestellt.

Der Ingenieur interessiert sich meistens für Art und Menge der bei Raumtemperatur vorhandenen Phasen. Das in Bild 1.90c gezeichnete **Gefügerechteck** gibt die gewünschte Auskunft. Die in ihm enthaltenen Begrenzungslinien sind immer Geraden, da nach dem Hebelgesetz zwischen der Menge der Phase und den Hebellängen eine *lineare* Beziehung besteht.

Wegen des niedrigen Schmelzpunktes und der i. a. guten mechanischen Gütewerte werden eutektische Legierungen in der Praxis häufig verwendet; vor allem als Gußwerkstoffe. Die niedrige Schmelztemperatur der eutektischen Blei-Zinn-Legierung (38% Pb, 62% Sn) von 183 °C ist wesentlicher Grund für die ausgedehnte Anwendung dieser Legierung als Weichlot.

1.6.4.4 Vollkommene Löslichkeit im flüssigen Zustand, begrenzte Löslichkeit im festen Zustand

Bei der überwiegenden Anzahl aller Legierungssysteme sind deren Komponenten im festen Zustand weder lückenlos ineinander mischbar noch vollständig unmischbar. Bei ihnen existieren Konzentrationsbereiche, in denen die Komponente A eine bestimmte Menge B und die Komponente B eine bestimmte Menge A lösen kann. Aus den Schaubildern ist nicht erkennbar, ob es sich um SMK oder EMK handelt. Der Konzentrationsbereich, in dem mehrere Phasen auftreten, wird als **Mischungslücke** bezeichnet.

Die Löslichkeit ist bei höheren Temperaturen i. a. größer als bei tieferen. *Beim Abkühlen muß sich also nach dem Unterschreiten einer von der Zusammensetzung abhängigen Temperatur (= Löslichkeitsgrenze) wenigstens ein Teil der im A-Gitter gelösten B-Atome ausscheiden.* Die Ausscheidung eines festen Bestandteiles aus einem anderen festen wird **Segregatbildung** genannt. Die Linien, unterhalb derer die Ausscheidung beginnt, sind die **Segregatlinien.**

Die Platzwechselvorgänge der Atome bei der Segregatbildung verlaufen sehr träge, die zurückgelegten Wege sind gering, die ausgeschiedenen Teilchen (Segregate) daher oftmals sehr klein. Sie scheiden sich bevorzugt an den Korngrenzen aus. Die »Austrittsarbeit« der Ausscheidungen ist wegen der großen Oberflächenspannung der Korngrenzen und ihrer höheren Leerstellenkonzentration gering. Grundsätzlich scheiden sich die Segregate an allen energetisch günstigen Orten aus. Das können neben Korngrenzen auch Zwillingsgrenzen, Anhäufungen von Leerstellen oder Versetzungen, Einschlüsse und andere Gitterdefekte sein.

Die Ausscheidungen können durch schnellere Abkühlung unterdrückt werden. Bei Raumtemperatur liegen dann *übersättigte* Mischkristalle vor, die nicht im thermodynamischen Gleichgewicht sind. Die entstehenden Gitterspannungen, die durch weitere Wärmebehandlungen noch wesentlich vergrößert werden können, führen zu einer starken Festigkeitszunahme (siehe S. 53).

1.6.4.4.1 Eutektische Systeme

In dem schematischen System nach Bild 1.92 kann bei Raumtemperatur A maximal 3% B und B maximal 20% A lösen. Diese Gefüge sind einphasig. Sie bestehen aus α- bzw. β-MK. In dem Konzentrationsbereich zwischen 3% B und 80% B entstehen mehrphasige Gefüge, weil A nicht mehr vollständig die angebotene Menge B, bzw. B die angebotene Menge A lösen kann. Dieser Bereich ist die *Mischungslücke M.*

Die eutektische Reaktion, z. B. beim Abkühlen der Legierung L_2

$$S_e \xrightarrow{T=T_e=\text{konst.}} \alpha_4 + \beta_5$$

ergibt jetzt ein feinkörniges Gemenge aus Mischkristallen α und β. (Beachte: Waagerechte bei $T \leqslant T_e$ führt zu den Schnittpunkten 4 und 5!)

Die Mengen der beiden eutektischen Bestandteile betragen nach dem Hebelgesetz:

$$\frac{m_\alpha}{m} = \frac{c_5 - c_e}{c_5 - c_4} \cdot 100\,\% \approx 62\,\%,$$

$$\frac{m_\beta}{m} = \frac{c_e - c_4}{c_5 - c_4} \cdot 100\,\% \approx 38\,\%.$$

Die aus der Schmelze primär erstarrten Bestandteile sind ebenfalls Mischkristalle und nicht mehr die reinen Komponenten. Der sich aus L_1 nach Unterschreiten der Liquiduslinie ausscheidende feste Bestandteil ist der α_1-MK, der sich aus L_3 ausscheidende ist der β_6-MK.

Die wesentlichsten Unterschiede zum einfachen eutektischen Schaubild werden durch das Verhalten der Legierung L_1 beim Abkühlen deutlich:

Nach Unterschreiten der Soliduslinie bei Punkt 2 besteht die gesamte Legierung aus homogenen α-MK, deren Zusammensetzung ändert sich bis Punkt 7 nicht (Einphasenfeld!). Bei weiterer Temperaturabnahme kann der α-MK nicht mehr die gesamte B-Menge (c_2) lösen. Wird die *Löslichkeitslinie* (c_0–4) unterschritten,

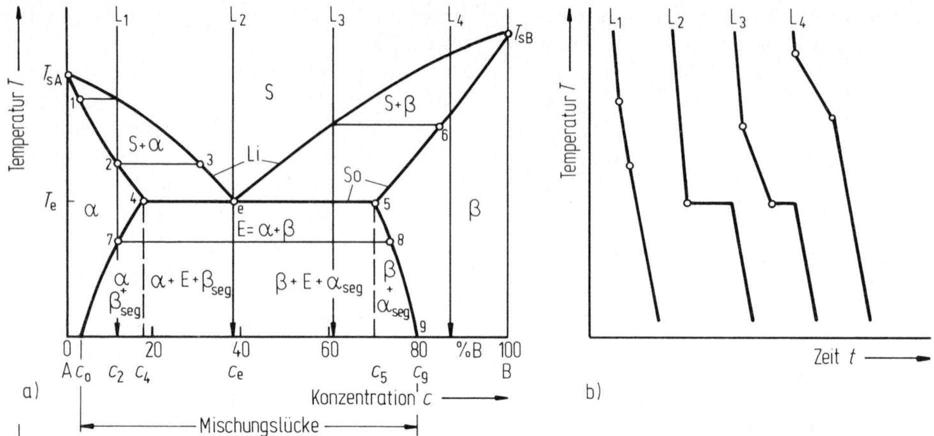

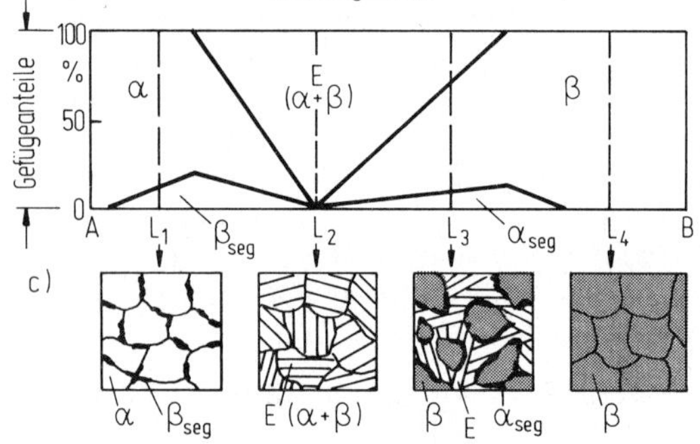

Bild 1.92 Zustandsschaubild mit vollständiger Löslichkeit im flüssigen und begrenzter Löslichkeit im festen Zustand, eutektisches System

scheidet sich der bei dieser Temperatur nicht mehr lösliche B-Anteil in Form von B-reichen β-MK aus (Waagerechte schneidet nächste Phasengrenze im Punkt 8; entspricht der Zusammensetzung eines β-MK!).

Die Menge der ausgeschiedenen Segregate ist am größten, wenn eine Legierung gerade noch zu 100% aus α-MK (oder β-MK) besteht.

Das trifft für die Legierungen mit c_4 bzw. c_5 zu. Man erhält:

$$\frac{m_{\beta\,\max}}{m} = \frac{c_4 - c_0}{c_9 - c_0}\,100\,\% \approx 19\,\% \text{ aus } \alpha\text{-MK mit } 18\,\%\text{ B},$$

$$\frac{m_{\alpha\,\max}}{m} = \frac{c_9 - c_5}{c_9 - c_0}\,100\,\% \approx 13\,\% \text{ aus } \beta\text{-MK mit } 70\,\%\text{ B}.$$

Mit dieser Angabe läßt sich das Gefügerechteck (Bild 1.92c) konstruieren. Die Legierung L_3 besteht bei Raumtemperatur danach aus: 30% Eutektikum (α + β), 61% β-MK, 9% α_{seg}.

1.6.4.4.2 Peritektische Systeme

Bei der *peritektischen Reaktion* (Bild 1.93) setzen sich Schmelze S und primär erstarrte Mischkristalle, z. B. α-MK, zu einer anderen Mischkristallart, z. B. β-MK, um:

$$S_6 + \alpha_1 \xrightarrow{T = T_p = \text{konst.}} \beta_p$$

Restschmelze S_6 und primär erstarrte α-MK setzen sich bei $T = T_p$ = konst. in β-MK mit der Konzentration $c = c_p$ um.
Da drei Phasen im *peritektischen Punkt* p im Gleichgewicht sind, ist der Freiheitsgrad F = 0. Die Reaktion erfolgt also bei $T = T_p$ = konst. T_p wird die *peritektische Temperatur* genannt, die Waagerechte im Schaubild die **Peritektikale.**
Die Bildung der β-MK bei der peritektischen Umsetzung beginnt an der Oberfläche der primär ausgeschiedenen α-MK. Nachdem die α-MK mit einer Hülle aus β_p-MK umgeben sind, muß der weitere Massentransport durch diese feste Schale erfolgen: aus den primären α-MK muß A in die Schmelze und aus der Schmelze die gleiche Menge B in die β-MK diffundieren (Bild 1.94). Die erheblichen Konzentrationsverschiebungen bei der Bildung des peritektischen Gefüges β_p können nur sehr langsam erfolgen. I. a. bildet sich daher nicht das Gleichgewichtsgefüge nach Bild 1.94c, sondern ein Nichtgleichgewichtsgefüge nach der Art des Bildes 1.94d. Daraus erklärt sich auch die Bezeichnung für dieses Gefüge: Um die Reste der

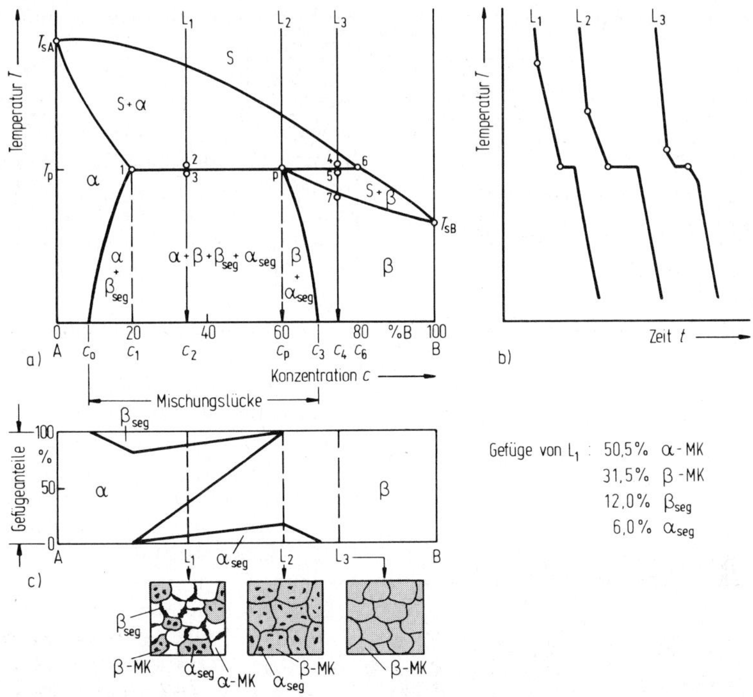

Bild 1.93 *Zustandsschaubild mit vollständiger Löslichkeit im flüssigen und begrenzter Löslichkeit im festen Zustand, peritektisches System*

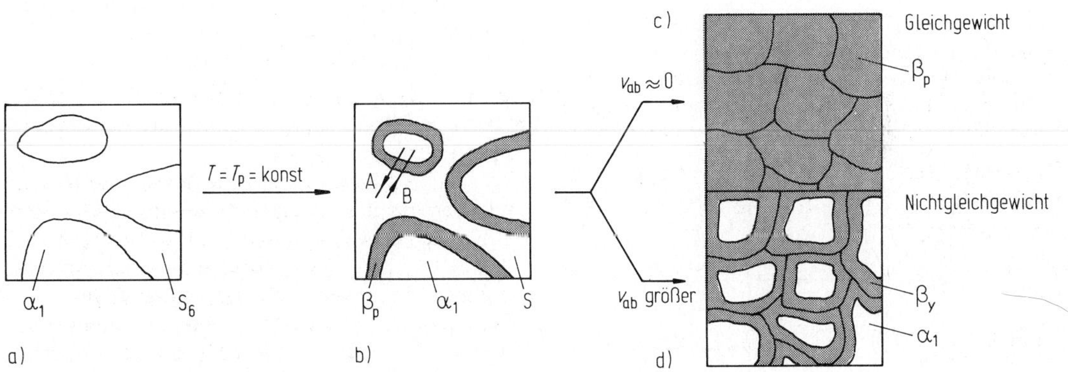

Bild 1.94 *Zur Bildung des Peritektikums (schematisch): Gleichgewichtsstörungen und Massentransport*

primären α-MK ist das peritektische Gefüge »herumgebaut« (**Peritektikum** = das Herumgebaute).

Die Mengen der bei der peritektischen Reaktion beteiligten Phasen betragen für eine Legierung L_2 nach dem Hebelgesetz:

$$\frac{m_{S6}}{m} = \frac{c_p - c_1}{c_6 - c_1} 100\,\% = 67\,\% \text{ Schmelze } S_6 \text{ und}$$

$$\frac{m_{\alpha 1}}{m} = 100\,\% - 67\,\% = 33\,\%\ \alpha_1\text{-MK.}$$

Zum vollständigen Umwandeln der α-MK in β-MK ist folglich mindestens 67% Schmelze erforderlich. Bei Legierungen, die links von L_2 liegen, ist der Schmelzenanteil geringer, d. h., nach der peritektischen Reaktion muß eine bestimmte Menge α-MK übrigbleiben.
Eine Legierung L_1 (35 % B) besteht *vor* der peritektischen Reaktion (Punkt 2) aus:

$$\frac{m_{S6}}{m} = \frac{c_2 - c_1}{c_6 - c_1} 100\,\% = 25\,\% \text{ Schmelze } S_6 \text{ und}$$

$$\frac{m_{\alpha 1}}{m} = 100\,\% - 25\,\% = 75\,\%\ \alpha_1\text{-MK.}$$

Nach der peritektischen Reaktion (Punkt 3) sind vorhanden:

$$\frac{m_{\alpha 1}}{m} = \frac{c_p - c_2}{c_p - c_1} 100\,\% = 62{,}5\,\%\ \alpha_1\text{-MK und}$$

$$\frac{m_{\beta p}}{m} = 100\,\% - 62{,}5\,\% = 37{,}5\,\%\ \beta_p\text{-MK.}$$

Bei rechts von L_2 liegenden Legierungen ist der Schmelzenanteil größer als erforderlich, d. h., nach der peritektischen Reaktion muß Schmelze übrig bleiben. Die Legierung L_3 besteht im Punkt 4 aus:

$$\frac{m_{S6}}{m} = \frac{c_4 - c_1}{c_6 - c_1} 100\,\% = 91\,\%\ \text{Schmelze}\ S_6\ \text{und}$$

$$\frac{m_{\alpha 1}}{m} = 100\,\% - 91\,\% = 9\,\%\ \alpha_1\text{-MK.}$$

Nach der Umwandlung (Punkt 5) sind vorhanden:

$$\frac{m_{S6}}{m} = \frac{c_4 - c_p}{c_6 - c_p} 100\,\% = 75\,\%\ \text{Schmelze}\ S_6\ \text{und}$$

$$\frac{m_{\beta p}}{m} = 100\,\% - 75\,\% = 25\,\%\ \beta_p\text{-MK.}$$

Die Kristallisation ist im Punkt 7 beendet, die Legierung besteht bis Raumtemperatur aus homogenem β-MK.

Segregatbildung erfolgt bei Legierungen im Konzentrationsbereich:

$$c_0 < c < c_3.$$

Typische Gefüge zeigen schematisch die in Bild 1.93c dargestellten Skizzen.

1.6.5 Zustandsschaubilder mit intermediären Phasen

Intermediäre Phasen (siehe S. 36) können echten chemischen Verbindungen A_mB_n weitgehend gleichen oder in ihrem meistens von den Komponenten abweichenden Gitter eine bestimmte Menge A oder B lösen. Je größer ihre Bildungsenergie ist, um so höher ist ihr Schmelzpunkt.

In Abhängigkeit vom Schmelz-/Erstarrungsverhalten der intermediären Phase unterscheidet man:

- Legierungssysteme mit einer *kongruent schmelzenden Verbindung* (Schaubild mit »offenem Maximum«, Bild 1.95). Kongruent schmelzende Verbindungen verhalten sich wie reine Metalle. Sie besitzen einen definierten Schmelzpunkt, in der Abkühlkurve entsteht ein Haltepunkt. Je nach thermischer Stabilität kann der Schmelzpunkt der intermediären Phase höher als der der Komponenten sein (Schmelzpunktsmaximum).
- Legierungssysteme mit einer *inkongruent schmelzenden Verbindung* (Schaubild mit »verdecktem Maximum«, Bild 1.96a). Das Schmelzpunktsmaximum wird hier sozusagen von einem Teil der Liquiduslinie verdeckt. Man erkennt, daß die Verbindung V vor Erreichen der Liquiduslinie in eine Schmelze S und eine Kristallart B zerfällt:

$$V \xrightarrow{T = T_V = \text{konst.}} S + B$$

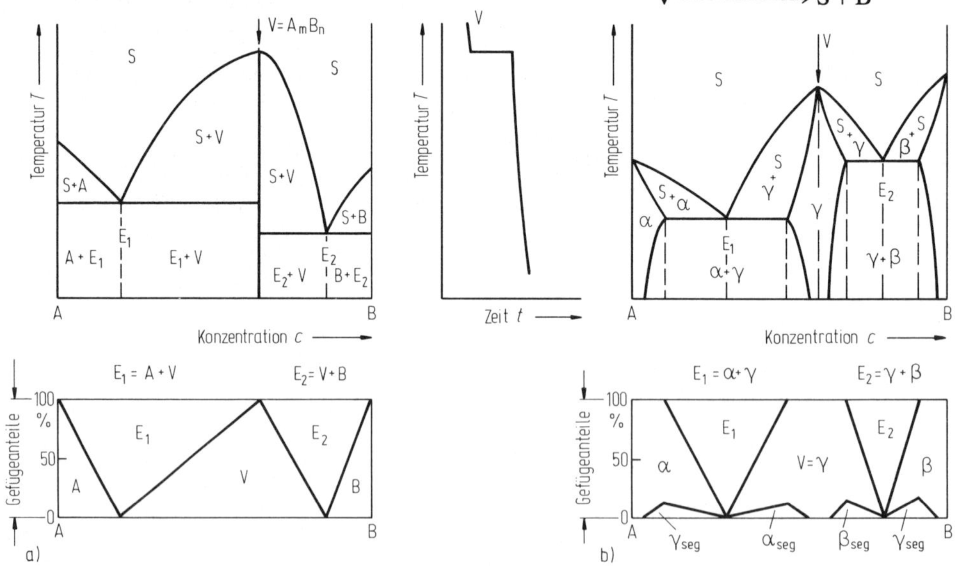

Bild 1.95 Zustandsschaubilder von Systemen mit kongruent schmelzenden intermediären Phasen V:
a) vollkommene Unlöslichkeit im festen Zustand ($V = A_mB_n$)
b) begrenzte Löslichkeit im festen Zustand ($V = \gamma$ = Mischkristall)

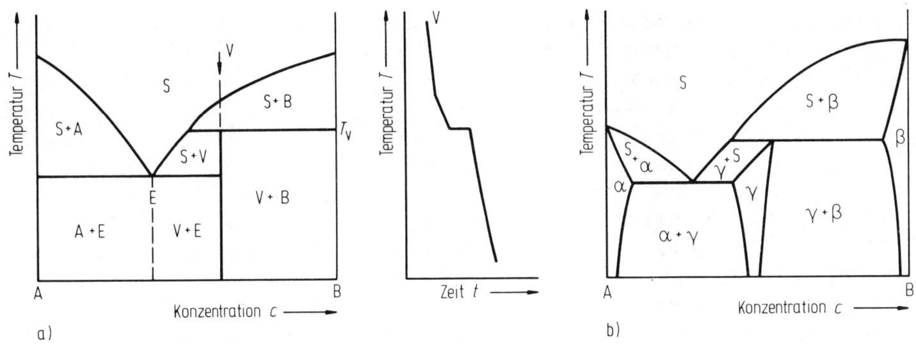

Bild 1.96 Zustandsschaubilder von Systemen mit inkongruent schmelzenden intermediären Phasen V:
a) vollkommene Unlöslichkeit im festen Zustand ($V = A_mB_n$)
b) begrenzte Löslichkeit im festen Zustand ($V = \gamma$ = Mischkristall)

d. h., V setzt sich bei T_V = konst. nach einer peritektischen Reaktion um.

Die Zustandsschaubilder von Systemen mit kongruent schmelzender Verbindung können häufig in zwei einfache eutektische Teil-Schaubilder mit den Komponenten A–V und V–B zerlegt werden. Existiert die intermediäre Phase V in einem bestimmten Konzentrationsbereich, d. h. ist sie ein Mischkristall, dann wird sie mit einem griechischen Buchstaben bezeichnet (in Bild 1.95b mit γ). Auch inkongruent schmelzende Verbindungen können als Mischkristalle auftreten (Bild 1.96b). Die komplizierten Zustandsschaubilder der Systeme Cu-Zn und Cu-Sn zeigen zum Teil dieses Verhalten.

1.6.6 Zustandsschaubilder mit Umwandlungen im festen Zustand

In Mischkristallen verschiedener Legierungssysteme können beim Abkühlen noch Platzwechselvorgänge, d. h. Phasenänderungen ablaufen, die im Zustandsschaubild dargestellt werden können.

Die wichtigsten sind:

- Bilden einen *Überstruktur* α' (Bild 1.97a),
- Ausscheiden einer *intermediären Phase* σ aus einem Mischkristall (Bild 1.97b),
- *Entmischungsvorgänge* in einem Mischkristall (Bild 1.97c),
- *Zerfall* eines Mischkristalles γ in zwei andere feste Phasen:

$$\gamma \xrightarrow{T=\text{konst.}} \alpha + \beta$$

Diese Reaktion ist der eutektischen (siehe S. 42) sehr ähnlich. Man bezeichnet sie daher als *eutektoiden* Zerfall der Mischkristalle und das entstehende Gefüge als **Eutektoid** (= einem Eutektikum ähnlich).

Das wohl technisch wichtigste Eutektoid ist der Perlit im System $Fe{-}Fe_3C$ (siehe S. 141). Die eutektoide Reaktion lautet hier:

$$\gamma\text{-Fe} \xrightarrow[\vartheta=723\,^\circ\text{C}]{T=996\,\text{K}} \alpha\text{-Fe} + Fe_3C.$$

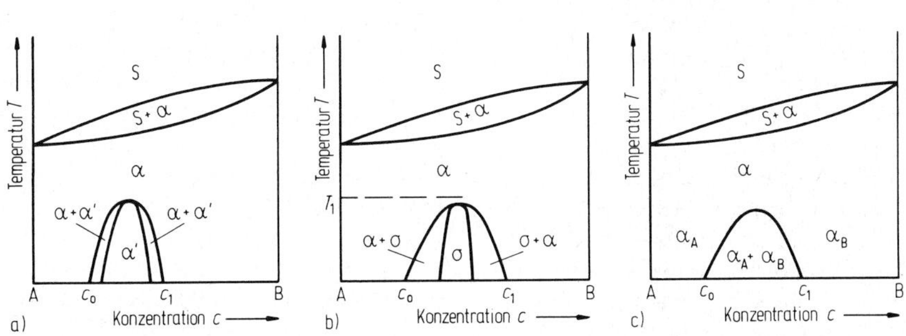

Bild 1.97 Zustandsschaubilder von Systemen mit Umwandlungen im festen Zustand:
a) Bildung einer Überstruktur α' aus α-Mischkristallen: $\alpha \rightarrow \alpha'$
b) Bildung einer intermediären Phase σ aus α-Mischkristallen: $\alpha \rightarrow \sigma$
c) Zerfall des α-Mischkristalls in zwei Phasen: $\alpha \rightarrow \alpha_A + \alpha_B$

– Technisch bedeutsam sind in vielen Fällen Systeme mit Komponenten, die in verschiedenen *Modifikationen* auftreten. Die Erscheinung der allotropen Modifikationen findet man z. B. bei den wichtigen Metallen Eisen, Mangan, Kobalt. In allen Fällen werden durch Legierungselemente die Existenzbereiche der einzelnen Modifikation mehr oder weniger stark verschoben. Bild 4.98 zeigt diese Verhältnisse für die Systeme Fe–Ni und Fe–Cr.

Die Überstruktur, d. h., die geordnete Verteilung der beiden Atomarten, bildet sich i. a. bei einem bestimmten Verhältnis der Komponenten und hinreichend *langsamer Abkühlung* bei *tieferen Temperaturen* (Bild 1.97a). Da die Überstruktur α' das gleiche Gitter wie der ungeordnete Mischkristall α besitzt, ist sie metallografisch nicht als zweite Phase nachweisbar.

In bestimmten Konzentrationsbereichen kann sich bei langsamer Abkühlung eine zweite Phase mit von A und B abweichendem Gitter bilden. Diese intermediären Phasen sind wegen ihrer Sprödigkeit und Härte i. a. unerwünscht. Legierungen mit einem B-Gehalt $c_0 < c < c_1$ können daher i. a. technisch nicht genutzt werden (Bild 1.97b).

1.6.7 Nichtgleichgewichtszustände

Die vorstehend beschriebenen Zustandsschaubilder gelten i. a. für den *thermodynamischen Gleichgewichtszustand.* Das (Gleichgewichts-)Gefüge der Legierung bildet sich nur bei sehr geringen Abkühlgeschwindigkeiten. Technische Werkstoffe werden aus dem schmelzflüssigen Zustand sehr viel schneller abgekühlt, als es zum Einstellen des Gleichgewichts notwendig ist. Insbesondere werden Zustandsänderungen im *festen Zustand* leicht gestört. Die im folgenden beschriebenen Gleichgewichtsstörungen sind i. a. nicht aus den (Gleichgewichts-)Zustandsschaubildern zu entnehmen. Ihre Kenntnis ist aber zum Abschätzen der Werkstoffeigenschaften erforderlich.

1.6.7.1 Kristallseigerung

Die Legierung L (Bild 1.98) scheidet nach Unterschreiten der Liquiduslinie bei T_1 Mischkristalle α_1 aus. Bei der Temperatur T_2 sollte die Gesamtheit aller bisher ausgeschiedenen Mischkristalle die Zusammensetzung α_2 haben. Dazu muß α_1 eine bestimmte Menge A ausscheiden und die gleiche Menge B aufnehmen. Durch die rasche Abkühlung sind aber die abgegebene Menge A und die aufgenommene Menge B *geringer* als es

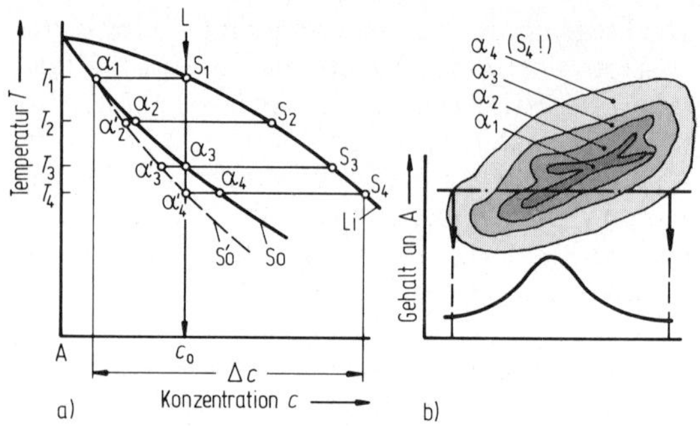

Bild 1.98 *Zur Entstehung der Kristallseigerung in Zweistofflegierungen*
a) Zustandsschaubild
b) Aufbau eines geseigerten Kornes: Verteilung des A-Gehaltes im Korn (schematisch)

dem Gleichgewicht entspricht. Die zuerst ausgeschiedenen MK α_1 nehmen also nicht die Zusammensetzung α_2 an. Bei T_2 kristallisieren aus der Schmelze die MK α_2, die sich schichtförmig um den Kern α_1 legen. Die Gesamtheit der MK hat dann etwa die Zusammensetzung α'_2. Bei der Temperatur T_3 liegt entsprechend die Gesamtzusammensetzung α'_3 der MK vor, so daß nach dem Hebelgesetz noch eine Restschmelze S_3 vorhanden ist. Die Restschmelze kann deshalb weiter abkühlen und Temperaturen unter der Solidustemperatur des Gleichgewichtssystems annehmen (*Solidusverschleppung*).

Erst bei einer tieferen Temperatur T_4 kristallisieren MK α_4, deren B-Gehalt höher ist als der der ursprünglichen Schmelze. Dadurch nimmt die Gesamtheit der MK eine Zusammensetzung α'_4 an, die der Konzentration der ursprünglichen Schmelze entspricht.

Das Ergebnis sind *schichtförmig* aufgebaute Körner mit vom Kern zum Rand kontinuierlich zunehmendem B-Gehalt. Bild 1.98b zeigt schematisch ein derartig entmischtes Korn. Bei besonders rascher Abkühlung kann der Kristallrand die Zusammensetzung der zuletzt erstarrten Restschmelze haben. Diese Erscheinung bezeichnet man als **Kristallseigerung,** das Ergebnis als **Zonenmischkristalle.**

Die Kristallseigerung ist um so ausgeprägter:

– je größer das Erstarrungsintervall ist,
– je größer die Abkühlgeschwindigkeit ist,
– je kleiner die Diffusionskoeffizienten der beteiligten Elemente sind.

Wird die Schmelze *extrem* schnell abgekühlt, dann unterbleibt die Entmischung, und es entstehen ebenfalls homogene Mischkristalle.

Die Folge der Kristallseigerung sind unerwünschte Eigenschaftsänderungen, die bei jeder technischen Legierung mit einem Erstarrungsintervall im Gußzustand auftreten. Durch Glühen dicht unter der Solidustemperatur werden die Zonenmischkristalle homogenisiert. Die Glühzeiten sind i. a. sehr lang, so daß von dieser Möglichkeit nur begrenzt Gebrauch gemacht wird.

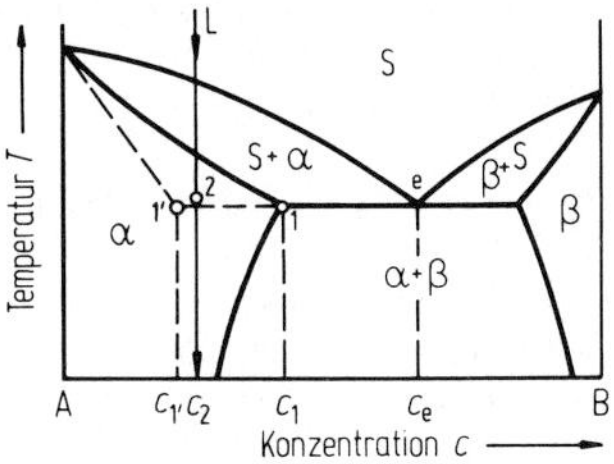

Bild 1.99 Verschiebung der Gleichgewichtslinien in einem eutektischen System durch Kristallseigerung

Ähnliche Entmischungserscheinungen treten in eutektischen und noch ausgeprägter bei peritektischen Systemen auf. Die Legierung L des eutektischen Systems (Bild 1.99) sollte bei Raumtemperatur aus homogenen α-MK bestehen. Ein schnelles Abkühlen führt aber zum Verschieben der Soliduslinie von 1 nach 1'. Bei T_e ist daher noch ein Gehalt an Restschmelze vorhanden:

$$\frac{m_S}{m} = \frac{c_2 - c_{1'}}{c_e - c_{1'}} 100\,\%.$$

Das Gefüge besteht also aus α-MK und einer geringen Menge Eutektikum. Wärmebehandlungen von Legierungen, die nach dem Zustandsschaubild aus α MK bestehen müßten, sollten daher in jedem Fall bei Temperaturen unter T_e erfolgen. Andernfalls führen aufgeschmolzene Reste des Eutektikums zu nicht mehr zu beseitigenden Werkstofftrennungen. Andererseits läßt sich durch hinreichend langes Glühen bei $T < T_e$ der Gleichgewichtszustand erreichen.

1.6.7.2 Unterkühlungserscheinungen in eutektischen Systemen

Aus der Legierung L eines eutektischen Systems (Bild 1.100) sollen sich nach Unterschreiten der Liquidustemperatur (Punkt 1) primäre β-MK ausscheiden. Treten für diese Phase Kristallisationshemmungen auf, dann wird die Schmelze bis Punkt 3, dem Schnittpunkt der verlängerten Liquiduslinie Li mit der Senkrechten L, *unterkühlt*. Die jetzt aus der Schmelze kristallisieren-

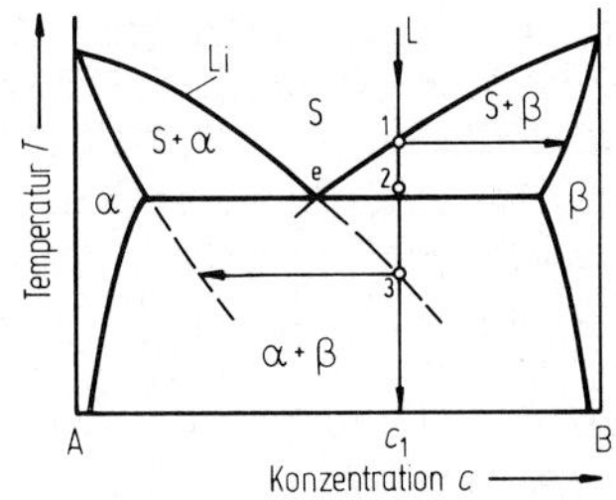

Bild 1.100 Unterkühlungserscheinungen in eutektischen Systemen

den α-MK ermöglichen durch ihre »impfende« Wirkung die Bildung der primären β-MK. Die frei werdende Kristallisationswärme führt zum Temperaturanstieg bis T_e. Wenn die Restschmelze die Zusammensetzung S_e erreicht hat, zerfällt sie zum Eutektikum.

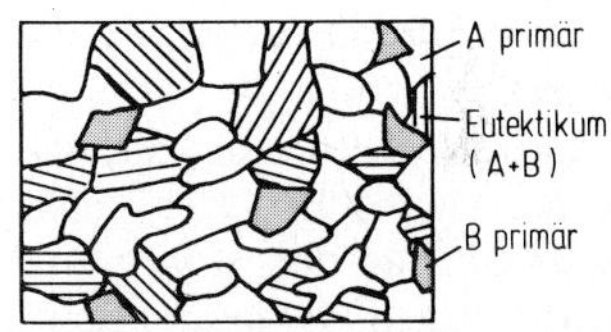

Bild 1.101 Gefügeausbildung einer unterkühlt erstarrten, annähernd eutektischen Legierung mit doppelter Primärkristallisation (schematisch)

Bild 1.101 zeigt schematisch das Gefüge einer derartig erstarrten Legierung. Sie enthält zwei Primärkristallarten, die in eutektischer Grundmasse eingebettet sind. Nach diesem System erstarren nicht veredelte AlSi-Gußlegierungen mit annähernd eutektischer Zusammensetzung.

1.6.7.3 Entartetes Eutektikum

Ist der Anteil der eutektischen Schmelze in einer Legierung gering und die Keimbildung der bereits primär ausgeschiedenen Kristalle z. B. A erschwert, dann kristallisiert diese Phase aus der eutektischen Legierung an die bereits in großer Menge vorhandenen Primärkristalle A an. Das »Eutektikum« besteht *nur* aus erstarrten B-Kristallen. Es besitzt die Merkmale des normalen Eutektikums *nicht* mehr und wird als *entartet* bezeichnet. Bild 1.102 zeigt schematisch die Vorgänge beim Erstarren entarteter eutektischer Legierungen.

Beispiele für entartete Eutektika sind die Systeme Ni-NiS und Fe-FeS. An den Korngrenzen ist nur ein Bestandteil des Eutektikums (NiS bzw. FeS) zu finden. Der niedrige Schmelzpunkt führt im Stahl bzw. Nickel zu ausgeprägter Warmrißbildung.

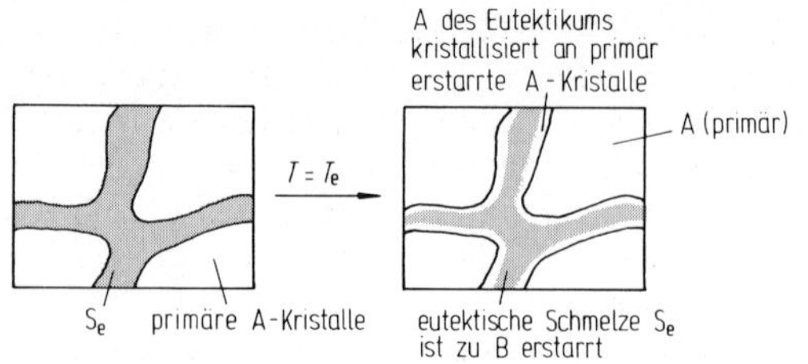

Bild 1.102 Zur Bildung eines entarteten Eutektikums (schematisch)

1.7 Eigenschaften technischer Legierungen – Anwendungen der Zustandsschaubilder

Die *mechanisch-technologischen* Eigenschaften von Legierungen werden nicht nur von denen der sie aufbauenden *Phasen* bestimmt, sondern hängen auch ab von:

- deren Menge, Art und Verteilung,
- der *Korngröße*,
- Menge, Art und Verteilung der *Werkstoffverunreinigungen* (niedrig- oder hochschmelzende, im Korn oder an den Korngrenzen).

Mit Hilfe der Zustandsschaubilder lassen sich unter bestimmten Voraussetzungen lediglich Angaben zum ersten Punkt machen.

Für eine genaue Kenntnis der Werkstoffeigenschaften sind daher weitere Informationen erforderlich, die anderweitig beschafft werden müssen: Angaben des Werkstoffherstellers, metallografische Untersuchungen, Eignungsprüfung, Literaturhinweise u. a.!

1.7.1 Eigenschaften von Legierungen aus Kristallgemengen

Heterogene Legierungen sind ein *mechanisches Gemenge* zweier oder mehrerer Phasen. Ihre Eigenschaften sind daher weitgehend durch die Mengenanteile der Phasen festgelegt. Sie ändern sich praktisch linear nach der *Mischungsregel.* Eine bestimmte Eigenschaft E_{Leg} der aus x% A und y % B bestehenden Legierungen ist danach im Gleichgewicht aus den Eigenschaften der Phasen (E_A, E_B) annähernd berechenbar:

$$E_{Leg} \approx xE_A + yE_B$$

Unvorhergesehene, extreme Eigenschaftsänderungen sind bei heterogenen Legierungen damit nicht möglich. Sie liegen immer zwischen denen der Phasen A und B.

Nach dieser Gesetzmäßigkeit ändern sich z. B. Dehnung, Härte, elektrischer Widerstand, Dichte. Das elektrochemische Potential der Legierung wird dagegen ausschließlich vom Potential des unedleren Bestandteiles bestimmt, wenn keine Sekundärvorgänge wie z. B. Passivierung auftreten.

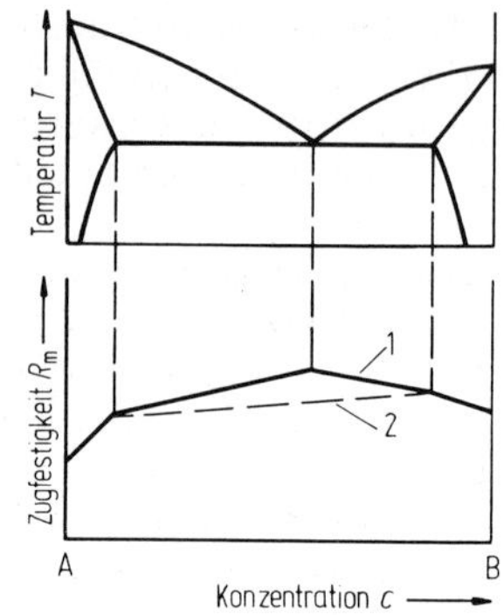

Bild 1.103 Verlauf der Zugfestigkeit in heterogenen Systemen (schematisch)
1: nach schnellem Abkühlen
2. nach der Mischungsregel

Eine Ausnahme von dieser Regel stellt die Festigkeit eutektischer Legierungen dar (Bild 1.103). Wegen des i.a. sehr feinkörnigen eutektischen Gefüges ist dessen Festigkeit oft wesentlich größer als nach der Mischungsregel berechnet wird: Kurven 1 und 2.

Die sehr geringe *Schmelztemperatur* und das Fehlen eines Erstarrungsintervalls sind die Ursachen für die meistens hervorragende *Gießbarkeit* eutektischer Legierungen. Ein wichtiger Maßstab dafür ist die Fähigkeit der Schmelze, sämtliche durch die Gießform vorgegebenen Hohlräume lückenlos auszufüllen. Diese Fließfähigkeit kann z. B. durch die Länge einer von der Schmelze bis zu ihrer Erstarrung ausgefüllten Spirale festgestellt werden. Bild 1.104 zeigt den Verlauf dieser »Spirallänge«.

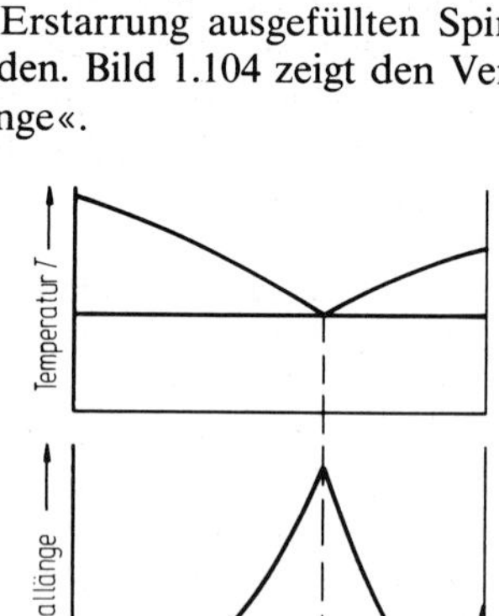

Bild 1.104 Verlauf der Spirallänge in eutektischen Systemen (schematisch)

1.7.2 Eigenschaften von Legierungen aus Mischkristallen

Die durch die Aufnahme von Legierungsatomen A im Wirtsgitter B entstehende *atomare* Beeinflussung und die *Verspannung* des Gitters führt dazu, daß die Eigenschaftsänderungen der Legierung praktisch nie aus den Eigenschaften der beteiligten Komponenten bestimmt werden können.

Die Eigenschaften der vollständig aus MK bestehenden Legierungen können sich in unvorhergesehener Weise in einem extrem großen Bereich ändern. Diese Tatsache ist die Ursache für die außerordentlich große Bedeutung dieser Legierungen und die Begründung dafür, daß mit diesen Werkstoffen die vielfältigsten technischen Anforderungen erfüllt werden können.

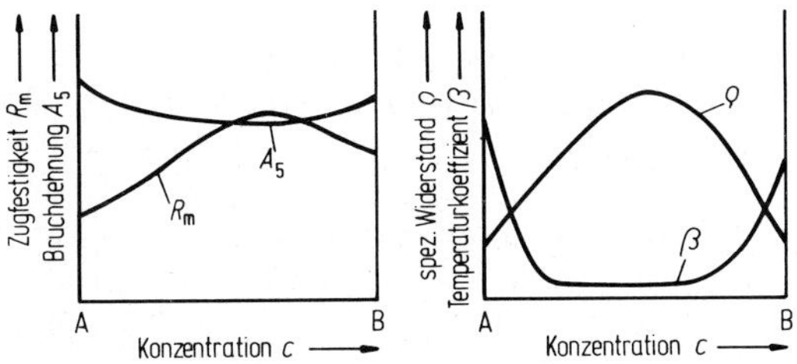

Bild 1.105 Verlauf einiger mechanischer und elektrischer Eigenschaften von Legierungen eines Systems mit vollständiger Mischkristallbildung

Die Gitterstörungen einer aus homogenen Mischkristallen bestehenden Legierung sind bei einem Legierungsgehalt von ca. 50% am größten. Daher ist zu erwarten, daß bei dieser Konzentration Extremwerte der Eigenschaften auftreten. Bild 1.105 zeigt den schematischen Verlauf einiger mechanischer und elektrischer Eigenschaften von Legierungen aus einem System mit vollständiger Mischkristallbildung.

Man erkennt:

- Festigkeit und Härte der Mischkristalle steigen mit dem Legierungsgehalt,
- die Bruchdehnung fällt trotz der gestiegenen Festigkeit meistens nur unwesentlich,
- die elektrischen Eigenschaften unterscheiden sich oft sehr stark von denen der Komponenten.

Die erhöhte Festigkeit oder Streckgrenze ist nicht nur eine Folge des durch die Aufnahme von Legierungsatomen verspannten Gitters. Die gelösten Atome sind praktisch nie statistisch im Wirtsgitter verteilt, sondern halten sich bevorzugt an Versetzungen, Korngrenzen und anderen Gitterdefekten auf. Versetzungen sind also durch »Wolken« der gelösten Fremdatome blockiert. Um sie loszureißen, sind größere Spannungen erforderlich, d. h., die Streckgrenze wird höher. Die Erhöhung der Werkstoffestigkeit durch Einlagerungsatome ist i. a. größer als durch Substitutionsatome, weil jene stärkere Gitterverspannungen erzeugen.

Das bekannteste Beispiel für die Wechselwirkung von eingelagerten Fremdatomen mit Versetzungen ist die Erscheinung der ausgeprägten Streckgrenze bei weichen Stählen.

Nur aus Mischkristallen bestehende Legierungen bieten damit wesentliche Vorteile. Neben hoher Festigkeit besitzen sie ein relativ großes Verformungsvermögen. Sie können i. a. stark kaltverfestigt werden (einphasige Legierungen!) und sind im homogenen Zustand korrosionsbeständiger als mehrphasige Werkstoffe.

Die genannten Eigenschaften sind allerdings nur bei Legierungen vorhanden, die aus *homogenen* MK bestehen. Wegen der Erscheinung der Kristallseigerung befindet sich das Gefüge von Legierungen aber praktisch nie im Gleichgewicht. Durch Diffusionsglühen werden die Eigenschaften besser und gleichmäßiger.

1.7.3 Eigenschaften von Legierungen mit Umwandlungen im festen Zustand

1.7.3.1 Legierungen mit Überstrukturen und intermediären Phasen

Das Entstehen von Überstrukturen aus ordnungsfähigen MK erfordert, daß die Legierung in dem kritischen Konzentrationsbereich ($c_0 < c < c_1$ in Bild 1.97a) *sehr langsam* abgekühlt wird. Ein schnelles Abkühlen verhindert i. a. die Bildung der Überstruktur und damit ihre meist härtesteigernde und leicht versprödende Wirkung.

Erheblich unangenehmer ist das Auftreten der stark versprödenden intermediären Phasen. Vielfach sind einige Zehntel Prozent und weniger ausreichend, um die gesamte Legierung zu verspröden. Ihre Wirkung hängt aber außer von der Menge noch entscheidend von ihrer Art und Verteilung im Gefüge ab. Besonders kritisch sind Ausscheidungen an den Korngrenzen, die in jedem Fall vermieden werden müssen. Das läßt sich prinzipiell mit zwei Methoden erreichen:

- Die Menge des Legierungselementes B muß außerhalb der Grenzen $c_0 < c < c_1$ liegen (Bild 1.97b)
- Die bereits gebildeten Ausscheidungen müssen durch eine geeignete Wärmebehandlung im

Gitter gelöst bleiben (z. B. Lösungsglühen bei $T \geqslant T_1$ (Bild 1.97b) und Abschrecken) oder günstiger verteilt werden.

Wichtige technische Beispiele sind:
- Das Auftreten der spröden γ-Phase im System Cu-Zn bei größeren Zink-Gehalten als ca 50 % führt zum Verspröden von Messing. Daher werden Messinge ausschließlich mit mehr als 55 % Kupfer hergestellt.
- Ähnliches gilt für die δ-Phase im System Cu-Sn (Bronzen).
- Die spröde intermediäre σ-Phase in Chrom-Stählen führt zum Verspröden und zu einer erheblichen Verringerung der Korrosionsbeständigkeit. Daher sollten Chrom-Gehalte zwischen etwa 20 % und 70 % vermieden werden (siehe Bild 4.98).

Die Auswahl von Legierungen aus Systemen, in denen intermediäre Phasen existieren, muß daher mit größter Vorsicht erfolgen. Die Zustandsschaubilder geben hierfür entscheidende Hinweise.

1.7.3.2 Legierungen, die Segregate bilden – Aushärten

Die Segregatbildung, d. h., die Ausscheidung fester Teilchen aus einer festen Phase nach Unterschreiten der Segregatlinie 1–2 (Bild 1.106) ist sehr leicht unterdrückbar. Die Folge sind Gitterverspannungen, d. h., die Werkstoffestigkeit wird größer.

Diese Vorgänge sind die Grundlage für das **Aushärten** (Ausscheidungshärtung). Dieses Verfahren ist zum Erhöhen der Festigkeit geeigneter Legierungen von größter technischer Bedeutung.

Die Aushärtbarkeit von Legierungen ist an folgende Voraussetzungen gebunden:
- Die Legierung muß bei höheren Temperaturen ganz oder teilweise aus MK bestehen.
- Bei langsamem Abkühlen müssen die MK Segregate ausscheiden, d. h., der MK muß eine mit der Temperatur abnehmende Löslichkeit für eine Komponente haben: Linie 1–2 in Bild 1.106.

Das Aushärten ist eine kombinierte Wärmebehandlung. Sie besteht aus folgenden Schritten:
- **Lösungsglühen.** Die gesamte Menge des Legierungselementes B wird bei höheren Temperaturen im MK gelöst. Die Temperatur muß wegen der Gefahr, eutektische Restmengen aufzuschmelzen (siehe S. 49), mit einiger Sicherheit unter T_e bleiben (Bild 1.106).

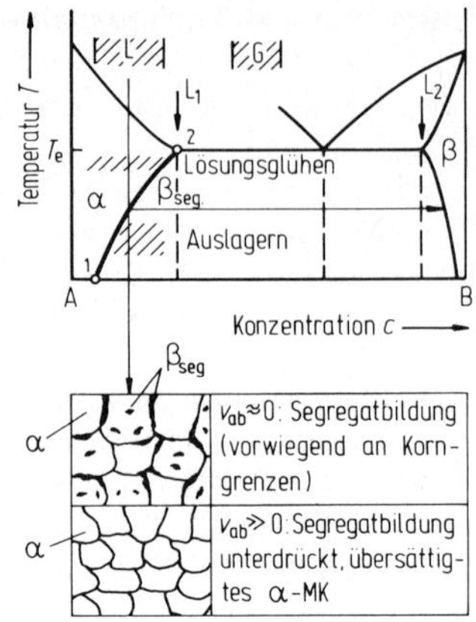

Bild 1.106 Vorgänge bei der Segregatbildung (schematisch), v_{ab} = Abkühlgeschwindigkeit

- **Abschrecken.** Anschließendes Abschrecken verhindert das Ausscheiden der Segregate. Die übersättigten MK sind merklich fester als die langsam abgekühlten (»Lösungsverfestigung«).
- **Auslagern.** Eine anschließende Wärmebehandlung bei Temperaturen unter der Segregatlinie, führt zu einer *entscheidenden* Festigkeitssteigerung. *Ausscheidungen* bestimmter Art, Größe und Verteilung oder metastabile Zwischenzustände sind die Ursachen für den Festigkeitsanstieg.

Die Wirkung ist umso stärker, je mehr ausscheidungsfähiges Metall B beim Lösungsglühen gelöst werden kann. Die Legierungen L_1 und L_2 müßten nach dem Aushärten also die höchsten Festigkeiten ergeben. Wegen der besonders großen Gefahr, eutektische Reste aufzuschmelzen, werden in der Praxis Legierungen verwendet, die z. B. im Bereich L (Bild 1.106) liegen.

Außer diesen Knetlegierungen können prinzipiell auch Gußlegierungen ausgehärtet werden. Man wählt Legierungen, deren Zusammensetzungen etwa bei G (Bild 1.106) liegen: die Gießeigenschaften sind noch ausreichend (Erstarrungsintervall ist klein), der Anteil an ausscheidungsfähigem α-MK ist genügend groß.

Beim Auslagern nähern sich die stark mit B übersättigten MK dem Gleichgewichtszustand. Wie weitgehend das gelingt, hängt von der Art der Legierung und den Diffusionsbedingungen, d. h. von der Auslagertemperatur und -zeit, ab. Je nach Legierungstyp sind sehr unterschiedliche Ausscheidungszustände möglich.

Ausscheidungen in aushärtenden Legierungen sind überwiegend intermediäre Verbindungen.

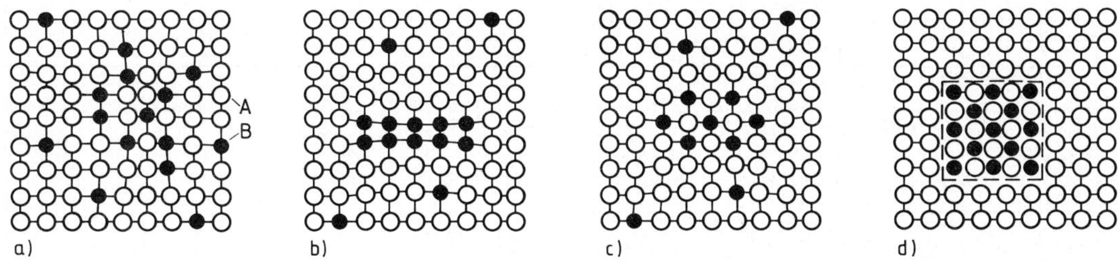

Bild 1.107 *Möglichkeiten beim Auslagern aushärtbarer Legierungen, deren Matrix mit B-Atomen übersättigt ist*
a) ungeordnete Konzentration von B-Atomen: CLUSTER
b) geordnete Konzentration von B-Atomen: ZONE
c) kohärente Ausscheidung
d) inkohärente Ausscheidung

Vor Bildung der eigentlichen Ausscheidung kommt es meistens zu einer einphasigen Entmischung oder **Nahentmischung**[1], d.h., die Fremdatome konzentrieren sich am Ort der entstehenden Ausscheidung, sie bilden *Cluster* (Bild 1.107a). Das Gitter der Matrix bleibt erhalten und ist verspannt.
Bei mäßigen Auslagerungstemperaturen können in dem übersättigten Mischkristall die Diffusionsbedingungen hinreichend sein, um ein Zusammenlagern der Fremdatome auf bestimmten Gitterebenen zu ermöglichen (Bild 1.107b). Durch die Bildung dieser Zonen, sie werden im allgemeinen nicht als Ausscheidungen bezeichnet, werden große Gitterbereiche verspannt. Ihre festigkeitssteigernde Wirkung ist vergleichbar mit der kohärenter Ausscheidungen. Bei der Kaltaushärtung von AlCu-Legierungen entstehen z. B. die stabilen **GP-Zonen** *(GUINIER-PRESTON-Zonen)* und nicht die intermediäre Verbindung Al_2Cu.
Eine Ausscheidung bildet als intermediäre Verbindung ein eigenes Gitter. Die Phasengrenze zwischen Ausscheidung und dem umgebenden Wirtsgitter kann dabei kohärent, teilkohärent oder inkohärent sein.
Kohärente Ausscheidungen (Bild 1.107c) haben Gitterparameter, die nur geringfügig vom Wirtsgitter abweichen. Dadurch kann das Wirtsgitter praktisch lückenlos in das Gitter der Ausscheidung übergehen: die Phasengrenze ist *kohärent.* Wegen der notwendigen Anpassung des Wirtsgitters an das abweichende Gitter der Aussscheidung ist auch hier die Matrix in einem großen Bereich um die Ausscheidung verspannt. Die Härtung durch kohärente Ausscheidungen ist am wirksamsten, weil sich die Härte der intermediären Verbindung mit der Verspannung der Matrix überlagert.

[1] (Vgl. hierzu Nahordnung, S. 36).

Das Gitter **teilkohärenter** *(semikohärenter)* **Ausscheidungen** kann an das Wirtsgitter nicht mehr lückenlos angepaßt werden. Ein gewisser Übergang zwischen der Matrix und der Ausscheidung wird z.B. dadurch erreicht, daß an der Phasengrenze in regelmäßiger Folge Versetzungen gebildet werden. Auch hierbei ist die Matrix um die Ausscheidung noch verspannt.

Die Gitter **inkohärenter Ausscheidungen** läßt keine Anpassung des Wirtsgitters zu, weil die Gitterparameter zu stark voneinander abweichen. Die Phasengrenze zwischen der Ausscheidung und der umgebenden Matrix entspricht praktisch einer submikroskopischen Korngrenze. Die Ausscheidung wirkt zwar als Hindernis bei der Bewegung von Versetzungen, das Wirtsgitter ist jedoch nicht mehr verspannt (Bild 1.107d).

Neben der Art der Phasengrenze beeinflußt die *Größe der Ausscheidungen* die Festigkeitssteigerung entscheidend. Sind die Teilchen zu klein, dann werden sie von den Versetzungen geschnitten, ohne deren Bewegung merklich zu behindern; d.h. ihre festigkeitssteigernde Wirkung ist gering. Die Versetzungen «überrennen» die Teilchen, ihre Krümmung wird kaum verändert (Bild 1.108a).

Mit zunehmender Teilchengröße wird die Bewegung der Versetzungen zunehmend behindert. Unter der Wirkung der zur weiteren Bewegung erforderlichen höheren Schubspannung biegt sich die Versetzungslinie zwischen den Teilchen durch (Bild 1.108b, siehe auch Bild 1.52). Die Versetzungen erfahren dann die größte Bewegungsbehinderung, wenn ein Schneiden (= Durchtrennen) der Teilchen genau so wahrscheinlich ist wie ihr Umgehen. Dieser Ausscheidungszustand ergibt die höchsten Festigkeitswerte.

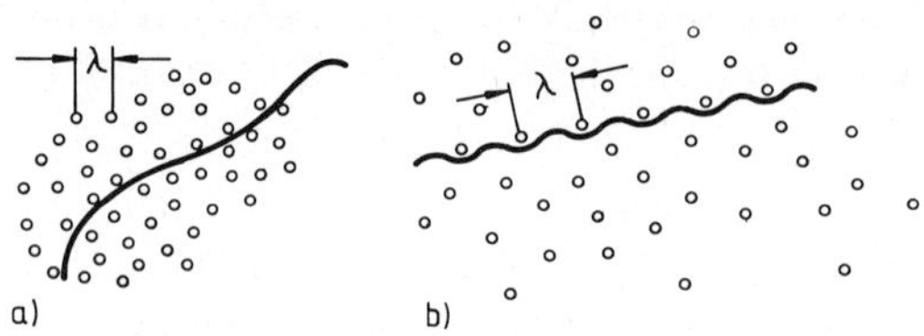

Bild 1.108 *Versetzungsbewegungen in Bereichen mit Hindernissen unterschiedlicher Größe und Verteilung*
a) sehr kleine Ausscheidungen oder gelöste Atome, $\lambda \ll R$
b) optimaler Ausscheidungszustand, $\lambda \approx R$
R = mittlerer Krümmungsradius der Versetzungslinie

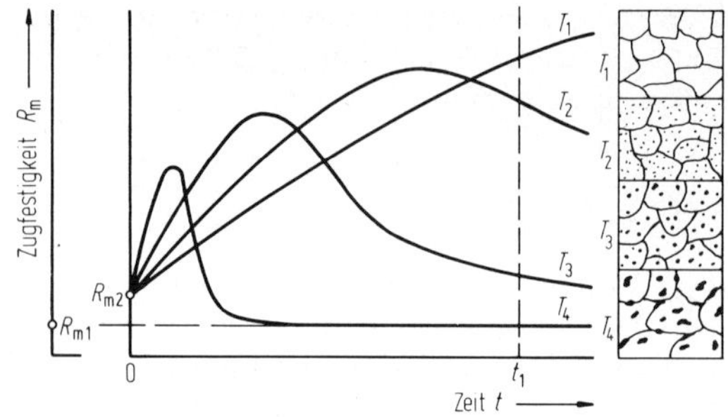

Bild 1.109 ***Einfluß steigender Auslagerungstemperaturen $T_1 < T_2 < T_3 < T_4$ und Auslagerungszeiten t auf die Festigkeitswerte (schematisch)***
Die Größe der Ausscheidungen in den Gefügebildern ist stark übertrieben, ihre tatsächliche Anzahl ist wesentlich größer.
R_{m1} = Festigkeit im Gleichgewichtszustand
R_{m2} = Festigkeit im Zustand lösungsgeglüht und abgeschreckt (Lösungsverfestigung)

Aufgrund der begrenzten Löslichkeit der Legierungselemente ist die Gesamtmasse der Ausscheidungen relativ gering. Je größer die Teilchen werden, desto größer wird zwangläufig ihr mittlerer Abstand. Sind die Teilchen zu groß (oder zu selten), können sie von den Versetzungen leichter umgangen als geschnitten werden (Orowan-Mechanismus, siehe Bild 1.53). Die Festigkeitssteigerung ändert sich beim Umgehen z. B. mit

$$\Delta R_{eH} \sim 1/\lambda$$

Bild 1.109 zeigt schematisch den Einfluß von Auslagertemperatur und -zeit. Um die größte Festigkeit zu erreichen, müssen beide genau eingehalten werden, damit die optimale Teilchengröße erzielt wird (siehe auch Bild 5.9, S. 243). Diese liegt je nach Legierung zwischen 0,01 µm und 0,1 µm, also unterhalb des Auflösevermögens von Lichtmikroskopen (siehe S. 133).

Den Einfluß von Gitterkohärenz und Teilchengröße verdeutlicht Bild 1.110. Kohärente Ausscheidungen (Bild 1.110 a) sind infolge der Gitterverspannung scheinbar größer als inkohärente (Bild 1.110 b) und ihr wirksamer Abstand λ_1 ist kleiner. Dadurch müssen auf die Versetzungen höhere Schubspannungen wirken, um diese Bereiche zu schneiden und auch, um sie zu umgehen.

Bei höheren Auslagertemperaturen (T_3, T_4 in Bild 1.109) und zu langer Auslagerungszeit t_1 fällt die Festigkeit wieder, weil die Teilchen zu groß geworden sind und deren Anzahl damit stark abgenommen hat (Bild 1.110 c). Die Legierung ist *überaltert.* Derart große Teilchen können mit der

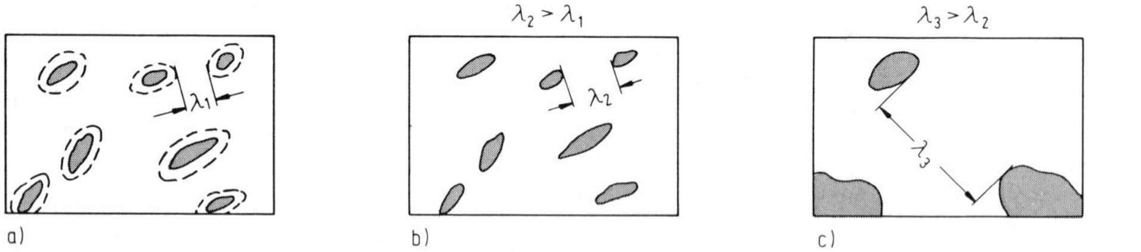

Der wirksame Teilchenabstand λ wird durch kohärente Bereiche verringert. Die verspannten Gitterbereiche vergrößern scheinbar den Teilchendurchmesser.

Inkohärente Teilchen verursachen nur geringe Gitterverspannungen. Ihre festigkeitssteigernde Wirkung ist daher grundsätzlich kleiner.

Große Auslagerungstemperaturen und -zeiten führen zum Koagulieren der Teilchen (Überaltern). Ihre Wirkung ist gering.

Bild 1.110 *Vorgänge bei der Auslagerung – Einfluß der Gitterkohärenz und der Teilchengröße auf den Teilchenabstand*

Matrix keine kohärente Phasengrenze bilden. Das gilt auch dann, wenn bei der gleichen Legierung kleine Ausscheidungen kohärent sind.

1.8 Korrosion

Korrosion ist die chemische oder elektrochemische Reaktion von Metallen mit der Umgebung, durch die die Werkstoffeigenschaften beeinträchtigt werden. Häufige Folge dieser Beeinträchtigungen sind die an Konstruktionen auftretenden Korrosionsschäden, die allein in der Bundesrepublik Deutschland jährlich volkswirtschaftliche Verluste in Milliardenhöhe verursachen. Die Kenntnisse der Grundlagen der Korrosion, einschließlich der sich daraus ergebenden grundsätzlichen Möglichkeiten des Korrosionsschutzes, sind folglich für jeden Ingenieur unbedingt erforderlich.

Chemische Korrosion ist die *unmittelbare* Reaktion von Metallen mit der Umgebung, das heißt, es erfolgt ein *direkter Elektronenaustausch* zwischen dem Metall und seinem Reaktionspartner. Das Metall gibt dabei Elektronen ab (siehe auch Bildung des NaCl-Moleküls, S. 3). Reaktionspartner bei der chemischen Korrosion ist meistens Sauerstoff, das Metall wird zu Metalloxid oxidiert, z. B.

$$2\,Mg + O_2 \rightarrow 2\,MgO.$$

Die Oxidation ist besonders ausgeprägt bei höheren Temperaturen, das entstehende Korrosionsprodukt wird dann *Zunder,* der Vorgang *Zundern* genannt.

Der Begriff **Oxidation** wird allgemein für alle chemischen Teilprozesse angewandt, bei denen eine *Elektronenabgabe* erfolgt. Dabei werden die Elektronen nicht zwangsläufig an Sauerstoff abgegeben, auch die oben erwähnte Bildung des NaCl-Moleküls ist eine Oxidation des Natriums.

Bei der **elektrochemischen Korrosion** treten zwei Teilreaktionen auf, die überwiegend örtlich getrennt sind. Da Korrosionsschäden meistens auf elektrochemische Vorgänge zurückzuführen sind, werden diese ausführlich behandelt.

1.8.1 Elektrochemische Grundlagen

Die beiden Teilreaktionen der elektrochemischen Korrosion erfordern einen Austausch elektrischer Ladungen. Im Metall ist dieser durch die Leitfähigkeit für Elektronen (*Elektronenleitung*) ohne weiteres möglich. Außerhalb des Metalles wird der Stromkreis durch einen Elektrolyten geschlossen.

1.8.1.1 Elektrolyt

Ein **Elektrolyt** ist ein Medium, in dem sich Ionen bewegen können (*Ionenleitung*). Elektrolyte sind meistens wäßrige Lösungen, aber auch im Erdboden oder in Salzschmelzen ist Ionenleitung möglich. Im Elektrolyten ist immer ein Teil der Moleküle in Ionen aufgespalten, sie sind *dissoziiert.*
So sind z. B. in einer wäßrigen Kupfersulfatlösung $CuSO_4$ – Moleküle in Kupferionen Cu^{++}[1] und in Sulfationen SO_4^{--} aufgespalten, aber auch Wassermoleküle in H^+ und OH^- (Hydroxylgruppe).

Die *Aggressivität* eines Elektrolyten, d. h. sein Einfluß auf Korrosionsvorgänge, wird durch den **Dissoziationsgrad** bestimmt. Ein Elektrolyt ist um so aggressiver, je stärker die Konzentration der Ionen von der Konzentration in Wasser abweicht.

Da in fast allen Elektrolyten Wasserstoffionen vorhanden sind, wird deren Anzahl zur Kennzeichnung des Dissoziationsgrades herangezogen, Maßzahl ist der **pH-Wert**. pH = 7 gibt den Neutralzustand von Wasser an und bedeutet, daß in einem Liter Wasser 10^{-7} mol[2] Wasserstoffionen vorhanden sind.
In einer *sauren* Lösung ist die Konzentration der Wasserstoffionen größer und pH < 7. pH-Werte über 7 kennzeichnen *basische* (alkalische) Lösungen.

Werden in einen Elektrolyten die beiden Elektroden einer Gleichstromquelle getaucht (Bild 1.111), so wandern die negativ geladenen Ionen zur positiven Elektrode, der Anode. Die negativen Ionen heißen deshalb **Anionen.** Zur negativen Elektrode, der Kathode, wandern die positiven **Kationen.** An beiden Elektroden laufen elektrochemische Reaktionen ab.

Die *Kathodenreaktion* ist eine **Reduktion.** Die Kationen werden durch *Aufnahme von Elektro-*

---

[1] Die hochgestellten Vorzeichen geben die Ladung entsprechend der Anzahl der fehlenden ($^+$) oder der zuviel vorhandenen ($^-$) Elektronen an.

[2] 1 mol H^+-Ionen = 1,0073 g H^+-Ionen = $6{,}023 \cdot 10^{23}$ H^+-Ionen, folglich für pH = 7 : $6{,}023 \cdot 10^{16}$ H^+-Ionen/1 l H_2O.

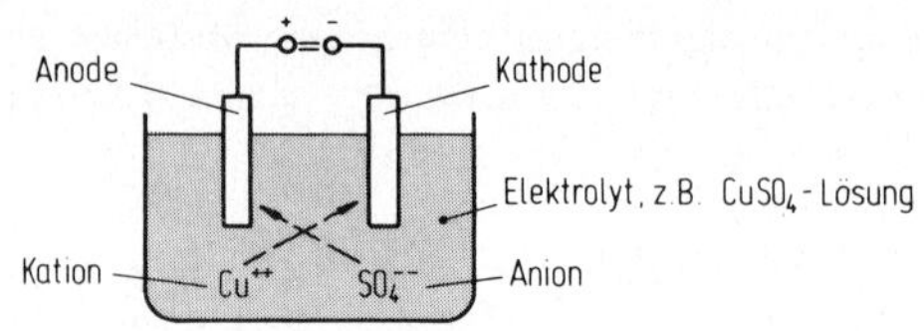

Bild 1.111 Bewegung von Ionen in einem Elektrolyten infolge einer Gleichspannung

nen reduziert. Sind sie metallisch, so entstehen Metallatome:

Metallion + Elektronen → Metallatom.

Das reduzierte Metall bildet auf der Kathode einen Niederschlag; dies ist das Prinzip der galvanischen Oberflächenbeschichtung.
In jedem Fall wird aber an der Kathode Wasserstoff reduziert:

$$2H^+ + 2e \rightarrow 2H \rightarrow H_2.$$

Der atomar entstehende (naszierende) Wasserstoff kann in die Kathode eindiffundieren; Wasserstoffmoleküle, die sich auf der Oberfläche bilden, entweichen als Gas (Gasentwicklung in der Starterbatterie beim Laden).

Die *Anodenreaktion* ist mit einer Abgabe von Elektronen verbunden, also eine **Oxidation.** Welche Teilreaktionen dabei an der Anode ablaufen, hängt im Einzelfall vom Elektrolyten und dem Elektrodenwerkstoff ab.

1.8.1.2 Lösungstension, elektrochemische Spannungsreihe

Sowohl die Anodenreaktion als auch die Kathodenreaktion erfordern einen anodischen bzw. kathodischen Stromfluß, der durch die Gleichstromquelle ermöglicht wird. Bei der Korrosion ist aber im allgemeinen keine äußere Stromquelle vorhanden, der Stromfluß muß sich aus dem System Elektroden/Elektrolyt unmittelbar ergeben. Ursache ist hier der unterschiedliche **elektrolytische Lösungsdruck (Lösungstension)** der Metalle.

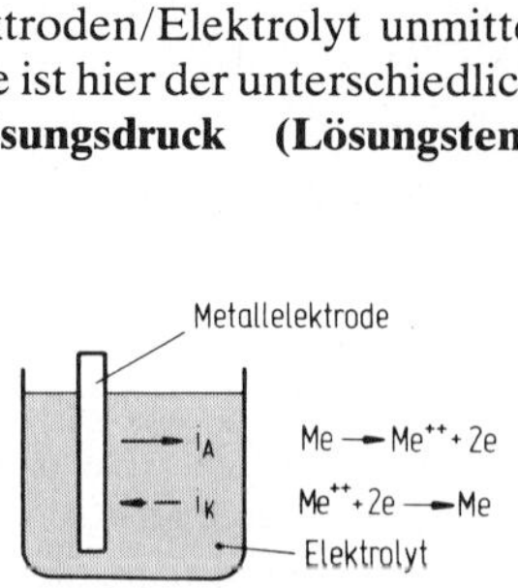

Bild 1.112 Halbzelle: Metallelektrode-Elektrolyt

Eine Elektrode, die in einen Elektrolyten getaucht wird, bildet mit diesem eine **Halbzelle** (Bild 1.112). In einer Halbzelle laufen an der Grenzfläche zwischen Elektrode und Elektrolyt immer gleichzeitig *anodische Teilreaktionen*

Metallatom → Metallion + Elektronen

mit dem anodischen Teilstrom i_A und *kathodische Teilreaktionen*

Metallion + Elektronen → Metallatom

mit dem kathodischen Teilstrom i_K ab. Zu Beginn des Vorganges sind die Stromstärken i_A und i_K *immer unterschiedlich.*
Bei einem *unedlen* Metall ist der anodische Teilstrom i_A zunächst größer, so daß in der Elektrode Elektronen zurückbleiben. Dadurch lädt diese sich negativ auf. Gleichzeitig reichert sich der Elektrolyt mit positiv geladenen Ionen an, die sich infolge der elektrostatischen Kräfte in der Nähe der Elektrode konzentrieren (Bild 1.113).

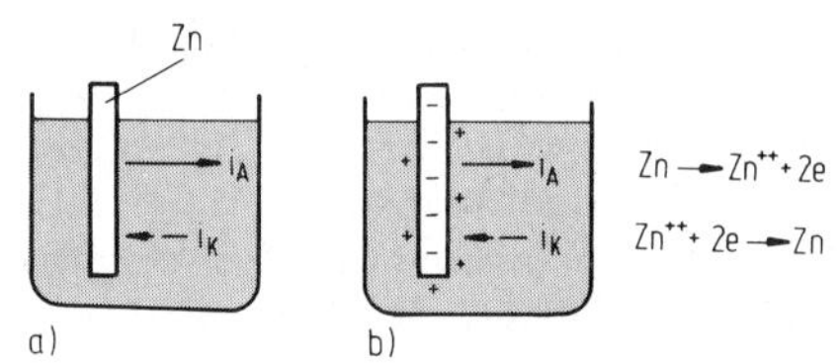

Bild 1.113 Halbzelle eines unedlen Metalls
a) Beginn der Reaktion, anodischer Teilstrom i_A größer
b) Gleichgewichtszustand

Die Spannungsdifferenz an der Grenzfläche zwischen Elektrode und Elektrolyt vermindert den anodischen Teilstrom i_A und verstärkt den kathodischen Teilstrom i_K, wobei sich ein Gleichgewichtszustand $i_A = i_K$ einstellt. Die dann vorliegende Spannungsdifferenz ist das **Gleichgewichtspotential** der *Metall-Metallionen-Reaktion.*

Die umgekehrte Polung der Halbzelle ist an der Grenzfläche eines *edlen* Metalls möglich. Damit der kathodische Teilstrom i_K größer als der anodische i_A sein kann, müssen bereits zu Beginn des Vorganges Ionen des Elektrodenmetalles im Elektrolyten vorhanden sein. Die stärkere kathodische Teilreaktion führt zu einem Mangel an Elektronen in der Elektrode und damit zu ihrer positiven Aufladung. Die Verarmung des Elektrolyten an positiven Ionen und die elektrostatischen Kräfte zwischen Elektrode und Elektrolyt bewirken wiederum einen Gleichgewichtszustand

(Bild 1.114). Das Gleichgewichtspotential des edlen Metalles ist *positiv* gegenüber dem des unedlen Metalles.

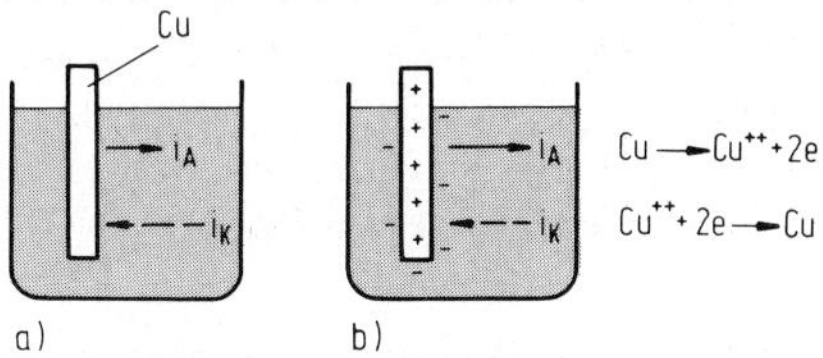

Bild 1.114 Halbzelle eines edlen Metalls
a) Beginn der Reaktion, kathodischer Teilstrom i_K größer
b) Gleichgewichtszustand

Die Bestimmung der Gleichgewichtspotentiale ist nur als Differenzmessung zwischen verschiedenen Elektroden möglich. Die beiden Elektroden bilden dann ein galvanisches Element (Bild 1.115) und können als Gleichstromquelle dienen (Trokkenbatterie, Bleiakkumulator).

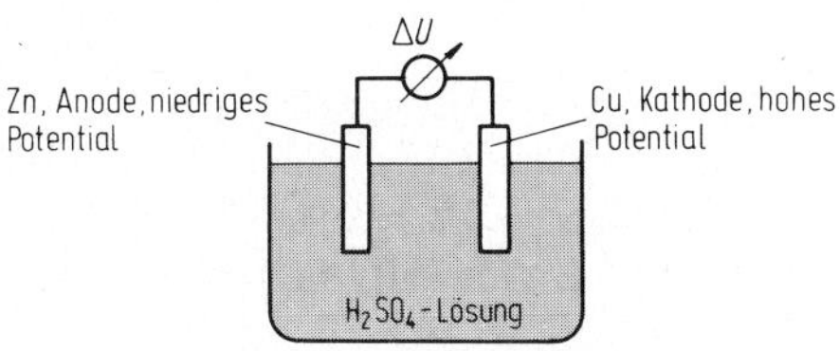

Bild 1.115 Galvanisches Element (vereinfacht)

Die **elektrochemische Spannungsreihe** gibt die relative Stellung der einzelnen Metalle wieder: Je höher das Potential, desto edler ist das Metall (Tabelle 1.6). In der Spannungsreihe werden die Potentiale auf die *Standardwasserstoffelektrode*[1] bezogen, der der Wert ± 0V zugeordnet ist. Das *Normalpotential* wird bei 25 °C in Lösungen der Konzentration 1 mol/l ermittelt. Wie die Vergleichswerte für Lösungen mit anderen pH-Werten zeigen, ist das Potential auch vom Elektrolyten abhängig. Ein weiterer wesentlicher Einflußfaktor ist die Temperatur des Elektrolyten.

1.8.1.3 Korrosionselement

Zwei Metalle, die leitend miteinander verbunden sind, oder Bereiche desselben Werkstoffes mit unterschiedlichem Potential bilden bei Benetzung

Tab. 1.6: Elektrochemische Spannungsreihen

Element (Ionen)	Normalpotential	Potential bei pH = 6	pH = 7,5	
	V	V	V	
Au^{+++}	+ 1,42	+ 0,3	+ 0,2	edel ↑
Ag^{+}	+ 0,80	+ 0,2	+ 0,15	
Cu^{+}	+ 0,52			
Cu^{++}	+ 0,34	+ 0,2	+ 0,1	
H^{+}	**± 0**			
Pb^{++}	− 0,13	− 0,3	− 0,2	
Sn^{++}	− 0,14	− 0,3	− 0,8	
Ni^{++}	− 0,23	+ 0,1	+ 0,04	
Cd^{++}	− 0,40			
Fe^{++}	− 0,44	− 0,4	− 0,3	
Cr^{+++}	− 0,71	− 0,2	− 0,3	
Zn^{++}	− 0,76	− 0,8	− 0,3	
Al^{+++}	− 1,66	− 0,2	− 0,7	
Ti^{++}	− 1,75	+ 0,2	− 0,1	
Mg^{++}	− 2,40			↓ unedel

mit einem Elektrolyten ein **Korrosionselement** (Bild 1.116). Die unedlere Elektrode wird zur Anode, die edlere zur Kathode. Durch den Ladungsausgleich über die elektrisch leitende

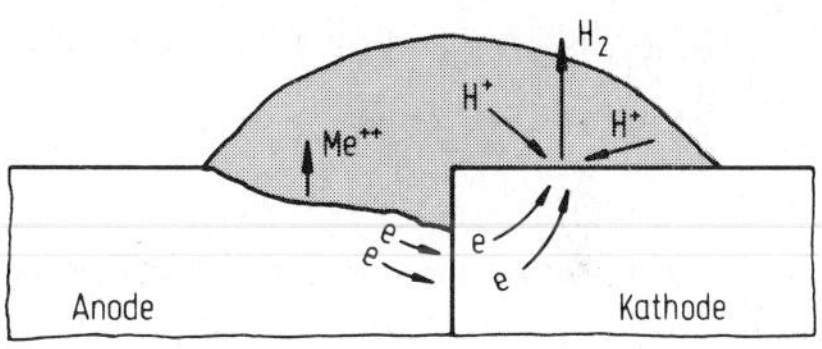

Bild 1.116 Korrosionselement

Verbindung und den Elektrolyten können sich an beiden Elektroden Gleichgewichtszustände *nicht* einstellen. Die stärkere Anodenreaktion an der Anode:

$$Me \rightarrow Me^{++} + 2e$$

führt zu deren allmählichen Auflösung: die Anode *wird korrodiert.*

Die Auflösung der Anode erfolgt um so schneller, je größer der anodische Teilstrom i_A ist. Gemäß Bild 1.117 nimmt i_A mit zunehmendem Potential der Kathode zu. Die *anodische Teilstromkurve,* die allerdings nicht gemessen werden kann, verschiebt sich bei edleren Metallen zu höheren Potentialen.

[1] Die Standardwasserstoffelektrode ist eine Platinelektrode, die unter definierten Bedingungen (Druck, Konzentration) mit Wasserstoffgas bespült wird.

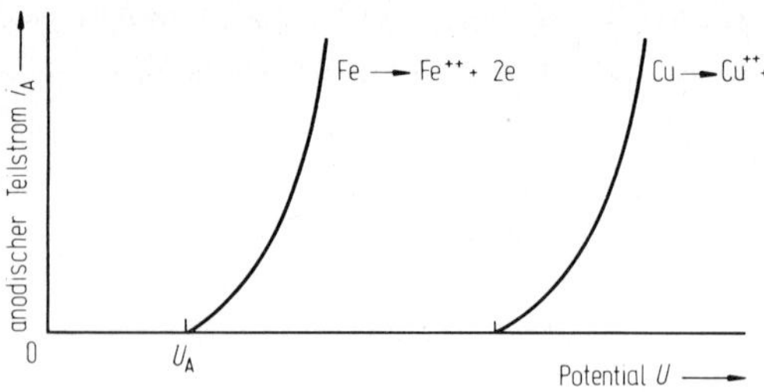

Bild 1.117 Anodische Teilstromkurven $i_A = f(U, \text{Metall})$, U_A = Anodenpotential

An der Kathode ist keine Metall-Metallionen-Reaktion möglich, weil der Elektrolyt normalerweise keine edleren Ionen enthält. Kathodische Teilreaktion der Korrosion ist dann eine *elektrolytische Reduktionsreaktion,* bei der Elektronen aus der Kathode in den Elektrolyten übertreten.

1.8.1.4 Wasserstoffkorrosion

Bei der **Wasserstoffkorrosion** erfolgt die Reduktion des Wasserstoffs nach der Gleichung:

$$2H^+ + 2e \rightarrow 2H \rightarrow H_2.$$

Für diese Reaktion gilt die in Bild 1.118 dargestellte *kathodische Teilstromkurve,* die ebenfalls nicht meßbar ist und zu höheren Potentialwerten verschoben wird, wenn der pH-Wert des Elektrolyten absinkt.

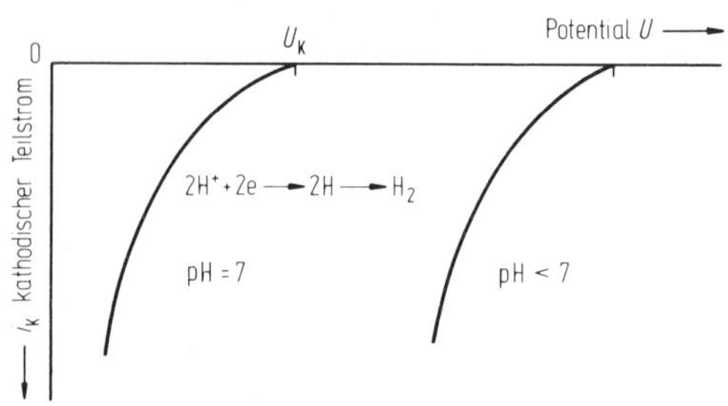

Bild 1.118 Kathodische Teilstromkurven der Wasserstoffreduktion $i_K = f(U, pH)$, U_K = Kathodenpotential

Der *Summenstrom* aus anodischem Teilstrom i_A und kathodischem Teilstrom i_K ist durch Anlegung von Fremdspannungen meßbar[1]. Nach Bild 1.119 ergibt die Summe der Teilströme Null bei dem **Ruhepotential** U_R. Bei diesem Potential liegt ein Gleichgewichtszustand zwischen den beiden Teilströmen vor. In einem Korrosionselement muß ohne Einwirkung von äußeren Strömen ebenfalls ein Gleichgewicht zwischen anodischem und kathodischem Teilstrom vorliegen. U_R ist folglich das **freie Korrosionspotential**, das sich in einem Korrosionselement einstellt.

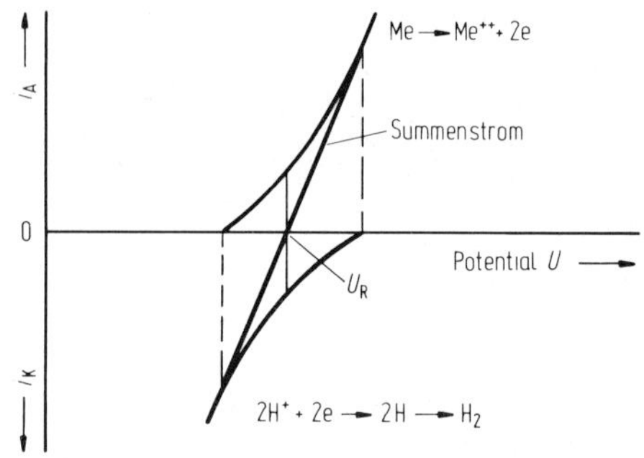

Bild 1.119 Summenstromkurve, U_R = Ruhepotential

Die unterschiedliche Auswirkung der Korrosion bei Metallen verschiedenen Potentials zeigt Bild 1.120. Für unedles Metall (Kurve 1) ergibt sich ein freies Korrosionspotential U_{R1} mit hohen Teilströmen. Das Metall wird schnell aufgelöst. Edlere Metalle werden weniger angegriffen, weil die

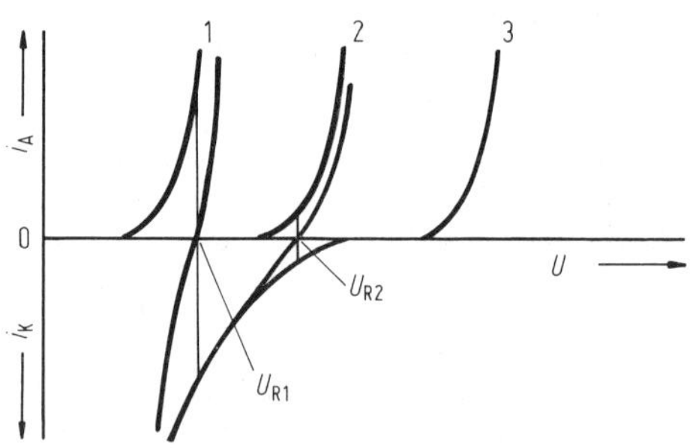

Bild 1.120 Summenstromkurven für verschiedene Metalle bei Wasserstoffkorrosion

Teilströme bei U_{R2} geringer sind (Kurve 2) oder sind beständig, weil kein Gleichgewichtszustand möglich ist (Kurve 3).

Die Wasserstoffkorrosion ist nur in sauren Elektrolyten mit hohem Angebot an H^+-Ionen von Bedeutung. Hierzu gehört auch der Säureangriff auf Metalle (*Säurekorrosion*).

[1] Die Teilströme werden aus dem Summenstrom und der Menge des aufgelösten Metalls oder des abgeschiedenen Wasserstoffs berechnet.

1.8.1.5 Sauerstoffkorrosion

Wesentlich häufiger als die Wasserstoffkorrosion ist die **Sauerstoffkorrosion**. Hierbei wird der vom Elektrolyten aus der Luft aufgenommene Sauerstoff an der Kathode abgebaut:

$$O_2 + 2\,H_2O + 4e \rightarrow 4\,OH^-.$$

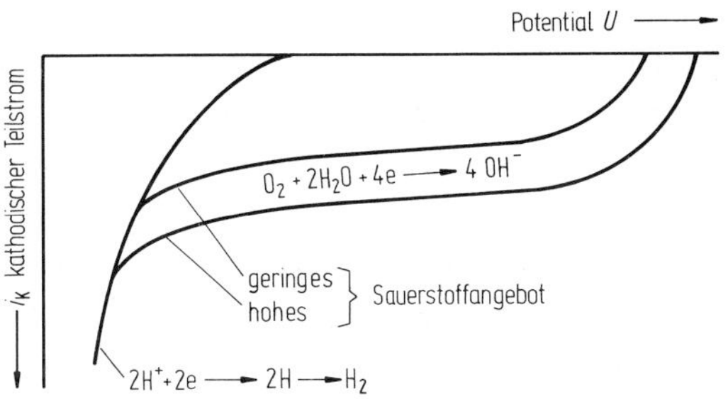

Bild 1.121 Kathodische Teilstromkurven bei Sauerstoffkorrosion

Die Teilstromkurve für diese Kathodenreaktion in Bild 1.121 verdeutlicht deren Wirkung. In einem großen Potentialbereich ist der kathodische Teilstrom praktisch konstant, so daß sich mit vielen Werkstoffen freie Korrosionspotentiale ausbilden können. Außerdem ist das **Kathodenpotential** U_K dieser Reaktion so hoch, daß selbst edle Metalle wie Kupfer sich dabei anodisch auflösen können. Der kathodische Teilstrom i_K wächst mit der Höhe des Sauerstoffangebotes. Die Korrosion erfolgt also schneller, wenn im Elektrolyten viel Sauerstoff vorhanden ist.

Der bekannteste Vorgang der Sauerstoffkorrosion ist das *Rosten* von Eisen und Stahl.
Durch die Anodenreaktion

$$Fe \rightarrow Fe^{++} + 2e$$

gelangen Fe^{++}-Ionen in den Elektrolyten, die durch ihre nochmalige Oxidation (= Abgabe von Elektronen!) die Elektronen für die Sauerstoffreaktion liefern:

$$4\,Fe^{++} + O_2 + 2\,H_2O \rightarrow 4\,Fe^{+++} + 4\,OH^-.$$

Über das Zwischenstadium $Fe(OH)_3$ entsteht der unlösliche Rost durch Abspalten von Wasser:

$$Fe(OH)_3 \rightarrow FeOOH + H_2O.$$
(Rost)

1.8.2 Korrosionsformen

Die Erscheinungsformen der Werkstoffveränderungen durch Korrosion können im wesentlichen in drei Gruppen aufgeteilt werden: Flächenabtrag, Lochkorrosion und Korrosionsrisse.

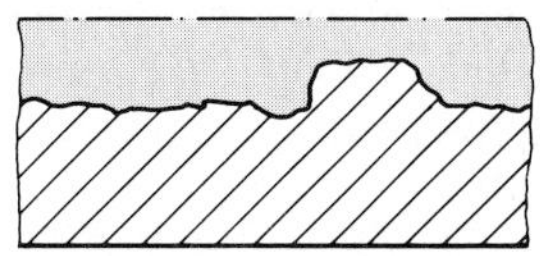

Bild 1.122 Gleichmäßiger und muldenförmiger Flächenabtrag

Der **Flächenabtrag** kann *gleichmäßig* die gesamte Oberfläche erfassen oder durch ungleichmäßigen Fortschritt *muldenförmige* Vertiefungen hervorrufen (Bild 1.122). Die Metallauflösung ist beim Flächenabtrag im allgemeinen relativ langsam, weil wegen der großen Flächen die Stromdichten gering bleiben. Diese Korrosionsform ist ungefährlich, wenn die Flächen, die korrodiert werden, zugänglich sind. Durch die entstehenden Korrosionsprodukte ist ein frühzeitiges Erkennen der Korrosion möglich, so daß Schutzmaßnahmen ergriffen werden können, bevor die Sicherheit von Konstruktionen gefährdet ist. Der Flächenabtrag führt in solchen Fällen meist nur zu einem nachteiligen Oberflächenaussehen, während seine Entstehung in unzugänglichen Hohlräumen die Funktionssicherheit beeinträchtigen kann.

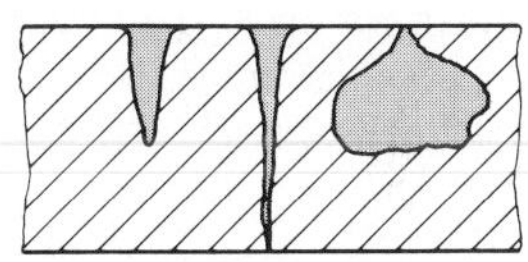

Bild 1.123 Formen der Lochkorrosion

Bei der **Lochkorrosion** *(Lochfraß)* entwickeln sich örtliche Vertiefungen, die kraterförmig oder nadelstichartig sind oder die Oberfläche unterhöhlen (Bild 1.123). Da die Menge der entstehenden Korrosionsprodukte nur gering ist, wird Lochkorrosion meist erst dann erkannt, wenn Undichtigkeiten auftreten. Die damit verbundenen Folgeschäden machen oft ein Vielfaches des eigentlichen Korrosionsschadens aus. Lochkorrosion kann z. B. in rostfreien Stählen bei Anwesenheit von Chlorionen auftreten. (siehe S. 384).

Korrosionsrisse sind die gefährlichste Erscheinungsform der Korrosion und ebenso wie Lochkorrosion nur schwer zu erkennen. Bei mechanischer Beanspruchung treten infolge der Kerbwirkung der Rißspitzen Spannungsüberhöhungen auf, die im Zusammenwirken mit der durch die Risse verursachten Querschnittsminderung zu einer Überbeanspruchung und damit zum Bruch führen können. Korrosionsrisse verlaufen entweder **interkristallin,** d. h. auf den Korngrenzen, oder **transkristallin** quer durch die Körner (Bild 1.124).

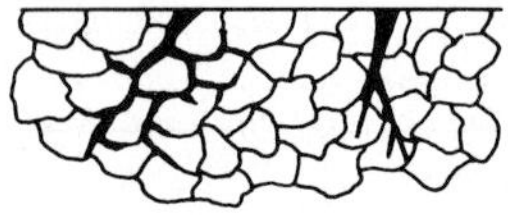

Bild 1.124 Rißkorrosion: interkristallin – transkristallin

Die Erscheinungsform der Korrosion ist außer vom Werkstoff auch von der Korrosionsart, d. h. der eigentlichen Korrosionsursache abhängig. Dabei lassen sich aber nicht immer Korrosionsart und Korrosionsform einander eindeutig zuordnen.

1.8.3 Korrosionsarten

Die vielfältigen Ursachen der Korrosion erfordern nicht nur eine richtige Werkstoffauswahl, sondern auch fachgerechte Konstruktion, Fertigung und den sachgerechten Betrieb von Maschinen. Die Anwesenheit von Elektrolyten, z. B. ungeeignete Schmiermittel, Schwitzwasser, kondensierte Verbrennungsgase oder salzhaltiges Wasser, kann nämlich bei den meisten Konstruktionen nicht ausgeschlossen werden.

1.8.3.1 Korrosion ohne mechanische Beanspruchung

Kontaktkorrosion entsteht bei einem Korrosionselement (Bild 1.116), das aus unterschiedlichen Metallen besteht (*Kontaktelement*). Zwischen Anode und Kathode ist meist nur ein geringer elektrischer Widerstand, d. h., die Elektroden sind kurzgeschlossen. Sind die beiden Elektroden verschiedene Bauteile, so liegt ein *Makroelement* vor, bei dem meist ein mehr oder weniger gleichmäßiger Flächenabtrag die Folge ist.

Makro-Kontaktelemente entstehen z. B., wenn Verbindungsschrauben aus einem anderen Werkstoff bestehen als die verbundenen Teile.

Sind Anoden- und Kathodenflächen sehr klein und liegen unmittelbar nebeneinander, so entsteht ein *Lokalelement* (Bild 1.125). Lokalelemente können von den unterschiedlichen Gefügebestandteilen einer heterogenen Legierung gebildet werden, z. B. durch kupferreiche Ausscheidungen in falsch wärmebehandelten AlCuMg-Legierungen. Auch die Korrosion unter Ablagerungen (*Berührungskorrosion*) erfolgt meist durch Lokalelemente. Werden z. B. in einem Rohrleitungssystem Stahlrohre hinter Kupferrohren angebracht, so bilden die durch die Strömung verursachten Kupferablagerungen mit den Stahlrohren Lokalelemente. Die Erscheinungsform ist in beiden Fällen *Lochkorrosion.*

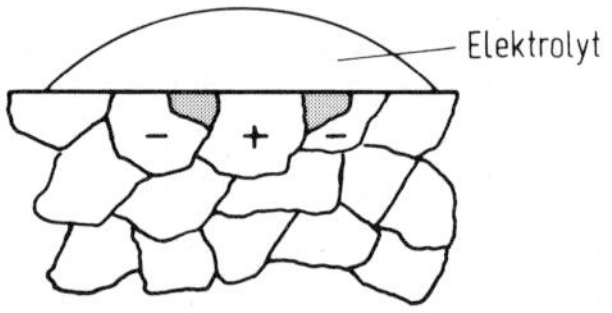

Bild 1.125 Lokalelement in einem heterogenen Gefüge

Korrosionselemente, deren anodische und kathodische Bereiche durch unterschiedliche Konzentration bestimmter Stoffe im Elektrolyten gebildet werden, heißen **Konzentrationselemente.** Häufigstes Konzentrationselement ist das durch unterschiedlichen Sauerstoffzutritt bewirkte **Belüftungselement.** Auch die in engen Spalten oder an Dichtflächen entstehende **Spaltkorrosion** (Bild 1.126) kann meist auf unterschiedliche Belüftung zurückgeführt werden.

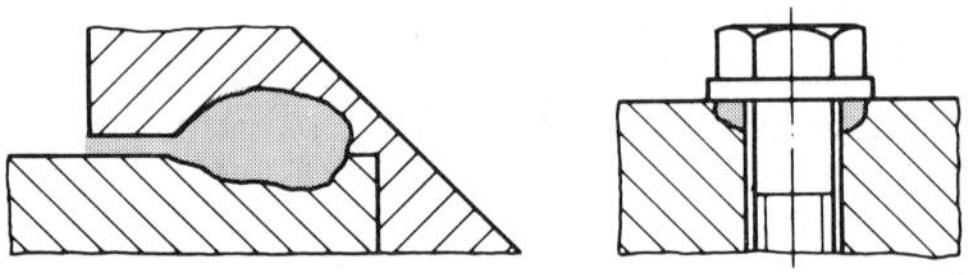

Bild 1.126 Spaltkorrosion

Bei der **selektiven Korrosion** werden bestimmte Gefügebestandteile, korngrenzennahe Bereiche oder Legierungselemente bevorzugt aufgelöst. Das oben erwähnte Beispiel der AlCuMg-Legierung gehört dazu. *Interkristalline Korrosionsrisse* entstehen durch selektive Korrosion, weil entweder die höhere Energie der Korngrenzen die Auflösung fördert oder durch inhomogenen Gefügeaufbau die Korngrenzenausscheidungen oder die Kornränder aufgelöst werden. *Transkristalline Korrosionsrisse* verlaufen bevorzugt entlang derjenigen Gleitebenen, auf denen sich infolge plastischer Verformungen eine erhöhte Versetzungsdichte und damit ein höherer Energiezustand eingestellt hat.

Sonderformen der selektiven Korrosion sind die Spongiose bei Grauguß und die Entzinkung von Messing. Bei der *Spongiose* werden die ferritischen oder perlitischen Gefügebestandteile anodisch aufgelöst, die als Kathode wirkenden Grafitlamellen bleiben als schwammähnliches Gerüst zurück. Dadurch behält das Bauteil meist seine äußere Form, verliert aber an Festigkeit.

Bei der *Entzinkung* wird nicht das Zink selektiv aus dem Messing herausgelöst, sondern Kupfer und Zink gehen gemeinsam in Lösung. Das edle Kupfer wird wieder reduziert (siehe S. 380) und bildet einen porösen Niederschlag. Das dadurch entstehende Kontaktelement zwischen Kupfer und dem unedleren Messing bewirkt dessen beschleunigte Auflösung.

1.8.3.2 Korrosion mit zusätzlicher mechanischer Beanspruchung

Besondere Probleme ergeben sich in der Praxis durch Korrosionsarten, die mit zusätzlicher mechanischer Beanspruchung verbunden sind. Hier sind in erster Linie die Spannungsrißkorrosion und die Schwingungsrißkorrosion zu nennen.
Für das Auftreten von **Spannungsrißkorrosion** müssen drei Voraussetzungen erfüllt sein:

- es müssen Zugspannungen (z. B. Eigenspannungen) im Bauteil vorliegen,
- es muß ein Anriß entstehen und
  es muß ein spezifischer Elektrolyt vorhanden sein.

Die *Anrißentstehung* kann durch ein Zusammenwirken von mechanischer Spannung und Korrosion zustande kommen. Die Bewegung von Versetzungen infolge der Spannungen führt zu Gleitstufen an der Oberfläche. Ist die Oberfläche mit einer korrosionshemmenden Deckschicht, z. B. Oxidschicht, versehen, so wird diese an den Gleitstufen unterbrochen. (Bild 1.127). Der spezifische Elektrolyt verhindert die Neubildung einer Deckschicht, so daß ein örtlicher Korrosionsangriff möglich wird: es entsteht ein *Tunnel*. Ein solcher Tunnel kann aber auch durch Ionen hervorgerufen werden, die in der Lage sind, die Deckschicht zu durchdringen.

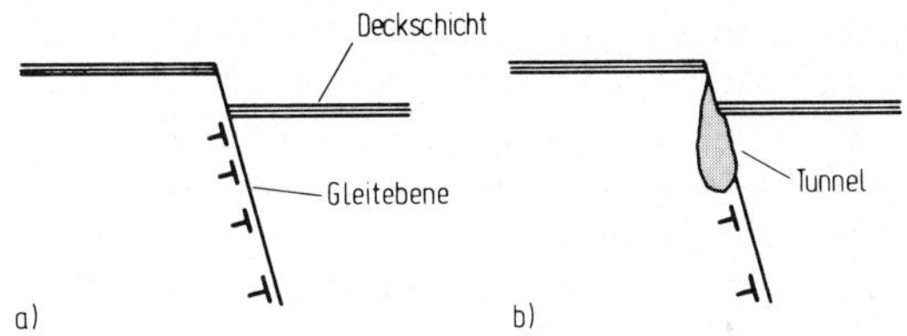

Bild 1.127 Spannungsrißkorrosion (SpRK)
a) Unterbrechung der Deckschicht
b) Tunnelbildung

Der *Rißfortschritt* kann auf folgenden Mechanismus zurückgeführt werden: Die Kerbwirkung des Risses führt zu Spannungskonzentrationen an seiner Spitze. Es bildet sich dort eine plastisch verformte Zone, die aufgrund ihrer erhöhten Versetzungsdichte bevorzugt anodisch aufgelöst wird. Der Riß wächst. Dabei werden die durch die plastische Verformung aufgefangenen Spannungskonzentrationen in erhöhtem Maße wieder wirksam, weil durch den Rißfortschritt der tragende Querschnitt verringert ist. Das Rißwachstum wird beschleunigt und kann in kürzester Zeit zum Bruch des Bauteiles führen.
Spannungsrißkorrosion wird bei allen Werkstoffgruppen beobachtet. Viele Werkstoffe, die allgemein als korrosionsbeständig gelten, sind wegen des oben beschriebenen Mechanismus der Deckschichtunterbrechung besonders anfällig. Die Spannungsrißkorrosion erfolgt je nach Werkstoff und Elektrolyt interkristallin oder transkristallin.

Die **Wasserstoffversprödung** sollte nicht mehr als (kathodische) Spannungsrißkorrosion bezeichnet werden, obwohl auch hier die drei maßgebenden Elemente auftreten: Elektrolyt, mechanische Spannung und Riß. Der Schädigungsprozeß ist jedoch grundsätzlich anders. Während bei der Spannungsrißkorrosion die Spannung den ersten Anriß hervorruft und der Riß die Korrosion ermöglicht und beschleunigt, wird bei der Wasserstoffversprödung zunächst atomarer Wasserstoff z. B. durch eine Kathodenreaktion erzeugt. Der atomare Wasserstoff diffundiert in den Werkstoff ein und führt bei Bildung von Wasserstoffmolekülen zu inneren Spannungen und damit zur Rißbildung (siehe S. 151).

Die **Schwingungsrißkorrosion** beruht im wesentlichen auf dem gleichen Mechanismus wie die Spannungsrißkorrosion. Da durch die Schwingbeanspruchung Extrusionen und Intrusionen (siehe S. 111) gebildet werden, entstehen tiefe Anrisse mit einer hohen Versetzungsdichte an der Rißspitze. Der Korrosionsangriff erfordert in diesem Fall keinen spezifischen Elektrolyten. Bereits Leitungswasser kann zu einer deutlichen Verminderung der Schwingfestigkeit führen (siehe Bild 3.39, S. 109). Dabei bewirkt die fortgesetzte anodische Auflösung der aktiven Gleitebenen in jedem Fall einen Bruch, weil die eventuelle Bildung von Deckschichten länger dauert als die Reaktivierung der Gleitebenen. Während für die Spannungsrißkorrosion eine gewisse Empfindlichkeit der Legierungen gegeben sein muß, ist Schwingungsrißkorrosion bei allen metallischen Werkstoffen möglich. Die Schwingungsrißkorrosion führt fast ausschließlich zu transkristallinen Rissen.

Weitere Korrosionsarten mit gleichzeitiger mechanischer Beanspruchung sind die bei Reibung zwischen zwei Festkörpern auftretende *Reibkorrosion,* sowie die *Erosionskorrosion* und die *Kavitationskorrosion,* die beide in strömenden Flüssigkeiten möglich sind. Bei der Reibkorrosion werden vorwiegend die durch den mechanischen Verschleiß abgetrennten Oberflächenteilchen korrodiert und bilden z. B. das als *Passungsrost* bekannte Korrosionsprodukt. Durch Erosion und Kavitation, zwei unterschiedliche Verschleißformen, werden Deckschichten auf der Metalloberfläche zerstört, so daß ein Korrosionsangriff ermöglicht wird.

1.8.4 Korrosionsverhalten der Werkstoffe

Der Verlauf der Teilstromkurve für die anodische Metallauflösung in Bild 1.117 entspricht dem *aktiven Zustand* der Metalloberfläche, in dem der elektrolytische Metallabtrag ohne besondere Reaktionshemmung erfolgt. Die Kurve wird bei vielen Werkstoffen abgewandelt.

Bild 1.128 zeigt die Teilstromkurve für ein passivierbares Metall. Nach Durchlaufen eines Maximums fällt sie auf einen sehr niedrigen Wert ab,

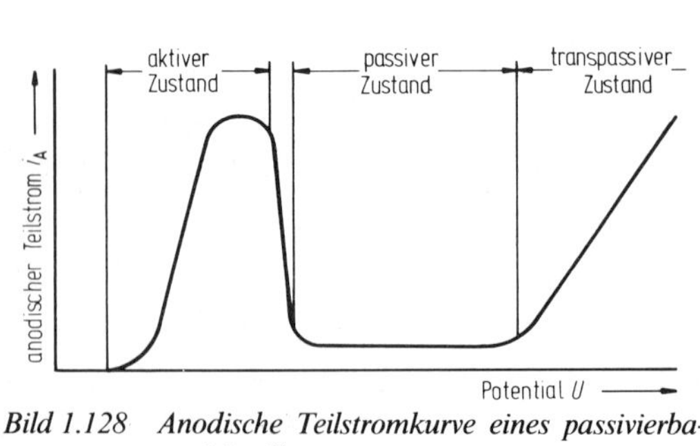

Bild 1.128 Anodische Teilstromkurve eines passivierbaren Metalls

der über einen größeren Potentialbereich annähernd konstant bleibt. Der **passive Zustand** der Metalloberfläche ermöglicht nur einen geringfügigen Metallabtrag. Er wird durch eine *Passivschicht* erzeugt, die sich vorwiegend als Oxid in sauerstoffreichen Elektrolyten bildet. Diese **Deckschicht** schützt vor weiterem Korrosionsangriff.

Bei wesentlich höheren Potentialen setzt wieder ein stärkerer Metallabtrag durch transpassive Korrosion in stark oxidierenden Elektrolyten ein. Im *transpassiven Zustand* kann die Deckschicht nicht mehr schützen, weil die hohen Potentiale den Durchtritt von Ladungen ermöglichen.

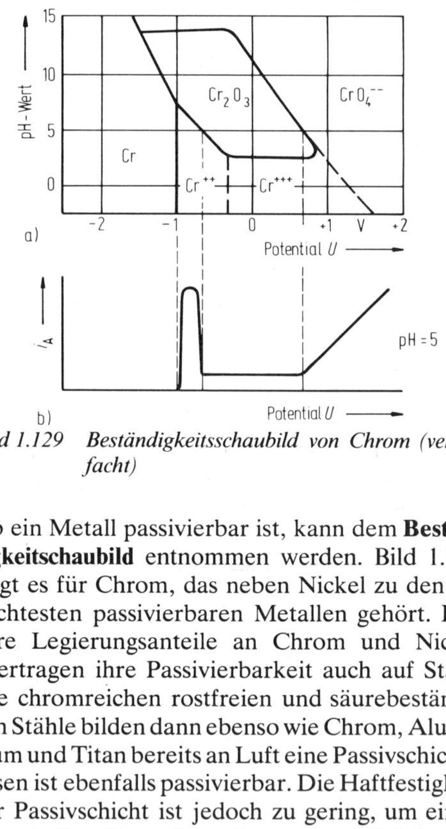

Bild 1.129 Beständigkeitsschaubild von Chrom (vereinfacht)

Ob ein Metall passivierbar ist, kann dem **Beständigkeitschaubild** entnommen werden. Bild 1.129 zeigt es für Chrom, das neben Nickel zu den am leichtesten passivierbaren Metallen gehört. Höhere Legierungsanteile an Chrom und Nickel übertragen ihre Passivierbarkeit auch auf Stahl. Die chromreichen rostfreien und säurebeständigen Stähle bilden dann ebenso wie Chrom, Aluminium und Titan bereits an Luft eine Passivschicht. Eisen ist ebenfalls passivierbar. Die Haftfestigkeit der Passivschicht ist jedoch zu gering, um einen dauerhaften Korrosionsschutz zu gewährleisten.

Bild 1.129 verdeutlicht, daß die Korrosionsbeständigkeit eines Werkstoffes immer nur für bestimmte Kombinationen von pH-Wert und Potential gegeben ist. Wie die Teilstromkurve für pH = 5 zeigt, wird die Lage des Aktiv- und des Passivbereiches darüberhinaus vom pH-Wert des Elektrolyten bestimmt (Bild 1.129b).

Bei nichtrostenden Stählen und korrosionsbeständigen Nickellegierungen ist **Kornzerfall** durch interkristalline Korrosion möglich. Ursache ist die Ausscheidung von Chromkarbiden auf den Korngrenzen bei höheren Temperaturen (*Sensibilisierung*). Die Bedingungen, bei denen eine Sensibilisierung zu erwarten ist, werden durch das *Kornzerfallsschaubild* (Bild 1.130) wiedergegeben. (Einzelheiten über den Kornzerfall und dessen Vermeidung siehe S. 212 ff).

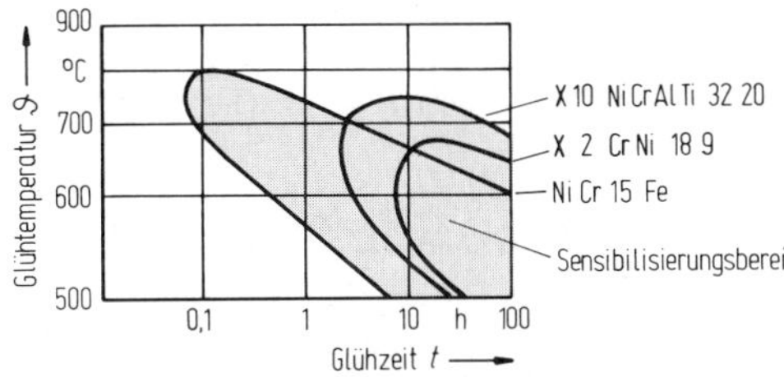

Bild 1.130 Kornzerfallsschaubild für rostfreie Stähle und Nickellegierungen

1.8.5 Korrosionsschutz

Korrosionsschutz hat die Aufgabe, entweder Korrosion völlig zu verhindern oder zumindest stark zu verzögern.

Aktiver Korrosionsschutz beeinflußt unmittelbar die Korrosionsreaktionen. Hierzu gehören Veränderungen des Elektrolyten, Anbringen von Opferanoden und Potentialverschiebungen durch Fremdspannungen.

Die Aggressivität eines Elektrolyten kann durch Zusatz eines *Inhibitors* (Hemmstoffes) vermindert werden. Angewendet wird diese Möglichkeit vor allem in der Oberflächentechnik, um unerwünschte Nebenwirkungen chemischer Bäder zu vermeiden. Aber auch die Verringerung des Sauerstoffgehaltes von Wässern in geschlossenen Systemen (z. B. Heizungsanlagen) vermindert die Korrosionsgefahr. Durch *Opferanoden* und Anlegen von Fremdspannungen wird der zu schützende Werkstoff zur Kathode gemacht (kathodischer Korrosionsschutz). Als Opferanoden werden z. B. im Schiffbau unedle Magnesiumelektroden in der Nähe der Ruderanlagen angebracht.

Zum **passiven Korrosionsschutz** zählen alle Maßnahmen, die den Elektrolyten von dem zu schützenden Metall fernhalten. Die vielfältigen Möglichkeiten reichen von den organischen (Fett, Wachs, Lack, Kunststoff) über die anorganisch-nichtmetallischen (Oxide, Phosphate, Email) bis hin zu den metallischen *Oberflächenschutzschichten.*

Bei letzteren ist zu unterscheiden zwischen Schutzschichten mit höherem und niedrigerem Potential als das zu schützende Werkstück. Ist eine edlere Schutzschicht nicht mehr dicht, so wird das Grundmaterial anodisch aufgelöst, z. B. Rosten von verchromten oder vernickelten Stahlteilen. Eine unedlere Beschichtung, wie vor allem Zink auf Stahl, wird bei einer örtlichen Zerstörung zur Opferanode. Die entstehenden Korrosionsprodukte lagern sich auf den kathodischen Flächen ab und bringen dadurch die Reaktionen zum Stillstand.

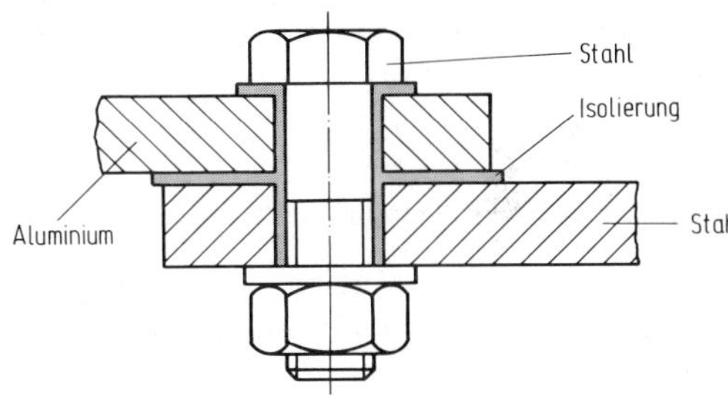

Bild 1.131 Beispiel der Isolierung einer Schraubenverbindung

Wirksamer Korrosionsschutz ist vor allem auch durch *konstruktive Maßnahmen* möglich. Zwischen Paarungen von Werkstoffen mit stark unterschiedlichem Potential kann der Stromfluß durch isolierende Zwischenschichten (Bild 1.131) unterbrochen werden. Allerdings sollte der Konstrukteur sich dabei vergewissern, daß durch die Isolierschicht nicht die Gefahr der Spaltkorrosion hervorgerufen wird. Die Vermeidung von Spaltkorrosion ist in erster Linie ein konstruktives Problem und erst in zweiter Linie eine Frage der Werkstoffauswahl.

1.8.6 Korrosionsprüfungen

Korrosionsprüfungen haben die Aufgabe, die Beständigkeit von Legierungen in bestimmten Medien zu ermitteln, ihre Anfälligkeit für Korrosionsarten festzustellen, die in dieser Legierungsgruppe oft auftreten und die Wirksamkeit von Korrosionsschutzmaßnahmen zu überprüfen.

Die *Untersuchungsbedingungen* sind den praktischen Verhältnissen weitgehendst anzupassen. Das gilt für den Zustand und die Oberflächenbeschaffenheit des Werkstoffes ebenso wie für Zusammensetzung und Temperatur des Elektrolyten. Insbesondere ist die Versuchsdauer möglichst an die praktische Einsatzdauer anzugleichen, weil die Übertragung der Ergebnisse von Kurzzeitversuchen auf das Langzeitverhalten zu Fehlinterpretationen führen kann.

Allgemeine Richtlinien für die Durchführung von Korrosionsprüfungen sind zusammengestellt in:
- DIN 50905: Chemische Korrosionsuntersuchungen,
- DIN 50918: Elektrochemische Korrosionsuntersuchungen.

Spezielle Prüfverfahren für Werkstoffe, Bauelemente und Geräte findet man in:
- DIN 50016: Beanspruchung im Feucht-Wechselklima,
- DIN 50017: Beanspruchung im Schwitzwasser-Klima,
- DIN 50018: Beanspruchung im Schwitzwasser-Wechselklima mit schwefeldioxidhaltiger Atmosphäre,
- DIN 50021: Sprühnebelprüfungen mit verschiedenen Natriumchloridlösungen.

Spezielle Prüfverfahren für bestimmte Werkstoffgruppen sind z. B. genormt in:
- DIN 50911: Quecksilbernitratversuch an Kupferlegierungen,
- DIN 50914: Interkristalline Korrosion in nichtrostenden Stählen,
- DIN 50915: Prüfung auf interkristalline Spannungsrißkorrosion in unlegierten und niedriglegierten Stählen,
- DIN 50916: Spannungsrißkorrosionsprüfung von Kupferlegierungen,
- DIN 50947: Prüfung anodisch erzeugter Oxidschichten auf Aluminiumlegierungen,
- DIN 50958: Prüfung galvanischer Überzüge.

Weiterhin findet man spezielle Prüfverfahren in den einschlägigen Normen für bestimmte Korrosionsschutzüberzüge.

Ermittelt wird bei den Korrosionsprüfungen entweder der Massenverlust, der durch die chemischen Reaktionen hervorgerufen wird, oder die Zeitdauer bis zum Eintreten einer deutlichen Werkstoffschädigung, z. B. des Bruches bei Spannungskorrosionsversuchen.

Ergänzende und weiterführende Literatur

Dahl, W. (Hrsg.): Grundlagen des Festigkeits- und Bruchverhaltens, Verlag Stahleisen, Düsseldorf, 1974

Haasen, P.: Physikalische Metallkunde, 2. Auflage, Springer-Verlag, Berlin, 1984

Hornbogen, E.: Werkstoffe, 3. Auflage, Springer-Verlag, Berlin, 1983

Hornbogen/Warlimont: Metallkunde, Springer-Verlag, Berlin, 1967

Kauczor, E.: Metall unter dem Mikroskop, 5. Auflage, Springer-Verlag, Berlin, 1985

Schatt, W. (Hrsg.): Einführung in die Werkstoffwissenschaft, VEB Deutscher Verlag für Grundstoffindustrie, Leipzig, 1972

Schumann, H.: Metallographie, 11. Auflage, VEB Deutscher Verlag für Grundstoffindustrie, Leipzig, 1983

2 Einwirkung von Herstellung und Weiterverarbeitung auf die Eigenschaften von Metallen

Die metallkundlichen Grundlagen werden überwiegend anhand theoretisch idealisierter Vorgänge beschrieben. Das gilt insbesondere für die Legierungskunde. Die Zustandsschaubilder gelten streng genommen nur für thermodynamisches Gleichgewicht. Letzteres ist aber, wie bereits bei der Beschreibung der Gitterbaufehler und bei den thermisch aktivierbaren Prozessen angedeutet, nur in Ausnahmefällen gegeben. In der Praxis ergeben sich bei den technischen Prozessen der Herstellung der Werkstoffe und der Weiterverarbeitung bis zum fertigen Werkstück mehr oder weniger starke Abweichungen von den theoretischen Verhältnissen. So steht z. B. nie die theoretisch unendlich lange Diffusionszeit bis zum Erreichen eines vollkommenen Gleichgewichts zur Verfügung.
In diesem Kapitel wird deshalb, beginnend mit den Vorbereitungen zur Metallerzeugung bis hin zu stoffschlüssiger Verbindung von fertigen Konstruktionselementen durch Schweißen oder Löten, aufgezeigt, wie die Eigenschaften von Metallen durch die einzelnen Herstellungs- und Weiterverarbeitungsprozesse beeinflußt werden. Dabei werden im Rahmen dieser Grundlagen nur solche Zusammenhänge angesprochen, die zumindest teilweise allgemeingültig sind. Spezielle Eigenschaftsänderungen einzelner Werkstoffgruppen sind dann Bestandteil der entsprechenden Kapitel.
Die Verfahren der Metallgewinnung und Verhüttung liegen meist außerhalb des eigentlichen Arbeitsgebietes eines Maschinenbau- oder Elektroingenieurs. Die dadurch erzielten Eigenschaften sind vorgegeben und oft nicht mehr beeinflußbar. Deshalb werden diese Verfahren nur kurz in ihrem Grundprinzip angedeutet.
Auf die Prozesse der Weiterverarbeitung wird ebenfalls nur soweit eingegangen, daß die Beeinflussung der Gebrauchseigenschaften der Metalle erkennbar wird. Die Beschreibung von Fertigungsverfahren bleibt der Fertigungstechnik vorbehalten.

2.1 Metallgewinnung, Verhüttung

2.1.1 Erze, Anreicherungsverfahren

Bild 2.1 zeigt die Häufigkeit der Elemente in der Erdrinde. Die einzelnen Metalle kommen dabei überwiegend als chemische Verbindungen, z. B. Oxide oder Sulfide, vor. Gediegen, d. h. als reines Metall, findet man nur vergleichsweise selten die Edelmetalle und Kupfer.
Erze sind bergmännisch gewonnene Rohstoffe, aus denen sich Metalle wirtschaftlich herstellen

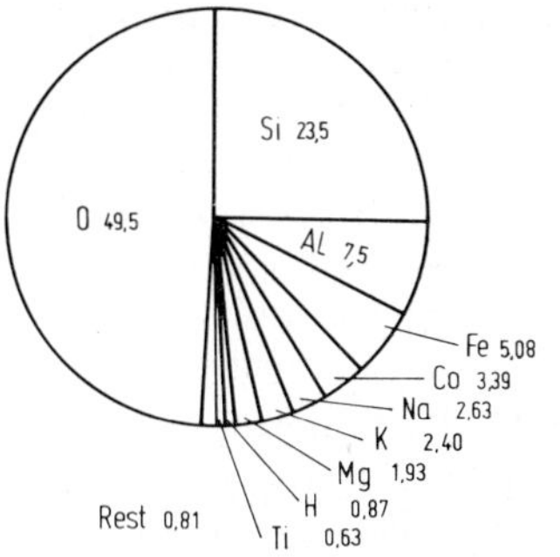

Bild 2.1 Häufigkeit der Elemente in der Erdrinde

lassen. So enthalten Eisenerze 30% bis 50% Fe, Kupfererze beispielsweise 0,6% Cu und Golderze können mit weniger als 0,01% Au abbauwürdig sein.
In natürlichen Erzlagerstätten sind metallhaltige Minerale mit *Gangart* innig verwachsen. Gangart besteht aus Gesteinen, die keine Wertmetalle enthalten. Da sie die thermischen und chemischen Verhüttungsprozesse belasten würden, müssen sie zuvor durch Aufbereitung abgetrennt werden. In der Regel enthält ein Erz mehrere metallhaltige Minerale.

Aufbereitung ist Sortierung nach Phasen (siehe S. 37). Zunächst werden durch Zerkleinern und Mahlen die einzelnen Minerale freigelegt. Das so erhaltene lose Gemenge der Phasen wird nach physikalischen Eigenschaften sortiert. Beispiele sind die *Magnetscheidung* bei Eisenerzen, die Nutzung unterschiedlicher Grenzflächenspannungen in wäßrigen Suspensionen *(Flotation)* bei sulfidischen Kupfer-, Blei- und Zinnkerzen sowie die Sortierung nach der Dichte *(Setzen)* bei Gold- und Zinnerzen.
Die durch Aufbereitung gewonnenen Erzkonzentrate enthalten noch einige Prozente Gangart. In geringem Umfang enthalten sie weitere Beimengungen, die bei der Verhüttung ins Metall gelangen können.

2.1.2 Verhüttung, Reduktion

Ziel der Verhüttung von Konzentraten und Sekundärstoffen (Recycling) ist die Herstellung standardisierter Werkstoffe mit gleichmäßigen, normungsfähigen Eigenschaften für Maschinenbau und Elektrotechnik. Dabei werden zur Abtrennung der in den Rohstoffen enthaltenen unerwünschten Beimengungen sehr unterschiedliche Verfahren angewendet. Die klassischen Schwermetalle werden im **pyrometallurgischen** Prozeß bei hoher Temperatur aus oxidischen Erzen mit Kohlenstoff reduziert. Im flüssigen Roheisen, Schwarzkupfer und Werkblei z. B. sind geringe Mengen Verunreinigungen aus den Rohstoffen enthalten. Diese sind unedler als das Basismetall und wurden mitreduziert. Der Reduktion zu Rohmetall folgt die Raffination zum gebrauchsfertigen Werkstoff oder Legierungsmetall.

Bei sulfidischen Konzentraten wird der Reduktion ein **Röstprozeß** zur Entfernung des Schwefels vorgeschaltet. Das entstehende Schwefeldioxid wird zu Schwefelsäure verarbeitet, um Umweltschäden auszuschließen.

Die Herstellung der Leichtmetalle und des Zinks gelang wegen der hohen Affinität dieser Metalle zum Sauerstoff erst in neuerer Zeit. Die in den Rohstoffen enthaltenen unerwünschten Beimengungen sind ihrer chemischen Natur nach edler als das Basismetall. Sie würden bei der Reduktion quantitativ in das Rohmetall gelangen. Deshalb werden hier zuerst die Rohstoffe in **hydrometallurgischen** Prozessen (d. h. in wäßriger Lösung) von den Beimengungen befreit. Die Raffination erfolgt vor der Reduktion zu Metall.

Als großtechnische Reduktionsverfahren haben sich bei Aluminium und Magnesium die *Schmelzflußelektrolyse* und bei Zink die *Reduktionselektrolyse* aus wäßriger Lösung durchgesetzt. Zink wird aus der Reduktionselektrolyse direkt mit einer Reinheit von 99,99% Zn gewonnen.

2.1.3 Raffination

Durch Raffination wird der Reinheitsgrad der gewonnenen Metalle verbessert. Ob das im Einzelfall erforderlich ist und wie weit die Reinheit des Metalls verbessert werden muß, hängt einzig vom vorgesehenen Verwendungszweck ab. Wichtig ist, daß der metallische Werkstoff durch Raffination reproduzierbare und normungsfähige Eigenschaften erhält. In der Regel sind mehrere Raffinationsschritte erforderlich, um dieses Ziel zu erreichen.

Die klassischen Schwermetalle haben nach dem Reduktionsprozeß Beimengungen, die ihrer chemischen Natur nach fast alle unedler sind als das Basismetall. Ihre Raffination erfolgt durch selektive Oxidation. Auf diese Weise wird Raffinadekupfer erzeugt (siehe S. 240) oder auch Stahl mit einem gewünschten Kohlenstoffgehalt, wenn der Oxidationsprozeß *(Frischen)* in einem bestimmten Stadium abgebrochen wird.

Metalle haben im schmelzflüssigen Zustand eine gewisse Löslichkeit für Sauerstoff. Dieser wird durch *Desoxidation* mit reduzierenden Gasen oder dazu bestimmten Legierungen auf das für den Werkstoff erforderliche Maß entfernt. In der Regel verbleibt ein lagerstätten- oder herstellungsspezifisches Spektrum geringer Beimengungen im Werkstoff.

Hohe Reinheit, wie sie beispielsweise für leitfähiges Kupfer erforderlich ist, wird durch **elektrolytische Raffination** erreicht. Das Rohmetall bildet die Anode, das Raffinat die Kathode einer elektrolytischen Zelle (siehe S. 56). Beim Elektrolysevorgang bleiben die nach Spannungsreihe (siehe S. 57) – bezogen auf das Basismetall – edleren Metalle ungelöst und bilden Anodenschlamm *(Edelmetallgewinnung* bei Kupfer), während die unedleren an der Kathode nicht abgeschieden werden und in Lösung bleiben. Durch chemische Prozesse werden die Verunreinigungen wieder aus dem Elektrolyten entfernt *(Laugenreinigung)*. Wegen ihrer hohen Selektivität für das zu gewinnende Metall ist die Elektrolyse das wichtigste Raffinationsverfahren für reine Metalle (siehe auch S. 258).

Seigerungsverfahren machen sich die unterschiedliche Löslichkeit von Verunreinigungen in Primärkristall und Restschmelze bei der Erstarrung zunutze (siehe S. 48). Das bekannteste Beispiel ist die Erzeugung einer Schicht hochreiner Eisenkristalle in der Randzone des Blockes bei der Erstarrung unberuhigten Stahls in der Kokille. Die Seigerung wird als Einzelschritt im Zuge der Raffination zahlreicher Metalle angewandt. Besonderer Vorteil ist, daß chemische Reagenzien, von denen immer ein Rest im Metall verbleibt (z. B. Sauerstoff, s. o.) und wieder entfernt werden muß, nicht erforderlich sind. Das macht dieses Verfahren für die Raffination unedler Metalle besonders geeignet. Durch wiederholte Seigerung wird Aluminium für Sonderanwendungen (z. B. Kondensatorfolien in der Elektronik) auf > 99,99% raffiniert. Auch das **Zonenschmelzen** (siehe Bild 6.23) für die Herstellung der hochreinen Halbleitermetalle Silizium und Germanium ist Seigern. Zur Charakterisierung des Reinheitsgrades wird jetzt der Gehalt des Basismetalls an elektrisch aktiven Fremdatomen herangezogen. Deren Gehalt beträgt nach mehrfachem Zonenschmelzen 10^{-6}%. Höhere Reinheiten werden beim *Ziehen von Einkristallen* (siehe S. 297) aus der Schmelze erreicht. In Einkristallen ist auch die Störung des regelmäßigen Gitteraufbaus der Werkstoffe durch Korngrenzen (siehe S. 10) beseitigt. Der Gehalt an elektrisch aktiven Fremdatomen von ca. 10^{-8}% tritt in seiner praktischen Bedeutung bereits hinter dem Einfluß verbliebener Stapelfehler und Versetzungen zurück.

2.1.4 Nichtmetallische Verunreinigungen

Nichtmetallische Verunreinigungen sind häufig Ursache beim Versagen von Werkstücken. Sie bilden Einschlüsse im Gefüge und sind in den meisten Fällen hart, spröde und unelastisch und unterbrechen örtlich den Kraftschluß im Werkstoff. Formell sind der Herkunft nach endogene und exogene Einschlüsse zu unterscheiden. **Endogene Einschlüsse** entstehen unmittelbar aus dem flüssigen Metall und bilden sich bei Abkühlung und Erstarrung in der Kokille bzw. Gußform. Ursache ist die bei hoher Temperatur große Löslichkeit der Schmelze für bestimmte Nichtmetalle, verglichen mit dem festen Zustand. Die Verunreinigungen stammen vorwiegend aus dem Rohstoff, den Reduktionsmitteln oder sonstigen Hilfsstoffen der Herstellung. Beispielhaft sind für Eisen Phosphor aus dem Erz, Schwefel aus dem Reduktionskoks und Sauerstoff aus dem Frischgas.

Durch Legieren mit geringen Mengen solcher Metalle, die eine hohe chemische Affinität zu den unerwünschten Nichtmetallen haben *(Fällungsdesoxidation und -entschwefelung),* läßt sich deren Gehalt im flüssigen Metall stark senken. Voraussetzung für die Wirksamkeit einer solchen Maßnahme zur Senkung des Gehalts an nichtmetallischen Verunreinigungen ist, daß sich die gebildeten Reaktionsprodukte auch aus der Schmelze abscheiden können. Das ist aus praktischen Gründen nur begrenzt möglich. Die als Schwebestoffe in der Schmelze verbleibenden kleinen Partikel beeinflussen Primärerstarrung und Rekristallisation, z. T. sind sie sogar für die Entstehung von Texturen verantwortlich.

Exogene Einschlüsse im Metall stammen nicht unmittelbar aus der Schmelze, sondern wurden von dieser in das Gußstück mitgeführt. Es sind dieses Bruchstücke und Partikel aus feuerfestem Mauerwerk, Zuschlagstoffen oder Hilfsmitteln zum Abdecken der Gußköpfe, um das Lunkern (siehe S. 71) zu erleichtern. Bei ordnungsgemäßer Herstellung und Qualitätskontrolle der Werkstoffe dürfen sie keine Rolle spielen.

2.1.5 Gase im Metall

Bei den Reaktionen der Verhüttung und Raffination entstehen z. T. erhebliche Gasmengen. Häufig werden Gase auch zur Durchführung der Reaktionen in die Schmelze eingeleitet. Dabei nimmt das Metall Gas auf. Auch bei der Herstellung von Formguß oder beim Schweißen wird z. B. Gas in geringen Mengen aufgenommen.

Metalle können andere Stoffe in der Schmelze oder innerhalb des Kristallgitters lösen. Das gilt auch für Gase. Aus der Mehrzahl der Zustandsschaubilder ist zu entnehmen, daß die Löslichkeit im festen Zustand meist begrenzt ist, während sich Metalle im flüssigen Zustand oft vollständig lösen. Stoffe, die bei den üblichen Temperaturen von Metallschmelzen gasförmig sind, sind auch in der Schmelze nur begrenzt löslich. Bild 2.2 zeigt schematisch die Abhängigkeit der **Gaslöslichkeit** von der Temperatur. Die Gasaufnahmefähigkeit im flüssigen Zustand beträgt meist das Mehrfache der Aufnahmefähigkeit im festen Zustand. Die Lage und Größe des Erstarrungsintervalls ist dabei natürlich auch von der Gasart und der Gaskonzentration abhängig.

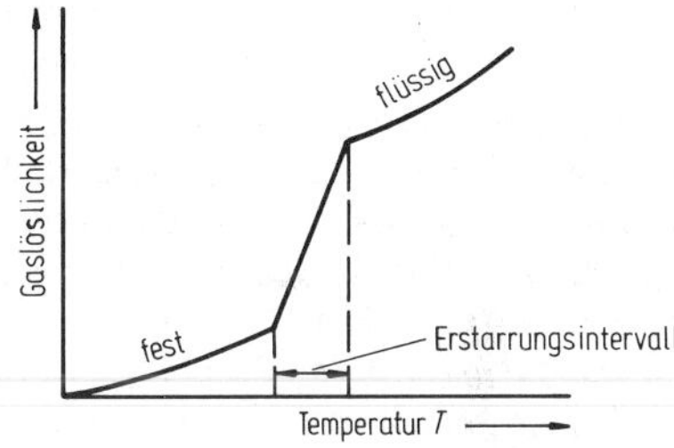

Bild 2.2 Abhängigkeit der Gaslöslichkeit in Metall von der Temperatur (schematisch)

Wird beim Abkühlen die obere Grenze des Erstarrungsintervalls, die Liquiduslinie, erreicht, so bilden sich Primärkristalle, die gemäß Bild 2.2 nur einen wesentlich geringeren Gasgehalt haben können. Die verbleibende Schmelze reichert sich folglich mit Gasen an. Bei weiterer Kristallisation erreicht der Gasgehalt der Restschmelze schließlich die Löslichkeitsgrenze: es scheiden sich Gase aus.

Sind die entstehenden *Gasblasen* groß genug, so können sie in der Schmelze aufsteigen. Die Schmelze gerät in brodelnde Bewegung, sie »kocht«. Kleine Gasblasen, die nicht oder nur sehr langsam aufsteigen können, werden im erstarrenden Metall eingeschlossen. Dann ergibt sich z. B. die in Bild 2.3 gezeigte, charakteristische Verteilung von Blasen.

Das Volumen der freiwerdenden Gase kann sehr erheblich sein. Die in den Zustandsschaubildern angegebenen Massenprozente führen bei Berücksichtigung der geringen Dichte der Gase zu wesentlich größeren Volumenanteilen. So liegt z. B. die Sättigungsgrenze für Wasserstoff in flüssigem Kupfer bei Schmelztemperatur weit unter 0,01 Massenprozent. Beim Erstarren einer mit Wasserstoff gesättigten Kupferschmelze werden jedoch je m^3 Schmelze 0,3 bis 0,4 m^3 Wasserstoffgas frei.

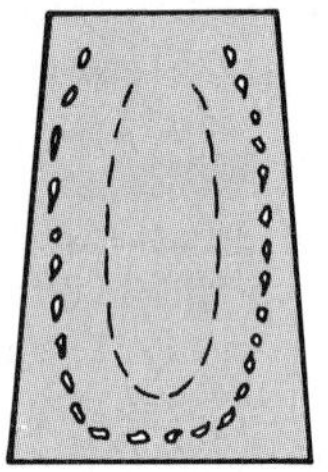

Bild 2.3 Verteilung von Gasblasen in Blockguß (schematisch)

Neben den Gasblasen können zusätzlich Verbindungen entstehen, die wiederum zu nichtmetallischen Einschlüssen führen. Je nach der bei der entsprechenden Temperatur vorliegenden Affinität des Metalls zu den freiwerdenden Gasen bilden sich Oxide, Nitride, Hydride.
Das Problem der Gasentstehung (Gasentbindung) ist am größten beim Blockguß, und zwar insbesondere für Sauerstoff. Dieser wird benötigt für die Wärmeerzeugung bei der Reduktion und für die Verbrennung von Verunreinigungen bei der Raffination. Zur Vermeidung von Gasblasen werden der Schmelze Elemente zugesetzt, die eine besonders hohe Affinität zu Sauerstoff haben, also Oxide bilden. Diese **Desoxidation** wird z. B. bei Stahl durch Zusatz von Mangan, Silizium oder Aluminium erreicht. Da die desoxidierte Schmelze keine oder nur wenige Gasblasen bildet, erstarrt sie ohne »Kochen«.
Für hochwertige Werkstoffe wird häufig die **Vakuumentgasung** angewendet. Diese beruht auf dem Prinzip, daß die Löslichkeit eines Gases in der Schmelze vom Partialdruck (Teildruck) des Gases im umgebenden Medium abhängt. Durch starke Verminderung des Umgebungsdruckes (Vakuum) werden auch die Partialdrücke der einzelnen Gase verringert. Die Folge ist, daß aus der jetzt übersättigten Schmelze das überschüssige Gas entweicht und von Vakuumpumpen abgesaugt wird. Der Vorteil der Vakuumentgasung gegenüber der Desoxidation ist, daß
- sie für alle Gase wirksam ist,
- keine zusätzlichen Verunreinigungen entstehen und
- auch die Menge der vorhandenen Verunreinigungen verringert wird.

Bei der Weiterverarbeitung von *Blockguß* werden die vorhandenen Gasblasen oft durch die Druckkräfte im Walzwerk verschweißt. Ein Verschweißen ist nicht möglich, wenn das Metall und Gas miteinander reagiert haben und die Reaktionsprodukte an der Blaseninnenwand eine Bindung verhindern. Es entstehen dann beim Walzen Werkstofftrennungen.

Im *Formguß* ist die Gasaufnahme je nach Erschmelzungsart gegebenenfalls erheblich geringer. Sie ist meist nur möglich über die Oberfläche der Schmelze im Ofen und durch die Gießstrahloberfläche beim Abfüllen in die Gießpfanne und in die Form. In der Gießpfanne selbst wird die Oberfläche der Schmelze oft abgedeckt. Die Gefahr der Bildung von Gasblasen ist dadurch gegenüber Blockguß verringert. Gasblasen in Formguß vermindern die Festigkeit eindeutig, weil die Möglichkeit eines Verschweißens durch Verformungsvorgänge entfällt. Die aufsteigenden Blasen sammeln sich häufig dicht unter der Oberfläche, weil das an der Formwand schnell erstarrende Material ihren Austritt verhindert. Bei der spanenden Bearbeitung werden solche Ansammlungen von Blasen dann angeschnitten. Die bei Blockguß üblichen Verfahren zum Verringern des Gasgehalts werden grundsätzlich auch bei Formguß angewendet.

Ein besonderes Problem in der Technik bereitet die **Wasserstoffaufnahme** von Metallen. Die große Löslichkeit in der Schmelze führt beim Abkühlen zur Übersättigung im festen Zustand, so daß Wasserstoff wegen seiner besonders nachteiligen Auswirkungen bereits aus der Schmelze unbedingt entfernt werden sollte.

Die bei Übersättigung einsetzende Diffusion der Wasserstoffatome führt zu Anreicherungen und zur Bildung von Wasserstoffmolekülen an Fehlstellen im Gefüge, insbesondere an den Korngrenzen und an Einschlüssen. Die größeren Wasserstoffmoleküle könnnen nicht mehr diffundieren. Es entstehen große Gasdrücke, deren Spannungen eine *Versprödung* des Metalles zur Folge haben (siehe S. 151). Ein ähnlicher Mechanismus liegt der *Wasserstoffkrankheit* von Kupfer (siehe S. 242) zugrunde.

Das Problem der Wasserstoffaufnahme besteht nicht nur bei höheren Temperaturen. Auch bei mäßigen Temperaturen nehmen die Metalle Wasserstoff auf, wenn dieser bei einem Prozeß in atomarer Form entsteht, wie z. B. beim Beizen und Ätzen von Metallen. Ursache ist die geringe Aktivierungsenergie, die der atomare Wasserstoff wegen seines kleinen Atomradius zur Bewegung im Gitter des festen Metalles benötigt.

2.2 Schmelzen und Erstarren

2.2.1 Ausgewählte Erstarrungsvorgänge

Erstarrung in der Kokille

Die Kristallisation der Schmelze beginnt an der Behälterwand. Durch die schnelle Wärmeabfuhr entsteht eine große Schmelzenunterkühlung und damit eine große Anzahl von Keimen. Die feinkörnige Randzone kühlt relativ gleichmäßig ab, so daß sich gleichachsige (äquiaxiale) Körner, *Globulite,* bilden.

In den sich daran anschließenden Bereichen nimmt der Temperaturgradient ab, d. h. die konstitutionelle Unterkühlung zu. Die Schmelze erstarrt jetzt vorwiegend radial in Richtung Blockmitte. Da in axialer Richtung kaum ein Temperaturgefälle vorhanden ist, entstehen lange, schmale *Stengelkristalle.* Dieses »Hindurchwachsen« durch die Schmelze wird als **Transkristallisation** bezeichnet. Das stengelige Gefüge ist stark anisotrop. Durch die große konstitutionelle Unterkühlung in Blockmitte entsteht auch hier (siehe S. 23) ein globulitisches Gefüge (Bild 2.4).

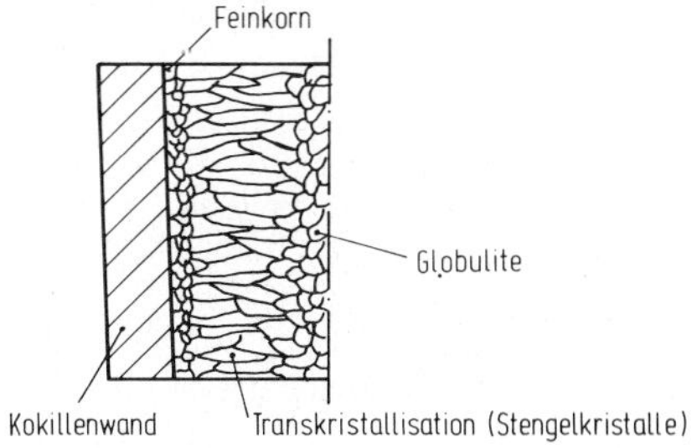

Bild 2.4 *Kristallisationsvorgänge in einer stählernen Kokille*

Erstarrung in Gußkonstruktionen

Um die verschiedenen Konstruktionsmethoden erfolgreich anwenden zu können, müssen ihre spezifischen Besonderheiten beachtet werden. Am Beispiel einer gegossenen Ecke wird gezeigt, wie die Primärkristallisation das Festigkeitsverhalten gegossener Bauteile beeinflußt.

Bei der Variante a (Bild 2.5) stoßen die *Kristallisationsfronten* in der skizzierten Weise zusammen. Die hier angehäuften Verunreinigungen stellen insbesondere bei Biege- und Schlagbeanspruchung eine ausgeprägte Schwachstelle dar. Form b ist nicht wesentlich günstiger, außerdem entsteht wegen Schmelzenanhäufung ein Lunker. Die Konstruktion muß also in einer Weise abgeändert werden, daß ein Zusammentreffen der Kristallisationsfronten vermieden wird, Form c.

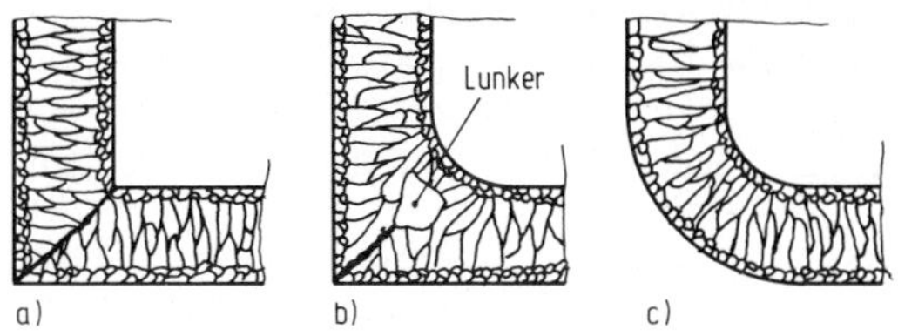

Bild 2.5 *Primärkristallisation von Schmelzen in Ecken unterschiedlicher Geometrie (nach* BORCHERS*)*

Kristallisation in Schweißverbindungen

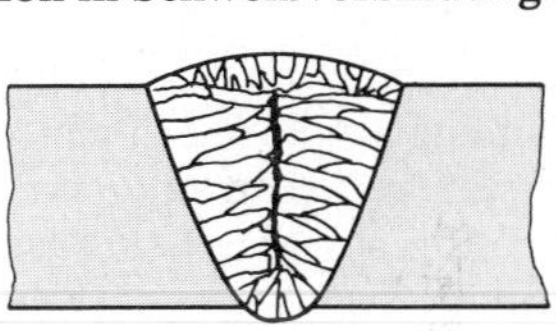

Bild 2.6 *Primärkristallisation in einer einlagig geschweißten Verbindung*

In einlagig hergestellten Schweißverbindungen verläuft die Primärkristallisation in ähnlicher Weise wie in der Kokille (Bild 2.6). Senkrecht zur Phasengrenze flüssig/fest wachsen die Stengelkristalle in Richtung Schweißbadmitte. Die Kristallisationsfronten schieben im wesentlichen die im Werkstoff vorhandenen Verunreinigungen in Nahtmitte zusammen. Diese bestehen häufig aus niedrigschmelzenden Eutektika und/oder nichtmetallischen Phasen. Dadurch ergeben sich in jedem Fall niedrige Zähigkeitswerte und vielfach *Heißrisse.* Die Zähigkeitsabnahme ist um so stärker, je größer das erzeugte Schmelzbad und je stärker verunreinigt der zu verbindende Werkstoff ist. Deshalb wird die Einlagenschweißung praktisch nur für geringer beanspruchte Bauteile angewendet.

Gerichtete Erstarrung

Für die ständig zunehmenden Anforderungen an die Temperaturbeständigkeit der hochwarmfesten Werkstoffe sind vielkristalline, dendritische Gefüge nicht geeignet. Insbesondere sind die durch die Dendritenform bedingten Mikroseigerungen und die quer zur Beanspruchungsrichtung liegenden Korngrenzen rißbegünstigend.

Einkristalle mit bestimmten Kristallorientierungen zur Beanspruchungsrichtung wären hervorragend geeignet. Sie besitzen außerdem keine schwächenden Korngrenzen. Diese Erstarrungsform läßt sich technisch sehr schwer realisieren. Einfacher ist die Erzeugung *gerichtet erstarrter Zellen* (siehe Tab. 1.3). Sie sind seigerungsfrei. Nur an deren Korngrenzen, die parallel zur Beanspruchungsrichtung liegen, sind nicht störende Ausscheidungen vorhanden. Für Gasturbinenschaufeln, die bei höchsten Temperaturen beansprucht werden, wird diese aufwendige Herstellungsmethode in zunehmendem Maße eingesetzt.

2.2.2 Seigerungen

Seigerungen sind Entmischungen, die aufgrund ihrer verschiedenartigen Entstehung zu typischen Konzentrationsunterschieden in Legierungen führen.

Bei der Erstarrung von Legierungen können durch Abweichungen vom Gleichgewichtszustand Kristallite entstehen, die aus Zonen verschiedener Zusammensetzung aufgebaut sind (siehe S. 48). Ursache dieser **Kristall-** oder **Mikroseigerung** ist die verminderte Diffusion innerhalb der Kristallite infolge erhöhter Abkühlgeschwindigkeiten. Die Konzentrationsunterschiede zwischen den kristallisierenden Teilchen und der verbleibenden Schmelze erhöhen nicht nur den Anteil der Legierungselemente, sondern auch den der Verunreinigungen in der Restschmelze.

Derselbe Vorgang läuft bei der Erstarrung eines Gußblockes im größeren Maßstab ab. Da die Schmelze von außen nach innen erstarrt, nimmt die Konzentration der Beimengungen von außen nach innen zu: normale **Blockseigerung**[1]. Bild 2.7 zeigt als Beispiel die gemessenen Kohlenstoffgehalte in einem Stahlblock.

Der Zunahme der nichtmetallischen Einschlüsse muß bei der Weiterverarbeitung Rechnung getragen werden, indem stark verunreinigte Zonen

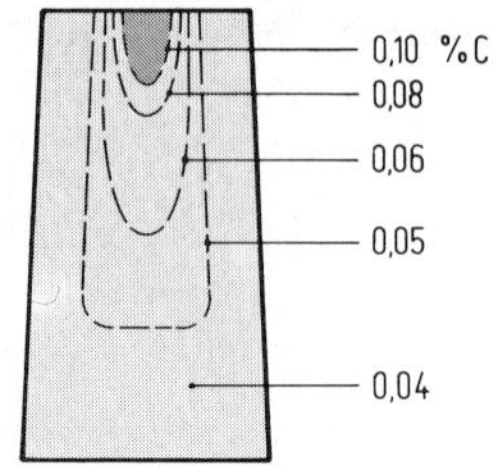

Bild 2.7 *Blockseigerung in einem Stahlblock. Die seigerungs- und verunreinigungsarme Randzone wird Speckschicht genannt*

nicht in Bereiche hoher Beanspruchungen kommen (Bild 2.8). So müssen z. B. die Randzonen der meist auf Biegung beanspruchten Halbzeuge (I-Träger) seigerungsarm sein, und es dürfen Bereiche mit starken Seigerungen nicht beim Schweißen angeschmolzen werden.

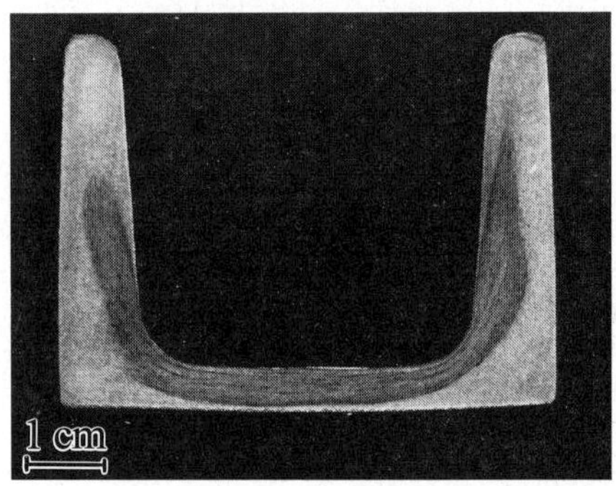

Bild 2.8 *Phosphorseigerungen in Stahl-Halbzeug (dunkel). Das Bild zeigt die normalerweise vorliegende Verteilung. Helle Flächen = Speckschicht*

Besonders stark sind Blockseigerungen beim Auftreten von *Gasblasen*. Die an der Kristallisationsfront gebildeten Blasen reißen beim Aufsteigen die umgebende, stark angereicherte Schmelze (siehe S. 24) mit. Die nachströmende Flüssigkeit hat daher kein so großes Konzentrationsgefälle gegenüber den gerade gebildeten Kristalliten. Dadurch wird die Diffusion von der Schmelze zu den Kristalliten stark vermindert. Die Bewegung der aufsteigenden Gasblasen erzeugt in der Restschmelze eine Zirkulationsströmung (Bild 2.9), wodurch zwar die Schmelze gut durchmischt wird, aber letztlich die in Bild 2.7 wiedergegebenen Konzentrationsunterschiede entstehen. Beim Beruhigen der Schmelze wird dieser Nachteil ver-

[1] Daneben tritt bei einigen NE-Metallen auch die sog. umgekehrte Blockseigerung auf.

mindert, indem die Bildung der Gasblasen stark reduziert wird.

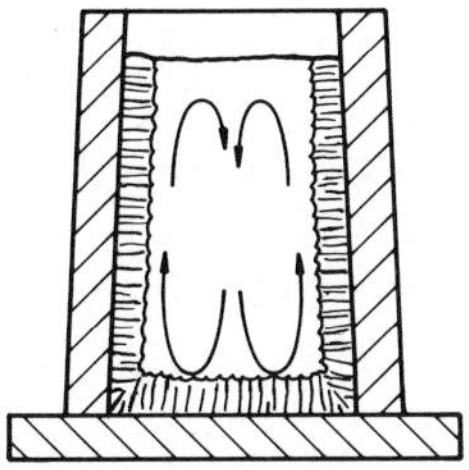

Bild 2.9 Zirkulationsströmung vor der Kristallisationsfront durch aufsteigende Gasblasen

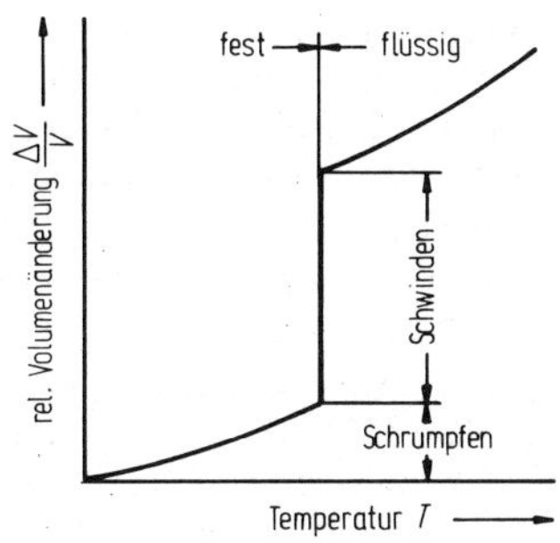

Bild 2.10 Relative Volumenänderung $\Delta V/V$ in Abhängigkeit von der Temperatur (schematisch)

Daneben kann noch die **Gasblasenseigerung** entstehen. In der Blase entsteht bei der Abkühlung des Gases ein Unterdruck. Wenn noch eine Kapillarverbindung zur Schmelze besteht, wird diese angesaugt. Da die angesaugte Flüssigkeit unmittelbar von der Kristallisationsfront stammt, wird die Blase z. T. mit besonders stark verunreinigtem Material gefüllt.

Eine weitere Form ist die **Schwereseigerung,** bei der die Entmischung aufgrund von Dichteunterschieden erfolgt, wie man es z. B. auch von Wasser/Öl-Gemischen kennt. Schwereseigerung ist zwar auch bei Schmelzen möglich, die sich nicht ineinander lösen, wie Eisen und Blei, wesentlich häufiger ist sie jedoch bei Dichteunterschieden zwischen Primärkristallen und Restschmelze. Durch eine gute Durchmischung der Schmelze und schnelle Abkühlung können Schwereseigerungen weitgehend vermieden werden.

2.2.3 Lunker

Die meisten Werkstoffe verringern beim Übergang vom flüssigen in den festen Zustand ihr Volumen, sie *schwinden.* Die weitere Volumenabnahme im festen Zustand heißt *Schrumpfen* (Bild 2.10).

Das Schwinden kann zur Folge haben, daß der feste Körper das Flüssigkeitsvolumen nicht mehr voll ausfüllt und nach dem Erstarren Formabweichungen oder Hohlräume aufweist, die als **Lunker** bezeichnet werden und bis zu 10 % des Gesamtvolumens betragen. Je nach Lage unterscheidet man *Außenlunker* und *Innenlunker.*

Der **Kopflunker,** der im oberen Teil eines Blockes durch das Absinken des Flüssigkeitsspiegels beim Erstarren entsteht, ist ein typischer Außenlunker.

Bei hohen, schlanken Blöcken kann die Schmelze nicht immer von oben nachfließen und der Lunker zieht sich, gegebenenfalls mit Unterbrechungen, als abgeschnürter *Röhren-* oder *Fadenlunker* bis zum Blockfuß hin (Bild 2.11).

Die Oberflächen von Kopf- und Fadenlunkern sind wegen des Luftzutritts oxidiert. Dadurch können diese Flächen bei der Weiterverarbeitung nicht verschweißt werden. Es würden großflächige Werkstofftrennungen *(Dopplungen)* entstehen. Die Gefahr solcher Trennungen ist insbesondere bei Fadenlunkern gegeben, weil der Lunker unter Umständen unbemerkt bleibt. Der Blockkopf mit dem Kopflunker wird daher vor der Weiterverarbeitung abgetrennt.

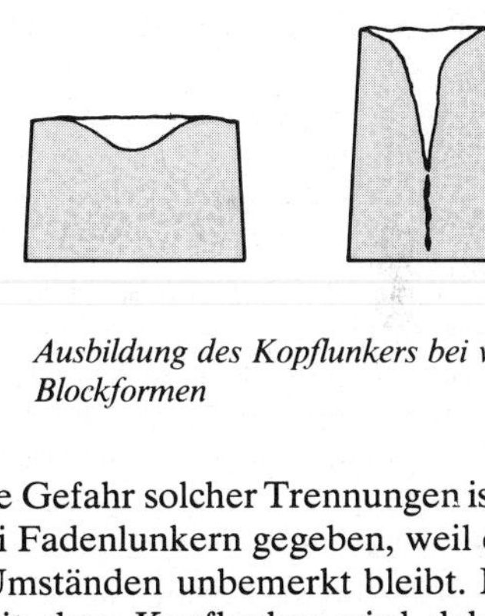

Bild 2.11 Ausbildung des Kopflunkers bei verschiedenen Blockformen

Manchmal wird auch für große Schmiedestücke oder Preßluppen für Rohre der Kern des Blockes entfernt. Dieses Verfahren ist zwar aufwendig, hat aber den Vorteil, daß die am meisten verunreinigten Zonen des Blockes beseitigt werden.

Beim Auftreten von Gasblasen wird das Schwinden durch das Volumen der Blasen ausgeglichen. Dadurch erfolgt keine oder nur geringe Lunkerbildung.

Innenlunker entstehen, wenn die Schmelze allseitig durch bereits erstarrtes Metall eingeschlossen wird. Die Oberfläche von Innenlunkern ist meist metallisch rein. Sie bilden sich entweder als größerer Hohlraum aus, oder es entsteht ein schwammartiges Gefüge mit vielen **Mikrolunkern.** Bild 2.12 zeigt Mikrolunker in AlSi-Guß, Gasblasen bilden dagegen oft kugelförmige Hohlräume mit glatter Wand.

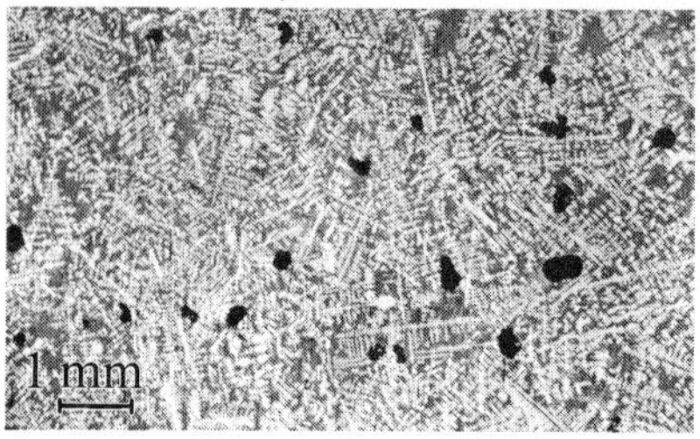

Bild 2.12 Mikrolunker in AlSi-Guß

2.2.4 Einfluß des Gießverfahrens

Alle in den vorangehenden Kapiteln beschriebenen Erscheinungen, die sowohl beim Blockguß als auch beim Formguß auftreten, sind werkstoffbedingt und häufig unvermeidbar. Negative Auswirkungen haben sie aber nur, wenn sie bei der Verarbeitung der Werkstoffe nicht beachtet werden.

Blockguß und **Strangguß** dienen als Rohgußverfahren der Erzeugung von Vormaterial für die Weiterverarbeitung im festen Zustand. Die Eigenschaften des Vormaterials werden weniger durch das Gießverfahren als durch die Art der Desoxidation beeinflußt (siehe S. 145 ff), die Eigenschaften der daraus hergestellten Halbzeuge darüber hinaus durch die Umformbedingungen.

Fertigteile werden durch *Formgußverfahren* hergestellt. Bei diesen hat das Gießverfahren grundsätzlichen Einfluß auf die Eigenschaften.

Sandguß in trockener Form, *Trockenguß,* ist gekennzeichnet durch langsame Abkühlung, die zu geringer Unterkühlung und damit zu grobem Korn führt. Beim *Naßguß* wird durch Vergießen in nicht getrockneten Sand eine Kornverfeinerung erzielt. Die Erzeugung von Kristallisationskeimen durch Impfen oder »Veredeln« und die damit verbundene Verbesserung der mechanischen Eigenschaften, insbesondere der Festigkeit, ist in ihrer grundsätzlichen Bedeutung bei der Primärkristallisation (siehe S. 22) beschrieben.

Das feinere Gefüge bei **Kokillenguß** und **Druckguß** beruht auf der besseren Wärmeableitung durch die Kokille. Die schnellere Abkühlung hat eine stärkere Unterkühlung und damit ein feineres Korn zur Folge.

Schleuderguß (Zentrifugalguß) wird zur kernlosen Herstellung von rotationssymmetrischen Hohlteilen oder zum verstärkten Einbringen der Schmelze in die Formen durch die auftretenden Fliehkräfte angewandt. Die Wirkung ist ähnlich wie beim Druckguß, nur daß im Gegensatz zu diesem die Kraftrichtung konstant radial ist. Durch die so bevorzugte Kristallisation in radialer Richtung entstehen Stengelkristalle (*Gußtextur*), die sich nachteilig auf die Eigenschaften in axialer und tangentialer Richtung auswirken. Bei Schmelzen, deren Bestandteile sich nicht ineinander lösen, sind Schwereseigerungen in Zentrifugalguß ein technisches Problem.

Fehler in Formgußstücken können zunächst von derselben Art sein, wie sie in den vorhergehenden Abschnitten im Prinzip beschrieben sind. Der Gefahr von *Gasblasen* muß durch geeignete Vorbehandlung der Schmelze entgegengewirkt werden. Außerdem muß die Gußform *gasdurchlässig* sein, weil es sonst durch Aufbau eines Gegendruckes beim Einströmen der Schmelze zu einer Vermengung der Schmelze mit Luft kommen kann. Insbesondere in Druckgußkokillen müssen ausreichende Entlastungsbohrungen vorgesehen werden.

Seigerungen sind in Gußstücken um so wahrscheinlicher, je größer die Konzentrationsunterschiede zwischen Schmelze und Primärkristallen sind. Eine Beeinflussung kann folglich durch die Auswahl von Legierungen erfolgen, die ein *kleines Erstarrungsintervall* besitzen. Deshalb liegt die Zusammensetzung von Gußlegierungen oft in der Nähe der reinen Metalle oder des Eutektikums (Bild 2.13).

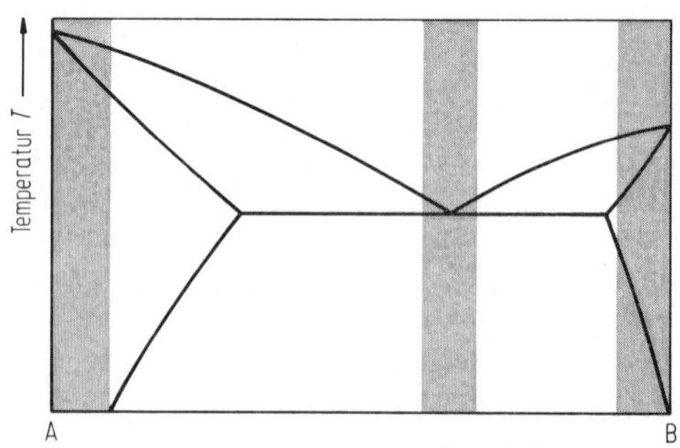

Bild 2.13 Typische Lage von Gußlegierungen in eutektischen Systemen

Ein typisches Beispiel ist auch die Lage der Messing-Gußlegierungen im System Kupfer-Zink (Bild 2.14). (Andere Gründe für die Zusammensetzung von Gußlegierungen siehe S. 50.)

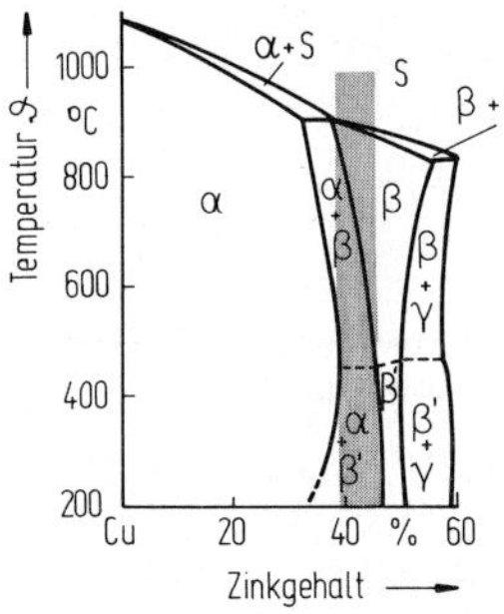

Bild 2.14 Lage von Messing-Gußlegierungen im Zweistoffsystem Cu-Zn

Lunker in Gußstücken sind bei Sandguß durch konstruktive und gießtechnische Maßnahmen vermeidbar. Konstruktiv durch die Vermeidung von Materialanhäufungen (siehe S. 69), gießtechnisch durch die richtige Auslegung von Speisern und Steigern, die gegebenenfalls beheizt werden, um ein Nachfließen der Schmelze zu ermöglichen. Praktisch unvermeidbar sind dagegen Mikrolunker in Druckgußteilen. Die bei diesen Konstruktionen allgemein sehr dünnen Wände führen zu einer so schnellen Erstarrung, daß selbst bei geringfügigen Materialanhäufungen meist kein Nachfließen mehr möglich ist.

Beim Schrumpfen des Werkstoffes entstehen Zugspannungen, wodurch *Schrumpfrisse* auftreten können, wenn die Zugspannung höher ist als die im allgemeinen sehr geringe Warmfestigkeit. Schrumpfrisse können am sichersten vermieden werden durch eine entsprechende Nachgiebigkeit der Kerne, wofür nasser (grüner) Sand geeignet ist. Keine Nachgiebigkeit ist gegeben bei Metallkernen, wie sie in Kokillen üblich sind. Dort kann das Problem nur konstruktiv gelöst werden.

Gießtechnisch verursachte Fehler sind außerdem Kaltschweißen und Sandstellen. **Kaltschweißen** oder **Mattschweißstellen** treten auf beim Zusammentreffen von Schmelzströmen (z. B. nach Umfließen eines Kernes), wenn diese zu kalt zum Verschweißen sind oder nicht verschweißen können, weil ihre Oberflächen oxidiert sind (z. B. bei Aluminiumlegierungen). Ursache von Kaltschweißen sind zu niedrige Gießtemperatur oder zu niedrige Gießgeschwindigkeit. Sie treten besonders bei Kokillenguß (Druckguß) auf.

Naturgemäß nur bei Sandguß können dagegen Sandstellen und Schülpen auftreten. **Sandstellen** entstehen durch das Mitreißen von Sand durch das flüssige Metall. Ursache sind zu hohe Gießgeschwindigkeit oder ungenügende Formfestigkeit, die Folgen Formabweichungen dort, wo der Sand fehlt, und Verunreinigungen dort, wo er verbleibt.

Schülpen (Bild 2.15) bilden sich, wenn die Form durch Wärmedehnungen aufreißt oder bei Naßguß infolge ungenügender Gasdurchlässigkeit durch den entstehenden Wasserdampf platzt.

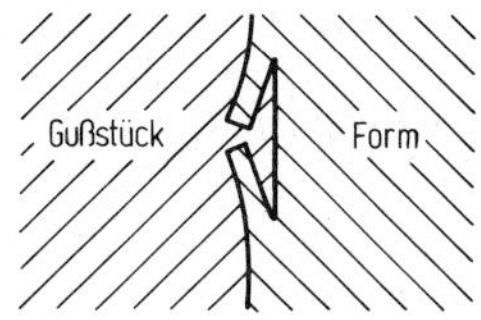

Bild 2.15 Schülpe

2.3 Umformen

Umformen ist spanlose Formgebung im festen Zustand. Wichtige Parameter des Umformens sind der Verformungsgrad, die Verformungstemperatur und die Zeit, d. h. die Verformungsgeschwindigkeit.

Der *Verformungsgrad* kann definiert werden als mittlerer Verformungsgrad, bei dem z. B. die Längenänderung ΔL auf die Anfangslänge L_0 bezogen wird. Die Angabe erfolgt überlicherweise in %:

$$\varphi = \frac{\Delta L}{L_0} \cdot 100\,\% = \frac{L_1 - L_0}{L_0} \cdot 100\,\%\,.$$

Wird die jeweilige, differentiell kleine Längenänderung $\mathrm{d}L$ auf die momentan vorliegende Länge L bezogen, so entsteht bei Summierung der **wahre Verformungsgrad:**

$$\varphi = \int_{L_0}^{L_1} \frac{\mathrm{d}L}{L} = \ln \frac{L_1}{L_0}.$$

Der maximal erreichbare Verformungsgrad, die *Verformungsfähigkeit* eines Werkstoffes, ist kein reiner Werkstoffkennwert. Er ist auch abhängig vom vorliegenden Spannungszustand und damit vom Formgebungsverfahren.

Je nach Umformtemperatur wird zwischen Warmformgebung und Kaltformgebung unterschieden. Die Grenze zwischen beiden ist nicht durch die Begriffe »warm« und »kalt« im üblichen Sinne, sondern durch die Rekristallisationstemperatur (siehe S. 32) gegeben. Dadurch ergeben sich zwischen Warm- und Kaltverformung grundsätzliche Unterschiede. Eine Verformung von z. B. Blei bei Raumtemperatur ist in der Regel eine Warmformung.[1]

2.3.1 Warmformgebung

2.3.1.1 Umformtemperatur

Bei Warmformgebung ist die Umformtemperatur deutlich höher als die zur Rekristallisation erforderliche Mindesttemperatur. Sie wird dabei allgemein so hoch gewählt, daß schon bei relativ geringen Verformungsgraden eine Rekristallisation während der Verformung oder zumindest zwischen den einzelnen Arbeitsgängen erfolgt. Dadurch wird erreicht, daß die *Formänderungsfestigkeit* k_f, das ist die auf den jeweils vorhandenen Querschnitt bezogene Kraft, bei zunehmendem Verformungsgrad nicht mehr ansteigt und das rekristallisierte Gefüge immer wieder volle Verformungsfähigkeit hat.

Die Formänderungsfestigkeit nimmt dann nur noch mit zunehmender Verformungsgeschwindigkeit und mit abnehmender Verformungstemperatur zu, wie auf Bild 2.16 schematisch dargestellt ist. Läuft die Verformung bei einer bestimmten Temperatur schneller ab als die Rekristallisation, dann sind die Verhältnisse ähnlich der Kaltumformung, z. B. wenn die Korngrenzenbewegung durch Ausscheidungen (Feinkornstähle, mikrolegierte Stähle) gehemmt wird.

Für die Festlegung der *Warmformtemperatur* sind mehrere Gesichtspunkte maßgebend. Neben der durch die Rekristallisation gegebenen Mindesttemperatur soll die Umformung möglichst bei Temperaturen erfolgen, für die nach dem Zu-

[1] Nach neuerer Definition in der Fertigungstechnik werden die Begriffe »kalt« und »warm« im üblichen Sinne, d. h. Raumtemperatur bzw. erhöhte Temperaturen, verwandt. Da bei der Rekristallisation ein grundsätzlich anderes Umformverhalten einsetzt, wird dann bei Umformvorgängen, die bei höherer Temperatur, aber unterhalb der Rekristallisationstemperatur erfolgen, von *Warm-Kaltformen* oder *Halbwarmumformen* gesprochen. Wegen der eindeutigen *werkstoffmechanischen* Abgrenzung wird nachfolgend die Definition mittels der Rekristallisationstemperatur zugrundegelegt.

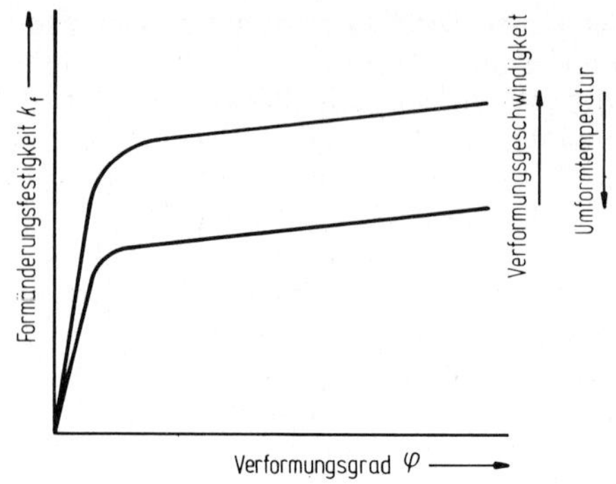

Bild 2.16 Abhängigkeit der Formänderungsfestigkeit k_f bei Warmverformung von Verformungsgrad φ, Verformungsgeschwindigkeit und Umformtemperatur (schematisch)

standsschaubild homogene Mischkristalle zu erwarten sind. Dadurch werden die unterschiedlichen Verformungseigenschaften mehrerer Gefügebestandteile vermieden und insbesondere sekundäre Phasen auf den Korngrenzen wieder gelöst.

Existiert der Werkstoff in mehreren Modifikationen, dann wird der besser verformbare Gittertyp, z. B. der kubischflächenzentrierte, bevorzugt. In stark geseigerten Legierungen können Bereiche mit eutektischer Zusammensetzung vorliegen. Diese können anschmelzen, wenn die Umformtemperatur zu hoch ist, deshalb muß in solchen Fällen die Höchsttemperatur unter der eutektischen Temperatur gehalten werden (siehe S. 49). Das gilt ebenso, wenn Einschlüsse untereinander oder mit dem Grundwerkstoff niedrigschmelzende Eutektika bilden, wie z. B. FeS mit Eisen bei 985 °C. Die *Verformungsendtemperaturen* sollten in jedem Fall so niedrig wie möglich sein, weil bei niedrigerer Rekristallisationstemperatur feineres Korn entsteht.

Gefüge und Eigenschaften nach einer Warmformgebung sind abhängig vom Ausgangsgefüge, dem Formgebungsverfahren und dem Ablauf der Warmformgebung. In jedem Fall sind die Eigenschaften besser als bei einem Gußgefüge, insbesondere im Hinblick auf die Verformungsfähigkeit.

2.3.1.2 Einfluß des Gefüges

Bei dem Ausgangsgefüge haben Art und Verteilung der nichtmetallischen Einschlüsse Einfluß auf das Umformverhalten und die Eigenschaften des Produktes.

Leicht verformbare Einschlüsse, z. B. Sulfide, beeinträchtigen zwar den Umformprozeß selbst nicht, wirken sich aber nachträglich stärker auf die Eigenschaften aus. Die flächige Ausbreitung des Einschlusses (Bild 2.17a) beim Walzen ergibt eine Trennung des Metallverbandes. Die Folge ist insbesondere eine Abminderung der Verformbarkeit bei Beanspruchung rechtwinklig zu dieser Fläche. Eine solche Beanspruchung tritt z. B. immer auf, wenn Konstruktionsteile auf Blechoberflächen aufgeschweißt sind und Zugkräfte in das Blech einleiten (siehe Bild 4.23, S. 153).

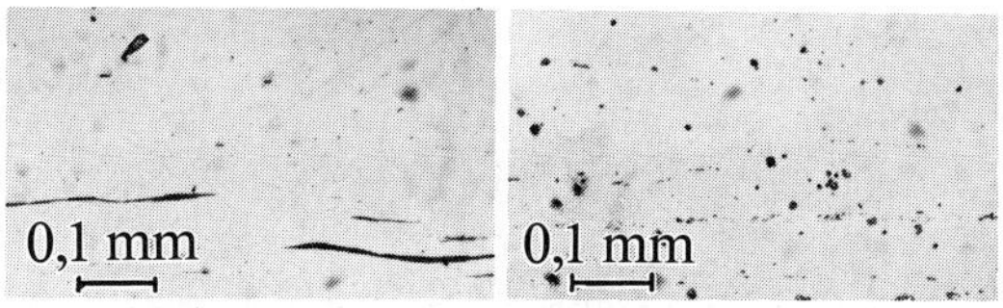

a) *b)*

Bild 2.17 Nichtmetallische Einschlüsse
a) verformte Sulfideinschlüsse
b) zerbrochene Oxideinschlüsse

Schlecht verformbare Einschlüsse, z. B. Oxide und Silikate, zerbrechen beim Umformen in kleine, scharfkantige Teile (Bild 2.17b). Diese können bei weiteren Umformarbeitsgängen das Fließen behindern. Größere Einschlüsse bewirken beim Zerbrechen z. T. irreparable Werkstofftrennungen.

Das Problem der Werkstofftrennungen besteht auch, wenn das Ausgangsgefüge eine *spröde Phase* enthält, die auf den Korngrenzen einen filmartigen, geschlossenen Belag bildet. Wenn die Umformtemperatur nicht so gewählt werden kann, daß der Korngrenzenfilm sich wieder auflöst, so können Werkstofftrennungen nur durch die Wahl des Umformverfahrens vermieden werden. Verfahren, bei denen der Werkstoff unter allseitiger Druckbeanspruchung steht, z. B. beim Strangpressen, ermöglichen auch die plastische Verformung von Werkstoffen mit spröden Phasen.

Die Streckung der verformbaren und die Verteilung der Bruchstücke der nicht verformbaren Bestandteile in Verformungsrichtung trägt unter anderem zu der als **Zeilen- oder Fasergefüge** bezeichneten Gefügeform bei. Bild 2.18 zeigt ein solches Mikrogefüge, wobei die unterschiedliche

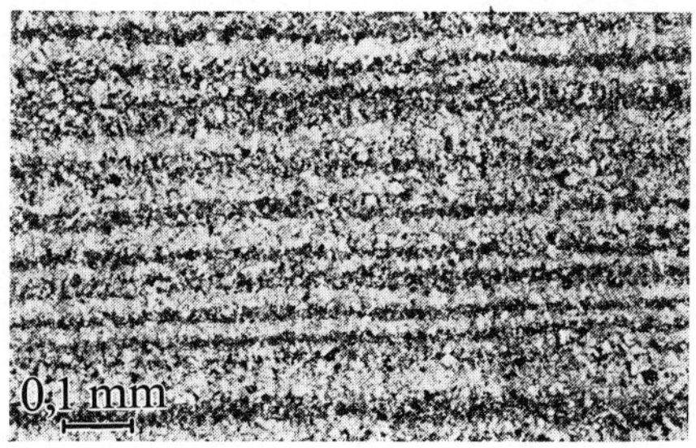

Bild 2.18 Zeilengefüge

Anätzung der Gefügebestandteile auch durch Seigerungen bedingt ist (siehe S. 70). Diese Erscheinung wird auch genutzt, um den Werkstofffluß bei der Verformung sichtbar zu machen. Der erkennbare Verlauf der Fasern (Bild 2.19) gestattet es, die Gestaltung von Werkstücken oder die Eignung von Fertigungsverfahren zu beurteilen.

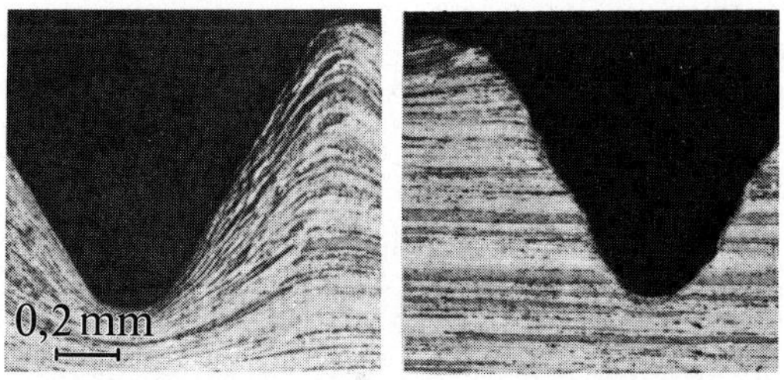

Bild 2.19 Günstiger und ungünstiger Faserverlauf in gerolltem bzw. geschnittenem Gewinde

Das Faser- und Zeilengefüge führt auch zu einer Anisotropie der Eigenschaften, weil die Gefügeunterbrechungen in Faserrichtung nicht so häufig sind wie quer dazu. Die Anisotropie wird verstärkt durch eine Textur des rekristallisierten Gefüges. *Rekristallisationstexturen* entstehen, wenn eine einsinnige Verformung eine bestimmte Anordnung von Gitterstörungen, z. B. eine bestimmte Verteilung der Versetzungen, hervorruft. Dadurch erhält die Rekristallisation eine ausrichtende Tendenz. Rekristallisationstexturen sind ausgeprägter, wenn mehrere gleichsinnige Verformungsvorgänge, wie z. B. beim Walzen, aufeinander folgen.

2.3.1.3 Warmformgebungsverfahren

Formgebungsverfahren der Warmumformung sind das Schmieden und Pressen für Fertigteile, sowie das Walzen und Strangpressen für Halbzeuge.

Beim **Schmieden** wird das Werkstück schlagartig beansprucht. Um die endgültige Form zu erreichen, sind meist viele Arbeitsgänge erforderlich. Die Verformung beschränkt sich dabei überwiegend auf die Außenzonen. In den Kernzonen des Werkstückes ist sie gering, weshalb dort oft gröberes Korn auftritt.

Das **Pressen** wird meist in wenigen Arbeitsgängen mit großem Verformungshub durchgeführt, wodurch der Werkstoff über den ganzen Querschnitt fließt. Dabei sind größere Kräfte erforderlich, obwohl der Formänderungswiderstand geringer ist. Es entsteht ein gleichmäßiges Gefüge, das aber bei gleichen Bedingungen, d. h. bei gleicher Temperatur und gleichem Verformungsgrad, gröber ist als ein Schmiedegefüge. Wie Bild 2.20 zeigt, ist die Ursache die längere »Rekristallisationszeit« beim Pressen.

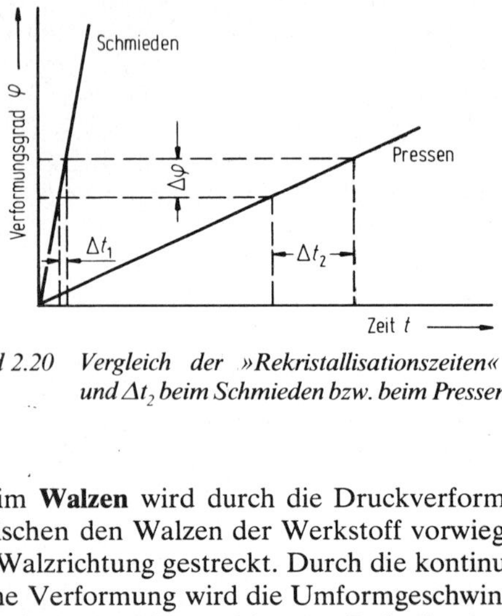

Bild 2.20 Vergleich der »Rekristallisationszeiten« Δt_1 *und* Δt_2 *beim Schmieden bzw. beim Pressen*

Beim **Walzen** wird durch die Druckverformung zwischen den Walzen der Werkstoff vorwiegend in Walzrichtung gestreckt. Durch die kontinuierliche Verformung wird die Umformgeschwindigkeit immer größer und kann z. B. in den letzten Gerüsten einer Walzstraße größer als beim Schmieden sein. Der Werkstoff rekristallisiert überwiegend zwischen den Walzgerüsten. Bei dünnen Querschnitten erfolgen die Arbeitsgänge mit großen Verformungsgraden dicht hintereinander, weil sonst die Wärmeverluste zu groß wären. Ein Teil der Verluste wird dabei durch die Erwärmung infolge der zugeführten Umformarbeit ausgeglichen. Die dicht hintereinandergeschalteten gleichsinnigen Verformungen können zu einer ausgeprägten Textur führen.

Das **Strangpressen** ermöglicht die Herstellung von Profilen, die durch Walzen nicht gefertigt werden können. Es kann auch als erster Arbeitsgang angewendet werden, wenn ein spröder Korngrenzenfilm vorliegt, der zerbrochen werden soll, aber nicht zu Werkstofftrennungen führen darf. Das ist möglich, weil beim Strangpressen eine allseitige Druckbeanspruchung aufgebracht werden kann.

Werkstoffehler infolge einer Warmformgebung können als Oberflächenfehler auftreten, wenn bei großen Verformungsgraden das Material zungenförmig übereinandergeschoben wird (*Überwalzung* (Bild 2.21)) oder Zunder in die Oberfläche eingewalzt wird. Fehler im Innern werden bereits beim Blockguß verursacht.

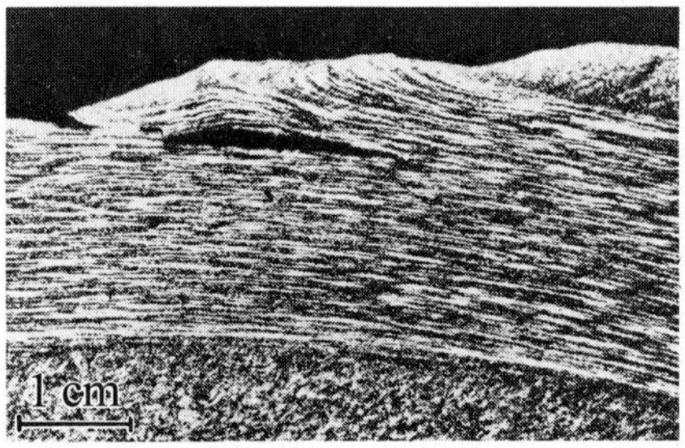

Bild 2.21 Überwalzung

2.3.2 Kaltformgebung

Da die Verformungstemperatur bei der Kaltformgebung definitionsgemäß niedriger als die Rekristallisationstemperatur ist, nimmt die Formänderungsfestigkeit mit steigendem Verformungsgrad ständig zu. Ursache ist die *Kaltverfestigung*. Die mit steigendem Verformungsgrad erforderlichen größeren Kräfte und die daraus resultierenden höheren Beanspruchungen tragen die Gefahr eines Bruches vor Erreichen der endgültigen Form in sich. Ist es nicht möglich, die Endform in einem Arbeitsgang zu erreichen, so muß der Verformungsprozeß unterbrochen und ein *Rekristallisationsglühen (Weichglühen, Zwischenglühen)* eingeschaltet werden.

2.3.2.1 Einfluß des Gefüges

Der Typ des *Kristallgitters* hat auf die Kaltformbarkeit einen starken Einfluß. Die unterschiedliche Anzahl der Gleitsysteme (siehe S. 17) ergibt unterschiedliche Verfestigungskurven. Bild 2.22

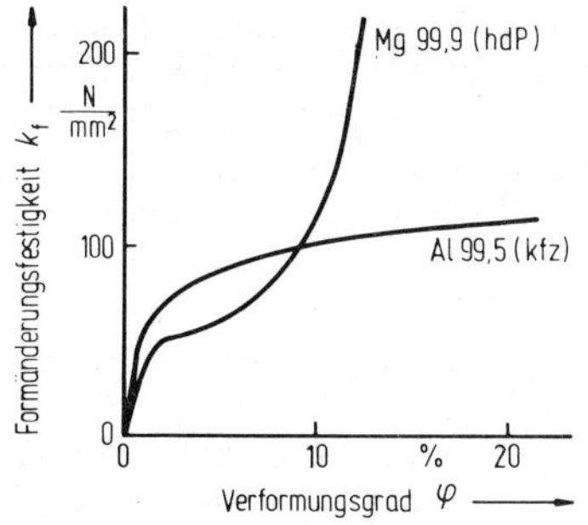

Bild 2.22 Einfluß der Kristallstruktur auf die Verfestigung bei Druckverformung (nach WELLINGER *und* SEUFERT*)*

zeigt den Verlauf der Formänderungsfestigkeit für kubisch-flächenzentriertes Aluminium und hexagonal kristallisierendes Magnesium. Aus dem starken Anstieg der Kurve für Magnesium wird deutlich, daß die Verformungsfähigkeit hexagonaler Metalle im allgemeinen nur gering sein kann.

Bei Kaltformgebung sind die Metalle empfindlicher gegen *spröde Anteile* im Gefüge, deshalb wird meist nach einer vorhergehenden Warmformgebung kaltverformt. Dabei werden das im allgemeinen wenig fließfähige Gußgefüge beseitigt und spröde Gefügebestandteile günstiger verteilt.

Durch die Verformung werden einzelne Körner eines vielkristallinen Werkstoffes entsprechend der Beanspruchungsrichtung gedreht. Dabei werden mit steigendem Verformungsgrad die Kristallachsen der einzelnen Kristallite zunehmend ausgerichtet. Diese *Verformungstextur* bewirkt ebenfalls eine mehr oder minder ausgeprägte Anisotropie der Eigenschaften. So richten sich bei Zugverformung eines kfz-Metalles die Raumdiagonalen der Elementarzellen parallel zueinander aus (Bild 2.23). Diese Richtung ist gleichzeitig z. B. die des maximalen Elastizitätsmoduls (siehe S. 6).

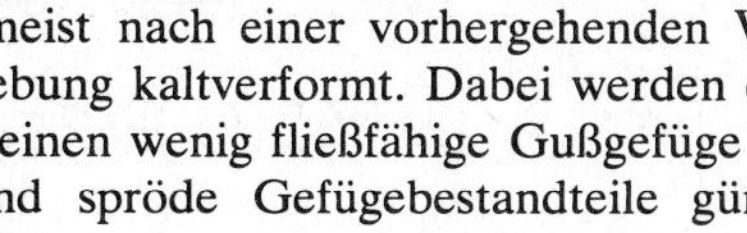

Bild 2.23 Textur in gezogenem Draht aus kfz-Metall

2.3.2.2 Kaltformgebungsverfahren

Durch Kaltumformung können Teile hoher *Maßgenauigkeit* und *Oberflächengüte* hergestellt werden, wobei unter Ausnutzung der Kaltverfestigung dünne Querschnitte mit hoher Festigkeit möglich sind. Ein weiterer Vorteil ist, daß keine Oxidation oder Verzunderung auftritt und so die Oberflächen blank bleiben.

Kaltformgebungsverfahren für die *Fertigteilherstellung* sind z. B. Prägen, Pressen, Fließpressen und Tiefziehen. Die Verformungsgrade sind innerhalb der Teile im allgemeinen unterschiedlich. Die Folge ist ein System von Eigenspannungen und auch die Möglichkeit von unterschiedlichen elektrochemischen Potentialen in demselben Werkstoff. Beim Einsatz solcher Produkte ist folglich die erhöhte Korrosionsempfindlichkeit zu berücksichtigen, weil die Eigenspannungen bei Korrosion zu Rißbildung führen. Ein Beispiel sind Korrosionsrisse in gezogenem Messing (siehe Bild 5.12, S. 245).

Bleche, Bänder und Folien werden kaltgewalzt, Rohre, Stangen und Drähte gezogen, Profile gepreßt. Eine weitere spanlose Umformung solcher *Halbzeuge* ist ohne ein Zwischenglühen meist nicht möglich, weil die Verformungsfähigkeit durch den Herstellungsprozeß oft völlig ausgeschöpft ist. Wenn z. B. Bleche spanlos weiterverarbeitet werden sollen, werden sie deshalb üblicherweise im geglühten Zustand angeliefert. Bei Verbindungsarbeiten durch Schweißen oder Löten ist zu beachten, daß in der Wärmeeinflußzone die Kaltverfestigung durch Rekristallisation aufgehoben wird, wenn örtlich die Rekristallisationstemperatur überschritten wird.

Werkstoffehler können bei Kaltverformung praktisch nur dadurch entstehen, daß infolge örtlicher Überschreitung der Verformungsfähigkeit Risse verursacht werden.

2.4 Sintern (Pulvermetallurgie)

Die Sintertechnik gestattet die Herstellung von Fertigteilen und Halbzeugen unter Umgehung der flüssigen Phase. Der Fertigungsprozeß besteht aus drei Teilen:

- der Pulverherstellung,
- dem Pressen eines Rohlings aus Pulver und
- einer anschließenden Wärmebehandlung, dem Sintern.

Erfolgt auch die Wärmebehandlung unter Druck, spricht man vom **Drucksintern,** werden die Vorgänge Pressen und Sintern wiederholt, vom **Doppelsintern.**

2.4.1 Pulverherstellung, Sintervorgang

Für die *Pulverherstellung* sind verschiedene Verfahren möglich, deren Anwendbarkeit z. T. auch davon abhängt, ob das Pulver spröde oder verformbar ist. Man unterscheidet im wesentlichen Zerstäubungs- oder Verdüsungsverfahren, mechanische Zerkleinerung, Reduktionsverfahren und elektrolytische Pulverabscheidung.

Die *Pulverform* ist abhängig von Verfahren und Werkstoff. Das Pulver kann kugelförmig, flitterförmig, dendritisch oder schwammartig anfallen. Beim Verpressen wird ein verformbares Pulver bei gleicher Preßkraft stärker verdichtet als sprödes Pulver.

Der *Sintervorgang* ist im allgemeinen eine reine Festkörperreaktion. Lediglich bei Systemen mit mehreren Komponenten ist das Auftreten flüssiger Phasen möglich. Treibende Kraft ist die außerordentlich hohe Oberflächenenergie des Pulvers je Mengeneinheit.

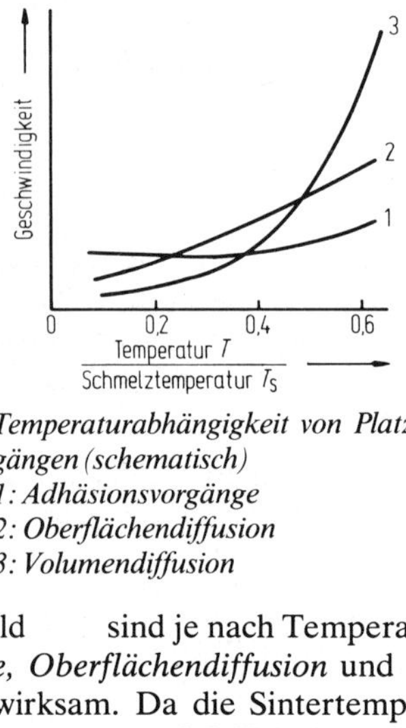

Bild 2.24 Temperaturabhängigkeit von Platzwechselvorgängen (schematisch)
1: Adhäsionsvorgänge
2: Oberflächendiffusion
3: Volumendiffusion

Gemäß Bild sind je nach Temperatur *Adhäsionskräfte, Oberflächendiffusion* und *Volumendiffusion* wirksam. Da die Sintertemperatur bei Einstoffsytemen etwa 0,8 T_s beträgt, laufen hier vorwiegend Diffusionsvorgänge ab.

Bei **Einstoffsystemen** wird ausgehend von den Berührstellen zwischen den Pulverkörnern durch Halsbildung die Oberfläche und damit die Oberflächenenergie verringert. Dieser Vorgang ist in Bild 2.25 am *Zweikörpermodell* schematisch dargestellt. Durch Platzwechselvorgänge an der Oberfläche werden die Lücken aufgefüllt und das Porenvolumen veringert, wobei der Sinterkörper schrumpft. Das Energieminimum wird schließlich dadurch angestrebt, daß gleichzeitig von den Berührstellen aus eine Rekristallisation einsetzt, wie Bild 2.26 schematisch zeigt.

Bild 2.25 Zweikörpermodell: Schema des Sintervorganges im Einstoffsystem

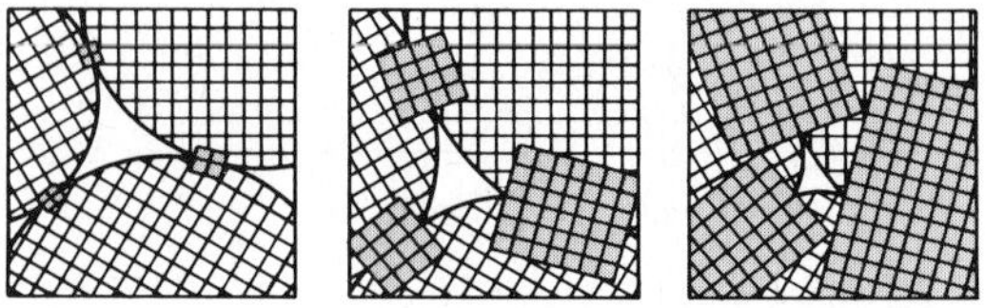

Bild 2.26 Sintervorgang als Rekristallisation (nach KINGSTON)

Bei **Zweistoffsystemen** strebt ein Stoff danach den anderen zu umhüllen (Bild 2.27). Voraussetzung dafür ist, daß die spezifische Oberflächenenergie an der Grenzfläche zwischen den Stoffen kleiner ist als die Differenz der Oberflächenenergie beider Stoffe. Nach erfolgter Umhüllung verhält sich das System wie ein Einstoffsystem. Der umhüllende Stoff hat dabei im wesentlichen die Aufgabe eines *Bindemittels,* wie z. B. Kobalt bei den Hartmetallen.

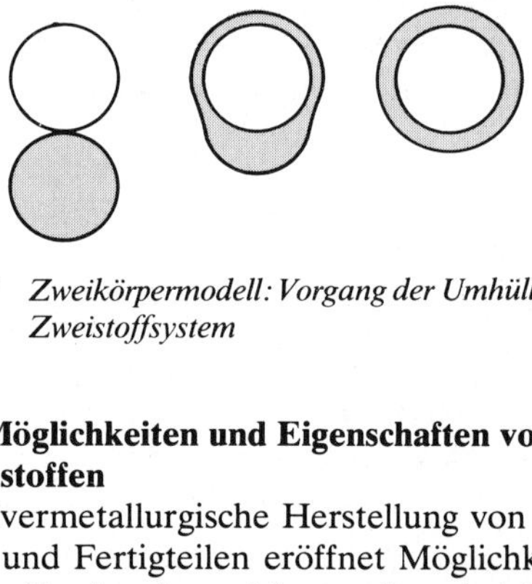

Bild 2.27 Zweikörpermodell: Vorgang der Umhüllung im Zweistoffsystem

2.4.2 Möglichkeiten und Eigenschaften von Sinterwerkstoffen

Die pulvermetallurgische Herstellung von Halbzeugen und Fertigteilen eröffnet Möglichkeiten, die beim Erschmelzen nicht gegeben sind. Da die Verarbeitung unterhalb der Schmelztemperatur erfolgt, können *schlackenfreie Werkstoffe* erzeugt werden. Durch eine gute Durchmischung der Pulver entstehen Legierungen, die vollkommen *seigerungsfrei* sind und damit sehr gleichmäßige Eigenschaften besitzen.

Für die Sinterwerkstoffe lassen sich 4 Hauptanwendungsgruppen angeben:

- Werkstoffe, deren Schmelztemperatur so hoch liegt, daß unüberwindbare technologische Schwierigkeiten beim Erschmelzen auftreten.
- Werkstoffe mit besonderem Aufbau. Hierzu

gehört die Erzeugung feinkörnigen Gefüges bei Werkstoffen, die nur grobkristallin erstarren.

- *Poröse Metalle*, die durch unvollkommene Sinterung hergestellt werden, sind typische Sinterwerkstoffe.
- Verbundwerkstoffe und Pseudo-Legierungen bilden die dritte Gruppe. *Verbundwerkstoffe* gewinnen in der Technik zunehmend an Bedeutung, weil sie die optimale Ausnutzung stark unterschiedlicher Eigenschaften ermöglichen. *Pseudo-Legierungen* sind fein verteilte Gemenge von Metallen, die sich selbst im flüssigen Zustand nicht lösen. Zu dieser Gruppe gehören die *Hartmetalle* und die *Metallkeramik*, wie auch z. B. Kupfer-Grafit-Legierungen als Schleifbürsten für elektrische Maschinen.
- Die Herstellung von *Massenteilen* durch Sintern hat schließlich wirtschaftliche Gründe. Teure Materialien können praktisch abfallfrei eingesetzt und durch hohe Maßhaltigkeit weitere Arbeitsgänge eingespart werden.

Für die *Eigenschaften* und Anwendung von Sinterwerkstoffen ist deren Dichte maßgebend. Poröse Stoffe mit geringer Dichte haben geringe Festigkeit und werden als *Filter* und *Lager* angewendet. Letztere sind selbstschmierend, weil sie in den Poren Schmiermittel speichern. *Schneidstoffe* haben dagegen eine hohe Dichte. Ihre Festigkeit beträgt bis ca. 800 N/mm^2 bei Zugbeanspruchung und ca. 5000 N/mm^2 bei Druckbeanspruchung. Trotz dieser relativ geringen Festigkeitswerte haben Sinterwerkstoffe allgemein nur mäßige Verformbarkeit und Zähigkeit. Das gilt für Stoffe mit geringem und hohem Porenvolumen in gleicher Weise. Die nicht völlig vermeidbare Porosität und nicht zuletzt die Kosten für Pulver und Pulverherstellung setzen der Anwendbarkeit von Sinterwerkstoffen Grenzen. Darüberhinaus sind komplizierte Formen durch Sintern schlecht herstellbar.

2.5 Schweißen und Löten

Das Schweißen von Metallen ist das *Vereinigen* von metallischen Grundwerkstoffen (oder sein Beschichten) unter Anwendung von *Wärme* oder von *Druck* oder von beiden, ohne oder mit Schweißzusatzwerkstoff. Die Grundwerkstoffe werden vorzugsweise im plastischen oder flüssigen Zustand in der Schweißzone vereinigt. Die Verbindung ist *unlösbar* (DIN 1910).

Die Herstellung von Schweiß- und Lötverbindungen, die allen erforderlichen technischen und wirtschaftlichen Anforderungen gerecht wird, setzt eine eingehende Kenntnis der beim Schweißen ablaufenden Gefüge- und Eigenschaftsänderungen voraus. Die Entwicklung der Verbindungstechnik weist eindeutig in Richtung der Fügeverfahren Schweißen und Löten. Die mechanischen Verbindungsformen (Schrauben, Nieten, Klammern usw.) verlieren dagegen bei den nicht lösbaren Verbindungen an Bedeutung. Daraus erkennt man, daß das Fügeverfahren Schweißen eine überaus große technische und wirtschaftliche Bedeutung besitzt.

2.5.1 Thermische Wirkung

Der Werkstoff wird an der Schweißstelle durch annähernd punktförmig wirkende, also sehr konzentrierte Wärmequellen (Leistungsdichte bis 10^7 W/cm^2), örtlich aufgeschmolzen. Dabei werden Temperaturen $\geqslant$ 2000 °C erreicht. Die konzentrierte Energiezufuhr führt zu extrem großen Aufheiz- (bis 1000 K/s) und Abkühlgeschwindigkeiten (mehrere 100 K/s), wobei die Verweilzeit bei der jeweiligen Höchsttemperatur höchstens einige Sekunden beträgt (Bild 2.28).

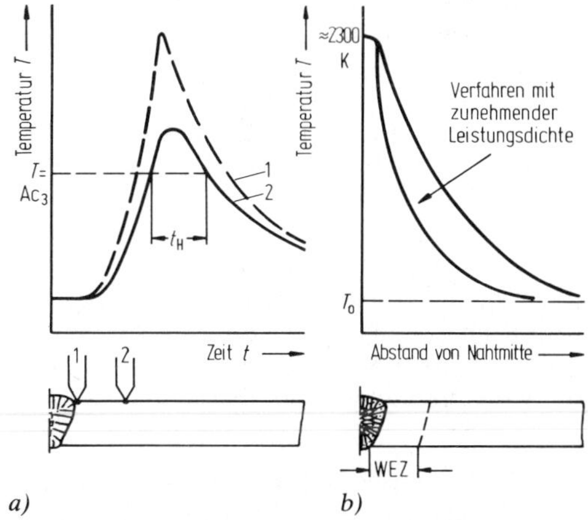

Bild 2.28 *Temperaturverlauf in der Wärmeeinflußzone (WEZ) einer geschweißten Verbindung (schematisch)*
a) zeitlicher Verlauf an zwei »Punkten« (Thermoelemente 1 und 2)
b) Abhängigkeit vom Abstand von der Schweißnahtmitte für Schweißverfahren mit unterschiedlicher Leistungsdichte

Die beim Schweißen stattfindende »Wärmebehandlung« unterscheidet sich also in wesentlichen Punkten von den technischen Wärmebehandlungen:

- Die *Aufheizgeschwindigkeiten* sind wesentlich größer: Eigenspannungen infolge großer Temperaturunterschiede sind die Folge. Gefügeumwandlungen (z. B. $\alpha \rightarrow \gamma$ bei Stahl) können nicht vollständig erfolgen, weil die Haltezeiten zu gering sind (z. B. »Austenitisierungszeit« t_H, Bild 2.28a). Karbide, Nitride, Gefügeinhomogenitäten (z.B. Kristallseigerungen) werden wegen der sehr kurzen »Haltezeit« nicht vollständig aufgelöst bzw. beseitigt.

- Die *Maximaltemperaturen* der thermischen Zyklen sind in der Nähe der Schmelzgrenze sehr hoch. Trotz ihrer kurzen zeitlichen Wirkung ist ihr Einfluß auf die Werkstoffeigenschaften erheblich (Grobkorn).
- Die großen *Abkühlgeschwindigkeiten* führen zu gefährlichen Eigenspannungszuständen und bei der wichtigen Werkstoffgruppe »Stähle« in den austenitisierten Bereichen der Schweißverbindung zu unerwünschten Härtespitzen infolge Martensitbildung.

Bild 2.28b zeigt die Temperaturverteilung in zunehmender Entfernung von der Schweißnahtmitte. Je konzentrierter die Wärmequelle ist, desto steiler ist der Temperaturgradient, d. h. um so schmaler ist die Wärmeeinflußzone. Den Teil der Schweißverbindung, in dem durch den Schweißprozeß *Gefügeumwandlungen* oder im weiteren Sinn *Gefügeänderungen* entstanden sind, bezeichnet man als **Wärmeeinflußzone (WEZ).** Sie reicht z. B. bei Stahl von der Schmelzgrenze bis zu der von der Aufheizgeschwindigkeit abhängigen Ac_1-Temperatur. Die in der WEZ auftretenden Eigenschaftsänderungen bestimmen zusammen mit den Gütewerten des Schweißgutes das Bauteilverhalten der geschweißten Konstruktion, d. h. deren Funktionssicherheit.

2.5.2 Schweißeigenspannungen

Durch die örtlich begrenzte Wärmezufuhr beim Schweißen entstehen im Schweißteil vor allem im Bereich der Schweißnaht sehr große Temperaturdifferenzen (Bild 2.28b), die zu

- Formänderungen (Verzug, Schrumpfen) und/ oder zu
- Eigenspannungen führen.

Die *Formänderungen* stellen im wesentlichen ein wirtschaftliches Problem dar. Formänderungen zu verhindern oder zu beseitigen erfordert besondere Fertigungstechniken bzw. teure Nacharbeit. Die Bauteilsicherheit wird durch Formänderungen kaum beeinträchtigt.

Die bei jedem Schmelzschweißprozeß entstehenden *Eigenspannungen* – deren Größe mit zunehmender Werkstückdicke zunimmt – begünstigen die Rißneigung, verringern beträchtlich die plastischen Verformungsreserven des Werkstoffs und damit die Sicherheit der geschweißten Konstruktion. Bild 2.29 zeigt schematisch die Verteilung der Längs- und Querspannung in einer Stumpfnahtverbindung.

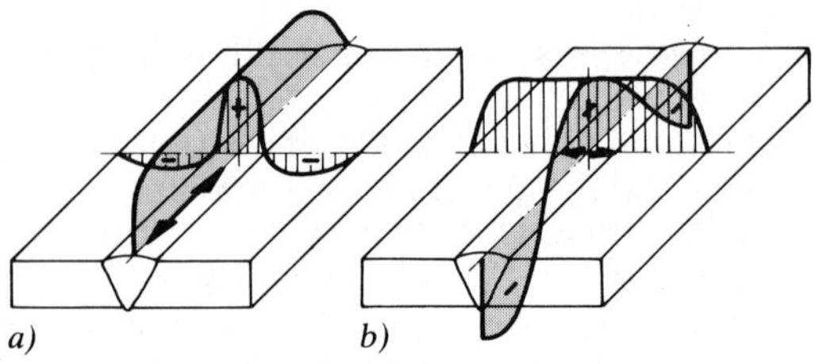

Bild 2.29 Verteilung der Eigenspannungen in einer geschweißten Stumpfnaht (schematisch)
a) Längsspannung
b) Querspannung

Ein *Verformungsbruch* (siehe S. 117) entsteht, wenn die durch äußere Kräfte im Bauteil entstehende maximale Schubspannung τ_{max} größer als die Gleitfestigkeit τ_G ist. Bei einer Beanspruchung in *einer* Richtung ist (siehe Bild 1.40, S. 15):

$$\tau_{max} = \frac{\sigma}{2}.$$

Bei der Schweißverbindung sind aber außer der Lastspannung noch die »herstellbedingten« Längs- und Querspannungen oder bei hinreichend großen Werkstückdicken auch noch Spannungen in der Dickenrichtung vorhanden. In diesem Fall der gefährlichen mehrachsigen Beanspruchung ist die den Verformungsbruch auslösende Schubspannung nur noch:

$$\tau_{max} = \frac{\sigma_1 - \sigma_3}{2} < \frac{\sigma_1}{2},$$

also geringer als bei der einachsigen Beanspruchung. Abhängig von der Größe der 3 Hauptspannungen σ_1, σ_2 σ_3 τ_{max} so klein werden, daß keine plastische Verformung möglich ist. In diesem Fall entsteht der gefürchtete verformungslose *Trennbruch* oder *Sprödbruch,* wenn eine Normalspannung den Trennwiderstand erreicht hat.

Die Gefährlichkeit des Sprödbruchs in geschweißten Konstruktionen beruht darauf, daß er:

- i. a. bei unerwartet geringen Spannungen auftritt (10–50 N/mm^2!),
- nicht durch Vergrößern der Wanddicke verhindert werden kann,
- sich mit sehr großer Geschwindigkeit im Bauteil ausbreitet. Maßnahmen, die den entstehenden

Schaden begrenzen, können nicht ergriffen werden.

Zum Entstehen des spröden Bruches müssen folgende Voraussetzungen gleichzeitig vorhanden sein:

- Der Werkstoff muß zum verformungslosen Bruch neigen. Das trifft für alle krz Metalle zu.
- Die Verformbarkeit des Werkstoffs muß durch die Wirkung bestimmter versprödender Einflüsse hinreichend erschöpft sein. Nach dem Stand unserer Kenntnisse ist neben der *Temperatur* der *mehrachsige Spannungszustand* der am stärksten sprödbruchbegünstigende Einfluß.
- An Kerben, Einschlüssen oder ähnlichen Defekten entsteht ein Riß, der sich durch die gespeicherte elastische Energie der Eigenspannungen extrem schnell ausbreitet.

Damit wird deutlich, daß die Versagensform Sprödbruch eine typische Erscheinung geschweißter Konstruktionen ist. Der Zähigkeitsverlust durch die Wirkung eines mehrachsigen Eigenspannungszustandes ist um so unbedenklicher, je größer die plastische Verformbarkeit des Werkstoffs ist. Ein Sprödbruch ist also um so unwahrscheinlicher, je zäher der zu schweißende Werkstoff ist. Eine gute *Schweißeignung* (siehe S. 194) besitzen daher nur ausreichend zähe Werkstoffe.

2.5.3 Aufbau und Eigenschaften der thermisch beeinflußten Bereiche

Der thermisch beeinflußte Bereich der Schweißverbindung umfaßt:

- das *Schweißgut*, bestehend aus abgeschmolzenem Zusatzwerkstoff und Grundwerkstoff,
- die *Wärmeeinflußzone*, die vom Schweißgut durch die Schmelzgrenze getrennt ist.

Die *Primärkristallisation* des Schweißgutes wurde in ihrem Ablauf und im Hinblick auf die wichtigsten damit verbundenen Eigenschaften bereits (siehe S. 20 und 69) beschrieben. Neben der Handfertigkeit des Schweißers bestimmt der Zusatzwerkstoff weitgehend die Güte des Schweißgutes und damit der Schweißverbindung. Die wichtigen metallurgischen Vorgänge im Schweißgut – genauer zwischen flüssigem Schweißgut und flüssiger Schlacke – wie z. B. Desoxidieren, Auflegieren, erfordern Zusatzwerkstoffe, die den Besonderheiten des Schweißprozesses angepaßt sind:

- Die zeitliche Dauer der Reaktionen im flüssigen Zustand ist extrem kurz. Daher muß i. a. die Menge der Desoxidationsmittel wesentlich größer sein als bei der Stahlherstellung.
- Die Gütewerte des Schweißgutes (Gußgefüge!) müssen denen des Grundwerkstoffes (meistens Walzgefüge!) vergleichbar sein.

In kritischen Fällen, z. B. beim Verbinden von Vergütungsstählen, lassen sich die Gütewerte des Schweißgutes nur unter großem Aufwand (z. B. durch eine Wärmebehandlung) an die des Grundwerkstoffes anpassen.

Die Eigenschaften der Wärmeeinflußzone sind in praktisch allen Fällen schlechter als die des unbeeinflußten Grundwerkstoffes. Umfang und Art der Wirkung hängen ab von:

- *Werkstoff* (Gittertyp, Umwandlung im festen Zustand, z. B. $\gamma \rightarrow \alpha$ bei Stahl, Art und Menge der Legierungselemente und Verunreinigungen),
- *Werkstoffzustand* (kaltverformt, ausscheidungsgehärtet, gehärtet, vergütet),
- *Werkstoffeigenschaften* (thermische Leitfähigkeit, linearer Ausdehnungskoeffizient, Neigung zur Gasaufnahme bei höheren Temperaturen).

Unabhängig von der Werkstoffart entsteht als Folge der sehr hohen Temperaturen in den schmelzgrenzennahen Bereichen immer ausgeprägtes *Grobkorn.*

Bei *umwandlungsfreien* Werkstoffen (z. B. Kupfer, Nickel) besteht die WEZ, beginnend von der Schmelzgrenze, aus einem kontinuierlichen »Gefügespektrum« mit ständig abnehmender Korngröße. Das Korn beginnt bei einer vom Werkstoff abhängigen Temperatur T_1 zu wachsen, siehe auch Tab. 2.1. Weitere Probleme sind:

- *Gasaufnahme* der WEZ und des Schweißgutes führt zu örtlicher Versprödung (z. B. Nickel und Titan durch Wasserstoffaufnahme) und/oder Reaktionsprodukte erschweren den Schweißprozeß (z. B. »Verschlacken« von Chrom: Cr_2O_3),
- *große thermische Leitfähigkeit* führt zu schwer zu beherrschendem Verzug (z. B. Kupfer) und erfordert Schweißverfahren mit großer Leistungsdichte (z. B. Schutzgasschweißverfahren MIG/MAG, WIG).

Die *Härte* der Grobkornzone ist wegen der hohen Abkühlgeschwindigkeiten i. a. größer als die des Grundwerkstoffes, die Zähigkeit geringer.

Die Gefahr beim Schweißen *kaltverfestigter* Werkstoffe beruht auf dem starken Festigkeitsabfall der Schweißnahtbereiche, die über die Rekristallisationstemperatur hinaus erwärmt wurden. Aus wirtschaftlichen Gründen wird das Bauteil nach

Tab. 2.1: Schematische Darstellung der Wärmeeinflußzonen geschweißter Verbindungen aus verschiedenen Werkstoffarten (mit/ohne Umwandlung im festen Zustand) unterschiedlicher Behandlungszustände (kaltverformt, gewalzt, ausscheidungsgehärtet)

Werkstoff	Mikrogefüge der WEZ	Eigenschaftsänderungen, werkstoffliche Vorgänge
umwandlungsfreier Werkstoff, z. B. Nickel, Aluminium, Kupfer	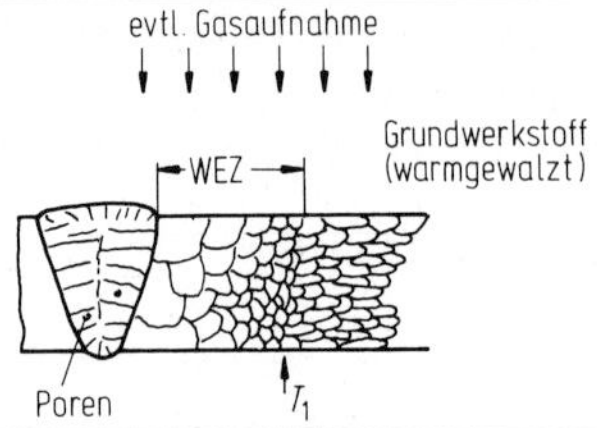	1. WEZ mit kontinuierlich abnehmender Korngröße. Breite der WEZ bestimmt durch Schweißdaten, Ein- oder Mehrlagentechnik, Leistungsdichte des Schweißverfahrens. 2. Sekundäre Probleme durch starke Neigung zur Gasaufnahme (Verspröden, Poren), große thermische Leitfähigkeit (Verzug), großer Ausdehnungskoeffizient (Verzug, Eigenspannungen).
kaltverfestigter Werkstoff, z. B. kaltgezogenes Aluminium	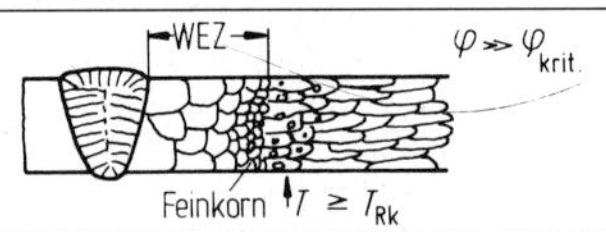 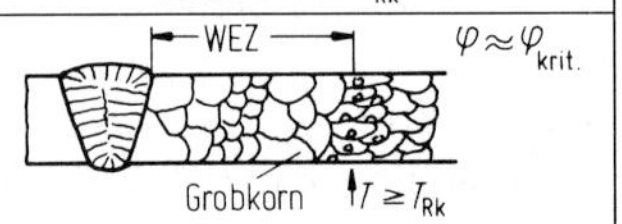	1. Bereiche mit $T \geqslant T_{Rk}$ sind rekristallisiert, d. h. Verfestigung ist aufgehoben, ursprüngliche Festigkeit nur durch erneutes Kaltverformen *nach* Schweißen erreichbar. Breite der WEZ i. a. deutlich breiter als bei lfd. Nr. 1, da $T_{Rk} < T_1$. Festigkeitsabfall muß durch Verfahren mit großer Leistungsdichte klein gehalten werden. 2. Bei Stahl kann durch künstliche Alterung in Bereichen mit $T \approx 500$ K bis 600 K starker Zähigkeitsabfall auftreten. 3. Bei kritisch verformten Teilen entsteht auch Grobkorn in Bereichen mit $T \geqslant T_{Rk}$
ausscheidungsgehärteter Werkstoff, z. B. AlCuMg-Legierungen NiCoMo 18 9 5 PAS-Stähle	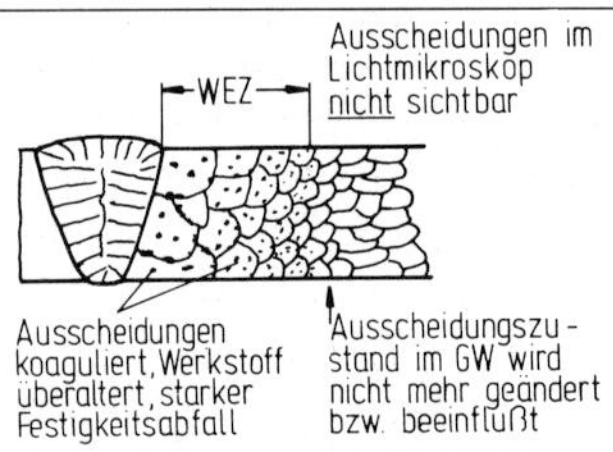	1. Auflösung und Wiederausscheiden der Ausscheidungen in nicht optimaler Form und Verteilung, Festigkeits- und Zähigkeitsabfall. Bereich mit Koagulation der Ausscheidungen (Überaltern) durch erneutes Aushärten nach dem Schweißen zu beseitigen. 2. Korngrenzenausscheidungen führen häufig zur Rißbildung. 3. Besser im lösungsgeglühten Zustand schweißen. 4. Durch grobe Ausscheidungen erheblich verringerte Korrosionsbeständigkeit.
Hochreaktive Werkstoffe, z. B. Titan, Tantal, Zirkon, Molybdän	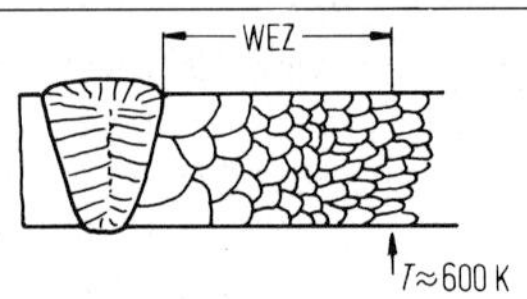	Hauptproblem ist die ausgeprägte Versprödung durch Aufnahme atmosphärischer Gase schon bei Temperaturen ab 600 K. Schweißen unter Vakuum, oder Schweißbereich großflächig vor Luftzutritt schützen (Edelgase).
Stahl, z. B. St 37 ($C \approx 0{,}15$ %) z. B. C 45 ($C \approx 0{,}45$ %)	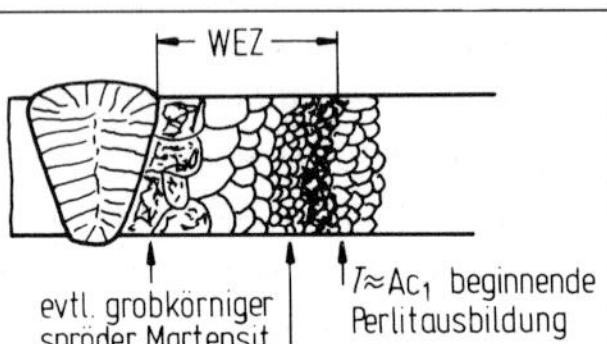	1. Wichtigstes Problem ist das Entstehen von Härtespitzen im Bereich der Schmelzgrenze durch Martensitbildung. 2. Daher $C \leqslant 0{,}2$ % in schweißgeeigneten Stählen. 3. $C > 0{,}3$ %: Vorwärmen und meistens Wärmenachbehandlung erforderlich.

dem Schweißen nur in den seltensten Fällen erneut kaltverformt. Daher müssen ebenfalls Verfahren mit hoher Leistungsdichte verwendet werden, um die Breite der entfestigten Zone klein zu halten. Trotzdem muß in kritischen Fällen, z. B. bei stark kaltverfestigten Werkstoffen von einem Schweißen wegen des nicht zulässigen Festigkeitsabfalls abgesehen werden. Bei entsprechenden Stahlwerkstoffen ist außerdem die Wirkung der gefährlichen (Reck-)Alterung zu berücksichtigen. In Bereichen der Schweißverbindung, die auf ca. 200 °C bis 300 °C erhitzt wurden, entsteht ein großer Zähigkeitsabfall, der Werkstoff versprödet.

Die Eigenschaften *ausscheidungsgehärteter* Werkstoffe beruhen auf der gleichmäßigen Verteilung sehr feiner Ausscheidungen (bzw. auf Clusterbildung, siehe S. 53), die durch kontrollierte Bedingungen (Abwalzgrad, Walztemperatur) in der Matrix erzeugt werden. Beim Aufheizen durch Schweißen werden sie in bestimmten Bereichen z. T. gelöst und scheiden sich beim

Abkühlen z. T. wieder aus. Größe, Form und Verteilung der Ausscheidungen werden dabei i. a. so verändert, daß die Gütewerte, insbesondere die Zähigkeit, erheblich abfallen. Ausscheidungen an den Korngrenzen führen häufig zur Rißbildung. Daher ist oft ein erneutes Aushärten nach dem Schweißen erforderlich. Wegen der besseren Verformbarkeit werden diese Werkstoffe aber meistens im lösungsgeglühten Zustand geschweißt.
Das Hauptproblem beim Schweißen von *hochreaktiven Werkstoffe,* z. B. Titan, Tantal, Zirkon, ist die ausgeprägte *Versprödung* durch Aufnahme atmosphärischer Gase schon bei Temperaturen ab 300 °C. Daher sind Schweißverfahren erforderlich, die:
- unter Vakuum arbeiten (Elektronenstrahlschweißen) oder
- den Schweißbereich großflächig vor Luftzutritt schützen, z. B. mit Edelgas bespülen.

In jedem Fall sind aufwendige Maßnahmen notwendig.

Das zentrale Problem bei **Stahlschweißungen** ist die Neigung zum **Aufhärten** in den schmelzgrenzennahen Bereichen. Der vollständig austenitisierte, grobkörnige Werkstoffbereich ($T > Ac_3$) kann hier in den i. a. rißanfälligen Martensit umwandeln, wenn die Abkühlgeschwindigkeit die kritische übersteigt. Je größer der Kohlenstoffgehalt des Stahles ist, um so spröder, d. h. rißanfälliger, ist der entstehende Martensit. In schweißgeeigneten Stählen (siehe S. 194) begrenzt man ihn daher auf maximal 0,2 %.
Mit zunehmendem Legierungsgehalt wird es immer schwieriger, die Bildung von Martensit zu vermeiden. In diesen Fällen muß das Schweißgut:
- *vorgewärmt* werden (die Abkühlgeschwindigkeit wird herabgesetzt) und/oder
- *wärmenachbehandelt* werden (durch Anlaßwirkung wird die Härte vermindert).

Die nur knapp über Ac_3 erwärmten Bereiche wandeln in feinkörniges Gefüge um, das häufig feiner als das des Grundwerkstoffs ist. In über Ac_1 erwärmten Bereichen erfolgte eine (teilweise) Gefügeumwandlung. Die Ac_1-Isothermen stellen damit die äußeren Begrenzungen der Wärmeeinflußzone dar, wenn vom Altern, Rekristallisieren und vom Anlassen vergüteter Stähle über die Anlaßtemperatur des Grundwerkstoffes abgesehen wird. Diese Bereiche ($T < Ac_1$) werden i. a. nicht mehr zur Wärmeeinflußzone gerechnet.

In der geschilderten Form finden diese Vorgänge bei den *Schmelzschweißverfahren* und den üblichen *Widerstandschweißverfahren* statt.

2.5.4 Werkstoffbedingte Besonderheiten und Schwierigkeiten beim Schweißen

2.5.4.1 Probleme während des Erwärmens

Umfang und Art der Schwierigkeiten hängen entscheidend von den Aufheizbedingungen (Aufheizgeschwindigkeit) und der Größe der zugeführten Energie ab. Sie sind also stark *verfahrensabhängig.*
Lichtbogenansatzstellen (Zündstellen): Ein im Blech »gezündeter« und rasch weiterbewegter Lichtbogen (z. B. beim WIG-Schweißen) erhitzt einen kleinen Werkstoffbereich extrem schnell. Die sehr schnelle Abkühlung führt in vielen Fällen zu Schrumpfrissen. Bei Stählen ist infolge der Martensitbildung fast immer mit Rissen zu rechnen.
Die beim Aufheizen entstehenden großen *thermischen Spannungen* können bei wenig verformbaren Werkstoffen (manche Gußwerkstoffe) zur Rißbildung führen. Hier ist das wesentlich langsamer aufheizende Gasschweißen manchem »moderneren« Verfahren überlegen.
Die extrem große *Gaslöslichkeit* des hoch erhitzten flüssigen Schweißgutes ist eines der Hauptprobleme der Schweißtechnik. Die Gase können sich beim raschen Erstarren aus der mit Gas übersättigten Schmelze nur unvollständig ausscheiden und verursachen:
- die relativ ungefährlichen *Poren* (mechanische Wirkung) und
- die sehr gefährliche *atomare Lösung* in der Matrix.

Die schon in der Größenordnung von einigen Hundertsteln Prozent gefährlichen Gase (Wasserstoff, Stickstoff, siehe S. 149 ff.) müssen durch, bei den einzelnen Verfahren unterschiedliche, Maßnahmen vom Schweißgut ferngehalten werden:
- Umhüllung bei der Stabelektrode,
- geeignete Schutzgase oder
- eine den Lichtbogen abdeckende Pulverschicht.

In kritischen Fällen, z. B. beim Schweißen von Vergütungsstählen, sind geringste Gasgehalte schädlich. Vakuumerschmolzene Zusatzwerkstoffe bieten hier große Vorteile.

2.5.4.2 Probleme während des Erstarrens

Wegen der i. a. großen Abkühlgeschwindigkeiten und der erheblichen Turbulenzen in der Schmelze sind Entmischungen, die größere Bereiche erfassen, weniger ausgeprägt. Die *Kristallseigerung* ist dagegen fast unvermeidlich. Das wesentlichste

Problem beim raschen Abkühlen der Schweißverbindung ist die Möglichkeit der *Rißbildung*. Je nach dem Entstehungsort unterscheidet man Risse:

- im Schweißgut (oft Heißrisse)
- an der Schmelzgrenze (bei Stahl oft Härterisse)
- in der Wärmeeinflußzone.

Obwohl Risse bei nahezu jeder Temperatur entstehen können, werden sie üblicherweise in Heiß- und Kaltrisse eingeteilt. Wie bei Gußwerkstoffen ist auch hier der **Heißriß** eine typische Versagensform des erstarrenden Schweißgutes. Er entsteht im Temperaturbereich zwischen der Liquidus- und Solidustemperatur kurz vor der Erstarrung. Die Primärkristalle sind dann mit einem dünnen Film Restschmelze umgeben, der von den beim Abkühlen der Schweißnaht entstehenden Schrumpfkräften verformungslos *interkristallin* getrennt wird. Reine Metalle und eutektische Legierungen, die bei einer konstanten Temperatur erstarren, sind nicht heißrißempfindlich, es sei denn, im Schweißgut können sich niedrigschmelzende Verbindungen bilden (siehe unten). Da außerdem in der Restschmelze der Gehalt an Verunreinigungen am größten ist, muß der Bereich des Erstarrungsendes z. B. durch geeignete Schweißnahtabmessungen zweckmäßig gewählt werden. In Bild 2.30a erstarrt die Restschmelze konzentriert in einem schmalen Bereich in Nahtmitte. Die Heißrißneigung dieser schmalen, tiefen Schmelze ist sehr groß. Wesentlich günstiger ist das Erstarrungsverhalten breiter, flacher Schmelzen (Bild 2.30b).

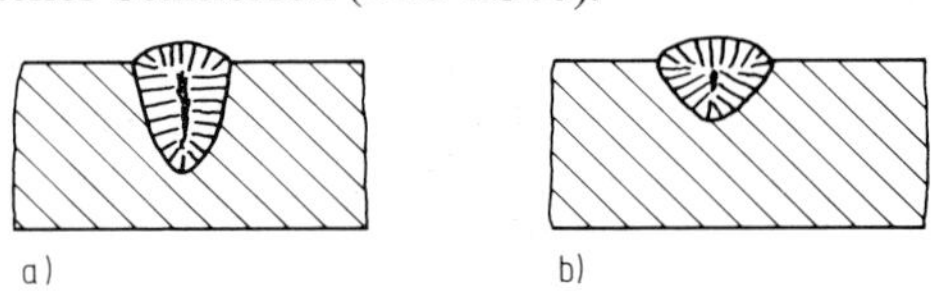

Bild 2.30 Primärkristallisation sehr unterschiedlich geformter Schmelzbäder (Auftragschweißen)
a) schmales und tiefes Schmelzbad
b) breites und flaches Schmelzbad

Die Heißrißneigung nimmt zu:

- je größer die beim Schweißen zugeführte Wärme ist (Gasschweißen schlechter, Schutzgasschweißen besser),
- je größer das Erstarrungsintervall ΔT der Legierung ist.

Die ausgeprägte Heißrißneigung normaler Cu-Sn-Bronzen beim Schweißen beruht in der Hauptsache darauf ($\Delta T > 100$ K, siehe Bild 5.13, S. 246). Ähnliches gilt für höhergekohlten Stahl: ΔT wird mit zunehmendem Kohlenstoffgehalt größer.

Abgesehen von den besonderen Erstarrungsverhältnissen bei Legierungen, werden Heißrisse auch durch niedrigschmelzende Verbindungen erzeugt. Bekannte Beispiele sind FeS im Stahl und NiS in Nickel und Nickel-Legierungen. Während man die Heißrißbildung im Stahl durch ausreichende Manganzugaben (siehe S. 149) verhindern kann, muß beim Schweißen von Nickel und Legierungen jede Schwefelaufnahme z. B. durch Öl, Fettkreide, schwefelhaltige Ofenatmosphäre sorgfältig vermieden werden.

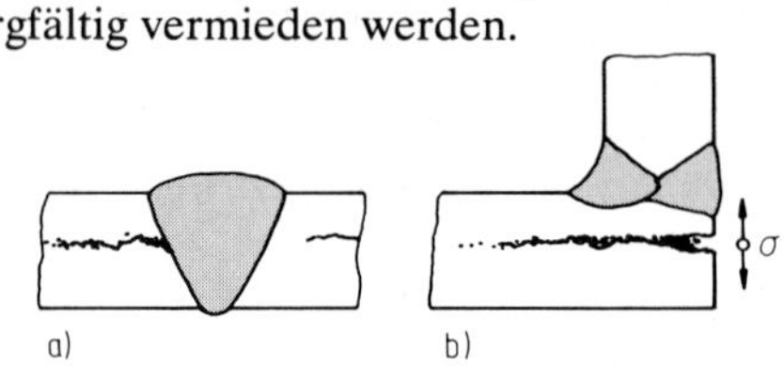

Bild 2.31 Entstehung von Werkstofftrennungen in Stählen mit hohem Einschlußgehalt unter der Wirkung von Schweißeigenspannungen
a) bei einer Stumpfnaht
b) bei einer Kehlnaht
(siehe auch Terrassenbruch S. 153)

Bei hohem Einschlußgehalt, wie er z. B. bei den qualitativ hochwertigen besonders beruhigten Stählen vorkommt, können auch in der Wärmeeinflußzone Heißrisse entstehen (Bild 2.31a). Die schmelzenden Einschlüsse treiben den Werkstoff an der Schmelzgrenze rißartig auseinander.

Wesentlich komplexer und schwerer überschaubar als bei den immer interkristallinen Warmrissen sind die Ursachen für die meist *transkristallin* verlaufenden **Kaltrisse.** Sie beruhen meistens auf der Wirkung mehrerer Ursachen.
Die wichtigsten sind:

- Aufhärtung in der Wärmeeinflußzone von Stählen,
- Eigen- oder Lastspannungen,
- Versprödung durch Wasserstoff.

Die Rißbildung infolge *Aufhärtung* läßt sich am sichersten durch Wahl niedriggekohlter Stähle (C $< 0{,}2$ %) und/oder Vorwärmen der Teile verhindern. Auch eine Wärmenachbehandlung (z. B. Spannungsarmglühen) ist sehr wirksam. Neben dem Herabsetzen der Martensithärte werden vor allem die rißauslösenden Eigenspannungen beseitigt.
Schlackenzeilen können insbesondere bei Dickblechschweißungen durch die alleinige Wirkung der *Eigenspannungen* zu Werkstofftrennungen führen (Bild 2.31b).

Die versprödende Wirkung des *Wasserstoffs* nimmt mit zunehmender Werkstoffestigkeit zu. Sie ist also bei martensitischem Gefüge am größten, bei kfz-Metallen am geringsten. Bei hochfesten Werkstoffen sind schon geringste Wasserstoffmengen (1 ml/100 g) gefährlich. Neben vakuumerschmolzenen Zusatzwerkstoffen sind hier extrem sorgfältige Fertigungsbedingungen erforderlich.

2.5.4.3 Verbindungsschweißen unterschiedlicher Werkstoffe

Die wesentlichsten Informationen über den Grad der Verbindbarkeit zweier Metalle durch das Schmelzschweißen können ihrem Zustandsschaubild entnommen werden. Die Eigenschaften der gebildeten Legierung (Schweißgut) bestimmen weitgehend die Güte der Verbindung.

Tab. 2.2: Werkstoffliche Vorgänge beim Verbinden unterschiedlicher Werkstoffe (schematisch)

Nr.	Zustandsschaubild	Gefüge des Schweißgutes (stark vereinfacht)	Zu erwartende Eigenschaften der Verbindung
1	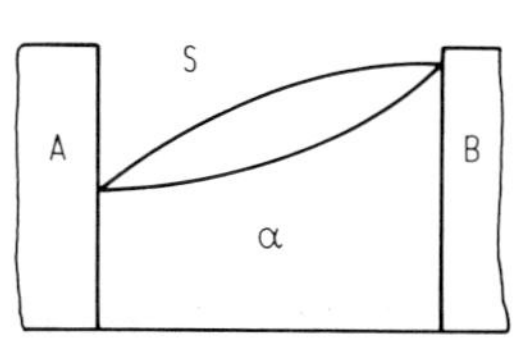	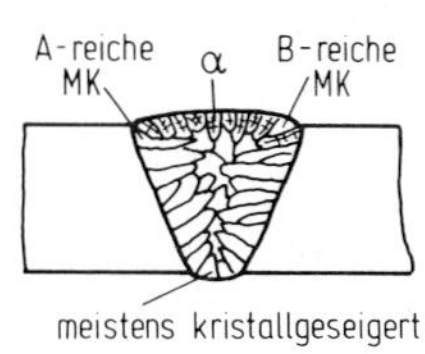	1. Das gesamte Schweißgut besteht aus zähen, wenig rißanfälligen Mischkristallen. 2. Schweißverbindung mit optimalen metallurgischen und mechanischen Eigenschaften. 3. I. a. ausgeprägte Kristallseigerung.
2	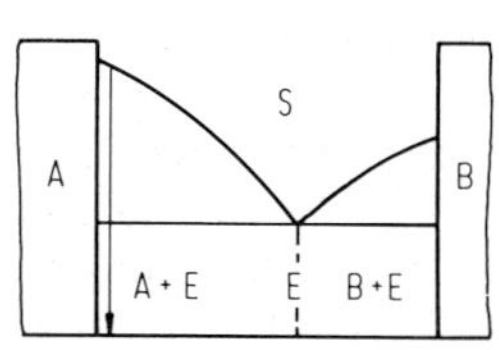	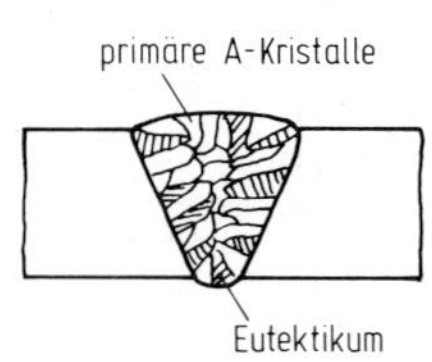	1. Gute Werte der Verbindung hängen entscheidend von Eigenschaften des Eutektikums ab. Dieses ist meistens härter und spröder als Primärkristalle A, B. 2. Niedrigschmelzende eutektische Bestandteile können zur Warmrißbildung führen.
3.1	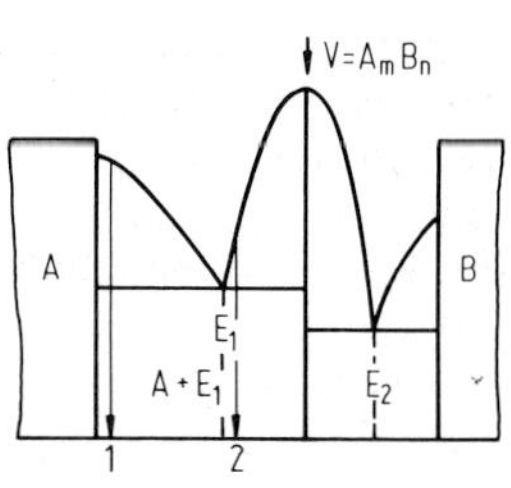	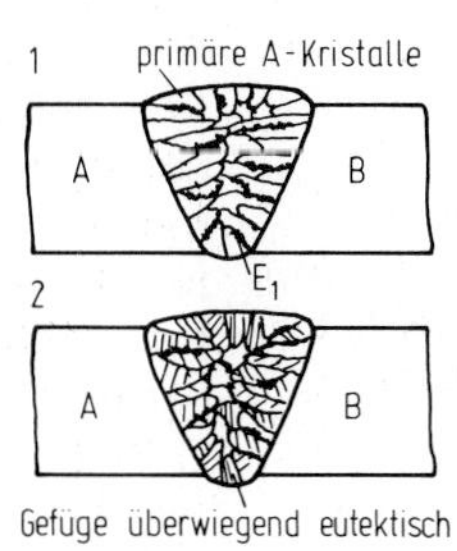	1. Geringe Mengen V führen i. a. zur vollständigen Versprödung der Verbindung. 2. Oft Abhilfe, wenn es gelingt, extrem A- bzw. B-reiches Schweißgut zu erzeugen: Gehalt an V wird sehr gering. 3. Einfacher ist, mit Metall C z. B. A zu „puffern“, so daß in keinem System (A–C und C–B) intermediäre Verbindungen entstehen.
3.2	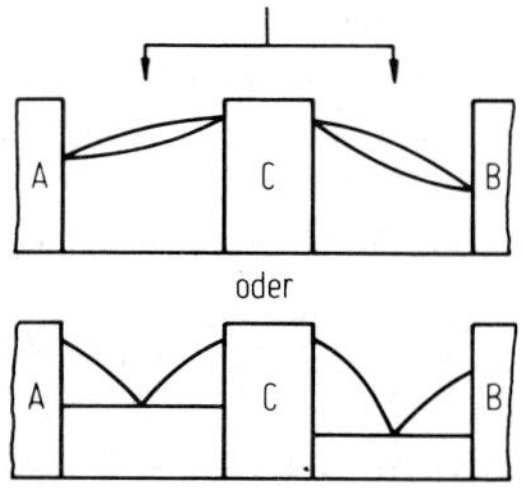	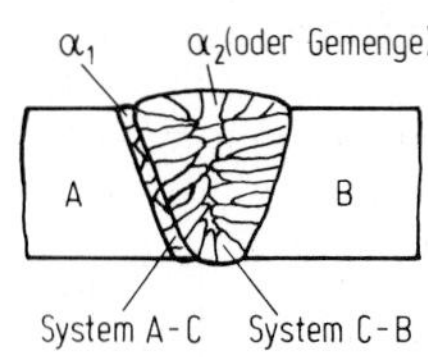	

Wegen des großen Legierungsgefälles A → B bilden sich auf der A-Seite i. a. A-reichere, auf der B-Seite B-reichere Legierungen, wobei im Mittel das Schweißgut aus 50 % A und 50 % B besteht. Damit ergeben sich folgende grundsätzliche Möglichkeiten (Tab. 2.2).

Bilden die zu verbindenden Metalle eine *lückenlose MK-Reihe,* dann besteht das Schweißgut aus verformbaren, nicht rißanfälligen Mischkristallen (Nr. 1, Tab. 2.2). Wegen der hohen Abkühlgeschwindigkeit beim Schweißen entsteht meistens aber eine deutliche Kristallseigerung.

Im anderen Extremfall der *vollständigen Unlöslichkeit* im festen Zustand (Nr. 2, Tab. 2.2) besteht das Schweißgut aus einem Gemenge, dessen Eigenschaften ausschließlich von denen der Komponenten bestimmt werden. Durch die schnelle Abkühlung entsteht ein i. a. sehr feines, d. h. hartes, Eutektikum an den Korngrenzen der primär ausgeschiedenen A-Kristalle. Rißneigung kann in solchen Schweißgutbereichen entstehen, die überwiegend eutektisch erstarrt sind. Diese eutektischen Zonen sind wegen des geringen Schmelzpunktes auch heißrißgefährdet.

Zwei Metalle lassen sich i. a. nicht miteinander durch Schmelzschweißverfahren verbinden, wenn sie *intermediäre Verbindungen* bilden (Nr. 3.1, Tab. 2.2). Selbst geringste Mengen dieser spröden Bestandteile führen in den meisten Fällen zu völlig unbrauchbaren – weil spröden – Schweißverbindungen, z. B.:

Cu–Zn (es bildet sich die intermediäre Phase Cu_5Zn_8),
Cu–Sn (z. B. $Cu_{31}Sn_8$),
Al–Cu (Al_2Cu),
Al–Fe (Al_3Fe, Al_5Fe_2).

Manchmal können rißsichere Verbindungen hergestellt werden, wenn es z. B. gelingt, den aufgeschmolzenen Grundwerkstoffanteil B so gering zu halten (Zusatzwerkstoff ist A), daß die Schweißgutzusammensetzung in die Nähe von A reicht. Die Menge der entstandenen intermediären Verbindung ist dann gering.

In manchen Fällen gelingt trotzdem die Herstellung einer sicheren Verbindung, wenn ein drittes Metall gefunden werden kann, das mit keinem der zu fügenden Werkstoffe intermediäre Verbindungen bildet (Nr. 3.2, Tab. 2.2). Nickel bildet mit vielen Metallen (Kupfer, Eisen Kobalt) lückenlose MK-Reihen oder ausgedehnte Mischkristallbereiche. Es ist daher als Zusatzwerkstoff zum Verbinden unterschiedlicher Metalle hervorragend geeignet.

Bei einer vollkommenen Unlöslichkeit im flüssigen und festen Zustand lassen sich die beiden Metalle nur mit Hilfe eines dritten verbinden, das mit beiden im flüssigen Zustand löslich ist. Das bekannteste Beispiel ist das Verzinnen von Eisen- oder Stahlteilen, die mit bleihaltigem Lot gelötet werden sollen.

Selbst wenn ausreichende Gütewerte der Verbindung erreicht werden können, muß ihre i. a. erheblich verringerte Korrosionsbeständigkeit (Elementbildung!) berücksichtigt werden. Aus diesem Grunde wird z. B. das sehr unedle Magnesium (siehe S. 51) in keinem Fall mit einem anderen Metall verbunden.

2.5.5 Werkstoffbedingte Probleme beim Löten

Löten ist ein Verfahren zum Verbinden metallischer Werkstoffe mit Hilfe eines geschmolzenen Zusatzmetalles (Lotes), gegebenenfalls unter Anwendung von Flußmitteln und/oder Löt-Schutzgasen. Die Schmelztemperatur des Lotes liegt unterhalb derjenigen der zu verbindenden Grundwerkstoffe; diese werden benetzt, ohne geschmolzen zu werden (DIN 8505).

Zum Löten muß die Oberflächentemperatur des Werkstückes an der Lötstelle auf die *Arbeitstemperatur* T_A gebracht werden. Bei dieser kann das Lot benetzen, sich ausbreiten und am Grundwerkstoff binden. Die Arbeitstemperatur muß daher höher als die Solidustemperatur des Lotes sein. Je nach der Höhe der Arbeitstemperatur unterscheidet man das **Weichlöten** ($T_A < 450\ °C$) und das **Hartlöten** ($T_A > 450\ °C$).

Beim Löten werden die *festen Grundwerkstoffe* durch ein *geschmolzenes Lot* vereinigt. Die für den Bindevorgang entscheidenden Vorgänge laufen an der Phasengrenze flüssiges Lot/fester Grundwerkstoff ab, es sind also **Grenzflächenreaktionen:**

- Benetzungs- und Ausbreitungsvorgänge von Lot- und Flußmittel und
- Diffusionsvorgänge, die die *Bindung* ermöglichen.

Bild 2.32 zeigt, daß zwischen den Grenzflächenspannungen γ die Beziehung

$$\gamma_{1,3} - \gamma_{1,2} = \gamma_{2,3} \cdot \cos \varphi = \gamma_H \text{ (Haftspannung)}$$

besteht. Eine vollständige Benetzung tritt ein, wenn der Benetzungswinkel $\varphi = 0$, d. h.

$$\gamma_{1,3} \geqslant \gamma_{1,2} + \gamma_{2,3}$$

wird.

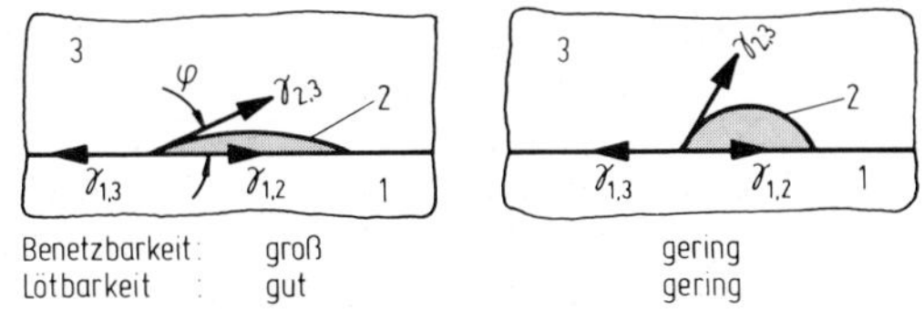

Bild 2.32 Beziehungen an den Grenzflächen Lot-Werkstück beim Lötvorgang
1: Grundwerkstoff
2: flüssiges Lot
3: Flußmittel, Schutzgas, Vakuum

Brauchbare Lötverbindungen ergeben sich noch für $\varphi \leqslant 30°$.

Eine Bindung erfolgt nur dann, wenn:
- die Temperatur an der Lötstelle i.a. größer als die Arbeitstemperatur des Lotes ist und
- das Lot den Grundwerkstoff benetzt hat.

Eine ausreichende **Benetzbarkeit** der Lötflächen ist die wichtigste Forderung für eine gute »Lötbarkeit«. Diese ist vorhanden, wenn Lot und Grundwerkstoff Mischkristalle oder intermediäre Verbindungen bilden können, wobei die Löslichkeit sehr gering sein kann. Nur ineinander unlösliche Metalle (Grundwerkstoff/Lot) sind ohne weiteres nicht lötbar.

Je höher die **Arbeitstemperaturen** sind, desto intensiver werden die Platzwechselvorgänge an der Grenzfläche flüssiges Lot/Grundwerkstoff und um so dicker wird die Legierungszone. Hier bilden sich Mischkristalle und/oder intermediäre Verbindungen (Bild 2.33).

Das Lot benetzt das Werkstück aber grundsätzlich nur dann, wenn dessen Oberflächen sauber und oxidfrei sind. Oberflächenschichten aller Art – Farben, Rost, Fett, Schlacken – müssen daher durch mechanische und chemische Verfahren (z.B. Beizen mit Säuren) zuverlässig beseitigt werden. Die während des Lötvorganges neu gebildeten Oxide werden mit auf die Lötflächen aufgetragenem **Flußmittel** gelöst. Flußmittel sind in der Hauptsache Salzgemische, die in der Lage sind, Metalloxide zu lösen. Sie müssen *unterhalb* der Arbeitstemperatur wirksam werden. Das geschieht im **Wirktemperaturbereich** T_w des Flußmittels. Innerhalb dieser Temperaturspanne ermöglicht oder begünstigt ein Flußmittel das Benetzen der Werkstücke durch flüssige Lote. Wesentlich ist also, daß die Wahl des Flußmittels nicht nur von der Art der zu lösenden Oxide abhängt (schwer löslich z.B. bei Titan, Chrom – leichter löslich z.B. bei Kupfer, Stahl), sondern auch von

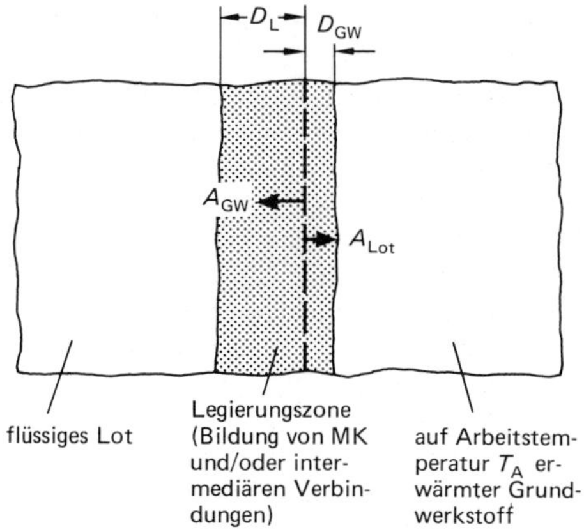

Bild 2.33 Legierungszone ($D_L + D_{GW}$) an der Phasengrenze Lot-Grundwerkstoff bei einer Hartlötverbindung.
D_L Diffusionszone im Lot
D_{GW} Diffusionszone im Grundwerkstoff
A_{GW} Grundwerkstoff-Atome
A_{Lot} Lot-Atome

der Arbeitstemperatur des Lotes. Es gibt *kein* Universalflußmittel, das zum Löten der verschiedenartigsten Grundwerkstoffe geeignet ist.

Die für den Lötprozeß entscheidende Benetzungsfähigkeit läßt sich einfach und zuverlässig mit den Merkmalen *Ausbreiten* des flüssigen Lotes auf den Grundwerkstoffen und *Fließen (Verschießen)* in engen Spalten beschreiben (Bild 2.34). Die

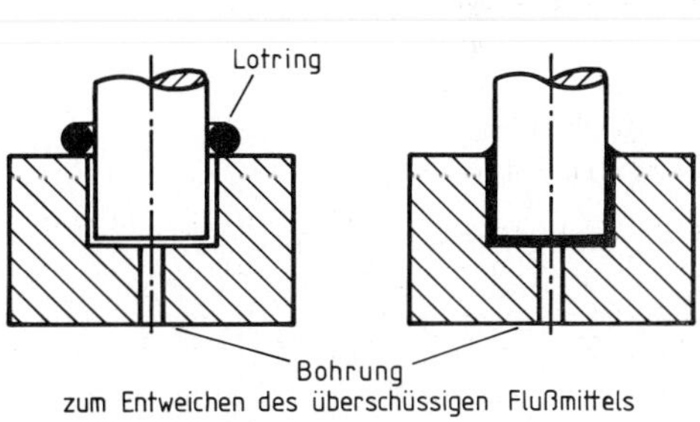

Bild 2.34 „Verschießen" eines außerhalb des Lötspaltes angebrachten Lotringes (auch entgegen der Schwerkraft)

Benetzbarkeit eines Lotes kann als dessen Fähigkeit beschrieben werden, in enge Spalten (Kapillaren) entgegen der Schwerkraft einzudringen. Diese Eigenschaft wird durch den kapillaren Fülldruck p_k oder anschaulicher durch die **Steighöhe** h des flüssigen Lotes quantitativ beschrieben. Für enge Spalten (bis etwa 0,3 mm Breite) gilt angenähert:

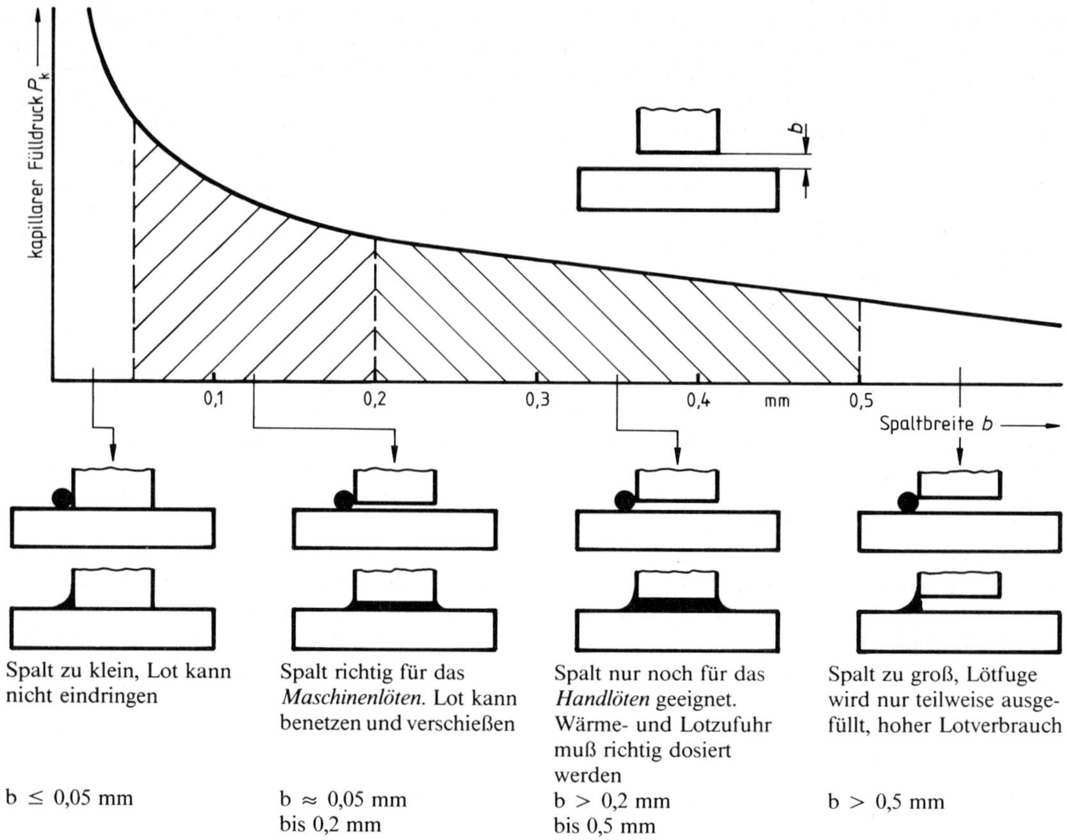

Bild 2.35 Kapillarer Fülldruck P_k in Abhängigkeit von der Spaltbreite b (schematisch)

$$h \sim p_k \sim \frac{\gamma_H}{b}$$

γ_H = Haftspannung
b = Spaltbreite

Die Steighöhe hängt also nicht nur von der Art des Lotes (γ_H), sondern auch in erheblichem Umfang von der Breite des Lötspaltes ab. Bild 2.35 zeigt diesen Zusammenhang. Bei Spaltbreiten > 0,5 mm ist der Kapillardruck (Steighöhe) so gering, daß der Lötspalt nicht vollständig ausgefüllt wird. Für das *Handlöten* ergeben sich günstige Bedingungen bei Spaltbreiten zwischen 0,2 mm und 0,5 mm. Der geringe Kapillardruck erfordert aber große Aufmerksamkeit und eine dosierte Wärme- und Lotzufuhr. Die für das *Maschinenlöten* erforderliche große Steighöhe des Lotes läßt sich mit Spaltbreiten von etwa 0,05 mm bis 0,2 mm erreichen. Das ist für die Massenfertigung von größter Bedeutung.

Das flüssige Lot wird in den Spalt hineingetrieben und füllt bei richtiger Spaltgeometrie und gereinigten Oberflächen den gesamten Spalt lückenlos aus. Die Verwendung teurer in den Spalt eingebrachter „Lotdepots" ist nicht erforderlich. Ein preiswerter *außerhalb* der Spalten angeordneter Drahtring ist ausreichend. Bild 2.34 zeigt beispielhaft die Umsetzung dieser Überlegungen in eine konstruktive Form. Bemerkenswert ist außerdem die zum Abfluß des Flußmittels vorzusehende Bohrung. Andernfalls entstehen Flußmitteleinschlüsse, wodurch die Lötstelle einen zu geringen *Füllgrad* (mit Lot) hat.

Da die Legierungszone i.a. nur einige µm dick ist, wird die Sicherheit der Lötverbindung selbst in Anwesenheit intermediärer Verbindungen nicht beeinträchtigt. Damit sind, im Gegensatz zu Schweißverbindungen, metallurgische oder werkstoffliche Überlegungen bei der Auswahl geeigneter Lote i. a. von untergeordneter Bedeutung. Wird der Werkstoff von dem Lot benetzt, dann ist eine Lötung möglich.

Die geringen metallurgischen Schwierigkeiten erleichtern das Verbinden artverschiedener „unverträglicher“ Werkstoffe außerordentlich. Dafür haben sich in der Praxis Hartlote mit niedriger Arbeitstemperatur besonders bewährt. Ein bemerkenswertes Beispiel ist das wirtschaftliche und einfache Verbinden von Formteilen aus Schnellarbeitsstählen und Schäften aus unlegiertem Stahl mittels Löten. Schweißen ist in diesem Fall wegen der entstehenden extrem spröden Gefüge absolut unmöglich. Trotzdem können beim Löten einiger Werkstoffe metallurgische Probleme entstehen, die in erster Linie auf die Verwendung „falscher“ Lote zurückzuführen sind. Bei kaltverformten Teilen aus Stahl kann bei kupfer- und zinkhaltigen Loten bei Temperaturen oberhalb 900 °C die sehr unangenehme *Lotbrüchigkeit* entstehen. Dabei diffundiert bevorzugt Kupfer (oder Zink) an die Korngrenzen des unter Spannung stehenden Stahls, dadurch verursacht der flüssige Lotfilm Korngrenzentrennungen (siehe auch S. 245). Diese beim Verbindungsschweißen von Kupfer mit Stahl (ohne besondere Maßnahmen) nicht vermeidbare Schadensform läßt sich durch Lote mit entsprechend niedriger Arbeitstemperatur sicher vermeiden. Die für die Festigkeit der Lötverbindung entscheidenden Vorgänge spielen sich in der Legierungszone ab. Einige charakteristische Ausbildungsformen sind in Tabelle 2.3 dargestellt.

Die Lote sind meistens Legierungen, die häufig aus Schwermetallen bestehen (z.B. Blei, Zinn, Zink, Silber). Lote, die dünnflüssig, gut verschießen und rasch erstarren müssen, sind oft eutektische Legierungen.

Ein typisches Beispiel sind die eutektischen Blei-Zinn-**Weichlote** mit einer Solidustemperatur von 183 °C (siehe Bild 5.46). Zum Handlöten (Kabellöten, Klempnerarbeiten) ist eine bestimmte Teigigkeit des Lotes zweckmäßig, die die Modellierfähigkeit verbessert. In diesen Fällen werden Lote mit größeren Erstarrungsintervallen verwendet.

Die *Silberlote* sind wegen ihrer sehr niedrigen Arbeitstemperatur die wichtigsten Standard-**Hartlote.** Das Lot L-Ag40Cd (40% Silber!) besitzt mit 610 °C die niedrigste Arbeitstemperatur aller Hartlote. Wegen der geringen thermischen Beeinflussung der Grundwerkstoffe und der geringen Lötzeiten wird es trotz des hohen Preises in der Praxis vielfach verwendet. **Hochtemperaturlote** auf der Basis Silber (50% bis 70%), Kupfer (bis 80%) und Palladium (5% bis 30%) können bei Betriebstemperaturen bis zu 800 °C verwendet werden.

Tab. 2.3 Metallurgische Vorgänge in den Diffusionszonen unterschiedlicher Kombinationen von Hartlot und Grundwerkstoff

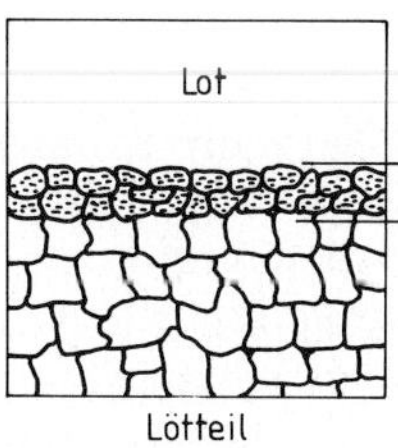 	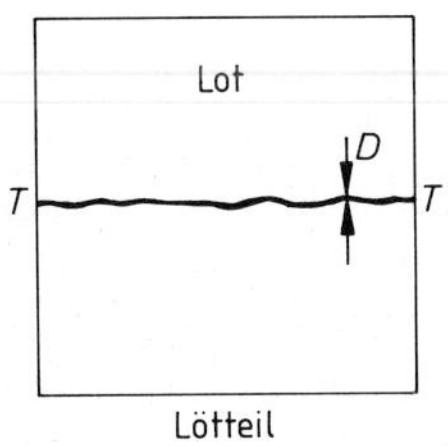 	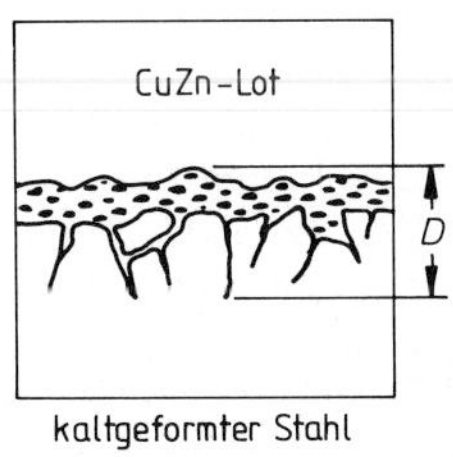 	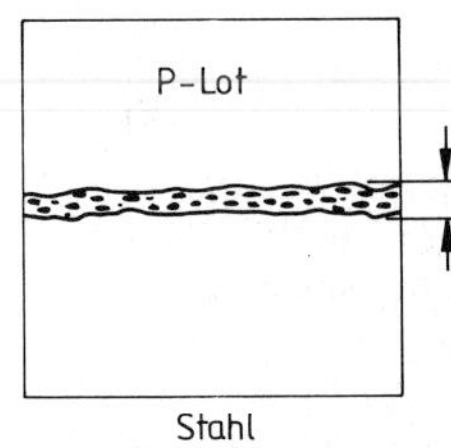
Die Diffusionszone D besteht aus Mischkristallen. Ähnlich wie beim Schweißen entsteht eine hochwertige zähe Verbindung. Geringe Anteile intermediärer Phasen verringern – im deutlichen Gegensatz zum Schweißen – die Sicherheit der Lötverbindung nicht.	Bei Verwendung von Loten mit sehr niedriger Schmelztemperatur ist eine Diffusionszone D im üblichen Mikroskop nicht erkennbar, sondern nur eine leicht gewellte Trennlinie T-T. Wegen der geringen Dicke von D sind keinerlei metallurgische Schwierigkeiten zu erwarten.	Wird Stahl mit Cu-haltigen Loten gelötet, dann dringt das Cu entlang der Korngrenzen in den Stahl. Unter Zugspannungen entstehen Korngrenzentrennungen ($T \geq 900\,°C$), solange das Lot flüssig ist. **Abhilfe:** Lote mit *niedrigen Arbeitstemperaturen* verwenden.	Werden Stähle mit phosphorhaltigen Loten gelötet, dann entsteht durch Reaktion des Lotbestandteils Cu_3P mit Fe eine dünne, zusammenhängende und extrem spröde Schicht aus Eisenphosphid Fe_3P. P-haltige Lote können daher für Fe-Werkstoffe nicht verwendet werden.

Wegen der hohen Arbeitstemperaturen ($\geq$ 1000 °C) ist die Verwendung von Flußmitteln i. a. nicht empfehlenswert, da sie zu dünnflüssig werden und keinen sicheren Oxidationsschutz mehr bieten. In diesen Fällen hat sich das Löten unter

- *Schutzgas* oder
- *Vakuum*

besser bewährt. Der Mechanismus der Oxidlösung ist insbesondere beim Löten unter Vakuum nicht in allen Einzelheiten bekannt. Tatsächlich können Werkstoffe gelötet werden, deren Oberflächen mit sehr stabilen Oxiden bedeckt sind, wie z. B. austenitische Chrom-Nickel-Stähle, Titan, Beryllium. Es entstehen saubere hochwertige Lötstellen mit hohem Füllgrad (keine Einschlüsse), die hervorragende Festigkeitseigenschaften besitzen. Wegen des großen apparativen Aufwandes werden diese mit sauerstofffreier Atmosphäre arbeitenden Lötverfahren nur für hochwertige Bauteile aus den Bereichen Reaktortechnik, Raumfahrt, Elektronik verwendet. Die hierfür in Frage kommenden Lote müssen Legierungselemente enthalten, deren Dampfdruck bei der Arbeitstemperatur ausreichend niedrig ist. Danach sind vor allem reine Metalle wie z. B. Kupfer, Silber, Gold, Platin und ihre Legierungen geeignet. Die Arbeitstemperaturen liegen zwischen 800 °C und 1770 °C (reines Platin!).

2.6 Eigenspannungen

Eigenspannungen sind Spannungen im Innern eines Werkstückes, die ohne Angriff äußerer Kräfte vorhanden sind. Es müssen folglich innerhalb eines Bauteiles Bereiche mit *Zugeigenspannungen* im Gleichgewicht sein mit solchen, in denen *Druckeigenspannungen* vorliegen.

Abhängig von der Verteilung der Eigenspannungen und je nach den hinzukommenden äußeren Beanspruchungen kann ein Eigenspannungszustand günstig oder ungünstig sein. Im allgemeinen sind *Druckeigenspannungen* in den Oberflächenzonen eines Bauteiles *günstig,* weil Werkstoffschädigungen, z. B. durch Rißbildung, überwiegend von der Oberfläche ausgehen. Da zur Rißbildung aber kritische Zugspannungswerte überschritten werden müssen, können die äußeren Belastungen höher sein, wenn zunächst Druckeigenspannungen überwunden werden müssen.

Eigenspannungen können in jeder Phase der Werkstückherstellung entstehen. Ursachen sind Temperaturdifferenzen und unterschiedliche Verformungsgrade. *Hohe Abkühlgeschwindigkeiten* führen beim Schwinden und Schrumpfen von Gußstücken, bei der Wärmebehandlung und beim Schweißen unvermeidlich zu Eigenspannungen, um so mehr, je größer die Wanddickenunterschiede sind und je komplizierter die Gestalt des Werkstückes ist. *Unterschiedliche Verformungsgrade* bewirken sowohl bei der Kaltformgebung als auch bei der Warmformgebung mehr oder weniger starke Eigenspannungen. Auch die spanende Bearbeitung ruft Spannungen zumindest in Oberflächenschichten hervor.

Eigenspannungen sind häufig Mitursache von Schäden. Da es sich allerdings nicht um ein reines Werkstoffproblem handelt, kann gerade die werkstoffgerechte Gestaltung von Konstruktionen entscheidend zur Vermeidung oder Verminderung ungünstiger Eigenspannungszustände beitragen.

Bei den verschiedenartigen Möglichkeiten der Entstehung von Eigenspannungen wird aufgrund der Größe der von ihnen erfaßten Bereiche zwischen Makro- und Mikroeigenspannungen unterschieden.[1] **Makroeigenspannungen** erstrecken sich über mehrere Körner, während sich **Mikroeigenspannungen** innerhalb eines Kristalliten nach Größe und Richtung ändern. Bei Makroeigenspannungen treten grundsätzlich auch Mikroeigenspannungen auf.

2.6.1 Eigenspannungen infolge Kaltverformung

Bei jeder Kaltverformung werden Eigenspannungen erzeugt, weil die plastischen Verformungen *ungleichmäßig* über den Querschnitt verteilt sind. Als Beispiel diene ein einfacher Biegestab.

Bei *elastischer* Verformung ergibt sich in einem gebogenen Stab ein linearer Spannungsverlauf, der von einer Druckspannung an der Krümmungsinnenseite über die spannungsfreie neutrale Faser auf eine Zugspannung an der Krümmungsaußenseite steigt (Bild 2.36 a). Wird die Belastung gesteigert, so weicht der Spannungsverlauf entsprechend der *plastischen* Verformung des Werkstoffes von der linearen Gesetzmäßigkeit ab (Bild 2.36 b). Dabei werden die Fasern an der Innenseite bleibend verkürzt und an der Außenseite bleibend gestreckt, während in der Nähe der neutralen Faser die Verformung elastisch bleibt.

[1] Eine häufige Einteilung ist auch: Eigenspannungen 1., 2. und 3. Art.

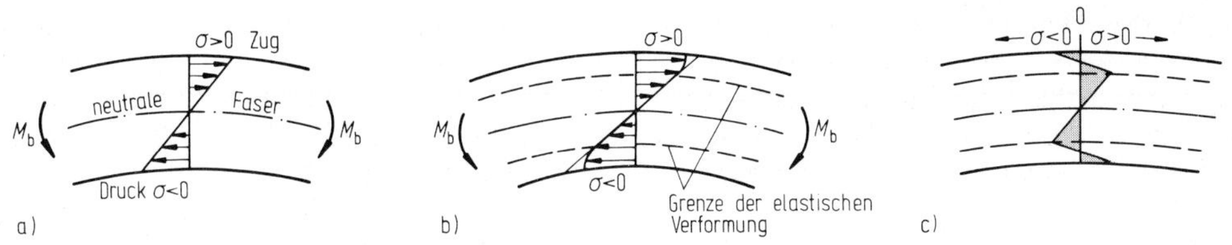

2.36 Eigenspannungen bei Biegeverformung
a) elastische Verformung
b) elastische und plastische Verformung
c) verbleibende Eigenspannungen nach Entlastung (Restspannungen)

Nach Wegnahme des äußeren Biegemomentes können die elastischen Spannungen nicht ganz abgebaut werden, weil die gestreckten bzw. gestauchten Randzonen eine vollständige Rückverformung verhindern. Da der Spannungsverlauf sich kontinuierlich ändern muß, stellt sich die in Bild 2.36c wiedergegebene *Eigenspannungsverteilung* ein. Die Krümmungsaußenseite hat jetzt an der Oberfläche Druckeigenspannungen, die Innenseite Zugeigenspannungen.

2.6.2 Eigenspannungen infolge schneller Abkühlung

Vor allem bei hohen Abkühlgeschwindigkeiten ergeben sich größere *Temperaturunterschiede* zwischen den oberflächennahen Bereichen und der Kernzone eines Werkstückes. Der durch die tieferen Temperaturen an der Oberfläche bewirkte Schrumpfprozeß wird durch die wärmere Kernzone behindert. Folglich entstehen in der Nähe der Oberfläche Zugeigenspannungen (Bild 2.37a). Dieser Eigenspannungszustand wird meistens durch plastische Verformungen in der warmen Kernzone weitgehend abgebaut.

Beim nachfolgenden Erkalten und dem damit verbundenen Schrumpfen des Kerns, wird dieser Vorgang nun durch die kalte Oberflächenzone behindert. Die Folge sind jetzt Druckeigenspannungen in der Randzone und Zugeigenspannungen im Kern. Wegen der gegenüber dem warmen Zustand stark verminderten plastischen Verformbarkeit bleibt diese Spannungsverteilung weitgehend erhalten (Bild 2.37b).

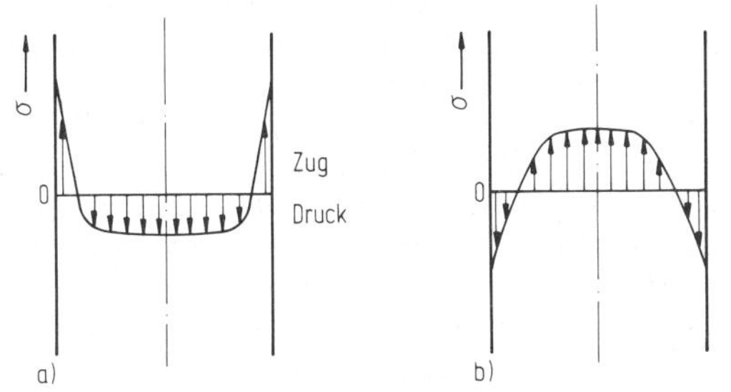

Bild 2.37 Eigenspannungen infolge schneller Abkühlung
a) Spannungsverteilung zu Beginn (während) des Abkühlens
b) Spannungsverteilung nach der Abkühlung

2.6.3 Nachweis und Abbau von Eigenspannungen

Die vollständige *Ermittlung* von Eigenspannungsverteilungen in einem Werkstück ist nur durch dessen *Zerstörung* möglich. Das Werkstück wird dazu in dünnen Schichten spanend abgearbeitet, wodurch das Gleichgewicht der Eigenspannungen gestört wird. Die Folge sind Formänderungen, aus denen rückwirkend die Eigenspannungen berechnet werden können. Die Störung des Gleichgewichtes der Eigenspannungen führt auch zu dem unerwünschten *Verzug* bei der spanenden Bearbeitung nicht entspannter Werkstücke.

Eine *zerstörungsfreie Messung* von Eigenspannungen ist in oberflächennahen Schichten möglich. Durch die elastischen Spannungen werden die einzelnen Ebenen des Kristallgitters verschoben (siehe S. 15). Da Röntgenstrahlen an den Gitterebenen reflektiert werden (siehe S. 135), kann man aus der Änderung der Reflexionsbedingungen die Eigenspannungen ermitteln.

Eine *Verminderung von Eigenspannungen* ist durch Spannungsarmglühen des Werkstückes möglich. Hierzu muß die Temperatur so weit erhöht werden, daß die inneren Spannungen plastische Verformungen bewirken. Die im allgemeinen ungleichförmige Spannungsverteilung hat dann ggf. einen Verzug des Werkstückes zur Folge. Neue Eigenspannungen müssen durch langsame Abkühlung vermieden werden.

Ergänzende und weiterführende Literatur

Roll, F. (Hrsg.): Handbuch der Gießerei-Technik Band I, Springer-Verlag, Berlin, 1960

Schatt, W. (Hrsg.): Einführung in die Werkstoffwissenschaft, VEB Deutscher Verlag für Grundstoffindustrie, Leipzig, 1972

Wirtz, H.: Verhalten der Stähle beim Schweißen, Band I: Grundlagen, 3. Auflage, 1980, Band II: Anwendung, 2. Auflage 1977, Deutscher Verlag für Schweißtechnik (DVS), Düsseldorf

3 Werkstoffprüfung

Werkstoffkennwerte, Prüfverfahren, Einflüsse

Die Definition der gebräuchlichsten Werkstoffkennwerte, d. h. ihre Beschreibung und ihre Bedeutung bilden das Wesentliche dieses Kapitels. Demgegenüber steht eine nähere Beschreibung der Prüfverfahren im Hintergrund, eine Darstellung einzelner Gerätetypen oder Meßeinrichtungen wird vollkommen vermieden. Stattdessen wird den Einflüssen prüftechnischer oder werkstofflicher Gegebenheiten auf die Kennwerte breiterer Raum gewidmet.

3.1 Statische Festigkeits- und Verformungskennwerte

3.1.1 Spannung–Verformung–Verlauf

Jede Belastung führt auch zu einer Verformung eines Bauteiles. Nimmt das Bauteil nach Entlastung seine alte Form wieder an, war die Verformung *elastisch*. Bleiben dagegen nach der Entlastung Formänderungen zurück, so heißt die Verformung *plastisch* oder *bleibend*. Die unterschiedlichen Vorgänge im Kristallgitter bei elastischen und plastischen Verformungen sind im Kapitel Metallkunde beschrieben (siehe S. 15).

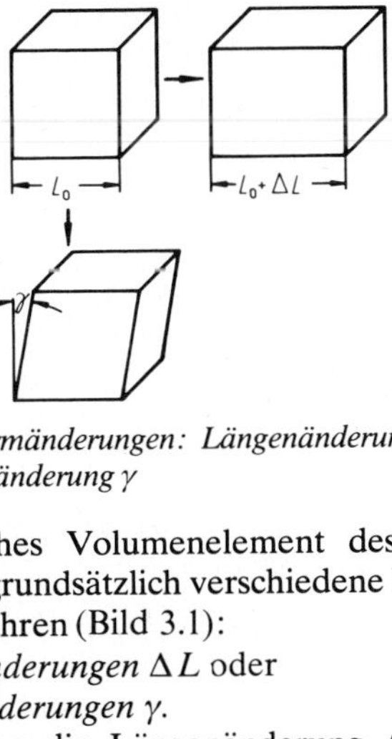

Bild 3.1 Formänderungen: Längenänderung ΔL, Winkeländerung γ

Ein endliches Volumenelement des Bauteiles kann zwei grundsätzlich verschiedene Formänderungen erfahren (Bild 3.1):

- *Längenänderungen* ΔL oder
- *Winkeländerungen* γ.

Bezieht man die Längenänderung ΔL auf die parallele Ausgangslänge L_0, so erhält man die dimensionslose Größe,

$$\varepsilon = \frac{\Delta L}{L_0},$$

die **Dehnung** genannt wird. Eine bleibende Verlängerung wird auch als *Reckung* bezeichnet. Für eine Verkürzung ist allgemein die Bezeichnung *Stauchung* gebräuchlich. Die bereits dimensionslose Winkeländerung γ hat die Bezeichnung **Schiebung.**

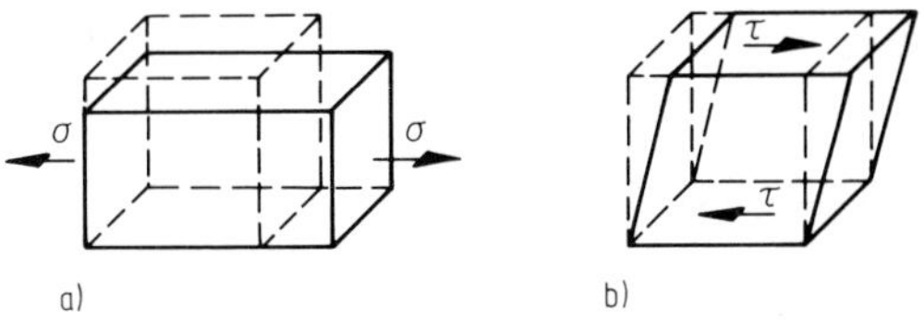

Bild 3.2 a) Normalspannung σ
b) Schubspannung τ

Der zur Verformung des Elementes erforderliche, auf die Flächeneinheit bezogene Kraftanteil heißt **Spannung.** Ebenso wie die Verformungsmöglichkeiten ist auch die Art der Kraftwirkung grundsätzlich unterschiedlicher Natur. Zum Hervorrufen einer Dehnung muß die Kraft rechtwinklig (normal) zur Bezugsfläche wirken (Bild 3.2a). Die Spannung ist dann eine **Normalspannung** σ. Bei einer Schiebung wirkt die Kraft parallel (tangential) zur Bezugsfläche (Bild 3.2b). Die Spannung heißt **Schubspannung** τ.
Kennzeichnend für Zug-, Druck- oder Biegebelastungen sind Normalspannungen, die entsprechend der Beanspruchungsart durch Indizes σ_z, σ_d bzw. σ_b unterschieden werden. Biegespannungen σ_b sind dabei auch wieder Zug- oder Druckspannungen, die eine für die Biegung charakteristische Verteilung über den Querschnitt aufweisen. Positive Normalspannungswerte ohne Index, z. B. $\sigma = 20\ \text{N/mm}^2$, sind allgemein als Zugspannungen zu lesen, während ein negatives Vorzeichen, z. B. $\sigma = -20\ \text{N/mm}^2$, üblicherweise eine Druckspannung kennzeichnet.
Ist ein Bauteil auf Scherung oder Verdrehung (Torsion) beansprucht, so sind die hervorgerufenen Abscher- oder Torsionsspannungen Schubspannungen τ_a bzw. τ_t. Wie bereits bei der Metallkunde angedeutet, erzeugt aber jede äußere Belastung innerhalb des Bauteiles sowohl Normalspannungen als auch Schubspannungen (siehe Bild 1.40, S. 15).

Bild 3.3 zeigt den für die meisten metallischen Werkstoffe charakteristischen Zusammenhang zwischen Spannung und Verformung. Der Kurvenverlauf ist gekennzeichnet durch einen zunächst linearen Anstieg, dem Bereich überwiegend elastischer Verformungen. Anschließend folgt eine gekrümmte Linie, die von einem zunehmenden Anteil plastischer Verformungen geprägt ist.

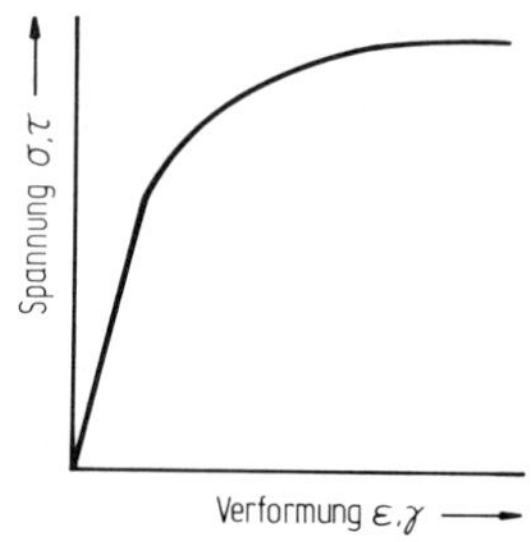

Bild 3.3 Spannung-Verformung-Diagramm

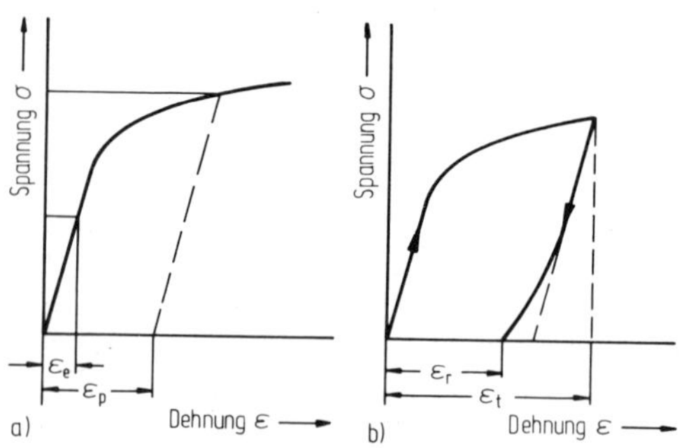

Bild 3.4 Dehnungsdefinitionen
a) elastische Dehnung ε_e, nichtproportionale Dehnung ε_p
b) bleibende Dehnung ε_r, Gesamtdehnung ε_t

Aus dem Verlauf der Kurve im Spannung-Dehnung-Diagramm ergeben sich nach DIN 50145 folgende Möglichkeiten zur Definition der unterschiedlichen Dehnungsanteile:

- die im linearen Teil der Kurve auftretende Dehnung ist die **elastische Dehnung** ε_e (Bild 3.4a),
- der Dehnungsbetrag, um den die Kurve von der Verlängerung der elastischen Geraden abweicht, wird **nichtproportionale Dehnung** ε_p genannt (Bild 3.4a),
- die insgesamt bei einer bestimmten Spannung auftretende Verformung wird gekennzeichnet durch die **gesamte Dehnung** ε_t (Bild 3.4b),
- Entlastung des Werkstoffes aus dem nichtproportionalen Bereich bis zur Spannung Null ergibt die **bleibende Dehnung** ε_r (Bild 3.4b).

Im Rahmen der Meßgenauigkeit sind nichtproportionale Dehnung ε_p und bleibende Dehnung ε_r meistens praktisch gleich und werden deshalb im allgemeinen unter dem Begriff *plastische Dehnung* zusammengefaßt. Eine derartige Vereinfachung ist jedoch z. B. bei Zugversuchen bei erhöhten Temperaturen oder bei Kriechversuchen nicht zulässig.

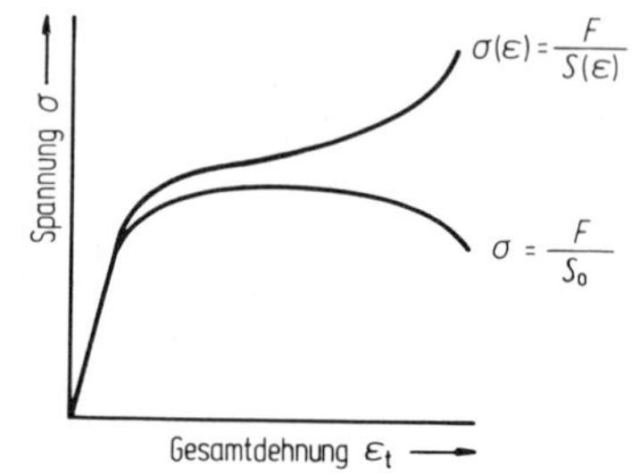

Bild 3.5 Spannung-Dehnung-Kurve im Zugversuch (Zerreißschaubild)
σ = Nennspannung, $\sigma(\varepsilon)$ = wahre Spannung

Wird die Belastung auf den kleinsten Querschnitt S_0 zu Beginn der Beanspruchung bezogen, so erhält man die *Nennspannung* σ bzw. τ. Ist dagegen der mit zunehmender Verformung jeweils veränderliche kleinste Querschnitt $S(\varepsilon)$ Bezugsfläche, so ergibt diese die *wahre Spannung* $\sigma(\varepsilon)$. Bild 3.5 zeigt vergleichsweise den Verlauf von Nennspannung und wahrer Spannung bei Zugbeanspruchung. Während die Nennspannung das Verhalten der Konstruktion charakterisiert, ist die wahre Spannung Merkmal für das reine Werkstoffverhalten. Sie wird deshalb auch zusammen mit der wahren Verformung (siehe S. 73) für die Aufstellung von Fließkurven benutzt, die das Umformverhalten von Werkstoffen wiedergeben.

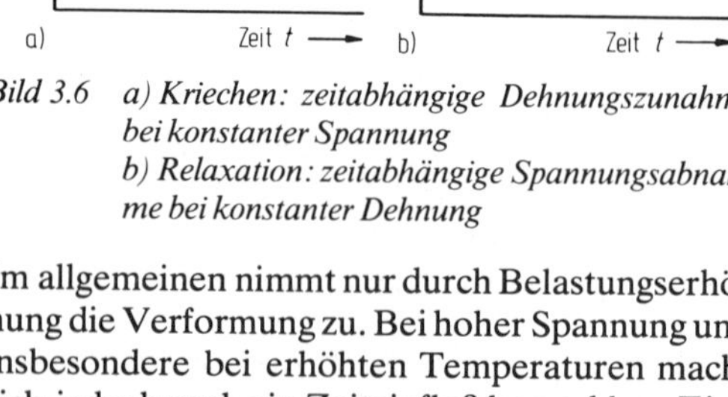

Bild 3.6 a) Kriechen: zeitabhängige Dehnungszunahme bei konstanter Spannung
b) Relaxation: zeitabhängige Spannungsabnahme bei konstanter Dehnung

Im allgemeinen nimmt nur durch Belastungserhöhung die Verformung zu. Bei hoher Spannung und insbesondere bei erhöhten Temperaturen macht sich jedoch auch ein Zeiteinfluß bemerkbar. Eine stetige Zunahme der Verformung bei konstanter Belastung wird als **Kriechen** bezeichnet (Bild 3.6a). Kriechvorgänge sind z. B. in Wärme-

kraftanlagen, bei denen Bauteile erhöhten Drükken und Temperaturen ausgesetzt sind, von Bedeutung. Aber auch bei normalen Temperaturen müssen Kriechvorgänge beachtet werden, z. B. in Freileitungen.
Andererseits kann bei konstanter Verformung im Laufe der Zeit ein Spannungsabfall eintreten (Bild 3.6b). Dieser Vorgang wird als **Relaxation** bezeichnet. Eine Erscheinung der Relaxation ist z. B. das »Erlahmen« von Federn bei fest vorgegebener Einbaulänge, wobei ein Kraftabfall entsteht.

3.1.2 Elastische Kennwerte

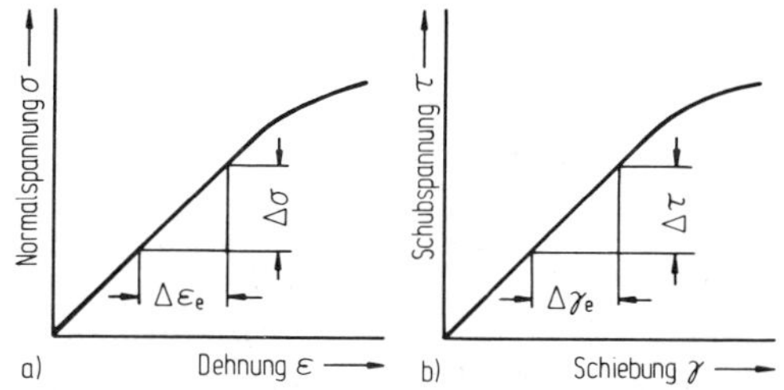

Bild 3.7 Definition des Elastizitätsmoduls E und des Schubmoduls G
a) $E = \Delta\sigma/\Delta\varepsilon_e$
b) $G = \Delta\tau/\Delta\gamma_e$

Der lineare Anstieg der Spannung-Verformung-Kurve kennzeichnet eine Proportionalität zwischen Spannung und elastischer Verformung. Der Proportionalitätsfaktor zwischen Normalspannung und Dehnung (Bild 3.7a)

$$\frac{\Delta\sigma}{\Delta\varepsilon_e} = E$$

wird **Elastizitätsmodul** genannt, der zwischen Schubspannung und Schiebung (Bild 3.7b)

$$\frac{\Delta\tau}{\Delta\gamma_e} = G$$

Schubmodul (oder auch Gleitmodul).
Nimmt man statt der Spannungs- und Verformungsdifferenzen deren Absolutwerte, so erhält man das **Hookesche Gesetz:**

$$\sigma = E \cdot \varepsilon_e \text{ bzw. } \tau = G \cdot \gamma_e.$$

Da Dehnung und Schiebung dimensionslos sind, haben Elastizitätsmodul und Schubmodul ebenfalls die Dimension einer Spannung. Sie stellen gewissermaßen die »Federkonstante« des Werkstoffes dar. Bei technischen Metallen beträgt der Elastizitätsmodul zwischen 16 kN/mm² (Blei) und 450 kN/mm² (Molybdän).

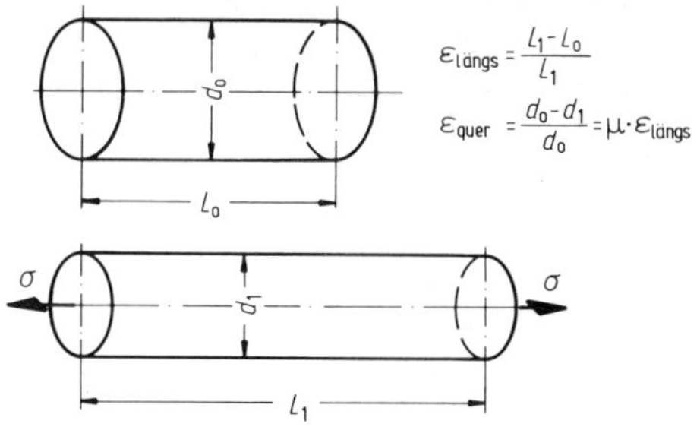

Bild 3.8 Längsdehnung und Querdehnung (Querkontraktion)

Bei der Verformung metallischer Werkstoffe hat eine Längen*zunahme* zwangsläufig eine Querschnitts*abnahme* zur Folge (Bild 3.8). Diese als **Querkontraktion** bezeichnete Erscheinung wird gekennzeichnet durch die **Poisson-Zahl:**

$$\mu = \frac{\varepsilon_{quer}}{\varepsilon_{längs}}$$

Die Poisson-Zahl kann für die elastische Verformung der meisten Metalle mit genügender Genauigkeit mit 0,3 angenommen werden.
Zwischen Elastizitätsmodul, Schubmodul und Poisson-Zahl besteht die Beziehung:

$$E = 2 \cdot (1 + \mu)\, G \approx 2{,}6 \cdot G.$$

Neben der meist zu beobachtenden linearen Elastizität mit konstantem Elastizitätsmodul treten bei einigen Metallen und besonders bei nichtmetallischen Werkstoffen nichtlineare Elastizitätserscheinungen auf. Für diese Werkstoffe gilt das Hookesche Gesetz nicht. Der Elastizitätsmodul ist dann von der Spannung bzw. von der Verformung abhängig.
Das wichtigste Beispiel für das Auftreten nichtlinearer Elastizität bei Metallen ist Grauguß. Bedingt durch den besonderen Gefügeaufbau dieses Werkstoffes ist der Elastizitätsmodul bei Zugbeanspruchung stark spannungsabhängig und beträgt z. B. für GG-20 90 kN/mm² bis 120 kN/mm². Bei Druckbeanspruchung ist er dagegen in einem weiten Spannungsbereich annähernd konstant und beträgt ca. 120 kN/mm².
Eine Unterscheidung des Elastizitätsmoduls bei Zugspannungen einerseits und Druckspannungen andererseits ist auch bei manchen anderen, z. B. Sinterwerkstoffen und nichtmetallischen Werkstoffen erforderlich. Der Elastizitätsmodul bei Druckspannungen ist nicht zu verwechseln mit dem *Kompressionsmodul.* Während ersterer das elastische Werkstoffverhalten unter einachsiger Druckbeanspruchung wiedergibt, kennzeichnet letzterer das Verhalten unter hydrostatischem (allseitigem) Druck.

3.1.3 Kennwerte des Zugversuchs nach DIN 50145

Für eine Vergleichbarkeit von Versuchsergebnissen müssen vergleichbare Probenformen vorliegen. Diese Probenformen sind deshalb z. B. in DIN 50125 genormt. Die dort aufgeführten Proben sind (kurze) Proportionalstäbe, die z. B. bei rundem Querschnitt durch das Verhältnis von Meßlänge zu Durchmesser mit

$$\frac{L_0}{d_0} = 5$$

gekennzeichnet sind. Lange Proportionalstäbe mit $L_0/d_0 = 10$ enthält die neueste Ausgabe der DIN 50125 nicht mehr.

Die Belastungsgeschwindigkeit darf bei einem Versuch bestimmte Grenzwerte nicht überschreiten. Der Verlauf der Nennspannung σ über die Gesamtdehnung ε_t, wie er sich bei den meisten Metallen infolge einer Zugbeanspruchung bis zum Bruch einstellt, ist in Bild 3.9 wiedergegeben.

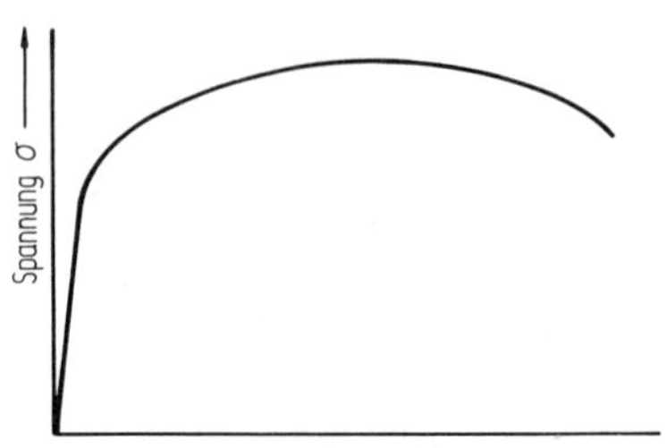

Bild 3.9 Spannung-Dehnung-Kurve

Die *Verformungskennwerte*, die beim Zugversuch ermittelt werden, bieten eine bessere Grundlage für die *Beurteilung des Werkstoffverhaltens* als die Festigkeitswerte. Im einzelnen kann man die Bruchdehnung, die Gleichmaßdehnung und die Brucheinschnürung ermitteln. Die **Bruchdehnung** A (δ)[1] (Dehnung nach dem Bruch) ist die auf die Anfangsmeßlänge L_0 bezogene bleibende Längenänderung ΔL_r nach dem Bruch. Die Bruchdehnung wird in Prozent angegeben:

$$A = \frac{\Delta L_r}{L_0} \cdot 100\,\%.$$

Da der Wert der Bruchdehnung durch das Verhältnis von Meßlänge zu Probenquerschnitt mitbestimmt wird, ist das Symbol durch entsprechende Indizes mit A_5 bzw. A_{10} näher zu kennzeichnen. Die Bruchdehnungen technischer Metalle liegen zwischen Werten unter 1%, z. B. Grauguß, und etwa 50% bei weichem Kupfer. Im allgemeinen weisen Gußwerkstoffe schlechtere Werte aus als Knetwerkstoffe und Legierungen geringere als reine Metalle.

Die **Gleichmaßdehnung** A_g (δ_g) ist die auf die Anfangsmeßlänge L_0 bezogene nichtproportionale Verlängerung ΔL_{pm} bei Beanspruchung der Zugprobe durch die Höchstkraft F_m:

$$A_g = \frac{\Delta L_{pm}}{L_0} \cdot 100\,\%.$$

Die Bezeichnung Gleichmaßdehnung drückt aus, daß sich die Probe bis zur Höchstkraft F_m weitgehend gleichmäßig über die ganze Länge dehnt. Die mit der Längenzunahme verbundene Verminderung des Querschnittes ist bei plastischer Verformung nicht nur auf die elastische Querkontraktion, sondern überwiegend darauf zurückzuführen, daß das Volumen annähernd konstant bleiben muß. Die weitere Längenänderung beschränkt sich nur auf einen Teil der Länge, wobei sich die Probe wegen der Querschnittsminderung einschnürt (Bild 3.10). In der Regel sinkt bei Einschnürung der Probe die übertragene Prüfkraft und damit die auf den Anfangsquerschnitt bezogene Nennspannung wieder ab (Bild 3.9). Ursache ist, daß der (kleinste) Querschnitt stärker abnimmt als die Formänderungsfestigkeit (wahre Spannung) zunimmt.

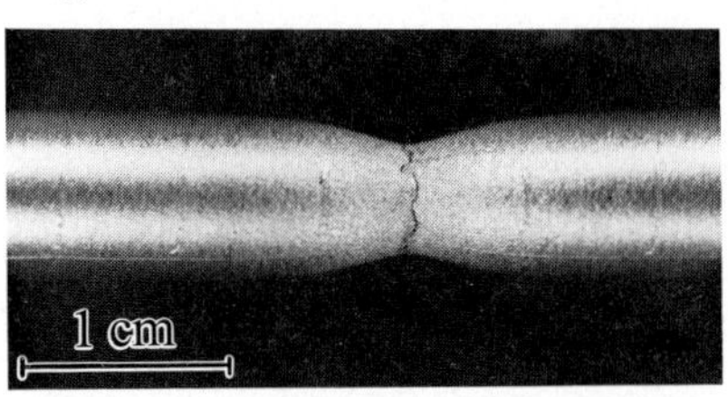

Bild 3.10 Eingeschnürte Zugprobe aus St 42

Da die Messung der Bruchdehnung symmetrisch zur Einschnürung erfolgt und der eingeschnürte Bereich besonders stark gedehnt wird, ist die Bruchdehnung A_5 immer größer als die Bruchdehnung A_{10} desselben Stabes. Sind bei einer Probe beide Werte ermittelt worden, so läßt sich daraus auch die Gleichmaßdehnung mit $A_g = 2 \cdot A_{10} - A_5$ hinreichend genau berechnen. Die Gleichmaßdehnung hat als Grenzwert einer gleichmäßigen Umformbarkeit entsprechende Bedeutung für die Fertigungstechnik.

[1] Die Symbole in ( ) waren früher üblich und sind noch häufig in der Literatur zu finden.

Der dritte Verformungskennwert ist die **Brucheinschnürung** (Einschnürung nach dem Bruch) Z (ψ). Sie ist die größte auf den Anfangsquerschnitt S_0 bezogene Querschnittsänderung ΔS und wird ebenfalls in Prozent angegeben:

$$Z = \frac{\Delta S}{S_0} \cdot 100\,\%.$$

Die Werte liegen zwischen 0% und 80%. Brucheinschnürung und Dehnungswerte gehen nicht unmittelbar in Dimensionierungsberechnungen von Konstruktionen ein. Alle drei Größen ermöglichen aber die qualitative Beurteilung des Werkstoffverhaltens beim Eintritt eines Versagens. Dabei läßt insbesondere die Größe der Brucheinschnürung erkennen, ob ein Werkstoff zu sprödem Bruch neigt (Bild 3.11).

a) b)

Bild 3.11 Brucheinschnürung
a) E-Cu, weichgeglüht, Z = 80%
b) C 60, gehärtet, Z = 0%

Für die *Dimensionierung von Bauteilen* sind dagegen die *Festigkeitskennwerte* des Zugversuchs von besonderer Bedeutung, weil sich aus ihnen die Belastbarkeit der Konstruktion berechnen läßt. Es werden drei Kennwerte unterschieden: die Dehngrenze, die Streckgrenze und die Zugfestigkeit.

Dehngrenzen sind Spannungen bei einer bestimmten nichtproportionalen Dehnung ε_p (Bild 3.12), wobei der Zahlenwert von ε_p in % die Dehngrenze näher kennzeichnet. Man unterscheidet üblicherweise die *0,01%-Dehngrenze* $R_{p0,01}$ ($\sigma_{0,01}$), die auch als **Technische Elastizitätsgrenze** bezeichnet wird, die *0,2%-Dehngrenze* oder kurz **0,2-Grenze** $R_{p0,2}$ ($\sigma_{0,2}$) und in einigen Fällen, insbesondere bei höheren Temperaturen, die *1%-Dehngrenze* R_{p1} (σ_1). Eine Elastizitätsgrenze oder Proportionalitätsgrenze, bis zu der die Verformung gerade noch vollständig linear-

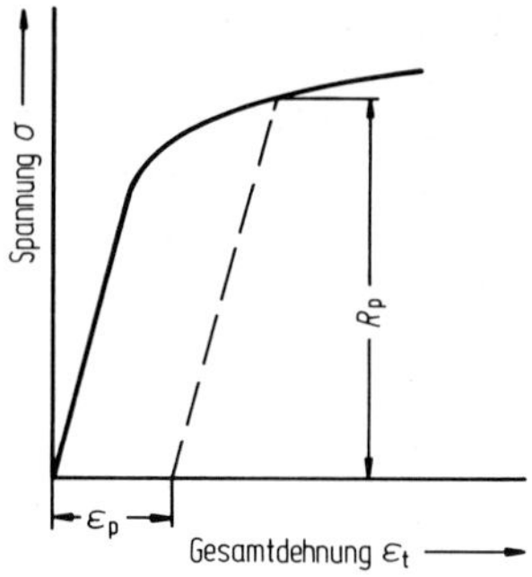

Bild 3.12 Definition von Dehngrenzen R_p

elastisch ist, existiert als Werkstoffkennwert nicht, weil ihr Zahlenwert von der erreichbaren Meßgenauigkeit abhängt.

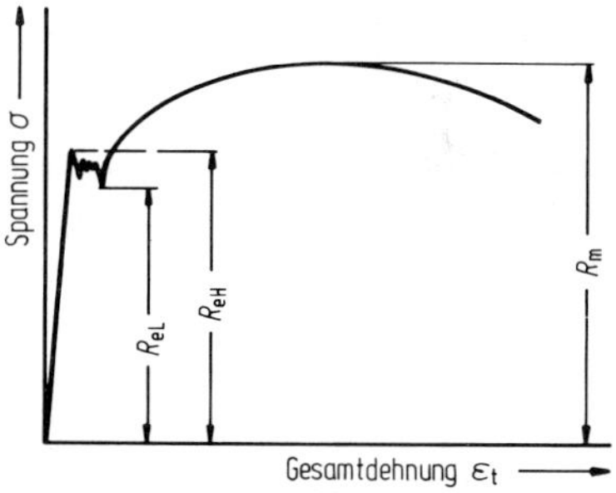

Bild 3.13 Spannung-Dehnung-Kurve eines Werkstoffes mit ausgeprägter Streckgrenze

Einige Werkstoffe, insbesondere weicher Stahl, haben nicht den in Bild 3.9 wiedergegebenen stetigen Verlauf der Spannung-Dehnung-Kurve, sondern weisen die in Bild 3.13 angedeuteten Unstetigkeiten auf. Dabei nimmt bei gleichbleibender oder abnehmender Prüfkraft die Verlängerung der Probe zu, der Werkstoff *fließt*.

Die Spannung, bei der die Kraft erstmalig konstant bleibt oder abfällt, wird als **Streckgrenze** R_{eH} (σ_S) bezeichnet. Tritt ein merklicher Spannungsabfall ein, so wird zwischen *oberer* Streckgrenze R_{eH} (σ_{So}) und *unterer* Streckgrenze R_{eL} (σ_{Su}) unterschieden. Die **untere Streckgrenze** R_{eL} (σ_{Su}) ist dabei die kleinste Spannung im Fließbereich. Bei Werkstoffen, die eine Streckgrenze aufweisen, tritt R_{eH} an die Stelle der 0,2-Grenze.

Die **Zugfestigkeit** R_m (σ_B) ist die Spannung, die sich aus der Höchstkraft F_m und dem Anfangsquerschnitt S_0 ergibt:

$$R_m = \frac{F_m}{S_0}.$$

Die Zugfestigkeit technischer Metalle beträgt zwischen

10 N/mm² bis 20 N/mm² für reines Blei und 2500 N/mm² bis 4500 N/mm² für martensitaushärtende Stähle. Die Festigkeiten der im Maschinenbau überwiegend zum Einsatz kommenden Vergütungsstähle liegen im allgemeinen zwischen 400 N/mm² und 1200 N/mm².

Neben den Verformungskennwerten ist auch das Verhältnis zwischen Streckgrenze oder 0,2-Grenze und Zugfestigkeit R_{eH}/R_m bzw. $R_{p0,2}/R_m$, ein Anhaltswert für die Verformbarkeit des Werkstoffes. Ein niedriges *Streckgrenzenverhältnis*, z. B. ca. 2/3 bei weichem Stahl, läßt eine gute Verformbarkeit erwarten, während Verhältnisse nahe 1, wie z. B. bei gehärtetem Stahl, auf eine schlechtere Verformbarkeit hinweisen.

3.1.4 Kennwerte des Druckversuchs nach DIN 50 106

Die Definitionen der Verformungs- und Festigkeitskennwerte des Druckversuchs entsprechen im wesentlichen denen des Zugversuchs. Die Druckspannung σ_d ist als *Nennspannung* ebenfalls der Quotient aus der wirkenden Kraft F und dem Anfangsquerschnitt S_0

$$\sigma_d = \frac{F}{S_0}.$$

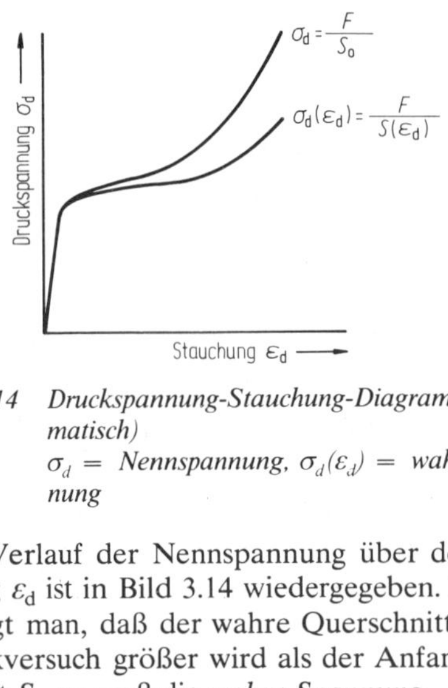

Bild 3.14 Druckspannung-Stauchung-Diagramm (schematisch)
σ_d = Nennspannung, $\sigma_d(\varepsilon_d)$ = wahre Spannung

Der Verlauf der Nennspannung über der Stauchung ε_d ist in Bild 3.14 wiedergegeben. Berücksichtigt man, daß der wahre Querschnitt S beim Druckversuch größer wird als der Anfangsquerschnitt S_0, so muß die *wahre Spannung*

$$\sigma_d(\varepsilon_d) = \frac{F}{S(\varepsilon_d)}$$

entsprechend der zweiten Kurve in Bild 3.14 verlaufen. Für einen homogenen Werkstoff muß der Verlauf der wahren Spannung in Abhängigkeit von der Verformung im Zug- oder Druckbereich annähernd gleich sein (siehe Bild 3.5). Der Druckversuch wird an kurzen zylindrischen Proben durchgeführt bis ein Bruch oder Anriß auftritt oder ein vereinbarter Grenzwert der Stauchung erreicht wird. Das Verhältnis h_0/d_0 der Proben liegt zwischen 1 und 2 (Bild 3.15), um ein Knicken zu vermeiden.

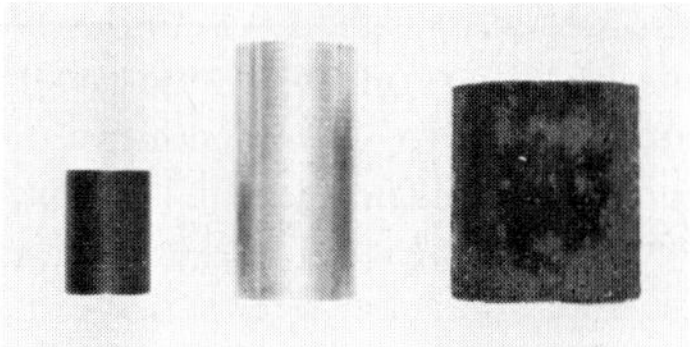

Bild 3.15 Druckproben aus Kupfer, Aluminium und Stahl

Da bei gut verformbaren Werkstoffen kein Bruch eintritt, wird der erste Anriß als Versagenskriterium angesetzt. Die bei Bruch oder Anriß vorhandene Nennspannung ist die **Druckfestigkeit**

$$\sigma_{dB} = \frac{F_B}{S_0}$$

die bleibende Stauchung die **Bruchstauchung**

$$\varepsilon_{dB} = \frac{\Delta L_{dB}}{L_0} \cdot 100\ \%$$

und das Verhältnis der bleibenden Querschnittsänderung zum Anfangsquerschnitt die **relative Bruchquerschnittsvergrößerung** oder *Bruchausbauchung*

$$\Psi_{dB} = \frac{\Delta S_{dB}}{S_0} \cdot 100\ \%.$$

Die letzte Größe kann aber nur bei einem Anriß und nicht bei Bruch bestimmt werden.
Tritt im Spannung-Verformung-Verlauf eine Unstetigkeit mit einem Fließbereich auf, so ist die der Streckgrenze des Zugversuchs entsprechende Spannung die *Druck-Fließgrenze* oder *(natürliche)* **Quetschgrenze** σ_{dF}. Bei einem stetigen Spannung-Verformung-Verlauf werden Nennspannungen, die bestimmte nichtproportionale oder bleibende Stauchungen hervorrufen, als *Stauchgrenzen* bezeichnet. Es sind dies insbesondere die *0,2%-Stauchgrenze* $\sigma_{d0,2}$ und die *2%-Stauchgrenze* σ_{d2}.

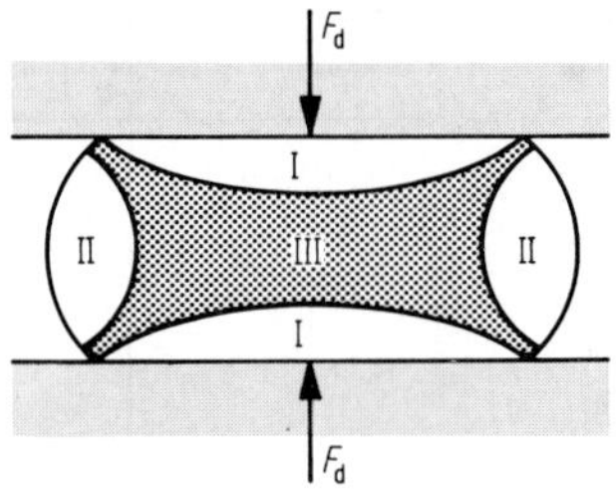

Bild 3.16 Verformungszonen einer gestauchten Probe
I: geringe Verformung (Reibungsbehinderung)
II: mäßige Zugverformung
III: hohe Schubverformung

Die plastische Verformung in einem gestauchten Zylinder ist gekennzeichnet durch die in Bild 3.16 wiedergegebenen drei Bereiche. An den Stirnflächen ist die Verformung durch Reibung weitgehend behindert, im Bereich der Ausbauchung liegen mäßig hohe Zugbeanspruchungen vor, während die verbleibende Zone, das *Schmiedekreuz,* unter hohen Schubbeanspruchungen steht. In spröden Werkstoffen, die keine Schubverformung ertragen können, tritt ohne nennenswerte Ausbauchung ein Bruch durch Abgleiten unter 45° oder durch Absprengen der zugbeanspruchten Zonen ein (Bild 3.17a, b). Gut verformbare Werkstoffe weisen dort im allgemeinen nur senkrechte oder unter 45° verlaufende Anrisse auf (Bild 3.17c).

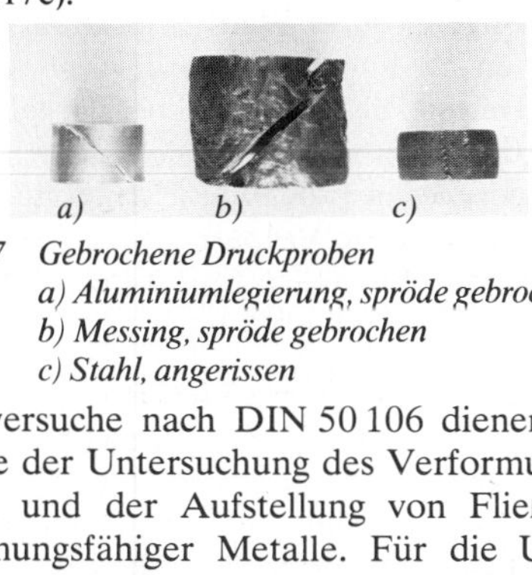

Bild 3.17 Gebrochene Druckproben
a) Aluminiumlegierung, spröde gebrochen
b) Messing, spröde gebrochen
c) Stahl, angerissen

Druckversuche nach DIN 50 106 dienen insbesondere der Untersuchung des Verformungsverhaltens und der Aufstellung von Fließkurven verformungsfähiger Metalle. Für die Untersuchung des Bruchverhaltens spröder Werkstoffe sind Druckversuche außerdem vor allem für nichtmetallische Stoffe von Bedeutung.

3.1.5 Biegeversuch und Verdrehversuch

Der Biegeversuch zur Ermittlung von Werkstoffkennwerten hat nur in wenigen Fällen Bedeutung, z. B. für spröde Werkstoffe wie Hartmetalle und Grauguß. Einen genormten Versuch gibt es für letzteren in DIN 50 110. Ermittelt wird im allgemeinen nur die Biegefestigkeit σ_{bB} und die Durchbiegung bei Bruch.

Die **Biegefestigkeit** σ_{bB} nach DIN 50 110 ist dabei ein rein rechnerischer Wert und entspricht in keiner Weise den in der Probe auftretenden maximalen Spannungen. Voraussetzung für die angewandte Formel

$$\sigma_b = \frac{M_b}{W}$$

ist nämlich die Gültigkeit des HOOKEschen Gesetzes, das auf Grauguß wegen der Spannungsabhängigkeit des Elastizitätsmoduls bei Zugbeanspruchung und der Verschiedenheit der Elastizitätsmoduln bei Zug- und Druckbeanspruchung nicht angewendet werden kann. Aus diesen Gründen ist die Übertragbarkeit dieser Werkstoffkennwerte auf Bauteile stark eingeschränkt.
Das Biegeverhalten homogener zäher Werkstoffe läßt sich bis zum Erreichen der Streckgrenze oder der 0,2-Grenze hinreichend genau aus den Kennwerten des Zugversuchs abschätzen. Darüberhinausgehende Biegebeanspruchungen führen im allgemeinen zu einem Zusammenfalten der Probe und haben deshalb nur im technologischen Faltversuch Bedeutung (siehe S. 127).
Noch geringer ist die Bedeutung von Verdrehversuchen, für die es deshalb auch kein genormtes Verfahren gibt. Einzige Ausnahme bildet der technologische Verwindeversuch an Drähten.

3.1.6 Zeitstandversuch (DIN 50 118)

Während bei Zug-, Druck-, Biege- oder Verdrehversuchen die Beanspruchung stetig gesteigert wird, dienen Standversuche der Ermittlung des Werkstoffverhaltens bei ruhender Beanspruchung. Neben der Beanspruchungshöhe sind Temperatur und Beanspruchungszeit wesentliche Einflußgrößen. Die *Warmfestigkeit* metallischer Werkstoffe wird vorwiegend durch das Zeitstandverhalten gekennzeichnet.
Gemäß Bild 3.6a und b gibt es für Standversuche zwei Möglichkeiten. Im *Zeitstandversuch* wird bei konstant gehaltener Prüfkraft die Zunahme der Verformung gemessen: der Werkstoff kriecht. Im *Entspannungsversuch* (Relaxationsversuch) wird die Abnahme der Kraft bei konstanter Verformung ermittelt. Kriechen und Relaxation sind thermisch aktivierte Vorgänge (siehe S. 33 ff.), deshalb erfordern Kennwerte von Standversuchen immer die Angabe der Temperatur. Relaxationsversuche sind insbesondere bei Kunststoffen von Bedeutung (siehe S. 366), aber auch bei warmfesten Schrauben.

Bei metallischen Werkstoffen wird überwiegend der Zeitstandversuch mit Zugbeanspruchung durchgeführt, andere Beanspruchungen, wie Druck, Biegung etc. sind deshalb entsprechend zu kennzeichnen.

Die wichtigsten Werkstoffkennwerte des Zeitstandversuches sind die **Zeitdehngrenzen,** die **Zeitstandfestigkeit,** die **Zeitbruchdehnung** und die **Zeitbrucheinschnürung.** Ihre Definitionen entsprechen den Definitionen der entsprechenden Kennwerte des Zugversuches mit dem Zusatz der Versuchstemperatur und der Versuchsdauer, nach der sich eine bestimmte plastische Verformung oder der Bruch eingestellt hat.

Die *Zeitdehngrenze* $R_{p0,2/1000/350}$ ist z. B. die Spannung, die bei 350 °C in 1000 h zu einer plastischen Verformung von 0,2% führt. Die plastische Verformung ist dabei entweder die Summe aus der nichtproportionalen Anfangsdehung ε_i und der Kriechdehnung ε_f oder die bleibende Dehnung ε_p'' (Bild 3.18).

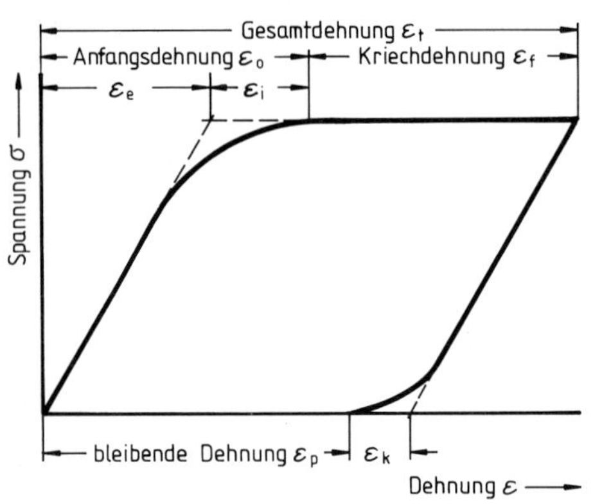

Bild 3.18 Dehnungsdefinitionen bei Zeitstandbeanspruchung
proportionale Dehnung ε_e
nichtproportionale Anfangsdehnung ε_i
nichtproportionale Dehnung $\varepsilon_p' = \varepsilon_i + \varepsilon_f$
nichtproportionale Rückdehung ε_k
plastische Dehnung $\varepsilon_p = (\varepsilon_p'$ oder $\varepsilon_p'')$

Die *Zeitstandfestigkeit* $R_{m/10000/550}$ ist die Spannung, die bei 550 °C nach 10000 h zum Bruch führt.

Mit allen Zeitstandkennwerten wird die **Warmfestigkeit** von Metallen gekennzeichnet. Die Zeitdehngrenzen werden üblicherweise für plastische Dehnungen von 0,2% und 1% angegeben, die Zeiten der Kennwerte betragen bis zu 100000 h.

Die Ergebnisse von Zeitstandversuchen werden im *Zeitstand-Schaubild* (Bild 3.19) dargestellt, in-

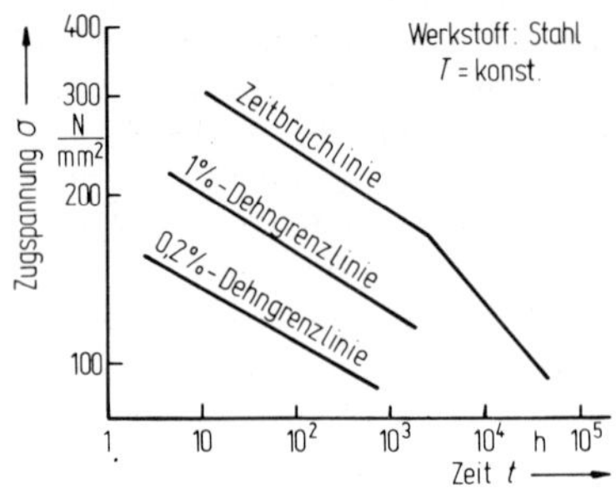

Bild 3.19 Zeitstand-Schaubild

dem die Zeitdehngrenzen und die Zeitstandfestigkeiten über der Zeit aufgetragen werden. Die durch Verbindung der eingetragenen Versuchsergebnisse entstehenden Dehngrenzlinien bzw. die Zeitbruchlinie haben bei doppeltlogarithmischer Darstellung im untersuchten Bereich allgemein einen annähernd linearen Verlauf. Eine Verlängerung (Extrapolation) dieser Geraden zu größeren Zeiten hin ist nicht ohne Risiko durchführbar, wie sich aus Langzeitversuchen mit Versuchszeiten von ca. $2 \cdot 10^5$ Stunden (25 Jahren) ergeben hat.

3.1.7 Einflußfaktoren

Die charakteristischen Beeinflussungen der Werkstoffkennwerte statischer Versuche durch Abweichungen von den im genormten Versuch festgelegten Bedingungen werden im wesentlichen am Beispiel des Zugversuches dargelegt. Die Tendenz des Einflusses gilt im allgemeinen genauso für andere Beanspruchungsarten, so daß damit auch eine qualitative Voraussage für das Verhalten des Werkstoffes bei entsprechender Belastung in Konstruktionen möglich ist.

3.1.7.1 Versuchsbedingte Einflüsse

Durch die Begrenzung der *Beanspruchungsgeschwindigkeit* beim normgerechten statischen Versuch wird gleichzeitig eine Mindestzeit für die Versuchsdauer festgelegt. Wird diese Mindestzeit wesentlich überschritten, so nähern sich die Versuchsbedingungen im Grenzfall denen von Zeitstandversuchen. Das Werkstoffverhalten bei Langzeitbeanspruchung ist folglich gekennzeichnet durch einen zunehmenden Anteil von Kriechverformungen, und zwar um so deutlicher je höher die Anfangsbeanspruchung oder je höher die Temperatur ist.

Wird dagegen die Versuchszeit vermindert, d. h. die Beanspruchungsgeschwindigkeit erhöht, so wird diese die kennzeichnende Einflußgröße.

Dabei ist zu unterscheiden zwischen erhöhter *Belastungsgeschwindigkeit* oder erhöhter *Verformungsgeschwindigkeit*. Diese Unterschiede sind u. U. schon durch das Arbeitsprinzip der Prüfmaschine gegeben. Bei plastischer Verformung des Werkstoffes, wie sie durch den flacheren Verlauf der Spannung-Dehnung-Kurve wiedergegeben wird, bewirkt nämlich eine konstante Belastungsgeschwindigkeit eine ständige Zunahme der Verformungsgeschwindigkeit, während eine konstante Verformungsgeschwindigkeit zu einer Abnahme der Belastungsgeschwindigkeit führt. Dadurch können sich Unterschiede in den ermittelten Kennwerten ergeben.

Eine Steigerung der Beanspruchungsgeschwindigkeit verursacht in jedem Fall eine *Erhöhung der 0,2-Grenze bzw. der Streckgrenze*. Die Ursache für diesen Anstieg ist die Tatsache, daß sowohl plastische Verformung als auch insbesondere Fließvorgänge eine gewisse Zeit für Aktivierung und Ablauf benötigen. Bei schneller Änderung der Beanspruchung liegen dadurch schon höhere Kräfte vor, bevor diese Vorgänge richtig einsetzen. Nicht so eindeutig ist der Einfluß höherer Beanspruchungsgeschwindigkeiten auf die *Zugfestigkeit*. Diese kann:

- erhöht werden, z. B. bei Zinklegierungen,
- unbeeinflußt bleiben, z. B. bei kohlenstoffarmem Eisen,
- verringert werden, z. B. bei legierten Stählen.

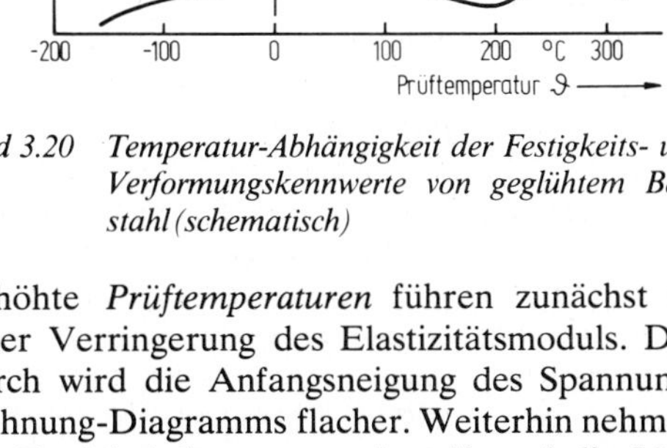

Bild 3.20 Temperatur-Abhängigkeit der Festigkeits- und Verformungskennwerte von geglühtem Baustahl (schematisch)

Erhöhte *Prüftemperaturen* führen zunächst zu einer Verringerung des Elastizitätsmoduls. Dadurch wird die Anfangsneigung des Spannung-Dehnung-Diagramms flacher. Weiterhin nehmen die Festigkeitskennwerte ab, während die Verformbarkeit im allgemeinen zunimmt. Bild 3.20 zeigt schematisch die Veränderung der Kennwerte für einen weichen Baustahl (C $\leqslant$ 0,2%) in Abhängigkeit von der Temperatur. Die ausgeprägte Streckgrenze fällt bis 300 °C auf ca. 1/3 ihres Wertes bei Raumtemperatur und tritt bei höheren Temperaturen nicht mehr auf. Demgegenüber bleibt die Zugfestigkeit zwischen Raumtemperatur und 300 °C annähernd konstant, um dann stark abzufallen. Oberhalb 300 °C werden im allgemeinen Zeitstandversuche durchgeführt.

Der Einfluß einer vorherigen *Zug-Kaltverformung* ist Bild 3.21 zu entnehmen. Bei Beanspruchung des Werkstoffes bis zu einem Punkt 1 dicht unterhalb der Zugfestigkeit R_m ist die elastische Rückfederung bei Entlastung meist parallel zur HOOKEschen Geraden (Punkt 2). Eine erneute Belastung führt zu einer σ-ε-Kurve, die in die ursprüngliche Kurve einmündet, wenn der Anfangsquerschnitt S_0 zugrundegelegt wird. Wird dem Punkt 2 dabei die Dehnung $\varepsilon = 0$ zugeordnet, so ergibt sich z. B. eine höhere 0,2-Grenze (Verfestigung, siehe S. 18) und eine geringere Bruchdehnung. Die Zugfestigkeit des Werkstoffes wird dagegen nicht verändert, was nach den Kenntnissen aus der Metallkunde auch nicht zu erwarten ist.

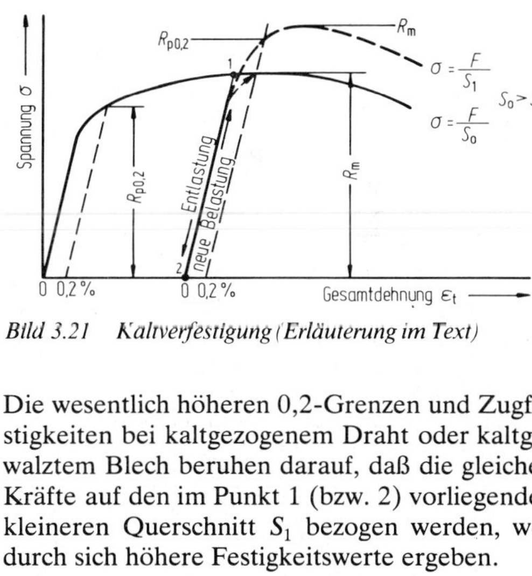

Bild 3.21 Kaltverfestigung (Erläuterung im Text)

Die wesentlich höheren 0,2-Grenzen und Zugfestigkeiten bei kaltgezogenem Draht oder kaltgewalztem Blech beruhen darauf, daß die gleichen Kräfte auf den im Punkt 1 (bzw. 2) vorliegenden kleineren Querschnitt S_1 bezogen werden, wodurch sich höhere Festigkeitswerte ergeben.

Eine vorhergehende *Druckverformung* führt dagegen bei anschließender Zugbeanspruchung zu einem früheren Beginn der plastischen Verformungen (Bild 3.22). Diese als **BAUSCHINGER-Effekt** bekannte Erscheinung hat ihre Ursache in Eigenspannungen, die aufgrund ungleichmäßiger Verteilung der Verformungen nach Entlastung in dem Werkstoff zurückbleiben. Die Eigenspannungen bewirken bei Umkehrung der Belastungs-

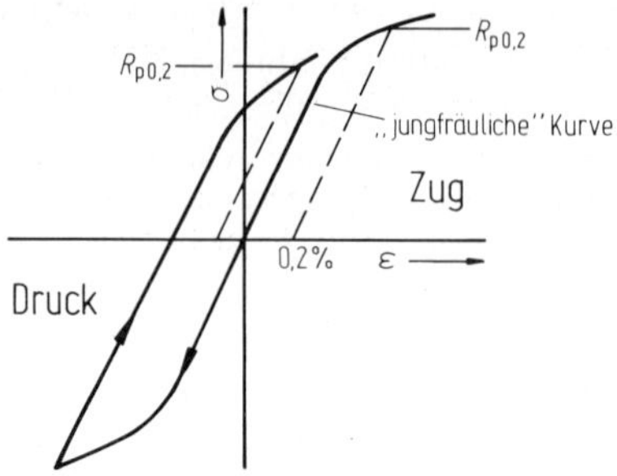

Bild 3.22 BAUSCHINGER-Effekt

richtung eine frühere Aktivierung von Versetzungsbewegungen.

3.1.7.2 Werkstoffbedingte Einflüsse

Die Vergleichbarkeit von Festigkeits- und Verformungskennwerten setzt die Prüfung genormter Proben voraus. Werden die dadurch gegebenen Abmessungen nicht eingehalten, so können sich Abweichungen ergeben. Insbesondere bei *kurzen Proben,* bei denen die Querschnittsabmessungen in die Größenordnung der Probenlänge kommt, geht von Probenköpfen eine Behinderung der Querkontraktion aus. Die Folge ist ein mehrachsiger Spannungszustand, der zu verringerten Verformungskennwerten und häufig zu überhöhten Festigkeitskennwerten führt.

Der Einfluß der *Korngröße* auf die Festigkeits- und Verformungseigenschaften, der in den Grundlagen (siehe S. 20) erläutert ist, äußert sich insbesondere in den unterschiedlichen Verformungskennwerten, die vergleichbare Guß- und Knetlegierungen aufweisen.

Durch Behandlungsprozesse lassen sich die Eigenschaften vieler Werkstoffe, meist Legierungen, in großem Maße verändern. Als Beispiel zeigt Bild 3.23 den Einfluß von *Wärmebehandlungen* auf die σ-ε-Kurven eines unlegierten Kohlenstoffstahles. Ähnliche Veränderungen ergeben sich auch z. B. bei ausgehärteten oder weichgeglühten Legierungen von NE-Metallen. Grundsätzlich kann man dabei davon ausgehen, daß bei gleichem Werkstoff oder gleichartiger Werkstoffgruppe die Bruchdehnung um so geringer ist, je höher die Zugfestigkeit ist.

3.1.7.3 Vergleich verschiedener Werkstoffe

In Bild 3.24 sind die Spannung-Dehnung-Kurven *verschiedener* metallischer *Werkstoffe* gegen-

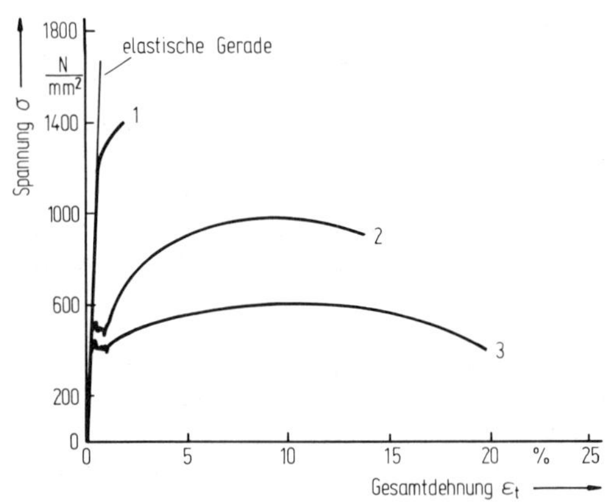

Nr.	Zustand	$R_{p0,2}$, R_{eH} N/mm²	R_m N/mm²	A_5 %	Z %
1	gehärtet	≈ 1200	≈ 1400	⩽ 2	≈ 0
2	vergütet	⩾ 480	700...850	⩾14	⩾30
3	normalgeglüht	≈ 400	≈ 600	>20	≈60

Bild 3.23 σ-ε-Kurven des Vergütungsstahles C45 bei verschiedenen Behandlungszuständen

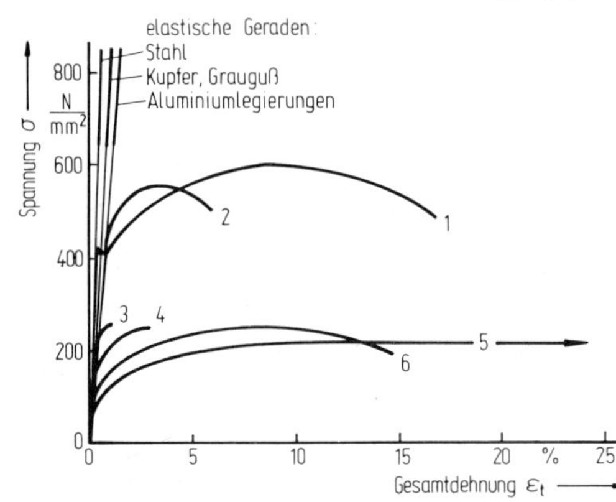

Nr.	Werkstoff	Zustand	$R_{p0,2}$ (R_{eH}) N/mm²	R_m N/mm²	A_5 %
1	C 45	geglüht	≈400	≈600	>20
2	AlZnMgCu 1,5	ausgehärtet	460	530	6
3	GG-25	Guß	-	≈250	<0,5
4	GD-AlSi 12	Guß	120...180	200...280	1...3
5	Kupfer	weichgeglüht	80	200	>50
6	AlMgSi 1 F 20	kalt ausgehärtet	100...220	200...260	12...20

Bild 3.24 σ-ε-Kurven verschiedener metallischer Werkstoffe

übergestellt. Höhere Festigkeitswerte als die im Bild dargestellten findet man außer bei bestimmten Stählen (Bild 3.84 und 4.87) nur bei Titanlegierungen und einigen Nickel- und Kupferlegierungen. Da diese Legierungen im Vergleich zu den Stählen teuer sind, wird ihre Anwendung immer auf die Sonderbereiche beschränkt bleiben, in denen ihre sonstigen Eigenschaften (z. B. Leitfähigkeit, Korrosionsbeständigkeit) erforderlich sind.

Die Mehrzahl der *metallischen Bauwerkstoffe* liegt mit ihren Festigkeitswerten niedriger als die *üblichen Baustähle.* Auch die Verformungswerte von Knetlegierungen sind im allgemeinen nicht höher als die von geglühtem Stahl, Ausnahmen finden sich bei den Kupferlegierungen. Nichteisenmetalle werden im Gegensatz zu Eisen in der Technik auch als reine Metalle eingesetzt. Hier wird oft die hohe Verformbarkeit ausgenutzt. Deutlich ist demgegenüber die stark eingeschränkte Verformungsfähigkeit von Gußlegierungen, wie die beiden Beispiele in Bild 3.24 zeigen.

3.1.7.4 Besonderheiten einzelner Werkstoffgruppen

Die bei weichem Stahl auftretende *ausgeprägte Streckgrenze* stellt eine Besonderheit im Werkstoffverhalten dar, die sonst nur bei wenigen Kupfer- und Aluminiumlegierungen und bei Whiskern beobachtet werden kann. Ursache ist eine Wechselwirkung zwischen der anliegenden Spannung, der Anzahl der gelösten Zwischengitter-Fremdatome, sowie der Anzahl und Geschwindigkeit der Versetzungen. Die Streckgrenze tritt immer auf, wenn die Zahl der gleitfähigen Versetzungen im unverformten Metall relativ gering ist, was z. B. bei Eisen der Fall ist und besonders bei Whiskern zu einem stark ausgeprägten Spannungsabfall führt (Bild 3.25).

Bild 3.25 Spannung-Dehnung-Kurve eines Whiskers (schematisch)

Um einen günstigeren Energiezustand anzunehmen, diffundieren in Eisen und Stahl interstitielle Atome zu den Versetzungen. Die dadurch gebildeten Ansammlungen von Atomen, die **Cottrell-Wolken,** blockieren die Versetzungen. Zu deren Losreißen sind höhere Spannungen erforderlich, als für die weitere Bewegung.

In *Whiskern* sind zunächst nur sehr wenige Versetzungen vorhanden. Bei Erreichen der Streckgrenze werden viele neue Versetzungen erzeugt. Die weitere plastische Verformung erfolgt deshalb bei sehr viel geringeren Spannungen.

Die Spannungsabhängigkeit des Elastizitätsmoduls von *Grauguß* führt bei Zugbeanspruchung zu einer Spannung-Dehnung-Kurve, die von Anfang an gekrümmt ist und keine elastische Gerade aufweist (siehe Bild 4.117, S. 231). Da die Druckfestigkeit dieses Werkstoffes wesentlich höher ist als die Zugfestigkeit, ist auch bei Zugrundelegung der wahren Spannung der Verlauf der σ-ε-Kurve bei Druckbeanspruchung grundsätzlich anders.

3.2 Festigkeits- und Verformungskennwerte bei schwingender Beanspruchung

Schwingende Beanspruchungen sind zeitlich veränderliche Beanspruchungen, die sich mehr oder minder regelmäßig wiederholen. Da neben der absoluten Beanspruchungshöhe der zeitliche Ablauf stark variieren kann, ist das Gebiet der Schwingfestigkeit wesentlich komplexer und unübersichtlicher als das der statischen Festigkeit. Bei der in diesem Buch notwendigen Beschränkung auf grundlegende Definitionen und Zusammenhänge darf nicht übersehen werden, daß gerade für den Maschinenbau die Schwingfestigkeit der Werkstoffe und Konstruktionen meist wichtiger ist als die statische Festigkeit, denn die meisten Bauteile sind schwingend beansprucht.

3.2.1 Definitionen

Die im folgenden gegebenen Definitionen orientieren sich im wesentlichen an der gültigen Norm DIN 50 100, die jedoch den heutigen Erkenntnissen und Erfordernissen der Schwingfestigkeit nicht immer gerecht wird.

3.2.1.1 Kennzeichnung schwingender Beanspruchung

Der zeitliche Ablauf schwingender Beanspruchungen wird gemäß Bild 3.26 gekennzeichnet durch einen Mittelwert σ_m oder ε_m und den **Schwingungsausschlag (Amplitude)** σ_a bzw. ε_a. Der Höchstwert der Spannung wird als **Oberspannung** σ_o, der kleinste Wert als **Unterspannung** σ_u bezeichnet. Die Differenz zwischen Größt- und

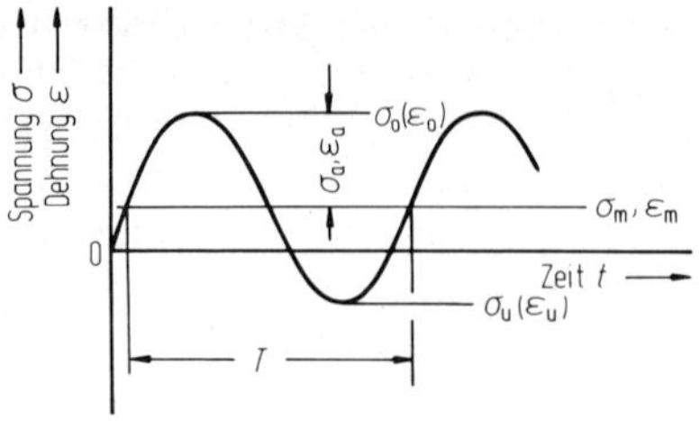

Bild 3.26 Größen zur Kennzeichnung schwingender Beanspruchung

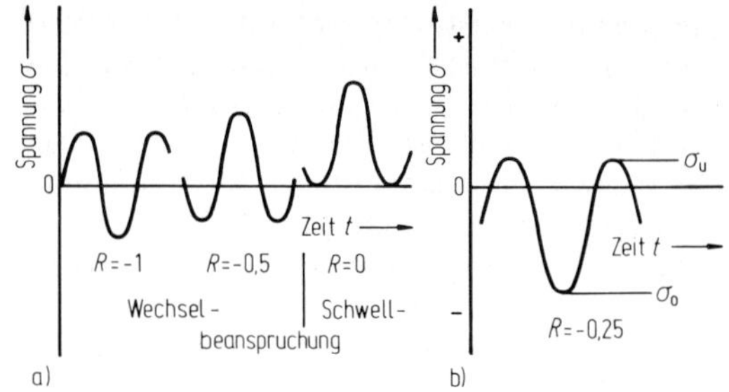

Bild 3.27 a) Wechselbeanspruchung und Schwellbeanspruchung
b) Wechselbeanspruchung bei Druckmittelspannung (σ_m < 0)

Kleinstwert ist die *Schwingbreite.* Eine volle Schwingung mit der Periodendauer T ist ein *Schwingspiel,* deren Anzahl die **Schwingspielzahl** N. Die *Schwingungsfrequenz* f ist der Reziprokwert der Periodendauer:

$$f = \frac{1}{T}.$$

Der Quotient aus Unterspannung und Oberspannung heißt **Spannungsverhältnis:**

$$R = \frac{\sigma_u}{\sigma_o}.$$

Es gilt:

$$-1 \leqslant R \leqslant +1.$$

Ist $R < 0$, so liegt eine Wechselbeanspruchung vor, d. h., die Beanspruchung wechselt das Vorzeichen (die Richtung). Bei $R = -1$ ist der Mittelwert gleich Null und man hat eine »reine« **Wechselbeanspruchung** (Bild 3.27a). Schwellende Beanspruchungen ohne Richtungswechsel haben Spannungsverhältnisse $R \geqslant 0$ mit den Grenzwerten der von Null ($\sigma_u = 0$) auf einen Höchstwert anschwellenden »reinen« **Schwellbeanspruchung** mit $R = 0$ und der statischen Beanspruchung mit $R = +1$. Beanspruchungen mit negativem Mittelwert, für die nach DIN 50100 eine veränderte Definition von Unter- und Oberspannung einsetzt (Bild 3.27b), haben praktisch keine Bedeutung.

3.2.1.2 Einstufige Beanspruchung

Eine Beanspruchung wird als einstufig bezeichnet, wenn ihr Mittelwert z. B. σ_m und ihre Amplitude (σ_a) bis zum Ende eines Versuches konstant bleiben. Werden verschiedene Proben mit der gleichen Mittelspannung σ_m, aber verschiedenen Spannungsamplituden σ_a jeweils bis zum Bruch geprüft und ihre Lebensdauer durch Zählen der **Bruchschwingspielzahlen** N_B ermittelt, so ergibt die Auftragung der Spannungsamplituden über der ermittelten Lebensdauer die **Wöhler-Kurve** (Bild 3.28).

Bei kleinen Amplituden kann die Lebensdauer so groß werden, daß der Versuch bei einer bestimmten **Grenzschwingspielzahl** N_G beendet werden muß, bevor ein Bruch eintritt. Nicht gebrochene Proben heißen *Durchläufer.* Die für die Begrenzung der Versuchsdauer erforderliche Festlegung der Grenzschwingspielzahl N_G ist zum Teil werkstoffabhängig. Bei weichem Stahl z. B. geht die Wöhler-Kurve zwischen 10^6 und 10^7 Schwingspielen in einen waagerechten Verlauf über, so

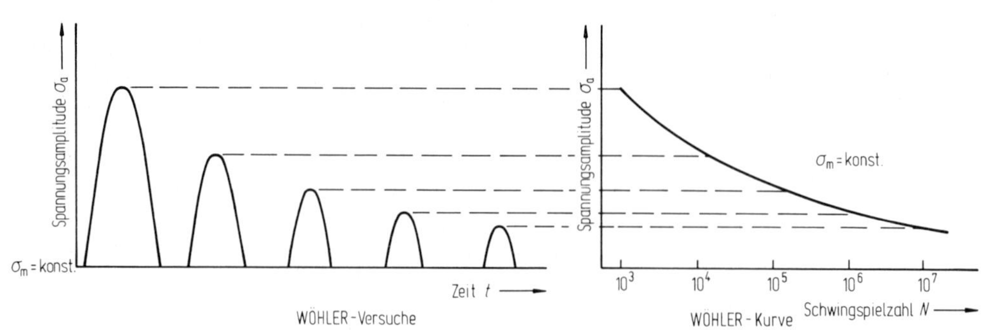

Bild 3.28 Ermittlung der Wöhler-Kurve (schematisch)

daß die Grenzschwingspielzahl für diesen Werkstoff mit $2 \cdot 10^6$ bis 10^7 gewählt wird. Die meisten anderen Metalle weisen stetig abfallende WÖHLER-Kurven auf, bei diesen werden höhere Grenzschwingspielzahlen, z. B. 10^8 für Aluminium-Legierungen, festgelegt (Bild 3.29). Die Spannungsamplitude, die bis zur Grenzschwingspielzahl ertragen wird, bildet zusammen mit der Mittelspannung σ_m die **Dauerfestigkeit (Dauerschwingfestigkeit)** σ_D[1]:

$$\sigma_D = \sigma_m \pm \sigma_A.$$

Spannungsamplituden, die zu einer kürzeren Lebensdauer führen, werden als **Zeitfestigkeit**[2] **(Zeitschwingfestigkeit)** unter Angabe der Lebensdauer bezeichnet, z. B. $\sigma_{B(10^4)}$.

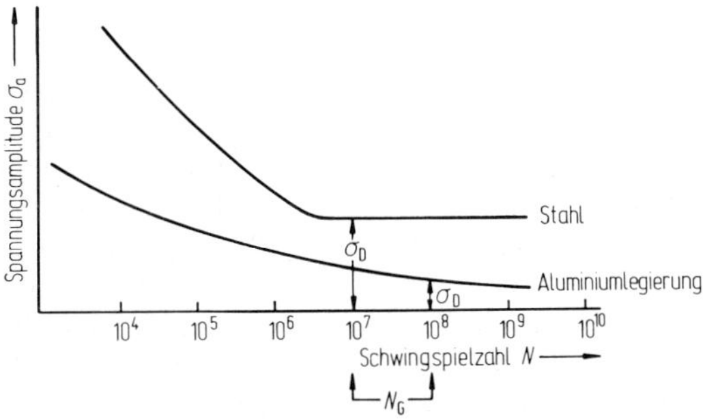

Bild 3.29 *WÖHLER-Kurve für Stahl und eine Aluminiumlegierung (schematisch)* N_G = *Grenzschwingspielzahl*

Die Abgrenzung von Zeit- und Dauerfestigkeitsgebiet ist nicht eindeutig festgelegt. Lebensdauerwerte über 10^6 Schwingspielen werden allgemein der Dauerfestigkeit zugerechnet. Im Bereich unter 10^4 ertragenen Schwingspielen liegt das Gebiet der *Kurzzeitfestigkeit,* in dem Versuche vorwiegend mit konstanten Verformungsamplituden durchgeführt werden.

Einstufenversuche (WÖHLER-Versuche) werden meist mit der Mittelspannung $\sigma_m = 0$ zum Ermitteln der **Wechselfestigkeit** σ_W oder mit dem Spannungsverhältnis $R = 0$ zum Ermitteln der Schwellfestigkeit σ_{Sch}, vorgenommen. Bei der Benutzung von Versuchsergebnissen für die Schwellfestigkeit ist genau darauf zu achten, ob die Spannungsamplitude oder die Oberspannung angegeben ist. Während nach DIN 50 100 die Schwellfestigkeit σ_{Sch} gleich der Oberspannung σ_o bei $\sigma_u = 0$ ist, hat sich in der Praxis auch hier überwiegend die Angabe der Spannungsamplituden durchgesetzt.

Die Versuchspraxis ergibt gerade bei Schwingversuchen starke Streuungen der Ergebnisse. Die Ermittlung einer zuverlässigen WÖHLER-Kurve erfordert einen hohen Aufwand. Es entsteht ein *Streuband von Versuchswerten* (Bild 3.30), in

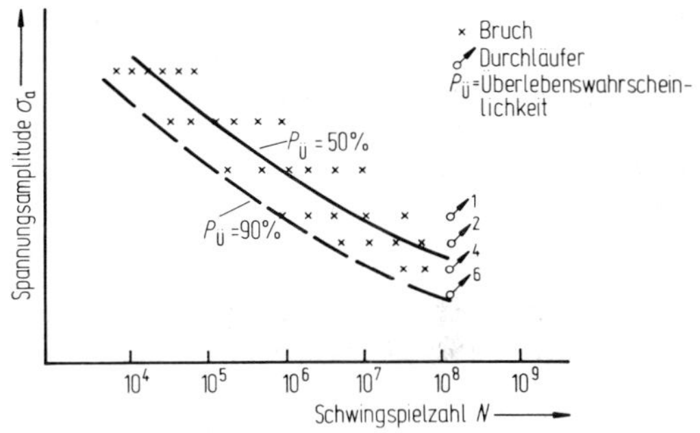

Bild 3.30 *Übliche Streuungen der Ergebnisse von Schwingversuchen*

das man nur bei genügend großen Probenzahlen WÖHLER-Kurven einzeichnen kann, denen aufgrund statistischer Berechnungen bestimmte Überlebens- oder Bruchwahrscheinlichkeiten $P_Ü$ bzw. P_B zugeordnet werden. Da die Streuungen in der Nähe der Dauerfestigkeit besonders stark sind und die Versuche dort am längsten dauern, hat man spezielle Versuchsverfahren entwickelt, um bei verringerter Probenzahl die Aussagegenauigkeit zu erhöhen.

3.2.1.3 Mehrstufige Beanspruchung

Mehrstufig sind Beanspruchungen, wenn sie an derselben Probe mit verschiedenen Amplituden und gegebenenfalls mit verschiedenen Mittelwerten auftreten. Mehrstufige Beanspruchungen entsprechen den betrieblichen Belastungen von Bauteilen und haben deshalb bei Bauteilprüfungen mehr Bedeutung als bei der reinen Werkstoffprüfung.

Durch Versuche mit mehrstufiger Beanspruchung wird festgestellt, ob eine Vorbeanspruchung mit anderen Belastungen zu einer Verringerung oder Erhöhung der Lebensdauer führt. Eine Verringerung bedeutet eine *Schädigung* des Werkstoffes. Sie kann z. B. durch die lineare *Schadensakkumulations-Hypothese* (PALMGREN-MINER-Regel) erfaßt werden. Sind N_1, N_2, N_3, ... die mittleren

[1] Nach DIN 50 100 kennzeichnen:
- kleine Indizes die vorgegebenen Versuchsbedingungen,
- große Indizes die ermittelten Festigkeitswerte.

[2] Zeitfestigkeit darf nicht Zeit*stand*festigkeit (siehe S. 100) verwechselt werden.

Lebensdauern auf den Beanspruchungsniveaus $\sigma_{a1}, \sigma_{a2}, \sigma_{a3}, \ldots$ und $n_1, n_2, n_3, \ldots$ die auf diesen Niveaus aufgebrachten Schwingspielzahlen, so gilt:

$$\sum \frac{n_i}{N_i} = 1.$$

Unter Berücksichtigung der bereits beim einfachen WÖHLER-Versuch auftretenden Streuungen, denen sich noch die Streuungen der Schädigung überlagern, kann diese Hypothese als genau genug angenommen werden.
Vorbeanspruchungen mit Amplituden unterhalb der Dauerfestigkeit können bei einigen Werkstoffen, z. B. weichem Stahl, zu einer Erhöhung der Dauerfestigkeit oder der Lebensdauer führen. Dieser *Trainiereffekt* läßt sich allerdings mit noch geringerer Sicherheit voraussagen als eine Schädigung.
Da die Auswirkung von mehrstufigen Beanspruchungen entscheidend von der Reaktion der Konstruktion auf die Beanspruchungsfolge abhängt, hat sich das Spezialgebiet der *Betriebsfestigkeitsuntersuchungen* hieraus entwickelt.

3.2.2 Prüfverfahren

Die Prüfverfahren können nach zwei Gesichtspunkten eingeteilt werden:
- Art der auf die Probe aufgebrachten Beanspruchungen,
- maschinentechnisches Prinzip der Prüfmaschinen.

Hier wird lediglich die Einteilung nach der Beanspruchungsart beschrieben.
Entsprechend den statischen Werkstoffprüfungen läßt sich auch die Schwingprüfung gliedern in die Beanspruchungsgruppen:
- Zug-Druck,
- Biegung, mit den Untergruppen: Umlaufbiegung und Flachbiegung,
- Verdrehung.

Kennwerte der Zug-Druck-Beanspruchung sind die *Zug-Druck-Wechselfestigkeit* σ_W und die *Zugschwellfestigkeit* σ_{Sch}. Druckschwellfestigkeitswerte sind nur von wenigen spröden Werkstoffen bekannt, weil bei verformungsfähigen Metallen keine Brüche durch schwellende Druckbelastung erzeugt werden können.
Umlaufbiegeprüfungen (eine rotierende Probe wird mit einem konstanten Biegemoment belastet) lassen sich nur mit der Mittelspannung $\sigma_m = 0$ durchführen, so daß nur die *Biegewechselfestigkeit* σ_{bW} ermittelt werden kann. Flachbiegung (Hin- und Herbiegung) ermöglicht auch schwellende Beanspruchungen und damit die Ermittlung der *Biegeschwellfestigkeit* σ_{bSch}. Die entsprechenden Kennwerte von Verdrehversuchen sind die *Torsionswechselfestigkeit* τ_{tW} und die *Torsionsschwellfestigkeit* τ_{tSch}.
Diese mit $R = -1$ oder $R = 0$ ermittelten Kennwerte sind im allgemeinen die einzigen, die als Werkstoffkennwerte vorliegen. Untersuchungen mit anderen Spannungsverhältnissen sind die Ausnahme. Einen ersten Anhaltspunkt für die Größe der Dauerfestigkeit bietet die Zugfestigkeit. Tabelle 3.1 gibt die Verhältnisse wieder, wie sie im Mittel bei technischen Legierungen vorliegen.

Tab. 3.1: Verhältnis von Biegewechselfestigkeit zu Zugfestigkeit

Werkstoff	$\frac{\sigma_{bW}}{R_m}$
Stähle bis $R_m \approx 1000\ N/mm^2$	0,46
Kupfer- und Nickel-Legierungen	0,34
Aluminium- und Magnesium-Legierungen	0,37
Titan-Legierungen	0,57

Die Zug-Druck-Wechselfestigkeit beträgt etwa 70% bis 80%, die Torsionswechselfestigkeit etwa 60% der Biegewechselfestigkeit. Die Oberspannung bei der Schwellfestigkeit ($R = 0$) kann näherungsweise mit 1,6 bis 1,8 mal Wechselfestigkeit angesetzt werden.
Die Definition von Verformungskennwerten, z. B. $\varepsilon_{A(10^3)}$ ist nicht üblich, obwohl gerade Kurzzeitversuche mit vorgegebenen Verformungskennwerten durchgeführt werden.
Genormte Prüfungen sind:
- DIN 50 113: Umlaufbiegeversuch,
- DIN 50 142: Flachbiegeschwingversuch.

3.2.3 Einflüsse auf die Schwingfestigkeit

3.2.3.1 Spannungsverhältnis, Dauerfestigkeitsschaubild

Mit zunehmendem Spannungsverhältnis R, d. h. mit zunehmender Mittelspannung σ_m wird die vom Werkstoff ertragbare Spannungsamplitude σ_A kleiner. Die Abhängigkeit der ertragbaren Spannung von der Mittelspannung wird durch das *Dauerfestigkeitsschaubild* dargestellt, das jeweils für eine konstante Lebensdauer N gilt. Bild 3.31

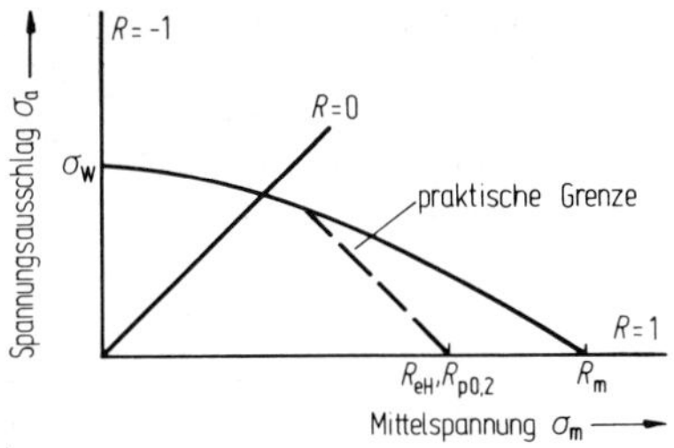

Bild 3.31 Dauerfestigkeitsschaubild nach HAIGH

zeigt das Dauerfestigkeitsschaubild nach HAIGH, in dem die Spannungsamplitude über der Mittelspannung aufgetragen ist. Diese Darstellungsform wird zunehmend angewendet, weil sie die unmittelbare Ablesung der Spannungsamplitude gestattet. Weit verbreitet ist auch das in Bild 3.32 wiedergegebene Dauerfestigkeitsschaubild nach SMITH. In diesem Schaubild sind der Verlauf von Oberspannung σ_o und Unterspannung σ_u über der Mittelspannung aufgetragen.

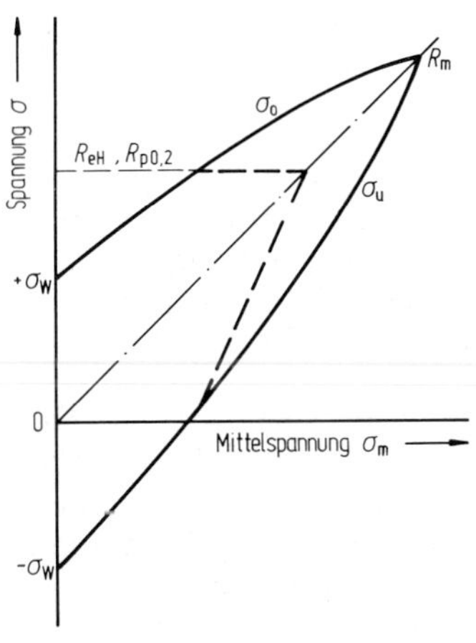

Bild 3.32 Dauerfestigkeitsschaubild nach SMITH

Beide Darstellungen enthalten neben einer die vollständige Ausnutzung der Werkstoffeigenschaften wiedergebenden Grenzlinie eine zweite, den praktischen Gegebenheiten angepaßte Grenze. Diese ist dadurch gekennzeichnet, daß in Konstruktionsteilen die Oberspannung höchstens gleich der Streckgrenze bzw. der 0,2-Grenze sein kann, weil sonst unzulässige Verformungen entstehen.

Häufig findet man schematische Dauerfestigkeitsschaubilder, die im Zug- und im Druckbereich symmetrisch sind. Eine solche Darstellung ist allenfalls zulässig, wenn

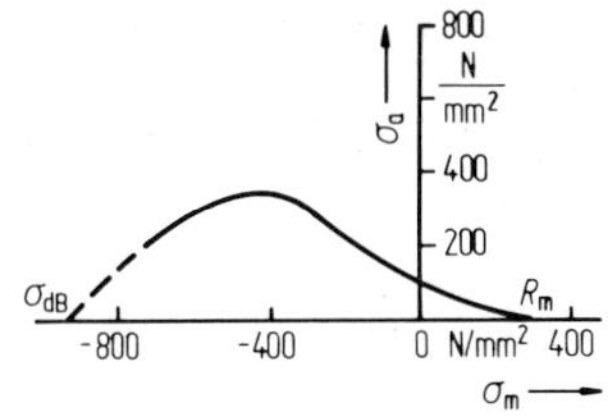

Bild 3.33 Dauerfestigkeitsschaubild nach HAIGH *für Grauguß GG-30*

die Streckgrenze bzw. Quetschgrenze als Begrenzung dienen. Die Einbeziehung plastischer Verformungen ergibt größere ertragbare Spannungsamplituden im Druckbereich, wie Bild 3.33 für Grauguß zeigt. Bei diesem Werkstoff sind die Unterschiede allerdings besonders stark ausgeprägt.

3.2.3.2 Spannungsgradient

Ein Spannungsgradient ist die örtliche Veränderung der Spannung über dem Querschnitt. Ein konstanter Spannungsgradient mit linearem Spannungsverlauf liegt z. B. bei Biege- oder Verdrehbeanspruchungen im Bereich elastischer Verformungen vor. Bei diesen Beanspruchungen nimmt die Spannung von der Oberfläche geradlinig bis zum Wert Null in der neutralen Faser ab (siehe Bild 2.36, S. 91).

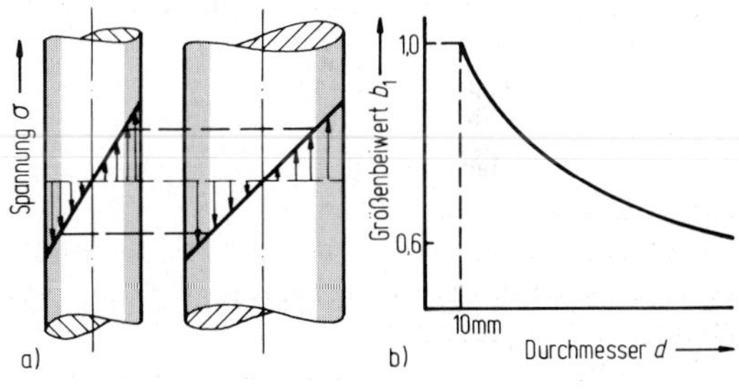

Bild 3.34 a) Vergleich der durch hohe Beanspruchung erfaßten Werkstoffbereiche
b) Größeneinfluß (schematisch)

Haben zwei Teile mit verschiedenen Durchmessern die gleiche Randspannung, so ist gemäß Bild 3.34a bei dem größeren Durchmesser ein wesentlich größeres Werkstoffvolumen hoch beansprucht. Da mit zunehmendem Werkstoffvolumen die Gefahr von Werkstoffehlern wächst, haben größere Durchmesser niedrigere Biegewechselfestigkeiten. Der sich daraus ergebende **Größeneinfluß** ist in Bild 3.34b dargestellt. Bei Zug-Druckbeanspruchung ist der Größeneinfluß kaum ausgeprägt.

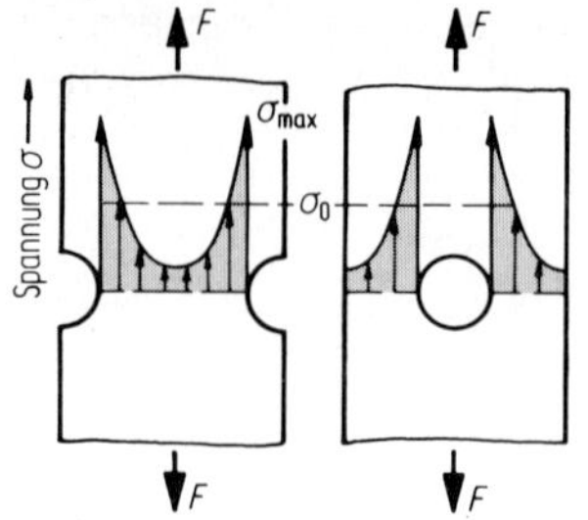

Bild 3.35 Spannungserhöhung durch Kerbwirkung

Bei Querschnittsveränderungen treten infolge *Kerbwirkung* Spannungsüberhöhungen auf (Bild 3.35). Der Grad der Kerbwirkung wird durch das Verhältnis von maximaler Spannung zur Nennspannung, die *Formzahl*

$$\alpha_K = \frac{\sigma_{max}}{\sigma_0},$$

gekennzeichnet.

Infolge plastischer Verformungen wirken sich bei Dauerschwingbeanspruchung die Formzahlen um so geringer aus, je weicher der Werkstoff ist. Die Abminderung der Dauerfestigkeit durch Kerben wird deshalb durch das Verhältnis der Dauerfestigkeit einer glatten Probe zu der einer gekerbten Probe gekennzeichnet. Dieses Verhältnis ist die **Kerbwirkungszahl**

$$\beta_K = \frac{\sigma_{D\ glatt}}{\sigma_{D\ gekerbt}}.$$

Sie ist abhängig von der Formzahl α_K und vom Werkstoff. Es gilt immer:

$$1 \leqq \beta_K \leqq \alpha_K$$

← weiche Werkstoffe | harte und spröde Werkstoffe. →

3.2.3.3 Oberfläche

Der Einfluß der *Oberflächengüte,* d. h. der Rauheit, entspricht dem Einfluß der Kerbwirkung. Je rauher die Oberfläche, desto geringer ist die Dauerfestigkeit. Aus diesem Grund werden Dauerversuche zur Ermittlung des Werkstoffverhaltens (nicht des Bauteilverhaltens) fast ausschließlich an polierten Proben vorgenommen. Bild 3.36 zeigt die Abminderung in Abhängigkeit von Oberflächengüte und Zugfestigkeit.

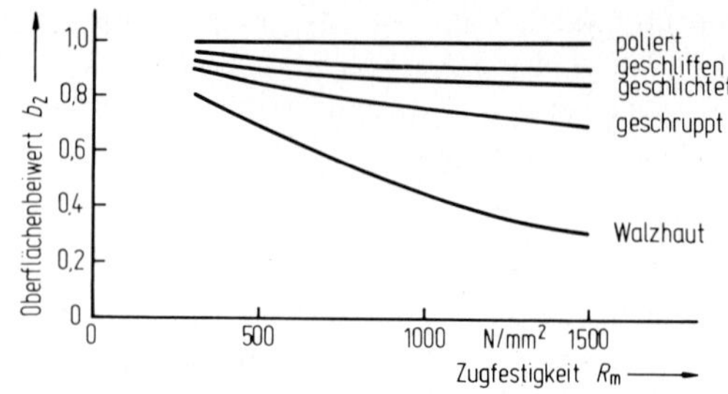

Bild 3.36 Oberflächeneinfluß

Veränderungen der Oberfläche durch mechanische, chemische oder thermische Vorgänge wirken sich *positiv* aus, wenn in der Oberfläche *Druckeigenspannungen* entstehen (siehe S. 90) oder die Oberfläche geglättet wird. Solche Vorgänge sind z. B. Rollen, Kugelstrahlen, Nitrieren, Härten, Aufbringen von organischen oder galvanischen Überzügen. Den Einfluß des Kugelstrahlens auf die Dauerfestigkeit von Federstäben zeigt Bild 3.37, in Bild 3.38 sind die Einwirkungen von Wärmebehandlungen wiedergegeben.

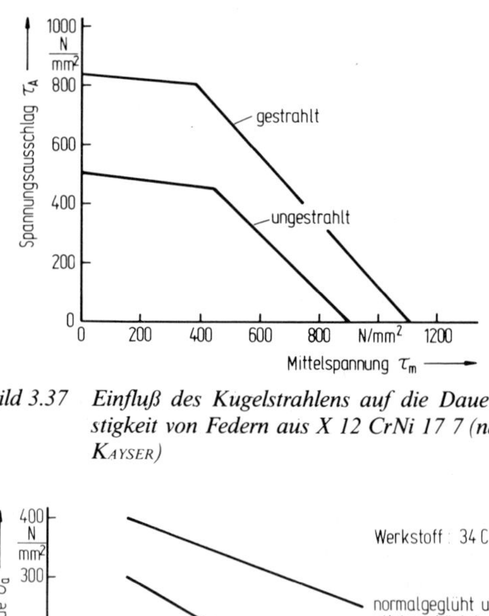

Bild 3.37 Einfluß des Kugelstrahlens auf die Dauerfestigkeit von Federn aus X 12 CrNi 17 7 (nach Kayser)

Bild 3.38 Einfluß von Wärmebehandlungen auf die Wöhler-Kurve (nach Finnern)

Aufrauhung der Oberfläche durch Verschleiß oder Korrosionsnarben oder Auflockerung des Gefüges oder z. B. Grobkornbildung durch thermische Überbeanspruchung wirken sich *negativ* aus.

3.2.3.4 Prüfbedingungen

Der Einfluß des *umgebenden Mediums,* in dem die Dauerschwingversuche durchgeführt werden, ist im allgemeinen korrosiver Natur. Dabei kann der Angriff normaler Luft schon ausreichen. Bei Aluminium-Legierungen bewirkt z. B. die übliche Luftfeuchtigkeit eine deutliche Verringerung der Lebensdauer. Da Korrosionsschäden mit der Zeit zunehmen, gibt es unter Korrosion keine Dauerfestigkeit, sondern die WÖHLER-Kurven fallen stetig ab. Bild 3.39 zeigt dies an WÖHLER-Kurven von Stahl, der an Luft und in Leitungswasser geprüft wurde.

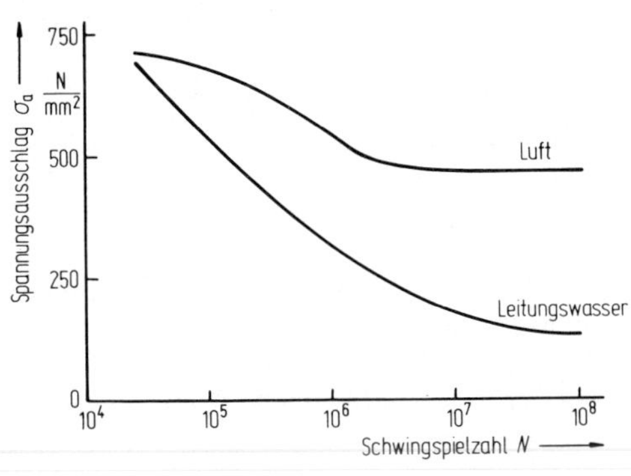

Bild 3.39 Korrosionseinwirkung auf die Biegefestigkeit eines CrV-Stahles, R_m = 1050 N/mm² (nach McADAM)

Mit steigender *Prüftemperatur* fällt die Dauerfestigkeit im allgemeinen ab, wie es auch bei den statischen Festigkeitswerten der Fall ist (Bild 3.40).

Die *Prüffrequenz* hat im normalen Frequenzbereich von 1 Hz bis 250 Hz keinen nennenswerten Einfluß auf die Dauerfestigkeit, sofern sich nicht bei niedrigen Frequenzen Korrosionseinwirkungen bemerkbar machen oder bei hohen Frequenzen die Erwärmung der Proben infolge ihrer Dämpfung zu stark ist. Bei Frequenzen unter 1 Hz sind Kriech- und Relaxationsvorgänge möglich, die durch die schwingende Beanspruchung sogar angeregt werden können. Frequenzen über 250 Hz führen meist zu einer Erhöhung der Dauerfestigkeit. Für die Zeitfestigkeit läßt sich keine Tendenz der Frequenzabhängigkeit feststellen. Die Auswirkungen sind abhängig vom Werkstoff und vom Kerbzustand der Proben.

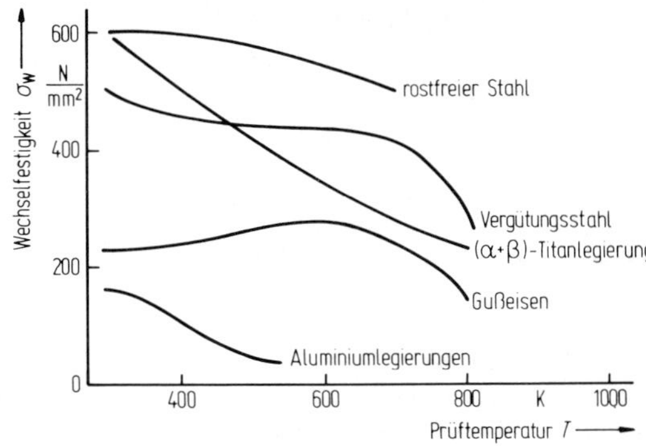

Bild 3.40 Einfluß der Prüftemperatur auf die Wechselfestigkeit σ_w verschiedener Werkstoffe (nach MANN)

3.2.3.5 Statische Festigkeit

Die Dauerfestigkeit glatter ungekerbter Proben nimmt mit zunehmender statischer Festigkeit zu. Das Verhältnis von Dauerfestigkeit zu Zugfestigkeit wird aber geringer, wodurch ab $R_m \approx 1500$ N/mm² die Dauerfestigkeit praktisch nicht mehr ansteigt (Bild 3.41).

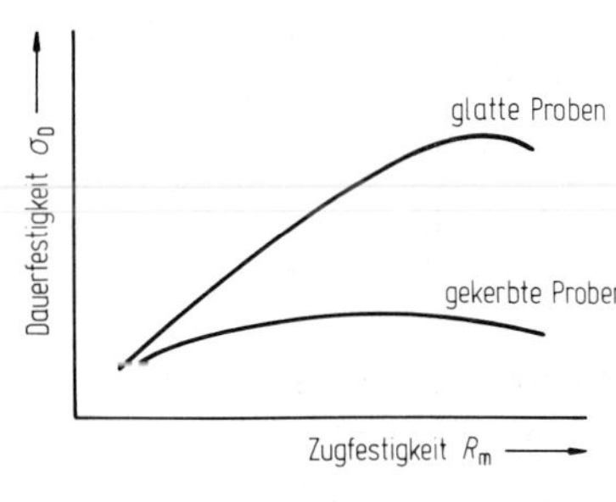

Bild 3.41 Einfluß der Zugfestigkeit auf die Dauerfestigkeit (schematisch)

Da gleichzeitig die Kerbempfindlichkeit der Werkstoffe steigt, ist bei gekerbten Proben unter Umständen überhaupt keine Zunahme der Dauerfestigkeit mit der statischen Festigkeit feststellbar.

3.2.4 Werkstoffverhalten bei schwingender Beanspruchung

Die Vorgänge in metallischen Werkstoffen bei schwingender Beanspruchung sind ein wichtiges Gebiet der Werkstofforschung. Zum Beschreiben dieser Vorgänge werden die Begriffe der Schwingprüfung benötigt.

3.2.4.1 Verfestigung, Entfestigung

Die Spannung-Dehnung-Kurve für ein vollständiges Schwingspiel vom ersten Maximum an, ergibt die **mechanische Hystereseschleife.** Sie ist um so ausgeprägter, je größer der Anteil der plastischen Verformungen ist. Ihre Fläche entspricht der spezifischen Umformarbeit während eines Schwingspieles.

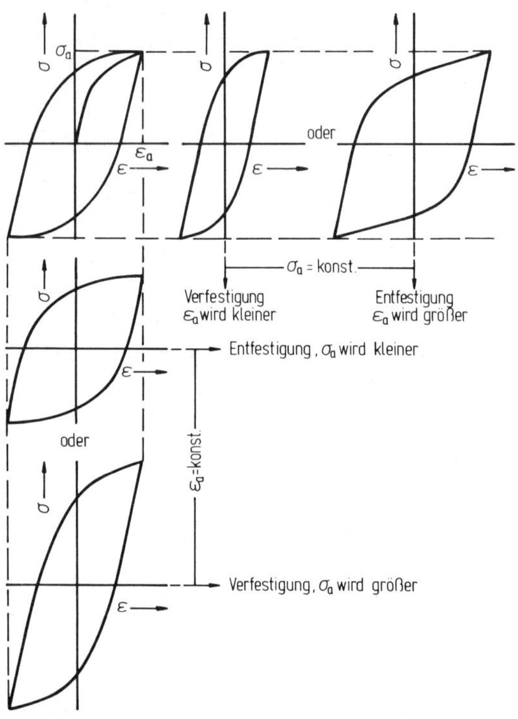

Bild 3.42 Änderung der mechanischen Hystereseschleife bei Wechselverfestigung und Wechselentfestigung (schematisch)

Bei weiteren Schwingspielen verändert sich die Form der Hysterese (Bild 3.42). Wird bei konstanter Spannungsamplitude σ_a die Dehnungsamplitude ε_a und damit die Fläche der Hystereseschleife kleiner, so liegt eine *Wechselverfestigung* vor. Eine *Wechselentfestigung* führt entsprechend zu einer Vergrößerung der Verformungsamplituden und damit der Umformarbeit. Versuche mit konstanten Verformungsamplituden führen bei Verfestigung zu einer Zunahme und bei Entfestigung zu einer Abnahme der Spannungsamplituden.

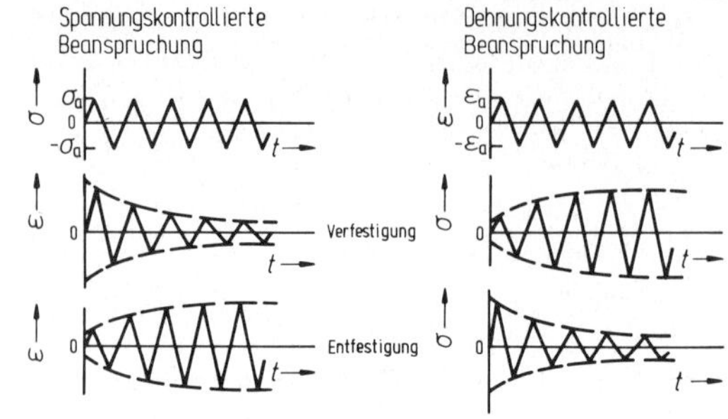

Bild 3.43 Zeitlicher Verlauf von Wechselverfestigung und Wechselentfestigung (schematisch)

Verfestigung und Entfestigung erfolgen insbesondere zu Beginn der Schwingbeanspruchungen und sowohl Spannungs- als auch Dehnungsamplituden streben einem Sättigungswert zu (Bild 3.43). Die Verfestigung ist der Normalfall und tritt insbesondere bei reinen Metallen auf, während die Entfestigung nur bei Legierungen beobachtet wird. Es gibt jedoch auch Werkstoffe, z. B. Stähle, bei denen eine Entfestigung einer Verfestigung folgt oder auch umgekehrt.

Die Effekte von Verfestigung und Entfestigung sind um so ausgeprägter, je höher die Beanspruchung im Zeitfestigkeitsgebiet liegt. Die übliche Versuchstechnik im Gebiet der *Kurzzeitfestigkeit* erfolgt mit konstanten Dehnungsamplituden ε_a oder insbesondere mit plastischen Dehnungsschwingbreiten $\Delta\varepsilon_p$ = konst. Relativ eindeutige Zusammenhänge zwischen der aufgebrachten Verformung und der Lebensdauer gestatten deren Abschätzung für hochbeanspruchte Konstruktionen, wie z. B. Druckbehälter. Eine solche Beziehung ist die MANSON-COFFIN-Regel:

$$\Delta\varepsilon_p = c \cdot N^{-0,6}.$$

Der Faktor c enthält als einzige unbekannte Größe die im Zugversuch zu ermittelnde Brucheinschnürung.

3.2.4.2 Gefügeveränderungen

Auch bei relativ niedrigen Spannungsamplituden treten in Mikrobereichen plastische Verformungen durch Versetzungsbewegungen auf. Da diese Versetzungsbewegungen mit einer Energiezufuhr (Hysterese) verbunden sind, können dadurch Gefügeveränderungen aktiviert werden, insbesondere die Auflösung oder Bildung von Ausscheidungen.

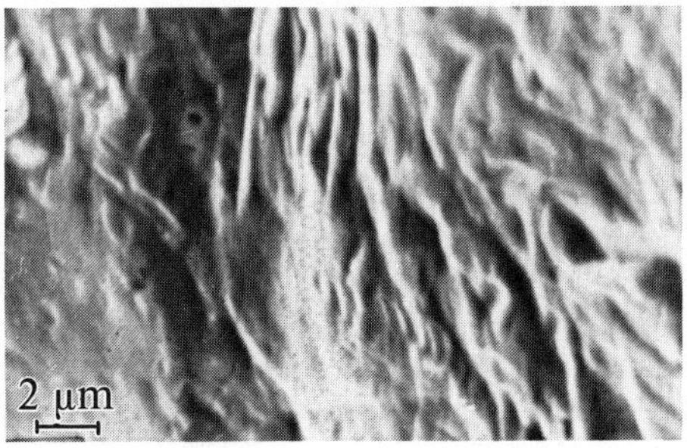

Bild 3.44 Gleitbänder auf der Oberfläche einer Schwingprobe (REM-Aufnahme)

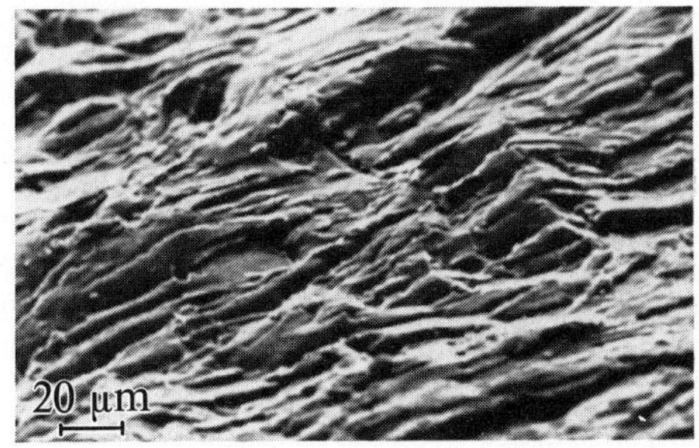

Bild 3.46 Schwingungsstreifen (REM-Aufnahme)

Die an der Oberfläche auftretenden Versetzungen führen durch die damit verbundene Stufenbildung zu den für Dauerschwingbeanspruchung charakteristischen **Gleitbändern** (Bild 3.44). Da bei Richtungswechsel der Beanspruchung Versetzungsbewegungen auf anderen Gleitebenen aktiviert werden, bestehen die Gleitbänder aus *Extrusionen* und *Intrusionen,* deren Entstehungsmechanismus durch Bild 3.45 erläutert wird. Die Intrusionen bilden *Rißkeime,* weshalb Daueranrisse fast ausschließlich von der Oberfläche ausgehen. Seltener bilden sich Rißkeime auch an Korngrenzen oder an nichtmetallischen Einschlüssen (siehe S. 383).

3.2.4.3 Rißbildung, Rißfortschritt

Bei einer Werkstoffschädigung durch Schwingbeanspruchung unterscheidet man die Phasen:

- *Rißbildung* und
- *Rißfortschritt.*

Schwierigkeiten bei der Abgrenzung dieser beiden Phasen bildet allerdings die Frage, was bereits als Riß definiert werden kann und was noch nicht.

Der Anteil von Rißbildung und Rißfortschritt an der Lebensdauer *N* ist sehr unterschiedlich. Bei zähen Werkstoffen wird für die Rißbildung etwa 10% und für die Ausbreitung des Risses etwa 90% der Lebensdauer benötigt, während bei spröden Werkstoffen die Verhältnisse umgekehrt sein können.

Intrusionen und ein anschließender Rißfortschritt erfolgen zunächst auf den Gleitebenen mit den größten Schubspannungen, also bei Zugbeanspruchung unter 45° (siehe Bild 1.40). Dieses *Stadium I des Rißfortschritts* erstreckt sich in der Regel nur auf die ersten ein bis zwei Körner.

Das anschließende *Stadium II des Rißfortschritts* erfolgt annähernd rechtwinklig zur größten Normalspannung. Bei einem zähen Werkstoff entstehen dabei charakteristische, mikroskopisch feine **Schwingungsstreifen** (Bild 3.46). Für die Entstehungsweise dieser Schwingungsstreifen gibt es verschiedene Modellvorstellungen auf der Basis von plastischen Verformungen durch Versetzungsbewegung.

3.2.4.4 Schwingungsbruch (Dauerbruch)

Bild 3.47 gibt schematisch die charakteristischen Merkmale eines Dauerbruches wieder. Die Bruchfläche besteht aus der relativ glatten eigentlichen *Schwingbruchfläche* und der rauhen, zerklüfteten *Restbruchfläche.* Auf der Schwingbruchfläche entstehen bei bei einem Betriebsbruch (Bild 3.48) Zonen und Linien unterschiedlicher Farbtönung, die **Rastlinien.** Sie sind die Folge von unterschiedlich starker Oxidation im Bereich der Rißspitze, wenn der Anriß infolge Veränderung der Betriebsbelastung oder Stillstand der Maschine langsamer bzw. gar nicht fortschreitet. Die Rastlinien sind nicht zu verwechseln mit den Schwingungsstreifen in Bild 3.46.

Aus den Größenverhältnissen und der Anord-

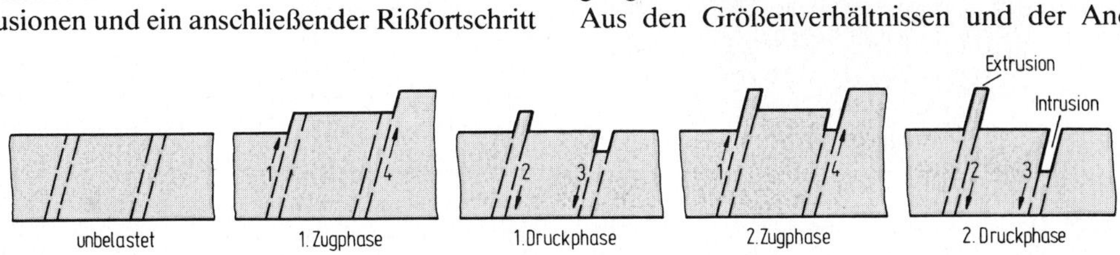

Bild 3.45 Entstehung von Extrusionen und Intrusionen (1. . .4: aktive Gleitebenen)

nung der Dauerbruchfläche zur Restbruchfläche lassen sich folgende Anhaltspunkte zur Beurteilung der Bruchursachen ableiten:
- Art der Beanspruchung,
- ungefähre Höhe der Beanspruchung,
- Kerbempfindlichkeit des Werkstoffes.

Bild 3.49 gibt hierzu ein Beispiel (siehe auch S. 379). Die Art der Beanspruchung läßt sich auch aus der Lage der Bruchfläche ablesen.

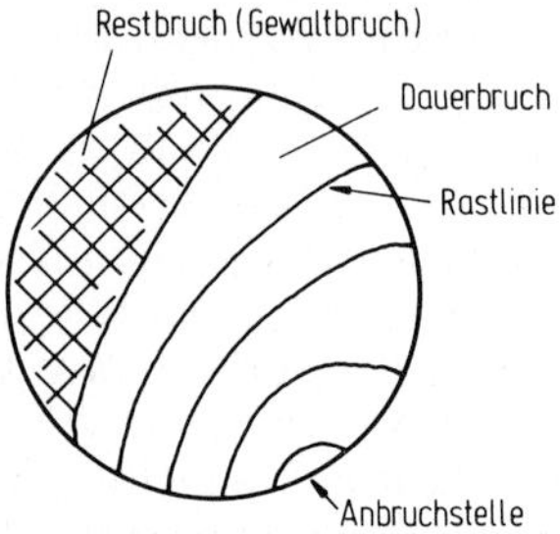

Bild 3.47 Dauerbruch (schematisch)

Bild 3.48 Betriebsdauerbruch einer PKW-Achse

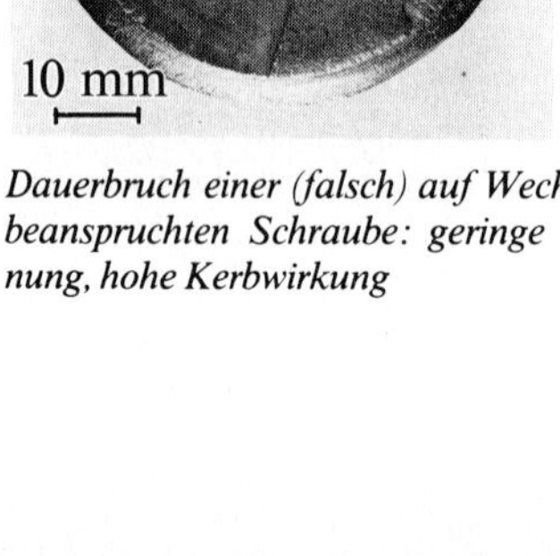

Bild 3.49 Dauerbruch einer (falsch) auf Wechselbiegung beanspruchten Schraube: geringe Nennspannung, hohe Kerbwirkung

3.3 Härtekennwerte

3.3.1 Begriffe

Der üblichen Definition nach ist **Härte** der Widerstand eines Stoffes gegen das Eindringen eines anderen Körpers. Da das Eindringvermögen von der Gestalt und Eigenhärte des anderen Körpers sowie von der Art und Größe der Belastung abhängig ist, *muß* bei der zahlenmäßigen Angabe von Härtewerten *immer das Härteprüfverfahren genannt werden.*

Die Härte kann nach folgenden grundsätzlichen Möglichkeiten ermittelt werden:
- Ritzen der Oberfläche,
- Eindringen eines Prüfkörpers unter statischer Belastung,
- Eindringen eines Prüfkörpers unter dynamischer Belastung,
- Rückprall infolge des elastischen Verhaltens des Prüfstückes.

Technische Bedeutung im Maschinenbau haben nur die Verfahren mit statischer Belastung. Die Härteprüfung liefert in erster Linie schnell und praktisch zerstörungsfrei Anhaltswerte für die statische Festigkeit und für das Verschleißverhalten der Werkstoffe. Wegen der nur geringfügigen Beschädigung der Oberfläche von Werkstücken durch den Härteeindruck, wird die Härteprüfung z. B. zur Kontrolle der Gleichmäßigkeit von Wärmebehandlungen in der industriellen Fertigung eingesetzt.

3.3.2. Statische Härteprüfverfahren

Bei den statischen Verfahren wird die Prüfkraft stoßfrei aufgebracht und wirkt auf die Probe eine vorbestimmte Zeit ruhend ein. Nach dem Entlasten wird der bleibende Eindruck ausgemessen.

Die Ermittlung der Härtewerte beruht dabei auf zwei Meßprinzipien:
- entweder wird die Fläche des Härteeindruckes gemessen und der Quotient aus Prüfkraft und Eindruckfläche errechnet oder
- es wird bei vorgegebenen Prüfkräften die Eindringtiefe gemessen und unmittelbar in entsprechende Härtewerte umgewandelt.

Die Härtewerte werden bei *allen* Verfahren als reine Zahlenwerte ohne Einheiten angegeben; anstelle der Einheit kommt hinter die Zahl das Kurzzeichen des Prüfverfahrens.

Man beachte, daß in vielen neueren Veröffentlichungen Härteangaben mit der Einheit N/mm^2 versehen sind. Diese Schreibweise entspricht nicht (!) den nachfolgend beschriebenen DIN-Verfahren.

3.3.2.1 Messung der Eindruckfläche

Auf dem Prinzip der Messung der Eindruckfläche beruhen die Härteprüfverfahren nach BRINELL und nach VICKERS.

Beim **BRINELLverfahren** nach DIN 50351 wird eine Kugel bestimmten Durchmessers D aus gehärtetem Stahl oder Hartmetall mit der gewählten Prüfkraft F in die Probe eingedrückt. Der Durchmesser d des Eindruckes wird gemessen (Bild 3.50) und der Härtewert berechnet mit:

$$\mathrm{HB} = \frac{0{,}102 \cdot F}{A} = \frac{0{,}102 \cdot 2F}{\pi \cdot D\,(D - \sqrt{D^2 - d^2})}.$$

(F in N; D, d in mm)[1]

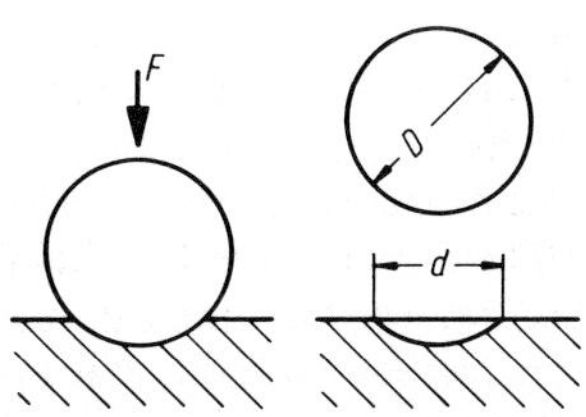

Bild 3.50 Prinzip der Härteprüfung nach BRINELL F = Prüfkraft, D = Kugeldurchmesser, d = Eindruckdurchmesser

Die Größe der Prüfkraft ist abhängig vom gewählten Kugeldurchmesser D und dem geprüften Werkstoff. Für die verschiedenen Werkstoffgruppen werden bestimmte *Belastungsgrade*

$$\frac{0{,}102 \cdot F}{D^2}$$

angegeben, damit die Eindrücke ähnlich werden. Die Härte ist unabhängig von der Prüfkraft und dem Kugeldurchmesser, wenn der Eindruckdurchmesser d zwischen $0{,}2 \cdot D$ und $0{,}7 \cdot D$ liegt. Größere und kleinere Eindrücke oder andere Belastungsgrade führen zu falschen und nicht mehr direkt vergleichbaren Härtewerten.

Der errechneten Härte wird neben dem Kurzzeichen HB der Durchmesser der Kugel und die mit 0,102 multiplizierte Prüfkraft hinzugefügt (außer bei D = 10 mm und F = 29420 N), z. B. 315 HB 2,5/187,5 bedeutet D = 2,5 mm, F = (187,5:0,102) N = 1840 N. Dahinter steht ggf. noch die Einwirkdauer der Prüfkraft.

[1] Der Faktor 0,102 wurde eingeführt, um nach Übernahme der gesetzlichen Krafteinheit N in die Härteprüfung die gleichen Härte-Zahlenwerte zu behalten.

Die BRINELLhärteprüfung kann nur für weichere Werkstoffe mit höchstens 450 HB angewendet werden.

Das **VICKERSverfahren** nach DIN 50133 verwendet als Eindringkörper eine Diamantpyramide mit quadratischem Grundriß. Die Eindruckfläche wird aus dem Mittelwert der gemessenen Diagonalen d_1 und d_2 (Bild 3.51) ermittelt und gemäß

$$\mathrm{HV} = 0{,}102 \cdot \frac{F}{A} = 0{,}189 \cdot \frac{F}{d^2}$$

(F in N, d in mm) der Härtewert berechnet.

Die *Prüfkraft F* kann zwischen 1,96 N und 980 N gewählt werden. Man unterscheidet den normalen Bereich (49 N bis 980 N) und den Kleinlastbereich (1,96 N bis 49 N). Da die Eindrücke immer geometrisch ähnlich bleiben, sind die ermittelten Härtewerte im Normalfall unabhängig von der Größe der Prüfkraft. Im Kleinlastbereich ist eine Zunahme der Härtewerte festzustellen, weil der Anteil elastischer Verformungen größer wird.

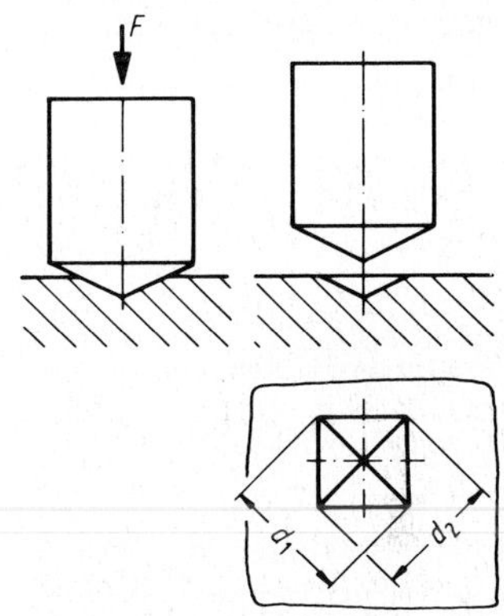

Bild 3.51 Prinzip der Härteprüfung nach VICKERS F = Prüfkraft, d_1, d_2 = Eindruckdiagonalen

Neben dem Kurzzeichen HV wird dem Härtewert der mit 0,102 multiplizierte Zahlenwert der Prüfkraft und ggf. die Belastungszeit hinzugefügt, z. B. 600 HV 50 oder 600 HV 50/30.

Die VICKERS-Härteprüfung ist fast universell anwendbar und eignet sich für sehr weiche und sehr harte Werkstoffe ebenso wie für dünne Teile und Schichten. Die Härtewerte betragen zwischen ca. 3 HV (z. B. Blei) und 1500 HV (Hartmetall).

Der Flächenwinkel der Pyramide ist mit 136° so gewählt, daß die Härtewerte der VICKERSprüfung und die der BRINELLprüfung vergleichbar sind. Für VICKERS-Härtewerte mit F > 49N und BRINELL-Härtewerte mit dem Belastungsgrad 30 gilt nach DIN 50150 bis zu der Härte 470 HV:

$$\mathrm{HB} = 0{,}95 \cdot \mathrm{HV}.$$

Der wesentliche Vorteil des VICKERSverfahrens liegt darin, daß sich auch bei kleinen Eindrücken die Diagonalen des Quadrates genau ausmessen lassen. Dadurch ist eine exakte Härteermittlung bei nur geringer Oberflächenbeschädigung möglich. Bei der BRINELLprüfung ist bei größeren Eindrücken die gleiche Genauigkeit erreichbar, allerdings sind die Oberflächenschäden größer. Nachteilig ist demgegenüber, daß bei beiden Verfahren die optische Vermessung der Eindrükke einen hohen Zeitaufwand und eine metallisch blanke und möglichst glatte Oberfläche erfordert.

3.3.2.2 Messung der Eindringtiefe

Mit der **Härteprüfung nach ROCKWELL** (DIN 50 103) wird die Härte metallischer Werkstoffe durch Messung der Eindringtiefe ermittelt. Es gibt mehrere ROCKWELL-Prüfverfahren, die alle auf demselben Prinzip beruhen.

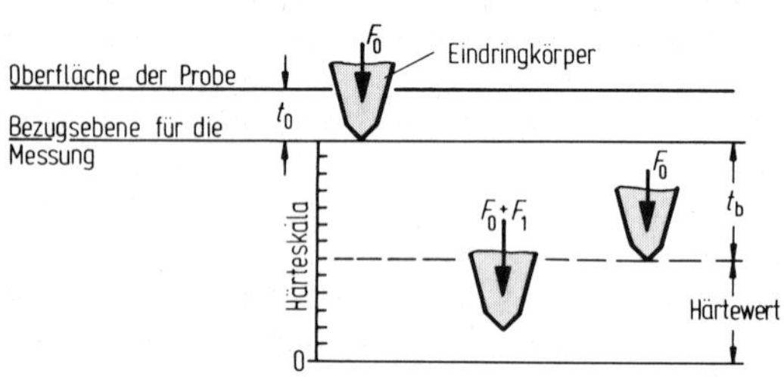

Bild 3.52: Prinzip der Härteprüfung nach ROCKWELL)
F_0 = Prüfvorkraft, F_1 = Prüfkraft,
t_b = bleibende Eindringtiefe

Eine Prüfvorkraft F_0, die den Zweck hat, einen sicheren Kontakt zwischen Prüfstück und Eindringkörper herzustellen und Spiel in der Meßeinrichtung auszuschalten, erzeugt eine Eindringtiefe t_0, der eine Bezugsebene für die Härteskala zugeordnet wird (Bild 3.52). Durch eine Prüfkraft F_1, die mindestens viermal so groß ist wie F_0, wird eine bleibende Eindringtiefe t_b erzeugt. Das Prüfgerät, das die Eindringtiefe mißt, erlaubt ein unmittelbares Ablesen der Härtewerte, wobei eine größere Eindringtiefe t_b eine geringere Härte bedeutet.

Die einzelnen ROCKWELLverfahren unterscheiden sich im Eindringkörper, in der Größe von Prüfvorkraft und Prüfkraft, im Härtewert der Bezugsebene und in der Eindringtiefe, die einer Härteeinheit entspricht. Die beiden wichtigsten sind das ROCKWELL-B-Verfahren HRB und das ROCKWELL-C-Verfahren HRC. Bei beiden Verfahren beträgt die Prüfvorkraft F_0 = 98 N und die Eindringtiefe je Härteeinheit 0,002 mm = 2 μm.

Das ROCKWELL-*B-Verfahren* hat als Eindringkörper eine Stahlkugel (D = 1,5875 mm = 1/16 inch) und den Bezugshärtewert 130. Die Prüfkraft beträgt F_1 = 883 N. Das Verfahren wird eingesetzt für Werkstoffe mittlerer Härte, z. B. Stähle mit niedrigem Kohlenstoffgehalt oder Messing, wobei die zulässigen Härten zwischen 35 HRB und 100 HRB liegen.

Beim ROCKWELL-*C-Verfahren* ist der Eindringkörper ein Diamantkegel (Kegelwinkel 120°, abgerundete Spitze) und der Bezugshärtewert 100. Die Prüfkraft ist F_1 = 1373 N. Geprüft werden nach dem ROCKWELL-C-Verfahren vorwiegend gehärtete und angelassene Stähle. Das Verfahren ist in der industriellen Qualitätskontrolle zur Prüfung der Gleichmäßigkeit von Wärmebehandlungen am weitesten verbreitet. Die für dieses Verfahren zulässigen Härtewerte müssen zwischen 20 HRC und 70 HRC liegen.

Vorteil der ROCKWELL-Verfahren gegenüber den Verfahren nach BRINELL und VICKERS ist ihr geringer Zeitaufwand und die Möglichkeit vollautomatischer Meßwerterfassung. Die Genauigkeit ist geringer als bei den anderen Verfahren.

3.3.2.3 Vergleich von Härteangaben

Exakt vergleichbar sind *nur* Härtewerte, die mit dem gleichen Verfahren unter gleichen Bedingungen ermittelt wurden. Einen Vergleich der Härtewerte verschiedener Verfahren ist allenfalls noch für ähnliche Werkstoffe zulässig. In Bild 3.53 sind die Werteskalen der vier beschriebenen Verfahren gegenübergestellt. Diese Darstellung gilt für Stähle und entspricht den Härtevergleichstabellen in DIN 50 150.

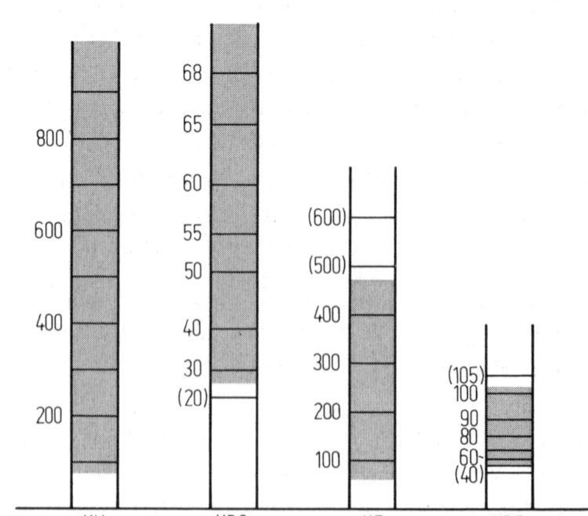

Bild 3.53 Vergleich von Härtewerten nach DIN 50 150

DIN 50 150 sieht auch für Stahl eine Abschätzung der Zugfestigkeit aus der VICKERShärte vor. Für Werkstoffe mit Härtewerten zwischen 80 HV und 650 HV ist die Zugfestigkeit R_m (in N/mm^2) im Mittel:

$$R_m = 3{,}38 \cdot \mathrm{HV}.$$

Für NE-Metalle gilt diese Umrechnung *nicht*.

Die weiteren technisch üblichen Härteprüfverfahren beruhen fast ausschließlich auf der Basis der beschriebenen Verfahren. Die Anwendung beschränkt sich im allgemeinen auf die Härtemessung sehr dünner Schichten, z. B. galvanischer Oberflächenüberzüge, oder einzelner Gefügebestandteile. Hier wird insbesondere die VICKERS-Mikrohärteprüfung angewendet mit Prüfkräften zwischen 0,002 N und 1 N.

3.3.3 Dynamische Härteprüfverfahren

Dynamische Härteprüfverfahren haben gegenüber den statischen Verfahren den Vorteil, daß die Prüfgeräte Handgeräte sind, die Härtemessungen an fertigen Konstruktionen ermöglichen, zum Teil in jeder beliebigen Lage. Die dynamischen Verfahren arbeiten entweder nach dem *Kugeleindringverfahren* (Prinzip der BRINELLprüfung) oder nach dem *Rückprallverfahren* (Prinzip der elastischen Rückfederung).
Am gebräuchlichsten ist der BAUMANN-*Hammer*. Bei diesem Gerät wird eine Feder gespannt, die bei einer bestimmten Spannkraft ihre Energie an einen Schlagbolzen abgibt. Der Schlagbolzen schlägt eine Kugel in das Prüfstück. Aus dem mit einer Meßlupe vermessenen Eindruck wird mit einer Tabelle die BRINELLhärte bestimmt.
Bei dem POLDI-*Hammer* wird eine Kugel gleichzeitig in das Prüfstück und in einen Vergleichsstab bekannter Härte eingeschlagen. Aus dem Verhältnis der beiden Eindruckdurchmesser wird die Härte des geprüften Teiles ermittelt.
Beide Geräte können in jeder beliebigen Lage eingesetzt werden, ihre Genauigkeit ist jedoch geringer als die der statischen Verfahren.

Die Rückprallverfahren erfordern je nach Gerät entweder genau waagerechte oder genau senkrechte Prüfflächen. Gemessen wird die Rücksprunghöhe eines Fallgewichtes oder der Rückprallwinkel eines Pendels. Da in diese Werte neben dem Elastizitätsmodul des Werkstoffes auch die Steifigkeit der Konstruktion eingeht, gestatten die Rückprallverfahren allenfalls Vergleichsmessungen an einer Konstruktion.

3.3.4 Einflüsse auf die Härtewerte

Die *Prüfzeit,* d. h. die Dauer der statischen Belastung, beeinflußt die Härtewerte. Diese werden mit zunehmender Prüfzeit etwas geringer. Deshalb ist insbesondere bei Werkstoffen, die zum Kriechen neigen, die Zeit anzugeben (meist 30 Sekunden, sonst 10 bis 15 Sekunden).
Der Einfluß der *Prüftemperatur* entspricht dem auf die statischen und dynamischen Festigkeitswerte (siehe Bild 3.20 und 3.40). Zunehmende Prüftemperatur führt zu einem Abfall der Härtewerte.
Größe und Abmessung des Prüfstückes haben nur dann einen Einfluß auf die Härtewerte, wenn sich der Prüfling infolge der Prüfkraft durchbiegen kann, wenn die Abmessungen der Prüffläche nur wenig größer als die der Eindruckfläche sind und wenn die Dicke des Prüflings zu gering ist. Eine zu kleine Prüffläche oder zu dicht an den Rand gesetzte Eindrücke führen zu einem Ausweichen des Werkstoffes. Außerdem beeinflussen sich die Eindrücke gegenseitig, wenn ihre Abstände zu gering sind. Aus diesen Gründen sind in den Normen Mindestwerte für *Randabstand* und *Eindruckabstand* festgelegt. Auch die *Mindestdicke* des Prüflings ist in der Norm festgelegt. Sie soll mindestens das 10fache, bei der BRINELLprüfung sogar das 17fache der Eindringtiefe betragen. Ist die Dicke geringer, so ergeben sich falsche Härtewerte.

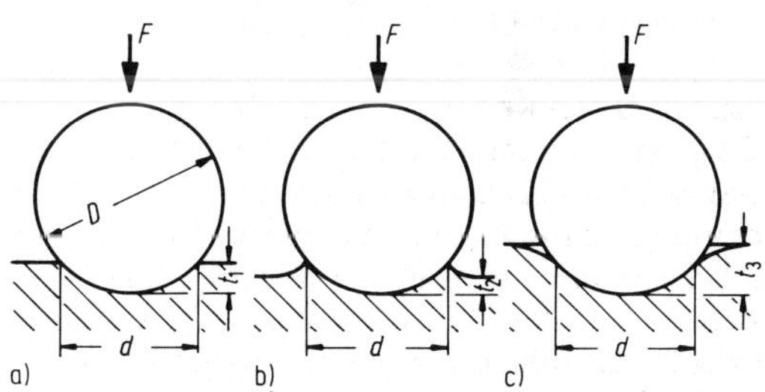

Bild 3.54 Veränderung der Eindringtiefe
a) normale Eindringtiefe t_1
b) verringerte Eindringtiefe t_2 durch Wulstbildung
c) vergrößerte Eindringtiefe t_3 durch Einziehen

Fehlerbehaftete Werte können sich auch durch das Verhalten des geprüften *Werkstoffes* ergeben. Bild 3.54 zeigt, wie beim Kugeleindruck durch Wulstbildung und Nachziehen des Werkstoffes andere effektive Eindringtiefen entstehen. Bei der VICKERSprüfung können sich durch Wölbung der Ränder des Eindruckes Abweichungen von der quadratischen Form ergeben (Bild 3.55).

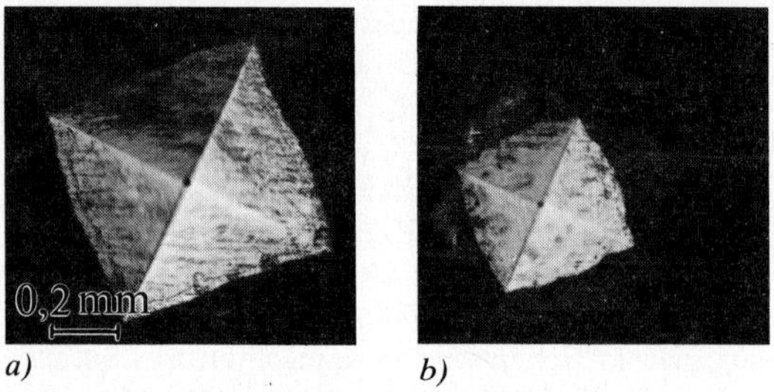

Bild 3.55 Veränderung von VICKERS*eindrücken*
a) kissenförmiger Eindruck in weichgeglühtem Werkstoff
b) tonnenförmiger Eindruck in kaltverfestigtem Werkstoff

3.4 Kennwerte des Bruchverhaltens

Schon frühzeitig wurde erkannt, daß die Kennwerte der statischen Werkstoffprüfung unzureichend für die Beurteilung des Werkstoffverhaltens bei plötzlicher (schlagartiger) Beanspruchung sind. Von den entwickelten Prüfverfahren zur Untersuchung des Bruchverhaltens wurde und wird insbesondere der Kerbschlagbiegeversuch angewendet. Nachteil dieses Verfahrens ist jedoch, daß die ermittelte Kerbschlagzähigkeit kein reiner Werkstoffkennwert ist, sondern z. B. sehr stark von der Probengeometrie abhängig ist. Darüberhinaus kann die Kerbschlagzähigkeit nicht für die Berechnung von Bauteilen verwendet werden. Aus dem Bestreben, Werkstoffkennwerte für das Bruchverhalten zu finden, entwikkelte sich das Gebiet der Bruchmechanik.
Die Erkenntnisse der Bruchmechanik sind anzuwenden bei:
- Werkstoffen hoher Festigkeit,
- Bauteilen mit großer Wanddicke,
- hohen Beanspruchungsgeschwindigkeiten,
- tiefen Temperaturen.

3.4.1 Bruchformen

Brüche kann man zunächst in zwei Gruppen aufteilen:
- durch einmalige Überlastung erzeugte *Gewaltbrüche,*
- durch wiederholte Beanspruchung entstehende *Schwingungsbrüche.*

Letztere sind in den Bildern 3.47 bis 3.49 beschrieben. Unabhängig vom zeitlichen Ablauf der Belastung, ob langsam ansteigend oder schlagartig, treten Gewaltbrüche als
- verformungslose oder verformungsarme Sprödbrüche oder als
- Verformungsbrüche

auf.

Der **Spröd-** oder **Trennbruch** ist besonders gefährlich, weil er plötzlich einsetzt – ohne Vorwarnung durch plastische Verformungen – und für sein Entstehen nur eine geringe Energie benötigt. Da seine Ausbreitungsgeschwindigkeit in Stahl etwa 1000 m/s beträgt, führt er häufig zu schweren Schadensfällen. Sprödbruchbegünstigend sind:
- tiefe Temperaturen,
- mehrachsige Spannungszustände (Kerben, schroffe Übergänge, große Wanddicken),
- schlagartige Beanspruchungen,
- ungleichmäßiges Gefüge (fehlerhafte Wärmebehandlung, Schweißnahtbereiche),
- geringe Verformungsfähigkeit bei Werkstoffen hoher Festigkeit.

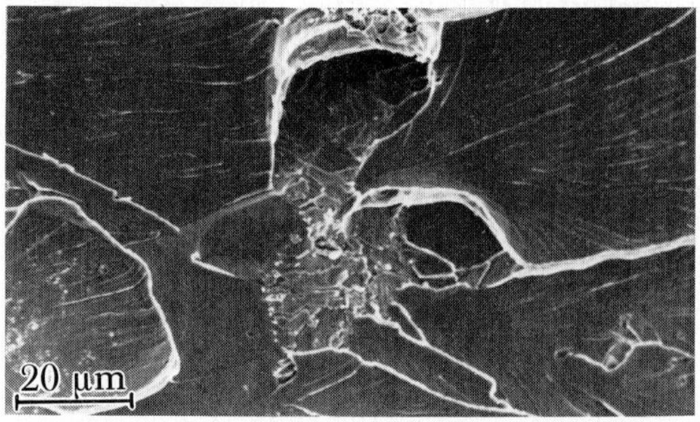

Bild 3.56 Spaltbruchfläche in St 37 (REM-Aufnahme)

Der Sprödbruch kann transkristallin oder interkristallin verlaufen. Der *transkristalline Sprödbruch* oder **Spaltbruch** (Bild 3.56) entsteht durch Trennen von Kristallebenen innerhalb eines Korns (Spaltflächen) und breitet sich in gleicher Weise über den ganzen Querschnitt aus. Obwohl der Spaltbruch makroskopisch verformungslos ist, setzt seine Entstehung mikroskopisch plastische Verformbarkeit voraus (Mikroplastizität). Die Bewegung von Versetzungen in einem Korn führt zwangsläufig zu einem Versetzungsaufstau vor Hindernissen, z. B. Korngrenzen, nichtmetallischen Einschlüssen (siehe Bild 1.51). Dadurch, ggf. auch durch das Zusammenwirken mit einem weiteren Versetzungsstau, entsteht ein Spannungsfeld. Ist die Spannung groß genug, so wird in einem spröden nichtmetallischen Einschluß ein Mikroriß erzeugt.
Für die Ausbreitung des Mikrorisses im nächsten Korn ist, ebenso wie für seine Entstehung hinter einer Korngrenze (= Hindernis), eine bestimmte Ausrichtung des Gitters dieses Korns erforderlich. Damit ist die Wahrscheinlichkeit von Spaltbrü-

chen von der Gitterstruktur des Werkstoffes abhängig.
Spaltbrüche entstehen fast ausschließlich in krz und hexagonal kristallisierenden Metallen. In kfz Metallen sind zusätzliche Einflüsse, z. B. durch Korrosion, erforderlich.
Wenn die Korngrenzen durch Ausscheidungen oder Verunreinigungen versprödet sind, kann der *interkristalline Sprödbruch* (Bild 3.57) entstehen.

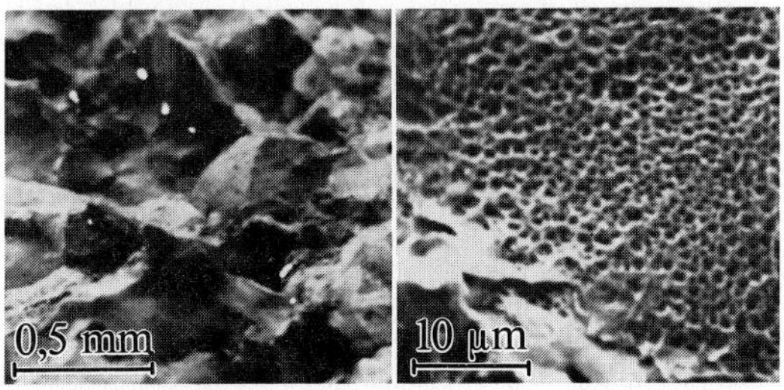

a) *b)*

Bild 3.57 *a) Interkristalliner Sprödbruch*
b) freigelegte Kornfläche (REM-Aufnahmen)

Makroskopisch liegt die Bruchfläche eines Trennbruches rechtwinklig zur größten Normalspannung (Bild 3.58).

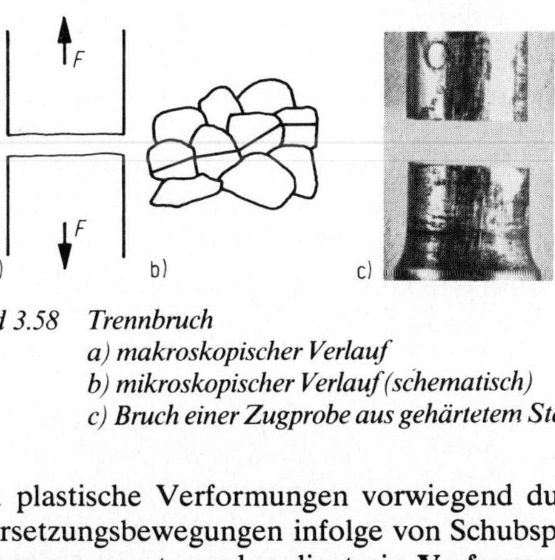

Bild 3.58 *Trennbruch*
a) makroskopischer Verlauf
b) mikroskopischer Verlauf (schematisch)
c) Bruch einer Zugprobe aus gehärtetem Stahl

Da plastische Verformungen vorwiegend durch Versetzungsbewegungen infolge von Schubspannungen erzeugt werden, liegt ein **Verformungsbruch** zumindestens teilweise parallel zur größten Schubspannung. Der Verformungsbruch oder duktile Bruch kann bei einachsiger Zugbeanspruchung makroskopisch verschiedene Formen haben.
Beim reinen *Scherbruch* (Bild 3.59) liegt die ganze Bruchfläche unter 45° zur Zugrichtung. Der *Einschnürbruch* (Bild 3.60) ist Folge einer Querschnittsverringerung, die bei sehr gut verformba-

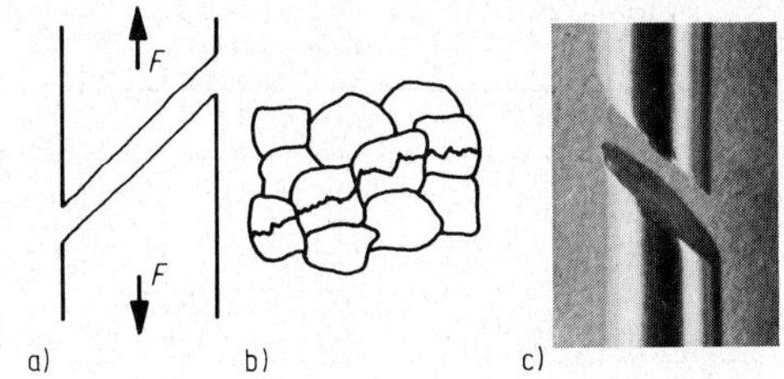

Bild 3.59 *Reiner Scherbruch (Schrägbruch)*
a) makroskopischer Verlauf
b) mikroskopischer Verlauf (schematisch)
c) Bruch einer Zugprobe aus AlCuMg1

ren reinen Metallen bis zu einer annähernd punktförmigen Bruchfläche führen kann.

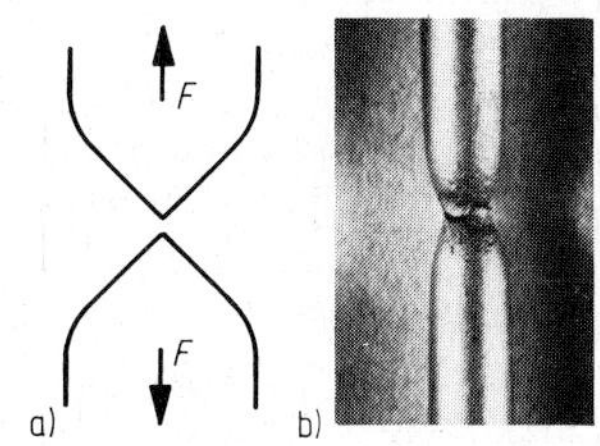

Bild 3.60 *Einschnürbruch*
a) schematisch
b) Bruch einer Zugprobe aus E-Cu

Am häufigsten weisen zähe Werkstoffe bei Zugbeanspruchung eine Bruchform auf, die als *»Krater-Kegel« (cup and cone)-Bruch,* als *»Teller-Tassen«-Bruch* oder auch als *»Trichter«-Bruch* bezeichnet wird. (Bild 3.61). Neben einer mehr oder weniger starken Einschnürung weist der Rand des Bruches Flächen unter 45° zur Zugrichtung, die *Scherlippen,* auf. Die restliche Bruchfläche ist rechtwinklig zur Zugrichtung und wird als »Normalspannungsbruch« bezeichnet, obwohl es sich um einen Scherbruch handelt.

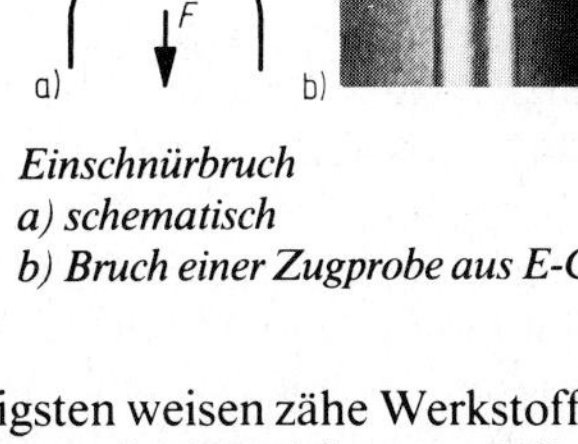

Bild 3.61 *»Krater-Kegel« (cup and cone)-Bruch*
a) schematisch
b) Bruch der Zugprobe aus AlMgSi

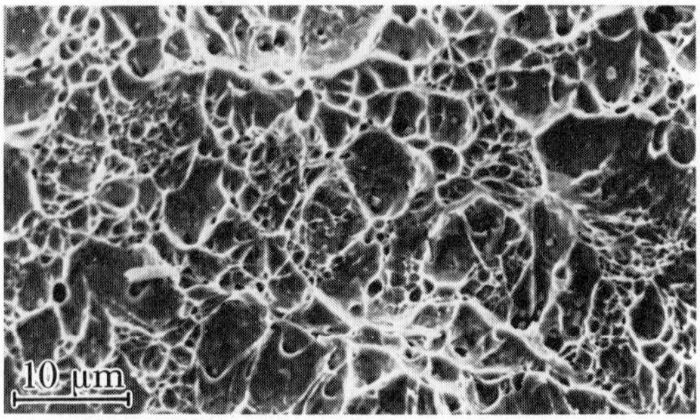

Bild 3.62 Bruchwaben in Ck 35 (REM-Aufnahme)

Mikroskopisch lassen sich Verformungsbrüche eindeutig an der *Wabenstruktur* erkennen. Der Werkstoff um die in technischen Metallen immer vorhandenen Einschlüsse wird durch die plastische Verformung zu Hohlräumen aufgeweitet, wenn in den angrenzenden Körnern die Aufnahmefähigkeit für Versetzungen erschöpft ist. Dieser Mechanismus der *Lochbildung* wird z. B. an Mangansulfiden in Stahl beobachtet. Die dazu erforderliche Spannung ist um so geringer, je größer der nichtmetallische Einschluß ist. In anderen Fällen kann die Lochbildung durch Spaltbruch eines harten nichtmetallischen Teilchens oder auch unmittelbar in der Matrix durch Versetzungsreaktionen eingeleitet werden.

An die Lochbildung schließt sich eine Phase der *Lochaufweitung* an; es entsteht eine *innere Einschnürung*. Das Wachstum der Hohlräume wird dabei durch den von ihnen selbst verursachten dreiachsigen Spannungszustand bestimmt.

Wenn die Brücken zwischen den einzelnen Hohlräumen zu schmal werden, scheren sie ab, wobei auf der Bruchfläche die in Bild 3.62 gezeigten Vertiefungen zurückbleiben; es entsteht der **Wabenbruch.** Auf dem Grund der Waben sind dann häufig die nichtmetallischen Einschlüsse erkennbar.

Das Abscheren der Brücken erfolgt hauptsächlich unter der Wirkung der größten Schubspannung. Das hat zur Folge, daß der Riß nicht in einer Ebene, sondern in einer Zick-Zack-Linie fortschreitet. Auch der scheinbar ebene Kraterboden beim Krater-Kegel-Bruch zeigt diesen Verlauf. Manchmal, insbesondere bei Vergütungsstählen, entsteht dadurch makroskopisch der sogenannte *Fräserbruch* (Bild 3.63).

Scherlippen am Rande des Bruchquerschnittes, z. B. der Kraterrand, entstehen durch einen gleichen Scherprozeß, wenn die Restfläche klein genug ist. Der Verformungsbruch entwickelt sich also von *innen* nach *außen*. Auch beim Abscheren des Bruchrandes bilden sich Hohlräume, die schräg verlaufenden *Scherwaben*.

Bild 3.63 Fräserbruch einer Zugprobe aus 30 CrNiMo 8

Neben den beschriebenen Merkmalen können noch weitere, wie der Glanz und die Rauhigkeit der Bruchfläche, zur makroskopischen Beurteilung herangezogen werden. Da aber neben Sprödbrüchen und Verformungsbrüchen sehr häufig auch Mischbrüche auftreten, dienen der eindeutigen Bruchanalyse die unverwechselbaren mikroskopischen Merkmale.

Bei Werkstoffen höherer Festigkeit tritt z. B. der **Quasi-Spaltbruch** oder *Rosettenbruch* auf. Er ist makroskopisch verformungslos, mikroskopisch liegen die Merkmale eines Verformungsbruches vor. Allerdings können die Rosetten mit Spaltbruchflächen verwechselt werden.

Auch bei Schwingungsbrüchen gibt es die Möglichkeit spröden Rißfortschritts. Die Schwin-

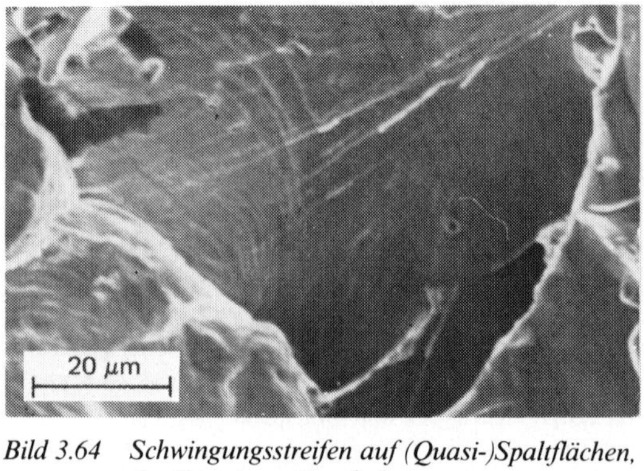

Bild 3.64 Schwingungsstreifen auf (Quasi-)Spaltflächen, Anriß in einem Kranhaken

gungsstreifen (siehe Bild 3.46) bilden sich dann sehr fein auf (Quasi-)Spaltflächen (Bild 3.64).

3.4.2 Bruchkriterien, Grundlagen der Bruchmechanik

Die *Formänderungsarbeit* einer Zugprobe, veranschaulicht durch die Größe der Fläche unter der Spannung-Dehnung-Kurve im Zerreißschaubild, kann bereits als erster Anhaltswert für sprödes oder zähes Werkstoffverhalten dienen. Bild 3.65 zeigt diese Flächen für einen gehärteten und einen geglühten Stahl im Vergleich. Für den spröde brechenden harten Stahl ist die Formänderungsarbeit wesentlich geringer.

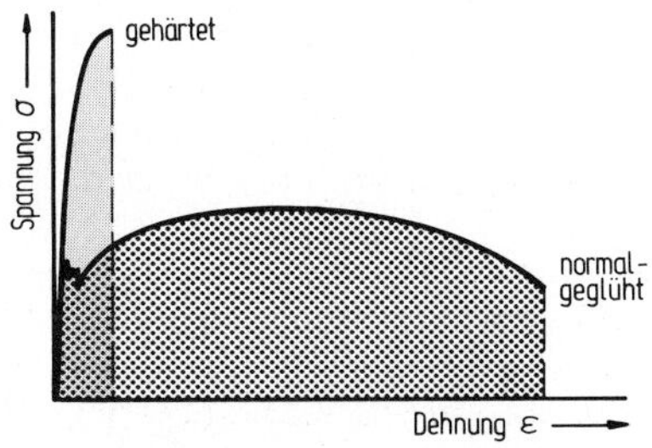

Bild 3.65 Vergleich der Formänderungsarbeit von gehärteten und normalgeglühten Zugproben aus Stahl (schematisch)

Ein weiteres Kriterium für das Sprödbruchverhalten ist die bei schlagartiger Beanspruchung verbrauchte *Schlagarbeit,* die durch Energievergleich vor und nach dem Versuch ermittelt wird. Die Schlagarbeit wird insbesondere an gekerbten Proben im Kerbschlagbiegeversuch ermittelt. Auf die Nachteile dieses Verfahrens ist bereits eingangs hingewiesen worden.

Die **Bruchmechanik** geht davon aus, daß im Werkstoff immer Fehler vorhanden sind und ermittelt die Bedingungen, unter denen sich ein vorhandener Defekt spröde, d. h. ohne Verformungen, ausbreitet. Dazu werden die Spannungsverteilungen im Bereich der Rißspitze mit elastizitätstheoretischen Methoden berechnet.

Eine unendlich große Platte enthält in ihrer Mitte einen Riß der Länge $2a$ und wird rechtwinklig zur Rißfläche durch eine Normalspannung σ belastet (Bild 3.66). Für diese Platte besteht nach IRWIN Sprödbruchgefahr, wenn der Ausdruck $a \cdot \sigma^2$ einen kritischen Wert erreicht. Zur Kennzeichnung des Beanspruchungszustandes wird deshalb der **Spannungsintensitätsfaktor** eingeführt.

$$K_I = \sigma \cdot \sqrt{\pi \cdot a}$$

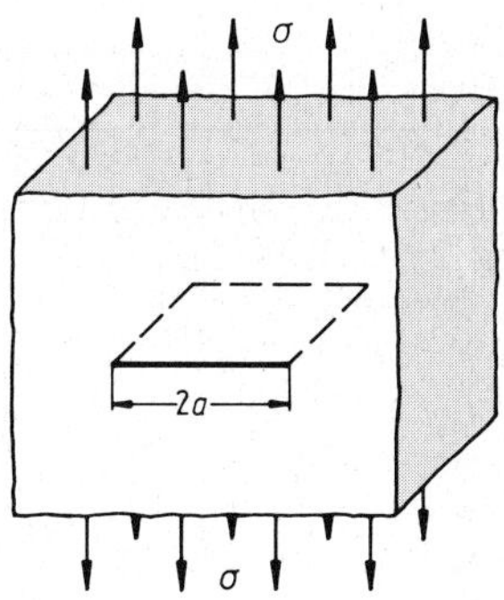

Bild 3.66 Modell eines durchgehenden Risses in einer unendlich großen Platte

Der Index I kennzeichnet, daß sich der Riß durch eine Zugspannung σ aufweitet (Beanspruchungsart I). Für die Rißaufweitung durch Schubspannungen τ (Beanspruchungsarten II und III, Bild 3.67) ergeben sich entsprechende Spannungsintensitätsfaktoren K_{II} und K_{III}.

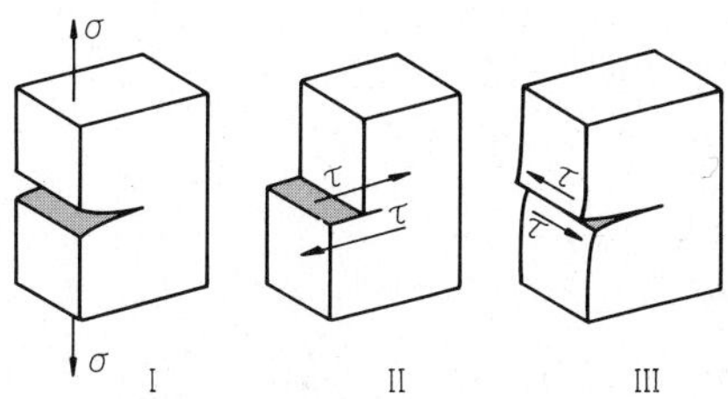

Bild 3.67 Rißöffnungsarten
I: Normalspannung
II: Schubspannung rechtwinklig zur Rißspitze
III: Schubspannung parallel zur Rißspitze

Der Spannungsintensitätsfaktor K_I ist nur bei einer unendlich großen Platte unabhängig von den Abmessungen. Zur Ermittlung des kritischen Wertes mit endlichen Proben muß K_I entsprechend der Probengeometrie korrigiert werden.

Eine zweite Korrektur erfordert das reale Werkstoffverhalten. In der Theorie wird ein ideal spröder Werkstoff angenommen, der sich bis zum Bruch nur elastisch verformt. Das führt zwar zu relativ einfachen Lösungen, hat aber den Nachteil, daß die Spannungen an der Rißspitze unendlich groß werden. Dabei müssen auf jeden Fall plastische Verformungen auftreten. Die plastisch verformte Zone kann z. B. auf der Grundlage idealisierten elastisch-plastischen Werkstoffverhaltens mit einer Vergleichsspannungs-Hypothese berechnet werden. Sie hat dann die in Bild 3.68

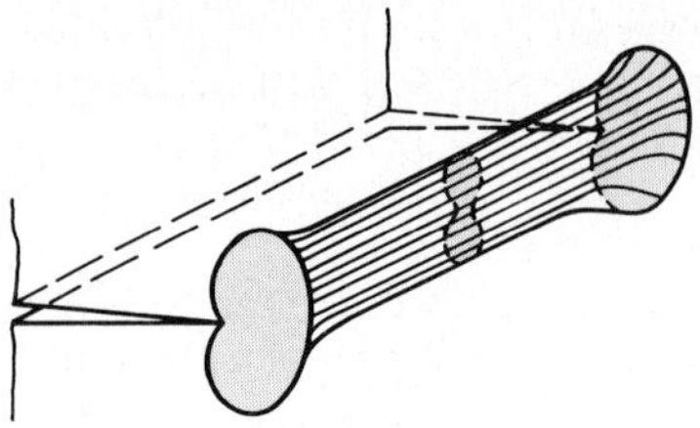

Bild 3.68 Plastisch verformte Zone an der Rißspitze (»dog-bone«-Modell)

dargestellte Form, die auch als *»Hundeknochen« (dog-bone)*-Modell bezeichnet wird.[1]

Wie aus Bild 3.68 ersichtlich, ist die Breite der plastischen Zone in der Mitte der Platte deutlich geringer als an der Oberfläche. Die Ursache hierfür liegt im unterschiedlichen Beanspruchungszustand. An der *Oberfläche* können rechtwinklig zu ihr keine Spannungen auftreten, wodurch sich ein *ebener Spannungszustand* einstellt. Infolge der Querkontraktion ergeben sich dort weitreichende dreidimensionale Verformungen. In der *Mitte* führt die Verformungsbehinderung zu einem *ebenen Dehnungszustand* mit entsprechendem dreiachsigen Spannungszustand. Bei einer Querkontraktionszahl $\mu = 0{,}3$ ist die plastisch verformte Zone in Richtung der Rißebene an der Oberfläche sechsmal so breit wie in Plattenmitte. Folglich verhält sich der Werkstoff in der Mitte spröder, d. h., der ebene Dehnungszustand ist *gefährlicher* als der ebene Spannungszustand. Für die Berechnung des Spannungsintensitätsfaktors kann man nun so vorgehen, daß die Rißlänge *a* um einen Betrag korrigiert wird, welcher die plastisch verformte Zone berücksichtigt. Beide Korrekturen, die durch die Riß- (und ggf. Bauteil-)Abmessungen sowie die durch die plastische Verformung bedingte, werden in der Praxis zu einem *Geometriefaktor f* zusammengefaßt. Damit lautet die allgemeine Formel für den Spannungsintensitätsfaktor:

$$K_I = \sigma \cdot \sqrt{\pi \cdot a} \cdot f$$

Der *kritische Spannungsintensitätsfaktor* K_{Ic} wird **Bruchzähigkeit** oder **Rißzähigkeit** genannt. Versuche mit verschiedenen Probengeometrien haben gezeigt, daß K_{Ic} unabhängig von der Probenform ist (siehe Bild 3.82) und relativ geringe Streuungen ausweist, folglich einen *Werkstoffkennwert* darstellt. Voraussetzung dafür ist allerdings, daß die plastisch verformte Zone klein gegenüber den Probenabmessungen ist. Für fließfähige Werkstoffe mit niedriger Streckgrenze ergeben sich dabei allerdings so große Probenabmessungen, daß die Prüfung derartiger Proben technisch unrealistisch ist. Außerdem reichen die verfügbaren Prüfmaschinen oft nicht für die Erzeugung der entsprechend hohen Prüfkräfte aus.

Neben der Bruchzähigkeit als Werkstoffkennwert gewinnen bruchmechanische Konzepte auch in anderem Zusammenhang an Bedeutung. Die beiden wichtigsten Gebiete sind die Spannungsrißkorrosion und die Schwingfestigkeit. In beiden Fällen geht dem endgültigen Versagen ein allmähliches Rißwachstum voraus, dessen Gesetzmäßigkeiten oder Grenzbedingungen mittels Spannungsintensitätsfaktoren beschrieben werden können.

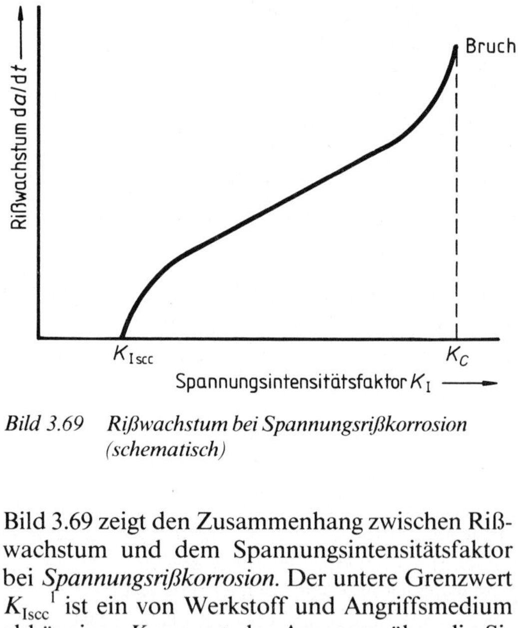

Bild 3.69 Rißwachstum bei Spannungsrißkorrosion (schematisch)

Bild 3.69 zeigt den Zusammenhang zwischen Rißwachstum und dem Spannungsintensitätsfaktor bei *Spannungsrißkorrosion.* Der untere Grenzwert K_{Iscc}[1] ist ein von Werkstoff und Angriffsmedium abhängiger *Kennwert,* der Aussagen über die Sicherheit von Konstruktionen zuläßt. Liegt ein vorhandener Spannungsintensitätsfaktor K_I unter K_{Iscc}, so muß kein Rißwachstum infolge Spannungskorrosion befürchtet werden. Bei $K_I > K_{Iscc}$ ist mit Rißwachstum und bei Erreichen von

[1] Viele metallische Werkstoffe verfestigen sich bei plastischer Verformung. Die Berücksichtigung dieses Werkstoffverhaltens führt zu Verfahren, die hier nicht behandelt werden (z. B. *J*-Integral-Methode).

[1] scc = Stress (Spannung) – Corrosion (Korrosion) – Cracking (Rißbildung)

K_{Ic} mit dem Versagen der Konstruktion zu rechnen. In diesem Fall müssen für sicherheitstechnische Beurteilungen zusätzlich Kenntnisse über die Gesetzmäßigkeit des Rißwachstums vorliegen.

Bei *Schwingbeanspruchung* wird mit der Spannungsschwingbreite $\Delta\sigma = \sigma_o - \sigma_u$ der **zyklische Spannungsintensitätsfaktor**

$$\Delta K = \Delta\sigma \cdot \sqrt{\pi \cdot a} \cdot f$$

gebildet, vom dem das Rißwachstum gemäß Bild 3.70 abhängt. Die an sich erstrebenswerte Ermittlung der **bruchmechanischen Dauerfestigkeit** ΔK_o stößt auf meßtechnische Grenzen.

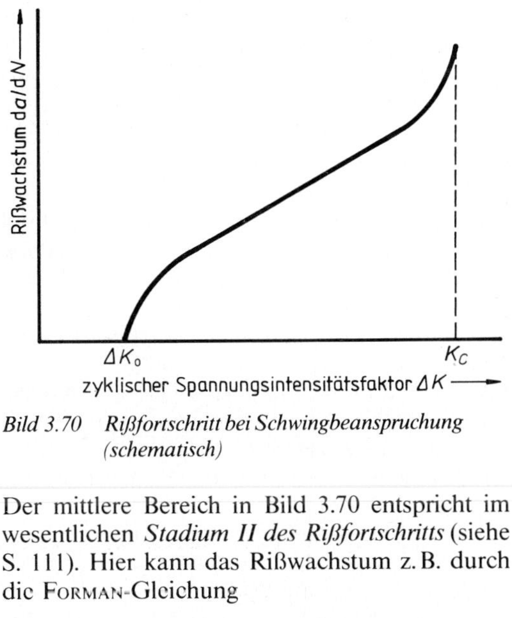

Bild 3.70 Rißfortschritt bei Schwingbeanspruchung (schematisch)

Der mittlere Bereich in Bild 3.70 entspricht im wesentlichen *Stadium II des Rißfortschritts* (siehe S. 111). Hier kann das Rißwachstum z.B. durch die FORMAN-Gleichung

$$\frac{da}{dN} = C \cdot \frac{(\Delta K)^n}{\frac{\Delta\sigma}{\sigma_o} K_c - \Delta K}$$

beschrieben werden. C und n sind Werkstoffkennwerte, die experimentell zu ermitteln sind. Ihre Kenntnis ermöglicht Lebensdauervorhersagen.

3.4.3 Verfahren zur Prüfung des Zähigkeitsverhaltens

Zur Bewertung und Einteilung von Prüfverfahren müssen folgende Begriffe unterschieden werden:
- *Rißbildung,*
- *Rißausbreitung* und
- *Rißauslösung.*

Rißbildung ist die Entstehung eines Anrisses in einem vorher rißfreien Werkstoff. Der Riß kann sich dann
- stabil oder
- instabil ausbreiten.

Bei **stabiler Rißausbreitung** ist der Rißfortschritt von plastischen Verformungen begleitet, wodurch ein hoher Energiebedarf für die Formänderungsarbeit entsteht. **Instabile Rißausbreitung** ohne oder mit nur vernachlässigbar kleinen plastischen Verformungen erfordert dagegen nur geringe Energie. Das Zähigkeitsverhalten eines Werkstoffes ist folglich in erster Linie durch den Energiebedarf bis zum Bruch gekennzeichnet. Die Größe der verbrauchten Energie allein ist jedoch in der Regel nicht ausreichend, deshalb wird versucht, die Bedingungen für die **Rißauslösung** zu ermitteln. Das sind die Bedingungen, die einen Übergang von stabiler zu instabiler Rißausbreitung bewirken. Bei den entsprechenden Prüfverfahren werden nach Möglichkeit Kennwerte ermittelt, die sich unmittelbar auf Konstruktionen anwenden lassen.

3.4.3.1 Kerbschlagbiegeversuch nach DIN 50 115

Die Kerbschlagbiegeprüfung eignet sich vorwiegend nur für die Feststellung der Trennbruchneigung eines Werkstoffes und für die Überwachung der Güte und Gleichmäßigkeit von Wärmebehandlungen.

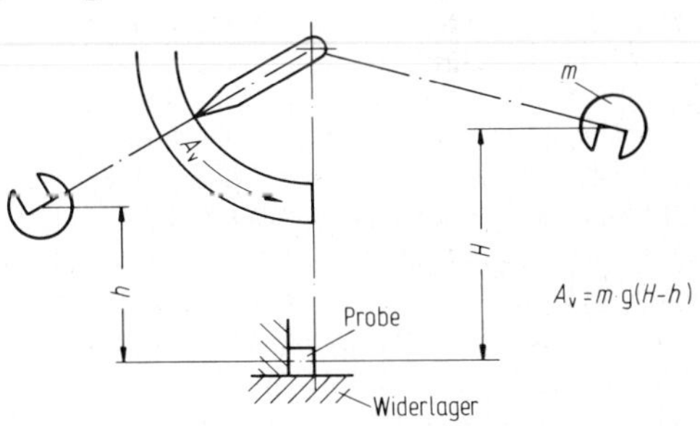

Bild 3.71 Kerbschlagbiegeversuch (schematisch)

Der Kerbschlagbiegeversuch ist nach DIN 50 115 für die Prüfung von Stahl und Stahlguß vorgesehen, kann aber ebenso bei NE-Metallen angewandt werden. Der Versuch wird in einem *Pendelschlagwerk* nach DIN 51 222 (Bild 3.71) vorgenommen, bei dem ein Pendelhammer von einer vorgegebenen Höhe *H* herunterfällt. In seinem tiefsten Punkt trifft das Pendel auf die Rückseite einer gekerbten Probe. Beim Durchschlagen oder

Durchziehen der Probe durch das Widerlager wird ein Teil der Pendelenergie für die **Schlagarbeit** A_V verbraucht, diese kann unmittelbar am Gerät abgelesen werden.

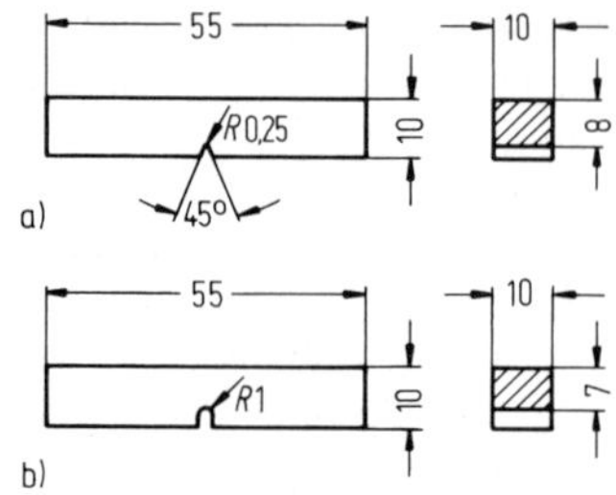

Bild 3.72 Kerbschlagproben
a) ISO-V-Probe
b) DVM-Probe

Die Form der Kerbschlagproben ist ebenfalls in DIN 50 115 genormt. Am weitesten verbreitet sind die DVM-Probe und die ISO-Spitzkerbprobe (ISO-V) (Bild 3.72). Da die Größe der Kerbschlagarbeit A_V stark von der Probenform abhängig ist, muß letztere immer angegeben werden, z. B. A_V(ISO–V) = 10 J.

Der Quotient aus der Kerbschlagarbeit und dem Nennquerschnitt im Kerbgrund ist die **Kerbschlagzähigkeit:**

$$a_K = \frac{A_V}{S_0}.$$

Auch die Kerbschlagzähigkeit ist stark von der Probenform abhängig, so daß Werte, die an Proben unterschiedlicher Geometrie ermittelt wurden, *nicht* miteinander vergleichbar sind.

Die Kerbschlagzähigkeit kann nicht als Größe für Festigkeitsberechnungen dienen, weil in Bauteilen Spannungszustand, Belastungsablauf, Abmessungen und Kerbgeometrie ganz anders sind. Aus diesen Gründen ist für die Bestimmung der Werkstoffgüte die Ermittlung der verbrauchten Kerbschlagarbeit völlig ausreichend.

Besondere Bedeutung hat der Kerbschlagbiegeversuch bei Stahl deshalb, weil sich bei nicht-austenitischem Stahl die in Bild 3.73 wiedergegebene Abhängigkeit von der Prüftemperatur ergibt. In der *Hochlage* treten Verformungsbrüche auf, in der *Tieflage* Trennbrüche und im Bereich des Steilabfalls vorwiegend Mischbrüche.

In der Nähe des Steilabfalls streuen die gemessenen Werte der Kerbschlagarbeit stark, während sowohl in der Hoch- als auch in der Tieflage

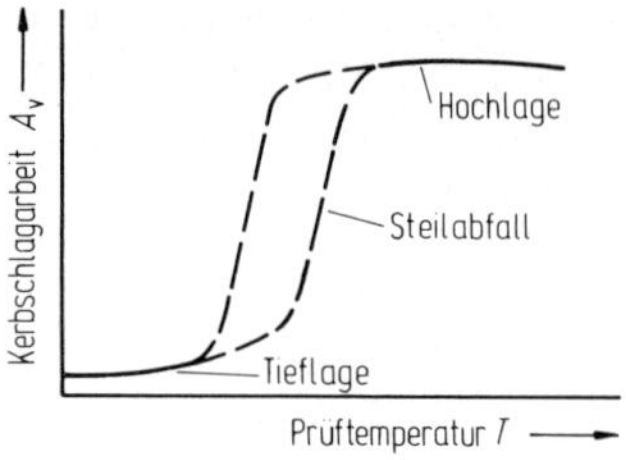

Bild 3.73 Kerbschlagarbeit-Temperatur-Kurve (schematisch)

geringere Streuungen auftreten. Die Werte betragen in der Tieflage ca. 10 J und in der Hochlage je nach Werkstoffzustand 100 J bis 300 J.

Meist ist nur die mehr qualitative Aussage maßgebend, ob das Ergebnis einer Kerbschlagbiegeprüfung der Hoch- oder Tieflage zuzuordnen ist. Diese Aussage ist bereits durch die großen Unterschiede der Zahlenwerte der Kerbschlagarbeit ohne weiteres möglich. Darüber hinaus ist man bestrebt, international nur noch eine Probenform, die ISO-V-Probe, zu verwenden.

Da beim Kerbschlagbiegeversuch nach DIN 50115 nur die Gesamtenergie für die Rißbildung und Rißausbreitung ermittelt wird, eignet sich die Prüfung z. B. nur für die allgemeine Feststellung der Trennbruchneigung eines Werkstoffes oder für die Überwachung der Güte und Gleichmäßigkeit von Wärmebehandlungen. Durch *instrumentierte Kerbschlagbiegeversuche,* bei denen während des Schlagvorganges der Kraft- und der Verformungsverlauf gemessen wird, versucht man den Aussagegehalt der Prüfung zu erhöhen.

Bild 3.74 zeigt schematisch den Verlauf solcher Kraft-Verformung-Kurven. Damit ist es nicht nur möglich, die für die Rißbildung erforderliche Energie zu bestimmen, sondern auch die bei Rißbildung vorhandenen Spannungen und die Bedingungen für die Rißauslösung. Man erkennt, daß die Rißausbreitungsenergie bei zähem Werkstoff und die Rißbildungsenergie deutlich größer sind als der Energiebedarf für instabile Rißausbreitung.

3.4.3.2 Kompakt-Zugversuch nach ASTM[1] E 399

Der Kompakt-Zugversuch *(compact-tension)* ist das zur Zeit am häufigsten benutzte Prüfverfahren zur Bestimmung der Bruchzähigkeit K_{Ic}. Die Abmessungen der CT-Probe müssen für die Gültigkeit des Versuches den in Bild 3.75 angege-

[1] ASTM – American Society for Testing and Materials.

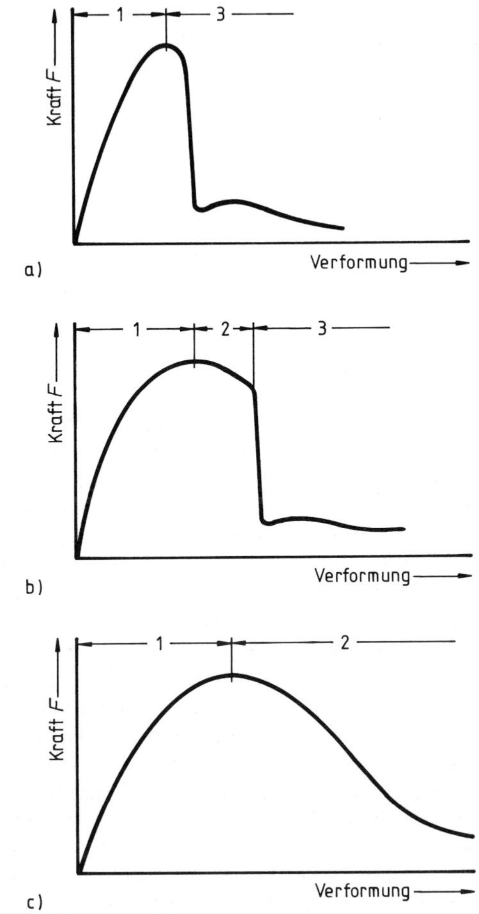

Bild 3.74 Kraft-Verformung-Kurven (instrumentierter) Kerbschlagbiegeversuche
a) Sprödbruch: geringer Energiebedarf
b) Mischbruch mit Rißauslösung beim Übergang vom Verformungsbruch zum Sprödbruch
c) Verformungsbruch: großer Energiebedarf
1: Rißbildung
2: stabile Rißausbreitung
3: instabile Rißausbreitung

benen Bedingungen genügen. Die Einhaltung der Bedingungen kann aber erst nach beendetem Versuch überprüft werden, weil erst dann die Bruchzähigkeit berechnet werden kann.

Die Probe enthält in ihrer Mitte eine winkelförmige Kerbe, in der zunächst durch Schwingbeanspruchung ein Anriß erzeugt wird. Die Versuchsbedingungen hierfür sind genau festgelegt und zum Teil ebenfalls nach beendetem Versuch zu überprüfen.

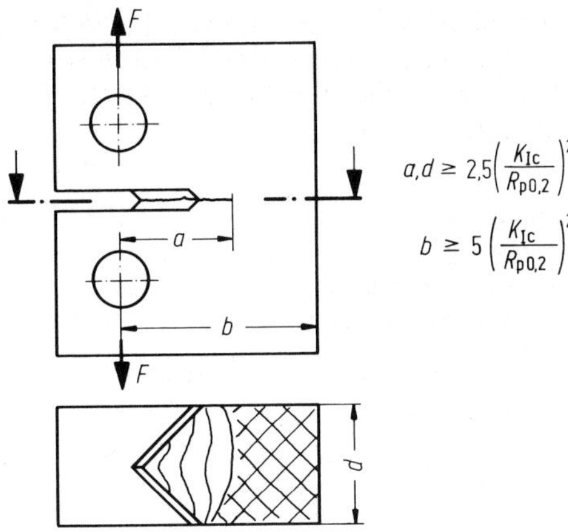

Bild 3.75 Kompakt-Zugprobe (CT-Probe) nach ASTM

Die angerissene Probe wird im Zugversuch zerrissen. Es wird die Spannung ermittelt, bei der sich der vorhandene Anriß *instabil,* d. h. schlagartig, ausbreitet. Während der Schwingbeanspruchung und des Zugversuches wird an der Stirnseite der Probe die Rißaufweitung gemessen. Mit dieser Messung wird die Größe der plastisch verformten Zone an der Rißspitze abgeschätzt und eine stabile, d. h. von plastischen Verformungen begleitete, Rißausbreitung erfaßt. Bild 3.76 zeigt eine gebrochene Kompakt-Zugprobe mit Daueranriß und Sprödbruchfläche.

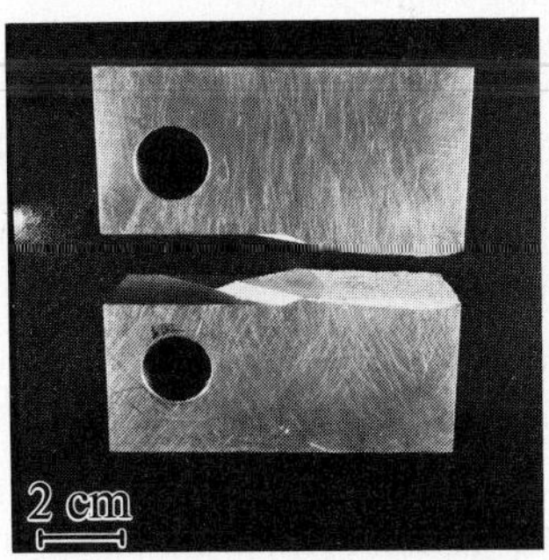

Bild 3.76 Gebrochene CT-Probe aus AlZnMg1

Anhaltswerte für die Bruchzähigkeit von Metallen sind in Tabelle 3.2 zusammengestellt.

Für weiche unlegierte Stähle ergeben sich gemäß Bild 3.75 so große Probenabmessungen, daß der Prüfaufwand untragbar wird. Bei zu kleinen Probenabmessungen ist aber der ermittelte K_c-Wert von diesen abhängig und zu groß. Die Ermittlung der Bruchzähigkeit ist deshalb insbe-

Tab. 3.2: Rißzähigkeit und 0,2-Grenze einiger Werkstoffe

Werkstoff	K_{Ic} kN $mm^{-\frac{3}{2}}$ [1]	$R_{p\,0,2}$ N/mm^2
Vergütungsstähle	1 ... 3	1000 ... 2000
höchstfeste Stähle (martensitaushärtende)	2 ... 4	2000 ... 3000
Aluminium-Legierungen	ca. 1	400 ... 500
Titan-Legierungen	ca. 3	ca. 1000

[1] Die Einheit ergibt sich aus der Dimension Spannung $\cdot \sqrt{\text{Rißlänge}} : \frac{\text{(k) N}}{\text{mm}^2} \cdot \sqrt{\text{mm}}$.

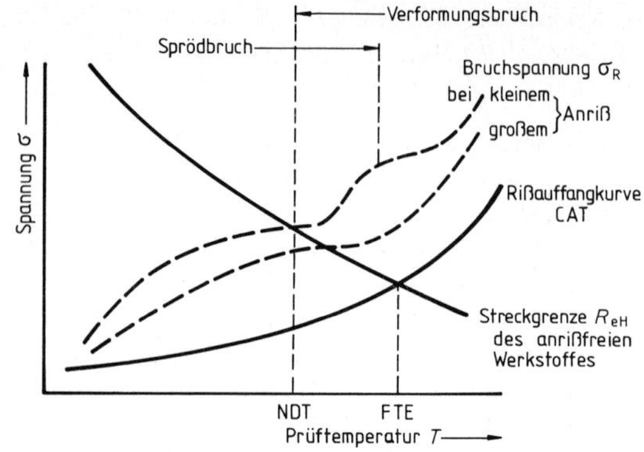

Bild 3.77 Bruchanalyse-Diagramm oder P*ELLINI-Diagramm (schematisch), Erläuterungen im Text*

sondere für Werkstoffe mit höherer Festigkeit von Bedeutung.

3.4.3.3 Weitere Prüfverfahren

Neben den beiden beschriebenen Verfahren gibt es eine Vielzahl weiterer Prüfmethoden zur Ermittlung des Bruchverhaltens. Diese Methoden werden größtenteils zur Prüfung der Eignung eines Werkstoffes für bestimmte Einsatzbedingungen angewandt. Sie werden deshalb auch *»type-tests«* genannt. Es werden Orginalquerschnitte (Blechdicken) an großen Proben untersucht.

Man kann die Prüfverfahren im wesentlichen in zwei Gruppen einteilen, in:

- Rißauslöseversuche und
- Rißauffangversuche.

In *Rißauslöseversuchen* werden die Bedingungen ermittelt, bei denen sich ein vorhandener Anriß infolge statischer oder dynamischer Belastung instabil ausbreitet. Zu dieser Gruppe gehört auch der Kompakt-Zugversuch.

Die *Rißauffangversuche* sind so angelegt, daß ein Riß, der sich spröde ausbreitet, noch innerhalb der Probe zum Stillstand kommen kann. Es werden die Randbedingungen ermittelt, unter denen das der Fall ist. Alle Prüfverfahren sind durch einen außerordentlich hohen Versuchsaufwand gekennzeichnet.

Z. B. wird an angerissenen Zug- oder Biegeproben die **Bruchspannung** σ_R bei verschiedenen Temperaturen ermittelt. Bei kleinen Anrissen haben die Ergebnisse den in Bild 3.77 dargestellten Verlauf **(PELLINI-Diagramm).** Man kann vier Bereiche unterscheiden:

- Bei tiefen Temperaturen liegt die Bruchspannung σ_R unter der Streckgrenze des anrißfreien Werkstoffes. Es tritt ein Spaltbruch als **Niederspannungsbruch** ein. Dieser Temperaturbereich scheidet für die Anwendung des Werkstoffes im allgemeinen aus.
- Im anschließenden Temperaturbereich ist die Bruchspannung annähernd gleich der Streckgrenze; der Bruch ist immer noch ein reiner Spaltbruch. Dieser Bereich wird durch die **NDT** *(Nil-Ductility-Transition)*-**Temperatur** begrenzt.
- Oberhalb der NDT-Temperatur erfolgt nach einem stabilen Anriß der Restbruch als Spaltbruch, meist mit Scherlippen. Die Bruchspannung liegt zwischen Streckgrenze und Zugfestigkeit.
- Bei noch höheren Temperaturen entsteht ein reiner Verformungsbruch. Wegen der Behinderung der Querverformung durch den Anriß liegt die Bruchspannung über der Zugfestigkeit des anrißfreien (kerbfreien) Werkstoffes.

Zunehmende Anrißlänge verschiebt die Bruchspannungskurve zu höheren Temperaturen. Die Verschiebung wird begrenzt durch die **Rißauffangkurve CAT** *(Crack-Arrest-Temperature)*, die bei der Temperatur FTE *(Fracture-Transition-Elastic)* den Wert der Streckgrenze annimmt.

Die **FTE-Temperatur** hat für den Einsatz des Werkstoffes besondere Bedeutung. Bei höheren Temperaturen ist in einem *elastisch beanspruchten* Bauteil *nicht* mit Rißbildung und/oder instabiler Rißausbreitung zu rechnen. Bei tieferen Temperaturen kann dagegen ein *Niederspannungsbruch* eintreten, wenn ein Anriß vorliegt. Die kritische Länge dieses Anrisses hängt von der Nennspannung und der Einsatztemperatur ab.

Rißauffangkurve und die Kurven für größere Anrißlängen verlaufen mit zunehmender Blechdicke flacher. Deshalb gilt das Diagramm immer nur für die Blechdicke, für die es ermittelt wurde.

3.4.4 Einflüsse auf das Bruchverhalten

Wie aus Bild 3.73 hervorgeht, ist die *Temperatur* ein wichtiger Einflußfaktor auf das Bruchverhalten. Die **Übergangstemperatur** $T_Ü$ grenzt das Gebiet der Verformungsbrüche mit größerem Energieverbrauch (Hochlage) gegen das der Sprödbrüche mit niedrigem Energieverbrauch (Tieflage) ab. Sie kann auf verschiedene Weise definiert werden, z. B.:

- Temperatur, bei der die *Kerbschlagarbeit* einen bestimmten *Grenzwert* erreicht, z. B. 27 J,
- Temperatur, bei der der spröde gebrochene Anteil, der *kristalline Fleck,* einen bestimmten Prozentsatz, z. B. 80%, der Bruchfläche ausmacht
- *NDT* - Temperatur.

Die Übergangstemperatur kann darüber hinaus je nach Stahl und Behandlungszustand stark unterschiedlich sein, so daß Werte zwischen 70 K (−200 °C) und weit mehr als 300 K (30 °C) möglich sind. Die Übertragung dieses Wertes von Kerbschlagbiegeversuchen auf Bauteile ist ebenfalls nicht ohne Einschränkung möglich. Das geht bereits aus Bild 3.78 hervor, in dem die Kerbschlagzähigkeit-Temperatur-Kurven für Proben unterschiedlicher Breite dargestellt sind. *Breitere Proben* weisen niedrigere a_K-Werte und höhere Übergangstemperaturen auf.

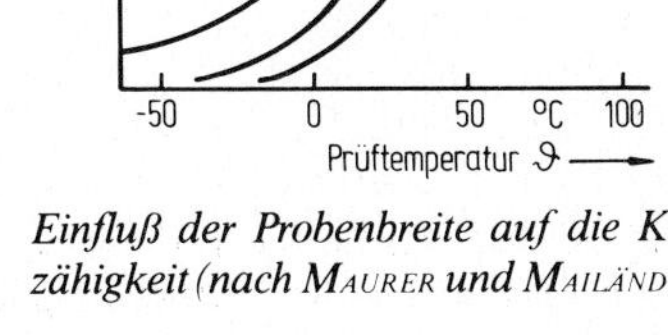

Bild 3.78 Einfluß der Probenbreite auf die Kerbschlagzähigkeit (nach Maurer *und* Mailänder*).*

Auch die Einwirkung der *Beanspruchungsgeschwindigkeit* wird beim Kerbschlagbiegeversuch nur ungenügend erfaßt. Höhere Beanspruchungsgeschwindigkeiten ergeben höhere Übergangstemperaturen. Als Richtwert für Stahl gilt, daß eine Verzehnfachung der Beanspruchungsgeschwindigkeit die Übergangstemperatur um durchschnittlich 33 K erhöht.

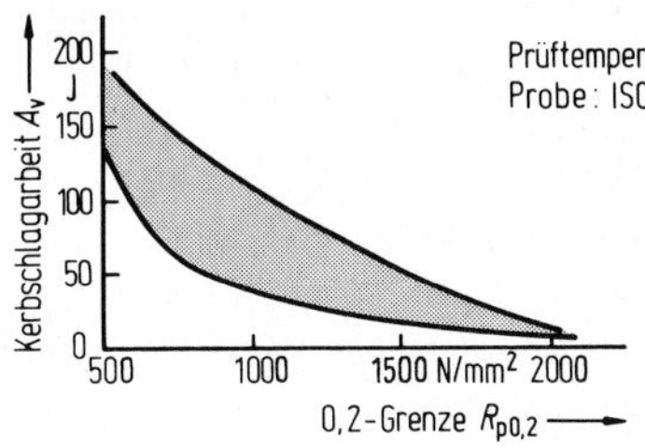

Bild 3.79 Einfluß der 0,2-Grenze auf die Kerbschlagarbeit (nach Pellini *u. a.)*

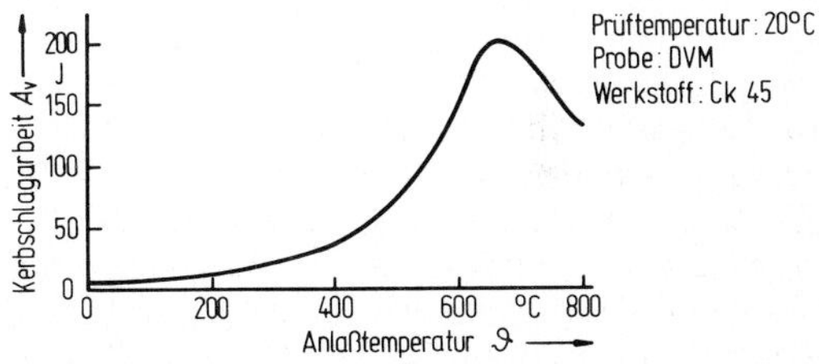

Bild 3.80 Einfluß der Anlaßtemperatur auf die Kerbschlagarbeit eines gehärteten Kohlenstoffstahles

Weitere Einflüsse auf die Kerbschlagarbeit sind durch die Bilder 3.79 bis 3.81 dargestellt. Bei konstanter Prüftemperatur wird die Kerbschlagarbeit geringer mit zunehmender *Streckgrenze* bzw. 0,2-Grenze des Stahles (Bild 3.79). Die gleiche Abhängigkeit wird im Prinzip in Bild 3.80 wiedergegeben durch die Veränderung der Kerbschlagarbeit eines gehärteten Kohlenstoffstahles mit zunehmender *Anlaßtemperatur.* Das Maximum zwischen 600 °C und 700 °C ist bedingt durch die Gefügeumwandlungen, die oberhalb dieser Temperaturen einsetzen (siehe S. 139).

Den Einfluß verschiedener *Stahlqualitäten* auf die Kerbschlagzähigkeit geben die Vergleichskurven in Bild 3.81 wieder. Die Unterscheidung zwischen Hoch- und Tieflage ist für Stähle hoher Festigkeit kaum noch möglich. Das geringe Verformungsvermögen dieser Stähle ergibt auch beim Verformungsbruch geringe Energiewerte *(energiearmer Zähbruch).*

Für *hochfeste Werkstoffe* ist deshalb die Bruchzähigkeit K_{Ic} von besonderer Bedeutung. Der Einfluß der Probengeometrie, insbesondere der Probendicke entfällt, wenn die in Bild 3.75 angege-

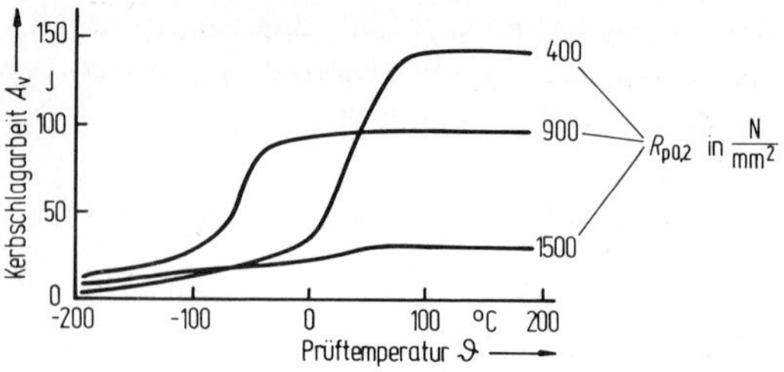

Bild 3.81 Einfluß der Festigkeit auf Kerbschlagarbeit-Temperatur-Kurven (nach TETELMANN *und* MCEVILY*)*

benen Mindestwerte überschritten werden. Ist die Probendicke zu gering, so sind die Bedingungen für den ebenen Dehnungszustand mit vernachlässigbaren plastischen Verformungen nicht erfüllt und es ergeben sich zu große K_c-Werte. Ursache hierfür ist in erster Linie ein zunehmender Scherlippenanteil (Bild 3.82).

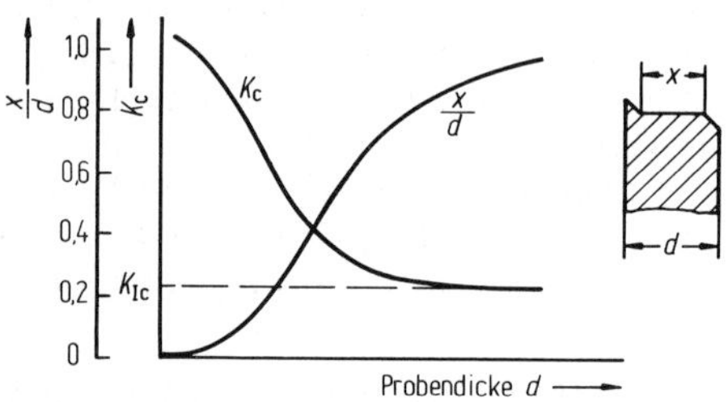

Bild 3.82 Einfluß der Probendicke auf K_c-Wert und Scherlippenanteil (nach SRAWLEY *und* BROWN*)*

Die Temperatur hat qualitativ gleichen Einfluß auf die Bruchzähigkeit und auf die Kerbschlagzähigkeit. Die Bruchzähigkeit nimmt mit steigender Temperatur zu. Der sehr steile Anstieg, der bei Werkstoffen niedriger Festigkeit in einem bestimmten Temperaturgebiet vorliegt (Bild 3.83), grenzt dieses gegen den Temperaturbereich mit Verformungsbrüchen ab.

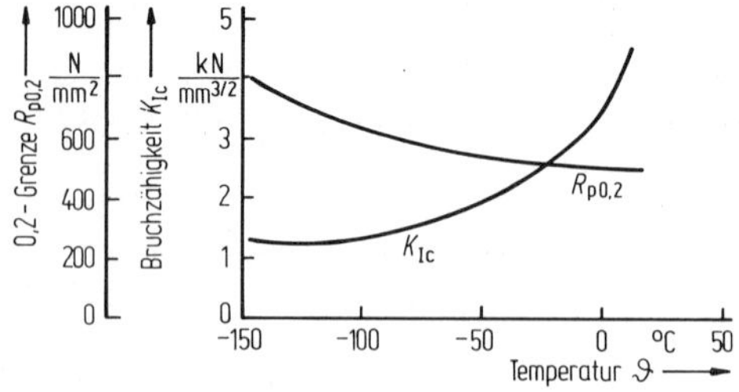

Bild 3.83 Abhängigkeit der 0,2-Grenze und Bruchzähigkeit eines Druckbehälterstahles von der Prüftemperatur (nach WESSEL *u. a.)*

Bei gleichartigen Werkstoffen nimmt die Bruchzähigkeit mit zunehmender 0,2-Grenze ab (Bild 3.84).

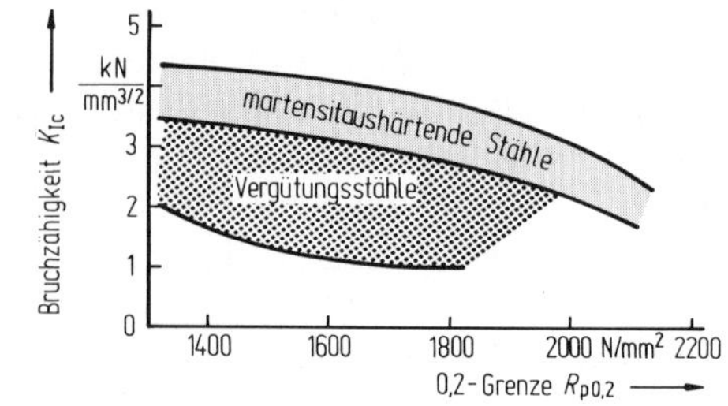

Bild 3.84 Einfluß der 0,2-Grenze auf die Bruchzähigkeit von Stählen (nach HECKEL*)*

3.4.5 Anwendungsgrenzen von Bruchversuchen

Die Anwendung der verschiedenen Bruchversuche läßt sich ganz grob auf drei Festigkeitsbereiche aufteilen:

- Werkstoffe mit niedriger Festigkeit mit einem Verhältnis $E/R_{p0,2} > 300$, z. B. Stähle mit Streckgrenzen < 700 N/mm²,
- Werkstoffe mit mittlerer Festigkeit, $E/R_{p0,2}$ zwischen 150 und 300,
- hochfeste Werkstoffe mit $E/R_{p0,2} < 150$, also z. B. Stähle mit 0,2-Grenzen > 1400 N/mm².

Bei Werkstoffen *niedriger Festigkeit* ist die qualitative Abschätzung der Sprödbruchgefahr durch *Kerbschlagbiegeversuche* meist ausreichend. In kritischen Fällen, insbesondere bei tiefen Einsatztemperaturen, sollten für eine Werkstoffauswahl »*type-tests*« Anwendung finden.

Für Werkstoffe mit *mittlerer Festigkeit*, insbesondere Stähle mit 0,2-Grenzen zwischen 700 und 1400 N/mm² ist *auch* die *Bruchzähigkeit* zu ermitteln. Die Anwendung von K_{Ic} ist vor allem bei dickwandigen Bauteilen oder tiefen Einsatztemperaturen erforderlich.

Hochfeste Werkstoffe erfordern schließlich *immer* die Kenntnis der *Bruchzähigkeit* zur Dimensionierung von Bauteilen. Die Festlegung der zulässigen Spannungen beruht dabei auf der Tatsache, daß unerkannte Defekte bestimmter Größe bereits vorhanden sind. Dazu wird durch zerstörungsfreie Prüfverfahren (siehe S. 129 ff) festgestellt, daß eine maximale Rißlänge a_{max} nicht überschritten wird. Die kritische Beanspruchung ergibt sich dann zu:

$$\sigma_{krit} = \frac{K_{Ic}}{f \cdot \sqrt{\pi \cdot a_{max}}}$$

Die zweite Möglichkeit einer Sicherheitsberechnung besteht darin, daß mit der vorhandenen Spannung eine kritische Rißlänge festgelegt wird:

$$a_{\text{krit}} = \frac{K_{\text{Ic}}^2}{f^2 \cdot \pi \cdot \sigma_{\text{vorh}}^2}$$

Diese kritische Rißlänge muß eindeutig über der Nachweisgrenze zerstörungsfreier Prüfverfahren liegen.

3.5 Technologische Prüfverfahren

Mit den technologischen Prüfverfahren werden überwiegend Kennwerte ermittelt, die abhängig von der Probenform sind. Ihre Aufgabe ist meist, die Eignung von Vorprodukten, insbesondere Halbzeugen, für die Weiterverarbeitung festzustellen. Mit einem Teil dieser Prüfverfahren wird auch die Anwendbarkeit von Fertigungsverfahren überprüft. Neben den genormten Verfahren, auf die hier überwiegend nur hingewiesen wird, gibt es eine große Anzahl nicht genormter Prüfungen, um den Anforderungen spezieller Fertigungsverfahren gerecht zu werden.

Die technologischen Prüfverfahren lassen sich im wesentlichen in drei Gruppen einteilen:

- Prüfung der Umformeigenschaften,
- Prüfung der Gießeigenschaften,
- Prüfung der Eignung zum Schweißen oder Löten.

Die Ergebnisse der Prüfungen sind entweder zahlenmäßig erfaßbare Kennwerte oder einfache Ja-Nein-Aussagen.

3.5.1 Prüfung der Umformeigenschaften

Die Prüfung der Kaltverformbarkeit wird an allen Halbzeugen, wie Blechen, Bändern, Rohren, Stangen und Profilen, aber auch z. B. an Nieten durchgeführt. Einer der wichtigsten Versuche ist der **Faltversuch** (DIN 50111, DIN 50121).

Ermittelt wird der Biegewinkel, bei dem die Probe auf der Zugseite anreißt. Oft ist auch ein Biegewinkel (meist 180°) vorgeschrieben, ohne daß ein Anriß vorhanden sein darf.

Besondere Bedeutung haben auch die Tiefzieheignungsprüfungen von Fein- und Feinstblech. Beim **Tiefungsversuch** nach ERICHSEN (DIN 50101, 50102) wird das fest eingespannte Blech oder Band mit einem kugeligen Stempel eingebeult, bis es einreißt (Bild 3.85). Das Prüfungsergebnis ist der Stempelweg bis zum Anriß, die ERICHSEN-*Tiefung IE*. Sie muß größer sein, als die in den jeweiligen Gütenormen angegebenen Mindestwerte.

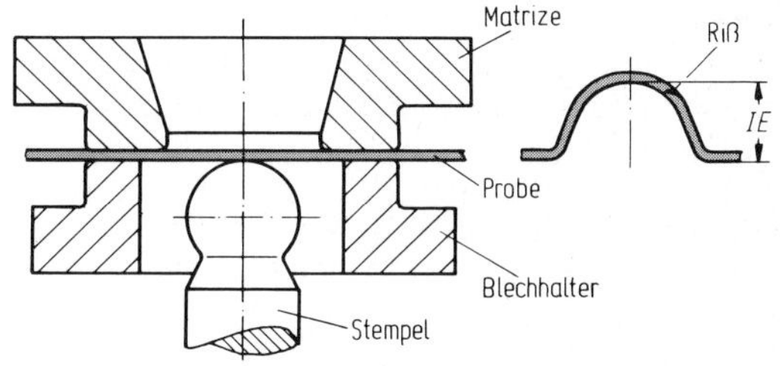

Bild 3.85 Tiefungsversuch nach DIN 50101 (ERICHSEN-Versuch)

Darüber hinaus kann aus der Form des Anrisses die Anisotropie des Bleches beurteilt werden. Da das Blech einer zweiachsigen Zugbeanspruchung unterliegt, ist bei isotropem Werkstoff der Anriß fast zu einem Vollkreis geschlossen. Ein einseitiger Anriß weist auf eine Textur des Bleches hin, das dann zum Tiefziehen weniger geeignet ist.

Die Narbigkeit der Oberfläche läßt schließlich Rückschlüsse auf die Korngröße zu. Grobkörnige Werkstoffe sind zum Tiefziehen ungeeignet und erreichen auch meist nicht die geforderten Tiefungswerte.

Der in Bild 3.86 dargestellte **Tiefziehversuch** *(Näpfchenprobe)* ist nicht genormt. Blechscheiben (Ronden) verschiedenen Durchmessers *D* werden zu zylindrischen Näpfchen mit kleinerem Durchmesser *d* gezogen. Da beim Umformen neben den radialen (in der Ronde) und axialen (im Zylinder) Zugspannungen auch tangentiale Druckspannungen entstehen, läßt sich der Werkstoff in größerem Maße plastisch verformen als im Tiefungsversuch.

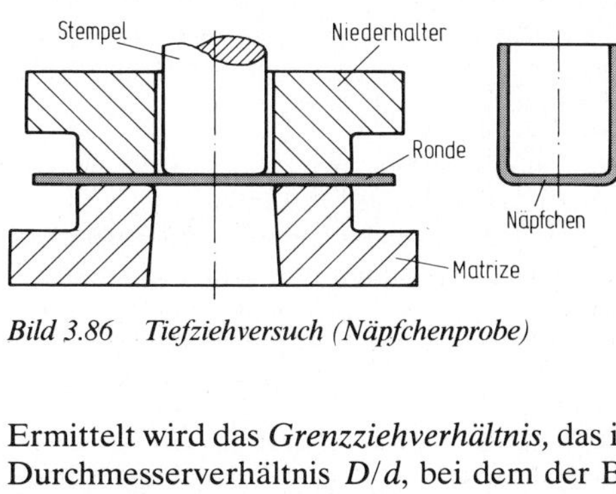

Bild 3.86 Tiefziehversuch (Näpfchenprobe)

Ermittelt wird das *Grenzziehverhältnis,* das ist das Durchmesserverhältnis *D/d*, bei dem der Boden des Näpfchens gerade noch nicht reißt. Das

Ergebnis wird sehr stark durch die Blechhaltekraft beeinflußt. Ist sie zu groß, so entstehen zu große Reibkräfte und das Blech reißt vorzeitig. Ist sie zu klein, so beult die Ronde infolge der Druckspannungen (Faltenbildung) und das Näpfchen reißt ebenfalls. Auch das verwendete Schmiermittel beeinflußt das Grenzziehverhältnis.

Neben der Beurteilung der Verformungsfähigkeit durch die Größe des Grenzziehverhältnisses kann auch beim Tiefziehversuch eine Anisotropie des Bleches erkannt werden. Eine Textur im Blech führt zur *Zipfelbildung,* d. h. der Zylindermantel hat unterschiedliche Höhen.

Der Nachteil dieses Prüfverfahrens ist, daß die Reibungsbedingungen beim Tiefziehversuch nicht den späteren Bedingungen des Bauteils entsprechen und so zu falschen Schlußfolgerungen führen können. Probenunabhängige Kennwerte für das Umformverhalten von Blechwerkstoffen sind

- der *Verfestigungsexponent n* und
- die *senkrechte Anisotropie r.*

Beide kann man im Zugversuch ermitteln. Die wahre Spannung *(Formänderungsfestigkeit* k_f) über der wahren Dehnung ist die Fließkurve (siehe Bild 1.55b). Der Verfestigungsbereich der Fließkurve (gekrümmter Teil) läßt sich durch die Formel:

$$k_f = \text{konst} \cdot \varphi^n$$

mit dem **Verfestigungsexponenten** n beschreiben. Die **senkrechte Anisotropie** r ist das Verhältnis der wahren Querdehungen in den Breiten- und Dikkenrichtung:

$$r = \varphi_b / \varphi_s.$$

Da Bleche durch das Bandwalzen oft auch in der Blechebene anisotrop sind, wird der r-Wert in verschiedenen Richtungen ermittelt und ein mittlerer Wert r_m gebildet. Richtwerte für Tiefziehbleche aus Stahl sind $n = 0{,}2$ und $r_m = 1$ bis 1,5.

Weitere technologische Verfahren zum Prüfen der Kaltverformbarkeit sind genormt in:

- DIN 50 153: Hin- und Herbiegeversuch an Blechen, Bändern oder Streifen mit einer Dicke unter 3 mm,
- DIN 50 135: Aufweitversuch an Rohren,
- DIN 50 136: Ringfaltversuch an Rohren,
- DIN 50 137: Ringaufdornversuch an Rohren,
- DIN 50 138: Ringzugversuch an Rohren,
- DIN 50 139: Bördelversuch an Rohren,
- DIN 51 211: Hin- und Herbiegeversuch an Drähten,
- DIN 51 212: Verwindeversuch an Drähten,
- DIN 51 214: Knoten-Zugversuch an Runddrähten,
- DIN 51 215: Wickelversuch an Drähten.

Verfahren zum Prüfen der *Warmverformbarkeit* (Schmiedeversuche) sind nicht genormt. Hier sind zu erwähnen der Ausbreitversuch, der Stauchversuch, der Lochversuch und der Aufdornversuch. In allen Versuchen werden die Grenzbedingungen ermittelt, bei denen der Schmiedewerkstoff Anrisse bekommt.

3.5.2 Prüfung der Gießeigenschaften

Die technologischen Eigenschaften, die eine Legierung als Gußwerkstoff geeignet machen, sind:

- Fließfähigkeit,
- Formfüllungsvermögen,
- geringe Warmrißanfälligkeit und
- geringes Schwindmaß.

Lediglich die **Schwindmaßbestimmung** ist für Werkstoffe mit Gießtemperaturen unter 700 °C in DIN 50 131 genormt.

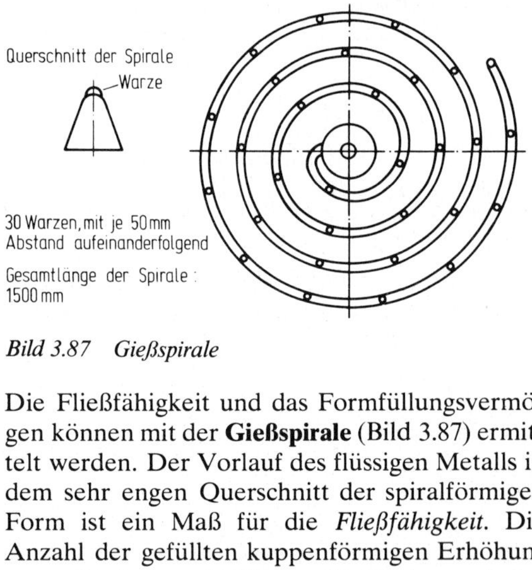

Bild 3.87 Gießspirale

Die Fließfähigkeit und das Formfüllungsvermögen können mit der **Gießspirale** (Bild 3.87) ermittelt werden. Der Vorlauf des flüssigen Metalls in dem sehr engen Querschnitt der spiralförmigen Form ist ein Maß für die *Fließfähigkeit.* Die Anzahl der gefüllten kuppenförmigen Erhöhungen, die in regelmäßigen Abständen auf der Spirale angeordnet sind, gilt als Maß für das *Formfüllungsvermögen.* Natürlich sind die Ergebnisse außer von der Legierungszusammensetzung sehr stark von der Gießtemperatur und der Formtemperatur abhängig.

Die Neigung zur Rißbildung in Gußlegierungen infolge von Wärmespannungen während des Abkühlens kann durch die **Ringgußprobe** erfaßt werden. Eine ringförmige Kokille hat einen starren Kern, so daß beim Erkalten des Gußwerkstoffes hohe Zugspannungen in Umfangsrichtung auftreten, wenn sie nicht durch plastische Verformung abgebaut werden. An Phasengrenzen fest-flüssig können dabei die lunkerähnlichen **Heißrisse** entstehen. Diese Gefahr ist um so geringer, je geringer das Schwindmaß der Legierung ist.

3.5.3 Prüfungen an Schweiß- und Lötwerkstoffen

Beim Prüfen von Löt- und Schweißwerkstoffen handelt es sich überwiegend um Festigkeitsprüfungen und Zähigkeitsprüfungen des Schweißguts und der Wärmeeinflußzone. Probenform und Prüfbedingungen sind so bestimmt, daß entweder die Verbindung oder das Schweißgut geprüft werden.

Die DIN-Normen enthalten eine Vielzahl von Verfahren für die Prüfung von:
- Weichlötverbindungen,
- Hartlötverbindungen,
- Schweißgut für Lichtbogen- oder Gasschweißen,
- Schweißverbindungen aus Stahl und
- Schweißverbindungen aus Nichteisenmetallen.

3.6 Zerstörungsfreie Prüfung

Die Verfahren der zerstörungsfreien Prüfung sind nicht als Werkstoffprüfung im engeren Sinne, sondern eher als *Werkstückprüfung* zu bezeichnen. Nur in Ausnahmefällen ist die Ermittlung von Werkstoffeigenschaften das Ziel der zerstörungsfreien Prüfung. In der Regel gilt es, Fehler eines Bauteiles rechtzeitig vor Inbetriebnahme oder auch während des Betriebes zu erkennen. Dabei sollen Fehler an der Oberfläche und im Innern des Werkstoffes erfaßt werden.
Die zerstörungsfreien Prüfverfahren können in vier Gruppen aufgeteilt werden:
- Kapillarverfahren,
- magnetische und induktive Verfahren,
- Schallverfahren,
- Strahlenverfahren.

3.6.1 Kapillarverfahren

Die Wirkung der Kapillarverfahren beruht auf der als Kapillarität bekannten Eigenschaft von Flüssigkeiten. Es werden Flüssigkeiten mit einer möglichst geringen Zähigkeit und Oberflächenspannung verwendet.
Das Werkstück oder Bauteil wird in die Flüssigkeit getaucht oder mit ihr besprüht, wobei diese infolge der *Kapillarwirkung* in Spalten, Poren oder Risse tief eindringt. Am häufigsten findet hierfür eine sehr dünnflüssige, meist rote Farbe Verwendung *(Farbeindringverfahren)*. Daneben wird noch heißes Öl *(Ölkochprobe)* als Eindringmittel benutzt.
Nach dem Tauchen wird die an der Oberfläche haftende Flüssigkeit abgespült und das Bauteil mit einem Kreidefilm überzogen. In den getrockneten Kreidefilm dringen Farbstoff oder Öl, die in den Fehlern noch gespeichert sind, wiederum durch die Kapillarwirkung ein. Die Fehler zeichnen sich dabei auf der weißen Oberfläche deutlich und stark verbreitert ab, so daß auch feinste Risse erkennbar werden.
Auf der Kapillarwirkung beruht auch die *Beizprobe*. Durch Säure, die in die Risse eindringt, werden die Rißränder verstärkt angegriffen und zeichnen sich als breitere Linien ab.
Durch die Kapillarverfahren können naturgemäß nur Fehler erkannt werden, die an der Oberfläche des Werkstückes sind.

3.6.2 Magnetische und induktive Verfahren

In dieser Gruppe werden magnetische Felder zum Erkennen von Werkstückfehlern genutzt. Man unterscheidet magnetische Streufluß-Verfahren und induktive Verfahren.
Beim magnetischen **Streufluß-Verfahren** (DIN 54130), das nur für *ferromagnetische* Werkstoffe geeignet ist, können Makrofehler in und dicht unter der Oberfläche *direkt* sichtbar gemacht werden. Bild 3.88 zeigt das *Funktionsprinzip* des Verfahrens. Der Verlauf der Kraftlinien eines magnetischen Feldes wird durch Fehler so gestört, daß die Linien aus der Oberfläche des Werkstückes austreten, es entsteht ein Streufluß. Wird die Oberfläche mit frei beweglichen ferromagnetischen Teilchen bedeckt – meist ist das eine Suspension aus Öl und Pulver –, so ordnen sich diese längs der austretenden Kraftlinien an und zeichnen ein Bild des Fehlers. Man nennt das Verfahren deshalb auch *Magnetpulver-Prüfung*.
Für das Austreten der Kraftlinien an einem Fehler

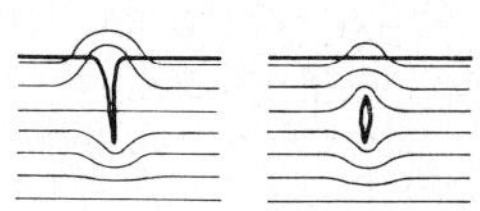

Bild 3.88 Störung magnetischer Kraftlinien durch Risse

ist es erforderlich, daß die Längsrichtung des Fehlers möglichst rechtwinklig zu den Kraftlinien ist. Um in einem Werkstück Längs- und Querrisse zu erfassen, müssen zwei verschiedene Magnetfelder durch *Polmagnetisierung* und *Stromdurchflutung* erzeugt werden (Bild 3.89).

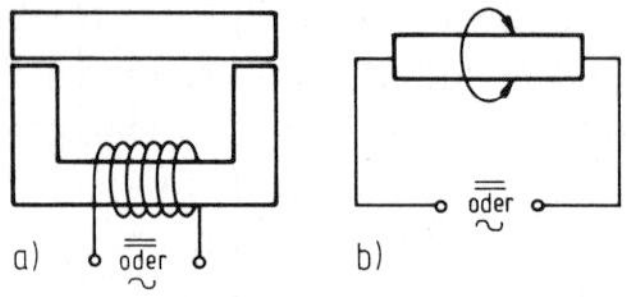

Bild 3.89 *Magnetische Streufluß-Verfahren*
a) Polmagnetisierung: axiales Magnetfeld
b) Stromdurchflutung: kreisförmiges Magnetfeld

Induktive Verfahren *(Wirbelstromverfahren,* DIN 54140) gestatten nur eine *indirekte* Fehleranzeige. In einem Erregersystem (Spule) werden zeitlich veränderliche Magnetfelder erzeugt, die in dem Randbereich eines elektrisch leitenden Prüfobjektes Wirbelströme induzieren. Diese Wirbelströme bewirken ihrerseits ein Magnetfeld, das sich dem Erregerfeld überlagert. Ein Meßsystem (meist eine zweite Spule) verarbeitet das Gesamtfeld zu einem entsprechenden elektrischen Signal.

Ist das Werkstück fehlerhaft, so ergibt sich eine andere Überlagerung als bei einem fehlerfreien Werkstück. Fehler können folglich erkannt werden, wenn das Gesamtsystem (Erreger- und Meßsystem) an einem fehlerfreien Werkstück geeicht wurde. Das Meßsignal läßt in der Regel keine Aussage über die Art des Fehlers zu. Induktive Verfahren werden häufig zur *Prüfung von Oberflächenbeschichtungen* (Dickenmessung) eingesetzt.

3.6.3 Schallverfahren

Die zerstörungsfreie Prüfung von Bauteilen mit Schallwellen findet in der **Ultraschallprüfung** weiteste Anwendung. Ultraschall ist Schall im Frequenzbereich über 20 kHz, für die Ultraschallprüfung von Metallen wird jedoch überwiegend mit Prüffrequenzen zwischen 0,5 MHz und 10 MHz gearbeitet. Dafür sind zwei Gründe maßgebend. Je höher die Frequenz ist:

- desto besser läßt sich der Schallstrahl bündeln und richten,
- um so kleinere Fehler können erkannt werden.

Für die Erzeugung der hochfrequenten Schwingungen wird der *piezoelektrische Effekt* genutzt.

Die Mindestgröße des erkennbaren Fehlers ergibt sich aus der Beziehung:

$$c = \lambda \cdot f$$

Im Stahl beträgt z. B. die Schallgeschwindigkeit für Longitudinalwellen ungefähr $c = 6000$ m/s, bei einer Frequenz $f = 3$ MHz ergibt sich eine Wellenlänge $\lambda = 2$ mm. Fehler können nur erkannt werden, wenn sie größer als die halbe Wellenlänge sind.

Am häufigsten wird das **Impulsecho-Verfahren** verwendet. Das Prinzip des Verfahrens beruht darauf, daß der Schall an der Grenzfläche zweier Medien entsprechend dem Verhältnis ihrer Schallwiderstände reflektiert wird. An der Grenzfläche Metall–Luft z. B. tritt praktisch Totalreflexion ein, selbst wenn der Luftspalt nur 10^{-6} mm ($\approx$ Gitterkonstante) beträgt.

Der Schallkopf strahlt kurze Schallimpulse (z. B. $t = 2$ µs, $f = 50$ Hz) ab, in der Zeit zwischen den Impulsen arbeitet er als Empfänger. Damit der Schallimpuls in das Werkstück eingeleitet werden kann, muß zwischen Schallkopf und Werkstück ein Kopplungsmittel (z. B. Öl) sein. Der Sendeimpuls und ggf. seine Echos werden auf einem Oszilloskop als *Reflektogramm* wiedergegeben (Bild 3.90). Die Laufzeit auf der Abszisse des Reflektogramms entspricht der Tiefenlage der Trennfläche, an der der Impuls reflektiert wird.

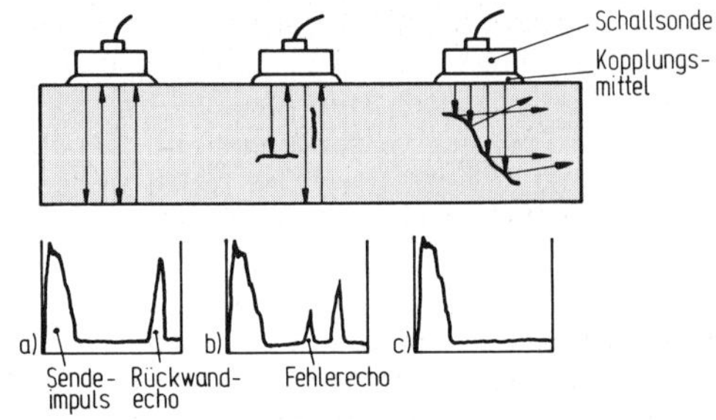

Bild 3.90 *Ultraschallprüfung: Strahlengang und Reflektogramm bei*
a) fehlerfreiem Werkstoff
b) quer zum Schallstrahl liegendem Fehler
c) schräg liegendem Fehler

Bei einem fehlerfreien Werkstück ergibt sich nur ein *Rückwandecho* oder ein durch die geometrische Form bedingtes Formecho. Liegt zwischen Oberfläche und Rückwand eine weitere Trennfläche, so kann ein Zwischenecho oder *Fehlerecho* entstehen (Bild 3.90b). Das erscheint aber nur in den Ausnahmefällen, in denen die Trennfläche annähernd rechtwinklig zum Schallstrahl liegt. Meistens kann der Fehler lediglich durch eine Abschwächung oder durch das Verschwinden des Rückwandechos festgestellt werden (Bild 3.90c). In diesen Fällen muß die Tiefenlage des Fehlers durch Prüfung in anderen Richtungen oder durch Schrägeinschallung mit einem Winkelprüfkopf festgestellt werden.

Auf die bei der Schrägeinschallung entstehenden Transversalwellen wird hier ebensowenig eingegangen, wie auf andere Prüfverfahren wie z. B. Durchschallungsverfahren oder Resonanzverfahren.
Allgemeine Regeln zur Prüfung mit Ultraschall enthält DIN 54126.

Die Ultraschallprüfung hat besondere Bedeutung für die Prüfung von Schweißnähten (Bild 3.91) und ist dort in vielen Fällen vorgeschrieben. Die Anwendung des Verfahrens und die Deutung von Reflektogrammen erfordert trotz der einfachen Handhabung entsprechende Erfahrung. Dabei muß erwähnt werden, daß die *mit Sicherheit nachweisbaren* Fehler wesentlich größer sind als die aus der Prüffrequenz errechenbaren.

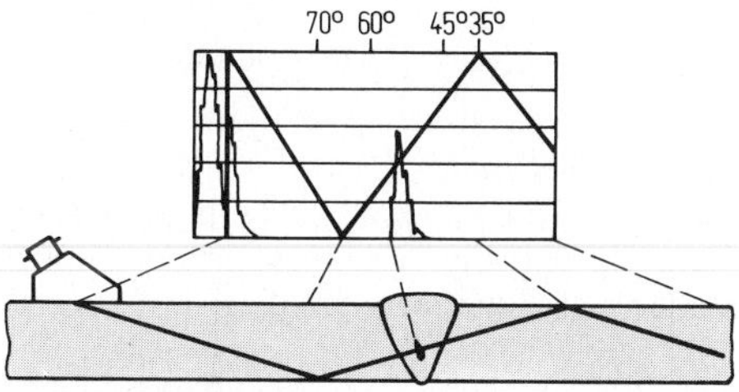

Bild 3.91 Ultraschallprüfung an Schweißnaht

3.6.4 Strahlenverfahren

Kurzwellige elektromagnetische Strahlen **(Röntgenstrahlen, Gamma-Strahlen)** durchdringen auch Metalle. Dabei werden sie je nach Werkstoff, Bauteildicke und Wellenlänge abgeschwächt. Die Reststrahlung hinter dem Bauteil wird auf Fotomaterial (Röntgenfilm, Gammafilm) registriert.
Befindet sich in dem Bauteil eine Werkstofftrennung mit nennenswerter Ausdehnung parallel zur Strahlenrichtung, so werden die Strahlen dort nicht abgeschwächt. Die Intensität der Strahlung hinter dem Bauteil ist folglich in diesen Bereichen höher (Bild 3.92), und die Defekte werden durch stärkere Schwärzung des Films abgebildet.

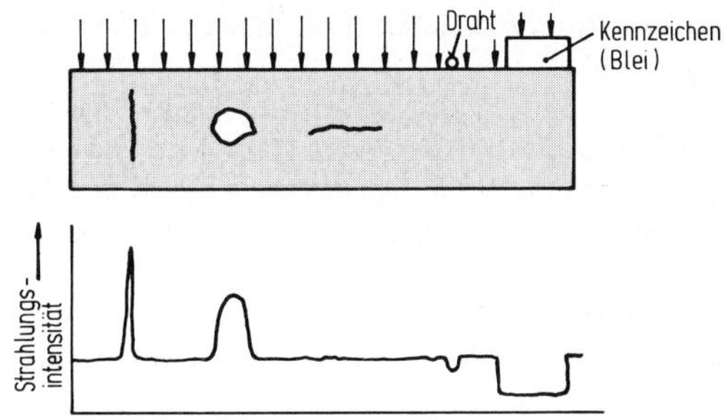

Bild 3.92 Veränderung der Strahlungsintensität hinter Fehlern und Kennzeichen bei der Röntgenprüfung

Damit Fehler gut erkennbar sind, müssen Strahlungsintensität, Wellenlänge, Dicke des Bauteils und Belichtungszeit aneinander angepaßt sein. Zum Überprüfen der Abstimmung und zum Bestimmen der *Bildgüte* dienen amtlich geprüfte Drahtstege nach DIN 54109. Die Drahtstege werden so auf das Bauteil gelegt, daß sie ebenfalls auf dem Film abgebildet werden. Der dünnste, gerade noch erkennbare Draht kennzeichnet die Bildgüte und damit die Fehlererkennbarkeit.

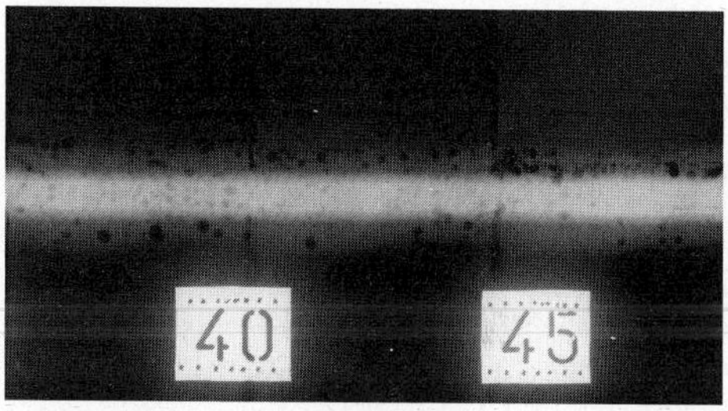

Bild 3.93 Röntgenaufnahme einer Schweißnaht mit (absichtlich erzeugten) Poren

Das *Durchdringungsvermögen* von Röntgen- oder Gammastrahlen ist um so besser, je kleiner die Wellenlänge, d. h., je höher die Frequenz ist. Andererseits nehmen mit zunehmender Frequenz die *Kontraste* ab, so daß kleine Fehler schlechter erkennbar werden.
Ebenso wie die Ultraschallprüfung hat auch die zerstörungsfreie Prüfung mit hochfrequenten elektromagnetischen Strahlen besondere Bedeutung bei der Prüfung von *Schweißnähten* (DIN 54111 Teil 1). Dabei führen kleine Fehler trotz ausreichender Bildgüte oft zu Interpretationsschwierigkeiten (Bild 3.93).
Bei der Durchführung von Röntgen- oder Gamma-Prüfungen sind umfangreiche *Strahlenschutzregeln* (DIN 54113, DIN 54115) zu beachten.

3.7 Metallografische Untersuchungsverfahren

Aufgabe der metallografischen Untersuchungen ist es, Aufschluß über den makroskopischen und mikroskopischen *Gefügeaufbau* bis hin zur Art und Verteilung von *Gitterbaufehlern* zu geben.

3.7.1 Makroskopische Verfahren

Makroskopische metallografische Untersuchungen liefern nur erste Anhaltswerte über den Gefügeaufbau oder geben Aufschluß über Art und Verteilung bestimmter Gefügebestandteile. Sie beruhen alle auf der Wirkung chemischer Reaktionen an der Oberfläche, wobei man zwei Gruppen unterscheiden kann:
- Ätzverfahren und
- Abdruckverfahren.

Voraussetzung für die Anwendung der Verfahren ist eine geschliffene Oberfläche.
Die makroskopischen Ätzverfahren werden auch als *Tiefätzung* bezeichnet. Sie gestatten die Unterscheidung *grundsätzlicher Gefügeunterschiede,* wie z. B. Schweißnähte oder Wärmebehandlungszonen. Die Primärkristallisation in Gußteilen und die Verteilung von Seigerungen können dadurch ebenso sichtbar gemacht werden, wie das Rekristallisationsgefüge und der Faserverlauf verformter Teile (siehe Bild 2.21). Typische Makroätzmittel sind z. B. Ätzmittel nach Adler, Fry und Oberhoffer.
Das bekannteste Abdruckverfahren ist der Baumann-*Abdruck* für den Nachweis von *Schwefelseigerungen* im Stahl. Mit Schwefelsäure getränktes Fotopapier wird auf die geschliffene Stahlfläche gelegt. Die Schwefelsäure reagiert mit den Sulfideinschlüssen und bildet dabei Schwefelwasserstoff. Dieser reagiert mit der Fotoschicht zu dem dunklen Silbersulfid, wodurch die Verteilung der Sulfideinschlüsse abgebildet wird.

3.7.2 Mikroskopische Verfahren

3.7.2.1 Lichtmikroskopie

Die Anwendung des Lichtmikroskopes erfordert wegen der geringen Schärfentiefe eine Probe mit optisch ebener Oberfläche. Es werden deshalb metallografische *Schliffe mit polierter Oberfläche* untersucht. Das Schleifen und Polieren erfolgt in mehreren aufeinander abgestimmten Arbeitsgängen *mechanisch,* als letzter Arbeitsgang ist auch *elektrolytisches* Polieren möglich. Elektrolytisches Polieren ist immer dann unabdingbar, wenn die durch das mechanische Polieren bewirkten, geringfügigen Gefügestörungen (Kaltverformung) vermieden werden müssen.
Durch den hohen Reflexionsgrad der polierten Oberfläche können nur solche Einzelheiten erkannt werden, deren Reflexionsvermögen stark unterschiedlich ist. Auf einer nur polierten Schliffffläche werden deshalb im allgemeinen nur nichtmetallische *Einschlüsse* untersucht (siehe Bild 2.17).
Zur *Steigerung des Kontrastes* wird die Schlifffläche chemisch oder elektrolytisch angeätzt, wobei die Gefügebestandteile verschieden stark angegriffen werden. Dadurch entstehen unterschiedliche Reflexionsbedingungen für die einzelnen Gefügebestandteile oder auch eine Reliefstruktur, die zur Schattenbildung führt. Bei den Ätzverfahren unterscheidet man im wesentlichen die **Korngrenzenätzung** (Bild 3.94), bei der vorwiegend die Korngrenzen angegriffen werden, und die **Kornflächenätzung** (Bild 3.95). Letztere führt zu einer unterschiedlichen Aufrauhung der Kornflächen, die von der Orientierung der einzelnen Kristalle zur Schliffffläche abhängig ist.

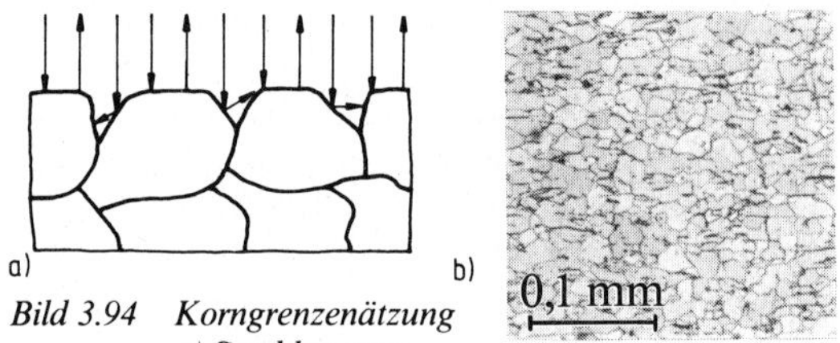

Bild 3.94 Korngrenzenätzung
a) Strahlengang
b) Schliff einer Aluminiumprobe

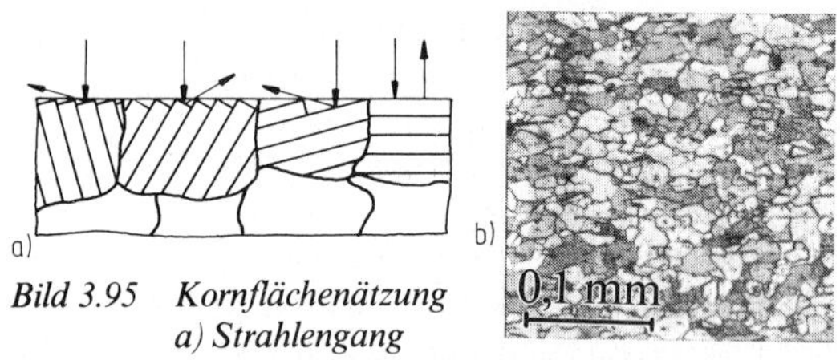

Bild 3.95 Kornflächenätzung
a) Strahlengang
b) Schliff einer Aluminiumprobe

Der undurchsichtige Metallschliff kann durch zwei unterschiedliche Methoden beleuchtet werden. Bei der **Hellfeldbeleuchtung** (Bild 3.96a) erscheinen Flächen, die parallel zur Schliffffläche sind, hell, bei der Dunkelfeldbeleuchtung dunkel. Der Vorteil der **Dunkelfeldbeleuchtung** (Bild 3.96b) liegt darin, daß keine Überstrahlung durch die hellen Flächen erfolgt und die einzelnen Gefügebestandteile farbgetreuer wiedergegeben werden.

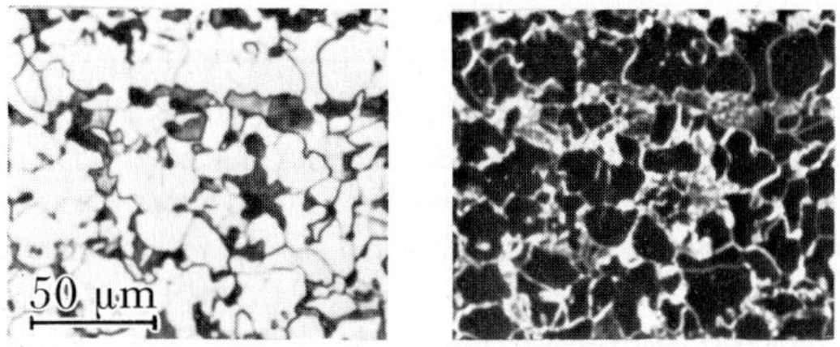

a) b)

Bild 3.96 Ferritisch-perlitisches Gefüge bei
a) Hellfeldbeleuchtung (Ferrit hell)
b) Dunkelfeldbeleuchtung

Bei geringen Helligkeitsunterschieden der verschiedenen Gefügebestandteile kann das *Phasenkontrastverfahren* eingesetzt werden. Dieses Verfahren erlaubt mittels besonderer Einrichtungen die Ausnutzung der geringfügigen Phasenverschiebungen, die das Licht bei der Reflexion erfährt. Da die Phasenverschiebungen bei den verschiedenen Gefügebestandteilen unterschiedlich sind, erscheinen diese in verschiedenen Farben.

Die *Vergrößerung* von Lichtmikroskopen ist im Normalfall auf ungefähr den Faktor 1000 begrenzt. Durch Einschaltung von Immersionslösungen (Flüssigkeiten mit höherem Brechungsindex) zwischen Objekt und Objektiv kann 1600-fache Vergrößerung erreicht werden. Das *Auflösevermögen* in der Objektebene ist durch die Wellenlänge des Lichts auf etwa 0,3 µm begrenzt, d. h., zwei Punkte auf dem Objekt, deren Abstand geringer ist, werden nur noch als ein Punkt wiedergegeben. Die *Schärfentiefe* beträgt bei 1000facher Vergrößerung lediglich 0,01 µm. Deshalb ist das Lichtmikroskop z. B. zum Betrachten von Bruchflächen nicht geeignet.

3.7.2.2 Raster-Elektronenmikroskopie

Im Raster-Elektronenmikroskop **REM** wird mit einem sehr dünnen Elektronenstrahl (Durchmesser ca. 0,01 µm) die Probenoberfläche zeilenförmig abgetastet (gerastert). Durch das Auftreffen der Primärelektronen des Elektronenstrahls werden aus der Probe *Sekundärelektronen* herausgelöst, die von einem Elektronendetektor aufgefangen werden. Nach elektronischer Verstärkung wird die örtliche Verteilung der Sekundärelektronen auf einem Bildschirm wiedergegeben.

Da aus herausragenden Oberflächenteilen viele Sekundärelektronen herausgelöst werden, erscheinen diese Bereiche hell, während tiefer liegende Zonen dunkler bleiben. Verbunden mit einer Schattenbildung, die durch Schrägeinfall des Elektronenstrahls verursacht wird, entsteht so ein plastisches Bild der Oberfläche, das sich durch große Tiefenschärfe und hohe Auflösung auszeichnet.

Das *Auflösevermögen* des REM beträgt üblicherweise bis ca. 0,01 µm, die *Schärfentiefe* bei 1000-facher Vergrößerung etwa 35 µm. Die maximal erreichbare *Vergrößerung* ist abhängig von der Spannung, mit der die Primärelektronen beschleunigt werden, sie kann bis zu 200 000fach betragen.

Die große Schärfentiefe macht das REM besonders geeignet für die Untersuchungen von Bruchflächen (Mikrofraktografie) und sonstigen Schäden. Das REM wird deshalb auch in starkem Maße für Schadenuntersuchungen eingesetzt. Die Deutung der Bilder erfordert allerdings entsprechende Erfahrung. Beispiele von REM-Bildern sind auf den Seiten 121, 126 und 127 wiedergegeben.

3.7.2.3 Durchstrahlungs-Elektronenmikroskopie

Die Fähigkeit von Elektronenstrahlen, dünne Schichten zu durchdringen, wurde schon relativ früh im Durchstrahlungs-Elektronenmikroskop (*Transmissions-Elektronenmikroskop,* **TEM**) ausgenutzt. Die Untersuchungen wurden dabei zunächst an Folien durchgeführt.

Das *Abbildungsprinzip* des TEM beruht darauf, daß an Gitterbaufehlern die Elektronenstrahlen gebeugt werden. Dadurch ergeben sich in den einzelnen Werkstoffzonen Laufzeitdifferenzen, die zu Interferenzen führen. Nach Vergrößerung mit elektromagnetischen Linsen werden diese Interferenzen als Hell-Dunkel-Bild auf einer Mattscheibe abgebildet. Die Bereiche mit Gitterstörungen erscheinen dabei meist dunkel.

Mit dem TEM können Versetzungen (siehe Bild 1.22, S. 8), Stapelfehler und feinste Ausscheidungen im Gitter sichtbar gemacht werden. Mit der modernsten Technik, dem Raster-Durchstrahlungsmikroskop (STEM) ist es sogar möglich, das Spannungsfeld um eine einzelne Leerstelle abzubilden.

Die Beschleunigungsspannung ist beim TEM höher als beim REM und beträgt bis zu ca. 1 Million Volt. Dementsprechend sind auch höhere *Vergrößerungen* bis zu 10^6fach möglich, wobei die *Auflösung* unter 1nm (= 10^{-9} m) betragen kann und damit bis in den Bereich der Gitterkonstanten (0,2 nm bis 0,5 nm) reicht. Die Größenordnung der im Durchstrahlungselektronenmikroskop erreichbaren Vergrößerungen wird dadurch veranschaulicht, daß das gesamte auf der ganzen Welt in 40 Jahren durch Elektronenmikroskopie untersuchte Materialvolumen auf 1 mm^3 bis 2 mm^3 geschätzt wird.

Da Vorgänge wie Verfestigung durch Versetzungsbildung und Diffusionsprozesse in Folien anders ablaufen als im kompakten Werkstoff, mußten für dessen Untersuchung besondere Techniken entwickelt werden. Allgemein verwendet man für die Probenvorbereitung die Abdrucktechnik und die Dünnschlifftechnik.
Bei der *Abdrucktechnik* wird von der Oberfläche des zu untersuchenden Werkstoffes ein Lackabzug angefertigt, der alle Einzelheiten der Oberflächengestalt enthält. Die abgezogene Lackschicht wird in einer Vakuumkammer mit Metall oder Kohlenstoff bedampft. Nach Auflösung des Lakkes wird die Metallfolie bzw. Kohlenstoffolie durchstrahlt.
Bei der *Dünnschlifftechnik* wird eine sehr dünne Scheibe mit einem Elektrolytstrahl so lange elektrolytisch geätzt, bis ein Loch entsteht. Die keilförmig dünner werdenden Lochränder werden im Elektronenmikroskop durchstrahlt.

Die richtige Deutung der Bilder des Durchstrahlungsmikroskopes erfordert noch größere Erfahrung, als dies beim Rastermikroskop der Fall ist (siehe Bild 1.22).

3.8 Physikalische Analysenverfahren

3.8.1 Spektralanalyse

Grundlage der Spektralanalyse ist, daß die Elektronen eines einzelnen Atoms nur auf bestimmten Energieniveaus stabil sind (siehe S. 12). Durch Zufuhr von Energie (Anregung) können Elektronen auf ein höheres Energieniveau, d. h. auf eine andere Elektronenschale, angehoben werden. Dieser Zustand ist aber instabil. Die Elektronen springen in den stabilen Zustand zurück, wobei sie die überschüssige Energie in Form von Licht- oder Röntgenquanten wieder abgeben. Die Wellenlängen der entstehenden Strahlen sind charakteristisch für den jeweiligen Atomkern und können deshalb zur Bestimmung der Elemente herangezogen werden.

3.8.1.1 Lichtemissionspektroskopie

Für die Anregung der Strahlung im Bereich des *sichtbaren Lichtes* genügt eine relativ geringe Energie, weil nur die Quantensprünge der äußeren Elektronenschale ausgenutzt werden. Die Energie wird entweder durch eine Funkenstrecke oder durch einen Lichtbogen zugeführt.
Damit die einzelnen Spektrallinien scharf abgegrenzt werden, müssen sich die Elektronen auf diskreten Energieniveaus und nicht auf Energiebändern befinden. Das heißt, *einzelne Atome* müssen sich aus dem Metallverband lösen und im gasförmigen Zustand vorliegen. Hierfür wird die gleiche Energiequelle genutzt.
Das Spektrum wird anschließend mittels eines Prismas in seine einzelnen Linien zerlegt. Wegen der großen Anzahl von Linien (bei Eisen sind es etwa 3000, bei Chrom ca. 1000) wird für eine genaue Identifizierung das Spektrum einer *Vergleichsprobe* benötigt. Für die Analyse von Stahl wird dazu das Spektrum von Reineisenproben benutzt.
Die quantitative Analyse erfolgt über den photometrischen Vergleich der Helligkeit bestimmter Linien aus dem Spektrum der untersuchten Probe. Die Analyse ist im Normalfall genauer als 0,1 Massenprozent.

3.8.1.2 Röntgenspektroskopie

Die Energiequanten, die beim Rücksprung der Elektronen auf die innersten Schalen frei werden, werden in Form eines *Röntgen-Linienspektrums* ausgesandt. Da die Energiezustände auf den inneren Elektronenschalen sehr stabil sind, können die dort befindlichen Elektronen nur durch hohe Energie zum Verlassen ihrer Plätze gebracht werden. Für die Anregung der Röntgenstrahlen sind deshalb hochbeschleunigte Elektronenstrahlen erforderlich.
Das Röntgen-Linienspektrum unterscheidet sich von dem des sichtbaren Lichtes dadurch, daß je Element nur wenige charakteristische Linien vorhanden sind. Die Identifizierung der einzelnen Elemente wird dadurch zwar einfacher, der apparative Aufwand ist aber höher, nicht zuletzt wegen des Strahlenschutzes.

Neben der Analyse der Wellenlängen von Röntgenstrahlen (*wellenlängen-dispersives* System) ist auch die Analyse der Energie der ausgesandten Röntgenquanten möglich. Solche *energiedispersiven* Systeme werden vor allen Dingen in Kombination mit Raster-Elektronenmikroskopen eingesetzt und ermöglichen dadurch qualitative und quantitative Mikroanalysen.
Mit der *Mikrosonde*, einem speziell dafür entwik-

kelten Gerät, ist z. B. die Analyse mit einer Genauigkeit von 0,01 Massenprozent auf einer Fläche von 1 μm Durchmesser möglich.

3.8.2 Röntgenfeinstrukturuntersuchung

Ein Atom, das von Röntgenstrahlen getroffen wird, sendet kugelförmige Sekundärwellen gleicher Wellenlänge, aber geringerer Intensität aus. Sekundärwellen, die von benachbarten Atomen ausgehen, löschen sich durch Interferenzen gegenseitig aus oder verstärken sich, wenn zwischen Wellenlänge λ, Netzebenenabstand d und Einstrahl- bzw. Abstrahlwinkel ϑ die BRAGG*sche Reflexionsgleichung*

$$2\,d \cdot \sin\vartheta = n\,\lambda$$

erfüllt ist (Bild 3.97). n ist dabei ein ganze Zahl. Diese Gleichung wird für Röntgenfeinstrukturuntersuchungen genutzt.

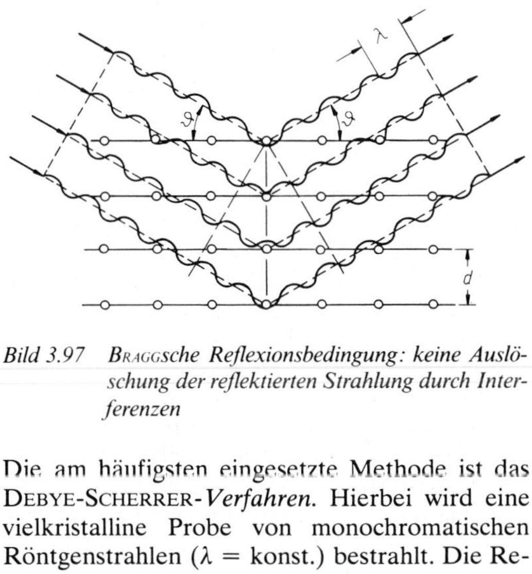

Bild 3.97 BRAGG*sche Reflexionsbedingung: keine Auslöschung der reflektierten Strahlung durch Interferenzen*

Die am häufigsten eingesetzte Methode ist das DEBYE-SCHERRER-*Verfahren.* Hierbei wird eine vielkristalline Probe von monochromatischen Röntgenstrahlen (λ = konst.) bestrahlt. Die Reflexe einer bestimmten Netzebene liegen wegen der beliebig möglichen Lagen im Vielkristall auf dem Mantel eines Kegels, der von der Probe ausgeht (Bild 3.98). Die Schnitte der Interferenzkegel werden auf einem Film abgebildet. Aus ihrer Lage, Schärfe und Schwärzungsintensität können entnommen werden:

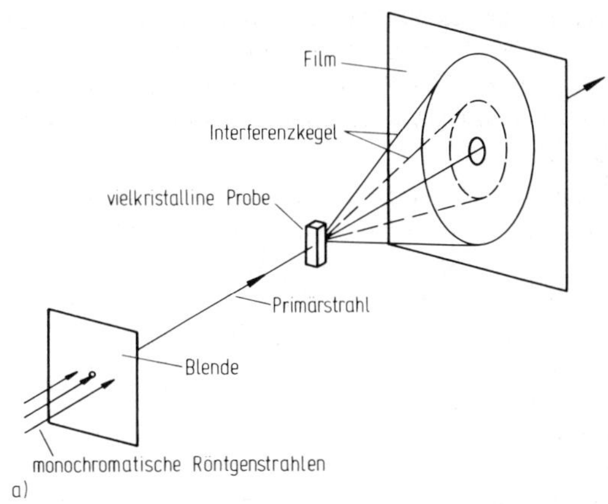

Bild 3.98 *Strahlengang beim DEBYE-SCHERRER-Verfahren*

- Kennwerte des Gitters,
- Aufbau und Zusammensetzung von Legierungen,
- Texturen,
- Verzerrung des Gitters durch Eigenspannungen.

Andere Verfahren der Röntgenfeinstrukturuntersuchungen sind das LAUE-*Verfahren* mit weißem Röntgenlicht und das *Drehkristallverfahren* mit monochromatischer Röntgenstrahlung. Beide Verfahren werden hauptsächlich eingesetzt, um Gitterkonstanten und Struktur an Einkristallen zu ermitteln.

Ergänzende und weiterführende Literatur

Dahl, W. (Hrsg.): Grundlagen des Festigkeits- und Bruchverhaltens, Verlag Stahleisen, Düsseldorf, 1974

Heckel, K.: Einführung in die technische Anwendung der Bruchmechanik, 2. Auflage, Hanser-Verlag, München, 1983

Heimendahl, M. v.: Einführung in die Elektronenmikroskopie, Vieweg-Verlag, Braunschweig, 1970

Kauczor, E.: Metall unter dem Mikroskop, 5. Auflage, Springer-Verlag, Berlin, 1985

Kolb/Kolb: Grobstrukturprüfung mit Röntgen- und Gammastrahlen, Vieweg-Verlag, Braunschweig, 1971

Macherauch, E.: Praktikum in Werkstoffkunde, 6. Auflage, Vieweg-Verlag, Braunschweig, 1985

Munz/Schwalbe/Mayr: Dauerschwingverhalten metallischer Werkstoffe, Vieweg-Verlag, Braunschweig, 1971

Réti, P.: Zerstörungsfreie Werkstoffprüfung, Hirzel-Verlag, Stuttgart, 1974

Schumann, H.: Metallographie, 11. Auflage, VEB Deutscher Verlag für Grundstoffindustrie, Leipzig, 1983

Siebel, E. (Hrsg.): Handbuch der Werkstoffprüfung, Springer-Verlag, Berlin, 1958

Stüdemann, H.: Werkstoffprüfung und Fehlerkontrolle in der Metallindustrie, 2. Auflage, Hanser-Verlag, München, 1971

Tetelman/McEvily: Bruchverhalten technischer Werkstoffe, Verlag Stahleisen, Düsseldorf

4 Eisenwerkstoffe

4.1 Eisen-Kohlenstoff-Schaubild (EKS)

4.1.1 Metallkundliche Grundlagen

Reines Eisen

Reines Eisen ist sehr weich und verformbar. Abgesehen von den hohen Herstellkosten wird es wegen seiner geringen Festigkeit nicht als Konstruktionswerkstoff verwendet. Die große magnetische *Permeabilität* und niedrige *Koerzitivfeldstärke* machen es aber zum wichtigen Werkstoff in der Elektrotechnik.

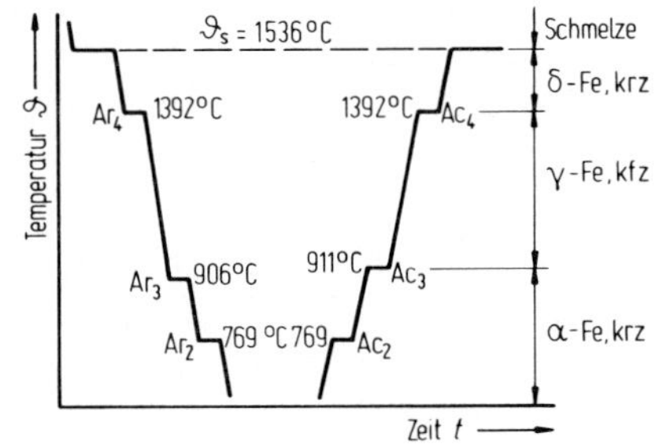

Bild 4.1 Abkühl- und Aufheizkurve von reinem Eisen

Die Abkühl- und Aufheizkurve von reinem Eisen zeigt Bild 4.1. Nach Unterschreiten der Schmelztemperatur ϑ_s = 1536 °C kristallisiert Eisen als krz δ-Eisen, das unterhalb 1392 °C (Ar_4) in das kfz γ-Eisen umwandelt. Diese Modifikation und die kfz Eisen-Kohlenstoff-Mischkristalle werden als *Austenit* bezeichnet. Ein dritter Haltepunkt (Ar_3) tritt bei 906 °C auf: das kfz γ-Eisen geht erneut in eine krz Gitter-Modifikation über, dem α-Eisen. Dieses und auch die bei Raumtemperatur aus einer krz Phase bestehenden legierten Stähle werden als *Ferrit* bezeichnet. Der bei 769 °C auftretende vierte Haltepunkt wird als CURIEpunkt bezeichnet. Sein Auftreten ist nicht mit einer Gitterumwandlung verbunden, sondern zeigt an, daß das Eisen ferromagnetisch wird. A_1-Punkte treten bei reinem Eisen nicht auf (siehe S. 139).

Nach Bild 4.1 ist die Lage der Haltepunkte abhängig von der Richtung, aus der sie erreicht werden *(thermische Hysterese)*. Daher ist es notwendig, die Haltepunkte A (= *Arrêt* = Stillstand) eindeutig zu kennzeichnen:

Ac (Haltepunkte bei Erwärmen, c = *chauffage)*
Ar (Haltepunkte bei Abkühlen, r = *refroidissement*).

Diese schon beim thermischen Gleichgewicht auftretenden Unterschiede werden um so größer, je weiter man sich vom Gleichgewichtszustand entfernt und je größer die Menge an Legierungs- und Begleitelementen ist:

- Größere Aufheiz- und Abkühlgeschwindigkeiten (siehe S. 153 ff.) bzw.
- zunehmender Legierungsgehalt (siehe S. 182 ff.) verschieben die Haltepunkte erheblich.

Eisen-Kohlenstoff-Legierungen

Kohlenstoff ist das wichtigste Legierungselement des Eisens. Schon geringe Unterschiede im Kohlenstoffgehalt ändern die Stahleigenschaften entscheidend.

Der Kohlenstoff wird im α-,γ- und δ-Eisen in die Zwischengitterplätze eingelagert und ist also nur in begrenztem Umfang in dem jeweiligen Eisengitter löslich.

Der unterschiedliche geometrische Aufbau der Eisenmodifikation (Packungsdichte!) ist die Ursache für ihre unterschiedliche Kohlenstofflöslichkeit. Im α-Eisen sind zwei Arten verschieden großer »Hohlräume« vorhanden (Bild 4.2). In

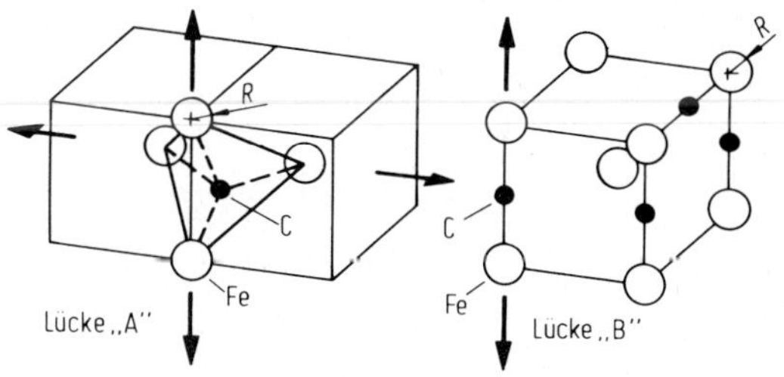

Bild 4.2 Lage der Zwischengitterplätze für Kohlenstoff im krz α-Eisen

die Lücken A können Fremdatome mit einem maximalen Radius von 0,291 *R*, in die Lücken B Atome von 0,154 *R* eingelagert werden. Ist das zu lösende Atom aber nur geringfügig größer, dann müßten bei der Lücke A vier, bei der Lücke B aber nur zwei nächste Nachbaratome aus ihrer Gleichgewichtslage verschoben werden. Aus diesem Grunde werden Fremdatome vorzugsweise in die kleineren Gitterlücken B eingelagert.

Im kfz Gitter können in der Mitte der Würfelkante Fremdatome mit einem maximalen Radius von 0,41 R eingelagert werden (Bild 4.3).

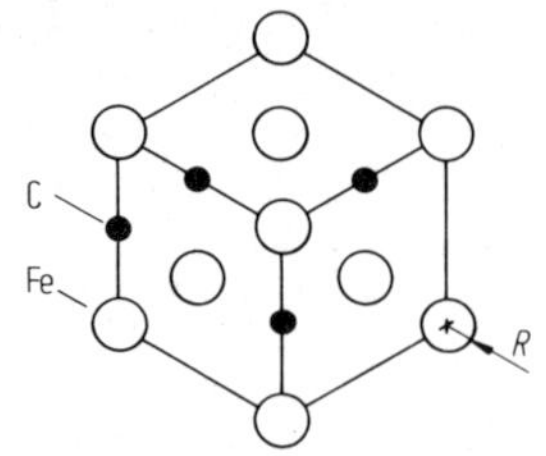

Bild 4.3 Lage der Zwischengitterplätze für Kohlenstoff im kfz γ-Eisen

Trotz der größeren Packungsdichte kann also γ-Eisen mehr Kohlenstoff lösen als α-Eisen. Der Diffusionskoeffizient D und damit die transportierte Stoffmenge ist allerdings im weniger dicht gepackten α-Eisen sowohl für die Selbstdiffusion des Eisens und für die Diffusion substituierter Atome, als auch für die Diffusion über Zwischengitterplätze mindestens um den Faktor 100 größer als der des γ-Eisen (siehe S. 28).

4.1.2 Phasenänderungen im Eisen-Kohlenstoff-Schaubild

Die weitaus meisten in der Technik verwendeten Eisenlegierungen enthalten außer Kohlenstoff noch weitere Legierungselemente, die die Eigenschaften und das Gefüge zum Teil erheblich verändern. Trotzdem kann das EKS wichtige und prinzipielle Einsichten vermitteln. Seine Aussagefähigkeit für einen bestimmten Eisenwerkstoff wird aber geringer:

- je schneller er abgekühlt oder aufgeheizt wird und
- je größer der Gehalt an Legierungselementen ist.

Bild 4.4 zeigt das Fe-C- und Fe-Fe_3C-Schaubild. Eisen bildet mit Kohlenstoff die intermediäre Phase Fe_3C, die bei hohen Temperaturen, langen Haltezeiten und/oder langsamer Abküh-

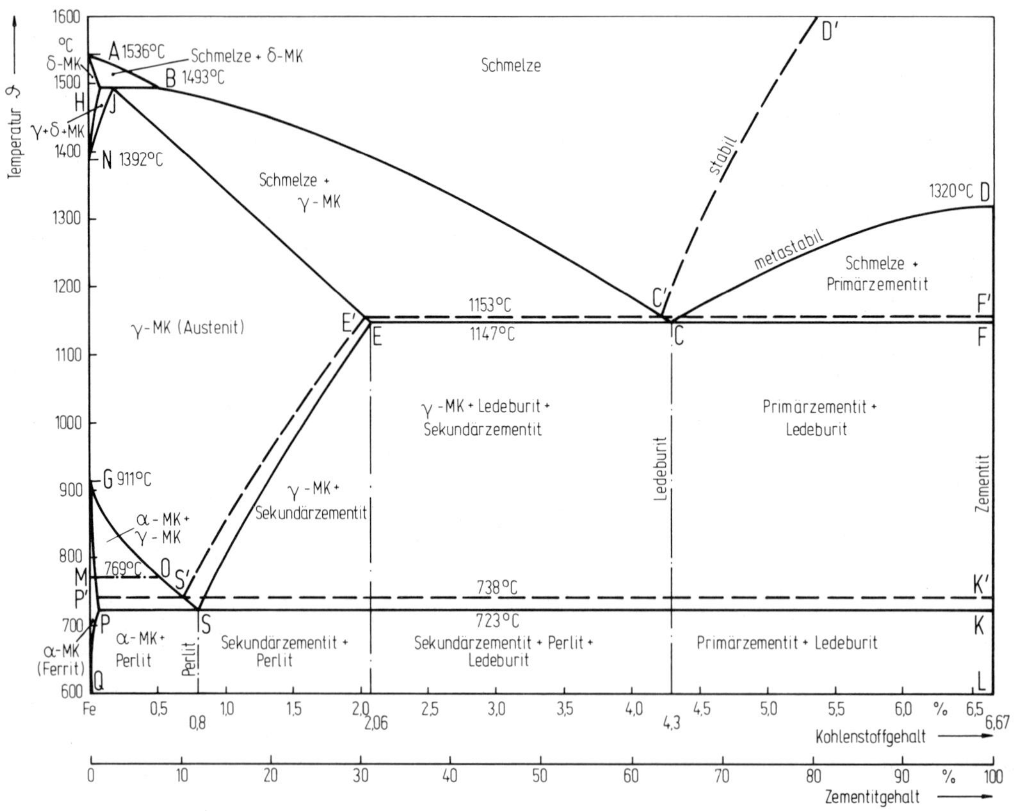

Bild 4.4 Eisen-Kohlenstoff-Schaubild (EKS) für stabile (Fe-C) und metastabile (Fe-Fe_3C) Ausbildung des Kohlenstoffs

lung in Kohlenstoff (Grafit) und Eisen zerfällt. Fe_3C ist energiereicher als Kohlenstoff, also weniger stabil. Daher unterscheidet man das *stabile Fe-C-* und das *metastabile Fe-Fe_3C-Schaubild.*

Technische Fe-C-Legierungen erstarren überwiegend nach dem metastabilen System. Der Begriff metastabil kennzeichnet lediglich einen bestimmten thermodynamischen Zustand und darf nicht mit »unstabil« im Sinne von »weniger haltbar« gleichgesetzt werden (siehe Bild 1.14).

Da über stöchiometrische Beziehungen der Kohlenstoffgehalt dem Fe_3C-Gehalt zugeordnet ist, kann als Abszisse sowohl Kohlenstoff als auch Fe_3C gewählt werden. Aufgrund der technischen Gegebenheiten – Stähle werden durch den Kohlenstoff-, nicht durch den Fe_3C-Gehalt charakterisiert – wählt man auch im Fe-Fe_3C-Schaubild als Konzentrationsangabe den Kohlenstoffgehalt.

Technische Fe-C-Legierungen haben einen maximalen Kohlenstoffgehalt von etwa 5 % (Gußwerkstoffe). Daher ist nur die eisenreiche Seite des Schaubildes bis 6,67 % C (entsprechend 100 % Fe_3C) von Bedeutung. Das EKS ist aus einem:

- *eutektischen,*
- *eutektoiden*

und einem für die Praxis unbedeutenden

- *peritektischen* Teilschaubild aufgebaut.

Als wesentliche Wirkungen des Kohlenstoffs im EKS können genannt werden:

- Mit zunehmendem Kohlenstoffgehalt nimmt die Schmelztemperatur der Fe-C-Legierungen ab (Liquiduslinie ABC),
- ebenso die A_3-Temperatur (Linie GOS), unterhalb der die $\gamma \rightarrow \alpha$-Umwandlung erfolgt.
- Dagegen wird die A_4-Temperatur (Linie NI) erhöht.

Damit gehört Kohlenstoff zu den Elementen, die den Austenitbereich erweitern, oder den austenitischen Zustand stabilisieren (siehe S. 183 ff.).

Die entstehenden homogenen Mischkristalle und heterogenen Gefügebestandteile (Gemenge), ihre Bezeichnungen und einige kennzeichnende Eigenschaften sind in Tab. 4.1 zusammengestellt.

Der *Perlit* entsteht durch den eutektoiden Zerfall der γ-Mischkristalle mit 0,8 % C bei 723 °C:

$$\gamma \text{ (Punkt S)} \xrightarrow{723\,°C} \alpha \text{ (Punkt P)} + Fe_3C \text{ (Punkt K)}$$
$$0{,}8\,\%\,C \qquad 0{,}02\,\%\,C \qquad 6{,}67\,\%\,C$$

Tab. 4.1: Schematische Darstellung der Gefügebestandteile und wichtiger Vorgänge im EKS

Bezeichnung	Nähere Kennzeichnung		Lage im EKS, Gefügeskizzen
	Maximaler C-Gehalt	Metallografische Bezeichnung	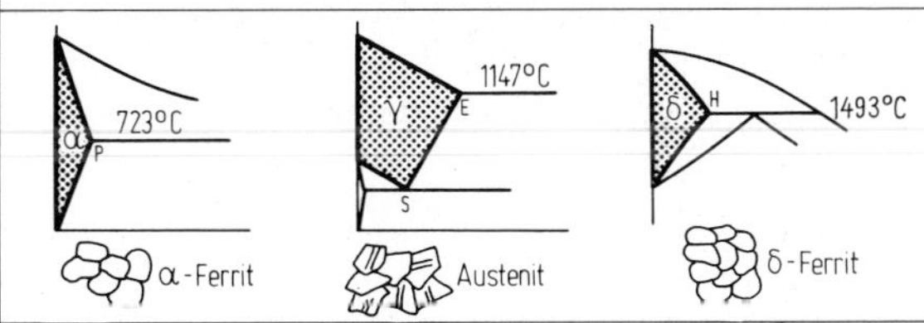
α-Mischkristall γ-MK δ-MK	0,02 %, Punkt P 2,06 %, Punkt E 0,1 %, Punkt H	α-Ferrit Austenit δ-Ferrit	
	besteht aus	Metallografische Bezeichnung	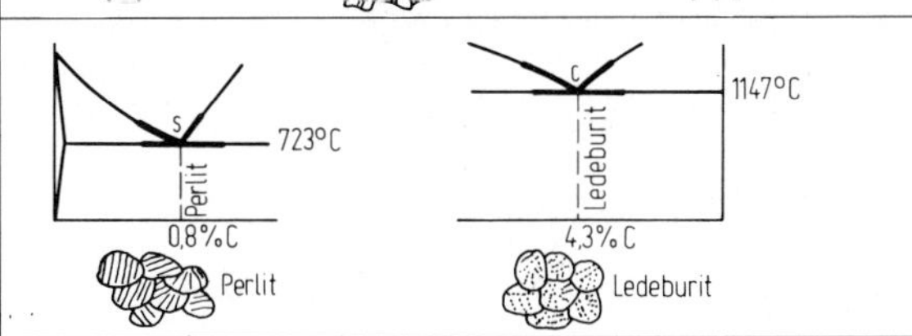
Eutektoid, Punkt S Eutektikum, Punkt C	88 % Ferrit + + 12 % Zementit 51,4 % Austenit+ 48,6 % Zementit	Perlit Ledeburit	
	entsteht durch		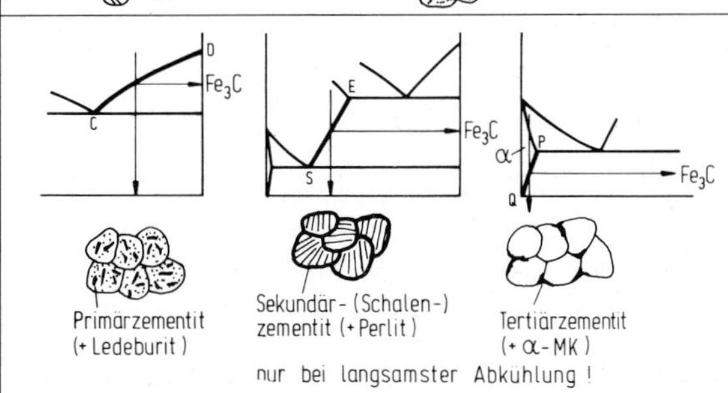
Primärzementit Sekundärzementit Tertiärzementit	Primärkristallisation aus Schmelze (Linie CD) Ausscheidung aus Austenit (Linie ES) Ausscheidung aus Ferrit (Linie PQ)		

Die eutektoide Reaktion verläuft isotherm. Der sich ergebende Haltepunkt wird als A_1 bezeichnet; er tritt nur bei Fe-C-Legierungen auf (C ⩾ 0,02 %).
Der *Ferrit* und *Zementit* ist i a. im *Perlit* in einer charakteristischen Lamellenform angeordnet (Bild 4.5). Da Perlit aus zwei verschiedenen Kristallarten besteht, sollte man besser von Perlit*kolonien* und nicht von Perlit*körnern* sprechen.

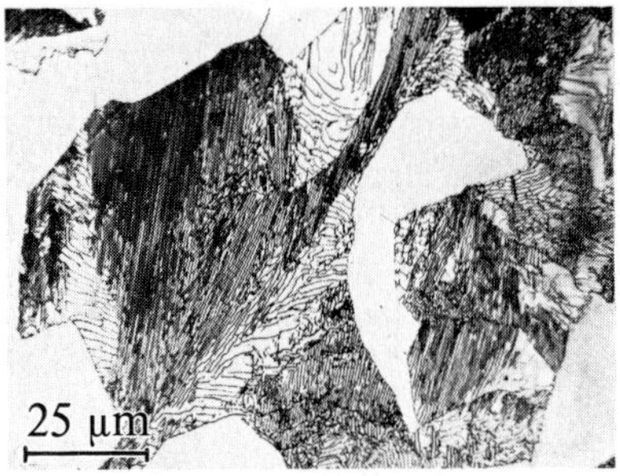

Bild 4.5 Mikroaufnahme, ferritisch-perlitisches Gefüge Werkstoff: C 45, normalgeglüht

Während der Perlitreaktion müssen im festen Zustand Kohlenstoff und Eisen durch Diffusion transportiert werden. Es ist verständlich, daß dieser Vorgang sehr *unterkühlungsanfällig* ist, d. h., durch höhere Abkühlgeschwindigkeiten (= kürzere Diffusionszeiten) wird der Massentransport erheblich beeinträchtigt. Diese leichte Unterkühlbarkeit und die sich daraus ergebenden Eigenschaftsänderungen spielen bei technischen Fe-C-Legierungen eine große Rolle (siehe S. 153).

Das Eutektikum *Ledeburit* entsteht bei 1147 °C durch Zerfall von Schmelze mit 4,3 % C in die beiden Phasen γ-MK und Fe_3C:

Schmelze	$\xrightarrow{1147\,°C}$	**γ-MK**	**+ Fe_3C**
(Punkt C)		**(Punkt E)**	**(Punkt F)**
4,3 % C		2,06 % C	6,67 % C

Die beiden Bestandteile des Ledeburits sind feinverteilt (Bild 4.6). Das Sekundärzementit aus den Austenitkristallen des Ledeburits kristallisiert meistens an dessen Zementitmasse an und ist dann nicht mehr als gesonderter Gefügebestandteil nachweisbar. Der Kohlenstoffgehalt der γ-MK fällt dadurch bis auf 0,8 %, Punkt S. Unterhalt 723 °C zerfällt der Austenit in Perlit.

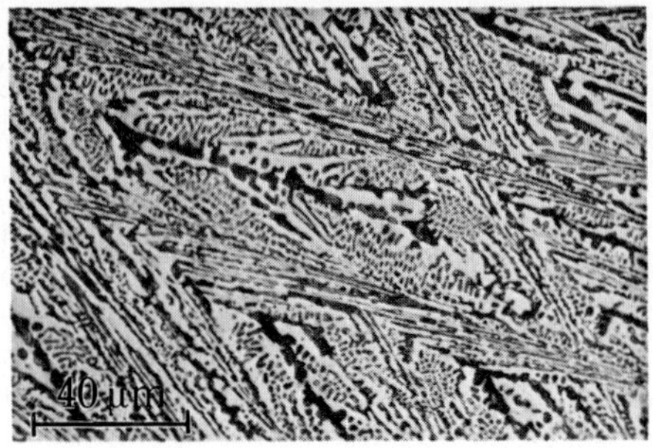

Bild 4.6 Ledeburit (weißes Gußeisen)

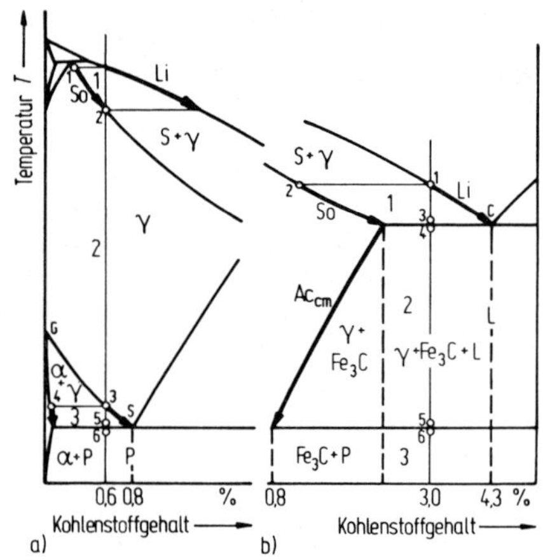

Bild 4.7 Ausschnitte aus dem EKS, Vorgänge beim Abkühlen
a) Beispiel 1: Legierung mit 0,6 % C (Stahl)
b) Beispiel 2: Legierung mit 3 % C (weißes Gußeisen)

Die Erstarrungs- und Umwandlungsvorgänge sowie die entstehenden Gefüge werden an zwei Fe-C-Legierungen beschrieben (Bild 4.7).

Beispiel 1: Fe mit 0,6 % C (Stahl)

Temperaturintervall 1

Nach Unterschreiten der Liquiduslinie (Li) bei 1490 °C scheiden sich γ-MK aus (Punkt 1), deren Anteil bei weiterer Abkühlung zunimmt. Der Kohlenstoffgehalt der sich ausscheidenden γ-MK ändert sich gemäß der Soliduslinie (So), der der Restschmelze gemäß der Liquiduslinie. Bei 1410 °C ist die Erstarrung beendet (Punkt 2). Der Werkstoff besteht aus γ-MK (Bild 4.8)

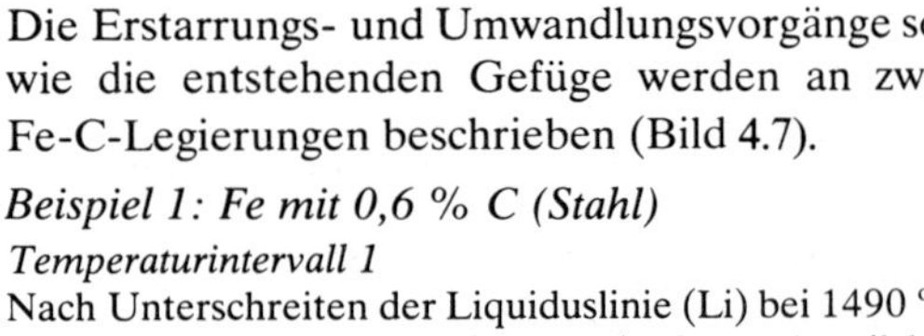

Bild 4.8 Vorgänge bei der Erstarrung der Schmelze im Temperaturintervall 1, Beispiel 1 (schematisch)

Temperaturintervall 2
Im Einphasenfeld der γ-MK ändert sich deren Konzentration nicht.
Temperaturintervall 3
Im Punkt 3 (760 °C) wird die Löslichkeitsgrenze GS unterschritten. Aus kfz γ-MK scheiden sich kohlenstoffarme krz α-MK aus (Punkt 4). Die Ausscheidung beginnt an Orten größter Oberflächenspannung, also an Korngrenzen. Der Kohlenstoffgehalt der γ-MK steigt dadurch bei weiterer Abkühlung bis auf 0,8 %, Punkt S (723 °C). Bei Punkt 5 besteht die Legierung aus:

$$\frac{m_\alpha}{m} = \frac{0{,}8-0{,}6}{0{,}8-0{,}02} \cdot 100\,\% = 25{,}6\,\% \text{ Ferrit (als »Ferritsaum«)},$$

$$\frac{m_\gamma}{m} = 100\,\% - 25{,}6\,\% = 74{,}4\,\% \text{ Austenit.}$$

Die γ-MK zerfallen unterhalb 723 °C in Perlit (Punkt 6) (Bild 4.9).

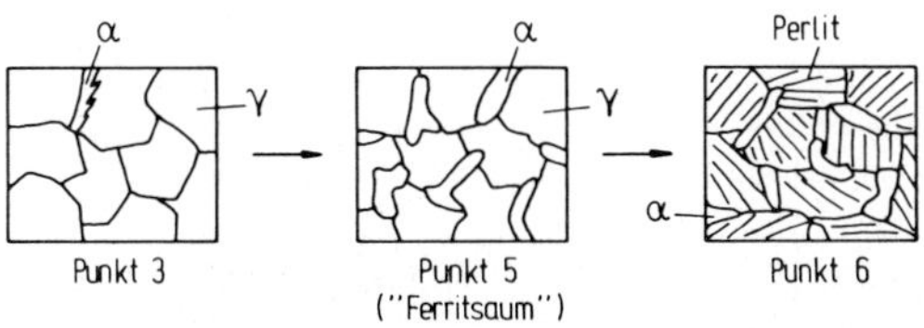

Bild 4.9 *Vorgänge im Temperaturintervall 3 und eutektoider Zerfall der γ-MK bei 723 °C, Beispiel 1 (schematisch)*

Beispiel 2: Fe mit 3 % C (weißes Gußeisen, d. h. metastabiles System)
Temperaturintervall 1
Nach Unterschreiten von Li (1300 °C) scheiden sich γ-MK (Punkt 2) aus. Weitere Vorgänge verlaufen ähnlich wie im Temperaturintervall 1 vom Beispiel 1. Die Legierung besteht im Punkt 3 aus:

$$\frac{m_\gamma}{m} = \frac{4{,}3-3}{4{,}3-2{,}06}\,100\,\% = 58\,\% \text{ Austenit mit } 2{,}06\,\% \text{ C},$$

$$\frac{m_S}{m} = 100\,\% - 58\,\% = 42\,\% \text{ Restschmelze mit } 4{,}3\,\% \text{ C}.$$

Temperaturintervall 2
Restschmelze S_C zerfällt eutektisch in Ledeburit (Punkt 4):

$$S_C \rightarrow \gamma_{2,06} + Fe_3C.$$

Während der weiteren Abkühlung scheidet sich sowohl aus den primären γ-MK als auch aus dem Austenit des Ledeburits entlang der Ac_{cm}-Linie Sekundärzementit aus: häufig in Form von Schalenzementit oder bei nur geringfügig erhöhten Abkühlgeschwindigkeiten v_{ab} in Nadelform im Korninneren (vorwiegend in primären γ-MK).
Temperaturintervall 3
Die γ-MK zerfallen eutektoidisch bei 723 °C in Perlit (Punkt 6) (Bild 4.10).

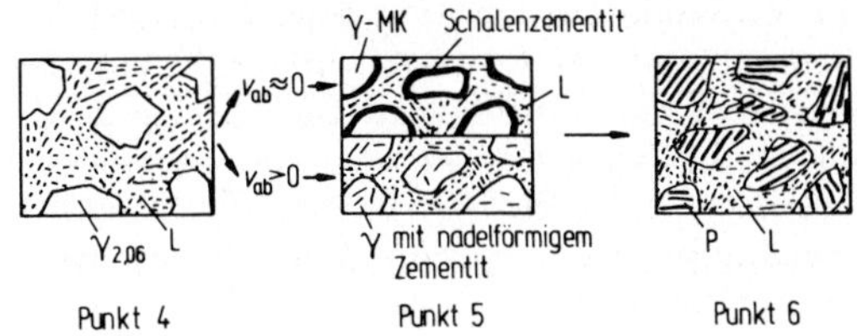

Bild 4.10 *Vorgänge im Temperaturintervall 3 und eutektoider Zerfall der γ-MK bei 723 °C, Beispiel 2 (schematisch)*

Danach bestehen die meisten Stahl- und Gußlegierungen bei Raumtemperatur aus Ferrit und Zementit, wenn man berücksichtigt, daß Perlit aus Ferrit und Zementit und Ledeburit aus Perlit und Zementit bestehen. Die Werkstoffeigenschaften werden also maßgeblich durch die Eigenschaften und die charakteristische Anordnung von *Ferrit* und *Zementit* bestimmt.
Ferrit ist sehr weich (60HV) und hervorragend verformbar A_5 = 50 %, Z = 80 %), Zementit extrem hart (800HV) und spröde. Mit zunehmendem Zementitgehalt nimmt daher die Zugfestigkeit zu und das Verformungsvermögen ab. Für die sehr wichtigen unlegierten Stähle zeigt Bild 4.11 diesen Zusammenhang.

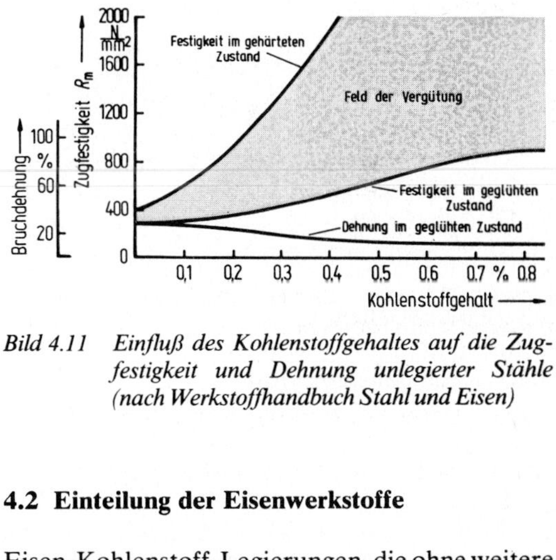

Bild 4.11 *Einfluß des Kohlenstoffgehaltes auf die Zugfestigkeit und Dehnung unlegierter Stähle (nach Werkstoffhandbuch Stahl und Eisen)*

4.2 Einteilung der Eisenwerkstoffe

Eisen-Kohlenstoff-Legierungen, die ohne weitere Nachbehandlung schmiedbar sind, werden als **Stähle** bezeichnet (C < 2 %). Werkstoffe mit mehr als 2 % C (Gußeisen), sind in der Regel so spröde (Ausnahme z. B. Gußeisen mit Kugelgrafit), daß daraus herzustellende Bauteile nur durch Gießen und spanabhebende Verfahren ihre Form erhalten können. *Gußeisen* besitzt mit Ausnahme einiger *legierter* Gußlegierungen und Gußeisen mit Kugelgrafit nur eine mäßige Zugfestigkeit. *Stahl* ist zäh, immer warm umformbar und bei niedrigem Kohlenstoffgehalt auch kalt umformbar. Durch *Wärmebehandlung* (Härten und Vergüten) läßt sich seine Festigkeit erheblich vergrößern, allerdings nimmt seine Verformbarkeit dabei ab (Tab. 4.2).

Tab. 4.2: Einteilung der Fe-C-Legierungen (schematisch)

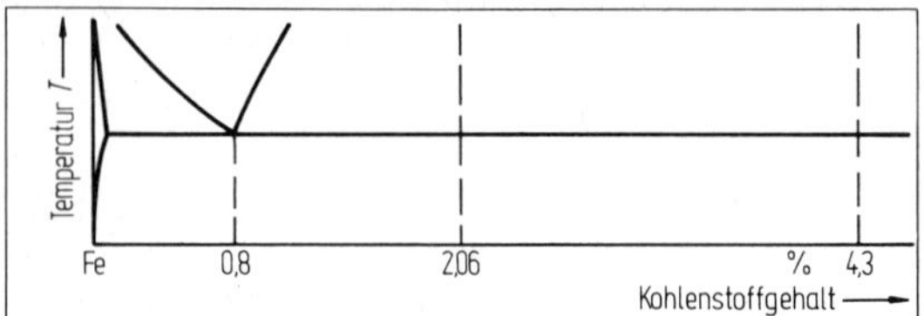

Stähle		Gußeisen
Festigkeit nimmt zu, Verformbarkeit mäßig ab.	hohe Festigkeit durch Härten und Vergüten, aber spröde und schlagempfindlich.	mäßige Festigkeit (außer GGG und legiertem Gußeisen), sehr spröde, sehr schlagempfindlich.
Bei geeigneter Wärmebehandlung sind Werkstoffe warm – z. T. kaltverformbar, härt- und vergütbar		Ledeburit verhindert Warmformgebung

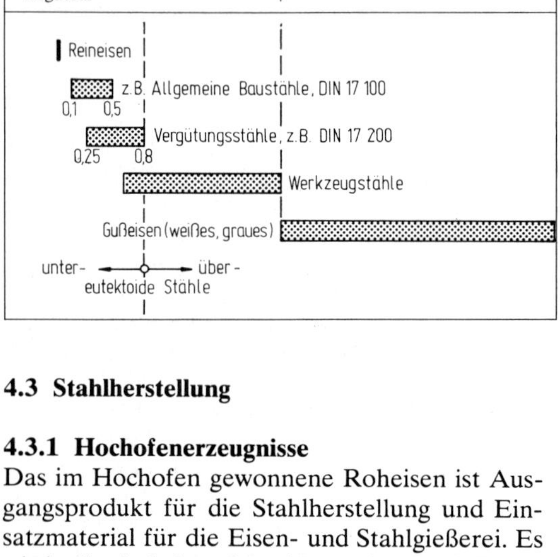

4.3 Stahlherstellung

4.3.1 Hochofenerzeugnisse

Das im Hochofen gewonnene Roheisen ist Ausgangsprodukt für die Stahlherstellung und Einsatzmaterial für die Eisen- und Stahlgießerei. Es wird alle 2–6 Stunden abgestochen und in der Gießanlage kontinuierlich in *Masseln* abgegossen oder in den *Roheisenmischer* gegossen. Mischer sind stählerne mit feuerfesten Steinen ausgemauerte Behälter, die folgende Aufgaben zu erfüllen haben:

– gleichmäßige Belieferung des Stahlwerkes,
– Analysenausgleich verschiedener Hochofenabstiche,
– Entschwefeln des Roheisens durch Mangan-Zugabe.

Abhängig von der thermischen und chemischen Charakteristik der Stahlherstellungsverfahren werden verschiedene Roheisensorten hergestellt (Tab. 4.3). Die hohen Gehalte an Begleitelementen im Roheisen stammen überwiegend aus dem Erz (Phosphor, Kohlenstoff, Mangan, Silizium) und dem Hochofenkoks (Kohlenstoff, Schwefel).

Tab. 4.3: Chemische Zusammensetzung einiger Hochofenerzeugnisse in Massenprozent

Sorte	C	Si	Mn	P	S
Gießereiroheisen, grau	3,5–4,2	1,5–3	1	0,3–2	0,06
Gießereiroheisen, weiß	3,5–4	0,2–1	1–5	0,3	0,04
Stahleisen (MARTIN-Roheisen, LD-Roheisen)	3,5–4,5	1	2–6	0,1–0,3	0,04
Ferromangan	6–8	0,5–2,5	40–60	0,3	0,02
Spiegeleisen	4–5	≤ 1	6–30	0,1	≤ 0,04

4.3.2 Erschmelzungsverfahren

4.3.2.1 Allgemeine Grundlagen

Roheisen ist als Konstruktionswerkstoff unbrauchbar, da es durch die hohen Gehalte, insbesondere an Kohlenstoff und Phosphor, hart und spröde ist. Zähigkeit (Verformungsvermögen) ist für die Bauteilsicherheit von ausschlaggebender Bedeutung. Daher müssen die versprödend wirkenden Eisenbegleiter Kohlenstoff, Phosphor, Schwefel, zum Teil auch Mangan und Silizium durch Verbrennen aus dem Roheisen entfernt werden. Dieser Oxidationsvorgang wird **Frischen** genannt. Das Ergebnis der Frischvorgänge im Roheisen ist Stahl, eine Fe-C-Legierung, die noch weitere Legierungselemente enthalten kann.
Zum Frischen können

– feste (Erze, Fe_2O_3, Fe_3O_4) und
– gasförmige (Luft, reiner Sauerstoff) Stoffe

als Sauerstoffträger verwendet werden. Frischen mit Luft (Durchblasen) oder durch Aufblasen mit Sauerstoff wird als *Windfrischen* bezeichnet. Das Frischen kann in birnenförmigen (Konverter) oder in flachen, wannenförmigen (Herd), stähler-

nen Behältern durchgeführt werden, die mit feuerfestem Material ausgemauert sind.
Die Verbrennungsvorgänge führen Kohlenstoff in CO oder CO_2 über, die anderen Eisenbegleiter werden in Oxide übergeführt, die sich größtenteils auf der Metallschmelze als Schlacke sammeln. Die Schlacke hat je nach Art und Menge der zu verbrennenden Elemente *sauren* (BESSEMER-Verfahren) oder *basischen* (THOMAS-, SIEMENS-MARTIN-Verfahren) Charakter.
Phosphor und Schwefel und ihre Verbindungen verhalten sich chemisch *sauer,* sie können daher nur durch *basische* Zuschläge in basisch »zugestellten« (ausgemauerten) Konvertern oder Öfen beseitigt werden.
Prinzipiell lassen sich aber nur solche Elemente durch Frischen beseitigen, deren Sauerstoffaffinität größer ist als die von Eisen. Danach können Zinn, Molybdän, Kobalt, Nickel, Kupfer grundsätzlich nicht entfernt werden.
Als Folge der großen wirtschaftlichen und technischen Vorteile wurden in der Bundesrepublik Deutschland im Jahre 1985 mehr als 80% des gesamten Rohstahls als Saustoffblasstahl und etwa 15% als Elektrostahl erzeugt. Alle anderen Stahlherstellungsverfahren sind nur noch von untergeordneter Bedeutung.

4.3.2.2 THOMAS-Verfahren (T)

Gefrischt wurde in *bodenblasenden* Konvertern, d.h., der erforderliche Wind (= »Luft«) wird durch den mit einer großen Anzahl von Kanälen versehenen Boden in das Roheisen geblasen. Das Verfahren ermöglichte die Stahlherstellung aus *phosphorreichem* Roheisen.
Die Eigenschaften des THOMASstahles werden weitestgehend durch die sehr hohen Gehalte an Phosphor und Stickstoff bestimmt. THOMASstahl hat wegen der Verwendung von Luft zum Frischen (ca. 80 % Stickstoff) den höchsten Stickstoffgehalt aller Stahlsorten. Schon geringe Phosphor- (0.08 %) und Stickstoffmengen (> 0,01 %) verspröden den Stahl. Aus diesem Grunde wird der THOMASstahl in Deutschland nicht mehr hergestellt.
Wegen der schlechten mechanischen Gütewerte muß bei *Umbauten und Reparaturen* an vorhandenen Konstruktionen aus T-Stahl besonders sorgfältig und umsichtig vorgegangen werden, insbesondere wenn geschweißt werden muß. Verbunden mit den mäßigen mechanischen Gütewerten ist die *schlechte Schweißeignung* dieser Stähle. Die Zusatzwerkstoffe zum Schweißen müssen sorgfältig ausgewählt werden. Große Vorsicht ist geboten, wenn die Blechdicke 10 mm übersteigt.

4.3.2.3 SIEMENS-MARTIN-Verfahren (M)

Für dieses Verfahren wurde ein Ofen mit wannenförmigem Herd benutzt (Herdfrischverfahren). Verbrennungsluft und Gas wurden getrennt über das Schmelzbad geblasen und verbrannten hier. Die erforderlichen hohen Ofentemperaturen (1700 °C bis 1800 °C) erzeugte eine Umschaltfeuerung, bei der die Wärme der Abgase des Ofens zum Teil wieder genutzt wurden (Regenerativfeuerung). Die heiße, von oben beheizte Schlakke war sehr reaktionsfähig. Daher waren im basisch zugestellten Ofen sehr geringe Phosphor- (0,02%), Schwefel- (0,03%) und Stickstoffgehalte erreichbar. Legierungselemente konnten aus Schrottzusatz (bis zu 50%) einfach aufgenommen werden, aber auch noch nach dem Frischen zugegeben werden, da die Schmelze wegen der äußeren Beheizung nicht „einfrieren" konnte. Durch die lange Frischzeit von mehreren Stunden konnten gewünschte Zusammensetzungen sehr genau eingehalten werden. Wegen der langen Frischzeiten ist das Verfahren heute nicht mehr wirtschaftlich.

4.3.2.4 Sauerstoff-Blas-Verfahren (Y)

Das *Sauerstoff-Aufblas-Verfahren* wurde 1949 in Österreich von den Vereinigten Österreichischen Stahlwerken (VÖST) in Linz und Donawitz (LD-Stahl) industriell eingeführt. Sauerstoff wird durch eine wassergekühlte Lanze auf das Roheisenbad geblasen. Der Konverter (Tiegel) ist nicht mehr bodenblasend, weil die hohen Temperaturen im Boden nicht beherrscht werden.
Die Verwendung von reinem Sauerstoff zum Frischen führt zu sehr niedrigem Stickstoffgehalt im Stahl. Auch als Folge der sehr kurzen Frischzeit (ca. 20 bis 30 Minuten) kann so sehr wirtschaftlich hochwertiger, verunreinigungsarmer Stahl (0,002 bis 0,006% N, 0,016% P, 0,02% S) hergestellt werden.
Durch intensives Mischen von Stahl und Schlacke lassen sich die Reaktionsabläufe erheblich beschleunigen und gleichzeitig durch Homogenisieren des Stahlbades entscheidende Verbesserungen erreichen. Diese Überlegungen führten zur Entwicklung der *kombinierten Blasverfahren,* die in vielfältigen Varianten angewendet werden. Hierbei wird die Baddurchmischung durch Aufblasen von Sauerstoff und gleichzeitiges Bodenblasen

mit Gasgemischen[1] verbessert, wodurch sich folgende Vorteile ergeben:
- die metallurgischen Reaktionen nähern sich dem thermodynamischen Gleichgewicht,
- der Gehalt an Verunreinigungen (P, S, O) ist deutlich geringer als beim normalen Sauerstoff-Aufblas-Verfahren,
- schnelles Schrottauflösen und dadurch frühzeitige Homogenisierung der Schmelze.

Ein wesentlicher wirtschaftlicher Vorteil ist die Freizügigkeit in der Wahl der Roheisensorten für die Stahlherstellung. Außerdem können erhebliche Mengen an (Kühl-)Schrott zugegeben werden. Ohne eine teure Vakuumbehandlung können z. B. Kohlenstoffgehalte $\leqq 0{,}02\%$ eingestellt werden, wie sie für Tiefziehstähle und bestimmte hochlegierte Stahlsorten erforderlich sind (siehe ELC-Stähle, S. 218).

4.3.2.5 Elektrostahl-Verfahren (E)

Die für die Schmelzvorgänge benötigte Wärme wird durch elektrische Energie (Lichtbogen, Induktion) erzeugt. Es werden Temperaturen bis 2000 °C erreicht. Für das Erschmelzen höher- und hochlegierter Stähle sollte:
- die Sauerstoffaktivität im Ofen möglichst gering sein (sonst Abbrand an Legierungselementen) und
- die Ofentemperatur hoch sein (Legierungselemente können leichter in das Bad übergehen).

Diese Bedingungen werden durch die Elektrostahl-Verfahren erfüllt.

Gefrischt wird mit Erz oder eingeblasenem Sauerstoff. Verunreinigungen durch Flammgase (Schwefel) entstehen nicht. Durch den Kohlelichtbogen wird eine leicht reduzierende Atmosphäre erzeugt, d. h., der Sauerstoffgehalt im Stahl ist sehr gering. Die Stahlqualität ist gut und der Legierungsabbrand gering. Mit basisch zugestelltem Ofen lassen sich sehr geringe Phosphor- und Schwefelgehalte (je $\approx 0{,}01\ \%$) erreichen.

Der **Lichtbogen-Elektroofen** nach HÉROULT wird am meisten verwendet. Zwischen drei Kohleelektroden und dem Einsatz werden Lichtbögen gezündet. Die gewünschte Badtemperatur ist durch Verändern des Stromes genau einstellbar. Aus hochwertigem Roheisen und ausgewähltem Schrott werden Stähle mit definierten Eigenschaften und einem besonders geringen Gehalt an Verunreinigungen hergestellt (Edelstähle).

In hochfesten und hochlegierten Stählen sind aus Qualitätsgründen besonders geringe Gasgehalte (z. B. Wasserstoff) erforderlich, da sonst insbesondere die Zähigkeit merklich abnimmt. Der Sauerstoff läßt sich relativ einfach entfernen, Wasserstoff und Stickstoff schwerer.

Bei dem **Lichtbogen-Abschmelzelektroden-Verfahren** schmilzt ein kontinuierlich zugeführtes Stahlband (auch Stab oder Rundblock) als eine sich selbst verzehrende Elektrode im Lichtbogen unter Luft, inerten Gasen oder Vakuum ab.

Die gasförmigen und flüssigen Reaktionsprodukte können unter Schutzgas oder Vakuum wesentlich leichter den flüssigen Stahl verlassen, Schwefel und Phosphor werden aber nur durch chemische Vorgänge beseitigt (siehe S. 148 ff).

Das Ergebnis ist ein weitgehend entgaster, verunreinigungsarmer Stahl, der im Vergleich zu an Luft erschmolzenem Stahl bessere
- dynamische Festigkeitseigenschaften,
- Kerbschlagzähigkeitswerte und
- Warmfestigkeitseigenschaften besitzt.

Der **Induktionsofen** besteht aus einem tiegelförmigen Gefäß, das von der Primärspule umschlossen wird.

Das Stahlbad ist die Sekundärspule. Die entstehenden Wirbelströme erwärmen es bis 1900 °C. Die durch den Skineffekt entstehende Badbewegung löst zuverlässig die Legierungselemente. Das Verfahren läßt sich unter Luft, Schutzgas oder Vakuum betreiben. Unter Vakuum werden die niedrigsten Gasgehalte aller Verfahren erreicht. Aus verschiedenen Gründen (z. B. Tiegelwand wird durch Ansetzen von Schlacke stärker) wird der Induktionsofen praktisch nur zum Umschmelzen und Aufbauen legierter Stähle verwendet.

Tab. 4.4 zeigt typische Gasgehalte verschiedener Elektrostähle.

Tab. 4.4: Typische Gasgehalte versch. Elektrostähle

Erschmelzungsverfahren	Gasgehalte (ppm)[1]		
	O_2	N_2	H_2
Lichtbogenofen	45	80	10
Lichtbogen-Abschmelzen unter Vakuum	4	50	1
Vakuum-Induktionsofen	4	3	< 1

[1] parts per million

[1] Verwendet werden Sauerstoff-Inertgas-Gemische (bekanntestes Konverterverfahren: AOD = Argon-Oxygen-Decarburization, vorwiegend für hochlegierte rostfreie Stähle), Sauerstoff-CaO-Gemische, Inertgasgemische und eine Vielzahl weiterer Gas-Feststoff-Gemische. Die Entwicklung ist z. Zt. noch in vollem Fluß.

4.3.3 Desoxidieren von Stahl

Bei seiner Herstellung kommt der Stahl mit Sauerstoff und Stickstoff in Berührung und kann wegen der hohen Temperaturen erhebliche Gasmengen aufnehmen. Größere Sauerstoffgehalte als 0,03 % machen den Stahl alterungsanfällig, über 0,07 % wird er rotbrüchig.

Der Sauerstoff liegt in Form von FeO in der Stahlschmelze vor. Die Anwesenheit von Kohlenstoff führt zu der Reaktion:

$$FeO + C \rightarrow CO + Fe.$$

Je mehr Kohlenstoff vorhanden ist, um so größer ist die Menge an hochsteigendem CO, d. h. um so geringer ist der im Stahl verbliebene Sauerstoffgehalt. Es gilt angenähert (Bild 4.12):

$$C \cdot O = \text{konst.}$$

Niedriggekohlte Stähle ($C < 0{,}1$ %) enthalten also nach dem Frischen unzulässige Mengen Sauerstoff. Daher muß diesen Stählen der Sauerstoff entzogen werden.

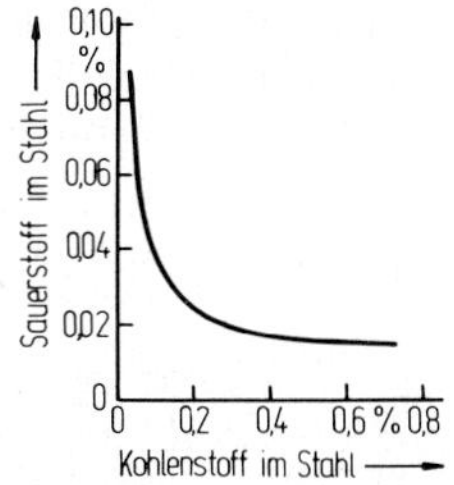

Bild 4.12 Abhängigkeit des Sauerstoffgehaltes von Kohlenstoffgehalt im basischen SM-Ofen

Die Entfernung des Sauerstoffs aus der Stahlschmelze bezeichnet man als **Desoxidation.** Der Vorgang beruht auf der gegenüber Eisen höheren Affinität bestimmter Elemente (von links nach rechts zunehmend) zu Sauerstoff:

$$Mn - V - C - Si - Ti - B - Zr - Al.$$

Die Desoxidation mit Kohlenstoff führt zu gasförmigen Reaktionsprodukten. Die hochsteigenden Blasen bringen die Schmelze in Bewegung und fördern so das Abscheiden fester oder flüssiger nichtmetallischer Bestandteile.

Ti, B, Al binden außer Sauerstoff auch den gefährlichen Stickstoff als Nitrid ab: TiN, BN, AlN.

Ti, B binden außerdem Kohlenstoff als Karbid, üblicherweise entstehen aber Karbonitride: Ti(CN), B(CN).

Obwohl die Desoxidationskraft des Mangans gering ist, setzt man dem Stahl im Konverter oder in der Gießpfanne (und vorher schon dem Roheisen im Mischer) Ferromangan zu. Das Ziel dieser Behandlung ist die Entschwefelung:

$$FeS + Mn \rightarrow MnS + Fe.$$

4.3.3.1 Vergießen von Stahl

Das **Stranggießen** hat sich in den letzten Jahren auch bei Stahl zu einem Verfahren von großer technischer und wirtschaftlicher Bedeutung entwickelt.

Die Stahlschmelze wird in eine wassergekühlte Kupferkokille gegossen und als endloser Strang abgezogen. Die Form der Kokille kann optimal an die Halbzeugform für die weitere Warmformgebung angepaßt werden. Als Vorteile sind zu nennen:

- Tiefofenanlage und Block- oder Brammenwalzwerk können eingespart werden (Tab. 4.5),
- durch hohe Abkühlgeschwindigkeit werden homogene, seigerungsfreie Stähle mit feinerem Gefüge erzeugt,
- die Ausbringung ist größer als beim Blockguß, da der »verlorene« Kopf nur einmal im ganzen Strang vorhanden ist.

Tab. 4.5: Schematische Darstellung der Stahlverarbeitung vom Block (Bramme) zum Halbzeug

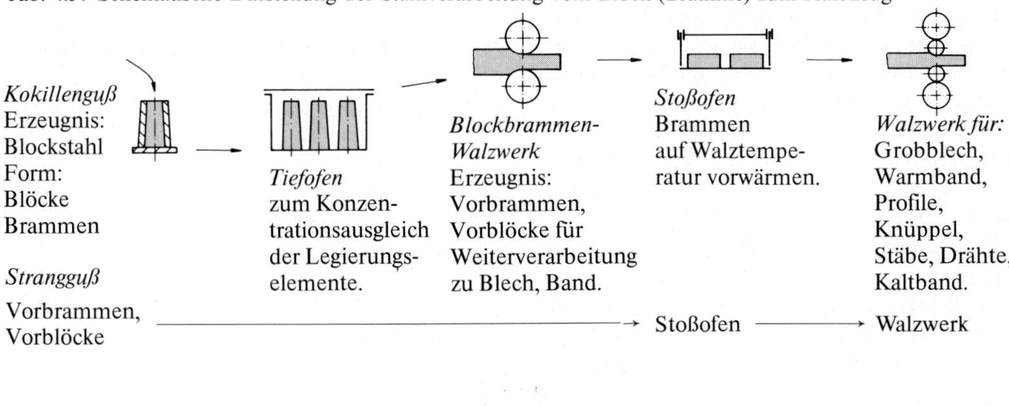

Allerdings kann wegen der extremen Porigkeit, die bei unberuhigtem Stahl durch die CO-Blasen entstehen, nur beruhigter Stahl im Strangguß hergestellt werden.

Für die Herstellung hochwertiger Stähle wird in zunehmendem Umfang das **Vakuumgießen** angewendet (siehe S. 68). Der sehr niedrige Gas- und Schlackengehalt der unter Vakuum vergossenen Stähle ist die Ursache für deren hervorragende mechanischen Gütewerte. Insbesondere die Zähigkeit und dynamische Beanspruchbarkeit werden wesentlich verbessert.

4.3.3.2 Erstarren von Stahl

Man unterscheidet nach dem Grad der Desoxidation den *unberuhigten, beruhigten* und *besonders beruhigten Stahl.* Diese Bezeichnungen beschreiben das Verhalten des Stahles bei der Erstarrung in der Kokille. Der unberuhigte Stahl erstarrt »unruhig«. Die starke Gasentwicklung führt zum »Kochen« der Stahlschmelze. Der beruhigte und besonders beruhigte Stahl erstarrt »ruhig« ohne merkliche Badunruhe.

Unberuhigter Stahl (Kennzeichen U)

Dem Stahl wird lediglich *Mangan* zugegeben, wodurch Schwefel und Sauerstoff in die für den Rotbruch ungefährlichen Form MnS und MnO überführt werden. Beim Vergießen wird das Gleichgewicht zwischen Kohlenstoff und dem noch vorhandenen FeO gestört. Das durch die Reaktion entstehende CO steigt in der Schmelze hoch, reißt andere gelöste Gase (N_2, H_2) mit und bewirkt so die Badunruhe.

Das Gleichgewicht ist insbesondere an der Phasengrenze fest(Kokillenwand)/flüssig gestört: Die Restschmelze S_R reichert sich durch das Ausscheiden der kohlenstoffarmen Mischkristalle MK mit Kohlenstoff und anderen niedrigschmelzenden Bestandteilen an.

Das Ergebnis ist eine ungleichmäßige Verteilung vor allem der langsam diffundierenden Elemente Phosphor, Schwefel, aber auch Kohlenstoff und Mangan. Diese Entmischung wird **Blockseigerung** genannt. Die Gehalte an Phosphor und Schwefel im Blockkern können das 3fache bis 4fache des durchschnittlichen Gehaltes betragen. Die sehr verunreinigungsarme Randzone wird **Speckschicht** genannt.

Beruhigter Stahl (Kennzeichen R)

Die Zugabe von *Silizium* (und Mangan zum Entschwefeln) führt dazu, daß der Sauerstoff nicht als FeO sondern als SiO_2 vorliegt. Dieses Oxid kann von Kohlenstoff nicht mehr reduziert werden, da Silizium eine höhere Affinität zu Sauerstoff hat als Kohlenstoff:

$$2\,FeO + Si \rightarrow SiO_2 + 2\,Fe$$
$$SiO_2 + C \rightarrow \textbf{nicht reduzierbar, CO entsteht nicht.}$$

Die Badbewegung als Folge der CO-Bildung unterbleibt; der Stahl erstarrt »ruhig«, dadurch sind Entmischungen (Seigerungen), wie sie bei unberuhigtem Stahl auftreten, nur schwach ausgebildet. Die blasenfreie Erstarrung ist Ursache für das Entstehen eines größeren meistens zusammenhängenden Schwindungslunkers. Durch Warmhalten des Blockkopfes wird der Stahl hier lange flüssig gehalten, so daß er nachfließen kann. Der Lunker wird im Blockwalzwerk abgetrennt, dadurch ist das Ausbringen des beruhigten Stahls 15–20 % geringer als das des unberuhigten. Wird der Lunker nicht vollständig entfernt – weil er nicht vollständig erkennbar war – entstehen beim Auswalzen die gefürchteten **Dopplungen.**

Zum Teil steigt SiO_2 in die Schlacke, ein erheblicher Anteil bleibt aber als Suspension in der Schmelze. Die Verunreinigungen und die Desoxidationsprodukte (SiO_2) sind relativ gleichmäßig über den Block verteilt. Daher ist die Qualität der Blechoberfläche – insbesondere bei Fein- und Tiefziehblechen – wegen der fehlenden *Speckschicht* nicht so gut wie bei unberuhigten Stählen. Tiefziehbleche werden daher überwiegend aus unberuhigten oder – wenn höchste Anforderungen an die Verformbarkeit gestellt werden – aus niedriggekohlten besonders beruhigten Stählen hergestellt.

In einigen Fällen *muß* der Stahl beruhigt gegossen werden, anderenfalls wären wesentliche technische Nachteile die Folge:

- **Stahlguß:** Gußteile erhalten ihre endgültige Form nur durch das Formgebungsverfahren Gießen. Sie werden nicht mehr anschließend gewalzt oder geschmiedet. Vorhandene Gasblasen können damit nicht beseitigt werden.
- **Hartstahl:** In Stahl mit mehr als 0,25 % C ist der Sauerstoffgehalt niedrig und damit die CO-Bildung so gering, daß das Gas den Block nicht verlassen kann. Diese unregelmäßig angeordneten Blasen müssen aus Qualitätsgründen durch Beruhigen der Schmelze vermieden werden.
- **Legierter Stahl** muß wegen der geforderten gleichmäßigen Verteilung der Legierungselemente immer beruhigt vergossen werden.

Besonders beruhigter Stahl (Kennzeichen RR)
Außer Mangan und Silizium wird hier zusätzlich *Aluminium* zugegeben, das den restlichen Sauerstoff zu Al_2O_3 und Stickstoff zu AlN abbindet. Mit dieser Vergießungsart kann damit außer Sauerstoff auch der die gefährliche Reckalterung auslösende Stickstoff beseitigt werden. Das Ergebnis ist ein sehr verunreinigungsarmer, sehr zäher Stahl mit geringer Trennbruchanfälligkeit. Einen günstigen Einfluß auf die Festigkeits- und Zähigkeitseigenschaften üben die als zusätzliche Keime wirkenden AlN-Teilchen aus. Die Korngröße wird dadurch wesentlich verringert. Streckgrenze und Kerbschlagzähigkeit steigen, die Übergangstemperatur wird zu wesentlich tieferen Temperaturen verschoben.
Tab. 4.6 gibt eine zusammenfassende Gegenüberstellung der Vergießungsarten.

4.3.4 Weitere Verarbeitung von Stahl

Tab 4.5 zeigt schematisch den Weg des Blockes bis zur Halbzeugform Blech, Rohr, Profil oder Draht. Übliche Blockgewichte sind 25–30 t, in Sonderfällen können für Schmiedestücke Blöcke bis zu 400 t abgegossen werden. Im Tiefofen findet der notwendige Konzentrationsausgleich statt. Das Blockwalzwerk dient zum Herstellen der (Vor-)Brammen, die schon eine dem Fertigerzeugnis Blech angenäherte Form (flachrechteckiger Querschnitt) haben. Blockfuß und -kopf werden hier abgetrennt. Bevor die Brammen und Halbzeuge verarbeitet werden, müssen sie im Stoßofen auf die Warmformgebungstemperatur erwärmt werden. Man erkennt den großen wirtschaftlichen Vorteil bei Verwendung von im Stranggußverfahren hergestellten Vorbrammen.

Tab. 4.6: Gegenüberstellung wichtiger Eigenschaften unberuhigter (U), beruhigter (R) und besonders beruhigter Stähle (RR)

Merkmale	Vergießungsart		
	U	R	RR
chemische Zusammensetzung	Si: Spuren Mn: 0,2…0,4% C_{max}: 0,25%	Si: 0,1…0,4% Mn: 0,2…0,6%	Si: 0,1…0,4% Mn: 0,2…0,6% $Al_{metallisch}$: >0,02%
wichtige Reaktionen	$FeO + C \rightarrow CO + Fe$ $FeS + Mn \rightarrow MnS + Fe$ $FeO + Mn \rightarrow MnO + Fe$	$FeS + Mn \rightarrow MnS + Fe$ $2\,FeO + Si \rightarrow SiO_2 + 2\,Fe$	$FeS + Mn \rightarrow MnS + Fe$ $2\,FeO + Si \rightarrow SiO_2 + 2\,Fe$ $3\,FeO + 2\,Al \rightarrow Al_2O_3 + 3\,Fe$ $FeN + Al \rightarrow AlN + Fe$
Ausmaß der Blockseigerung	stark	gering	gering
Lunkerbildung	keine	ausgeprägt	ausgeprägt
Oberflächengüte	besser	schlechter	schlechter
Verformungseigenschaften	Speckschicht: gut Kern: schlechter und ungleichmäßig	schlechter, aber gleichmäßiger	schlechter, aber gleichmäßiger
Alterungsanfälligkeit	groß	geringer	am geringsten
Schweißeignung	Speckschicht: gut Kern: sehr schlecht	besser	am besten
Kerbschlagarbeit A_V	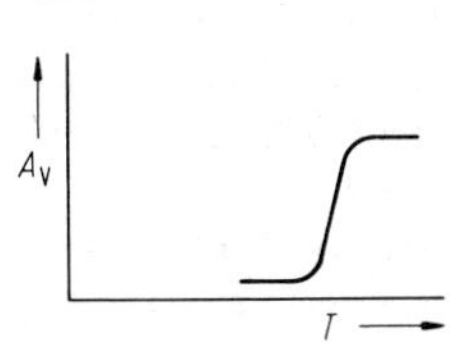	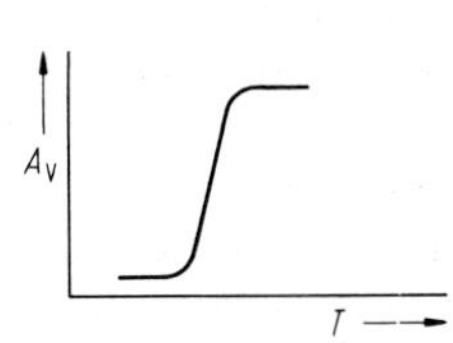	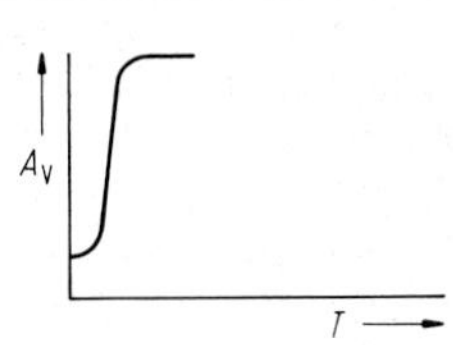

4.4 Wirkung der Eisenbegleiter

Für die Stahlqualität sind in vielen Fällen nicht so sehr die Gehalte der »erwünschten« Legierungselemente, sondern die der »unerwünschten«, der *Stahlbegleiter,* maßgebend. Das sind die während der Stahlherstellung unbeabsichtigt aus den Erzen, der Ofenausmauerung, dem Schrott aufgenommenen Bestandteile: Silizium, Mangan, Phosphor, Schwefel, Stickstoff und nichtmetallische Einschlüsse sulfidischer, oxidischer und silikatischer Art. Letztere sind im wesentlichen die Reaktionsprodukte der Desoxidationsvorgänge. Geringe Mengen an Kupfer, Chrom, Nickel, Arsen, Zinn, Schwefel gelangen vorwiegend aus dem Schrott und aus den Erzen in den Stahl. Insbesondere kann die Art ihrer Verteilung (gleichmäßig oder örtlich konzentriert) bei sonst gleicher chemischer Zusammensetzung zu sehr unterschiedlichen Stahleigenschaften führen.

4.4.1 Mangan

α-Eisen löst bei Raumtemperatur etwa 10 % Mangan, d. h., in manganlegierten Stählen tritt keine besondere Phase auf. Der Mangangehalt kann deshalb nicht mit metallografischen Methoden bestimmt werden.
In unlegierten Stählen kann bis zu 1,6 % Mangan enthalten sein, darüber hinaus gelten sie als mit Mangan »legiert«. In der Hauptsache führt Mangan in Form von FeS den Rotbruch begünstigenden Schwefel in die ungefährliche Form MnS über, wodurch der Stahl warmverformbar wird. MnS wird beim Walzen zeilenförmig in Walzrichtung gestreckt und beeinflußt deutlich die Zähigkeitseigenschaften quer zur Walzrichtung (Bild 4.13).

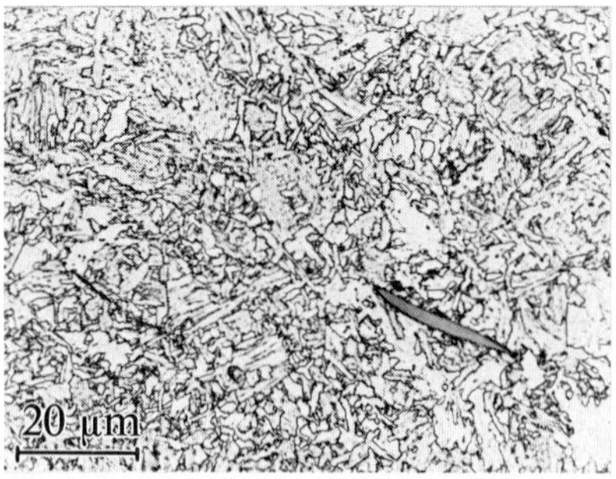

Bild 4.13 Mangansulfid (grauer gestreckter Einschluß) in der Wärmeeinflußzone einer Schweißverbindung aus einem Feinkornbaustahl

4.4.2 Silizium

α-Eisen löst bei Raumtemperatur etwa 14 % Silizium, so daß abgesehen von den Silikaten keine spezielle Phase auftritt. Silizium ist ein wirksames Desoxidationsmittel. Es entstehen rundliche, meistens harte und spröde Silikate, die beim Walzen nicht verformt, aber in Zeilenform angeordnet werden. In unlegierten Stählen kann bis zu 0,5 % Silizium enthalten sein.

4.4.3 Phosphor

Phosphor bildet mit Eisen Substitutions-MK. Von allen bisher untersuchten Elementen vermindert Phosphor neben Zinn die Zähigkeit am stärksten. Die Übergangstemperatur der Kerbschlagzähigkeit wird bis zu 300 °C durch 0,6 % Phosphor erhöht. Es treten vorwiegend *Korngrenzenbrüche* auf, insbesondere bei niedrigem Kohlenstoffgehalt. Der Höchstgehalt an Phosphor in Baustählen (DIN 17100) beträgt 0,05%, in Qualitäts- und Edelstählen 0,045% (Schmelzenanalyse). Nur in wenigen Fällen sind höhere Phosphorgehalte erwünscht.
Warmpreßmuttereisen wird ca. 0,3 % Phosphor zugesetzt, wodurch die Fließeigenschaften oberhalb 1000 °C verbessert werden. Ebenso enthalten *Automatenstähle* zum Verbessern der Oberflächengüte der Werkstücke bis 0,2 % Phosphor.

Phosphor seigert außerordentlich stark. Begünstigt wird diese Erscheinung durch seine sehr geringe Diffusionsgeschwindigkeit in Eisen.
Jeder Stahl durchläuft bei seiner Erstarrung ein Temperaturintervall. Die sich primär ausscheidenden dendritischen Kristalle sind phosphor- und legierungsarm, die Restschmelze S_R ist phosphorreich und enthält die Hauptmenge der nichtmetallischen Einschlüsse (Bild 4.14). Diese Phosphorentmischung ist durch eine anschließende Warmformgebung nicht, durch eine Wärmebehandlung bei hohen Temperaturen nur unter großem Aufwand zu beseitigen. Das Begrenzen des Phosphorgehaltes im Stahl auf ungefährliche Werte ist daher technisch einfacher und wirtschaftlich sinnvoller.
Auf den erheblichen Konzentrationsunterschieden beruht auch der Phosphornachweis im Primärgefüge bei den metallografischen Verfahren. Das Schliffbild zeigt durch unterschiedliche Ätzmittel zwei sehr unterschiedliche Gefügeausbildungen. Durch Warmformgebung wird das dendritische Gußgefüge zeilenförmig gestreckt *(primäres Zeilengefüge),* so daß abwechselnd helle phosphorreiche und dunkle phosphorarme Zeilen

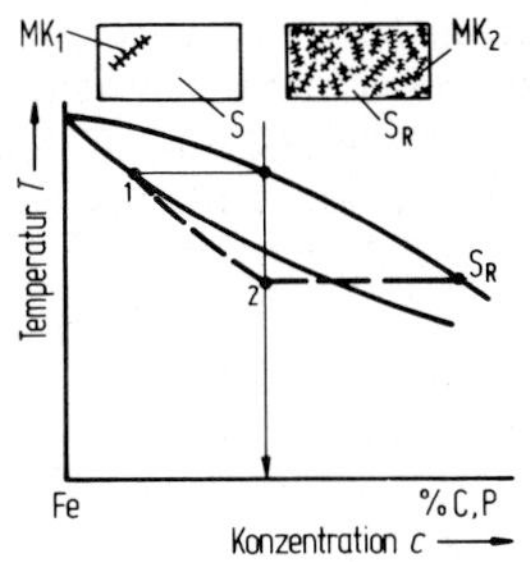

Bild 4.14 Schematische Darstellung der Entmischungsvorgänge (Schmelze–Mischkristall) bei technischen Abkühlgeschwindigkeiten

entstehen (siehe Bild 2.21). Diese Gefügeausbildung ist die Ursache für die zeilige Ferrit-Perlit-Anordnung in untereutektoiden Stählen *(sekundäre Zeiligkeit),* die aber auch noch von der Verteilung der restlichen Legierungselemente abhängt (siehe Bild 4.84, S. 196).

4.4.4 Schwefel

Die Schwefellöslichkeit des α-Eisens ist bei Raumtemperatur so gering, daß eine charakteristische Phase im Gefüge auftritt, das Eisensulfid FeS. Eisen bildet mit FeS ein bei 985 °C schmelzendes, entartetes Eutektikum, dessen Eisen an die primär ausgeschiedenen γ-MK ankristallisiert. Das bei 1200 °C schmelzende FeS bildet die Korngrenzensubstanz und verursacht:

- den im Temperaturbereich zwischen 800 °C und 1000 °C auftretenden **Warm- und Rotbruch** bei der Warmformgebung (geringe Verformbarkeit des FeS erzeugt Bruch der Korngrenzensubstanz) und
- den oberhalb 1200 °C beginnenden **Heißbruch** (Schmelzpunkt des FeS wird überschritten).

Zwischen 1000 °C und 1200 °C sind die Stähle meist gut verformbar. Wahrscheinlich löst sich (vorübergehend) das FeS im γ-MK, liegt also nicht mehr in der schädigenden Form der Korngrenzensubstanz vor.
Der Schwefelgehalt wird daher wegen seiner stark schädigenden Wirkung auf Höchstwerte begrenzt, z. B. in Baustählen DIN 17000 auf 0,05%. *Automatenstähle* setzt man allerdings bis 0,3% S zu. Die geringe Festigkeit der Sulfide führt zu den gewünschten kurzbrüchigen Spänen.

Trotz der geringen Gehalte muß der Schwefel in eine ungefährliche Form überführt werden. Mangan bindet den Schwefel zu der erst bei 1600 °C schmelzenden Verbindung MnS. Diese scheidet sich schon primär aus der Schmelze aus und bildet daher keine Korngrenzenfilme. MnS ist im Gegensatz zu den meisten Einschlüssen verformbar. Bei Warmformgebung wird es in Walzrichtung gestreckt.
Der voreutektoide Ferrit kristallisiert bevorzugt an die Mangansulfide an. Da Schwefel ähnlich wie Phosphor stark seigert, kommen bei gleichzeitiger Anwesenheit im Stahl Phosphor und Schwefel in denselben Zeilen vor. Metallografisch können Seigerungen oder schwefelreiche Gebiete durch den BAUMANN-Abdruck nachgewiesen werden.

4.4.5 Stickstoff

Stickstoffbeimengungen führen zu den unangenehmsten Stahlschädigungen. Einige hundertstel Prozent Stickstoff erhöhen Streckgrenze und Festigkeit, verringern aber stark das Verformungsvermögen, insbesondere die Kerbschlagzähigkeit. Der Stickstoffgehalt ist daher ein guter Beurteilungsmaßstab für die Stahlqualität.
α-Eisen löst maximal 0,1 % Stickstoff bei 590 °C; bei Raumtemperatur ist Stickstoff im α-Eisen praktisch unlöslich. Durch schnelles Abkühlen bleibt der Stickstoff zwangsgelöst. Durch ein nachträgliches Erwärmen auf höhere Temperaturen scheidet er sich in Form nadelförmiger Eisennitride Fe_4N aus. Diese **Abschreckalterung** genannte Erscheinung, die auch durch Kohlenstoff und in geringerem Maße durch Phosphor und Schwefel ausgelöst wird, verringert die Zähigkeit des Stahles.
Wesentlich gefährlicher ist die in der Hauptsache durch Stickstoff verursachte **Reckalterung.** Sie bewirkt einen außerordentlichen Zähigkeitsverlust und entsteht nur an *kaltverformten* Stählen. Durch die Kaltverformung steigt die Zahl der Versetzungen von etwa 10^6 mm/mm^3 auf $10^{9\cdots10}$ mm/mm^3. Der im Stahl gelöste Stickstoff diffundiert bevorzugt in die Versetzungsbereiche. Die Versetzungen werden dadurch weitgehend bewegungsunfähig, sie werden blockiert: der Stahl versprödet. Finden die Vorgänge bei Raumtemperatur statt, dann spricht man von **natürlicher Alterung.** Der Zähigkeitsverlust tritt erst längere Zeit nach dem Kaltverformen ein (Wochen, Monate, Jahre). Bei höheren Temperaturen (200 °C–300 °C) können die Stickstoffatome schon während der Kaltverformung zu den Versetzungen diffundieren. Die Versprödung tritt also während der Glühbehandlung ein und kann durch mechanische Beanspruchung oder durch zerstörende Prüfverfahren (Kerbschlagbiegeversuch, Zugversuch) festgestellt werden: **künstliche Alterung.**

Daher sollte Stahl zwischen 200 °C und 350 °C wegen seiner dann geringen Zähigkeit nicht verformt werden, sonst besteht die Gefahr des **Blaubruchs** (Blausprödigkeit). Die blaue Anlauffarbe der Bruchflächen ist der Grund für diese Bezeichnung.

Übersteigt die Glühtemperatur die vom Verformungsgrad abhängige Rekristallisationstemperatur, erfolgt Kornneubildung. Die Zahl der Versetzungen wird auf den Wert für das nicht verformte Gefüge reduziert und der Stickstoff wird neu verteilt. Damit lassen sich die Auswirkungen der Reckalterung wirksam beseitigen. Allerdings entsteht durch neuerliche Nitridausscheidungen im Laufe der Zeit wiederum ein Zähigkeitsverlust (Abschreckalterung).

Die Alterungsneigung läßt sich grundsätzlich nicht beseitigen, ihre Auswirkungen können nur verringert werden. Die einfachste Methode wäre das vollständige Beseitigen des Stickstoffs, sie ist aber aus technischen und wirtschaftlichen Gründen nicht zu realisieren. Die Zugabe von Elementen, die zu Stickstoff eine größere Affinität haben als Eisen, z. B. Aluminium, Titan, Niob u. a., binden den Stickstoff zu festen, schwerlöslichen Nitriden. Der Stickstoff wird dadurch dem MK entzogen. Der Stahl ist *alterungsbeständig,* wie z. B. jeder besonders beruhigte Stahl.

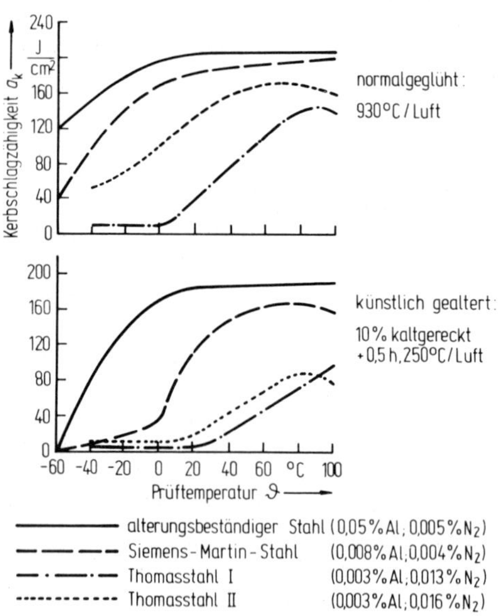

Bild 4.15 Reckalterung weicher unlegierter Baustähle (C ≈ 0,13 %): Einfluß des Normalglühens auf die Kerbschlagzähigkeit gealterter Stähle (nach Küntscher *u. a.)*

Die Alterungsneigung wird durch Vergleich der Kerbschlagzähigkeit ungealterter und künstlich gealterter Proben (10 % kaltverformt; 0,5 h auf 250 °C erwärmt) bestimmt. Die Übergangstemperatur wird bei alterungsbeständigen Stählen um etwa 30 °C bis 40 °C, bei T-Stählen um 80 °C bis 100 °C und mehr zu höheren Werten verschoben. Der Zähigkeitsabfall gealterter Stähle ist demnach außerordentlich stark (Bild 4.15). Der alterungsbeständige Stahl verliert seine Zähigkeit nicht durch die Wirkung des Stickstoffs sondern durch den Einfluß der Kaltverformung.

Wird ein nicht mit Aluminium beruhigter Stahl plastisch kaltverformt, dann scheiden sich innerhalb der Gleitzonen Eisennitride aus, die mit dem Fryschen Ätzmittel sichtbar gemacht werden können. Die dunkel angeätzten Bereiche werden Fließfiguren oder Lüdersssche Linien genannt. Sie erschweren die Oberflächenbehandlung (Polieren, Galvanisieren, Lackieren) z. B. bei Tiefziehblechen erheblich, weil sie die Oberfläche aufrauhen. Deshalb werden Tiefziehbleche für schwere Verformungsarbeiten mit Aluminium desoxidiert oder dressiert durch Kaltwalzen (siehe S. 197).

4.4.6 Wasserstoff

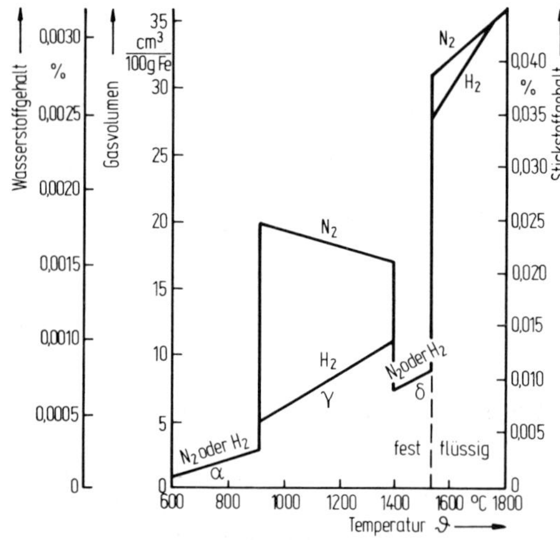

Bild 4.16 Einfluß der Temperatur auf die Löslichkeit von Wasserstoff und Stickstoff im Eisen (nach Philbrook *und* Bever*)*

Wasserstoff ist das Element mit dem kleinsten Atomdurchmesser. Die Diffusionsgeschwindigkeit im Eisen ist schon bei Raumtemperatur größer als die von Kohlenstoff dicht unterhalb der Solidustemperatur. Die Löslichkeit des Wasserstoffs in Eisen (bei konstantem Druck) ist in Bild 4.16 dargestellt. Wasserstoff kann in das Eisen – prinzipiell in jeden metallischen Werkstoff – nur in atomarer Form eindringen. Wegen seiner Kleinheit bildet er mit Eisen Einlagerungs-MK.

Er ist im Gefüge nicht zu erkennen und nur durch seine Wirkungen nachweisbar. Wasserstoff versprödet ähnlich wie Stickstoff den Stahl, ohne daß die Festigkeitswerte aber wesentlich zunehmen. Mit konventionellen Prüfverfahren (z. B. üblicher Zugversuch, Kerbschlagbiegeversuch) läßt sich die Versprödung nicht nachweisen. Am besten eigenen sich Zugversuche mit gekerbten Proben, die sehr langsam beansprucht werden. Dieses Verhalten ist mit dem besonderen **Versprödungsmechanismus** des Wasserstoffs zu erklären:

Der atomar in das Eisen eingedrungene Wasserstoff vereinigt sich an Gitterstörstellen (Versetzungen, Korngrenzen, Einschlüssen) zu Molekülen. Die Molekülbildung ist nach dem Massenwirkungsgesetz mit einer erheblichen *Druckerhöhung* verbunden.
Der molekulare Wasserstoff ist nicht diffusionsfähig. Er bleibt am Entstehungsort (Schlacke, Pore) unter hohem Druck eingeschlossen. In einem kleinen Bereich 2 (Bild 4.17) entsteht unter der Wirkung des Druckes ein *dreiachsiger Spannungszustand* σ_1, σ_2, σ_3. Die Folge ist ein sprödes Verhalten des Stahles, so daß hier spätestens beim Erreichen der Trennfestigkeit Risse entstehen.

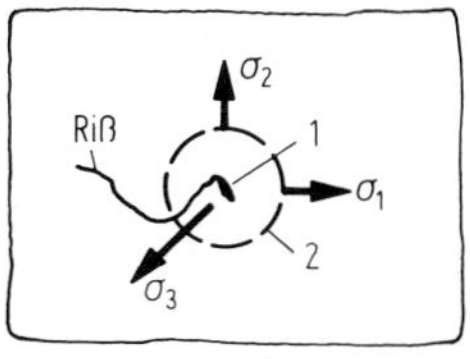

Bild 4.17 *Wirkung des Wasserstoffs im Stahl*
1: Schlacke, Pore, Riß o. ä.
2: versprödeter Bereich (dreiachsig beanspruchter Werkstoffbereich)

Dieser Mechanismus ist wirksam bei:
- **Beizsprödigkeit:** Zum Entfernen von Rost und Zunder werden Blechoberflächen mit Säuren gebeizt. Der atomare Wasserstoff dringt z. T. in das Blech ein. Es entstehen Beizblasen (Hohlräume) und der Stahl versprödet.
- **Flocken (Fischaugen):** Durch zu schnelles Abkühlen, vor allem im Bereich von 200 °C bis 300 °C, entstehen im Innern größerer Schmiedestücke Mikrorisse, die als Flocken bezeichnet werden. Besonders empfindlich sind Chrom-Nickel- und Chrom-Mangan-Stähle. Außer Wasserstoff sind für die Rißbildung aber auch die Umwandlungsspannungen von entscheidender Bedeutung. Je größer sie sind (niedrige Umwandlungstemperatur), um so geringer ist die für die Rißentstehung erforderliche Wasserstoffmenge.

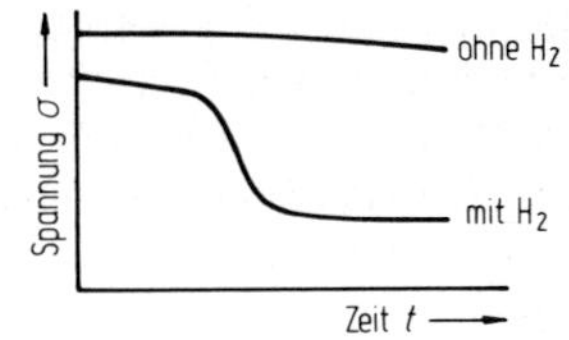

Bild 4.18 *Zur Wirkung des Wasserstoffs bei der verzögerten Rißbildung (schematisch)*

Die Drucktheorie kann nicht alle experimentellen Tatsachen richtig deuten, insbesondere nicht die Vorgänge bei der **verzögerten Rißbildung.** Diese Versagensform spielt bei Schweißverbindungen aus hochfesten Stählen eine große Rolle. Bild 4.18 zeigt schematisch die ertragbare Spannung in Abhängigkeit von der bis zum Eintritt des Bruches vergangenen Zeit für mit Wasserstoff beladene und wasserstofffreie Kerbzugproben. Wegen der Ähnlichkeit mit dem Verlauf der dynamischen Ermüdung wird das Verhalten des mit Wasserstoff beladenen Werkstoffs als **statische Ermüdung** bezeichnet. Als wahrscheinlichste Erklärung für die verzögerte Rißbildung gilt z. Zt. die Theorie von der spannungsinduzierten Wasserstoffdiffusion. Danach ist für die Rißentstehung eine kritische Kombination von Spannung *und* Wasserstoffgehalt erforderlich.
Der Wasserstoff diffundiert zu Gitterstörstellen und baut allmählich große dreiachsige Spannungen auf bis ein kritischer Gehalt erreicht ist. Der entstehende Mikroriß führt zu einer Druckentlastung und kann nur weiterwachsen, wenn an seinem Ende erneut die für ein Rißwachstum erforderlichen Bedingungen vorhanden sind. Er wächst demnach *schrittweise*, bis der Restquerschnitt durch Gewaltbruch zerstört wird (Bild 4.19).

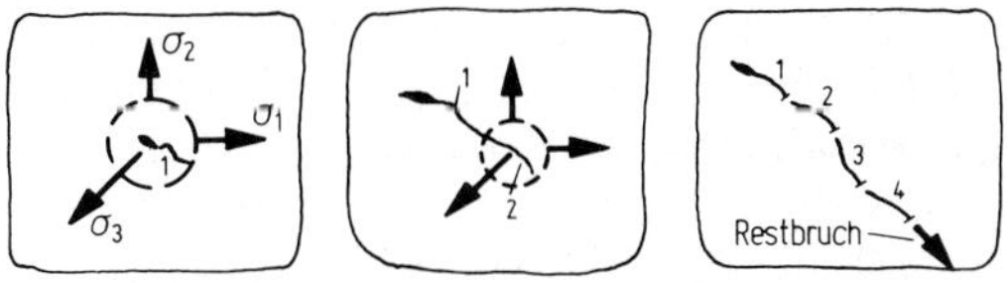

Bild 4.19 *Schematische Darstellung der Entstehung verzögerter Risse (delayed fracture)*

Die geschilderten Vorgänge erklären jetzt auch die ungewöhnlichen Prüfvorschriften zur Versprödungsprüfung. Die Versprödung kann weder bei tiefen noch bei hohen Prüftemperaturen festgestellt werden, da der Wasserstoff dann nicht merklich oder zu schnell diffundiert. Der für die Rißbildung erforderlich kritische Gehalt wird nicht erreicht. Das gleiche gilt bei hohen Belastungsgeschwindigkeiten, weil der Bruch einsetzt, bevor sich in den Gitterstörstellen genügend Wasserstoff angesammelt hat.

Durch *Vakuumentgasen* oder *mäßiges Erwärmen* auf 200 °C bis 300 °C kann ein großer Teil des Wasserstoffs aus dem Stahl hinaus diffundieren. Eine merkliche Versprödung tritt nicht mehr ein.

4.4.7 Sauerstoff

Sauerstoff ist im α-Eisen bei Raumtemperatur praktisch nicht löslich. Ähnlich wie Stickstoff und Wasserstoff führt auch Sauerstoff schon in geringsten Mengen zu einer ausgeprägten Versprödung des Stahls. Bild 4.20 zeigt diesen Einfluß des Sauerstoffs auf das Kerbschlagzähigkeitsverhalten von Eisen. Im Gefüge besonders kohlenstoffarmer Stähle (hier ist der Sauerstoffgehalt besonders groß!) findet man häufig das Eisenoxid FeO, das als Gefügebestandteil *Wüstit* heißt. FeO macht ähnlich wie FeS den Stahl rotbrüchig. Die Wirkung nimmt wegen der Bildung des bei 930 °C schmelzenden FeO-FeS-Eutektikums mit dem Schwefelgehalt zu.

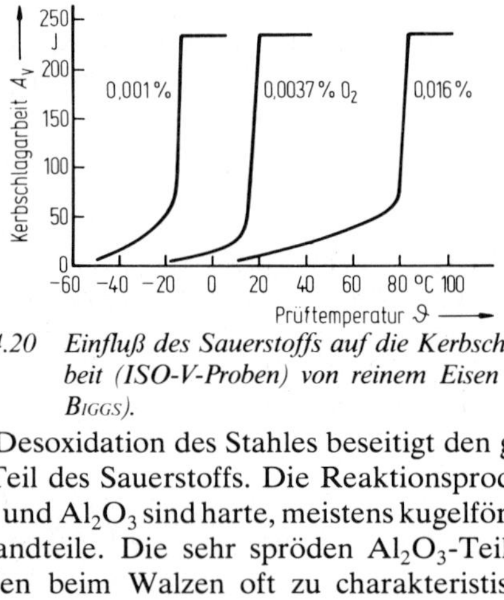

Bild 4.20 Einfluß des Sauerstoffs auf die Kerbschlagarbeit (ISO-V-Proben) von reinem Eisen (nach BIGGS*).*

Die Desoxidation des Stahles beseitigt den größten Teil des Sauerstoffs. Die Reaktionsprodukte SiO_2 und Al_2O_3 sind harte, meistens kugelförmige Bestandteile. Die sehr spröden Al_2O_3-Teilchen werden beim Walzen oft zu charakteristischen (Tonerde-)Zeilen angeordnet, die bei der weiteren Verarbeitung zu Schwierigkeiten führen können (siehe Bild 2.17b).

4.4.8 Nichtmetallische Einschlüsse

Menge, Art und Verteilung der im Stahl vorhandenen Einschlüsse bestimmen weitgehend das Verformungs- und Bruchverhalten sowie die Festigkeitseigenschaften der Stähle.

Die Einschlüsse können oxidischer, sulfidischer oder silikatischer Art sein. Da es sich nie um reine chemische Verbindungen wie MnO, MnS, SiO_2 handelt, sondern meistens um Mischkristalle und Eutektika, ist ihre Bestimmung relativ schwer und in vielen Fällen sehr aufwendig. Daher begnügt man sich häufig damit, nur Menge und Anordnung der Einschlüsse festzustellen. Mit (Schlacken-)*Richtreihen* läßt sich der Einschlußgehalt einfach und ausreichend genau bestimmen.

In grober Vereinfachung lassen sich die Einschlüsse in rundliche, eckige (meistens hart und nicht oder wenig verformbar) und längliche (meistens verformbar) Formen einteilen. In ihrer Nähe entstehen bei Belastung Spannungs- und Verformungskonzentrationen.

Außer MnS, das beim Warmverformen ausgewalzt wird, sind alle anderen Einschlüsse mehr oder weniger hart und spröde. In der Hauptsache verschlechtern sie die Zähigkeitseigenschaften und führen zu einer ausgeprägten *Anisotropie* der Verformungs- und Festigkeitseigenschaften. Die schädigende Wirkung wird mit zunehmender Zugfestigkeit grundsätzlich größer.

Die äußere Beanspruchung führt zur Trennung an der Phasengrenze Matrix/Einschluß, weil hier die Adhäsion besonders gering ist. In vielen Fällen führt der dadurch wie ein Riß wirkende Einschluß zum Versagen des Bauteils. Bei schlagartiger Belastung und großflächigen meist zeilenförmig angeordneten Einschlüssen (meistens MnS) kann der Widerstand gegen spröde Rißausbreitung aber auch erheblich erhöht werden (Bild 4.21): Der im Kerbgrund der Kerbschlagbiegeprobe entstandene Riß wird durch Einschlüsse abgelenkt und muß an geeigneten Stellen neu entstehen. Dafür muß wiederum Rißentstehungsenergie aus dem Vorrat der Schlagenergie aufgebracht werden. Die langgestreckten MnS-Schlacken führen folglich zu einer ausgeprägten *Zähigkeitsanisotropie*. Derartige Stähle besitzen in Walzrichtung eine sehr hohe Kerbschlagzähigkeit, sie kann mehr als doppelt so groß sein wie quer dazu.

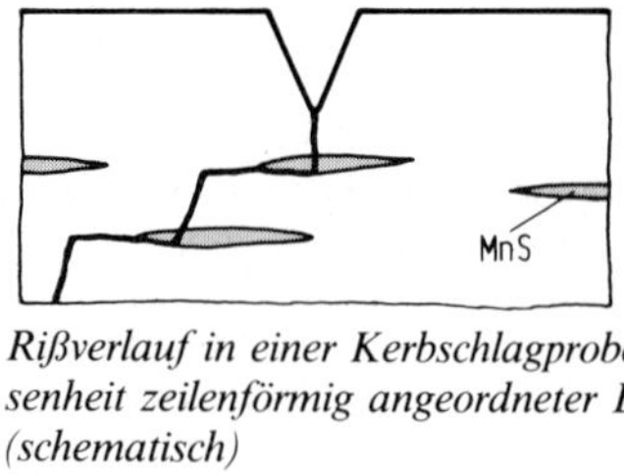

Bild 4.21 Rißverlauf in einer Kerbschlagprobe in Anwesenheit zeilenförmig angeordneter Einschlüsse (schematisch)

In vielen Fällen muß der Stahl auch quer zur Walzrichtung ausreichende Zähigkeitseigenschaften besitzen, z. B. bei Druckrohrleitungen und bei durch Innendruck beanspruchten Behältern. Die durch die langgestreckten MnS-Schlacken hervorgerufene Zähigkeitsanisotropie läßt sich durch Elemente wie Zirkon, Cer oder Titan weitgehend beseitigen. Es entstehen nicht verformbare Sulfide ZrS, CeS oder TiS, die zu sehr viel *geringeren Zähigkeitsunterschieden* führen (Bild 4.22). Außerdem wird die Kerbschlagzähigkeit erhöht und die Übergangstemperatur zu tieferen Werten verschoben. Insgesamt ergibt sich ein wesentlich besseres Zähigkeitsverhalten.

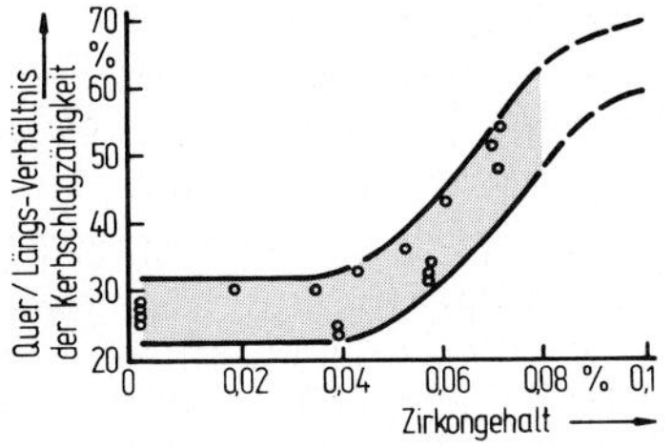

Bild 4.22 Abhängigkeit der Quer-Längs-Anisotropie der Kerbschlagzähigkeit vom Zirkongehalt

Bei niedriggekohlten mikrolegierten und niedriglegierten höherfesten Stählen kann beim Schweißen insbesondere dickwandiger Bauteile der gefürchtete **Terrassenbruch** (*lamellar tearing*) auftreten. Einschlüsse und die beim Schweißen entstehenden Spannungen sind die wichtigsten Faktoren für seine Entstehung. Die Schrumpfspannungen erzeugen in dem durch die zeilenförmig angeordneten Schlacken »schichtartig« aufgebauten Werkstoff einen Riß, der sich entlang der Zeilen unterhalb der Schweißnaht terrassenförmig ausbreitet (Bild 4.23). Diese Rißart ist werkstoffbedingt. Eine potentielle Rißneigung ist daher immer vorhanden. Durch konstruktive Maßnahmen ist der Terrassenbruch aber meistens zu verhindern.

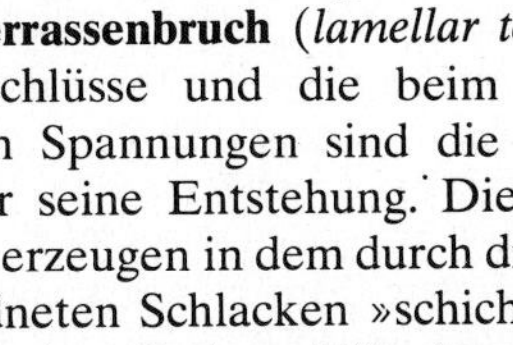

Bild 4.23 Entstehungsart und Verlauf eines Terrassenbruches bei einer dickwandigen Schweißverbindung

4.5 Wärmebehandlung der Stähle

4.5.1 Ziel der Wärmebehandlung

Die Eisenwerkstoffe nehmen in Abhängigkeit von der Temperatur unterschiedliche kristalline Zustände ein, deren Eigenschaften zum Teil wesentlich voneinander abweichen. Beschleunigtes Abkühlen von der Austenitisierungstemperatur führt zu *Unterkühlungserscheinungen*, d. h., die Umwandlung des Austenits erfolgt bei tieferen Temperaturen unter veränderten Diffusionsbedingungen für den Kohlenstoff und die Legierungselemente. Die Eigenschaften der Umwandlungsprodukte hängen daher stark von der Umwandlungstemperatur und den dann herrschenden Diffusionsmöglichkeiten ab. Die Erscheinung der allotropen Modifikation und die leichte Unterkühlbarkeit sind die Gründe, daß bei keinem anderen metallischen Werkstoff durch Wärmebehandlungen tiefgreifendere und vielfältigere Eigenschaftsänderungen vorgenommen werden können als bei Stahl.

Die **Wärmebehandlung** ist damit ein Verfahren oder die Kombination mehrerer Verfahren, bei denen ein Werkstück im festen Zustand Temperaturänderungen unterworfen wird, um bestimmte Werkstoffeigenschaften zu erzielen. Dabei kann durch die Umgebung eine Änderung der chemischen Zusammensetzung erfolgen (z. B. Aufkohlen, Aufsticken).

Folgende Eigenschaftsänderungen können erzielt werden:

- die spangebende Bearbeitbarkeit verbessern (z. B. Weichglühen, Grobkornglühen),
- Festigkeit erhöhen oder verringern (z. B. Härten, Normalisieren, Weichglühen),
- die Auswirkung der Kaltverformung beseitigen (z. B. Rekristallisationsglühen, Normalisieren),
- Beseitigen oder Verringern von Seigerungen (z. B. Diffusionsglühen),
- Ändern der Korngröße (z. B. Normalisieren, Rekristallisationsglühen, Grobkornglühen),
- Beseitigen von Eigenspannungen (z. B. Spannungsarmglühen),
- Erzeugen bestimmter Gefügezustände (z. B. Normalisieren, Weichglühen, Härten).

Die Verfahren der Wärmebehandlung können in zwei Hauptgruppen eingeteilt werden:

- Glühen,
- Härten.

Durch **Glühbehandlungen** wird das Gefüge in Richtung eines dem *Gleichgewicht* näheren Zustandes verändert: die Abkühlung erfolgt langsam. Beim **Härten** wird der Austenit mit einer von der Stahlzusammensetzung abhängigen Mindestgeschwindigkeit so schnell abgekühlt, daß das *Ungleichgewichtsgefüge* Martensit entsteht.

Die Glühbehandlungen lassen sich wiederum in zwei große Gruppen einteilen:

- *Glühen I. Art:*
  Ziel dieser Verfahren sind bestimmte *Eigenschaftsänderungen,* die *nicht* vom erreichten Gefügezustand nach dem Glühen abhängen. Ihre Wirksamkeit beruht im wesentlichen auf der Diffusion (Diffusionsglühen, Grobkornglühen, Rekristallisationsglühen).
- *Glühen II. Art:*
  Ziel dieser Verfahren ist das Erzeugen *definierter Gefügezustände.* Diese werden durch teilweises (Weichglühen) oder vollständiges Austenitisieren (Normalglühen) erreicht.

4.5.2 Temperaturführung

Jede Wärmebehandlung besteht aus dem:

- Erwärmen auf Solltemperatur (Anwärmen und Durchwärmen),
- Halten und
- Abkühlen (Bild 4.24).

Das Erwärmen auf Solltemperatur kann durch

- *Wärmeübertragung* (Wärme wird durch Berührung oder Strahlung auf das zu erwärmende Werkstück übertragen) und
- *Erzeugen der Wärme im Werkstück* (Widerstands- oder Induktionserwärmung) geschehen.

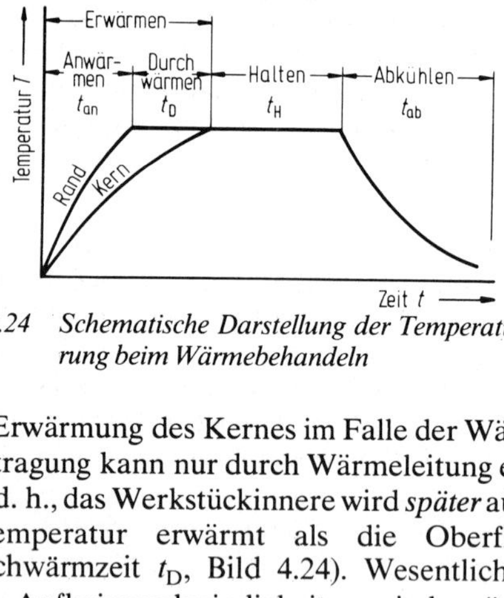

Bild 4.24 Schematische Darstellung der Temperaturführung beim Wärmebehandeln

Die Erwärmung des Kernes im Falle der Wärmeübertragung kann nur durch Wärmeleitung erfolgen, d. h., das Werkstückinnere wird *später* auf die Solltemperatur erwärmt als die Oberfläche (Durchwärmzeit t_D, Bild 4.24). Wesentlich höhere Aufheizgeschwindigkeiten sind möglich, wenn die Wärme im Werkstück erzeugt wird.

Der Temperaturunterschied zwischen Kern und Rand nimmt zu mit:

- höherer Aufheizgeschwindigkeit,
- abnehmender Leitfähigkeit des Werkstoffs. (Mit zunehmendem Legierungsgehalt nimmt bis etwa 900 °C die Leitfähigkeit stark ab und ist dann nahezu unabhängig von der Stahlzusammensetzung (Bild 4.25)),
- zunehmenden Werkstückabmessungen.

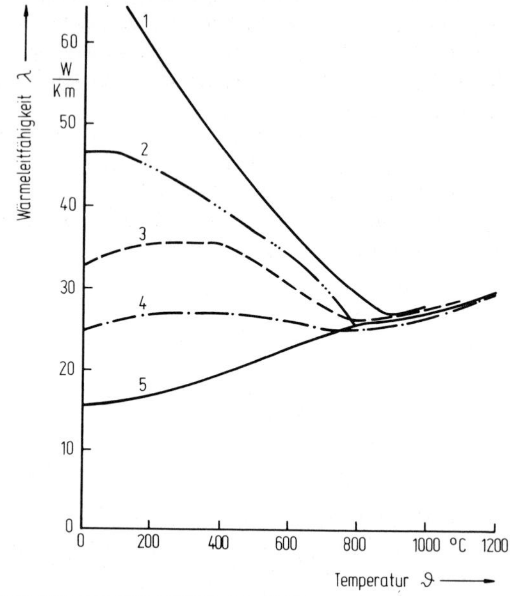

Nr.	Zusammensetzung in %						Wärmebehandlung
	C	Si	Mn	Cr	Ni	W	
1	reines Eisen 99,95 % Fe						geglüht
2	0,43	0,20	0,69	–	–	–	geglüht
3	0,32	0,25	0,55	0,71	3,40	–	geglüht + 640 °C/Ofen
4	0,27	0,18	0,28	13,7	0,20	0,25	960 °C + 2 h/750 °C/Luft
5	0,08	0,68	0,37	19,1	8,10	0,60	1100 °C/Wasser

Bild 4.25 Veränderung der Wärmeleitfähigkeit von Stählen in Abhängigkeit von der Temperatur und Zusammensetzung (nach RUHFUS*)*

Aus *wirtschaftlichen Gründen* wird man das Werkstück möglichst rasch erwärmen wollen. Dem steht aber die bei schneller Erwärmung hervorgerufene stark erhöhte Verzugs- und Rißgefahr gegenüber, die durch die großen Temperaturunterschiede von Rand und Kern entsteht. Bei vielen Wärmebehandlungsvorgängen kommt es beim Erwärmen und Abkühlen zu Phasenänderungen, wodurch zusätzliche Spannungen entstehen, die ebenfalls rißbegünstigend wirken können. Damit müssen insbesondere dickwandige und kompliziert geformte Werkstücke ausreichend langsam erwärmt werden. Eine Turbinenwelle aus niedriglegiertem Stahl mit einem Durchmesser von 600 mm wird mit einer Aufheizgeschwindigkeit von ungefähr 50 °C/h erwärmt. Das Beispiel zeigt deutlich, daß eine zum Fertigungsprozeß gehörende Wärmebehandlung die Bauteilkosten stark erhöhen kann.

Die *Haltedauer* t_H muß vor allem bei Wärmebehandlungen ausreichend lang gewählt werden, bei denen die Solltemperatur oberhalb der Austenitisierungstemperatur liegt. Als grober Anhalt kann folgende Beziehung dienen:

$$\frac{t_H}{\text{min}} = 20 + \frac{s}{2\ \text{mm}}.$$

Beispiel: Wanddicke oder Durchmesser s = 200 mm ergibt eine Haltedauer von:

$$t_H = \left(20 + \frac{200\ \text{mm}}{2\ \text{mm}}\right) \text{min} = 120\ \text{min} = 2\ \text{h}.$$

Wie beim Erwärmen von außen ergeben sich auch beim Abkühlen physikalisch begründete Abkühlgeschwindigkeiten, die nicht überschritten werden können. Das Abkühlen kann ebenfalls nur durch Wärmeleitung erfolgen, d. h. die maximal mögliche Wärmeabfuhr ist durch die Wanddicke und die Wärmeleitfähigkeit begrenzt. Diese Tatsache wird häufig übersehen. Natürlich darf die Abkühlung nur so schnell erfolgen, daß die dann entstehenden Temperaturdifferenzen Rand/Kern nicht zu unzulässigem Verzug oder zur Rißbildung führen. Bei gleichzeitig entstehenden Umwandlungsspannungen (insbesondere bei der Martensitbildung) muß der Temperaturverlauf so geregelt werden, daß die größten *thermischen Spannungen* möglichst nicht bei der Temperatur der Phasenumwandlung auftreten.

4.5.3 Glühbehandlungen (Gleichgewichtsnahe Zustände)

4.5.3.1 Glühen I. Art

Diffusionsglühen (Homogenisieren)

Dieses Verfahren dient dem *Zweck,* die bei der Primärkristallisation entstandene unterschiedliche chemische Zusammensetzung (Kristallseigerung), die sich bei der Sekundärkristallisation (z. B. Warmformgebung) als Zeilengefüge äußert, zu beseitigen.

Der *Konzentrationsausgleich* durch Diffusion erfolgt erst bei sehr hohen Glühtemperaturen (1100 °C–1300 °C) in sehr langen Zeiten (ca. 50 h). Es muß betont werden, daß dabei die Blockseigerungen nicht ausgeglichen werden können. Die langen Glühzeiten, die hohen Glühtemperaturen und die hohen Energiekosten machen dieses Verfahren *teuer.* Es wird im wesentlichen nur für Stahlguß (insbesondere für legierten) verwendet, weil die Kerbschlagzähigkeit erheblich verbessert wird.

Blöcke, als Ausgangsmaterial für Walzwerkserzeugnisse, werden im Tiefofen schon einer Art Diffusionsglühen unterzogen. Wenn Stähle aus Qualitätsgründen diffusionsgeglüht werden müssen, dann geschieht das zweckmäßig am Block, da alle negativen Begleiterscheinungen (Verzundern, Grobkorn) durch die nachfolgenden Walzvorgänge noch beseitigt werden können.

Besonders bei stärker verunreinigten Werkstoffen werden die mechanischen Eigenschaften verbessert, da die stark versprödenden, *löslichen* Verunreinigungen von den Korngrenzen in das Korninnere diffundieren. Nichtlösliche Bestandteile (Karbide, Oxide, Nitride) werden in rundliche Partikel überführt (koagulieren). Die Warmrißneigung wird ebenfalls verringert.

Mit zunehmender Temperatur wird die Zahl der energiereichen Korngrenzen verringert, d. h., die Kornzahl nimmt ab, der Werkstoff wird *grobkörniger.* Nichtlösliche Partikel erschweren die Korngrenzenwanderung. Sie werden daher in vielen Fällen absichtlich erzeugt, weil sie bis etwa 1000 °C das Wachsen der Austenitkörner wirksam verhindern. Beim Homogenisieren entsteht wegen der hohen Glühtemperaturen praktisch immer ein grobkörniges Gefüge.

Grobkornglühen

Für eine *gute spanabhebende Bearbeitbarkeit* niedriggekohlter Stähle wird das sprödere, grobkörnige Gefüge bevorzugt. Dadurch wird die Bildung von Fließspänen verhindert. Der Werkstoff »schmiert« nicht, und es entsteht der vor allem bei Bearbeitungsautomaten gewünschte Reißspan.

Die Glühtemperaturen liegen zwischen 950 °C und 1100 °C und sind von der Erschmelzung sowie der Menge und Art an Desoxidationsprodukten abhängig. Das Abkühlen erfolgt bis zum unteren Umwandlungspunkt Ar_1 langsam, danach kann das Werkstück schneller abgekühlt werden. Wegen der erforderlichen hohen Temperatur (teuer!) und der schlechten Zähigkeitseigenschaften grobkörniger Stähle wird das Verfahren relativ *selten* angewendet.

Spannungsarmglühen

Durch ungleichmäßiges Erwärmen/Abkühlen (Schweißen, andere Wärmebehandlungen: Härten) ungleichmäßige Formänderungen (Biegen, Kaltverformen), bei der spanabhebenden Bearbeitung (Fräsen, Hobeln, Drehen usw.) sowie als Folge von Umwandlungsvorgängen entstehen im Werkstück Spannungen. Es kann so zu unerwarteten Formänderungen (Verzug) und/oder zu Werkstofftrennungen kommen. Vor allem Schweißkonstruktionen oder dickwandige Bauteile, bei denen schon bei geringen Temperaturdifferenzen zwischen Rand und Kern merkliche Spannungen entstehen können, werden häufig spannungsarm geglüht. Wird Rißbildung befürchtet, dann sollte möglichst rasch nach dem Zeitpunkt des Entstehens der Spannungen geglüht werden. Im wesentlichen werden nur die *Makrospannungen* (Spannungen I. Art) und Umwandlungsspannungen (Härten) *beseitigt.*

Da keine wesentlichen Änderungen der Festigkeitseigenschaften bewirkt werden sollen, muß die *Glühtemperatur* unterhalb der untersten Umwandlungstemperatur Ac_1 bzw. bei vergüteten Werkstoffen unterhalb der Anlaßtemperatur liegen. Gefügeänderungen treten also nicht auf. Die Glühtemperatur ist von der chemischen Zusammensetzung des Werkstoffes abhängig. Für unlegierten und niedriglegierten Stahl liegt sie bei 580 °C bis 650 °C.

Die Wirksamkeit des Verfahrens beruht auf der Abnahme der Festigkeitseigenschaften mit zunehmender Temperatur (Bild 4.26).

Bei der Glühtemperatur T_{Sp} werden die Spannungen bis zur Höhe der dann noch vorhandenen sehr geringen Warmstreckgrenze oder Kriechgrenze durch plastische Verformung abgebaut. Ungleichmäßig verteilte Makrospannungen bewirken dabei einen Verzug des Werkstückes.

Wesentlich für die Wirkung ist eine möglichst langsame Abkühlung. Andernfalls könnten durch Temperaturdifferenzen im Werkstück erneut Spannungen entstehen. Aus den gleichen Gründen muß auch das Aufheizen entsprechend langsam erfolgen. Besonders vorsichtig ist bei Werkstücken mit hohen Eigenspannungen zu verfahren und bei Werkstoffen mit geringer Zähigkeit.

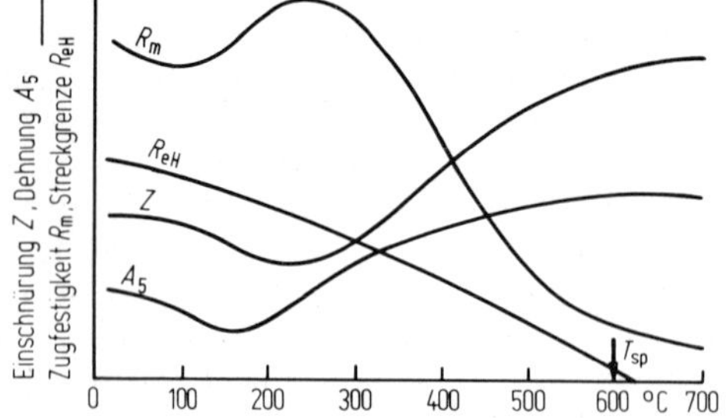

Bild 4.26 Abhängigkeit verschiedener Stahleigenschaften von der Temperatur

Rekristallisationsglühen

Ziel dieses Verfahrens ist es, die durch ein Kaltverformen erzwungenen Eigenschaftsänderungen des Werkstoffes (höhere Festigkeit = Verfestigung, geringere Zähigkeit) rückgängig zu machen. In vielen Fällen muß z. B. bei schweren Tiefzieharbeiten zwischengeglüht (= rekristallisierend geglüht) werden, um die für die weitere Zieharbeit erforderliche hohe *Verformbarkeit* zu erzeugen. Die Glühtemperaturen hängen wesentlich vom Kaltverformungsgrad und dem Ausgangsgefüge ab (siehe S. 31). Sie können zwischen etwa 500 °C und dem Ac_3-Punkt liegen, betragen aber üblicherweise etwa 600–700 °C. Im Vergleich zum Normalisieren sind die Temperaturen i. a. erheblich tiefer.

Das Ergebnis dieser Wärmebehandlung ist ein *neugebildetes* (rekristallisiertes) *Gefüge,* dessen Korngröße in hohem Maße vom Verformungsgrad abhängig ist. Die entstehenden Körner sind gleichachsig (äquiaxial), besitzen also nicht mehr die gestreckte Form.

Der Rückgang der Versetzungsdichte ist die *Ursache* für die wiedererlangte Verformbarkeit rekristallisierend geglühter Werkstoffe.

Da in den meisten Fällen ein feinkörniges Gefüge gewünscht wird, dürfen kritisch verformte Bauteile (5 %–15 % bei Stählen mit C $\leqslant$ 0,2 %) nicht rekristallisierend geglüht werden. In solchen Fällen sollte das Werkstück normalgeglüht werden. Gegenüber dem Normalglühen besitzt das Rekristallisationsglühen aber eine Reihe von entscheidenden Vorteilen:

- Zum Erzeugen eines feinen Kornes sind wesentlich *niedrigere Glühtemperaturen* erforderlich. Das gilt insbesondere für niedriggekohlte Stähle. Die Energiekosten sind geringer. Die Verzunderung – vor allem bei dünnen Blechen wichtig – ist erheblich geringer.

- Die *Maßhaltigkeit* rekristallisierend geglühter Teile ist größer. Zum Normalisieren müssen vor allem dünnwandige Werkstücke unterstützt und gegen Verformung gesichert werden.

Allerdings müssen beim Rekristallisieren Verformungsgrad, Glühzeit und Glühtemperatur genau aufeinander abgestimmt werden, sonst besteht die Gefahr der Grobkornbildung. Damit ergibt sich die Notwendigkeit, eine deutlich über dem kritischen Verformungsgrad liegende Kaltverformung anzuwenden, wenn ein ähnlich feines Korn wie beim Normalisieren erzeugt werden soll.

Bei nicht umwandlungsfähigen Werkstoffen, wie z. B. den hochlegierten ferritischen und austenitischen Stählen, ist das Rekristallisationsglühen die einzige Methode, um die Korngröße zu verändern.

4.5.3.2 Glühen II. Art

Weichglühen

Mit diesem Verfahren soll ein möglichst weicher Zustand des Stahles erreicht werden, der für die *spanabhebende Bearbeitung von Vergütungsstählen* ($C \geq 0{,}4$ %) zweckmäßig ist. Niedriger gekohlte Stähle werden durch die Glühbehandlung so weich, daß sie – vor allem beim Bohren – zum »Schmieren« neigen. Die spangebende Bearbeitung wird bei diesen Stählen durch Grobkornglühen erleichtert.

Ein Glühen dicht unterhalb Ac_1 (manchmal auch oberhalb Ac_1) oder Pendeln um Ac_1 mit anschließendem langsamem Abkühlen führt lamellares ferritisch-perlitisches Gefüge in körniges über. Die Wirkung beruht auf der höheren Oberflächenenergie des lamellaren Gefüges. Bei genügend hohen Glühtemperaturen bildet sich der energiearme *körnige Zementit (eingeformter Perlit)*. Diese rundliche Karbidform läßt sich auch bei allen Ungleichgewichtsgefügen (Zwischenstufe, Martensit) durch Ausscheidungsvorgänge erzielen.

Der Unterschied zum Spannungsarmglühen besteht vor allem in den wesentlich längeren Haltezeiten (100 h), die zum Einformen des Perlits erforderlich sind. Bild 4.27 zeigt schematisch die hier ablaufenden Vorgänge.

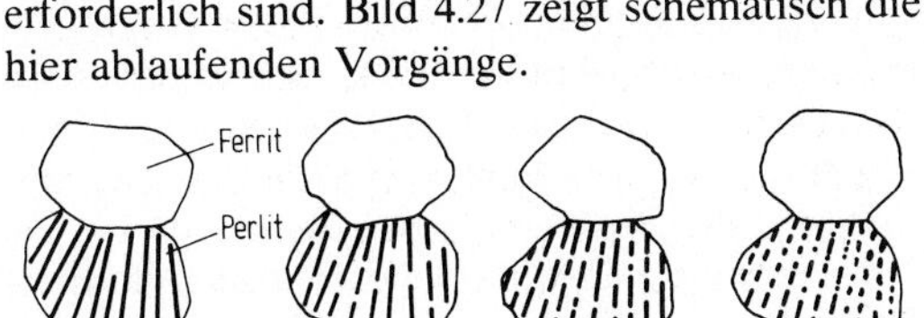

Bild 4.27 Schematische Darstellung der Perliteinformung beim Weichglühen

Die Einformung des Perlits wird durch kurzzeitiges Überschreiten der Ac_1-Temperatur wesentlich erleichtert und damit die Haltezeiten verkürzt. Eine merkliche Umwandlung des Perlits in Austenit (γ-Mk) muß aber vermieden werden, lediglich die schwer einformbaren Zementitlamellen sollen koagulieren. Ein wiederholtes Pendeln beschleunigt diesen Einformungsvorgang spürbar.

Bei *untereutektoiden* Stählen wird meistens dicht unterhalb Ac_1 geglüht (Bild 4.28). Glühtemperaturen oberhalb Ac_1 führen zu Karbidablagerungen an den Ferrit-Korngrenzen, wodurch die Zähigkeit stark abnimmt. *Übereutektoide* Stähle haben keinen voreutektoiden Ferrit, häufig aber ein schwer lösbares Zementitnetzwerk, das erst bei wesentlich über Ac_1 liegenden Temperaturen in körnigen Zementit überführt werden kann.

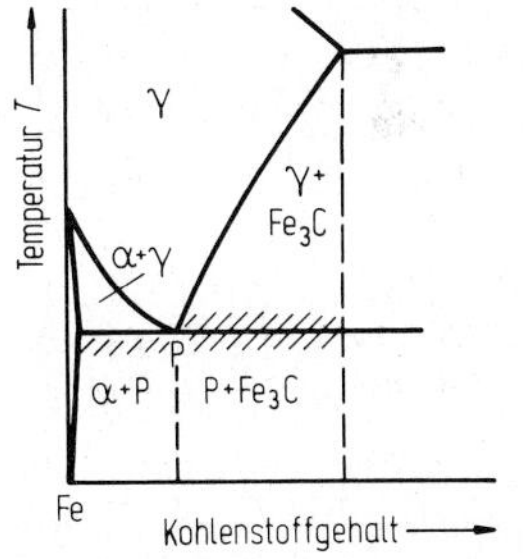

Bild 4.28 Lage der Glühtemperaturen beim Weichglühen im EKS

Für den Erfolg des Härtens (siehe S. 158 ff.) ist eine möglichst vollständige Lösung des Kohlenstoffs im Austenit erforderlich. Das durch Weichglühen erzeugte Gefüge mit feinverteilten Karbiden ist daher (besonders bei übereutetoiden Stählen) der optimale Ausgangszustand zum Härten, vielfach wird aber wegen der geringeren Kosten (Haltezeit) normalgeglüht.

Normalglühen (Normalisieren)

Ziel des Normalglühens ist die Erzeugung eines möglichst *feinkörnigen, gleichmäßigen* (äquiaxialen) *Gefüges*. Dieses Gefüge besitzt – zumindest bei unlegierten Stählen – die beste Kombination von Festigkeits- und Zähigkeitseigenschaften. Es kann als das »Normalgefüge« eines Stahles bezeichnet werden, weil es sich durch diese Wärmebehandlung gezielt und reproduzierbar erzeugen läßt. Unabhängig von der Art des Ausgangsgefüges

- kaltverformter Werkstoff (in Walzrichtung gestreckte Körner),

- Gußgefüge (WIDMANNSTÄTTENgefüge),
- Walzgefüge (Zeilengefüge),
- Gefüge einer Schweißverbindung (Gefüge mit unterschiedlichster Korngröße und Gußgefüge liegen nebeneinander)

entsteht immer das gleiche feinkörnige »Normalgefüge«.

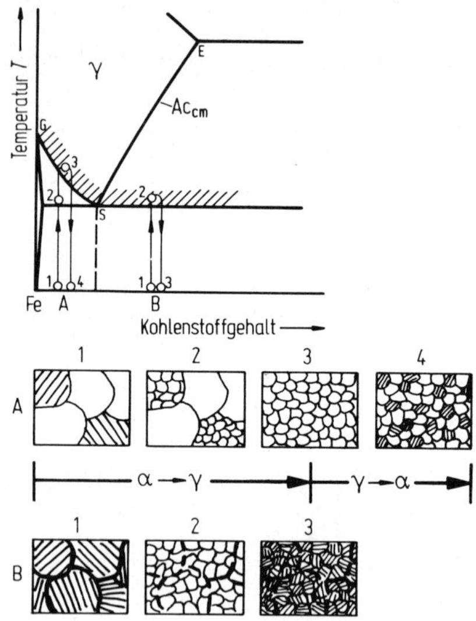

Bild 4.29 Lage der Glühtemperaturen beim Normalglühen und schematische Darstellung der dabei auftretenden Gefügeänderungen

Bei *untereutektoiden* Stählen wird auf Temperaturen erwärmt, die 30 °C bis 50 °C über der Ac_3-Linie liegen. Die Erwärmung soll so schnell erfolgen, wie es das Werkstück zuläßt. Die dann nicht vollständig aufgelösten Zementitlamellen wirken als Keime für die entstehenden feinkörnigen γ-Mischkristalle (Bild 4.29 A, Gefüge 2 und 3). Je nach Stückgröße und Zusammensetzung wird an ruhender Luft oder mit Preßluft abgekühlt (Bild 4.29 A, Gefüge 4) wodurch das gewünschte feinkörnige ferritisch-perlitische Gefüge entsteht. Die Wirkung beruht damit auf der doppelten α-γ-α-Umwandlung, die zu einer vollständigen Umkristallisation führt.

Wesentlich für den Erfolg ist:
- kein *Überhitzen,* die Glühtemperatur soll nicht wesentlich über der Ac_3-Temperatur liegen,
- keine *Überzeiten,* die als richtig erkannte Haltezeit soll möglichst nicht überschritten werden.

In beiden Fällen besteht die Gefahr der Grobkornbildung. Der grobkörnige Austenit wandelt sich auch in ein grobkörniges ferritisch-perlitisches Gefüge um.

Übereutektoide Stähle werden nicht oberhalb Ac_{cm} geglüht, sondern bei Temperaturen, die ca. 50 °C über Ac_1 liegen (Bild 4.29). Wegen der hohen Temperatur käme es sonst zu unerwünschtem Kornwachstum, und es bestände die Gefahr, daß sich bei dickwandigen Bauteilen wegen der geringen Abkühlgeschwindigkeit ein geschlossenes Zementitnetz ausbildet. Durch das Glühen wird der Perlit in feinkörnigen Austenit umgewandelt und der spröde Korngrenzenzementit (Sekundärzementit) eingeformt (Bild 4.29 B, Gefüge 2). Nach dem Abkühlen entsteht ein feinkörniges perlitisches Gefüge.

Kompliziert geformte Bauteile aus übereutektoiden Werkzeugstählen werden vor dem Härten normalisiert, da wegen des feinkörnigen Gefüges eine erheblich kürzere Haltezeit erforderlich ist. Verzug und Rißgefahr werden dadurch verringert.

Wegen der *hohen Kosten,* der Verzunderung und der Notwendigkeit, dünnwandige Teile im Ofen zu unterbauen, wird das Verfahren nur angewendet, wenn dessen güteverbessernde Wirkung für die Bauteilsicherheit zwingend ist. Stahlformguß wird nahezu immer normalisiert, um das spröde Gefüge (WIDMANNSTÄTTEN) zu beseitigen. Das entstandene feinkörnige Gefüge hat insbesondere eine wesentlich bessere Schlagzähigkeit. Große Schmiedestücke und Walzwerkserzeugnisse, die relativ langsam abkühlen und daher grobkörnig sind, werden ebenfalls normalisiert. Darüber hinaus schreiben Abnahme- und Klassifikationsgesellschaften (z. B. die Technischen Überwachungsvereine) für bestimmte Erzeugnisse (z. B. Teile des Kessel- und Apparatebaus) oberhalb festgelegter Wanddicken (z. B. s > 30 mm) das Normalglühen bindend vor.

4.5.4 Härten (Nichtgleichgewichtszustände)

4.5.4.1 Einfluß der beschleunigten Abkühlung

Zur Bildung der Gefügebestandteile laut Fe-Fe_3C-Schaubild sind für die notwendigen Diffusionsvorgänge ausreichend lange Zeiten erforderlich. Zum Einstellen des Gleichgewichtsgefüges bei der Umwandlung γ→α kommt es daher bei technischen Fe-C-Legierungen wegen der höheren Abkühlgeschwindigkeit praktisch nie. Es entstehen *Unterkühlungserscheinungen,* d. h., die Umwandlung erfolgt bei tieferen Temperaturen. Die Eigenschaften der entstehenden Gefüge hängen weitgehend von der Höhe der Umwandlungstemperatur, also von der *Diffusion des Kohlen-*

stoffs (und der Legierungselemente) ab. Die Beweglichkeit der Kohlenstoffatome wird mit abnehmender Temperatur geringer, d. h., es werden sich vorwiegend Form, Größe und Verteilung der Karbide (Fe_3C) ändern. Legierungselemente beeinflussen die Diffusion des Kohlenstoffs und die für die Ferritbildung notwendige Selbstdiffusion des Eisens. Sie beeinflussen also ebenfalls die Umwandlungstemperatur und die Umwandlungszeit und damit die Eigenschaften des Umwandlungsgefüges.

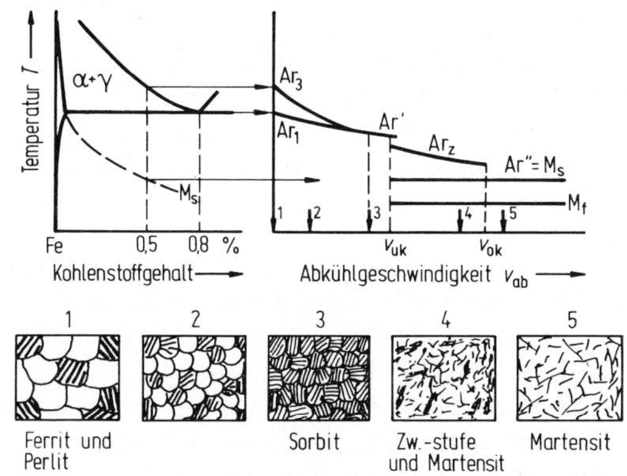

Bild 4.30 Einfluß der Abkühlgeschwindigkeit auf die Lage der Umwandlungspunkte (γ→α) eines unlegierten Stahles (0,5 % C)

Bild 4.30 zeigt die Verschiebung der Umwandlungstemperaturen bei einem unlegierten Stahl mit etwa 0,5 % C in Abhängigkeit von der Abkühlgeschwindigkeit.

Ar_3 wird mit steigender Abkühlgeschwindigkeit wesentlich stärker abgesenkt als Ar_1, so daß ab Ar' dem Schnittpunkt der Ar_3 und Ar_1 Linie der unterkühlte Austenit direkt (ähnlich wie ein eutektoider Stahl) in einen sehr **feinstreifigen Perlit** *(Sorbit)* umgewandelt wird (Bild 4.30, Gefüge 3).

Bei weiter erhöhter Abkühlgeschwindigkeit wandelt der Austenit nicht mehr vollständig in der Perlitstufe um, sondern zerfällt nach Unterschreiten der Ar_z-Temperatur teilweise in das *Zwischenstufengefüge.* Das mikroskopisch kaum auflösbare **feinststreifige perlitische Gefüge** wird als *Troostit* bezeichnet, da man (ähnlich wie beim Sorbit) wegen der unzulänglichen Mikroskope in früherer Zeit die Lamellenstruktur dieses Gefüges nicht erkannte. Der Troostit liegt vielfach in rosettenartiger Form im Gefüge vor (Bild 4.31). Der restliche stark unterkühlte Austenit wandelt bei sehr tiefen Temperaturen (Ar'' = M_s) in

Bild 4.31 Mikroaufnahme: troostitisch-martensitisches Gefüge, Werkstoff: 42 CrMo 4, Troostitrosetten (dunkle Flächen) und Martensit (heller Untergrund)

Martensit um. Die Martensitbildung ist bei M_f beendet. Der Martensit tritt erstmals nach Überschreiten einer von der Werkstoffzusammensetzung abhängigen *unteren kritischen Abkühlgeschwindigkeit* (υ_{uk}) gemeinsam mit Troostit und Zwischenstufengefüge auf. Oberhalb der *oberen kritischen Abkühlgeschwindigkeit* (υ_{ok}) besteht das Gefüge nur noch aus Martensit.

Die Veränderungen der Umwandlungstemperaturen aller Fe-C-Legierungen erfolgt bei beschleunigter Abkühlung auf diese Weise. Bild 4.32 zeigt das Unterkühlungsschaubild aller Fe-C-Legierungen im Vergleich mit dem Gleichgewichtsschaubild.

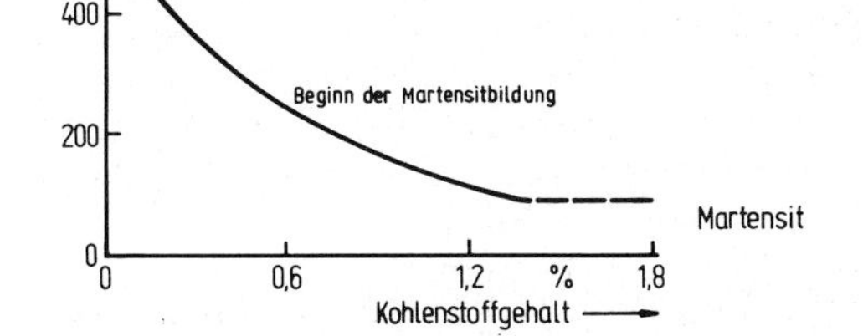

Bild 4.32 Verschiebung der Umwandlungspunkte bei reinen Fe-C-Legierungen in Abhängigkeit von der Abkühlgeschwindigkeit (nach WEVER *und* ROSE*)*

Schon bei sehr geringen Abkühlgeschwindigkeiten (1 K/s) wird der Perlitpunkt S aufgespalten (S' und S''), d. h. der Existenzbereich des reinen

Perlits entsprechend vergrößert. Ebenso wird mit stärkerer Abkühlung die voreutektoide Zementitausscheidung (ab 15 K/s) völlig, die voreutektoide Ferritausscheidung nur bei Stählen mit mehr als etwa 0,25 % C unterdrückt. Diese Zusammenhänge treffen in der angegebenen Form *nur* für *reine* Fe-C-Legierungen zu.
Grundsätzlich kann der unterkühlte Austenit in *drei* Temperaturbereichen umwandeln, wobei es wegen der unterschiedlichen Diffusionsbedingungen zu sehr unterschiedlichen Gefügeausbildungen kommt (Bild 4.30):

- Perlitstufe,
- Zwischenstufe,
- Martensitstufe.

4.5.4.2 Umwandlung in der Perlitstufe

In der Perlitstufe entsteht durch die Umwandlung des Austenits ein kristallines Gemenge aus *Ferrit-* und *Zementitlamellen.* Die Keimbildung und das Wachstum der Kristallite erfolgt für die beiden Bestandteile durch Diffusion des Kohlenstoffs und des Eisens (und der Legierungselemente). Zunehmende Abkühlgeschwindigkeit verkürzt die für die Diffusion zur Verfügung stehende Zeit, d.h., der zurückgelegte Weg der Atome wird kleiner. Die Lamellenbreite nimmt ab. Das ist die Ursache für die Entstehung der fein- und feinststreifigen perlitischen Gefüge Sorbit bzw. Troostit. Je kleiner der Lamellenabstand ist, umso gleichmäßiger ist der Kohlenstoff (genauer Fe_3C) im Gefüge verteilt. Als Anhalt für die dadurch steigende Härte und Festigkeit können folgende Zahlen dienen:

Gefüge	Härte
Perlit	180 HV
Sorbit	250 HV
Troostit	400 HV

Normalerweise beginnt die Ausscheidung der voreutektoiden Phasen (Ferrit und Zementit) an den Korngrenzen, also an stark »gestörten« Bereichen, die eine hohe Oberflächenenergie besitzen. Bei

- *grobkörnigen* Stählen (die Summe der als Keimstellen wirkenden Korngrenzen ist geringer) und
- *schneller Abkühlung* von *hohen Austenitisierungstemperaturen* (die Bildung grobkörnigen Austenits wird begünstigt)

scheidet sich der voreutektoide Ferrit häufig auch im Austenitkorn aus. Dieses **Widmannstättensche Gefüge** ist typisch für:

- Gußgefüge und
- bestimmte Bereiche von Schweißverbindungen (Bild 4.33).

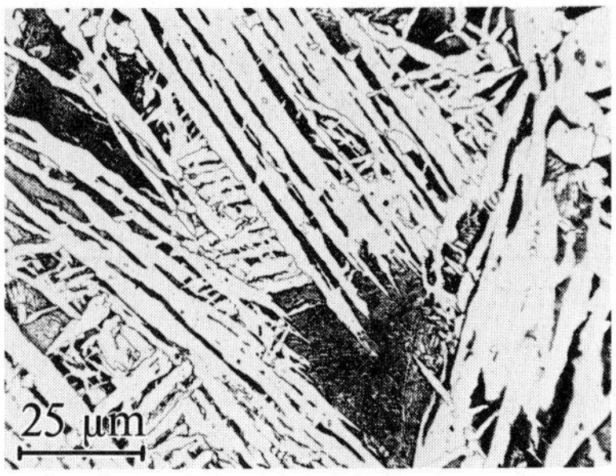

Bild 4.33 Widmannstättensches Gefüge, Grobkornzone einer Schweißverbindung

Da hier die weichen Ferritnadeln oder -platten und der harte Perlit sehr dicht beieinander liegen, besitzt der Werkstoff überwiegend die Eigenschaften des Perlits, d. h., er ist härter und insbesondere weniger verformbar (spröder) als ein analysengleicher Walzstahl mit ferritischem Grundgefüge und *eingelagerten* Perlitinseln.

4.5.4.3 Umwandlung in der Zwischenstufe – Bainit

Diese Gefügeform bildet sich im Temperaturbereich *zwischen* der Perlit- und Martensitstufe. Die Eisendiffusion ist nicht mehr möglich, die Kohlenstoffdiffusion schon erheblich erschwert. Bemerkenswert ist die Vielfalt der Gefügeformen, deren Unterscheidung meistens nur mit Hilfe elektronenoptischer Methoden möglich ist. In zunehmendem Maße wird dieses Gefüge (entsprechend dem angelsächsischen Sprachgebrauch) als **Bainit** bezeichnet. Es werden zwei Hauptformen unterschieden:

- **nadeliges** und
- **körniges Zwischenstufengefüge.**

Die nadeligen Gefüge entstehen bei kontinuierlicher Abkühlung und bei isothermer Umwandlung (siehe S. 165), das körnige nur bei kontinuierlicher Abkühlung.
Unabhängig von der Form besteht die Zwischenstufe aus *Ferrit mit eingelagerten Karbiden,* deren Größe (von grob bis extrem fein) durch die Umwandlungstemperatur bestimmt wird. Häufig bezeichnet man daher dieses Gefüge auch als **Zwischenstufenferrit.** Je nach der Bildungstemperatur wird bei den nadeligen Formen die untere und obere Zwischenstufe unterschieden.

Die *untere Zwischenstufe* bildet sich im unteren Bereich des Zwischenstufengebietes, d. h. kurz oberhalb der M_s-Temperatur. Sie hat daher große Ähnlichkeit mit dem Martensit.
Der kfz γ-Mk klappt in büschelförmig angeordnete Ferritplatten um. Die im Austenit schon nahezu eingefrorene Kohlenstoffdiffusion wird im krz α-Gitter wieder soweit erleichtert (siehe S. 138), daß der zwangsgelöste Kohlenstoff das α-Gitter in Form von Karbiden (Fe_3C) verlassen kann. Die Karbide sind sehr fein und in charakteristischer Weise etwa 50° bis 60° zur Hauptachse der Nadeln angeordnet (Bild 4.34). Sie können zweifelsfrei nur mit elektronenoptischen Hilfsmitteln erkannt werden. Diese feine Karbidverteilung ist die Ursache für die vielfach hervorragenden Festigkeits- und Zähigkeitseigenschaften (Bild 4.35).

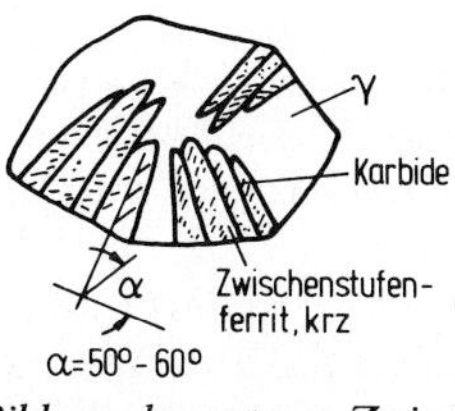

Bild 4.34 Zur Bildung der unteren Zwischenstufe (stark vereinfacht)

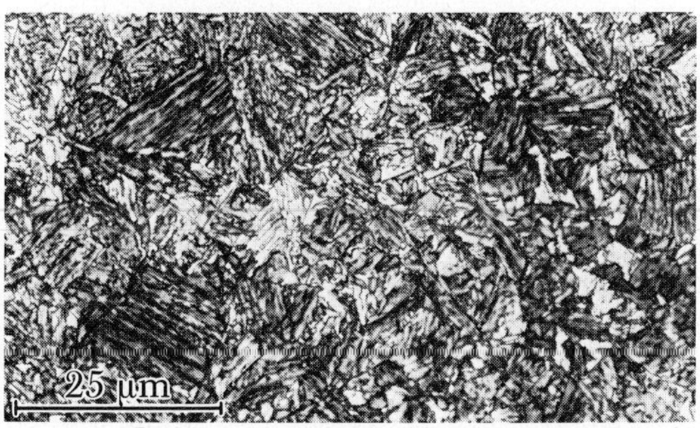

Bild 4.35 Unteres Zwischenstufengefüge, isotherm bei 400 °C erzeugt (37 MnSi 5)
Härte: 375HV1,
Kerbschlagarbeit (20 °C) A_V(ISO-V) = 35 J

Die *obere Zwischenstufe* bildet sich im oberen Temperaturbereich der Zwischenstufenumwandlung. Durch die günstigeren Diffusionsbedingungen kann der Kohlenstoff aus dem Inneren der Nadel an deren Korngrenzen wandern (Bild 4.36). Das sich hier ausscheidende Karbid ist unterbrochen und unregelmäßig geformt. Dieses Gefüge ist leicht mit Perlit zu verwechseln. Als Folge der kompakten, groben Karbide sind die mechanischen Gütewerte schlechter als die der unteren Zwischenstufe (Bild 4.37).

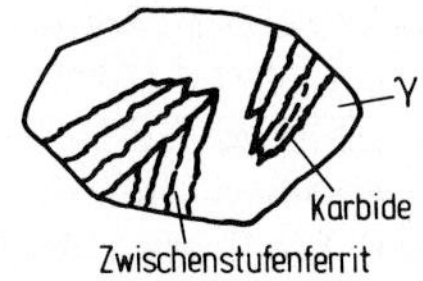

Bild 4.36 Zur Bildung der oberen Zwischenstufe (stark vereinfacht)

Bild 4.37 Nadeliges (oberes) Zwischenstufengefüge in der Grobkornzone einer Schweißverbindung (nioblegierter Feinkornbaustahl)

Die **körnige Zwischenstufe** entsteht praktisch nur bei kontinuierlicher Abkühlung. Durch die beginnende Ferritausscheidung reichert sich der Austenit mit Kohlenstoff an. Abhängig von der Abkühlwirkung wandeln diese Austenitbereiche in regellos angeordneten Ferrit und Karbid, nadelige Zwischenstufe und Martensit um (Bild 4.38).

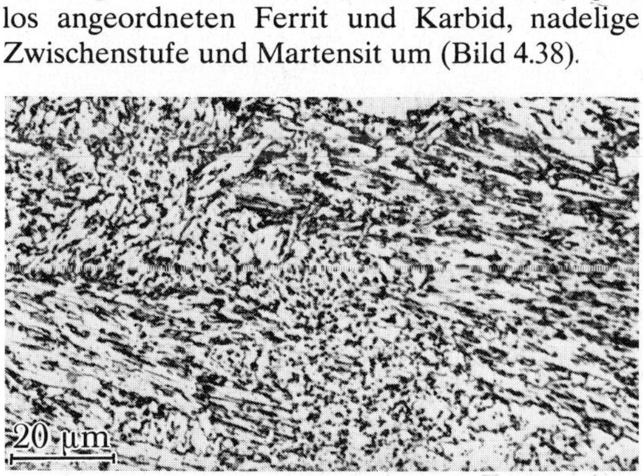

Bild 4.38 Körniges Zwischenstufengefüge im Schweißgut (Decklage) einer Verbindungsschweißung des Stahles 10 CrMo 9 10

Das Zwischenstufengefüge ist typisch für legierte Stähle. In unlegierten Stählen tritt es bei kontinuierlicher Abkühlung nur in geringer Menge auf und ist schwer zu identifizieren.

4.5.4.4 Umwandlung in der Martensitstufe

Der Austenit wandelt unterhalb der M_s-Temperatur (= Ar", Bild 4.30) in Martensit um, wenn die kritische Abkühlgeschwindigkeit überschritten wird. Bild 4.30 zeigt genauer, daß:

- erstmals Martensit im Gefüge entsteht, wenn die Abkühlgeschwindigkeit v_{ab} größer als die **untere kritische Abkühlgeschwindigkeit** v_{uk} ist,
- praktisch nur noch Martensit entsteht, wenn die **obere kritische Abkühlgeschwindigkeit** v_{ok} überschritten wird (evtl. mit Restaustenit).

Die diffusionslose, extrem schnelle Umwandlung hält den *Kohlenstoff im tetragonal verzerrten Martensit zwangsgelöst.*

Wie beschrieben (siehe S. 26), erschweren der Kohlenstoff und nahezu alle anderen Legierungselemente die Martensitbildung, da die durch ihn verursachten Gitterverzerrungen größer werden. Zunehmender Kohlenstoffgehalt bewirkt:

- Umwandlungsbeginn und -ende (M_s, M_f) werden zu tieferen Temperaturen verschoben (Bild 4.39),

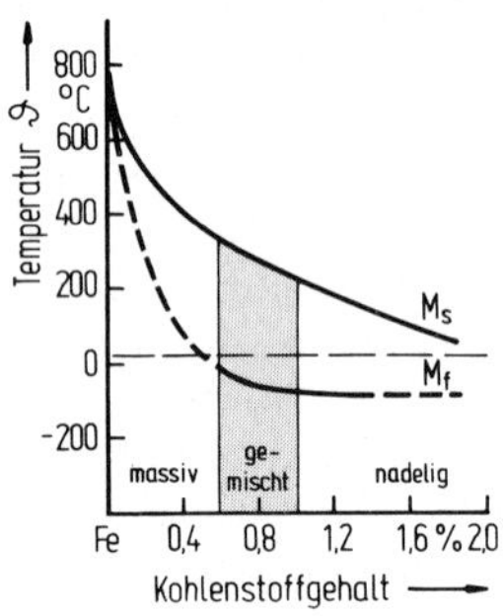

Bild 4.39 Abhängigkeit der Martensittemperatur vom Kohlenstoffgehalt in reinen Fe-C-Legierungen (nach ECKSTEIN)

- die kritische Abkühlgeschwindigkeit wird erniedrigt (Bild 4.40),

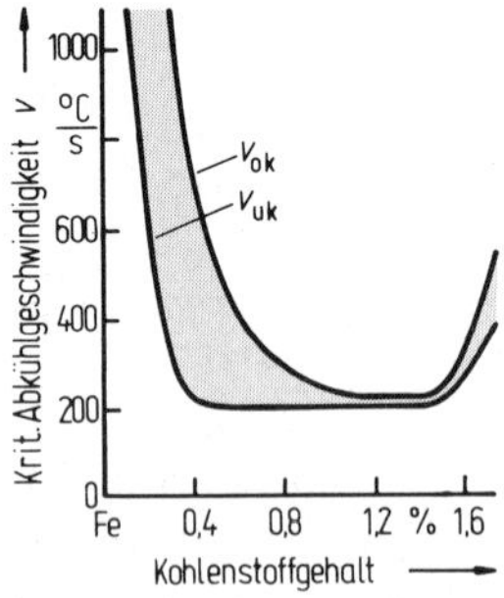

Bild 4.40 Abhängigkeit der kritischen Abkühlgeschwindigkeit vom Kohlenstoffgehalt in reinen Fe-C-Legierungen (nach HOUDREMONT)

- der Anteil an Restaustenit nimmt zu (Bild 4.41). Bei Kohlenstoffgehalten oberhalb 0,5% ist er in reinen Fe-C-Legierungen nur noch durch besondere Maßnahmen zu vermeiden (siehe S. 187).

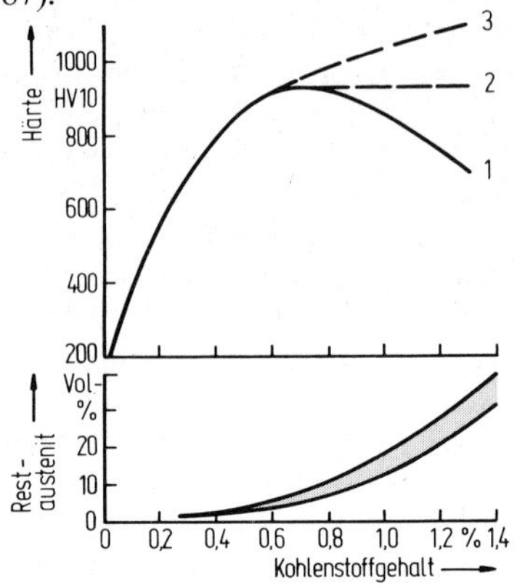

Bild 4.41 Einfluß des Kohlenstoffgehaltes auf die Maximalhärte reiner Fe-C-Legierungen und den Restaustenitanteil nach üblicher Härtung
1: Abschrecken aus dem γ-Gebiet auf 0 °C
2: Abschrecken aus dem (γ+ Fe_3C)-Gebiet auf 0 °C
3: Umwandlung in 100 % Martensit

Bei Stählen mit Kohlenstoffgehalten < 0,2 % ist die kritische Abkühlgeschwindigkeit im praktischen Härtereibetrieb nicht oder nur mit großem Aufwand erreichbar. Daher beträgt bei *härtbaren Stählen* der Mindestkohlenstoffgehalt 0,2–0,25 %.

Den Einfluß des Kohlenstoffgehaltes auf die *Härte des Martensit* zeigt Bild 4.41. Ab 0,5 bis 0,6 % C bleibt im zunehmenden Umfang der weichere Restaustenit zurück, weil M_f beim Abschrecken nicht unterschritten wird, d. h., die Härte nimmt nicht mehr zu.

Kohlenstoff und Legierungselemente bestimmen weiterhin die *Erscheinungsform des Martensits.* Bei geringen Kohlenstoffgehalten (≤ 0,5 %) und geringen Mengen Legierungselementen bildet sich der *massive* (Bild 4.42) oberhalb 1,0% der harte, spröde *nadelige* Martensit (Bild 4.43).

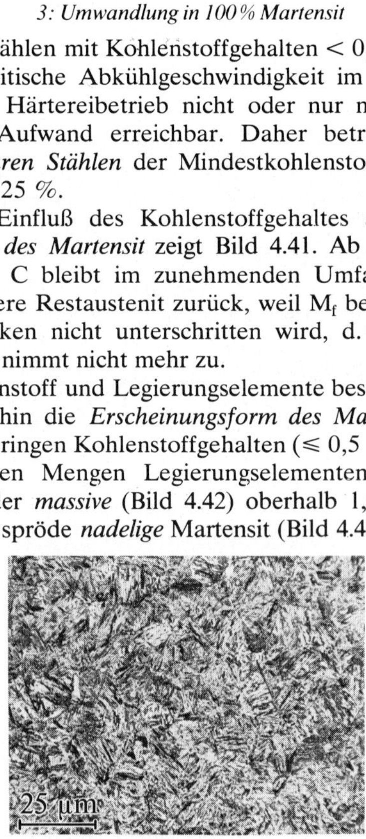

Bild 4.42 Massiver Martensit (37 MnSi5)

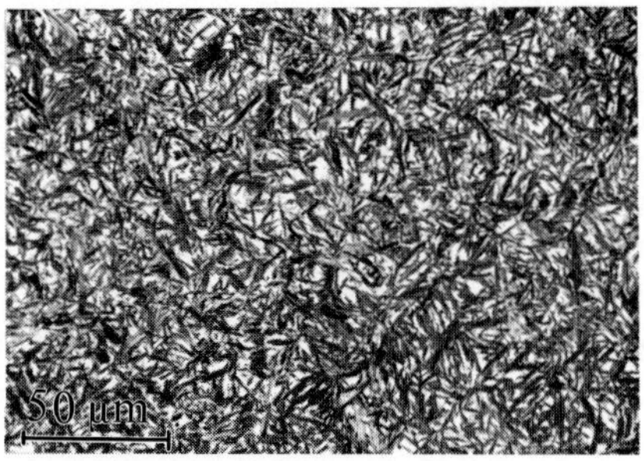

Bild 4.43 Nadeliger Martensit

Damit wird deutlich, daß die wesentliche Wirkung der Abkühlgeschwindigkeit praktisch nur auf der unterschiedlichen Kohlenstoffdiffusion in den verschiedenen Umwandlungsstufen beruht:

- *Perlitstufe*
  Kohlenstoff und Eisen können leicht diffundieren, es bilden sich *grobe* Karbide.
- *Zwischenstufe*
  Nur noch Kohlenstoff kann diffundieren, kleine bis extrem *kleine* Karbide entstehen.
- *Martensitstufe*
  Weder Kohlenstoff- noch Eisendiffusion möglich, *keine* Karbide. Kohlenstoff auf Zwischengitterplätzen im Martensit zwangsgelöst.

4.5.5 Austenit-Umwandlung

Die vielfältigen Vorgänge bei der Austenitumwandlung, die in erster Linie die Eigenschaften des Umwandlungsproduktes (Perlit–Sorbit–Troostit–Martensit) bestimmen, können aus dem EKS als einem Gleichgewichts-Schaubild *nicht* vorhergesagt oder abgeleitet werden. Die Bilder 4.30 und 4.32 zeigen den tiefgreifenden Einfluß einer erhöhten Abkühlgeschwindigkeit auf die Austenitumwandlung, aber keinen Hinweis auf ihren *zeitlichen* Verlauf. Die genaue Kenntnis der Austenitumwandlung ist von großer Bedeutung, da:

- keine *technische* Fe-C-Legierung bei ihrer Herstellung und/oder Weiterverarbeitung (Wärmebehandlung!) annähernd so langsam aufgeheizt oder abgekühlt wird, wie es den Bedingungen des EKS entspricht,
- eine gezielte Wärmebehandlung, mit der reproduzierbare Eigenschaftänderungen erzeugt werden, sonst nicht möglich wäre.

Gemäß vorstehenden Ausführungen bestimmen Größe, Anordnung und Verteilung des Fe_3C (bzw. C) weitgehend die Eigenschaften des Gefüges. Die Kohlenstoffdiffusion und damit also die Umwandlungsgeschwindigkeit und die Art des entstehenden Gefüges ist bei verschiedenen Temperaturen unterschiedlich, d. h. zeitabhängig. Bild 1.68 zeigt das typische Diffusionsverhalten (≙ Umwandlungsgeschwindigkeit) von Legierungselementen im Gitter.

Die Umwandlungsvorgänge können also erfaßt werden, wenn der zeitliche Verlauf der Diffusion des Kohlenstoffs und der Legierungselemente in Abhängigkeit von der Temperatur bekannt ist. In den **ZTU-Schaubildern** wird das von *Temperatur* und *Zeit* abhängige *Umwandlungsgeschehen* dargestellt. Da die Umwandlung oft sehr lange Zeiten erfordert, ist die Zeitachse logarithmisch geteilt.

Begründet durch die Bedürfnisse der Praxis wird das Umwandlungsverhalten des Austenits bei *kontinuierlicher* und *isothermer* Temperaturführung untersucht. Für jeden Stahl muß ein (nur für ihn gültiges) ZTU-Schaubild aufgestellt werden. Dazu werden eine Reihe von Stahlproben auf die gleiche Austenitisierungstemperatur T_A gebracht und entweder (Bild 4.44):

- **kontinuierlich** entsprechend vorgegebenen Abkühlkurven 1, 2, 3 abgekühlt oder
- schnell auf die gewünschte Umwandlungstemperatur T_1, T_2, T_3 abgeschreckt und so lange bei **konstanter Temperatur** (isotherm) gehalten, bis der Austenit umgewandelt ist.

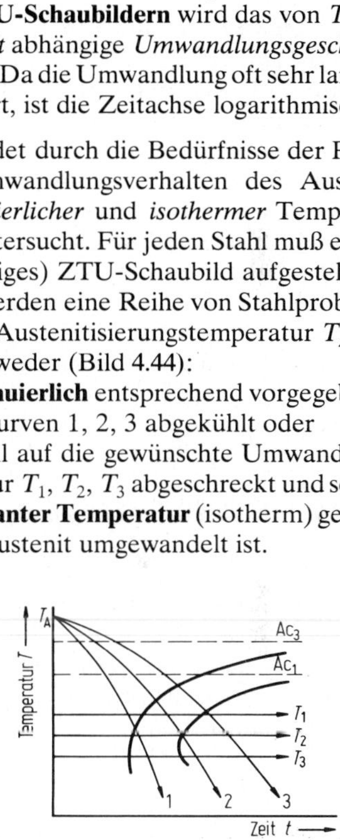

Bild 4.44 Mögliche Temperaturführung bei ZTU-Schaubildern
T_1, T_2, T_3: isotherme Temperaturführung
1, 2, 3: kontinuierliche Abkühlung

Die entstehenden Umwandlungsgefüge werden meistens metallografisch, die Umwandlungstemperaturen dilatometrisch bestimmt. Verbindet man zugehörige Umwandlungspunkte (z. B. Ar_3-Punkte, Punkte beginnender Perlit- oder Zwischenstufenbildung), dann entsteht die bildliche Darstellung des Umwandlungsverhaltens des Austenits bei jeder möglichen Temperaturführung.

Für viele Wärmebehandlungen sind auch die mit dem Austenitisieren verbundenen Vorgänge entscheidend für die Stahleigenschaften. Dabei findet nicht nur die Umwandlung $\alpha - \gamma$ statt, sondern es werden auch Karbide und Ausscheidungen aller Art gelöst und die Austenitkorngröße verändert. Die *Austenitkorngröße* und die erreichte *Austenithomogenität,* die den Grad der Karbidauflösung, die Abschreckhärte und die Lage des Martensitpunktes bestimmen, beeinflussen die mechanischen Gütewerte des Umwandlungsgefüges am stärksten.

In den **ZTA-Schaubildern** *(Zeit-Temperatur-Austenitisierung),* die einen den ZTU-Schaubildern entsprechenden Aufbau haben, sind alle wesentlichen Informationen enthalten, die bei einem Austenitisieren der Stähle gewonnen werden können. Wie bei den ZTU-Schaubildern werden je nach Temperaturführung **kontinuierliche** und **isotherme** ZTA-Schaubilder unterschieden. In die kontinuierlichen ZTA-Schaubildern werden anstelle der Abkühlkurven Aufheizkurven eingetragen. Die Schaubilder sind ähnlich wie die ZTU-Schaubilder, nur in Richtung der Aufheizlinien (kontinuierlich) bzw. entlang Linien konstanter Temperatur (isotherm), zu lesen.

4.5.5.1 ZTU-Schaubilder für kontinuierliche Abkühlung

Bild 4.45 zeigt das ZTU-Schaubild eines unlegierten Stahles (etwa 0,45 % C) mit drei eingezeichneten Abkühlkurven unterschiedlicher Abschreckintensität, die zu den Gefügen der Perlit-, Zwischen- und Martensitstufe führen.

Bild 4.45 Kontinuierliches ZTU-Schaubild eines unlegierten Stahles mit 0,45 % C (nach Atlas zur Wärmebehandlung der Stähle)

Diese Schaubilder können, beginnend von der Austenitisierungstemperatur T_A, nur in Richtung der eingezeichneten Abkühlkurven gelesen werden. Sie sind das beste Hilfsmittel, um die optimale Behandlungsvorschrift für alle Wärmebehandlungen festzulegen, bei denen die Abkühlung im austenitischen Zustand beginnt.

Außer dem vollständigen Umwandlungsverhalten können weitere wesentliche Informationen entnommen werden:

- Die Menge der in den verschiedenen Umwandlungsbereichen gebildeten Gefüge sind an den Schnittpunkten der Abkühlkurve mit der unteren Grenze des jeweils durchlaufenen Bereiches in Prozent angegeben.
- Am Ende der Abkühlkurven ist die Härte des Gefüges in HV oder HRC angegeben.

Beispiele (Bild 4.45)

Abkühlkurve 1 (etwa Luftabkühlung)

Die Austenitumwandlung beginnt nach $4 \cdot 10^3$s bei 740 °C mit der Bildung von Ferrit. Bei 690 °C sind nach ca. 10^4s 60 % des Austenits in Ferrit umgewandelt. Der Rest ist nach $1{,}25 \cdot 10^4$s bei 680 °C in Perlit zerfallen. Die Härte dieses Gefüges beträgt 179 HV (Bild 4.46).

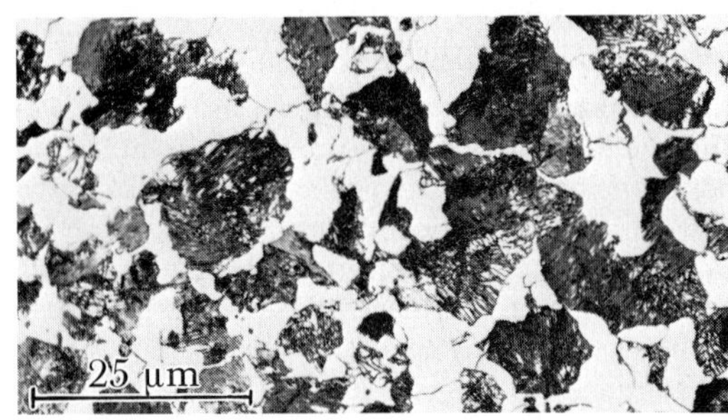

Bild 4.46 Gefüge: ferritisch-perlitisch

Abkühlkurve 2 (etwa Abkühlung in Öl)

Der Austenit wandelt nach 1,5 s bei 635 °C zunächst in Ferrit (3 %), anschließend zum größten Teil in Perlit (70 %) um. Aus dem restlichen Austenit bildet sich zwischen 525 °C und 315 °C Zwischenstufengefüge (17 %) und unterhalb des M_s-Punktes Martensit (10 %). Die Härte ist auf 318 HV angestiegen (Bild 4.47).

Abkühlkurve 3 (etwa Abkühlung in Wasser)

Der Austenit wird mit nahezu der oberen kritischen Abkühlgeschwindigkeit abgeschreckt, denn das Gefüge enthält außer 98 % Martensit nur noch 2 % Zwischenstufe. Die Härte beträgt 548 HV (Bild 4.48).

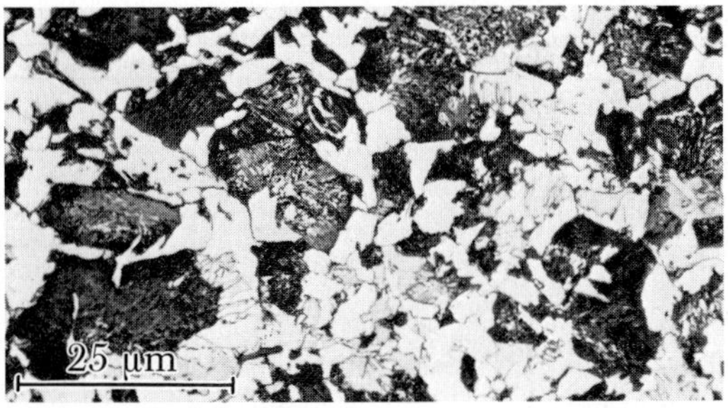

Bild 4.47 Gefüge: ferritisch-perlitisch mit Zwischenstufengefüge und Martensit

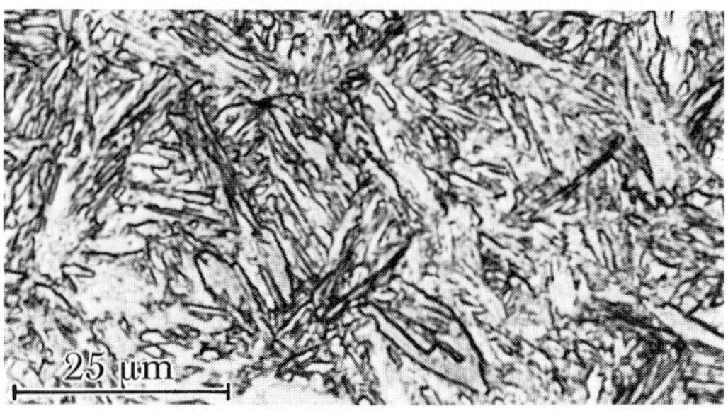

Bild 4.48 Gefüge: martensitisch mit Spuren von Zwischenstufengefüge

Der Abfall des M_s-Punktes bei Abkühlgeschwindigkeiten zwischen v_{uk} und v_{ok} beruht darauf, daß durch Entmischungsvorgänge (vorherige Ferrit-, Perlit-, Zwischenstufenbildung) der restliche Austenit mit Kohlenstoff angereichert wird. Die Bedingungen für die Martensitbildung lassen sich sehr anschaulich im ZTU-Schaubild darstellen: Je weiter die Linie für den Umwandlungsbeginn zu größeren oder kleineren Zeiten verschoben sind, um so kleiner bzw. größer ist die kritische Abkühlgeschwindigkeit.

4.5.5.2 Isotherme ZTU-Schaubilder

Von der Austenitisierungstemperatur T_A wir die Probe *schnell* auf die Untersuchungstemperatur abgekühlt und hier bis zur vollständigen Umwandlung gehalten. Der Austenit beginnt ähnlich wie beim kontinuierlichen Schaubild erst nach einer gewissen Anlaufzeit (*Inkubationszeit*) umzuwandeln (Bild 4.49). Die Linien für den Umwandlungsbeginn (B) zeigen vielfach den typischen C-förmigen Verlauf (»Nase«): Bei geringer Unterkühlung ist das Umwandlungsbestreben noch gering (lange Anlaufzeit), bei großer Unterkühlung nimmt es stark zu, aber die Beweglichkeit insbesondere der Kohlenstoffatome ist stark behindert (auch lange Anlaufzeit). Die beiden gegenläufigen Einflüsse sind die Ursache für die Entstehung der »Nase«, die bei den kontinuierlichen Schaubildern nicht so stark ausgeprägt ist. Der rechte Linienzug (E) kennzeichnet das Umwandlungsende.

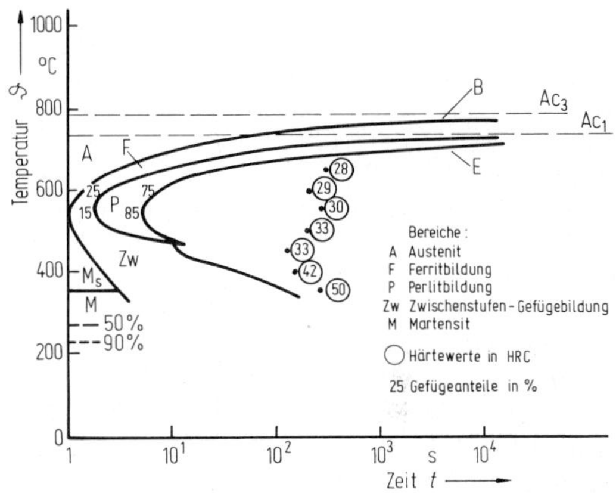

Bild 4.49 Isothermes ZTU-Schaubild des in Bild 4.45 genannten Stahles

Dieses Schaubild kann nur – entsprechend der Art der Umwandlung – beginnend vom Nullpunkt der Zeitzählung in Richtung der Isothermen gelesen werden.

Im Gegensatz zur kontinuierlichen Abkühlung kann hier die Umwandlung in entsprechenden Temperaturbereichen *vollständig* in der Perlit-, Zwischen- oder Martensitstufe erfolgen. Man vergleiche die Isothermen in dem schematischen ZTU-Schaubild Bild 4.50.

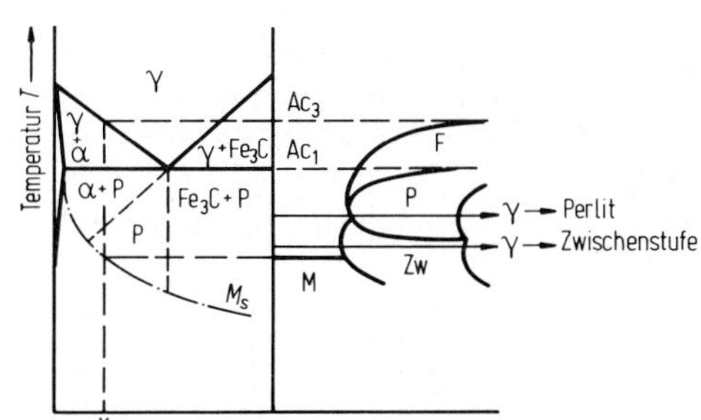

Bild 4.50 Zusammenhang zwischen EKS und isothermen ZTU-Schaubild (nach Rose)

Daraus ergibt sich die technisch bedeutsame Folgerung, daß Werkstoffe mit einheitlichem Gefüge (*nur* Perlit, *nur* Zwischenstufe) *nur* bei isothermer Wärmeführung erzeugt werden können.

Bild 4.50 zeigt den Zusammenhang zwischen dem EKS und dem isothermen ZTU-Schaubild. Das Umwandlungsgeschehen in letzterem ähnelt dem im EKS nur in der Nähe der Gleichgewichtshaltepunkte Ac_1, Ac_3. Mit zunehmender Unterkühlung entstehen in zunehmender Menge Nichtgleichgewichtsgefüge (Sorbit, Troostit, Zwischenstufe), die im EKS nicht vorkommen.

Zwischen beiden Typen der ZTU-Schaubilder besteht ein charakteristischer Zusammenhang. Bei isothermer Umwandlung ist die wirksame Unterkühlung, d. h. die Triebkraft der Umwandlung, größer als bei kontinuierlicher Abkühlung. Die Linien für den Umwandlungsbeginn sind daher im kontinuierlichen Schaubild gegenüber dem isothermen zu *längeren Zeiten* und *tieferen Temperaturen* verschoben.

Durch Legierungselemente wird die Form der Schaubilder, d. h. das Umwandlungsverhalten, erheblich geändert (siehe S. 186).

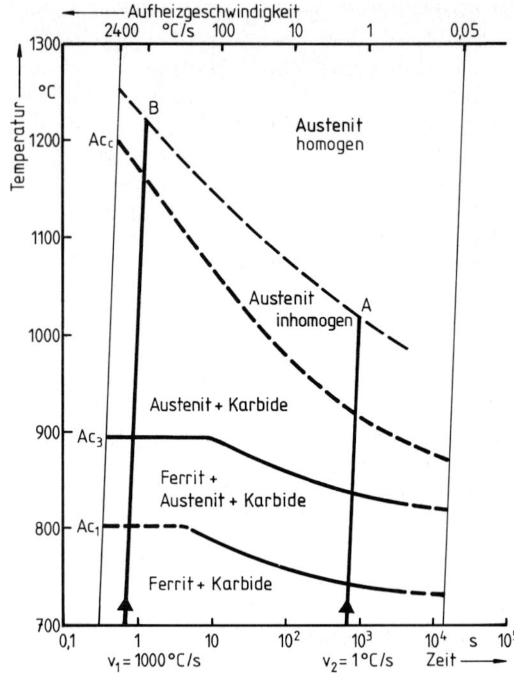

Bild 4.51 Zeit-Temperatur-Austenitisierung-(ZTA)-Schaubild für kontinuierliche Erwärmung, Werkstoff 15 CrNi 6 (nach Atlas zur Wärmebehandlung der Stähle)

4.5.5.3 ZTA-Schaubilder

Die für die Praxis wichtigsten Ergebnisse einer Austenitisierung lassen sich übersichtlich in folgenden Teilschaubildern darstellen:
- ZTA-Schaubild
- ZTA-Austenitkornwachstum-Schaubild
- ZTA-Abschreckhärte-Schaubild
- ZTA-Martensitbeginn-Schaubild
- ZTA-Karbidauflösung-Schaubild.

Das **ZTA-Schaubild** zeigt in Abhängigkeit von der Aufheizgeschwindigkeit (kontinuierliches ZTA) bzw. der Haltezeit bei bestimmten Temperaturen (isothermes ZTA) die Art des jeweils vorliegenden Gefüges. Das **kontinuierliche ZTA-Schaubild** für einen niedriglegierten Stahl (Bild 4.51) weist folgende typische Merkmale auf, die prinzipiell für alle Stähle gelten:
- Die Umwandlungspunkte werden mit zunehmender Aufheizgeschwindigkeit zu merklich höheren Temperaturen verschoben.
- Der Zustand *homogener Austenit* wird erst bei verhältnismäßig hohen Temperaturen erreicht. Diese sind ebenfalls um so höher, je größer die Aufheizgeschwindigkeit ist.

Tab. 4.7: Verschiebung der Umwandlungspunkte nach Bild 4.51

Aufheiz-geschwindigkeit K/s	Ac_1 °C	Ac_3 °C	Austenit homogen °C
gleichgewichtsnahe Aufheizung			
0,05	730	817	ca. 920
Aufheizung eines kleinen Ofens			
1	739	837	1020
induktives Erwärmen			
1000	803	893	1220

Der Einfluß üblicher Austenitisierungsbedingungen, gekennzeichnet durch konventionelle, dem thermodynamischen Gleichgewicht nahekommenden Aufheizgeschwindigkeiten, ist hinreichend bekannt. Die erforderlichen Angaben sind in den Wärmebehandlungsvorschriften (z. B. Normen, Empfehlungen der Stahlhersteller) niedergelegt.

Wärmebehandlungsverfahren mit erheblich höheren Aufheizgeschwindigkeiten sind z. B. die Widerstands-, die Induktions- und die Elektronenstrahlerwärmung. Da mit zunehmender Aufheizgeschwindigkeit die Umwandlungstemperaturen, d. h. die Wärmebehandlungstemperaturen, zu höheren Werten verschoben werden, ist eine möglichst genaue Kenntnis der Austenitisierungsvorgänge notwendig.

Neben der chemischen Zusammensetzung bestimmt auch das Ausgangsgefüge des Werkstoffs in großem Maße das Austenitisierungsverhalten. Ein Stahl mit einem gleichgewichtsnahen Gefüge (z. B. Ferrit und groblamellarer Perlit) wandelt sich bei sonst gleichen Austenitisierungsbedingungen bei merklich höheren Temperaturen in γ-MK um, als der gleiche Stahl mit martensitischem Gefüge. Ursache ist das stärkere Ungleichgewicht und die damit verbundene höhere innere Energie des Martensits. Aus diesem Grund ist im ZTA-Schaubild unter Ac_1 das Ausgangsgefüge angegeben.

Im Temperaturbereich Ac_1 wandeln die Teile des Gefüges zu Austenit um, in denen Ferrit und Zementit dicht beieinander liegen. Erstreckt sich diese Umwandlung über einen größeren Bereich (z. B. bei größeren Perlitanteilen), so werden im ZTA-Schaubild zwei Linien für Beginn (Ac_{1b}) und Ende (Ac_{1e}) angegeben.

Zwischen Ac_1 und Ac_3 wandelt im wesentlichen der Ferrit zu Austenit um. Die noch vorhandenen Karbide sind ebenso wie die über Ac_3 verbleibenden meist solche von Legierungselementen. Oberhalb von Ac_C sind die Karbide aufgelöst, der Kohlenstoff ist aber noch nicht gleichmäßig in der Matrix verteilt: **inhomogener Austenit** (siehe inhomogene MK, S. 48).

Homogener Austenit mit gleichmäßig verteiltem Kohlenstoff läßt sich insbesondere durch hohe Temperaturen und/oder lange Glühzeiten erreichen. Obwohl dann nach dem Abschrecken ein gleichmäßiges Umwandlungsgefüge vorliegt, ist dieser Gefügezustand manchmal nicht erwünscht, weil:

- erhöhtes *Kornwachstum* zu relativ sprödem Umwandlungsgefüge führt oder
- ein Teil der verschleißhemmenden *Karbide*, z. B. bei Werkzeugstählen, erhalten bleiben soll.

Beim **isothermen ZTA-Schaubild** (Bild 4.52) erfolgt das Erwärmen mit definierten (technisch sinnvollen) Aufheizgeschwindigkeiten. Daher können bereits während des Aufheizens Austenitisierungsvorgänge ablaufen. Die isothermen

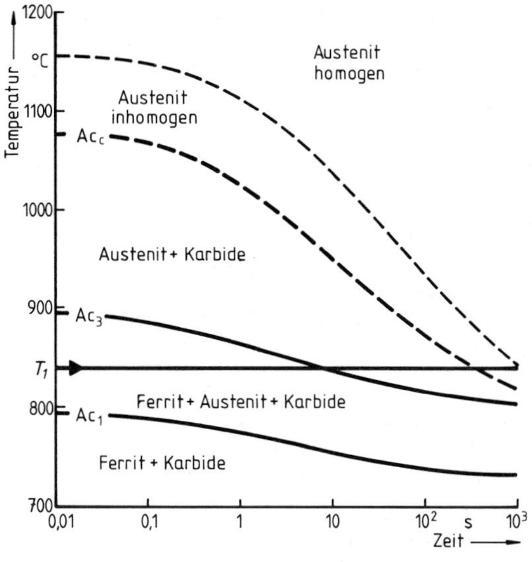

Bild 4.52 Zeit-Temperatur-Austenitisierung-(ZTA)-Schaubild für isotherme Umwandlung, Werkstoff 15 CrNi 6
Aufheizen bis Haltetemperatur mit 130 ° C/s (nach Atlas zur Wärmebehandlung der Stähle)

ZTA-Schaubilder gelten also nur für die angegebene Aufheizgeschwindigkeit. Bild 4.52 läßt erkennen, daß das Gefüge der mit der Aufheizgeschwindigkeit v_{Auf} = 130 K/s auf die Haltetemperatur T_1 = 840 °C erwärmten Probe aus Ferrit + Austenit + Karbiden besteht. Nach acht Sekunden ist die α/γ-Umwandlung abgeschlossen, aber erst nach 1000 Sekunden liegt homogener Austenit vor.

Ähnlich wie bei den ZTU-Schaubildern ist zu beachten, daß die Aussagefähigkeit des ZTA-Schaubildes von der Größe der für die Aufstellung des Schaubildes verwendeten Proben abhängt. Diese haben aus versuchstechnischen Gründen nur kleine Abmessungen. Die aus den Schaubildern unmittelbar ablesbaren Aussagen gelten daher nur für sehr dünnwandige Teile oder oberflächennahe Bereiche. Bei dickwandigen Teilen sind die erforderlichen Zeiten für das Durchwärmen zu berücksichtigen.

Das **ZTA-Austenitkornwachstum-Schaubild** zeigt die für die Praxis der Wärmebehandlung ebenfalls wichtige Auswirkung der Austenitisierungsbedingungen auf die Korngröße des erzeugten Austenits (Bild 4.53). Je stärker innerhalb bestimmter Bereiche das Austenitkornwachstum ist, um so *überhitzungsempfindlicher* ist der Stahl, und um so

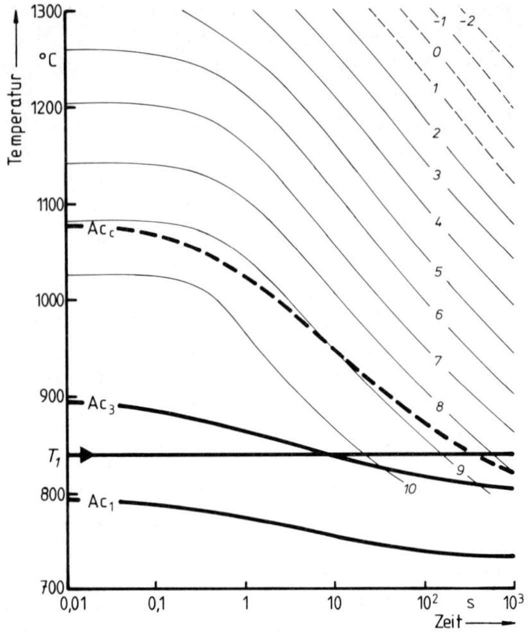

Bild 4.53 ZTA-Kornwachstum-Schaubild (isotherm), Werkstoff 15 CrNi 6
Aufheizen bis Haltetemperatur mit 130 °C/s
-2. . . 10: Austenitkorngröße nach ASTM
(nach Atlas zur Wärmebehandlung der Stähle)

genauer müssen die als günstig erkannten Wärmebehandlungstemperaturen eingehalten werden. Bei der Temperatur $T_1 = 840$ °C (vgl. Bild 4.52) besitzt der Austenit nach einer Haltezeit von ca. 20 Sekunden eine ASTM-Korngröße 10 (das entspricht einem mittleren Korndurchmesser von etwa 11 µm). Nach 150 Sekunden wächst die Korngröße auf ASTM 9 (ca. 16 µm), nach 520 Sekunden auf 8 (ca. 22 µm) und nach 2000 Sekunden auf 7 (ca. 32 µm).

Das Wachsen der Austenitkörner wird wirksam vermindert durch Art, Verteilung, Größe und Menge thermisch beständiger Phasen im Austenit. Sie bilden Hindernisse für die Bewegung der Korngrenzen. Solche Phasen sind z. B. Karbide, Nitride, die in den Feinkornbaustählen (siehe S. 198 ff) das feine Korn erzeugen, aber auch bei hohen Temperaturen (z. B. beim Schweißen) das Wachsen der Austenitkörner wirksam behindern.

Austenit ist homogen, wenn alle gelösten Legierungselemente (einschließlich Kohlenstoff) gleichmäßig verteilt sind. Dieser Zustand ergibt beim Abschrecken die niedrigste M_s-Temperatur und außerdem die höchste Abschreckhärte, wenn eine vollständige Martensitumwandlung erreicht wird. Geringere Härtewerte und höhere M_s-Temperaturen werden im *ZTA-Abschreckhärte-Schaubild* bzw. im *ZTA-Martensitbeginn-Schaubild* erfaßt. Diese Schaubilder, die indirekt den Grad der Austenithomogenität wiedergeben, können für die Wärmebehandlung von Bedeutung sein, wenn homogener Austenit mit zu grobem Korn verbunden ist.

Für Werkzeugstähle ist es oft von Vorteil, im Austenit einen gewissen Karbidanteil zu erhalten. Deshalb gibt es insbesondere für diese Stähle das *ZTA-Karbidauflösungs-Schaubild*, das Linien mit gleichem Karbidgehalt enthält.

4.5.6 Härteverfahren

4.5.6.1 Grundlagen, Begriffe

Nach DIN 17 014 versteht man unter Härten das Abkühlen von einer Temperatur oberhalb A_3 mit einer Geschwindigkeit, daß oberflächlich oder durchgreifend eine erhebliche Härtesteigerung, in der Regel durch Martensitbildung eintritt. Eine Umwandlung in Ferrit und Perlit muß in jedem Fall unterdrückt werden.

Die Neigung eines Werkstoffes zur Härtesteigerung beim beschleunigten Abkühlen wird als **Härtbarkeit** bezeichnet. Dieser Begriff umfaßt die

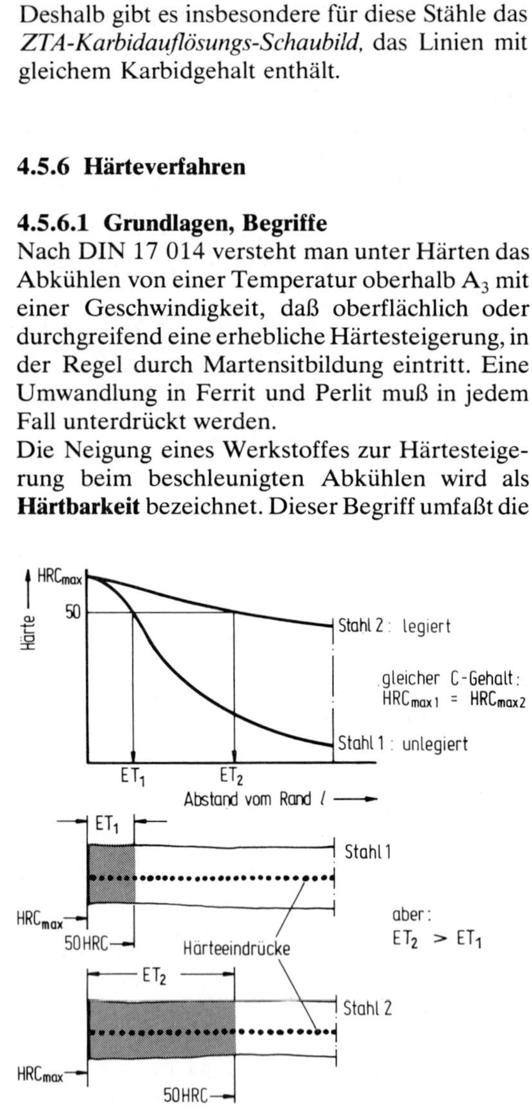

Bild 4.54 Schematische Darstellung der Aufhärtung und Einhärtung
ET = Einhärtungstiefe

Aufhärtbarkeit und Einhärtbarkeit. Die **Aufhärtbarkeit** kennzeichnet die höchste beim Härten erreichbareHärte, die in erster Linie vom *Kohlenstoffgehalt* des Stahles, nicht aber von der Art und Menge der Legierungselemente abhängig ist. Die **Einhärtbarkeit** wird gekennzeichnet durch die in einem bestimmten Querschnitt erreichbare Einhärtungstiefe und durch den Verlauf der Härte in Abhängigkeit vom Randabstand. Hierbei ist die (Einhärtungstiefe (ET) die Breite der Randschicht eines gehärteten Werkstückes, bis zu der eine bestimmte Härte vorhanden ist. Die Einhärtbarkeit wird entscheidend durch *Legierungselemente,* weniger stark durch den Kohlenstoff beeinflußt (Bild 4.54).

Die Höchsthärte wird nur erreicht, wenn der Kohlenstoff im Austenit vollständig gelöst ist, d. h., Härtetemperatur und Haltedauer müssen sehr genau eingehalten werden. Die erreichbaren Härten in Abhängigkeit vom Kohlenstoffgehalt und Martensitanteil im Gefüge zeigt Bild 4.55.

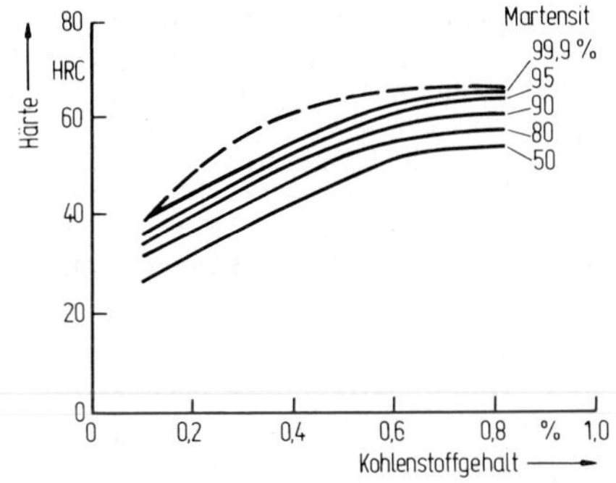

Bild 4.55 Einfluß des Kohlenstoffgehaltes auf Höchsthärte unlegierter und legierter Stähle (nach BURNS, MOORE, ARCHER)

Die Einhärtungstiefe von unlegierten Stählen ist wegen ihrer großen kritischen Abkühlgeschwindigkeit gering: die Tiefe der martensitischen Zone beträgt maximal etwa 5 mm. Man bezeichnet diese Stähle daher auch als **Schalenhärter.**

Grundsätzlich ist ein Gefüge mit feinverteilten Karbiden (Weichglühen, Vergüten) zum Härten am zweckmäßigsten.

Ein *feinkörniger Stahl* kann in einem wesentlich größeren Temperaturbereich austenitisiert werden, da er weit weniger zur Grobkornbildung neigt: Er ist *überhitzungsunempfindlicher,* die Temperaturführung ist einfacher. Gleichzeitig wird durch feines Korn aber die Umwandlung des Austenits in der Perlitstufe merklich erleichtert, so daß für gleiche Martensitmengen ein feinkörniger Stahl schneller abgekühlt werden muß als ein grobkörniger.

Untereutektoide Stähle werden bei Temperaturen von 30 °C-50 °C oberhalb Ac_3 austenitisiert und durch Abschrecken in Wasser, Öl oder Luft vollständig in Martensit umgewandelt, wenn die M_f-Temperatur (Bild 4.39) unterschritten wird (Bild 4.56). Bei höheren Kohlenstoffgehalten liegt M_f unterhalb der Raumtemperatur, so daß bei üblichem Abschrecken Restaustenit erhalten bleibt, der die Härte herabsetzt.

Übereutektoide Stähle werden i. a. von Temperaturen dicht oberhalb Ac_1 abgeschreckt. Der noch vorliegende Sekundärzementit (in körniger Form, nicht als Schalenzementit!) wird also nicht gelöst, d. h., Martensit entsteht nur aus dem austenitisierten Perlit. Zur vollständigen Lösung des Kohlenstoffs im Austenit müßte der Stahl bis zu Temperaturen oberhalb Ac_{cm} erwärmt werden (siehe Bild 4.7, S. 140). Die Folge wäre ein sehr großer Restaustenitgehalt nach dem Abkühlen. Wegen der hohen Glühtemperaturen entstünde ein grobkörniger, spröder Martensit.

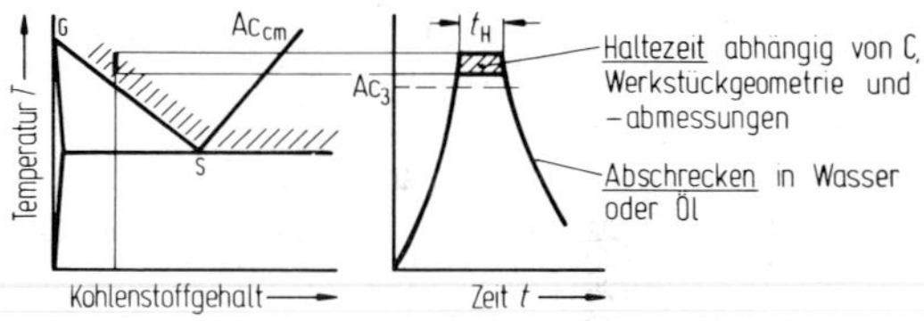

Bild 4.56 Härtetemperaturen von Fe-C-Legierungen

Durch *erhöhte Austenitisierungstemperaturen* entsteht grobes Korn, und die als Keime wirkenden Bestandteile (Karbide, Oxide, Nitride) werden gelöst. Die erschwerten Diffusionsbedingungen (grobes Korn) und das Fehlen von Keimen verringern die Umwandlungsneigung; bei gleicher Abkühlgeschwindigkeit nimmt der Martensitanteil, d. h. die Einhärtungstiefe, zu. Wegen des entstehenden groben, spröderen Martensits ist diese Methode nur begrenzt anwendbar.

Zum Verbessern der Härtbarkeit ist in manchen Vergütungsstählen ein vollständiges Auflösen der stabilen Karbide bei hohen Austenitisierungstemperaturen erforderlich. Die Gefahr der Grobkornbildung ist bei legierten Stählen i. a. solange nicht vorhanden, wie die das Kornwachstum hemmenden Karbide noch nicht aufgelöst sind. Die Haltezeiten können länger, die Temperaturen höher sein.

Wird nicht vollständig austenitisiert, d. h., liegt die Härtetemperatur unterhalb Ac_3, dann verursacht der nicht aufgelöste Ferrit im Härtegefüge *Weichfleckigkeit,* d. h. ungleichmäßige und zu niedrige Härte. Außerdem nimmt die Wechselfestigkeit erheblich ab.

4.5.6.2 Abschrecken, Abschreckmittel

Die *Wirkung* des Abschreckens hängt nach RUHFUS ab von:

- Härtbarkeit des Stahles (Kohlenstoff- und Legierungsgehalt),
- Abschreckvermögen des Abschreckmittels (Bild 4.57),
- Bewegung und Temperatur des Abschreckmittels,
- Wärmeleitfähigkeit des Werkstückes (nimmt mit zunehmendem Legierungsgehalt ab, siehe Bild 4.25),
- Abmessung und Form des Werkstücks,
- Verweilzeit des Werkstücks im Abschreckmittel,
- Oberflächenzustand (z. B. Zunder).

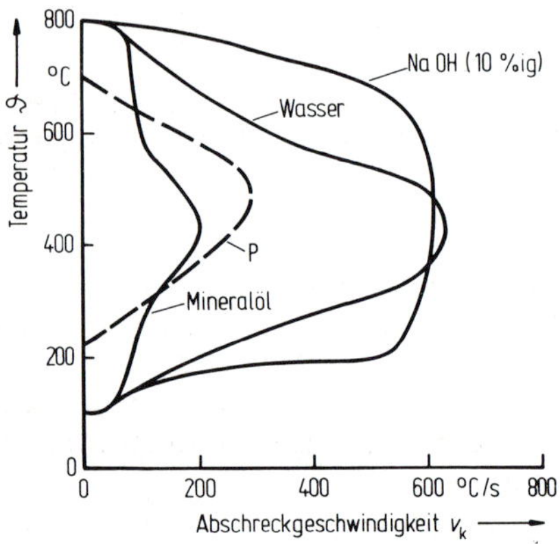

Bild 4.57 Wirkung verschiedener Abschreckmittel P = zur Perlitunterdrückung bei einem unlegierten Kohlenstoffstahl notwendige Mindestabkühlgeschwindigkeit (nach ROSE, ergänzt nach STÜDEMANN)

Bild 4.57 zeigt schematisch die *Abkühlgeschwindigkeit* in Wasser und Öl in Abhängigkeit von der Temperatur im Vergleich zu der für die Unterdrückung der Perlitstufe bei einem unlegierten Stahl notwendigen Mindestabkühlgeschwindigkeit P. Das optimale Abschreckmittel sollte im Bereich der Perlitbildung möglichst viel Wärme, im Bereich der Martensitbildung zur Verringerung der Rißgefahr möglichst wenig Wärme abführen. Bei Wasser bildet sich bei hohen Temperaturen eine *Dampfhaut,* die die Abkühlung stark behindert. Bei tieferen Temperaturen (< 600 °C) bricht der Dampfmantel zusammen, und die *Dampfblasen* steigen auf. Durch die direkte Berührung des Wassers werden dem Werkstoff große Wärmemengen (Verdampfungswärme) entzogen: die Abkühlgeschwindigkeit erreicht ihr Maximum (400 °C–500 °C). Bei noch tieferen Temperaturen erfolgt die Wärmeabfuhr lediglich durch *Konvektion,* d. h., die Abschreckwirkung nimmt wieder stark ab.

Zusätze von Salzen (NaOH, NaCl) erhöhen wesentlich die Verdampfungstemperaturen, d. h., die größte Abschreckwirkung erfolgt bei höheren Temperaturen als bei reinem Wasser. Die Einhärtungstiefe nimmt zu und die Rißgefahr beim Härten deutlich ab.

Die Abschreckwirkung der *Härteöle* ist etwa 3mal geringer als die von Wasser, sie ist aber im kritischen Bereich zwischen 450 °C und 550 °C am größten und relativ unabhängig von der Badtemperatur. Nach Möglichkeit werden Öle verwendet, die mit Wasser von der Werkstückoberfläche abgewaschen werden können, dadurch verringern sich die Reinigungskosten erheblich.

4.5.6.3 Einfaches Härten, kontinuierliches Härten

Aus unlegierten Stählen können wegen der erforderlichen hohen Abkühlgeschwindigkeit nach diesem Verfahren nur geometrisch sehr einfache Werkstücke gehärtet werden, bei denen es besonders auf eine hohe Verschleißfestigkeit ankommt. Bei kompliziert geformten Bauteilen besteht wegen der großen Temperaturdifferenz von Rand und Kern ausgeprägte Verzugs- und Rißgefahr. Zum Härten solcher Teile müssen daher Werkstoffe mit entsprechend niedrigen kritischen Abkühlgeschwindigkeiten, d. h. legierte oder hochlegierte Stähle verwendet werden.

In jedem Fall muß sofort nach dem Härten bei etwa 150 °C angelassen werden, um dem Werkstück die stark rißbegünstigende *Glashärte* zu nehmen (siehe S. 173).

4.5.6.4 Gebrochenes Härten

Von der Härtetemperatur wird das Werkstück zunächst schroff (meist in Wasser) auf 300 °C bis 400 °C abgeschreckt und anschließend, ohne den Temperaturausgleich zwischen Kern und Rand abzuwarten, in Öl abgekühlt (Bild 4.58). Dadurch gelingt es, die Vorteile hoher Abschreckwirkung im oberen Temperaturbereich (Perlitbildung wird unterdrückt) mit denen einer geringen Abkühlgeschwindigkeit (geringere Temperaturdifferenzen, d. h. geringere Rißneigung) zu verbinden.

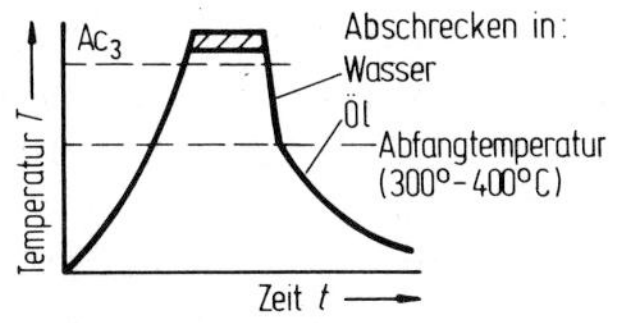

Bild 4.58 Temperatur-Zeit-Verlauf beim gebrochenen Härten

Das Verfahren erfordert einige Erfahrungen (Abfangtemperatur). Die Vorteile sind aber z. B. gegenüber dem Warmbadhärten bei etwa gleichem Aufwand wesentlich geringer. Das gebrochene Härten wird daher in der Praxis relativ selten angewendet.

4.5.6.5 Warmbadhärten, isothermes Härten

In einem Warmbad (Salz- oder Metallbad), dessen Temperatur T_w kurz oberhalb M_s des zu härtenden Stahles eingestellt ist, wird das austenitisierte Werkstück abgeschreckt (Bild 4.59). Der unterkühlte Austenit wird bis zum Temperaturausgleich gehalten. Durch anschließendes *langsames* Abkühlen in Öl oder an Luft entsteht Martensit mit merklich geringeren Umwandlungsspannungen.

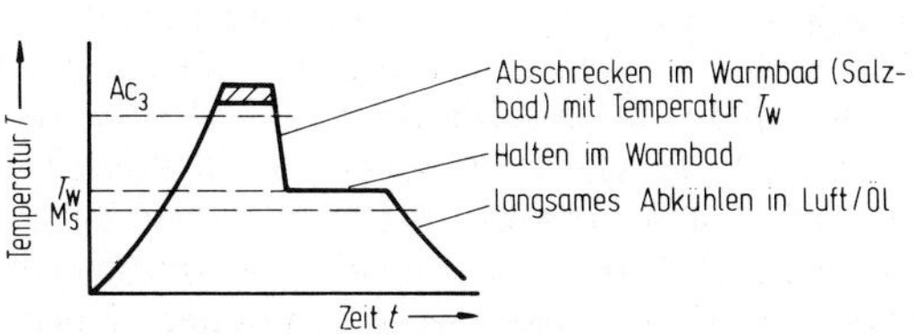

Bild 4.59 Temperatur-Zeit-Verlauf beim Warmbadhärten

Während des Temperaturausgleiches werden die gefährlichen thermischen Spannungen im gut verformbaren Austenit abgebaut. Die Haltezeit muß so begrenzt werden, daß keine vorzeitige Umwandlung in der Zwischenstufe erfolgt. Die erforderliche schroffe Abkühlung im Warmbad – eine Umwandlung in der Perlitstufe muß verhindert werden – bedeutet, daß nur relativ kleine Teile durchhärten.

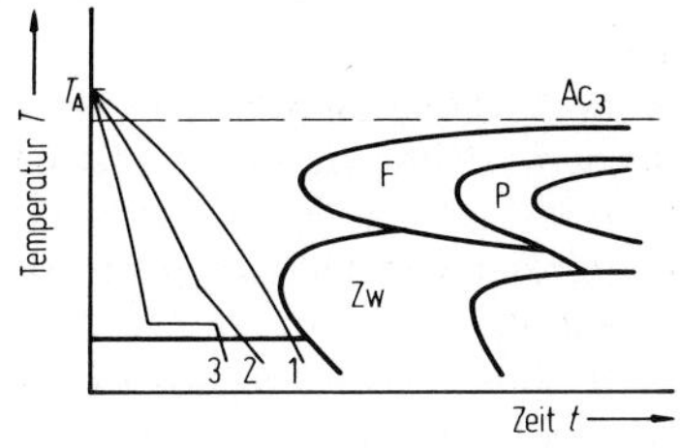

Bild 4.60 Schematische Darstellung der Abkühlverläufe beim Härten im kontinuierlichen ZTU-Schaubild

Die M_s-Temperatur der Stähle darf nicht zu groß sein, weil durch die dann günstigen Diffusionsbedingungen nicht ausreichend lange Haltezeiten zur Verfügung stehen. Daher verwendet man vorzugsweise Stähle mit Kohlenstoffgehalten von etwa 0,6 % an (Vergütungsstähle, Werkzeugstähle), die eine Warmbadtemperatur von 180 °C bis 240 °C erfordern.
Bild 4.60 zeigt zusammenfassend typische Abkühlverläufe der Härteverfahren im ZTU-Schaubild.

4.5.6.6 Härtespannungen

Im Werkstück entstehen beim Abkühlen von der Härtetemperatur

- *Thermische Spannungen* (verursacht durch Temperaturunterschiede zwischen Rand und Kern) und
- *Umwandlungsspannungen,* die vor allem bei Werkstücken mit unterschiedlichen Querschnitten zu Verzug und/oder Rissen führen können.

Die **Umwandlungsspannungen** entstehen durch das größere Volumen des tetragonal verzerrten Martensits gegenüber dem Ausgangsgefüge. Diese Druckspannungen überlagern sich in kaum vorhersehbarer Weise den thermischen Spannungen. Sie nehmen mit zunehmendem Kohlenstoffgehalt zu und begünstigen bei höhergekohlten Stählen die (Härte-)Rißneigung erheblich.
Die **thermischen Spannungen** lassen sich nur durch geringe Abkühlgeschwindigkeiten klein halten. Daraus ergibt sich die zwingende Notwendigkeit, beim Abkühlen die kritische Abkühlge-

schwindigkeit möglichst wenig zu überschreiten. Wenn ein vollständiges Durchhärten nicht erforderlich ist, kann der Verlauf der Abkühlung für die gewünschte Werkstoffhärte einfach aus dem (kontinuierlichen) ZTU-Schaubild des betreffenden Stahles entnommen werden.
Bei höhergekohlten Stählen können die Umwandlungsspannungen nach dem Härten noch größer werden, wenn ein Teil des Restaustenits nachträglich in Martensit umwandelt. Daher sollten die gehärteten Werkstücke sofort bei 100 °C bis 200 °C angelassen werden. Die Spannungen werden merklich abgebaut, aber die Härte nur unwesentlich verringert (siehe S. 173). Weiterhin wird der noch vorhandene Restaustenit stabilisiert, d. h., seine Umwandlungsneigung wird stark vermindert. Diese Tatsache ist für Meßzeuge oder sehr maßgenau herzustellende Teile von besonderer Bedeutung: Die durch die Umwandlung des Restaustenits entstehende Volumenvergrößerung erzeugt sonst Verzug.

4.5.6.7 Härtbarkeitsprüfung

Das Härteverhalten der Stähle (Härtbarkeit) kann einfach und zuverlässig mit dem **Stirnabschreck-Versuch** nach DIN 50 191 (JOMINY-*Probe*) festgestellt werden (Bild 4.61). Ein genormter Prüfkörper wird austenitisiert und anschließend nach definierten Bedingungen abgeschreckt. Härtemessungen auf zwei parallel zur Zylinderachse angeschliffenen Flächen, die um 180 ° versetzt sind, ergeben sowohl die:

- *Aufhärtbarkeit* (= Höchsthärte) als auch die
- *Einhärtbarkeit* (= Härteverlauf). Hierfür kann die gemessene Stirnabschreck-Härtekurve dienen, die z. B. vollständig zwischen den bei der Güteprüfung des Eisenwerkstoffs bestimmten Kurven liegen muß. Sie stellt damit die Grenzkurve für Annahme bzw. Ablehnung dieses Werkstoffs dar. Die gewünschten Anforderungen können aber auch durch die geforderte Härte (Höchstwert, Kleinstwert, Härtebereich) in einem bestimmten Abstand von der abgeschreckten Stirnfläche festgelegt werden. Dieser Abstand wird durch ein Kurzzeichen J für die Härtbarkeit angegeben, dem z. B. der Zahlenwert der Härte (meistens HRC) und der des Abstandes von der Stirnfläche folgt.

Beispiel:

J 40–18: In einem Abstand von 18 mm von der Stirnfläche muß eine Härte von 40HRC vorhanden sein,

J 45–8.16: In einem Abstand von mindestens 8 mm höchstens 16 mm von der Stirnfläche muß eine Härte von 45HRC vorhanden sein.

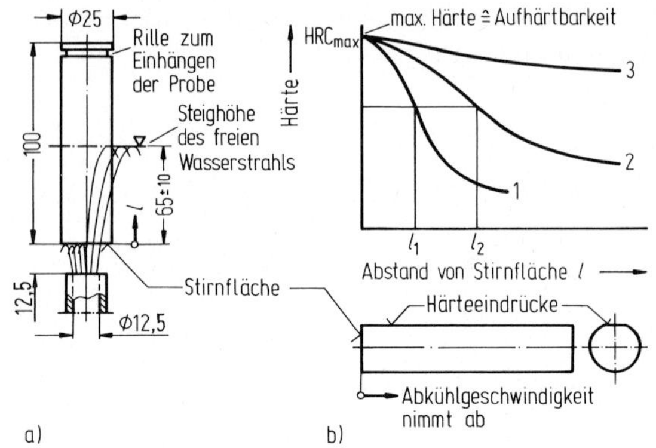

Bild 4.61 a) Versuchsanordnung zum Prüfen der Härtbarkeit mit dem Stirnabschreckversuch nach DIN 50 191 (JOMINY-Probe)
b) typischer Verlauf der Stirnabschreck-Härtekurven für drei verschiedene Stähle (schematisch)

Die in Bild 4.61b dargestellten Härtekurven zeigen das Härteverhalten von drei verschiedenen Stählen mit gleichem Kohlenstoffgehalt (gleiche maximale Härte!):

- *unlegierter Stahl,* sehr schneller und plötzlicher Abfall der Höchsthärte, Einhärtungstiefe l_1 (Kurve 1),
- *niedriglegierter Stahl,* größere Einhärtungstiefe l_2 (Kurve 2),
- *höher legierter Stahl,* extrem große Einhärtungstiefe, härtet auch bei sehr geringen Abkühlgeschwindigkeiten, d. h. bei großen Abständen von der Stirnfläche noch voll durch (Kurve 3).

Man beachte, daß wegen der definierten Probenabmessungen und Abkühlbedingungen jedem Stirn-Abstand l_i eine bestimmte Abkühlgeschwindigkeit zugeordnet ist. Allerdings muß die Wärmeleitfähigkeit der Stähle vergleichbar sein.

Ein weiteres Verfahren zum Bestimmen der Härtbarkeitseigenschaften ist die **Härtegrenzenbestimmung.** Hierbei werden Proben des zu untersuchenden Stahles von verschiedenen Härtetemperaturen abgeschreckt und gebrochen. Aus dem Bruchgefüge kann die Einhärtungstiefe ermittelt und der Temperaturbereich festgestellt werden, in dem der Stahl feinkörnig bleibt.

Die Besonderheiten dieses Verfahrens sind:
- die Ergebnisse sind unmittelbar für die Härtereipraxis verwendbar,
- Rückschlüsse auf Bauteile anderer Abmessungen und andere Abschreckmittel sind nur bedingt möglich.

4.5.7 Vergüten

4.5.7.1 Normales Vergüten (Anlaßvergüten)

Der abgeschreckte, tetragonal verspannte Martensit ist im allgemeinen so hart und spröde, daß er in dieser Form nicht verwendet werden kann. Die Verspannung und damit die Härte des Martensits wird durch eine Wärmebehandlung bei Temperaturen unterhalb Ac_1, dem **Anlassen,** verringert. Das Ungleichgewichtsgefüge Martensit wird damit in einen gleichgewichtsnäheren, also stabileren Zustand überführt.

Unter **Vergüten** versteht man die kombinierte Wärmebehandlung Härten und nachfolgendes Anlassen.

Die Eigenschaftsänderungen beim Anlassen beruhen auf der mit der Anlaßtemperatur zunehmenden Beweglichkeit der Kohlenstoff- und Eisenatome. Es lassen sich im allgemeinen bei unlegierten und niedriglegierten Stählen drei Anlaßstufen unterscheiden:

- *Anlaßstufe 1*

  Bei Temperaturen von 100 °C bis 200 °C scheiden sich feinstverteilte Eisenkarbide Fe_2C (ε-Karbid) aus, wodurch vor allem die gefährlichen Gitterspannungen gemindert werden. Der tetragonale Martensit wandelt sich in den weniger verspannten *kubischen Martensit* um, und das Volumen wird geringer (Verzug, Vorsicht bei Meßwerkzeugen o. ä.). Die Härteabnahme ist gering, aber das Beseitigen der »Glashärte« macht den Stahl erst verwendbar. Diese Anlaßstufe wird noch nicht als Vergüten bezeichnet.

- *Anlaßstufe 2*

  Bei Temperaturen von 200 °C bis 350 °C wird die Beweglichkeit der Kohlenstoffatome so groß, daß sich Fe_3C in feinverteilter Form ausscheidet. Der kubische Martensit wird weiter entspannt, d. h., Zugfestigkeit und Härte fallen merklich, die Streckgrenze kaum. Die *feinen Karbide* behindern wirkungsvoll die Versetzungsbewegung, d. h., sie erschweren das Abgleiten. In dem bei höhergekohlten Stählen stets vorhandenen Restaustenit scheiden sich ebenfalls Karbide aus. Da der Gehalt an gelöstem Kohlenstoff abnimmt, steigen M_s- und M_f-Temperatur des Restaustenits, so daß er sich bei der anschließenden Abkühlung in kubischen Martensit umwandelt.

  Bei höheren Gehalten kann der Restaustenit auch nach dem Mechanismus der unteren Zwischenstufe zerfallen. Prinzipiell hängt die Art des Zerfalls von der Zusammensetzung des Stahles ab.

  Die Eigenschaftsänderungen beim Anlassen unlegierter Stähle hängen praktisch nur von der (großen) Beweglichkeit der Kohlenstoffatome in der Martensitmatrix ab. Die Fe_3C-Ausscheidungen können sich daher schon bei niedrigen Temperaturen bilden und werden schnell größer. Über etwa 400 °C erweicht der Stahl schnell. Unlegierte Stähle sind also wenig anlaßbeständig. Legierungselemente, die Karbidbildner sind (Cr, Mo, V, W), verändern aber den Bildungsmechanismus der Karbide entscheidend. Bei Anlaßtemperaturen bis etwa 400 °C entstehen auch bei den legierten Vergütungsstählen überwiegend Fe_3C-Ausscheidungen. Über 400 °C bis 450 °C wird die Diffusionsfähigkeit der Karbidbildner dann so groß, daß sich die thermodynamisch wesentlich stabileren legierten Karbide *(Sonderkarbide)* bilden können. Das bereits vorhandene Fe_3C wird zugunsten der stabileren Sonderkarbide gelöst. Die Bildungsgeschwindigkeit dieser Karbide ist im Vergleich zu der des Fe_3C sehr gering, weil die langsam diffundierenden Karbidbildner außerdem auch die Kohlenstoffbeweglichkeit herabsetzen. Die Vorgänge der Sonderkarbidbildung beim Anlassen legierter Stähle werden häufig auch als 4. *Anlaßstufe* bezeichnet. Die Vorteile der *anlaßbeständigen* legierten Vergütungsstähle sind demnach:
  - Die um Größenordnungen geringere Diffusionsfähigkeit der Karbidbildner verschiebt die Sonderkarbidbildung, d.h. den Festigkeitsabfall, zu höheren Temperaturen und längeren Zeiten.
  - Die ausgeschiedenen Sonderkarbide sind erheblich feiner als die Eisenkarbide. Dadurch ergibt sich eine zusätzliche Festigkeitssteigerung (siehe Bild 4.107, S. 221).

- *Anlaßstufe 3*

  Bei Temperaturen oberhalb von 350 °C bis Ac_1 koagulieren die *Karbide* zu größeren im Lichtmikroskop sichtbaren Partikeln, die Zugfestigkeit nimmt weiter ab, die Verformbarkeit, insbesondere die Kerbschlagzähigkeit nimmt zu.

In den meisten Fällen werden die Vergütungsstähle in einem Temperaturbereich zwischen 550 °C und 650 °C angelassen. Dadurch wird eine für die Konstruktionspraxis besonders wichtige Eigenschaftkombination erreicht. Eine noch ausreichende Streckgrenze, verbunden mit einer für die Sprödbruchsicherheit wichtigen, erstaunlich hohen Kerbschlagzähigkeit ist das Ergebnis.
Wie bei jedem diffusionsgesteuerten Vorgang hängen die Eigenschaftsänderungen von der Anlaßtemperatur ab. Der Einfluß der Temperatur ist wesentlich größer und kann nur in engen Grenzen durch Verändern der Zeit ausgeglichen werden. Dieser Zusammenhang kommt sehr deutlich in dem von Hollomon und Jaffe ermittelten Parameter P zum Ausdruck:

$$P = T \cdot (\lg t + c)$$

T = Anlaßtemperatur in K
t = Anlaßzeit in Sekunden
c = werkstoffabhängige Konstante.
(Sie liegt für die meisten Stähle im Bereich 10 bis 20).

Der Parameter P wird danach durch die Anlaßtemperatur wesentlich stärker verändert als durch die Anlaßzeit[1]. Aus diesem Grunde werden die Glühanweisungen für die Anlaßbehandlung in erster Linie durch die Anlaßtemperatur festgelegt. Die Glühzeit ist relativ unwichtig. Sie liegt im Bereich von einigen Stunden. Bild 4.62 zeigt den Härteabfall beim Anlassen in Abhängigkeit von dem Parameter P für einen hochgekohlten Stahl. Damit kann abgeschätzt werden, welche Kombinationen von T und t für eine gewünschte Anlaßhärte gewählt werden können.

Der Erfolg der Anlaßbehandlung wird durch Zug- und Kerbschlagversuche nachgewiesen. Die große *Bedeutung* des Vergütens beruht darauf, daß in Abhängigkeit von der Anlaßtemperatur die Festigkeits- und Zähigkeitswerte in einem sehr großen Bereich (zwischen den Gefügezuständen martensitisch und weichgeglüht!) zu beeinflussen, d. h. optimal an die Bedürfnisse des Konstrukteurs anzupassen sind. Weiterhin wird die für die Bemessung der Bauteile wichtige Streckgrenze sowie die dynamische Beanspruchbarkeit erheblich erhöht, ohne daß die Verformbarkeit unzulässig vermindert wird. Die Mikroaufnahmen (Bilder 4.63 bis 4.65) zeigen eindrucksvoll die außerordentliche »Vergütung« des Sekundärgefüges eines unlegierten Gußwerkstoffes ($C \approx 0{,}25$ %) selbst im Vergleich zum Normalisieren.

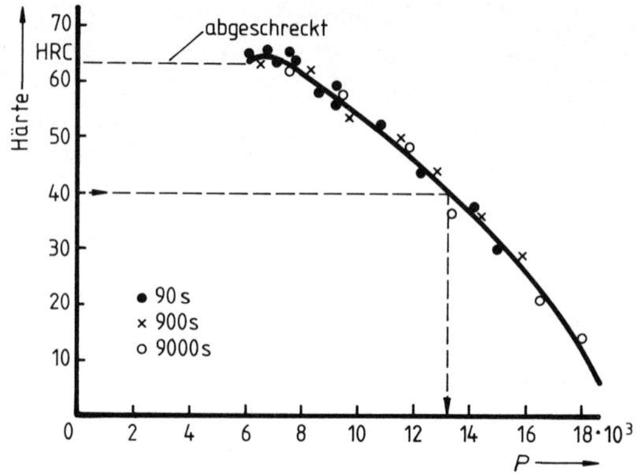

Bild 4.62 *Härteabfall beim Anlassen eines vollständig durchgehärteten Kohlenstoffstahles mit 0,56 % C (nach Jaffe und Hollomon)*
Zeit-Temperatur-Parameter $P = T(14{,}3 + \lg t)$
Beispiel:
Eine gewünschte Anlaßhärte von 40 HRC wird erreicht, wenn der Parameter $P = 13 \cdot 10^3$ beträgt. Bei einer Anlaßtemperatur von 500 °C beträgt die erforderliche Anlaßzeit t = 5,5 min, bei 400 °C sind etwa 29 h erforderlich

Bild 4.66 zeigt die Wärmebehandlung beim Vergüten. Je nachdem, welches Medium zum Härten angewendet wird, spricht man vom *Wasser-, Öl-* oder *Luftvergüten.* Wegen der relativ geringen Temperaturen ist die Haltezeit beim Anlassen (t_{HA}) etwa doppelt so groß wie beim Härten (t_{HH}). Damit wird sichergestellt, daß die erforderlichen Diffusionsvorgänge (Ausscheiden von Fe_3C) vollständig ablaufen können. Für die Sicherheit vergüteter Bauteile muß die Betriebstemperatur unter der Anlaßtemperatur liegen (sonst Festigkeitsabnahme!). Der Konstrukteur

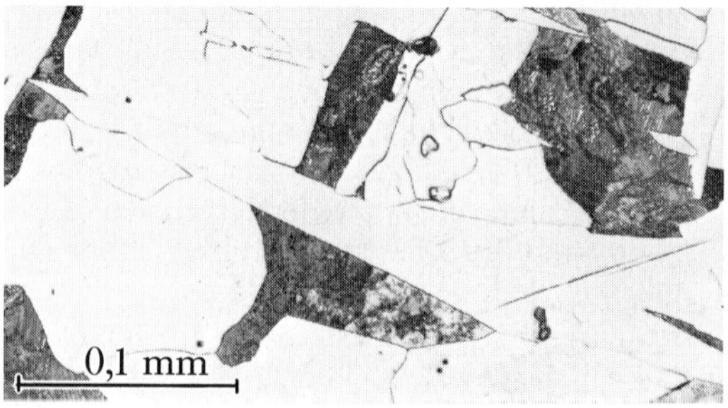

Bild 4.63 *GS-C 25, Gußgefüge, Kerbschlagarbeit A_V (ISO-V) ≈ 14 J*

[1] Wird bei T = konst. t von praxisüblichen 5000 s ≈ 1,4 h verdoppelt, dann wird P mit einem mittleren Wert der Konstanten c ≈ 15 nur um 2 % erhöht.

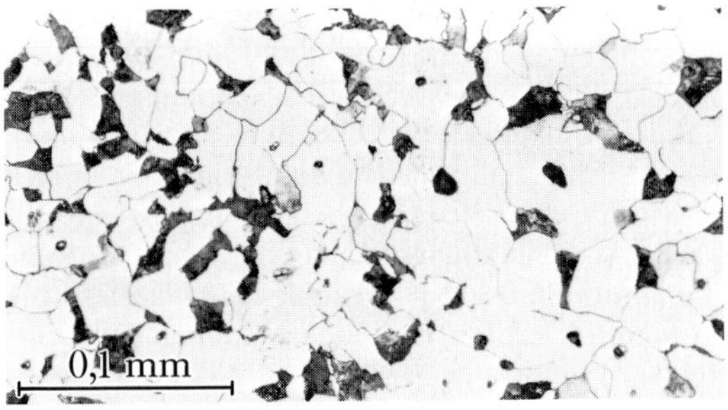

Bild 4.64 GS-C 25, normalgeglüht, Kerbschlagarbeit A_V (ISO-V) ≈ 71 J

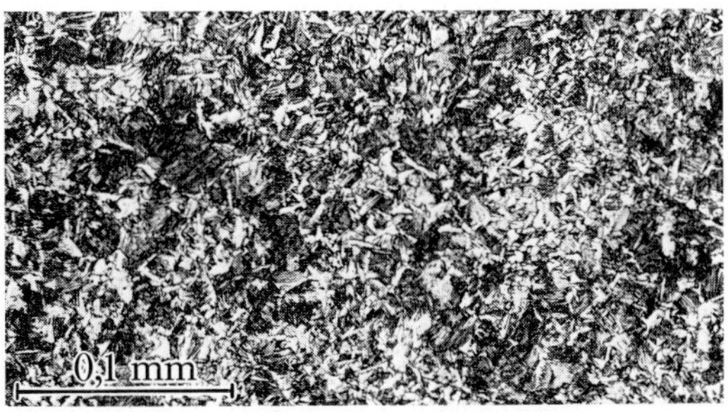

Bild 4.65 GS-C 25, vergütet, Kerbschlagarbeit A_V (ISO-V) ≈ 86 J

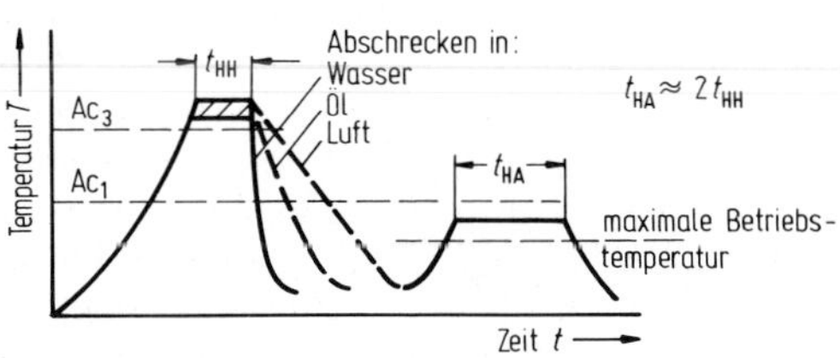

Bild 4.66 Temperatur-Zeit-Verlauf beim Vergüten

findet die mit der Anlaßtemperatur sich kontinuierlich ändernden Eigenschaften der Vergütungsstähle in **Vergütungsschaubildern.** Bild 4.67 zeigt ein derartiges Schaubild für den Vergütungsstahl 50 CrV 4. Bemerkenswert ist die große Zunahme der Kerbschlagzähigkeit mit der Anlaßtemperatur (siehe auch Bild 3.80).

Neben der erheblich verbesserten Zähigkeit werden durch das Vergüten auch die Unterschiede der mechanischen Gütewerte zwischen Kern und Rand ausgeglichen. Diese Erscheinung wird als **Durchvergüten** bezeichnet und durch Angabe ei-

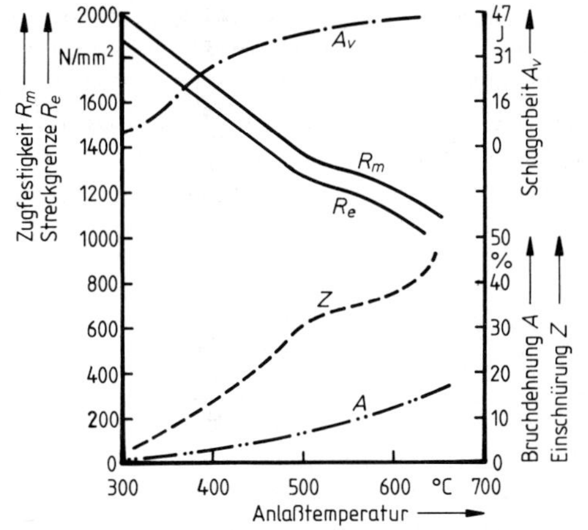

Bild 4.67 Vergütungsschaubild des Vergütungsstahles 50 CrV 4 (nach WIRTZ)

nes maximalen Durchmessers beim Vergütungsschaubild quantitativ festgelegt.

Ein Durchvergüten kann auch ohne vollständiges Durchhärten erreicht werden, solange sich im Kern des Werkstücks noch »anlaßfähiges« Gefüge, z. B. Zwischenstufe, Sorbit oder Troostit befindet. In diesen Gefügen wird der Zementit durch hohes Anlassen kugelig eingeformt und damit die Gütewerte verbessert (Festigkeit fällt, Zähigkeit steigt).

Im Bild 4.68 sind diese Vorgänge schematisch dargestellt. Um die stabileren Ungleichgewichtsgefüge Sorbit und Troostit anzulassen, sind höhere Temperaturen erforderlich als zum Anlassen des Martensits.

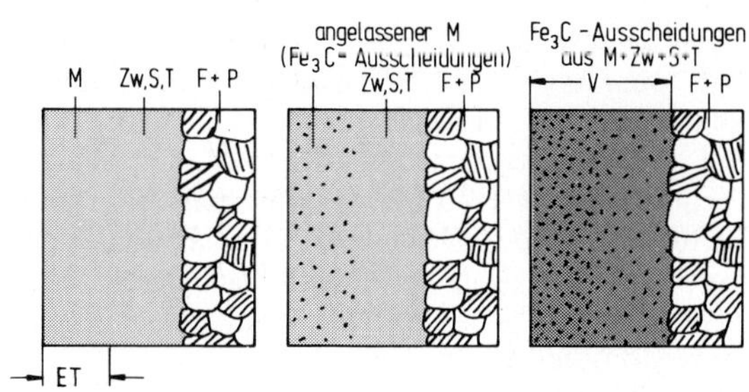

Bild 4.68 Schematische Darstellung der beim Vergüten ablaufenden Gefügeänderungen
a) gehärtet, ET = Einhärtungstiefe
b) niedrige Anlaßtemperatur, nur M wird angelassen
c) hohe Anlaßtemperatur, M, Zw, S und T werden angelassen, V = Vergütungstiefe
F + P = ferritisch-perlitisches Gefüge, M = Martensit, S = Sorbit, T = Troostit, Zw = Zwischenstufengefüge

Das Abkühlen von der Anlaßtemperatur soll mit Rücksicht auf eine möglichst weitgehende Spannungsfreiheit der Bauteile langsam erfolgen. Bei Mangan-, Chrom-, Chrom-Mangan- und Chrom-Nickel-Stählen (vor allem in Anwesenheit von Vanadium) verringert sich die Kerbschlagzähigkeit, insbesondere die Übergangstemperatur wird zu wesentlich höheren Temperaturen verschoben (Bild 4.69). Diese **Anlaßversprödung** ist besonders stark ausgeprägt bei Anlaßtemperaturen zwischen 425 °C und 525 °C. Sie entsteht nach langzeitigem Halten in diesem Temperaturbereich und/oder langsamer Abkühlung. Bemerkenswert ist, daß die Versprödung im allgemeinen nicht durch den Zugversuch bei Raumtemperatur nachgewiesen werden kann.

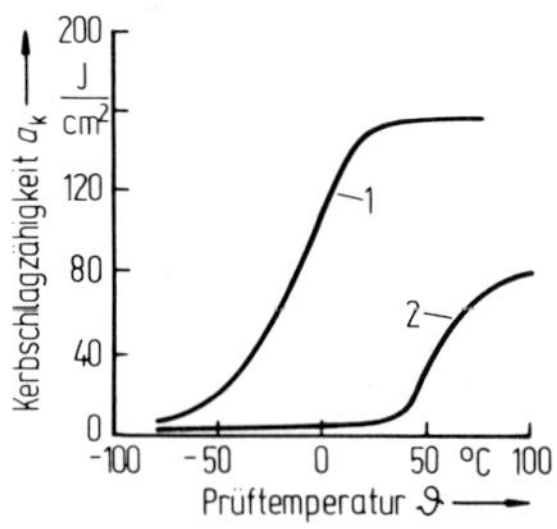

*Bild 4.69 Wirkung der Anlaßversprödung auf die Kerbschlagzähigkeit des Stahles 24 CrNi 9 (nach Eckstein) 1: geglüht 32 h 630 °C
2: geglüht 32 h 530 °C*

Bei einem beschleunigten Abkühlen in Wasser oder Öl ist die Zähigkeitsabnahme deutlich geringer. Wegen der dadurch entstehenden gefährlichen Spannungen ist diese Methode aber vor allem bei dickwandigen Bauteilen nicht anwendbar. Die Ursache der Anlaßversprödung ist nicht genau bekannt. Mit einiger Sicherheit beruht sie auf Ausscheidungen (feinste Karbide, Spurenelemente) an den Korngrenzen, die bei manchen Stählen mit speziellen Ätzmitteln sichtbar gemacht werden können. Durch Zulegieren von Molybdän (0,2%–0,5%) oder Wolfram (1%) tritt Anlaßsprödigkeit bei den üblichen Anlaßtemperaturen und Abkühlgeschwindigkeiten nicht mehr merklich auf, ohne daß sie vollständig beseitigt wäre.

4.5.7.2 Zwischenstufenvergüten

Diese Wärmebehandlung läßt sich aus Gründen, die später erläutert werden (siehe S. 186) nur bei bestimmten legierten Stählen durchführen. Voraussetzung ist, daß der Stahl ein in Bild 4.70 schematisch dargestelltes Umwandlungsverhalten zeigt. Der austenitisierte Stahl wird in einem Metall- oder Salzbad abgeschreckt, dessen Temperatur im Bereich der Zwischenstufe liegt (T_Z). Ähnlich wie beim Warmbadhärten können sich die thermischen Spannungen in dem gut verformbaren Austenit leicht abbauen. Durch die *isotherme Umwandlung* des Austenits in Zwischenstufe werden weiterhin die Gefügespannungen wesentlich vermindert, da dieser Vorgang diffusionskontrolliert ist. Wegen der großen Ähnlichkeit des Zwischenstufengefüges mit angelassenem Martensit (Ferrit mit feinen Karbidausscheidungen) bezeichnet man diese Behandlungen ebenfalls als »Vergüten«.

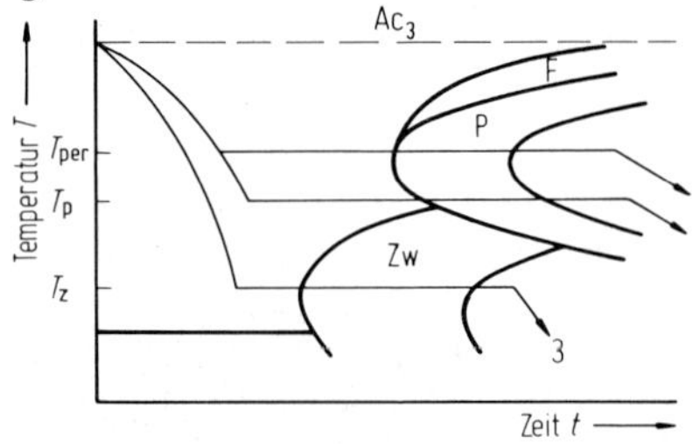

*Bild 4.70 Zeit-Temperatur-Verlauf beim Zwischenstufenvergüten und beim Patentieren, dargestellt im ZTU-Schaubild
Abkühlkurve 1: Perlitisieren
2: Patentieren
3: Zwischenstufenvergüten*

Das Zwischenstufenvergüten bietet bei rißempfindlichen Stählen oder bei kompliziert geformten Bauteilen große Vorteile: Wegen der geringeren thermischen Spannung sind Verzug und Rißneigung geringer, die dynamische Beanspruchbarkeit größer und eine Neigung zur Anlaßversprödung nicht mehr vorhanden. Es läßt sich aber ebenso wie das Warmbadhärten nur für relativ kleine Werkstücke anwenden, da das Abkühlen auf T_Z sehr rasch erfolgen muß. Selbst geringe Mengen an Ferrit, Perlit oder Martensit verringern die hervorragende Zähigkeit dieses Gefüges spürbar. Bild 4.35 zeigt reines Zwischenstufengefüge des Vergütungsstahles 37 MnSi 5. *Reines* Zwischenstufengefüge ist nur durch isotherme, *nicht* durch kontinuierliche Temperaturführung erreichbar.

4.5.7.3 Patentieren – Perlitisieren

Durch eine entsprechende Temperaturführung (Bild 4.70) wird beim Patentieren das sehr feinstreifige sorbitisch-troostitische Gefüge erzeugt, daß sich sehr gut kaltverformen läßt (z.B. Drahtziehen). Die hohe Kaltverfestigung erlaubt die Herstellung von Drähten sehr hoher Zugfestigkeit (3000 N/mm^2 und mehr). Je nachdem, in welchem Medium der austenitisierte Werkstoff abgeschreckt wird, unterscheidet man Blei-, Salz- und Luftpatentieren.

4.5.8 Verfahren zum Härten oberflächennaher Schichten

Bei einer Reihe von Maschinenteilen, wie z. B. Bolzen, Zapfen, Wellen, Zahnrädern, Maschinenbetten wird die geforderte *Verschleißfestigkeit* oder hohe *Druckbelastbarkeit* durch Härten der Oberfläche (einige 0,1 mm bis 2 mm Dicke) erreicht, wobei der Kern zäh bleibt. Durch die *örtliche* Härtung werden außerdem die Umwandlungsspannungen und der Verzug verringert.

Das Oberflächenhärten kann nach folgenden Methoden erfolgen:

- *Vollständiges Durchwärmen* des Werkstücks auf Härtetemperatur mit nachfolgendem Abschrecken. Hierfür eignen sich nur unlegierte, also schlecht härtbare Stähle (Schalenhärter), da nur eine dünne Oberflächenschicht härten soll. Die technische Bedeutung dieses Verfahrens ist gering.
- *Erwärmen einer oberflächennahen Schicht* (begrenztes Wärmeeinbringen) auf Härtetemperatur mit nachfolgendem Abschrecken: Die Änderung des Werkstoffzustandes der Randschicht wird ohne Änderung der chemischen Zusammensetzung des Stahles erreicht. Das *Flammhärten* und das *Induktionshärten* wird

Tab. 4.8: Zusammenstellung einiger Wärmebehandlungsverfahren zum Ändern der Randschichteigenschaften (nach Beratungsstelle für Stahlverwendung)

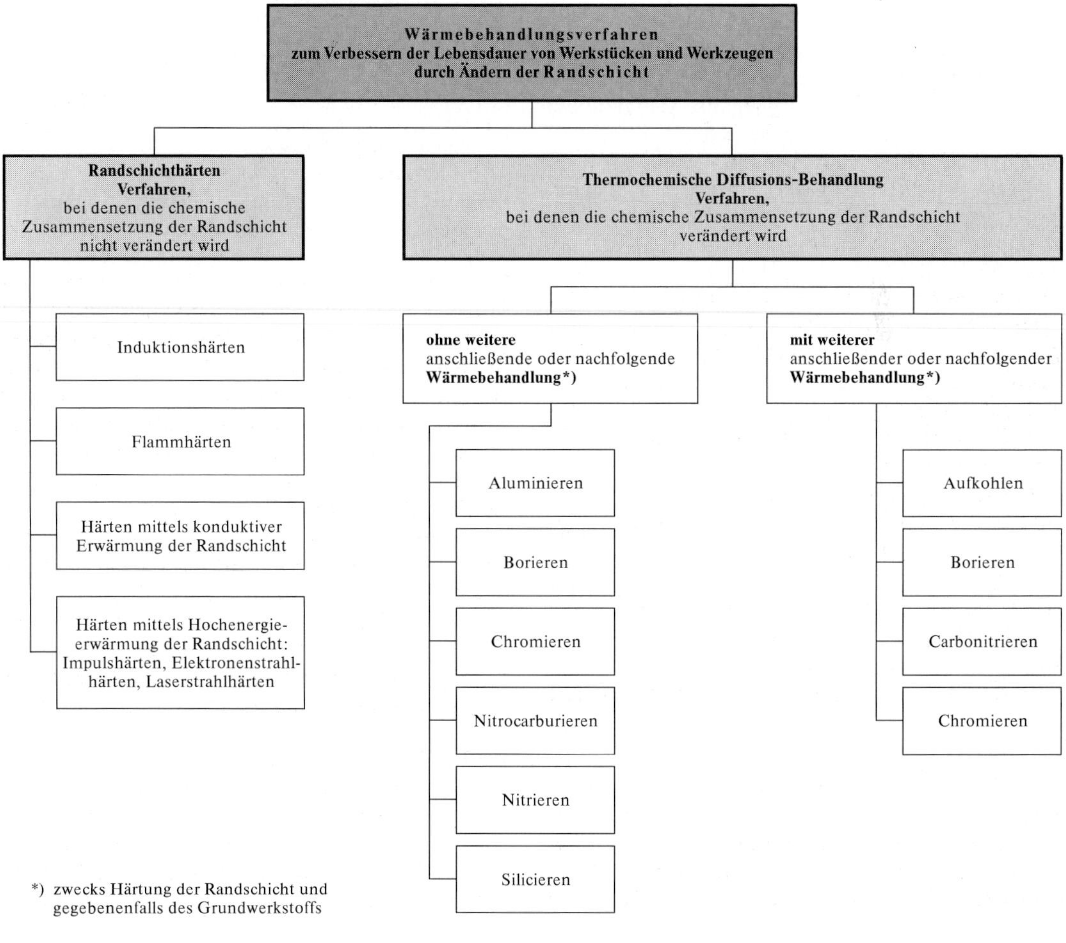

daher auch allgemein als **Randschichthärten** bezeichnet.

- *Änderung des Werkstoffzustandes der Randschicht bei gleichzeitigem Ändern der chemischen Zusammensetzung:* Bei diesen thermochemischen Diffusionsbehandlungen wird die Werkstoffrandschicht mit Fremdatomen (z. B. C, N, Cr, Si) angereichert. Es lassen sich so Stähle erzeugen, die ohne (z. B. Nitrieren) oder durch eine nachfolgende Wärmebehandlung (z. B. Einsatzhärten) die gewünschte Oberflächenhärte erhalten.

Tab. 4.8 zeigt eine Zusammenstellung von Wärmebehandlungsverfahren zum Ändern von Randschichteigenschaften.

4.5.8.1 Verfahren mit begrenztem Wärmeeinbringen

Flammhärten

Das erforderliche intensive Aufheizen der Werkstückoberfläche wird mit Gasbrennern erreicht. Als Brenngase werden vorwiegend Acetylen und Leuchtgas verwendet. Bevor sich die Wärme in dem zu härtenden Teil verteilt hat, muß mit einer dem Werkstück angepaßten Wasserbrause abgeschreckt werden. Die Dicke der gehärteten Schicht wird durch die Brennerleistung bestimmt. Das Verfahren wird mit einfachsten Mitteln (niedrige Anlage- und Fertigungskosten) aber auch vollmechanisiert betrieben. Zweckmäßig kann es für große Bauteile angewendet werden, für die andere Härteverfahren technisch nicht sinnvoll oder wirtschaftlich nicht vertretbar sind (Größe der vorhandenen Ofenanlagen!).

Induktionshärten

Eine i. a. von hochfrequentem Wechselstrom durchflossene Spule (Induktor) umschließt das zu härtende Bauteil. Die induzierten Wirbelströme, die durch den Skineffekt in die äußeren Werkstückschichten gedrängt werden, erwärmen diese Bereiche durch Widerstandserwärmung sehr schnell. Die Wärme wird nicht wie beim Flammhärten auf das Werkstück von außen übertragen, sondern entsteht in seinem Innern (siehe S. 154). Daher lassen sich sehr hohe Aufheizgeschwindigkeiten erreichen. Die *Härtetiefe* wird maßgeblich von der Frequenz bestimmt. Die Dicke der Schicht, in der etwa 85 % der erzeugten Wärme wirksam ist, beträgt:

$$\delta \sim \sqrt{\frac{\varrho}{f\mu}}$$

ϱ = spezifischer elektrischer Widerstand
f = Frequenz des Wechselstromes
μ = magnetische Permeabilität ($\mu_0 \mu_r$).

Die geringste – bei hohen Frequenzen – erreichbare Härtetiefe beträgt ca. 0,1 mm.
Die *kurze Anwärmzeit* verringert die Verzugs- und Rißgefahr. Die metallurgische Beeinflussung (z. B. Grobkorn) ist ebenfalls gering. Das Verfahren läßt sich gut automatisieren, der zeitliche Ablauf des Härtevorganges einfach und genau regeln. Wegen der hohen Anlagen- und Induktorkosten kann es i. a. nur für große Stückzahlen wirtschaftlich angewendet werden.

Tauchhärten

Bei diesem Verfahren wird die Oberfläche durch eine Flüssigkeit hoher Temperatur im Bad erhitzt. Der erforderliche Wärmestau in der Oberfläche kann nur durch Flüssigkeiten erreicht werden, die eine große Wärmeleitfähigkeit besitzen und die Wärme genügend schnell auf das Werkstück übertragen können. Geeignet sind wegen ihrer besseren Wärmeleitfähigkeit Metallschmelzbäder (z. B. Zinnbronzebäder).
Gegenüber dem Flamm- und Induktionshärten ergeben sich einige wesentliche Vorteile. Werkstücke mit vorspringenden Teilen (z. B. Zahnräder) lassen sich ebenso wie kompliziert geformte Stücke, ohne teure zusätzliche Vorrichtungen im gleichen Bad härten. Wegen der *gleichmäßigen* Erwärmung der Oberfläche können beliebige Abschreckmedien, d. h. unterschiedlich legierte Stähle – nicht nur Wasserhärter – verwendet werden.
Da die Anlagekosten sehr gering sind, der Durchsatz groß ist, kann mit diesem Verfahren sehr wirtschaftlich gehärtet werden. Nachteilig sind die erheblichen Spannungen und die Schwierigkeiten, die Einhärtetiefe genau festzulegen oder ausreichend klein zu halten (Bild 4.71).

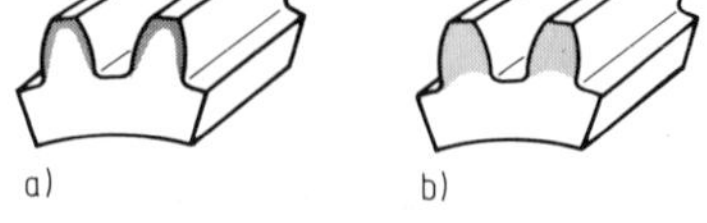

Bild 4.71 Schematische Darstellung der Einhärtungstiefe beim
a) Induktions- und Flammhärten
b) Tauchhärten

Als Ergebnis des Randschichthärtens wird die Einhärtung durch die **Randhärtetiefe Rht** angegeben. Sie ist nach DIN 50190 Teil 2 der senkrechte Abstand von der Oberfläche eines gehärteten Werkstückes bis zu dem Punkt, an dem die Härte einem zweckmäßig festgelegten Grenzwert entspricht (Bild 4.72). Dieser Grenzwert (Kurzzeichen GH für Grenzhärte) ist üblicherweise etwa 80% der jeweils vorgeschriebenen Mindest-Oberflächenhärte.

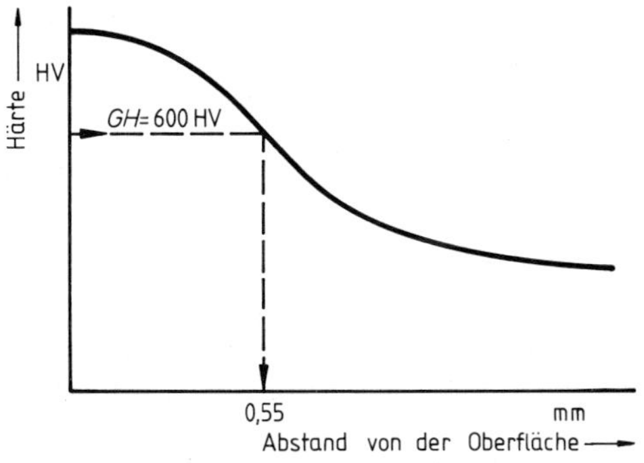

Bild 4.72 Definition und Ermittlung der Einhärtung nach einem Randschichthärten nach DIN 50190 Teil 2.
Ergibt sich bei einer Grenzhärte GH = 600 HV1 ein Randabstand von 0,55 mm so ist: Rht600 = 0,55 mm

4.5.8.2 Verfahren mit Änderung der chemischen Zusammensetzung

Einsatzhärten

Bei diesem Verfahren wird in die Oberfläche von Werkstücken aus i. a. kohlenstoffarmem Stahl von außen durch Diffusion Kohlenstoff in atomarer Form eingebracht (siehe S. 29). Der Vorgang wird als *Aufkohlen, Einsetzen* oder *Zementieren* bezeichnet. Die Temperatur, bei der die Kohlenstoffdiffusion erfolgt, muß so hoch gewählt werden, daß:

- die Bildung des spröden Fe_3C vermieden wird
- der erforderliche Kohlenstoffgehalt ($\leq$ 0,8 %) im Stahl gelöst werden kann.

Der Werkstoff muß daher *austenitisiert* werden, d. h. oberhalb Ac_3 erwärmt werden. Es ist zu beachten, daß die Diffusionsgeschwindigkeit des Kohlenstoffs im γ-MK wesentlich geringer ist als im α-MK; die Aufkohlungszeiten sind daher trotz der hohen Temperaturen relativ groß. Außerdem nimmt mit zunehmendem Legierungsgehalt die Beweglichkeit der Kohlenstofffatome sehr stark ab. Ihre mittlere Eindringtiefe x_m in die erhitzte Werkstückoberfläche kann näherungsweise abgeschätzt werden (siehe S. 29):

$$x_m = \sqrt{Dt}$$

$D = D_0 \exp(-Q/RT)$ = **Diffusionskoeffizient,**
t = **Zeit.**

Für die bei unlegierten Kohlenstoffstählen technisch erreichbare (und sinnvolle) Aufkohlungstiefe von etwa 2 mm (maximal 3 mm) ist mit Einsatzzeiten von rund 16 Stunden zu rechnen.
Weil oft eine ausreichende Zähigkeit des Kernes gefordert werden muß, ist der Kohlenstoffgehalt der Einsatzstähle auf etwa 0,25 % begrenzt. In den meisten Fällen wird die eutektoidische Zusammensetzung der aufgekohlten Schicht angestrebt, da Kohlenstoffgehalte über 0,8 % zu Zementitausscheidungen an den Korngrenzen führen, die die Schlagzähigkeit stark verringern. Außerdem neigt die eingesetzte Schicht beim Härten zum Reißen und Abblättern.
Zum Aufkohlen werden feste, flüssige oder gasförmige Mittel verwendet. Der atomare Kohlenstoff kann in jedem Fall nur über die Gasphase in die Werkstoffoberfläche eindiffundieren. Die *festen Aufkohlungsmittel* bestehen in der Hauptsache aus Holzkohle und Zusätzen von Barium- oder Kalziumkarbonat, die als Aktivierungsmittel die Gasbildung erleichtern. Wegen der schlechten Wärmeleitfähigkeit der Holzkohle, die das aufzukohlende Gut allseitig und dicht umgeben muß, sind lange Anwärmzeiten erforderlich.
Partielles Härten ist möglich, wenn die nicht aufzukohlenden Stellen mit Lehm oder mit Kupferüberzügen abgedeckt werden. Daher ist auch eine sorgfältige Reinigung der Teile (Rost, Zunder, u. ä.) vor dem Aufkohlen notwendig.
Als *flüssige Aufkohlungsmittel* werden Salze (Zyansalze z. B. NaCN mit Zusätzen von Chloriden) verwendet. Durch die hohe Badtemperatur (850 °C bis 930 °C) wird das Zyan zersetzt, der freiwerdende Kohlenstoff wandert in die Werkstückoberfläche. Im Vergleich zum Aufkohlen mit festen Mitteln ergeben sich wesentliche Vorteile. Durch die bessere Wärmeleitfähigkeit der Salzschmelze wird die Behandlungsdauer erheblich verkürzt (geringerer Verzug, geringere Neigung zur Kornvergrößerung).
Da die Teile schnell die Badtemperaturen annehmen, läßt sich die gewünschte Aufkohlungstiefe genauer einhalten. Das Aufkohlen kleiner Teile in großen Stückzahlen bietet große wirtschaftliche

Vorteile. Hinzu kommt, daß sie i. a. *gleichzeitig* (z. B. in Drahtkörben) aus dem Einsatz gehärtet werden können. Die Werkstückoberfläche bleibt im wesentlichen sauber. Als Nachteile sind die hohen Anlagekosten und die große Giftigkeit der Zyansalze zu nennen.

Da die Aufkohlung bereits bei den festen Mitteln über die Gasphase erfolgt, ist es naheliegend, direkt *gasförmige Aufkohlungsmittel* (Abgase von unvollständig verbrannten Gas-Luft-Gemischen (Endogas) mit Zusätzen von Propan) zu verwenden.

Die aufkohlende Wirkung kann durch Ändern der Gaszusammensetzung leicht eingestellt werden. Es kann praktisch jeder gewünschte Kohlenstoffgehalt in der Oberfläche erreicht werden, im Gegensatz zu festen Aufkohlungsmitteln, bei denen sich fast immer ein Kohlenstoffgehalt von 0,8 % ergibt. Alle das Verfahren kennzeichnenden Einflußgrößen lassen sich sehr genau einstellen. Die gehärteten Teile sind sehr sauber, die Güte ihrer Oberfläche entspricht nahezu derjenigen vor dem Härten. Die Anlagekosten sind dagegen sehr hoch.

Ähnlich wie bei den Randschichthärteverfahren wird die **Einsatzhärtungstiefe Eht** ebenfalls mit Hilfe einer geeignet gewählten Grenzhärte GH bestimmt. Für sie gilt i.a.:

$$GH = 550HV1$$

Härten nach dem Aufkohlen

In der Regel ist eine verschleißfeste Oberfläche erwünscht, d. h., das Gefüge soll martensitisch sein. Je nach Beanspruchungsschärfe werden unterschiedliche Härtemethoden angewendet. Die Schwierigkeiten beruhen auf dem unterschiedlichen Kohlenstoffgehalt von Rand (0,8 %) und Kern (0,1 % bis 0,2 %). Die erreichbare Höchsthärte des Randes liegt daher der 850HV bis 900HV.

Aus dem Verlauf der Härteverteilung (Bild 4.73) kann die Einsatzhärtungstiefe zeichnerisch ermittelt werden (DIN 50190 Teil 1).

Das Härten *direkt* von der Einsatztemperatur ist am einfachsten und billigsten, führt aber zu ausgeprägtem grobkörnigem Martensit mit großem Restaustenitgehalt. Diese Methode ist daher nur für gering beanspruchte einfache Teile (Bolzen, Zapfen) anwendbar. Geeignet sind Feinkornbaustähle und Cr-Mo-legierte Stähle, die überhitzungsunempfindlich sind, d.h. eine geringe

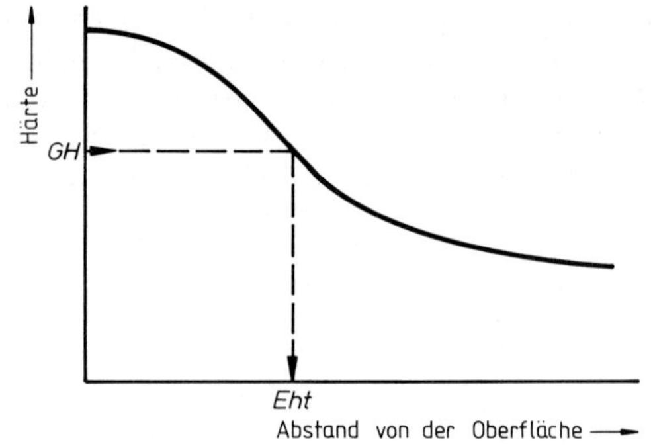

Bild 4.73 Definition und Ermittlung der Einsatzhärtungstiefe Eht nach DIN 50 190 Teil 1

Neigung zum Kornwachstum bei überhöhten Temperaturen zeigen (Bild 4.74a).

Häufiger wird nach dem Aufkohlen langsam auf Raumtemperatur oder auf 500 °C bis 550 °C abgekühlt und isotherm gehalten. Die *isotherme Umwandlung* des Austenits ergibt ein feinlamellares perlitisches Kerngefüge. Das anschließende Här-

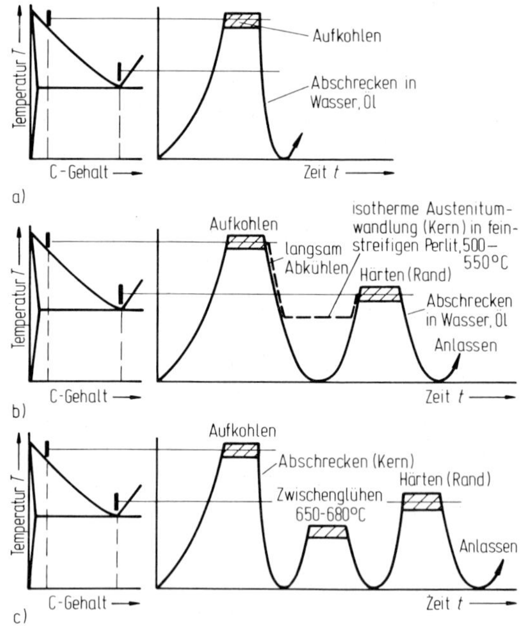

Bild 4.74 Mögliche Härteverfahren nach dem Aufkohlen (schematisch)
a) direktes Härten: Abschrecken von Einsatztemperatur
b) Einfachhärten nach langsamer Abkühlung bzw. isothermer Umwandlung
c) Doppelhärten mit Zwischenglühen

ten erfolgt bei einer dem Kohlenstoffgehalt des Randes entsprechenden Temperatur (Bild 4.74b). Höchste Kernzähigkeit, verbunden mit einer feinkörnigen martensitischen Randzone, läßt sich mit dem *Doppelhärten* (Bild 4.74c) erreichen. Das Härten aus dem Einsatz erzeugt ein feinkörniges, feinstreifiges, ferritisch-perlitisches Kerngefüge. Die dabei entstandenen hohen Spannungen können durch ein Zwischenglühen (650 °C bis 680 °C) beseitigt werden. Danach läßt sich das Werkstück spanabhebend nachbearbeiten, ohne daß als Folge vorhandener Eigenspannungen Verzug entsteht. Durch die knapp über Ac_1 liegende Härtetemperatur des Randes wird der Kern sehr hoch angelassen, daher wird eine möglichst kurze Haltezeit gewählt.

Nitrierhärten

Die Härtesteigerung beruht hier nicht auf Martensitbildung. Bei diesem Verfahren diffundiert Stickstoff in atomarer Form bei Temperaturen unter Ac_1 in die Werkstoffoberfläche. In *unlegierten Stählen* bilden sich die stark versprödenden groben Eisennitride (Fe_4N, Fe_2N), die ein Abplatzen der harten Randschicht begünstigen. Die Zugabe stickstoffaffiner Legierungselemente führt zur Bildung sehr harter, chemisch und thermisch sehr beständiger Nitride, die aber nur in feinverteilter Form hohe und sehr gleichmäßige Härtewerte, sowie relativ große Härtetiefen ergeben. Aluminium, Chrom, Titan sind besonders geeignete Nitridbildner. Erfolgt die Behandlung in Mitteln, die ein Anreichern der Randschicht mit Stickstoff und Kohlenstoff bewirken, dann spricht man vom **Nitrocarburieren.** Der Werkstoff nimmt neben Stickstoff auch eine bestimmte Menge Kohlenstoff auf und es entstehen auch *Carbonitride.* Die einzelnen Verfahren können im Gasstrom, in Salzschmelzen, in Pulver oder im Plasma durchgeführt werden.

Beim klassischen **Gasnitrieren** in Ammoniakstrom diffundiert der um 500 °C freiwerdende atomare Stickstoff in die Werkstoffoberfläche:

$$2\,NH_3 \longrightarrow 3\,H_2 + 2\,N.$$

Das Verfahren wird bei 510 °C bis 550 °C durchgeführt, weil dann die optimalen, feinstdispersen Ausscheidungen entstehen. Die Folge der niedrigen Temperaturen sind sehr lange Nitrierzeiten: für eine Nitriertiefe von 0,5 mm sind etwa 50 Stunden erforderlich. Üblicherweise werden die Teile vor dem Nitrieren vergütet, wodurch die Kerneigenschaften wesentlich verbessert werden und die Stickstoffaufnahme erleichtert wird. Durch die lange Nitrierdauer besteht allerdings die Gefahr einer unzulässigen Anlaßwirkung (Festigkeitsabfall) des Vergütungsgefüges.

Die lange Nitrierdauer macht das Gasnitrieren relativ teuer, so daß es heute nur noch in Sonderfällen angewandt wird. Bei Serienfertigungen wird deshalb u.a. das *Gas-Nitrocarburieren* eingesetzt, dessen Behandlungszeiten und -temperaturen mit denen des Salzbadverfahrens vergleichbar sind. Wegen der deutlich kürzeren Verfahrenszeiten wird es auch als **Kurzzeitgasnitrieren** bezeichnet.

Das **Salzbadnitrieren** wird in Zyanbädern (CN) bei Temperaturen von 570 °C ± 10 °C durchgeführt, wobei stets eine geringe zusätzliche Aufkohlung über den Kohlenstoffgehalt des Zyanbades erfolgt. Es handelt sich hier also immer um ein Nitrocarburieren. Die Nitrierzeiten sind wegen der hohen Oberflächenaktivität das Salzbades und wegen der schnellen Aufheizung erheblich kürzer: in 1 bis 2 Stunden beträgt die Nitriertiefe etwa 0,5 mm. Der Festigkeitsabfall eines vergüteten Kerns ist erheblich geringer als beim klassischen Gasnitrieren.

Werkzeuge aus Schnellarbeitsstahl erhalten durch das Badnitrieren bei einer Temperatur, die kleiner als deren Anlaßtemperatur ist, eine extrem harte Nitrierschicht von etwa 0,02 mm Dicke. Die Standzeit und die Anlaßbeständigkeit werden deutlich erhöht.

Gegenüber dem Einsatzhärten (850 HV bis 900 HV) ist die maximal erreichbare *Randhärte* wesentlich höher (bis 1200 HV). Die **Nitrierhärtetiefe Nht** ist nach DIN 50190 Teil 3 der Abstand eines Punktes von der Oberfläche, dessen Härte um 50 HV über der Kernhärte liegt.

Die *Verschleißfestigkeit* ist erheblich besser, wegen der i.a. sehr dünnen Nitrierschicht sollten hohe Flächenpressungen aber vermieden werden. Ein vergüteter Kern ist daher für höhere mechanische Beanspruchungen zweckmäßig. Beim Nitrieren erfolgt keine Umwandlung. Das Werkstück muß also nicht abgeschreckt werden, und es bildet sich daher unabhängig vom Kohlenstoffgehalt des Werkstoffes kein Martensit. Rißbildung und Verzug sind praktisch ausgeschlossen. Nitrierte Bauteile können deshalb in vielen Fällen ohne Nachbearbeitung (Schleifen) verwendet werden. Die extreme Oberflächenhärte ergibt eine hervorragende Verschleißfestigkeit bis Betriebstemperaturen von etwa 550 °C bis 600 °C. Der hohe Stick-

stoffgehalt der Nitrierschicht verhindert wirksam das Fressen zweier sich relativ zueinander bewegender Teile (Werkzeuge: Bohrer, Fräser, Drehstahl u. ä.). Die dynamischen Festigkeitskennwerte und die Korrosionsbeständigkeit werden ebenfalls merklich verbessert. Schlagartige Beanspruchungen führen aber meistens zum Brechen der dünnen, spröden Schicht und verringern die Dauerfestigkeit entscheidend.
Beim Nitrieren bereits vergüteter Stähle ist die Anlaßwirkung wegen der relativ niedrigen Behandlungstemperaturen gering.

4.6 Legierungselemente im Stahl

An keinem anderen Werkstoff lassen sich die Eigenschaften durch Legieren in einem so großen Umfang ändern wie bei Stahl. Der legierte Stahl enthält außer Eisen und Kohlenstoff im allgemeinen *mehrere Legierungselemente.* Die eingetretenen Eigenschaftsänderungen lassen sich daher nur in sehr allgemeiner Form angeben. Genaue Vorhersagen sind in der Regel auch deshalb nicht möglich, weil die Wirkung der Legierungselemente *nicht additiv* ist.
Legierungselemente werden dem Stahl in genauen Mengen zugesetzt, um bestimmte Eigenschaften zu erzeugen bzw. zu verbessern oder unerwünschte zu beseitigen oder zu mildern. Als legiert gelten Stahlsorten, wenn der Legierungsgehalt für wenigstens ein Element die Grenzwerte der Tab. 4.9 erreicht oder überschreitet. Die unerwünschten Beimengungen (Verunreinigungen) wie z. B. Kohlenstoff, Phosphor, Schwefel, Stickstoff und die für das Desoxidieren erforderlichen Elemente gelten danach nicht als Legierungselemente.
Aus praktischen Erwägungen werden die legierten Stähle in niedriglegierte (Summe der Legierungselemente <5 %) und hochlegierte (> 5 %) eingeteilt. **Niedriglegierte Stähle** haben prinzipiell ähnliche Eigenschaften wie unlegierte. *Ihre technisch wichtigste Eigenschaft ist die wesentlich verbesserte Härtbarkeit* (siehe S. 169), aber auch andere technisch bedeutsame Werkstoff-Verbesserungen werden erreicht:

- *Warmfestigkeit,* z. B. durch Zugabe von Molybdän. Es entstehen die auch bei hohen Temperaturen noch beständigen warmfesten Stähle.
- *Anlaßbeständigkeit* wird durch die große thermische und chemische Beständigkeit der Karbide der Legierungselemente wesentlich verbessert.

Tab. 4.9: Für die Abgrenzung der unlegierten von den legierten Stählen maßgebende Gehalte nach EURONORM 20-74

Legierungselement	Grenzgehalt in Massenprozent
Aluminium	0,10
Bor	0,0008
Chrom	0,30
Kobalt	0,10
Kupfer	0,40
Lanthanide	0,05
Mangan	1,60
Molybdän	0,08
Nickel	0,30
Niob	0,05
Blei	0,40
Selen	0,10
Silizium	0,50
Tellur	0,10
Titan	0,05
Wismut	0,10
Wolfram	0,10
Vanadium	0,10
Zirkonium	0,05
Sonstige (mit Ausnahme von Kohlenstoff, Phosphor, Schwefel, Stickstoff und Sauerstoff)	0,05

Dagegen werden **hochlegierte Stähle** verwendet, wenn *Sondereigenschaften* verlangt werden, die bei un- bzw. niedriglegierten Stählen nicht oder nur in unzureichendem Umfang vorhanden sind. Die erreichbaren Festigkeitswerte sind dabei meistens von untergeordneter Bedeutung.
Zunderbeständigkeit, Schneidfähigkeit bei Rotglut oder besondere elektrische oder magnetische Eigenschaften (weich – hartmagnetische Stähle) lassen sich nur durch hochlegierte Stähle erzeugen.

4.6.1 Einteilung und allgemeine Wirkung

4.6.1.1 Mischkristall- und Karbidbildner

Die Löslichkeit der Legierungselemente in Eisen wird vom Verhältnis der Atomdurchmesser und dem Atomaufbau der beteiligten Atomsorten bestimmt (siehe S. 35). Die Elemente können in unterschiedlichen Formen im Stahl vorliegen und damit zu sehr unterschiedlichen Eigenschaftsänderungen führen:

– *Elementar vorkommende Elemente.* In technischen Eisenlegierungen sind es praktisch nur Blei und Kupfer. Unvorhergesehene Eigenschaftsänderungen sind nicht möglich. Ihre Bedeutung als Legierungselemente ist daher gering.

Die weitaus größere Anzahl der Legierungselemente bildet mit Eisen:

– *Mischkristalle.*
  Die Ursache für die vielfältigen und unterschiedlichsten Eigenschaften der technischen Eisenlegierungen ist die Mischkristallbildung.
  Die Elemente:

  Cr–Al–Ti–Ta–Si–Mo–V–W

  (Merke: »Craltitasimovw«) lösen sich bevorzugt im Ferrit; sie werden **Ferritbildner** genannt.
  Vorwiegend im Austenit lösliche Elemente, wie:

  Ni–C–Co–Mn–N

  (Merke: »Niccomann«), werden als **Austenitbildner** bezeichnet.
– *Intermediäre Verbindungen* (siehe S. 36) bilden sich, wenn zwischen (mindestens) zwei Legierungselementen starke anziehende Kräfte vorhanden sind. Sie kristallisieren in einem von den Bestandteilen abweichenden komplizierten Kristallgitter und sind im allgemeinen extrem spröde und hart. Von großer technischer Bedeutung sind vor allem die *Karbide* und *Nitride,* sowie die *Karbonitride,* die gleichzeitig Kohlenstoff und Stickstoff enthalten.

Eine der wichtigsten Wirkungen der Legierungselemente ist die Verringerung der Diffusionsgeschwindigkeit des Kohlenstoffs im α- und γ-Eisen, d. h., die kritische Abkühlgeschwindigkeit wird herabgesetzt und damit die Einhärtbarkeit wesentlich vergrößert.

Die Festigkeitswerte unlegierter Stähle werden überwiegend durch die Menge, Form (rundlich, eckig, länglich) und Art der Verteilung (gleichmäßig, ungleichmäßig) der Karbide bestimmt.

Bei legierten Stählen werden die mechanischen Gütewerte beeinflußt von:

– *Einhärtbarkeit,* die durch Zugabe geeigneter Legierungselemente in großem Umfang geändert werden kann, und
– *Mischkristallbildung.* Die Festigkeit des unlegierten Ferrits wird durch Zugabe der gebräuchlichen Legierungselemente in den üblichen Mengen (1 % bis 2 %) nur unwesentlich erhöht (Bild 4.75).

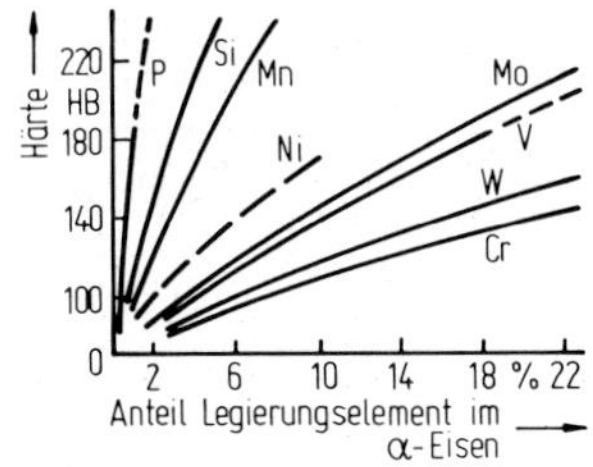

Bild 4.75 Wirkung verschiedener Legierungselemente auf die Härte des α-Eisens (nach Bickel*)*

Legierter Stahl müßte also bei gleichem Ferrit/Karbid-Verhältnis eine ähnliche Festigkeit haben wie unlegierter. Diese Vermutung trifft nicht zu, weil die Legierungselemente:

– den *Existenzbereich* des Austenits, d. h., die Umwandlungslinien der ZTU-Schaubilder z. T. erheblich verschieben (siehe S. 185), und
– den *Austenitzerfall* beeinflussen, d. h., die Umwandlungsprodukte bilden sich bei Temperaturen und Zeiten, die das Diffusionsverhalten des Kohlenstoffs und der Legierungselemente weitgehend ändern. Hinzu kommt, daß durch Wärmebehandlungen Gefüge entstehen, die sich bei unlegierten Stählen nicht oder nur unvollständig erzeugen lassen, z. B. die Zwischenstufe.

Andererseits werden andere technisch wichtige Eigenschaften wie die Korrosionsbeständigkeit (Eisen-Nickel- und Eisen-Chrom-Legierungen) oder die Verfestigungsfähigkeit bei schlagendem Verschleiß (Manganhartstahl = Eisen-Mangan-Legierung) durch Mischkristallbildung wesentlich verbessert.

Die extrem harten Karbide werden in Werkzeugstählen technisch genutzt. Durch geeignete Wärmebehandlungen liegen sie in der Matrix feinverteilt vor und führen dann zu hoher Härte, Festigkeit und Verschleißfestigkeit des Stahles.

Die Neigung zur Karbidbildung ist unterschiedlich. Sie nimmt in folgender Reihenfolge zu:

Mn–Cr–Mo–W–Ta–V–Nb–Ti.

Schwächere Karbidbildner (Mangan, Chrom) werden im allgemeinen vom Fe_3C als Mischkristall aufgenommen, es entstehen *Mischkarbide* der Form $(Fe, Cr)_3C$, $(Fe, Mn)_3C$. Starke Karbidbildner (Titan, Vanadium) bilden im allgemeinen *Sonderkarbide* mit einer vom Fe_3C abweichenden Gitterstruktur, z. B. Mo_2C, TiC, VC.

Der Kohlenstoffgehalt und die Wärmebehandlung beeinflussen über die Karbidbildung den Legierungsgehalt der Matrix. Die gebildete Karbidmenge ist bei geringem Kohlenstoffgehalt kleiner, d. h., die Matrix ist legierungsreicher. Die Verteilung der Legierungselemente wird durch eine Wärmebehandlung weitgehend beeinflußt: Durch langsames Abkühlen nach einer Wärmebehandlung scheidet sich eine größere Karbidmenge aus, d. h., die Matrix ist legierungsärmer.

Bemerkenswert ist, daß bei gleichem Karbidgehalt der legierte Stahl bei *Raumtemperatur* etwa gleiche Festigkeitswerte aufweist wie der unlegierte, weil die Misch- und Sonderkarbide nicht wesentlich härter sind als Fe_3C.

Durch die große chemische und mechanische (Härte, Festigkeit) Stabilität insbesondere der Sonderkarbide werden aber die Verschleiß- und Festigkeitseigenschaften bei *höheren Temperaturen* wesentlich verbessert. Die sich im Austenit sehr schwer lösenden Karbide verringern einerseits die Überhitzungsempfindlichkeit, andererseits sind aber erheblich höhere Härtetemperaturen erforderlich.

Die harten Nitride (bis 1200 HV) sind ebenfalls von großer Bedeutung, sie werden z. B. beim Nitrierhärten (siehe S. 181) technisch genutzt. Die wichtigsten Nitridbildner sind:

Al–Cr–Zr–Nb–Ti–V.

Bei den höherfesten Feinkornbaustählen (siehe S. 198 ff.) erzeugen im allgemeinen Karbonitridausscheidungen ein sehr feinkörniges Umwandlungsgefüge, das große Zähigkeit mit hoher Streckgrenze verbindet.

4.6.1.2 Verschiebung der Phasengrenzen im EKS

Die Wirkung der Legierungselemente läßt sich eindeutiger durch ihre *Verschiebung der Phasengrenzen* im EKS beschreiben. Bild 4.76 zeigt, daß alle wesentlichen Umwandlungspunkte verschoben werden. In Bild 4.77 sind die Änderungen der Punkte S und E dargestellt.

Die Punkte S und E werden mit Ausnahme von Kobalt von allen anderen Elementen immer nach links, d. h. zu geringeren Kohlenstoffgehalten verschoben. Das führt u. a. zu folgenden Konsequenzen:

- In *Vergütungsstählen* nimmt der Ferritgehalt im allgemeinen mit zunehmendem Legierungsgehalt ab. Die Gefahr weicher Stellen im Vergütungsgefüge wird deutlich geringer.
- Werkstoffe, die *Ledeburit* enthalten (ledeburitische Stähle) bilden sich in Anwesenheit geeigneter Legierungselemente schon bei relativ geringen Kohlenstoffgehalten. Im Gegensatz zu reinen Fe-C-Legierungen mit Ledeburit sind legierte **ledeburitische Stähle** schmiedbar. Sie werden wegen ihrer großen Verschleißbeständigkeit (Karbide!) vorwiegend für Werkzeuge verwendet.

Die *Austenitbildner* erniedrigen den A_3-Punkt und erhöhen den A_4-Punkt. Dadurch ergibt sich ein erweiterter Beständigkeitsbereich des Austenits. Diese Stähle weisen von bestimmten Legierungsgehalten an bei Raumtemperatur austenitisches Gefüge auf.

Es entstehen die im festen Zustand bei jeder Temperatur **austenitischen Stähle,** die z. B. als korrosionsbeständige Stähle große technische Bedeutung haben. Sie sind umwandlungsfrei und daher nicht normalisierbar oder härtbar.

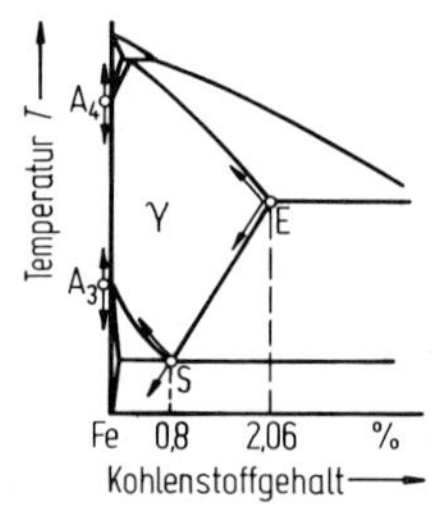

Bild 4.76 Allgemeine Wirkung der Legierungselemente auf die Lage der Umwandlungspunkte im EKS

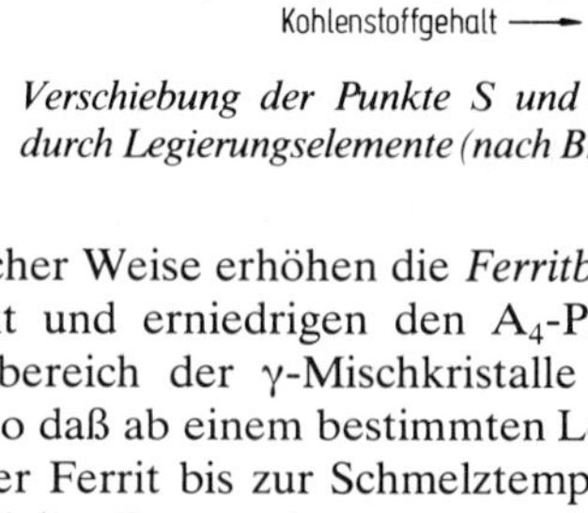

Bild 4.77 Verschiebung der Punkte S und E im EKS durch Legierungselemente (nach Bickel*)*[1]

In ähnlicher Weise erhöhen die *Ferritbildner* den A_3-Punkt und erniedrigen den A_4-Punkt. Der Existenzbereich der γ-Mischkristalle wird eingeengt, so daß ab einem bestimmten Legierungsgehalt der Ferrit bis zur Schmelztemperatur beständig bleibt. Es entstehen die umwandlungsfrei-

[1] Für S und E sind noch die Kohlenstoffgehalte des älteren EKS eingetragen.

en, korrosionsbeständigen **ferritischen Stähle,** die ebenfalls nicht normalisierbar und härtbar sind. Die Bilder 4.78a bis d zeigen den Einfluß der Legierungselemente, dargestellt in schematischen Zweistoff-Schaubildern.

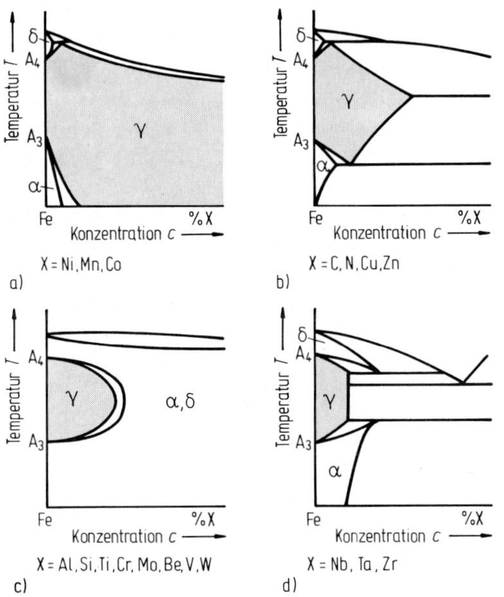

Bild 4.78 Einfluß der Legierungselemente auf die Lage der Umwandlungspunkte

Danach entstehen in großen Konzentrationsbereichen austenitische (Bild 4.78a) oder ferritische (Bild 4.78c) Werkstoffe, deren Zweistoff-Schaubilder durch offene α- bzw. γ-Felder gekennzeichnet sind. In vielen Fällen ist die Löslichkeit des Legierungselementes im Austenit (Bild 4.78b) ebenso wie im Ferrit (Bild 4.78d) begrenzt.

4.6.2 Austenitumwandlung, Darstellung im ZTU-Schaubild

Die Diffusionsgeschwindigkeit des Kohlenstoffs im α- und im γ-Mischkristall wird durch Legierungselemente erheblich herabgesetzt. Dadurch verlaufen Phasenumwandlungen und -änderungen grundsätzlich *langsamer* als in unlegierten Stählen:

- der Austenit wandelt nicht mehr überwiegend in Perlit und Ferrit um, sondern vorzugsweise in andere Formen, wie z. B. die zahlreichen Zwischenstufengefüge,
- durch die geringere Diffusionsgeschwindigkeit des Kohlenstoffs wird auch die kritische Abkühlgeschwindigkeit herabgesetzt, d. h., die Bildung von Martensit sehr erleichtert.

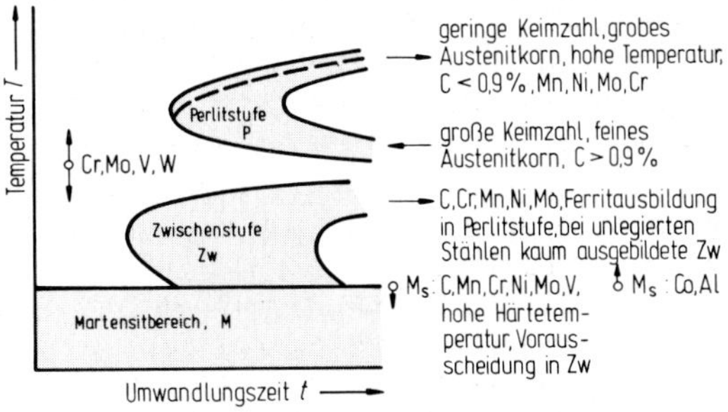

Bild 4.79 Einfluß der Legierungselemente und anderer Faktoren auf das Unwandlungsverhalten des Austenits (nach KRONEIS)

Besonders anschaulich läßt sich die Wirkung der Legierungselemente und anderer Einflüsse auf das Umwandlungsverhalten in ZTU-Schaubildern darstellen. Bild 4.79 macht deutlich, daß praktisch alle Legierungselemente die Umwandlung zu *längeren Zeiten* verschieben, d. h. die Austenitstabilität erhöhen und die Umwandlungsneigung verringern. Diese bildliche Darstellung macht sofort verständlich, daß die kritische Abkühlgeschwindigkeit im Vergleich zu den unlegierten Stählen abnehmen muß. Bild 4.80 zeigt die starke Verzögerung der Perlitbildung durch Mangan.

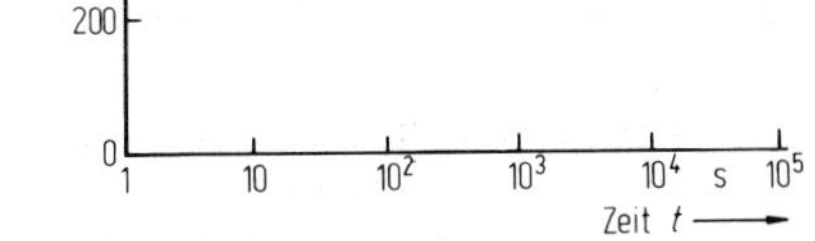

Bild 4.80 Umwandlungsverhalten in der Perlitstufe (Umwandlungs-Beginn-Linien) in Abhängigkeit vom Mn-Gehalt, unlegierter Stahl (C ≈ 0,9 %) (nach ECKSTEIN)

In unlegierten Stählen bildet sich Perlit und die Zwischenstufe im Bereich der »Nase« mit annähernd gleicher Geschwindigkeit, so daß die Zwischenstufe nicht besonders hervortritt (Bild 4.81a).

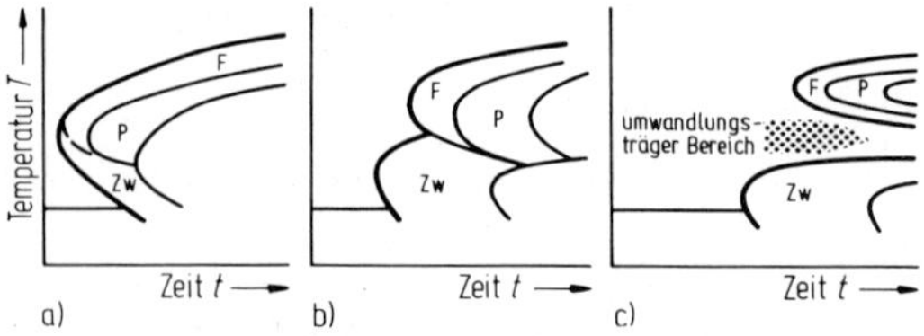

Bild 4.81 *Einfluß der Legierungselemente auf das Umwandlungsverhalten des Austenits, dargestellt in ZTU-Schaubildern (schematisch)*
a) unlegierter Stahl
b) niedriglegierter Stahl, charakteristisch ist meist großer Existenzbereich des Zwischenstufengefüges
c) hochlegierter Stahl, Trennung der Perlitstufe von der Zwischenstufe durch Karbidbildner (Cr, Mo, V, W)

Legierungselemente erschweren nicht nur die Kohlenstoffdiffusion, sondern bilden vielfach auch Karbide. Hierfür ist aber neben der Diffusion des Kohlenstoffs auch die der Legierungselemente erforderlich. Daher wird durch diese Elemente (Chrom, Molybdän, Vanadium, Wolfram) die Perlitbildung zu höheren Temperaturen und längeren Zeiten verschoben, wodurch die in Bild 4.81b deutlich erkennbare Trennung der Perlitstufe von der Zwischenstufe entsteht. Bei großen Gehalten an Karbidbildnern kann so zwischen den beiden Umwandlungsgebieten ein Bereich mit stark verringerter Umwandlungsneigung entstehen (Bild 4.81c).

Damit werden die größten *Vorteile legierter Stähle* sehr deutlich:

- Martensit ist in einem großen Bereich von Abkühlgeschwindigkeiten einfacher herstellbar.
- Zwischenstufengefüge, das z. T. herausragende mechanische Gütewerte aufweist, kann auch bei kontinuierlicher Abkühlung im Gefüge in unterschiedlicher Menge erzeugt werden.
- Im Vergleich zu unlegierten Stählen (Bild 4.81a), die überwiegend ferritisch-perlitisches Gefüge besitzen (bzw. Martensit), läßt sich bei den legierten Stählen durch geeignete Wärmebehandlungen ein außerordentlich großes Gefügespektrum erzeugen. Dadurch ist es möglich, einen Stahl je nach Anforderung mit sehr unterschiedlichen mechanischen Gütewerten herzustellen.

Aus diesen Gründen werden legierte Stähle – im Gegensatz zu unlegierten – nahezu immer im wärmebehandelten Zustand verwendet.

4.6.3 Härtbarkeit und Härteverhalten legierter Stähle

Da die kritische Abkühlgeschwindigkeit kleiner wird, ist das Erzeugen des Martensits technisch um so einfacher, je weiter der Perlit- und der Zwischenstufenbereich nach rechts, also zu größeren Zeiten verschoben werden. Besonders wirksam sind die Elemente Mangan, Nickel, Chrom und Molybdän (Bild 4.79). Mit zunehmendem Legierungsgehalt wird die kritische Abkühlgeschwindigkeit kleiner, und schwächer wirkende Abschreckmedien genügen, um Martensit zu erzeugen. Die Bezeichnungen *wasser-, öl-, lufthärtende* Stähle bringen diese Eigenschaften zum Ausdruck (Bild 4.82).

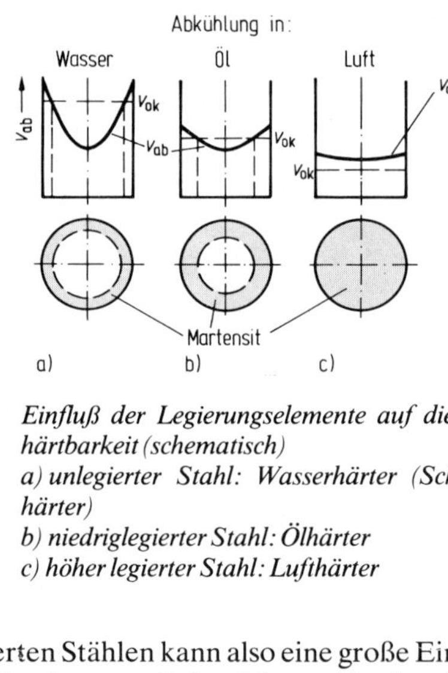

Bild 4.82 *Einfluß der Legierungselemente auf die Einhärtbarkeit (schematisch)*
a) unlegierter Stahl: Wasserhärter (Schalenhärter)
b) niedriglegierter Stahl: Ölhärter
c) höher legierter Stahl: Lufthärter

Bei legierten Stählen kann also eine große Einhärtungstiefe mit wesentlich milderen Abschreckmedien als bei unlegierten erzeugt werden. Damit sind folgende Vorteile verbunden:

- *Dickwandige Bauteile* werden vollständig durchgehärtet. Die Härtespannungen und der Verzug bleiben wegen der geringen Abkühlgeschwindigkeit klein. Die Rißneigung ist gering.
- *Dünnwandige, kompliziert geformte Werkstükke* werden aus den gleichen Gründen verzugsarm gehärtet. Sie können daher *nur* aus legierten Stählen hergestellt werden, obwohl die notwendige Einhärtungstiefe mit einem unlegierten Stahl noch erreicht werden könnte.

Andererseits wird die Härtung legierter Stähle aber durch die mit zunehmendem Legierungsgehalt abnehmenden M_s- und M_f-Temperaturen erschwert (Bild 4.79). Bei höherlegierten Stählen kann die M_f-Temperatur deutlich unter der Raumtemperatur liegen; eine vollständige Martensitbildung ist dann nur durch besondere Maßnahmen erreichbar, die zusätzliche Kosten verursachen (Abkühlen in Tieftemperaturbädern oder Anlassen, siehe S. 173). Auf dieser Erscheinung und der grundsätzlich geringeren Diffusionsfähigkeit der Legierungselemente beruht der im allgemeinen wesentlich höhere Restaustenitanteil im Gefüge gehärteter legierter Stähle.

Als grober Anhalt kann dienen, daß bei M_s-Temperaturen unterhalb 300 °C bei üblicher Härtung mit merklichen Restaustenitgehalten gerechnet werden muß.
Die M_s-Temperatur (die M_f-Temperatur meistens nicht!) kann aus dem ZTU-Schaubild für den betreffenden Stahl entnommen oder näherungsweise nach folgender Formel berechnet werden.

$$M_s \text{ in °C} = 550 - 350 \cdot C - 40 \cdot Mn - 20 \cdot Cr - 10 \cdot Mo - 17 \cdot Ni - 8 \cdot W - 10 \cdot Cu + 15 \cdot Co + 30 \cdot Al$$

(Die Elemente C bis Al sind in Massenprozent einzusetzen).

Aus dem in Bild 4.45, S. 164 dargestellten ZTU-Schaubild eines Vergütungsstahles (0,44% = C, 0,66% = Mn, 0,15% = Cr) entnimmt man M_s = 345 °C. Die Rechnung ergibt:

$$M_s = 550 - 350 \cdot 0{,}44 - 40 \cdot 0{,}66 - 20 \cdot 0{,}15 \approx 365 °C$$

Die Übereinstimmung ist für technische Zwecke zufriedenstellend.

Stähle, die größere Mengen Karbidbildner enthalten, (z. B. Werkzeugstähle) müssen zum Härten bei wesentlich höheren Temperaturen austenitisiert werden als unlegierte Stähle mit einem vergleichbaren Kohlenstoffgehalt. Es bestände sonst die Gefahr, daß wegen der sehr beständigen Karbide nicht genügend Kohlenstoff im Austenit gelöst werden könnte und der beim nachfolgenden Härten entstehende Martensit nicht seine volle Härte erhielte. Trotzdem ist die Härte des legierten Martensits meistens geringer als die des unlegierten, weil zum vollständigen Lösen der Karbide die erforderlichen Temperaturen zu hoch bzw. die Glühzeiten zu groß werden. Grobes Austenitkorn und grobkörniger, spröder Martensit wären dann die Folge. Da die Verschleißfestigkeit aber in der Hauptsache auf den nach dem Anlassen sich ausscheidenden harten Karbiden beruht, ist die volle Martensithärte auch in den meisten Fällen nicht erforderlich.

4.7 Normgerechte Bezeichnung der Eisenwerkstoffe

Die DIN 17006 (Ausgabe 1949) – Eisen und Stahl, systematische Benennung – reichte nicht aus, um alle in der Zwischenzeit genormten oder für die Normung in Betracht kommenden Eisen-Werkstoffe zu benennen. Sie wurde deshalb 1974 zurückgezogen. Für eine Folgeausgabe soll eine Abstimmung mit der EURONORM 27–74 und der geplanten ISO-Regelung versucht werden.

4.7.1 Benennung nach DIN 17006

Einen Überblick über den Aufbau des Bezeichnungssystems und der verwendeten Kennbuchstaben und Kennziffern zur Angabe von Merkmalen und Eigenschaften nach DIN 17006 gibt Tab. 4.10. Der »Kern der Benennung« ist der wichtigste Teil der Bezeichnung. Die anderen Angaben sollten nur verwendet werden, wenn sie zur Kennzeichnung des Stahles unbedingt notwendig sind. Die vollständige Kennzeichnung erhöht die erforderliche »Gedächtnisarbeit«, sich den Stahl »vorstellen« zu können.

Die Kernbezeichnung kann
- nach der Festigkeit,
- nach der chemischen Zusammensetzung des Stahles oder
- ohne festes System erfolgen.

4.7.1.1 Kennzeichnung nach der Festigkeit

Zugfestigkeit

Nach der Zugfestigkeit werden nur unlegierte Stähle bezeichnet, für deren Einsatzgebiet überwiegend Festigkeitseigenschaften von Bedeutung sind und die nicht für eine Wärmebehandlung bestimmt sind:
Kennzeichnung: St (= Stahl) und *Zugfestigkeitskennzahl* (in ≈ 10 N/mm²)

Beispiele

Allgemeine Baustähle nach DIN 17100

MRSt 37-2

beruhigter Siemens-Martin-Stahl mit einer mittleren Zugfestigkeit von ≈ 360 N/mm², Stahlgütegruppe 2 (siehe S. 195).

Nahtlose Rohre aus unlegierten warmfesten Stählen nach DIN 17175
St 35.8

Stahl mit einer Mindestzugfestigkeit von ≈ 350 N/mm² und mit gewährleisteten Warmfestigkeitseigenschaften („8“, siehe Tab. 4.10).

Tab. 4.10: Aufbau der systematischen Benennungsweise von Stählen (in Anlehnung an DIN 17006)

M A St 44 6 N

Erschmelzungsart (Kennbuchstabe)	Ureigenschaften (Kennbuchstabe)	Kern der Benennung gebildet	Gewährleistungsumfang (Kennziffer)	Behandlungszustand (Kennbuchstabe)
B = Bessemer Stahl E = Elektrostahl allgemein I = Elektrostahl aus dem Induktionsofen LE = Elektrostahl aus dem Lichtbogenofen M = Siemens-Martin-Stahl T = Thomasstahl Ti = Tiegelstahl W = nach Sonderverfahren erblasener Stahl Y = Sauerstoffaufblasstahl	A = alterungsbeständig L = laugenrißbeständig P = zum Gesenkschmieden geeignet Q = kaltstauchbar (quetschbar, kaltverformbar) R = beruhigt und halbberuhigt vergossen RR = besonders beruhigt vergossen S = schmelzschweißbar T = kaltzäh U = unberuhigt vergossen W = warmfest WT = wetterfest Z = ziehbar, für Ziehzwecke geeignet	1. **nach der Festigkeit** Kennzeichen: St, Zugfestigkeitskennzahl z. B.: St 44 oder Kennzeichen: StE, Mindeststreckgrenze z. B.: StE 285 2. **nach der Analyse** Symbol für Kohlenstoff, Kohlenstoffkennzahl z. B.: C 45 oder Kohlenstoffkennzahl, Symbole der Legierungselemente, Legierungskennzahlen, z. B.: 13 CrMo 4 4 oder Vorbuchstabe „X“, Kohlenstoffkennzahl, Symbole der Legierungselemente, Legierungskennzahlen, z. B.: X 10 CrNiTi 18 10 3. **ohne feste Systematik** z. B.: HI, St 14, St 2	ohne = Falt- oder Stauchversuch (einmal für jede Charge) 1 = Streckgrenze 2 = Falt- oder Stauchversuch 3 = Kerbschlagzähigkeit 4 = Streckgrenze und Falt- oder Stauchversuch 5 = Falt- oder Stauchversuch und Kerbschlagzähigkeit 6 = Streckgrenze und Kerbschlagzähigkeit 7 = Streckgrenze und Falt- oder Stauchversuch und Kerbschlagzähigkeit 8 = Warmfestigkeit oder Dauerstandfestigkeit 9 = elektrische oder magnetische Eigenschaften	A = angelassen B = behandelt auf beste Bearbeitbarkeit bei der Zerspanung E = einsatzgehärtet G = weichgeglüht H = gehärtet HF = Oberfläche flammgehärtet HI = Oberfläche induktionsgehärtet K = kaltverformt (kaltgewalzt, kaltgezogen und dgl.) N = normalgeglüht NT = nitriert S = spannungsarmgeglüht TM = thermomechanisch behandelt U = unbehandelt V = vergütet

Streckgrenze
Nach der Streckgrenze werden die Sonderbaustähle bezeichnet. Kern der Kennzeichnung ist: StE und *Mindeststreckgrenze* (in N/mm²)

Beispiel
Schweißgeeignete Feinkornbaustähle nach DIN 17102
TStE 315
kaltzäher Feinkornbaustahl mit einer Mindeststreckgrenze von 315 N/mm² und gewährleisteten Kerbschlagwerten bis −50 °C (siehe S. 201).

4.7.1.2 Kennzeichnung nach der Analyse

Unlegierte Stähle
Überschreitet der Legierungsgehalt für kein Element der in Tab. 4.9 angegebenen Grenzwerte, dann gilt der Stahl als unlegiert.
Kennzeichnung: *C* und *100* mal *mittlerer Kohlenstoffgehalt* (in %).

Beispiele
Vergütungsstahl nach DIN 17200
C 22; C 45
unlegierte Vergütungsstähle mit 0,22 % C bzw. 0,45 % C.

Einsatzstahl nach DIN 17 210
C 10; C 15
unlegierte Einsatzstähle mit 0,10 % C bzw. 0,15 % C.

Zum Unterscheiden der Stähle und zur Angabe bestimmter Eigenschaften kann der Kennzeichnungsumfang vergrößert werden. Die hinter dem C stehenden Buchstaben haben folgende Bedeutung:

- f = Stahl für Randschichthärten, z. B. Cf 53, Cf 70
- k = Edelstahl mit niedrigem Phosphor- und Schwefel-Gehalt, z. B. Ck 22, Ck 35, Ck 60
- q = Stahl mit Eignung zum Kaltverformen, z. B. Cq 35
- m = Edelstahl mit gewährleisteter *Spanne* des Schwefelgehaltes für bessere Zerspanbarkeit, z. B. Cm 35.

Legierte Stähle
Diese Stähle sind so hergestellt, daß sie aufgrund einer *genau festgelegten chemischen Zusammensetzung,* für die außer dem Kohlenstoffgehalt ein oder mehrere Legierungselemente kennzeichnend sind, nach der Wärmebehandlung bestimmte mechanische Eigenschaften aufweisen (EURONORM 27–74).
Die Kennzeichnung der niedriglegierten Stähle erfolgt nach dem folgenden Schema.

Beispiel: Warmfester Kesselbaustahl 13 CrMo 4 4 (DIN 17155)

13	CrMo	4 4
Kohlenstoffkennzahl = mittlerer C-Gehalt (in %) mal 100	Symbole der Legierungselemente, die den Stahl kennzeichnen	*Legierungskennzahlen* geben Legierungsgehalte verschlüsselt an (Tab. 4.11):
C ≈ 0,13 %	Cr = Chrom	Cr = 4/4 ≈ 1,0 %
	Mo = Molybdän	Mo = 4/10 ≈ 0,4 %

Tab. 4.11: Legierungskennzahlen der wichtigsten Elemente bei niedriglegierten Stählen

Legierungselement	Legierungskennzahlen
Cr, Co, Mn, Ni, Si, W	4
Al, Be, Cu, Mo, Nb, Ta, Ti, V, Zr	10
P, S, N, C, Ce	100
B	1000

Bei Gehalten von mehr als 5 % an einem Legierungsbestandteil ist der Stahl hochlegiert und die Bezeichnung beginnt mit dem Buchstaben »X«. Es folgt wie bei un- und niedriglegierten Stählen die Kohlenstoffkennzahl, die Symbole für die kennzeichnenden Legierungselemente sowie die Anteile der Elemente direkt in Prozent. Sie werden also *nicht* durch Legierungskennzahlen verschlüsselt angegeben.

Beispiele
X 200 Cr 13: C ≈ 2 %, Cr ≈ 13 %
X 10 CrNiTi 18 10: C ≈ 0,1 %, Cr ≈ 18 %, Ni ≈ 10%, Ti in nicht angegebener Menge. Es ändert bestimmte Eigenschaften des Stahles gegenüber ähnlichen Stählen ohne diesen Zusatz.

Die Schnellarbeitsstähle werden, um trotz ihrer verwickelten Zusammensetzung aus möglichst wenig Stellen bestehende Kurznamen zu erhalten, durch den Buchstaben »S« mit Zahlen für die in stets gleicher Reihenfolge angeführten Gehalte an Wolfram, Molybdän, Vanadium und Kobalt gekennzeichnet, z. B. S 18–1–2–5.

4.7.1.3 Kennzeichnung ohne feste Systematik

Unlegierte Kesselbleche nach DIN 17155
Diese Stähle werden meistens durch Stempeln gekennzeichnet, eine möglichst kurze Bezeichnung ist daher erforderlich.

Beispiel
HI, HII (H = Hochleistungskesselblech)

Feinbleche

Feinbleche aus weichen unlegierten Stählen (DIN 1623, Teil 1)

Gekennzeichnet wird die Stahlart, die Stahlgüte, die Oberflächenart und die Oberflächenausführung.

Beispiel
RRSt 14 O5 m
besonders beruhigter Stahl in Sondertiefziehgüte mit bester Oberfläche (z. B. für Spritzlackierung), matte Oberflächenausführung.

Feinbleche aus allgemeinen Baustählen (DIN 1623, Teil 2)

Beispiel
WUSt 37-2 O3
unberuhigter (Windfrisch-) Sonderstahl der Güteklasse St 37-2 (nach DIN 17100) mit zunderfreier Oberfläche.

Kaltbänder aus weichen unlegierten Stählen (DIN 1624)

Gekennzeichnet wird die Stahlart, die Stahlgüte, der Behandlungsstand und die Oberflächenbeschaffenheit.

Beispiel
St 3 K32 RP
Kaltband in Tiefziehgüte, kaltgewalzt auf eine Zugfestigkeit von 290 N/mm² bis 390 N/mm², Oberfläche rißund porenfrei.

4.7.1.4 Gußwerkstoffe

Die Kennzeichnung beginnt mit Buchstaben, die von der folgenden durch einen Bindestrich getrennt ist:

GS-	=	Stahlguß
GG-	=	Grauguß, allgemein
GGL-	=	Grauguß mit Lamellengrafit
GGG-	=	Grauguß mit Kugelgrafit
GT-	=	Temperguß, allgemein
GTS-	=	Schwarzer Temperguß
GTW-	=	Weißer Temperguß

Anschließend folgt:

- Die Zugfestigkeitskennzahl (in ≈ 10 N/mm²), z. B. GS-38
- bei hochwertigen Stahlgußsorten, die für eine Wärmebehandlung bestimmt sind, steht anstelle der Zugfestigkeit die Kohlenstoffkennzahl mit dem Zeichen C, z. B. GS-C 25 (0,25 % C)
- bei legierten Gußstählen, ähnlich wie bei legierten Stählen die dort besprochene Kennzeichnung, z. B. GS-17 CrMoV 5 11

4.7.2 Kennzeichnung durch Werkstoff-Nummern (DIN 17007)

Die Kennzeichnung der Werkstoffe nach einem System von Nummern ist rationeller, erleichtert die maschinentechnische Auswertung, erhöht aber die Gedächtnisarbeit, sich den Stahl vorstellen zu können.

Die siebenstelligen Werkstoffnummern setzen sich zusammen aus:

X. XXXX. XX

Werkstoff-Hauptgruppe (X.)
0,1 = Eisenwerkstoffe
2,3 = NE-Metalle
4 = Pulvermetallurgische Werkstoffe

Sortennummern (XXXX.)
Die beiden ersten Ziffern bedeuten die **Sortenklassen,** in denen die Stähle nach Tab. 4.12 in Massen- und Qualitätsstähle sowie in Edelstähle eingeteilt sind.

Die letzten zwei Ziffern sind *Zählnummern,* die keine Rückschlüsse zulassen.

Anhängezahlen (XX)

Die erste kennzeichnet das *Stahlgewinnungsverfahren* (Erschmelzungs- und Vergießungsart).

Die zweite kennzeichnet den *Behandlungszustand* (z.B. weichgeglüht, vergütet, kaltverformt).

Beispiele: 1. 01 16. 61

- 1. – Hauptgruppe 1 Stahl (Stahlguß)
- 01 – Sortenklasse 01 allgemeine Baustähle nach DIN 17 100
- 16. – Zählnummer, festgelegt für St 37-3
- 6 – MRR-Stahl
- 1 – Normalgeglüht

1. 72 18. 94

- 1. – Hauptgruppe 1 Stahl (Stahlguß)
- 72 – Sortenklasse 72: legierter Baustahl (Edelstahl) mit Cr und < 0,35% Mo
- 18. – Zählnummer, festgelegt für einen Stahl mit ca. 0,25% C, 1% Cr, 0,25% Mo
- 9 – Elektrostahl (Guß)
- 4 – zähvergütet

Tab. 4.12: Einteilung der Sortennummern für Stähle nach der in Vorbereitung befindlichen Neufassung für die Ausgabe September 1961 von DIN 17007 Teil 2

Grund- und Qualitätsstahl		Edelstahl							
Sorten nach Lieferbedingungen: deutschen	ausländischen	unlegierter Edelstahl	legierter Edelstahl						
			Werkzeugstahl	verschiedene Stahlgruppen	chemisch beständige Stähle	Baustahl			
00 Grundstahlsorten	90 Grundstahlsorten	10 Stähle mit besonderen physikalischen Eigenschaften	20 Cr	30	40 (Nichtrostende Stähle; mit < 2,0% Ni) ohne Mo, Nb und Ti	50 Mn, Si, Cu	60 Cr-Ni mit > 2,0 < 3,0% Cr	70 Cr	80 Cr-Si-Mo Cr-Si-Mn-Mo Cr-Si-Mo-V Cr-Si-Mn-Mo-V
01 (Unlegierter Qualitätsstahl)	91 Allgemeine Baustähle mit $R_m < 500\ \mathrm{N/mm^2}$	11 (Baustähle) < 0,50% C	21 Cr-Si Cr-Mn Cr-Mn-Si	31 Hartlegierungen	41 mit Mo, ohne Nb und Ti	51 Mn-Si Mn-Cr	61	71 Cr-Si Cr-Mn Cr-Si-Mn	81 Cr-Si-V Cr-Mn-V Cr-Si-Mn-V
02	92 Sonstige, nicht für eine Wärmebehandlung bestimmte Baustähle mit $R_m < 500\ \mathrm{N/mm^2}$	12 > 0,50% C	22 Cr-V Cr-V-Si Cr-V-Mn Cr-V-Mn-Si	32 (Schnellarbeitsstähle) mit Co	42	52 Mn-Cu Mn-V, Si-V Mn-Si-V	62 Ni-Si Ni-Mn Ni-Cu	72 Cr-Mo mit < 0,35% Mo	82
03	93 Stähle mit im Mittel < 0,12% C oder $R_m < 400\ \mathrm{N/mm^2}$	13	23 Mo Cr-Mo Cr-Mo-V	33 ohne Co	43 (mit > 2,0% Ni) ohne Mo, Nb und Ti	53 Mn-Ti, Si-Ti Mn-Si-Ti Mn-Si-Zr	63 Ni-Mo Ni-Mo-Mn Ni-Mo-Cu, Ni-Mo-V Ni-Mn-V	73 Cr-Mo mit > 0,35% Mo	83
04	94 Stähle mit im Mittel > 0,12 < 0,25% C oder $R_m > 400 < 500\ \mathrm{N/mm^2}$	14	24 W Cr-W	34 verschleißfeste Stähle	44 mit Mo, ohne Nb und Ti	54 Mo, Mn-Mo Si-Mo, Nb Ti, V, W	64	74	84 Cr-Si-Ti Cr-Mn-Ti Cr-Si-Mn-Ti
05	95 Stähle mit im Mittel > 0,25 < 0,55% C oder $R_m > 500 < 700\ \mathrm{N/mm^2}$	15 (Werkzeugstähle) I. Güte	25 W-V Cr-W-V	35 Wälzlager-stähle	45 mit Cu, Nb oder Ti	55 Mikrolegierte Baustähle	65 Cr-Ni-Mo mit < 0,4% Mo + < 2,0% Ni	75 Cr-V mit < 2,0% Cr	85 Nitrierstähle
06	96 Stähle mit im Mittel > 0,55% C oder $R_m > 700\ \mathrm{N/mm^2}$	16 II. Güte	26 W außer Klassen 24, 25 und 27	36 (Eisenwerkstoffe mit besonderen physikalischen Eigenschaften; Legierungen mit besonderen magnetischen Eigenschaften) ohne Co	46 Legierungen für die Luftfahrt	56 Ni	66 Cr-Ni-Mo mit < 0,4% Mo + > 2,0 < 3,5 % Ni	76 Cr-V mit > 2,0% Cr	86
07	97 Stähle mit höherem P- oder S-Gehalt	17 III. Güte	27 mit Ni	37 mit Co	47 (Hitzebeständige Stähle) mit < 2,0% Ni	57 Cr-Ni mit < 1,0% Cr	67 Cr-Ni-Mo mit > 3,5 < 5,0% Ni oder > 0,4% Mo	77 Cr-Mo-V	87
08 (Legierter Qualitätsstahl)	98 Stähle mit im Mittel < 0,30% C	18 für Sonderzwecke	28 sonstige Legierungen	38 ohne Ni	48 mit > 2,0% Ni	58 Cr-Ni mit > 1,0 < 1,5% Cr	68 Cr-Ni-V Cr-Ni-W Cr-Ni-V-W	78	88 (Nicht für eine Wärmebehandlung beim Verbraucher bestimmte Stähle) außer Klasse 89
09	99 Stähle mit im Mittel > 0,30% C	19	29	39 mit Ni	49 Hochwarmfeste Werkstoffe	59 Cr-Ni mit > 1,5 < 2,0% Cr	69 Cr-Ni außer Klassen 57 bis 68	79 Cr-Mn-Mo Cr-Mn-Mo-V	89 Höherfeste schweißbare Baustähle

4.7.3 Kurzbenennung der Eisenwerkstoffe nach EURONORM 27-74

Für die Kurzbenennung werden die Stähle in zwei Hauptgruppen I und II eingeteilt:

- Hauptgruppe I: Benennung nach ihren mechanischen Eigenschaften und Verwendungszwecken,
- HauptgruppeII: Benennung nach ihrer chemischen Zusammensetzung.

Die Bezeichnungsweise der Stähle der Hauptgruppe II stimmt weitgehend mit der Bezeichnung nach DIN 17006 überein. Im Zweifelsfall muß die EURONORM 27-74 zu Rate gezogen werden. Differenzierter als in DIN 17006 ist die Kennzeichnung der unlegierten Stähle (Hauptgruppe I). Bei ihnen kommen in der Kurzbenennung der Reihe nach:

Grundangaben

- das Anfangskurzzeichen **Fe** für geschmiedeten, gewalzten, gezogenen oder stranggegossenen Stahl, **FeG** für Stahl zur Herstellung von Stahlformguß,
- die Haupteigenschaft
  z. B. Angabe der gewährleisteten Mindestzugfestigkeit (in $\mathrm{N/mm^2}$) oder mit dem Kurzzeichen E die Angabe der gewährleisteten Mindeststreckgrenze (in $\mathrm{N/mm^2}$),
- etwaige chemische Elemente, die absichtlich zum Erzielen bestimmter Eigenschaften zugegeben worden sind.

Tab. 4.13: Kurzbezeichnung der Stähle nach EURONORM 27-74

Unterteilung für Kurzbezeichnung		Gruppe	I. Benennung nach ihren mechanischen Eigenschaften und Verwendungszwecken		II. Benennung nach ihrer chemischen Zusammensetzung			
		Untergruppe	I.1 Nach ihren mechanischen Eigenschaften	I.2 Nach dem Verwendungszweck	II.1 Unlegierte Stähle		II.2 Niedriglegierte und legierte Stähle	
					II.11 Für eine Wärmebehandlung bestimmte Stähle	II.12 Stähle für besondere Verwendung	II.21 Gehalt je Legierungselement < 5%	II.22 Gehalt wenigstens eines Legierungselements < 5%
KURZBEZEICHNUNG	Erg. Ang.	0 Voranzustellendes Kennzeichen	-	-	Gegebenenfalls eine Kennzahl für den Grad der Eigenschaften nach den Vorschriften der Erzeugnisnorm		Gegebenenfalls ein Kennbuchstabe für den Grad der Eigenschaften nach den Vorschriften der Erzeugnisnorm	
	Grundangaben	1. Grundkurzzeichen	Fe für geschmiedeten, gewalzten, gezogenen oder stranggegossenen Stahl, FeG für Stahl zur Herstellung von Stahlformguß	Fe	C, dem der Kennbuchstabe G für Stahl zur Herstellung von Stahlformguß vorangestellt wird	C, dem ein Kennbuchstabe für die Verwendung des Stahls (nach den Vorschriften der Erzeugnisnorm) folgt	G nur für Stahl zur Herstellung von Stahlformguß	X, dem der Kennbuchstabe G für Stahl zur Herstellung von Stahlformguß vorangestellt wird
	Grundangaben	2. Kennzahlen oder Kennbuchstaben der Haupteigenschaft	Gewährleistete Mindestzugfestigkeit N/mm^2 oder gewährleistete Mindeststreckgrenze N/mm^2 mit vorangestelltem Buchstaben E	Ein Kennbuchstabe für die Verwendung mit darauffolgender zwei- oder mehrstelliger Zahl (je nach den Vorschriften in der Gütenorm)	Mittlerer Kohlenstoffgehalt (in %) multipliziert mit 100			
	Grundangaben	3. Kennbuchstaben für einige Legierungselemente	Gegebenenfalls chemisches Kurzzeichen für das absichtlich zur Erzielung bestimmter Eigenschaften beigegebene Legierungselement	-	Gegebenenfalls chemisches Kurzzeichen für das Element, das absichtlich zur Erzielung bestimmter Eigenschaften beigegeben wurde, dem eventuell eine Kennziffer (nach den Vorschriften der Erzeugnisnorm) folgt		Chemisches Kurzzeichen für die Legierungselemente, die den Stahl kennzeichnen	
	Grundangaben	4. Kennzahlen für den Gehalt an Legierungselementen	-	-	-	-	Gehalt an den wichtigsten Legierungselementen (in %), multipliziert mit 4 oder mit 10 oder mit 100 oder mit 1000, je nach dem Element	Gehalt an den wichtigsten Legierungselementen (in %)
	Ergänzende Angaben	5. Kennbuchstabe für den Grad der Sprödbruchunempfindlichkeit	A, B, C, D	-	-	-	-	-
	Ergänzende Angaben	6. Kennziffer für den Gütegrad nach anderen Kriterien als der Sprödbruchunempfindlichkeit	1, 2, 3, . . ., nach den Vorschriften der Erzeugnisform		-	-	-	-
	Ergänzende Angaben	7. Kennbuchstaben für besondere Eigenschaften	»Schlüsselbuchstaben« F, S, K, H, M, R, N, G, T, dem ein anderer Buchstabe (nach den Vorschriften der Erzeugnisnorm) folgt					
		Bezugnahme auf die EURONORM	EU					
Beispiele:			Fe 410 D Fe 490-2 Fe 360-1 KW FeG 440 FeD 355-2 Fe 410 Pb FeE 355 Mn FeE 355 Cr	FeV 360-50 H C FeP 03 MB RR FeB 215 FeD 01	1 C 35 2 C 35 TC C 40 S 1 C 50 S TB GC 20	2 CD 15 CD 30 Cr 1	A 20 Mn 5 18 NiCr 16 19 NiCr 16 30 CrAlMo 5 10 G 90 Cr 4	X 10 Cr 13 AX 15 Cr 13 X 10 CrNi 18 8 X 200 Cr 13 X 50 NiCr 2109 X 150 CrMo 12 KU GX 15 Cr 13

Ergänzende Angaben
- Kennzeichnung der Sprödbruchunempfindlichkeit,
- besondere Güten (z. B. Eignung zum Schweißen, Erschmelzungs- und Vergießungsart, Wärmebehandlungszustand),
- besondere Verwendungseigenschaften (z. B. Eignung zum Bördeln, zum Herstellen geschweißter Rohre, zum Gesenk- und Freiformschmieden).

  Tab. 4.13 zeigt das vollständige Bezeichnungssystem.

Beispiele

Fe 410 D: Stahl mit einer gewährleisteten Mindestzugfestigkeit von 410 N/mm^2, Grad der Sprödbruchunempfindlichkeit D

Fe 410 Pb: wie oben, aber mit Blei-Zusatz

FeE 355 Mn: Stahl mit erhöhtem Mangangehalt mit einer gewährleisteten Mindeststreckgrenze von 355 N/mm^2.

FeB 215: Betonstahl mit einer gewährleisteten Mindeststreckgrenze von 215 N/mm^2. Entgegen der sonstigen Regelung muß beim Kennbuchstaben B die folgende Zahl den Mindestwert der *Streckgrenze* angeben.

4.8 Stahlgruppen

4.8.1 Einteilung der Stähle

In der EURONORM 20-74 werden die Stähle nach
- ihrer *chemischen Zusammensetzung*
- ihren *Gebrauchsanforderungen* unterteilt.

Danach unterscheidet man:
- unlegierte Stähle (siehe Tab. 4.9) und
- legierte Stähle, die nach den Anforderungen an ihre Gebrauchseigenschaften unterteilt werden in
  - Grundstähle
  - Qualitätsstähle
  - Edelstähle.

Grundstähle sind Stahlsorten, von denen keine besonderen Gebrauchseigenschaften verlangt werden. **Qualitätsstähle** sind Stähle, für die i. a. *kein* gleichmäßiges Ansprechen auf eine Wärmebehandlung[1] gefordert wird. Die Anforderungen an ihre Gebrauchseigenschaften (Schweißeignung, Sprödbruchunempfindlichkeit, Tiefziehfähigkeit, Eignung für Bearbeitungsautomaten) erfordern aber besondere Sorgfalt bei der Herstellung. **Edelstähle** sind Stahlsorten, die i. a. für eine Wärmebehandlung[1] bestimmt sind. Wegen ihrer besonderen Herstellungsbedingungen sind sie i. a. reiner als die Qualitätsstähle.

Für den Ingenieur ist häufig eine Kennzeichnung sinnvoll, aus der weitere für ihn wichtige Eigenschaften entnommen werden können.

Danach werden die Stähle in **Bau- oder Konstruktionsstähle** (Allgemeine Baustähle, Automatenstähle, Einsatzstähle, Vergütungsstähle, Federstähle, warmfeste Stähle) und **Werkzeugstähle** eingeteilt. (siehe Tab. 4.2, S. 142).

[1] Glühbehandlungen werden im Sinne dieser Gruppeneinteilung nicht als Wärmebehandlung bezeichnet. Hochlegierte Stähle müssen aus anderen Gründen als Edelstähle erschmolzen werden.

4.8.2 Baustähle

Anforderungen

Aufgrund der vielfältigen Anforderungen an die Baustähle sind je nach Verwendungszweck folgende Eigenschaften erforderlich:
- mechanische Eigenschaften: Hohe *Streckgrenzen* verbunden mit ausreichender *plastischer Verformbarkeit* vor allem bei schlagartiger Beanspruchung sind am wichtigsten.
- technologische Eigenschaften: z. B. Zerspanbarkeit, Kaltumformbarkeit (Stanzen, Tiefziehen usw.), Schweißeignung, Korrosionsbeständigkeit, Tieftemperaturzähigkeit (kaltzähe Stähle), Warmfestigkeit (warmfeste Stähle), Hitzebeständigkeit (hitzebeständige Stähle).
- physikalische Eigenschaften: magnetische Eigenschaften, Wärmeleitfähigkeit und Wärmeausdehnung (Bimetall).

Wegen der großen Bedeutung des Schweißens als Fügeverfahren vor allem für die Baustähle wird der komplexe Begriff Schweißbarkeit näher erläutert.

Schweißbarkeit

Die Schweißbarkeit eines Werkstoffes ist vorhanden, wenn die Verbindung durch Schweißen mit einem gegebenen Schweißverfahren bei Beachtung eines geeigneten Fertigungsablaufes erreicht wird (Verbindbarkeit) und die geschweißte Konstruktion, die an sie gestellten Anforderungen erfüllen kann (Bewährung). Die wesentlichste Voraussetzung für die Bewährung ist eine ausreichende Verformbarkeit *nach dem Schweißen*, um den Trennbruch auszuschließen. Die Verformbarkeit ist keine Werkstoffkonstante, sondern hängt von verschiedenen Faktoren ab. Der wirksamste und wesentlichste ist der (mehrachsige) Spannungszustand.

Übersichtlicher und gedanklich schärfer wird der unklare Begriff Schweißbarkeit durch eindeutige Teilbegriffe festgelegt:

- **Schweißeignung:** Sie ist vorhanden, wenn aufgrund der *werkstoffgegebenen* metallurgischen, chemischen und physikalischen Eigenschaften des Stahles eine den jeweils gestellten Anforderungen entsprechende Schweißung hergestellt werden kann (siehe auch S. 79 ff).
- **Schweißsicherheit:** Die im wesentlichen werkstoffabhängige Eigenschaft Schweißeignung ist noch kein Maßstab für die Sprödbruchunempfindlichkeit des Stahles in der *geschweißten Konstruktion.* Hierfür muß eine Reihe von Bedingungen erfüllt werden, die nicht der Stahlhersteller, sondern der Stahlverarbeiter beeinflussen kann. Die Schweißsicherheit ist vorhanden, wenn das geschweißte Bauteil bei den vorgesehenen Betriebsbeanspruchungen betriebssicher, d. h. versprödungs- und rißfrei bleibt. Sie wird u. a. beeinflußt von der *konstruktiven Gestaltung* (Bleckdicke, Nahtart und -anordnung, Kerbwirkung) und dem *Beanspruchungszustand* (Art, Größe und Mehrachsigkeitsgrad der Spannungen, Beanspruchungsgeschwindigkeit, Betriebstemperatur).
- Die **Schweißmöglichkeit** gibt an, ob die jeweilige Verbindung unter den gewählten Fertigungsbedingungen hergestellt werden kann.

Die drei Einflußgrößen beeinflussen sich gegenseitig, wie Bild 4.83 zeigt.

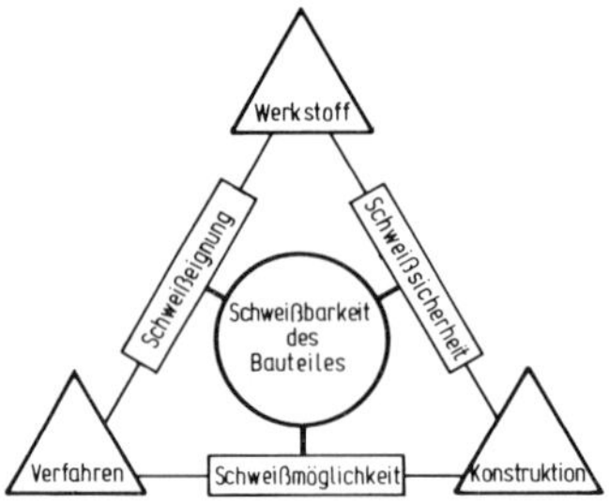

Bild 4.83 Oberbegriff Schweißarbeit und seine Abhängigkeit von den Teilbegriffen Schweißeignung, Schweißsicherheit, Schweißmöglichkeit

Die Schweißeignung ist bei umwandlungsfähigen Stählen i. a. vorhanden, wenn durch das rasche Abkühlen die in der Wärmeeinflußzone entstehenden Gefüge noch ausreichend verformbar blieben. Damit muß die Martensitbildung vermieden werden oder der Kohlenstoffgehalt des Stahles so begrenzt werden ($C \leqslant 0{,}2$ % bis 0,22 %), daß der Martensit noch genügend verformbar ist.

4.8.2.1 Allgemeine Baustähle (Massenbaustähle) nach DIN 17100

An der Gesamtstahlerzeugung nehmen die allgemeinen Baustähle den größten Umfang ein. Sie sind bis auf den Stahl St 52-3 unlegiert und werden üblicherweise im warmgeformten Zustand nach einem Normalglühen oder nach einer Kaltumformung im wesentlichen aufgrund ihrer *Zugfestigkeit* und *Streckgrenze* z. B. im Hochbau, Tiefbau, Brückenbau, Wasserbau, Behälterbau, Fahrzeug- und Maschinenbau verwendet.

Die in Tab. 4.14 aufgeführten Stahlsorten haben **Mindestzugfestigkeiten** von 290 N/mm² bis 670 N/mm² und **Mindeststreckgrenzen** von 175 N/mm² bis 365 N/mm². Ihr Gefüge ist ferritisch-perlitisch. Die Festigkeit beruht auf der kombinierten Wirkung:

- der *Mischkristallverfestigung* des Ferrits durch Kohlenstoff und vor allem durch die Eisenbegleiter (Phosphor, Schwefel, Mangan, Silizium),
- der *Korngrenzen* (dieser Anteil ist bei dem feinkörnig erschmolzenen St 52-3 besonders groß),
- des *Perlitanteils.*

Die überwiegende Weiterverarbeitung der verschiedenen Walzwerkserzeugnisse durch Schweißen erfordert, daß die entsprechende Stähle über eine ausreichende

- Schweißeignung verbunden mit einer großen
- Sprödbruchunempfindlichkeit verfügen.

Die **Stahlgütegruppen** gestatten es, die Schweißeignung und die Sprödbruchunempfindlichkeit der Stähle einzuschätzen. Neben der Begrenzung des Kohlenstoffgehaltes für die *Schweißeignung* ist die Übergangstemperatur oder die Kerbschlagzähigkeit ein verläßliches Mittel, die Stähle nach ihrer Sprödbruchsicherheit zu gruppieren. Bei gleichen Gewährleistungswerten für die Festigkeit unterscheiden sich die Stahlsorten der verschiedenen Gütegruppen nicht nur in der chemischen Zusammensetzung, sondern vor allem in der *Sprödbruchunempfindlichkeit.* Diese nimmt mit steigender Gütegruppenzahl des betreffenden Stahles zu.

Ein Stahl der Gütegruppe 3 (z. B. St 37-3) hat einen geringeren Gehalt an Verunreinigungen ($P \leq 0{,}04$%, $S \leq 0{,}04$%) als ein Stahl der Gütegruppe 2 ($P \leq 0{,}05$%, $S \leq 0{,}05$%). Auch der Gehalt an gelöstem Stickstoff ist durch Zusatz stickstoffabbindender Elemente, z. B. Aluminium, stark vermindert. Dadurch haben Stähle

Tab. 4.14: Mechanische Eigenschaften der Stähle nach DIN 17 100

Stahlsorte[1]) Kurzname	Stahlsorte[1]) Werkstoff-nummer	Behand-lungs-zustand[2])	Zug-festigkeit R_m für Dicken ≧ 3 mm ≦ 100 mm N/mm²	Streckgrenze R_{eH} für Dicken (in mm) ≦ 16 N/mm² min.	Streckgrenze > 16 ≦ 40	Streckgrenze > 40 ≦ 63	Bruchdehnung A_5 Längsproben für Dicken (in mm) ≧ 3 ≦ 40 % min.	Längsproben > 40 ≦ 63	Querproben ≧ 3 ≦ 40	Querproben > 40 ≦ 63	Kerbschlagarbeit A_v[3]) J min.	Prüftemperatur °C
St 33	1.0035	U, N	290	185	175	-	18	-	16	-	-	-
St 37-2	1.0037	U, N										+ 20
USt 37-2	1.0036	U, N										+ 20
RSt 37-2	1.0038	U, N	340...470	235	225	215	26	25	24	23	27	+ 20
St 37-3	1.0116	U										± 0
		N										- 20
St 44-2	1.0044	U, N										+ 20
St 44-3	1.0144	U	410...540	275	265	255	22	21	20	19	27	± 0
		N										- 20
St 52-3	1.0570	U	490...630	355	345	335	22	21	20	19	27	± 0
		N										- 20
St 50-2	1.0050	U, N	470...610	295	285	275	20	19	18	17	-	-
St 60-2	1.0060	U, N	570...710	335	325	315	16	15	14	13	-	-
St 70-2	1.0070	U, N	670...830	365	355	345	11	10	10	9	-	-

[1]) U = unberuhigt, R = beruhigt vergossen
[2]) U = warmgeformt, unbehandelt, N = normalgeglüht
[3]) Gültig für ISO-Spitzkerbproben aus Erzeugnissen ≧ 10 mm (St 37-2 > 16 mm) und ≦ 63 mm Dicke

der Gütegruppe 3 eine im Vergleich zu den anderen Stählen sehr niedrige Übergangstemperatur; sie sind sicherer gegen Sprödbruch. Der Nachweis der Kerbschlagarbeitswerte erfolgt nur für die niedriggekohlten Stähle ($C \leq 0{,}2$ %), d. h. die schweißgeeigneten Stähle (siehe Tab. 4.14).
Damit ergibt sich die Notwendigkeit, diese Stähle nicht nur nach ihren Festigkeits-, sondern auch nach ihren Zähigkeitseigenschaften auszuwählen, wenn Schweißarbeiten vorgesehen sind. Bei den üblichen kraftschlüssigen Verbindungsformen (Schrauben, Nieten) spielt das Zähigkeitsverhalten der zu fügenden Werkstoffe keine wesentliche Rolle, da hier die Versagensform Sprödbruch praktisch unbekannt ist. Eine allgemeine Schweißeignung der Stähle kann nicht gewährleistet werden, da ihr Verhalten beim und nach dem Schweißen nicht nur vom Werkstoff, sondern auch von den Abmessungen sowie den Fertigungs- und Betriebsbedingungen abhängt. Zum Schmelzschweißen geeignet sind:

St 37-2, St 37-3, St 44-2, St 44-3, St 52-3

Da der Stickstoff abgebunden ist neigen die Stähle der Gütegruppe 3 auch am wenigsten zu der gefährlichen Reckalterung. Die als Keime wirkenden Nitride (AlN, VN) erzeugen außerdem ein feines Sekundärkorn, wodurch die Streckgrenze steigt. Der Stahl St 52-3 kann als Prototyp der höherfesten schweißgeeigneten ($C \leqslant 0{,}2$ %) Feinkornbaustähle angesehen werden. Die Bilder 4.84 a bis c zeigen das Mikrogefüge des feinkörnigen erschmolzenen Stahles St 52-3 und eines üblichen St 37 im Vergleich mit dem eines niedriglegierten Feinkornbaustahles.

Sehr sorgfältige Vorbereitungen zum Schweißen sowie besondere Nachbehandlungen sind notwendig bei den Stählen

St 50-2, St 60-2, St 70-2

4.8.2.2 Feinbleche nach DIN 1623

Feinbleche sind Walzwerkserzeugnisse aus unlegierten weichen Stählen unter 3 mm Dicke, die bevorzugt kalt-, in geringerem Umfang warmgewalzt werden. Sie sind für Umformungsarbeiten (Tiefziehen, Streckverformen, Biegen) und Oberflächenveredeln (z. B. Emaillieren, mit Kunststoff beschichten, Galvanisieren, Lackieren, Verzinnen, Verchromen), aber nicht für Einsatz- und Abschreckhärten oder Vergüten bestimmt. Ihr Anteil an der Gesamtstahlerzeugung beträgt in der Bundesrepublik Deutschland und in Staaten mit ähnlicher Industriestruktur 25 % bis 30 %. Die wichtigsten Anwendungsgebiete sind die Fahrzeugindustrie, die Eisen-, Blech- und Metallwarenindustrie und die Elektrotechnik.
Die wichtigste Anforderung an Feinbleche ist ausreichende *Verformbarkeit* (Duktilität), die für Umformungsarbeiten wie z. B. Tiefziehen erforderlich ist. Die Festigkeitseigenschaften sind dabei i. a. von geringerer Bedeutung.
Die Eignung der Stähle für die zum Teil komplizierten Verformungsvorgänge bei den verschiedenen Umformverfahren kann mit Kennwerten festgestellt werden, die aus dem Zugversuch ermittelt werden. Zusätzliche Informationen erhält man mit speziellen technologischen Prüfverfahren. Am bekanntesten ist der Tiefungsversuch nach Erichsen, (siehe S. 127).
Für bestimmte kaltgeformte Bauteile sind ausreichende Verformungs- *und* Festigkeitseigenschaften erforderlich.

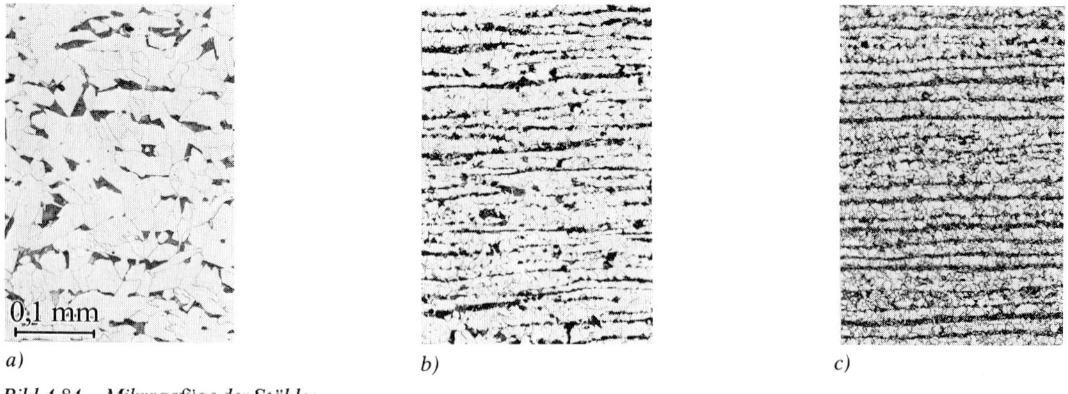

a) *b)* *c)*

Bild 4.84 Mikrogefüge der Stähle:
a) St 37-2 ($R_{eH} \approx$ 235 N/mm²); b) St 52-3 ($R_{eH} \approx$ 355 N/mm²); c) niedriglegierter Feinkornbaustahl ($R_{eH} \approx$ 500 N/mm²)

Unberuhigte Stähle haben nach der Kaltformgebung wegen der sehr verunreinigungsarmen *Speckschicht* im allgemeinen eine glattere Oberfläche als beruhigte. Lediglich bei sehr starken Verformungen werden aluminiumberuhigte Stähle verwendet.

Die weichen niedriggekohlten Feinbleche besitzen eine ausgeprägte Streckgrenze, wodurch bei der Kaltverformung örtlich begrenzte Verformungen wie z. B. Knitterlinien und *Fließfiguren* entstehen. Diese Erscheinung beruht auf der Wechselwirkung zwischen Versetzungen und gelösten Fremdatomen, vorzugsweise Stickstoff (siehe S. 103). Ein leichtes Kaltwalzen (Verformungsgrade ca. 2 %) als letzter Stich beseitigt die ausgeprägte Streckgrenze. Dieses *Dressieren* verhindert die Bildung der Fließfiguren für eine begrenzte Zeit.

Die *Schweißeignung* zum Schmelz- und Widerstandsschweißen ist im allgemeinen gewährleistet. Beim Schmelzschweißen ohne Zusatzwerkstoff (z. B. Gasschweißen) müssen Menge und Art der Einschlüsse sowie die Herstellbedingungen der Feinbleche sorgfältig kontrolliert werden. Andernfalls entsteht ein zähflüssiges Schweißgut mit ausgeprägter Porenbildung, das zum Aufschäumen neigt (»Blumenkohl«).

Die Feinbleche sind in DIN 1623 Teil 1 (Feinbleche aus weichen Stählen, Bezeichnung z. B.: RRSt 13 O5 m) und DIN 1623 Teil 2 (Feinbleche aus allgemeinen Baustählen, Bezeichnung z. B.: St 52-3 O3) genormt. Letztere werden im wesentlichen auf Grund ihrer Zugfestigkeit und Streckgrenze im Lieferzustand verwendet.

Kaltbänder (DIN 1624) aus unlegierten weichen Stählen sind ebenfalls für Umformungsarbeiten und Oberflächenveredelung bestimmt. Sie werden als auf Länge geschnittene Streifen oder in Ringen geliefert.

4.8.2.3 Hochfeste Baustähle

Die Möglichkeiten der Festigkeitserhöhung hängen z. T. vom Gefüge der Stähle ab. Man unterscheidet Stähle mit:

- ferritischem (hochlegiert),
- ferritisch-perlitischem (unlegiert, legiert),
- martensitischem (i. a. legiert, Vergütungsstahl) und
- austenitischem (hochlegiert) Gefüge.

Die einphasigen ferritischen und austenitischen Stähle lassen sich z. B. nicht umwandlungshärten, sie sind dagegen aber (nach Zugabe geeigneter Legierungselemente) gut ausscheidungshärtbar.

Hochfeste Stähle können nur technisch sinnvoll eingesetzt werden, wenn folgende Punkte beachtet werden:

- Das Bauteil soll nur auf *Zug* beansprucht werden. Das *Stabilitätsverhalten* wird nicht nur von der Streckgrenze, sondern in hohem Maße vom Elastizitätsmodul bestimmt. Dieser ist aber bei allen Stahlsorten nahezu gleich groß. Bei derartigen Beanspruchungsverhältnissen (Beulen, Kippen, Knicken) bringt der Einsatz hochfester Werkstoffe keinen Vorteil.
- Der *Verringerung der Wanddicke* sind durch Witterungseinflüsse (Rosten) Grenzen gesetzt. Hier erlangen wetterfeste Baustähle zunehmend an Bedeutung.
- Die *Dauerfestigkeit* steigt nicht proportional mit der Streckgrenze. Verbunden mit einer großen Kerbempfindlichkeit sind die hochfesten Stähle vor allem ungeeignet, Dauerbeanspruchungen aufzunehmen. Günstig sind Beanspruchungen im hohen Zeitfestigkeitsgebiet mit großen Spannungsamplituden (Kurzzeitfestigkeit, siehe S. 110).
- Mit zunehmender Streckgrenze nimmt die Verformbarkeit allgemein ab, d. h. die *Trennbruchempfindlichkeit* zu. Selbst bei sorgfältiger konstruktiver und fertigungstechnischer Ausführung muß mit dieser Versagensform gerechnet werden.

4.8.2.3.1 Methoden zum Erhöhen der Festigkeit

Alle Methoden der Festigkeitssteigerung beruhen auf dem *Blockieren der Versetzungsbewegung* durch Hindernisse. Da durch diese Maßnahmen im wesentlichen erreicht wird, daß sich die Versetzungen bei höheren Spannungen bewegen, wird nur die Streckgrenze erhöht, die Zugfestigkeit dagegen kaum.

Die *Mischkristallhärtung* (Hindernis: gelöste Atome) und die *Kaltverfestigung* (Hindernis: Versetzungen) sind bei Eisenwerkstoffen von geringerer Bedeutung: Bei der ersten Methode ist die erzielbare Festigkeitssteigerung im Vergleich zum Aufwand gering, bei der zweiten wird die Zähigkeit i. a. unzulässig verringert. Ebenso ist die sehr einfache und wirksame Methode, den Kohlenstoffgehalt zu erhöhen, aus verschiedenen Gründen technisch nicht zweckmäßig. Der entstehende spröde Zementit verschlechtert alle Eigenschaften einschneidend, die für höherfeste Stähle von Bedeutung sind: Schweißeignung, Kerbschlagzähigkeit und Rißsicherheit.

Besonders wichtig für hochfeste Baustähle ist eine ausreichende Verformbarkeit, die zum Verhindern des Trennbruches wichtigste und wirksamste Eigenschaft. Bei der *Teilchenhärtung* (Hindernis: ausgeschiedene Teilchen und Cluster) und der *Mischkristallhärtung* nimmt aber mit steigender Festigkeit i. a. die Zähigkeit zu sehr ab.

Mit der technisch wichtigen *Stahlhärtung* durch martensitische Umwandlung (Hindernisse: gelöste Atome und Versetzungen) lassen sich bei niedriggekohlten Stählen hohe Festigkeiten und Verformungswerte erreichen. Niedriglegierte, wasservergütete Stähle mit niedrigem Kohlenstoffgehalt ($C \leqslant 0{,}2$ %) sind seit einigen Jahren auf dem Markt und gewinnen eine ständig zunehmende Bedeutung. Ihre Streckgrenzen liegen i. a. über 500 N/mm^2.

Ähnlich günstige Ergebnisse lassen sich durch die *Korngrenzenhärtung* (Hindernisse: Korngrenzen), d. h. durch **Feinkornstähle,** erreichen. Die Festigkeitssteigerung beruht im wesentlichen auf der Hemmung der Versetzungsbewegung durch die Großwinkelkorngrenzen. Wegen der ausgeprägten Feinkörnigkeit wird im Durchschnitt aber wenigstens ein angrenzendes Korn günstig zu einer bevorzugten Gleitrichtung orientiert sein. Die Folge ist, daß die Verformung schneller über die Korngrenzen fortschreitet (Bild 4.85). Das ist auch der Grund für die ausgezeichneten Zähigkeitseigenschaften, vor allem bei Stoß- und Schlagbeanspruchung. Das ebenso wirksame wie

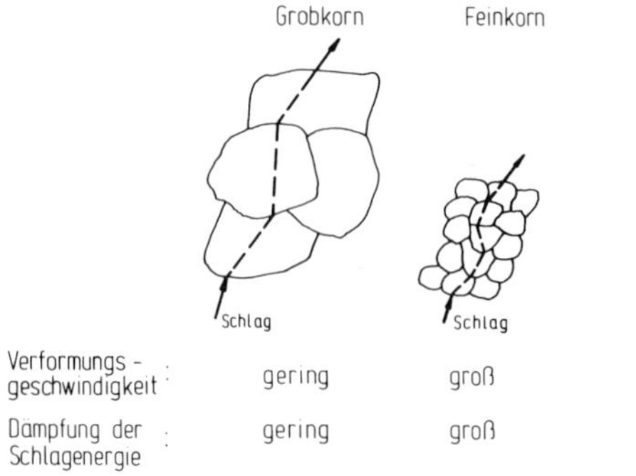

Bild 4.85 Vergleich der Verformungsvorgänge im Grobkorn- und Feinkornbaustahl (schematisch)

wirtschaftliche Verfahren der Feinkornbildung wird bei den hochfesten Stählen i. a. mit anderen Härtungsmechanismen kombiniert.

Man unterscheidet

- *normalgeglühte* Feinkornbaustähle ($R_{eH} \leqslant 500$ N/mm^2) mit ferritisch-perlitischem Gefüge und die
- *vergüteten* Feinkornbaustähle ($R_{eH} \geqslant 500$ N/mm^2), deren Gefüge aus angelassenem Martensit besteht.

Die Möglichkeiten der *Ausscheidungshärtung* bei der Festigkeitssteigerung von Stählen wurden erst in der jüngsten Zeit erkannt und technisch genutzt. Dabei handelt es sich um Ausscheidungen von legierten und unlegierten Karbiden oder anderer geeigneter intermediärer Verbindungen aus i. a. homogenen (einphasigen) Gefügen (Austenit, Ferrit, Martensit). Die Wirkung hängt vor allem ab von der Verteilung und Art der Ausscheidungen (kohärent, nichtkohärent), von ihrem Anteil, ihrem durchschnittlichen Durchmesser und dem mittleren Abstand voneinander. Die Streckgrenze ausscheidungsgehärteter Stähle läßt sich darstellen durch (siehe S. 54)

$$R_{eH} \approx \text{konst.} \cdot \frac{G}{\lambda}.$$

G = Gleitmodul, λ = mittlerer Abstand der Ausscheidungen voneinander.

Der wirksamste Teilchenabstand liegt in der Größenordnung von $\lambda = 5$ nm.

Die Ausscheidungshärtung spielt eine wesentliche Rolle bei den

- PRS- und PAS-Stählen (**P**erlit**r**eduzierte bzw. **P**erlit**a**rme **S**tähle),
- martensitaushärtbaren Stählen.

Eine auf Sonderstähle mit höchster Festigkeit beschränkte Methode ist die **Austenitverformung** (engl. *Ausforming = austenite forming*).

Für diese Behandlung sind Stähle geeignet, die im ZTU-Schaubild zwischen der Perlit- und der Zwischenstufe einen ausgeprägten umwandlungsträgen Bereich haben (Bild 4.86).

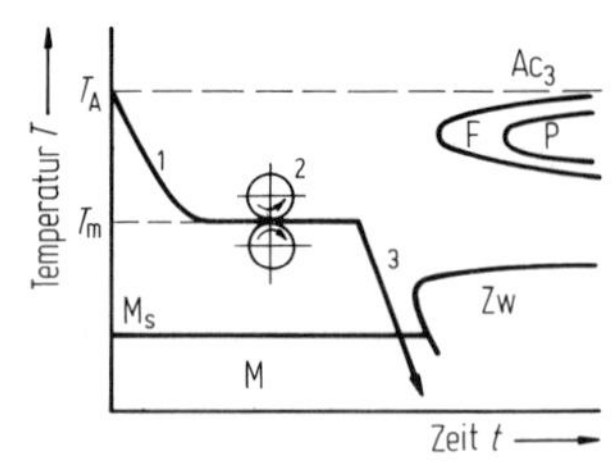

Bild 4.86 Vorgänge bei der Austenitverformung (ausforming), dargestellt im ZTU-Schaubild (schematisch)

1: Abkühlen von T_A auf T_m

2: Verformen im Gebiet des metastabilen Austenits

3: Umwandlung in der Martensitstufe

Der von der Austenitisierungstemperatur T_A abkühlende Werkstoff wird im Temperaturbereich der maximalen Umwandlungsträgheit des Austenits »abgefangen«, bei gleichbleibender Temperatur verformt und durch anschließendes Abkühlen in Martensit umgewandelt. Um ein Ausheilen der Versetzungen zu vermeiden, muß die Austenitverformung unterhalb der Rekristallisationstemperatur erfolgen. Die Ursache der Festigkeitssteigerung ist die große Zahl der bei der Austenitverformung erzeugten Versetzungen, die nach der Martensitbildung erhalten bleibt. Die außerordentliche Wirksamkeit dieser Methode ist in Bild 4.87 z.B. für einen Vergütungsstahl dargestellt.

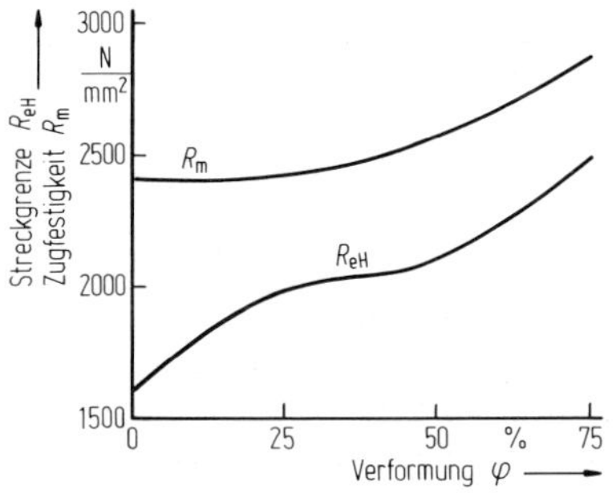

Bild 4.87 Einfluß der Austenitverformung auf Zugfestigkeit und Streckgrenze eines hochfesten Stahles (5 % Cr-Mo-V-Typ) (nach GERBERICH)

Mit der kombinierten Korngrenzen-, Martensit- und Ausscheidungshärtung, verbunden mit der Austenitverformung, erreicht man die zur Zeit höchste Festigkeit vielkristalliner Werkstoffe. Die martensitaushärtbaren Stähle auf der Basis Ni–Co–Mo besitzen trotz geringster Kohlenstoffgehalte (C ≈ 0,05 %!) Streckgrenzenwerte bis zu 4000 N/mm². Sie werden wegen ihrer sehr aufwendigen Wärmebehandlung und ihres hohen Preises z. Zt. vorwiegend im militärischen Bereich eingesetzt.

Die Austenitverformung ist ein Sonderfall der wichtigen *thermomechanischen Behandlungen.* Durch eine Kalt- oder Warmverformung vor, während oder nach der Umwandlung oder Ausscheidung können die mechanischen Eigenschaften der Stähle weitgehend beeinflußt werden. Die starke Fehlordnung (Versetzungen, Ausscheidungen) führt zu einer erheblichen Streckgrenzenzunahme bei i. a. guten Zähigkeitseigenschaften. Außer der erzeugten Fehlordnung sind für die Eigenschaftsveränderungen das geänderte Rekristallisations- und Ausscheidungsverhalten von großer Bedeutung. Daher ist zum Erzielen optimaler Gütewerte eine auf den Werkstoff genau abgestimmte *kontrollierte Wärmebehandlung* erforderlich. Bild 4.88 zeigt einige thermomechanische Behandlungen an Hand schematischer ZTU-Schaubilder. Bemerkenswert ist, daß durch ein Kaltverformen die Bildung der Ausscheidungen erleichtert und die Teilchengröße i. a. stark verringert wird (spannungsinduzierte Ausscheidung, Bild 4.88c). Ihre festigkeitssteigernde Wirkung wird damit deutlich besser.

Das Patentieren (ähnlich wie Bild 4.88e) und das Rekristallisationsglühen sind demnach thermomechanische Verfahren.

Bild 4.89 zeigt zusammenfassend den Einfluß der Fehlordnung im Gitter auf die Streckgrenze. Hohe Festigkeiten sind zu erreichen durch eine sehr geringe Fehlordnung (Eisen-Whisker als Einkristall) und eine extreme große Zahl von Hindernissen in technischen Stählen und vielkristallinem Gefüge. Höhere Streckgrenzen als 4000 N/mm² bis 4500 N/mm² können in vielkristallinen technischen Stählen wohl nicht erreicht werden. Wenn Whisker wirtschaftlich hergestellt werden können, lassen sich noch höhere Festigkeiten mit faserverstärkten Werkstoffen erzielen.

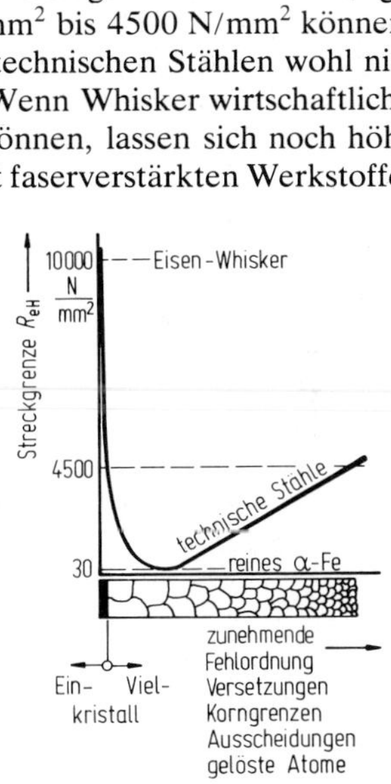

Bild 4.89 Einfluß der Fehlordnung im Gitter des α-Eisens auf die Streckgrenze (schematisch)

4.8.2.3.2 Hochfeste, nicht vergütete Feinkornbaustähle

Die Entwicklung der hochfesten Stähle begann damit, daß durch Zugabe von Legierungselementen (vor allem Mangan, Nickel, Chrom) die Festigkeit erhöht wurde. Im wesentlichen geschah dies durch Mischkristallverfestigung des Ferrits, Bilden härterer Gefügebestandteile

Art der TM-Behandlung	Beispiele für technisch angewendete Verfahren φ T-Führung	Verfahren
Verformung vor der Umwandlung	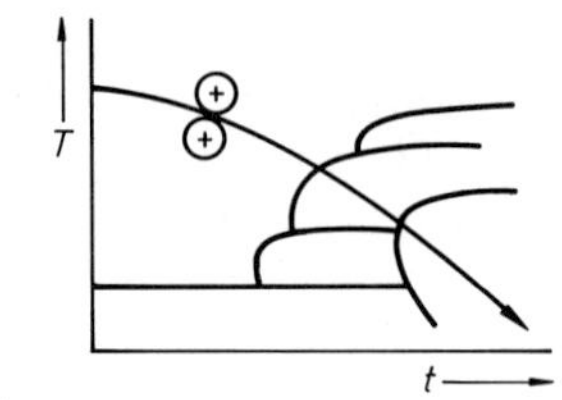 a)	*normale Warmwalzvorgänge,* bei denen die Warmformgebung in einem definierten Temperaturbereich dicht oberhalb Ac_3 erfolgt
	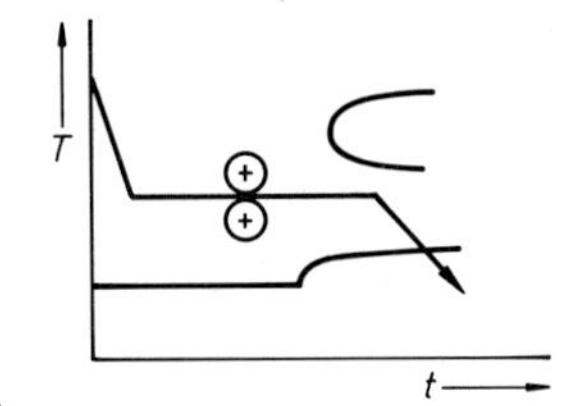 b)	*Austenitformhärten („Ausforming")* im Bereich des umwandlungsträgen Bereiches (≈ 500°C) unterhalb T_{Rk}. Große Anzahl von Gitterbaufehlern und gespeicherte Energie erzwingt extrem schnelle γ-Umwandlung in extrem feinnadligen Martensit
	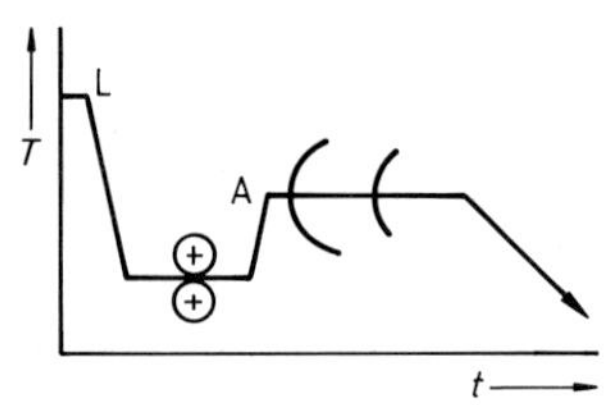 c)	*Spannungsinduzierte Ausscheidungen* (vorwiegend bei NE-Metallen). Verformen nach Lösungsglühen (L) erzeugt bei nachfolgendem Auslagern (A) sehr feine und gleichmäßige Ausscheidungen
Verformung während der Umwandlung	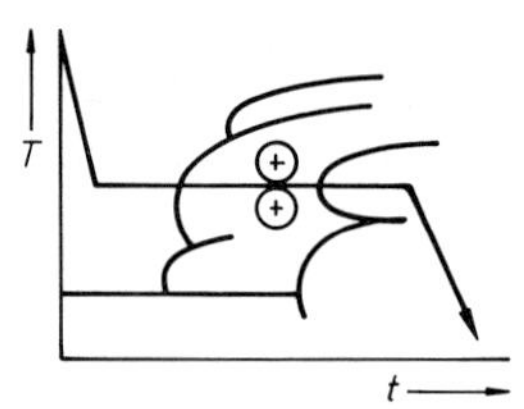 d)	Festigkeit wird erhöht durch Verfeinern des Mikrogefüges und eventuell durch Ausscheidungshärtung
Verformung nach der Umwandlung	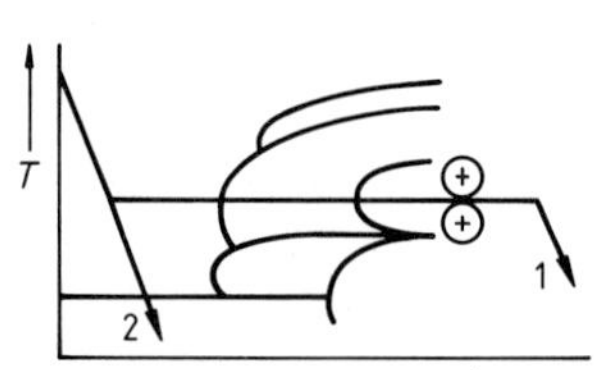 e)	(1) *Patentieren* von Draht. Sehr feinkörniges perlitisches Gefüge läßt sich durch Verformen stark verfestigen („Klaviersaitendraht"). (2) Martensit wird vor Anlassen verformt. Anlaßgefüge mit feinstverteilten Karbiden entsteht

Bild 4.88 Schematische Klassifikation thermomechanischer (TM) Behandlungen bei metallischen Werkstoffen

(Zwischenstufe) sowie einem Verschieben der Austenitumwandlung zu tieferen Temperaturen. Man erkannte aber bald, daß mit dieser Methode eine Reihe von verarbeitungstechnischen Schwierigkeiten verbunden war. Insbesondere wurde die wichtige Eigenschaft Schweißeignung unzulässig verschlechtert: die kritische Abkühlgeschwindigkeit kann so gering werden, daß beim Schweißen die Gefahr der Rißbildung durch Martensit entsteht.

Die hier behandelten nicht vergüteten Feinkornbaustähle sind grundsätzlich besonders beruhigt

Tab. 4.15: Sorteneinteilung und gewährleistete Werte für die mechanischen Eigenschaften bei + 20 °C von normalgeglühten schweißgeeigneten Feinkornbaustählen (nach DIN 17 102)

Stahlsorte		Mechanische Eigenschaften										
Grundreihe[1]		Zugfestigkeit für die Dicken in mm			Streckgrenze für die Dicken in mm							Bruchdehnung ($L_0 = 5\,d_0$)
		≦70	>70 ≦85	> 85 ≦100	≦16	>16 ≦35	>35 ≦50	>50 ≦60	>60 ≦70	>70 ≦85	> 85 ≦100	
Kurzname	Werkstoff-Nummer	N/mm²			N/mm² mindestens							% mind.
StE 255	1.0461	360...480	350...470	340...460	255		245	235		225	215	25
StE 285	1.0486	390...510	380...500	370...490	285		275	265		255	245	24
StE 315	1.0505	440...560	430...550	420...540	315		305	295		285	275	23
StE 355	1.0562	490...630	480...620	470...610	355		345	335		325	315	22
StE 380	1.8900	500...650	490...640	480...630	380	375	365	355	345	335	325	20
StE 420	1.8902	530...680	520...670	510...660	420	410	400	390	385	375	365	19
StE 460	1.8905	560...730	550...720	540...710	460	450	440	430	420	410	400	17
StE 500	1.8907	610...770	600...770	590...760	500	480	470	460	450	440	430	16

[1] Die anderen Reihen: Warmfeste Reihe (WStE...), Kaltzähe Reihe (TStE...) und Kaltzähe Sonderreihe (EStE...) haben die gleichen, hier aufgeführten Grundeigenschaften.

und durch ihren in der Regel sehr geringen Gehalt[1] an Elementen gekennzeichnet.

DIN 17 102 enthält acht Stahlsorten mit Mindeststreckgrenzen von 255 N/mm² bis 500 N/mm² in vier Reihen (Tab. 4.15). Nach der Art der Betriebsbeanspruchung werden unterschieden:

- Grundreihe, z. B. StE 285,
- warmfeste Reihe mit Mindestwerten für die 0,2%-Dehngrenze bei erhöhten Temperaturen (bis 400 °C), z. B. WStE 355,
- kaltzähe Reihe mit Mindestwerten für die Kerbschlagzähigkeit bis zu Temperaturen von –50 °C, z. B. TStE 420,
- kaltzähe Sonderreihe mit Mindestwerten für die Kerbschlagzähigkeit bis zu Temperaturen von –60 °C, z. B. EStE 500.

Die Stähle der kaltzähen Sonderreihe wurden in erster Linie wegen der extremen Anforderungen an Offshore-Konstruktionen (z. B. Ölbohrinseln) entwickelt. Wegen der Gefahr von Terrassenbrüchen (siehe S. 153) beim Schweißen von Kreuzstößen aus dickwandigen Blechen müssen die Stähle einen sehr hohen sulfidischen Reinheitsgrad mit eingeformten Sulfiden aufweisen und meistens vakuumentgast sein.

Richtlinien für die Verarbeitung der normalgeglühten Feinkorn-Sonderbaustähle findet man in Stahl-Eisen-Werkstoffblatt 088-76.

[1] Daher wird für diese Werkstoffe auch die Bezeichnung *mikrolegierte Feinkornbaustähle* verwendet.

Die Legierungselemente (Aluminium, Vanadium, Niob u. a.) ergeben fein verteilte, erst i. a. oberhalb von 1000 °C in Lösung gehende *Ausscheidungen,* vor allem Nitride und Karbide. Die Ausscheidungen behindern das Wachsen der Körner im Austenitgebiet und führen zu feinem Korn im *Lieferzustand* und *nach dem Schweißen.* Die Stähle sind daher sprödbruchunempfindlich und besitzen sehr tiefe Übergangstemperaturen. Ihre gute Schweißeignung wird durch maximale Kohlenstoffgehalte von ≈ 0,2 % erreicht.

Die Folge des feinen Austenitkorns ist i. a. eine erhöhte Umwandlungsneigung in der Perlitstufe, d. h., die Bildung von Martensit wird erschwert. Diese verringerte Härtbarkeit verbessert ebenfalls die Schweißeignung.

Mit geeigneten Legierungselementen (z. B. Niob, Titan) können nach einer thermomechanischen Behandlung *extreme Feinkörnigkeit* und ein Ausscheidungszustand im Ferrit erreicht werden, die die Streckgrenze solcher niedriglegierter und niedriggekohlter Stähle (C < 0,1 %) auf ca. 500 N/mm² erhöhen. Diese perlitarmen (PAS) bzw. perlitreduzierten Stähle (PRS) lassen sich hervorragend schweißen und stellen einen beachtlichen Fortschritt in der Entwicklung hochfester Baustähle dar. Bei diesen Nb-haltigen Stählen wird noch ein weiterer festigkeitssteigernder Mechanismus genutzt. Die im Austenit gelösten Nb-Atome und feinstausgeschiedene Nb (CN)-Teilchen erschweren die Rekristallisation bei der

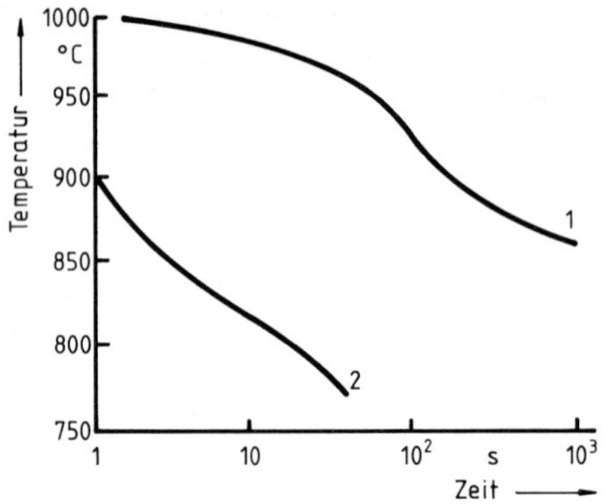

Bild 4.90 Verzögerung des Beginns der Rekristallisation von St 52 durch Zusatz von Niob (nach IRSID)
1: mit 0,042 % Nb
2: ohne Nb-Zusatz

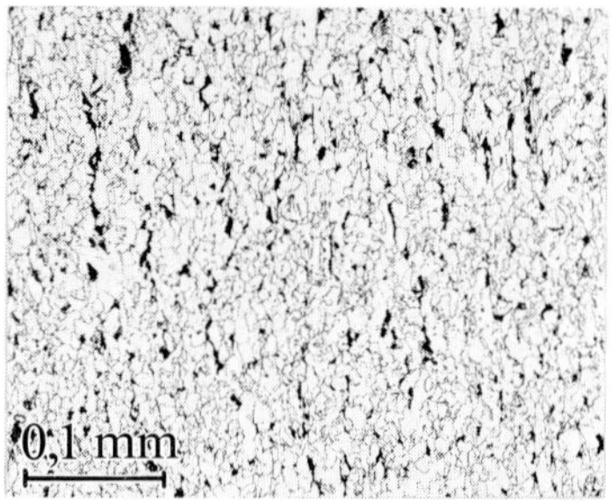

Bild 4.91 Mikrogefüge eines perlitarmen Stahles (PAS 50) mit C ≈ 0,09 % und Nb ≈ 0,05 %

Warmformgebung erheblich. Man erkennt in Bild 4.90, daß bei 900 °C eine Verzögerung um den Faktor 100 im Vergleich zu üblichen C-Mn-Stählen eintritt. Die Rekristallisation wird i. a. so verzögert, daß die Kornneubildung mit der Austenitumwandlung zusammenfällt. Dadurch wird eine große Störstellendichte im »quasi-kaltverformten« Austenit erreicht und ein extrem feinkörniges Umwandlungsgefüge ist die Folge (Bild 4.91).
Wegen der komplizierten Temperaturführung beim Walzen dieser Stähle beträgt die zur Zeit maximal walzbare Werkstoffdicke etwa 16 mm. Bei größeren Werkstoffdicken können die für die Ausscheidungsvorgänge im Ferrit erforderlichen Temperatur-Zeit-Bedingungen nicht eingehalten werden.
Das kontinuierlich gewalzte Band[1] wird einsinnig verformt und besitzt wegen der in Walzrichtung gestreckten karbidischen, oxidischen und vor allem sulfidischen Bestandteile eine ausgeprägte Anisotropie der Zähigkeitseigenschaften. Das Verhältnis der Kerbschlagzähigkeit von quer und längs zur Walzrichtung entnommenen Proben kann 0,3 bis 0,4 betragen. Als wirksame Gegenmaßnahme hat sich die Zugabe schwefelaffiner Elemente (Zirkon, Cer, Titan) erwiesen. Dadurch ergeben sich **eingeformte Sulfide:** spröde, meistens eckige Einschlüsse, die sich nicht mehr in Walzrichtung verformen.
Der geringe Kohlenstoffgehalt dieser Stähle ist nicht nur die Ursache für deren hervorragende Schweißeignung, sondern auch der Grund für ihre ausgezeichnete Kaltumformbarkeit. Darunter versteht man in erster Linie die Fähigkeit eines Werkstoffes, bei Kaltverformung rißfrei zu bleiben. In der Fertigungstechnik gewinnen die spanlosen Fertigungsverfahren wegen ihrer großen Wirtschaftlichkeit und technischer Vorteile (günstiger Faserverlauf) ständig an Bedeutung. Ihre Entwicklung ist gekennzeichnet durch:
- große Umformungsgrade (kleine Umformradien, komplizierte Bauteile),
- Übergang von der diskontinuierlichen Fertigung auf die kontinuierliche Verarbeitung von (Warm-)Band.

Die thermomechanisch umgeformten Stähle werden daher z. Z. vor allem im Fahrzeugbau (kaltumgeformte Streben und Träger) und im Großrohrleitungsbau verwendet. Eine weitere wesentliche Eigenschaft dieser Stähle ist ihre hervorragende Feinschneidbarkeit, die es zusammen mit speziellen Werkzeugen erlaubt, vollkommen glatte Schnitte zu erzeugen. Als Ursache wird die gute Kaltumformbarkeit und der sehr geringe Perlitanteil angenommen.
Geringste Borzusätze – in der Größenordnung von 0,002 %! – bewirken eine sehr starke Verzögerung der voreutektoiden Ferritausscheidungen. *Feinkörnige Zwischenstufe* mit hervorragenden Festigkeits- und insbesondere Zähigkeitseigenschaften kann so innerhalb eines großen Bereiches der Abkühlgeschwindigkeit entstehen (Bild 4.92). Damit ist es auch möglich, bei kontinuierlicher Abkühlung praktisch reines Zwischenstufengefüge herzustellen (siehe S. 161).

[1] Der thermomechanisch gewalzte Stahl wird z. Z. überwiegend als Warmbreitbandstahl auf der Warmbreitbandstraße hergestellt. Dabei durchläuft der Stahl die Stationen Stoßofen bis zum Aufwickeln (Coil) in einer Richtung. Die dabei entstehenden Temperatur-Zeit-Abläufe sind für die Herstellung thermomechanischer Stähle wesentlich günstiger als die in einer Grobblechstraße.

Die Eigenschaften der normalisierten Feinkornbaustähle beruhen im wesentlichen auf ihrer extremen Feinkörnigkeit, die während der Sekundärkristallisation (z. B. beim Normalisieren oder beim Walzen) durch als Keime wirkende Teilchen (AlN, Nb(CN), VN) erzeugt wurden. Das Schweißen dieser Werkstoffe erfordert deshalb die Beachtung einer Reihe von Vorschriften, die sich aus dem Verhalten des Werkstoffes in der wärmebeeinflußten Zone ableiten. In erster Linie muß darauf geachtet werden, daß die die Feinkörnigkeit bewirkenden Ausscheidungen in der wärmebeeinflußten Zone in einem möglichst geringen Umfang gelöst werden (siehe auch S. 85). Die Wärmezufuhr beim Schweißen muß folglich begrenzt werden.

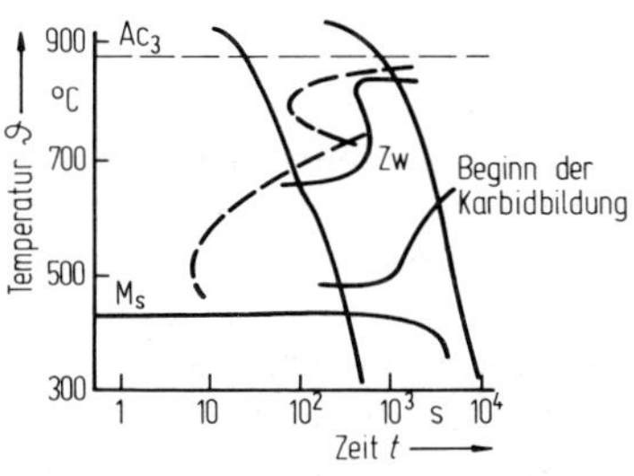

Bild 4.92 Kontinuierliches ZTU-Schaubild eines 0,5 Mo-B-Stahles mit geringem Kohlenstoffgehalt

4.8.2.3.3 Hochfeste, vergütete Feinkornbaustähle

Die Entwicklung der hochfesten Baustähle ist durch das Bestreben gekennzeichnet, die Festigkeitswerte zu erhöhen, ohne die Schweißeignung unzulässig zu vermindern. *Niedriggekohlter Martensit* ist wegen seiner ausgezeichneten Festigkeits- und Zähigkeitseigenschaften die Gefügeform, die bis zu den höchsten Festigkeitsstufen verwendet wird. Insbesondere ist seine Sprödbruchunempfindlichkeit größer als die des ferritisch-perlitischen Gefüges und sogar des homogenen Zwischenstufengefüges. Das hat zwei Ursachen:

- der Bruch entsteht bei Schlagbeanspruchung hauptsächlich im Ferrit,
- die Kerbschlagzähigkeit steigt allgemein mit abnehmender Größe der »Gefügeeinheit« (Korngröße, Größe der Martensitnadeln usw.).

Wegen der hohen M_s-Temperatur dieser niedriggekohlten Stähle (ca. 400 °C) wird der Martensit beim Abkühlen »selbstangelassen«. Die günstige Wirkung dieser »Vergütung« beruht darauf, daß das Gefüge streckgrenzenerhöhende, feinstdisperse Karbidausscheidungen enthält und die rißbegünstigenden Umwandlungsspannungen gering sind.

Bei den martensitischen Stählen ist zu berücksichtigen, daß sie ihre Eigenschaften nur dann besitzen, wenn mit hinreichend großer also mindestens der kritischen Geschwindigkeit abgekühlt wird. Die mechanischen Gütewerte sind damit deutlich abhängig von der Werkstückdicke. Die Legierungselemente erfüllen demnach folgende Aufgaben:

- Der *Blechdickeneinfluß* muß auf ein technisch vertretbares Maß reduziert werden. Die kritische Abkühlgeschwindigkeit muß so klein sein, daß nach einem Abschrecken in Wasser (wasservergütete Stähle) das Halbzeug in der gewünschten *oberen* Blechdicke durchhärtet.
- Die Legierungsmenge muß andererseits soweit begrenzt werden, daß die M_s-*Temperatur* nicht zu niedrig wird, weil die günstige Wirkung des Selbstanlassens möglichst erhalten bleiben soll.
- Die *Anlaßbeständigkeit* dieser schweißgeeigneten Stähle soll möglichst groß sein. In Bereichen, die beim Schweißen oberhalb der Anlaßtemperatur des Grundwerkstoffes erwärmt werden, entsteht sonst ein unzulässiger Härteabfall (»Härtesack«).

Danach ergibt sich folgende Reihenfolge zunehmender Eignung:

Chrom–Mangan–Nickel–Molybdän–Kobalt.

Wie bei jeder Schweißverbindung besitzen die unmittelbar neben der Schmelzgrenze liegenden Werkstoffbereiche der Wärmeeinflußzone im allgemeinen die schlechtesten Gütewerte der gesamten Verbindung. Bei den vergüteten Feinkornstählen muß insbesondere das Entstehen voreutektoiden Ferrits verhindert werden, weil sonst die Zähigkeitseigenschaften entscheidend verschlechtert werden. Bild 4.93 zeigt anschaulich die hervorragenden Zähigkeitswerte vergüteter Stähle. Sie sind nur vorhanden, wenn das Gefüge vollständig aus Martensit oder aus einem Gemenge etwa gleichharter Bestandteile (z. B. Martensit und Zwischenstufe) besteht.

Die Abkühlbedingungen werden meistens so gewählt, daß der austenitisierte Teil der Wärmeeinflußzone nicht vollständig in Martensit, sondern in Martensit und Zwischenstufe umwandelt. Durch die große Härte des Martensits bestände sonst bei Anwesenheit von Wasserstoff die Gefahr der Kaltrißbildung wegen der immer vorhande-

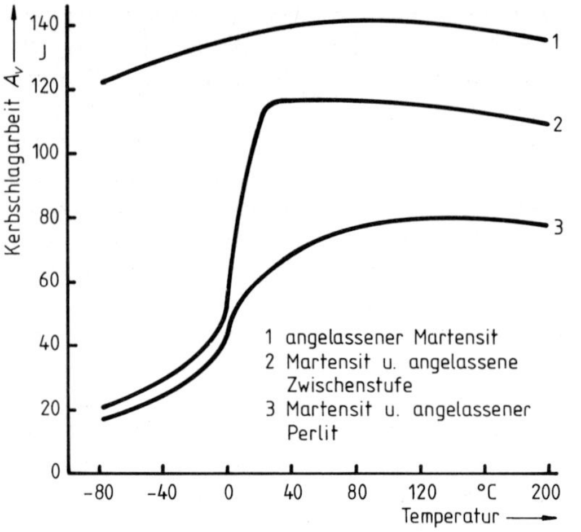

Bild 4.93 *Einfluß des Gefüges auf die Zähigkeit von ISO-V-Proben eines niedriglegierten hochfesten Stahles (R_m ≈ 900 N/mm²)*

nen mehrachsigen Schweißeigenspannungen (siehe S. 84 und S. 151).

Diese werkstofflichen Besonderheiten der vergüteten Feinkornstähle erfordern zum fachgerechten Schweißen eine *kontrollierte Wärmeführung*. Die Stahleigenschaften werden im wesentlichen durch das Umwandlungsverhalten des Austenits beim Abkühlen im Temperaturbereich zwischen 800 °C und 500 °C bestimmt. Deshalb werden Schweißbedingungen (manchmal auch Wärmebehandlungsbedingungen) stellvertretend durch die in diesem Temperaturbereich vergehende Abkühlzeit $t_{8/5}$ gekennzeichnet. Mit diesem Wert läßt sich u. a. auch der Begriff kontrollierte Wärmeführung eindeutig beschreiben.

Die Erfahrung zeigt, daß $t_{8/5}$-Werte von 10 bis 30 Sekunden zu ausreichenden Zähigkeitseigenschaften der schmelzgrenzennahen Bereiche führen. Mit Hilfe dieser Kenntnis ist es möglich, die Schweißparameter (Schweißstrom, Schweißspannung, Schweißgeschwindigkeit) in Abhängigkeit von der Vorwärmtemperatur und der Werkstückdicke bei vorgegebener Abkühlzeit $t_{8/5}$ zu bestimmen. Die Abkühlzeiten können aber auch berechnet oder aus Schaubildern entnommen werden (z. B. Stahl-Eisen-Werkstoffblatt 088-76).

Die Eigenschaften der *wasservergüteten Feinkornbaustähle* beruhen neben Feinkörnigkeit auch auf den hervorragenden Festigkeits- und Zähigkeitswerten des niedriggekohlten, hochangelassenen (600 °C bis 680 °C) Martensits. Die geringe plastische Verformbarkeit erschwert den Abbau der gefährlichen dreiachsigen Eigenspannungen, die außerdem wegen der höheren Streckgrenze im allgemeinen sehr viel größer sind als bei normalfesten Stählen. Von Vorteil ist aber bei diesen Stählen, daß trotz der geringen Verformbarkeit im Zugversuch eine hohe Schlagfestigkeit bei tiefen Temperaturen, also eine hohe Sprödbruchsicherheit, vorhanden ist. Diese hervorragende (Tieftemperatur-)Zähigkeit besitzt allerdings nur der *angelassene* niedriggekohlte Martensit.

Konstruktiv und fertigungstechnisch muß bei diesen Stählen wesentlich sorgfältiger und umsichtiger vorgegangen werden als bei normalfesten, schweißgeeigneten Baustählen. Insbesondere erfordert ihre erhöhte Kerbempfindlichkeit in vielen Fällen das Beseitigen spannungserhöhender Schweißnahtdefekte (Nahtüberhöhungen, Einbrandkerben, Poren, Schlacken) durch aufwendige und teure Methoden, wie z. B. Beschleifen der Nahtübergänge. Die Empfindlichkeit gegenüber Kerben aller Art muß bei Konstruktionen genau so berücksichtigt werden wie bei allen anderen Werkstoffen höherer Festigkeit.

Die Herstellung geschweißter Konstruktionen aus vergüteten Feinkornbaustählen erfordert besonders geschulte Schweißer und Schweißaufsichtspersonen, einen hohen Prüfaufwand (Röntgen-Prüfung, mechanisch-technologische Prüfungen) und einen im allgemeinen bis in alle Einzelheiten dokumentierten Ablauf der gesamten Fertigung. Bild 4.94 zeigt das typische Mikrogefüge eines schweißgeeigneten hochangelassenen Vergütungsbaustahles.

Bild 4.94 *Mikrogefüge eines niedriglegierten, niedriggekohlten Vergütungsstahles (C ≈ 0,17%, Ni-Cr-Mo-B-Typ) R_{eH} ≈ 900 N/mm²*

4.8.3 Vergütungsstähle

Im Gegensatz zu den im vorstehenden Abschnitt beschriebenen *niedriggekohlten schweißgeeigneten* Vergütungsstählen besitzen die hier behandelten unlegierten und legierten Vergütungstähle Kohlenstoffgehalte zwischen 0,2 % und 0,65 %. Sie werden im allgemeinen recht hoch angelassen (⩾ 500 °C) und besitzen in Abhängigkeit von ihrer chemischen Zusammensetzung höhere Festigkeiten bei guter Zähigkeit. Diese Stähle werden hauptsächlich für dynamisch beanspruchte Bauteile hoher Festigkeit verwendet: z. B. Wellen, Achsen, Bolzen, Zapfen, Zahnräder, Walzen. Die weitgehende Anpassung der Stahleigenschaften an die technischen Erfordernisse ist durch das Vergüten (siehe S. 173 ff.) einfach möglich.

Wegen der zu fordernden Reinheit (mechanische Gütewerte, Kerbwirkung der Einschlüsse) und der geringeren Toleranzen in der chemischen Zusammensetzung sind Vergütungsstähle *Qualitäts-* oder *Edelstähle.* Letztere unterscheiden sich von den Qualitätsstählen durch größere Gleichmäßigkeit, weitergehende Freiheit von nichtmetallischen Einschlüssen und bessere Oberflächenbeschaffenheit. Diese Eigenschaften kommen in den niedrigeren Phosphor- und Schwefelgehalten nur zum Teil zum Ausdruck.

Richtlinien für den *Anwendungsbereich* der in DIN 17 200 genormten Vergütungsstähle auf Grund der Mindeststreckgrenze im vergüteten Zustand sind Tab. 4.17 zu entnehmen. Die Stähle werden bei Betriebstemperaturen bis etwa 350 °C verwendet. Bemerkenswert ist die Vielzahl der empfohlenen Stähle. Dafür gibt es mehrere technische und wirtschaftliche Gründe:

- Die wesentlichste Forderung, die an vergütete Bauteile gestellt wird, sind möglichst *gleichmäßige mechanische Gütewerte über den gesamten Querschnitt.* Das Bauteil muß daher i. a. bis zum Kern durchgehärtet sein oder wenigstens aus »anlaßfähigem« Gefüge bestehen (siehe S. 176). Die kritische Abkühlgeschwindigkeit muß also mit zunehmender Werkstückdicke durch zunehmende Mengen an Legierungselementen verringert werden.
- Die Stähle werden im hochangelassenen Zustand (⩾ 500 °C) verwendet. Die *Anlaßbeständigkeit* unlegierter Vergütungsstähle ist gering. Hohe Streckgrenzen und ausreichende Verformungswerte lassen sich daher selbst bei dünnwandigen Bauteilen nur mit den anlaßbeständigen legierten Stählen erreichen.
- Dünnwandige, kompliziert geformte Bauteile müssen beim Härten so langsam abgekühlt werden, daß die entstehenden Temperaturdifferenzen zwischen Rand und Kern nicht zu Verzug und Rißbildung führen. In diesen Fällen bieten legierte Vergütungsstähle wegen ihrer geringeren kritischen Abkühlgeschwindigkeit eine größere Sicherheit.
- Die Karbide in den verschiedenen Vergütungsstählen lösen sich beim Austenitisieren relativ schnell. Die Stähle neigen daher leicht zur *Grobkornbildung,* sie sind überhitzungsempfindlich. Enge, d. h., die wirtschaftliche Verarbeitung erschwerende Toleranzen bei der Härtetemperatur sind erforderlich. Vanadiumzusätze (z.B. 30 CrMo V9, 50 CrV4) verringern die Neigung zur Grobkornbildung. Die Anlaßversprödung wird durch Molybdän verkleinert, (z. B. 30 CrNiMo 8).

Die Stähle werden daher im allgemeinen im weichgeglühten oder normalgeglühten Zustand geliefert. Die Eigenschaften sind aus den jeweiligen Vergütungsschaubildern zu entnehmen und werden vom Konstukteur, d. h. dem Verarbeiter festgelegt.

Damit wird deutlich, daß wegen der vielfältigen Anforderungn an diese Stähle und einiger metallurgischer Besonderheiten eine größere Anzahl unlegierter und legierter Vergütungsstähle verfügbar sein muß.

Die Vielzahl der Vergütungsstähle macht folgende Einteilung in Untergruppen zweckmäßig:

- *Unlegierte Stähle* für geringe Anforderungen an Durchvergütbarkeit, Festigkeits- und Zähigkeitseigenschaften, z. B. C 22, C 35, C 45.
- *Manganlegierte Stähle* mit etwas verbesserter Durchvergütbarkeit, z. B. 28 Mn 6, 40 Mn 4.
- *Chromlegierte Stähle* haben im Vergleich zu den manganlegierten eine höhere Zähigkeit, z. B. 46 Cr 2, 37 Cr(S) 4.
- *Chrom-Molybdän-legierte* und vor allem *Chrom-Nickel-Molybdän-legierte* Stähle, die bei hohen Zugfestigkeiten gute Zähigkeitswerte besitzen, z.B. 25 CrMo 4, 50 CrMo 4, 34 CrNiMo 6, 30 CrNiMo 8.

Tab. 4.16 gibt für einige Vergütungsstähle die Wärmebehandlungstemperaturen, Festigkeits- und Zähigkeitskennwerte und beispielhafte Hinweise für ihre Verwendung an.

Tab. 4.16 Wärmebehandlungstemperaturen, Festigkeitskennwerte und Hinweise zur Verwendung von Vergütungsstählen (Auswahl) nach DIN 17200

<table>
<tr><th rowspan="4">Bezeichnung</th><th colspan="4">Wärmebehandlung</th><th colspan="4">Festigkeitskennwerte</th><th rowspan="4">Verwendung</th></tr>
<tr><th rowspan="2">Weichglühen</th><th rowspan="2">Normalglühen</th><th colspan="2">Vergüten</th><th rowspan="2">Geglüht</th><th colspan="3">vergütet</th></tr>
<tr><th>Härten in Öl</th><th>Anlassen</th><th>R_{eH}</th><th>R_m</th><th>A_5</th></tr>
<tr><th>°C</th><th>°C</th><th>°C</th><th>°C</th><th>HB</th><th>N/mm^2</th><th>N/mm^2</th><th>%</th></tr>
<tr><td>C 22</td><td rowspan="4">650–700</td><td>880–910</td><td>860-890[1]</td><td rowspan="9">540–680</td><td>156</td><td>300- 350</td><td>500- 700</td><td>22–20</td><td>Wellen, Treibstangen, Preßmatrizen</td></tr>
<tr><td>C 45</td><td>840–870</td><td rowspan="3">830–860</td><td>207</td><td>390- 500</td><td>630- 850</td><td>17–14</td><td>Druckstücke, Kurbelwellen (Härten oberflächennaher Schichten)</td></tr>
<tr><td>28 Mn 6</td><td>850–880</td><td rowspan="2">223</td><td>440- 590</td><td>640- 930</td><td>16–13</td><td>Kurbelzapfen, Zahnräder, Wellen</td></tr>
<tr><td>46 Cr 2</td><td>840–870</td><td>400- 650</td><td>650-1100</td><td>15–12</td><td>Hebel, Wellen, Zahnräder, Bolzen, Schrauben</td></tr>
<tr><td>37 Cr (S) 4</td><td rowspan="3">680–720</td><td>845–885</td><td>835–865</td><td>235</td><td>510- 750</td><td>750–1150</td><td>14–11</td><td>Wellen, Zahnräder, Bolzen, Automatenteile</td></tr>
<tr><td>25 CrMo 4</td><td>860–900</td><td>850–880</td><td>212</td><td>400- 700</td><td>650–1100</td><td>16–12</td><td>Einlaßventile, Wellen, geschweißte Teile</td></tr>
<tr><td>30 CrMo V9</td><td>840-880</td><td rowspan="3">830–860</td><td rowspan="3">248</td><td>550- 900</td><td>800-1300</td><td rowspan="3">13- 9</td><td>Hebel für Lenkungsteile, Federbügel (Härten oberflächennaher Schichten)</td></tr>
<tr><td>34 CrNiMo 6</td><td rowspan="2">650–700</td><td rowspan="2">850–880</td><td>600-1000</td><td>800-1400</td><td rowspan="2">Hochbeanspruchte Teile im Kraftfahrzeug- und Maschinenbau, z. B. Läufer und Turbinentrommeln, Spindelwellen</td></tr>
<tr><td>30 CrNiMo 8</td><td>700-1050</td><td>900-1450</td></tr>
</table>

[1] Härten in Wasser

Tab. 4.17: Übersicht über die Mindestwerte der Streckgrenze im vergüteten Zustand
Für die im selben Feld aufgeführten Stähle gilt jeweils die unmittelbar darunter durch einen dicken Strich gekennzeichnete Mindeststreckgrenze (DIN 17200).

Mindeststreckgrenze in N/mm²

d ≤ 16	16 < d ≤ 40	40 < d ≤ 100	100 < d ≤ 160	160 < d ≤ 250
30 CrNiMo 8 30 CrMoV 9	30 CrNiMo 8	30 CrNiMo 8 30 CrMoV 9	30 CrNiMo 8 30 CrMoV 9	30 CrNiMo 8 30 CrMoV 9
34 CrNiMo 6	30 CrMoV 9	34 CrNiMo 6	34 CrNiMo 6	34 CrNiMo 6 50 CrV 4
42 CrMo (S) 4 50 CrMo 4 36 CrNiMo 4 50 CrV 4	34 CrNiMo 6	50 CrMo 4 36 CrNiMo 4 50 CrV 4	50 CrMo 4 50 CrV 4	50 CrMo 4 36 CrNiMo 4
41 Cr (S) 4 34 CrMo (S) 4	36 CrNiMo 4 50 CrV 4	42 CrMo (S) 4	36 CrNiMo 4	42 CrMo (S) 4
37 Cr (S) 4	50 CrMo 4	41 Cr (S) 4	42 CrMo (S) 4	34 CrMo (S) 4
34 Cr (S) 4 25 CrMo (S) 4	42 CrMo (S) 4	37 Cr (S) 4	34 CrMo (S) 4	
46 Cr (S) 2 28 Cr (S) 4		34 Cr (S) 4	25 CrMo (S) 4	
	41 Cr (S) 4			
	37 Cr (S) 4	28 Cr (S) 4		
C 55, Ck 55, Cm 55 38 Cr (S) 2	25, CrMo (S) 4	C 45, Ck 45, Cm 45		
C 50, Ck 50, Cm 50				
C 45, Ck 45, Cm 45	46 Cr (S) 2 28 Cr (S) 4	C 35, Ck 35, Cm 35		
C 40, Ck 40, Cm 40	C 60, Ck 60, Cm 60			
C 35, Ck 35, Cm 35	C 55, Ck 55, Cm 55			
C 30, Ck 30, Cm 30				
C 25, Ck 25, Cm 25	C 50, Ck 50, Cm 50			
C 22, Ck 22, Cm 22	C 45, Ck 45, Cm 45			
	C 40, Ck 40, Cm 40			
	C 35, Ck 35, Cm 35			
	C 25, Ck 25, Cm 25			
	C 22, Ck 22, Cm 22			

Durchmesserbereich in mm

4.8.4 Warmfeste und hitzebeständige Stähle

Metalle kriechen (siehe S. 33) bei höheren Betriebstemperaturen und entsprechenden Beanspruchungen. Diese bleibenden, stetig zunehmenden Formänderungen können zum Bruch führen. Sie müssen daher begrenzt werden. Die »zulässigen« Formänderungen werden mit aufwendigen Prüfmethoden festgestellt (siehe S. 99). In der Regel steigt mit zunehmenden Betriebstemperaturen die Zundergefahr und die Gefahr der Korrosion durch heiße, aggressive Gase oder Flüssigkeiten. Ausreichende Korrosionsbeständigkeit besitzen aber nur hochlegierte Stähle. Außerdem wird neben der ausreichenden Verarbeitbarkeit (z. B. Kalt- oder Warmbiegen) vor allem eine hinreichende Schweißeignung verlangt, da diese Stähle fast ausschließlich durch Schweißen verbunden werden.

Die *Warmfestigkeit* und *Hitzebeständigkeit* der Stähle läßt sich durch eine Reihe von Maßnahmen verbessern, die zu einer Verringerung der Kriechgeschwindigkeit führen oder den meßbaren Kriechbeginn zu höheren Temperaturen verschieben:

- Bestimmte *Legierungselemente* in fester Lösung, z. B. Molybdän oder Kobalt, verringern die Atombeweglichkeit und behindern bzw. verzögern die Rekristallisationsvorgänge.
- Die die Kriechvorgänge bestimmenden Versetzungsbewegungen (Klettern, Quergleiten) werden durch *feinstdisperse Ausscheidungen* chemisch und thermisch beständiger intermediärer Verbindungen wie z. B. Karbide, Nitride wirksam gehemmt (Chrom, Molybdän, Vanadium, Wolfram, Titan).
- Da die Atombeweglichkeit im krz-Gitter erheblich größer ist als im kfz-Gitter, ist die Warmfestigkeit und die Rekristallisationstemperatur austenitischer Stähle grundsätzlich größer als die ferritischer Stähle.
- Bei hohen Betriebstemperaturen strebt der Werkstoff wegen des leichteren Platzwechsels der beteiligten Atomsorten einem gleichgewichtsnäheren Zustand zu. Alle Stähle sind metastabil, d. h., sie befinden sich nicht im Gleichgewicht.

  Ihr Gefüge verändert sich bei höheren Temperaturen um so stärker, d. h., die Eigenschaftsänderungen sind um so größer, je weiter es vom Gleichgewichtszustand entfernt ist. Danach können Stähle mit martensitischem Gefüge höchsten bis zu ihrer Anlaßtemperatur eingesetzt werden. Die geringsten Änderungen sind bei ferritisch-perlitischen Stählen zu erwarten, wenn der *Perlit eingeformt* vorliegt (siehe Weichglühen, S. 157). Damit wird auch verständlich, daß die Partikel in ausscheidungshärtbaren warmfesten Stählen thermisch und chemisch sehr beständig sein müssen.

In Tab. 4.18 sind die mechanischen Eigenschaften der wichtigsten warmfesten Stähle bei Raumtemperatur aufgeführt.

Nach der Gefügeform und den Hauptlegierungselementen kann eine werkstofflich begründete Einteilung gegeben werden:

- *Unlegierte* und *niedriglegierte Stähle*. Das sind im wesentlichen die nach DIN 17 155 (Kesselbleche) und DIN 17 175 (nahtlose Rohre aus warmfesten Stählen) genormten Stähle. Die unlegierten Sorten werden bis zu Betriebstemperaturen von etwa 350 °C (z. B. St 45.8), die legierten bis zu 550 °C eingesetzt (10 CrMo 9 10). Das Gefüge besteht aus Ferrit und Perlit bzw. Ferrit und Zwischenstufe.
- *Hochlegierte ferritische Chrom-Stähle* (Cr $\geqslant$ 12 %) können bis etwa 600 °C eingesetzt werden. In der martensitischen (perlitischen) Matrix sind stabile Sonderkarbide eingelagert.
  z. B. X 20 CrMoV 12 1
- *Hochlegierte austenitische Chrom-Nickel-Stähle*. Durch Molybdän-, Vanadium-, Wolfram- und Niob-Zusätze bilden sich chemisch und thermisch beständige Sonderkarbide, die die hohe Warmfestigkeit dieser austenitischen Stähle zusätzlich erhöhen. Sie werden vorwiegend in Energieerzeugungsanlagen (Kesselbau) und im Triebwerksbau bei Wandtemperaturen bis etwa 800 °C verwendet.
  z. B. X 8 CrNiMoVNb 16 13

Für die noch weitergehenden Anforderungen an die Warmfestigkeit im Gasturbinen-, Flugzeug- und Raketenbau sind nur noch die *Superlegierungen* anwendbar (siehe auch S. 253). Das sind austenitische Werkstoffe auf der Basis Nickel (50 %–75 %) oder Kobalt (50 %–60 %) mit mehr als 15 % Chrom für eine ausreichende Oxidationsbeständigkeit. Ihre Temperaturbeständigkeit beruht in der Hauptsache auf extrem beständigen Karbiden oder anderen intermediären Verbindungen. Um den optimalen Ausscheidungszustand zu erhalten, ist eine sehr genau kontrollierte Wärmebehandlung erforderlich.

Bei *dispersionsgehärteten Werkstoffen* werden künstlich hergestellte Teilchen (z. B. Al_2O_3, SiO_2, ZrO_2, ThO_2) in die Matrix eingebracht. Diese Methode bietet den Vorteil, daß die optimale Teilchengröße, ihre Verteilung und ihre Eigenschaften besser kontrolliert und beeinflußt werden können.

Tab. 4.18: Mechanisch-technologische Eigenschaften warmfester Stähle

Bezeichnung	Mechanische Gütewerte bei Raumtemperatur				Gefüge[4])
	Streckgrenze (0,2-Dehngrenze) min. N/mm²	Zugfestigkeit N/mm²	Bruchdehnung ($L_0 = 5\text{-}d_0$) min. %	Kerbschlagarbeit DVM-Rt quer min. J	
DIN 17155					
UH 1	195	280...400	25	—	F-P
H I	235	360...480	24	31[1])	F-P
H II	265	410...530	22	31[1])	F-P
17 Mn 4	290	460...580	21	31[1])	F-P
19 Mn 6	355	510...650	20	31[1])	F-P
15 Mo 3	275	440...590	20	31[2])	F-P
13 CrMo 4 4	300	440...590	20	31[2])	V
10 CrMo 9 10	310	480...630	18	31[2])	V
DIN 17175					
St 35.8	235	360...480	25[3])	34	F-P
St 45.8	255	410...530	21[3])	27	F-P
17 Mn 4	270	460...580	23[3])	34	F-P
19 Mn 5	310	510...610	19[3])	34	F-P
15 Mo 3	270	450...600	22[3])	34	F-P
13 CrMo 4 4	290	440...590	22[3])	34	V
10 CrMo 9 10	280	450...600	20[3])	34	V
14 MoV 6 3	320	450...610	20[3])	41	V
X 20 CrMoV 12 1	490	690...840	17[3])	34	V
DIN 17245					
GS-C 25	245	440...590	22	24[2])	F-P
GS-22 Mo 4	245	440...590	22	24[2])	F-P
GS-17 CrMo 5 5	315	490...640	20	24[2])	V
GS-18 CrMo 9 10	400	590...740	18	40[2])	V
GS-17 CrMoV 5 11	440	590...780	15	24[2])	V
G-X 8 CrNi 12	355	540...690	18	35[2])	V
G-X 22 CrMoV 12 1	590	690...880	15	21	V
SEL 675					
X 20 CrMoV 12 1	490	690...830	17[3])	34	M
X 8 CrNiNb 16 13	205	510...690	35[3])	69	A
X 8 CrNiMoNb 16 16	215	530...690	35[3])	69	A
X 6 CrNiWNb 16 16	255	540...740	30[3])	41	A
X 8 CrMoVNb 16 13	255	540...740	30[3])	41	A
Sonstige					
20 MnMoNi 5 5	420	560...580			V
21 CrMoV 5 11	550	750...900	17	27	V

[1]) Werte gelten für ISO-V-Proben bei 0° C
[2]) Werte gelten für ISO-V-Proben bei Raumtemperatur
[3]) Werte gelten für Längsproben
[4]) F-P: ferritisch-perlitisches Gefüge
V: Vergütungsgefüge
A: Austenitisches Gefüge

4.8.5 Kaltzähe Stähle

In der Kälteindustrie werden zum Bau der entsprechenden Anlagen (z. B. Gasverflüssigungsanlagen, Rohrleitungen, Pumpen, Armaturen) und Transportbehälter Stähle und andere Werkstoffe gebraucht, die bei tiefen Temperaturen (−50 °C bis −270 °C) noch ausreichend zäh sind. Mit abnehmender Temperatur steigen die Festigkeitswerte (Streckgrenze, Bruchfestigkeit, E-Modul) und die Zähigkeitswerte (Bruchdehnung, Brucheinschnürung), insbesondere die Kerbschlagzähigkeit, nehmen ab. Da die Bauteile bei den niedrigen Betriebstemperaturen praktisch nur durch Sprödbruch versagen können, ist im wesentlichen eine ausreichende Kerbschlagzähigkeit Maßstab für die Verwendbarkeit dieser Stähle. Die Festigkeitseigenschaften sind von geringerer Bedeutung. Die wichtigsten kaltzähen Stähle sind im Stahl-Eisen-Werkstoffblatt 680–70 aufgeführt. Tab. 4.19 zeigt die Anwendungsbereiche der wichtigsten kaltzähen Stähle. Es werden drei Stahlgruppen unterschieden:

- *Un-* und *niedriglegierte, Tieftemperatur-* (TT) und *Feinkornbaustähle* (FK) die im normalgeglühten Zustand bis etwa −50 °C, im vergüteten bis etwa −80 °C verwendet werden.
- *Nickellegierte* (1,5 % Ni bis 9 % Ni) *Vergütungsstähle,* die von −80 °C bis −200 °C eingesetzt werden. Nickel ist eines der wirksamsten Legierungselemente zum Verbessern der Zähigkeit bei tiefen Temperaturen (Bild 4.95).
- *Chrom-Nickel-legierte austenitische Stähle* verhalten sich noch bei Temperaturen in der Nähe des absoluten Nullpunktes zäh. Der für ferritische Stähle typische Steilabfall der Kerbschlagzähigkeit ist bei austenitischen Stählen nicht vorhanden. Wesentlich ist, daß das austenitische Gefüge bei tiefen Temperaturen stabil bleibt. Eine begrenzte Martensitbildung wird durch plastische Verformung merklich begünstigt. Derartige Verformungsvorgänge müssen in jedem Fall vermieden werden. Der entstehende krz Martensit führt zu einer deutlichen Versprödung des Stahles.

Tab. 4.19: Anwendungsbereiche der wichtigsten kaltzähen Stähle im Vergleich zu den Siedetemperaturen der wichtigsten technischen Gase

Gasart	Siede-temperat. °C	Anwendungs-grenz-temperat. °C	Stahlsorte		Streckgrenze R_{eH} $\frac{N}{mm^2}$	
Propan	−42,1		TT-Stähle (normalgeglüht) FK-Stähle (kaltzäh)		210–260 290–460	TT-FK-Stähle
		−50	FK-Stähle (kaltzäh) mit Ti		360–420	
		−60	TT-Stähle (vergütet)		240–290	
Kohlendioxid Azetylen Äthan	−78,5 −83,6 −88,6	−80	3,5 % Nickelstahl	10 Ni 14 16 Ni 14 12 Ni 14	350 360	Ni-legierte Vergütungsstähle
Äthylen	−103,8	−100	5,0 % Nickelstahl	12 Ni 19	450	
		−120	9,0 % Nickelstahl	X 8 Ni 9	500	
Methan Sauerstoff Stickstoff	−161,4 −182,97 −195,8		MnCr-Austenite	X 40 MnCr 22 X 40 MnCrN 18 X 12 MnCr 18 11	320 300	austenitische Stähle
Wasserstoff Helium	−252,8 −268,9	−196 −253	CrNi-Austenite	X 12 CrNi 18 9 X 10 CrNiTi 18 10 X 10 CrNiNb 18 10	220 250	

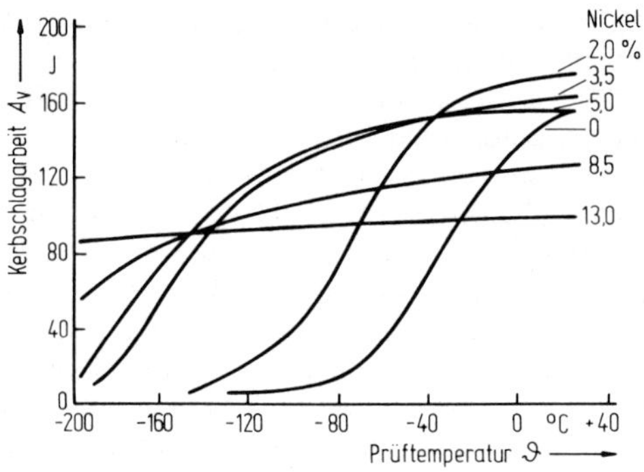

Bild 4.95 Einfluß des Nickelgehaltes auf die Kerbschlagarbeit (ISO-V-Proben) (nach E*BERT)*

4.8.6 Rost- und säurebeständige Stähle

Die üblichen unlegierten und niedriglegierten Stähle sind in korrodierender Umgebung praktisch nicht beständig. Ein *Chromgehalt* über der **Resistenzgrenze,** d.h. mindestens 12%, führt unter oxidierenden Bedingungen zu dichten, zähen, festhaftenden, sehr dünnen (etwa 5 nm) Oxidfilmen oder adsorptiv gebundenen Sauerstoffschichten auf der Stahloberfläche: der Stahl wird passiviert, d.h. beständig gegen oxidierende Medien. Die *Korrosionsbeständigkeit* beruht folglich auf der Anwesenheit einer möglichst homogenen, dichten Oxidschicht/Sauerstoffschicht. Dafür ist die gleichmäßige Verteilung des Chroms in der jeweiligen Matrix (ferritische Chrom- bzw. austenitische Chrom-Nickel-Stähle) erforderlich. Die Ausbildung eines weitgehend homogenen Oxidfilmes erfordert eine möglichst homogene Verteilung der Legierungselemente in einem einphasigen Werkstoff. Verschiedene Faktoren können aber den homogenen Aufbau empfindlich stören:

- *Inhomogener* oder *heterogener Gefügeaufbau,* d.h., der Werkstoff ist geseigert bzw. er besteht aus mehreren Phasen: Austenit/Ferrit-Gefüge oder Ferrit mit Anteilen von Sigma-Phase. Schweißgut ist i.a. stark geseigert.
- *Kaltverformungen* erhöhen die Gitterspannungen. Dadurch kann die Spannungsrißkorrosion ausgelöst oder begünstigt werden. In einigen Fällen kann sich durch die Verformung eines austenitischen Stahles z.T. **Verformungsmartensit** bilden, wodurch ein korrosionsanfälliger „zweiphasiger" Stahl entsteht.
- *Einschlüsse* oder *Ausscheidungen* aller Art.
- Der *Oberflächenzustand* der Bauteile ist von besonderer Bedeutung. Fremdstoffe, Zunder, Anlaßfarben (erzeugt z.B. durch Schweißen) stören den Aufbau des Oxidfilms, Riefen und Kratzer begünstigen die Korrosion. Allgemein sollte daher die Oberfläche möglichst glatt und sauber sein. Das kann durch Schleifen, Entfetten oder Beizen geschehen. Nur durch Beizen ist es wirtschaftlich möglich, *alle* Fremdstoffe aus der Oberfläche zu entfernen. Die gefürchtete Lokalelementbildung kann nur so wirksam vermieden werden. Das Beizbad wird häufig so eingestellt, daß der Oxidfilm verstärkt wird, es wirkt passivierend.

Der passive Zustand kann auch in den aktiven (korrosionsanfälligen) Zustand übergehen, wenn das Sauerstoffangebot verringert wird. Unter reduzierenden Bedingungen ist die Korrosionsbeständigkeit i.a. deutlich geringer.

Bilden sich bei diesen Stählen Chromkarbide, die sich bei höheren Temperaturen aus der Matrix ausscheiden, dann kann der im Gitter verbleibende Chromgehalt unter die Resistenzgrenze fallen, d.h., die Korrosionsbeständigkeit geht verloren. Ursache ist die **Chromverarmung:** bei der Bildung der Chromkarbide werden der umgebenden Matrix so viele Chromatome entzogen, daß deren Chromgehalt unter die Resistenzgrenze fällt (Bild 4.96). Sinkt der Chromanteil z.B. auf etwa 10%, dann wird der Stahl selbst von normalem Trinkwasser angegriffen.

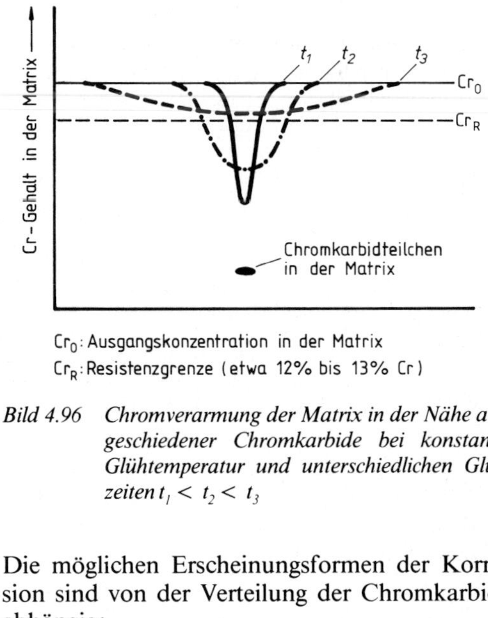

Bild 4.96 Chromverarmung der Matrix in der Nähe ausgeschiedener Chromkarbide bei konstanter Glühtemperatur und unterschiedlichen Glühzeiten $t_1 < t_2 < t_3$

Die möglichen Erscheinungsformen der Korrosion sind von der Verteilung der Chromkarbide abhängig:

- Bei niedrigen Kohlenstoffgehalten erfolgt die Ausscheidung der Karbide vorwiegend an den

Korngrenzen. Es entsteht **Kornzerfall – interkristalline Korrosion (IK),** die bei bestimmten Angriffsmedien auch als *Spannungsrißkorrosion* (siehe S. 61) auftritt.

- Bei höherem Kohlenstoffgehalt scheiden sich die Chromkarbide *gleichmäßig* aus. Der Stahl wird flächenmäßig angegriffen.

  Die Abtragrate der *Flächenkorrosion* hängt von den Zeit-Temperatur-Bedingungen der Karbidausscheidungen ab (Bild 4.97):

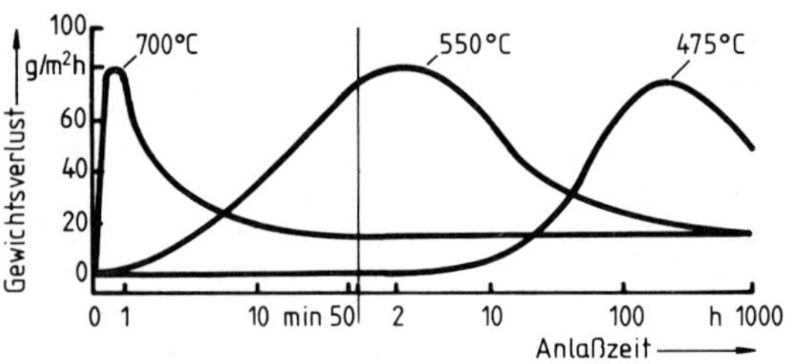

Bild 4.97 Korrosionsverhalten des vergütbaren Stahles X 40 Cr 13 in Abhängigkeit von Anlaßtemperatur und -zeit (nach BÄUMEL)*

- Bei kurzen Diffusionszeiten ist der Flächenanteil chromverarmter Bereiche klein; die Abtragrate ist gering.
- Solange sich mit zunehmender Diffusionszeit die Fläche der chromverarmten Bereiche vergrößert hat, steigt die Korrosionsrate.
- Bei günstigen Diffusionsbedingungen – höhere Temperaturen und/oder längere Zeiten – kann die Chromdiffusion so erfolgen, daß durch Konzentrationsausgleich die gesamte Matrix wieder einen Chromgehalt über der Resistenzgrenze hat, der Stahl ist wieder korrosionsbeständig.

Für Chromkarbidausscheidungen an Korngrenzen, die zu Kornzerfall führen, gelten die Ausführungen entsprechend (siehe Bild 4.104).

Glühbehandlungen, die eine verminderte Korrosionsbeständigkeit zu Folge haben, werden auch als **Sensibilisierungsglühen** bezeichnet (siehe Sensibilisierungsbereich, Bild 1.130 und Bild 4.102). Eine Wärmebehandlung mit dem Ziel des Chromausgleichs zur Wiederherstellung der Korrosionsbeständigkeit heißt entsprechend **Desensibilisierungsglühen.**

Bei der Verwendung korrosionsbeständiger Stähle ist folglich die mögliche Schädigung durch Chromkarbidausscheidungen zu beachten. Das gilt insbesondere auch für den Einsatz bei höheren Temperaturen und für die Herstellung von Schweißverbindungen.

Um die Korrosionsbeständigkeit zu verbessern, muß mit zunehmendem Kohlenstoffgehalt

- der Chromgehalt höher und/oder
- der Kohlenstoff durch bestimmte Elemente so fest (stabil) gebunden werden, daß eine Chromkarbidbildung nicht mehr möglich ist. Solche Stähle werden als stabilisiert bezeichnet.

  Titan oder Niob/Tantal bilden stabile Ti- bzw. Nb/Ta-Karbide. Die Chromkarbidbildung wird verhindert, wenn diese **Stabilisatoren** in einem bestimmten Verhältnis zum Gehalt an Kohlenstoff und/oder Stickstoff vorhanden sind.

Rostbeständige Stähle werden außerdem häufig durch *Lochkorrosion*[1] geschädigt. Die statistische Auswertung von Schäden an Bauteilen aus dem chemischen Apparatebau, die aus nichtrostenden Stählen hergestellt wurden, ergab, daß etwa 60% der Schäden durch chemische und nur 12% durch mechanische Beanspruchung hervorgerufen wurden. Die Ursache sind Angriffsmedien mit Halogenionen, insbesondere Chlorionen. Diese Ionen sind in der Lage die schützende Deckschicht zu durchdringen. Durch Zulegieren von Molybdän wird die Beständigkeit gegen Chlorionen erhöht. Deshalb sind Molybdän, sowie die Stabilisatoren Titan und Niob/Tantal neben Chrom und Nickel die wichigsten Legierungselemente rostfreier Stähle.

Transkristalline Spannungsrißkorrosion kann bei austenitischen Stähle in chlorionenhaltigen Medien auftreten, während ferritische Stähle praktisch beständig sind. Auch in schwefelhaltigen Gasen haben ferritische Stähle eine bessere Beständigkeit als austenitische.

Chrom begünstigt den ferritischen, Nickel den austenitischen Gefügezustand. Bild 4.98 zeigt anhand der Zweistoffsysteme Fe-Cr und Fe-Ni den Einfluß des typischen ferritstabilisierenden Chroms bzw. des austenitstabilisierenden Nickels auf das Gefüge von Stahl. Abhängig davon, ob der Stahl beim Erwärmen vollständig, teilweise oder gar nicht austenitisiert werden kann, unterscheidet man drei große Stahlgruppen (Tab. 4.20):

- *perlitisch-martensitische* Chromstähle Cr = 12% bis 18%, C = 0,15% bis 1,2%.

[1] Die weitaus häufigsten Versagensformen sind Lochkorrosion (30%) und Korrosionsschäden an Schweißnähten

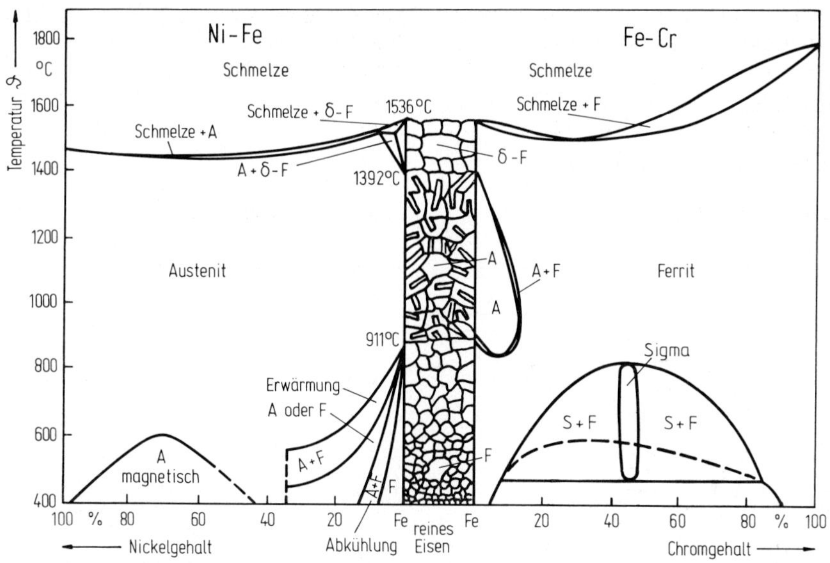

Bild 4.98 Die Zweistoffsysteme Fe-Ni und Fe-Cr (nach ABORN)

- *ferritische* und *halbferritische* Chrom-Stähle, Cr = 12% bis 30%, C ≦ 0,2%. Die halbferritischen Stähle enthalten je nach Zusammensetzung erhebliche Anteile von Umwandlungsgefüge (oft Martensit).
- *austenitisch-ferritische* und *austenitische* (mit oder ohne δ-Ferrit) Chrom-Nickel-Stähle, Cr = 14% bis 30%, Ni = 6% bis 36%, C ≦ 0,1%.

Dabei bestimmen im wesentlichen die Austenitbildner Ni, C, N und Mn das Umwandlungsverhalten der Stähle. Bild 4.99 zeigt den großen

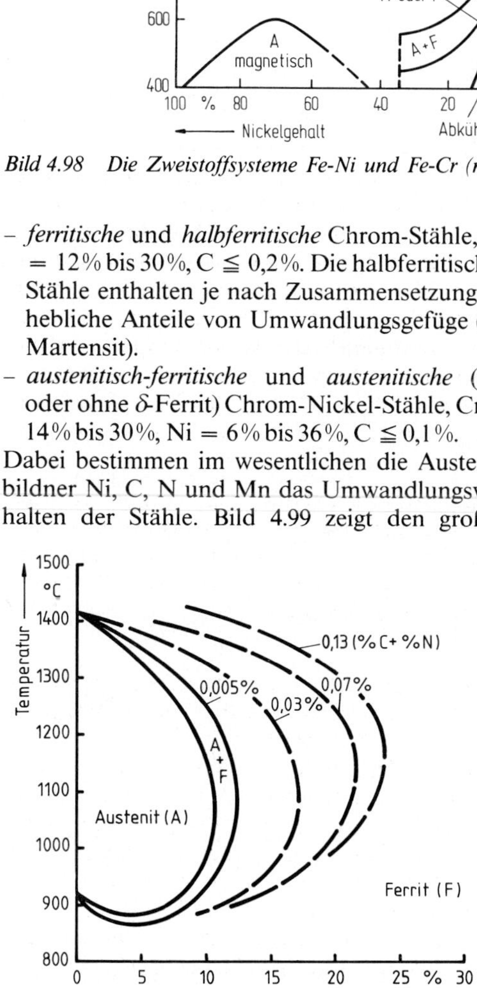

Bild 4.99 Erweiterung des γ-Gebietes von Chromstählen durch Kohlenstoff und Stickstoff (nach SCHMIDT und JARLEBORG)

Einfluß der intensiv wirkenden Elemente Kohlenstoff und Stickstoff.

Nichtstabilisierte Stähle sind erst gegen Kornzerfall beständig, wenn bei ferritischen Stählen der Kohlenstoff- und Stickstoffgehalt zusammen C + N < 0,015% ist, bei austenitischen Stählen genügt ein Absenken des Kohlenstoffgehaltes auf C < 0,03%.

Von großer Bedeutung für die Eigenschaften und das unterschiedliche Verhalten ferritischen Chrom-Stähle und der austenitischen Chrom-Nickel-Stähle sind der Grad der Löslichkeit und die Diffusionsgeschwindigkeiten gelöster Elemente. Als Folge des Gitteraufbaus ist die Löslichkeit für Kohlenstoff und andere Legierungselemente im kfz Austenit etwa um den Faktor 100 größer als im krz Ferrit. Die Diffusionsgeschwindigkeit gelöster Atome ist dagegen im Ferrit etwa hundertmal größer als im Austenit. Die Ausscheidung von Chromkarbiden ist aus diesem Grunde bei den ferritischen Chrom-Stählen selbst nach einem Abschrecken praktisch nicht zu unterdrücken, während bei den austenitischen Chrom-Nickel-Stählen unter üblichen Abkühlungsbedingungen nicht mit Ausscheidungsvorgängen zu rechnen ist. Damit wird verständlich, daß der Ferrit im Vergleich zum Austenit thermisch wesentlich weniger stabil ist.

Die ferritischen Stähle reagieren daher auf die Wärmezufuhr beim Schweißen relativ empfind-

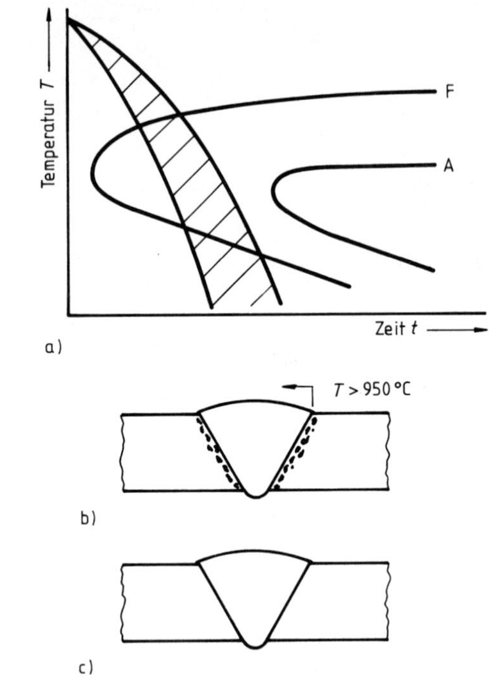

Bild 4.100 *a) Sensibilisierungsbereiche rostfreier Stähle mit Verlauf einer Abkühlung nach dem Schweißen (schematisch)*
b) ferritischer Chromstahl: Sensibilisierung durch Chromkarbidausscheidungen in der WEZ
c) austenitischer Cr-Ni-Stahl: keine Sensibilisierung bei fachgerechtem Schweißen (schnelle Abkühlung)

lich. Bild 4.100 zeigt das am Beispiel eines typischen Abkühlverlaufs in der Wärmeeinflußzone von Schweißverbindungen. Man erkennt deutlich das unterschiedliche Ausscheidungsverhalten, obwohl die Mechanismen nur scheinbar verschieden sind. Wird die Schweißung nicht fachgerecht ausgeführt, kann es auch bei austenitischen Stählen zu Karbidausscheidungen kommen.
Tabelle 4.20 gibt einen Überblick über die Systematik und die Eigenschaften einer Auswahl rostfreier Stähle.

4.8.6.1 Perlitisch-martensitische Chrom-Stähle

Durch die stark austenitstabilisierende Wirkung selbst geringer Kohlenstoff- und Stickstoffgehalte (Bild 4.99) wird das γ-Feld im System Fe-Cr (Bild 4.98) erweitert. Ist Kohlenstoff in größeren Mengen (C > 0,1 % bis 0,4 %) vorhanden, entstehen umwandlungsfähige perlitische oder meist martensitische (= lufthärtende), nichtrostende Chrom-Stähle (Bild 4.101).

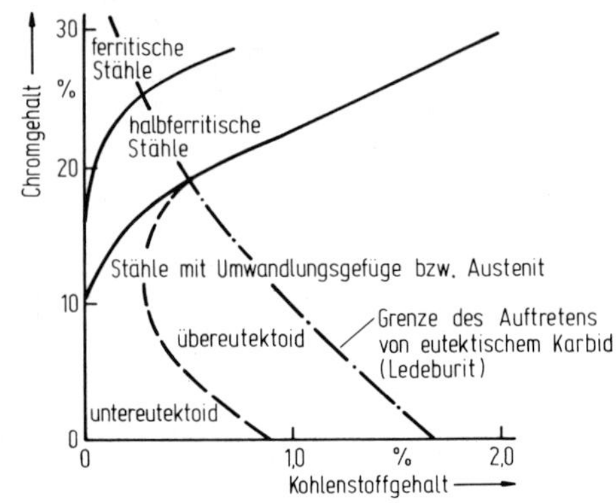

Bild 4.101 *Gefügeausbildung der mit Chrom und Kohlenstoff legierten Stähle (nach* T*OFAUTE* *u. a.)*

Martensitbildende Chrom-Stähle werden hauptsächlich im vergüteten Zustand höchster Korrosionsbeständigkeit verwendet. Bild 4.102 zeigt das Sensibilisierungsschaubild vergütbarer Chrom-Stähle. Man erkennt, daß bei praxisüblichen Anlaßdauern von maximal fünf Stunden die Anlaßtemperatur mindestens 600 °C betragen muß, um den korrosionsbeständigen Zustand zu erreichen.

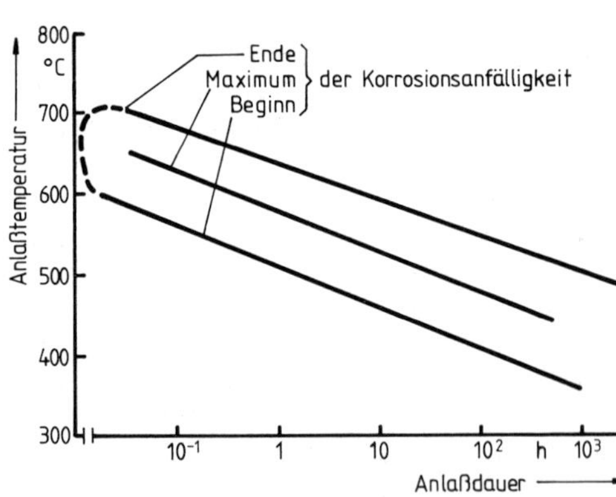

Bild 4.102 *Sensibilisierungsschaubild eines vergütbaren Chromstahles mit 13 % Chrom (nach* B*ÄUMEL)*

Der Standardtyp der *martensitischen* Chrom-Stähle ist der Stahl X 46 Cr 13, der in großem Umfang in der Schneidwarenindustrie eingesetzt wird. Die *martensitisch-ferritischen* Chrom-Stähle mit 0,1 % C bis 0,5 % C und 12 % Cr bis 18 % Cr sind warmfeste Vergütungsstähle. Sie werden in der

Tab. 4.20: Einteilung der korrosionsbeständigen Stähle

		korrosionsbeständige Stähle				
		nichtrostende Stähle/hitze- und zunderbeständige Stähle				
Bezeichnung	(perlitisch-) martensitisch	halb-ferritisch	ferritisch	austenitisch-ferritisch	austenitisch	
Stahlsorten	X 46 Cr 13 X 20 Cr 13 X 20 CrMoV 12 1 X 90 CrMoV 18	X 6 Cr 13	X 6 Cr 17 X 6 CrTi 17 X 1 CrMo 26 1 X 1 CrNiMoNb 28 4 2	X 4 CrNiMoN 27 5 2 X 2 CrNiMoN 22 5 3	X 5 CrNi 18 10 X 6 CrNiTi 18 10 X 2 CrNiMoN 17 13 3	X 12 CrNi 17 7 X 5 CrNiMo 17 12 2
Gefüge	Perlit oder Martensit je nach Wärme-behandlung und Kohlen-stoffgehalt	überwiegend Ferrit und Perlit oder Martensit	reiner Ferrit	Ferrit und Austenit etwa zu gleichen Anteilen	stabiler Austenit	labiler Austenit mit δ-Ferrit
Schweißeignung	je nach Kohlenstoff-gehalt bedingt oder nicht vorhanden	bedingt vorhanden	vorhanden bis gut	gut	sehr gut	sehr gut
Werkstoff-zustand	geglüht oder vergütet	geglüht oder vergütet	geglüht	geglüht	abgeschreckt	
$R_p0{,}2$ N/mm^2 R_m N/mm^2	250...600 450...950	250...400 400...700	270 450...650	450 600...900	200...300 500...800	

chemischen Industrie, der Nahrungsmittelindustrie und im Turbinenbau verwendet. Wichtige Typen sind die Stähle X 20 Cr 13 und X 20 CrMoV 12 1. Die Zugfestigkeit dieser vergüteten nichtrostenden Stähle wird auf etwa 1000 N/mm^2 bis 1500 N/mm^2 eingestellt. Sie ist damit wesentlich größer als die der nichtrostenden austenitischen Chrom-Nickel-Stähle.

Da diese Stähle einen relativ hohen Kohlenstoffgehalt haben und Lufthärter sind, ist von einem Schweißen grundsätzlich abzuraten. Sie lassen sich wegen ihrer geringen Schlagzähigkeit auch nur verhältnismäßig schlecht schweißen. Tatsächlich ist aber, bedingt durch ihre Anwendung, z. B. in der Reaktortechnik und dem chemischen Apparatebau, Schweißen nahezu die einzige praktikable und mögliche Verbindungstechnik.

Das Schweißen ist sehr aufwendig und die Gefahr der Rißbildung groß. Folgende Mindestmaßnahmen sind erforderlich:

- *Vorwärmen* der Fügeteile auf 350 °C bis 450 °C.
- Ein sofortiges Abkühlen auf Raumtemperatur führt in den meisten Fällen zu Spannungsrissen. Daher erfolgt zunächst eine *Zwischenabkühlung* auf etwa 150 °C bis 200 °C, wodurch ein Teil des Austenits in Martensit umwandelt.
- Durch *Anlaßglühen* bei etwa 700 °C bis 750 °C wandelt sich der Martensit unter Karbidausscheidung in „Ferrit" um. Beim Abkühlen auf Raumtemperatur entsteht aus dem restlichen Austenit Martensit. Das Gemenge aus Ferrit und Martensit ist hinreichend rißbeständig.

Man erkennt, daß die Stähle mit geringer Schweißeignung nur bei sehr genauer Kenntnis des Umwandlungsverhaltens und der Eigenschaften der Werkstoffe erfolgreich geschweißt werden können. Um diese Problematik zu umgehen, wurden *nickelmartensitische* Chrom-Stähle entwickelt. Bei sehr geringem Kohlenstoffgehalt wird der Stahl durch Zulegieren des austenitstabilisierenden Nickels umwandlungsfähig. Das martensitische Gefüge ist wegen des geringen Kohlenstoffgehaltes schweißgeeignet; Probleme der Flächenkorrosion durch Chromkarbidausscheidungen entstehen nicht.

4.8.6.2 Ferritische und halbferritische Chrom-Stähle

Die *ferritischen* Stähle (13% Cr bis 30% Cr, C ≦ 0,1%) sind im festen Zustand *umwandlungsfrei.* Ihr Gefüge und ihre mechanischen Gütewerte lassen sich also durch eine Wärmebehandlung praktisch nicht mehr beeinflussen. Geringe Mengen von Kohlenstoff und Stickstoff (Bild 4.99) führen aber wieder zur Bildung bestimmter Austenitanteile, d.h., es entstehen Stähle, bei denen eine teilweise Austenitumwandlung stattfinden kann. Man bezeichnet diese als *halbferritisch,* z.B. X 10 Cr 13. Muß der ferritische Gefügezustand erhalten bleiben, dann ist entweder der Gehalt an Kohlenstoff zu verringern und/oder der Chromgehalt zu erhöhen, z.B. X 6 CrTi 17.

Mit modernen Stahlherstellungsverfahren (siehe S. 143) ist die wirtschaftliche Erzeugung sehr kohlenstoffarmer Stähle (C ≦ 0,02%) möglich. Durch Absenken des Kohlenstoff- und Stickstoffgehaltes wird die Zähigkeit der ferritischen Chrom-Stähle wesentlich verbessert. Dabei gewinnen in letzter Zeit Mo-legierte Chrom-Stähle hoher Reinheit an Bedeutung, z.B. X 1 CrMo 26 1. Diese werden als **Superferrite** bezeichnet.

Chrom-Stähle mit 17% Chrom sind korrosionsbeständiger und werden daher häufiger eingesetzt. Ihr Anteil am Gesamtverbrauch der nichtrostenden Stähle beträgt 30%. Sie werden in der Nahrungsmittel- und Konsumgüterindustrie und bei nicht übermäßig aggressiven Medien auch in der chemischen Industrie verwendet. Rostfrei sind sie nur, wenn ihre Oberflächen hochwertig sind, d.h. feingeschliffen oder poliert.

Hitzebeständige ferritische Stähle enthalten zusätzlich Aluminium und Silizium. Diese Elemente bilden dichte, feste und gut haftende Oxide, auf denen die Zunderbeständigkeit beruht.

Die Streckgrenze ferritischer Chrom-Stähle liegt zwischen 250 N/mm^2 und 300 N/mm^2. Sie ist größer als die der austenitischen Chrom-Nickel-Stähle. Die ferritischen Stähle sind schlecht verformbar (krz Gitter!), ihre Kerbschlagzähigkeit ist gering und die Übergangstemperatur liegt i.a. über der Raumtemperatur. Die Folge ist auch eine relativ schlechte Schweißeignung. Superferrite lassen sich dagegen hinreichend gut verformen und schweißen.

Die ferritischen Chrom-Stähle sind thermisch relativ instabil. Die wichtigsten Ursachen sind die große Beweglichkeit gelöster Elemente und ihre i.a. sehr geringe Löslichkeit im krz Gitter. Abhängig vom Temperaturbereich und der Einwirkzeit sind bei diesen Stählen drei Versprödungsgebiete bekannt, die im wesentlichen auf der Bewegung verschiedener Atomsorten beruhen:

- Bei sehr langer Erwärmung zwischen 400 °C und 550 °C verspröden die Stähle mit zunehmendem Chromgehalt als Folge von *Nahentmischungen:* **475 °C-Versprödung.** Eine definierte intermediäre Phase liegt nicht vor. Ein Erwärmen auf 650 °C bis 750 °C und nachfolgendes schnelles Abkühlen beseitigt die Nahentmischung und deren versprödende Wirkung.
- Aus Bild 4.98 ist zu erkennen, daß in Stählen mit mehr als 13% Cr zwischen 600 °C und 800 °C durch Ferritzerfall (in Austenit und Sigma-Phase) die spröde intermediäre **Sigma-Phase** entsteht. Sie besteht aus etwa 50% Cr und 50% Fe. Ihre Bildung wird durch Kaltverformung begünstigt, ebenso durch Molybdän, Silizium, Niob und Titan, die ihr Auftreten zu niedrigeren Chromgehalten verschieben.
- Durch Glühen oberhalb 950 °C und anschließendes Abschrecken wird die Sigma-Phase gelöst und damit die Versprödung beseitigt. Bei diesen Temperaturen entsteht aber ausgeprägtes **Grobkorn,** mit dem wiederum eine Versprödung und eine erheblich gestiegene Kerbempfindlichkeit verbunden sind. Zugaben von Stickstoff, Titan oder Tantal und Niob behindern das Kornwachstum.

Bei nichtstabilisierten Stählen besteht außerdem die Gefahr von Chromkarbidausscheidungen, besonders an den Korngrenzen, mit kornzerfallsähnlichen Erscheinungen: **Korngrenzenversprödung.** Glühen dieser Stähle bei 750 °C bis 800 °C führt zum Koagulieren der Korngrenzenkarbide. Damit werden die Zähigkeit und durch Chromausgleich auch die Korrosionsbeständigkeit erheblich verbessert.

Die geschilderten metallurgischen Besonderheiten dieser Stähle sind die Ursachen für ihr relativ schlechte Schweißeignung. Die wichtigsten Regeln für das Schweißen sind:

- Ein *Vorwärmen* auf 150 °C bis 200 °C ist empfehlenswert
- Die *Energiezufuhr* beim Schweißen muß gering sein, d.h., Nahtkreuzungen und doppelseitiges Schweißen sind möglichst zu vermeiden. Damit wird die Gefahr der Grobkornbildung und der Karbidausscheidungen in der WEZ gemindert.
- *Austenitische Zusatzwerkstoffe* sind wegen ihrer wesentlich größeren Zähigkeit günstiger als artgleiche ferritische. Die rißbegünstigenden

Schrumpfkräfte werden besser aufgenommen. Allerdings ist die erhöhte Korrosionsanfälligkeit in schwefelhaltigen Medien und der wesentlich größere Ausdehnungskoeffizient des austenitischen Schweißgutes zu beachten.
Obwohl sich die Sigma-Phase aus der ferritischen Matrix wesentlich schneller als aus einer austenitischen ausscheidet, spielt die Versprödung durch die Sigma-Phase auch bei austenitischem Schweißgut eine große Rolle. Aus verschiedenen Gründen enthält das Schweißgut in den meisten Fällen (siehe labiler Austenit) 10% bis 15% δ-Ferrit, der häufig netzförmig angeordnet ist. Ausscheidung von Sigma-Phase durch längeres Glühen bei 600 °C bis 800 °C versprödet das Schweißgut in einem besonders hohen Maße. Außerdem wird durch den δ-Ferrit das Korrosionsverhalten erheblich beeinträchtigt. Durch seinen bevorzugten Angriff wird die sogenannte **Ferritpfadkorrosion** hervorgerufen, die Ähnlichkeit mit einem Konzerfall hat.

- Nach dem Schweißen sollte die Konstruktion bei 750 °C geglüht werden. Dadurch wird ein Spannungsabbau und der für die Korrosionsbeständigkeit notwendige Chromausgleich geschaffen.

4.8.6.3 Austenitische Chrom-Nickel-Stähle

Der überwiegende Teil der korrosionsbeständigen Stähle hat austenitisches Gefüge. Sie sind größtenteils unmagnetisch und im festen Zustand *umwandlungsfrei,* d.h. weder normalglühbar noch härtbar. Die in DIN 17440 und SEW 400 aufgeführten Stähle sind hervorragend schweißgeeignet, verform- und verarbeitbar. Ihre Streckgrenze ist mit $R_{p0,2} \approx$ ca. 200 N/mm^2 relativ niedrig, die Zugfestigkeit aber überraschend hoch (Bereich 500 N/mm^2 bis 800 N/mm^2). Die Zähigkeit, insbesondere die Kerbschlagzähigkeit, ist extrem hoch. Selbst in der Nähe des absoluten Nullpunktes bleiben die Stähle verformbar und sicher vor spröden Brüchen. Festigkeit und Härte lassen sich durch Kaltverformen stark erhöhen. Wie durch jede »Gefügestörung« sinkt aber dann die Korrosionsbeständigkeit.
Der aus Gründen der Korrosionsbeständigkeit immer erforderliche Chromgehalt von 12% bis 13% würde zu einem überwiegend ferritischen Gefüge führen. Daher müssen für die Bildung des gewünschten austenitischen Gefüges austenitstabilisierende Elemente geeigneter Art und Menge zulegiert werden. Nickel erweist sich hierfür als gut geeignet, denn es ist ebenfalls gegen Säuren und Laugen sehr beständig.
Bild 4.103 zeigt die Gefügeausbildung in Abhängigkeit von Chrom-und Nickelgehalt. Zum Herstellen eines rein austenitischen Stahles sind demnach bei 13% Cr etwa 9% Ni erforderlich. Man beachte aber, daß das Schaubild für Stähle mit dem sehr hohen Kohlenstoffgehalt von C = 0,2% gilt.

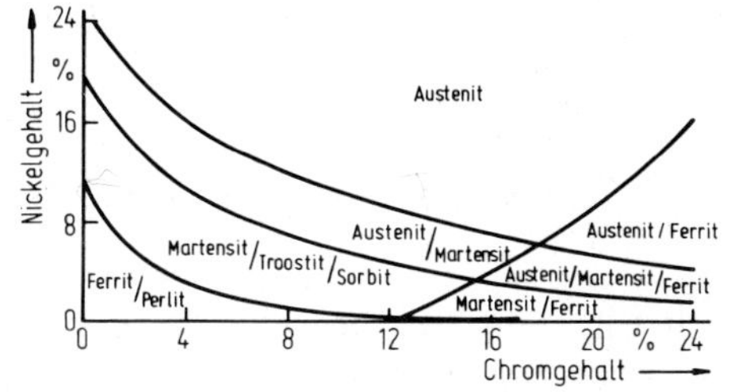

Bild 4.103 Gefügeschaubild der Cr-Ni-Stähle (C ≈ 0,2%) nach dem Abschrecken von 1000 °C in Wasser (nach M*AURER)*

Je nach Gefügezustand unterscheidet man den stabilen (Vollaustenit) und den labilen Austenit. Der **stabile Austenit** besteht völlig aus γ-Mischkristallen, d.h. er enthält keinen δ-Ferrit (Bild 4.98). Diese Stähle sind hochwarmfest, rost-, säure- und zunderbeständig und völlig unmagnetisch. Sie neigen aber beim Schweißen zur *Heißrißbildung.*

Der **labile Austenit** enthält bis zu 10% δ-Ferrit. In diesen Stählen wird allerdings der Anteil der austenitstabilisierenden Elemente verringert und/oder der der ferritstabilisierenden erhöht. Die sich aus der Schmelze primär ausscheidenden δ-Ferritkristalle wirken als Keime und begünstigen eine feinkörnigere Erstarrung. Die für die Heißrißbildung verantwortlichen niedrigschmelzenden Substanzen verteilen sich so auf eine wesentlich größere Korngrenzenfläche. Die Dicke der Korngrenzenfilme nimmt ab und damit auch die Heißrißanfälligkeit. Außerdem besitzt der δ-Ferrit eine größere Löslichkeit für die die Heißrißbildung begünstigenden Elemente (Phosphor, Schwefel, Silizium). Die Heißrißneigung der labilen Austenite ist daher wesentlich geringer. δ-ferrithaltige Austenite neigen allerdings bei längeren Einwirkzeiten und höheren Temperaturen zur Umwandlung in die *Sigma-Phase,* ihre Kerbschlagzähigkeit ist geringer und sie sind nicht mehr unmagnetisch.

Der kritische Temperaturbereich für die Auscheidung von *Chromkarbiden* liegt bei den austenitischen Chrom-Nickel-Stählen zwischen 450 °C und 850 °C. Die Karbide scheiden sich bevorzugt an den Korngrenzen aus, so daß es infolge der damit verbundenen *Chromverarmung* zu Kornzerfall kommen kann (Bild 4.104). Dieser kann durch folgende Maßnahmen vermieden werden:

- Zusatz von **Stabilisatoren.**
  Diese binden den Kohlenstoff so fest (stabil) ab, daß auch bei höheren Betriebstemperaturen keine Chromkarbide entstehen. Verwendet werden Titan und Niob, deren Mengen vom Kohlenstoffgehalt abhängen:
  $$\mathrm{Ti} \geqq 5 \cdot \mathrm{C} \qquad \mathrm{Nb} \geqq 8 \cdot \mathrm{C}$$
  Die Stähle werden dann als stabilisiert bezeichnet, z. B.:
  X 6 CrNiTi 18 9, X 6 CrNiMoNb 17 12 2
  Titan hat unter anderem den Nachteil, daß beim Polieren keine vollkommen glatte Oberfläche erzeugt werden kann. Man beachte, daß durch hohe Temperaturen, die z. B. in der WEZ von Schweißverbindungen auftreten, die stabilen Titan- und Niobkarbide gelöst werden. Unter bestimmten Umständen können sich dann wieder Chromkarbide bilden.
- Einsatz von **ELC (Extra Low-Carbon)-Stählen.**
  Das Lösungsvermögen der austenitischen Stähle für Kohlenstoff beträgt bei 650 °C etwa 0,05%. Bei geringeren Kohlenstoffgehalten im Stahl bleibt bei dieser Temperatur praktisch der gesamte Kohlenstoff im Austenit gelöst, und Chromkarbide scheiden sich nicht aus, z. B. X 5 CrNi 18 10, X 2 CrNi 19 11. Sicher ist aber eine Sensibilierung bei langzeitiger Beanspruchung im Temperaturbereich von 450 °C bis 850 °C auch bei diesen Stählen nicht auszuschließen. Sie werden deshalb nur für Betriebstemperaturen bis 400 °C zugelassen.
- **Lösungsglühen**
  Karbide in nicht stabilisierten Stählen werden durch Glühen bei 1050 °C bis 1150 °C gelöst. Nachfolgendes schnelles Abkühlen (Abschrekken) verhindert ihr Wiederausscheiden. Diese Stähle scheiden aber beim Erwärmen im kritischen Temperaturbereich wieder Chromkarbide aus (Bild 4.104).

Ein spürbarer Nachteil der austenitischen Chrom-Nickel-Stähle ist ihre vergleichsweise niedrige Streckgrenze. Sie ist der im Druckbehälterbau und chemischen Apparatebau wichtigste Festigkeitskennwert für die Dimensionierung der Bauteile. Naheliegende Methoden zum Erhöhen der Festigkeit scheiden aus verschiedenen Gründen aus,

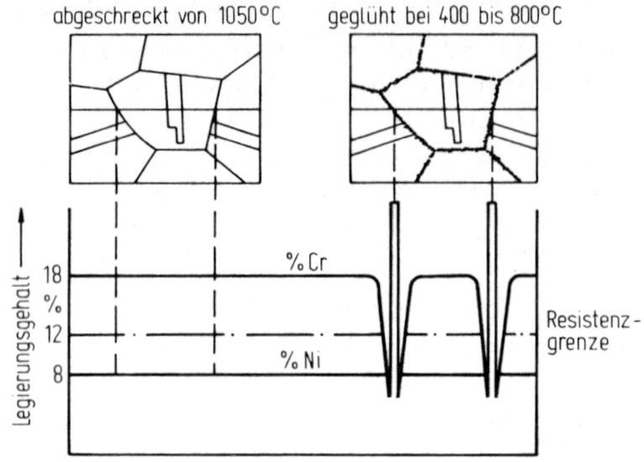

Bild 4.104 Chromkarbidausscheidung an den Korngrenzen austenitischer Cr-Ni-Stähle (schematisch) (nach WIRTZ)

denn *Kaltverformen* erhöht zwar die Streckgrenze sehr stark, die Neigung zu Spannungsrißkorrosion nimmt aber erheblich zu und die Austenitstabilität ab (Verformungsmartensit, siehe S. 211); *Ausscheidungshärten* verschlechtert die Verarbeitbarkeit und Schweißeignung und erhöht ebenfalls die Neigung zu Spannungsrißkorrosion.

Austenitische Chrom-Nickel-Stähle können sehr viel mehr Stickstoff (N $\approx$ 0,2%) als Kohlenstoff lösen. Durch die Mischkristallverfestigung wird die Streckgrenze von etwa 200 N/mm^2 auf Werte von 300 N/mm^2 bis 400 N/mm^2 erhöht, Zähigkeit und Korrosionsbeständigkeit werden dagegen nur geringfügig vermindert.

Als starker Austenitbildner erweitert Stickstoff den Austenitbereich (siehe Bild 4.99), außerdem wird die Bildung der Sigma-Phase und die Ausscheidung der Chromkarbide erheblich verzögert. **Stickstofflegierte austenitische Stähle,** z. B. X 2 CrNiMoN 17 13 5, sind leicht verarbeitbar und sehr gut schweißgeeignet.

Die hervorragende Verformbarkeit der austenitischen Stähle (kfz Gitter!) und das Fehlen jeder Aufhärtung und Versprödung in den wärmebeeinflußten Zonen sind die Ursachen für ihre sehr gute Schweißeignung. Das Schweißgut besteht aus labilem Austenit, sollte aber korrosionsbeständiger als der Grundwerkstoff sein, weil sonst die kleine Anodenfläche (Schweißnaht) sehr stark angegriffen wird. Aus diesem Grund sind die Zusatzwerkstoffe i. a. höher legiert als die entsprechenden Grundwerkstoffe. Außerdem ist der Oberflächenzustand (siehe S. 211) für die Korrosionssicherheit von großer Bedeutung. Die beim Schweißen leicht entstehenden Anlauffarben und

Oxide müssen beseitigt oder ihre Bildung durch Spülen mit inerten Schutzgasen (z. B. Argon) während des Schweißens verhindert werden.

Wegen der immer vorhandenen Gefahr der Chromkarbidbildung und der Heißrißneigung muß als wichtigste Regel grundsätzlich die Energiezufuhr beim Schweißen begrenzt werden. Der im Vergleich zu ferritischen Stählen sehr große Wärmeausdehnungskoeffizient von $28 \cdot 10^{-6}/K$ führt zu starkem Verzug der Bauteile. Daher ist jedes Vorwärmen von Fügeteilen aus austenitischem Stahl unzweckmäßig.

Das Problem beim Verbinden unterschiedlicher Werkstoffe besteht in der Bildung von sprödem, rißanfälligem Schweißgut, z. B. Martensit, intermediäre Phasen. Der extrem zähe und rißsichere austenitische Zusatzwerkstoff hat deshalb bei der Verbindungsssschweißung von unlegierten mit hochlegierten Stählen große technische Bedeutung. Die dabei ablaufenden schwer überschaubaren metallurgischen Vorgänge können mit den **Schaeffler-Diagramm** anschaulich gedeutet werden (Bild 4.105). Es ermöglicht bei Berücksichtigung einiger hier nicht zu besprechender Vereinfachungen und Annahmen wichtige Aussagen über den Aufbau des Schweißgutgefüges:

- Die Gefügearten des beim Schweißen unterschiedlicher Stähle entstehenden Schweißguts können festgestellt werden.
- Die Wahl geeigneter Zusatzwerkstoffe zum Verbinden unterschiedlichst zusammengesetzter Stähle wird wesentlich vereinfacht.
- Bei Kenntnis der Stahlzusammensetzung kann annähernd dessen Gefügeaufbau nach dem Schweißen festgestellt werden.

Auf der Abszisse ist die Wirksamkeit der wichtigsten ferritbildenden Elemente durch unterschiedliche Faktoren für die einzelnen Elemente in Form des *Chrom-Äquivalents* eingetragen. Analog ist auf der Ordinate das *Nickel-Äquivalent,* als Maßstab für die austenitbildenden Elemente aufgetragen. Man beachte die starke austenitbildende Wirkung von Kohlenstoff und Stickstoff: 1 % N oder 1 % C ist in diesem Sinne genauso wirksam wie 30% Ni (Faktor 30!).

Der Gebrauch des Schaeffler-Diagramms soll an einem Beispiel erläutert werden.

Beispiel

Unlegierter Stahl »C« (St 37, C ≈ 0,1 %) wird mit dem hochlegierten Stahl »B« (X 10 CrNiTi 18 9) durch Punktschweißen verbunden (Bild 4.106):

- Die durch ihre Chrom- und Nickel-Äquivalente gekennzeichneten Werkstoffe werden in das Diagramm eingetragen: Punkt C(0; 3) und Punkt B(18; 12)
- Verbindungslinie zwischen C und B ist die Mischungslinie. Sie stellt die sich bei steigender Aufmischung verändernde Schweißgutzusammensetzung dar. Das Schweißgut S besteht aus 50 % B, 50 % C,

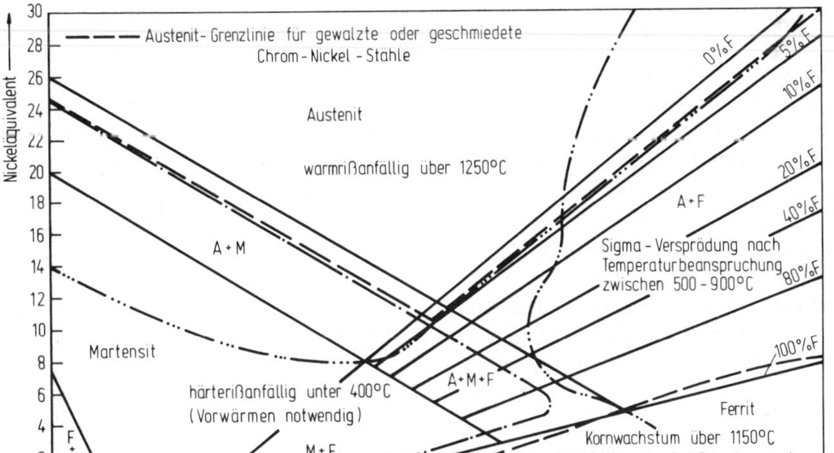

Bild 4.105 Gefügeschaubild von hochlegiertem Schweißgut: Schaeffler-Diagramm (nach Wirtz)
Chromäquivalent = % Cr + % Mo + 1,5 · % Si + 0,5 · % Nb
Nickeläquivalent = % Ni + 30 · % C + 0,5 · % Mn + 30 · % N

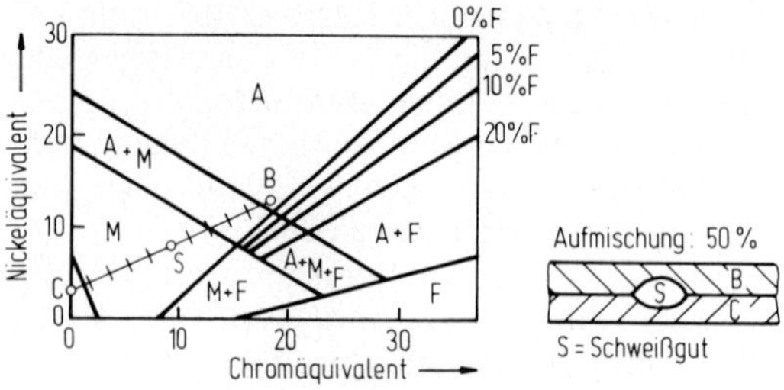

	C = St 37	B = X 10 CrNiTi 18 9
$Cr_{äq}$	≈ 0	≈ 18
$Ni_{äq}$	$\approx 30 \cdot 0{,}1 \approx 3$	$\approx 30 \cdot 0{,}1 + 9 \approx 12$

Bild 4.106 SCHAEFFLER-Schaubild mit Angaben zum Beispiel im Text

d. h., die Aufmischung beträgt 50 %. Die Zusammensetzung von S findet man demnach auf der Mischungslinie in der Mitte zwischen B und C (Punkt S). Das Schweißgut besteht aus lufthärtendem, rißanfälligem, martensitischen Gefüge. Die Sicherheit des Bauteiles hängt von der Rißsicherheit des Schweißgutes S ab und nicht, wie sonst bei Schweißverbindungen üblich, von den Eigenschaften der WEZ. Die Rißsicherheit wird in diesem Fall vom Kohlenstoffgehalt des Martensits bestimmt, sie ist bei dem niedrigen Gehalt von etwa 0,1 % i. a. noch gewährleistet.

4.8.7 Werkzeugstähle

4.8.7.1 Anforderungen

Aus diesen Stählen werden Werkzeuge hergestellt, die in vielfältiger Weise zum Be- und Verarbeiten metallischer und nichtmetallischer Werkstoffe eingesetzt werden. Sie weisen eine dem Verwendungszweck angepaßte hohe Härte, hohen Verschleißwiderstand und hohe Zähigkeit auf. Man unterscheidet folgende Werkzeugstahlgruppen:
Werkzeuge aus **Kaltarbeitsstählen** erwärmen sich beim Bearbeitungsvorgang durch Reibungswärme, ihre Oberflächentemperatur überschreitet i. a. nicht 200 °C.
Warmarbeitstähle werden während des Einsatzes ständig höheren Temperaturen (> 200 °C) ausgesetzt. Gefügeänderungen dürfen daher bei ihnen nicht auftreten. Ihr Gefüge muß hinreichend stabil und anlaßbeständig sein.
Schnellarbeitsstähle haben auf Grund ihrer chemischen Zusammensetzung die höchste Warmhärte und Anlaßbeständigkeit. Sie sind daher bis zu Temperaturen von etwa 600 °C hauptsächlich zum Zerspanen und zum Umformen einsetzbar. Tabelle 4.21 zeigt einige Anwendungsbeispiele für Werkzeugstähle.

Tab. 4.21: Anwendungsbeispiele für Werkzeugstähle (nach DIN 17 350)

	Beispiel für Anwendung	
Kaltarbeitsstähle	*unlegierte Kaltarbeitsstähle*	
	C 60 W	Handwerkzeuge aller Art, Aufbauteile für Werkzeuge
	C 105 W 1	Gewindeschneidwerkzeuge, Tiefzieh-, Fließpreß- und Prägewerkzeuge
	legierte Kaltarbeitsstähle	
	X 210 CrW 12	Schnittwerkzeuge, Scherenmesser, Räumnadeln, Tiefziehwerkzeuge, Sandstrahldüsen
	115 CrV 3	Gewindebohrer, Stemmeisen
	100 Cr 6	Lehren, Dorne, Stempel, Ziehdorne
	X 45 NiCrMo 4	Massivprägewerkzeuge höchster Zähigkeit, Scherenmesser für dickstes Schneidgut
	X 40 CrMnMoS 8 6	Werkzeuge für die Kunststoffverarbeitung
Warmarbeitsstähle	55 NiCrMoV 6	Hammergesenke für kleinere Abmessungen
	X 38 CrMoV 5 1	Gesenke, Werkzeuge für Schmiedemaschinen, Druckgießformen
	X 32 CrMoV 3 3	Gesenkeinsätze, Werkzeuge für Strangpressen zum Verarbeiten von Kupferlegierungen (z. B. Preßmatrizen)
Schnellarbeitsstähle	S 6-5-2	Räumnadeln, Spiralbohrer, Kreissägen
	S 6-5-2-5	Fräser, Spiral- und Gewindebohrer
	S 10-4-3-10	Drehmeißel und Formstähle
	S 2-10-1-8	Schaftfräser

Außer dem kennzeichnenden Unterschied in der Höhe der Arbeitstemperatur dient als Charakteristikum die erreichbare Härte und der Verlauf der Härtebeständigkeit von der Anlaßtemperatur (Bild 4.107). Kaltarbeitsstähle haben eine hohe Ausgangshärte, die aber schon bei Anlaßtemperaturen oberhalb 200 °C rasch abfällt. Die Ausgangshärte bei Warmarbeitsstählen ist wesentlich geringer. Sie bleibt bis etwa 600 °C erhalten.

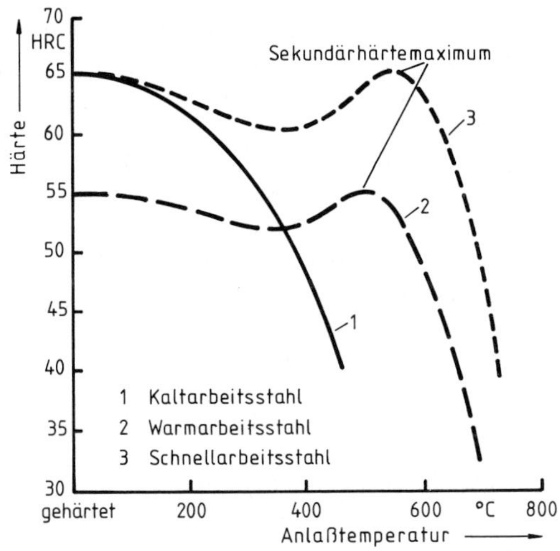

Bild 4.107 Härteabfall beim Anlassen von Werkzeugstählen (nach B*ECKER)*

Schnellarbeitsstähle besitzen ebenfalls eine hohe Ausgangshärte, die bis etwa 600 °C kaum abfällt. Ursache für dieses Verhalten der Anlaßhärte ist das Ausscheiden von Sonderkarbiden, die zu dem beobachteten **Sekundärhärtemaximum** führt (siehe Bild 4.109).

Bild 4.108 zeigt die Arbeitstemperaturen von Werkzeugstählen und konkurrierenden Werkstoffen. Man erkennt durch welche Werkstoffe sie bei erhöhten Arbeitstemperaturen ersetzt werden können.

Die unterschiedlichen Werkstoffe (weich, hart) und Bearbeitungsvorgänge (schlagend, reibend, stoßend) erfordern Werkzeugstähle mit den verschiedenartigsten Eigenschaften. Am wichtigsten sind:

- *Härte und Festigkeit,* zusammen mit der Menge an Sonderkarbiden, bestimmen sie im allgemeinen die *Verschleißbeständigkeit,*
- *Schneidfähigkeit,* sie hängt von der Härte und der Verschleißbeständigkeit ab,
- *Einhärtungstiefe,* sie wird von Art und Menge der Legierungselemente bestimmt.

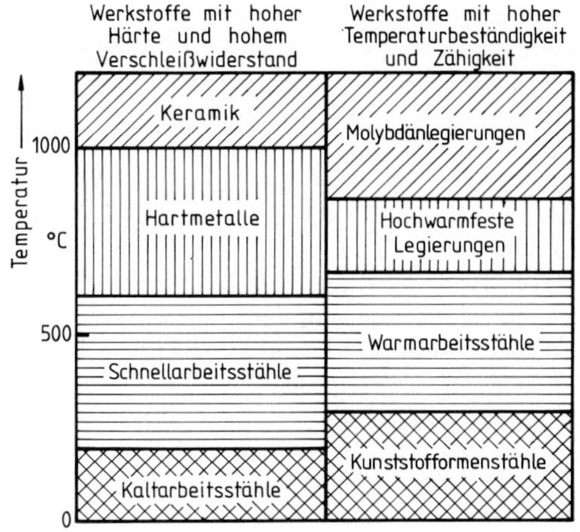

Bild 4.108 Anwendungstemperaturen von Werkzeugstählen und konkurrierenden Werkstoffen (nach B*ECKER)*

Schlagartig beanspruchte Werkzeuge (Meißel, Präge-, Druckluftwerkzeuge) müssen neben hoher Härte auch eine hinreichende Zähigkeit aufweisen. Diese Stähle haben einen geringen Kohlenstoffgehalt oder müssen höher angelassen werden. Schnittwerkzeuge (keine schlagartige Beanspruchung: Bohrer, Fräser) besitzen dagegen sehr hohe Härten von etwa 60 HRC bis 65 HRC.

Die gezielte Stahlauswahl für bestimmte Bearbeitungsvorgänge mit Hilfe mechanischer, physikalischer oder verschleißtechnischer Kenngrößen ist häufig nicht möglich, da die wirksamen Beanspruchungsbedingungen in vielen Fällen nicht quantitativ faßbar sind.

Die Härte der Werkzeugstähle wird erreicht durch:

- Martensit, der Kohlenstoffgehalt ist im allgemeinen größer als 0,6 %,
- Nitride und Sonderkarbide, die von dem über den für die Maximalhärte des Martensits (≈ 0,6 % C) hinausgehenden Kohlenstoffgehalt und Legierungselementen (Chrom, Molybdän, Vanadium, Wolfram) gebildet werden.

Die Entwicklung der in DIN 17350 und der EURONORM 96-79 genormten Standard-Werkzeugstähle kann legierungstechnisch als abgeschlossen gelten. Eine Verbesserung ihrer Eigenschaften wird in zunehmendem Umfang durch eine gezielte Änderung des Gefüges erreicht, d. h. durch Modifizieren der *Herstellbedingungen,* der *Verarbeitung* und der *Wärmebehandlung.*

Die Erstarrungsbedingungen sind entscheidend für das Ausmaß der Kristallseigerungen und der

Maschenweite des Karbidnetzwerkes. Beide Erscheinungen können durch die Abkühlgeschwindigkeit (Blockguß, Strangguß, Umschmelzverfahren) erheblich beeinflußt werden. Eine geringe Maschenweite bzw. ein geringer Abstand der Dendriten ist anzustreben. Eine große Maschenweite erhöht z. B. die Rißneigung beim Verformen der Stähle erheblich.

Wegen der ungünstigen Eigenschaften des Gußgefüges (Dendriten, unterschiedliche Gefügeausbildung) werden Werkzeugstähle praktisch nie im Gußzustand, sondern nach einem Warmverformen verwendet. Dadurch werden der Grad der Homogenität erhöht und die Gefügebestandteile verfeinert und besser miteinander vermischt: Die mechanischen Gütewerte (z. B. Zähigkeitseigenschaften) sind dann deutlich besser. Ein homogenes Gefüge ist bei den ledeburitischen Kaltarbeitsstählen und den Schnellarbeitsstählen besonders schwer zu erreichen, weil das grobe zusammenhängende Karbidnetzwerk gebrochen und möglichst gleichmäßig in der Matrix verteilt werden muß. Die Folge ist eine praktisch nicht vermeidbare Anordnung der Karbide in Zeilenform, die beim Härten zu Maßänderungen führt. Sie sind parallel zur Zeilenrichtung größer als senkrecht zu ihr.

Ein Diffusionsglühen vor und während der Warmformgebung kann ebenfalls die Homogenität verbessern, aber nur bei den primärkarbidfreien Warmarbeitsstählen. Bei den ledeburitischen Stählen erfolgt zwar ein Ausgleich der Kristallseigerungen, aber auch ein Koagulieren der Karbide. Dadurch wird beim Härten die Karbidauflösung erschwert, d. h., die Härte kann dann merklich unter der erreichbaren Höchsthärte liegen.

Höchste Anforderungen an die Homogenität und den Reinheitsgrad werden an Werkstoffe gestellt, aus denen hochglanzpolierte Werkzeuge hergestellt werden. Diese werden z. B. für die Verarbeitung von Glas und Kunststoffen benötigt. Hier können selbst kleinste Oberflächenfehler die Polierfähigkeit des Werkzeugs beeinträchtigen und zu dessen Ausschuß führen.

4.8.7.2 Unlegierte Kaltarbeitsstähle

Unlegierte Werkzeugstähle werden als Edelstähle erschmolzen und sind daher besonders rein und gleichmäßig und besitzen einen geringen Gehalt an Einschlüssen. Ihre Bedeutung ist wesentlich geringer geworden, da ihnen die legierten Kaltarbeitsstähle hinsichtlich Härtbarkeit, Anlaßbeständigkeit und Verschleißwiderstand überlegen sind.

Die kritische Abkühlgeschwindigkeit dieser Kohlenstoffstähle ist groß, die Einhärtungstiefe also gering. Nach dem Härten besitzt das Werkzeug eine harte, verschleißfeste Oberflächenschicht und einen zähen, wenig schlagempfindlichen Kern. Je nach dem gewählten Abschreckmedium können die Einhärtungstiefe und damit die Eigenschaften in gewissen Grenzen verändert werden.

Die Einhärtungstiefe bestimmt weitgehend die Kernzähigkeit. Sie ist bei geringerer Einhärtungstiefe größer und nimmt mit feinerem Korn zu. Daher ist das Härtungsverhalten für die Gebrauchseigenschaften dieser Stähle besonders wichtig. Es wird u. a. gekennzeichnet durch

- die Härte der Oberfläche und des Kerns im gehärteten Zustand,
- die Einhärtungstiefe,
- die Feinkörnigkeit des Bruchgefüges,
- den Härtetemperaturbereich, innerhalb dessen dieses feine Korn in der gehärteten Schicht beibehalten wird und die
- Sicherheit gegen Härtungsrisse.

Nach DIN 17350 unterscheidet man verschiedene *Güteklassen,* die sich grundsätzlich in ihrem Härtungsverhalten, besonders in ihrer Härtungsempfindlichkeit und Einhärtungstiefe unterscheiden. Bei Stählen der Güteklasse 1 (z. B. C 80 W1, C 105 W1) sind beide Kenngrößen geringer als bei Stählen der anderen Güteklassen (z. B. C 60 W, C 70 W2). Die Einhärtungstiefe wird mit zunehmenden Mangan- und Siliziumgehalten erhöht.

Wegen der relativ großen Sprödigkeit dieser Stähle muß ihre Warmformgebung und Wärmebehandlung sehr sorgfältig erfolgen. Wichtig ist ein langsames, gleichmäßiges Erwärmen. Entkohlen und Verzundern der Oberfläche muß durch Glühen unter Schutzgas oder durch Verwendung von Salzbadöfen verhindert werden.

4.8.7.3 Legierte Kaltarbeitsstähle

Härtbarkeit und Verschleißwiderstand der legierten Kaltarbeitsstähle sind deutlich besser als die der unlegierten. Die *Einhärtbarkeit* d. h., der durchhärtende Querschnitt wird besonders durch Mangan, Chrom, Molybdän und Nickel vergrößert. Je nach Legierungsart und -menge ergeben sich Stähle, die in Luft, Öl oder im Warmbad durchhärten.

Der *Abriebverschleiß* – andere Verschleißarten, wie Reib-, Oxidations- und Kontaktverschleiß

sind bei Werkzeugen von sekundärer Bedeutung – ist im allgemeinen durch eine Werkstoffkenngröße nicht beschreibbar. Er wird aber erfahrungsgemäß vom Gefügeaufbau (Karbidanteil) und der Härte bestimmt. Die harten, verschleißfesten Karbide, die besonders bei Schneidstählen erforderlich sind, werden insbesondere durch Chrom, Molybdän, Vanadium und Wolfram gebildet.
Abriebbeständige Randschichten und ein Verringern der Neigung zum Kaltaufschweißen kann bei geeigneten Stählen durch Nitrieren erreicht werden. Solche Stähle sind z. B.: X 165 CrMoV 12 und 21 MnCr 5.
Die Werkstoffwahl wird am sichersten durch Betriebsversuche entschieden. Die Bewährung der Werkzeuge hängt aber auch erheblich von ihrer Formgebung, der Oberflächenausführung und vor allem einer dem Verwendungszweck angepaßten Wärmebehandlung ab.
Die Warmformgebung und Wärmebehandlung ist noch sorgfältiger und überlegter als bei den unlegierten Kaltarbeitsstählen vorzunehmen.

4.8.7.4 Warmarbeitsstähle

Warmarbeitsstähle sind Stähle für Werkzeuge, die im Betrieb eine über 200 °C liegende Dauertemperatur annehmen. Daraus ergeben sich einige spezielle Anforderungen an die Gebrauchseigenschaften:

- *Warmfestigkeit,* wird insbesondere durch Molybdän, Wolfram und kornfeinendes Vanadium erreicht.
- *Anlaßbeständigkeit,* wird durch Chrom erzeugt, das zusammen mit Molybdän, Nickel und Mangan die Härtbarkeit erhöht.
- *Warmverschleißwiderstand,* wird durch die Warmfestigkeit der Matrix sowie durch Art und Menge der Sonderkarbide bestimmt.

Die höherlegierten Stähle erfordern z. T. sehr hohe Härtetemperaturen, die wegen der Lösung der stabilen Sonderkarbide erforderlich sind. Um die Erwärmungsgeschwindigkeit gering zu halten, ist es zweckmäßig, in mehreren Stufen auf Härtetemperatur aufzuheizen. Die Anlaßtemperatur sollte etwa 100 °C oberhalb der Betriebstemperatur liegen.
Zum Erhöhen der Oberflächenhärte und zum Verringern der Reibung werden Warmarbeitsstähle auch hartverchromt. Der Oberflächenverschleiß und die Klebneigung können durch Nitrieren vermindert werden.

4.8.7.5 Schnellarbeitsstähle

Schnellarbeitsstähle (Schnellstähle) sind Stähle, die zum *Zerspanen* bei vorwiegend hohen Schnittgeschwindigkeiten eingesetzt werden. Dabei treten hohe Temperaturen an der Werkzeugschneide auf. Auf Grund ihrer chemischen Zusammensetzung und Wärmebehandlung haben Schnellstähle eine hohe *Anlaßbeständigkeit* und *Warmhärte* bis etwa 600 °C. Sie besitzen daher lange *Standzeiten* auch bei Rotglut (DIN 17350).

Diese Eigenschaften werden durch bestimmte Legierungselemente, sorgfältiges Erschmelzen (Elektroofen), gleichmäßige Verteilung der Karbide, sorgfältiges Weiterverarbeiten der Stähle sowie durch eine werkstoffgerechte Wärmebehandlung beim Verbraucher erzeugt.
Wesentlichstes Kennzeichen dieser Stähle ist ihr sehr hoher Anteil an Sonderkarbiden, die vorwiegend durch die Elemente Wolfram, Chrom, Molybdän, Vanadium gebildet werden. Der Kohlenstoffgehalt muß daher relativ groß sein, er beträgt mindestens 0,8 %. Das Gefüge ist im wesentlichen ledeburitisch. Es besteht aus Sonderkarbiden (statt Fe_3C bei unlegierten Stählen) und Austenit, der im allgemeinen zum größeren Teil in Martensit (evtl. Bainit) umgewandelt ist. Die Ursache der hervorragenden *Schneidfähigkeit* auch bei größeren Temperaturen beruht auf der bemerkenswerten Anlaßbeständigkeit und dem hohen Gehalt an Sonderkarbiden. Zum Härten sind wegen der schwerlöslichen, stabilen Karbide sehr hohe, z. T. direkt unter Solidus liegende (1200 °C bis 1320 °C), Austenitisierungstemperaturen erforderlich. Temperatur und die Haltedauer müssen wegen der Grobkornbildung sehr genau eingehalten werden. Um Verzug und Rißbildung zu vermeiden, müssen diese spröden Werkstoffe in zwei oder drei Stufen, meistens im Salzbad, auf Härtetemperatur erwärmt werden.

Nach dem Härten besteht der Stahl aus ca. 70 % Martensit, 10 % Karbiden und wegen des hohen Legierungsgehaltes aus ca. 20 % Restaustenit. Ein Anlassen bei Temperaturen um 550 °C führt zur Ausscheidung der stark härtesteigernden feinverteilten Sonderkarbide. Die Überlagerung der Härte des zerfallenen Martensits und des zusätzlichen Härtegewinns durch diese Ausscheidungshärtung ergibt das *charakteristische Anlaßverhalten* (siehe Vergütungsschaubilder) der Schnellarbeitsstähle (Bild 4.109).

Karbide scheiden sich beim Anlassen nicht nur aus dem Martensit, sondern auch aus dem Restau-

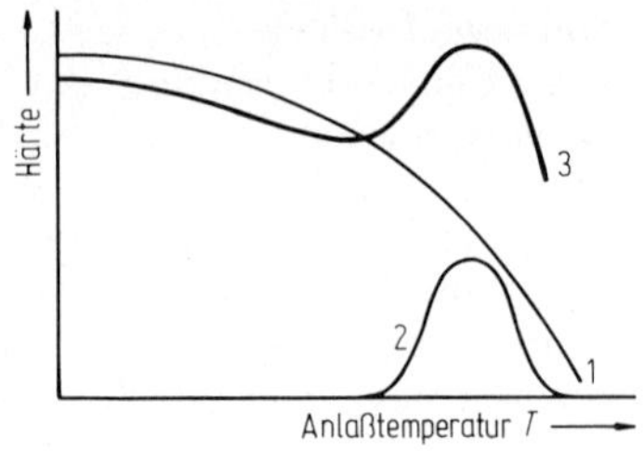

Bild 4.109 *Anlaßverhalten eines Schnellarbeitsstahles (schematisch):*
1: Martensitzerfall (Fe_3C-Ausscheidung)
2: Ausscheidungshärtung (Bildung und Ausscheidung der Sonderkarbide: Härtegewinn)
3: Resultierende Wirkung von 1 und 2

stenit aus, wodurch dessen Gehalt an Kohlenstoff und Legierungselementen abnimmt.
Beim Abkühlen wandelt daher ein großer Teil des Restaustenits in (nicht angelassenen) Martensit um, wodurch eine weitere Härtesteigerung erzielt wird.
Die diffusionskontrollierten Vorgänge beim Anlassen verlaufen sehr träge. Daher wird in vielen Fällen, vor allem bei einem hohen Gehalt an nicht angelassenem Martensit, zwei- oder dreimal angelassen. Bild 4.110 zeigt den Temperaturverlauf beim Härten und Anlassen.

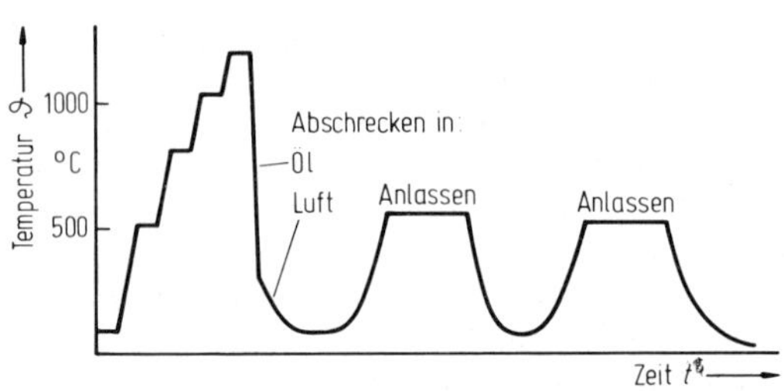

Bild 4.110 *Zeit-Temperatur-Verlauf beim Härten und Anlassen von Schnellarbeitsstählen*

Es muß ausdrücklich betont werden, daß die Dauerwarmhärte mit zunehmender Betriebstemperatur – insbesondere oberhalb der Anlaßtemperatur (>550 °C) – in jedem Fall abnimmt (Bild 4.111).

In letzter Zeit werden Werkzeuge mit Hartstoffen (TiC, TiN) beschichtet. Dadurch wird der Verschleißwiderstand bzw. die Standzeit wesentlich erhöht (siehe S. 296).

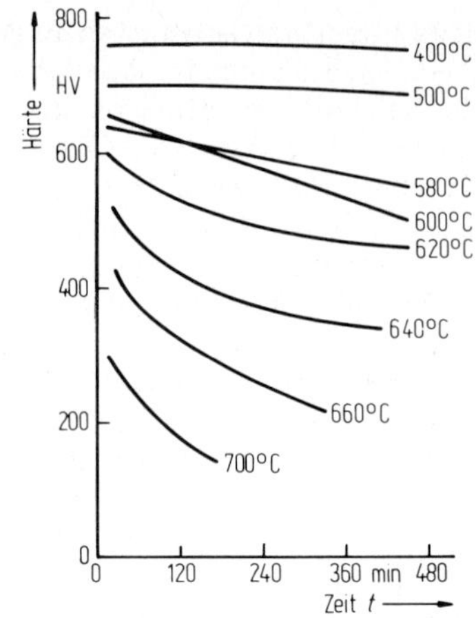

Bild 4.111 *Verlauf der Dauerwarmhärte eines kobaltlegierten Schnellarbeitsstahles (nach Bickel)*

4.9 Eisengußwerkstoffe

4.9.1 Begriff, Bedeutung, Einteilung

Der Begriff Gußwerkstoffe geht auf das Formgebungsverfahren zurück. Der Werkstoff wird im flüssigen Zustand (Schmelze) in Formen vergossen. Das Werkstück erhält bei der Erstarrung die so vorgegebene äußere Gestalt, die im allgemeinen nur noch durch spanabhebende Bearbeitungsverfahren verändert wird.
Die Bedeutung der Gußwerkstoffe beruht neben den spezifischen guten Eigenschaften dieser Werkstoffgruppe, z. B. gute Korrosionsbeständigkeit und hohes Dämpfungsvermögen von Grauguß, im wesentlichen auf der Freizügigkeit bei der Gestaltung von Bauteilen, die von keinem anderen Fertigungsverfahren erreicht wird. Bei Beachtung einiger verfahrensbedingter Grundsätze, z. B.

- Einsatz von Legierungen mit möglichst naheutektischer Zusammensetzung (siehe S. 72),
- Berücksichtigen des Schwindens (siehe S. 71),
- Auswahl des geeigneten Gießverfahrens,
- Vermeiden von Materialanhäufungen,
- Vorsehen der zum Entformen notwendigen Bauteilschräge,

können sowohl kleinste, kompliziert geformte Teile mit Abgußmassen von einigen Gramm als auch schwergewichtige Gußkonstruktionen mit großen Abmessungen wie Maschinenbetten in Zellenbauweise oder Walzenständer mit kompakten Querschnitten hergestellt werden.

Die Zusammensetzung der Schmelze (Legierungselemente) und die Abkühlbedingungen beim Erstarren bestimmen die Gefügeausbildung im festen Zustand und damit im wesentlichen auch die Eigenschaften der Gußwerkstoffe auf Eisenbasis.

Wichtigstes Legierungselement der Eisenwerkstoffe ist Kohlenstoff (siehe S. 137 ff.). Auskunft über die temperatur- und konzentrationsabhängigen Zustandsformen der Kohlenstoffphasen gibt das Eisen-Kohlenstoff-Schaubild (siehe Bild 4.4, S. 138. Der Kohlenstoffgehalt und die bei Gebrauchstemperatur vorliegende Art und Verteilung der Kohlenstoffphasen im Grundgefüge beeinflussen maßgebend die mechanischen Eigenschaften des Werkstoffs und dienen daher gleichzeitig als Kriterien für die Einteilung der Eisengußwerkstoffe.

Bis zu einem Gehalt von maximal 2 % ist der Kohlenstoff bei metastabiler[1] Erstarrung in der intermediären Phase Fe_3C (Zementit) gebunden, soweit er nicht im Mischkristall des Eisens (Austenit, Ferrit) gelöst wird. Eisenwerkstoffe dieser Zusammensetzung sind warm- und, bei niedrigem Kohlenstoffgehalt besser als bei hohem, kaltumformbar. Werden derart verformbare Werkstoffe gießtechnisch verarbeitet, spricht man von *Stahlguß*.

Eisenwerkstoffe mit einem Kohlenstoffgehalt über 2 % werden im Normalfall nicht mehr geschmiedet (Ausnahme Temperguß, siehe S. 234). Die Formgebung erfolgt üblicherweise durch Gießen. Diese Werkstoffgruppe wird unter dem allgemeinen Oberbegriff *Gußeisen* zusammengefaßt.

Bei beschleunigter Abkühlung aus der Schmelze erstarrt Gußeisen ebenfalls nach dem metastabilen System, das heißt, der Kohlenstoff ist im Zementit gebunden. Nach der hell schimmernden Bruchfläche heißen diese Sorten *weißes Gußeisen.* Wegen des hohen Zementitanteils ist »weiß« erstarrtes Gußeisen (*Hartguß*) hart, spröde und schwer zu bearbeiten. Es wird in diesem Zustand nur selten verwendet.

Durch eine nachträgliche Glühbehandlung der fertigen Gußteile kann ein Zerfall der harten Zementitphase herbeigeführt werden, wobei der nicht mehr gebundene Kohlenstoff als Grafit in ferritischer oder perlitischer Matrix eingelagert ist. Ein derart behandelter weißer Guß zeichnet sich durch wesentlich erhöhte Zähigkeit und stark verbesserte Bearbeitbarkeit aus und ist als *Temperguß* bekannt geworden. Wird der *Temperrohguß* in entkohlender (oxidierender) Atmosphäre geglüht, erhält man Temperguß mit weißem Bruchgefüge, sogenannter *weißer Temperguß.* Bei Glühen in neutraler Atmosphäre entsteht dagegen *schwarzer Temperguß*, dessen Bruchfläche wegen der Grafiteinschlüsse dunkel (»schwarz«) erscheint.

Zu einer Ausscheidung des Kohlenstoffs in elementarer Form als Grafit kommt es auch bei sehr langsamer Abkühlung kohlenstoffreicher Schmelzen, die Erstarrung erfolgt dann nach dem stabilen System. Durch die in der Eisenmatrix eingelagerten Grafitbereiche erscheint die Bruchfläche dunkel, was zu der Benennung *graues Gußeisen* oder *Grauguß* geführt hat. Grauguß kann wegen der oft grob ausgebildeten Grafiteinschlüsse Zugbeanspruchungen nur begrenzt aufnehmen und ist außerdem nur wenig verformungsfähig. Dagegen läßt sich Grauguß sehr gut zerspanen und besitzt hervorragende Dämpfungs- und Gleiteigenschaften.

Graues Gußeisen wird nach der geometrischen Gestalt der Grafitbereiche im Gefüge weiter unterteilt in:

- *Gußeisen mit Lamellengrafit* (lamellenförmig ausgebildeter Grafit)
- *Gußeisen mit Kugelgrafit* (globulitisch vorliegender Grafit).

Sondergußeisen hat durchschnittlich einen um etwa 1 % niedrigeren Kohlenstoffgehalt als weißes oder graues Gußeisen. Die besonderen Eigenschaften dieser Sorten werden durch Legieren mit zumeist Silizium, Chrom und Aluminium erzielt, z. B. hochhitzebeständiges Gußeisen mit 18 % Si.

Die Kurzbezeichnung der Eisengußwerkstoffe nach DIN 17006 wird im Abschnitt 4.7.1.4 erläutert.

Bild 4.112 gibt zusammenfassend die Einteilung der Eisengußwerkstoffe nach den wichtigsten Gruppen mit ihren charakteristischen Merkmalen wieder. Technische Lieferbedingungen für Guß-

[1] Die Unterscheidung metastabil – stabil ist thermodynamisch begründet. Bei langen Glühzeiten zerfällt Zementit in Ferrit und elementaren Kohlenstoff. Nach allgemein gültigen physikalischen Grundsätzen muß daher das System Fe–C ein geringeres Energieniveau besitzen als das System Fe-Fe_3C und sich in seinen Reaktionen stabiler verhalten. Die Energie- oder »Stabilitäts«unterschiede sind allerdings klein, wie auch aus der nur geringfügigen Verschiebung der Gleichgewichtslinien des metastabilen Systems gegenüber dem stabilen System (siehe Bild 4.4) hervorgeht.

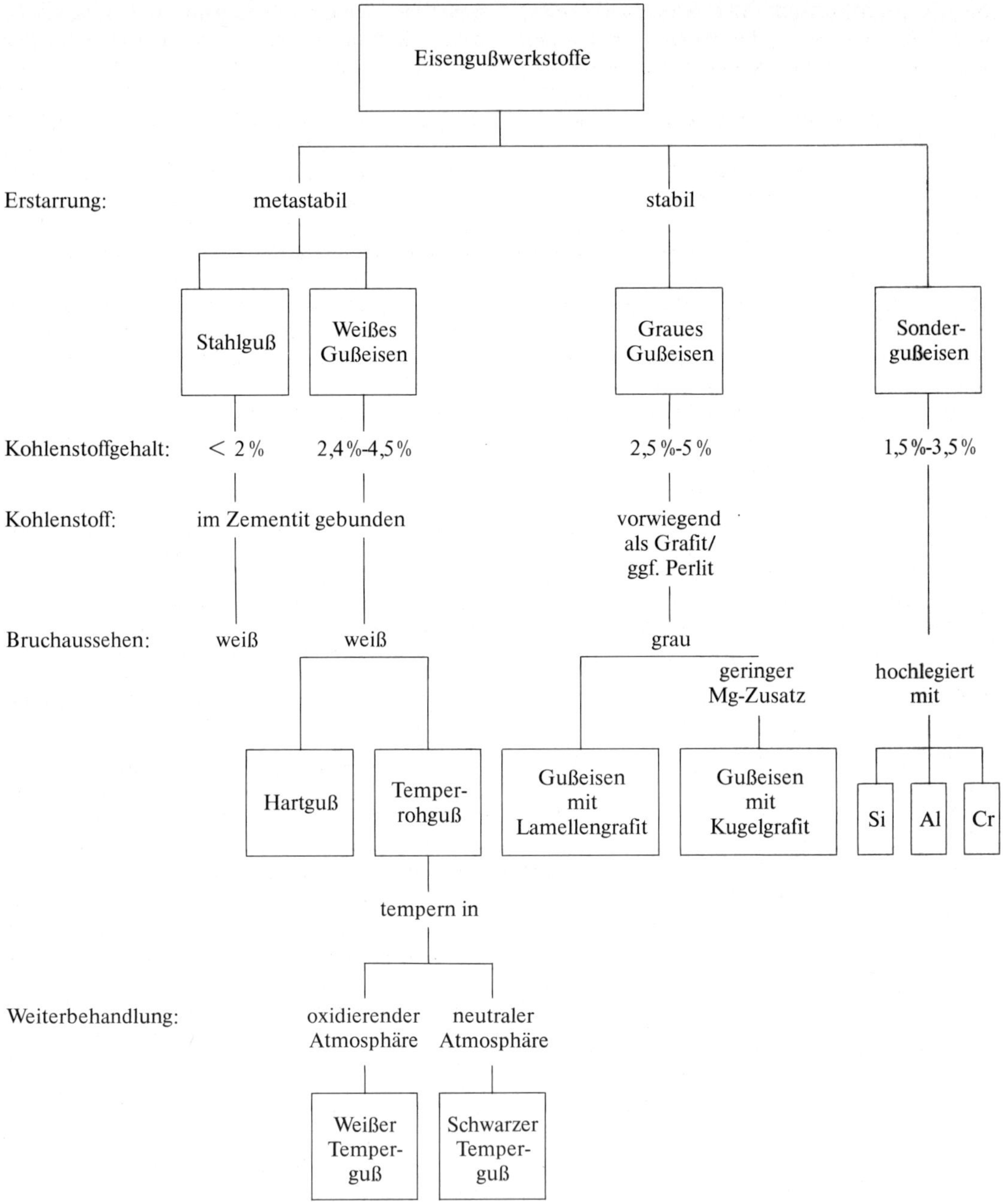

Bild 4.112 Einteilung der Eisengußwerkstoffe

stücke aus metallischen Werkstoffen sind in DIN 1690 zusammengefaßt.

4.9.2 Stahlguß GS

Stahlguß ist in Formen vergossener Stahl, der keinem nachträglichen Formgebungsverfahren außer dem Zerspanen unterworfen wird. Im Gegensatz dazu wird der in Blöcken gegossene Stahl durch Warm- und Kaltumformung (Walzen, Schmieden, Pressen) bildsam weiterverarbeitet. Stahlguß wird im SIEMENS-MARTIN-Ofen und bei höheren Ansprüchen an Reinheit und Zusammensetzung im Elektroofen erschmolzen. Stahlguß muß stets beruhigt vergossen werden, da die sonst beim Erstarren durch Gasblasenbildung hervorgerufenen Hohlräume nicht bei einer nachfolgenden Warmumformung verschweißt werden (siehe S. 68).

Im *Gußzustand* werden Stahlgußteile nur selten verwendet, da sich bei der Erstarrung ein charakteristisches grobes WIDMANNSTÄTTENsches Gefüge (siehe Bild 4.33, S. 160) mit niedrigen Werten für die Bruchdehnung und Kerbschlagzähigkeit einstellt. Ein dem Stahl entsprechendes Gefüge mit vergleichbaren Eigenschaften erhält der Stahlguß erst durch eine nachfolgende *Wärmebehandlung* (Normalglühen, Vergüten) mit der dabei auftretenden Kornverfeinerung durch Gefügeumwandlung (siehe Bilder 4.63 bis 4.65, S. 174/175.

Stahlguß wird verwendet:

- wenn die Festigkeit von Grauguß oder Temperguß nicht ausreicht,
- wenn die Herstellung der Bauteile wegen verwickelter Formen oder zu großer Abmessungen nur gießtechnisch möglich oder wirtschaftlich vertretbar ist (außergewöhnliches Beispiel: Walzenständer mit 7 m Höhe und einer Gießmasse von über 400 000 kg),
- wenn hochlegierte Qualitäten mit gleichzeitig hohem Kohlenstoffgehalt erzeugt werden, die wegen ihrer schlechten plastischen Verformbarkeit nicht für eine Warmumformung geeignet sind, z. B. sogenannter Chromguß mit 30 % Cr und 1,5 % C.

Stahlguß ist härter als Gußeisen und zeichnet sich im Vergleich zu Grauguß mit Lamellengrafit durch hohe Zugfestigkeiten aus mit Werten bis etwa:

- 700 N/mm^2 bei unlegierten und niedriglegierten Sorten,
- 1300 N/mm^2 bei hochlegierten Sorten.

Gleichzeitig ist eine hohe Streckgrenze gewährleistet. Stahlguß läßt sich im normalgeglühten und im vergüteten Zustand warm und kalt umformen. Die Bruchdehnung liegt abhängig vom Legierungsgehalt zwischen 25 % und 8 %. Wegen der guten Zähigkeit sind Stahlgußteile besonders geeignet, wenn im Betrieb neben schwingender Beanspruchung auch Stoß- und Schlagbelastungen auftreten.

Stahlguß für allgemeine Verwendungszwecke (unlegierter und niedriglegierter Stahlguß) ist in DIN 1681 genormt. Er wird nach der vom Hersteller zu gewährleistenden Mindestzugfestigkeit in Güteklassen eingeteilt, die durch das Symbol GS mit der angehängten Zugfestigkeitskennzahl gekennzeichnet werden und von GS-38 bis GS-60 reichen.

Stahlguß läßt sich im normalgeglühten Zustand gut schweißen. In die Form eingelegte Blechschaufeln von Wasserturbinenläufern verschweißen z. B. einwandfrei mit dem flüssig eingebrachten Grundwerkstoff. Bis zur Güteklasse GS-45 ist ein Verbindungsschweißen ohne besondere Vorkehrungen durchführbar. Bei den höheren Qualitäten sind Vorsichtsmaßnahmen wie Vorwärmen der Schweißstellen zu empfehlen. In jedem Fall ist nach dem Schweißen ein Spannungsarmglühen erforderlich, um der Gefahr von Härterissen zu begegnen.

Legierungselemente beeinflussen allgemein die Eigenschaften von Stahlguß und Stahl in gleicher Weise.

Ein Beispiel ist **Manganhartstahl** mit 1,2 % C, 12 % Mn und 1,4 % Cr, dessen erhöhte Härte und Verschleißfestigkeit auf die Bildung von Chromkarbiden zurückzuführen ist. Gleichzeitig weist Manganhartguß wegen des hohen Mangangehalts bei Zimmertemperatur ein austenitisches Gefüge mit verbesserter Zähigkeit auf und wird daher z. B. für Brechbacken, Druckpfannen, Hämmer und Auskleidungen von Brechern und Mühlen verwendet, bei deren Betrieb hohe Schlag- und Stoßbelastungen auftreten.

Bei höheren Ansprüchen an die Warmfestigkeit – Stahlguß für allgemeine Verwendungszwecke ist bis etwa 400 °C warmfest ($R_m \approx$ konst.) – werden im Temperaturbereich von 300 °C bis 600 °C die **warmfesten ferritischen Stahlgußsorten** eingesetzt, deren Streckgrenze nach DIN 17245 bis 500 °C gewährleistet ist. In der Norm sind zusätzlich Anhaltswerte für Zeitdehngrenzen und Zeitstandfestigkeiten in Abhängigkeit von der Temperatur angegeben. Erreicht wird die gute Warmfestigkeit durch Zulegieren von Molybdän bis 1,2 % und Chrom bis 12 %. Sorten höchster Warmfestigkeit enthalten außerdem geringe Anteile Vanadium, Wolfram und Nickel (jeweils kleiner 1 %). Warmfester Stahlguß ist z. B. für Dampfturbinengehäuse, Düsenringe, Heißdampfarmaturen und Rohrstutzen geeignet.

Chrom, Nickel und Silizium erhöhen die Hitze- und Zunderbeständigkeit von Stahlguß erheblich. Bei einem Gehalt von 1,5 % bis 2 % Si, 25 % bis 29 % Cr und bis zu 16 % Ni ist Stahlguß hitzebeständig bis 1100 °C und wird für Herdplatten, Einsatzkästen, Transportroste und Herdschienen in Durchlauföfen u. a. verwendet.

Zulegieren von Chrom verbessert die Korrosionsbeständigkeit von Stahlguß. **Nichtrostender Stahlguß** nach DIN 17 445 entspricht in der Zusammensetzung und in den Eigenschaften nichtrostendem Stahl (siehe S. 211 ff.). Eingesetzt werden diese Sorten für Armaturen, Leitungen, Pumpengehäuse und Laufräder in der chemischen Industrie, im Nahrungsmittel- und Textilbereich sowie im Bergbau bei der Kaligewinnung, also überall dort, wo aggressive Medien bei hoher Temperatur verarbeitet werden.

Bauteile aus Stahlguß sind erheblich teurer als aus Grau- und Temperguß. Dazu tragen bei:
- die erhöhten Ansprüche an Reinheit und Genauigkeit der Schmelzenzusammensetzung,
- die hohe Schmelztemperatur von etwa 1500 °C, die leistungsfähige Schmelzöfen und hochhitzebeständige Formen erfordert,
- die zur Ausbildung eines geeigneten Gefüges unumgängliche Wärmebehandlung der fertigen Gußstücke.

Hinzu kommen spezifische Eigenschaften der Stahlgußschmelze, die den Herstellungsprozeß ungünstig beeinflussen:
- Die Schmelze ist sehr zähflüssig und füllt die Form nur schlecht aus. Abhilfe ist nur durch starkes Überhitzen der Schmelze möglich. Bei Stahlgußteilen ist eine Mindestwanddicke von 5 mm erforderlich.
- Durch das große Schwindmaß von 2 % bis 2,5 % bei unlegiertem und von 3 % bei legiertem Stahlguß ist die Gefahr der Lunker- und Rißbildung (siehe S. 71) gegeben, der konstruktiv und gießtechnisch entgegengewirkt werden muß. Diese Maßnahmen schränken die freie Gestaltungsmöglichkeit von Stahlgußteilen ein.
- Bei höheren Ansprüchen an die Oberflächenbeschaffenheit müssen Stahlgußteile nachbearbeitet werden, weil infolge der besonders bei kohlenstoffarmen Stählen hoch liegenden Schmelztemperatur die Formstoffe leicht anschmelzen und an der Oberfläche des Gußteils haften bleiben.

Diese Gründe führen dazu, daß Stahlguß, soweit nicht hohe Ansprüche an Festigkeit und Verformbarkeit zwingend dagegen sprechen, durch das billigere Gußeisen und den beschränkt schmiedbaren Temperguß weitgehend ersetzt wird.

4.9.3 Gußeisen

Gußeisen hat über 2 % Kohlenstoffgehalt und ist ohne Nachbehandlung nicht schmiedbar. Die meisten Gußeisensorten enthalten 2 % bis 5 % Kohlenstoff, liegen also nahe bei der eutektischen Zusammensetzung des Fe-C-Systems. Entsprechend niedrig sind die Schmelztemperaturen von etwa 1250 °C bis 1150 °C. Die Schmelze ist dünnflüssig und zeichnet sich durch sehr gutes Formfüllungsvermögen aus. Das Schwindmaß von ungefähr 1 % ist gegenüber Stahlguß klein. Die Dichte von Gußeisen liegt zwischen 7,2 g/cm^3 bei dickwandigem und 7,4 g/cm^3 bei dünnwandigem Guß.

Infolge der naheutektischen Zusammensetzung hat Gußeisen ein feinkörniges Gefüge ohne bevorzugte Kornorientierung. Maßgebenden Einfluß auf die Art der bei der Erstarrung des Gußeisens entstehenden Kohlenstoffphasen haben die Begleitelemente Kohlenstoff und Silizium, die beide die Grafitausscheidung begünstigen.

4.9.3.1 Gußeisendiagramme

Auskunft über die Gefügeausbildung von Gußeisen in Abhängigkeit vom Kohlenstoff- und Siliziumgehalt gibt das **Maurer-Diagramm** (Bild 4.113).

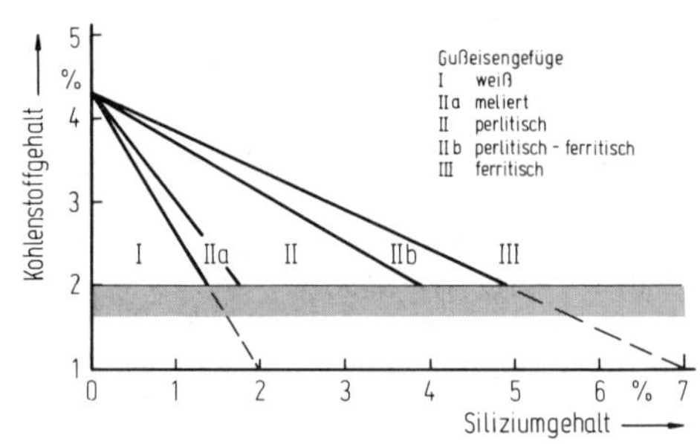

Bild 4.113 Gußeisendiagramm nach Maurer

Die Linien des Schaubilds münden auf der Kohlenstoffachse im eutektischen Punkt des Fe-C-Systems bei 4,3 % Kohlenstoff und unterteilen das Diagramm in drei Hauptfelder
- Feld I: weißes Gußeisen (Hartguß),
- Feld II: graues Gußeisen mit perlitischem Grundgefüge,
- Feld III: graues Gußeisen mit ferritischem Grundgefüge.

Die Übergangszonen weisen Gußeisensorten mit meliertem Gefüge (Gemisch aus weißem und grauem Gußeisen, Feld IIa) und Grauguß mit perlitisch-ferritischem Grundgefüge (Feld IIb) aus. Festigkeit und Härte des Gußeisens nehmen mit fallendem Kohlenstoff- und Siliziumgehalt zu. *Hochwertige* Gußeisensorten haben also eine Zusammensetzung, die jeweils dem linken unteren Bereich der betreffenden Felder entspricht. Die Aussagen des MAURER-Diagramms gelten allerdings nur für Proben mittleren Durchmessers (30 mm), die in trockene Formen vergossen werden, und lassen den Einfluß der Abkühlgeschwindigkeit unberücksichtigt.

Dicke Gußteile kühlen im Kern langsamer ab als an der Oberfläche. Die Abhängigkeit der Gefügeausbildung von Gußeisen von den Abkühlbedingungen und damit von der Wanddicke wird im Gußeisendiagramm nach GREINER-KLINGENSTEIN zusätzlich erfaßt (Bild 4.114).

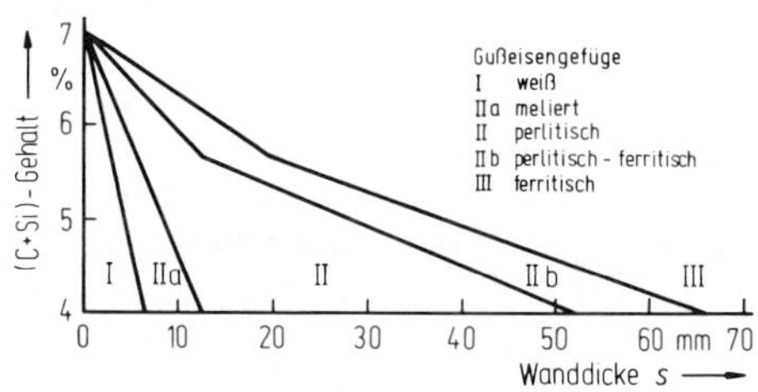

Bild 4.114 Gußeisendiagramm nach GREINER-KLINGENSTEIN

Da Kohlenstoff und Silizium gleichartig auf die Grafitausscheidung einwirken, ist in diesem Schaubild der Summengehalt von Kohlenstoff und Silizium über der Wanddicke aufgetragen. Die Feldbezeichnungen entsprechen denen des MAURER-Diagramms (Bild 4.113). Der Knickpunkt der oberen Begrenzungslinien deutet darauf hin, daß der Summengehalt von Kohlenstoff und Silizium unter etwa 5,5 % liegen sollte. Das Diagramm nach GREINER-KLINGENSTEIN gibt im Zusammenhang mit dem MAURER-Diagramm den besten Überblick über die Gefügeausbildung von Gußeisen.

4.9.3.2 Hartguß GH

Hartguß führt das Kurzzeichen GH. Er enthält bei etwas verringertem Kohlenstoffgehalt um 3 % nur wenig Silizium (0,5 % bis 1,5 %), dafür aber bis 1,2 % Mangan, das die Karbidbildung begünstigt. Wegen des hohen Zementitanteils im Gefüge ist weiß erstarrtes Gußeisen hart, daher verschleißfest und für Bauteile gut geeignet, die bei hohem Druck auf Reibung beansprucht werden, z. B. Sandstrahldüsen.

Die Anwendbarkeit ist allerdings durch die äußerst schwierige Bearbeitbarkeit stark eingeschränkt. Außerdem ist das spröde Gefüge sehr stoß- und schlagempfindlich und erreicht nicht die hohen Zugfestigkeitswerte von martensitischem Stahlguß. Im Maschinenbau werden daher Gußteile, die über den gesamten Querschnitt weiß erstarren (sogenannter *Vollhartguß*) nur wenig und dann fast ausschließlich im unbearbeiteten Gußzustand verwendet, z. B. für Gewichte.
Größere Bedeutung hat dagegen der **Schalenhartguß,** bei dem die Abkühlung so gesteuert wird, daß die Randschicht weiß (nach dem metastabilen System, siehe S. 137 ff.) erstarrt, im Kern jedoch wegen der verzögerten Abkühlung der Kohlenstoff zumindest teilweise als Grafit vorliegt. Die beschleunigte Abkühlung der Oberfläche kann erzwungen werden, indem Schreckplatten in die Form eingelegt werden, die einen raschen Wärmeentzug bewirken.
Derartige Gußteile weisen eine harte, verschleißfeste Oberfläche bei verbesserter Zähigkeit im Kern auf und können daher Stoß- und Schlagbeanspruchungen in höherem Maß auffangen. Walzen werden häufig als Schalenhartguß hergestellt. Weitere Anwendungsbeispiele sind: Eisenbahnräder, Stempel, Ziehringe und Verschleißplatten in Mahlanlagen, deren Vorderseite abriebfest, deren Rückseite jedoch wegen der Einpaßmöglichkeit bearbeitbar sein muß.

4.9.3.3 Gußeisen mit Lamellengrafit GG, GGL

Graues Gußeisen enthält 2,5 % bis 5 % Kohlenstoff und 0,8 % bis 3 % Silizium. Bei langsamer Abkühlung erstarrt eine Schmelze dieser Zusammensetzung überwiegend nach dem stabilen System, so daß es zur Ausscheidung festigkeitsmindernder Grafitbereiche im Grundgefüge kommt. Graues Gußeisen ist deshalb weniger fest, dafür aber auch etwas weniger schlagempfindlich als weißes Gußeisen.
Die mechanischen Eigenschaften hängen darüber hinaus noch stark von der Wanddicke der Gußteile ab. Dünne Gußstücke erstarren rasch, es wird wenig Grafit ausgeschieden, der zudem meistens fein im Gefüge verteilt ist. Gußstücke mit großen Gießquerschnitten kühlen naturgemäß langsamer ab. Durch die verbesserten Diffusionsbedingungen für den Kohlenstoff (längeres Verweilen bei hohen Temperaturen) ergibt sich eine erhöhte Grafitbildung, wobei sich der freie Kohlenstoff in groben Bereichen ansammelt. Neben Menge und Verteilung beeinflußt aber vor allem die geome-

trische Gestalt der Grafitausscheidungen die mechanischen Eigenschaften von grauem Gußeisen. Die Form der Grafiteinschlüsse kann lamellar oder globulitisch sein.
Gußeisen mit Lamellengrafit, kürzer auch **Grauguß** genannt, wird aus Roheisen, zum Teil zusammen mit Gußbruch, Stahlschrott und weiteren Zusätzen (z. B. Ferromangan), meist im Kupolofen erschmolzen, in Formen vergossen und im allgemeinen nicht nachbehandelt.
Grauguß ist in DIN 1691 genormt. Die Güteklasse kann entweder mit der

- Zugfestigkeit oder der
- Brinellhärte

angegeben werden.
Die Einteilung der *Festigkeitsklassen* geht von 100 N/mm^2 bis 350 N/mm^2 in Schritten von jeweils 50 N/mm^2. Die Bezeichnung erfolgt mit dem Symbol GG- und der angehängten Zugfestigkeitskennzahl (siehe S. 190), z. B. GG-30.
Die Festigkeit von Grauguß ist abhängig von der Dicke des gegossenen Querschnitts (Wanddicke). Deshalb sind bei der Ermittlung der Zugfestigkeit vorgegebene Randbedingungen genau einzuhalten. Erfahrungswerte für die Festigkeiten in Gußstücken zeigt Bild 4.115.
Die geringe Festigkeit von Grauguß erklärt sich aus dem heterogenen Gefügeaufbau. Der bei der Erstarrung ausgeschiedene Grafit ist in »stahlähnlicher« ferritischer oder perlitischer Grundmasse in Form mehr oder weniger grober Lamellen eingelagert, die im Schliffbild (Bild 4.116) als Adern erscheinen.

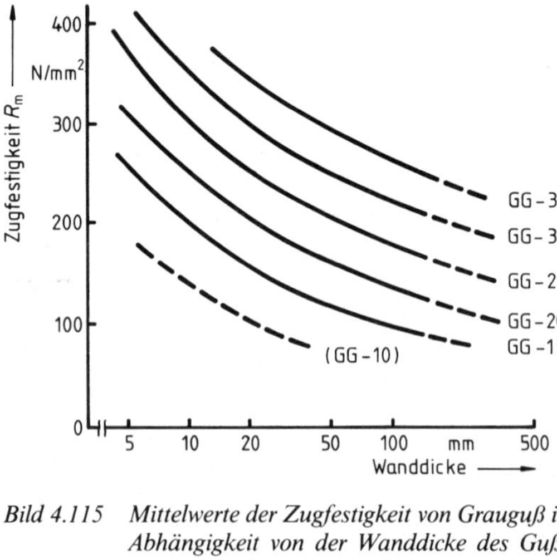

Bild 4.115 Mittelwerte der Zugfestigkeit von Grauguß in Abhängigkeit von der Wanddicke des Gußstückes (nach DIN 1691 Bbl. 1)

Ursache für die Wanddickenabhängigkeit der Festigkeit ist vor allem die geringere Abkühlgeschwindigkeit bei großer Wanddicke. Bei langsamer Abkühlung werden die Grafitlamellen größer und die Grundmasse wird eher ferritisch als perlitisch.
Die Festlegung der Güteklasse von Grauguß mit der *Brinellhärte* erfolgt vorzugsweise für Gußstükke, die auf Verschleiß beansprucht werden. In der Bezeichung wird an Stelle der Festigkeitskennzahl die Härte angegeben, z. B. GG-220 HB. Die Sorteneinteilung geht von GG-150 HB bis GG-260 HB, wobei die Sorten GG-170 HB bis GG-260 HB in etwa den Sorten GG-15 bis GG-35 entsprechen. Auch die Brinellhärte ist von der Wanddicke abhängig.

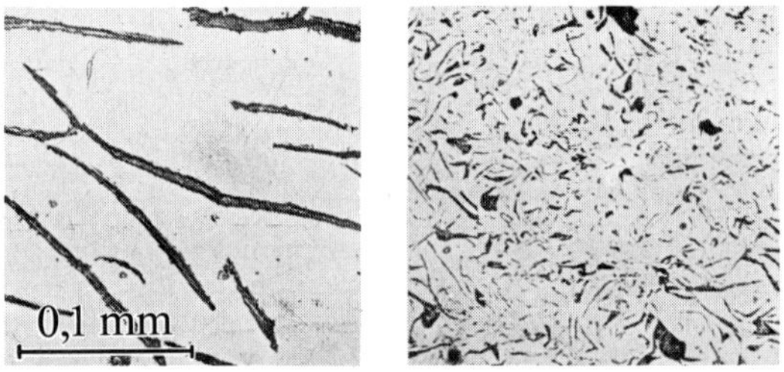

Bild 4.116 Grafitlamellen im Graugußgefüge

Die Grafitlamellen können nur kleine *Zugkräfte* übertragen und sind im Gefüge als innere Kerben anzusehen, die den tragenden Querschnitt schwächen und an deren Enden zusätzlich Spannungsspitzen auftreten. Die Zugfestigkeit wird durch die kombinierte Wirkung dieser Einflüsse stark herabgesetzt. Als Leichtbauwerkstoff ist Grauguß wegen seiner geringen Festigkeit daher nicht geeignet. Die Verformungsfähigkeit von Grauguß wird durch das heterogene Gefüge ebenfalls sehr beeinträchtigt, die Bruchdehnung liegt unter 1 %. Dagegen können die weitgehend inkompressiblen Grafitlamellen *Druckbelastungen* in höherem Maß aufnehmen. Die Druckfestigkeit von Grauguß liegt um den Faktor 3 bis 4,5 über der Zugfestigkeit.

Das gegenüber Zug und Druck stark unterschiedliche Verhalten von Grauguß prägt sich auch im Elastizitätsmodul aus. Der *Elastizitätsmodul* hängt sowohl von der Festigkeit der Graugußsorte als auch von Art und Höhe der Beanspruchung ab:

- Er ist um so größer, je höher die Festigkeit der Graugußsorte ist und liegt bei kleinen Spannungen, d. h. in der Nähe des Ursprungs im Spannung-Dehnung-Schaubild (sogenannter Ursprungsmodul), zwischen 70 000 N/mm² und 140 000 N/mm².

- Im Zugbereich wird der Elastizitätsmodul mit steigender Spannung zunehmend kleiner, weil die an den Enden der Grafitlamellen auftretenden Spannungsspitzen ein örtlich begrenztes Fließen hervorrufen.
- Im Druckbereich ist der Elastizitäsmodul weniger spannungsabhängig.

Das HOOKE*sche Gesetz gilt demnach bei Grauguß nicht.* Bild 4.117 gibt das mechanische Verhalten von Grauguß im Zug- und Druckbereich schematisch wieder.

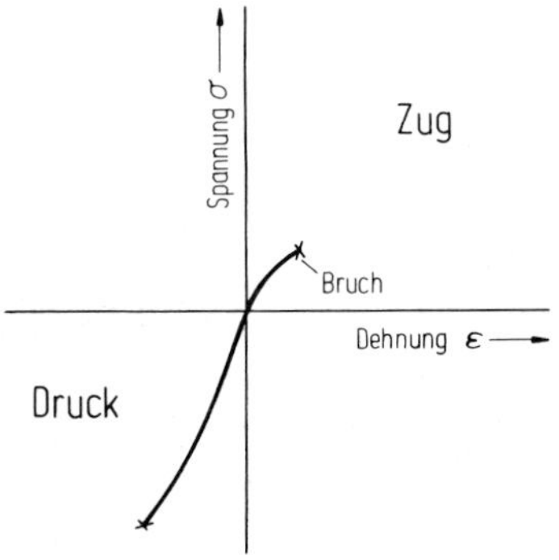

Bild 4.117 Spannung-Dehnung-Diagramm von Grauguß (schematisch)

Diesen negativen Einflüssen der Grafitlamellen auf Festigkeit und Verformungsfähigkeit stehen jedoch auch *positive* Eigenschaften des heterogenen Gefüges gegenüber, denen Grauguß weitgehend seine Bedeutung als Konstruktionswerkstoff verdankt.

Grauguß ist *kerbunempfindlich.* Die im Gefüge eingelagerten Grafitlamellen stellen innere Kerben dar, so daß zusätzliche, konstruktiv bedingte äußere Kerben sich nicht mehr so stark auswirken wie etwa beim homogeneren Stahlguß. Graugußteile weisen daher eine gute Gestaltfestigkeit bei schwingender Beanspruchung auf.

Darüber hinaus zeigt Grauguß ein hervorragendes *Dämpfungsverhalten.* Im Vergleich zu Stahlguß klingen im Grauguß Schwingungen in etwa ein Viertel der Zeit ab. Grauguß absorbiert in hohem Maß Schwingungsenergie, ohne daß es zu einer Ermüdung des Werkstoffs auch bei Dauerbeanspruchung kommt, solange die Belastung nicht die Festigkeit des Gefüges übersteigt. Wegen der guten Dämpfungseigenschaften und natürlich auch wegen des niedrigen Preises werden z. B. Fundamentplatten, Maschinenbetten, Getriebegehäuse und Zylinderblöcke oft aus Grauguß hergestellt.

Als Werkstoff für *Gleitpaarungen* ist Graugruß ebenfalls gut geeignet. Die Grafiteinschlüsse bewirken eine Selbstschmierung bei jeder Art von Reibbeanspruchung. Gleitlager aus Grauguß haben z. B. gute Notlaufeigenschaften, wenn es bei Versagen der Ölzufuhr zu metallischer Berührung zwischen Lagerschale und Zapfen kommt.

Auch die *Zerspanbarkeit* von Grauguß wird durch die reibmindernde Wirkung der Grafitlamellen günstig beeinflußt. Wegen des heterogenen Gefüges ergibt sich ein kurz brechender Span. Allgemein läßt sich Grauguß sehr gut spanabhebend bearbeiten. Mit zunehmendem Perlitanteil (Härtesteigerung) wird die Zerspanung allerdings schwieriger.

Grauguß kann wegen des hohen Kohlenstoffgehalts nur unter Schwierigkeiten geschweißt werden.

Begleit- und Legierungselemente beeinflussen die Eigenschaften von Grauguß grundsätzlich in gleicher Weise wie bei Stahl.

Die Eisenbegleiter Schwefel und Phosphor wirken sich bei Grauguß allerdings nicht so schädlich aus wie bei Stahl oder Stahlguß. Das besonders bei hochwertigem Grauguß reichlich vorhandene Mangan bindet Schwefel an sich. Die entstehenden Mangansulfideinschlüsse verursachen im ohnehin heterogenen Graugußgefüge keine weitere Verschlechterung der mechanischen Eigenschaften.

Phosphor fördert durch die Reaktion

$$Fe_3C + P \rightarrow Fe_3P + C$$

zunächst die Grafitbildung. Das *Eisenphosphid* Fe_3P bildet dann mit Eisen und Kohlenstoff ein ternäres Eutektikum, das *Steadit,* das erst bei etwa 950 °C erstarrt. Die phosphorhaltige Schmelze ist sehr dünnflüssig und deshalb für dünnwandige Teile, z. B. für Heizkörper, besonders geeignet. Die bei der Erstarrung entstehende Phosphidphase ist hart und spröde. Sie bewirkt eine Steigerung der Härte und Verschleißfestigkeit mit zunehmendem Phosphorgehalt, erschwert aber gleichzeitig die weitere Bearbeitung. Bild 4.118 zeigt ein Graugußgefüge mit Phosphideutektikum (hell), Perlit und eingelagerten Grafitlamellen.

Solange die Phosphidphase im Gefüge fein ver-

Bild 4.118 Grauguß mit Phosphideutektikum, Perlit und Grafitlamellen

teilt bleibt, steigt auch die Zugfestigkeit mit dem Phosphorgehalt. Bei Anteilen über 0,3 % bis 0,4 % P bilden die eutektischen Phosphideinschlüsse ein zusammenhängendes *Netzwerk* im Graugußgefüge, das einen Abfall der Zugfestigkeit und der Kerbschlagzähigkeit zur Folge hat. Der Phosphorgehalt wird daher auch bei Zier- und Kunstguß (möglichst dünnflüssige Schmelze) unter 1,3 % gehalten. Bei hoch beanspruchten Teilen sollte er 0,5 % nicht überschreiten.

Grauguß weist aufgrund seines Siliziumgehalts eine gute *Witterungsbeständigkeit* auf, die mit wachsendem Siliziumanteil weiter verbessert wird. An der Oberfläche bilden sich beständige Silikate und Oxide. Die Gußhaut sollte daher nach Möglichkeit nicht abgearbeitet werden. Hochsäurebeständig, z. B. gegen heiße Schwefel- und heiße Salpetersäure, ist Grauguß mit 18 % Si, kann allerdings wegen der außerordentlich hohen Härte dann nur noch durch Schleifen bearbeitet werden.

Grauguß ist bis zu Temperaturen von etwa 400 °C warmfest. Bild 4.119 zeigt den Verlauf der Zugfestigkeit verschiedener Graugußsorten über der Temperatur.

Bei Temperaturen über 400 °C tritt vor allem bei längeren Glühzeiten ein Zerfall der im Gefüge vorhandenen Zementitphase ein:

$$Fe_3C \rightarrow 3\,Fe + C.$$

Das Volumen des freien Kohlenstoffs ist etwa dreimal so groß wie das Volumen des im Zementit gebundenen. Beim Zerfall des Zementits vergrößert sich das Volumen der Gußteile, wodurch das Gefüge aufgelockert wird. In das so aufgelockerte Gefüge diffundiert Sauerstoff längs der Oberfläche der Grafitlamellen ein und verzundert bei Temperaturen oberhalb etwa 550 °C die Eisen-

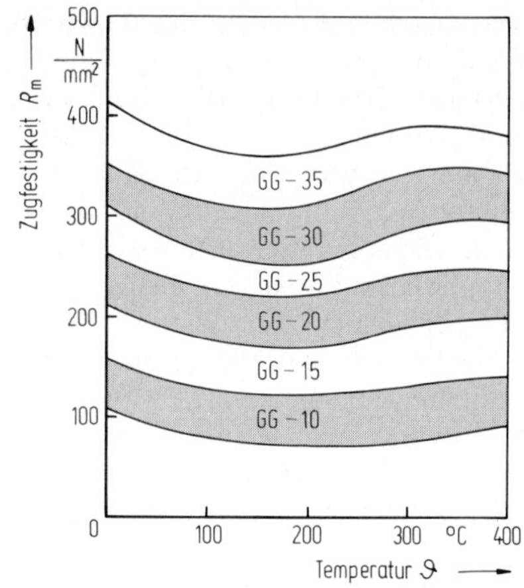

Bild 4.119 Warmverhalten von Grauguß

und Siliziumphasen im Innern des Gefüges. Mit dieser Verzunderung ist eine *Versprödung* und weitere Volumenvergrößerung verbunden, die auch als *Wachsen* bezeichnet wird und in ungünstigen Fällen bis zu 8 % des ursprünglichen Volumens ausmachen kann. Das Wachsen von Grauguß wird durch Silizium stark, durch Kohlenstoff weniger begünstigt. Mangan als ein die Karbidbildung förderndes Element wirkt der Volumenvergrößerung entgegen. Ein dichtes Gefüge mit fein verteiltem Grafit, z. B. perlitischer Grauguß, ist unempfindlicher gegen die Wachstumsreaktion als groblamellarer Grauguß.

Die Versprödung durch das Wachsen wirkt sich sehr nachteilig auf wärmebeanspruchte Graugußteile, z. B. Kolbenringe und Zylinderköpfe von Verbrennungsmotoren, aus. Durch Zulegieren von Chrom (karbidbildend) und Aluminium (sauerstoffbindend) erhält man Graugußqualitäten, die bis 1000 °C *hitzebeständig* sind.

Sehr gute Warmfestigkeit und zugleich stark erhöhte Korrosionsbeständigkeit gegen Alkalien, verdünnte Säuren, Seewasser und Salzlösungen zeigt das in DIN 1694 genormte hochlegierte **austenitische Gußeisen** mit dem Hauptlegierungselement Nickel (bis 36 %) und Zusätzen bis jeweis höchstens 7,5 % Silizium, Mangan, Chrom und Kupfer. Der Kohlenstoffgehalt ist mit 2,2 % bis maximal 3 % gegenüber ferritischem und perlititschem Grauguß niedrig. Verwendet werden die *warmfesten* und *hitzebeständigen* austenitischen Qualitäten z. B. für Pumpen, Ventile, Laufbuchsen, Abgasleitungen und Ofenbauteile. Die korrosionsfesten Sorten werden in der Nah-

rungsmittel-, Kunstseide- und Kunststoffindustrie für Leitungen und Kessel eingesetzt.
Austenitisches Gußeisen mit etwa 35 % Ni hat einen extrem *niedrigen Wärmeausdehnungskoeffizienten* von ungefähr $5 \cdot 10^{-6}\ K^{-1}$ im Bereich von 20 °C bis 200 °C. Es ist besonders für maßhaltige Teile von Werkzeugmaschinen, wissenschaftlichen Instrumenten oder für Preßformen bei der Glas- und Kunststofferzeugung geeignet, bei denen sich Maßänderungen durch Wärmeausdehnung während der Verarbeitung schädlich auswirken.
Wärmebehandlungen zur Verbesserung der mechanischen Eigenschaften werden bei gewöhnlichem Maschinenguß *fast nie* angewendet. Grundsätzlich ist Grauguß bei genügend hohem Perlitanteil im Gefüge härtbar. Dabei wird die stahlähnliche Grundmasse zwar durchgehärtet, wegen der weichen Grafitlamellen wird jedoch die Härte eines Stahls eutektoider Zusammensetzung bei weitem nicht erreicht. Außerdem ist das lamellare Graugußgefüge nur sehr bedingt in der Lage, die sowohl beim Erwärmen auf als auch beim Abschrecken von der Härtetemperatur auftretenden Wärmespannungen aufzunehmen.
Festigkeits- und härtesteigernde Maßnahmen zielen beim Grauguß daher mehr auf eine feinere Verteilung und eine geometrisch günstigere Form der Grafitausscheidungen im Grundgefüge ab. Die größte Bedeutung hat dabei die Entwicklung von Grauguß mit kugelförmigem Grafit erlangt.

4.9.3.4 Gußeisen mit Kugelgrafit GGG

Gußeisen mit Kugelgrafit, auch *sphärolitischer Guß* oder kurz Sphäroguß® genannt, ist in DIN 1693 genormt und wird durch das Zeichen GGG kenntlich gemacht. Gußeisen mit Kugelgrafit wird wie Stahlguß und Grauguß in Festigkeitsklassen eingeteilt, wobei die Zugfestigkeitswerte zwischen 400 N/mm² und 800 N/mm² liegen. Die Bezeichnung besteht aus dem Werkstoffkurzzeichen und der Zugfestigkeitskennzahl, z. B. GGG-70.
Gußeisen mit Kugelgrafit wird aus Sonderroheisen und Stahlschrott im Kupolofen erschmolzen und im Elektroofen verfeinert. Die Legierungen enthalten 3,2 % bis 3,8 % C, 2,4 % bis 2,8 % Si, weniger als 0,5 % Mn und müssen besonders rein sein. Damit sich der Grafit globulitisch ausbildet, sind besondere *Verfahren* entwickelt worden, bei denen der Schmelze etwa 0,5 % Ce oder ungefähr 0,5 % Mg (billiger) und zur Keimbildung zusätzlich Ferrosilizium zugesetzt werden. Bild 4.120

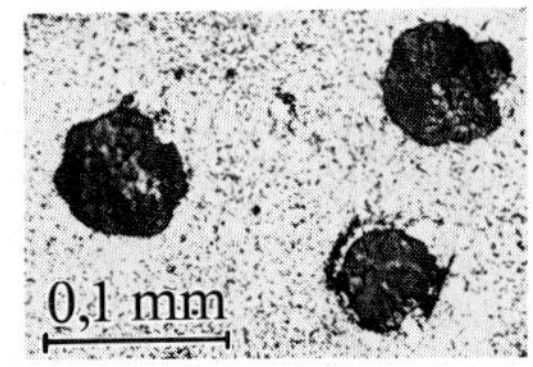

Bild 4.120 Grafitausbildung bei Gußeisen mit Kugelgrafit

zeigt die durch diese Behandlung erzielte kugelförmige Ausscheidung des freien Grafits.
Bei gleichem Rauminhalt hat die Kugel gegenüber anderen geometrischen Formen das günstigste, d. h. kleinste Verhältnis von Oberfläche zu Volumen. Daher ist der *tragende Querschnitt* des stahlähnlichen Grundgefüges bei Gußeisen mit Kugelgrafit größer als bei Grauguß mit lamellar ausgebildetem Grafit. Die globulitische Form des eingelagerten Grafits wirkt sich bei äußerer Beanspruchung günstig auf die *Spannungsverteilung* im Innern des Gußstückes aus. Bild 4.121 zeigt in einer schematischen Gegenüberstellung den von der Grafitausbildung abhängigen Verlauf von Spannungslinien bei Grauguß mit Lamellengrafit und Grauguß mit Kugelgrafit.

Insgesamt ist die innere Kerbwirkung durch die Grafiteinschlüsse bei globulitischem Grauguß gegenüber Grauguß mit Lamellengrafit stark verringert. Das *Dämpfungsvermögen* von GGG ist

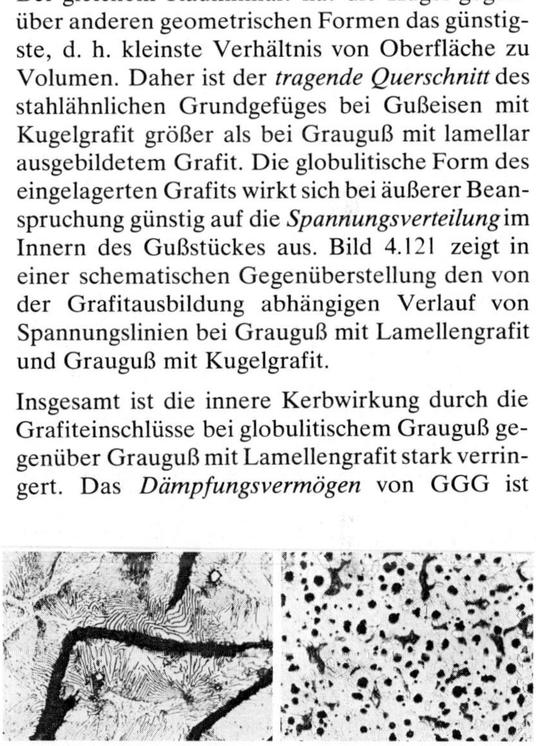

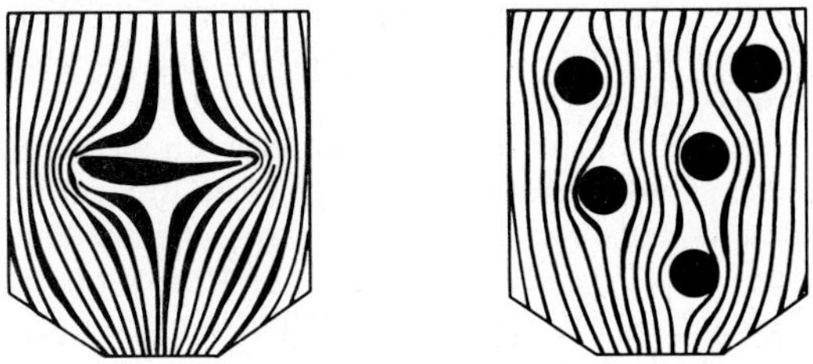

Bild 4.121 Verlauf von Spannungslinien in Abhängigkeit von der Grafitausbildung (schematisch)
a) Grauguß mit lamellarem Grafit
b) Grauguß mit globularem Grafit

allerdings um den Faktor 2 niedriger als bei lamellarem Grauguß.

Als Folge der geometrisch günstigen Ausbildung der Grafitbereiche im Gefüge zeichnet sich Gußeisen mit Kugelgrafit durch gute *Gestaltfestigkeit,* hohe *Zugfestigkeit* bis 1200 N/mm^2 und große Bruchdehnung bis 20 % aus. Im Spannung-Dehnung-Diagramm zeigt globulitisches Gußeisen einen ausgeprägten HOOKEschen Bereich. Der *Elastizitätsmodul* erreicht abhängig von der Festigkeit Werte bis 180 000 N/mm^2.

Gußeisen mit Kugelgrafit ist *warm-* und begrenzt *kaltumformbar* und erträgt neben Schwing- und Biegebeanspruchungen auch Stoßbelastungen. Es ersetzt in Anwendungsbereichen, in denen hohe Festigkeit bei gleichzeitig guter Zähigkeit gefordert werden, vielfach Temper- oder sogar Stahlguß.

GGG läßt sich gut zerspanen, wobei zusammenhängende Fließspäne entstehen. Bei Beachtung der wegen des hohen Kohlenstoffgehaltes notwendigen Vorsichtsmaßnahmen kann Gußeisen mit Kugelgrafit geschweißt werden.

Verschleißfestigkeit, Korrosionswiderstand und *Zunderbeständigkeit* sind besser als bei Grauguß. Wegen der relativ kleinen Oberfläche der sphärolitischen Grafitbereiche neigt Gußeisen mit Kugelgrafit kaum zur Volumenvergrößerung (Wachsen) bei erhöhten Temperaturen.

Die mechanischen Eigenschaften können durch *Wärmebehandlung* zum Teil noch erheblich verbessert werden. Beim *Weichglühen* zerfällt die Zementitphase des Gefüges, der frei werdende Kohlenstoff lagert sich dabei an die bereits vorhandenen Sphärolite an. Es entsteht ein besser bearbeitbares Gefüge mit erhöhter Verformungsfähigkeit, aber geringerer Festigkeit. Durch *Vergüten* wird die im Gußzustand vorliegende perlitische Matrix umgewandelt, so daß Kugelgrafit in einem Vergütungsgefüge hoher Festigkeit und guter Zähigkeit eingebettet ist. Durch eine Wärmebehandlung steigen allerdings die Herstellungskosten an.

Die ebenfalls in DIN 1694 genormten **austenitischen Gußeisensorten mit Kugelgrafit** weisen eine den lamellaren Qualitäten entsprechende Erosions-, Wärmeschock-, Hitze- und Korrosionsbeständigkeit bei erheblich erhöhter mechanischer Belastbarkeit auf.

Gußeisen mit Kugelgrafit wird für kleine und große Gußstücke verwendet. Beispiele sind: Kurbelwellen, Kolben, Ventile, Ofenklappen, kalt biegbare Rohre, Gesenke und Walzen.

4.9.4 Temperguß

Temperguß, manchmal auch »schmiedbarer« Guß genannt, ist in DIN 1692 genormt. Danach versteht man unter Temperguß eine Fe-C-Legierung, die in ihrem Kohlenstoff- und Siliziumgehalt so eingestellt ist, daß die Gußstücke grafitfrei erstarren, der Kohlenstoff also vollständig im Zementit gebunden ist.

Dieser **Temperrohguß** wird wegen der durch den relativ niedrigen Kohlenstoffgehalt bedingten hohen Schmelztemperatur (1300 °C bis 1450 °C, je nach Kohlenstoffanteil) meist im Elektroofen erschmolzen. Die Schmelze ist dünnflüssig, besitzt also gutes Formfüllungsvermögen. Das Schwindmaß liegt zwischen 1 % und 2 %. Die Dichte beträgt etwa 7,4 g/cm^3. Die Gußstücke weisen eine saubere Oberfläche auf. Die größte gießbare Wanddicke wird von der Forderung bestimmt, daß das Gefüge auch im Kern grafitfrei erstarren muß, und beträgt im Normalfall ungefähr 40 mm. Aus dem gleichen Grund sind die Gußteilmassen bei Temperguß im Vergleich zu Grauguß oder Stahlguß begrenzt. Die Hauptmenge der Tempergußteile entfällt auf Stückmassen bis 1 kg. Damit bei der nachfolgenden Wärmebehandlung eine möglichst gleichmäßige Gefügeausbildung erreicht wird, sind für die Gußstücke gleichbleibende Wanddicken vorzusehen.

Seine charakteristischen Eigenschaften erhält Temperguß erst durch eine *Tempern* genannte Glühbehandlung. Dabei bestimmen die Zusammensetzung des Rohgusses sowie die Umgebungsatmosphäre und die Temperaturführung beim Glühvorgang den Gefügeaufbau von Temperguß, der hinsichtlich der Festigkeit und der Verformungsfähigkeit eine Mittelstellung zwischen Grauguß und Stahlguß einnimmt. Nach dem Bruchaussehen der getemperten Teile werden weißer und schwarzer Temperguß unterschieden.

4.9.4.1 Weißer Temperguß GTW

Temperrohguß mit 2,8 % bis 3,4 % C und 0,8 % bis 0,4 % Si (die Summe von Kohlenstoff und Silizium soll 3,8 % nicht überschreiten) wird bei etwa 1000 °C in schwach *oxidierender Atmosphäre* geglüht. Dazu werden die Gußteile entweder zusammen mit sauerstoffabgebenden Mitteln, z. B. Fe_2O_3, in Tempertöpfen eingesetzt oder in gasdichten Öfen mit geregelter Atmosphäre (Gemisch aus Kohlenmonoxid und Kohlendioxid mit Luft/Wasserdampf-Zufuhr zur Regulierung) getempert. Durch die Einwirkung des Sauerstoffs zerfällt zunächst der Zementit in der Randschicht:

$$Fe_3C + O_2 \rightarrow 3\,Fe + CO_2.$$

Bei Fortdauer des Glühvorgangs findet über die Reaktion

$$CO_2 + C \rightarrow 2\,CO$$

eine Entkohlung des Temperrohgusses statt. Die Entkohlungstiefe hängt von der Glühdauer ab, die je nach Dicke der Gußteile 2 bis 6 Tage beträgt. Die entkohlte Schicht erreicht im allgemeinen

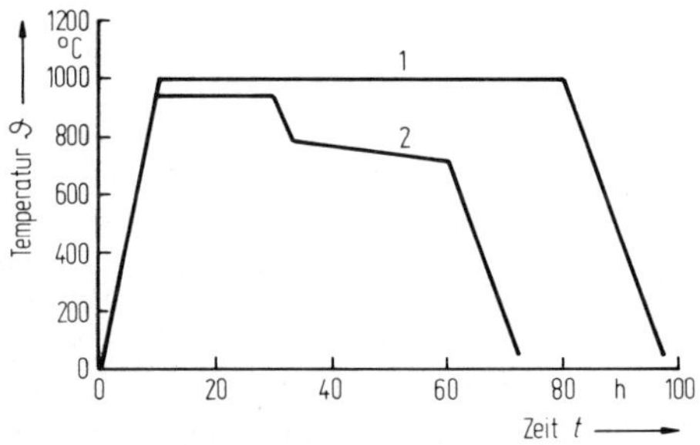

Bild 4.122 *Temperaturführung beim Tempern (schematisch)*
1: weißer Temperguß
2: schwarzer Temperguß

eine Dicke von höchstens 7 mm. Bild 4.122 zeigt den Verlauf der Glühtemperatur über der Glühzeit für weißen und schwarzen Temperguß.

Dünne Gußstücke mit Wanddicken unter 5 mm weisen daher über den ganzen Querschnitt ein ferritisches Gefüge auf. Bei großen Wanddicken (über 10 mm) besteht nur die Randschicht aus Ferrit, während der Kern mehr oder weniger perlitisch, durchsetzt mit in Nestern zusammengeballter Temperkohle, ist. Dazwischen liegt ein Übergangsgefüge aus Ferrit, Perlit und Temperkohle. Bei *dicken* Gußteilen ist das Gefüge also über den Querschnitt unterschiedlich ausgebildet. Damit werden auch die *Festigkeitseigenschaften* von entkohlend geglühtem Temperguß *wanddickenabhängig.*

Hinweise auf die wanddickenabhängige Gefügeausbildung von GTW erhält man durch eine mit dem Gußstück zusammen getemperte keilförmige Probe (Bild 4.123).

Nach DIN 1692 erhält weißer Temperguß das Kurzzeichen GTW und wird nach der an Probestäben mit 12 mm Durchmesser ermittelten Zugfestigkeit in 4 Güteklassen eingeteilt (GTW-35-04 bis GTW-45-07). Der Kennzeichnung ist neben

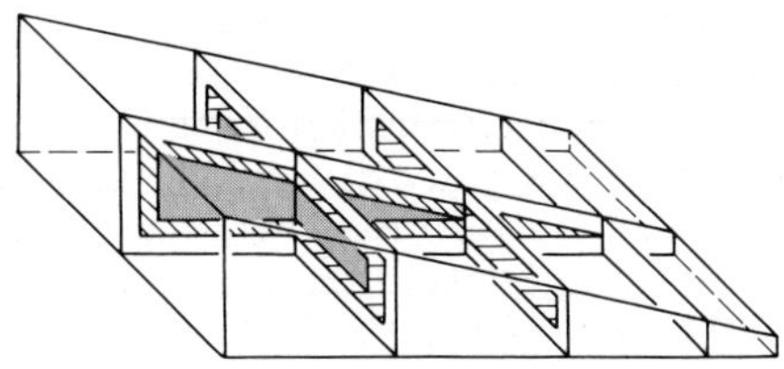

Bild 4.123 *Keilprobe zur Ermittlung der wanddickenabhängigen Gefügeausbildung von weißem Temperguß nach DIN 1692 (schematisch)*

Kernzone *Perlit + (Ferrit) + Temperkohle*
Übergangszone *Perlit + Ferrit + Temperkohle*
Randzone *Ferrit*

der *Zugfestigkeit* (1. Zahl, angegeben in 1/10 des in N/mm² ermittelten Wertes) auch der Zahlenwert der Bruchdehnung zu entnehmen (2. Zahl, angegeben in Prozent). Der Wanddickeneinfluß

Tab. 4.22: Zugfestigkeit und Bruchdehung von GTW-45-07 in Abhängigkeit vom Probendurchmesser

d_0	in mm	9	12	15
R_m	in N/mm^2	400	450	480
A_3	in %	12	7	5

wird nach DIN 1692 an Probestäben mit Durchmessern von 9, 12 und 15 mm ermittelt. Tabelle 4.22 gibt als Beispiel die Zahlenwerte für die Zugfestigkeit und die Bruchdehnung ($L_0 = 3d_0$) in Abhängigkeit vom Probendurchmesser für GTW-45-07 wieder.

Sonderqualitäten von GTW mit verringertem Kohlenstoffgehalt lassen sich ohne thermische Vorbehandlung der Fügeflächen schweißen. Sie weisen gleichzeitig eine erhöhte Bruchdehnung auf. Diese Qualitäten sind in einer Güteklasse zusammengefaßt, wobei auf die Schweißeignung durch ein dem Zahlenwert der Zugfestigkeit vorangestelltes S in der Kennzeichnung (GTW-S 38-12) besonders hingewiesen wird. Hart- und Weichlöten ist bei allen Tempergußsorten möglich.

Die Zerspanbarkeit von GTW ist bei dicken Teilen wegen des Perlitanteils schwieriger als bei dünnen, kann aber durch Weichglühen verbessert werden.

Weißer Temperguß wird vorwiegend für dünnwandige Teile verwendet. Beispiele sind: Schlüssel, Beschlagteile, Rohrverbinder (Fittings), Ketten, Hebel, Schraubzwingen, Muffen und Bremstrommeln.

4.9.4.2 Schwarzer Temperguß GTS

Zur Herstellung von schwarzem Temperguß wird Temperrohguß, der gegenüber Rohguß für GTW im Mittel 0,4 % weniger Kohlenstoff, dafür aber 0,5 % bis 0,6 % mehr Silizium enthält, in *neutraler Atmosphäre* geglüht. Früher wurden die Gußstücke in Tempertöpfen mit Quarzsand oder Graugußspänen abgedeckt und geglüht. Bei moderneren Verfahren wird der Rohguß unter Schutzgas, z. B. Stickstoff, in gasdichten Öfen getempert.

Die Gefügeumwandlung findet in zwei Stufen statt. In der ersten Glühstufe zerfällt bei etwa 950 °C der im Ledeburit eingelagerte Zementit in Austenit und Temperkohle. Durch langsames Absenken der Glühtemperatur um einige Grad pro Stunde im Bereich zwischen 800 °C und 700 °C zerfällt in der zweiten Glühstufe der Austenit weiter zu Ferrit und Temperkohle. Die Glühdauer beträgt mehrere Tage, ist im allgemeinen wegen des höheren die Grafitausscheidung begünstigenden Siliziumgehalts jedoch kürzer als bei GTW (Bild 4.122, Kurve 2).

Im Endzustand liegt bei GTS im Gegensatz zu GTW über den gesamten Querschnitt des Gußteils ein *gleichmäßiges Gefüge* aus Ferrit mit eingelagerter, flockig ausgebildeter Temperkohle vor. Die *mechanischen Eigenschaften* von nicht entkohlend geglühtem Temperguß sind daher *unabhängig von der Wanddicke.* Bild 4.124 zeigt den Gefügeaufbau von schwarzem Temperguß.

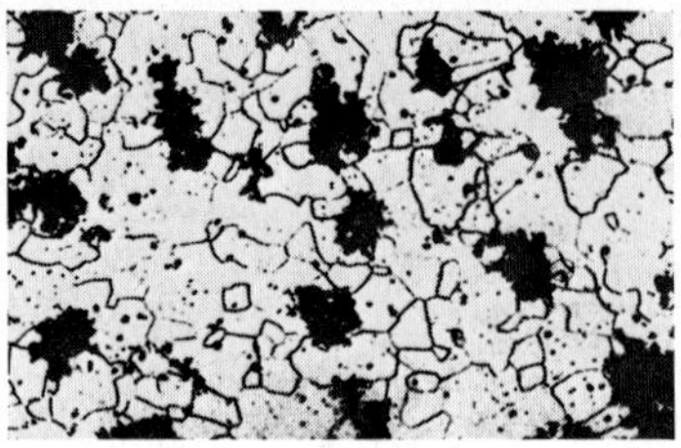

Bild 4.124 Gefügeausbildung von schwarzem Temperguß

Höhere Festigkeiten werden erzielt, wenn durch eine entsprechende Steuerung des Glüh- und Abkühlprozesses (schnelleres Abkühlen in der zweiten Glühstufe) anstelle von Ferrit und Temperkohle streifiger Perlit mit größerer Zähigkeit und verbesserter Verschleißfestigkeit ausgebildet wird. Durch Luft- oder Ölvergüten können die Festigkeitswerte dann noch weiter gesteigert werden.

Nach DIN 1692 erhält schwarzer Temperguß das Zeichen GTS, an das wieder der Zahlenwert der Zugfestigkeit (1/10 des in N/mm^2 ermittelten Wertes) und der Zahlenwert der Bruchdehnung (in Prozent) angefügt wird. Unterschieden werden 5 Güteklassen von GTS-35-10 bis GTS-70-02, wobei die höchste Güteklasse ein mit Temperkohle durchsetztes Vergütungsgefüge aufweist. Die Werte für die Bruchdehnung gehen von 12% auf 2% mit steigender Festigkeit zurück.

Durch geringfügige Magnesiumzusätze kann auch bei GTS eine kugelige Grafitausbildung erreicht werden, so daß die günstigen Eigenschaften von GGG und GTS kombiniert auftreten.

GTS ist wegen des höheren Kohlenstoffgehalts nur sehr bedingt schweißbar. Weichlöten ist dagegen ohne Schwierigkeiten möglich. GTS ist leichter zerspanbar als GTW, bei perlitischem Grundgefüge allerdings schwieriger als bei ferritischem.

GTS kann gehärtet und vergütet werden, das Abschrecken erfolgt dabei oft direkt nach dem Tempern. Durch Flamm- und Induktionshärtung können verschleißfeste Oberflächen bei zähem Kern erzeugt werden. Perlitischer GTS wird manchmal zur besseren Bearbeitbarkeit weichgeglüht, wobei der streifige Perlit körnig eingeformt wird.

GTS wird bevorzugt für dickwandige Bauteile verwendet, die weiter spanend bearbeitet werden. Er wird aber auch dann eingesetzt, wenn Verschleißwiderstand kombiniert mit guter Zähigkeit gefordert werden, z. B. bei Triebwerksteilen, Kolben, Transportkettengliedern und Zahnrädern.

Ergänzende und weiterführende Literatur

Bickel E.: Die metallischen Werkstoffe des Maschinenbaues, 4. Auflage, Springer-Verlag, Berlin, 1964

Eckstein, H.-J.: Wärmebehandlung von Stahl, VEB Deutscher Verlag für Grundstoffindustrie, Leipzig

Gußeisenhandbuch, Gießerei-Verlag, Düsseldorf

Guy, A. G.: Metallkunde für Ingenieure, 4. Auflage, bearbeitet von G. Petzow, Akademische Verlagsgesellschaft, Frankfurt/Main, 1983

Hornbogen, E.: Werkstoffe, 3. Auflage, Springer-Verlag, Berlin, 1983

Houdremont, E.: Handbuch der Sonderstahlkunde, 3. Auflage, Springer-Verlag, Berlin, 1956

Piwowarsky, E.: Hochwertiges Gußeisen, Springer-Verlag, Berlin

Rapatz, F.: Die Edelstähle, 5. Auflage, Springer-Verlag, Berlin, 1962

Röhrig/Wolters: Legiertes Gußeisen, Gießerei-Verlag, Düsseldorf, 1970

Roesch/Zeuner/Zimmermann: Stahlguß, 2. Auflage, Verlag Stahleisen, Düsseldorf, 1982

Schatt, W. (Hrsg).: Einführung in die Werkstoffwissenschaft, VEB Deutscher Verlag für Grundstoffindustrie, Leipzig, 1972

Schumann, H.: Metallographie, 11. Auflage, VEB Deutscher Verlag für Grundstoffindustrie, Leipzig, 1983

Spur/Stöferle: Handbuch der Fertigungstechnik, Band 1: Urformen, Hanser-Verlag, München, 1981

Stüdemann, H.: Wärmebehandlung von Stahl, Gußeisen und Nichteisenmetallen, 2. Auflage, Hanser-Verlag, München, 1967

Wever F., Rose, A., Peter, W., Straßburg, W., Rademacher, U. L.: Atlas zur Wärmebehandlung der Stähle, Verlag Stahleisen, Düsseldorf, 1954 ... 1976

Werkstoff-Handbuch Stahl und Eisen, Hrsg. Verein Deutscher Eisenhüttenleute, Verlag Stahleisen, Düsseldorf

Werkstoffkunde Stahl, Band 1: Grundlagen, 1984, Band 2: Anwendung, 1985, Hrsg. Verein Deutscher Eisenhüttenleute, Springer-Verlag, Berlin; Verlag Stahleisen, Düsseldorf

Wirtz, H.: Verhalten der Stähle beim Schweißen, Band I: Grundlagen, 3. Auflage, 1980, Band II: Anwendung, 2. Auflage, 1977, Deutscher Verlag für Schweißtechnik (DVS) GmbH, Düsseldorf

5 Nichteisenmetalle

Die Nichteisenmetalle stehen in ihrer *technischen und wirtschaftlichen Bedeutung* dem Eisen und Stahl in keiner Weise nach. Der Verbrauch an Kupfer, Aluminium, Blei, Zink, Nickel und Zinn – um die wichtigsten zu nennen – beträgt in der Bundesrepublik Deutschland jährlich rd. 3 Millionen Tonnen im Vergleich zu rd. 40 Millionen Tonnen Eisen und Stahl. Dabei übersteigt der Metallwert pro kg eines jeden dieser Metalle den des Eisens um ein Vielfaches (Bild 5.1).

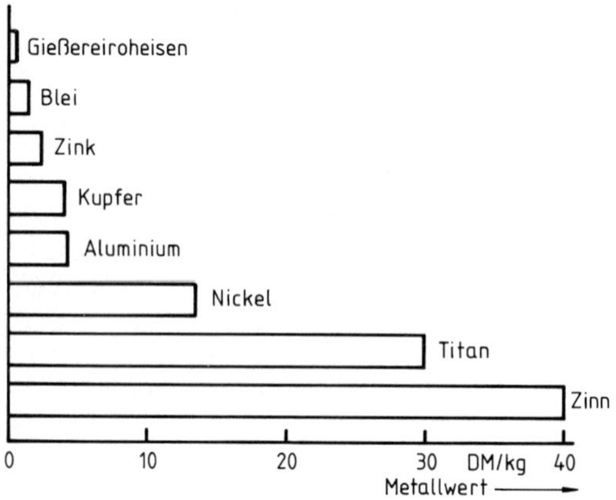

Bild 5.1 Metallwert wichtiger Gebrauchsmetalle, Blöcke bzw. Masseln (Stand Frühjahr 1987)

Die Verwendung der einzelnen Nichteisenmetalle ist sehr spezialisiert. Beispielsweise ist der Verbrauch von Kupfer mit der Elektrotechnik eng verknüpft, der von Aluminium mit der Luftfahrt und dem Leichtbau, Nickel wird als Basis korrosionsbeständiger und warmfester Legierungen verwendet, Blei ist aus Starterbatterien in der Automobiltechnik nicht fortzudenken, Zink spielt im Korrosionsschutz von Eisen eine besondere Rolle, und die Hälfte des Zinns wird in Form von Weißblech für die Konservierung von Lebensmitteln verbraucht. Diese *Nutzung spezifischer Eigenschaften* sichert den einzelnen Nichteisenmetallen Schlüsselpositionen, aus denen sie durch andere Stoffe nur schwer zu verdrängen sind. Das ist auch der Grund dafür, daß Wirtschaft und Technik die z. T. erheblichen Preisschwankungen wichtiger NE-Metalle über Jahrzehnte hingenommen haben und hinnehmen werden, solange sie durch andere Stoffe nicht zu ersetzen sind.

An Bemühungen, teure NE-Metalle durch andere Stoffe zu ersetzen, hat es bislang nicht gefehlt. Ihr hoher Preis und die wiederholt aufgetretenen Versorgungsengpässe einzelner Metalle bilden einen steten Anreiz für immer wieder neue Ansätze in dieser Richtung.

5.1 Normgerechte Bezeichnung der Nichteisenmetalle

Zur eindeutigen Kennzeichnung der Werkstoffe dienen wahlweise Kurzzeichen oder Werkstoffnummern. Beide Kennzeichnungen können ergänzt werden durch besondere Zeichen oder Anhängezahlen für Herstellungsart, Festigkeitszustand oder vorgesehene Verwendung.

5.1.1 Kurzzeichen (DIN 1700)

Kurzzeichen für Metalle und Legierungen sind aufgebaut durch:

- Kennbuchstaben für Herstellung oder Verwendung,
- Kennzeichen für die chemische Zusammensetzung,
- Kurzzeichen für Werkstoffzustände, z. B. Zugfestigkeit etc.

Für Herstellung und Verwendung stehen:

G-	=	Guß (allgemein),
GD-	=	Druckguß,
GK-	=	Kokillenguß,
GZ-	=	Schleuder-(»Zentrifugal«-)Guß,
V-	=	Vor- und Verschnittlegierung,
Gl-	=	Gleit-(Lager-)metall,
L-	=	Lot,
S-	=	Schweißzusatzwerkstoff.

Unlegierte Metalle werden durch Angabe des chemischen Symbols und des Gehaltes gekennzeichnet, z. B.:

Pb99,99 = Feinblei mit mind. 99,99 % Pb,
Pb98,5 = Umschmelzblei mit max. 1,5 % Beimengungen,

Legierungen durch die aufeinanderfolgenden chemischen Symbole für Haupt- und Nebenbestandteile, z. B.:

CuZn = Kupfer-Zink-Legierung (Messing).

Legierungsnamen können von der aus der chemischen Zusammensetzung gebildeten Legierungsbezeichnung abweichen, z. B. »Messing« anstatt »Kupfer-Zink-Legierung«. Zur näheren Kennzeichnung wird der Gehalt des Legierungsbestandteiles seinem chemischen Symbol ohne Zwischenraum angefügt:

z. B. CuCd1 = Kupfer-Kadmium-Legierung mit rd. 1 % Cd (vgl. DIN 17 666).

Bei den Legierungsgehalten können auch die Dezimalstellen nach dem Komma genannt werden, wenn diese zur eindeutigen Kennzeichnung erforderlich sind:

z. B. CuCd0,5 = Kupfer-Kadmium-Legierung mit rd. 0,5 % Cd (vgl. DIN 17 666).

Für Legierungsgehalte unter 1 % wird das chemische Symbol nachgestellt:

z. B. AlMg3Si = Aluminium-Magnesium-Legierung mit mittlerem Gehalt von 3 % Mg und Silizium-Zusatz.

Legierungen können in besonderen Fällen auch durch Art und Menge des Hauptbestandteils gekennzeichnet sein:

z. B. L-Sn60 = Zinnlot mit 60 % Sn, bis 3,2 % Sb, Rest Blei

oder

Gl-Sn80 = Lagermetall mit rd. 80 % Sn, 5 % bis 7 % Cu, 11 % bis 13 % Sn und 1 % bis 3 % Pb.

In diesen Fällen ist die Legierung im Kurzzeichen nicht so umfassend beschrieben, durch die zugehörige Norm jedoch nicht weniger eindeutig festgelegt.

Als *besondere Eigenschaften* werden bezeichnet:
- Behandlungszustand oder
- Festigkeitseigenschaften.

Die Angabe der Mindestzugfestigkeit erfolgt durch Nennen ihres Zahlenwertes in 9,81 N/mm²:

z. B. CuZn38Pb1,5F35 = Bleihaltiges Messing nach DIN 17 660, Festigkeit 345 N/mm² (DIN 17 670, Bl.1).

Weitere Beispiele sind:

CuNi18Zn20FB390 = Neusilber nach DIN 17 663 mit Federbiegegrenze min. 390 N/mm² (DIN 1780),

CuZn36K15 = Messing nach DIN 17 660 mit Korngröße ca. 15 µm (DIN 17 670 Bl.1).

E-Cu58 = Kupfer für *elektrisches* Leitmaterial, mind. 58 m/(Ω mm²) Leitfähigkeit (DIN 1787 Kupfer-Halbzeug),

A199,9H = Hüttenaluminium mit mind. 99,9% Al (DIN 1712 Bl.1 Aluminium).

5.1.2 Werkstoff-Nummern (DIN 17 007)

Der Aufbau der Werkstoffnummern für die Werkstoffe der Nichteisenmetalle gleicht dem der Eisenwerkstoffe (siehe S. 190).

Werkstoffnummern werden vom Fachnormenausschuß Nichteisenmetalle FNNE nach Abstimmung mit dem Fachnormenausschuß Eisen und Stahl FES festgelegt und in den Folgeblättern zu DIN 17 007 bekanntgegeben.

Für alle genormten Werkstoffe gibt es Werkstoffnummern. Die Systematik der Werkstoffnummern ist weniger einprägsam als die der Kurzzeichen. Daher werden bei Nichteisenmetallen die Kurzzeichen vielfach bevorzugt. Die Werkstoffe sind durch die Nummern genauso eindeutig bezeichnet wie durch die Kurzzeichen. Den Werkstoffnummern ist der Vorzug zu geben, wenn in Konstruktion, Fertigung und Verwaltung die elektronische Datenverarbeitung eingesetzt wird.

5.2 Kupfer und Kupferlegierungen

Tab. 5.1: Physikalische und technologische Eigenschaften von Kupfer

Dichte	g/cm³	8,90 ... **8,96**
Schmelztemperatur	°C	1083
Elastizitätsmodul	N/mm²	125 000
Ausdehnungskoeffizient	10^{-6}/K	17
elektr. Leitfähigkeit	m/(Ω mm²)	35 ... 58
Wärmeleitfähigkeit	W/(Km)	240 ... 386
Zugfestigkeit[1]	N/mm²	200 ... 360
Bruchdehnung[1]	%	2 ... 45

[1] Mindestwerte nach DIN, abhängig vom Behandlungszustand

Kupfer und Bronze wurden als die ersten metallischen Werkstoffe von den Menschen im Laufe ihrer *geschichtlichen Entwicklung* genutzt. Das Kupfer bot mit seiner geringen Festigkeit nur bescheidene Möglichkeiten. Bronzen, die ab 2500 v. Chr. in Anwendung kamen, besaßen gegenüber dem Kupfer wesentlich höhere Festigkeit, so daß die Zähigkeit als Vorteil metallischer Werkstoffe für Gebrauchsgegenstände des täglichen Lebens voll zur Wirkung kam. Dieser erste praktisch brauchbare metallische Werkstoff ermöglichte der Menschheit eine sprunghafte Entwicklung. Deshalb haben die Historiker dieser Epoche den Namen *Bronzezeit* gegeben.

Mit der Entwicklung der Elektrotechnik gegen Ende des vorigen Jahrhunderts entstand ein erheblicher Bedarf an Kupfer mit guter elektrischer Leitfähigkeit. Dieses Kupfer konnte nur durch *elektrolytische Raffination,* d. h. unter Anwendung elektrischer Energie, hergestellt werden. Die Entwicklung der Elektrotechnik und der Kupferherstellung begünstigten sich gegenseitig.

5.2.1 Kupferherstellung

Kupfer zählt zu den hochschmelzenden Schwermetallen. Sein Schmelzpunkt liegt bei 1083 °C.

Seine Gewinnung erfolgt überwiegend aus sulfidischen Erzen. Diese werden nach der Aufbereitung zu Konzentraten autogen unter Nutzung der Verbrennungswärme des Schwefels zu einem als *Kupferstein* bezeichneten Zwischenprodukt geschmolzen. Der flüssige Kupferstein, Kupfer- und Eisensulfid, wird mit Luft verblasen, bis die Hauptmasse des Eisens verschlackt und der Schwefel verbrannt ist.
Das so erhaltene *Schwarzkupfer* enthält noch Beimengungen an Eisen, Nickel, Arsen, Schwefel sowie Edelmetallen. Es wird in Flammöfen zusammen mit Kupferschrott der *Feuerraffination* unterworfen. Das **Raffinadekupfer** ist in seinem Gehalt an Beimengungen stark beeinflußt von der Lagerstätte des Erzes oder der Herkunft des Schrottes. Es ist geeignet für Anwendungen, bei denen hohe elektrische Leitfähigkeit nicht erforderlich ist (vgl. DIN 1708).
Zur Herstellung von **Elektrolytkupfer** für Leitzwecke wird das feuerraffinierte Kupfer in schwefelsauren Bädern elektrolytisch weiterverarbeitet. Aufgrund ihrer Stellung in der Spannungsreihe (siehe S. 57) gehen Kupfer und unedlere Metalle in Lösung, edlere Metalle bleiben als Anodenschlamm zurück (Edelmetallgewinnung). An der Kathode ist das elektrische Potential derart bemessen, daß nur Kupfer und keines der unedleren Metalle abgeschieden wird.
Das Elektrolytkupfer mit über 99,9 % Cu wird umgeschmolzen, »zähgepolt« und vergossen. Beim *Polen* (Pol = plattdeutsch für Pfahl) werden in der letzten Phase des Schmelzprozesses frische Baumstämme in das flüssige Kupfer eingetaucht und dabei der Sauerstoffgehalt auf 0,005 % bis 0,040 % eingestellt. Dann werden beim Erstarren des Kupfers Gasmengen frei, die die Volumenschwindung ausgleichen, d. h. das Lunkern in der Gußform vermeiden (siehe S. 71), und ein hohes Ausbringen der Gußformate in der Weiterverarbeitung ermöglichen.
Die häufigste Handelsform für Kupfer ist der *wire bar* (= Drahtbarren) für die Drahtherstellung. Für Leitzwecke wird etwa 70 % des Kupfers verbraucht.

5.2.2 Kupfer (unlegiert)

Um die Übersicht zu erleichtern, ist eine Einteilung der Kupfersorten in zwei große Gruppen zweckmäßig. Die erste Gruppe umfaßt diejenigen Sorten, die ein Endprodukt der Kupferherstellung darstellen ohne Rücksicht darauf, wie weit im einzelnen in der Endstufe des Herstellungsprozesses begleitende Beimengungen entfernt wurden. Das ist zur Erzielung bestimmter Eigenschaften erforderlich. Die zweite Gruppe umfaßt solche Kupfersorten, denen anderer Eigenschaften wegen geringe Mengen von Legierungsbestandteilen bewußt zugegeben werden. Diese Zusatzmengen lassen den Charakter des Werkstoffs Kupfer im wesentlichen unverändert. Man bezeichnet diese Sorten als *legiertes Kupfer* (siehe S. 243).

Die technisch wichtigste Eigenschaft des Kupfers ist seine *elektrische Leitfähigkeit.* Reines Kupfer besitzt nach Silber das beste elektrische Leitvermögen, das in hohem Maße vom Reinheitsgrad abhängig ist.

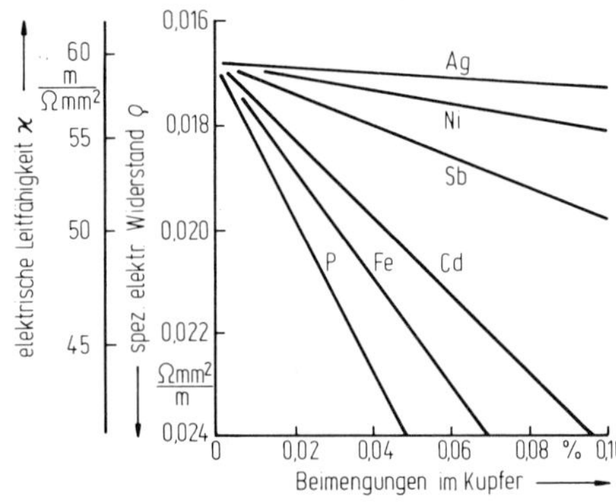

Bild 5.2 Einfluß von Beimengungen auf die Leitfähigkeit von Kupfer

Im Gitter eingebaute Fremdatome bilden Störpotentiale im elektrischen Feld. Dadurch wird die Bewegung der Elektronen behindert und die Leitfähigkeit verringert (siehe S. 13). Besonders ungünstig wirken sich diejenigen Beimengungen aus, die im Kupfer löslich sind (Bild 5.2). Phosphor, einer der wirksamsten Desoxidationszusätze, vermindert bereits in geringsten Mengen die elektrische Leitfähigkeit sehr stark. Im festen Zustand in Kupfer nicht lösliche Stoffe sind andererseits fast ohne Einfluß auf die elektrische Leitfähigkeit. Dazu gehört Sauerstoff, der vom Herstellungsprozeß noch enthalten sein kann (Bild 5.3), sowie Blei und Tellur, das leitfähigen Sonderqualitäten zulegiert wird. Elektrisches Leitmaterial muß eine Leitfähigkeit von mindestens 57 m/(Ω mm²) besitzen. Nach DIN 1708 erhalten diese Sorten den Zusatz »E« in ihrer Bezeichnung.

Tab. 5.2: Elektrische Leitfähigkeit und Wärmeleitfähigkeit von Kupfer

Kurzzeichen DIN 1708	Zusammen-setzung %	Wärmeleit-fähigkeit $\frac{W}{Km}$	Elektrische Leitfähigkeit $\frac{m}{\Omega\, mm^2}$	Hinweise auf Eigenschaften und Verwendung
KE-Cu	Cu ≧ 99,90	-	-	Kathodenkupfer zum Einschmelzen für Kupferhalbzeug und Kupferlegierungen
E 1-Cu 58	Cu ≧ 99,90 Sauerstoff 0,005 . . . 0,040	386	mind. 58	Elektrolytisch raffiniertes Kupfer hoher Leitfähigkeit
E-Cu 57	Cu ≧ 99,90 Sauerstoff 0,005 . . . 0,040	386	mind. 57	
OF-Cu	Cu ≧ 99,95	386	mind. 58	Kupfer hoher Leitfähigkeit. Weitgehend frei von Elementen, die im Vakuum verdampfen. Genügt hohen Anforderungen an Wasserstoffbeständigkeit
SF-Cu	Cu ≧ 99,90 P: 0,015 ... 0,040	240 ... 360	35 ... 53	Desoxidiertes Kupfer mit begrenztem Phosphorgehalt. Wird verwendet bei geringer Anforderung an elektrische Leitfähigkeit; sehr gute Schweiß- und Lötbarkeit, wasserstoffbeständig.

Die gute *Wärmeleitfähigkeit* des Kupfers wird in Wärmetauschern für Verbrennungskraftmaschinen, im Apparatebau und im Brennerei-Gewerbe genutzt. Wärmeleitfähigkeit und elektrische Leitfähigkeit sind nach dem WIEDEMANN-FRANZschen Gesetz einander proportional (siehe S. 13).

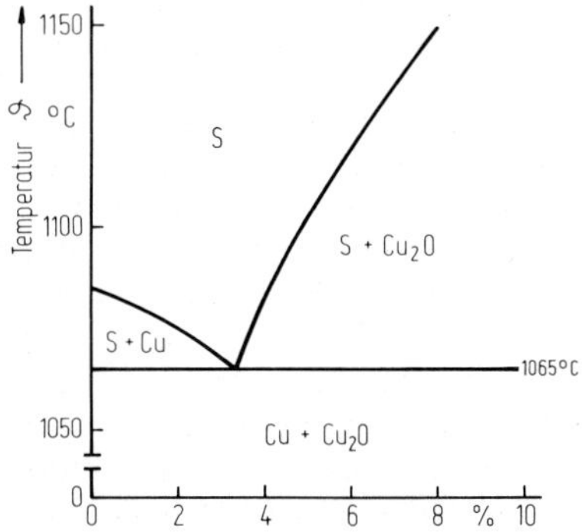

Bild 5.3 Zustandsschaubild Kupfer–Kupferoxid (nach HEYN)

Beide gehen auf die frei beweglichen Elektronen des metallischen Zustandes zurück. Für Wärmetauscher ist der Einsatz von Kupfer höchster Reinheit in der Regel nicht erforderlich. Da auch der Wärmeübergang an den Grenzflächen in Betracht gezogen werden muß, spielen dort Oxid- und Krustenbildung häufig eine bedeutendere Rolle und verhindern die volle Nutzung der Wärmeleitfähigkeit.

In Tabelle 5.2 sind die physikalischen Daten der Wärmeleitfähigkeit und der elektrischen Leitfähigkeit wichtiger Kupfersorten zusammengefaßt. Kupfer besitzt mit seinem kfz-Gitter günstige Voraussetzungen für die *plastische Formgebung*. Wegen seiner geringen Festigkeit und hohen Zähigkeit läßt es sich ausgezeichnet zu Bändern, Rohren, Drähten, Profilen, Schalen, Kümpeln usw. verarbeiten. Seine Verfestigung ist mäßig, und bei günstigen Formgebungsverfahren sind Querschnittsabnahmen bis über 90 % möglich (Bild 5.4). Die Kaltverfestigung wird bereits bei niedrigen Glühtemperaturen aufgehoben

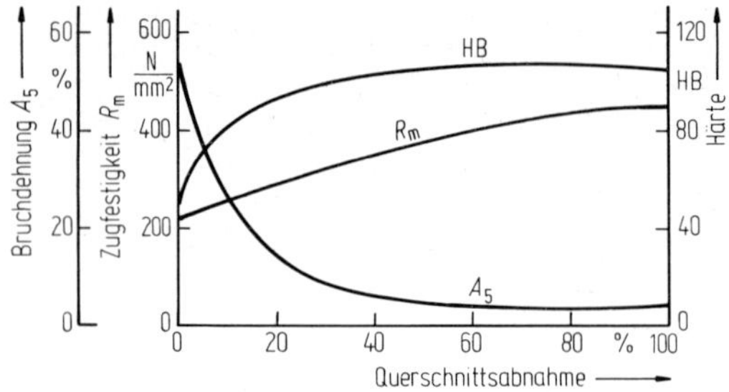

Bild 5.4 Einfluß der Kaltverformung auf Zugfestigkeit, Bruchdehnung und Brinellhärte von Elektrolytkupfer (nach Bergmann *und* Schoenmaker*)*

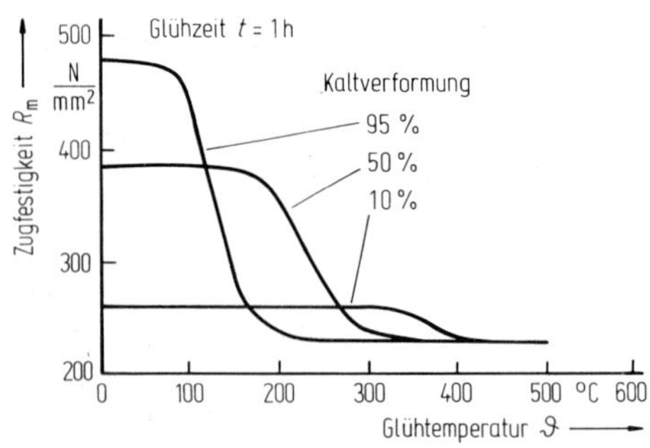

Bild 5.5 Entfestigung von kaltverformtem Kupfer durch Wärmebehandlung (Rekristallisationsglühen)

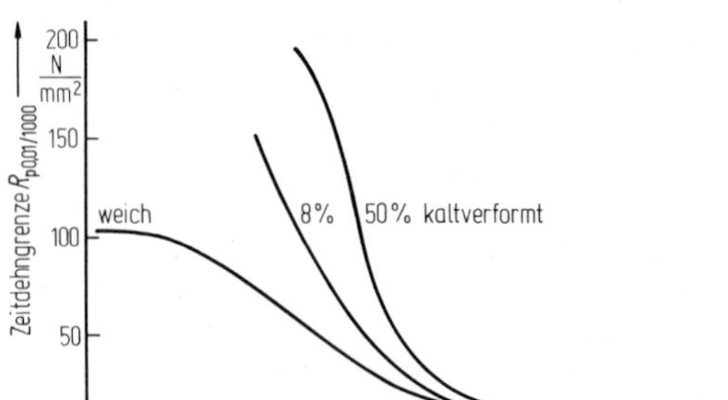

Bild 5.6 Zeitstandverhalten von SE-Kupfer

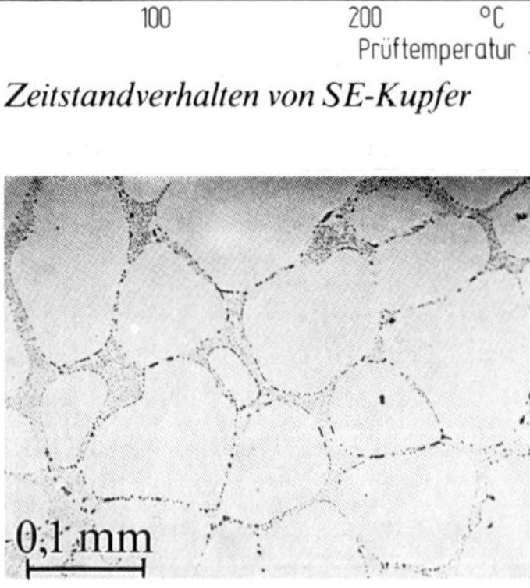

Bild 5.7 Gefüge von Kupfer mit Cu-Cu_2O-Eutektikum an den Korngrenzen

(Bild 5.5). Die *Festigkeitseigenschaften* von unlegiertem Kupfer sind im gewissem Umfang von dem Gehalt an gelösten Beimengungen abhängig. Reinstes Kupfer besitzt die geringste Festigkeit. Bereits mäßig erhöhte Temperaturen bewirken bei allen Kupfersorten rasch eine Verringerung der Festigkeit (Bild 5.6). Das ist von Bedeutung für den Bau elektrischer Großmaschinen, für die Sondergüten mit verbesserter Warmfestigkeit entwickelt wurden. Bei schwingender Beanspruchung sind sauerstofffreie Qualitäten zu bevorzugen, weil die im Gefüge der sauerstoffhaltigen Kupfersorten befindlichen Kupferoxiduleinschlüsse als innere Kerben wirken (Bild 5.7).

Das *Schweißen* von Kupfer wird durch die hohe Wärmeleitfähigkeit erschwert. Die zum Aufschmelzen der zu verbindenden Teile aufgewandte Wärme wird zu einem erheblichen Teil in die zu verbindenden Werkstücke abgeleitet. Für das Gasschmelzschweißen sind nur sauerstofffreie Kupferqualitäten geeignet. Diese Qualitäten sind in DIN 1708 durch den Vorsatz »S« besonders gekennzeichnet. Bei sauerstoffhaltigem Kupfer besteht bei Einwirkung von Wasserstoff aus Schweißgasen oder auch aus Schutzgasen einer Wärmebehandlung die Gefahr der **Wasserstoffkrankheit.** Wasserstoff im atomaren Zustand ist in hohem Maße in Kupfer löslich und in der Lage, im Gitter zu diffundieren. Gelangen Wasserstoffatome an Kupferoxidulpartikel im Gefüge, so erfolgt eine chemische Umsetzung zu Wasserdampf:

$$2H + Cu_2O \rightarrow 2\,Cu + H_2O.$$

Es entstehen Dampfdrücke von einigen 1000 bar, die bei der geringen Warmfestigkeit des Kupfers sichtbare Poren und Trennungen erzeugen (Bild 5.8). Deren bevorzugte Orte sind die ursprünglichen Primärkorngrenzen des Erstarrungsgefüges (siehe S. 23), an denen das Cu-Cu_2O-Eutekti-

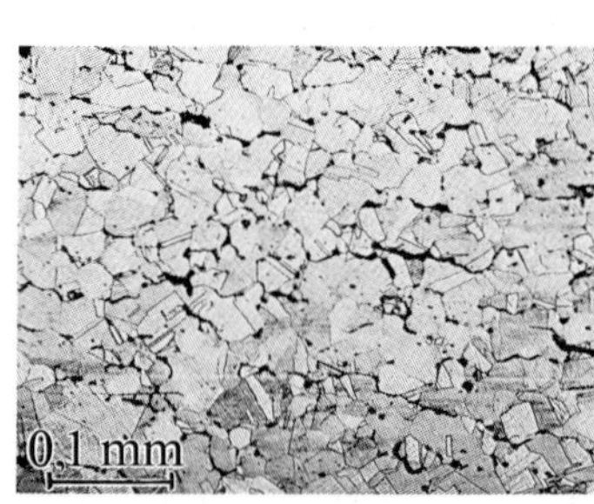

Bild 5.8 Gefüge von sauerstoffhaltigem Kupfer nach Glühen in wasserstoffhaltiger Atmosphäre (Wasserstoffkrankheit)

kum vorgelegen hat (Bild 5.7). Durch die inneren Trennungen verliert das Kupfer seine Festigkeit und Zähigkeit, es wird spröde und unbrauchbar. Die Wasserstoffkrankheit kann nicht rückgängig gemacht werden. Damit befallene Bauteile sind zu verwerfen.

Von Säuren, insbesondere oxidierenden (siehe S. 59), wird **Kupfer** angegriffen. In neutralen und alkalischen wäßrigen Lösungen ist es *chemisch beständig*. Das ermöglicht seine Verwendung z. B. für Wasserleitungen und für Sudkessel in Brauereien. Für die Verarbeitung und Lagerung von Fruchtsäften und Weinen, also von Lebens- und Genußmitteln, die Säuren enthalten, ist Kupfer nicht geeignet. Es bildet sich giftiger *Grünspan*, Kupferacetat. Im Freien, z. B. auf Dächern, Regenrinnen etc., entsteht eine *Patina* aus basischem Kupferkarbonat; die zur Bildung erforderliche Kohlensäure wird der Luft entnommen.

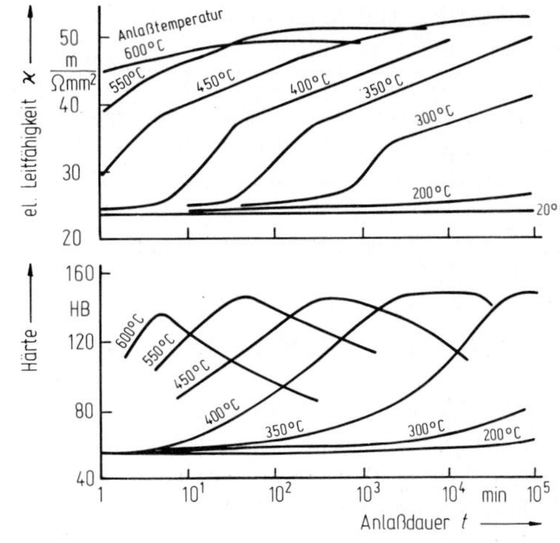

Bild 5.9 Härte und elektrische Leitfähigkeit von CuCr in Abhängigkeit von der Aushärtung

5.2.3 Legiertes Kupfer

Die *Festigkeit* von Kupfer läßt sich durch geringe Legierungszusätze erheblich steigern. Das erfolgt durch Mischkristallbildung (Silber, Arsen) oder durch Aushärtung (Chrom, Zirkon, Kadmium, Eisen, Phosphor). Die Mischkristallbildung wirkt sich ungünstig auf die Leitfähigkeit aus, durch Aushärtung läßt sich eine optimale Kombination von Festigkeit und elektrischer Leitfähigkeit einstellen (Bild 5.9).

Legiertes Kupfer (Tabelle 5.3) wird für Sonderzwecke in Elektrotechnik und Maschinenbau eingesetzt. In der Halbleitertechnik findet man CuFeP-, CuCd- oder CuZr-Legierungen; Automobilkühler werden aus CuAg-Legierungen hergestellt. Weitere Anwendungen solcher Werkstoffe sind Kommutatorlamellen in Elektromotoren und Punktschweißelektroden. Aushärtbares Kupfer mit Beryllium-Zusätzen bis ca. 2 % wird als Federwerkstoff verwendet. Tellurgehalte von ca. 0,5 % sind im flüssigen Kupfer löslich, jedoch nicht im festen Zustand. Sie bilden heterogene Einschlüsse im Erstarrungsgefüge und werden als solche im Automatenwerkstoff CuTe als Spanbrecher genutzt.

Neben der Festigkeit und der elektrischen Leitfähigkeit ist die *Anlaßbeständigkeit* eine wichtige Eigenschaft des legierten Kupfers. Die Anlaßbeständigkeit wird durch diejenige Temperatur gekennzeichnet, bis zu der der Werkstoff eine festgelegte Zeit erwärmt werden kann, ohne an Festigkeit mehr als 10 % zu verlieren. Das ist wichtig für Tauch- oder Ofenlötungen in der Elektrotechnik sowie der Herstellung von Automobilkühlern.

Tab. 5.3: Physikalische und mechanische Eigenschaften von legiertem Kupfer (Beispiele)

Kurzzeichen	DIN	Legierungsbestandteile %	elektrische Leitfähigkeit % IACS[1]	Zugfestigkeit $\frac{N}{mm^2}$	anlaßbeständig bis °C
CuFe 2 P	-	Fe: ca. 2,5 P: 0,03	ca. 60	400	350
CuCr	17 666	Cr: 0,4 ... 1,0	mind. 80	450[2]	500
CuCd 1	17 666	Cd: 0,9 ... 1,3	mind. 80	350	300
SE-CuAg	40 500	Ag: 0,1	98	270	350
E-Cu 57	1 708	-	98	250	siehe Bild 5.6

[1] Internationaler Standard für Leitkupfer, 100 % = 58 m/(Ω mm²)
[2] kaltverfestigt und warmausgehärtet

5.2.4 Messing und Neusilber

Messinge sind Legierungen von Kupfer mit Zink. Die Steigerung der Festigkeit gegenüber Kupfer beruht auf Mischkristallbildung. Festigkeit und Härte steigen mit dem Zink-Gehalt (Bild 5.10). Messinge sind in DIN 17660, Neusilber in DIN 17663 genormt.

Die Kupfer-Zink-Legierungen sind bis ca. 37 % Zn einphasige homogene Legierungen (Bild 5.10). Bis zu dieser Zusammensetzung bleibt die kfz-Gitterstruktur des Kupfers erhalten. Reine **α-Messinge** eignen sich daher besonders für die *spanlose Formgebung*. Das höchste Formänderungsvermögen wird bei rd. 28 % Zn erreicht. CuZn28 wird für extreme Tiefziehbeanspruchung bevorzugt und vielfach *Kartusch-Messing* genannt. Beispiele für seine Verwendung sind tiefgezogene Hülsen für Lippenstifte und Feuerzeuge.

Im Gefüge des an sich einphasigen CuZn37 treten in der Praxis zuweilen geringe Mengen der

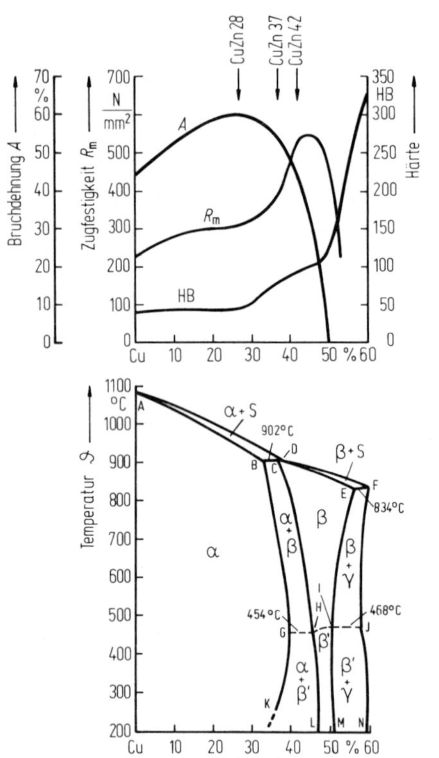

Bild 5.10 *Zustandsschaubild Kupfer–Zink (nach Reynor) und Zugfestigkeit, Bruchdehnung und Härte der Cu-Zn-Legierungen (Messing) im weichen Zustand*

β-Phase auf. Sie setzen die Kaltverformbarkeit erheblich herab. Sie entstehen, wenn nach der Kaltverformung bei Temperaturen oberhalb der Phasengrenze α/α+β geglüht worden ist, und verbleiben im Gefüge durch die Trägheit der Umwandlung zu α während der Abkühlung auf Raumtemperatur.

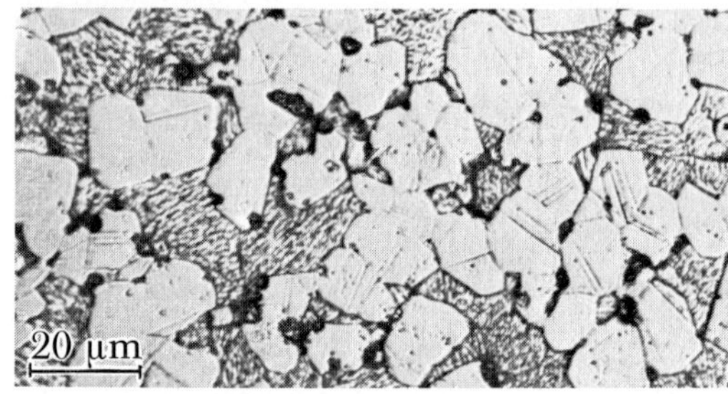

Bild 5.11 *Gefüge von (α + β)-Messing mit Bleizusatz, α-Phase hell, Blei schwarz*

Sobald die Zusammensetzung der Messinge 37 % Zink überschreitet, entsteht **(α + β)-Messing** (Bild 5.11). Die krz β-Phase bewirkt einen raschen Abfall der Zähigkeit der Legierungen bei gleichzeitig weiter ansteigender Härte (Bild 5.10). Geringere Zähigkeit und die Heterogenität sind für *spanabhebende Bearbeitung* günstig. Beim Bohren, Drehen oder Fräsen bilden sich kürzere Späne. Die am besten zerspanbaren Legierungen enthalten noch 1% bis 2% Blei. CuZn42Pb wird hinsichtlich der Zerspanbarkeit nur noch von Aluminiumlegierungen übertroffen, die jedoch geringere Festigkeiten aufweisen. In der Feinmechanik, der Uhrenindustrie und bei der Massenherstellung von Drehteilen, z. B. Kugelschreiberspitzen, werden bleihaltige Messinge bevorzugt verwendet.

Der Farbton der Messinge ist kein sicheres Merkmal für ihren Kupfergehalt. Zinkarme Messinge sind goldrot bis goldgelb, z. B. *Tombak* mit 5 % bis 15 % Zn. CuZn28 schimmert gelbgrün, CuZn37 ist satt-gelb, und die heterogenen Legierungen mit rd. 40 % bis 42 % Zn besitzen wieder eine rötliche Farbe.

Neusilber sind Kupfer-Zink-Legierungen, in denen ein Teil des Kupfers durch Nickel ersetzt ist. Der Nickel-Zusatz bewirkt die weiße, *silberähnliche* Farbe, die dem Werkstoff den Namen gegeben hat. Technische Neusilber-Legierungen enthalten 10 % bis 25 % Nickel. Diese Legierungen besitzen bessere *Anlaufbeständigkeit* als Messing. Sie haben sich für Relais-Federn in der Schwachstromtechnik bewährt und eignen sich

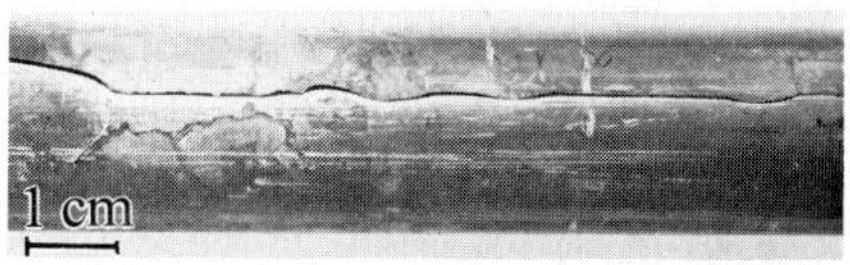

Bild 5.12 Spannungsrisse in einem Rohr aus CuZn20Al

bestens für versilberte Tafelgeräte und Bestecke. Bleihaltige Neusilberlegierungen, die bessere Festigkeitseigenschaften als bleihaltige Messinge aufweisen, werden in der Feinmechanik und für die Herstellung von Reißzeugen verwendet.
Messing und Neusilber sind anfällig für *Spannungsrißkorrosion* (siehe S. 61). Gegenstände, die unter Spannung stehen oder Eigenspannungen aufweisen, sind schon bei Anwesenheit geringster Spuren von Ammoniak und Feuchtigkeit (die aus Verbrennungsgasen überall auftreten können) rißanfällig (Bild 5.12). In DIN 50911 ist die Quecksilbernitratprobe zur Prüfung von Kupferlegierungen genormt. *Weichglühen* oder *Spannungsarmglühen* beseitigt eine der Rißursachen, nämlich die Eigenspannungen. Bei etwa 200 °C bis 300 °C entspannte Bauteile sind nicht mehr rißanfällig.

Die als **Entzinkung** bezeichnete Korrosionserscheinung trägt ihren Namen zu Unrecht. Sie kann in wäßrigen Lösungen bei lokaler Korrosion auftreten. Bei der fortschreitenden Auflösung von Kupfer und Zink verschiebt sich das elektrochemische Potential an der Grenzfläche Metall/Lösung (siehe S. 56). Dabei treten Bedingungen auf, unter denen das edlere Kupfer aus der Lösung wieder metallisch abgeschieden wird, während der unedlere CuZn-Mischkristall weiterhin korrodiert wird. In $(\alpha+\beta)$-Legierungen wird der unedlere β-Bestandteil bevorzugt angegriffen. Durch Einsatz von Sondermessingen lassen sich derartige Schäden vermeiden.

Sondermessinge sind Kupfer-Zink-Legierungen, denen zur Verbesserung der Korrosionsbeständigkeit oder anderer Eigenschaften weitere Bestandteile hinzulegiert werden. Nickel, Zinn und Aluminium sind im Marine-Messing *(Naval-Brass)* oder Sondermessing 76 (Al/As) enthalten. Aus diesen seewasserbeständigen Legierungen werden z. B. Schiffskondensatoren gebaut.

Gußmessinge enthalten 36 % bis 43 % Zink und 1 % bis 3 % Blei, Sondergußmessinge zusätzlich noch Nickel, Zinn oder Mangan. Sie besitzen ein geringes Erstarrungsintervall (siehe Bild 2.14) und sind daher weitgehend frei von Kristallseigerungen. Da Gußmessinge nicht für die Kaltformgebung bestimmt sind, stört das heterogene $(\alpha+\beta)$-Gefüge nicht, und man nutzt dessen höhere Festigkeit (Bild 5.10).

Für **Lotmessinge** gilt sinngemäß das für Gußmessinge Gesagte. Sie enthalten 40 % bis 43 % Zn, evtl. Zusätze von Zinn oder Mangan, und werden zum Löten (Schweißen) von Kupferlegierungen sowie zum Hartlöten von Stahl verwendet. Eigenspannungen im Stahl können beim Hartlöten mit Kupferlegierungen *Lotbrüchigkeit* auslösen. Dabei wird das Eisen entlang seiner Korngrenzen durch das eindringende kupferhaltige Lot aufgerissen.
Das *Schmelzen der Kupferlegierungen* kann wegen ihrer relativ niedrigen Schmelztemperaturen in öl- oder koksgefeuerten Tiegelöfen erfolgen. Bei diesem Schmelzverfahren muß insbesondere bei der Ölfeuerung wegen der Löslichkeit von Wasserstoff in Kupferlegierungen mit einer hohen *Gasaufnahme* gerechnet werden (siehe S. 67). Diese verursacht um so größere Schwierigkeiten durch Blasen und Poren am fertigen Gußstück, je größer das Erstarrungsintervall im Zustandsschaubild und die *konstitutionelle Unterkühlung* (siehe S. 22) sind. Zinnbronzen sind in dieser Hinsicht extrem anfällig, wie aus Vergleich der Bilder 5.10 und 5.13 hervorgeht. Ein großer Teil dieser Probleme beim Herstellen von Gußstücken für den Maschinenbau kann durch Einsatz elektrischer Schmelzöfen vermieden werden.

5.2.5 Bronzen

Die *klassischen Bronzen* sind *Kupfer-Zinn-Legierungen.* Dem Zustandsschaubild (Bild 5.13) zufolge müßten Zinnbronzen mit bis zu 14% Sn als einphasige Legierungen erstarren. Infolge des extrem großen Erstarrungsintervalls treten jedoch starke Seigerungen auf. Da Bronzen bevorzugt mit Phosphor desoxidiert *(Phosphorbronze)* werden, verlaufen die Erstarrungsvorgänge komplizierter, als sie im Zweistoffschaubild dargestellt sind. So tritt im Primärgefüge häufig noch eine spröde, phosphorreiche Phase auf. Die durch Seigerung und eutektoiden Zerfall gebildete δ-Phase (Bild 5.13b, Linien 2 und 3) läßt sich mit einer Wärmebehandlung im Zustandsfeld des α-Mischkristalls (Bild 5.13a) beseitigen. Das Ergebnis solcher Wärmebehandlungen (Bild 5.13b, Linie 1) darf jedoch nicht darüber hinwegtäuschen, daß innerhalb des jetzt vorliegenden α-Ge-

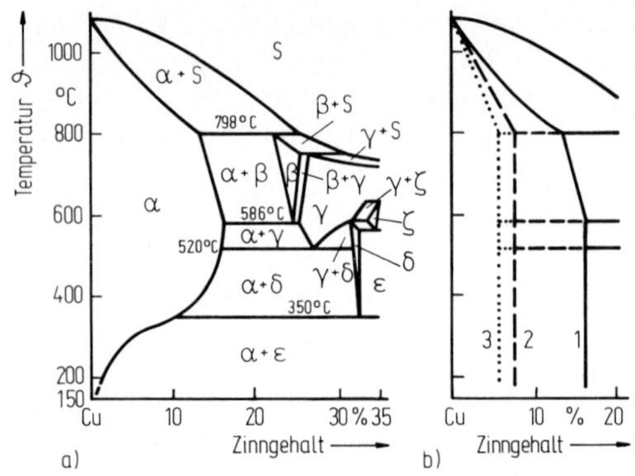

Bild 5.13 Zustandsschaubild Kupfer–Zinn
a) Gleichgewichtsschaubild
b) Zustand bei normalen Glühzeiten (1), Sandguß (2) und Kokillenguß (3)

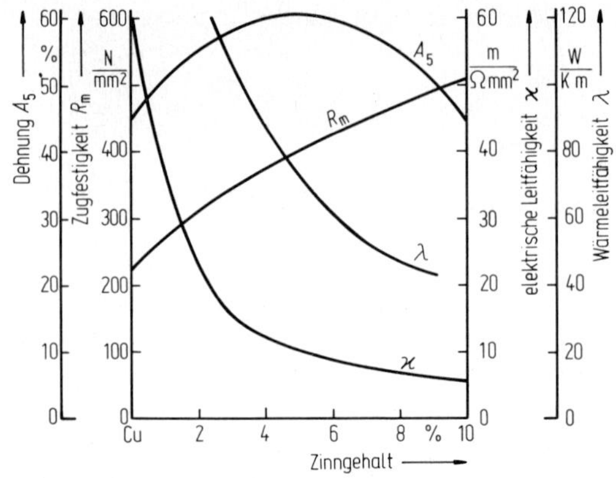

Bild 5.15 Physikalische und technologische Eigenschaften von Zinnbronzen

füges noch erhebliche Konzentrationsunterschiede an Zinn und Phosphor vorhanden sein können.

Bild 5.14 zeigt die unterschiedlichen Gefüge für die Legierung CuSn6.
Diese Gegebenheiten können zur Erklärung der Eigenschaften technischer Bronzen in Abhängigkeit vom Zinngehalt (Bild 5.15) mit herangezogen werden:

- bis zu etwa 6 % Zinn läßt sich das Primärgefüge in technisch vertretbaren Glühzeiten (z. B. bis zu 24 Stunden bei 650 °C) soweit homogenisieren, daß optimale Zähigkeit erreicht wird,
- bei *Knetlegierungen* beschränkt man sich auf einen Bereich bis maximal 8,5 % Zinn.

Niedriglegierte Bronzen mit ca. 1,5 % Zinn werden als Drähte im hartgezogenen Zustand *(Postbronze)* für Telefonfreileitungen verwendet. Legierungen für diesen Zweck müssen phosphorfrei sein (siehe Bild 5.2). Aus *Walzbronzen* mit 6 % und 8 % Zinn werden im harten Zustand bei Festigkeiten von ca. 900 N/mm² und einer Härte von etwa 180 HV Relaisfedern hergestellt. Hierbei kommt auch die gute Lötbarkeit der Zinnbronzen zur Geltung.
Weiche *Bronzedrähte* gehen in großem Umfang für die Herstellung von Metallsieben in die Papierindustrie.
Zinnbronzen sind in DIN 17 662 und als Federwerkstoffe in DIN 1780 genormt.

Für *Gußlegierungen* nutzt man die Festigkeitssteigerung des kfz α-Mischkristalls durch weiteren Zinnzusatz bis 14 % Sn. Im Primärgefüge tritt bereits in erheblichem Umfang die δ-Phase auf, die trotz ihres kfz-Gitters außerordentlich spröde ist: In einer Riesenelementarzelle sind 416 Atome vereinigt, die Zusammensetzung entspricht $Cu_{31}Sn_8$. Es ist bei Gußteilen für den Maschinenbau erforderlich, diesen spröden Gefügebestand-

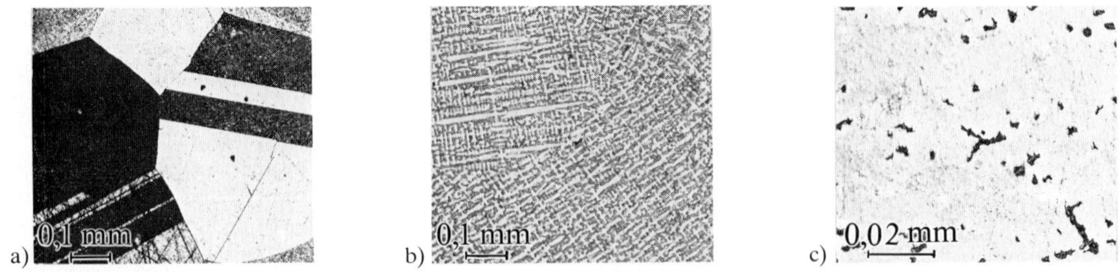

Bild 5.14 Mikrogefüge von CuSn6
a) homogene α-MK, homogengeglüht 600 °C/15 h
b) inhomogene α-MK, Gußzustand
c) inhomogene α-MK und δ-Phase, Gußzustand

teil mit seinen nachteiligen Auswirkungen auf die Zähigkeit des Werkstoffs durch Wärmebehandlung zu beseitigen. Das ist lt. Bild 5.13b bis zu einer Nennzusammensetzung von 14% Sn möglich.

Gußbronzen erreichen bei 12 % bis 14 % Sn – G-CuSn10, G-CuSn14 – maximale Festigkeit bei hinreichender Zähigkeit für den Guß von Zahnrädern und hochbeanspruchten Teilen. Der Werkstoff G-CuSn20 ist hart und spröde und für den Maschinenbau nicht geeignet. Er wird zum Guß von Glocken verwendet.

Als **Rotguß** bezeichnet werden Mehrstoffzinnbronzen, die außer Zinn zusätzlich Zink und Blei enthalten, z. B. 10 % Zinn und 20 % Zink als Sandguß für korrosionsbeanspruchte Maschinenteile und Apparaturen oder 8 % Zinn, 7 % Zink und 3 % Blei für Lagerschalen. Die Mehrstoffzinnbronze CuSn4Zn4Pb4 ist walzbar und eignet sich für gerollte Lagerbüchsen.

Sonderbronzen bezeichnen im herkömmlichen Sprachgebrauch Legierungen von Kupfer mit Aluminium, Mangan oder Silizium oder einer Kombination dieser Elemente. Sie werden heute zutreffender als Kupferlegierungen bezeichnet.

CuAl-Legierungen besitzen neben hoher Festigkeit gute Korrosionsbeständigkeit gegen Seewasser, Schwefelsäure und Salzlösungen. Zusätzlich mit Eisen oder Nickel legiert werden sie aushärtbar. Solche Werkstoffe eignen sich hervorragend für Laufrollen und Führungen und für Werkzeuge, wenn es bei Einsatz von Eisenwerkstoffen zu Problemen durch Abrieb und Aufschweißungen kommt, die auf den zu bearbeitenden Werkstükken Oberflächenbeschädigungen hinterlassen.

CuMn-Legierungen sind seewasserbeständig und haben eine hohe Dämpfung. Man verwendet sie u. a. als Gußwerkstoff für Schiffsschrauben. **CuSi-Legierungen** mit ca. 1,5 % Si und Nickel- und Manganzusätzen eignen sich für chemisch beständigen Guß.

5.2.6 Kupfer-Nickel-Werkstoffe mit besonderen elektrischen Eigenschaften

Kupfer und Nickel sind im periodischen System der Elemente benachbarte Stoffe. Sie kristallisieren beide mit kubischflächenzentriertem Gitter. Der Unterschied der Gitterkonstanten ist mit 0,3608 nm und 0,3516 nm gering. Die Dichten liegen mit 8,94 g/cm^3 bzw. 8,88 g/cm^3 so nahe beieinander, daß beide Metalle auch nahezu

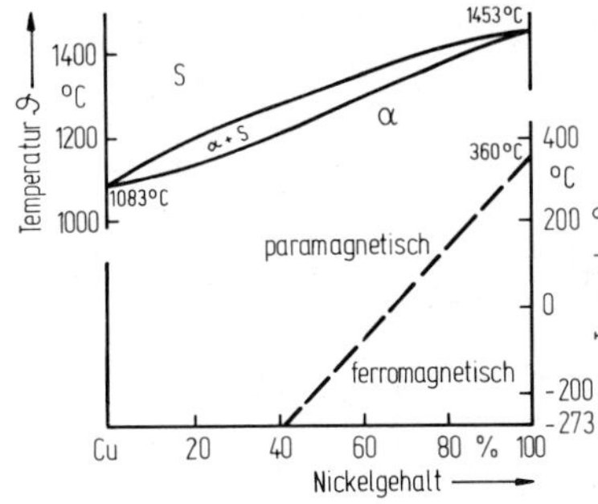

Bild 5.16 Zustandsschaubild Kupfer-Nickel (nach HANSEN*)*

gleiche Atomvolumina besitzen. Infolgedessen bilden Kupfer und Nickel bei allen Konzentrationen eine lückenlose Reihe von Mischkristallen (Bild 5.16). Dementsprechend findet man auch bei den Legierungen von Kupfer bis Nickel mit stetig ändernder Zusammensetzung eine ebenso stetige Änderung der physikalischen Eigenschaften, die Grundlage einer Reihe von Anwendungen in der Elektrotechnik geworden ist.
Bei Mischkristallen wächst der elektrische Widerstand kontinuierlich mit der Menge eines zulegierten zweiten Stoffes. Dadurch ergeben sich, von den reinen Stoffen Kupfer und Nickel ausgehend, jeweils steigende elektrische Widerstände, die bei ca. 50 % Nickel ein Maximum erreichen (Bild 5.17). Gleichzeitig mit steigendem elektrischen Widerstand sinkt der Temperaturbeiwert des Widerstandes und durchläuft bei 45 % Nickel ein Minimum. Beide Tatsachen werden im **Widerstandswerkstoff** CuNi44 (DIN 17471) Konstantan® genutzt (Bild 5.18).
Ebenso kontinuierlich ändert sich im System Kupfer-Nickel die Thermospannung (Bild 5.19). Auch die Thermospannung gegen Kupfer oder Eisen erreicht bei 45 % Nickel ein Maximum. Aus

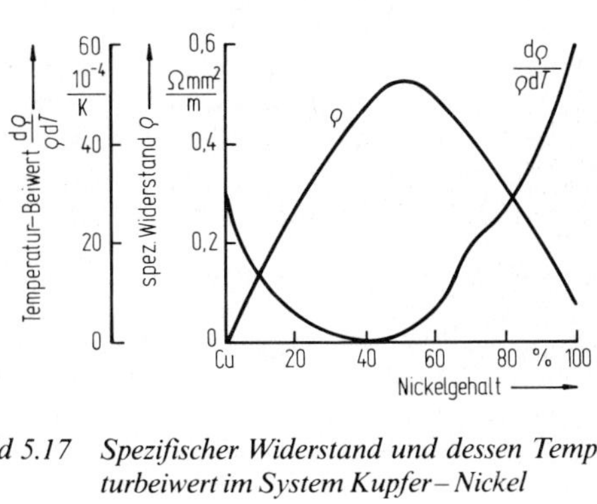

Bild 5.17 Spezifischer Widerstand und dessen Temperaturbeiwert im System Kupfer–Nickel

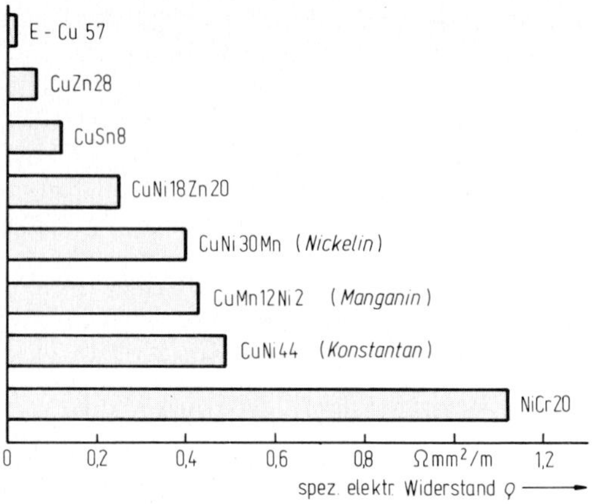

Bild 5.18 Spezifischer elektrischer Widerstand von Werkstoffen für die Elektrotechnik

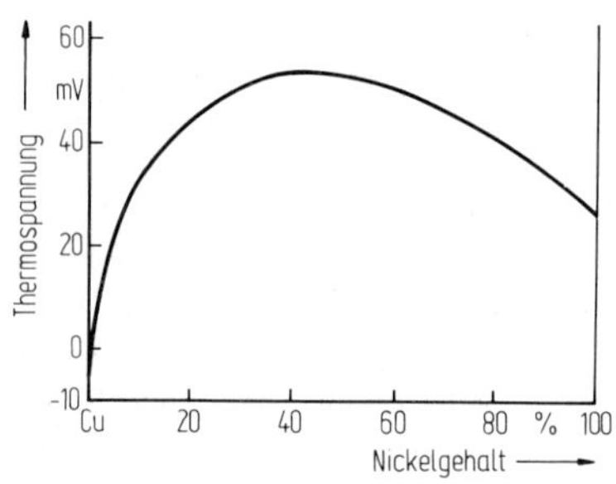

Bild 5.19 Thermospannungen von Kupfer-Nickel-Legierungen gegen Eisen bei 816 °C

diesem Grunde wird CuNi44 als **Thermoelementwerkstoff** für Thermopaare Kupfer-Konstantan und Eisen-Konstantan nach DIN 43 700 verwendet. An Thermoelemente wird die Forderung gestellt, daß sie über lange Zeit konstante Thermospannung beibehalten. Bei erhöhten Anwendungstemperaturen sind sie chemischen Einflüssen von Gasen und Isolierstoffen ausgesetzt. Um sie gegen diese Einflüsse resistent zu machen, werden sie mit weiteren Legierungszusätzen versehen. Thermo-Konstantan unterscheidet sich daher von Konstantan für Widerstandszwecke. Vergleichbare Unterscheidungen gibt es für das in Thermoelementen verwendete Kupfer und Eisen.

Da sich bereits geringfügige Unterschiede der Zusammensetzung in der Thermospannung auswirken, sind die Schenkel von Thermoelementen trotz gleicher Legierung nicht beliebig untereinander austauschbar. Für Temperaturmessungen dürfen nur die zusammengehörigen, vom Hersteller gemeinsam gelieferten Schenkel verwendet werden.

Gemäß Bild 5.19 ist es möglich, Paare von Kupfer-Nickel-Legierungen auszuwählen, die bei einer gegebenen Temperatur beliebige Thermospannungen zwischen 0 mV und der des Thermopaares Kupfer-Konstantan ergeben. Das ermöglicht die Auswahl von Legierungen zwischen 3 % und 20 % Nickel als **Ausgleichsleitungen für Thermoelemente** anderer Zusammensetzung. Ausgleichsleitungen dienen der Verlängerung teurer Thermoelemente, z. B. Platin/Platin-Rhodium, von der unterhalb 200 °C gelegenen Verbindungsstelle bis zur Temperaturvergleichsstelle, die bei technischen Temperaturmessungen auf 50 °C thermostatisch konstant gehalten wird.

5.2.7 Korrosionsbeständige Kupfer-Nickel-Legierungen

Durch Legieren mit Nickel wird die Korrosionsbeständigkeit des Kupfers erheblich verbessert. Gleichzeitig steigt die Festigkeit. Die Warmfestigkeitseigenschaften der Kupfer-Nickel-Legierungen sind mit denen nichtrostender Stähle vergleichbar (Bild 5.20). Durch Zusätze von ca. 1,5 % Fe und 2,0 % Mn wird die Korrosionsbeständigkeit noch weiter gesteigert. Träger der Korrosionsbeständigkeit sind *Passivschichten,* die sich bei ausreichendem Sauerstoffangebot bilden. Die Legierungen sind beständig in Brackwässern und Seewasser und werden u. a. in Kondensatoren auf Schiffen und in Meerwasserentsalzungsanlagen verwendet.

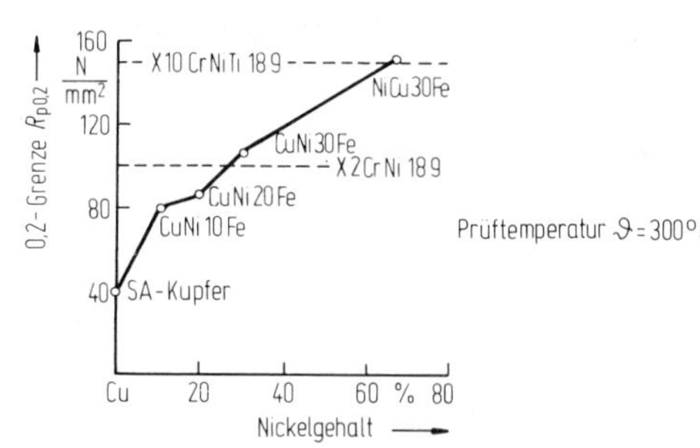

Bild 5.20 0,2 %-Dehngrenze von Kupfer-Nickel-Werkstoffen bei 300 °C im Vergleich zu korrosionsbeständigen Stählen

Das große Lösungsvermögen des Kupfers und Nickels sowie deren Legierungen für Wasserstoff kann beim *Schweißen* Probleme aufwerfen. Die Desoxidationselemente der Schweißzusatzwerkstoffe sind in der Lage, bei Anwesenheit von Feuchtigkeit Wasser bzw. Wasserdampf in Was-

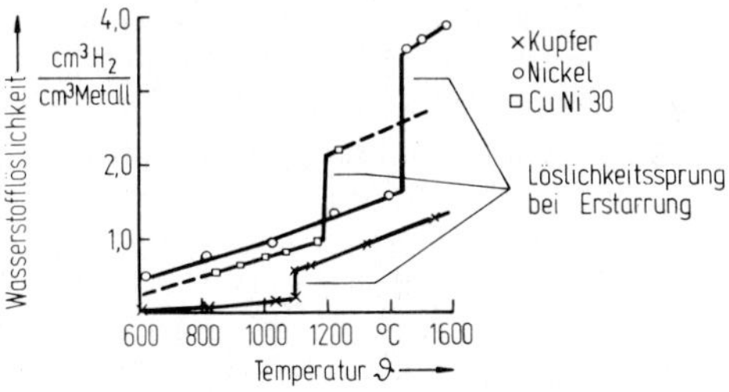

Bild 5.21 Löslichkeit von Wasserstoff in Kupfer, Nickel und CuNi30 in Abhängigkeit von der Temperatur

serstoff und oxidische Reaktionsprodukte zu zerlegen, z. B. nach der Reaktion:

$$Ti + 2H_2O \rightarrow TiO_2 + 4H.$$

Der atomare Wasserstoff wird bis zur Grenze seiner Löslichkeit vom Schweißbad begierig aufgenommen (Bild 5.21). Beim Abkühlen der Schmelze bleibt infolge des Löslichkeitssprunges bei der Erstarrungstemperatur nur der im festen Zustand lösliche Wasserstoff im Metall, hingegen wird der dem Löslichkeitssprung entsprechende Überschuß freigegeben. Dieser Vorgang führt zu der gefürchteten Porenbildung im Schweißgut von Kupfer-Nickel-Werkstoffen und muß durch Ausschalten von Feuchtigkeit als primäre Ursache vermieden werden. Die Kupfer-Nickel-Werkstoffe sind in DIN 17 664 genormt.

Eine Sonderanwendung findet der Werkstoff CuNi25 als *Münzlegierung*. Er wird von vielen staatlichen Finanzverwaltungen verwendet.

5.3 Nickel und Nickellegierungen

Tab. 5.4: Physikalische und technologische Eigenschaften von Nickel

Dichte	g/cm^3	8,88
Schmelztemperatur	°C	1453
Elastizitätsmodul	N/mm^2	210 000
Ausdehnungskoeffizient	$10^{-6}/K$	13
Zugfestigkeit[1]	N/mm^2	370 ... 700
Bruchdehnung[1]	%	2 ... 60

[1] abhängig vom Behandlungszustand

Nickel kommt in seinen Erzen häufig zusammen mit Kobalt vor. Es schmilzt bei 1453 °C, Kobalt bei 1490 °C. Nickel besitzt aufgrund seiner kubisch-flächenzentrierten Struktur in reinem Zustand gute Verarbeitungseigenschaften, Kobalt aufgrund seiner hexagonalen Struktur nur mäßige. Beide Metalle zählen zu den Schwermetallen. Die Dichte von Nickel beträgt 8,88 g/cm^3. Für Nickel haben sich in der Technik bedeutende Anwendungen gefunden. Die Verwendung von Kobalt hat sich auf wenige Fälle beschränkt, z. B. als Bindemittel in Hartmetallen und als Legierungsbestandteil in hartmagnetischen Werkstoffen und Werkzeugstählen.
Nickel ist ein sehr korrosionsbeständiges Metall. Durch geringe mischkristallbildende Zusätze läßt sich seine Warmfestigkeit und Zunderbeständigkeit erheblich steigern. Aufgrund seines ferromagnetischen Charakters ist Nickel Basis einer Reihe von Magnet-Legierungen und solchen mit definiertem thermischem Ausdehnungsverhalten.

5.3.1 Reinnickel

Die *Korrosionsbeständigkeit* ist die wirtschaftlich wichtigste Eigenschaft des reinen Nickels. Nickel ist der eigentliche Träger der Korrosionsbeständigkeit galvanisch verchromter Eisengegenstände. Die dekorativen Chrom-Überzüge sind mit mikroskopisch feinen Rissen und Poren durchsetzt und daher nicht in der Lage, das Eisen vor Korrosion zu schützen. Die unter dem Chrom befindliche, ebenfalls galvanisch aufgebrachte Nickel-Zwischenschicht hingegen ist weitgehend porenfrei und schützt das Eisen wirksam. Wenn verchromte Stoßstangen, Radkappen und dgl. vorzeitig zu rosten beginnen, ist das in der Regel ein Zeichen für eine zu sparsam ausgefallene Nickel-Zwischenschicht.

Reines Nickel wird in Laboratorien für Greifzangen und Schmelztiegel verwendet. Der Apparatebau verarbeitet Nickel für Reaktoren in der chemischen Industrie, z. B. für die Behandlung von geschmolzenem Ätznatron. Bei großen Apparaten verwendet man wegen des hohen Nickelpreises auch *Baustahl,* der durch Spreng-, Schweiß- oder Walzplattieren *mit einer Nickelauflage* versehen worden ist.
Die mit dem *Ferromagnetismus* des Nickels verbundene Magnetostriktion ermöglicht seine Anwendung in Unterwasser-Echoloten und Ultraschallgeneratoren für technische Waschanlagen. Als *Magnetostriktion* bezeichnet man geringe Volumenänderungen, die bei magnetischer Erregung auftreten.

Oberhalb der *Curie–Temperatur* von 360 °C verliert Nickel seinen Ferromagnetismus. Bei dieser Temperatur tritt auch die Unstetigkeit der Temperaturabhängigkeit zahlreicher mechanischer

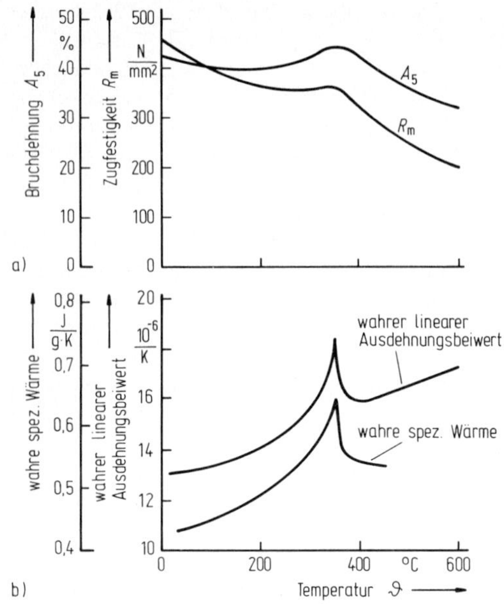

Bild 5.22 Eigenschaften von Nickel in Abhängigkeit von der Temperatur
a) Zugfestigkeit R_m und Bruchdehnung A_5
b) wahre spezifische Wärme dH/dT und wahrer linearer Ausdehnungskoeffizient dl/dT (nach AHRENS, EUCKEN und DANNÖHL)

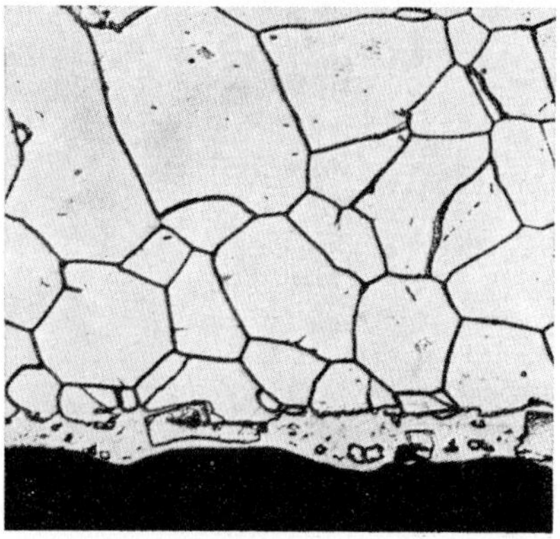

Bild 5.23 Nickel mit Korngrenzenzerstörungen in der Randzone (nach VOLK)

und physikalischer Eigenschaften auf (Bild 5.22). Die kubisch-flächenzentrierte Kristallstruktur ändert sich nicht. Die Eigenschaftsänderungen sind auf gegenseitige Rückwirkungen der Elektronen der äußeren und zweitletzten Schale, die für den Ferromagnetismus verantwortlich sind, zurückzuführen (siehe S. 14).

Die *Gewinnung von Nickel* erfolgt überwiegend aus sulfidischen Erzen durch Röst- und Reduktionsprozesse. Seine Trennung von den in den Erzen ebenfalls enthaltenen Metallen Eisen, Kobalt und Kupfer und weiteren metallischen und nichtmetallischen Beimengungen erfordert einen sehr komplizierten Verfahrensablauf. Der hohe Preis des Nickels (siehe Bild 5.1) liegt nicht zuletzt in seiner komplizierten Metallurgie begründet. Oxidische Nickelerze werden zumeist nur zu Ferronickel verarbeitet. Für die Herstellung von Nickel-Eisen-Legierungen und korrosionsbeständigen Stählen ist das kein Nachteil.

Die *Verarbeitungsverfahren* für Nickel gleichen den für Sonderstähle üblichen, doch dürfen sie nicht kritiklos übernommen werden. Beispielsweise wird die Verarbeitung von reinem Nickel sehr leicht durch seine hohe Affinität zum Schwefel gestört. Ungeschützte Oberflächen in Wärmebehandlungsöfen nehmen Schwefel aus Feuerungsgasen oder den zur Bearbeitung verwendeten und nicht entfernten Bohremulsionen und Schneidölen auf (Bild 5.23). *Schwefel* diffundiert an den Korngrenzen entlang in das Nickel ein und lagert sich als Nickelsulfid ab. Derart geschädigtes Nickel neigt zum Aufreißen bei der Kaltformgebung, zur Warmrissigkeit beim Schweißen und bei der Warmformgebung. Bei Korrosionsbeanspruchung geht die Zerstörung bevorzugt von den verunreinigten Korngrenzen aus.

Nickel hat in flüssigem Zustand ein *besonders hohes Lösungsvermögen für Wasserstoff*. Das kann beim Schweißen sehr leicht zu Porenbildung in der Schweißnaht führen. Dieser Fehler tritt häufig auf, wenn nicht besondere Vorsichtsmaßnahmen getroffen werden, die das Auftreten von atomarem Wasserstoff über dem Schweißbad ausschließen. Atomarer Wasserstoff entsteht bei der Zerlegung von Wasserdampf durch die Desoxidationsmittel (z. B. Titan, siehe S. 249) der aufschmelzenden Schweißzusatzwerkstoffe.

Da die Umhüllung der Stabelektroden Wasser enthält, müssen diese vor dem Schweißen ausreichend (ca. 250 °C Trockentemperatur) getrocknet werden. Molekularer Wasserstoff (H_2-Gas) hingegen ist in geringen Mengen völlig ungefährlich und wird sogar beim Schutzgasschweißen von Nickel dem Argon beigemischt (»Argon-W-5« mit 5 % Wasserstoff).

5.3.2 Legiertes Nickel

Der meistverwendete Legierungszusatz für Nickel ist Mangan. Durch *Mangan* wird die Festigkeit des Nickels gesteigert, ohne die Korrosionsbeständigkeit zu beeinträchtigen. Die Beständigkeit gegenüber schwefelhaltigen Gasen wird verbessert.

Zu Beginn der industriellen Herstellung von Nickel war Mangan über lange Zeit der einzig wirksame Legierungszusatz, um die Warmverformbarkeit zu sichern. Die außerordentlich geringe Löslichkeit von Nickel für Schwefel, die unter 5/1000 % liegt, führt im Verlauf der Erstarrung im Primärgefüge entlang der Korngrenzen zu einer Restschmelze eutektischer Zusammensetzung, die erst bei 645 °C in den festen Zustand übergeht (Bild 5.24). Durch Wiederaufschmelzen beim Anwärmen zum Schmieden oder Walzen bewirkt der Schwefel eine ausgeprägte Warmsprödigkeit. Mangan bindet, wie beim Eisen, den Schwefel als unschädliches Sulfid. Heute wird Magnesium wegen seiner höheren Affinität zum Schwefel für diesen Zweck bevorzugt.

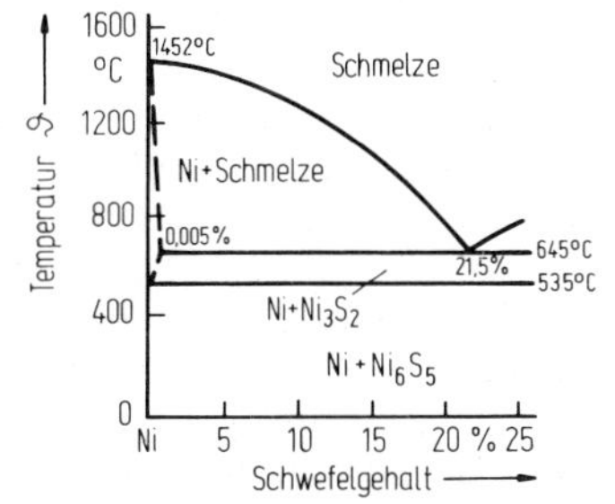

Bild 5.24 Zustandsschaubild Nickel–Schwefel

Manganhaltiges Nickel wird in der Elektrotechnik in Elektronenröhren verwendet. Ein weiterer Zusatz von 1 % bis 2 % *Silizium* steigert die *Beständigkeit* gegen Motorengase und bildet die Grundlage für die Werkstoffe von Zündkerzenelektroden in Ottomotoren. Die geringe Löslichkeit des Nickels für Kohlenstoff wird in *leicht zerspanbaren* Qualitäten (»Wassermesser-Qualität« mit Kohlenstoffzusatz) genutzt. Kohlenstofffreies Nickel neigt bei der spanabhebenden Bearbeitung sehr leicht zur Bildung von Aufbauschneiden an den Bearbeitungswerkzeugen und läßt infolge seiner *Zähigkeit* nur eine geringe Bearbeitungsgeschwindigkeit zu (siehe Bild 5.39). Durch Zusatz von 2 % *Beryllium* zu Nickel erhält man *aushärtbare* Legierungen, die als Werkstoffe für Federn, Membranen etc. bei erhöhter Temperatur eingesetzt werden können.

5.3.3 Nickel-Kupfer-Werkstoffe

In Kanada gibt es ausgedehnte Lagerstätten, in denen Nickel und Kupfererze gemeinsam vorkommen. Bei der Verhüttung dieser Erze entsteht eine »natürliche« Legierung mit ca. 68 % Nickel, 30 % Kupfer und etwas Eisen (*»Monel«*). Diese Legierung ist äußerst korrosionsbeständig gegen Schwefelsäure und eine Reihe weiterer aggressiver Chemikalien. Lange wurde die Ansicht vertreten, daß einer derartigen »Naturlegierung« auch besondere Naturkräfte innewohnen müßten. Inzwischen hat sich die Auffassung durchgesetzt, daß die synthetisch erschmolzenen Legierungen völlig gleichartige Eigenschaften aufweisen und darüber hinaus eine größere Gleichmäßigkeit besitzen, da sie von den Zufällen innerhalb der Lagerstätte des Erzes unabhängig sind.

Nickel-Kupfer-Legierungen sind in DIN 17 743 genormt. Neben dem Werkstoff NiCu30Fe sind dort aushärtbare Qualitäten mit Aluminium-Zusatz sowie Gußlegierungen, die Silizium enthalten, angegeben.
Maßgebend für die *Korrosionsbeständigkeit* von Nickel-Kupfer-Legierungen ist die Bildung von Passivschichten in wäßrigen Lösungen (siehe S. 62). Nur wenn der Aufbau dieser Passivschicht gestört wird, kann es zu lokalem Korrosionsangriff kommen. Doch sind Lochfraß, interkristalline Korrosion, Spannungsriß- oder Schwingungsrißkorrosion bei Nickel-Kupfer-Legierungen äußerst selten und nur beim Zusammentreffen sehr ungünstiger Begleitumstände beobachtet worden. Die Nickel-Kupfer-Legierungen gelten als beständig in reinem, entsalztem und entgastem Wasser (Primärkreisläufe in Kernreaktoren), Meerwasser, Brackwasser, Lösungen anorganischer Salze und nicht oxidierenden Säuren. Stark oxidierende Säuren, z. B. Salpetersäure, stark oxidierende Salze und ammoniakalische Lösungen greifen diese Werkstoffe an.
Für die Herstellung von Apparaten, Kondensatoren und Wärmeaustauschern in der Energieerzeugung, in Kernreaktoren, in Seeschiffen und in der chemischen Industrie ist die bemerkenswerte *Warmfestigkeit* der Nickel-Kupfer-Werkstoffe von besonderem Vorteil (Bild 5.20).

5.3.4 Zunderbeständige und warmfeste Nickellegierungen

Der Wirkungsgrad einer Wärmekraftmaschine hängt entscheidend ab vom Temperaturgefälle, das in dieser Maschine zur Verfügung steht. Deshalb wird systematisch das Ziel verfolgt, das nutzbare Temperaturgefälle zu vergrößern. Das ist praktisch nur möglich durch ständige Steigerung der Ausgangstemperaturen mit Hilfe ständig verbesserter, temperaturbeständiger Werkstoffe. Damit fällt der Werkstofftechnik eine Schlüsselrolle zur wirksamen Nutzung der Energiereserven zu. Die entscheidenden Teile der heute gebauten Wärmekraftmaschinen mit den höchsten Arbeitstemperaturen werden aus **warmfesten Nickel-Legierungen** gefertigt.

Auch bei der Wärmegewinnung aus elektrischer Energie spielt die maximal nutzbare Temperatur der Wärmeabgabe eine erhebliche Rolle. Nach dem STEFAN–BOLTZMANN–Gesetz wächst die Wärmestrahlung (eines schwarzen Körpers) mit der 4. Potenz der absoluten Temperatur. Aus diesem Grund ist man bestrebt, mit *Legierungen für elektrische Heizelemente* eine möglichst hohe Nutzungstemperatur zu erreichen. Die maximale Nutzungstemperatur wird durch *Warmfestigkeit* und *Zunderbeständigkeit* bestimmt.

Die Legierung **NiCr20** bildet die Basis für zahlreiche *warmfeste Legierungen* und *Heizleiterwerkstoffe.* Durch Zusatz von Chrom wird die Schmelztemperatur erhöht. Thermisch aktivierte Prozesse, die die Warmfestigkeitseigenschaften einer Legierung bestimmen, kommen erst bei höherer Temperatur in Gang. Daneben verbessert Chrom die Zunderbeständigkeit.

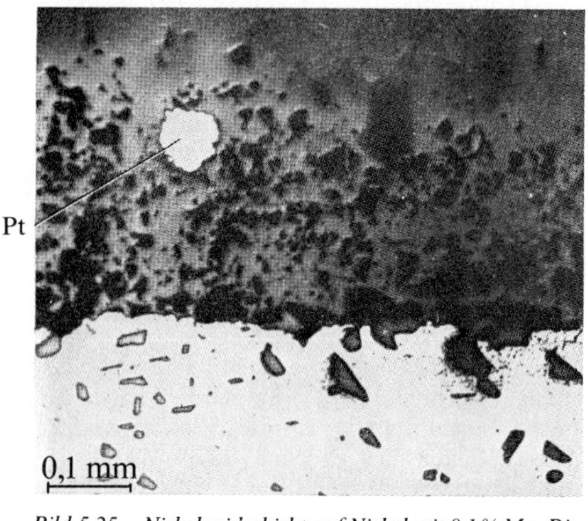

Bild 5.25 Nickeloxidschicht auf Nickel mit 0,1 % Mn. Die Platinmarkierung inmitten der Oxidschicht befand sich vor der Einwirkung des Sauerstoffs auf der Nickeloberfläche (nach ILSCHNER und PFEIFFER)

Oxidschichten auf Metallen wachsen annähernd nach einem *parabolischen Zeitgesetz.* Gesteuert wird der Oxidationsvorgang – sofern er ungestört verläuft – durch Diffusion des Luftsauerstoffs durch die Oxidschicht hindurch zum Metall (Bild 5.25). Die Integration des FICKschen Diffusionsgesetzes (siehe S. 27) ergibt für die quantitative Verfolgung von Zundervorgängen den *Parabelansatz* (Bild 5.26):

$$x^2 = 2\,k \cdot t = k'' \cdot t^1$$

x = Schichtdicke, t = Zeit, k = Zunderkonstante, k'' = »praktische« Zunderkonstante.

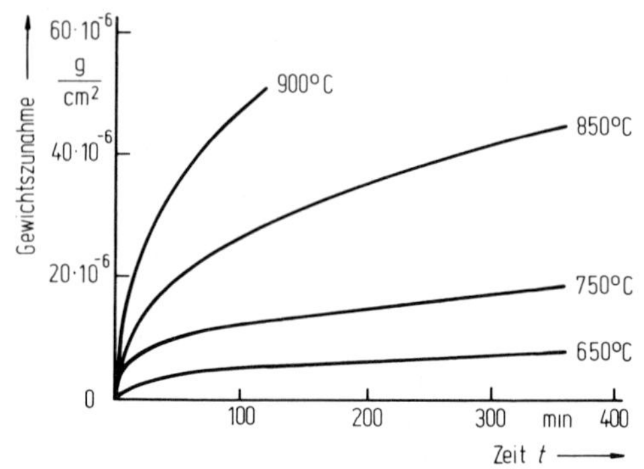

Bild 5.26 Zeitlicher Verlauf der Oxidation von NiCr20 bei ca. 0,1bar Sauerstoffdruck bei verschiedenen Temperaturen (nach GULBRANDSEN und ANDREW)

Durch Legierungszusätze wird die Zunderkonstante verändert (Bild 5.27), jedoch nicht die parabolische Gesetzmäßigkeit.

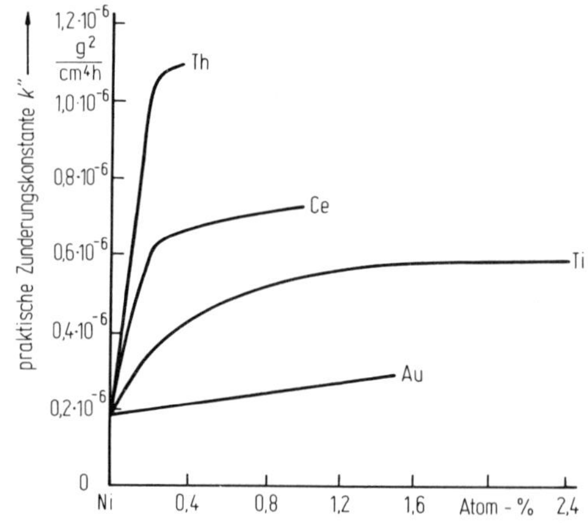

Bild 5.27 Abhängigkeit der praktischen Zunderkonstante k'' vom Fremdmetallgehalt in Nickel für Oxidation in Luft bei 900 ° C (nach HORN)

Im praktischen Gebrauch wird dieser idealisierte Verlauf durch vielfältige Einflüsse *gestört.* Heizleiterdrähte in Elektroöfen und Wärmegeräten werden ständigem Temperaturwechsel ausgesetzt

[1] Die Kohlenstoffdiffusion beim Einsatzhärten unterliegt der gleichen Gesetzmäßigkeit (siehe S. 29).

(unterschiedliche thermische Ausdehnung von Metall und Oxid). Auf die Schaufeln von Gasturbinen wirken Brennaschen oder Salz aus angesaugtem Seewasser ein. Bauteile von Gas- und Ölbrennern und Töpfe in Schutzgasglühöfen arbeiten in ständig wechselnden Atmosphären.
Das Oxidationsverhalten der Legierungen, wie es eingangs durch Gesetze der physikalischen Chemie beschrieben worden ist, wird in der Praxis durch verschiedenartige Einwirkungen auf die Werkstoffe überlagert. Um deren Eignung für technische Zwecke zu kennzeichnen, ist eine Reihe spezifischer Begriffe und Kenngrößen eingeführt worden.
An **Heizleiterwerkstoffen** (Tabelle 5.5) wird die *Lebensdauer* in Stunden oder Schaltzyklen zur Kennzeichnung des Qualitätsstandards geprüft. Die Dimensionierung erfolgt nach der *Oberflächenbelastbarkeit,* die abhängig ist von der Arbeitstemperatur, Gaskonvektion und der Strahlungszahl des Werkstoffs.
Passive Bauteile in Industrieöfen und thermochemischen Anlagen sind häufig weniger hohen Temperaturen ausgesetzt.

Tab. 5.5: Beispiele für die Heizleiterwerkstoffe

Werkstoff-nach DIN 17470	maximale Gebrauchs-temperatur °C	Zeit-dehngrenze $R_{p\,1/1000/1200}$ $\frac{N}{mm^2}$
NiCr 80 20	1250	0,5
NiCr 60 15	1200	0,5
CrAl 25 5 (Ni-frei!)	1350	0,1

Für **hitzebeständige Werkstoffe** (Tabelle 5.6) ist die *zulässige Anwendungstemperatur* kennzeichnend. Diese ist durch folgende Randbedingungen definiert: Bei einer Prüfung über 120 Stunden darf die Verzunderung höchstens 1 g/(m²h) betragen und bei Erhöhen der Prüftemperatur um 50K 2 g/(m²h) nicht überschreiten.
Die *Beschaffenheit der Gasatmosphäre* ist von erheblichem Einfluß auf die zulässige Temperatur und die Lebensdauer der Bauteile. Besonders ungünstig sind ständig zwischen oxidierend und reduzierend wechselnde Bedingungen, bei denen der für die Beständigkeit erforderliche gleichmäßige Aufbau der Zunderschicht wiederholt gestört wird. (Eisen-Chrom-Aluminium-Legierungen können dann sogar Stickstoff aufnehmen und unter Bildung von Nitriden verspröden.)

Tab. 5.6: Beispiele für hitzebeständige Werkstoffe

Kurz-bezeich-nung	Anwend-barkeit in Luft bis °C	Eigenschaften
NiCr20Ti	1100	unter oxidierenden und reduzierenden Bedingungen verwendbar, in schwefelhaltigen Gasen Beständigkeit geringer, hohe Warmfestigkeit
NiCr15Fe	1100	in reduzierender Atmosphäre bis 1150 °C, bei Anwesenheit von Schwefel wie oben, wenig empfindlich gegen Aufkohlung
X 12 NiCrSi 36 16	1100	geeignet in wechselnd reduzierenden und oxidierenden Atmosphären

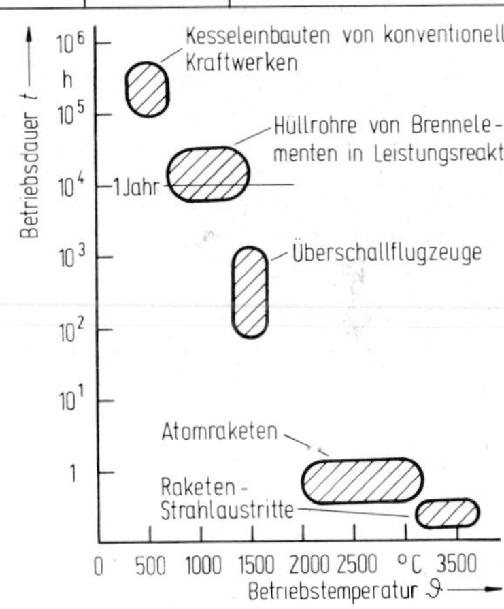

Bild 5.28 Betriebsdauer und Betriebstemperaturen hochbeanspruchter Werkstoffe in konventionellen und neueren Anwendungsgebieten

Hochwarmfeste Legierungen auf der Basis NiCr20 enthalten Zusätze von Titan und Aluminium. Durch Titan und Aluminium werden diese Legierungen *aushärtbar.* Bei der Anwendung derartiger Legierungen für hohe Temperaturen über längere Zeit ist die Möglichkeit der Überalterung zu berücksichtigen. Bei Einsatz hochwarmfester Legierungen hat man also von vornherein mit einer begrenzten Verwendungsdauer zu rechnen. Wäh-

Tab. 5.7: Einfluß der Abkühlgeschwindigkeit nach dem Lösungsglühen auf die Kriechfestigkeit einer Hochtemperatur-Nickelbasislegierung (nach Volk).

Abkühl-bedin-gungen	Kriechverhalten bei 650 °C, Belastung 220 N/mm² Kriechen im sekundären Kriech-bereich %/h	Zeit bis zum Beginn des tertiären Kriechens h	Zeit bis zum Bruch h
Wasser	0,0060	70	111
Öl	0,0052	110	143
Luft	0,0023	90	222
Zusammensetzung: 21,4 % Cr; 2,34 % Ti; 0,38 % Al; 3,08 % Fe; Rest Ni			
Wärmebehandlung: 1) Lösungsglühung 8 h/1080 °C 2) siehe oben 3) Anlassen 16 h bei 700 °C			

rend die Berechnungskennwerte im Druckbehälterbau und im Kraftwerksbau zumeist auf 100 000 Stunden bezogen werden, muß man sich bei Hochleistungswerkstoffen für Strahltriebwerke auf Lebensdauern in der Größenordnung von wenigen 100 Stunden beschränken (Bild 5.28). Entscheidend für die praktische Eignung ist der 2. Kriechbereich (siehe Bild 1.78, S. 34), der auch Gegenstand besonderer Überwachung dieser Werkstoffe ist (Tabelle 5.7).

Die Warmfestigkeit der Nickelbasislegierung **NiCr20AlTi** läßt sich durch Kobaltzusätze steigern. Weitere Legierungszusätze sind Molybdän und Wolfram (Tabelle 5.8).

Tab. 5.8.: Festigkeitseigenschaften einiger hochwarmfester Nickelbasiswerkstoffe bei Raumtemperatur (ausgehärtet)

Zusammensetzung Cr %	Co %	(Ti + Al) %	Ni	Festigkeitseigenschaften 0,1 %-Dehngrenze N/mm²	Zugfestigkeit N/mm²	Bruchdehnung %
20	-	0,5	Rest	350	820	44
20	-	4,0	Rest	610	1090	39
20	16	5,0	Rest	820	1290	25

5.3.5 Korrosionsbeständige Nickellegierungen

Die bereits bemerkenswerte Korrosionsbeständigkeit des Nickels wird noch verbessert durch Zusätze von Chrom, Molybdän und Kupfer. Diese Legierungen übertreffen auch die korrosionsbeständigen austenitischen Stähle an chemischer Beständigkeit. Werkstoffe mit über 45 % Nickel sind nahezu *frei von Spannungsrißkorrosion* (Bild 5.29). *Kornzerfall* ist bei LC-Güten (LC = *low carbon*) und Titan- oder Niob-stabilisierten Qualitäten praktisch *ausgeschlossen*, und *Lochfraßkorrosion* in chloridhaltigen Lösungen tritt nur *unter äußerst ungünstigen Bedingungen* auf. Zusatz von Molybdän und Kupfer ergibt schließlich Legierungen, die gegen Salpetersäure, Schwefelsäure und Phosphorsäure resistent sind. So verwendet man beispielsweise den Werkstoff NiCr21Mo in Brennelementaufbereitungsanlagen der Kerntechnik zum Auflösen von Hüllrohren, die selbst aus chemisch beständigen Werkstoffen bestehen.

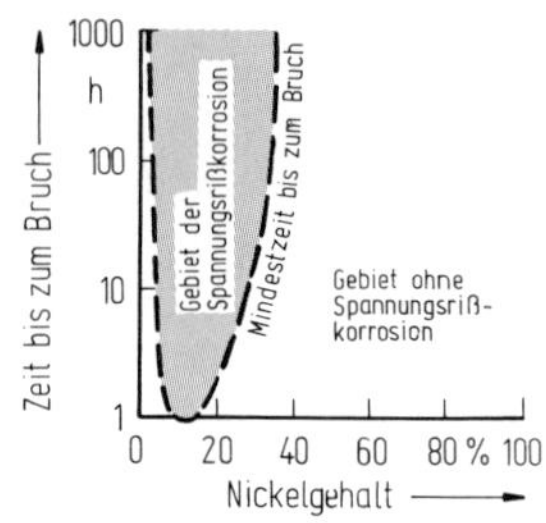

Bild 5.29 *Anfälligkeit von Eisen-Chrom-Nickellegierungen für Spannungsrißkorrosion, Prüfung in kochender $MgCl_2$-Lösung (nach Corson)*

Die **korrosionsbeständigen Nickellegierungen** werden fast ausschließlich vom *Apparatebau für die chemische Industrie* verarbeitet. Die Werkstoffe sind schweißgeeignet und unterliegen den strengen Verarbeitungsbedingungen, wie sie für Nickel und Nickellegierungen erforderlich sind (siehe S. 250).

5.3.6 Nickelhaltige Magnetwerkstoffe

Die Magnetisierbarkeit des reinen Nickels ist deutlich geringer als die des Eisens und Kobalts, wie aus dem Vergleich der Sättigungsmagnetisierung der reinen Metalle folgt (Tabelle 5.9). In den *Legierungen des Nickels mit Eisen,* der wichtigsten Legierungsreihe der hier behandelten magnetischen Werkstoffe, erreicht die *Sättigungsmagnetisierung* bei ca. 50 % Ni ein Maximum (Bild 5.30). Danach fällt sie steil ab und erreicht bei ca. 29% Ni den Wert Null.

Tab. 5.9: Sättigungsmagnetisierung B_{max} ferromagnetischer Stoffe bei Raumtemperatur

Stoff	B_{max} T[1]
α-Eisen	2,140
Kobalt	1,760
Nickel	0,605

[1] 1 T = 1 Tesla = 1 Vs/m²

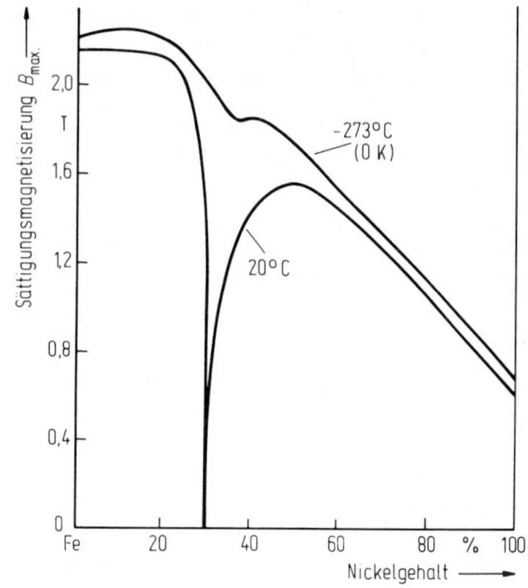

Bild 5.30 Verlauf der Sättigungsmagnetisierung im System Eisen – Nickel (nach PAWLEK*)*

Dieser Verlauf gilt für Raumtemperatur. Die Erklärung für das *Verschwinden der Magnetisierbarkeit* folgt aus dem Zustandsschaubild (Bild 5.31). Danach erreicht die Grenze der magnetischen Umwandlung (CURIE-Temperatur) bei 29 % Ni gerade 20 °C. Bei genügend tiefer Temperatur sind auch Legierungen dieser Zusammensetzung wieder magnetisch (Bild 5.30).

Das Zustandsschaubild Eisen-Nickel zeigt für den Bereich um 75 % Ni eine *Überstruktur,* die etwa der Zusammensetzung $FeNi_3$ entspricht. Der Ordnungsgrad der Überstruktur wird durch die Abkühlgeschwindigkeit unterhalb der aus dem Zustandsschaubild ersichtlichen Grenztemperatur bestimmt. Langsames Abkühlen bewirkt einen relativ hohen Ordnungsgrad verbunden mit niedriger Permeabilität. Durch Abschrecken wird die Überstruktur weitgehend unterdrückt, und man erhält einen Zustand besonders hoher Permeabilität (Bild 5.32). Technische Legierungen enthalten Kupfer und Chrom oder Molybdän, um der Entstehung der Überstruktur entgegenzuwirken.

Aus dem dargestellten Verlauf der physikalischen Eigenschaften im System Eisen-Nickel ergeben sich bereits drei von vier technisch wichtigen

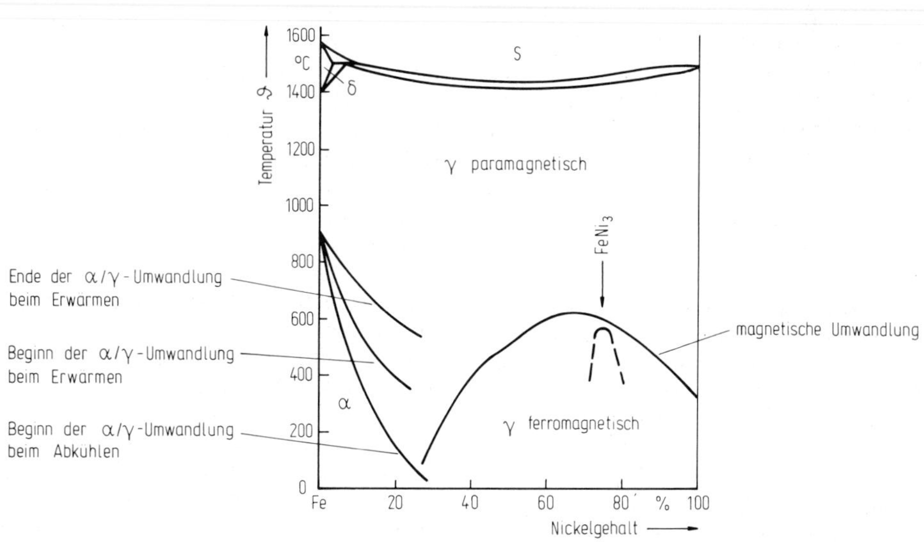

Bild 5.31 Zustandsschaubild Eisen – Nickel (nach HANSEN*)*

Legierungen. Deren Eigenschaften und Anwendungen lassen sich wie folgt umreißen:

- **Eisen-Nickel-Legierungen mit ca. 29 % Ni** sind bei normaler Umgebungstemperatur *unmagnetisch*. Sie werden verwendet im Elektromaschinenbau für Teile, die nicht magnetisierbar sein dürfen. In der Praxis werden heute jedoch fast ausschließlich Legierungen eingesetzt, bei denen ein Teil des Nickels durch Mangan oder Chrom ersetzt ist, z. B. FeNi9Mn8Cr4. Solche Werkstoffe sind kostengünstiger und besitzen bessere Festigkeitseigenschaften. Mit der ursprünglichen Legierung FeNi29 haben sie das Verschwinden der Magnetisierbarkeit bei Raumtemperatur gemeinsam.
- **Eisen-Nickel-Legierungen mit ca. 36 % Ni** zeichnen sich durch einen *geringen Anstieg der Permeabilität* bei kleinen bis mittleren magnetischen Feldstärken aus. Sie sind daher besonders geeignet für die Herstellung verzerrungsarmer Übertrager, wie sie in großem Umfang für elektroakustische Zwecke benötigt werden. Bemerkenswert ist auch der *hohe elektrische Widerstand* dieser Legierungen (Bild 5.33). Damit verbunden sind geringe Wirbelstromverluste. Das ist von Vorteil, wenn dicke Stanzteile, z. B. Klappanker an Relais, benötigt werden.
- **Eisen-Nickel-Legierungen mit ca. 50 % Ni** vereinigen *hohe Anfangspermeabilität* mit *hoher Sättigungsmagnetisierung*. Bevorzugte Anwendungsgebiete sind Meßwandler, Übertrager und Fehlerstromschutzschalter.
- **Nickel-Eisen-Legierungen mit ca. 75 % Ni** besitzen *besonders hohe Permeabilität* bei kleinen Feldstärken (Bild 5.34). Sie sind vorteilhaft, wenn nur kleine Steuerfeldstärken zur Verfügung stehen. Beispiele sind hochempfindliche Fehlerstromschutzschalter und elektronische Bauteile, ferner magnetische Abschirmungen für hochempfindliche Meßgeräte, die gegen Fremdfelder geschützt werden müssen.

Aus der Natur des Magnetismus (siehe S. 14) folgt die besondere Empfindlichkeit bestimmter Eigenschaften gegen Gitterbaustörungen. Permeabilität, Remanenz und Koerzitivfeldstärke reagieren empfindlich auf Versetzungen, die bereits durch geringe Verformungen in das Gefüge eingebracht werden. Bauteile aus **weichmagnetischen Werkstoffen,** wie sie bisher behandelt wurden, müssen *nach der Formgebung schlußgeglüht* werden, um für den Einbauzustand ein störungsfreies Gefüge sicherzustellen. Bei hartmagnetischen

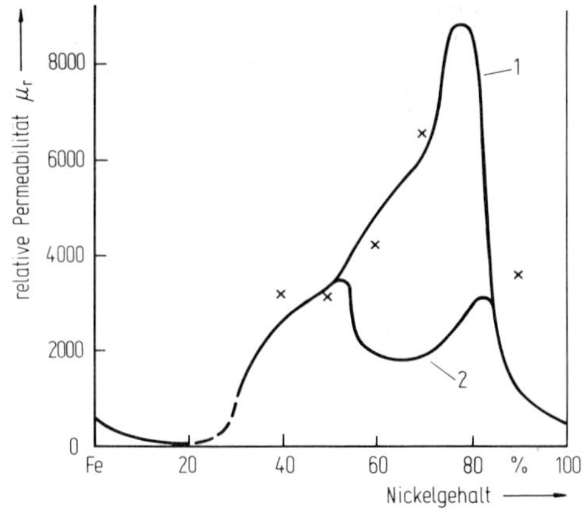

Bild 5.32 Anfangspermeabilität von Eisen-Nickel-Legierungen nach unterschiedlicher Wärmebehandlung (nach DAHL *und* PAWLEK*)*
1: gemessene Werte nach schneller Abkühlung
2: gemessene Werte nach langsamer Abkühlung
x = gerechnete Werte (nach KERSTEN*)*

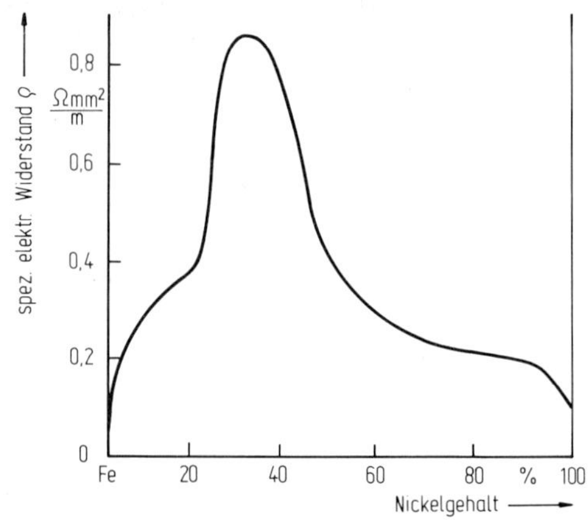

Bild 5.33 Spezifischer elektrischer Widerstand von Eisen-Nickel-Legierungen

Permanentmagneten erübrigt sich diese Forderung, da sich diese in der Regel ihrer hohen Härte und Sprödigkeit wegen nicht verformen lassen. Während Gitterbaustörungen, die die Ummagnetisierung behindern, bei weichmagnetischen Werkstoffen unerwünscht sind, weil sie die Beweglichkeit der BLOCH*wände* (siehe S. 14) behindern, verfolgt man bei **hartmagnetischen Werkstoffen** gewissermaßen das gegenteilige Ziel. Grundlage dieser Werkstoffe sind *Eisen-Nickel-Kobalt-Legierungen hoher Magnetisierbarkeit.* Zusätze von Titan, Aluminium oder Niob ermöglichen Aushärtung. Die bei der Aushärtung gebil-

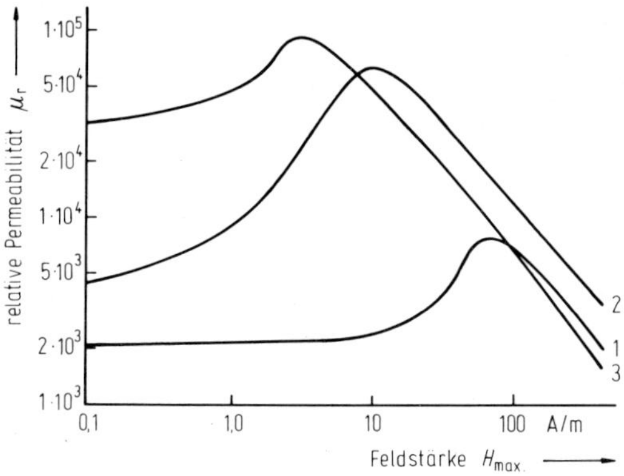

Bild 5.34 Permeabilität verschiedener weichmagnetischer Werkstoffe in Abhängigkeit von der Feldstärke, Eisen-Nickel-Legierungen mit 36 % Ni (1), 50 % Ni (2) und 76 % Ni (3)

deten submikroskopischen Teilchen verriegeln die BLOCHwände. Optimale Eigenschaften werden erzielt, wenn die für diese Aushärtung erforderliche *Wärmebehandlung im Magnetfeld* erfolgt.

5.4 Aluminium und Aluminiumlegierungen

Tab. 5.10: Physikalische und mechanische Eigenschaften von Aluminium

Dichte	g/cm^3	2,70
Schmelztemperatur	°C	660
Elastizitätsmodul	N/mm^2	65 000
Ausdehnungskoeffizient	$10^{-6}/K$	23,8
elektr. Leitfähigkeit	$m/(\Omega\, mm^2)$	36 ... 37,8
Zugfestigkeit[1]	N/mm^2	40 ... 180
Bruchdehnung[1]	%	4 ... 50

[1] abhängig vom Behandlungszustand

Aluminium ist nach Sauerstoff und Silizium das dritthäufigste Element und mit rd. 8 % am Aufbau der Erdkruste beteiligt. Trotz seines häufigen Vorkommens wurde es als Metall erst in der ersten Hälfte und als technischer Werkstoff in der zweiten Hälfte des 19. Jahrhunderts bekannt.

Insbesondere zwei Schwierigkeiten standen seiner Herstellung und Nutzung entgegen. In der Natur kommt Aluminium in Form von Oxiden und Mischoxiden vor. Das Al_2O_3 zählt zu den stabilsten chemischen Verbindungen und dessen Reduktion zu Metall erfordert einen sehr hohen Energieaufwand. Die hierfür erforderlichen technischen Prozesse wurden erst im 19. Jahrhundert entwickelt.

Das zweite Problem, das der großtechnischen Herstellung von Aluminium entgegenstand, ist mit dem ersten ursächlich verknüpft: Alle in der Natur vorkommenden und für die Herstellung von Aluminium geeigneten Rohstoffe enthalten auch Beimengungen solcher Elemente, die leichter zu reduzieren sind als Aluminium. Durch oxidierende Raffination können diese nicht entfernt werden. Aus solchen Rohstoffen direkt reduziertes Aluminium würde in stark verunreinigter Form anfallen und wäre für den technischen Gebrauch als Werkstoff ungeeignet.

Die technische Entwicklung führte zur *Verwendung des elektrischen Stromes unmittelbar als Reduktionsmittel* (Schmelzflußelektrolyse). Der Reduktion wurden ferner nur solche Stoffe unterworfen, die durch eine *vorgeschaltete chemische Raffination* von unerwünschten Beimengungen befreit worden waren. Durch beide Verfahrensmerkmale war es nun möglich, sehr reines Aluminium in jeder gewünschten Menge herzustellen. Ergänzt wurde diese Entwicklung durch die Entdeckung der Festigkeitssteigerung von Aluminiumlegierungen durch Aushärtung. Damit waren die Voraussetzungen zur Nutzung der besonderen physikalischen und chemischen Vorteile des Aluminiums geschaffen.

Es sind insbesondere drei Eigenschaften, denen das Aluminium seine heutige Stellung unter den Werkstoffen verdankt. Sein günstiges *Verhältnis von Festigkeit zu Dichte* wird in der Luftfahrt und der Fahrzeugtechnik genutzt. Ein zweites großes Anwendungsgebiet ist dort entstanden, wo die begrenzte menschliche Muskelkraft maßgebend wird, z. B. bei Infanteriausrüstungen, Camping- und Freizeitbedarf.

Das *Verhältnis von elektrischer Leitfähigkeit zu Dichte* ist das günstigste aller metallischen Werkstoffe. Deshalb hat Aluminium das Kupfer aus dem Hochspannungsfreileitungsbau für die elektrische Energieübertragung verdrängt. Letztlich hat die hervorragende *Witterungs- und Korrosionsbeständigkeit* dem Aluminium ein breites Anwendungsfeld im Bauwesen und bei Gegenständen des täglichen Bedarfs eröffnet.

5.4.1 Unlegiertes Aluminium

Das unlegierte Aluminium wird seiner geringen Dichte und vor allem seiner *Korrosionsbeständigkeit* und seines *dekorativen Aussehens* wegen verwendet. Nach seiner Stellung in der Spannungsreihe ist Aluminium ein unedles Metall. Seine Korrosionsbeständigkeit beruht auf Bildung einer *oxidischen Deckschicht* (siehe S. 62), die das Metall an Luft oder in wäßrigen Lösungen überzieht. Wird die Deckschicht beschädigt, so erfolgt sofort durch Oxidation eine *selbsttätige Ausheilung*. Je stärker oxidierend z. B. angreifende

Säuren wirken, um so beständiger ist die Deckschicht, so daß Aluminium sogar gegen konzentrierte Salpetersäure korrosionsbeständig ist.
Unbeständig ist das Aluminium *gegen* solche Substanzen, die seine schützende Oxidschicht angreifen. Das sind in erster Linie *Alkalien,* die in konzentrierter Form das Aluminiumoxid auflösen. Zu den angreifenden Substanzen gehören auch frischer Mörtel und Baukalk. Im Bauwesen müssen daher Aluminiumteile für Profile und Beschläge durch Abziehfolie oder andere geeignete Maßnahmen geschützt werden, solange an Gebäuden noch Putz- oder Fugearbeiten ausgeführt werden.
Die *natürliche Oxidschicht* der Aluminiumoberfläche ist nur etwa 0,01 µm dick und mit zahlreichen Poren durchsetzt. Örtliche Unterschiede in der chemischen Zusammensetzung des Aluminiums, wie sie durch Kupfer oder Eisen in Form von Beimengungen oder Ausscheidungen vorhanden sein können, führen zur Bildung von *Lokalelementen* (siehe S. 60).
Der hierdurch verursachten Korrosion tritt man auf zweierlei Weise entgegen:
- Beschränken des Gehaltes an schädlichen Beimengungen und
- künstliche Erzeugung porenfreier Deckschichten.

Tab. 5.11: Beispiele für Aluminiumsorten nach DIN 1712 Teil 3

Kurzzeichen	Zulässige Beimengungen in %				
	insges.	Si	Fe	Ti	Cu
Al99,98R	0,02	0,01	0,006	0,003	0,003
Al99,5	0,5	0,25	0,4	0,05	0,05
Al99	1,0	Si + Fe 1,0		0,05	0,05

Eine Übersicht zur chemischen Zusammensetzung unlegierten Aluminiums gibt Tabelle 5.11.
Umschmelzaluminium, das dem Schrottrücklauf aus Gebrauchsgegenständen entstammt, ist nur in beschränktem Umfang frei von unerwünschten Beimengungen und weniger chemisch beständig. **Hüttenaluminium,** das im Kurzzeichen den Zusatz H enthält, ist infolge der chemischen Raffination der Tonerde weitgehend frei von solchen Beimengungen, die die Korrosionsbeständigkeit beeinträchtigen. **Reinstaluminium,** das einer besonderen *Raffinationselektrolyse* (Dreischichtenelektrolyse) unterworfen wurde, besitzt bei einem Gehalt von 99,9 % bis 99,99 % Al hinsichtlich der chemischen Beständigkeit die besten Eigenschaften.
Zur *Verbesserung der natürlichen Deckschicht* des Aluminiums dienen chemische Phosphatier- und Chromatierverfahren. Bekannter und praktisch wichtiger ist die **elektrolytische Oxidation (Anodisation)** von Aluminium. Sie erfolgt in schwefel- oder chromsauren Bädern und erzeugt gleichmäßige, dichte und glasklare Oberflächenschichten, die sich besonders für dekorative Zwecke eignen. Durch Zusätze zum Elektrolyten werden diese Schichten auch farbig. Diese Verfahren spielen bei der Herstellung von Gegenständen des täglichen Bedarfs sowie für Profile, für Beschläge im Bauwesen und für Zierleisten in der Automobilindustrie eine große Rolle.
Die gefügeabhängigen physikalischen und technologischen Eigenschaften der unlegierten Aluminiumsorten lassen sich durch Wärmebehandlung weitgehend beeinflussen. Die *elektrische Leitfähigkeit* des Hüttenaluminiums, das geringe Mengen von Silizium und Eisen enthält, wird durch Glühen bei 250 °C bis 300 °C fast auf den Wert des Reinstaluminiums gesteigert, da diese Elemente unlöslich sind und ausgeschieden werden.

Die elektrische Leitfähigkeit (Tabelle 5.10) beträgt zwar nur 62 % von der des Kupfers, jedoch auf die Dichte der Werkstoffe bezogen das 2,1fache. Neben diesem technischen Vorteil besitzt das Aluminium einen günstigeren Preis je Kilogramm (siehe Bild 5.1). So konnte Aluminium das Kupfer dort aus Anwendungen der Elektrotechnik verdrängen, wo das größere Werkstoffvolumen und die Lötbarkeit keine Rolle spielen.
Der geringe *Elastizitätsmodul* des Aluminiums führt beim Bau von Tragwerken zu einem wesentlich elastischeren Verhalten, verglichen mit gleichartigen Konstruktionen aus Stahl. Ähnliches gilt für die *thermische Ausdehnung,* die rd. das Zweifache von der des Stahles beträgt und beim Bau von Behältern und Rohrleitungen für die Tieftemperaturtechnik zu beachten ist.

Das kubisch-flächenzentrierte Aluminium ist ausgezeichnet *warm-* und *kaltverformbar.* Durch *Strangpressen* lassen sich Profile in außerordentlich vielfältiger Gestalt herstellen. Für das Bauwesen und den Fahrzeugbau wurden Profilsätze für Fenster, Türen oder LKW-Aufbauten entwickelt, die die Gestaltung der fertigen Bauteile nach den Vorstellungen des Konstrukteurs durch einfachen Zusammenbau gestatten. Auch lassen sich bereits für kleinere Serien Sonderprofile wirtschaftlich herstellen, z. B. für Stative von Vermessungsgeräten und Kameras oder auch für Maschinenrahmen.

Für die Verpackungsindustrie werden *Folien* bis zu wenigen µm Dicke durch *Walzen* hergestellt, wobei Querschnittsabnahmen über 99 % üblich sind. Für diesen Zweck müssen Aluminiumsorten verwendet werden, die weitgehend frei sind von nichtmetallischen Einschlüssen und Bestandteilen, wie sie durch Beimengungen von Eisen und Silizium auftreten, da sonst Poren und kleine Löcher im Walzgut entstehen. Deshalb wird hierfür vorzugsweise Reinstaluminium eingesetzt.

Einschlüsse im Aluminium beeinträchtigen auch die *Polierbarkeit.* Für besonders hochwertige Oberflächen, z. B. Reflektoren von Scheinwerfern, sowie in allen Fällen, in denen der Glanz für das dekorative Aussehen fertiger Teile maßgebend ist, wird ebenfalls Reinstaluminium verwendet. Da Reinstaluminium von allen Aluminiumsorten die höchste chemische Beständigkeit aufweist, verwendet man es ferner zum Plattieren von weniger beständigen Aluminiumlegierungen, insbesondere den hochfesten und aushärtenden, die Magnesium, Silizium oder Kupfer enthalten.

Aluminiumwerkstoffe mit hohem Reinheitsgrad im schmelzflüssigen Zutand neigen zur stengligen und grobkristallinen Erstarrung. Zusammen mit dem vorzugsweise verwendeten Stranggießverfahren entsteht in den Walzformaten eine ausgeprägte *Gußtextur.* Diese wird in den ersten Verfahrensstufen zerstört, jedoch neigt Aluminium im späteren Verarbeitungsstadium wiederum zur Ausbildung von *Walztexturen,* denen durch geeignete Abstufung von Abwalzgrad und Zwischenglühung entgegenzutreten ist. Ein weiteres unerwünschtes Phänomen ist die hohe *Wasserstofflöslichkeit* des schmelzflüssigen Aluminiums, die zu *Blasen im Halbzeug und in Gußstücken* führen kann.

5.4.2 Legierungssysteme des Aluminiums

Die breite Nutzung der Vorteile des Aluminiums, nämlich seine geringe Dichte und große Korrosionsbeständigkeit, für Maschinenbau, Fahrzeugbau und Bauwesen wurde erst möglich durch Verbesserung der Festigkeitseigenschaften. Hier spielt für die technische Entwicklung der Aluminiumlegierungen die Entdeckung der *Festigkeitssteigerung durch Aushärten* (WILM, 1906) eine überragende Rolle.

Die wichtigsten *Legierungselemente* für Aluminium sind *Kupfer, Magnesium und Silizium.* Die Zustandsschaubilder der binären Legierungen dieser Elemente mit Aluminium haben Teilbereiche vom eutektischen Typ, begrenzte Mischkristallbildung im Randbereich zum Aluminium und bei höheren Gehalten der Legierungszusätze auch intermediäre Phasen. Entscheidend für die praktische Auswirkung ist die relative Lage dieser Merkmale im Zustandsschaubild zueinander.

Das **Zustandsschaubild Aluminium-Kupfer** (Bild 5.35) zeigt bei 54 % Cu das Auftreten einer intermediären Verbindung Al_2Cu. Intermediäre Verbindungen sind hart, spröde und in technischen Werkstoffen unerwünscht. In allen Al-Cu-Legierungen mit mehr als 5,7 % Cu müßte man mit dem Auftreten dieser Phase rechnen, zumindest als Bestandteil der eutektisch erstarrenden Restschmelze. Gußlegierungen, mit den guten Fließeigenschaften eutektischer Zusammensetzungen, gibt es daher auf der Basis Aluminium-Kupfer nicht. Bei allen kupferhaltigen Aluminiumlegierungen wird das Auftreten primär ausgeschiedener Al_2Cu-Kristalle vermieden. Da infolge des großen Erstarrungsintervalls die *konstitutionelle Unterkühlung* (siehe S. 22) zu berücksichtigen ist, liegt die Zusammensetzung technischer Aluminium-Kupfer-Legierungen mit rd. 4,5 % Cu noch weit unter der Löslichkeitsgrenze von 5,7 % Cu bei eutektischer Temperatur.

Unterhalb dieser Temperatur nimmt die Löslichkeit der zweiten Phase im Mischkristall ab. Damit ist eine der Voraussetzungen für die Aushärtbarkeit dieser Legierungen erfüllt. Bei geeigneter

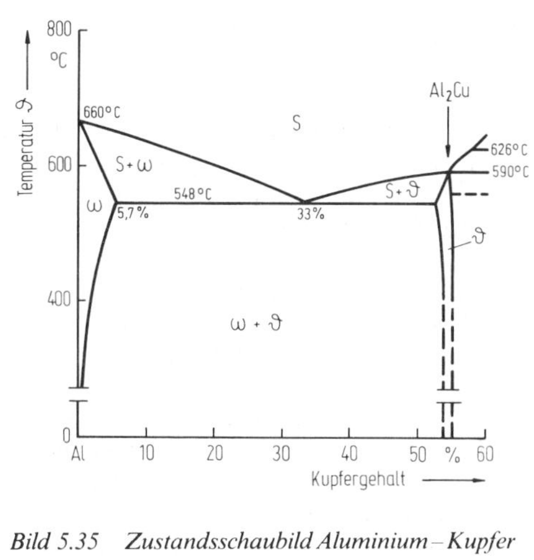

Bild 5.35 Zustandsschaubild Aluminium – Kupfer

Wärmebehandlung erfolgt die *einphasige Entmischung,* die eine Festigkeitssteigerung ohne Versprödung des Werkstoffs bewirkt (siehe S. 52 ff.). Die Aushärtbarkeit von Werkstoffen wurde erstmals bei Legierungen dieses Typs gefunden.

Das **Zustandsschaubild Aluminium-Magnesium** (Bild 5.36) zeigt bei 37,5% Mg die intermediäre Verbindung Al_3Mg_2. Diese Phase ist in Aluminium-Magnesium-Legierungen aus zweierlei Gründen unerwünscht. Sie besitzt eine große Härte und geringe Verformbarkeit und geht bei Korrosionsangriff wegen des hohen Magnesiumgehaltes bevorzugt in Lösung. Diese Gründe beschränken die Brauchbarkeit von Aluminium-Magnesium-Legierungen theoretisch auf den Konzentrationsbereich bis 15 % Mg, praktisch noch weit weniger.

Die *Festigkeitssteigerung* in binären Aluminium-Magnesium-Legierungen wird durch den Mischkristalleffekt bewirkt. Obwohl unterhalb der eutektischen Temperatur der α-Mischkristall eine abnehmende Löslichkeit für die β-Phase aufweist, tritt kein nennenswerter Aushärtungseffekt auf. Die zweite Phase wird grobdispers ausgeschieden, bevorzugt entlang der Korngrenzen. Dabei kann es bei Legierungen oberhalb 7 % Mg zu Korngrenzensäumen von Al_3Mg_2 kommen, die bei diesem Legierungstyp für das Auftreten *interkristalliner Korrosion* verantwortlich sind. Durch Homogenisieren können diese Korngrenzensäume beseitigt werden, doch muß abgeschreckt und bei niedrigerer Temperatur ausgelagert werden, um eine gleichmäßige Ausscheidung des Al_3Mg_2 im Gefüge zu erreichen. Derartig wärmebehandeltes Material ist nicht mehr anfällig für interkristalline Korrosion.

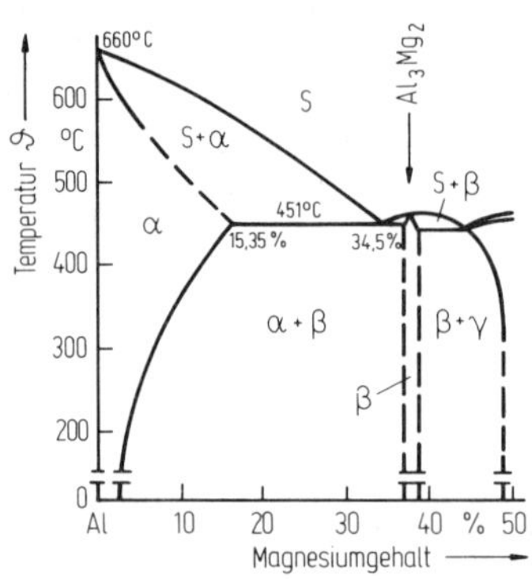

Bild 5.36 Zustandsschaubild Aluminium – Magnesium

Obwohl eutektische Legierungen mit 34,5 % Mg einen sehr günstigen Erstarrungspunkt von 451 °C haben, sind sie als Gußlegierungen unbrauchbar. Bei Anwendung des Hebel-Gesetzes auf Legierungen eutektischer Zusammensetzung erkennt man, daß das Eutektikum zu etwa 80 % aus der spröden Phase Al_3Mg_2 besteht und daher technisch unbrauchbar ist. Deshalb liegen auch *Al-Mg-Gußlegierungen* bevorzugt im Bereich der α-Phase.

Bild 5.37 zeigt das **Zustandsschaubild Aluminium-Silizium.** Wendet man hier wiederum das Hebelgesetz an auf die eutektische Zusammensetzung von 11,7 % Si, ergibt sich folgendes: rd. 90 % des Gefüges bestehen aus dem Aluminium-Silizium-Mischkristall, der Rest aus reinem Silizium. Demnach werden die Eigenschaften des eutektischen Gefüges vorwiegend vom zähen Aluminium-Silizium-Mischkristall und weniger vom spröden Silizium bestimmt. Das sind günstige Voraussetzungen für **Gußlegierungen,** da die eutektische Zusammensetzung auch eine gute Formfüllung beim Gießen und ein feinkörniges Gefüge ermöglicht.

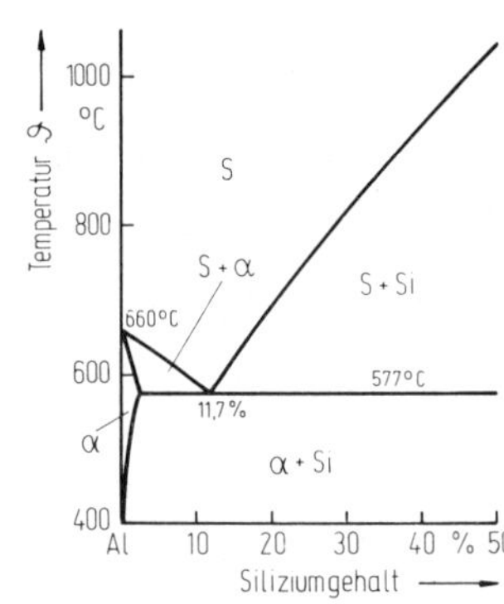

Bild 5.37 Zustandsschaubild Aluminium – Silizium

Im Dreistoffsystem **Aluminium-Magnesium-Silizium** tritt auf der Seite Magnesium-Silizium bei Mg_2Si eine intermediäre Phase auf. Betrachtet man Mg_2Si als eine selbständige Legierungskomponente, so kann man zwischen dieser und dem Aluminium ein Zweistoffschaubild des bekannten Typs zeichnen, wie es in Bild 5.38 wiedergegeben ist. Auf diesem *quasibinären Schnitt* nimmt auf der Aluminiumseite die Löslichkeit für Mg_2Si im α-Mischkristall ab. Es kommt in diesem Bereich, anders als im System Al-Mg oder Al-Si, bei geeigneter Wärmebehandlung zu einer ausgeprägten *Aushärtung.* Gleichartige Voraussetzungen findet man auch im Dreistoffsystem **Al-Mg-Zn** mit der intermediären Verbindung $MgZn_2$. Auf der Grundlage dieser beiden Legierungssysteme wurde eine Anzahl wichtiger aushärtender Aluminiumlegierungen entwickelt.

5.4.3 Wärmebehandlung und Aushärten

Zweck des Aushärtens ist eine Festigkeitssteigerung durch Wärmebehandlung. Zur Festigkeitssteigerung sind Ausscheidungen ganz bestimmter Teilchendurchmesser und in einer definierten Anzahl erforderlich.

Größe und Menge müssen darauf abgestimmt sein, daß Versetzungen, die Träger der Gleitprozesse während der Verformung sind, in ihrer Fortbewegung behindert werden. Typische Teilchendurchmesser bei aushärtenden Aluminiumlegierungen sind ca. 1 nm und typische Teilchenabstände 10 nm bis 20 nm. Somit befinden sich in einem Kubikmillimeter Legierung etwa 10^{10} bis 10^{20} solcher Teilchen. Die theoretischen Voraussetzungen des Aushärtens sind auf S. 52 ff. behandelt.

Der **Aushärtungsablauf** und die dabei auftretenden Vorgänge sollen an dem Beispiel einer Aluminium-Magnesium-Silizium-Legierung dargestellt werden. Bild 5.38a zeigt die Aluminiumseite des quasibinären Schnittes Al-Mg_2Si. Der erste Schritt der Wärmebehandlung ist das *Lösungsglühen* bei einer Temperatur von 520 °C (Punkt 1 in Bild 5.38a). Die Dauer des Lösungsglühens ist derart zu bemessen, daß alle evtl.

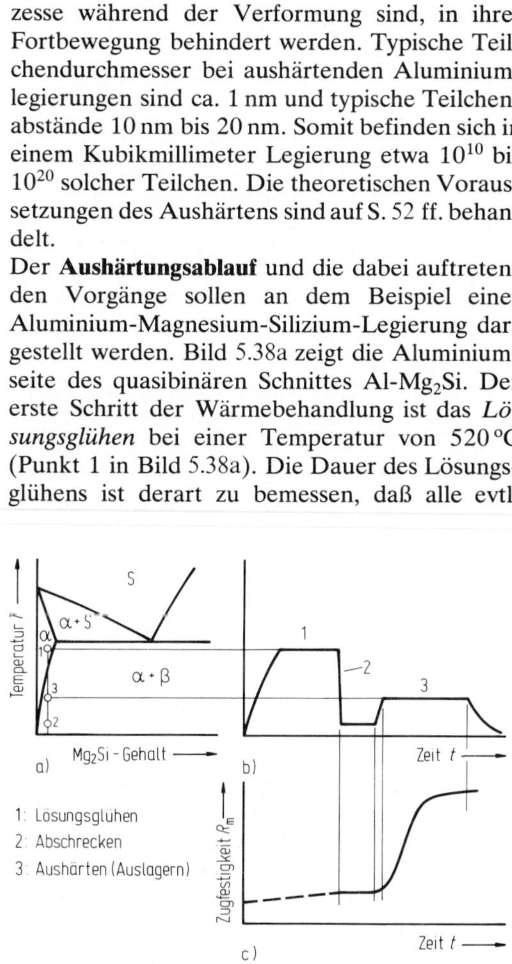

Bild 5.38 Aushärtung einer Aluminiumlegierung (schematisch)
a) quasibinärer Schnitt Al–Mg_2Si
b) Temperatur-Zeit-Verlauf
c) zeitlicher Verlauf der Festigkeitswerte

vorhandenen Ausscheidungen an Mg_2Si, die vom Gußzustand oder von vorausgegangenen Wärmebehandlungen noch vorhanden sein können, mit Sicherheit im α-Mischkristall gelöst werden. Das ist in der Regel nach einer Zeit von 1/2 bis 2 Stunden abgeschlossen.

Anschließend wird der Werkstoff auf Raumtemperatur *abgeschreckt*. Diffusionsvorgänge laufen jetzt nicht mehr oder nur noch sehr träge ab. Die Festigkeit ist im abgeschreckten Zustand gering und entspricht der Mischkristallverfestigung (ist also höher als die der heterogenen Legierung). Erforderliche Kaltverformungen werden zweckmäßig in diesem Zustand geringer Festigkeit vorgenommen. In Bild 5.38a und b entspricht der jetzt vorliegende Zustand dem Punkt 2. Aus Bild 5.38a wird deutlich, daß dies kein Gleichgewichtszustand ist. Der homogene α-Mischkristall wurde auf Raumtemperatur »eingefroren«. Es liegt eine instabile, übersättigte Lösung vor. Das abschließende *Aushärten* erfolgt bei Temperaturen zwischen 125 °C und 175 °C und nimmt je nach Temperatur zwischen 4 Stunden und 3 Tagen in Anspruch. Dabei wird die Festigkeit von ca. 180 N/mm^2 auf ca. 360 N/mm^2 erhöht.

5.4.4 Aluminium-Knetlegierungen

Die **nicht aushärtbaren** *Aluminium-Magnesium-Legierungen* lassen sich gut kaltverformen und polieren. Sie erreichen im weichen Zustand bis ca. 300 N/mm^2 Festigkeit. Besonders geeignet für chemisches Glänzen und Anodisieren sind die aus Reinststoffen aufgebauten Legierungen wie z. B. AlRMg2. Deren Festigkeit ist jedoch etwas geringer, da die sonst vorhandenen Beimengungen fehlen. Legierungen mit Siliziumzusatz (AlMg3Si) sind sehr gut schweißgeeignet.

Bemerkenswert ist die Korrosionsbeständigkeit dieser Legierungen, die selbst gegen Seewasser resistent sind. Verwendung finden sie dort, wo es auf gute Korrosionsbeständigkeit und auf einfache Verarbeitbarkeit ankommt und die Festigkeit noch keine überragende Rolle spielt. Beispiele finden sich in der Blechverarbeitung, bei Fassadenelementen im Baugewerbe, im Fahrzeugbau und ähnlichen Anwendungen.

Aushärtbare Legierungen werden dann bevorzugt, wenn deren günstiges Verhältnis Festigkeit zu Dichte genutzt werden soll. Hier stehen drei Grundtypen von Werkstoffen mit vielfachen Abwandlungen zur Auswahl. Deren Eigenschaften lassen sich wie folgt charakterisieren:

- **AlCuMg-Legierungen** besitzen Festigkeiten bis ca. 450 N/mm², die 0,2%-Dehngrenze beträgt rd. 290 N/mm². Sie sind warm- und kaltaushärtbar. Der Magnesiumzusatz beschleunigt die Aushärtung. Wegen ihres hohen Kupfergehaltes besitzen diese Legierungen nur mäßige Korrosionsbeständigkeit. Dieser Nachteil kann durch Plattieren mit Reinstaluminium größtenteils behoben werden (außer an Schnittkanten!).
- **AlMgSi-Legierungen** besitzen mittlere Festigkeiten um 320 N/mm², erreichen warmausgehärtet eine 0,2%-Dehngrenze von 240 N/mm² und kaltausgehärtet 110 N/mm². Diese Legierungen sind gut korrosionsbeständig, bedingt schweißgeeignet und haben im kaltverfestigten und ausgehärteten Zustand ein besonders hohes Verhältnis von Festigkeit zu elektrischer Leitfähigkeit. Diese Legierungen lassen sich polieren und anodisieren.
- **AlZnMg-Legierungen** erreichen nicht ganz die Festigkeit der AlCuMg-Legierungen (ca. 350 N/mm²). Dagegen ist die Beständigkeit gegenüber chemischer Beanspruchung wesentlich besser. Sie bieten einen guten Kompromiß hinsichtlich Festigkeits- und Korrosionseigenschaften und sind hinreichend schweißgeeignet.
- **AlZnMgCu-Legierungen** erreichen mit 520 N/mm² die höchste Festigkeit aller Aluminiumlegierungen. Ihre Korrosionsbeständigkeit ist wegen des Kupfergehaltes nicht besonders gut. Kaltverfestigt und warmausgehärtet erreichen sie eine Reißlänge von 25 km, was bei Stahl eine Zugfestigkeit von 1900 N/mm² erfordern würde.

Aluminium-Knetlegierungen sind in DIN 1725 Teil 1 und in DIN 1745 bis DIN 1749 genormt.

5.4.5 Aluminium-Gußlegierungen

Die wichtigsten Aluminium-Gußlegierungen sind auf der Grundlage der eutektischen Zusammensetzung im Zustandsschaubild Al-Si aufgebaut. Eutektische **Aluminium-Silizium-Legierungen** besitzen gute Festigkeitseigenschaften und eine ausgezeichnete Vergießbarkeit. Sie sind für Druckguß, Kokillenguß und Sandguß geeignet.

Bei der langsamen Abkühlung von Sandguß macht sich die Neigung des Siliziums zu grobkörniger Ausscheidung im Eutektikum störend bemerkbar, sofern nicht die Schmelzen vor dem Abguß veredelt werden. Zum *Veredeln* wird eine geringe Menge von etwa 0,1 % Natrium vor dem Abguß der Schmelze zugesetzt. Das Natrium ermöglicht eine feinkörnige Erstarrung auch bei der langsamen Abkühlung, die für Sandguß typisch ist. Der Zusatz von Natrium bewirkt eine Unterkühlung der Schmelze unter die eutektische Temperatur mit dem Ergebnis, daß bei verzögertem Erstarrungsbeginn überdurchschnittlich viele Kristallisationskeime in der Schmelze entstehen, die dann zu einer raschen und feinkörnigen Erstarrung führen. Mit dem verzögerten Beginn der Erstarrung verschiebt sich gleichzeitig das Eutektikum zu höheren Siliziumgehalten. Dies ist auch der Grund dafür, daß Sandgußlegierungen etwa 1 % mehr Silizium enthalten als vergleichbarer Kokillenguß, wenn man ausschließlich eutektisches Gefüge erreichen will. Die Normen für eutektischen Aluminium-Silizium-Guß tragen diesem Umstand Rechnung.

Eutektische Aluminium-Silizium-Legierungen werden bevorzugt dann eingesetzt, wenn es auf das gute Fließverhalten besonders ankommt, wie z. B. bei dünnwandigen, druck- und flüssigkeitsdichten Gußstücken im Maschinen- und Gerätebau.

Eutektische **Aluminium-Silizium-Magnesium-Legierungen** sind *aushärtbar*. Ihre Gießeigenschaften werden mit sinkendem Siliziumgehalt schlechter. In Sand abgegossene Gußstücke können geschweißt werden, Kokillenguß nur beschränkt und Druckguß überhaupt nicht mehr. Das ist auf den höheren Gasgehalt zurückzuführen.

Aluminium-Silizium-Kupfer-Legierungen sind ebenfalls *aushärtbar*. Auch ihre Vergießbarkeit wird mit sinkendem Silizium- und steigendem Kupfergehalt schlechter. Ausgehärtet erreichen sie 0,2%-Dehngrenzen von 200 N/mm². Durch Zusatz von Titan wird eine Kornfeinung erreicht, die Legierungen dieses Typs eine gute Zähigkeit, Schlagfestigkeit und Bearbeitbarkeit verleiht.

Die Entwicklung der **Aluminiumkolbenlegierungen** für Verbrennungskraftmaschinen hat in einzelnen Fällen zu übereutektischen Zusammensetzungen geführt. Aluminium-Silizium-Legierungen eutektischer Zusammensetzung haben für den Bereich von 20 °C bis 200 °C einen Wärmeausdehnungskoeffizienten von $20 \cdot 10^{-6}$/K, verglichen mit dem von $12 \cdot 10^{-6}$/K für das Gußeisen der Zylinder bzw. Motorblöcke. Durch steigenden Siliziumzusatz erreicht man eine Senkung des Ausdehnungskoeffizienten der Aluminiumlegierungen, der bei 25 % Silizium etwa (16 ... 17) $\cdot 10^{-6}$/K beträgt. Diese Legierungen sind zur Verbesserung der Warmfestigkeit zusätzlich mit Kupfer und Nickel legiert. Kolben werden in Kokillen vergossen. Durch die rasche Abkühlung in der Gußform ist sowohl mit Eigenspannungen im Gußstück als auch mit der Bildung übersättigter Mischkristalle zu rechnen. Beides würde die Volumenkonstanz des Kolbens beim späteren Betrieb in Frage stellen. Deshalb werden die Gußstücke wärmebehandelt, dabei Eigenspannungen abgebaut und die Legierung soweit wie möglich in die Nähe des thermodynamischen Gleichgewichts gebracht.

Aluminiumlegierungen neigen *während des Schmelzens* in sehr hohem Maße zur *Aufnahme von Wasserstoff*. Der Wasserstoff entsteht bei der Reduktion der Luftfeuchtigkeit durch metallisches Aluminium nach der Reaktion:

$$3\,H_2O + 2\,Al \rightarrow Al_2O_3 + 6\,H.$$

Um die *Porenbildung in Gußstücken* zu vermeiden, dürfen gas- oder ölgefeuerte Öfen, in denen Wasserdampf als Verbrennungsprodukt entsteht, nicht verwendet werden. Auch Schmelzen aus elektrisch beheizten Öfen sind vor dem Abguß zu entgasen. Das erfolgt mit Gießhilfsmitteln, die, in die Schmelze eingetaucht, neutrale Spülgase abgeben. Al_2O_3 wird aus der Schmelze mit Hilfe salzartiger Schlacken entfernt. Druckguß ist wegen der raschen Abkühlung bei weitem nicht so anfällig für Wasserstoffporen wie Kokillen- oder Sandguß. Durch rasches Abkühlen der Schmelze in der Druckgußform wird der Wasserstoff unterkühlt und verbleibt in übersättigter fester Lösung. Daher ist *Druckguß nicht schweißbar*. Beim Wiedererwärmen auf Schmelztemperatur würde der Wasserstoff augenblicklich frei und poröse Schweißnähte erzeugen.

5.4.6 Verarbeitung von Aluminiumlegierungen

Aluminiumknetlegierungen können nach allen bekannten *Warm-* und *Kaltumformverfahren* verarbeitet werden. Besonders bemerkenswert ist die Vielzahl der Profile, die nach dem *Strangpreßverfahren* hergestellt werden.

Die *Zerspanbarkeit* weichgeglühter oder lösungsgeglühter Aluminiumlegierungen ist i. a. gut. Mit besonderen Legierungen für Zerspanungszwecke, die Zusätze an Blei enthalten, lassen sich die *höchsten Zerspanungsleistungen* überhaupt erreichen (Bild 5.39). Ausgehärtete Legierungen höchster Festigkeit sind schwierig zu zerspanen. Die im Aluminium-Silizium-Guß eingelagerten Siliziumkristalle bewirken infolge ihrer Härte einen sehr hohen Werkzeugverschleiß.

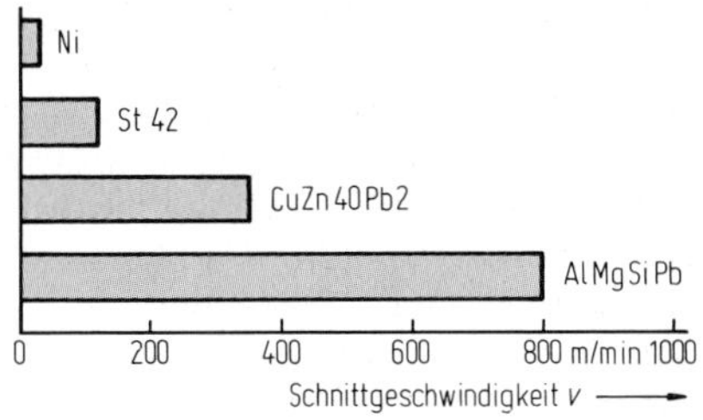

Bild 5.39 *Schnittgeschwindigkeiten beim Drehen verschiedener Werkstoffe (Hartmetall, Schnittiefe ca. 3 mm, Vorschub ca. 1,6 mm)*

Schwierigkeiten beim *Schweißen* beruhen auf:
- Rißneigung und
- Aluminiumoxidhäuten.

Aluminium und seine Legierungen sind normalerweise mit einer festhaftenden *Oxidhaut* überzogen. Deren Schmelztemperatur liegt bei 2060 °C. Sie würde beim Aufschmelzen des Grundwerkstoffs im Schweißgut filmartige Einschlüsse bilden, die festigkeitsmindernd wirken. Diese Oxidhaut kann auf zweierlei Weise beseitigt werden:
- *Flußmittel* lösen den Oxidüberzug und überführen ihn in eine leichte, auf dem Schmelzbad schwimmende Schlacke, deren Schmelzpunkt unter dem des Aluminiums liegt. Flußmittel werden praktisch nur beim *Gasschweißen* verwendet. Sie müssen wegen ihrer großen chemischen Aktivität und der damit verbundenen Korrosionsgefahr nach dem Schweißen rückstandslos beseitigt werden. Das erfordert große Sorgfalt und einen erheblichen Aufwand.
- Beim *Schutzgasschweißen* (WIG, MIG) unter Argon oder Helium wird die Oxidhaut durch Vorgänge beseitigt, die im wesentlichen auf thermischer Dissoziation beruhen. Flußmittel sind nicht erforderlich. Dieser als »Reinigungswirkung« bezeichnete Vorgang ist nur bei (+)-Polung der Elektrode (oder Wechselstrom) wirksam. Die Ar^+-Ionen zerstören durch Aufschlagen auf das Werkstück ((−)-Pol), unterstützt durch die hohe Temperatur, die Oxidhaut. Schutzgasschweißverfahren haben das Gasschweißen heute weitgehend verdrängt.

Die *Schweißeignung* von Aluminium und Aluminiumlegierungen wird u. a. bestimmt von der chemischen Zusammensetzung:
- des Grundwerkstoffes,

– des Zusatzwerkstoffes und
– des daraus entstehenden Schweißbades.

Die Vorgänge beim Erstarren sind vom Schmelzintervall und den durch die Abkühlgeschwindigkeit gegebenen Kristallisationsbedingungen abhängig. Sie bestimmen weitgehend Auftreten und Ausmaß der *Schweißrißempfindlichkeit.* Diese Risse sind fast immer Heißrisse, d. h., sie entstehen beim Abkühlen im Temperaturbereich des Schmelzintervalls. Größere Wärmezufuhr (Gasschweißen) beim Schweißen führt zu längeren Abkühlzeiten und dadurch zu einer erhöhten Rißneigung.

Die Schweißeignung der typischen *Knetlegierungen AlMg* nimmt mit zunehmendem Magnesiumgehalt schnell ab, weil die Menge der spröden intermediären Phase Al_3Mg_2 ebenfalls zunimmt, wie Bild 5.36 erkennen läßt.
Bei den beiden wichtigsten Legierungen AlMg3 und AlMg5 hängt die Schweißeignung wesentlich von der Menge der Begleitelemente Silizium und Eisen ab. Aus dieser Erkenntnis wurde die praktisch schweißrißfreie Legierung AlMg3Si mit einem mittleren Gehalt von 0,6 % Si entwickelt.
Die *AlSi-Gußlegierungen* – insbesondere die Legierungen in der Nähe des Eutektikums – sind schweißrißfrei. Das beruht im wesentlichen auf der sehr geringen Volumenänderung beim Übergang flüssig/fest und den damit verbundenen geringen rißbegünstigenden Spannungen. Druckgußlegierungen lassen sich, wegen der mit hohem Druck freiwerdenden Gase, nicht schweißen. Leidlich schweißbar ist nur GD-AlSi12.
Die aushärtbaren *Mehrstoff-Al-Legierungen AlCuMg, AlMgSi, AlZnMg* können intermediäre Phasen bilden. Deren Anwesenheit führt zu spröden, teilweise eutektischen Gefügen mit ausgeprägter Schweißrißbildung. Lediglich die kaltaushärtende Legierung AlZnMg1 ist hinreichend sicher schweißbar. Außerdem bietet sie den Vorteil, daß sie in etwa 3 Monaten nach dem Schweißen bei Raumtemperatur nahezu auf Ausgangsfestigkeit aushärtet.

5.5 Magnesium und Magnesiumlegierungen

Magnesium und insbesondere seine Legierungen sind Werkstoffe, deren Anwendungsmöglichkeiten in der Technik noch nicht voll entfaltet sind. Einer der Gründe ist die *hohe chemische Reaktionsfähigkeit.* Sie erfordert ganz besondere Schutzmaßnahmen gegen Selbstentzündung beim Schmelzen und Gießen sowie bei der Zerspanung. Die erforderlichen *Sicherheitsmaßnahmen* sind jedoch einfach und zuverlässig.

Tab. 5.12: Physikalische und mechanische Eigenschaften von Magnesium

Dichte	g/cm^3	1,74
Schmelztemperatur	°C	649
Elastizitätsmodul	N/mm^2	45 000
Ausdehnungskoeffizient	$10^{-6}/K$	25
Zugfestigkeit[1]	N/mm^2	80 ... 180
Bruchdehnung[1]	%	1 ... 12

[1] abhängig vom Behandlungszustand

Magnesium und seine Legierungen besitzen die **geringste Dichte** aller metallischen Werkstoffe bei gleichzeitig mittleren Festigkeitseigenschaften (Tabelle 5.12). Es ist hervorragend zerspanbar, seine Legierungen werden vorwiegend für Sand-, Kokillen- und Druckguß verwendet. Die hohe Affinität zum Sauerstoff macht trotz der schützenden Oxidschicht Korrosionsschutzmaßnahmen erforderlich.

5.5.1 Reinmagnesium

Magnesium gehört zu den häufig vorkommenden Stoffen. Es ist mit 1,95 % am Aufbau der Erdrinde beteiligt. Seine Karbonate Magnesit $MgCO_3$ und Dolomit $CaCO_3 \cdot MgCO_3$ haben in der Stahlindustrie als feuerfeste Stoffe Bedeutung erlangt. Für die Magnesiumherstellung ist der Karnallit, ein in Kalilagerstätten vorkommendes Magnesium-Kalium-Doppelchlorid, bedeutender, sowie Meerwasser, das etwa 0,15 % Magnesium enthält. Etwa Dreiviertel der Weltproduktion von Magnesium wird durch *Schmelzflußelektrolyse,* ein Viertel durch thermische Reduktion und Destillation gewonnen.
Die *hexagonale Gitterstruktur* und die geringe Neigung zur Zwillingsbildung läßt im polykristallinen Werkstoff *nur geringe Verformungen* zu, obwohl bei Einkristallen eine Dehnung über 500 % erreicht werden kann. Die Ursache ist die gegenseitige Gleitbehinderung der unterschiedlich orientierten Kristallite, die nur eine Verformung über die jeweilige Basisebene erlauben. Oberhalb 220 °C nimmt die Verformbarkeit durch Bildung neuer Gleitebenen nahezu sprunghaft zu. Größere Verformungen müssen daher oberhalb dieser Temperatur erfolgen.
Dennoch hat unlegiertes Magnesium als Werkstoff kaum Bedeutung erlangt. Seine Verwendung

liegt in der anorganischen Chemie, der Desoxidation von Metallen (Nickel und Nickellegierungen, Herstellung von Grauguß mit Kugelgrafit) und der thermischen Reduktion von Metallen und Legierungen.

5.5.2 Magnesiumlegierungen

Durch die sehr hohe Schwindung von 4 % während der Erstarrung neigt Magnesium zur *Mikroporosität.* Das grobkristalline Primärgefüge und die geringe Verformbarkeit des hexagonalen Gitters sind die Ursachen der schlechten Zähigkeit und *hohen Kerbempfindlichkeit.* Diese Nachteile lassen sich durch Legieren mit *Aluminium* und *Zink* weitgehend vermeiden. Da *Mangan* zudem die Korrosionsbeständigkeit verbessert, enthalten die wichtigsten Magnesiumlegierungen diese drei Zusätze. Magnesiumlegierungen mit *Cer* und *Thorium* zeichnen sich durch gute Warmfestigkeit bis 220 °C bzw. 300 °C aus. *Zirkon* dient der Kornfeinung.

Tab. 5.13: Magnesiumlegierungen, technologische Eigenschaften

Werkstoff	Handelsform	Zugfestigkeit $\frac{N}{mm^2}$	0,2%-Dehngrenze $\frac{N}{mm^2}$	Bruchdehnung A_5 %
G-MgAl 9 Zn 1	Sandguß Kokillenguß Druckguß	170[1]	90[1]	3
MgAl 6 Zn	Bleche Stangen Schmiedeteile	260	160	8

[1] lösungsgeglüht, Mindestwerte im Gußstück

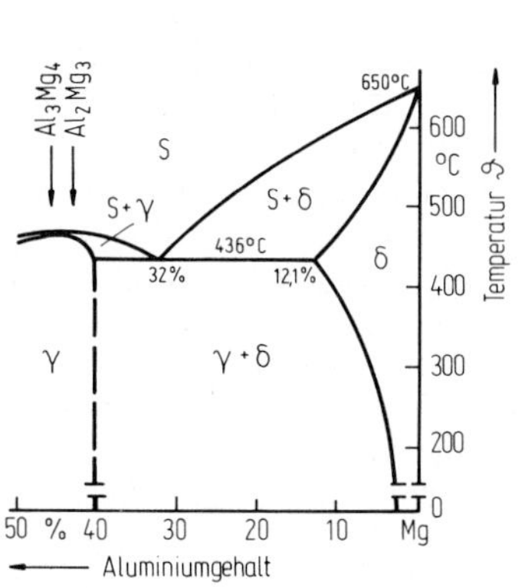

Bild 5.40 Zustandsschaubild Magnesium–Aluminium

Aus der chemischen Zusammensetzung der Legierungen (Tabelle 5.13) ist in Verbindung mit den Zustandsschaubildern (Bild 5.40 und 5.41) zu erkennen, daß die Legierungen bei Raumtemperatur *mehrphasig* sind. Neben homogenen Mischkristallen treten intermediäre Phasen auf. Durch Lösungsglühen und nachfolgendes Anlassen läßt sich deren Verteilung und damit das Festigkeitsverhalten der Werkstoffe beeinflussen. Die beste *Zähigkeit* besitzen die Legierungen im lösungsgeglühten und rasch abgekühlten Zustand. Langsames Abkühlen nach dem Lösungsglühen verbessert die Festigkeit auf Kosten der Zähigkeit.

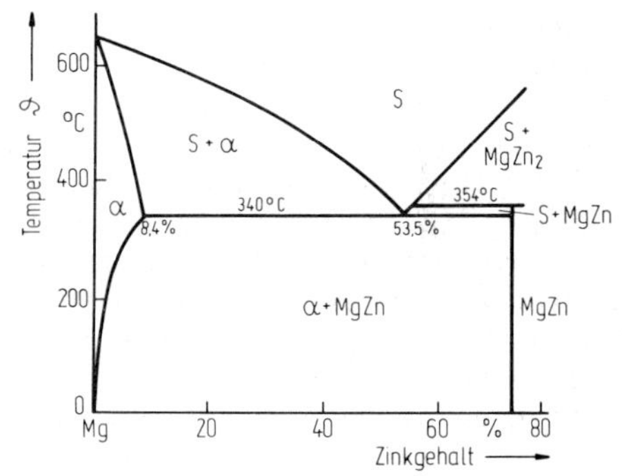

Bild 5.41 Zustandsschaubild Magnesium–Zink (vereinfacht)

Da die Verformung durch Abgleiten der Kristallite über die hexagonale Basisebene erfolgt, entsteht beim *Kaltwalzen* von Flachprodukten eine ausgeprägte *Textur,* die sich auch durch Rekristallisieren nicht beseitigen läßt. Deshalb hat Magnesium für Bleche und Bänder nur geringe Bedeutung. Schwerpunkt der Verwendung sind *Guß-, Gesenkschmiede-* und *Drehteile* aus stranggepreßten Stangen.

Für alle *Formguß*verfahren sind geeignete Legierungen entwickelt worden. Magnesiumlegierungen werden in Eisentiegeln erschmolzen unter einer breiigen Salzdecke von Magnesiumchlorid, Magnesiumoxid und Kalziumfluorid. Die Schmelze wird mit dem Salz durchgerührt, um Oxid- und Chloridreste zu entfernen. Die anschließende Überhitzung der Schmelze auf 850 °C bis 900 °C sichert feinkörnigen Guß mit besten mechanischen Eigenschaften. Das ist auf restlose Auflösung noch vorhandener Kristallisationskeime bei der erhöhten Temperatur zurückzuführen, der die schlagartige Bildung einer großen Anzahl neuer Keime bei Erstarrungstemperatur folgt.

Die Gießtemperaturen liegen zwischen 680 °C und 800 °C. Vor dem Guß wird die Schmelze mit Schwefel abgedeckt, und der Gießstrahl muß in einem Schlauch von SO_2 eingehüllt sein, um eine Entzündung der Schmelze an der Luft zu verhindern.
Bei *Sandguß* wird dem Formsand Schwefel oder Borsäure beigemengt. Das verhindert die Reaktion der Schmelze mit dem Sand und sichert eine gute Gußoberfläche.
Bei *Druckguß* werden wesentlich höhere Formstandzeiten als bei Zink und Aluminium erzielt. Magnesium erodiert die Druckgußformen nicht, weil seine Löslichkeit in Eisen sehr gering ist. Gegenüber Zinkdruckguß ist die geringere Dichte vorteilhaft. Pro kg Werkstoff kann fast die vierfache Anzahl von Teilen hergestellt werden. Verglichen mit Aluminium erlaubt der geringere Wärmeinhalt des Magnesiums eine erhöhte Schußzahl. Das begründet den Vorteil von Magnesiumlegierungen auf diesem Gebiet. Ungeschützte Teile aus Magnesiumlegierungen überziehen sich an Luft rasch mit einer unansehnlichen grauen Oxidhaut. In aggressiver Atmosphäre, z. B. Seeluft, sind Magnesiumlegierungen nicht beständig. Das erfordert Maßnahmen zum *Korrosionsschutz*. Dafür geeignet ist das Beizen in einer Mischung von Salpetersäure und Kaliumbichromat. Die Legierungen überziehen sich dabei mit einer fest haftenden, bronzeähnlich aussehenden oxidischen Schutzschicht, die für normale Beanspruchungen ausreicht. In Seeluft ist zusätzlicher Anstrich erforderlich.

5.6 Titan und Titanlegierungen

Tab. 5.14: Physikalische Eigenschaften von Titan

Dichte	g/cm^3	4,5
Schmelztemperatur	°C	1670
Elastizitätsmodul	N/mm^2	110 000
Ausdehnungskoeffizient	$10^{-6}/K$	9

Titan vereinigt hohe *Festigkeit* mit geringer *Dichte* und ausgezeichneter *Korrosionsbeständigkeit.* Dieser ungewöhnlich günstigen Kombination von Eigenschaften verdankt es trotz seines hohen *Preises* eine ausgedehnte Verwendung auf technischen Spezialgebieten. Titanlegierungen findet man im Flugzeugbau, in Strahltriebwerken und Hochleistungsmotoren, unlegiertes Titan im chemischen Apparatebau und in der Galvanotechnik.

5.6.1 Unlegiertes Titan

Bei der *Herstellung* fällt Titan hoher Reinheit als poröses Metall, sogenannter Schwamm, an. Bereits geringe Mengen Sauerstoff, Wasserstoff, Stickstoff und Kohlenstoff beeinträchtigen seine Zähigkeit. Deshalb wird der Schwamm im Hochvakuum umgeschmolzen. Die für die Weiterverarbeitung geeigneten *Umschmelzblöcke* werden nach Härte und Festigkeit klassifiziert, weil die analytische Bestimmung der geringen Gehalte der genannten Beimengungen sehr aufwendig ist. Tabelle 5.15 gibt einen Überblick über die technischen *Titansorten.*

Unlegiertes Titan besitzt bei Raumtemperatur *hexagonale* Struktur **(α-Phase)** und daher nur *mäßige Kaltverformbarkeit.* Oberhalb 882 °C ist Titan *kubisch-raumzentriert* **(β-Phase).** Durch besondere Legierungszusätze kann die kubisch-raumzentrierte Struktur bei Raumtemperatur stabilisiert werden.
Die *Festigkeit* von unlegiertem Titan wird durch Art und Menge der Beimengungen wesentlich beeinflußt. Für Zwecke, bei denen höchste Zähigkeit nicht erforderlich ist, z. B. bei Gestellen in der Galvanoindustrie, kann die erhöhte Festigkeit des sauerstoffhaltigen TiF60 genutzt werden.
Durch geringe *Wasserstoffaufnahme,* z. B. bei unsachgemäß geführter Wärmebehandlung, wird die Zähigkeit stark verringert. Ursache sind plattenförmige Ausscheidungen von Titanhydrid, die wie innere Kerben im Gefüge wirken.
Titan hat eine sehr hohe Affinität zum Sauerstoff und ist seiner Natur nach ein sehr unedles Metall. In oxidierender Umgebung bildet sich auf der Oberfläche eine fest haftende, sehr resistente Oxidschicht. Diese ist Träger der *Korrosionsbeständigkeit.*
Unlegiertes Titan findet *Verwendung* bei oxidierenden Säuren und Säuregemischen und ist selbst gegen Königswasser beständig. In neuerer Zeit wird die Verwendung als Werkstoff für Wärmetauscher in Meerwasserentsalzungsanlagen und in Küstenkraftwerken mit Meerwasser- oder Brackwasserkühlung erwogen. Die an Titan auftretende Tropfenkondensation ergibt gegenüber herkömmlichen Werkstoffen einen verbesserten Wärmeübergang. Die niedrigere Dichte gleicht den Unterschied der Werkstoffkosten teilweise aus.
Abgesehen vom Schmelzen werden für die *Verarbeitung* von unlegiertem Titan die von Stählen

Tab. 5.15: Technische Titansorten

Bezeichnung	Chem. Zusammensetzung in % (Richtwerte)				Festigkeitseigenschaften von unlegiertem Titan			
					Zugfestigkeit	1%-Dehngrenze	Bruchdehnung A_5	Härte
	Ti	O	C	Fe	$\frac{N}{mm^2}$	$\frac{N}{mm^2}$	%	HV 30
TiF 35	min. 99,5	0,10	0,08	0,20	300...420	min. 200	min. 30	ca. 120
TiF 55	min. 99,3	0,25	0,10	0,30	470...600	min. 360	min. 18	ca. 160
TiF 60	min. 99,2	0,30	0,10	0,35	550...750	min. 420	min. 16	ca. 180

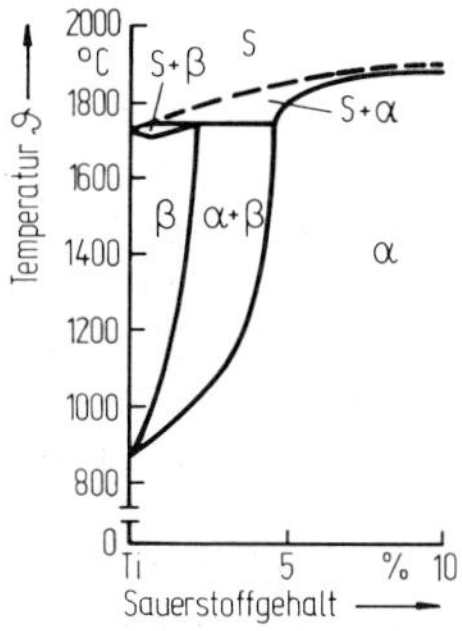

Bild 5.42 Zustandsschaubild Titan–Sauerstoff, Ausschnitt (nach BUMPS)

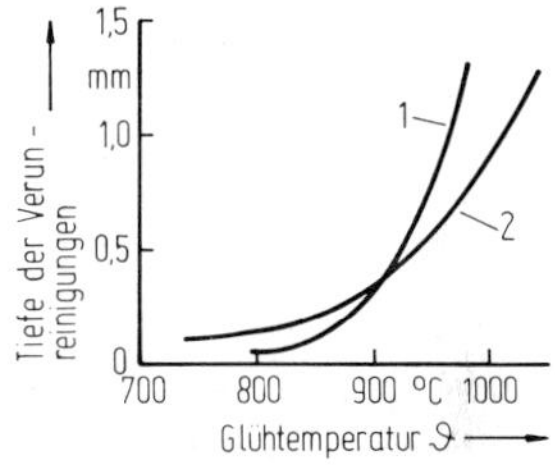

Bild 5.43 Dicke der durch Sauerstoff und Wasserstoff verunreinigten Oberflächenzonen nach 10 h Glühzeit (dargestellt durch Härteanstieg um 75 HV, nach KNORR)
1: unlegiertes Titan, 2: TiAl4 Mn4

bekannten Verfahren eingesetzt. Diese werden den besonderen Eigenschaften des Titan angepaßt.
Die Fähigkeit des Titan, Mischkristalle zu bilden (Bild 5.42), die mehrere Prozente Sauerstoff enthalten können, ist ungewöhnlich. Das führt bei *Wärmebehandlung* oder *Warmformgebung an Luft* zu einer *Sauerstoffaufnahme der Oberfläche*, die das zulässige Maß bei weitem überschreiten kann. Bei Schmiedeteilen und Werkstücken, die ohnehin spanabhebend bearbeitet werden müssen, ist das ohne praktische Bedeutung, da die durch Gaseinwanderung versprödete Schicht entfernt wird (Bild 5.43). Kleinere Teile und *geringe Querschnitte* müssen *im Vakuum* oder *unter Edelgas* als Schutzgas *wärmebehandelt* werden.
Schweißen ist unter Edelgas oder im Vakuum möglich. Die Schweißnaht muß bis zum Erkalten im Vakuum oder unter dem schützenden Edelgasschleier gehalten werden. Ihre Güte kann sehr einfach durch Härteprüfung kontrolliert werden. Eine Aufnahme von Sauerstoff oder Stickstoff zeigt sich in einer Härtesteigerung.
Titan ist ein zäher, *schwer zerspanbarer* Werkstoff. Die Schnittgeschwindigkeit liegt bei etwa 1/20 der von unlegierten Stählen. Feine Drehspäne und Schleifstaub sind feuergefährlich.

5.6.2 Titanlegierungen

Legierungszusätze von *Aluminium, Zinn* oder *Sauerstoff* begünstigen die hexagonale, solche von *Vanadium, Chrom* und *Eisen* die kubisch-raumzentrierte Struktur. Besonders deutlich wird dieser Sachverhalt in den Zustandsschaubildern Ti-Al und Ti-V, die in Bild 5.44 und 5.45 wiedergegeben sind. Während das Zustandsfeld der α-Phase bei unlegiertem Titan von Raumtemperatur bis 882 °C reicht, wird es durch Zusatz von 30 % Aluminium auf 1240 °C erweitert. Im Vergleich dazu bewirken bereits weniger als 30 % Vanadium, daß die kubisch-raumzentrierte β-Phase bis Raumtemperatur stabil ist. Damit ist die Möglichkeit gegeben, *für technische Anwendungen* sowohl *hexagonale, kubisch-raumzentrierte* als auch *mehrphasige Legierungen* zu entwickeln.
Die technischen Titanlegierungen sind komplexer aufgebaut als die Zweistoffzustandsschaubilder erwarten lassen. In Tabelle 5.16 sind drei wichtige

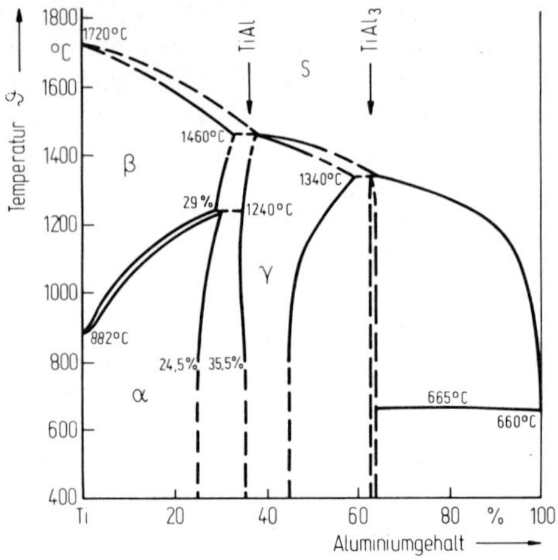

Bild 5.44 Zustandsschaubild Titan–Aluminium

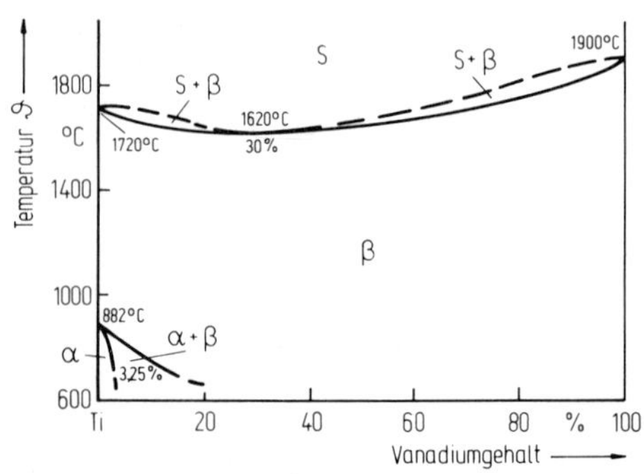

Bild 5.45 Zustandsschaubild Titan–Vanadium

Tab. 5.16: Titanlegierungen, Festigkeitseigenschaften (weichgeglüht)

Werkstoff	Zugfestigkeit N/mm²	0,2%-Dehngrenze N/mm²	Bruchdehnung A_5 %	Kristallstruktur
TiAl5Sn2,5	880	840	18	α (hdP)
TiAl6V4	1200	1050	15	α + β
TiV13Cr11Al3	1270	1200	15	β (krz)

Beispiele aufgeführt. Wesentliche Grundeigenschaften sind durch die Struktur vorgegeben:

- **Hexagonale α-Legierungen** sind nur mäßig kaltverformbar, besitzen aber gegenüber den kubisch-raumzentriert aufgebauten den Vorteil, daß die Diffusionsgeschwindigkeit der versprödend wirkenden Elemente Sauerstoff, Stickstoff und Kohlenstoff wesentlich geringer ist. Für *Anwendungen bei höheren Temperaturen*, z. B. in Strahltriebwerken, gibt man α-Legierungen den Vorzug.
- **Kubisch-raumzentrierte β-Legierungen** sind in ihrer *Festigkeit* den α-Legierungen überlegen. Allerdings ist deren Dichte merklich höher, da nicht weniger als 13 % Vanadium und 11 % Chrom, beides Schwermetalle mit hoher Dichte, zugegeben werden, um die β-Phase bei Raumtemperatur zu stabilisieren. Wesentlicher Vorteil dieser Legierungen ist die bessere *Kaltverformbarkeit.*
- Die **zweiphasigen (α + β)-Legierungen** erreichen zwar nicht die hohe Festigkeit der reinen β-Legierungen, besitzen aber durch geringere Dichte ein *besonders günstiges Verhältnis von Festigkeit zu Dichte.* Sie stellen einen sinnvollen Kompromiß zwischen α- und β-Legierungen dar, und dieser Tatsache verdanken sie ihre relativ große Verbreitung. Die Legierung TiAl6V4 enthält sowohl Aluminium als α-stabilisierendes wie auch Vanadium als β-stabilisierendes Legierungselement. Durch die mit fallender Temperatur abnehmende Löslichkeit der α-Mischkristalle für Vanadium wird die Legierung *aushärtbar.* Sie erreicht im ausgehärteten Zustand die besten Festigkeitseigenschaften.

Die *Umwandlung* des kubisch-raumzentrierten in das hexagonale Gitter beim Übergang von β-Titan in α-Titan mit fallender Temperatur erfolgt durch einen Schervorgang, der dem der Martensitbildung sehr ähnlich ist. Umwandlungen dieser Art können nicht wie diffusionsgesteuerte Umwandlungen durch Abschrecken unterkühlt werden. Das schließt jedoch nicht aus, daß die neu gebildete Kristallart Legierungsbestandteile übersättigt enthält.

Die *Wärmebehandlung* der Titanlegierungen enthält Elemente der Martensithärtung wie auch der Ausscheidungshärtung. Dennoch ist ein Lösungsglühen analog der ersten Stufe des Aushärtungsvorganges oder eine Austenitisierung wie bei den Stählen nicht erforderlich. Die Legierungen werden vielmehr *unterhalb der Phasengrenze* des β-Mischkristalls im Zweiphasengebiet derart vorbehandelt, daß sich entsprechend der Hebel-Beziehung sehr viele β-Mischkristalle mit wenigen α-Mischkristallen im Gleichgewicht befinden (Bild 5.46a, Punkt 1). Das ist erforderlich, um eine Grobkornbildung, wie sie bei der Wärmebehandlung oberhalb der β-Phasengrenze erfolgen würde, auszuschließen. Anschließend wird auf Raumtemperatur *abgeschreckt*. Hierbei werden die kubisch-raumzentrierten β-Mischkristalle in hexagonale α-Mischkristalle umgewandelt, so daß jetzt im Gefüge α- gegenüber β-Mischkristallen stark überwiegen. Die *Gitterscherung* ist mit einer geringfügigen Härtesteigerung verbunden, ähnlich der Härtung des Stahls durch Martensitbildung. Der durch Abschrecken gebildete α-Mischkristall enthält jedoch das β-stabilisierende Legierungselement *übersättigt* in Lösung (Bild 5.46a, Punkt 2).

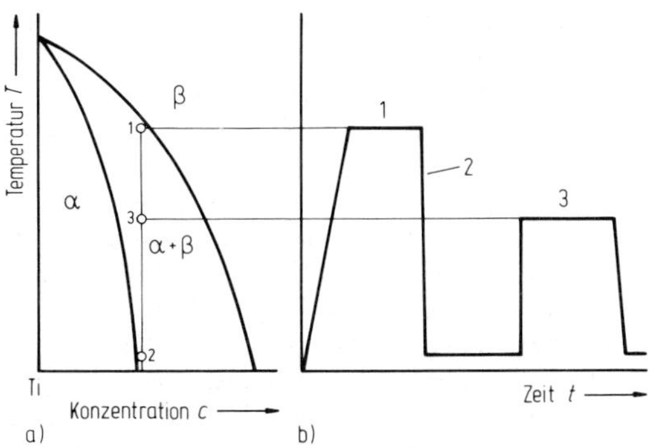

Bild 5.46 Wärmebehandlung von (α + β)-Legierungen (schematisch)
a) Zustandsschaubild
b) Temperatur-Zeit-Verlauf
1: Lösungsglühen unterhalb der Phasengrenze zum β-Gebiet
2: Abschrecken
3: Warmauslagern

Durch ein nachfolgendes Anlassen scheidet sich in der durch Abschrecken neu gebildeten α-Phase *kohärente* β-Phase aus (Bild 5.46a, Punkt 3). Dabei tritt eine weitere Festigkeitssteigerung ein. Die Anlaßtemperatur darf nicht so gewählt werden, daß die Ω-Phase, eine spröde Übergangsphase, entsteht.

5.7 Zirkon und Reaktorwerkstoffe

Für die Verwendung von Werkstoffen in der Reaktortechnik sind zwei Eigenschaften von großer Bedeutung:
- der Wirkungsquerschnitt für thermische Neutronen und
- die Halbwertszeit von radioaktiven Isotopen.

Der **Wirkungsquerschnitt** charakterisiert die *Durchlässigkeit* des Werkstoffs für *thermische Neutronen*. Diese werden durch radioaktiven Zerfall des Kernbrennstoffs in den Brennelementen erzeugt, treten durch deren Wände (Hüllrohre) hindurch und geben ihre Energie an das Kühlmittel (z. B. Druckwasser) ab. Von den Hüllrohren verlangt man gute Durchlässigkeit für thermische Neutronen, eine Bedingung, die von *Zirkon* gut erfüllt wird.

Zirkon ist dem Titan chemisch und metallkundlich sehr ähnlich. Es besitzt gleicherweise hexagonale Struktur, einen hohen Schmelzpunkt (1852° C) und hohes Lösungsvermögen für Wasserstoff, Sauerstoff, Kohlenstoff und Stickstoff. Das erfordert gleichartige Vorkehrungen bei der Herstellung und Verarbeitung.

Unlegiertes Zirkon übertrifft das Titan unter oxidierenden Bedingungen an Korrosionsbeständigkeit und wird im chemischen Apparatebau verwendet. Größter Zirkonverbraucher ist die Kerntechnik. Hüllrohre für Brennelemente mit Uran-Füllung in Siedewasser- und Druckwasserreaktoren werden aus *Zirkonlegierungen*, z. B. Zircaloy 2, hergestellt (Tab. 5.17).

Tab. 5.17: Zirkon und Zircaloy 2

Werkstoff	Zugfestigkeit N/mm²	0,2%-Dehngrenze N/mm²	Bruchdehnung A_5 %	Härte HV 30
unleg. Zr[1]	300...450	200...300	25...35	120...160
ZrSn1,5	450...550	350...450	20...30	160...200

[1] Reinheitsgrad 99,5 % bis 99,7 % Zr

Das mit dem Zirkon in den Erzen gleichzeitig enthaltene **Hafnium** hat einen rd. 450fach größeren Wirkungsquerschnitt. Hafnium darf in Zirkon für kerntechnische Zwecke nicht enthalten sein.

Einige Stoffe können bei Bestrahlung durch Einfangen schneller Neutronen selbst zur Strahlung angeregt werden. Das ist besonders unerwünscht, wenn dabei *Isotope mit langer* **Halbwertszeit** entstehen. Für den Fall, daß Bauteile ausgetauscht werden müssen, könnten die Werkstoffe wegen der Gefahr der Strahlenschädigung nicht wiederverwendet werden. Aus diesem Grunde werden *Kobalt*gehalte (insbesondere in korrosionsbeständigen Stählen und Nickellegierungen) und *Tantal*gehalte (in niobhaltigen Schweißzusatzwerkstoffen) auf wenige zehntausendstel Prozent beschränkt.

5.8 Zinn und Zinnlegierungen

Tab. 5.18: Physikalische und mechanische Eigenschaften von Zinn

Dichte	g/cm^3	7,3
Schmelztemperatur	°C	232
Elastizitätsmodul	N/mm^2	42 400
Ausdehnungskoeffizient	$10^{-6}/K$	27
elektr. Leitfähigkeit	$m/(\Omega mm^2)$	8,8
Zugfestigkeit	N/mm^2	ca 15
Bruchdehnung	%	bis 55

Zinn ist ein *niedrig schmelzendes Schwermetall* geringer Festigkeit und guter *chemischer Beständigkeit.* Seine Korrosionsprodukte, die bei Berührung mit Speisen und Getränken entstehen, sind *ungiftig.* Deshalb sind Zinngefäße zum Aufbewahren von Nahrungs- und Genußmitteln geeignet. Wegen der leichten Verarbeitbarkeit mit handwerklichen Methoden durch Gießen, Drükken, Treiben und Löten war unlegiertes Zinn in früheren Zeiten für die Herstellung von Haushaltsgerät sehr beliebt. Sakrales Gerät und Orgelpfeifen werden noch heute aus Zinn hergestellt.
Die Verwendung von Zinn als Werkstoff ist auf *kunstgewerbliche Gegenstände* beschränkt. Für diesen Zweck wird es in der Regel mit Antimon und Kupfer legiert (DIN 17 810). Sofern Zinn mit Nahrungs- und Genußmitteln in Berührung kommt, muß es bleifrei sein.
Der größte Zinn-Verbraucher ist die Lebensmittelindustrie. Mehr als die Hälfte der Zinnerzeugung geht in die *Herstellung von Weißblech* für Konservendosen. Weitere Anwendungen finden sich als Legierungsbasis für Lote, Lagermetalle und Bronzen.

5.8.1 Reinzinn

Das wichtigste Zinnmineral ist *Zinnstein,* SnO_2. Die bedeutendsten Lagerstätten befinden sich in den Malayischen Staaten in Südostasien sowie in Bolivien. Zinnerze werden in der Regel im Förderland aufbereitet und verhüttet. Die Weltbergwerksproduktion beträgt ca. 250 000 t/Jahr.
Weitere ca. 50 000 t/Jahr werden in den Industrieländern aus Reststoffen und Abfallprodukten zurückgewonnen.

Hüttenzinn verschiedener Sorten mit 98 % bis 99,5 % Sn ist in DIN 1704 genormt. Die hauptsächlichen *Beimengungen* sind Blei, Antimon, Kupfer, Wismut und Eisen. Zinn kommt in zwei allotropen Modifikationen vor. Das *metallische Zinn* ist *weiß* und besitzt *tetragonale Struktur.* Es ist gut verformbar und besitzt die Dichte von 7,3 g/cm^3. Diese Modikation ist von 13,2 °C bis zum Schmelzpunkt beständig. *Unterhalb 13,2 °C* wandelt sich Zinn in die *kubische Struktur* um. Die Umwandlung erfolgt sehr träge und erfordert im Normalfall langzeitige Unterkühlung.

Da die Dichte des kubischen, grauen Zinns kleiner ist als die des metallischen, entstehen an Zinngegenständen bei Umwandlung zunächst pustelartige Ausblühungen, von denen weiterer *Zerfall* ausgeht. Früher, als die metallkundlichen Zusammenhänge noch unbekannt waren, hielt man diese Erscheinung für eine Art Krankheit und nannte sie *Zinnpest.*

Zinn hat als niedrig schmelzendes Metall (Tab. 5.18) eine *unterhalb der Raumtemperatur liegende Rekristallisationstemperatur.* Durch Walzen, Pressen, Ziehen bei Raumtemperatur tritt während der Verformung bereits Rekristallisation ein, so daß die Kaltverfestigung ausbleibt. Diese Tatsache erklärt auch die außerordentlich hohe Bruchdehnung, die im Zugversuch festgestellt wird (Tab. 5.18). Da bei der mechanischen Werkstoffprüfung die Kaltverfestigung ausbleibt, werden für die Prüfung der niedrig schmelzenden Schwermetalle die *Prüftemperaturen vorgeschrieben.*
Zinn ist gegen schwache Säuren und schwache Alkalien beständig. Es ist ungiftig und für den Korrosionsschutz an Geräten und Behältern für die Lebensmittelindustrie geeignet.
Massive Teile mit kleiner Oberfläche werden bevorzugt durch Tauchen in flüssigem Metall verzinnt *(Feuerverzinnung).* Die galvanische Verzinnung, z. B. bei Weißblech, ermöglicht dünnere Schichten, deren Poren durch zusätzliches *Glanzschmelzen* geschlossen werden. Vor dem Verzinnen gußeiserner Maschinenteile müssen die Grafitlamellen in der Oberfläche durch Entkohlen entfernt werden, um einen lückenlosen Oberflächenschutz zu ermöglichen.

5.8.2 Zinnlegierungen

Die wichtigsten Zinnlegierungen sind:
- Lagermetalle und
- Weichlote.

Zusätzlich ist in Tab. 5.19 das Gerätezinn mit angeführt.
Das Gefüge von **Lagermetallen** besteht i. a. aus harten, verschleißfesten Bestandteilen und einer weicheren, plastischen Zwischenmasse. Die *Verschleißkörper* bilden beim Gl-Sn80 die intermediäre Verbindung Cu_6Sn sowie Sn-Sb-Mischkri-

Tab. 5.19: Zinnlegierungen, chemische Zusamensetzung

Verwendung und Normbezeichnung	Richtwerte in % Sn	Sb	Cu	Pb
Lager(Weiß-)metall				
Gl-Sn 80	80	12	7	1
Gl-Sn 10	10	15	1	75
Weichlot				
L-Sn 60	60			40
L-Sn 30	30			70
Gerätezinn				
SnSb 2 Cu	Rest	2	1,5	max. 0,5

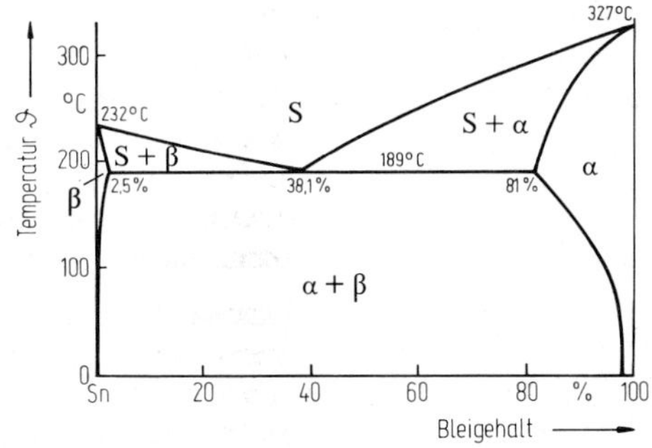

Bild 5.47 Zustandsschaubild Zinn – Blei

stalle, die *Zwischenmasse* bleihaltige Eutektika. Von Lagermetallen werden gute Notlaufeigenschaften sowie eine Mindestplastizität verlangt, welche geringe, auch nach der Bearbeitung der fertigen Lagerschale (Ausschaben) verbliebene Unebenheiten ausgleicht und der Kantenpressung belasteter Wellen nachgibt. Der Lagerausguß im Stützlager (vor dem Ausguß verzinnt!) soll möglichst dünn gehalten werden. Das verbessert die Ableitung der Reibungswärme, da der Stahl des Stützlagers ein besserer Wärmeleiter ist als das *Weißmetall.* Hochbleihaltige Lagermetalle neigen beim Ausguß durch Schleudergußverfahren zu *Schwereseigerung.*

Die **Weichlote** L-Sn60 und L-Sn30 zeigen entsprechend ihrer Zusammensetzung (Bild 5.47) *charakteristische Erstarrungsverhalten.* **L-Sn60** erstarrt zu ca. 95 % eutektisch, also nahezu schlagartig. Es ist *dünnflüssig,* füllt feine Poren und Kanäle und wird für *Lötarbeiten in der Elektronik* bevorzugt. **L-Sn30** besitzt ein großes Erstarrungsintervall. Das ist vorteilhaft für *großflächige Lötarbeiten* an Kabelmänteln und im Klempnergewerbe. Das Gefüge einiger Sn-Pb-Legierungen zeigt Bild 5.48a bis c.

5.9 Zink und Zinklegierungen

Tab. 5.20: Physikalische Eigenschaften von Zink

Dichte	g/cm³	7,14
Schmelztemperatur	°C	419
Siedetemperatur	°C	906
Elastizitätsmodul		
isotrop		94 000
in Hauptachse	N/mm²	37 500
rechtwinklig dazu		125 000
Ausdehnungskoeffizient		
isotrop		29,8
in Hauptachse	10^{-6}/K	63,0
rechtwinklig dazu		14,2
elektr. Leitfähigkeit	m/(Ωmm²)	17

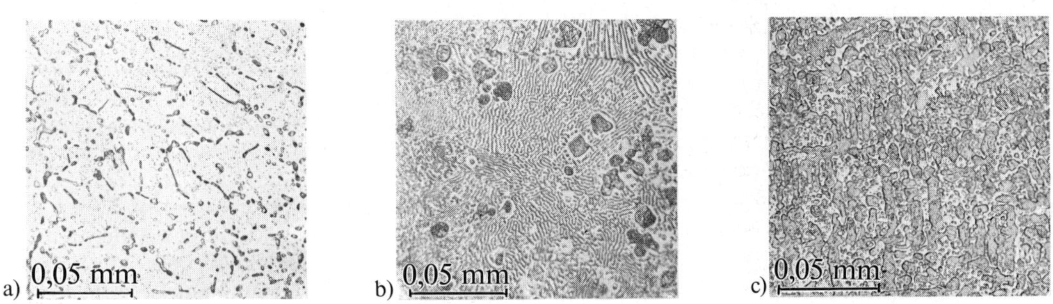

Bild 5.48 Gefüge einiger Zinn-Blei-Legierungen
a) 90% Sn, 10% Pb *b) 60% Sn, 40% Pb* *c) 25% Sn, 75% Pb*

Zink ist ein *niedrig schmelzendes Schwermetall* mit guten *Gießeigenschaften* und ausgezeichneter *Beständigkeit gegen atmosphärische Korrosion.* Wegen seiner hexagonalen Struktur ist es für die plastische Formgebung nicht besonders gut geeignet, doch kommt dieser Mangel durch die *niedrige Rekristallisationstemperatur* für viele Verformungsarbeiten nicht zur Geltung.

Wegen seines gegenüber Eisen negativen Potentials in wäßrigen Lösungen wird Zink als *Korrosionsschutz* verwendet. In Batterien dient der Zinkbecher als negativer Pol und als Behälter.

Zink ist das einzige NE-Metall, dessen Bedarf aus einheimischen Lagerstätten gedeckt werden kann.

5.9.1 Unlegiertes Zink

Unlegiertes Zink ist in DIN 1706 genormt, wobei die Sorten nach dem Zinkgehalt gestaffelt sind. Mit steigendem Zinkgehalt verbessert sich die chemische Beständigkeit, die Festigkeit nimmt etwas ab. Die wenigsten Beimengungen enthält Feinzink mit 99,9 % bis 99,95 % Zn. Feinzink ist die Grundlage der meisten *Druckgußlegierungen.*

Elastizitätsmodul und *thermische Ausdehnung* im hexagonalen Zinkkristall sind stark *richtungsabhängig* (Tabelle 5.20). In Halbzeugen mit Walz- oder Ziehtexturen sowie in grobkristallinen Gußgefügen wirken sich die in den verschiedenen Kristallrichtungen unterschiedlichen physikalischen Eigenschaften auch auf das mechanische Verhalten aus.

Tab. 5.21: Festigkeitseigenschaften von Zink-Halbzeug

Zustand	Zugfestigkeit N/mm^2	Bruchdehnung A_{10} %	Härte HB
gegossen	25...40	0,3...0,5	28...33
gewalzt	120...140	50...60	32...34
gepreßt	140...150	40...50	35...40
gewalzt und geglüht	120...160	35...45	30...35

Die *Festigkeitseigenschaften* von Zink zeigt Tabelle 5.21. Zugfestigkeit und Bruchdehnung sind im Gußzustand unbefriedigend. Zink erstarrt sehr grobkristallin. Die unterschiedliche Kontraktion in den verschiedenen Richtungen der Kristallachsen bei der Abkühlung hinterläßt starke *Eigenspannungen* im Gußgefüge. Das erklärt die mechanischen Eigenschaften des Gußgefüges.

Durch Warmwalzen und Pressen verbessern sich die mechanischen Eigenschaften auffallend (Tabelle 5.21). Bei der *Umformung massiver Werkstücke* erwärmt sich Zink und erreicht leicht Temperaturen, die oberhalb seiner Rekristallisationstemperatur (50 °C bis 180 °C, je nach Reinheitsgrad) liegen. Das ermöglicht außerordentlich hohe Umformgrade (z. B. Fließpressen von Batteriebechern).

Nach seiner Stellung in der Spannungsreihe ist Zink ein sehr *unedles Metall.* An feuchter Luft oxidiert es unter Bildung von Hydroxiden und Karbonaten. Karbonate bilden auch die *Schutzschicht* in verzinkten Wasserleitungsrohren. Destilliertes Wasser, Schwitzwasser und Wasserdampf korrodieren Zink, da sich keine Schutzschicht bilden kann. Das Lebensmittelgesetz verbietet die Verwendung von Zinkgefäßen zum Aufbewahren und Zubereiten von Nahrungs- und Genußmitteln.

Aufgrund seines gegen Eisen negativen Potentials in wäßrigen Lösungen und seines günstigen Auflösungsverhaltens eignet sich Zink gut als *Opferanode für den kathodischen Korrosionsschutz* von Eisen (siehe S. 63).

5.9.2 Zink-Überzüge

Der **Korrosionsschutz von Stahl** durch Verzinken wird auf zweierlei Weise wirksam:

- Zum ersten bilden sich an offener Atmosphäre auf der Zinkoberfläche Hydroxide und Karbonate, die in gleicher Weise wie auf massivem Zink den weiteren Korrosionsangriff behindern.
- Wenn nach längerer Zeit dennoch der Korrosionsangriff lokal die Zinkschicht zerstört hat, bleibt als zweiter Mechanismus der kathodische Korrosionsschutz des Eisens wirksam.

Verzinkte Bauteile mit Zinkauflagen von 50 µm sind in normaler Atmosphäre für ca. 20 Jahre vor Korrosion geschützt.

Grundsätzlich besteht für die Wirksamkeit des Korrosionsschutzes kein Unterschied, ob Bauteile elektrolytisch oder durch Tauchen im Schmelzfluß verzinkt werden. Maßgebend für die Lebensdauer ist die Dicke der aufgebrachten Zinkschicht. *Galvanische Verzinkungsverfahren* eignen sich besonders für geringe Querschnitte, Bänder, Feindrähte, Kleinteile etc, *Feuerverzinkung* für großflächige Bauteile und große Querschnitte und Profile.

Beim **Feuerverzinken** erfolgt im Grenzbereich zwischen dem Grundwerkstoff und der Zinkaufla-

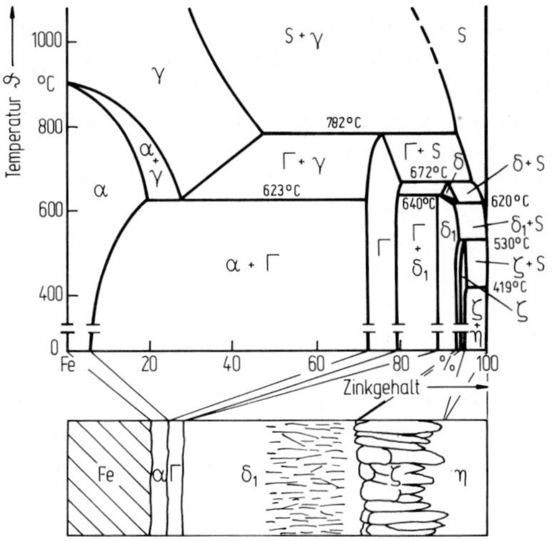

Bild 5.49 Zustandsschaubild Eisen–Zink und Gefügeaufbau einer Zinkschicht auf Eisen (schematisch, nach SCHRAMM)

ge eine Legierungsbildung. Die gewählte Temperatur bestimmt die Lage der Isothermen im *Zustandsschaubild Eisen-Zink* (Bild 5.49) und damit den Gefügeaufbau der im Übergang vom Stahl zur Zinkoberfläche entstehenden Zwischenschichten. Angestrebt wird eine möglichst geringe Dicke dieser zumeist harten Zwischenschichten, vor allem der spröden ζ-Phase. Das ist auch eine Frage der Tauchzeit und der Zusammensetzung des schmelzflüssigen Zinkbades, das sich zwangsläufig mit Eisen anreichert. Günstig wirkt ein Zusatz von ca. 0,1 % Aluminium zum Zink.

5.9.3 Zink-Druckguß

Tab. 5.22: Eigenschaften von Zink-Druckgußlegierungen

Kurzzeichen	Zugfestigkeit N/mm²	Bruchdehnung A_5 %
GD-ZnAl4	25...30	1,5...5
GD-ZnAl4Cu1	27...32	2...5

Für Zink-Druckguß sind nur *aluminiumhaltige Legierungen* von Bedeutung. Diese sind in DIN 1743 genormt. Beispiele zeigt Tabelle 5.22.
Ein *Aluminium*gehalt von ca. 4 % vermindert den Angriff des Zinks, das sich leicht mit dem Eisen legiert und die Formen erodieren würde. *Kupfer* erhöht die Festigkeit durch Mischkristallbildung. Druckgußlegierungen enthalten ca. 0,02 % bis 0,05 % *Magnesium*, um interkristalline Korrosion zu verhindern.

Interkristalline Korrosion wird bei Druckguß beobachtet, wenn er Zinn, Blei oder Kadmium enthält. Korrosionsschutz durch Vernickeln und Verchromen setzt absolut porenfreie Überzüge voraus. Druckgußteile werden häufig phosphatiert oder chromatiert.
Etwa 50 % der gesamten Druckgußerzeugung entfällt auf Zinklegierungen. Zink-Druckguß wird für kleine Maschinenteile und Gegenstände komplizierter Gestaltung verwendet.
Oberhalb 100 °C sinken Festigkeit und Zähigkeit rasch ab, da die Kaltverfestigung wegen der niedrigen Rekristallisationstemperatur ausbleibt und die Verformungsfähigkeit des gegossenen Zinks ohnehin nicht besonders gut ist.
Bei der kupferhaltigen Legierung GD-ZnAl4Cu1 tritt durch *Alterung* eine Längenzunahme auf. In Tropenklima kann innerhalb von 3 Monaten ein Längenwachstum um 0,08 % beobachtet werden. Diese Erscheinung kann durch künstliche Alterung vorweggenommen werden.

5.10 Blei und Bleilegierungen

Tab. 5.23: Physikalische und mechanische Eigenschaften von Blei

Dichte	g/cm³	11,3
Schmelztemperatur	°C	327
Elastizitätsmodul	N/mm²	17 500
Ausdehnungskoeffizient	10^{-6}/K	29
elektr. Leitfähigkeit	m/(Ω mm²)	5
Zugfestigkeit	N/mm²	10...15
Bruchdehnung	%	bis 50

Blei ist eines der ältesten Gebrauchsmetalle. Aufgrund der leichten Reduzierbarkeit aus Erzen und hüttenmännischen Zwischenprodukten sowie seines niedrigen Schmelzpunktes konnte Blei bereits mit einfachen Mitteln im Altertum hergestellt werden.

Mit dem *niedrigen Schmelzpunkt* ist keineswegs eine hohe Verdampfungsgeschwindigkeit, z. B. bei Guß- oder Lötarbeiten, verbunden. *Bleivergiftungen* durch Einatmen von Bleidämpfen sind bei Arbeiten in gut belüfteten Räumen nahezu ausgeschlossen. Bleivergiftungen entstehen in der Regel infolge unzureichender hygienischer Vorsorge bei Personen, die regelmäßig mit Blei oder seinen Verbindungen umgehen. Im Vergleich dazu sind Bleirohre alter Trinkwasserleitungen unbedenklich, wenn sich im Innern Karbonate als

Schutzschicht bilden; in Neuanlagen sind Bleileitungen nicht mehr erlaubt.
Bleiziegel und Bleischürzen werden zum *Schutz gegen radioaktive und Röntgenstrahlen* verwendet. Im Erdboden verlegte Kabel werden durch Bleimäntel gegen Korrosion und Insektenfraß gesichert.
Bleilegierungen finden sich im grafischen Gewerbe (Letternmetall) und als Lagermetall. Größter Einzelverbraucher ist das Kraftfahrzeugwesen: ca. 50 % des gesamten Bleiverbrauches verarbeitet man in Starterbatterien, weitere 15 % bis vor kurzem für die chemische Verbindung Bleitetraäthyl als Antiklopfmittel.

5.10.1 Weichblei

Unlegiertes Blei wird in der Technik zumeist als **Weichblei** bezeichnet. Es enthält geringe Beimengungen an Arsen, Antimon, Wismut, Kupfer oder Silber, je nach Herkunft der Rohstoffe. **Feinblei** hat eine Reinheit von 99,99 % Pb. Ein wichtiges Nebenprodukt der Bleiverhüttung aus Erzen ist Silber. Die früheren Silberhütten waren von der Menge der erzeugten Produkte gesehen in Wirklichkeit Bleihütten.
Blei hat *kubisch-flächenzentrierte* Kristallstruktur. Es läßt sich *ausgezeichnet verformen* durch Walzen, Ziehen, Pressen. Da die *Rekristallisationstemperatur* bei Raumtemperatur liegt, erübrigt sich eine besondere Wärmebehandlung als Weichglühung nach der Verformung.
Infolge der Anregung zur Rekristallisation tritt bereits bei geringer Verformung *Grobkornbildung* auf. Diese begünstigt das Entstehen von Dauerbrüchen an Kabelmänteln, Rohren und Bleiauskleidungen in Behältern. Bei gleichzeitigem Korrosionsangriff durch Fremdstrom (Kabel parallel zu elektrischen Bahnen) können Bleibewehrungen überraschend schnell brechen (Korrosionsdauerbrüche).
Blei ist gegen Schwefelsäure *chemisch beständig*. Auf der Oberfläche bilden sich unlösliche Bleisulfate, die weiteren Korrosionsangriff ausschließen, sofern die Sulfatschicht unverletzt bleibt. In Bleiakkumulatoren liefert die chemische Reaktion

$$PbO_2 + Pb + 2H_2SO_4 \rightarrow 2\,PbSO_4 + 2\,H_2O + e^-$$

den Strom.
In Tabelle 5.23 sind die wichtigsten physikalischen und Festigkeitseigenschaften von unlegiertem Blei zusammengefaßt.

5.10.2 Bleilegierungen

Durch Legieren mit Mischkristallbildnern oder durch Aushärten läßt sich die Festigkeit von Blei im gleichen Verhältnis erhöhen wie bei anderen Metallen. Nur erweitert eine Vervierfachung der Festigkeit von 15 N/mm² auf beispielsweise 60 N/mm² seine Verwendbarkeit nicht soweit, daß Blei für festigkeitsbeanspruchte Bauteile interessant würde. Für einzelne Anwendungsgebiete sind Bleilegierungen dem unlegierten Weichblei dennoch überlegen.
Zum *Verbessern der Festigkeit* erhalten fast alle Bleilegierungen Antimon. Wird nur *Antimon* zulegiert, spricht man von **Hartblei**. Bei Raumtemperatur sind 0,24 % Sb im Mischkristall löslich, bei der eutektischen Temperatur (Bild 5.50) knapp 3 % Sb. Die Mischkristallverfestigung wird durch Ausscheidungshärtung überlagert. Dabei sind Zugfestigkeiten bis 70 N/mm² möglich. Für *Kunstguß* wird Hartblei mit 2 % bis 4 % Sb verwendet oder solche Legierungen, die der eutektischen Zusammensetzung nahekommen.

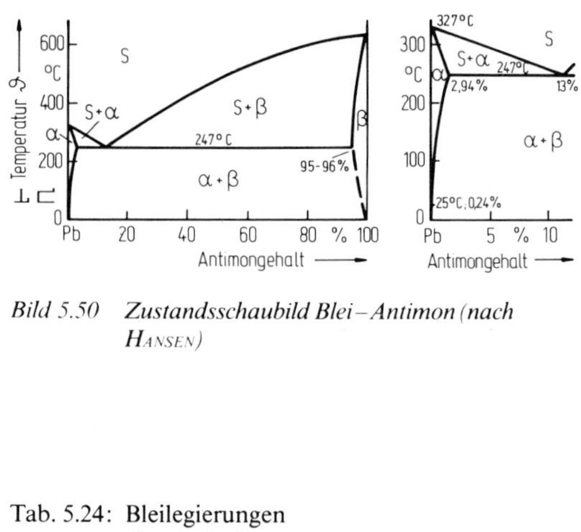

Bild 5.50 Zustandsschaubild Blei–Antimon (nach Hansen)

Tab. 5.24: Bleilegierungen
chemische Zusammensetzung

Legierung und Verwendungszweck	Richtwerte in %			
	Pb	Sn	Sb	Cu
Druckguß DIN 1741	84...86	4...6	9...11	1,5...3,5
Lettermetall für Monotype[1]	80	5	15	-
Lettermetall für Stereotypie[2]	75	15	10	-
Lagermetall	78,5	5	15,5	1

[1] Einzelbuchstaben- oder Zeilensatz
[2] Druckplatten

Außer Antimon sind Zinn und Kalzium als Legierungsbestandteile von Bedeutung. *Zinn verbessert Festigkeit und Korrosionsbeständigkeit* in Legierungen für Kabelmäntel und Letternmetall. *Kalziumhaltige Legierungen sind aushärtbar* und haben für Akkumulatorplatten und Lagermetalle (Bahnmetall) Bedeutung erlangt.
Beispiele der wichtigsten Bleilegierungen gibt Tabelle 5.24 wieder.

Ergänzende und weiterführende Literatur

Aluminium-Taschenbuch, 14. Auflage, Aluminium-Verlag, Düsseldorf, 1983

Dies, K.: Kupfer und Kupferlegierungen in der Technik, Springer-Verlag, Berlin, 1967

Hofmann, W.: Blei und Bleilegierungen, Springer-Verlag, Berlin, 1970

VDM-Handbuch, Selbstverlag Vereinigte Deutsche Metallwerke AG, Frankfurt/Main

Volk, K. E. (Hrsg.): Nickel und Nickellegierungen, Springer-Verlag, Berlin, 1970

Werkstoffhandbuch Nichteisenmetalle, VDI-Verlag, Düsseldorf

Zwicker, U.: Titan und Titanlegierungen, Springer-Verlag, Berlin, 1974

6 Anorganische nichtmetallische Werkstoffe

6.1 Einteilung, Definition, Bedeutung

Man kann alle Werkstoffe in die einphasigen homogenen und die mehrphasigen heterogenen Werkstoffe einteilen. Die homogenen Werkstoffe lassen sich an Hand ihrer physikalischen Eigenschaften weiter unterteilen:

- gleiche physikalischen Eigenschaften in allen Richtungen: *isotrope* Werkstoffe, z. B. Gläser,
- unterschiedliche physikalische Eigenschaften in verschiedenen Richtungen: *anisotrope* Werkstoffe, z. B. Einkristalle.

Unter den anorganischen nichtmetallischen Werkstoffen sollen hier Materialien verstanden werden, bei denen die heteropolare und/oder kovalente Bindung (siehe S. 3 ff.) vorherrscht und die nicht organischer Natur sind. Sie besitzen eine Gitterstruktur, wie die Kristalle, oder eine Netzwerkstruktur, wie die Gläser, aber keine Struktur mit molekularen Verbänden.

Die anorganisch nichtmetallischen Werkstoffe unterteilt man in

- Kristalle (z. B. Halbleiterkristall),
- Keramik (z. B. Zündkerze),
- anorganische Gläser (z. B. Fensterglas) und
- anorganische Bindemittel (z. B. Zement).

Die einzelnen Bereiche kann man nicht streng voneinander abgrenzen. Im folgenden sollen nur keramische Werkstoffe, Gläser und Halbleiter besprochen werden.

Die keramischen Materialien sind fast alle heterogen aufgebaut. Ihr Gefüge besteht aus gleichartig oder verschiedenartig aufgebauten Kristallen, Glas, das diese Kristalle z. T. umgibt, und häufig Poren. Verschiedene Eigenschaften keramischer Produkte sind stark gefügeabhängig.

Keramik ist ein Material, das durch Verfestigung infolge Hitzeeinwirkung zwischen rund 800 °C und 2000 °C aus anorganischen nichtmetallischen Pulvern entstanden ist. Hier sollen nur die feinkeramischen Werkstoffe besprochen werden, die sich von den grobkeramischen in der wesentlich geringeren Korngröße unterscheiden, von den Gläsern dadurch, daß sie überwiegend kristalline Bestandteile besitzen.

Keramische Werkstoffe sind im allgemeinen elektrische Nichtleiter, sie besitzen auch bei hohen Temperaturen eine große Härte und Festigkeit, sind chemisch gegen viele Medien resistent und isolieren gut gegen hohe Temperaturen.

Ein großer Vorteil von **Glas** gegenüber vielen keramischen Werkstoffen liegt in der einfachen und kostengünstigen Herstellung, denn im Gegensatz zu jenen erweichen sie als amorphe Materialien schon bei relativ niedrigen Temperaturen. Daneben haben Gläser Eigenschaften, wie z. B. eine große Lichtdurchlässigkeit, die andere Werkstoffe nicht besitzen. Aufgrund dieser Eigenschaften werden Gläser u. a. auf dem Gebiet der Faseroptik verwendet, um Licht als Informationsträger durch wiederholte Totalreflexion auch auf gekrümmten Bahnen weiterzuleiten. Ein anderes Einsatzgebiet erschließt sich infolge der großen Korrosionsbeständigkeit gegen alkalische und saure Medien. So ist Glas ein in Laboratorien und Anlagen der chemischen Industrie weit verbreiteter Werkstoff.

Die Bedeutung der **Halbleiter** liegt darin, daß mit ihrer Hilfe die gesamte Technik revolutioniert wurde und noch wird. Die aus Halbleitern hergestellten Dioden, Transistoren und anderen Bauelemente beherrschen große Teile der Nachrichten-, Verkehrs-, industriellen Verfahrenstechnik und der Raumfahrttechnik, sowie nicht zuletzt der Datenverarbeitung. Gleichzeitig wurden mit der Technologie der integrierten Schaltungen Forderungen nach geringerem Volumen und Gewicht, nach mehr Zuverlässigkeit und Wirtschaftlichkeit von Systemen erfüllt. Die wichtigsten Halbleiterwerkstoffe sind Silizium und Germanium.

Die *nichtkristallinen* Festkörper unterscheiden sich von den kristallinen dadurch, daß in ihnen nur eine sogenannte *Nahordnung* der Atome auftritt, aber zusätzlich keine *Fernordnung* vorhanden ist (Bild 6.1). Nimmt man als Beispiel eines nichtkristallinen Festkörpers das Glas, dann ist die Teilchendichte mit $10^{22}/cm^3$ relativ groß und es besteht in unmittelbarer Umgebung eines betrachteten Atoms eine geordnete Teilchenkonfiguration. Die Wahrscheinlichkeit $W(r)$ ist sehr hoch in einer Entfernung von $r = 1$ ein weiteres Atom anzutreffen. Für ganzzahlige Vielfache von r besteht diese Beziehung zu dem Ausgangsatom nicht mehr: es liegt nur eine **Nahordnung** vor. Strukturell bezeichnet man diesen Zustand als **amorph**. Zwischen Flüssigkeiten und Gläsern besteht eine enge strukturelle Ähnlichkeit.

Gegenüber den nichtkristallinen Festkörpern besitzen die *kristallinen* mit 10^{23} Atomen/cm^3 die größere Dichte. Die Nahordnung in ihrer Struktur setzt sich dreidimensional fort, so daß eine **Fern-**

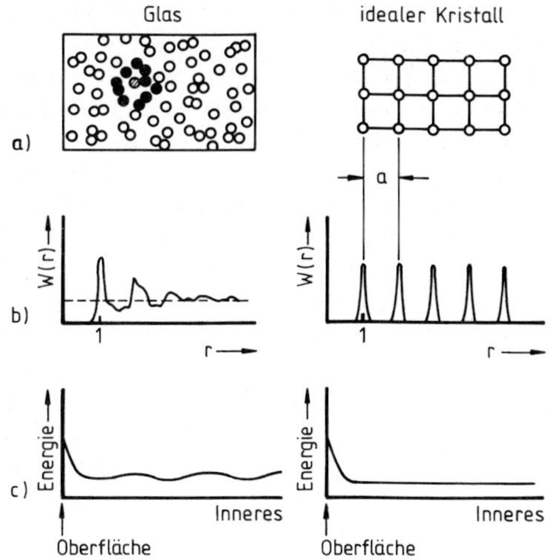

Bild 6.1 *Vergleich eines amorphen Körpers (Glas) und eines idealen Kristalls*
a) Atomanordnung
b) Wahrscheinlichkeitsverteilung von Atomen
c) Energieprofil

ordnung auftritt. Kristalline Festkörper befinden sich im energieärmeren und damit stabileren Zustand. Zur Charakterisierung der möglichen Zustände eignen sich auch Energieprofile. So zeigt ein idealer Kristall nur an seiner Oberfläche eine erhöhte Energie (Oberflächenenergie, siehe auch S. 9), während ein amorpher Festkörper auch in seinem Inneren Bereiche höherer Energie aufweist (Bild 6.1c). Der ideale kristalline und der amorphe Zustand der Festkörper sind jedoch nur Grenzfälle, zwischen denen alle möglichen Übergänge, z. B. der Zustand des realen, fehlerbehafteten Kristalls, vorkommen.

6.2 Glas

Nach der klassischen Definition ist der Glaszustand als ein eingefrorener Zustand einer unterkühlten Flüssigkeit aufzufassen. Er wird von solchen Stoffen erreicht, die beim Erstarren der Schmelze nicht kristallisieren. Im engeren Sinne versteht man unter Gläsern meist nur anorganische Produkte, rechnet also die organischen und die metallischen Gläser nicht dazu.
Häufig sieht man sogar nur die *silikatischen Gläser* als solche an. Siliziumdioxid (SiO_2) hat mit einigen anderen Oxiden, z. B. B_2O_3, die Eigenschaft gemein, allein oder in bestimmten Verhältnissen mit anderen Metalloxiden Gläser zu bilden. Wegen ihrer besonderen Eigenschaften, wie hohe Erweichungstemperatur, große chemische Beständigkeit und hohe Härte, und der praktisch unbegrenzten Rohstoffbasis kommt den **Silikatgläsern** die größte Bedeutung zu.
Die Eigenschaften von Gläsern unterscheiden sich wesentlich von denen der Kristalle und lassen sich aus ihrer weitgehend ungeordneten Struktur ableiten. In Bild 6.2 ist ganz allgemein der Verlauf der Eigenschaften eines Glases in Abhängigkeit von der Temperatur dargestellt. Mit sinkender Temperatur durchläuft ein Glas ab T_S (hier: Temperatur der verhinderten Kristallisation) den Bereich der unterkühlten Flüssigkeit. Die Eigenschaften ändern sich in diesem Bereich annähernd linear bis zum Transformationsbereich. Im Gegensatz dazu ändert ein Kristall bei der Temperatur T_S, seiner Schmelztemperatur, seine Eigenschaften sprunghaft. Es tritt eine Phasenänderung ein, beim Glas nicht. Ferner befindet sich ein Kristall dem stabilen thermodynamischen Gleichgewicht näher als eine unterkühlte Schmelze.

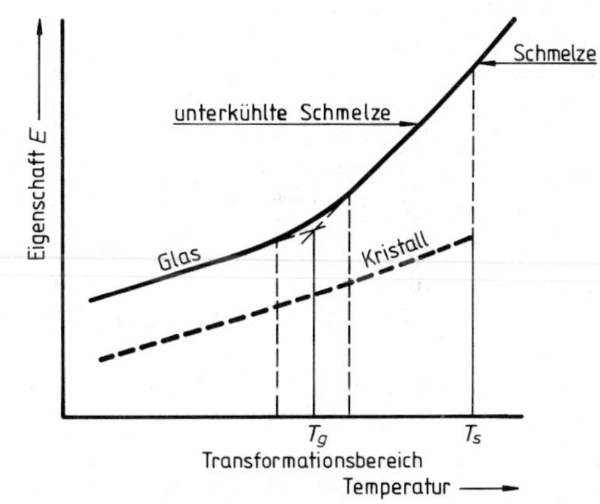

Bild 6.2 *Vergleich der Eigenschaft-Temperatur-Kurven von Glas und Kristallen (schematisch)*

Im Transformationsbereich ändern sich die Eigenschaften von Gläsern erheblich. Die in einer silikatischen Schmelze vorhandenen Struktureinheiten (SiO_4-Tetraeder, siehe Bild 6.4) haben mit sinkender Temperatur immer mehr das Bestreben, sich miteinander zu verketten. Die sich bildenden größeren Einheiten erhöhen die Viskosität der Schmelze.
Unterhalb der **Transformationstemperatur** T_g ist die Viskosität so hoch, daß strukturelle Umord-

nungen nicht mehr stattfinden. Die Bedeutung des Transformationsbereiches besteht darin, daß unterhalb dieses Bereiches Glas sich wie ein Festkörper verhält, oberhalb jedoch wie eine Schmelze. Das Erweichen und Erstarren der Gläser ist ein reversibler Vorgang und ermöglicht die Verarbeitung nach den verschiedenen Formgebungsverfahren.

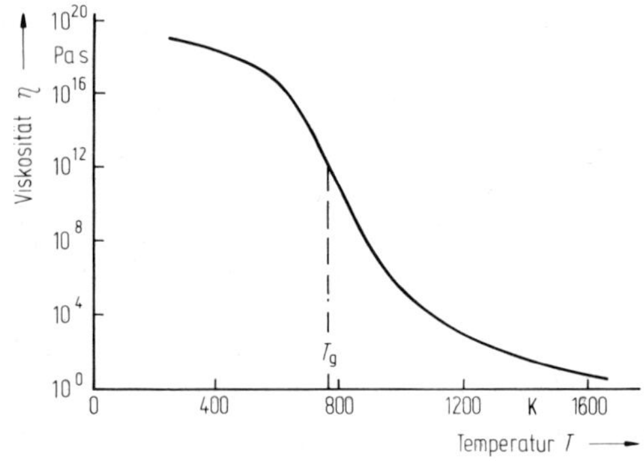

Bild 6.3 Temperaturabhängigkeit der Viskosität von Soda-Kalk-Glas

Den Verlauf der Viskosität eines Natron-Kalk-Glases (Fensterglas) mit der Temperatur zeigt Bild 6.3. Die Kurve hat bei ca. 800 K und bei einer Viskosität η von 10^{12} Pas einen Wendepunkt. Einen ähnlichen Kurvenverlauf zeigen alle Gläser. Die Kurven unterscheiden sich nur in ihrer Steilheit und in der dem Wendepunkt zugeordneten Transformationstemperatur T_g. Der Wendepunkt in der Kurve liegt *immer* bei log $\eta = 12$.

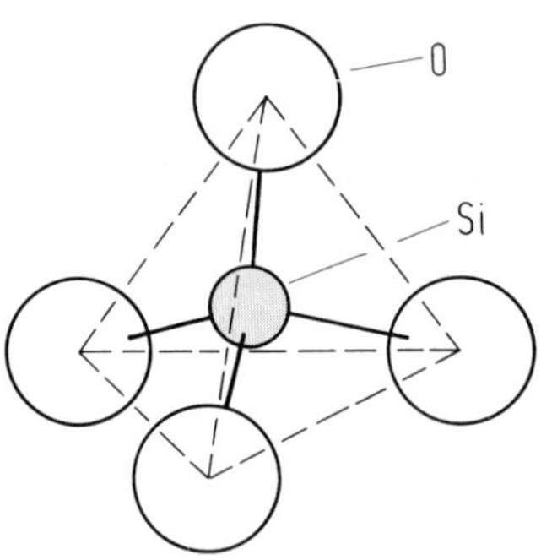

Bild 6.4 Tetraedrische Struktur von SiO_2 (Quarz)

Eine weitere Folge der statistischen Verteilung der Baugruppen im Glas ist das *isotrope* Verhalten. Die Eigenschaften der Gläser sind richtungsunabhängig, während beim Kristall viele Eigenschaften richtungsabhängig sind.

Über den dabei vorhandenen Ordnungszustand gibt es verschiedene Theorien, von denen hier nur die sogenannte *Netzwerkshypothese* besprochen werden soll. Danach sind im Fall des SiO_2 sowohl das amorphe Quarzglas (Kieselglas) als auch der kristalline Quarz aus denselben Baueinheiten, den SiO_4-Tetraedern, aufgebaut (Bild 6.4). Im Gegensatz zur regelmäßigen Gitterstruktur des Quarzkristalls ist das Quarzglas jedoch aus einem dreidimensionalen unsymmetrischen Netzwerk von **SiO_4-Tetraedern** aufgebaut (Bild 6.5).

Jedes Si^{4+}-Ion ist in dem SiO_4-Tetraeder von insgesamt vier O^{2-}-Ionen umgeben, wobei jeweils zwei Si^{4+}-Ionen durch ein gemeinsames O^{2-}Ion verbunden sind. Die Verknüpfung der Tetraeder

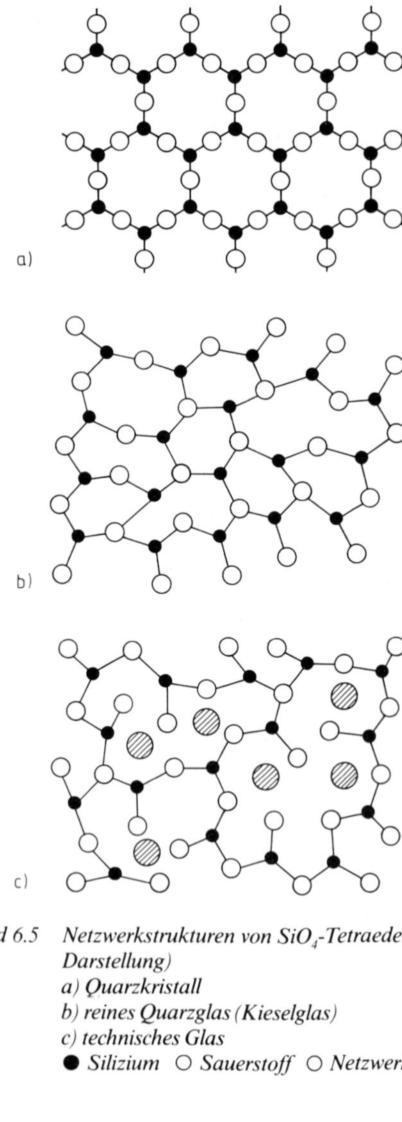

Bild 6.5 Netzwerkstrukturen von SiO_4-Tetraedern (ebene Darstellung)
a) Quarzkristall
b) reines Quarzglas (Kieselglas)
c) technisches Glas
● *Silizium* ○ *Sauerstoff* ○ *Netzwerkwandler*

erfolgt bei vollkommener Vernetzung über alle vier Ecken. Diese Regeln gelten nicht nur für Si^{4+}, sondern auch für Ge^{4+}, B^{3+}, P^{5+}, Sb^{5+} und As^{3+}. Diese Ionen werden daher auch als **Netzwerksbildner** bezeichnet.
Beim Einbau weiterer Oxide in das Netzwerk der »reinen« Gläser werden die Sauerstoffbrücken aufgespalten und es wird damit die Struktur geschwächt. Kationen, die durch ihren Einbau das Netzwerk verändern, bezeichnet man als **Netzwerkswandler** (Bild 6.5c). Zu ihnen gehören in erster Linie die Alkali- und Erdalkaliionen. Durch ihren Einbau ändert das Glas seine Eigenschaften.
Gegenüber allen anderen Gläsern besitzt **Quarzglas** (**Kieselglas**) weit überlegene Eigenschaften. Es zeichnet sich vor allem durch seine hohe Erweichungstemperatur (Transformationstemperatur) von über 1500 °C aus, seinen geringen linearen thermischen Ausdehnungskoeffizienten von rund $0{,}5 \cdot 10^{-6}/K$, seine hohe UV-Durchlässigkeit und seinen hohen spezifischen elektrischen Widerstand von über $10^{18}\ \Omega \cdot cm$. Abgesehen von Fluß- und Phosphorsäure ist es gegen Säuren resistent.
Quarzglas besteht chemisch nur aus Siliziumdioxid und wird durch Aufschmelzen von Bergkristall oder synthetischem SiO_2 gewonnen. Seiner allgemeinen Anwendung stehen die schwierige Verarbeitbarkeit und der hohe Rohstoffpreis entgegen. So verwendet man in Technik und Haushalt im allgemeinen Gläser, bei denen insbesondere durch Alkalizusatz die Viskosität herabgesetzt ist und möglichst eisenoxidfreier Sand als Rohstoff dient.
Zwar erleichtert ein höherer Alkaligehalt im Glas dessen Herstellung und Verarbeitung, jedoch vermindert er auch dessen chemische Beständigkeit und das elektrische Isolierverhalten. Zusätze von CaO und Al_2O_3 führen allerdings wiederum zu einer gewissen chemischen Resistenz, so daß man solche Gläser als Flaschen- oder Fensterglas verwenden kann.

Je nach Art der zugefügten Flußmittel unterscheidet man:
- **Soda-Kalk-Glas**, gewöhnliches Gebrauchsglas, geringe Dichte um 2,5 g/cm^3, Neigung zur Wasseraufnahme;
- **Bleiglas**, hohe Dichte bis 6 g/cm^3, Ausgangsprodukt für geschliffene Glaserzeugnisse;
- **Kali-Kalk-Glas**, hohe Dichte, hoher Lichtbrechungsindex, Verwendung für optische Geräte;
- **Borsilikatglas**, chemisch sehr beständig, geringe Wasseraufnahme, geeignet als Geräteglas für Laboratorien.

Von sauren wäßrigen Lösungen wird das Si-O-Netzwerk nicht angegriffen. Es diffundieren jedoch die Netzwerkswandler in die Lösung, während aus dieser H^+- und H_3O^+-Ionen in das Glas wandern. Mit der Zeit wird der Umsatz in diesem Ionenaustausch allerdings immer geringer, so daß in einem sauren Medium Glas allmählich beständiger wird.

Laugen greifen nach dem Schema

$$\text{Si-O-Si} + \text{OH} \rightarrow \text{Si-OH} + \text{O}^-\text{-Si}$$

das Si-O-Netzwerk direkt an, weil die OH^--Ionen die Si-O-Si-Bindungen aufbrechen. Es kann so eine völlige Auflösung des Glases eintreten. Dieser Fall tritt aber nur dann ein, wenn die Struktur des Glases viele Trennstellen enthält und die Lauge stark ist. Normale Gläser zeigen einen geringen Angriff.

Laborgläser mit besseren physikalischen und chemischen Eigenschaften erhält man, wenn der Alkaligehalt stark vermindert wird. Dagegen sind die SiO_2-, Al_2O_3- und B_2O_3-Anteile relativ hoch. Die beiden letzteren erhöhen die chemische Beständigkeit, deshalb sind Glasbauteile für die chemische Verfahrenstechnik häufig aus *Borsilikatglas.*

Glas gehört zu den typisch *spröden* Werkstoffen. Im festen Zustand hat es ein elastisch-sprödes Verhalten. Bei kurzzeitiger Belastung zeigt es Proportionalität zwischen Spannung und Dehnung, ist also elastisch. Geringfügiges Überschreiten der Elastizitätsgrenze führt allerdings sofort zum Bruch.

Der *Elastizitätsmodul* kann Werte bis $10^5\ N/mm^2$ erreichen. Die *Zugfestigkeit* erreicht theoretisch den hohen Wert von E/5. Praktisch liegen die Festigkeitswerte erheblich niedriger. Sie betragen für Soda-Kalk-Glas z. B. 50 N/mm^2 und für Quarzglas 90 N/mm^2. Ursache der geringen Festigkeit sind die im Glas stets vorhandenen Oberflächenanrisse. Die starken Spannungskonzentrationen an den Rißspitzen führen zum spröden Bruch schon bei niedrigen Zugkräften. Wegen der hohen Kerbempfindlichkeit kann Glas nach Anritzen der Oberfläche leicht durch Brechen geteilt werden.

Bei Druckbeanspruchung wirken sich die Oberflächendefekte weniger aus. Die *Druckfestigkeit* von Glas ist daher um den Faktor 10 bis 15 höher als die Zugfestigkeit.

Die mechanischen Eigenschaften von Glas können durch *Wärmebehandlung* in weiten Grenzen verändert werden:

- *Glühen* unterhalb der Erweichungstemperatur ermöglicht ein örtlich begrenztes viskoses Fließen im Glas. Dadurch werden Wärmespannungen abgebaut, die z. B. durch zu schnelles Abkühlen aus der Schmelze bei der Herstellung entstehen.
- Durch *Tempern* können in der Glasoberfläche Druckeigenspannungen erzeugt werden. Dabei wird geglühtes Glas an der Oberfläche beschleunigt abgekühlt. So vorgespanntes Glas ist weitgehend bruchfest. Es wird z. B. in der Verkehrstechnik als **Einscheibensicherheitsglas** angewendet.
- Durch *Entglasen* eines Glases entsteht ein kristallines Produkt, das in seinen Eigenschaften keramischen Werkstoffen entspricht. Dabei werden einer Glasschmelze keimbildende Mittel zugesetzt. Das Glas wird nach den üblichen Methoden der Glastechnologie geformt und anschließend in zwei Schritten getempert. Die so entstandene Glaskeramik besitzt eine höhere Festigkeit und Härte als amorphes Glas, bei entsprechender Zusammensetzung auch eine wesentlich bessere Temperaturwechselbeständigkeit.

Kristallisationsvorgänge werden auch in Gläsern durch **Keimbildung** und **Kristallisationsgeschwindigkeit** bestimmt (siehe S. 20 ff). Die Zahl der gebildeten Keime muß so groß wie möglich sein, da auch die Festigkeit glaskeramischer Produkte mit abnehmender Kristallitgröße zunimmt. Die Keimbildung verstärkt man z. B. durch Zusatz von TiO_2 zu Gläsern mit einer kontrollierbaren Kristallisationsgeschwindigkeit. Solche sind u. a. im System Li_2O-Al_2O_3-SiO_2 zu finden. Auf diesem ternären System basierende **Glaskeramik** besitzt eine lineare thermische Ausdehnung, die unterhalb der von Quarzglas liegt und sogar negative Werte annehmen kann. Infolge der daraus resultierenden sehr guten Temperaturwechselbeständigkeit werden diese Glaskeramiken u. a. als Kochgefäß verwendet (*Pyroceram*®).

Glasfasern zeigen ein völlig anderes mechanisches Verhalten als »normal« dicke Proben mit Durchmessern über 1 mm. Wie in Bild 6.6 wiedergegeben ist, steigt die Zugfestigkeit mit abnehmender Probendicke erheblich an. Diese Festigkeitszunahme ist eine Folge der Tatsache, daß mit kleiner werdendem Probenquerschnitt die Zahl und Größe der Oberflächenfehler überproportional ab-

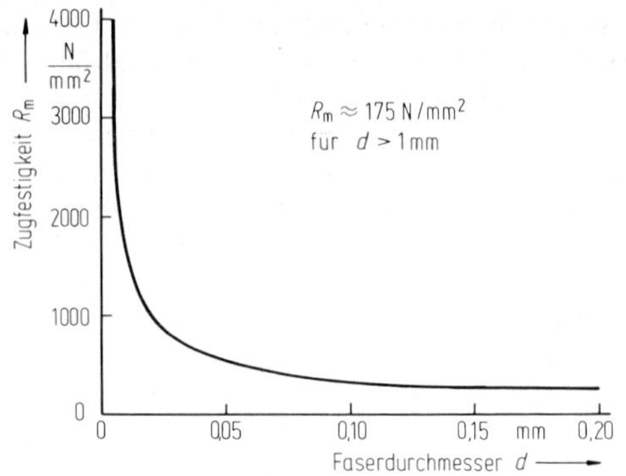

Bild 6.6 Zugfestigkeit von Glasfasern in Abhängigkeit vom Faserdurchmesser

nimmt. Bei sehr dünnen Glasfäden, deren Durchmesser im Bereich von 1 μm liegen, ist experimentell nahezu die theoretische Zugfestigkeit erreicht worden. Derart hochfeste Glasfasern werden z. B. aus der Schmelze gezogen.

Neben der Anwendung in der Glasfaseroptik dienen sie als Verstärkungsmaterial für *Verbundwerkstoffe*, z. B. für die **glasfaserverstärkten Kunststoffe (GFK).** Zu beachten ist allerdings, daß Glasfasern bei Lagerung an Luft schnell an Festigkeit verlieren, weil sie infolge des großen Verhältnisses Oberfläche zu Volumen leicht Wasser aufnehmen. Der Gehalt an löslichen Alkalioxiden sollte daher unter 1% liegen. Eine erhöhte Witterungsbeständigkeit läßt sich auch durch eine Behandlung der Glasfasern mit wasserabweisenden Silikonpräparaten erreichen.

Seine besondere Stellung unter den Werkstoffen verdankt das Glas seinen optischen Eigenschaften, wie seiner Transparenz, Lichtbrechung, Reflexion, Absorption und Doppelbrechung. Die **Transparenz** (Lichtdurchlässigkeit) ist darauf zurückzuführen, daß sichtbares Licht weder mit den Atomen im Glas noch mit deren Elektronen in Wechselwirkung tritt. Für Quarzglas liegt die *Absorptionsgrenze* bei ca. 210 nm, d. h. erst im ultravioletten Bereich. Verunreinigungen und vor allem die Zusätze, die in den üblichen Gläsern vorhanden sind, verschieben die Absorptionsgrenze infolge der gebildeten Trennstellen zu größeren Wellenlängen.

Der **Brechungsindex** von Glas kann über die Zusammensetzung je nach Verwendungszweck variiert werden. Dabei kann die Zusammensetzung von der des üblichen Glases stark abweichen. So hat normales optisches Glas, z.B. für Brillengläser, als glasbildende Komponente Siliziumdioxid, ein für UV-Licht durchlässiges Glas dagegen Phosphorpentoxid. Die Gesamtheit der *optischen Gläser* läßt sich in zwei große Gruppen einordnen:

- **Kronglas** mit geringem Brechungsindex und geringem Streuvermögen für Farben (Dispersion),
- **Flintglas** mit größerem Brechungsindex.

Das **Reflexionsvermögen** eines Glases hängt vom Brechungsindex ab und wächst mit dessen Zunahme. Überzieht man die Oberfläche eines Glases mit einer sehr dünnen Schicht, deren Brechungsindex von dem des Glases abweicht, so interferieren bei der Spiegelung die von der Oberfläche und die von der Grenzfläche Schicht-Grundglas reflektierten Lichtwellen. Diese Interferenz führt zu einer Verstärkung des reflektierten Lichtes, wenn der Brechungsindex der aufgebrachten Schicht größer ist als der des Glases.

Eine Verringerung des Reflexionsvermögens tritt im umgekehrten Fall ein und wird in der optischen Industrie ausgenutzt, um die **Lichtstärke** (= Lichtdurchlässigkeit) optischer Geräte zu vergrößern und eine höhere Kontrastwirkung der Bilder zu erzielen. Derartige Schichten bestehen z. B. aus SiO_2 oder CaF_2 in einer Dicke um 130 nm und senken die Reflexionsanteile von 4% bis 5% auf 0,3% bis 0,7%.

Die Totalreflexion von Licht an Grenzflächen mit unterschiedlichem Brechungsverhalten nutzt man z.B. bei den lichtleitenden Glasfasern aus. Bei diesen **Lichtleitfasern** wird ein Kern aus einem hochbrechendem Glas mit einem Überzug aus Glas mit einem niedrigeren Brechungsindex versehen. In diesen so »*verspiegelten*« Glasfasern wird Licht durch ständig wiederholte Totalreflexion über große Entfernungen übertragen. Durch die flexiblen Fasern ist dabei eine beliebige Umlenkung des Lichtes möglich. Zu Bündeln zusammengefaßte Lichtleitfasern besitzen ein hohes Auflösungsvermögen und spielen in der Endoskopie (z. B. bei der Revision der Innenräume von Maschinen oder in der Medizin bei der Untersuchung innerer Organe) eine große Rolle.

6.3 Keramik

Die Ausgangsmaterialien bei der Herstellung keramischer Körper sind stets pulverförmig. Die Pulver selbst können entweder plastisch oder spröde (unplastisch) sein. Zu den plastischen Rohstoffen gehören Kaolin und Ton, zu den spröden die Porzellanrohstoffe Quarz und Feldspat.

Die Herstellung von Keramik läßt sich in drei Stufen gliedern:

- Aufbereiten und Mischen der Pulver,
- Herstellen der Formteile,
- Brennen (Sintern).

Der Vorgang des Sinterns unterscheidet sich dabei nicht von den in Abschnitt 2.4.1 beschriebenen Prozessen. Treibende Kraft ist auch hier das Streben nach einem Energieminimum, das durch Verringerung der Oberflächenenergie des Pulvers und Abbau von Gitterfehlern erreicht wird.

Das mechanische Verhalten der keramischen Werkstoffe entspricht weitgehend dem Modell des spröden Körpers. Das Spannung-Dehnung-Diagramm besteht nur aus einem linear-elastischen Bereich. Plastische Verformungen sind nicht möglich. Das Fehlen des plastischen Fließens bewirkt eine außerordentlich hohe *Druckfestigkeit*, die etwa das 10-fache der Biege- und Zugfestigkeit ausmacht (Bild 6.7 und Tab. 6.1).

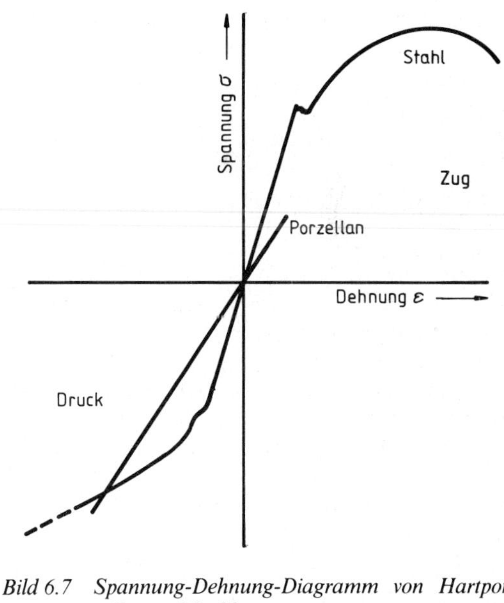

Bild 6.7 Spannung-Dehnung-Diagramm von Hartporzellan und Stahl

Ungünstige Eigenschaften der keramischen Werkstoffe ganz allgemein sind:

- große Kerbempfindlichkeit,
- Unfähigkeit, mechanische Spitzenbeanspru-

Tabelle 6.1: Mechanische und elektrische Eigenschaften von Porzellan und Steatit

Werkstoffart		Hartporzellan	Steatit	Sondersteatit
Hauptbestandteil		Aluminiumsilikat	Magnesiumsilikat	
Elastizitätsmodul	kN/mm^2	50	80	
Zugfestigkeit	N/mm^2	25	45	
Druckfestigkeit	N/mm^2	450	850	
Biegefestigkeit	N/mm^2	40	120	
spezifischer Durchgangswiderstand bei 50 Hz, 20° C	Ωcm	$10^{11} \ldots 10^{12}$	10^{12}	$10^{12} \ldots 10^{13}$
spezifischer Durchgangswiderstand bei 50 Hz, 600° C	Ωcm	$10^{4} \ldots 10^{6}$	$10^{5} \ldots 10^{6}$	$10^{7} \ldots 10^{8}$
Dielektrizitätszahl ε_r		6	6	6
dielektrischer Verlustfaktor bei 20° C, 50 Hz		0,017...0,025	0,0025...0,003	0,001...0,0015
dielektrischer Verlustfaktor bei 20° C, 10^6 Hz		0,006...0,012	0,0015...0,002	0,0003...0,0005
Durchschlagfestigkeit bei 50 Hz (unglasiert)	$\frac{kV}{mm}$	30...40	20...30	30...45

chungen durch lokale plastische Verformung abzubauen,
- geringe Schlagbiegefestigkeit.

6.3.1 Tonkeramische Werkstoffe

Die tonkeramischen Werkstoffe unterscheiden sich von anderen keramischen Werkstoffen durch ein Mindesgehalt an Tonmineralen von 20%. Von dieser Gruppe hat vor allem das Porzellan technische Bedeutung. Dessen Abgrenzung gegen die ebenfalls ton- und feinkeramischen Produkte Steinzeug und Steingut ist fließend. Alle drei Werkstoffe besitzen nach dem Brand als wesentliche kristalline Phase den Mullit $3Al_2O_3 \cdot 2SiO_2$.

Die Tone verdanken ihre seit Jahrtausenden bevorzugte Verwendung in der keramischen Fertigung ihrer Plastizität, ihrem reichhaltigem Vorkommen in aller Welt und der Eigenschaft auch nach dem Brand die vorher erzeugte Form beizubehalten.

Ton und Kaolin werden in der Natur schon pulverförmig gefunden und müssen nicht wie die unplastischen Rohstoffe erst noch zerkleinert werden. Beide sind durch Verwitterung feldspathaltiger Gesteine entstanden. Je nach Art und Menge der Tonminerale (Kaolinit, Montmorillonit, Illit) sowie der natürlichen Zusatzstoffe (z. B. Kalk, Pyrit, Eisenhydroxid) finden sich in der Natur die verschiedensten Kaolin- und Tonqualitäten. Drei Eigenschaften sind ihnen jedoch gemeinsam: ein feines Korn, ein großes Wasserbindevermögen und ihre plastische Verformbarkeit.

Vor der Herstellung der zu brennenden Masse werden Quarz und Feldspat feinkörnig gemahlen, in der letzten Stufe auf mittlere Korngrößen von 0,5 μm bis 10 μm. Anschließend werden die Porzellanrohstoffe nach dem vorgegebenen Versatz möglichst homogen gemischt und zu einer feuchten, plastischen Masse oder zu einer rieselfähigen Trockenpreßmasse weiterverarbeitet.

Die Formteile können z. B. durch
- Schlickerguß oder
- Pressen

hergestellt werden. Beim Gießen wird eine wäßrige Suspension der Masse (Schlicker) in eine Gipsform gegossen. Der Gips entzieht dem Schlicker das Wasser, so daß die festen Teilchen der Suspension das Formteil bilden.

Beim Trockenpressen wird eine krümelige Masse mit geringem Feuchtigkeitsgehalt unter Druck verdichtet. Die Verdichtung geschieht i. a. mit halb- und vollautomatischen, hydraulisch arbeitenden Maschinen in festen Stahlformen. Die Vorteile dieses Verfahrens liegen in der großen Maßhaltigkeit der Produkte, in der Herstellung von Teilen mit ebenen Flächen und scharfen Kanten und in der guten Automatisierungsmöglichkeit.

Vor dem eigentlichen Brennvorgang wird der Formkörper getrocknet und zunächst einem *Glüh-*

brand unterworfen. Dabei wird den Tonmineralen das Kristallwasser entzogen. Der Scherben verfestigt sich, ist aber noch porös. Taucht man ihn jetzt in eine wäßrige Suspension einer Glasurmischung oder spritzt dieselbe auf, dann saugt er den Feststoff in der Suspension an und wird so mit einer gleichmäßig dünnen Schicht an Glasurpulver überzogen.

Es folgt der sogenannte *Glattbrand.* Dabei wird der poröse Scherben dicht und die Glasur schmilzt zu einer glasähnlichen Schicht. Im Gegensatz zur trockenen Sinterung, bei der alle Reaktionen im festen Zustand ablaufen, gehört der Brand tonkeramischer Werkstoffe zur nassen Sinterung, weil während des Sinterprozesses eine flüssige Phase vorhanden ist, die den Prozeß beschleunigt. Die Schmelzphase erstarrt beim Abkühlen zu einem Glas, das die Kristalle der kristallinen Phase miteinander verkittet.

Porzellan ist ein Werkstoff, der einen dichten, weißen und transparenten Scherben bildet. Die weiße Farbe wird durch die Verwendung reiner Rohstoffe erreicht, während Transparenz und dichter Scherben durch höhere Brenntemperatur bzw. eine Masse mit hohem Flußmittelgehalt (Feldspat) erhalten werden. Das sogenannte **Hartporzellan** setzt sich mineralogisch aus 50% Ton, 25% Quarz und 25% Feldspat zusammen, der Glattbrand erfolgt zwischen 1380 °C und 1460 °C. Je nach den gewünschten Eigenschaften sind Abweichungen von dieser Normalzusammensetzung möglich. So ist z. B. das für elektrotechnische Zwecke verwendete Porzellan im Hinblick auf eine größere Festigkeit oft quarzreicher.

Steingut ist ein Werkstoff mit einem porösen (Wasseraufnahme >2%) und weißen Scherben. Steingut wird aus weißbrennenden Tonen zusammen mit Feldspat $K_2O \cdot Al_2O_3 \cdot 6SiO_2$ und Quarz als Rohstoffen hergestellt. Ein typischer Versatz (Rezept zur Herstellung) besteht aus 50% Kaolin und Ton, 45% Quarz und 5% Feldspat. Der Rohbrand zu einem porösem Material (Biskuitbrand) erfolgt je nach Zusammensetzung bei 1100 °C bis 1250 °C, der Glattbrand nach dem Glasieren 100 K bis 200 K tiefer.

Das Steingut wurde ursprünglich als Geschirr eingeführt. Heute überwiegt allerdings die Verwendung als Wandfliese und Sanitärware. Gegenüber Porzellan besitzt Steingut den Nachteil der Porösität und der geringeren mechanischen Festigkeit, dagegen unter anderem den Vorteil der geringeren Brenntemperatur und der Möglichkeit, mit farbenfreudigen, gut deckenden Glasuren dekoriert zu werden.

Im Unterschied zum Steingut gehört das **Steinzeug** zu den dichten tonkeramischen Erzeugnissen (Wasseraufnahme <2%). Der dazu notwendige höhere Anteil an Schmelzphase wird durch eine höhere Zugabe an Flußmitteln (z. B. Feldspat) oder durch Erhöhung der Brenntemperatur erreicht. Vom Porzellan unterscheidet sich das Steinzeug durch einen nicht durchscheinenden Scherben, der in der Regel farbig ist. Im Chemismus unterscheidet sich das Steinzeug nicht sehr vom Porzellan. Die als Rohstoffe verwendeten Steinzeugtone sintern bei 1200 °C bis 1300 °C dicht.

Die *Biegefestigkeit* von Steinzeug mit 30 N/mm^2 bis 60 N/mm^2 und die *Druckfestigkeit* mit 150 N/mm^2 bis 400 N/mm^2 sind mit der von Porzellan vergleichbar. Steinzeug ist sehr korrosionsbeständig und wird daher u. a. als Kanalisationsrohr, für Kreiselpumpen zum Transport aggressiver Flüssigkeiten oder für säurefeste Ausmauerungen verwendet. Daneben findet man es als Geschirr, Fliese oder Sanitärware.

Auf der anderen Seite muß das Porzellan gegen den **Steatit** abgegrenzt werden, der nicht zu den tonkeramischen Werkstoffen gehört, aber mit dem Porzellan als Isolierwerkstoff konkurriert. Der wichtigste Rohstoff für die Steatitherstellung ist Magnesiumhydrosilikat ($3MgO \cdot 4SiO_2 \cdot H_2O$ bzw. $Mg_3(OH)_2(Si_4O_{10})$), das in der Natur in schuppiger Form als Talk oder in feinkristalliner Form als *Speckstein* (Steatit) vorkommt. Die Steatitmasse wird zwischen 1300 °C und 1400 °C gebrannt. Hierbei entstehen Magnesiumsilikatkristalle $MgSiO_3$, die in eine Glasphase eingebettet sind. Ersetzt man in der Masse die als Flußmittel wirkenden Alkalien durch Erdalkalien (z. B. $BaCO_3$), erhält man statt das *Normalsteatits* den *Sondersteatit.* Letzterer hat besonders geringe dielektrische Verluste.

Steatit wird wie Porzellan in der *Elektrotechnik* als *Isolierstoff* eingesetzt. Er unterscheidet sich vom Porzellan durch seine höhere Festigkeit, einen niedrigeren dielektrischen Verlustfaktor und einen linearen thermischen Ausdehnungskoeffizienten, der eine Verbindung mit Metallen erleichtert (Tab. 6.1)

Bei für einen Vergleich in Betracht kommenden organischen Isolierstoffen (Preßstoffen) liegen die Zugfestigkeiten in der gleichen Größenordnung, jedoch ist der Unterschied zwischen Zug- und Druckfestigkeit geringer (siehe Tab. 7.1, S. 350). Die Elastizitäts- und Schubmoduln sind dagegen mindestens um eine Größenordnung niedriger als die von Steatit und Porzellan. Im Gegensatz zu vielen organischen Materialien erfahren die keramischen Stoffe keine Veränderung ihrer mechanischen Festigkeit bei beliebig vielen Temperaturgängen zwischen -60 °C und + 125 °C und beliebig vielen Veränderungen der Luftfeuchtigkeit vom trockenen bis zum gesättigten Zustand und umgekehrt.

In Anlagen, in denen sich aus Schmutz (Chemikalien) und Feuchtigkeit Ablagerungen mit elektrolytischen Eigenschaften bilden, können *Kriechströme* auftreten. Wenn durch den Stromfluß die Feuchtigkeit verdampft, entstehen beim Zerreißen des leitenden Kanals auf der Oberfläche des Isolierstoffes Funken, die den Isolierstoff thermisch angreifen. Durch Wiederholung dieses Vorgangs können bei thermisch nicht stabilen Werkstoffen (z. B. Kunststoffen) zunächst verkohlte Punkte und mit der Zeit Kohlepfade entstehen, die leitfähig sind und deshalb Kurzschlüsse verursachen (siehe S. 317).

Keramische Isolierstoffe – und damit Porzellan – sind im weitesten Sinn unempfindlich gegen klimatische Einflüsse, d. h. gegen Feuchtigkeit, Salznebel, Industrieabgase und Sonnenlicht. Sie sind bei Raumtemperatur auch beständig gegen salzsäure- und alkalihaltige Gase, Dämpfe und Niederschläge, mit Ausnahme von Flußsäure. Diese Eigenschaften bleiben auch bei elektrischer Beanspruchung durch einen Entladungsfunken erhalten. Keramische Werkstoffe und Porzellan im besonderen sind daher kriechstromfest. Die **Kriechstromfestigkeit** ist eine ihrer hervorragendsten Eigenschaften. Da sie keinen Materialabbau unter Kriechstromeinwirkungen zeigen, ist eine Prüfung dieser Eigenschaft nicht notwendig.

Der Isolationswiderstand einer elektrischen Anlage bestimmt deren Sicherheit. Daher sind Angaben über die Widerstandswerte der elektrischen Isolierstoffe von erheblicher Bedeutung. Der Isolationswiderstand eines Isolierstoffes setzt sich zusammen aus dem Widerstand im Inneren, dem *Durchgangswiderstand*, und dem *Oberflächenwiderstand*.

Die in der Elektrotechnik interessierenden Kenndaten von Porzellan und Steatit sind in Tab. 6.1 zusammengestellt. Danach beträgt der spezifische **Durchgangswiderstand** R_D für Porzellan $10^{11}\ \Omega \cdot \mathrm{cm}$ bis $10^{12}\ \Omega \cdot \mathrm{cm}$. Im normalen Temperaturbereich (bis ca. 110 °C) liegt er bei Werten, die denen der organischen Isolierstoffe ähnlich sind. Mit steigender Temperatur nimmt der Widerstand deutlich ab (Bild 6.8).

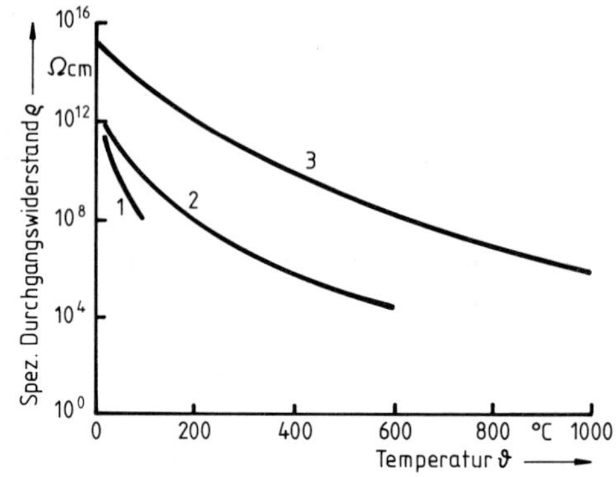

Bild 6.8 Abhängigkeit des spezifischen Durchgangswiderstandes von der Temperatur
1: Phenoplastformstoff
2: Magnesiumsilikat
3: Aluminiumoxidkeramik

Der **Oberflächenwiderstand** R_O setzt sich zusammen aus einem Widerstandsanteil im Inneren des Isolierstoffes und einem, der durch eine Oberflächenleitfähigkeit gegeben ist. Er gibt Aufschluß über das Isolationsvermögen der Oberfläche fester Isolierstoffe und unterscheidet sich beträchtlich vom Durchgangswiderstand. Er beträgt oft nur ca. $0{,}01 \cdot R_D$.

Der Oberflächenwiderstand wird stark von der Luftfeuchtigkeit sowie von Ablagerungen aus Schmutz oder Chemikalien bestimmt. Oberhalb 50% Luftfeuchtigkeit fällt er sehr stark ab. Ab 80% Luftfeuchtigkeit isoliert Porzellan praktisch nicht mehr, wenn man nicht noch seine Kriechstromfestigkeit heranzieht. Keramische Isolierstoffe und Kunststoffe verhalten sich in diesem Punkt ähnlich (siehe auch S. 317).

Die **Durchschlagfestigkeit** gibt an, bis zu welcher maximalen Feldstärke ein Werkstoff vor dem Durchschlag belastet werden kann, d. h. bis zu welchem auf die Dicke bezogenen Spannungsgefälle (in kV/mm). Wegen der geringeren Häufigkeit von Inhomogenitäten ist sie bei kleinen Schichtdicken größer als bei großen (Bild 6.9). Hartporzellan wird, wie auch Steatit, in der Elektrotechnik für alle möglichen Isolierzwecke verwendet. So wird es u. a. in der Hochspannungs-

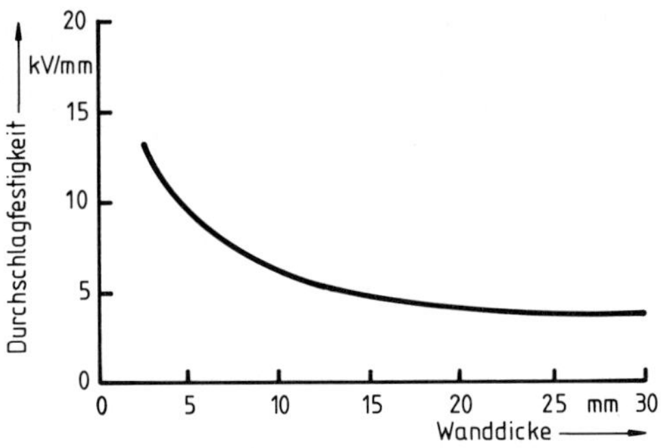

Bild 6.9 Durchschlagfestigkeit von Porzellan in Abhängigkeit von der Wanddicke

technik als Isolator von Freileitungen für die Energieübertragung oder für Fahrleitungen von Bahnen eingesetzt. Für hohe Spannungen wurde der Langstabisolator (Bild 6.10) entwickelt. Er wird bis zu 420 kV eingesetzt und kann dann Längen über 3 m haben. Die große Schirmzahl dieser Isolatoren dient der Verlängerung des Kriechstromweges.

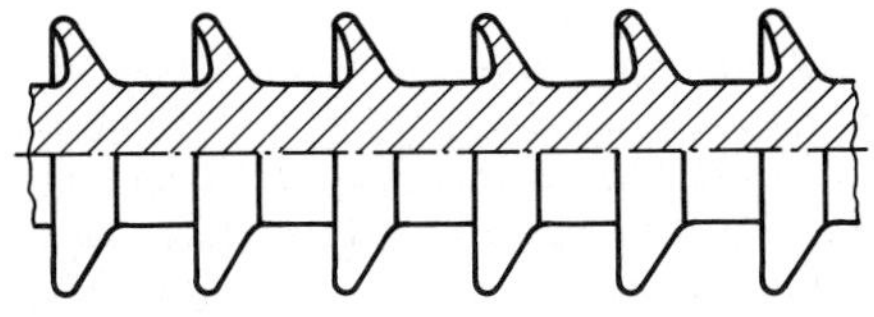

Bild 6.10 Langstabisolator (Ausschnitt)

Isolierungen für Niederspannung und -frequenz werden sowohl aus Steatit als auch aus Hartporzellan hergestellt, so daß häufig gleiche Isolierteile aus beiden Werkstoffen gebräuchlich sind. Steatit wird eingesetzt, wenn eine größere mechanische Festigkeit verlangt wird.

Für Isolationen, die kurz- oder langzeitig starken Wärmeeinwirkungen ausgesetzt sind (z. B. Glühlampensockel, Leitungsschutzsicherungen), und für solche Installationen, die gelegentlich feucht werden können (z. B. Schalter an Elektroherden), ist nach dem heutigen Stand der Technik der keramische Werkstoff zu bevorzugen. Bei Geräten und Anlagen, die Isolierstoffe mit einer Temperaturbeständigkeit bis 180 °C enthalten müssen, werden ohnehin fast ausschließlich keramische Werkstoffe verwendet.

Als Beispiele seien genannt: Träger für Klemmen, Klemmleisten, Einsätze für Stecker und Fassungen, Sockel für Steckdosen, Grundplatten für Schalter, Isolierkörper für Sicherungen, Tragkörper für Spulen und Widerstände.

In seiner chemischen Beständigkeit ist Porzellan mit Steinzeug vergleichbar und wird daher häufig in der chemischen Industrie als Laborgerät, für Destillationskolonnen, Rührwerkskessel, Rohrleitungen und Säurepumpen eingesetzt.

6.3.2 Oxidkeramische Werkstoffe

Oxidkeramische Werkstoffe werden aus Oxiden und Oxidverbindungen nach keramischen Methoden hergestellt. Im Unterschied zu den silikatkeramischen Werkstoffen (Steatit, Porzellan) sind sie nahezu oder ganz frei von SiO_2, während ihr hoher Schmelzpunkt von über 2000 °C sie von anderen aus Oxiden aufgebauten Stoffen (Ferrite, Titanate) abgrenzt. Der wichtigste oxidkeramische Werkstoff ist das **Aluminiumoxid** Al_2O_3. Daneben sind noch *Berylliumoxid* als Moderator in Kernreaktoren und *Zirkondioxid* als Raketenwerkstoff von Interesse.

Die Forderung nach reinen Rohstoffen erschwert die Herstellung dieser Werkstoffe beträchtlich, weshalb die Aufbereitung von der silikatkeramischer Werkstoffe abweicht. Um den Sinterprozeß mit wirtschaftlich tragbarer Geschwindigkeit ablaufen zu lassen, müssen die verwendeten Pulver eine *bestimmte* Korngröße besitzen. Zur Plastifizierung der Masse benötigt man Plastifizierungsmittel, weil die Metalloxide im Gegensatz zu Tonen unplastisch sind. Es müssen u. U. noch Sinterhilfsmittel zugegeben werden, um die Restporosität zu verringern und so dichte Produkte zu erhalten. Nach dieser besonderen Aufbereitung werden die Oxide mit den bekannten Verfahren verarbeitet und gesintert. Im Gegensatz zur Herstellung silikatkeramischer Stoffe handelt es sich hier um eine trockene Sinterung. Alle Reaktionen laufen im festen Zustand ab.

In Tab. 6.2 sind die wichtigsten mechanischen und thermischen Eigenschaften von Aluminiumoxid mit denen von Hartmetall verglichen. Auffallend ist die hohe *Härte* des Al_2O_3. Die Festigkeitswerte sind über einen großen Temperaturbereich praktisch konstant. Der Grund liegt darin, daß mit steigender Temperatur die Zunahme der Plastizität und damit die Zunahme der Fähigkeit zum Abbau lokaler Spannungsspitzen die thermisch bedingte Festigkeitsabnahme kompensiert. Dagegen ist der Wert der Schlagzähigkeit (ungekerbt!) mit 0,2 J/cm^2 bei 20 °C gegenüber der Kerb-

Tab. 6.2: Eigenschaften von Aluminiumoxidkeramik und Hartmetall

Eigenschaft		Aluminiumoxidkeramik	WC-Hartmetall mit 6% Co
Dichte	g/cm^3	3,9	14,9
Biegefestigkeit	N/mm^2	300	1900
Druckfestigkeit	N/mm^2	2500	5000
Bruchdehnung im Druckversuch	%	<0,1	ca. 0,5
E-Modul	kN/mm^2	390	620
Vickershärte		1750	1600
Wärmeleitfähigkeit	W/(m·K)	30	80
Ausdehnungskoeffizient	$10^{-6}/K$	8	5

schlagzähigkeit von z.B. Baustahl mit 100 J/cm^2 niedrig, was den spröden Charakter des Al_2O_3 beweist.

Wegen der hohen Härte wird Al_2O_3 u.a. als Schneidwerkzeug, Fadenführer und in Gleitringdichtungen eingesetzt. So werden Al_2O_3-Schneidplatten neben Hartmetall-Schneidwerkzeugen in der spanabhebenden Bearbeitung, insbesondere von Gußeisen und Stahl, verwendet. Die hohe *Warmfestigkeit* des Al_2O_3 erlaubt Schnittgeschwindigkeiten von 500 m/min, während mit Hartmetallen allenfalls 100 m/min zu erreichen sind. Wegen der Sprödigkeit werden aber an stoßfreie Belastung und Laufruhe der Werkzeugmaschine erhöhte Anforderungen gestellt.

Die *Korrosionsbeständigkeit* von Al_2O_3 ist sehr gut. Es ist beständig gegen Säuren, Metallschmelzen, viele Gläser und Schlacken. Gegenüber Metallen ergeben sich für Al_2O_3 besonders dann Vorteile, wenn mechanische Beanspruchungen durch korrosive und thermische Beanspruchungen überlagert werden.

Eines der häufigsten Anwendungsgebiete für Al_2O_3-Keramik ist daher das Abdichten von Durchführungen in Gefäße und Arbeitsräume hinein, in denen sich korrodierende Medien befinden. Das Al_2O_3 ist als Gleitring in Gleitringdichtungen allen anderen Werkstoffen an Korrosions- und Verschleißfestigkeit überlegen. So verdrängt die axiale Gleitringdichtung als Dichtelement für rotierende Wellen die konventionelle Stopfbuchse, besonders bei höheren Drehzahlen.

Aluminiumoxid kann bis zu einer Arbeitstemperatur von 1950 °C in oxidierender und reduzierender Atmosphäre sowie im Vakuum eingesetzt werden. Die Wärmeleitfähigkeit beeinflußt die *Temperaturwechselbeständigkeit* und ist eine wichtige Größe für den Einsatz von Al_2O_3 in der Elektronik. Sie ist bei 20 °C mit der von Stahl vergleichbar, fällt aber mit zunehmender Temperatur ab. Die thermische Ausdehnung von $8 \cdot 10^{-6}/K$ hat eine mäßige Thermoschockbeständigkeit zur Folge.

Die Al_2O_3-Keramik besitzt folgende für einen Einsatz in der *Elektrotechnik* günstige Eigenschaften:

- sehr niedrigere *dielektrische Verlustfaktoren* von 0,0002 bis 0,0003 bis hin zu hohen Frequenzen,
- einen hohen *Oberflächenwiderstand* (Isolationsweg von 2 mm/kV unter Normalbedingungen) und eine hohe *Durchschlagfestigkeit* von 20 kV/mm bis 30 kV/mm,
- eine hohe *Wärmeleitfähigkeit*, die für die schnelle Abführung von Verlustwärme, z.B. bei Substraten, wichtig ist,
- feste *Haftung* von aufgebrachten Metallschichten, was für Al_2O_3-Metall-Verbundkonstruktionen wichtig ist.

Aufgrund dieser Eigenschaften wird Al_2O_3 unter anderem als Hochleistungszündkerze, Innenbauteil und Gehäuse für Elektronenröhren, Gefäß für Hochdruckentladungslampen, Thyristorgehäuse und als Substrat verwendet. Vor allem als Substratwerkstoff hat es sich wegen der Kombination seiner guten mechanischen, thermischen und elektrischen Eigenschaften durchgesetzt. Al_2O_3-Substrate werden fast ausschließlich bei der Herstellung hybrider Schaltkreise[1] verwendet, wo sie als Trägermaterial und gleichzeitig zur Isolierung der elektronischen Elemente dienen. Diese Schaltungen sind in vielen Zweigen der Elektrotechnik, besonders der Unterhaltungselektronik, Stand der Technik.

Die Anwendung von **Zirkonoxid ZrO_2** wird entscheidend durch seine Modifikationen beeinflußt:

ZrO_2 (monoklin) ↔ ZrO_2 (tetragonal) ↔ ZrO_2 (kubisch).

Die Umwandlung von monoklinem ZrO_2 zu tetragonalem ZrO_2 erfolgt bei 1000 °C bis 1200 °C und

[1] Hybride Schaltkreise sind dadurch gekennzeichnet, daß bei ihrer Herstellung verschiedene Techniken kombiniert werden. Passive Bauelemente werden z.B. in Dickfilmtechnik (Siebdruckverfahren) oder in Dünnfilmtechnik (Aufdampfen oder Kathodenzerstäubung) hergestellt. Die in diese Schaltungen eingelöteten aktiven Halbleiterbauelemente sind dagegen als „Monolithe" gefertigt, bei denen ein Kristall alle Schaltelemente enthält.

ist mit einer Volumenänderung von ca. 8% verbunden. Diese starke Volumenänderung würde Sinterkörper aus reinem ZrO_2 zerstören. Um die guten thermischen Eigenschaften des ZrO_2 (T_S = 2680 °C) zu nutzen, vermeidet man durch Mischkristallbildung mit MgO, CaO und Y_2O_3 die störenden Umwandlungen. Die sonst nur über 2300 °C existente kubische Modifikation kann so stabilisiert werden.

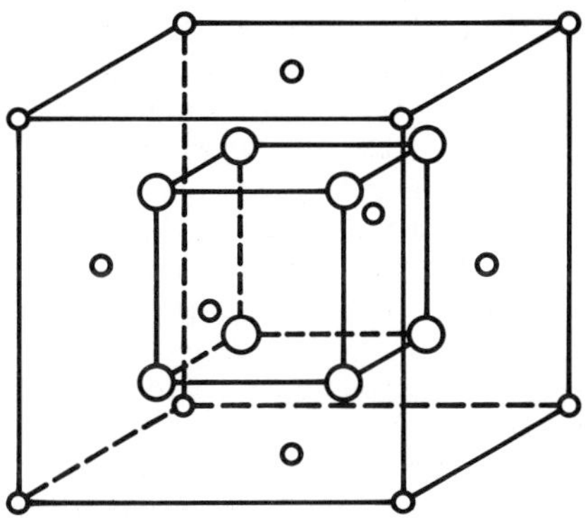

Bild 6.11 *Kalziumfluoritgitter*
○ *Kalzium-Ion* ○ *Fluor-Ion*

Die kubische Modifikation hat die Struktur des sogenannten **Kalziumfluoritgitters** (Bild 6.11). Bei diesem Gittertyp bilden die Kalzium- bzw. Zirkonionen (als Kationen) ein kfz Gitter, in das ein einfaches kubisches Gitter aus den Fluor- bzw. Sauerstoffionen (Anionen) hineingestellt ist. Die Kationen der zugegebenen Oxide besetzen die Gitterplätze der Zr^{4+}-Ionen. Da sie weniger Sauerstoff binden als das Zirkon, entstehen Leerstellen im Anionenteilgitter. Diese Mischkristalle zeigen dadurch eine erhöhte Leitfähigkeit für Sauerstoffionen, die von Art und Konzentration des zugegebenen Oxids abhängt. Sie sind die in der Praxis führenden **Feststoffelektrolyten.**

Ändert sich der Sauerstoffpartialdruck der Umgebung von kubisch stabilisiertem ZrO_2, so ändert sich auch dessen Sauerstoffgehalt, weil bis zur Einstellung eines Gleichgewichtszustandes Sauerstoffionen aufgenommen oder abgegeben werden. Eine deutlich meßbare Veränderung der Ionenleitfähigkeit tritt dadurch nicht ein. Die Zu- oder Abnahme von Elektronen bzw. Defektelektronen führt jedoch zu starken Potentialveränderungen.

Kubisch stabilisiertes ZrO_2 setzt man daher zur *Messung von Sauerstoffpartialdrücken* ein. Mit der **Lambda-Sonde** wird über den Sauerstoffgehalt das CO/CO_2-Verhältnis in Abgasen bestimmt und damit das Luft/Kraftstoff-Verhältnis λ von Verbrennungsmotoren optimiert. In gleicher Weise, nämlich über das CO/CO_2-Verhältnis, wird bei Wärmebehandlungen die Schutzgaszusammensetzung geregelt. Das von der **Sauerstoffsonde** abgegebene Signal läßt sich z. B. direkt dem Kohlenstoffpotential der Ofenatmosphäre zuordnen. Die Sonden sind einseitig geschlossene Rohre aus ZrO_2, an deren Innen- und Außenseite Meßelektroden die Potentialdifferenz abnehmen. Vergleichsatmosphäre ist in der Regel Luft.
Zirkonoxid besitzt:
- eine gute *Korrosionsbeständigkeit*,
- einen linearen *Ausdehnungskoeffizienten* von $2 \cdot 10^{-6}$/K im Bereich von 20 °C bis 1500 °C,
- eine niedrige *Wärmeleitfähigkeit* von ca. 2 W/(m · K) (Al_2O_3 hat 30 W/(m · K)) sowie
- in teilstabilisierter Form (z. B. 80% kubisch, 20% tetragonal) eine hohe *Festigkeit* und *Zähigkeit*.

Diese Eigenschaften machen das Zirkonoxid in Zusammenhang mit seinem Schmelzpunkt als *Raketenwerkstoff* geeignet. Eingesetzt wird es an der Raketenspitze sowie als plasmagespritzter Überzug in Raketendüsen, um thermisch zu isolieren und den mechanischen Abrieb durch den Gasstrahl zu vermindern.

6.3.3 Ferroelektrische keramische Werkstoffe

Kennzeichnend für die *ferromagnetischen* Materialien ist der durch die *Hysteresekurve* gegebene Zusammenhang zwischen der *magnetischen Flußdichte B* und der *magnetischen Feldstärke H* (siehe Bild 1.39). Es gibt Werkstoffe, die eine ähnliche Abhängigkeit der *elektrischen Flußdichte D* von der *elektrischen Feldstärke E* zeigen. Es besteht auch hier kein linearer Zusammenhang mehr, und es gibt bei diesen ferroelektrischen Werkstoffen eine **elektrische Hysteresekurve** (Bild 6.12).
Die **Ferroelektrizität** hängt mit einer im Werkstoff spontan auftretenden elektrischen Polarisation zusammen. Beim Abkühlen von *Bariumtitanat* $BaTiO_3$ auf die CURIE-Temperatur verschieben sich ohne Einflüsse von außen das positive Ti^{4+}-Ion und ein negatives O^{2-}-Ion in der Elementarzelle (Bild 6.13) derart gegeneinander, daß sich ein lokaler *Dipol* bildet. Mit dieser Verschiebung verliert die Elementarzelle ihr Symmetriezentrum, so daß der Werkstoff piezoelektrisch werden

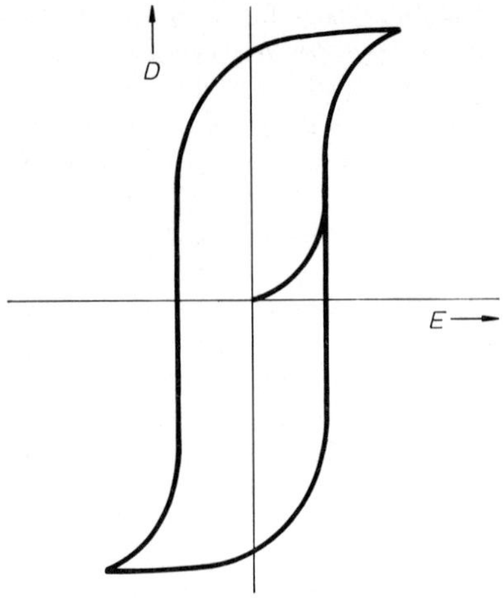

Bild 6.12 *Hysteresekurve einer ferroelekritischen Keramik (schematisch)*
E = elektrische Feldstärke
D = elektrische Flußdichte (Polarisation)

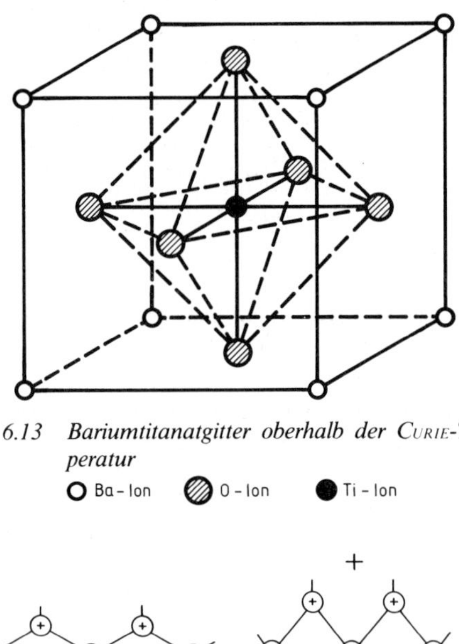

Bild 6.13 *Bariumtitanatgitter oberhalb der* CURIE-*Temperatur*
○ Ba-Ion ◍ O-Ion ● Ti-Ion

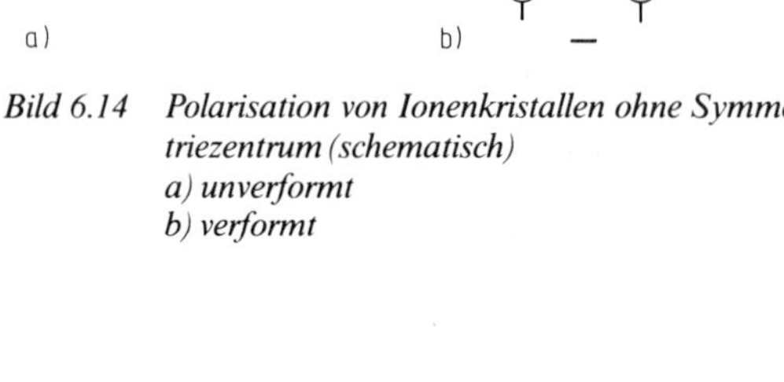

Bild 6.14 *Polarisation von Ionenkristallen ohne Symmetriezentrum (schematisch)*
a) unverformt
b) verformt

kann. Derartige Ionenverschiebungen verlaufen in größeren Materialbereichen, den **Domänen**[1], parallel zueinander.

Die Bedeutung des Symmetriezentrums liegt im **piezoelektrischen Effekt.** Im unbelasteten Zustand befinden sich die elektrostatischen Felder der entgegengesetzt geladenen Ionen im Gleichgewicht, wie durch das gestrichelt eingezeichnete gleichseitige Dreieck in Bild 6.14a angedeutet ist. Bei einer elastischen Verformung des Gitters werden die Ionen so gegeneinander verschoben, daß in Verformungsrichtung eine Resultierende der elektrostatischen Kräfte entsteht (gleichschenkliges Dreieck in Bild 6.14b). Durch eine äußere Belastung wird so eine Polarisation der Ionenkristalle erzeugt. Die Umwandlung von mechanischen Schwingungen in elektrische Signale durch derartige Kristalle wird z. B. in Tonabnehmern, Mikrofonen und Beschleunigungsmessern genutzt.

Umgekehrt können piezoelektrische Kristalle durch Anlegen einer Wechselspannung zu mechanischen Schwingungen angeregt werden. Auf diese Weise werden z. B. *Ultraschallwellen* erzeugt, mit denen Werkstoffe zerstörungsfrei geprüft werden können (siehe S. 130). An Stelle der früher verwendeten Quarze werden heute als Ultraschallquellen piezoelektrische Keramiken, wie z. B. $BaTiO_3$ oder $Pb(ZrTi)O_3$, verwendet. Sie sind preiswerter, können in beliebiger geometrischer Gestalt hergestellt werden und besitzen bessere Eigenschaften.

Oberhalb der CURIE-Temperatur T_c gehorcht die relative Dielektrizitätskonstante ε_r dem CURIE-WEISSschen Gesetz:

$$\varepsilon_r = \frac{C}{T - T_c}$$

(C = CURIE-Konstante = ca. 10^5 K, $BaTiO_3$: T_c = 393 K)
Der Wert $\varepsilon_r = \infty$ nach dieser Gleichung stellt sich wegen der bei T_c einsetzenden spontanen Polarisation nicht ein, wohl aber Werte bis $\varepsilon_r = 9000$. Damit kann $BaTiO_3$ als Kondensatordielektrikum eingesetzt werden.

Bariumtitanat wird ferner als **PTC-Thermistor**[2] verwendet. Normalerweise ist $BaTiO_3$ ein Isolator, wird jedoch durch Zugabe geringer Mengen Anti-

[1] Domänen ferroelektrischer Werkstoffe sind mit den WEISSschen Bezirken (siehe S. 14) ferromagnetischer Werkstoffe vergleichbar.

[2] PTC = **P**ositiver **T**emperatur **C**oeffizient, Widerstände, die im kalten Zustand gut, bei hohen Temperaturen schlecht leiten.

mon oder Lanthan elektrisch leitend. Am CURIE-punkt ändert sich die Leitfähigkeit um mehrere Zehnerpotenzen. Damit eignen sich PTC-Thermistoren besonders als thermischer Überlastungsschutz z. B. für Elektromotoren und andere elektrische Anlagen oder zur Kontrolle von Lagertemperaturen.

Von Nachteil sind beim Bariumtitanat bei einem Einsatz als elektromechanischer Wandler die niedrige CURIE-Temperatur, die relativ niedrige Koerzitivfeldstärke (max. $5 \cdot 10^3$ V/cm) und ein geringer Wirkungsgrad von ca. 2%. Diese Nachteile werden mit Bleizirkontitanat $Pb(ZrTi)O_3$ vermieden: Koerzitivfeldstärke ca. 10^4 V/cm, Wirkungsgrad über 30%. Elektromechanische Wandler werden u. a. für Frequenzfilter, Verzögerungsleitungen und als Ultraschallschwinger eingesetzt.

6.3.4 Magnetische keramische Werkstoffe

Die magnetischen Erscheinungen der Materie beruhen auf dem Bahnumlauf der Elektronen um den Atomkern und auf ihrem Spin (siehe S. 14 und S. 255 ff.). In Festkörpern ist das magnetische Moment eines Atoms jedoch praktisch identisch mit dem magnetischen Gesamtspinmoment, weil die elektrostatischen Felder der Atome einen Bahnumlauf der Elektronen in wechselnden Richtungen bedingen. Damit ist ein fast völliges Verschwinden des magnetischen Bahnmomentes verbunden.

Die Spinmomente kompensieren sich bei *diamagnetischen* Stoffen ebenfalls. *Paramagnetische* Stoffe haben ein geringes resultierendes magnetisches Moment, das durch Anlegen eines äußeren magnetischen Feldes beeinflußt werden kann. Bei einer relativ kleinen Gruppe dieser Werkstoffe kompensieren sich die Spinmomente infolge eines unsymmetrischen Atomaufbaus nicht. Abhängig von der Kristallstruktur können sie sich ferner gegenseitig beeinflussen. Diese Wechselwirkung kann bei tieferen Temperaturen eine Ordnung hervorrufen, die auch nicht durch thermische Energie zerstört werden kann. Je nach Art der Wechselwirkung der magnetischen Momente werden

- der **ferromagnetische,**
- der **ferrimagnetische** und
- der **antiferromagnetische** Zustand unterschieden.

Bei ferromagnetischen Werkstoffen sind die Spinmomente innerhalb eines WEISSschen Bezirks vollkommen parallel ausgerichtet. Durch Anlegen eines äußeren Magnetfeldes kann diese Ausrichtung praktisch auf den ganzen Körper übertragen werden (siehe S. 14).

Ferrite sind ferrimagnetische keramische Materialien auf der Basis von Eisenoxid-Verbindungen. Sie sind Doppeloxide der Form $MeO \cdot Fe_2O_3$. Ferrite kristallisieren z. B. nach der sogenannten inversen *Spinellstruktur*, die durch die allgemeine Formel $B(AB)O_4$ gekennzeichnet ist. A steht für zweiwertige Kationen, z. B. Fe^{2+}, Ni^{2+}, Mn^{2+} oder Zn^{2+}, B für dreiwertige Kationen wie Fe^{3+}, Al^{3+} oder Cr^{3+}. Ein Doppeloxid kann dann z. B. wie folgt beschrieben werden:

$$NiO \cdot Fe_2O_3 = Fe^{3+}(Ni^{2+}Fe^{3+})O_4$$

Die inverse Spinellstruktur selbst wird am besten durch eine kubisch dichteste Packung (kfz Gitter) von Sauerstoffionen beschrieben. In *Tetraeder*-Lücken dieses Gitters ist die eine Hälfte der B-Ionen, die andere Hälfte der B-Ionen und die A-Ionen sind in *Oktaeder*-Lücken (Bild 6.15)

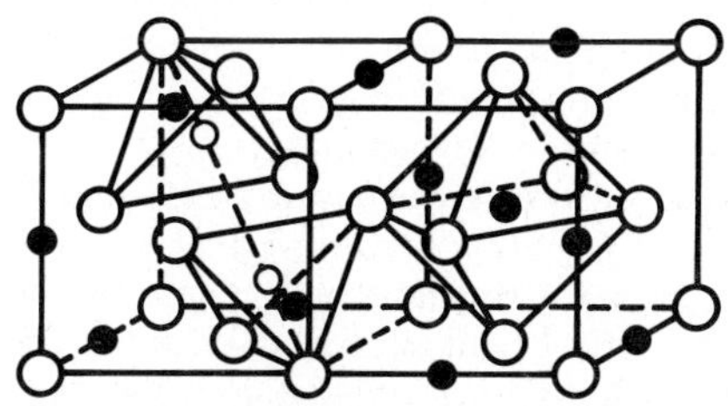

Bild 6.15 Inverses Spinellgitter
○ Sauerstoff-Ion
● Metall-Ion in oktaedrischer Lücke
○ Metall-Ion in tetraedrischer Lücke

Innerhalb eines WEISSschen Bezirks sind die magnetischen Momente der Ionen in den Tetraederlücken zu denen der Ionen in den Oktaederlücken *antiparallel* ausgerichtet (Bild 6.16c). Infolge der teilweisen Kompensation der Spinmomente ist die Sättigungspolarisation (Sättigungsmagnetisierung) der Ferrite immer geringer als die ferromagnetischer Werkstoffe.

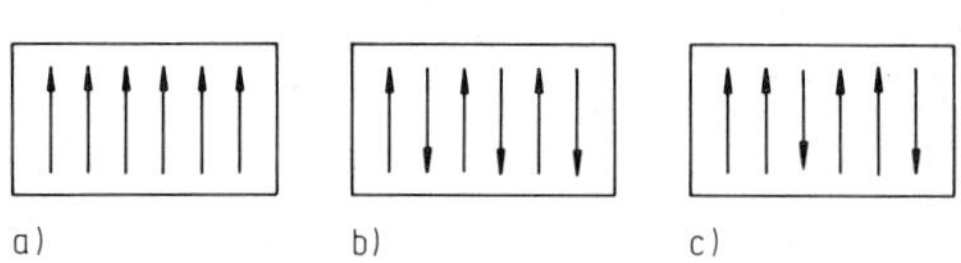

Bild 6.16 Anordnung der Spinmomente bei
a) ferromagnetischen
b) antiferromagnetischen
c) ferrimagnetischen
Werkstoffen (schematisch)

Tabelle 6.3: Kenngrößen von Ferriten

	Anfangspermeabilität μ_a	Sättigungspolarisation J_S Vs/m²	Koerzitivfeldstärke H_c A/m	spezifischer elektrischer Widerstand ρ Ω cm	CURIE-Temperatur T_C °C	Energieprodukt $(B \cdot H)_{max}$ kJ/m³
Mangan-Zink-Ferrite	500...10000	0,3...0,5	4...100	0,0002...0,2	90...280	
Nickel-Zink-Ferrite	10...2000	0,2...0,4	16...1600	$0,1...10^5$	100...500	
Barium-Ferrit, isotrop		0,2	150000	10^8	450	7
Barium-Ferrit, anisotrop		0,4	230000	10^8	450	30

Weichmagnetische Ferrite auf Mangan-Zink- und Nickel-Zink-Basis (Tab. 6.3) haben hohe spezifische Widerstände und sehr geringe Ummagnetisierungsverluste, weil gegenüber metallischen Magnetwerkstoffen sehr kleine Wirbelstromverluste auftreten. Darauf beruht auch der Einsatz der weichmagnetischer Ferrite als Übertrager und Spulenkern in der Nachrichtentechnik bei Frequenzen über 100 kHz. Die annähernd *rechteckige Hystereseschleife* vieler weichmagnetischer Ferrite begründet ihre Verwendung als Speicherkern und Schaltelement in Rechenanlagen.

Hartmagnetische Ferrite haben die Zusammensetzung $BaO \cdot 6\,Fe_2O_3$ oder $SrO \cdot 6\,Fe_2O_3$. Ihre hexagonale Struktur bewirkt eine Vorzugsrichtung der Magnetisierung parallel zu der Achse der sechseckigen Säule. Dieser einachsige Charakter der Struktur ist eine Bedingung zur Erzielung hoher Koerzitivfeldstärke. Dagegen ist der weichmagnetische Charakter der Spinelle auf ihr kubisches Gitter zurückzuführen.

Das hartmagnetische Verhalten eines Werkstoffes wird vor allem durch das maximale Energieprodukt $(B \cdot H)_{max}$, daneben durch die Koerzitivfeldstärke H_c und die Remanenz B_r gekennzeichnet (Bild 6.17).

Optimale Eigenschaften werden erreicht, wenn das Gefüge porenfrei ist und aus kleinen (ca. 1 µm) Kristalliten besteht. In einem magnetisch **isotropen Ferrit** sind die magnetischen Momente der Kristallite nach Sättigung und ohne den Einfluß äußerer Felder statistisch über eine Halbkugel verteilt (Bild 6.18). Erfolgt das Naßpressen vor dem Sintern in einem starken Magnetfeld, orientieren sich die Kristallite in dem Feld. Dadurch sind im **anisotropen Ferrit** im gesättigten Zustand die magnetischen Momente auch nach Wegnah-

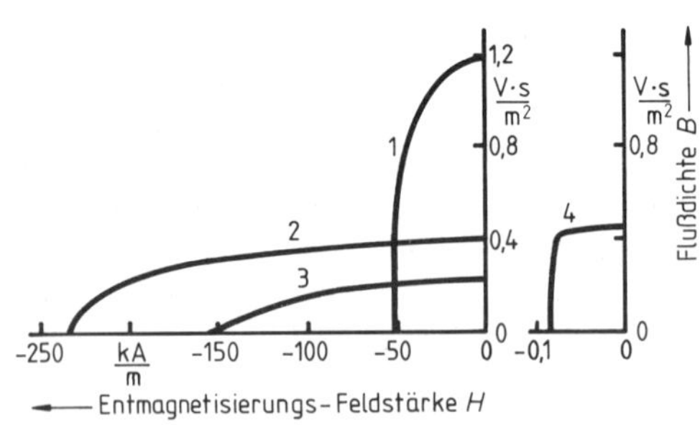

Bild 6.17 Entmagnetisierungskurven von hartmagnetischen und weichmagnetischen Werkstoffen
1: AlNiCo5
2: Bariumferrit, anisotrop
3: Bariumferrit, isotrop
4: Mn-Zn-Ferrit

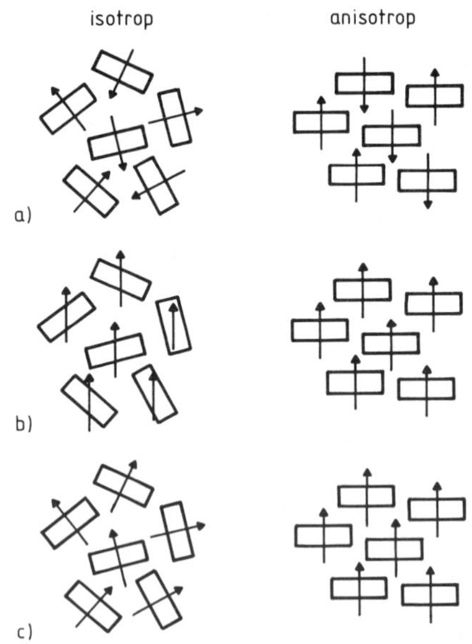

Bild 6.18 Bariumferrit mit nicht ausgerichteten und ausgerichteten Kristalliten
a) entmagnetisierter Zustand
b) Zustand in einem sättigenden Feld
c) Zustand nach Sättigung ohne äußeres Feld

me des äußeren Feldes annähernd parallel. Als Folge ist beim anisotropen Ferrit die Remanenz rund zweimal und das Energieprodukt $(B \cdot H)_{max}$ etwa viermal so groß wie beim isotropen Ferrit (Tab. 6.3).
Keramische Hartmagnete finden u. a. in Lautsprechern und Kleinstmotoren, als Fernseh-Korrekturmagnete oder in Haftsystemen Verwendung.

6.4 Kohlewerkstoffe

Kohlenstoff kommt in den kristallinen Modifikationen *Diamant* und *Grafit* vor. Unter Normalbedingungen ist der Grafit die stabile Phase. Der Diamant ist metastabil und kann bei einem Druck um 40 GPa und 1700 °C synthetisch hergestellt werden.

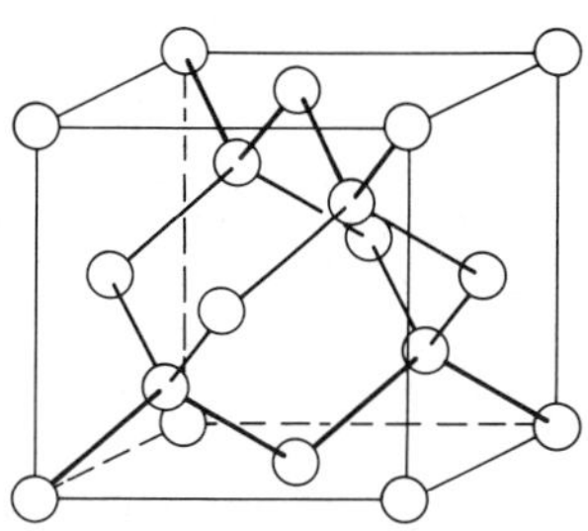

Bild 6.19 Diamantgitter

In der Struktur von **Diamant** kommt der Typ einer *reinen kovalenten Bindung* zum Ausdruck. Die Kohlenstoffatome bilden ein kfz Gitter, wobei vier weitere Atome pro Elementarzelle abwechselnd die Tetraederlücken (Mitten der Achtelwürfel) besetzen (Bild 6.19). Damit hat jedes Kohlenstoffatom vier tetraedrisch angeordnete nächste Nachbarn im Abstand von 0,154 nm. Auf die Art der Bindung sind

- der relativ hohe elektrische Widerstand ($\geqq 10^{12}$ Ω cm),
- die hohe Sublimationstemperatur von 3800 °C,
- die hohe chemische Beständigkeit und
- die extrem hohe Härte

von Diamant zurückzuführen.
Heute ist die Produktion synthetischer Diamanten wesentlich größer als die Förderung von Naturdiamanten. Wegen seiner hohen Härte wird Diamant für alle Trenn- und Schleifverfahren eingesetzt, z. B. zum Läppen, Schleifen, Sägen und Bohren harter metallischer und keramischer Werkstoffe. Diamantpulver werden lose als Poliermittel oder gebunden in eine Metall- oder Kunstharzmatrix als Schleif- oder Trennscheiben verwendet. Einzeln gefaßte Diamanten dienen als Ziehsteine, Lager oder Abtastkörper.
Da unter Normalbedingungen nur **Grafit** beständig ist, sind die meisten synthetischen Kohlenstoffe grafitischer Natur. Grafit kristallisiert in einem *hexagonalen Schichtgitter* (Bild 6.20). Innerhalb der Schichten ist jedes Kohlenstoffatom mit drei Nachbaratomen durch eine sehr starke kovalente Bindung verbunden; der Abstand beträgt 0,141 nm. Das vierte Valenzelektron eines jeden Kohlenstoffatoms ist schwach gebunden und bewirkt die auch nur sehr schwache Bindung zwischen den Schichten. Der Abstand zweier Ebenen beträgt in einem perfekten Grafitgitter 0,335 nm.

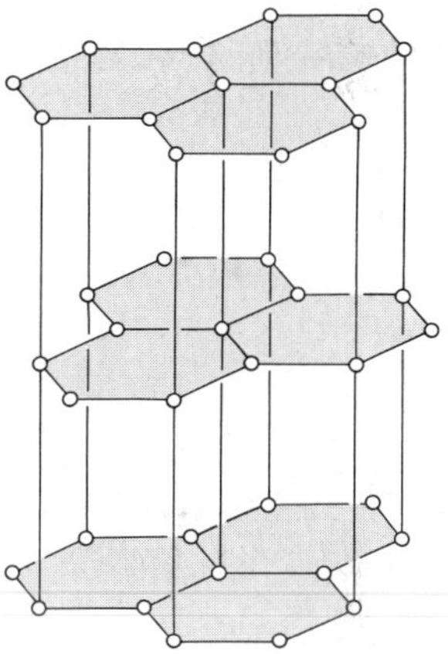

Bild 6.20 Grafitgitter

Daneben gibt es den *parakristallinen* Kohlenstoff, der infolge von Translation oder Rotation einzelner Schichtstapel mehr oder weniger fehlgeordnet ist (turbostratisches Gefüge). Der Abstand der Schichtebenen vergrößert sich auf 0,344 nm. Hierzu gehören fast alle synthetisch hergestellten Grafite, Kokse und der Glaskohlenstoff. Trotzdem ist es zweckmäßig, die Eigenschaften auch dieser Kohlewerkstoffe von der Struktur des Grafits herzuleiten.
Wegen des ausgeprägten Schichtgitters sind die Eigenschaften eines *Grafiteinkristalls* stark richtungsabhängig (Tab. 6.4). Diese starke Richtungsabhängigkeit findet sich annähernd bei einigen neuartigen Kohlewerkstoffen wieder, wie z. B. den *Grafitfolien* und den hochfesten Kohlefäden. In den Eigenschaften von Elektrografitkörpern wird

Tab. 6.4: Physikalische Eigenschaften des Grafiteinkristalls

		in der Schichtebene	rechtwinklig zur Schichtebene
elektrische Leitfähigkeit	m/Ω mm²	2,5	0,0005
Wärmeleitfähigkeit	W/(Km)	1740	8,2
Ausdehnungskoeffizient	10^{-6}/K	–0,22... + 1,3	20...28

die Anisotropie u. a. durch die unterschiedliche Orientierung der Kristallite (*Quasi-Isotropie*, siehe auch S. 6) und das poröse Gefüge des Formkörpers stark abgeschwächt.

Rund 90% der Kohlenstoff- und Grafitproduktion werden als Elektroden für elektrothermische und elektrochemische Verfahren verwendet. So werden Elektroden in Lichtbogenöfen bei der Elektrostahlproduktion oder bei der Schmelzflußelektrolyse von Aluminium benötigt. Im Hochofen werden Boden, Herd, Gestell und Rast mit Kohlenstoff- und Grafitsteinen »zugestellt«. Von Vorteil sind für die genannten Einsatzgebiete die gute elektrische und thermische *Leitfähigkeit*, sowie die gute *Temperaturwechselfestigkeit* und *Korrosionsbeständigkeit* der Kohlewerkstoffe.

Ferner sind Kohlenstoff und Grafit klassische Kontaktwerkstoffe für elektrische und mechanische Schleifkontakte, wie Bürsten, Schleifbügel, Gleitringe oder Kolbenringe, die ohne Schmierung bei geringem Verschleiß arbeiten.

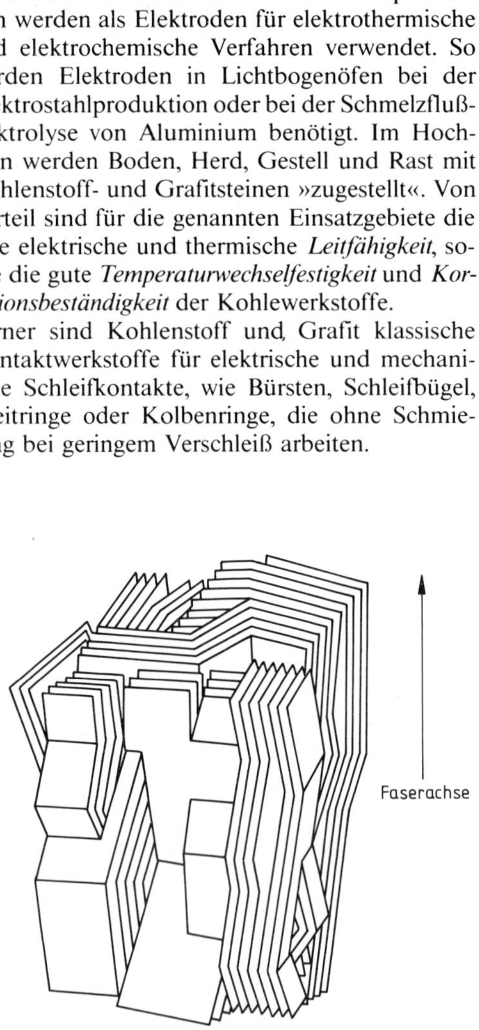

Bild 6.21 Schematische Darstellung der Bandstruktur in grafitierter Kohlenstoffaser

Von den *konventionellen* Kohlewerkstoffen muß man die sogenannten »monogranularen« Formen unterscheiden, die keine einzelnen Körner enthalten. Das wichtigste Produkt sind die **Kohlenstofffasern**. Diese werden hauptsächlich aus Polyacrylnitril durch Karbonisieren und Strecken erhalten. Die Streckung bewirkt eine Ausrichtung der Grafitschichten parallel zur Faserrichtung, so daß die starke kovalente C-C-Bindung des Grafits genutzt werden kann (Bild 6.21). Die *Zugfestigkeit* der Fasern liegt zwischen 2 kN/mm² und 3 kN/mm², der *Elastizitätsmodul* zwischen 200 kN/mm² und 400 kN/mm² und die *Dichte* um 1,8 g/cm³.

Der Vorteil der Kohlenstoffasern gegenüber Metalldrähten zeigt sich dann, wenn Festigkeit und Elastizitätsmodul auf die Dichte bezogen werden. Die **Reißlänge**[1] beträgt bei Kohlefasern mit maximal 160 km ein Vielfaches der von Metallen. Der entscheidende Vorteil liegt jedoch in der extrem hohen *Steifigkeit*. Das Verhältnis Elastizitätsmodul/Dichte ist bei Hochmodul-Kohlefasern etwa achtmal so groß wie bei Stahldraht.

Der hohe Elastizitätsmodul bleibt in **kohlefaserverstärkten Kunststoffen (CFK)** praktisch erhalten, so daß diese bei einem Füllfaktor von 50% ungefähr dieselbe Steifigkeit wie Stahl besitzen. Die Dichte ist jedoch wesentlich geringer. Deshalb werden kohlenstoffaserverstärkte Kunststoffe in zunehmendem Maße in der Luftfahrt eingesetzt, z. B. für Seiten- und Höhenleitwerke, Tragflächenklappen, Beplankungen, Holme und Rippen.

Der **Glaskohlenstoff** verdankt seinen Namen seiner glasartigen Bruchfläche und seiner annähernd amorphen Struktur. Er entsteht bei der Pyrolyse dreidimensional vernetzter Polymere. Im Gegensatz zum Grafit sind die hexagonalen Kohlenstoffschichten nicht regelmäßig über größere Bereiche angeordnet, sondern liegen in Form einer polymerähnlichen Knäuelstruktur vor. Glaskohlenstoff besitzt mit 1,5 g/cm³ eine geringe Dichte,

[1] $\text{Reißlänge} = \dfrac{\text{Festigkeit (z. B. } R_m)}{\text{Dichte} \cdot \text{Erdbeschleunigung}}$

eine verhältnismäßig geringe elektrische und thermische Leitfähigkeit sowie eine sehr hohe Korrosionsbeständigkeit gegen saure und alkalische Reagenzien und gegen Schmelzen. Von Sauerstoff wird er allerdings ab 550 °C angegriffen. Er wird u. a. als Verdampferschiffchen für die Vakuumbedampfung von Metallen, als Tiegel für die Halbleiterherstellung und als Implantatwerkstoff in der Medizin eingesetzt.

6.5 Nichtoxidische Hartstoffe

Die hohe Härte von Hartstoffen beruht auf einem großen kovalenten Bindungsanteil. Im Unterschied zur Metallbindung sind gerichtete Bindungskräfte ein Merkmal der kovalenten Bindung. Beim Brechen einzelner Bindungen reißt der ganze Kristall, was viel Energie erfordert. Neben der kovalenten Bindung sind bei Hartstoffen noch Anteile metallischer und heteropolarer Bindung vorhanden, die für die Eigenschaftvarianten verantwortlich sind.
Ferner besitzen Hartstoffe mindestens ein Element mit kleinem Atomdurchmesser, wie z. B. Bor, Kohlenstoff, Stickstoff, Aluminium oder Silizium. Das hat in der Struktur kleine Abstände zwischen den Atomen und eine große Bindungsenergie zur Folge. Deshalb haben Hartstoffe nicht nur eine hohe Härte, sondern auch einen hohen Schmelzpunkt und Elastizitätsmodul, sowie einen niedrigen thermischen Ausdehnungskoeffizienten. Neben diesen Eigenschaften interessieren beim Einsatz von Hartstoffen noch die Korrosionsbeständigkeit, die Zähigkeit, sowie die thermische und elektrische Leitfähigkeit (Tab. 6.5).

Die Hartstoffe stellen keine einheitliche Stoffgruppe dar, so daß es sich als zweckmäßig erwiesen hat, sie in zwei Gruppen einzuteilen:
- *nichtmetallische Hartstoffe* (z. B. Diamant, kubisches Bornitrid, Siliziumkarbid und -nitrid)
- Hartstoffe mit *metallischen* Eigenschaften (z. B. Wolframkarbid, Titankarbid und Tantalkarbid).

6.5.1 Nichtmetallische Hartstoffe

Siliziumkarbid (SiC) hat neben einer hohen Festigkeit (Biegefestigkeit bis 650 N/mm^2) einen niedrigen thermischen Ausdehnungskoeffizienten von nur $4{,}8 \cdot 10^{-6}/K$, sowie eine hohe Wärmeleitfähigkeit (42 W/K · m). Auf diesen Eigenschaften beruht die sehr gute *Temperaturwechselbeständigkeit* der SiC-Produkte. Die zusätzlich sehr gute *Korrosionsbeständigkeit* macht das Siliziumkarbid zu einem Konstruktionswerkstoff für thermisch und chemisch hochbelastete Bauteile.
Der größte Teil des hergestellten Siliziumkarbids wird als Schleifmittel z. B. für Grauguß, NE-Metalle, Glas und Keramik eingesetzt. SiC-Thermoelementschutzrohre werden aufgrund der hohen Temperaturwechsel- und Korrosionsbeständigkeit gegen flüssiges Aluminium in Aluminium-Warmhalteöfen eingesetzt. In Schmelzöfen für Zink, Aluminium, Kupfer und deren Legierungen findet man SiC-Produkte als Muffeln bei indirekter Beheizung und als Badauskleidung. Wegen der guten elektrischen Leitfähigkeit bei hohen Temperaturen und der gleichzeitigen Oxidationsbeständigkeit werden SiC-Heizstäbe bis zu 1500 °C in oxidierender Atmosphäre eingesetzt.
Zu den bemerkenswertesten Eigenschaften des

Tab. 6.5: Eigenschaften von Hartstoffen

Hartstoff	chem. Formel	Dichte g/cm^3	Mikrohärte*) HK 50	Schmelztemperatur °C	Elastizitätsmodul kN/mm^2	spezif. elektrischer Widerstand Ω · cm
Diamant	C	3,52	7600	3800	890	10^{14}
kubisches Bornitrid	BN	3,48	4700	2730	590	10^{12}
Borkarbid	B_4C	2,52	2940	2450	440	1
Siliziumkarbid	SiC	3,22	2580	2300**)	470	0,1
Siliziumnitrid	Si_3N_4	3,18	1700	1900**)	206	10^{12}
Tantalkarbid	TaC	14,5	1550	3980	550	$15 \cdot 10^{-6}$
Titankarbid	TiC	4,93	2800	3070	460	$52 \cdot 10^{-6}$
Wolframkarbid	WC	15,7	2350	2780	700	$17 \cdot 10^{-6}$

*) Angaben in KNOOP-Härte (in diesem Buch nicht behandelt) **) Zersetzungstemperatur

Siliziumnitrids (Si_3N_4) gehören die hohe *chemische Beständigkeit* gegen Säuren und NE-Metallschmelzen, die auf dem niedrigen thermischen Ausdehnungskoeffizienten von $3 \cdot 10^{-6}$/K beruhende *Temperaturwechselbeständigkeit* und die *Warmfestigkeit*. So beträgt die Biegefestigkeit von heißgepreßtem Siliziumnitrid bei 20 °C rund 700 N/mm², bei 1400 °C aber noch 290 N/mm². Die 100-h-Zeitstandfestigkeit von dichtem Siliziumnitrid liegt für 1000 °C immerhin bei 200 N/mm². Speziell in der Aluminiumindustrie werden Werkstoffe benötigt, die durch das geschmolzene Metall nicht benetzt werden, eine gute Temperaturwechselbeständigkeit und eine hohe Festigkeit bis zu Temperaturen von ca. 800 °C haben. Siliziumnitrid erfüllt diese Anforderungen, so daß es u. a. als Thermoelementschutzrohr und als Steigrohr im Niederdruckguß eingesetzt wird.

Siliziumnitrid besitzt aufgrund seiner Härte einen hohen *Verschleißwiderstand*, der zusammen mit dem niedrigen Reibbeiwert (μ = 0,1 bis 0,2) eine Verwendung als Lager- und Gleitwerkstoff nahelegt. Typische Einsatzgebiete sind Gleitringe, Wälzlager und Rohrziehstopfen. Auch als Schneidwerkstoff wird Siliziumnitrid eingesetzt.

Laufende Entwicklungen zielen auf eine rationellere Energieverwendung durch höhere Leistungen pro Brennstoffeinheit. Man kann das erreichen, indem die Betriebstemperaturen erhöht oder die Wärmeverluste beim Kühlen vermindert werden. Die Kombination ihrer Eigenschaften läßt SiC- und Si_3N_4-Werkstoffe für eine Anwendung in Industrie- und Fahrzeuggasturbinen und in industriellen Wärmetauschern geeignet erscheinen.

Z. B. hängt der Wirkungsgrad von Turbinen entscheidend auch von den maximal erreichten Temperaturen ab. Die in Flugzeugtriebwerken verwendeten metallischen Turbinenschaufeln können selbst bei Kühlung nur bis ca. 1050 °C eingesetzt werden. Reaktionsgesintertes SiC und Si_3N_4 hat dagegen hohe Festigkeiten bis ca. 1400 °C. Die Zeitstandfestigkeiten dieser Keramiken liegen etwa bei dem Fünffachen der Werte von metallischen Werkstoffen. Ursache ist das Vorherrschen der kovalenten Bindungen. Neben den oben genannten positiven Eigenschaften: Korrosionsbeständigkeit (hier insbesonders Oxidationsbeständigkeit), Verschleiß- (hier: Erosions-)festigkeit, geringe thermische Ausdehnung und Thermoschockbeständigkeit sind weitere Vorteile:
- die geringere Dichte der Si_3N_4-Keramik mit maximal 3,2 g/cm³ gegenüber rund 9 g/cm³ bei Superlegierungen vermindert die Trägheit des Turbinenrades und
- es werden keine teuren Rohstoffe benötigt.

Trotzdem ist man von einer (Groß-)Serienfertigung einer aus keramischen Teilen bestehenden Turbine noch weit entfernt. Neben der Sprödigkeit keramischer Werkstoffe sind im wesentlichen folgende Probleme zu lösen:
- Die Verbindungstechnik Metall-Keramik und Keramik-Keramik ist noch nicht befriedigend gelöst.
- Die Keramikteile müssen auch in großen Stückzahlen in allen ihren Eigenschaften reproduzierbar herzustellen sein.
- Die zerstörungsfreien Prüfmethoden zur Überprüfung der Qualität keramischer Bauteile sind noch unzureichend.

Borkarbid (B_4C) ist nach Diamant und kubischem Bornitrid der härteste bekannte Stoff. Es wird häuptsächlich in Form von losem Schleifkorn verwendet. Borkarbid-Pulver wird auch zum Borieren von Stahl und Hartmetall eingesetzt. Druckgesinterte Formteile aus Borkarbid haben hohe Festigkeit und hohen Reibverschleißwiderstand. Sie finden Anwendung als (Sand-)Strahldüsen und wegen der geringen Dichte als Platten für schußsichere Westen. In der Kerntechnik wird Borkarbid infolge seines hohen Wirkungsquerschnittes für thermische Neutronen (siehe S. 269) als Absorberwerkstoff eingesetzt.
Trotz der geringeren Härte des kubischen **Bornitrids** (BN) gegenüber Diamant ist es aufgrund höherer Kornzähigkeit beim Schleifen in Form von losem Korn oder als Scheibe wirtschaftlicher. Besonders beim trockenen Schleifen fällt die Schleifwirkung kaum ab.

6.5.2 Hartstoffe mit metallischen Eigenschaften

Die **metallischen Hartstoffe** sind vorwiegend Verbindungen der Übergangsmetalle Titan, Zirkon, Hafnium, Vanadium, Niob, Tantal, Chrom, Molybdän und Wolfram mit Kohlenstoff, Stickstoff, Bor oder Silizium. Ihre thermische und elektrische Leitfähigkeit, sowie weitere Eigenschaften verleihen ihnen metallischen Charakter. Im Unterschied zu den klassischen intermediären Phasen sind sie Einlagerungsstrukturen mit einfachem, hochsymmetrischem Aufbau. Die Matrix des Metalls besitzt dabei eine:
- hexagonal einfache Anordnung: WC, NbN,
- hexagonal dichteste Packung: W_2C, Mo_2C, V_2C, Ta_2C, Ta_2N oder

- kubisch dichteste Packung: TiC, ZrC, VC, NbC, TaC, TiN.

In diese Matrix sind die wesentlich kleineren Nichtmetallatome eingelagert. Da das Durchmesserverhältnis mit 0,43 bis 0,59 größer ist als der für Einlagerungsmischkristalle geltende Grenzwert (siehe S. 35), bilden die intermediären Phasen neue Gitterstrukturen, z. B. den kubisch primitiven NaCl-Typ (siehe Bild 1.2b).

Ähnlich wie die Mischkristalle können auch die Hartstoffe einen *Homogenitätsbereich* aufweisen, z. B. das Titankarbid mit $TiC_{0,28}$ bis $TiC_{1,0}$. Die chemische Formel hat also nur beschreibenden Charakter.

Von den Hartstoffen haben die Karbide der Elemente Wolfram, Titan, Tantal und Niob die größte Bedeutung. Sie besitzen folgende positive Eigenschaften:
- hohe Schmelztemperatur,
- hohe Härte und Verschleißfestigkeit,
- hoher Elastizitätsmodul, hohe Druckfestigkeit und Warmfestigkeit,
- gute Temperaturwechselbeständigkeit,
- gute Benetzbarkeit durch Metallschmelzen,
- Korrosionsbeständigkeit,
- hohe thermische und elektrische Leitfähigkeit.

Die gute Benetzbarkeit ist für die pulvermetallurgische Verarbeitbarkeit sehr wichtig, wobei noch eine teilweise reversible Löslichkeit der Karbide in Metallschmelzen hinzukommt. Über 95% der Produktion an Karbiden werden pulvermetallurgisch verarbeitet.

Wolframkarbid hat eindeutig eine Vorzugsstellung, obwohl das Titankarbid preiswerter, härter, warmfester und korrosionsbeständiger ist. Die Vorzüge des Wolframkarbids sind vor allem:
- sehr hohe Leitfähigkeit,
- sehr hohe Druckfestigkeit,
- sehr hoher Elastizitätsmodul,
- ausgezeichnete Benetzbarkeit durch Kobalt mit reversibler Löslichkeit und
- plastische Verformbarkeit.

Von den Werkstoffen auf Hartstoffbasis haben die **Hartmetalle** die größte technisch-wirtschaftliche Bedeutung. Die in den Hartmetallen am häufigsten auftretenden Phasen sind **Wolframkarbid**, **Titankarbid**, **Tantalkarbid** und das Bindemetall Kobalt (Bild 6.22). Die Hartstoffphasen sind Träger der Härte und bestimmen die Verschleißeigenschaften, während das Bindemetall dem Verbundwerkstoff die Zähigkeit verleiht. Dadurch

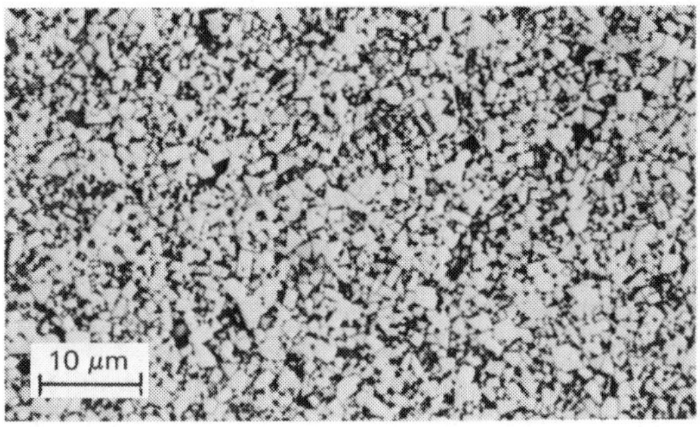

Bild 6.22 Gefüge eines gesinterten Hartmetalls

werden diese an sich gegensätzlichen Eigenschaften in einem Werkstoff kombiniert.

Die Hartmetalle werden nach den klassischen pulvermetallurgischen Verfahren hergestellt:

Z. B. wird feingemahlenes Wolframkarbid (mittlere Korngröße ca. 1 μm) mit feinem Kobaltpulver unter Zusatz von Wasser oder Alkohol homogen gemischt. Nach dem Trocknen wird das Pulvergemisch zu Formkörpern verpreßt.

Einfach gestaltete Körper werden in dem Preßwerkzeug direkt auf Endform gebracht und anschließend zwischen 1300 °C und 1600 °C im Vakuum oder in einer Wasserstoffatmosphäre gesintert. Hierbei werden große Teile des Sinterkörpers flüssig (nasse Sinterung), ohne daß der Körper seine Form verliert. Das Kobalt löst das Wolframkarbid oberhalb 1300 °C teilweise und scheidet es bei fallender Temperatur wieder aus. Dieser Ausscheidungsprozeß erfolgt vorzugsweise an den ungelöst gebliebenen Wolframkarbid-Körnern, so daß diese dadurch versintert werden und ein Skelett bilden, dessen Hohlräume durch Kobalt gefüllt werden.

Eine indirekte Formgebung wird für kompliziert gestaltete Teile angewandt. Das Ausgangspulver wird zunächst zu Platten oder Blöcken verpreßt und bei 800 °C bis 1000 °C vorgesintert. Damit erreicht man eine gewisse Festigkeit des Körpers, die es erlaubt ihn einzuspannen und zu bearbeiten. Anschließend wird fertiggesintert.

Hartmetalle werden in folgenden Bereichen verwendet:
- Schneidwerkzeuge,
- Werkzeuge zum Stanzen, Tief- und Drahtziehen,
- Verschleißteile (Spikes, Mahlkugeln),
- Maschinenteile (Walzen, Laufbüchsen, Zylinder, Turbinenschaufeln u. a.).

Das wichtigste Einsatzgebiet der Hartmetalle ist die Verwendung als Schneidwerkzeug in der Metallzerspanung. Hier lassen sich zwei Gruppen unterscheiden:

- Wolframkarbid-Kobalt-Werkstoffe ohne oder mit einem geringen Zusatz an weiteren Karbiden,
- Mehrkarbid-Werkstoffe.

Der Kobaltanteil liegt allgemein zwischen 5% und 17%.

Beim Einsatz von Hartmetallen in der spanenden Bearbeitung unterscheidet man drei Hauptanwendungsgruppen:

- Hartmetalle der Gruppe K eignen sich ausgezeichnet zum Bearbeiten kurzspanender Werkstoffe, wie Gußeisen, Porzellan, Gestein, Holz oder harter (gefüllter) Kunststoffe. Sie enthalten um 90% Wolframkarbid und 0% bis 4% Titankarbid und/oder Tantalkarbid. Bei der Bearbeitung von zähen Werkstoffen, z. B. Stahl, bilden sich Aufbauschneiden und Auskolkungen, die auf einem Verschweißen zwischen Span und Hartmetallschneide beruhen.
- Hartmetalle der Gruppe M für die Bearbeitung aller Werkstoffe enthalten 80% bis 85% Wolframkarbid und bis zu 10% Titankarbid und/oder Tantalkarbid. Sie können z. B. bei Stahl bis zu mittleren Schnittgeschwindigkeiten (Dunkelrotgrenze) verwendet werden.
- Hartmetalle der Gruppe P enthalten bis zu 43% Titankarbid und Tantalkarbid. Sie sind für die Bearbeitung langspanender Werkstoffe geeignet, wobei je nach Typ des Hartmetalls und Art der Bearbeitung sehr niedrige bis hohe Bearbeitungsgeschwindigkeiten möglich sind.

Durch Zusatz von Titankarbid oder Tantalkarbid werden Verschweißneigung und Kolkverschleiß vermindert, weil diese Karbide von beständigen Oxiden überzogen sind. Die Oxide bilden sich beim Mahlen der Ausgangsstoffe und lassen sich selbst im Wasserstoffstrom nur sehr schwer reduzieren.

Titankarbid erhöht die Warmfestigkeit, Härte und Oxidationsbeständigkeit. Infolge der gegenüber Wolframkarbid schlechteren Benetzbarkeit durch Kobalt wird allerdings die innere Bindung verschlechtert, was sich in einer verminderten Zähigkeit und Kantenfestigkeit äußert.

Da *Tantalkarbid* durch Kobalt besser benetzt wird, mindert sich die innere Bindefestigkeit in geringerem Maße. Damit erhöht Tantalkarbid gegenüber Titankarbid die Zähigkeit und Kantenfestigkeit und damit die Betriebssicherheit. Allerdings ist wegen der geringeren Härte des Tantalkarbids die Schnittleistung geringer. Die logische Folge war, Verbundwerkstoffe vom Typ *Wolframkarbid-Titankarbid-Tantalkarbid-Kobalt* zu entwickeln. Einige Daten sind in Tab. 6.6 zusammengestellt.

Tab. 6.6: Zusammensetzung und Eigenschaften von Hartmetallen

Mittlere Zusammensetzung %				Dichte g/cm^3	Härte HV	Biegebruchfestigkeit N/mm^2	Druckfestigkeit N/mm^2
WC	TiC	TaC	Co				
94	-	-	6	14,9	1600	2000	5500
85	-	-	15	14,0	1200	2400	4100
92	-	2	6	14,8	1650	1900	5700
70	12	8	10	12,4	1430	1750	5000
75	4	8	13	12,7	1350	1900	4700

Eine Erhöhung des Verschleißwiderstandes bei gleichzeitig guter Zähigkeit läßt sich auch durch Abscheiden dünner Schichten von **Titankarbid** (TiC), **Titannitrid** (TiN) oder **Titankarbonitrid** (TiCN) auf den Schneidkanten von Hartmetallen erreichen. Vergleicht man das Verschleißverhalten von unbeschichtetem Hartmetall mit dem von beschichtetem beim Drehen von Stahl, so ergibt sich folgende Reihenfolge: Der Verschleiß (Verschleißmarkenbreite als Maß des Freiflächenverschleißes und Kolkverschleiß) ist beim unbeschichteten Hartmetall am größten, beim TiN-beschichteten am geringsten. TiC-beschichtetes Hartmetall liegt dazwischen, obwohl Titankarbid eine höhere Härte hat als Titannitrid. Die wesentlich geringere Verschweißneigung des Titannitrids mit Stahl führt zu dem günstigeren Verschleißverhalten.

Es werden nicht nur Hartmetalle mit den genannten Hartstoffen beschichtet, sondern auch bei anderen Werkstoffen wie Werkzeugstählen, Baustählen oder NE-Metallen ist dieses Verfahren weit verbreitet. Die 5 μm bis 15 μm dicken Schichten werden entweder über eine chemische Reaktion aus der Gasphase abgeschieden (CVD-Verfahren, CVD = Chemical Vapour Deposition) oder durch Einwirkung von Ionen in einem elektrostatischen Feld erzeugt (PVD-Verfahren, PVD = Physical Vapour Deposition).

6.6 Halbleiter

6.6.1 Einleitung

Halbleiter sind Werkstoffe mit einem spezifischen elektrischen Widerstand zwischen dem der Metalle und dem der Isolatoren. Durch gezielte Zugabe *bestimmter Stoffe (Dotierungsstoffe)* kann dieser spezifische Widerstand um *mehrere Zehnerpotenzen* geändert werden, was für die Halbleitertechnik von grundsätzlicher Bedeutung ist.

Tab. 6.7: Anhaltswerte für den elektrischen Widerstand von Metallen, Isolatoren und Halbleitern

Werkstoff	spezifischer elektrischer Widerstand ρ Ω cm
Metalle	$10^{-6}...10^{-4}$
Isolatoren	$>10^{10}$
Halbleiter	$10^{2}...10^{7}$
Silizium (dotiert)	$2\cdot10^{3}$
Germanium (dotiert)	$3\cdot10^{4}$

Es gibt *amorphe* und *kristalline* Halbleiter. In der Technik werden hauptsächlich letztere als Einkristalle oder Vielkristalle eingesetzt. Je nach den technischen Anforderungen werden die verschiedensten Halbleiterwerkstoffe verwendet. In der konventionellen Dioden- und Transistortechnik **Germanium** und **Silizium**, mit steigender Tendenz zum Silizium hin. Silizium-Bauelemente sind bis ca. 200 °C einsetzbar, die auf der Basis Germanium nur bis ca. 90 °C.

Das Element Silizium ist heute der wichtigste Halbleiter und Bestandteil der meisten Bauelemente. Die Rohherstellung von Silizium geschieht nach folgender Reaktionsgleichung bei ca. 1460 °C:

$$SiO_2 + 2\,C \rightarrow Si + 2\,CO.$$

Dieses Silizium hat eine Reinheit von 96% bis 98% und muß für eine Halbleiteranwendung noch weiter gereinigt werden. Die Reinigung erfolgt durch mehrfache Destillation der flüssigen Siliziumverbindung Trichlorsilan $SiHCl_3$. Aus dem gereinigten Trichlorsilan wird Reinstsilizium durch Reduktion mit Wasserstoff hergestellt.

Es entstehen polykristalline Siliziumstäbe, die nach dem *Zonenschmelzverfahren* weiter gereinigt werden (Bild 6.23). Dazu wird der Stab unter Schutzgas nur in einer schmalen Zone aufgeschmolzen, deren Breite der Länge der aufheizenden Hochfrequenzspule entspricht. Vor und hinter der Spule ist das Silizium fest; die Schmelze wird zwischen den Stabenden nur durch die Oberflächenspannung gehalten.

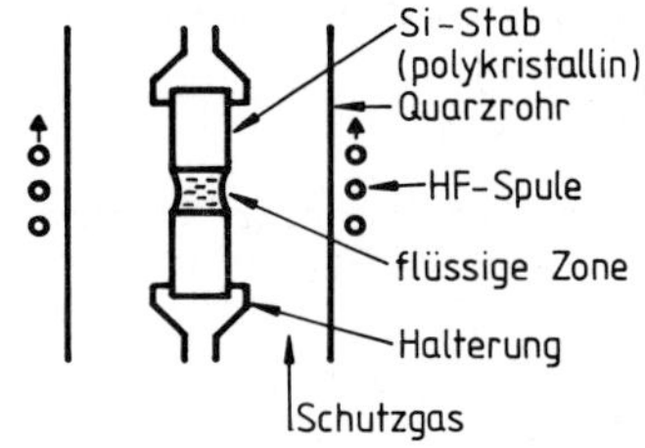

Bild 6.23 Tiegelfreies Zonenschmelzen von Silizium

In der durch den Stab wandernden Schmelzzone reichern sich die Verunreinigungen vor der Erstarrungsfront an (siehe auch S. 70). Ist die Schmelzzone am Stabende angelangt, wird dieser stark verunreinigte Teil abgeschnitten und der Stab erneut zonengeschmolzen. Zum Schluß ist der Anteil an Fremdatomen so gering, daß sie nicht mehr chemisch, sondern nur noch durch Leitfähigkeitsmessungen nachweisbar sind.

Halbleiterbauelemente werden i. a. aus Einkristallen hergestellt. Einer der Gründe besteht darin, daß in den aktiven Bereichen der Bauelemente große Spannungsgradienten auftreten. Diesen Spannungsgradienten wären die Korngrenzen in einem polykristallinen Material nicht gewachsen, weil sie eine Unterbrechung in der regelmäßigen Gitterstruktur darstellen und in ihnen Verunreinigungen angereichert werden. Hinzu kommt, daß sich an Korngrenzen unkontrollierte Grenzschichteffekte einstellen können.

Silizium-Einkristalle werden heute nach der Tiegelzieh- und der Zonenziehmethode hergestellt. Bei dem *Tiegelziehen* befindet sich das Silizium zusammen mit einem Dotierstoff in einem Quarztiegel. Zum Ziehen wird ein Impfkristall in die Schmelze getaucht und nach oben gezogen. Das infolge der Oberflächenspannung mitgezogene Silizium erstarrt als Einkristall, weil die Ziehgeschwindigkeit der Kristallisationsgeschwindigkeit entspricht und so die hinzukommenden Siliziumatome die Gitterpositionen einnehmen, die sich durch die Erweiterung des Gitters des Impfkristalls ergeben. Durch Drehen des Kristalles und des Tiegels wird ein ungleichmäßiges Wachstum infolge unsymmetrischer Temperaturverteilungen verhindert. Die Ziehgeschwindigkeiten liegen bei einigen mm/min. Kristalle mit einem Durchmesser von 100 mm und mit einer Masse von 10 kg bis 20 kg können so gezogen werden.

Die weitere Herstellung von Bauelementen und Schaltungen ist im wesentlichen dadurch gekennzeichnet, daß das Silizium in kleinsten Bereichen gezielt neu dotiert wird. Die gasförmig vorliegenden Dotierungselemente diffundieren dabei in die Oberfläche des Siliziums ein.

Neben den *Elementhalbleitern* spielen die III-V- und die II-VI-Halbleiter eine große Rolle. Sie stellen Verbindungen der Elemente der II. bis VI. Gruppe des Periodischen Systems dar (Tab. 6.8).

Tab. 6.8: Elemente für Halbleiterwerkstoffe aus der II. bis VI. Gruppe des Periodensystems

Gruppe	II	III	IV	V	VI
				N	
		Al	Si	P	S
	Zn	Ga	Ge	As	Se
	Cd	In		Sb	Te

Von den *Verbindungshalbleitern* ist der wichtigste das **Galliumarsenid** (GaAs), das u.a. für GUNN-, Tunnel- und Lumineszenzdioden eingesetzt wird. Konventionelle Dioden und Transistoren können grundsätzlich ebenfalls aus Galliumarsenid hergestellt werden, nur sind Herstellung und Verarbeitung (noch) nicht wirtschaftlich genug.[1] Erwähnenswert sind noch *Kadmiumsulfid* (CdS) für Solarzellen, *Indiumarsenid* (InAs) und *Indiumantimonid* (InSb) für HALL-Generatoren sowie *Galliumnitrid* (GaN) und *Galliumphosphid* (GaP) für Leuchtdioden. Auch Mischkristalle aus den Verbindungen gewinnen an Bedeutung, wie z.B. das $Ga_{1-x}Al_xAs$ für die Optoelektronik.

Germanium und Silizium kristallisieren im Diamantgitter, die III-V-Halbleiter im sogenannten Zinkblendegitter. Diese unterscheidet sich vom Diamantgitter nur dadurch, daß an Stelle der Kohlenstoffatome abwechselnd je ein Atom der III. und der V. Gruppe angeordnet ist. In Tabelle 6.9 sind wichtige Daten von Silizium, Germanium Galliumarsenid, Indiamantimonid und Indiumarsenid zusammengestellt.

[1] Ein Problem sind die geringfügigen Kristallseigerungen, die sich infolge der Gravitation einstellen und zu erheblichen Eigenschaftsschwankungen führen. Verbesserungen erreicht man durch Herstellung unter „Weltraumbedingungen".

6.6.2 Bändermodell

In Bild 6.24 ist schematisch die Elektronenenergie in Abhängigkeit vom Atomabstand dargestellt. Für große Atomabstände, d.h. bei einzelnen, sich gegenseitig nicht beeinflussenden Atomen, kann man den einzelnen Elektronen bestimmte Energiewerte zuordnen. Die Elektronen, die sich um das Atom bewegen, können nur diese Energiewerte annehmen und nicht irgendwelche Zwischenwerte. Will ein Elektron von einem niedrigeren Energiezustand in einen höheren, dann muß es einen bestimmten Energiebetrag aufnehmen.

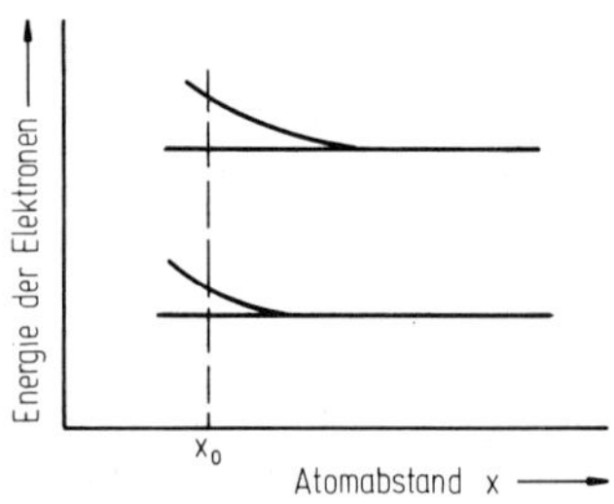

Bild 6.24 Aufspaltung des Energieniveaus von Elektronen eines Atoms in der Nähe eines zweiten Atoms (schematisch)

Treten zwei Atome in Wechselwirkung, dann werden die vorher diskreten Energiezustände infolge der gegenseitigen Beeinflussung in jeweils zwei Werte aufgespalten. n dicht beieinander liegende Atome verursachen eine n-fache Aufspaltung. Diese Auffächerung von Energiewerten wird zu sogenannten Bändern zusammengefaßt. Bei Festkörpern ist der Abstand zweier *Energieterme* (möglicher Energiezustände) in einem solchen Band so klein, daß praktisch von einem kontinuierlichen Energiespektrum gesprochen werden kann.[1]

Mit zunehmender Entfernung der Elektronen vom Atomkern fächern die Bänder stärker auf und können sich auch überlappen. Es gibt zwei Bedingungen für eine breite Aufspaltung der Energieniveaus:

- eine möglichst dichte Packung der Atome,
- keine starke Bindung der Elektronen.

[1] Eine vergleichbare Erscheinung gibt es in der Elektrotechnik, wenn man zwei Schwingkreise gleicher Frequenz miteinander koppelt. Das gekoppelte System hat dann zwei Eigenfrequenzen. Ein Festkörper mit n-Atomen ist so mit n-Schwingkreisen vergleichbar.

Tab. 6.9: Kennwerte einiger Halbleiter

Halbleiter	Band-abstand ΔE eV	Inversions-dichte n_i cm^{-3}	Elektronen-beweglichkeit μ_E $\frac{cm^2}{V \cdot s}$	Löcher-beweglichkeit μ_L $\frac{cm^2}{V \cdot s}$
Silizium	1,11	$1{,}5 \cdot 10^{10}$	1600	480
Germanium	0,67	$2{,}4 \cdot 10^{13}$	4000	1900
GaAs	1,35	$1{,}3 \cdot 10^{6}$	8500	250
In Sb	0,17		80000	7000
In As	0,36		33000	450

Das äußerste noch mit zwei Elektronen besetzte Band heißt **Valenzband**; das darüberliegende teilweise oder gar nicht besetzte ist das **Leitungsband** (siehe auch S. 12 ff.).

Metalle haben entweder das Leitungsband nur mit einem Elektron besetzt (z. B. einwertige Metalle) oder Leitungsband und Valenzband überlappen sich (z. B. zweiwertige Metalle). In beiden Fällen genügt eine geringe Energiezufuhr, z. B. ein schwaches elektrisches Feld, um Elektronen im Leitungsband auf ein Energieniveau anzuheben, das ein Loslösen des Elektrons vom Atomrumpf gestattet: es fließt ein Strom.

Anders sind die Verhältnisse bei Isolatoren und Halbleitern. Die starke Bindung der Elektronen in Ionenkristallen und kovalenten Kristallen hat zur Folge, daß die Bandaufspaltung gering bleibt. Es bilden sich nur schmale Bänder, die durch verbotene Zonen getrennt sind. Eine **verbotene Zone** ist ein Energiebereich, dessen Energiewerte ein Elektron nicht annehmen kann. Der Unterschied zwischen einem Isolator und einem Leiter liegt folglich darin, daß in einem Leiter Energieniveaus unbesetzt sind, auf die Elektronen leicht „angehoben" werden können, während in einem Isolator das eine Band vollständig besetzt ist und das nächste unbesetzte Band energetisch weit weg ist. In Bild 1.35 sind die verschiedenen Möglichkeiten der Energiespektren von Valenz- und Leitungsbändern schematisch dargestellt. Isolatoren und **Halbleiter** unterscheiden sich nur in der Breite der verbotenen Zonen. Der Bandabstand, d. h. die energetische Differenz zwischen den an ein Atom gebundenen Valenzelektronen und den von den Anziehungskräften der Atome fast freien Leitungselektronen, ist bei Halbleitern definitionsgemäß $< 2{,}5$ eV.

6.6.3 Eigenleitung

Am absoluten Nullpunkt ist ein reiner Halbleiter ein Isolator, weil alle Elektronen an die Atome gebunden sind. Bei Raumtemperatur hat jedoch z. B. Germanium einen spezifischen Widerstand von ca. 70 $\Omega \cdot$cm, was auf eine beträchtliche Zahl von Ladungsträgern schließen läßt. Der Widerstand ist temperaturabhängig, er *sinkt* mit steigender Temperatur. Die Verhältnisse sind also genau umgekehrt wie bei den Metallen.

Mit steigender Temperatur wird immer mehr Energie zur Verfügung gestellt, um Elektronenpaarbindungen aufzubrechen und so für bewegliche Elektronen zu sorgen. Dabei werden ständig Elektronen aus ihren Bindungen gelöst und wieder von den postiv geladenen Atomrümpfen eingefangen. Ein aus seiner Bindung herausgebrochenes Elektron hinterläßt natürlich eine **Elektronenleerstelle**, ein **(Elektronen-)Loch**, auch **Defektelektron** genannt. Dieses Loch kann wieder ein Elektron füllen, das aus einer ganz anderen Bindung stammt. Dadurch ist dort wieder ein Loch entstanden usw. Der auf diesem Mechanismus beruhende elektrische Ladungstransport wird als **Eigenleitung** des Halbleiters bezeichnet.

Die Erzeugung von Elektronen und Löchern ist nicht unabhängig voneinander. Beide Arten von Ladungsträgern können nicht gleichzeitig in beliebigen Konzentrationen erzeugt werden. Die Konzentration der Elektronen wird mit n bezeichnet, die der Löcher mit p. n und p sind von der Temperatur T und der Bindungsenergie (Bandabstand) ΔE abhängig:

$$p \cdot n = n_i^2 = K \cdot \exp - (\Delta E / kT).$$

p = Löcherkonzentration, n = Elektronenkonzentration, n_i = Inversionskonstante, K = Konstante, k = BOLTZMANN-Konstante.

Im *reinen* Halbleiter ist die Zahl der Elektronen und der Löcher gleich:

$$n = p = n_i.$$

Die Inversionsdichte n_i gibt an, wieviele Elektronen bzw. Löcher bei 293 K als freie Ladungsträger anzusehen sind. Deren Konzentration beträgt bei Raumtemperatur für Germanium $10^{13}/cm^3$, für Silizium $10^{10}/cm^3$. Der Unterschied beruht auf dem geringeren Bandabstand des Germaniums (siehe Tab. 6.9).

Die Bezeichnung **Inversionsdichte** besagt, daß sich bei dieser Ladungsträgerkonzentration bei dotierten Halbleitern der Leitungstyp von der **p-Halbleitung** mit $p>n$ in die **n-Halbleitung** mit $n>p$ umkehrt.

6.6.4 Störstellenleitung

Ersetzt man in einem reinen Germanium-Einkristall ein Atom mit seinen vier Valenzelektronen durch eine Arsen-Atom mit fünf Valenzelektronen, dann wird in den Kristall ein Elektron eingeführt, das nicht für die Elektronenpaarbindung benötigt wird (Bild 6.25a). Dieses ist zwar durch die zusätzliche positive Ladung des Arsenatoms gebunden, kann jedoch durch thermische Energie wesentlich leichter gelöst werden, als ein für die Elektronenpaarbindung benötigtes Elektron.

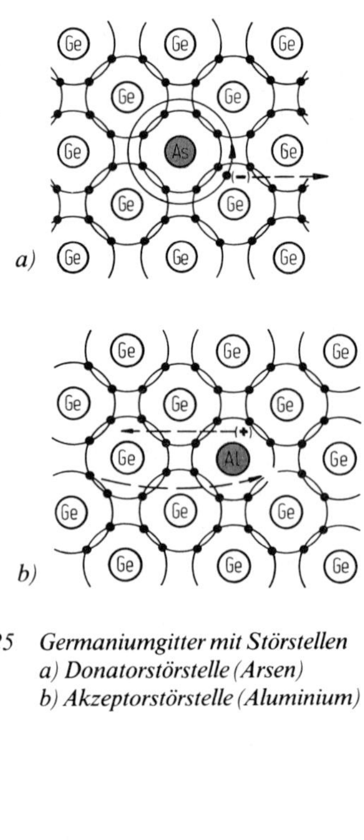

Bild 6.25 Germaniumgitter mit Störstellen
a) Donatorstörstelle (Arsen)
b) Akzeptorstörstelle (Aluminium)

Werden viele Germaniumatome durch Arsen ersetzt, wird aus dem schlecht leitenden Germanium bei Raumtemperatur ein relativ guter Leiter. Die maximale technische Konzentration von Arsenatomen in Germanium liegt bei $10^{17}/cm^3$, d.h. ein Arsenatom kommt auf 10^5 Germaniumatome.

Elemente, die wie Arsen nach ihrem Einbau Elektronen abgeben können, nennt man **Donatoren**. Dazu gehören neben Arsen weitere Elemente der V. Hauptgruppe, wie Phosphor oder Antimon, aber auch solche aus der VI. Hauptgruppe, wie Schwefel oder Selen. Durch Aktivierung der Donatoren stehen zusätzlich zu den Elektronen-Loch-Paarungen weitere Elektronen für den Ladungstransport zur Verfügung. Da in diesem Fall wesentlich mehr Elektronen als Löcher vorhanden sind, sind die Elektronen die *Majoritätsträger* und die Löcher die *Minoritätsträger.* Diese Leitungsform wird deshalb als **Elektronenleitung** oder **n-Leitung** bezeichnet. Der Kristall bleibt insgesamt natürlich elektrisch neutral.

Wird ein Germaniumkristall statt mit fünfwertigen mit dreiwertigen Elementen dotiert, z.B. mit Aluminium, fehlt beim Einbau in das Gitter ein Elektron für die kovalente Bindung (Bild 6.25b). Atome, die weitere Elektronen zur Vervollständigung der kovalenten Bindung benötigen, heißen **Akzeptoren**. Neben Aluminium gehören auch Bor, Gallium und Indium dazu.

Das fehlende Elektron kann aus den benachbarten Ge-Ge-Bindungen besorgt werden, dort bleibt dann ein positives Germaniumion zurück und das Aluminium wird durch Aufnahme des Elektrons negativ geladen. Dieses Elektron ist schwächer an das Aluminium gebunden als an ein Germaniumatom. Es kann bei Energiezufuhr in ein Elektronenloch springen bzw. – was dasselbe ist – das *negative* Aluminiumion kann ein *positives* Loch anziehen. In dieses Loch kann wieder ein Elektron hineinspringen usw., so daß wiederum ein Ladungstransport möglich ist. Nur sind jetzt die Löcher die *Majoritätsträger* und die Elektronen die *Minoritätsträger.* Diese Leitungsform wird deshalb als **Löcherleitung** oder **p-Leitung** bezeichnet.

Beide Leitungsformen bezeichnet man als **Störstellenleitung**, weil die gezielten Zugaben von Fremdatomen im Grundgitter Störstellen darstellen. Auch für dotierte Halbleiter gilt, daß $n_i^2 = p \cdot n$ ist. Dotiert man z.B. einen Germaniumkristall mit 10^{16} Arsenatomen pro cm^3, dann ergibt das wegen der bei Raumtemperatur völlig ionisierten Donatoren eine Elektronenkonzentration von $10^{16}/cm^3$. Wegen $n \cdot p = n_i^2 = 10^{26}/cm^6$ ergibt sich eine gleichzeitig vorhandene Löcherkonzentration von $10^{10}/cm^3$. Die Löcher stammen von aufgebrochenen Bindungen. Bei jedem Aufbrechen einer Bindung entsteht aber gleichzeitig mit einem Loch ein Elektron, so daß die 10^{10} Löcher 10^{10} Elektronen mit sich bringen. Der »Rest« von $9{,}99999 \cdot 10^{15}$ Elektronen stammt von der Dotierung.

Trotz der groß erscheinenden Löcherkonzentration kommt die Stromleitung damit fast ausschließlich durch die Überschußelektronen zustande. Analoge Überlegungen gelten für einen Kristall, der z. B. mit 10^{16} Boratomen pro cm^3 dotiert ist.

Germanium besitzt eine Atomkonzentration von $10^{22}/cm^3$. Dotiert man Germanium mit 10^{16} Atomen pro cm^3, dann kommt ein Störatom auf 10^6 Germaniumatome. Das ist ein Anteil von 0,0001 % und erklärt, warum an die Reinheit von Halbleitermaterialien extrem große Anforderungen gestellt werden müssen.

Die Temperaturabhängigkeit der *Leitfähigkeit* eines dotierten Halbleiters ist in Bild 6.26 wiedergegeben. Bei Temperaturen um den absoluten Nullpunkt sind nur äußerst wenige der kovalenten Bindungen aufgebrochen und nur sehr wenige Störstellen ionisiert. Mit steigender Temperatur werden mehr Donatoren (Akzeptoren) ionisiert als Bindungen gelöst, weil die Ionisierungsenergie geringer ist als die Dissoziationsenergie der Bindungen. Die Ladungsträgerkonzentration steigt somit an, und zwar bis zu einem bestimmten Wert, der sogenannten *Störstellenerschöpfung*. Steigt die Temperatur weiter an, kommen die thermisch erzeugten Elektronen-Loch-Paare in steigendem Maß hinzu. Es tritt Eigenleitung ein.

Die Leitfähigkeit eines Halbleiters wird nicht nur durch die Ladungsträgerkonzentration n bzw. p bestimmt, sondern auch durch deren Beweglichkeit μ. Die Beweglichkeit μ ist der Quotient aus der *Driftgeschwindigkeit* v_{Drift} eines Elektrons bzw. Loches und der Feldstärke, sie ist ein wichtiger Materialkennwert für Halbleiter. Die Leitfähigkeit steigt zunächst bis zum Beginn der Störstellenerschöpfung an (Bild 6.26), weil die Ladungsträger infolge der thermischen Ionisation immer zahlreicher werden. Im Bereich der Störstellenerschöpfung wird die Bewegung der vorhandenen Ladungsträger mit steigender Temperatur durch

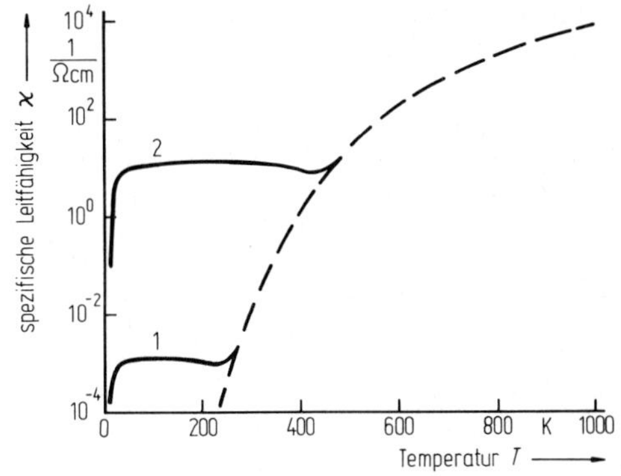

Bild 6.26 Leitfähigkeit von Germanium in Abhängigkeit von der Temperatur (vereinfacht)
—— Störstellenleitung
1: Dotierungsanteil 10^{12} Fremdatome/cm^3
2: Dotierungsanteil 10^{16} Fremdatome/cm^3
– – – Eigenleitung

die stärkere thermische Bewegung der Gitterbausteine behindert, so daß die Leitfähigkeit wieder sinkt. Beim Einsetzen der Eigenleitung steigt die Zahl der Ladungsträger rapide an und damit auch die Leitfähigkeit.

Das *Bändermodell* des reinen Halbleiters ändert sich, wenn ihm Donatoren oder Akzeptoren zudotiert werden. Führt man einem Elektron aus dem Valenzband die Bindungsenergie ΔE zu, dann befindet es sich energetisch auf dem unteren Ende des Leitungsbandes (Bild 6.27a). Rekombiniert dieses Elektron mit einem Elektronenloch, d. h. springt es in eine Elektronenlücke, wird die Energie ΔE wieder frei, z. B. in Form eines Lichtquants. Der neue Zustand des Elektrons liegt wieder im Valenzband.

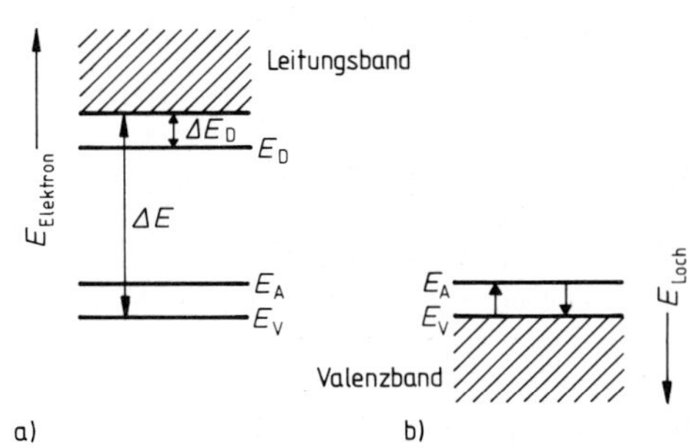

Bild 6.27 Energiestufen der Ladungsträger im dotierten Halbleiter
a) Elektronenniveaus
b) Löcherniveaus

Wird das Elektron von einem positiven Donator gebunden, verliert es nur die Ionisierungsenergie ΔE_D. Das ist die Energie, die umgekehrt benötigt wird, um ein Elektron aus dem Bereich des Donators zu bringen, damit es sich frei bewegen kann. Der Energieterm des *Donatorniveaus* E_D ist deutlich höher als der eines rekombinierten Elektrons.

Auch ein Akzeptoratom kann ein Elektron anlagern. Damit wird die Akzeptorbindung eine vollwertige Bindung. Infolge der verminderten Kernladung der Akzeptoren gegenüber den Matrixatomen wird das Elektron nicht ganz so stark gebunden. Das Elektron verliert bei diesem Rekombinationsvorgang weniger Energie, als wenn es in ein normales Elektronenloch fällt. Das *Akzeptorniveau* E_A liegt deshalb etwas über dem Valenzband (Bild 6.27b).

Die Vorgänge können auch durch die Energiezustände eines Elektronenlochs beschrieben werden. Nimmt z. B. ein Akzeptoratom ein Elektron aus dem Valenzband auf, entsteht gleichzeitig ein Elektronenloch an der Stelle, an der sich vorher das Elektron befand. Für das Akzeptoratom entspricht die Aufnahme des Elektrons der Abgabe eines Loches. Da das Elektron auf dem Akzeptorniveaus eine um ΔE_A höhere Energie hat, muß auch die Energie des Loches um ΔE_A zunehmen, wenn es an das Valenzband abgegeben wird. Beide Darstellungen sind schließlich nur zwei unterschiedliche Beschreibungen ein und desselben Vorganges. Die »*Lochenergie*« muß also in Bild 6.27 nach unten hin zunehmen, wenn man das Elektronenloch wie ein positiv geladenes Teilchen auffaßt.

6.6.5 p-n-Übergang

Ein p- und ein n-leitender Bereich eines Halbleiters sollen aneinandergrenzen (Bild 6.28). Im p-Gebiet herrschen Löcher als Majoritätsträger vor, die hauptsächlich von Akzeptoratomen stammen, Minoritätsträger sind die Elektronen. Im n-Gebiet herrschen Elektronen als Majoritätsträger vor, die hauptsächlich von Donatoratomen stammen, Minoritätsträger sind die Löcher. In beiden Gebieten sind noch Löcher und Elektronen paarweise vorhanden, die von aufgebrochenen Kristallbindungen herrühren. Insgesamt ist jeder Bereich jedoch elektrisch neutral (Bild 6.28a).

Zwischen den Elektronen im n-Bereich und denen im p-Bereich besteht ein großer Konzentrationsunterschied. Deshalb diffundieren Elektronen aus dem n-Bereich in den p-Bereich. Umgekehrt führt der Konzentrationsunterschied zu einer Diffusion von Löchern aus dem p-Bereich in den n-Bereich. Die Diffusion hat eine *Rekombination* (Vereinigung) mit den jeweiligen Majoritätsträgern im anderen Bereich zur Folge.

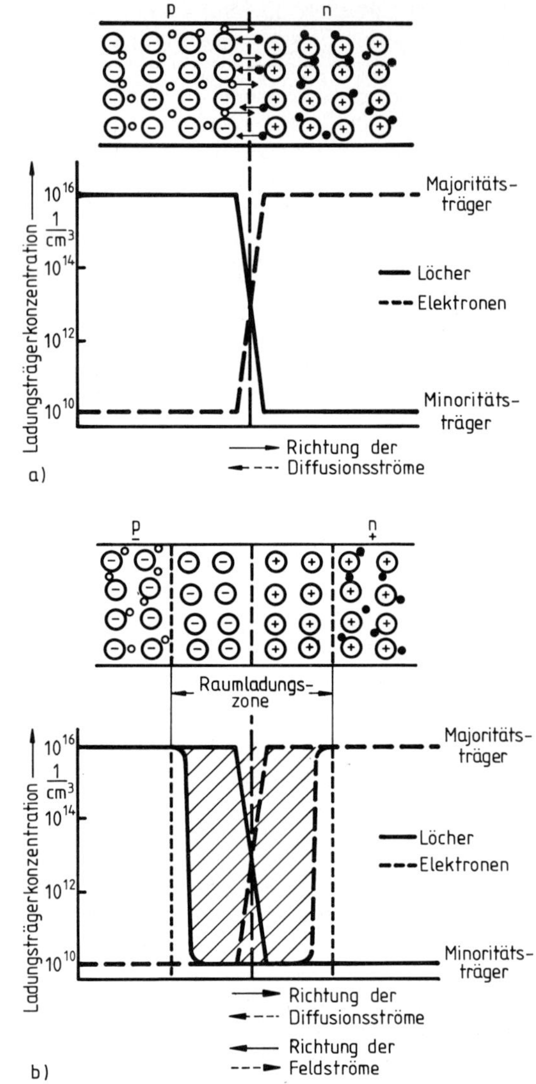

Bild 6.28 p-n-Übergang in einem Halbleiter (gleiche Dotierung angenommen)
a) Ausgangszustand
b) Gleichgewichtszustand (vereinfacht)
Die dem schraffierten Bereich entsprechenden Majoritätsträger sind durch Rekombination bzw. infolge des Gleichgewichts zwischen Diffusionsströmen und Feldströmen nicht wirksam

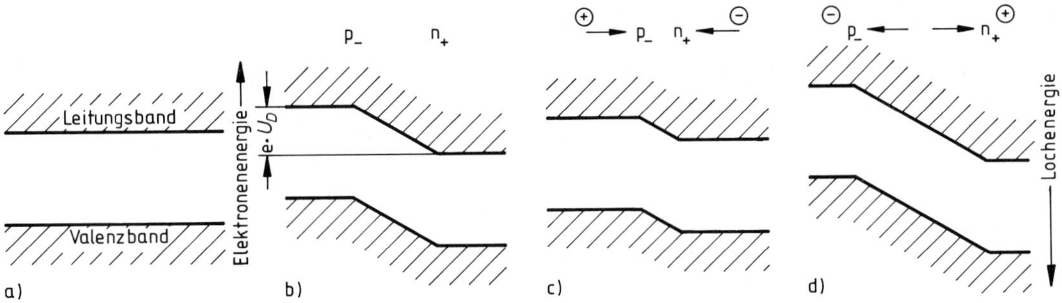

Bild 6.29 Bänderstrukturen am p-n-Übergang
a) elektrisch neutraler p- oder n-Grundzustand
b) unbelasteter p-n-Übergang, Gleichgewichtszustand, Potentialwall entspricht der Diffusionsspannung U_D
c) Flußbelastung verringert Raumladungszone, Potentialwall wird kleiner
d) Sperrbelastung verbreitert Raumladungszone, Potentialwall wird größer

Damit werden die fest im Gitter eingebauten Donator- und Akzeptoratome nicht mehr durch Elektronen bzw. Löcher elektrisch neutralisiert, so daß sich der n-Bereich positiv und der p-Bereich negativ auflädt (Bild 6.28b).

Diese *Raumladung* verhindert eine weitere Diffusion: Die negativ geladenen Akzeptoren verhindern ein weiteres Eindringen von Elektronen, die positiv geladenen Donatoren ein Eindringen von Löchern. Anders ausgedrückt: Die durch die Raumladung aufgebaute Spannung führt zu einem Feldstrom, der mit dem Diffusionsstrom im Gleichgewicht ist.

Das *Potential* in einem p-n-Halbleiter ist nach Bild 6.28 im n-Bereich positiv und im p-Bereich negativ. Überlagert man die sich daraus ergebende Feldenergie der Elektronenenergie im Bändermodell, erhält man Bild 6.29b. Danach müssen die Elektronen, wenn sie aus dem n- in den p-Teil gelangen wollen, einen *Potentialwall* überwinden. Da die Löcherenergie von oben nach unten zunimmt, müssen auch die Löcher einen Potentialwall gleicher Größe überwinden, wenn sie aus dem p- in das n-Gebiet gelangen wollen.

Das vom Raumladungsfeld herrührende Gleichgewicht wird gestört, wenn man an den p-n-Übergang eine elektrische Spannung anlegt. Hierbei ist das Vorzeichen der Spannung entscheidend.

Liegt der Pluspol an der p-Seite und der Minuspol an der n-Seite, dann *vermindert* sich die Potentialstufe um die angelegte äußere Spannung. Das Raumladungsfeld wird durch das entgegengesetzt gerichtete äußere Feld geschwächt. Der Potentialwall ist nicht mehr gleich dem Produkt Diffusionsspannung · Elementarladung, sondern kleiner. Damit können wieder Elektronen in das p-Gebiet und Löcher in das n-Gebiet eindiffundieren. Es fließt ein Strom, der bei genügend großer äußerer Spannung praktisch unbehindert ist (Bild 6.29c).

Polt man die n-Seite positiv und die p-Seite negativ, dann kann wegen der weiteren Verstärkung des Potentialwalls erst recht kein Diffusionsstrom mehr fließen. An dem p-n-Übergang liegt eine **Sperrspannung** an (Bild 6.29d).

Das heißt jedoch nicht, daß überhaupt kein Strom mehr fließt. Entsprechend der jeweiligen Temperatur ist eine bestimmte Anzahl von Kristallbindungen aufgebrochen, so daß Elektronen und Löcher vorhanden sind. Deren Zahl ist aber gering. Sie werden in der Raumladungszone getrennt, bewegen sich nach außen und bewirken den Sperrstrom.

Der Zusammenhang zwischen äußerer Spannung U und fließendem Strom I wird durch die Kennli-

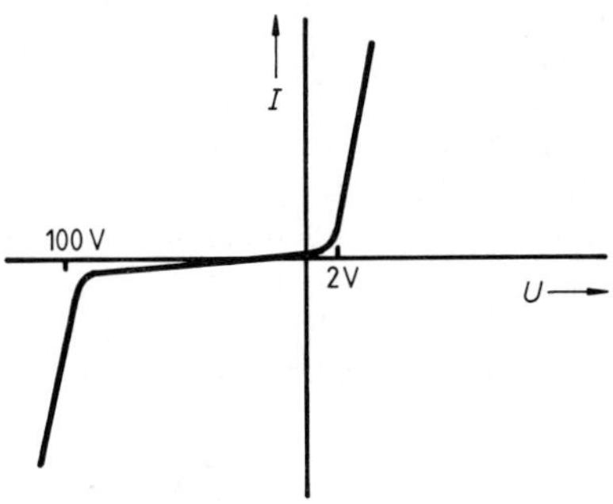

Bild 6.30 Diodenkennlinie

nie einer **Diode** (Bild 6.30) wiedergegeben. Man beachte, daß die Maßstäbe für Spannung und Stromstärke für den Durchlaßbereich und den Sperrbereich in diesem Diagramm sehr unterschiedlich sind.

6.6.6 Transistor

Ein Transistor besteht aus drei aufeinanderfolgenden Bereichen: einem p-, n- und p-Bereich (*pnp-Transistor*) oder einem n-, p- und n-Bereich (*npn-Transistor*). Diese Bereiche werden in einem einzelnen Kristall gebildet. An alle drei Bereiche werden Elektroden angelegt.

Bei einem pnp-Transistor wird der an den Pluspol angeschlossene p-Bereich **Emitter**, der an den Minuspol angeschlossene p-Bereich **Kollektor** und der zwischen beiden liegende n-Bereich **Basis** genannt (Bild 6.31). Durch diese Schaltung liegt an dem p-n-Übergang zwischen Emitter und Basis eine Spannung in Flußrichtung an, an dem n-p-Übergang zwischen Basis und Kollektor eine Sperrspannung.

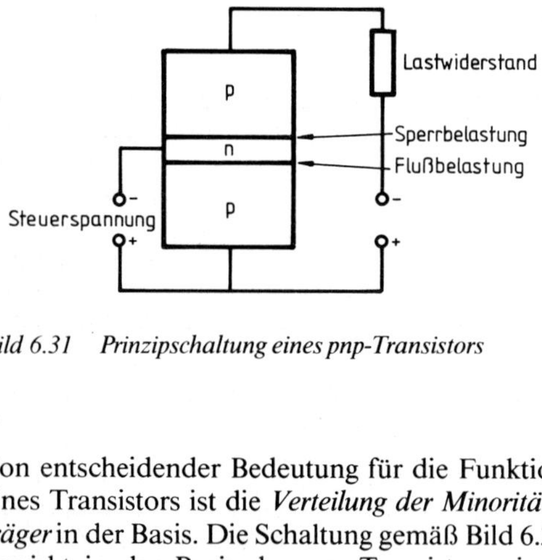

Bild 6.31 Prinzipschaltung eines pnp-Transistors

Von entscheidender Bedeutung für die Funktion eines Transistors ist die *Verteilung der Minoritätsträger* in der Basis. Die Schaltung gemäß Bild 6.31 bewirkt in der Basis des pnp-Transistors einen Konzentrationsgradienten für die Löcher in Richtung auf den Kollektor (Bild 6.32). Die infolgedessen in dieser Richtung wegdiffundieren Löcher erhalten ständig Nachschub aus dem Emitter. Der Emitter *»injiziert«* gewissermaßen Löcher in die Basis.

Eine geringe Dotierung und die geometrische Ausbildung der Basis (kleine Schichtdicke, elektrischer Anschluß seitlich) bewirken, daß nur ein

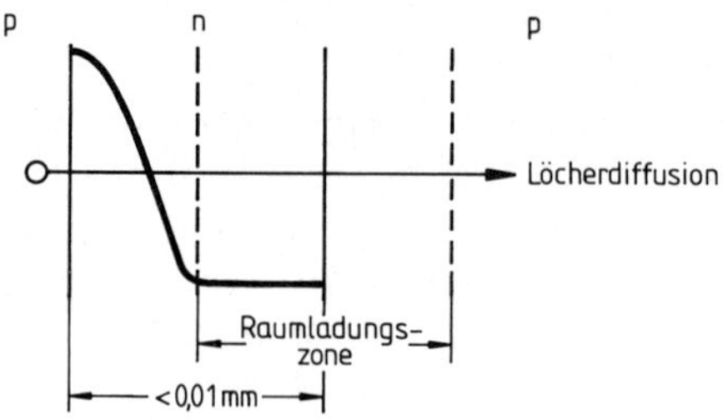

Bild 6.32 Verteilung der Minoritätsträger in der Basis eines pnp-Transistors

kleiner Teil der Löcher mit den Elektronen der Basis rekombiniert. Der über die Basis abfließende Strom bleibt deshalb gering. Der größte Teil des Löcherstromes (ca. 99%) gelangt zu dem n-p-Übergang Basis-Kollektor und wird dort vom Kollektor *»gesammelt«*. Damit fließt trotz des *»sperrenden«* n-p-Überganges ein Strom vom Emitter zum Kollektor.

Die Verstärkungswirkung von Transistoren beruht darauf, daß bei einer kleinen Änderung der *Steuerspannung* zwischen Emitter und Basis sich die Konzentration des Minoritätsträgers der Basis an der Grenzfläche Emitter-Basis exponentiell ändert. Damit nimmt auch der Kollektorstrom exponentiell zu und bewirkt so eine Leistungsverstärkung.

6.6.7 Hall-Generator

Die bekannte Ablenkung der Ladungsträger eines elektrischen Stromes durch ein zur Stromrichtung rechtwinklig stehendes Magnetfeld bewirkt in einem leitenden Medium eine unterschiedliche Konzentration der Ladungsträger. Durch diesen **Hall-Effekt** entsteht in dem Leiter eine Spannung rechtwinklig zu Stromrichtung und Magnetfeld (Bild 6.33). Während die **Hall-Spannung** in metallischen Leitern sehr gering ist, ist sie mit

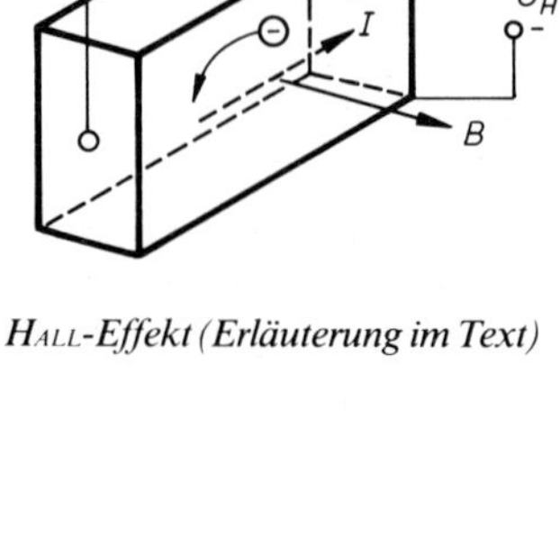

Bild 6.33 Hall-Effekt (Erläuterung im Text)

$$U_H = \frac{I \cdot B}{e \cdot n \cdot d}$$

bei Halbleitern in technisch nutzbarer Größenordnung (einige mV).

Durch elektrische Beziehungen kann man zeigen, daß die HALL-Leistung von Halbleitern entscheidend von der Beweglichkeit μ der Ladungsträger abhängt. Gegenüber Germanium und Silizium haben die Elektronen der III-V-Verbindungshalbleiter eine wesentlich höhere Beweglichkeit, weil in diesen die homöopolar-heteropolaren Mischbindungen nur geringe Schwingungsamplituden der Gitterbausteine zulassen. Unter diesen Halbleitern weisen die Verbindungen **Indiumantimonid** (InSb) und **Indiumarsenid** (InAs) die bei weitem höchsten Elektronenbeweglichkeiten auf. Die Elektronenbeweglichkeit in Silizium beträgt dagegen nur ca. 1600 $cm^2/V \cdot s$ (siehe Tab. 6.9), in Kupfer sogar nur 40 $cm^2/V \cdot s$.

Der HALL-Effekt wird technisch in Form von HALL-Widerständen und HALL-Generatoren ausgenutzt. Hält man bei den HALL-Generatoren die Stärke des durch den Halbleiter fließenden Stromes konstant, dann ist die HALL-Spannung ein Maß für die Stärke des Magnetfeldes. Es können so Magnetfelder in Luftspalten gemessen werden. Andererseits nutzt man bei konstantem Magnetfeld die HALL-Spannung zur Regelung der Stromstärke, um z. B. die Überlastung von Gleichstrommaschinen zu verhindern. Da sowohl veränderliche Stromstärke als auch variables Magnetfeld in eine proportionale Spannung umgewandelt werden, nutzt man HALL-Generatoren auch zur Durchführung von Rechenoperationen.

6.6.8 Fotoelektrische Bauelemente

Beim *äußeren Fotoeffekt* können Elektronen z. B. negativ geladene Metalloberflächen verlassen, wenn Licht auf die Oberfläche fällt. In Halbleitern ist entsprechend ein **innerer Fotoeffekt** möglich: Photonen, die von dem Festkörper absorbiert werden, erzeugen in diesem Elektronen (und Löcher), die den Körper nicht verlassen. Je nach Wechselwirkung der Photonen mit dem Festkörper wird zwischen
- Eigenfotoleitung und
- Störstellenfotoleitung

unterschieden.

Bei **Eigenfotoleitung** erzeugen die Photonen durch Wechselwirkung mit den gebundenen Elektronen der Matrixatome (von ggf. undotierten Halbleitern) freie Elektronen-Loch-Paare. Dazu muß die Energie des Photons mindestens dem Bandabstand ΔE entsprechen (siehe Bild 6.27). Es gilt:

$$\Delta E = h \cdot f = h \cdot c/\lambda$$

h = PLANCKsches Wirkungsquantum, f = Frequenz, c = Lichtgeschwindigkeit, λ = Wellenlänge.

Einsetzen der Werte für h und c ergibt:

$$\lambda \text{ in } \mu m = 1{,}24/(\Delta E \text{ in eV}).$$

Für die **Störstellenfotoleitung** ist die geringere Energiedifferenz zwischen der Leitungsbandkante bzw. Valenzbandkante und dem jeweiligen Störstellenniveau maßgebend. In die vorstehenden Gleichungen sind dann statt ΔE die wesentlich kleineren Energiedifferenzen ΔE_D bzw. ΔE_A einzusetzen.

Fotoelektrische Bauelemente sind:
- Fotoleiter oder Fotowiderstände,
- Fotodioden, Fotoelemente und Fototransistoren

sowie bei Umkehrung des Fotoeffektes
- Lumineszenzdioden.

Voraussetzung für die Funktionsfähigkeit der Elemente ist, daß ihre Bauweise den Zutritt von Lichtquanten zu den aktiven Schichten, z. B. einem p-n-Übergang, bzw. das Austreten von Lichtquanten ermöglicht.

Ein **Fotoleiter** oder **Fotowiderstand** ist häufig ein undotierter Halbleiter. Photonen, deren Energie kleiner ist als dem Bandabstand ΔE entspricht, können natürlich kein Elektron vom Valenzband in das Leitungsband heben. Damit werden diese Photonen auch nicht vom Halbleiterkristall absorbiert. Mit steigender Wellenlänge (also abnehmender Energie) geht bei einer Grenzwellenlänge λ_g die Absorption schlagartig auf Null zurück. An dieser **Absorptionskante** erreicht der Fotostrom sein Maximum (Bild 6.34).

Fotoleiter werden entweder als polykristalliner Halbleiterfilm auf einem isolierenden Träger oder als einkristallines Halbleiterplättchen hergestellt. Im *sichtbaren Bereich* verwendet man meist **Kadmiumsulfid** (CdS) (auch Kadmiumselenid CdSe), das durch Aufdampfen oder Sintern in Schichtdicken von 10 μm bis 30 μm aufgebracht wird. Die CdS-Schichten besitzen zwar eine große Empfindlichkeit, jedoch auch ein schmales Spektrum und eine große Trägheit.

Im *Infrarot-Gebiet* verwendet man Fotoleiter aus PbS, InSb oder HgCdTe. **Bleisulfid** (PbS) wird als Dünnfilm (ca. 1 μm) z. B. auf Glas aufgebracht.

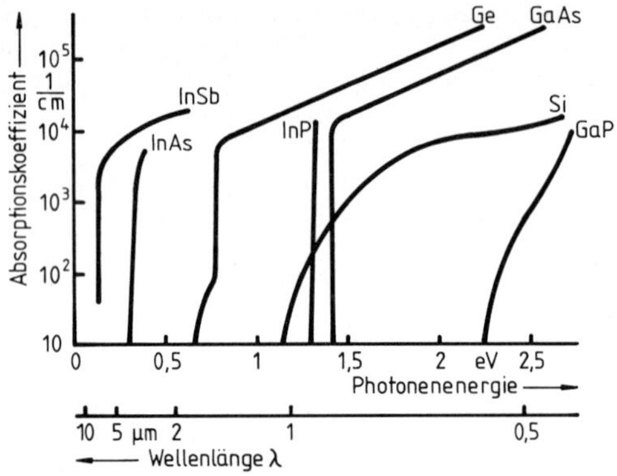

Bild 6.34 Absorptionskoeffizient verschiedener Halbleiterwerkstoffe in Abhängigkeit von der Photonenenergie

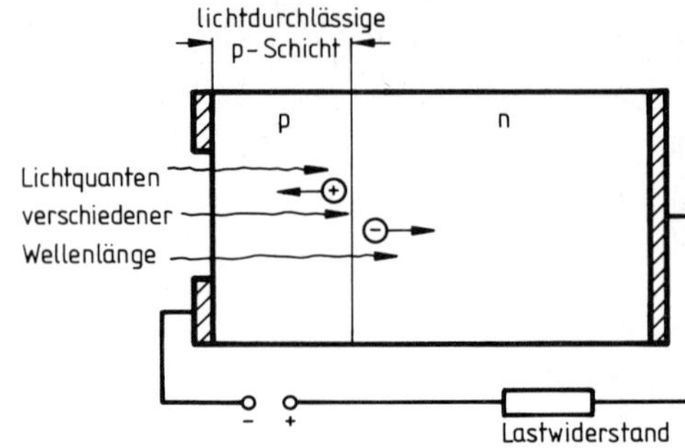

Bild 6.35 Fotodiode (schematisch)

Die spektrale Empfindlichkeit reicht bis zu einer Wellenlänge von ca. 3 μm und erfaßt damit auch die 2,7 μm-Linie von H_2O und CO_2 z. B. in Abgasen. **Indiumantimonid**(InSb)-Fotoleiter sind polykristallin mit einem Spektralbereich bis 5,6 μm (gekühlt) oder 7,5 μm (ungekühlt). Die **Quecksilber-Kadmium-Tellurid-**Fotoleiter sind lückenlos mischbare ternäre Verbindungshalbleiter der Form $Hg_{1-x}Cd_xTe$, deren Bandbreite vom Faktor x abhängt und fast bis auf Null gebracht werden kann. Die Grenzwellenlänge liegt zwischen 0,8 μm und 30 μm.

Infolge ihres einfachen Aufbaus und der einfachen Schaltungstechnik haben Fotoleiter einen großen Anwendungsbereich in vielen Signal-, Kontroll- und Steuereinrichtungen. Beispiele sind u.a. Flammenwächter bei Ölfeuerungen, Infrarot-Brandmelder, Infrarotsensoren in Satelliten zur Wetterbeobachtung und zur Information über den Stand des Pflanzenwuchses.

Fotodiode und **Fototransistor** arbeiten mit einer Störstellenleitung im gesperrten p-n-Übergang. Die durch die absorbierten Photonen in der Raumladungszone und in deren Umgebung erzeugten Elektronen-Loch-Paare werden durch das elektrische Feld der Raumladungszone getrennt (Bild 6.35). Die Löcher sammeln sich auf der p-Seite, die Elektronen auf der n-Seite.

Dadurch wird die Breite der Raumladungszone vermindert. Wird sie kleiner als es dem Gleichgewichtszustand des unbelasteten p-n-Überganges entspricht, schalten Diode bzw. Transistor durch (siehe Bild 6.29b und c). Der dann fließende Strom ist von der Energie des auftreffenden Photonenstromes und den Kennlinien der Fotodiode bzw. des Fototransistors abhängig.

Wird eine Fotodiode im Gleichgewichtszustand, d. h. ohne anliegende Sperrspannung, betrieben, arbeitet sie als **Solarzelle.** Durch die Veränderung der Raumladungszone infolge der absorbierten Photonen entsteht auf der p-Seite ein Löcherüberschuß und auf der n-Seite ein Elektronenüberschuß. Zwischen p- und n-Seite liegt folglich eine Leerlaufspannung. Die Höhe der Leerlaufspannung wird durch das Material der Solarzelle bestimmt. Halbleiter mit einem breiten Bandabstand ΔE haben eine größere *Fotospannung* als solche mit einem schmalen. Andererseits sinkt die Zahl der erzeugten Elektronen-Loch-Paare mit steigendem Bandabstand, so daß die Leerlaufspannung bei einem bestimmten ΔE-Wert ein Maximum besitzt (Bild 6.36).

Nach Bild 6.36 hat Silizium zwar nicht den optimalen Bandabstand von ca. 1,35 eV, wird aber aus wirtschaftlichen Gründen am häufigsten eingesetzt. Der praktische Wirkungsgrad liegt für einkristalline Si-Solarzellen bei 13% bis 15%. Zellen auf der Basis polykristallinen oder amorphen Siliziums haben zwar einen geringeren Wirkungsgrad, sind aber preiswerter.

Lumineszenzdioden sind in Flußrichtung betriebene Dioden, bei denen die Rekombination der Ladungsträger am p-n-Übergang mit der Aussendung von Lichtquanten verbunden ist. Es handelt sich hier also um eine Umkehrung des inneren fotoelektrischen Effektes.

Lumineszenzstrahlung entsteht durch direkte Rekombination von Elektronen und Löchern, wobei die Energie der emittierten Photonen gleich dem Bandabstand des Halbleiters ist, oder durch Rekombination von Ladungsträgern und Störstellen mit entsprechend geringerer Energie der Lichtquanten. Da der Bandabstand Germanium, Silizi-

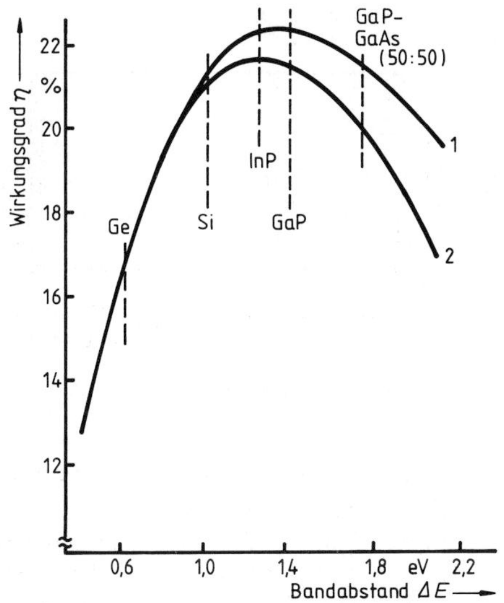

Bild 6.36 Theoretischer Wirkungsgrad verschiedener Halbleiter als Solarzellenwerkstoff
1: Weltraumbedingungen
2: senkrechter Einfall von Sonnenstrahlung auf die Erdoberfläche

um und Galliumarsenid (siehe Tab. 6.9) Grenzwellenlängen von 1,85 μm, 1,1 μm bzw. 0,87 μm ergibt, strahlen die p-n-Übergänge dieser Halbleiter alle im infraroten Bereich.

Für Lumineszenzstrahler im sichtbaren Bereich muß ΔE größer werden. Das ist der Fall bei den III-V-Verbindungshalbleitern GaP und $GaAs_{1-x}P_x$. Diese Dioden sind unter der Abkürzung **LED** (**L**ight **E**mitting **D**iode) bekannt und haben für die Kommunikationstechnik große Be-

Tab. 6.10: Werkstoffe für Lumineszenzdioden (LED)

Grundmaterial	Störstellen	Wellenlänge λ μm	Farbe
GaP	N	0,565	grün
GaP	N	0,590	gelb
GaP	Zn, O	0,690	rot
$GaAs_{0,6}P_{0,4}$		0,660	rot
$GaAs_{0,35}P_{0,65}$		0,630	hellrot
$GaAs_{0,15}P_{0,85}$	N	0,585	gelb
SiC		0,470	blau
GaN		0,440	blau

deutung. Durch gezielte Veränderung der Zusammensetzung, z. B. Dotierung von GaP mit Stickstoff oder Ersetzen benachbarter Ga- und P-Atome durch Zink und Sauerstoff, erreicht man die Aussendung von Lichtquanten definierter Wellenlängen (Tab. 6.10). Die Herstellung blau leuchtender LEDs stößt z. Zt. allerdings noch auf technologische Schwierigkeiten.

Lumineszenzdioden werden u. a. eingesetzt
- als Strahlungsemitter in der optischen Nachrichtentechnik, für Lichtschranken und Optokoppler,
- als Signallampen, um Schalt- und Betriebszustände anzuzeigen,
- in zeilenförmiger Anordnung (LED-Arrays) zur Analogdarstellung von Ziffern, Buchstaben und Zeichen.

Ergänzende und weiterführende Literatur

Hadamovsky: Halbleiterwerkstoffe, VEB Deutscher Verlag für Grundstoffindustrie, Leipzig

Hecht, A. (Hrsg.): Elektrokeramik, 2. Auflage, Springer-Verlag, Berlin, 1976

Heck, C.: Magnetische Werkstoffe und ihre technische Anwendung, 2. Auflage, Dr. Alfred Hüthig Verlag, Heidelberg, 1975

Heimke, G.: Keramische Magnete, Springer-Verlag, Wien, 1976

Hesse, K.: Halbleiter, Band I, Bibliographisches Institut, Mannheim, 1974

Hornbogen, E.: Werkstoffe, 3. Auflage, Springer-Verlag, Berlin, 1983

Kieffer/Benesovsky: Hartmetalle, Springer-Verlag, Wien, 1965

Kieffer/Benesovsky: Hartstoffe, Springer-Verlag, Wien, 1963

Salmang/Scholze: Keramik, 6. Auflage, Springer-Verlag, Berlin, Teil 1, 1982, Teil 2, 1983

Scholze, H.: Glas, 2. Auflage, Springer-Verlag, Berlin, 1977

Wijn/Dullenkopf: Werkstoffe der Elektrotechnik, Springer-Verlag, Berlin

7 Kunststoffe

7.1 Kunststoff-Produkte

Kunststoffe, erst seit wenigen Jahrzehnten entwickelt und hergestellt, haben ihrer spezifischen Eigenschaften und ihrer vielseitigen Verarbeitungs- und Anwendungsmöglichkeiten wegen rasch eine immer stärker werdende Bedeutung erlangt. Es gibt kaum einen Zweig technischer Anwendungsgebiete, in dem sie nicht Eingang gefunden haben. Durch ihre Entwicklung wurden neue Industriezweige geschaffen und zum Teil die Bewältigung technischer Probleme, z. B. in der Hochfrequenz- und Nachrichtentechnik, überhaupt erst ermöglicht.

7.1.1 Bezeichnungen, Begriffe

Die Bezeichnung »Kunststoff«, in Deutschland etwa ab 1910 eingeführt, leitet sich ursprünglich davon ab, daß aus geeigneten Grundsubstanzen neue Stoffe mit völlig andersartigen Eigenschaften »künstlich« aufgebaut werden. Die daneben verwendete und in anderen Ländern übliche Benennung »Plastics« oder »Plaste« kennzeichnet den Umstand, daß diese Stoffe unter bestimmten Bedingungen plastisch formbar sind. Beide Bezeichnungen sind im Grunde unbefriedigend und zur Begriffsbestimmung nicht ausreichend, da die weitaus meisten unserer Werkstoffe in chemischen und physikalischen Prozessen künstlich hergestellt und viele von ihnen ebenfalls plastisch formbar sind.

Gemeinsam ist allen Kunststoffen, daß sie im wesentlichen aus *organischen* Stoffen bestehen, die makromolekular aufgebaut sind. Bestandteile anderer Art können ihnen beigemischt sein.

Bei ihrer Herstellung werden die Moleküle geeigneter niedermolekularer Verbindungen durch *chemische Synthese* miteinander zu *Makromolekülen* (Moleküle mit sehr großer Atomzahl) verknüpft.

Die dadurch entstandenen *hochpolymeren Stoffe* ergeben Produkte recht unterschiedlicher Be-

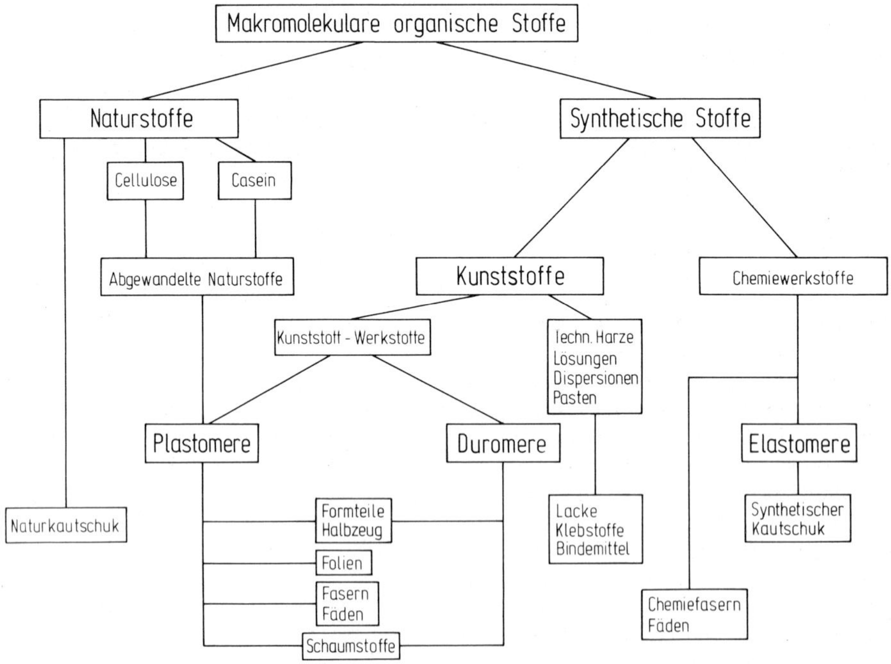

Bild 7.1 Makromolekulare Stoffe

schaffenheit für die verschiedensten Verwendungszwecke.
In Form von Lösungen, flüssigen Gemischen (Dispersionen), Pulvern und Pasten werden sie zu *Bindemitteln, Anstrichmitteln, Lacken, Klebstoffen* verarbeitet und zur *Holzverleimung* oder *Textilimprägnierung* verwendet. Sie werden als *Faserstoffe* genutzt, als *Beschichtungsmaterial* mit anderen Stoffen (z. B. Metallen) verbunden und dienen schließlich zur Herstellung der eigentlichen *Kunststofferzeugnisse.*
Die in der Kunststofftechnologie verwendeten Bezeichnungen und Begriffe für die jeweiligen Stoffgruppen sind nicht immer streng gegeneinander abzugrenzen, sondern greifen ineinander über. Einen Überblick über ihre Vielfalt gibt das Schema in Bild 7.1.
Die vielschichtige Entwicklung der synthetischen Stoffe und ihr Eingehen in die verschiedenen Industriezweige und Wirtschaftsbereiche führte dazu, daß *synthetische Kautschuke*[1] und *Chemiefasern*[2], obwohl im wesentlichen von gleicher Art und in den Rohstoffen weitgehend übereinstimmend, nicht zu den eigentlichen Kunststoffen gezählt werden. Sie fallen unter den Sammelbegriff der **Chemiewerkstoffe.**

In die Kunststoffe werden aber andererseits auch Stoffe eingruppiert, deren Makromoleküle nicht durch Verkettung von niedermolekularen Verbindungen entstanden sind. Dies geschieht aus praktischen Gründen, vorwiegend im Hinblick auf übereinstimmende Verhaltensweisen bei und nach der plastischen Formgebung.
Diese Stoffe sind **abgewandelte Naturstoffe.** Sie sind hergestellt aus organischen Naturprodukten pflanzlicher oder tierischer Art, die bereits makromolekular aufgebaut sind.

Die in ihnen enthaltenen makromolekularen Substanzen sind *Cellulose* bei pflanzlichen und *Casein* bei tierischen Produkten. Sie werden in einer Reihe chemischer Prozesse von ihren Begleitstoffen befreit, ggf. in Lösungen überführt und mit anderen Stoffen umgesetzt. Dabei werden die isolierten Makromoleküle soweit chemisch verändert, daß sich plastisch formbare Produkte ergeben, deren Eigenschaften denen der vollsynthetischen Kunststoffe eng verwandt sind. So entstehen aus Milch über das Casein: *Kunsthorn,* aus Holz und Baumwolle über die Cellulose-Derivate[3]: *Vulkanfiber, Celluloid, Zellglas* und andere plastisch formbare Massen. Diese Stoffe, die zum Teil bereits in der 2. Hälfte des vorigen Jahrhunderts geschaffen wurden, gehören zu den ältesten »Kunststoffen«.

7.1.2 Kunststoff-Werkstoffe

Als **Kunststoff-Werkstoffe** gelten im Sinne des Begriffs »Werkstoff« diejenigen Kunststoffe, die unmittelbar zur Herstellung von Bauteilen oder Gebrauchsgegenständen dienen.
Sie werden nach verschiedenen chemischen Verfahren hergestellt und dementsprechend eingeteilt. Bedeutsamer für den Anwender ist jedoch eine Einordnung nach ihrer Formgebungsmöglichkeit und Verhaltensweise:

- **Duromere** (auch *Duroplaste* genannt) sind Kunststoffe, die nur in einem Zwischenstadium ihrer Verarbeitung plastisch geformt werden können. Im Endzustand sind sie ausgehärtet und erweichen auch bei höheren Temperaturen nicht mehr. Weitere Umformungen sind deshalb nicht möglich. Abfälle sind nicht wieder verwendbar.
- **Plastomere**[4] *(Thermoplaste)* sind wiederholt plastisch formbar, indem sie auf entsprechende Temperaturen erwärmt werden. Dadurch ist nicht nur das Warmumformen von Halbzeugen möglich, sondern auch – und dies ist von wirtschaftlicher Bedeutung – die Rückführung von Produktionsabfällen in einen erneuten Fertigungsablauf.
- **Elastomere** sind ebenfalls plastisch geformte Stoffe, die sich bis zur Zersetzungstemperatur stark gummielastisch verformen lassen und diese Fähigkeit auch bei sehr tiefen Temperaturen beibehalten.

7.1.3 Vorprodukte, Formstoffe, Zusatzstoffe

Kunststofferzeugnisse werden aus *Vorprodukten* hergestellt, die in pulverisierter, gekörnter oder flüssiger Form bezogen werden. Sie werden dem

---

[1] Synthetisch hergestellte makromolekulare Stoffe, die – wie Naturkautschuk – zu gummielastischen Erzeugnissen weiterverarbeitet werden (s. Elastomere).

[2] Fasern und Fäden aus abgewandelten organischen Naturstoffen oder vollsynthetisch aufgebauten Polymeren.

[3] Als Derivate (»Abkömmlinge«) werden alle aus den entsprechenden Substanzen abgewandelten Produkte bezeichnet.

[4] Diese analog zu Duromere vorgeschlagene Bezeichnung hat sich noch nicht allgemein durchgesetzt.

Kunststoffverarbeiter von der chemischen Industrie meist gebrauchsfertig geliefert, können aber auch von ihm selbst mit den für die Verarbeitung und Anwendung erforderlichen Zusatzstoffen gemischt werden.
Liegen solche Ausgangsstoffe als Pulver oder gekörnt (Granulat) vor, dann werden sie als **Formmassen** bezeichnet. Sie werden innerhalb bestimmter Temperaturbereiche durch Pressen, Strangpressen (Extrudieren) oder Spritzgießen bleibend geformt und damit zum **Formstoff,** dem eigentlichen Werkstoff (Bild 7.2).
Den Formmassen werden aus wirtschaftlichen und technischen Gründen häufig **Füllstoffe** zugesetzt. Dies sind pulverisierte oder geschnitzelte organische oder anorganische Stoffe, z. B. Holz- oder Gesteinsmehl, Papier- oder Textilschnitzel. Sie verbilligen das Erzeugnis, tragen zur Verbesserung mechanischer Eigenschaften (z. B. Druckfestigkeit, Abriebfestigkeit) bei und beheben auch die bei der Formgebung eintretende Schwindung.
Eine besondere Bedeutung als *Verstärkungsmaterial* haben eingebettete Fasern, mengenmäßig am häufigsten Glasfasern, erlangt. Die Entwicklung solch **faserverstärkter Kunststoffe** hat zu einem eigenen breiten Anwendungsgebiet auch für hoch beanspruchte Konstruktionsteile geführt und ist noch in vollem Gange.
Kunstharze sind Rohstoffe, die ihren makromolekularen Endzustand erst durch chemische Reaktionen während der Verarbeitung erreichen. Man unterscheidet sie nach härtbaren Harzen und Reaktionsharzen.
Härtbare Harze stellen in fester Form duroplastische Formmassen *(härtbare Preßmassen)* dar, die unter Wärmezufuhr aushärten. Da dabei flüchtige Nebenprodukte (meist Wasserdampf) entweichen, können sie nur unter Druck verformt werden.
Werden Füllstoffe nicht in loser Form zugemischt, sondern in geschlossenen, durchgehenden Bahnen in den Kunststoff eingebettet, so entstehen

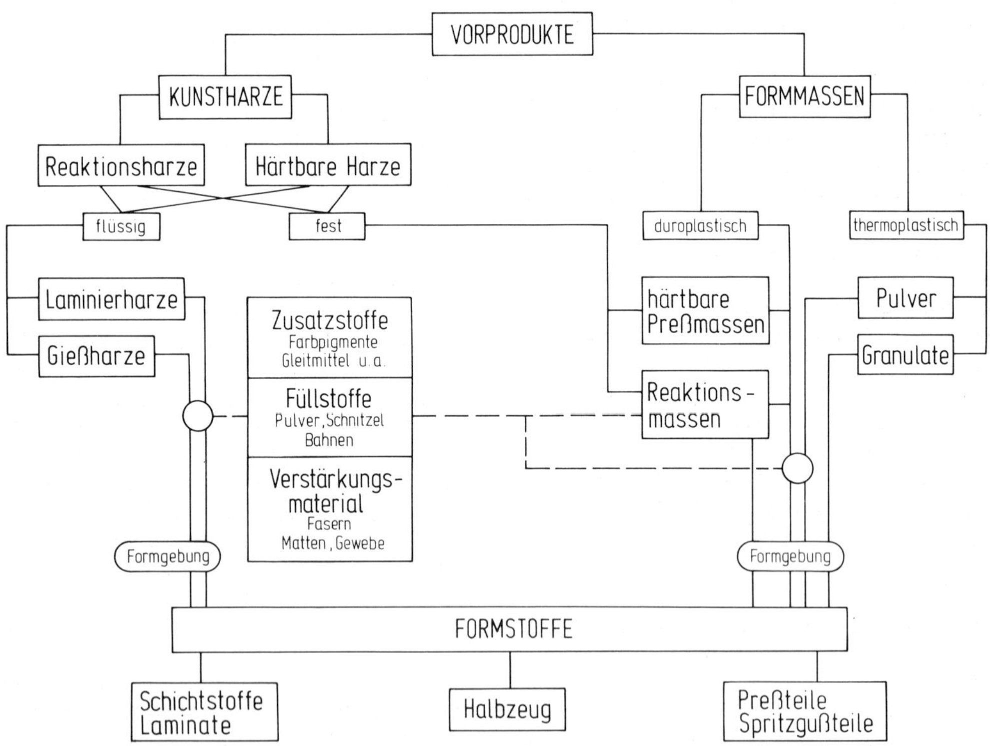

Bild 7.2 Kunststoff-Werkstoffe (Formstoffe)

Schichtpreßstoffe. Hierzu werden geschlossene Bahnen mit flüssigen Harzen getränkt, übereinander geschichtet und zwischen Metallplatten warm verpreßt, wobei die Harze aushärten.
Hergestellt werden nicht nur Platten, sondern auch Profile und Rohre sowie Formteile (z. B. Zahnräder).

Reaktionsharze härten aus, ohne daß Nebenprodukte entstehen. Nach der Art ihrer Verarbeitung lassen sich hierbei die folgenden Gruppen unterscheiden:

- *Gießharze* liegen in flüssiger Form vor oder sind durch mäßige Erwärmung aufschmelzbar. Sie sind in offenen Formen vergießbar, in denen sie ohne Druckanwendung zum Formstoff aushärten. Zum Ablauf der chemischen Reaktion, die die Aushärtung bewirkt, ist bei der Verarbeitung die Zugabe von sogenannten Härtern und Beschleunigern erforderlich. Die so erhaltenen Formteile können ggf. spanabhebend bearbeitet werden.
- *Laminierharze* dienen zur Herstellung flächiger Bauteile, indem zwischen schichtweise angeordnetem Verstärkungsmaterial die zähflüssigen Kunstharze mittels Pinsel oder Rolle verstrichen oder durch Tränkung aufgebracht werden. Die in dieser Weise hergestellten Erzeugnisse werden als *Laminate* bezeichnet.

Eine Sonderform innerhalb dieser Gruppe stellen die *Harzmatten* dar. Das sind flächige Preßmassen, die das Verstärkungsmaterial in Mattenform mit allen erforderlichen Zusätzen enthalten und in entsprechenden Zuschnitten im Formwerkzeug verpreßt werden. Solche mit härtbaren Kunststoffen vorimprägnierte Bahnen werden auch als *Prepregs* bezeichnet *(preimpregnated)*.

Bereits mit allen erforderlichen Zusätzen (einschließlich Füll- und Verstärkungsmaterial) versehene, verarbeitungsfähige Mischungen härtbarer Harze sind **Reaktionsmassen.** Sie sind in einem Rührwerkzeug, dem Kneter, vorgemischt und fertig aufbereitet worden und werden als plastisch formbare Masse in einem beheizten Formwerkzeug zum Formteil gepreßt.

7.1.4 Normung

Zur Bezeichnung von Kunststoffen werden *Kurzzeichen* verwendet, die zumeist auch international gebräuchlich sind. Sie sind in *DIN 7728* zusammengestellt.

Die Kurzzeichen der in diesem Buch beschriebenen Kunststoffe sind nachstehend in alphabetischer Reihenfolge aufgeführt.

Kurzzeichen	Stoffname
ABS	Acrylnitril-Butadien-Styrol
AMMA	Acrylnitril-Methylmethacrylat
EP	Epoxid
E-PVC	Emulsions-PVC
FK	Faserverstärkte Kunststoffe
GF-EP	Glasfaserverstärkte Epoxidharze
GFK	Glasfaserverstärkte Kunststoffe
GF-UP	Glasfaserverstärkte Polyester
HDPE	PE hoher Dichte
Hgw	Hartgewebe
Hp	Hartpapier
KP	Kunstharzpreßholz
LDPE	PE niederer Dichte
MF	Melaminformaldehyd
M-PVC	Masse-PVC
PA	Polyamid
PC	Polycarbonat
PE	Polyäthylen
PF	Phenolformaldehyd
PMMA	Polymethylmethacrylat
PP	Polypropylen
PS	Polystyrol
PUR	Polyurethan
PVC	Polyvinylchlorid
SAN	Styrol-Acrylnitril
SB	Styrol-Butadien
S-PVC	Suspensions-PVC
UF	Harnstofformaldehyd
UP	Ungesättigte Polyester

Die *Normung von Formmassen* bezweckt, die außerordentlich vielfältigen Produkte in einem übersichtlichen System zu ordnen und dem Verarbeiter definierte Massen anzugeben, deren gleichbleibende Eigenschaften gewährleistet werden.

Duroplastische Formmassen sind nach Typen unterteilt, die sich durch Harz- und Füllstoffgehalt unterscheiden. Die Mindestanforderungen an einige, jeweils typische Eigenschaften sind festgelegt. Die Massen sind in Typentabellen der Norm aufgenommen und werden durch Angabe ihrer *Typ-Nummer* bezeichnet.

Thermoplastische Formmassen werden (neuerdings) nach einem System geordnet, das ihrer ständigen Fortentwicklung und ihren vielfachen Anwendungsmöglichkeiten besser gerecht wird als die Festschreibung bestimmter Typen. Sie werden gegliedert nach ihrem chemischen Aufbau und nach kennzeichnenden Eigenschaften für ihre

Anwendung und Verarbeitung. Bezeichnet werden sie durch eine *Ordnungsnummer* für den chemischen Aufbau und eine nach einem Bindestrich nachgestellte Zifferngruppe, die sich aus jeweils einstelligen Ordnungszahlen für kennzeichnende Eigenschaften zusammensetzt.
Zusätzlich zur Einteilung und Bezeichnung geben die Normen Hinweise für die Herstellung und Prüfung von Probekörpern. Sie führen weiter Richtwerte für mechanische, elektrische und sonstige Eigenschaften an, die an eigens hergestellten Norm-Proben ermittelt wurden.[1]
Verbunden mit der Normung ist eine *Gütesicherung* der aus genormten Massen hergestellten Erzeugnisse. Die Einhaltung der Normen wird im Hinblick auf stets gleichbleibende Zusammensetzung und gewährleistete Eigenschaften (dies bezieht sich z. B. selbst auf die Gleichmäßigkeit etwa festgelegter Farbtöne) durch entsprechende Vereinbarungen der Erzeuger und Verarbeiter streng überwacht.
Die sachgerechte Verarbeitung einer überwachten Formmasse wird durch *Überwachungszeichen* (Gütezeichen) angezeigt, aus denen auch der Hersteller hervorgeht (Bild 7.3). Sie sind auf jenen Erzeugnissen angebracht, deren Gebrauchseigenschaften nach den geltenden Vorschriften von Herstellern und amtlichen Prüfstellen laufend geprüft werden.

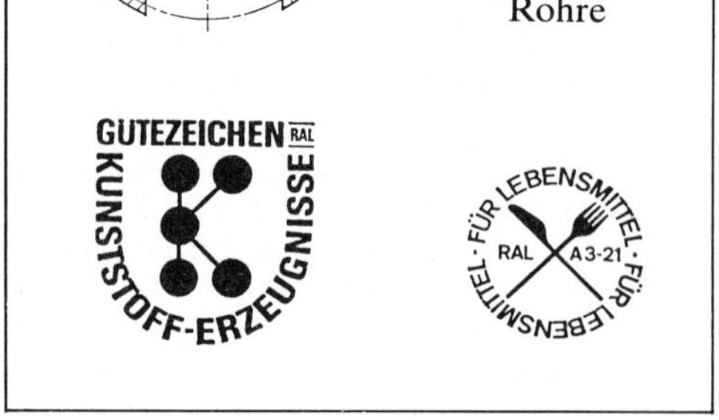

Bild 7.3 Beispiele für Überwachungs- und Gütezeichen

7.2 Gemeinsame Eigenschaften, charakteristische Merkmale

Trotz aller Vielfalt der Erscheinungsformen haben alle Kunststoff-Werkstoffe eine Reihe von Eigenschaften gemeinsam, die für sie kennzeichnend sind, auch wenn sie naturgemäß bei den einzelnen Sorten unterschiedlich stark ausgeprägt sind[2]. Kunststoffe weisen zudem charakteristische Merkmale und Verhaltensweisen auf, die sie von anderen Werkstoffen abgrenzen. Die Kenntnis und Beurteilung solcher Unterschiede ist von wesentlicher Bedeutung für einen sachgerechten Einsatz dieser neuartigen Werkstoffe. Das gilt besonders dann, wenn sie an die Stelle bisher verwendeter herkömmlicher Werkstoffe treten sollen oder im Verbund mit anderen Werkstoffen eingesetzt werden.

7.2.1 Äußere Merkmale

Formteile aus Kunststoffen zeichnen sich in der Regel durch eine sehr gute *Oberflächenbeschaffenheit* aus. Dies gilt sowohl hinsichtlich der erzielbaren Glätte als auch ihrer Beständigkeit. Abgesehen von strukturbedingten Einflüssen ist die Oberflächengüte wesentlich durch die Formgebung im Preß- oder Spritzgußverfahren bedingt, da sich die Glätte der polierten Formwerkzeuge auf die Oberfläche der Formstoffe überträgt. Nachteilige Beeinflussungen, wie sie sich bei der Warmformgebung von Metallen durch Verzunderung oder Walzriefen ergeben können, treten hier nicht auf. Im Verhältnis zu den häufig sehr aufwendigen Nachbehandlungen zur Erzielung glatter Oberflächen bei Metallen und der Notwendigkeit, sie durch Anstriche oder Überzüge vor Korrosion zu schützen, ist die wirtschaftliche Bedeutung dieser Umstände unverkennbar.
Kunststoffe sind *durchgehend einfärbbar*. Ihre Einfärbung erfolgt durch Zusatz von Farbpigmenten zu den Formmassen vor der Formgebung und kann – abgesehen von wenigen Produkten, die

---

[1] Die Eigenschaftsangaben dienen in erster Linie zum Vergleich und zur Unterrichtung des Anwenders. Die Eigenschaften im Formteil hängen nicht nur von der Formmasse, sondern auch von dessen Gestalt, Fertigungsbedingungen und insbesondere von dessen mechanischer Beanspruchung ab.

[2] Die speziellen Eigenschaften der einzelnen Kunststoffe werden im Abschnitt Kunststoffsorten (siehe S. 348 ff.) behandelt.

von Natur aus dunkelfarbig sind – in allen Farbtönungen dauerhaft erfolgen. Damit sind zusätzliche Farbanstriche, die zudem einer ständigen Erneuerung bedürfen, unnötig. Die Färbung ist, je nach Art der zugesetzten Farbpigmente, sowohl transparent als auch gedeckt möglich.
Eine wertvolle Bereicherung in der Auswahl von Werkstoffen für spezielle Anwendungsfälle stellt der Umstand dar, daß die amorph aufgebauten Kunststoffe *durchsichtig* sind. Ihre Transparenz läßt sich bei vielen Typen durch geeignete Zusätze variieren von glasklar bis schwach durchscheinend.[1] Sie ergänzen damit die üblichen Glassorten, denen gegenüber sie bessere mechanische Eigenschaften (Schlagfestigkeit, Bruchsicherheit, Splitterfreiheit) und – in speziellen Fällen – auch verbesserte optische Eigenschaften besitzen.

7.2.2 Chemische und physikalische Eigenschaften

7.2.2.1 Chemische Beständigkeit

Korrosion, eine von der Oberfläche ausgehende Zerstörung infolge meist elektrochemischer Prozesse, wie sie bei Metallen auftritt, gibt es im eigentlichen Sinne bei den Kunststoffen nicht. Sie sind so gut *korrosionsbeständig,* daß sie unter normalen Gebrauchsumständen keinerlei Oberflächenschutz benötigen. Ihre gute chemische und physikalische Widerstandsfähigkeit wird deshalb auch in großem Maße genutzt für Beschichtungen, Ummantelungen und Auskleidungen zum Oberflächenschutz korrosionsgefährdeter Bauteile.
Ihre *Beständigkeit gegen Chemikalien* ist unterschiedlich. Im allgemeinen sind sie gegen viele Medien beständig, die andere Stoffe angreifen. Es gibt jedoch auch chemische Substanzen, die in den Kunststoff eindiffundieren und ihn lösen oder mit ihm chemisch reagieren und ihn zerstören. In gewissem Umfang können aber solche Reaktionen durch geeignete Zusätze, die Stabilisatoren, aufgehalten und dadurch Typen mit erhöhter chemischer Beständigkeit geschaffen werden.

[1] Voraussetzung für die Glasklarheit ist die Unordnung des amorphen Zustands. Transparent ist ein Stoff, der optisch homogen ist, d. h. in allen Bereichen den gleichen Brechungsindex hat. Zusätze, die einen anderen Brechungsindex haben, vermindern die Transparenz oder heben sie sogar auf.

Plastomere zeigen im allgemeinen hohe Beständigkeit gegenüber Säuren und Laugen, Duromere gegenüber organischen Lösungsmitteln.
Die *Beständigkeitstabellen* der Kunststofferzeuger bieten hier wichtige Informationen für spezielle Anwendungsfälle. Sie geben in ausführlicher Zusammenstellung eine Übersicht über die Auswirkungen der verschiedenen Chemikalien auf die einzelnen Kunststoffe. Deren chemische Widerstandsfähigkeit hängt allerdings nicht nur von der Formmasse ab. Von zusätzlichem Einfluß sind neben der Art der einwirkenden Chemikalien auch ihre Konzentration, die Temperatur und die Einwirkungsdauer. Hinzu kommen die Auswirkungen der bei der Formgebung im Formteil entstandenen inneren Spannungen und die der jeweils gerade vorliegenden mechanischen Beanspruchung. Sie können bei den Plastomeren unter der Einwirkung von Chemikalien zur *Spannungsrißbildung* führen. Im Einzelfall sind deshalb ggf. klärende Versuche zur Eignung für bestimmte Einsatzfälle erforderlich, insbesondere bei zusätzlichen Einflüssen wie mechanischer Beanspruchung, Wärme, UV-Strahlung, Licht.

7.2.2.2 Dichte

Kennzeichnend für alle Kunststoffe ist ihre niedrige Dichte. Sie ist bedingt durch die geringe Masse der Atome, die ihre Moleküle bilden. Für die verschiedenen Kunststoffsorten bestehen – anders als bei den Metallen – nur geringe Unterschiede in der Dichte. Sie liegt in engen Grenzen zwischen etwa 0,9 g/cm^3 bis 1,5 g/cm^3 und erhöht sich auch bei Zusatz von Füllstoffen und Verstärkungsmaterial nur bis auf etwa 2,2 g/cm^3. Sie ist damit geringer als die der Leichtmetalle und liegt erheblich unter der aller anorganischen Werkstoffe. Da im Verhältnis hierzu ihre mechanischen Eigenschaften gut sind, stellen sie – insbesondere mit Faserverstärkung – hervorragende *Leichtbauwerkstoffe* dar, für die als Kriterium ihre »spezifische Festigkeit« gilt. Diese ist das Verhältnis von Festigkeit zur Dichte.

7.2.2.3 Wärmeleitfähigkeit, Wärmeausdehnung

Kunststoffe sind schlechte Wärmeleiter. Die Molekülbewegung, auf der die Fortleitung der Wärme hier nur beruht, ist dadurch eingeschränkt, daß die Makromoleküle im festen Stoff nur in Teilbereichen schwingen. Selbst bei freier Beweglichkeit in der Schmelze ist ihre Bewegung noch so gehemmt, daß sie auch dann für eine gute Wärmeleitung noch nicht ausreicht.

Ihre *Wärmeleitfähigkeit* liegt (zwischen 20 °C und 50 °C) in der Größenordnung von etwa 0,15 W/(Km) bis 0,3 W/(Km)[1]. Sie steigt zwar mit der Temperatur etwas an, bleibt aber selbst im schmelzflüssigen Bereich noch so niedrig, daß bei Formgebungs- und Verbindungsarbeiten unter Wärmezufuhr – vom Warmumformen über Pressen und Spritzgießen bis zum Schweißen – diesem Umstand Rechnung getragen werden muß.
Zusatzstoffe (Füllstoffe, Faserverstärkungen) können die Wärmeleitfähigkeit bis auf das Doppelte steigern, so daß etwa die von Glas erreicht wird.
Außerordentlich gering ist die Wärmeleitung poröser Kunststoffe (Schaumstoffe). Ihr Wärmeleitvermögen beträgt meist weniger als ein Zehntel der o. a. Werte. Diese zudem extrem leichten Werkstoffe sind demnach ausgezeichnete Wärmeisolatoren.
Die *Wärmeausdehnung* ist nicht nur abhängig von der Zusammensetzung der Kunststoffe, sondern wird auch durch die Bedingungen bei der Formgebung beeinflußt. Die *lineare Wärmedehnzahl* liegt bei den meisten Plastomeren etwa bei (70 bis 100) $\cdot 10^{-6}$/K und ist damit etwa achtmal höher als bei Stahl. Bei hochelastischen und flexiblen Werkstoffen ist die Wärmeausdehnung noch um das Doppelte größer, bei härtbaren Formmassen, vorwiegend unter dem Einfluß von Füllstoffen, etwa zur Hälfte geringer. Insbesondere kann sich die niedrige Wärmedehnzahl von Glasfasern dahingehend auswirken, daß der Ausdehnungskoeffizient solch glasfaserverstärkter Duromere je nach Glasgehalt bis auf den von Aluminium ($24 \cdot 10^{-6}$/K) oder sogar Stahl ($12 \cdot 10^{-6}$/K) absinkt, was für Verbundbauweisen von wesentlicher Bedeutung sein kann.

7.2.2.4 Wärmebeständigkeit

Der Einfluß, den die Temperatur auf das Verhalten von Kunststoffen und die Eigenschaften von Formteilen ausübt, wirkt sich weit stärker und vor allem auch innerhalb weit niedrigerer Temperaturbereiche aus als bei den Metallen. Die mit Erwärmung oder Abkühlung verbundene Veränderung des Energiezustands führt zu merklichen Änderungen der mechanischen, elektrischen und chemischen Eigenschaften. Kunststoffe sind folglich nur in relativ geringem Umfang wärmebeständig und formstabil. Die *maximale Gebrauchstemperatur* liegt, je nach Zusammensetzung und Aufbau, im allgemeinen zwischen 90 °C und 150 °C. Bei einigen Typen, die als wärmestandfest oder hochtemperaturbeständig bezeichnet werden, beträgt sie 200 °C bis 350 °C. Von wesentlichem Einfluß ist in jedem Fall die Zeitdauer der Temperatureinwirkung, deren Auswirkung auf die den jeweiligen Gebrauch bestimmenden Eigenschaften ggf. besonders zu prüfen ist.
Sehr *tiefe Temperaturen* ändern die Gebrauchseigenschaften von Duromeren kaum. Bei manchen Plastomeren bewirken sie jedoch merkliche Änderungen ihres mechanischen Verhaltens. Diese verhärten bis zur völligen Versprödung. So können hochelastische, flexible Formstoffe (Folien, Schläuche) bei extremer Abkühlung so stark verspröden, daß sie zerbrechlich werden wie Glas.
Sehr *hohe Temperaturen* (häufig schon ab etwa 300 °C) führen bei allen Kunststoffen zur chemischen Zersetzung. Viele von ihnen sind bei Überschreiten der Entzündungstemperaturen gasförmig entweichender Zersetzungsprodukte auch brennbar. In speziellen Fällen bewirken geeignete Zusätze, die mit den Zersetzungsprodukten chemisch reagieren, daß die Kunststoffe schwer entflammbar oder auch selbsterlöschend sind. Sie brennen dann nur so lange, wie sie unter der direkten Einwirkung einer fremden Flamme stehen.

7.2.3 Mechanische Eigenschaften

7.2.3.1 Festigkeit

Infolge ihres makromolekularen Aufbaus ist die Festigkeit von Kunststoffen geringer als die der Metalle, weil die zwischen den Molekülen wirkenden physikalischen Anziehungskräfte stets erheblich kleiner sind als die elektrostatischen Bindungskräfte zwischen den Metallatomen, die zudem in einer geordneten Kristallstruktur vorliegen.
Festigkeitsunterschiede zwischen den einzelnen Kunststoffen ergeben sich aus ihren unterschiedlichen Aufbauformen. Im Normalfall liegt ihre

[1] Zum Vergleich: Die Wärmeleitfähigkeit der gut wärmeleitenden Metalle liegt bei Kupfer (ca. 390 W/(Km)) etwa um das 2000fache, bei Aluminium (ca. 230 W/(Km)) mehr als das 1000fache und bei Stahl (ca. 50 W/(Km)) um etwa das 250fache höher. Ein Wärmestrom, der z. B. durch eine Aluminiumplatte in einer Stunde hindurchgeht, würde bei gleicher Wanddicke und gleichen Temperaturbedingungen im Kunststoff etwa 1000 Stunden, d. h. mehr als 40 Tage benötigen.

Festigkeit noch unter der jener Metalle (z.B. Rein-Aluminium), die die geringste Festigkeit aufweisen.
Festigkeitssteigerungen, wie sie bei den Metallen infolge von Gefügeveränderungen durch Wärmebehandlung (Umwandlungs- bzw. Ausscheidungshärtung) oder Kaltumformung erreicht werden, sind nicht möglich.

Alle durch eine ggf. auch nachträglich durchgeführte Wärmebehandlung erzielten Eigenschaftsverbesserungen beruhen darauf, daß bei der Formgebung unvollständig abgelaufene chemische Reaktionen erneut einsetzen *(Aushärtung, Nachhärtung)* oder bei der Abkühlung der Schmelze entstandene innere Spannungen abgebaut und ausgeglichen werden *(Tempern)*.

Von wesentlichem Einfluß ist jedoch die Zugabe von Verstärkungsmaterial in Form von kurzen Glasfaserstückchen, zu Strängen zusammengefaßten Fäden oder Geweben. Von dieser Möglichkeit zur *Festigkeitssteigerung* wird nicht nur bei Duromeren, sondern in steigendem Maße auch bei der Verarbeitung von Plastomeren Gebrauch gemacht. Diese *faserverstärkten Kunststoffe* erreichen und überschreiten je nach Art und Menge des eingebetteten Materials (meist Glasfasern, aber auch Kohle- und Borfasern) die Festigkeiten von Stahl. Ihr mechanisches Verhalten wird kaum vom Kunststoff, sondern in erster Linie vom eingebetteten Verstärkungsmaterial bestimmt.

7.2.3.2 Formänderungseigenschaften

Formteile aus Kunststoffen sind weitaus elastischer als solche aus Metallen, besitzen also eine geringe Formsteifigkeit. Ihr Formänderungsverhalten ist zudem in starkem Maße dem zeitlichen Einfluß, d.h. Geschwindigkeit und Dauer der Beanspruchung, unterworfen und – viel ausgeprägter als bei den Metallen – von der Temperatur abhängig.
Rein *elastische Verformungen,* wie sie durch das HOOKEsche Gesetz beschrieben werden (siehe Seite 95), treten bei Duromeren auf, bei Plastomeren nur in sehr engen Grenzen. Diese verhalten sich gummielastisch *(kautschukelastisch)*. Auch bei geringen Beanspruchungen sind den elastischen Formänderungen stets plastische überlagert.
Kennzeichnend für Plastomere ist weiterhin, daß sowohl eine durch Krafteinwirkung erzwungene elastische Verformung als auch deren Rückbildung nach Aufhebung der Beanspruchung mit einer zeitlichen Verzögerung erfolgt. Dieses als *visko-elastisch* bezeichnete Verhalten beruht auf der molekularen **Relaxation,** unter der allgemein eine verzögerte Gleichgewichtseinstellung zu verstehen ist.

Eine Vorstellung für das visko-elastische Verhalten vermitteln das MAXWELL-Modell und das VOIGT-KELVIN-Modell. Im MAXWELL-Modell sind eine Feder und ein Dämpfungsglied hintereinander geschaltet (Bild 7.4a). Durch die Feder ist das elastische Verhalten (nach dem HOOKEschen Gesetz), durch das Dämpfungsglied das Fließverhalten eines viskosen (zähflüssigen) Körpers dargestellt.

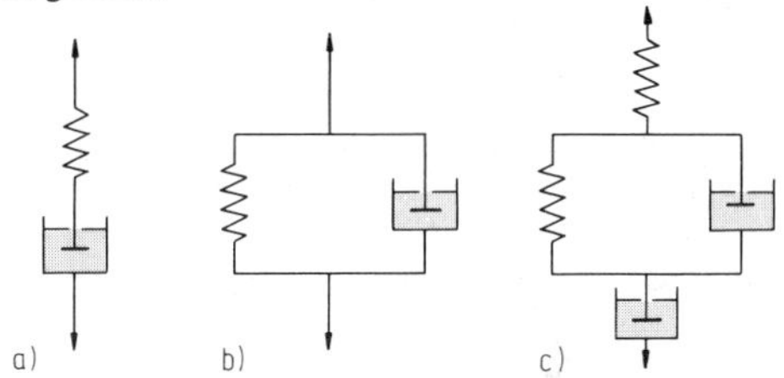

Bild 7.4 Modell des visko-elastischen Verhaltens von Kunststoffen (Erläuterungen im Text)
a) MAXWELL-Modell
b) VOIGT-KELVIN-Modell
c) Modell für das Verhalten von Plastomeren

Bei Belastung dehnt sich die Feder sofort, die Verschiebung des Kolbens im Dämpfungsglied benötigt aber eine gewisse Zeit. Dabei geht die Verformung der Feder um den entsprechenden Betrag wieder zurück. Die ursprünglich entstandene Spannung wird abgebaut (Relaxation), obwohl die gesamte Formänderung unverändert bleibt. Bei Entlastung geht die elastische Verformung der Feder sofort zurück, das Dämpfungsglied verbleibt in seinem Zustand. Beim VOIGT-KELVIN-Modell (Bild 7.4b) sind Feder und Dämpfungsglied parallel geschaltet. Die Verformung der Feder wird zunächst durch das Dämpfungsglied behindert, schreitet aber mit dessen Veränderung (trotz gleichbleibender Belastung) im Laufe der Zeit fort (Kriechen). Wird wieder entlastet, so bewirkt die Feder eine allmähliche Rückverformung auch des Dämpfungsgliedes.
Die Kombination beider Modelle (Bild 7.4c) kennzeichnet das Verformungsverhalten der Plastomere.

Bei der *Spannungsrelaxation* werden die durch eine Verformung zunächst entstandenen Spannungen im Laufe der Zeit soweit abgebaut, bis die Makromoleküle eine neue Gleichgewichtslage erreicht haben. Daraus folgt:
- in einem thermoplastischen Kunststoffbauteil bleibt der Elastizitätsmodul bei Belastung nicht konstant, er sinkt im Laufe der Zeit,
- bei zügig gesteigerter Belastung steigt die Spannung nicht linear, sondern allmählich geringer an,

- bei konstanter Belastung nimmt die Verformung mit der Zeit zu: Plastomere kriechen bereits bei Raumtemperatur,
- die Gesamtverformung ist abhängig von der Belastungshöhe und der Zeitdauer der Belastung,
- bei schwingender Beanspruchung werden die Schwingungen je nach Frequenz (und Temperatur) stark gedämpft, die mechanische Energie setzt sich zum größten Teil in Wärme um.

In ihren mechanischen Eigenschaften zeigen die Kunststoffe merkliche Unterschiede, die eine Trennung nach *Gruppen* mit ähnlichem Verhalten zulassen. Eine strenge Abgrenzung ist jedoch nicht immer möglich, da Übergangserscheinungen auftreten können.

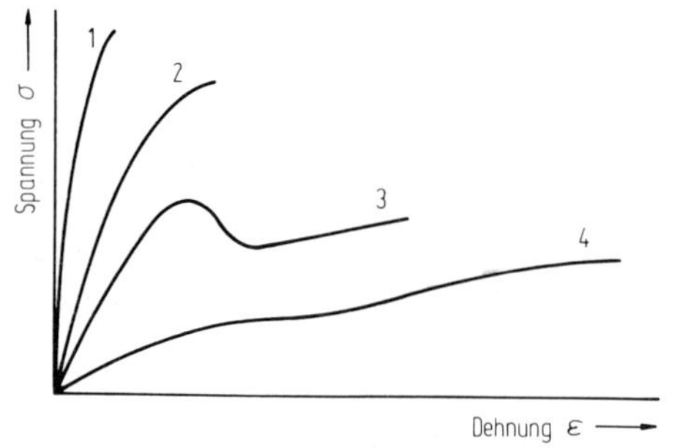

Bild 7.5 Spannung-Dehnung-Diagramme verschiedener Kunststoffe (schematisch)
1: Duromer, hart
2: Plastomer, glasartig, hornartig
3: Plastomer, zäh-elastisch, verstreckbar
4: Plastomer, weich, lederartig, gummiartig

Die in Bild 7.5 schematisch dargestellten Spannung-Dehnung-Diagramme lassen die typischen Verhaltensweisen erkennen. Die Kurven weisen auf die nachfolgend angeführten charakteristischen Eigenschaftsmerkmale dieser Gruppen hin:

- starr, hart und kratzfest, mit relativ hoher Festigkeit, aber geringem Formänderungsvermögen, ggf. spröde brechend, vorzugsweise *Duromere.* Der Elastizitätsmodul[1] liegt in der Größenordnung von etwa $5 \cdot 10^3$ N/mm², die Festigkeit bei etwa 60 N/mm² (Kurve 1).
- hartelastisch, glasartig bis hornartig, teils noch spröde brechend, teils biegsam und schlagfest, in etwas höherem Maße verformbar, Elastizitätsmodul[1] etwa zwischen $(2 \ldots 4) \cdot 10^3$ N/mm², Festigkeit (unverstärkt) etwa 30 N/mm² bis 50 N/mm² (Kurve 2).
- zäh-elastisch, formstabil und schlagfest, in anderen Sorten aber stark elastisch deformierbar (unzerbrechlich), im Zugversuch bei Erreichen der Streckspannung deutlich fließend, hohe Gesamtdehnung vor dem Bruch, Elastizitätsmodul[1] etwa zwischen $2 \cdot 10^2$ N/mm² und $2 \cdot 10^3$ N/mm², Festigkeiten zwischen 10 N/mm² und 30 N/mm², in einzelnen Sorten durch Verstrecken Festigkeitssteigerung bis etwa auf das 10fache möglich (Kurve 3).
- lederartig bis gummiartig, weich, flexibel, schmiegsam, mit ausgeprägtem kautschukelastischem Verhalten, bis zum Bruch in sehr hohem Grade dehnbar. Der Elastizitätsmodul[1] liegt überwiegend weit unter 100 N/mm², die Festigkeit in Bereichen von 10 N/mm² bis 20 N/mm² (Kurve 4).

7.2.4 Elektrische Eigenschaften

Kunststoffe wurden schon in den Anfängen ihrer Entwicklung zu geschätzten Werkstoffen in der Elektrotechnik. Mit ihrer ständigen Weiterentwicklung und der Schaffung neuartiger Typen hat sich dieser Anwendungsbereich bis heute erheblich erweitert. Die Gründe dafür, daß sie bisher verwendete Isolierstoffe z.T. verdrängten und zunehmend an die Stelle anderer Konstruktionswerkstoffe in elektrischen Geräten traten, liegen in der Kombination ihrer ausgezeichneten Isoliereigenschaften mit Eigenschaften anderer Art. Diese sind geringes Gewicht, leichte Bearbeitbarkeit mit guter Maßgenauigkeit und ihre spezifischen Formgebungsmöglichkeiten.

Massenteile auch komplizierter Gestalt lassen sich wirtschaftlich durch Pressen und Spritzgießen herstellen, wobei ggf. auch leitende Teile gleich in einem Arbeitsgang mit eingepreßt werden können. Die isolierende Ummantelung von Drähten und Kabeln ist zügig und mit vergleichsweise geringem Aufwand dauerhaft möglich. Der nicht lösbare Verbund von Leiterelementen auf isolierenden Kunststoffplatten, wie er in den *gedruckten Schaltungen* praktiziert wird, erspart umständliche und störanfällige Verdrahtungen und ermöglicht in bis dahin nicht erzielbarem Ausmaß die Anordnung vielverzweigter Leitungswege auf kleinstem Raum.

---

[1] E-Moduln aus dem Zugversuch nur gültig im engbegrenzten HOOKEschen Bereich und nur zur vergleichsweisen Beurteilung dienend.
E-Modul von Metallen: Stahl $210 \cdot 10^3$ N/mm², Kupfer $125 \cdot 10^3$ N/mm², Aluminium $70 \cdot 10^3$ N/mm².

Als nicht nur anderen Isolierstoffen überlegen, sondern vielfach einzig verwendbar und damit unentbehrlich, erweisen sich Kunststoffe in speziellen Bereichen der Hochfrequenztechnik. Die Entwicklung der Nachrichtentechnik bis zu ihrem heutigen Stand wurde entscheidend durch deren Verwendung mitbestimmt, bzw. überhaupt erst ermöglicht. Die überragende Bedeutung, die hier also einem bestimmten Werkstoff zukommt, läßt sich sehr augenfällig daran demonstrieren, daß die gesamte Radartechnik mit ihren vielfachen Aufgabenstellungen (z. B. Flugsicherung) unmittelbar vom Vorhandensein eines einzig hierfür geeigneten Kunststoffs als Isoliermaterial abhängt. Hier wird gleichzeitig deutlich, wie stark technische Fortentwicklungen in einer Richtung auch mit der Lösung anderer Probleme verzahnt sind.

7.2.4.1 Isolationswiderstand

Kunststoffe sind elektrisch nicht leitend, weil in ihrem Molekülverband keine frei beweglichen Elektronen vorhanden sind. Sie dienen also als *Isoliermaterial* für elektrische Leiter und als *Dielektrikum* in Kondensatoren.

Die Eignung eines Werkstoffs als Isoliermaterial ist bestimmt durch seinen **Isolationswiderstand.** Dabei ist zu unterscheiden zwischen dem elektrischen Widerstand, den der Stoff in seinem Inneren dem Stromdurchgang entgegensetzt und dem Widerstand an seiner Oberfläche.

Ein guter Isolierstoff hat einen spezifischen **Durchgangswiderstand** von mindestens $10^{10}\,\Omega\,\text{cm}$. Bei Kunststoffen beträgt dieser Wert, je nach Sorte, bis zu $10^{18}\,\Omega$ cm.

Der **Oberflächenwiderstand** ist maßgebend für die Isolierfähigkeit zwischen Klemmen, Buchsen und Stromleitern an der Oberfläche des Isolators. Allgemein liegen die Oberflächenwiderstände von Kunststoffen zwischen $10^7\,\Omega$ und $10^{12}\,\Omega$ bei Preßstoffen aus Duromeren, also in der Größenordnung keramischer Stoffe, erreichen aber bei Plastomeren auch weit höhere Werte bis mehr als $10^{15}\,\Omega$.

7.2.4.2 Durchschlagfestigkeit

Bei hohen Wechselspannungen können im Isolierstoff Stromdurchschläge durch Funken- oder Lichtbogenbildung auftreten, die zur Zerstörung des Materials führen. Die auf die Dicke des Isoliermaterials bezogene Spannung *(Durchschlagspannung)*, die zum Durchschlag führt, gilt als **Durchschlagfestigkeit.** Sie ist zeit- und temperaturabhängig. Wenn der Isolierstoff lange mit hoher Feldstärke beansprucht wird, nimmt die Durchschlagfestigkeit ab. Bei zunehmender Erwärmung steigt die Leitfähigkeit, damit wird der im Zickzack über die Stellen des geringsten Widerstandes erfolgende Stromweg erleichtert. Die Feststellung der Durchschlagfestigkeit erfordert deshalb die Einhaltung festumrissener Prüfbedingungen (siehe S. 373).

Die Durchschlagfestigkeit ist von der Zusammensetzung der Kunststoffe und in hohem Maße auch von der Materialdicke abhängig. So ist sie bei dünnen Folien wegen ihres homogenen Molekülzusammenhalts wesentlich höher als bei dickeren Platten. Dadurch wird es möglich, in Kondensatoren sehr dünne Isolierfolien zu verwenden.

Je nach Sorte und Materialdicke betragen bei Raumtemperatur die Durchschlagfestigkeiten bei (gefüllten) Preßstoffen (Duromeren) etwa 5 kV/mm bis 20 kV/mm, bei den meisten Plastomeren zwischen 25 kV/mm und 50 kV/mm. Dünne Elektroisolierfolien erreichen jedoch weitaus höhere Werte zwischen 200 kV/mm und 300 kV/mm. Zum Vergleich: Die Durchschlagfestigkeit keramischer Stoffe liegt etwa zwischen 20 kV/mm bis 30 kV/mm, die von Glimmer um 50 kV/mm.

7.2.4.3 Kriechstromfestigkeit

Bilden sich an der Oberfläche von Isolatoren infolge von *Verunreinigungen* und *Feuchtigkeit* Elektrolyten, so kann auch bei hohem Oberflächenwiderstand zwischen spannungführenden Teilen ein elektrischer Strom fließen. Dieser mit Lichtbogenbildung verbundene *Kriechstrom* hat ggf. sogar gefährliche Folgen. Er kann, auch wenn er bei kleinen Spannungen nur geringfügig auftritt, in empfindlichen Geräten (Radio, Meßgeräte, Rechenanlagen) zu erheblichen Funktionsstörungen führen.

Die Kenntnis der **Kriechstromfestigkeit,** durch die das Verhalten von Kunststoffen bei Entstehen von Kriechströmen beurteilt wird (siehe S. 373), ist demnach von wesentlicher Bedeutung.

Weniger kriechstromfest sind Kunststoffe, bei denen unter der Einwirkung kleiner Lichtbögen eine gut leitende Kohlespur entsteht. Andere jedoch – und das sind die meisten Plastomere – besitzen trotz ihrer Brennbarkeit hohe Kriechstromfestigkeit, weil die anfänglich in der Kriechspur entstehenden gasförmigen Zersetzungsprodukte die weitere Ablagerung leitender Verunreinigungen verhindern und somit den Stromübergang aufhalten.

7.2.4.4 Dielektrische Eigenschaften

Die Kapazität eines Kondensators, zwischen dessen Platten sich ein elektrisches Feld aufbaut, wird durch das Einbringen eines Isolierstoffs, des *Dielektrikums,* erhöht. Erfaßt wird diese Kapazitätserhöhung durch die **Dielektrizitätszahl** des Isolierstoffes (siehe S. 374).

Gute Dielektrika in *Kondensatoren* erfordern hohe Dielektrizitätszahlen und hohen Durchgangswiderstand (üblich mehr als 10^{14} Ω cm), damit die Ladungen nicht abfließen können.

In *Leitern* hingegen werden Isolierstoffe mit kleiner Dielektrizitätszahl verwendet, um Energieverluste einzuschränken. Für den Aufbau des elektrischen Feldes zwischen den unter Spannung stehenden Leiterteilen (Kondensatorwirkung!) wird Energie verbraucht und damit der im Leiter fortzuleitenden entzogen. Die »Eigenkapazität« von Kabeln muß deshalb so klein wie möglich sein.

Energieverluste treten auch in Kondensatoren auf. Sie werden beeinflußt durch die **dielektrische Verlustzahl,** d. i. das Produkt aus der *Dielektrizitätszahl* und dem *Verlustfaktor* des Isolierstoffs (siehe S. 374). Dielektrische Verluste setzen sich in Wärme um. Dabei ist die Erwärmung im Dielektrikum abhängig von den stofflich bedingten Verlustzahlen, die wiederum von Temperatur und Frequenz abhängen, sowie von Stärke und Frequenz des elektrischen Wechselfeldes. Niedrige dielektrische Verlustzahlen sind deshalb besonders wichtig bei hohen Frequenzen.

Kunststoffe haben gegenüber anderen Isolatoren vergleichsweise niedrige Dielektrizitätszahlen von 2 bis 5 (bei 1 MHz) (keramische Stoffe dagegen 40 bis 80), sind also in jedem Falle gute Isolierstoffe für elektrische Leiter.

Die je nach Sorte verschieden hohen dielektrischen Verlustzahlen sind durch starke Unterschiede in den Verlustfaktoren bestimmt.

Bestimmte Kunststoffe zeichnen sich durch extrem niedrige Verlustzahlen aus. Diesem Umstand verdanken sie ihre überragende Bedeutung als Isoliermaterial und Dielektrikum in der Hochfrequenztechnik.

Andere Plastomere sind zur Isolierung bei Hochfrequenz wegen stärkerer Erwärmung nicht geeignet, weil ihre Verlustzahlen, die im übrigen noch mit der Temperatur ansteigen, über 0,01 liegen. Sie sind aber aus diesem Grunde mittels Hochfrequenz schweißbar.

7.2.4.5 Statische Aufladung

Wie alle Nichtleiter haben Kunststoffe die Neigung, sich elektrostatisch aufzuladen. Die Aufladung beruht darauf, daß bei Reibung mit anderen Stoffen (u. U. genügt bereits vorbeistreichende Luft) Elektronen aufgenommen werden. Diese können von der Oberfläche der Kunststoffe um so weniger abgeleitet werden, je höher deren Isolationswiderstand ist. Die Elektronenansammlungen bewirken nicht nur eine lästige *Staubanziehung,* sie können auch zu recht hohen elektrischen *Spannungen* führen. Ihre bei Berührung oder sonstigem Kontakt zur Oberfläche erfolgende Entladung ist in den meisten Fällen unbedenklich. Da sie unter Funkenbildung abläuft, kann sie aber in Gegenwart leicht entzündlicher Gase oder brennbarer Flüssigkeiten auch Brände oder Explosionen verursachen.

Um statische Aufladungen herabzusetzen oder ganz zu verhindern, können Kunststoffe *antistatisch ausgerüstet* werden. Dies geschieht entweder durch:

- Beimischung leitender Substanzen, wenn die damit verbundene Verminderung der Isoliereigenschaften belanglos ist (z. B. Fußbodenbeläge, Auskleidungen), oder durch
- Auftragen einer leitenden Schicht auf der Oberfläche (z. B. antistatische Überzüge auf Schallplatten).

In Extremfällen, wie für die Förderung leicht entzündlicher Stoffe in Schläuchen oder Rohrleitungssystemen oder für Belüftungsleitungen im Bergbau, verhindert eine ein- oder umgewickelte Metalldrahtspirale, die geerdet wird, jede Aufladung.

7.3 Herstellung

7.3.1 Chemische Grundlagen

7.3.1.1 Grundbegriffe

Kunststoffe sind in ihren wesentlichen Bestandteilen *organische Stoffe* makromolekularer Art.

Die aus der Entwicklungsgeschichte der Naturwissenschaften herzuleitende Trennung in organische und anorganische Stoffe basierte ursprünglich auf der Auffassung, daß die in tierischen und pflanzlichen Organismen enthaltenen »organischen« Stoffe mit einer ihre Lebensfunktionen bewirkenden besonderen Kraft ausgestattet seien. Aus Zweckmäßigkeitsgründen wurde diese Trennung auch beibehalten, nachdem sich diese Annahme als falsch erwiesen hatte.

Man bezeichnet als **organische Stoffe** alle Verbindungen des Kohlenstoffs, mit Ausnahme der Kohlensäure, der Kohlenoxide und der Karbonate. Sie heben sich in der Tat durch eine Reihe von Besonderheiten von den anorganischen Stoffen ab. Obwohl außer Kohlenstoff nur wenige nichtmetallische Elemente am Aufbau der organischen Stoffe beteiligt sind, sind sie viel zahlreicher als anorganische und von außerordentlicher Vielfalt in ihren Erscheinungsformen. Kennzeichnend für organische Verbindungen sind ihre geringe Wärmebeständigkeit, ihre Brennbarkeit und ihr Aufbau aus Molekülen.

Moleküle sind Zusammenschlüsse einer bestimmten Anzahl und Art von Atomen zu in sich abgeschlossenen Einheiten. Sie zeigen im allgemeinen nur eine geringe Bereitschaft, sich mit anderen Molekülen zusammenzuschließen und sind deshalb leicht flüchtig.

Die Anzahl der in einer organischen Verbindung enthaltenen Atome bestimmt unter Normalumständen den Aggregatzustand des Stoffes. Sind nur wenige Atome im Molekül vorhanden, ist der Stoff gasförmig; flüssige Stoffe enthalten mehr Atome im Molekül, wachsartig-fettige und schließlich feste Stoffe jeweils noch höhere Atomzahlen. Als Werkstoffe sind organische Stoffe deshalb nur dann verwendbar, wenn die Atomzahl im Molekül sehr hoch ist, d. h., wenn **Makromoleküle** vorliegen, deren Atomzahl mehrere Tausend weit überschreiten kann.[1]

Solche Makromoleküle sind in einigen Naturstoffen, z. B. Holz, bereits vorhanden. Sie werden aber auch synthetisch hergestellt, indem geeignete niedermolekulare Verbindungen miteinander zu Großmolekülen verknüpft werden. Bei solchen unter bestimmten Bedingungen möglichen Reaktionen zwischen Molekülen reagieren stets nur einzelne der in den Molekülen enthaltenen Atome oder Atomgruppen, die **funktionellen Gruppen,** miteinander und bewirken den Zusammenschluß.

Die Makromoleküle sind *linear,* d. h. faden- oder kettenförmig, wenn die Ausgangsmoleküle miteinander verknüpft sind, wie einzelne Kettenglieder zu einer Kette. Sie sind mehr oder weniger *verzweigt,* wenn von einzelnen Gliedern einer solchen Kette mit diesen fest verbundene kurze Seitenketten ausgehen. Eine dritte Möglichkeit besteht darin, daß sich die Ausgangsmoleküle zu einem Gebilde zusammenschließen, in dem sie alle miteinander *räumlich eng vernetzt* sind. Der Stoff besteht dann nicht mehr aus einer Vielzahl einzelner Makromoleküle, sondern stellt gewissermaßen ein einziges Großmolekül dar.

Ausgangsstoffe niedermolekularer Art werden, wenn sich ihre Moleküle zu Großmolekülen verknüpfen lassen, als **Monomere** bezeichnet. Durch ihre Verknüpfung zu Makromolekülen entstehen **Polymere**[2], die völlig andere Eigenschaften besitzen. So wird z. B. aus dem niedermolekularen monomeren Gas Äthylen das feste makromolekulare Polyäthylen und aus den flüssigen Monomeren des Styrols der feste Kunststoff Polystyrol.

Ein Kennzeichen aller Moleküle ist es, daß der Zusammenschluß der Atome zum Molekül durch **Atombindung** erfolgt, die auch als *kovalente Bindung* oder *Elektronenpaarbindung* bezeichnet wird (siehe S. 4).

Reagieren Moleküle miteinander, so müssen vorhandene Atombindungen zunächst getrennt und dann zwischen den Molekülen neu gebildet werden.

Die Bereitschaft von Atomen, mit anderen zu reagieren und Moleküle zu bilden, beruht auf dem Vorhandensein *bindungsfähiger Elektronen* auf der Außenschale der umgebenden Elektronenhülle. Nicht mehr bindungsfähig sind jene Elektronen, die sich bereits zu einem Elektronenpaar in einer *Elektronenwolke*[3] vereinigt haben. Ein-

[1] Die Bezeichnung Makromoleküle sollte allerdings nicht zu falschen Vorstellungen über die wirkliche Größe solcher »Riesenmoleküle« verleiten. So liegt die Länge des Moleküls eines sehr hochmolekularen Kunststoffs mit beispielsweise 50 000 Kohlenstoffatomen etwa in der Größenordnung von 0,005 mm.

[2] Monomermoleküle bilden also vergleichsweise die »einteiligen« Bauelemente, die zum »vielteiligen« Baugerüst der Makromoleküle verbunden werden.

[3] Als Elektronenwolke ist nach dem »Wolkenmodell« der Bereich zu verstehen, in dem sich das Elektron beim Umlauf um den Atomkern befindet. Sie ist der kugelförmig zu denkende Ort der größten Aufenthaltswahrscheinlichkeit des in ständiger willkürlicher Bewegung befindlichen Elektrons. Befinden sich in der Elektronenhülle des Atoms auf der gleichen Schale, d. h. auf annähernd gleichem Energieniveau, mehrere Elektronen, so ordnen sich deren Elektronenwolken wegen der abstoßenden Wirkung des gleichartigen Ladungsinhalts in möglichst weitem Abstand voneinander an. Eine Elektronenwolke kann höchstens mit zwei Elektronen besetzt sein, die bei ungleichem *Spin* (siehe S. 14) ein Elektronenpaar bilden.

zelne Elektronen sind dann bindungsfähig, wenn sie sich zu einem Elektronenpaar zusammenfinden können. Elektronen auf den Außenschalen eines Atoms können mit denen anderer Atome Elektronenwolken bilden.

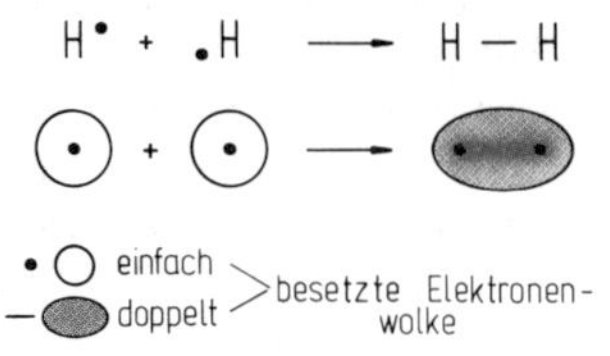

Bild 7.6 Bildung eines Wasserstoff-Moleküls

Der Zusammenschluß der Atome kommt dann dadurch zustande, daß sich bei der Paarung der Bindungselektronen eine gemeinsame, beiden Atomen zugehörige Elektronenwolke bildet. Bild 7.6 zeigt dies schematisch am Beispiel der Bildung des H_2-Moleküls aus 2 H-Atomen. Im Unterschied zur *Ionenbindung,* bei der die Elektronen von einem Atom an ein anderes abgegeben werden, und zur *Metallbindung,* bei der die von den Atomen abgegebenen Elektronen im Gesamtverband frei beweglich sind, verbleiben die durch *Atombindung* gebildeten Elektronenpaare beim jeweiligen Molekül, das somit eine nach außen elektrisch neutrale Einheit darstellt. Damit entfällt die elektrische Leitfähigkeit.
Werden Atombindungen durch Energiezufuhr wieder getrennt, so bleiben Atome oder Atomgruppen zurück, die wiederum ungepaarte Elektronen besitzen. Diese nach außen ebenfalls elektrisch neutralen Gebilde werden als **freie Radikale** bezeichnet. Sie sind jedoch sehr unbeständig, da sie die starke Tendenz haben, sofort mit bindungsfähigen Einzelelektronen anderer Atome oder Atomgruppen durch Elektronenpaarbildung chemisch zu reagieren.
Weitere mit der Atombindung im Zusammenhang stehende Besonderheiten zeigen sich als Auswirkungen unterschiedlicher **Elektronegativität** der Atome. Das ist die bei Nichtmetallen besonders stark ausgeprägte Eigenschaft, Elektronen benachbarter Atome in stärkerem Maße zu sich heranzuziehen, als es ihrem eigentlichen Ladungszustand, also der Anzahl ihrer Protonen, entspricht. Sie ist um so höher, je größer die Protonenzahl im Atomkern ist, nimmt jedoch andererseits mit größerem Volumen des Atoms ab.

Zwischen gleichen Atomen (oder solchen annähernd gleicher Elektronegativität) befindet sich das Elektronenpaar der gemeinsamen Elektronenwolke im jeweiligen Schwerpunkt: die Bindung ist **unpolar.** Bei der Bindung von Atomen unterschiedlicher Elektronegativität werden die Elektronen jedoch vom höher elektronegativen Atom näher zu sich herangezogen, die Protonen entsprechend weiter abgedrängt. Der Ladungsschwerpunkt verschiebt sich, die Bindung erhält infolge der unsymmetrischen Ladungsverteilung ein positives und ein negatives Ende. Sie ist **polar** (Bild 7.7).

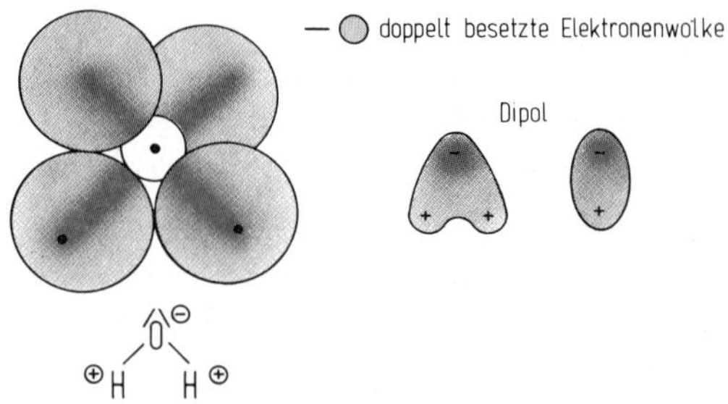

Bild 7.7 Ladungsverteilung am polaren H_2O

Moleküle sind dann unpolar, wenn sie keine polaren Bindungen enthalten oder wenn sich die Polarität ihrer Bindungen gegenseitig aufhebt (Gleichgewicht bei symmetrisch angeordneten Atomen unterschiedlicher Elektronegativität). Sie besitzen (obwohl als Ganzes nach außen hin elektrisch neutral) Polarität bei polaren Atombindungen und werden damit zum **permanenten** (bleibenden) **Dipol.**
Positive und negative Enden von Dipolen, die in unmittelbare Nachbarschaft geraten, ziehen sich gegenseitig an (Bild 7.8).

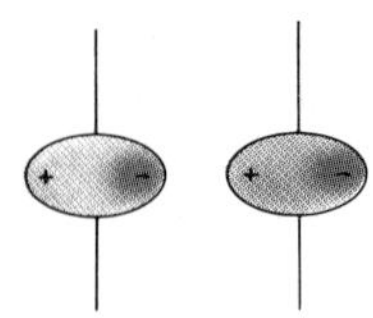

Bild 7.8 Anziehung von Dipolen

Aber auch bei an sich unpolaren Molekülen kommt es zu einer *vorübergehenden Dipolbildung.* Das bindende Elektronenpaar befindet sich zwischen den Atomen innerhalb seiner Wolke in ständiger Bewegung. Dadurch ergibt sich im Molekül eine ständig wechselnde kurzzeitige Ladungsverschiebung, also eine sich sehr kurzzeitig

wiederholende Polarität. Dies wirkt sich infolge der wechselnden gegenseitigen Anziehungs- und Abstoßungskräfte auch auf Nachbarmoleküle aus, indem diese ebenfalls polarisiert werden.
In den Makromolekülen der Kunststoffe bestehen Atombindungen auch zwischen den Grundmolekülen, die zu einem Makromolekül verknüpft wurden. Man bezeichnet eine solche Bindung im Molekül auch als **Hauptvalenzbindung.** Die daneben zwischen den Molekülen bestehenden Zusammenhangskräfte sind **Nebenvalenzkräfte.** Wenn sie auf einer vorübergehenden Dipolbildung beruhen, sind sie relativ schwach und werden VAN-DER-WAALS-Kräfte genannt.
Sind im Makromolekül permanente Dipole enthalten, die in einen gegenseitigen Wirkungsbereich geraten, werden stärkere zwischenmolekulare Anziehungskräfte wirksam. Von besonderem Einfluß sind hierbei im Molekül vorhandene Atombindungen zwischen Wasserstoffatomen und den stark elektronegativen Sauerstoff- oder Stickstoffatomen. Im Dipol wirkt dann das positiv polarisierte Wasserstoffatom auf das negative Ende eines benachbarten Dipols stark anziehend. Es entstehen als verbindende Kräfte sogenannte **Wasserstoffbrücken** (Bild 7.9).

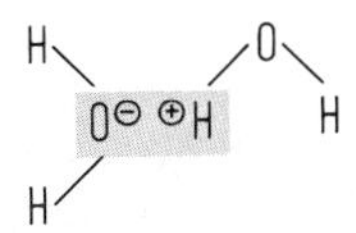

Bild 7.9 Wasserstoffbrücke

7.3.1.2 Kohlenstoffverbindungen

Das Atom des Kohlenstoffs besitzt auf seiner Außenschale vier bindungsfähige Einzelelektronen. Deren Elektronenwolken sind infolge gegenseitiger Abstoßung in gleichen Abständen voneinander in den vier Ecken eines den Atomrumpf umschließenden Tetraeders zu denken (Bild 7.10). Damit sind die Valenzrichtungen gegeben, in denen sich Kohlenstoffatome mit anderen durch Elektronenpaarbindung zusammenschließen.

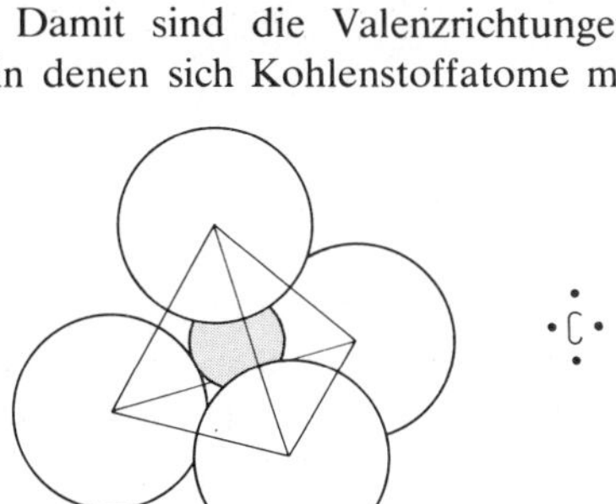

Bild 7.10 Kugel-Wolken-Modell des Kohlenstoffatoms

Die große Vielfalt von Kohlenstoffverbindungen ergibt sich aus der Fähigkeit der Kohlenstoffatome, auch untereinander praktisch unbegrenzt Verbindungen einzugehen. Das führt zur Bildung von Ketten, Ringen, Netzen, aber auch zu dreidimensionalen Atomgittern von Festkörpern.
Unter den nichtmetallischen Elementen, mit denen der Kohlenstoff reagiert, nimmt der Wasserstoff eine bevorzugte Stelle ein. So enthalten die reinen **Kohlenwasserstoffe** nur Kohlenstoff- und Wasserstoffatome.

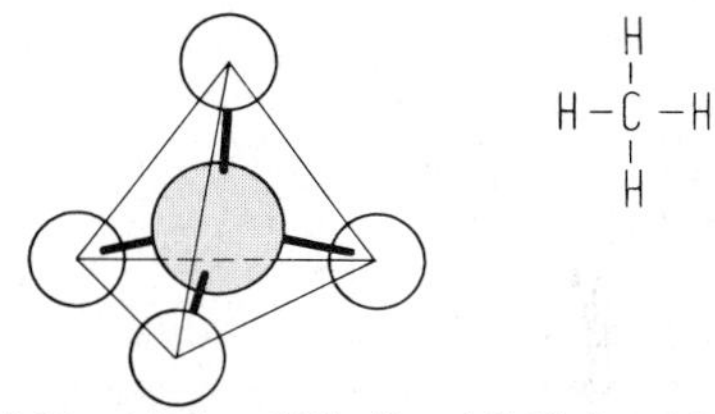

Bild 7.11 Methan CH_4, Kugel-Stäbchen-Modell (Im Kugel-Stäbchen-Modell sind Atome durch Kugeln, Bindungen durch Stäbchen dargestellt)

Einfachster Kohlenwasserstoff ist das **Methan** CH_4, in dem sämtliche freien Valenzen des Kohlenstoffatoms durch Wasserstoffatome abgesättigt sind (Bild 7.11). Es folgen, jeweils durch ein zusätzliches CH_2-Glied vom vorhergehenden unterschieden, **Äthan** CH_3-CH_3, **Propan** $CH_3-CH_2-CH_3$, **Butan** $CH_3-(CH_2)_2-CH_3$ und die sich in gleicher Weise fortsetzende Reihe der *kettenförmigen, gesättigten Kohlenwasserstoffe,* die allgemein durch die Formel

$$CH_3-(CH_2)_n-CH_3$$

beschrieben werden.
Infolge der vorgegebenen Valenzrichtungen sind diese Kettenmoleküle auch im gestreckten Zustand nie geradlinig, sondern zickzackförmig. Da die CH_2-Glieder in der Kette aber frei drehbar sind, nehmen die Moleküle mit Vorliebe eine völlig unregelmäßig verknäuelte, ineinander verschlungene Form an (Bild 7.12 und 7.13).

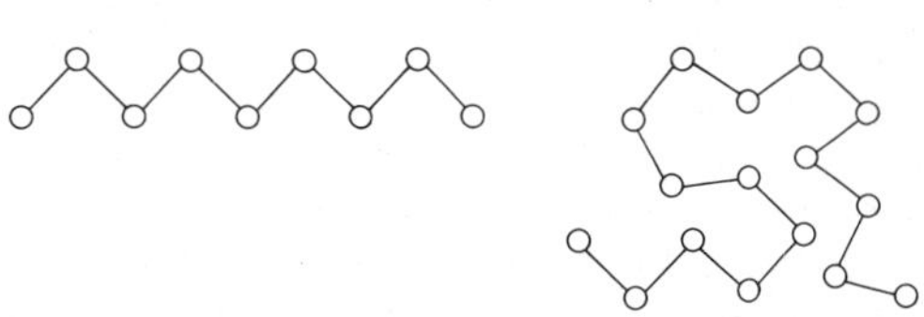

Bild 7.12 Schema von Kohlenstoffketten

In der Natur treten solche Kohlenwasserstoffe mineralisch auf. Sie finden sich u. a. im Erdgas und Erdöl, in Wachsen und Asphalt, selten in der belebten Natur.

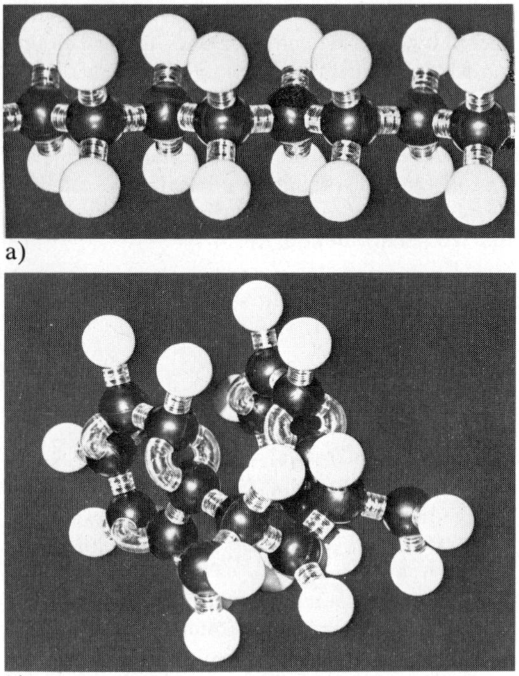

Bild 7.13 Kugel-Stäbchen-Modell von Polymen
a) gestrecktes Polyäthylen
b) verknäueltes Polystyrol

Kohlenstoffatome können untereinander auch **Doppelbindungen** eingehen, indem sich je zwei einfach besetzte Elektronenwolken überlagern. Bei der Einfachbindung befindet sich die Ladungswolke auf der Mittelachse zwischen den Atomen. Elektronenwolken der Doppelbindung haben – vereinfacht vorgestellt – ihre größte Ladungsdichte im Zwischenraum ober- und unterhalb dieser Achse. Die dadurch bewirkte Verspannung hebt die freie Drehbarkeit der Atome auf (Bild 7.14). Die Ablenkung der Bindungen aus ihren eigentlichen Valenzrichtungen hat weiter zur Folge, daß eine solche Doppelbindung wesentlich schwächer ist als zwei Einfachbindungen, die Bindungskräfte sind also keineswegs doppelt so groß wie die einer Einfachbindung. Sie kann deshalb unter der Einwirkung von Nachbaratomen leicht verschoben, d. h. polarisiert, und auch wieder geöffnet werden. Es bleibt dann eine Einfachbindung zwischen den Kohlenstoffatomen zurück, während die Elektronen der zweiten Wolke mit Einzelelektronen der Nachbaratome reagieren und neue Bindungen eingehen.

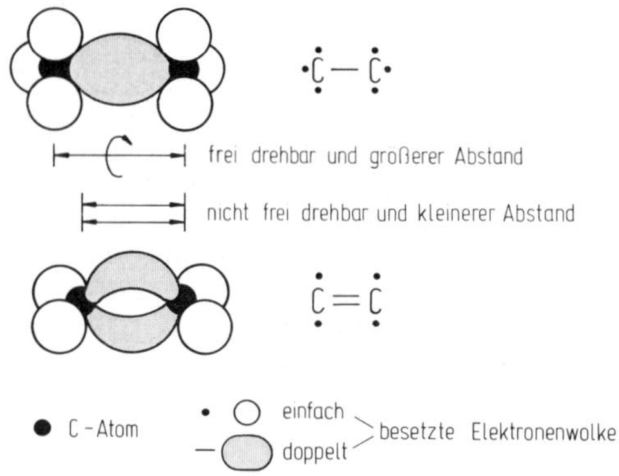

Bild 7.14 Elektronenwolkenmodell für Einfach- und Doppelbindung

Kohlenwasserstoffe, die Doppelbindungen enthalten, werden ihrer Reaktionsfreudigkeit wegen als *ungesättigt* bezeichnet.
Die einfachste Form eines ungesättigten Kohlenwasserstoffs hat das

Äthylen (Äthen) 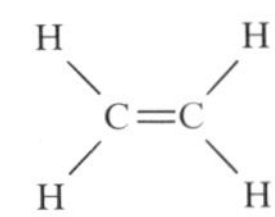

Es folgen als nächste das **Propylen** (Propen) $CH_2{=}CH-CH_3$, das **Butylen** (Buten) $CH_2{=}CH-CH_2-CH_3$ und weitere.

Eine bestimmte Zahl von Kohlenstoffatomen (meist 6) kann sich jedoch auch zu einem Ring zusammenschließen. Solche *ringförmigen Kohlenwasserstoffe* finden sich vielfach in den molekularen Baugerüsten der belebten Natur, in Kohle und Teerprodukten. Sie können in neuerer Zeit auch aus Erdölprodukten hergestellt werden.
Einfachster Vertreter dieser Gattung ist das **Benzol** C_6H_6, das durch den »Benzolring« (ohne Angabe der Atome) symbolisiert wird (Bild 7.15).

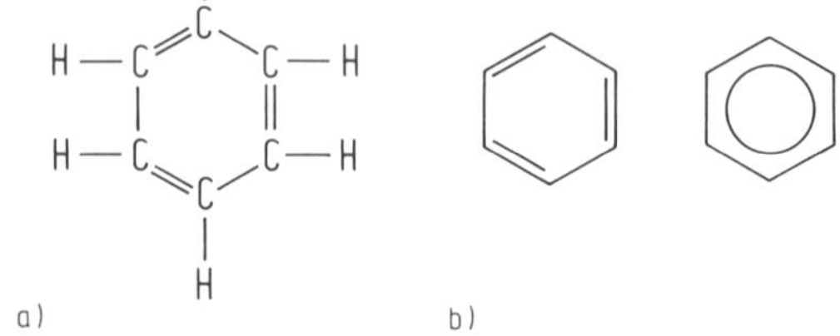

Bild 7.15 Benzolring a) Strukturformel b) Symbole

Der ringförmige Zusammenschluß führt zu einer Versteifung des Moleküls, das dadurch sehr stabil ist.[1]
Sowohl in ketten- als auch in ringförmigen Strukturen gesättigter und ungesättigter Kohlenstoffverbindungen sind Unterschiede in der Anordnung der beteiligten Atomgruppen feststellbar. Man nennt diese Erscheinung **Isomerie.** Sie führt trotz gleicher Art und Anzahl der Atome zu unterschiedlichen Eigenschaften der Stoffe.
So ergibt sich beispielsweise aus dem normalen *n-Butan* durch Verschiebung der CH_2-Gruppe aus der fortlaufenden Kette zu einer seitlichen Anlagerung das *Iso-Butan* (oder auch Methyl-Propan):

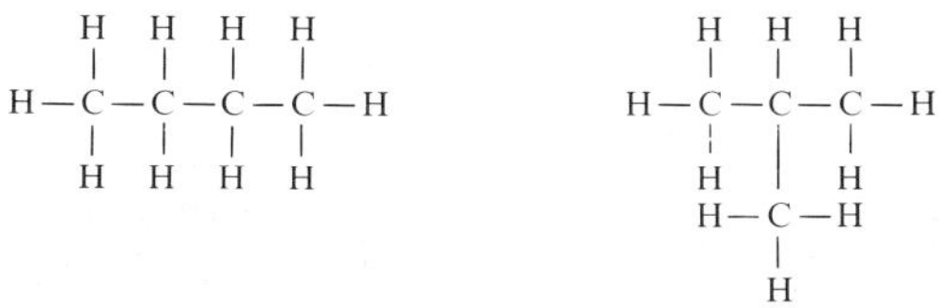

n-Butan
$CH_3-(CH_2)_2-CH_3$

Iso-Butan
$CH_3-CH-CH_3$
$\quad\quad\;\; |$
$\quad\quad CH_3$

Aus dem Butylen wird Iso-Butylen (oder Methyl-Propylen):

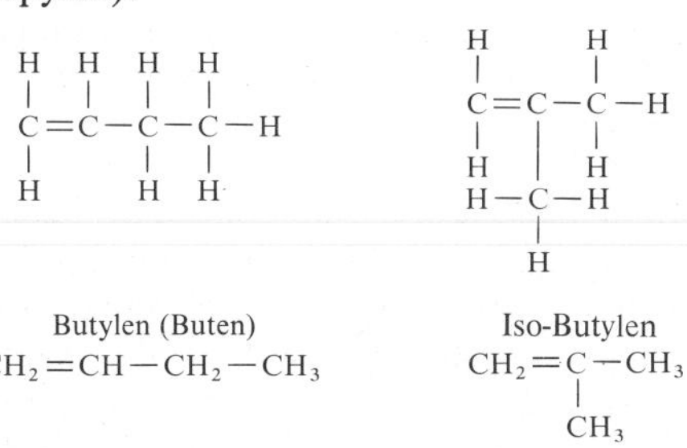

Butylen (Buten)
$CH_2=CH-CH_2-CH_3$

Iso-Butylen
$CH_2=C-CH_3$
$\quad\quad\;\; |$
$\quad\quad CH_3$

Solche **Isomere** sind sehr zahlreich und auch in den Makromolekülen der Kunststoffe vertreten, deren Bezeichnung die Vorsilbe »Iso-« enthält.

[1] Deshalb können auch keine lokalisierten Doppelbindungen vorhanden sein, die sich nach dem Verhalten ungesättigter Verbindungen leicht öffnen ließen. Die über die sechs Einfachbindungen der Kohlenstoffatome hinaus vorhandenen sechs Elektronen sind dem ganzen Ring zuzuordnen. (Sogenannte nicht örtlich festzulegende »π-Elektronen«.) Dieser Zustand wird auch durch einen Kreis im Ring symbolisiert (Bild 7.15b).

Moleküle gesättigter, reiner Kohlenwasserstoffverbindungen reagieren wegen mangelnder oder ungenügender Polarität der C–C- bzw. C–H-Bindungen nur schwer miteinander. Dies ist jedoch nicht der Fall, wenn einzelne oder mehrere Wasserstoffatome durch andere Atome oder Atomgruppen ersetzt worden sind. Durch diese **Substitution**[2] erhalten zahlreiche organische Verbindungen polare Atomgruppen, die reaktionsfähig sind. Sie stellen die *funktionellen Gruppen* dar, die die Moleküle befähigen, sich mit anderen zu verbinden. Die reaktionsfähigen Gruppen haben besondere Bedeutung für die Synthese von Kunststoffen dann, wenn sie sich an den Enden des Moleküls befinden.
Die wichtigsten Vertreter derartiger organischer Verbindungen sind:

- **Alkohole** mit der reaktionsfähigen Endgruppe

  –OH (Hydroxylgruppe).

  Sie sind einwertig, wenn sie nur eine OH-Gruppe besitzen, z.B. $CH_3-(CH_2)_n-OH$, mehrwertig bei OH-Gruppen am Anfang und Ende des Moleküls, z.B. *Di-Alkohol* $HO-(CH_2)_n-OH$.

  Die OH-Gruppe ist, wie bereits erwähnt, stark polar, sie befähigt auch zur Bildung von Wasserstoffbrükken. Alkohole können auch ungesättigt sein, d.h. Doppelbindungen im Molekül enthalten.

- **Organische Säuren** (Carbonsäuren), gesättigt oder ungesättigt, mit der charakteristischen Endgruppe

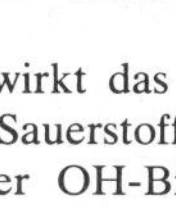

(Carboxylgruppe)

Di-Carbonsäuren enthalten zwei Carboxylgruppen nach der allgemeinen Formel $HOOC-(CH_2)_n-COOH$, vereinfacht: $HOOC-R-COOH$[3].

Hierbei bewirkt das stark elektronegative, doppelt gebundene Sauerstoffatom auch eine noch verstärkte Polarität der OH-Bindung, indem die bindenden Elektronen stärker zum O hingezogen werden.

[2] Auf die Beschreibung der chemischen Reaktionen, die zur Substitution führen, muß im hier vorgegebenen Rahmen verzichtet werden. Das gleiche gilt für andere Vorgänge, deren Ergebnisse hier und an anderen Stellen zusammenfassend angegeben sind.
[3] R bezeichnet *organische Reste* im Molekül, die dann nicht mehr im einzelnen angegeben werden.

- **Aldehyde** mit der Endgruppe

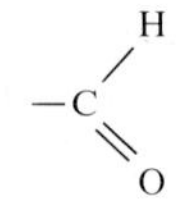 (Carbonylgruppe)

Die C=O-Doppelbindung zeigt eine stark nach O verschobene Elektronenladung, die ihr die Reaktionsfähigkeit verleiht und auch benachbarte Atome polarisieren kann.

Für den Aufbau von Makromolekülen in Kunststoffen spielt das einfachste Aldehyd, das

Formaldehyd 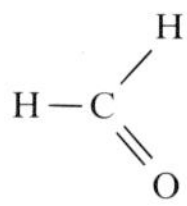

eine wichtige Rolle.

- **Amine** mit der Endgruppe

$-NH_2$ (Aminogruppe)

und *Di-Amine* nach der Formel $H_2N-R-NH_2$.

Verbindet sich ein Alkohol mit einer Säure (unter Wasserabspaltung), so entsteht ein **Ester.** Die Verbindung eines Amins mit einer Säure (ebenfalls unter Abspaltung von H_2O) ergibt ein **Amid.** Reaktionen, bei denen sich Wasser oder andere niedermolekulare Verbindungen (z. B. NH_3, HCl) ausscheiden, werden als *Kondensation* bezeichnet.

7.3.1.3 Polymerenbildung

Die zur Herstellung synthetischer Kunststoffe durchzuführende Verknüpfung geeigneter »Grundmoleküle« zu Makromolekülen erfolgt nach verschiedenen Verfahren, die durch den chemischen Aufbau der Ausgangsstoffe bedingt sind. Sie richten sich danach, ob die im Grundmolekül erforderlichen funktionellen Gruppen als Doppelbindungen oder als reaktionsfähige Endgruppen vorhanden sind und unterscheiden sich durch die Verschiedenartigkeit der jeweiligen chemischen Reaktionen. Innerhalb dieser Verfahren bestehen wiederum Abwandlungen im Reaktionsablauf und in der Durchführung der technischen Prozesse.

Durch **Polymerisation,** Zusammenschluß gleicher Monomere, entstehen Kunststoffe, die als *Polymerisate* bezeichnet werden.

Die Verfahren der **Polykondensation** führen zu *Polykondensaten,* in denen die Makromoleküle aus verschiedenen Monomeren gebildet wurden.

Bei der **Polyaddition** werden gleiche oder verschiedene Monomere miteinander verknüpft. Die so entstandenen Erzeugnisse sind *Polyaddukte.* Entscheidend für die Eigenschaften und Verhaltensweisen von Polymeren sind nicht die Bildungsreaktionen, sondern allein die Form der Makromoleküle (z. B. linear oder vernetzt). Unterschiedliche Formen können sich trotz gleichartiger Verfahren bei Ausgangsmolekülen verschiedener Art ergeben. Sie können aber auch zustandekommen, indem verschiedene Verfahren miteinander kombiniert werden. Zudem sind bei einzelnen Verfahren auch Varianten in der Durchführung möglich, die durch die Beeinflussung der Aufbauformen zu gezielten Eigenschaftsänderungen führen.

7.3.2 Polymerisation

Der Begriff Polymerisation[1] kennzeichnet eine chemische Reaktion, bei der gleiche niedermolekulare Verbindungen, die Doppelbindungen enthalten, zu Makromolekülen vereinigt werden. Durch Energiezufuhr werden die Doppelbindungen geöffnet, die Moleküle reagieren miteinander und schließen sich zu Ketten zusammen (Bild 7.16).

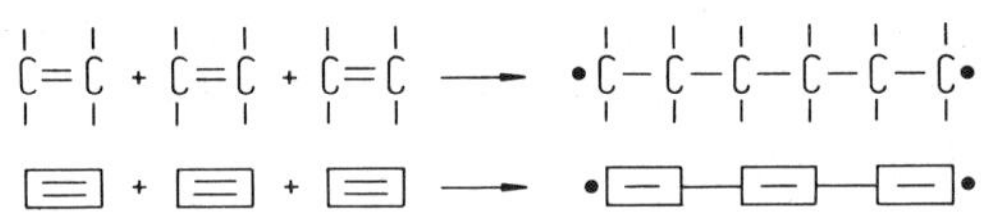

Bild 7.16 Kettenbildung durch Polymerisation

Die Kettenlänge ergibt sich aus dem **Polymerisationsgrad,** d. i. die Anzahl der zu einem Großmolekül zusammengeschlossenen Grundmoleküle. Vom Polymerisationsgrad (Molekülmasse) hängen weitgehend die Verarbeitungseigenschaften und die mechanischen Eigenschaften der Polymerisate ab. Da die Makromoleküle von unterschiedlicher Länge sind, ist die Angabe der *Molekülmasse* eines Kunststoffs stets nur als ein statistischer Mittelwert aufzufassen.

Die Polymerisation erfolgt als *Kettenreaktion,* d. h., sie läuft, einmal eingeleitet, solange ab, bis die Polymerenbildung beendet ist. Allerdings kann sie durch Zusatz geeigneter Hilfsstoffe gesteuert und ggf. auch, z. B. zur Einstellung eines

[1] Es sei darauf verwiesen, daß im anglo-amerikanischen Sprachgebrauch *polymerisation* häufig im allgemeinen Sinne von Polymerenbildung gebraucht wird, also als Oberbegriff, der auch die anderen genannten Verfahren einschließt.

beabsichtigten (mittleren) Polymerisationsgrades, bewußt abgebrochen werden.

7.3.2.1 Chemische Verfahren

Da die Neigung polymerisierbarer Verbindungen zur Polymerisation recht unterschiedlich ist, sind zur Einleitung des Verfahrens unterschiedliche Methoden erforderlich.

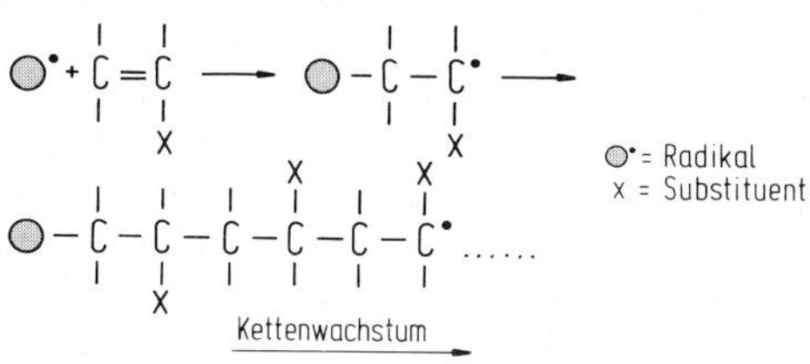

Bild 7.17 Radikalkettenpolymerisation

So wird bei der **Radikalkettenpolymerisation** (Bild 7.17) die Reaktion mit Hilfe sogenannter *Initiatoren* eingeleitet, die durch Wärmezufuhr in *Radikale* zerfallen. Durch deren große Reaktionsfreudigkeit wird die Doppelbindung eines Monomers geöffnet, das dadurch selbst zum Radikal wird. Es setzt durch Öffnung der Doppelbindung des Nachbarmoleküls den Prozeß fort, indem es sich mit diesem verbindet und somit über die entstehenden Radikalketten zum **Kettenwachstum** führt.

Der **Polymerisationsablauf** ist abhängig von der Menge der zugesetzten Initiatoren und von der Polymerisationstemperatur. Je mehr Initiatoren wirksam werden, um so größer ist die Anzahl der Makromoleküle und um so geringer deren mittlere Länge. Mit der Temperatur steigt die Polymerisationsgeschwindigkeit und damit die Kettenlänge.

Das Kettenwachstum kommt zum **Abbruch** durch Zusammenschluß zweier der entstandenen Radikalketten *(Kombination)* oder dadurch, daß eine Radikalkette sich durch Aufnahme eines Wasserstoffatoms einer anderen Radikalkette absättigt. Deren nunmehr freie Bindungselektronen gehen wieder eine Doppelbindung ein, wodurch auch diese Polymerkette ihren Radikalcharakter verliert *(Disproportionierung,* Bild 7.18).
Trotz der Zufälligkeit dieser Erscheinungen, die zu den ungleichen Längen der einzelnen Makromoleküle führt, ist wegen der außerordentlich großen Zahl solcher Vorgänge im ganzen ein mittlerer Polymerisationsgrad durchaus erreichbar.

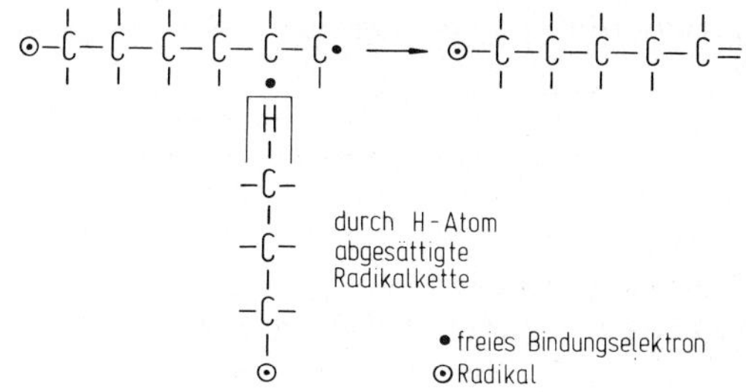

Bild 7.18 Kettenabbruch durch Disproportionierung

Ein *gezielter Abbruch* der Polymerisation wird bewirkt durch die Zugabe von Substanzen, die durch Abgabe von Wasserstoffatomen an die Radikalketten deren weiteres Wachstum verhindern. Man verwendet solche *Regler* zum Einstellen eines bestimmten (mittleren) Polymerisationsgrades und zum Verhindern der Bildung von Seitenketten. Sie werden auch eingesetzt, wenn wegen sinkender Polymerisationsgeschwindigkeit und infolge ansteigender Viskosität das Weiterführen der Polymerisation unwirtschaftlich wird.
Im Polymerisat dann noch vorhandene Monomere können durch Verdampfen oder Entgasen entfernt werden. Diese aufwendige Methode ist dann unbedingt notwendig, wenn schädigende Einflüsse eines Restmonomergehalts (z. B. auf Lebensmittel in Verpackungen und Behältern) unterbunden werden müssen.
Seitliche Abzweigungen an einer Polymerkette können entstehen, wenn sich ein Radikal mit einem Wasserstoffatom inmitten der Kette absättigt. Dadurch wird dort ein Bindungselektron freigesetzt und durch diese örtliche Radikalbildung in der Kette ein Weiterpolymerisieren an dieser Stelle bewirkt (Bild 7.19).

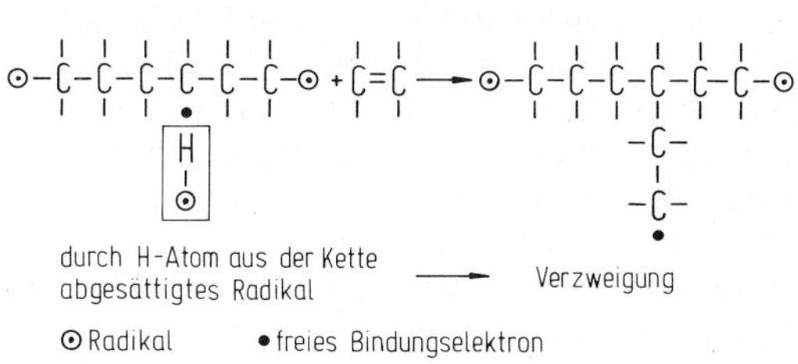

Bild 7.19 Bildung von Verzweigungen

Von der Möglichkeit, die Makromoleküle miteinander zu verknüpfen, wird bei bestimmten Polymerisaten, z. B. Polyäthylen, bisweilen Gebrauch gemacht. Die *weitmaschige Vernetzung* wird erreicht, indem den bereits gebildeten Polymerketten, die meist schon seitliche Verzweigungen aufweisen, Radikalbildner zugesetzt werden. Diese *Vernetzer* reagieren mit Wasserstoffatomen, die sie aus der Kette an sich binden. Sie schaffen damit Radikalstellen in den Ketten, die zur Vernetzung führen.

Auch durch *Bestrahlen* kann ein Vernetzen erreicht werden. Energiereiche Strahlen zerstören Hauptvalenzbindungen in der Kette. Dadurch werden Elektronenpaarbindungen gelöst, und die somit entstehenden Radikalketten verknüpfen sich zum Netz.

Andere Möglichkeiten zur Auslösung der Startreaktion ergeben sich bei der **Ionenkettenreaktion.** Hier werden als Initiatoren nicht Radikalbildner verwendet, sondern Salze, die in Lösung den Monomeren beigemischt zu *Ionen* zerfallen. Unter ihrer Einwirkung wird das eine Elektronenpaar der stark polarisierten Doppelbindung als Ganzes verschoben. Das Initiator-Ion verbindet sich mit dem Monomermokekül, das durch die Ladungsverschiebung nunmehr selbst den Charakter eines Ions erhält und somit mit dem Nachbarmolekül in gleicher Weise reagiert (Bild 7.20).

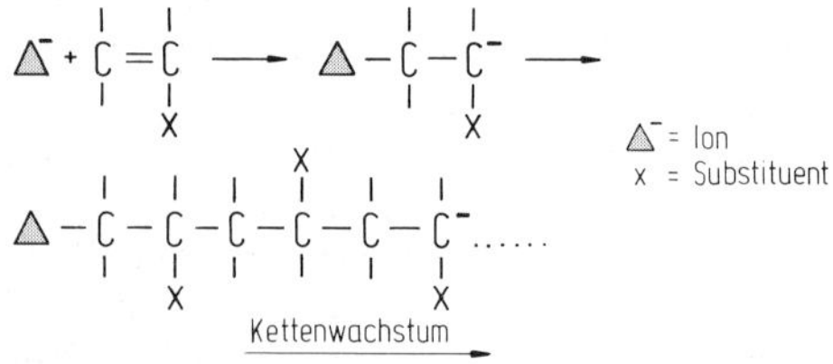

Bild 7.20 Ionenkettenpolymerisation

Da die Polymerenmoleküle infolgedessen Ladungsträger sind und bleiben, kommt ein *zufälliger Kettenabbruch nicht* zustande. Er kann auch nicht durch Regler beeinflußt werden. Die Reaktion läuft solange weiter ab, bis alle Monomere verbraucht sind. Eine *Neutralisierung* der Polymerionen ist möglich durch Zugabe von geeigneten Stoffen, die durch chemische Reaktion mit den Polymermolekülen deren Ionencharakter aufheben.

Die Ionenkettenreaktion ist nicht an höhere Temperaturen gebunden. Sie wird meist bei tiefen Temperaturen durchgeführt und läuft sehr schnell ab. Die Zahl und damit auch die Länge der Makromoleküle hängt nur von der Menge der zugesetzten Initiatoren ab. Der Polymerisationsgrad der Polymerketten ist einheitlicher als bei der Radikalkettenpolymerisation.

Bei der **katalytischen Polymerisation** wird die Startreaktion durch Substanzen bewirkt, die sich im Gegensatz zu anderen Initiatoren nicht mit dem Monomer verbinden. Diese *Katalysatoren* bewirken über eine Zwischenreaktion eine starke Polarisierung des in ihren Wirkungsbereich geratenden Monomermoleküls. Dieses verbindet sich dann mit dem nachfolgenden, das ebenfalls durch den Katalysator polarisiert worden ist. Die Makromoleküle wachsen also vom Katalysator ausgehend, während sich bei den anderen Polymerisationsarten das hinzukommende Molekül stets ans Ende der Kette anlagert.

Die Eigentümlichkeit des Verfahrens liegt darin, daß sich sehr gleichmäßig aufgebaute Ketten ohne seitliche Abzweigungen mit regelmäßig geordneten Substituenten bilden (Bild 7.21).

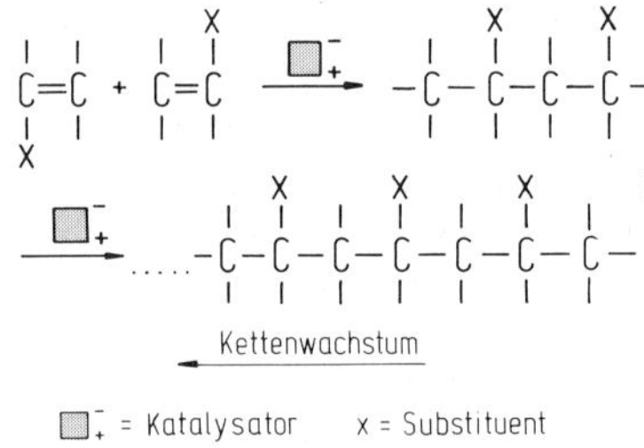

Bild 7.21 Katalytische Polymerisation

7.3.2.2 Technische Prozesse

Für die technische Durchführung der Prozesse stehen verschiedene Verfahren zur Verfügung. Ihre Wahl richtet sich:

- nach der im einzelnen recht unterschiedlichen Neigung der Monomersubstanz zur Polymerisation,
- nach den an das Endprodukt zu stellenden Anforderungen, aber auch, damit verknüpft,
- nach wirtschaftlichen Gesichtspunkten, insbesondere dann, wenn die gleichen Monomere auf unterschiedliche Weise polymerisiert werden können.

Bei der **Substanzpolymerisation** *(Massepolymerisation)* werden nur die reinen Monomere unter Zusatz von Initiatoren zur Reaktion gebracht. Sie ist in ihrer Durchführung schwierig zu beherrschen, da bei der Reaktion Wärme frei wird (exothermer Vorgang). Die Einhaltung einer gleichbleibenden Temperatur ist für das Ergebnis der Polymerisation jedoch von ausschlaggebender

Bedeutung. Zudem besteht bei der hier durchgeführten *Radikalkettenpolymerisation* eine besonders ausgeprägte Neigung zur Bildung von Seitenketten. Das Polymerisat, das nach dem Erstarren aus dem schmelzflüssigen Zustand in kompakter Form anfällt, zeichnet sich jedoch durch besondere Reinheit aus.

Einfacher zu steuern sind Prozesse, bei denen die Monomere in Lösungsmitteln gelöst oder in Flüssigkeiten fein verteilt sind. Die Bildungswärme kann leichter abgeführt werden, die Temperatur kann besser reguliert werden, der Anstieg der Viskosität kann ebenso wie die günstigste Konzentration der beteiligten Reaktionspartner leichter beherrscht werden.

Durchgeführt werden solche Prozesse als **Lösungspolymerisation** dann, wenn im Lösungsmittel sowohl Monomere als auch Polymere löslich sind. Überwiegend werden die so erhaltenen Polymerisatlösungen in diesem Zustand weiterverarbeitet (Lacke, Kleber u. a.). Um Feststoffe zu erhalten, muß das Lösungsmittel nach Beendigung der Polymerisation verdampft werden.

Eine **Fällungspolymerisation** läuft ab, wenn im Lösungsmittel *nur Monomere löslich* sind, Polymere jedoch nicht. Das sehr reine Polymerisat fällt dann als feines Pulver an, das vom Lösungsmittel leicht getrennt werden kann. Der Prozeß ist wirtschaftlicher als die Lösungspolymerisation, da das Lösungsmittel unverändert bleibt und weiter verwendbar ist.

Große technische Bedeutung haben Verfahren erreicht, bei denen das Polymer in einer wäßrigen Dispersion[1] gewonnen wird.

Bei der **Emulsionspolymerisation** werden Monomere, die in Wasser *nicht löslich* sind, mit Hilfe von *Emulgatoren*[2] in eine Monomeremulsion überführt, also im Wasser in feinsten Tröpfchen verteilt und in der Schwebe gehalten. Die zugesetzten Initiatoren sind dagegen im Wasser gelöst. Die Polymerisation läuft im Wasser ab, indem den sich bildenden Polymerketten aus der Monomeremulsion laufend Monomere angelagert werden. Die Reaktion verläuft sehr rasch; es kann ein sehr hoher Polymerisationsgrad erreicht werden.

Die Makromoleküle lagern sich zu feinen Partikeln zusammen (Durchmesser kleiner als 0,04 mm) und bilden mit dem Wasser eine milchige Dispersion. Solche Kunststoffdispersionen werden für umfangreiche technische Zwecke als Imprägnierungen, Filmbildner, Klebstoffe, Bindemittel u. a. verwendet. Die Überführung zum festen Werkstoff erfolgt durch verschiedenartige Trocknungsverfahren oder durch Zugabe von Fällmitteln, die durch Beseitigung der Emulgatorwirkung das Polymerisat ausfällen.

Emulsionspolymerisate sind sehr feinkörnig, jedoch nicht völlig frei von Verunreinigungen, da sich die Polymerisationshilfsstoffe nur schwer restlos entfernen lassen. Verbleibende *Emulgatorreste* fördern die Neigung des Polymerisats zur Wasseraufnahme. Sie vermindern die elektrische Isolierfähigkeit und führen auch zu einer Verschlechterung der Transparenz. Andererseits sind sie aber auch Gleit- und Schmiermittel, die die plastische Verformung erleichtern. In den Fertigprodukten wirken sie als Antistatika, weil eine geringe Oberflächenfeuchtigkeit – die durchaus nicht fühlbar zu sein braucht – die Oberflächenleitfähigkeit erhöht und zur Ableitung elektrostatischer Aufladungen führt.

Die **Suspensionspolymerisation** erfolgt ohne Emulgatorzusatz. Die Monomere werden im Wasser durch intensives mechanisches Rühren verteilt. Die Initiatoren lösen sich hier in den Monomertröpfchen (die größer als bei der Emulsionspolymerisation sind) und bewirken dort die Polymerenbildung. Die Monomertröpfchen durchlaufen dabei einen klebriger werdenden Zustand, werden aber am Zusammenhaften durch Zusatz sogenannter *Stabilisatoren*[3] gehindert.

Das Polymerisat fällt nach Zentrifugieren oder bloßem Filtrieren und Trocknen in Pulverform an. Es kann aber auch – beeinflußt durch die Suspensionsstabilisatoren – die Form von Perlen bis zu einigen Millimeter Durchmesser annehmen *(Perlpolymerisation)* und somit unmittelbar als Granulat weiterverarbeitet werden.

Suspensionspolymerisate sind, da sie von den zur Polymerisation zugesetzten Stoffen frei bleiben, sehr reine, hochwertige Produkte.

[1] Dispersionen sind Systeme von Stoffen, bei denen der eine Stoff im anderen nicht gelöst, sondern feinst verteilt ist. Sind beide Stoffe flüssig, handelt es sich um eine Emulsion; sind in einer Flüssigkeit kleine Partikel fester Stoffe gleichmäßig verteilt, liegt eine Suspension vor.

[2] Emulgatoren sind Stoffe mit seifenartigem Charakter, die die Oberflächenspannung verringern und dadurch eine Emulsion stabilisieren.

[3] Allgemein Zusätze, die Polymere vor unerwünschten Veränderungen oder Beeinflussungen ihres Zustands bewahren.

7.3.2.3 Polymerisate

Unter den polymerisierbaren ungesättigten Kohlenstoffverbindungen, die als Ausgangsprodukte für Kunststoffwerkstoffe dienen, haben mengenmäßig das **Äthylen** (Äthen) und die daraus durch Substitution eines oder mehrerer Wasserstoffatome herzuleitenden *Derivate* die größte Bedeutung erlangt. Bei diesen wird dann der Ablauf der Polymerisation weitgehend von den Substituenten bestimmt, die zu einer mehr oder weniger starken Polarisierung im Molekül führen.

Das aus dem monomeren Äthylen

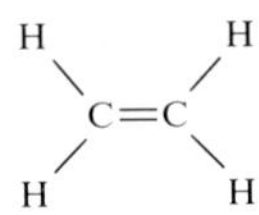

polymerisierte **Polyäthylen**

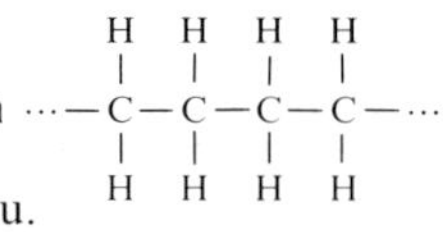

hat den einfachsten Aufbau.

Die Polymerisation erfolgt nach verschiedenen Verfahren:

- bei *geringen Drücken* als Lösungs- und Fällungspolymerisation, die Bildungsreaktionen sind ionisch oder katalytisch,
- unter *hohem Druck* als Substanzpolymerisation aus der Gasphase. Sie ist eine Radikalkettenpolymerisation, bei der sich seitliche Verzweigungen ausbilden.

Ebenfalls radikalisch, ionisch oder katalytisch in Substanz oder in Lösung polymerisiert wird das

monomere Propylen

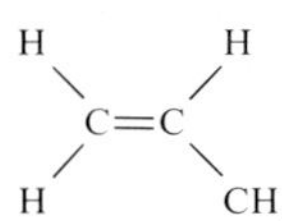

,

bei dem ein Wasserstoffatom durch eine CH_3-Gruppe *(Methylgruppe)* substituiert ist, zum

Polypropylen

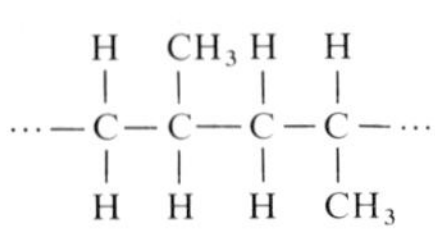

.

Die katalytische Polymerisation führt zu einer geordneten Anlagerung der Substituenten stets an einer Seite der Kette, während sie bei den anderen Verfahren willkürlich an beiden Seiten der Kette verteilt sind.

Die Polymerisation von

Vinylchlorid

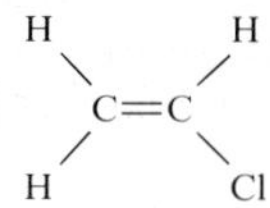

zum

Polyvinylchlorid

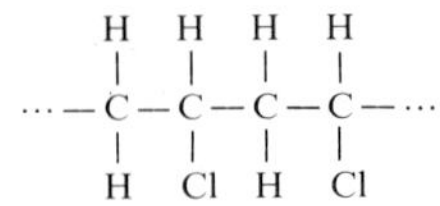

erfolgt als Radikalkettenpolymerisation vorwiegend durch Emulsions- und Suspensionspolymerisation.

Es kann jedoch auch in Substanzpolymerisation (Massepolymerisation) aus den reinen flüssigen Monomeren polymerisiert werden und ergibt dann ein besonders hochwertiges Produkt.

Styrol

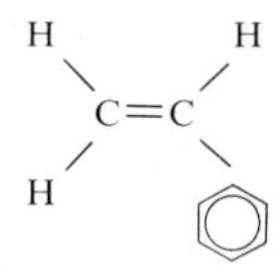

wird zum

Polystyrol

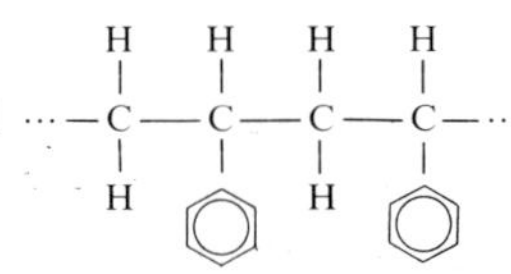

in einer Radikalkettenpolymerisation in Substanz oder durch ionische Polymerisation in Lösung. Die früher in großem Maßstab angewandte Substanzpolymerisation, bei der das Polymerisat als Schmelze anfiel, wird neuerdings durch Emulsions- oder Suspensionspolymerisation verdrängt. Das Endprodukt liegt dann als Pulver oder in Perlen *(Perlpolymerisation)* vor. Die ringförmigen Substituenten führen zu einer relativ großen Unbeweglichkeit und Sperrigkeit der Makromolekülketten.

Beim Methacrylsäuremethylester

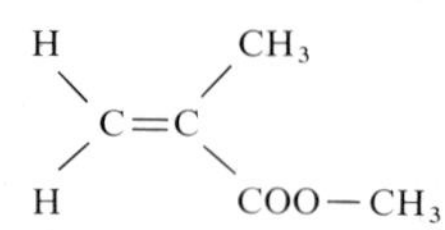

sind zwei Wasserstoffatome durch andere Atomgruppen substituiert.

Die Substanzpolymerisation zu **Polymethacrylsäuremethylester**

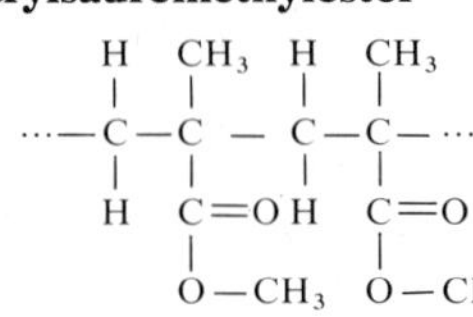

ergibt unmittelbar den fertigen Formstoff. Sie wird zwischen beweglichen Platten (zum Schwindungsausgleich) in einem sehr langsamen Prozeß (über Tage und Wochen) durchgeführt, um innere Spannungen zu vermeiden.
Die nach dem Suspensionsverfahren polymerisierten Formmassen haben gegenüber dem sehr hochmolekularen Massepolymerisat eine etwas verminderte Qualität.

7.3.2.4 Misch- und Copolymerisate

Bei allen Polymerisaten, deren Makromoleküle nur gleiche Monomermoleküle enthalten *(Homopolymerisate)*, sind die Eigenschaften der Endprodukte nur durch den Ausgangsstoff und den dadurch gegebenen Aufbau der Polymerketten bedingt. Es liegt daher nahe, die Eigenschaften der Endprodukte dadurch zu beeinflussen, daß man Polymerisate aus verschiedenen Monomeren herstellt.
Hierfür besteht z. B. die Möglichkeit, verschiedene Polymere rein mechanisch miteinander zu mischen. Die Eigenschaften solcher **Mischpolymerisate,** auch als *Polyblends* bezeichnet, ergeben sich dann aus einer Kombination der Eigenschaften der verschiedenen Polymere. Sie lassen sich je nach Art und Menge der die Polymerketten aufbauenden Grundsubstanzen vielfach variieren. Voraussetzung für brauchbare Mischpolymerisate ist allerdings die Verträglichkeit der beteiligten Komponenten, d. h., sie müssen auch nach dem Erstarren oder Trocknen der Mischung (die meist in Emulsion hergestellt wird) in festem Verbund bleiben, was nicht immer der Fall ist.
Andere Verfahren, die mit der Entwicklung der Kunststoffe zunehmend Bedeutung gewonnen haben, beruhen darauf, zwei oder mehr Monomere gemeinsam zu polymerisieren. Die Polymerketten solcher **Copolymerisate** enthalten dann die Monomermoleküle aller beteiligten Substanzen in feinster Verteilung. Es lassen sich auf diese Weise Eigenschaftsänderungen gegenüber den Homopolymerisaten erreichen, die in gezielter Anpassung an die jeweils gestellten Anforderungen den Anwendungsbereich von Kunststoffprodukten erheblich erweitern. Ausschlaggebend sind hierfür einmal die gewählten Monomere, zum andern aber auch die Art, wie ihre Moleküle in die Polymerketten eingebaut sind. Je nach Reaktionsführung ergeben sich grundsätzlich die folgenden Möglichkeiten.

Eine rein *statistische,* also unregelmäßige Anordnung der Monomermoleküle im Makromolekül:

· · · AA – BBB – A – BB – AAAA – B – AAA – BB · · ·

Sie stellt sich in der Regel bei der Radikalkettenpolymerisation ein.
In Sonderfällen aber, abhängig von der Reaktionsfähigkeit der Monomeren, auch eine *alternierende* Anordnung:

· · · AB – AB – AB – AB – AB · · ·

Eine ionische Copolymerisation ermöglicht die geordnete **Block-Copolymerisation,** in der die verschiedenen Monomermoleküle in Segmenten (Blöcken) in der Polymerkette vorliegen:

· · · AAAA – BBB – AAAA – BBB – AAAA · · ·

Die Anordnung und Größe der Blöcke wird dadurch gesteuert, daß während der Polymerisation die Monomere dem Polymerisat in bestimmter Reihenfolge zugegeben werden.

Bei der **Pfropfpolymerisation** werden den bereits gebildeten Polymerketten solche aus anderen Monomeren seitlich aufgepfropft:

```
            B
            B
            B
· · · AAAAAAAAAAAAAA · · ·
      B
      B
      B
      B
```

Pfropfpolymerisate entstehen aus einer radikalischen Copolymerisation. In der Polymerkette noch vorhandene Doppelbindungen werden unter dem Einfluß eines Initiators geöffnet[1]. Das eine freiwerdende Bindungselektron wird durch den Initiator abgesättigt, und an das andere lagert sich die Polymerkette der zweiten Komponente an. Eine andere Möglichkeit besteht darin, daß ein Wasserstoffatom in der Kette, z. B. durch Bestrahlung, abgespalten und dadurch eine Radikalstelle geschaffen wird, an die sich das andere Polymerradikal anlagert.

[1] Das ist der Fall bei ungesättigten Kohlenwasserstoffen, die mehrere Doppelbindungen enthalten, z. B.
Butadien mit der Polymerkette

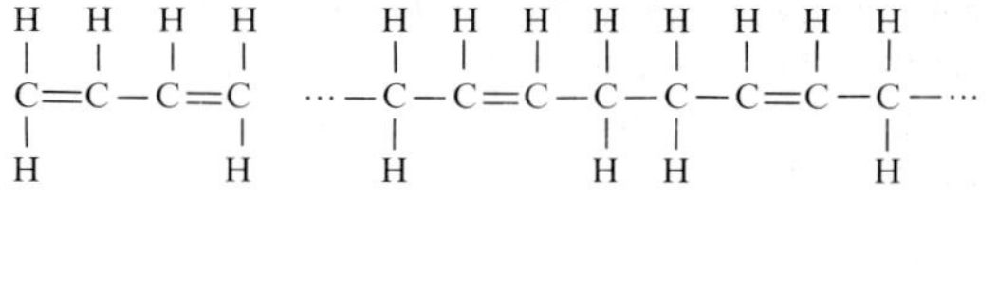

Durch Copolymerisation können auch bisher linear vorliegende Polymerketten zur **Vernetzung** gebracht werden. Dies ist z. B. der Fall bei **ungesättigten Polyestern,** deren Polymermoleküle – gebildet aus einer Kondensationsreaktion zwischen ungesättigten Dicarbonsäuren und Dialkoholen – noch Doppelbindungen enthalten. Für Formstoffe sind die Polymere in dieser Form ungeeignet. Sie werden deshalb in einer monomeren Vinylverbindung (meist Styrol) gelöst und können dann mit dieser copolymerisiert werden. Die Reaktion wird durch Radikalbildner eingeleitet, die sich an den Doppelbindungen anlagern und durch deren Öffnung zur Vernetzung führen (Bild 7.22).

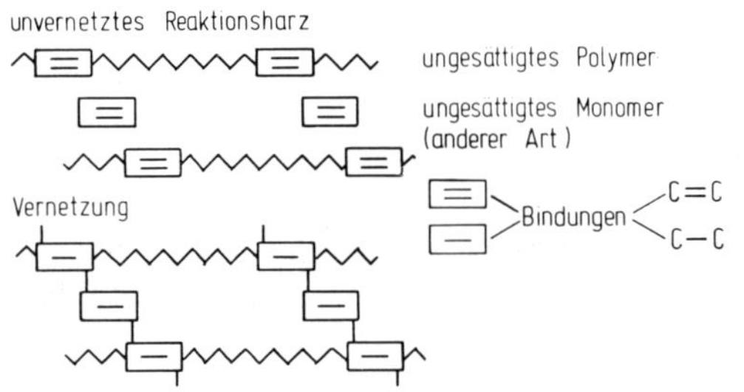

Bild 7.22 Schema der Vernetzung durch Copolymerisation

Die räumlich vernetzten Endprodukte aus solchen Reaktionsharzen haben, insbesondere mit eingebetteter Faserverstärkung, große technische Bedeutung erlangt.
Der Vernetzungsprozeß erfolgt erst bei der Verarbeitung der Reaktionsharze zum Formteil (Aushärtung). Zum Zerfall der unmittelbar vor der Verarbeitung zugesetzten Initiatoren *(Härter)* zu Radikalen, die die Vernetzung bewirken, ist Wärmezufuhr erforderlich (Warmhärtung).
Die Vernetzung kann jedoch auch bei Raumtemperatur erreicht werden, wenn den Härtern *Beschleuniger* zugesetzt werden. Das sind Substanzen, die durch Elektronenabgabe den Härter bereits bei Raumtemperatur in ein Ion und ein Radikal aufspalten, welches dann die Copolymerisation einleitet.
Die bei der Reaktion freiwerdende Wärme reicht im allgemeinen zu einem genügenden Vernetzungsgrad aus. Soll dieser erhöht werden, um die Formbeständigkeit des Endprodukts auch bei höheren Temperaturen zu verbessern, ist eine Nachhärtung durch nachträgliche Erwärmung erforderlich.

7.3.3 Polykondensation

Die Verknüpfung niedermolekularer Verbindungen zu Makromolekülen unter Abspaltung eines Nebenprodukts heißt **Polykondensation** (Bild 7.23). Waren die für eine solche Verknüpfung erforderlichen funktionellen Gruppen bei der Polymerisation die Doppelbindungen der Monomere, so sind es hier die reaktionsfähigen Endgruppen (siehe S. 323).

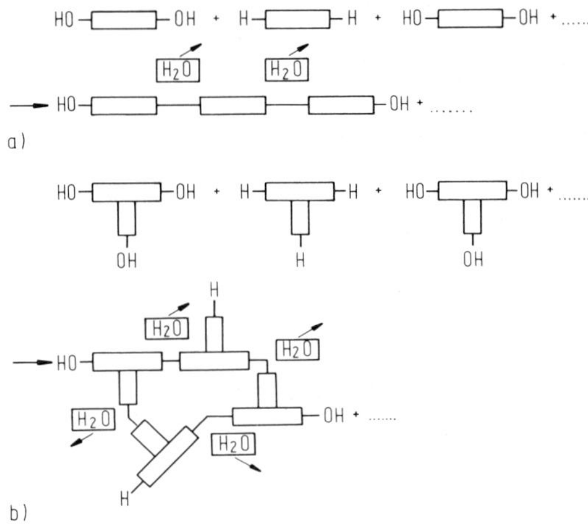

Bild 7.23 Schema der Polykondensation
a) Bildung von Kettenmolekülen
b) räumliche Vernetzung

Die entstehenden Makromoleküle sind *kettenförmig,* wenn sich die reaktionsfähigen Gruppen an den Enden der Ausgangsmoleküle befinden. Sind mehr als zwei funktionelle Endgruppen vorhanden, so entstehen *räumlich vernetzte* Makromoleküle.
Im Unterschied zur Kettenreaktion der Polymerisation ist die Kondensation eine Gleichgewichtsreaktion.

Eine Gleichgewichtsreaktion läuft nur solange ab, bis zwischen den Reaktionspartnern, also den Ausgangsstoffen und den durch die Reaktion gebildeten Endstoffen ein Gleichgewichtszustand erreicht worden ist. Die beteiligten Stoffe liegen dann, abhängig von der Temperatur, stets in einem bestimmten Mengenverhältnis vor. Sie kann demnach zum Stillstand kommen, bevor die Ausgangsstoffe völlig verbraucht sind. Zum völligen Ablauf der Reaktion ist eine Aufhebung des Gleichgewichts erforderlich. Diese kann erreicht werden durch Temperatursteuerung, Erhöhung der Konzentration eines Ausgangsstoffes und Entfernung eines Reaktionsprodukts, im vorliegenden Falle also des Nebenproduktes (meist Wasser).

Der stufenweise Ablauf der Reaktion bietet die Möglichkeit der Herstellung von Vorkondensaten. Die nur teilweise auskondensierten und noch flüssigen Produkte (z. B. Lackrohstoffe, Bindemittel, Leime) werden erst beim Verarbeiter durch Erwärmen (z. B. Einbrennlackieren) oder Zugabe von Härtern zur weiteren Reaktion gebracht und damit in ihren Endzustand überführt. Die Vorprodukte in pulverisierter Form (härtbare Formmassen) sind ebenfalls noch linear aufgebaut und deshalb plastisch formbar. Sie vernetzen bei Wiedererwärmung auf die dann erforderliche Reaktionstemperatur.

7.3.3.1 Polykondensate

Lineare Polyester

Geeignete Ausgangsstoffe sind hier Dialkohole[1] und Dicarbonsäuren. Die Veresterung erfolgt über die reaktionsfähigen Endgruppen $-OH$ und $-COOH$ nach der allgemeinen Beziehung

$$HO-R_1-\boxed{OH + H}OOC-R_2-COOH \rightarrow$$

$$HO-R_1-OOC-R_2-COOH + H_2O$$

Weitere Kondensationsreaktionen führen zu *linearen* Makromolekülen

$$\cdots-O-R_1-O-\overset{\overset{O}{\|}}{C}-R_2-\overset{\overset{O}{\|}}{C}-\cdots,$$

deren Aufbau durch die Brückenglieder $-\overset{\overset{O}{\|}}{C}-O-$ zwischen den organischen Resten R_1 und R_2 gekennzeichnet ist.

Unter den Kunststoffwerkstoffen haben besondere technische Bedeutung Polyterephthalat und Polycarbonat erlangt.

Das **Polyterephthalat** entsteht aus der Terephthalsäure  und Äthylenglykol $HO-(CH_2)_2-OH$ und bildet nach abgeschlossenen Kondensationsreaktionen die Polymerkette

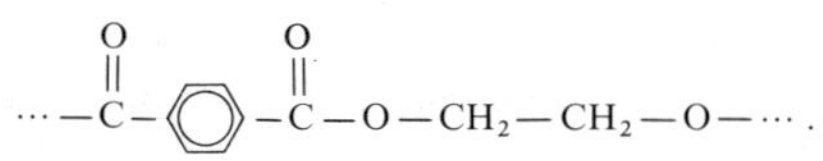

Früher ausschließlich für Faserstoffe und elektrische Isolierfolien eingesetzt, gewinnt es in neuerer Zeit in modifizierter Form zunehmend Bedeutung als Konstruktionswerkstoff.

Polycarbonat wird aus Bisphenol

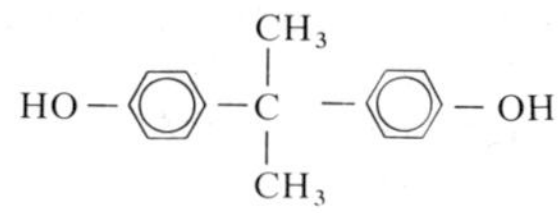

und Phosgen $Cl-\overset{\overset{O}{\|}}{C}-Cl$ hergestellt. Die in mehreren Umsetzungen über verschiedene Reaktionsschritte entstehenden Polykondensate haben die Grundstruktur

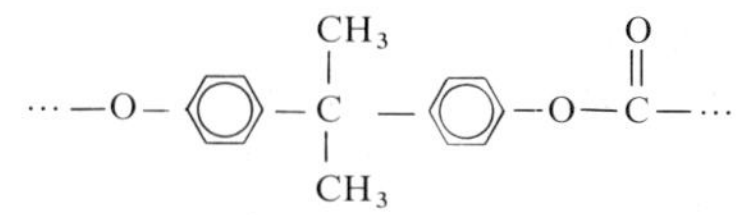

und ergeben einen Konstruktions- und Isolierwerkstoff, der sich durch eine Reihe vorzüglicher Eigenschaften auszeichnet.

Polyamide

Ebenfalls kettenförmig ausgebildet sind die Makromoleküle der Polyamide. Sie entstehen aus einer Polykondensationsreaktion von Diaminen und Dicarbonsäuren nach dem Schema

$$H_2N-R_1-NH_2 + HOOC-R_2-COOH \rightarrow$$

$$\cdots-\underset{\underset{H}{|}}{N}-R_1-\underset{\underset{H}{|}}{N}-\overset{\overset{O}{\|}}{C}-R_2-\overset{\overset{O}{\|}}{C}-\cdots + 2\,H_2O$$

und haben als Brückenglieder zwischen den verbleibenden Methylengruppen (CH_2) der Ausgangsstoffe die

Atomgruppen $-\overset{\overset{O}{\|}}{C}-\underset{\underset{H}{|}}{N}-$ *(Säureamidgruppe).*

Je nach den Ausgangsverbindungen mit unterschiedlicher Anzahl von CH_2-Gruppen ergeben sich verschiedene Polyamidtypen, die durch nachgestellte Zahlen gekennzeichnet werden. Diese Zahlen geben die in den Ausgangsmolekülen enthaltenen Kohlenstoffatome an, und zwar die erste die Kohlenstoffatome des Diamins, die zweite die der Säure.

Beispiel:

Polyamid 6 6

$\cdots-NH-(CH_2)_6-NHCO-(CH_2)_4-CO-\cdots$

Polyamid 6 10

$\cdots-NH-(CH_2)_6-NHCO-(CH_2)_8-CO-\cdots$

[1] Zweiwertige Alkohole werden auch mit dem Sammelnamen *Glykole* bezeichnet.

Geeignete Ausgangsstoffe sind jedoch auch Lactame, das sind ringförmige Kohlenstoffverbindungen, die die Gruppe CONH bereits enthalten, z. B. das *Caprolactam.*

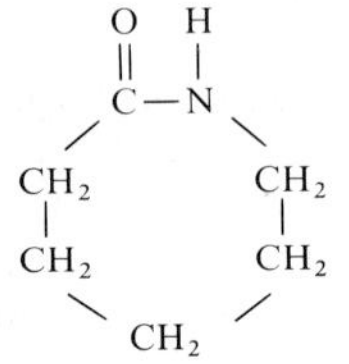

Durch Erwärmen unter geringer H_2O-Zugabe wird der Ring geöffnet. Es entstehen die Moleküle einer Aminosäure NH_2-$(CH_2)_5$-COOH, die sich in einer Kondensationsreaktion zu Polymeren verknüpfen. Das dabei wieder frei werdende H_2O bewirkt die Öffnung weiterer Ringmoleküle. Die Polymerketten der Form

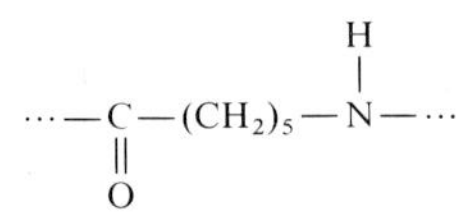

bestehen demnach aus gleichen Grundmolekülen (Polyamid 6).

Die Polymerenbildung kann auch ohne Wasserzugabe unter der Einwirkung von Katalysatoren erfolgen. Eine ionische Reaktion (Verschiebung der Bindungselektronen) bewirkt die Öffnung der Ringe und die Verknüpfung der Moleküle ohne jede Zwischenstufe.[1] Das geschieht erst beim Verarbeiter, der dem Caprolactam den (alkalischen) Katalysator und einen Aktivator zusetzt, der die Reaktion auslöst, wenn der Ausgangsstoff erwärmt wird.

Die unterschiedlichen Eigenschaften der Polyamide sind bedingt durch die Zahl der CH_2-Gruppen zwischen den CONH-Brückengliedern. Sie wirken sich auch auf die den Polyamiden eigene Neigung zur Wasseraufnahme[2] aus, die um so größer ist, je geringer das Verhältnis von CH_2- zu CONH-Gruppen ist.

Die nach der Reaktion erhaltenen, noch schmelzflüssigen Produkte sind so dünnflüssig, daß sie, durch feine Düsen getrieben, zu dünnen Fäden ausgezogen werden können. Solche im Schmelzspinnverfahren unmittelbar hergestellte Fäden stellen einen erheblichen Teil der Produktion von Polyamiden dar. Formmassen zum Herstellen von Formteilen werden als Bänder oder Stränge abgezogen und nach dem Erkalten granuliert.

Formaldehyd-Kunstharze

Ausgangsstoffe mit drei reaktionsfähigen Endgruppen führen zu *räumlich eng vernetzten* Polykondensaten, sogenannten *aushärtenden* Kunstharzen. Diese sind nach der bei der Formgebung einsetzenden Vernetzung nicht mehr plastisch formbar. Zu ihnen gehören die **Phenolharze** *(Phenoplaste)* und die **Aminoharze** *(Aminoplaste).* In allen Fällen dient *Formaldehyd* als Reaktionspartner, der zur Vernetzung führt.

Zur Herstellung von **Phenol-Formaldehyd-Kunstharzen** wird Phenol, ein Derivat des Benzols (möglicherweise auch Kresol), in einer wäßrigen Lösung mit Formaldehyd unter Erwärmung im Beisein von Katalysatoren zur Reaktion gebracht (Bild 7.24).

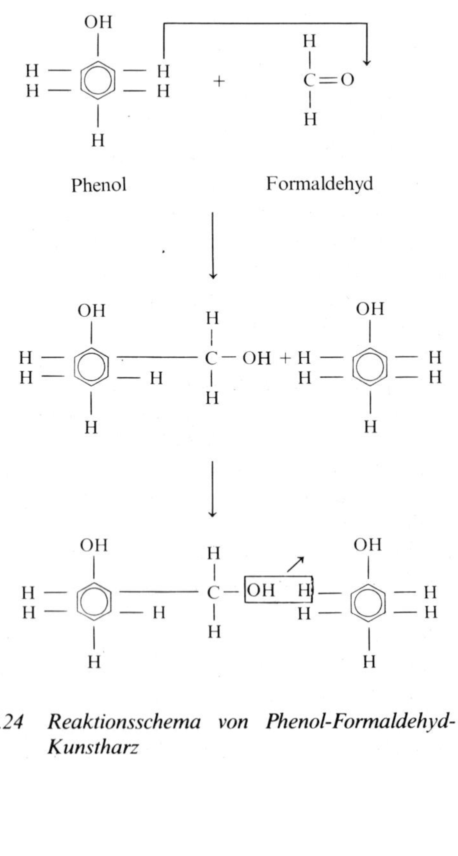

Bild 7.24 Reaktionsschema von Phenol-Formaldehyd-Kunstharz

[1] Die Reaktion ist, obwohl keine Doppelbindungen geöffnet werden, als Polymerisationsreaktion im allgemeinen Sinne anzusehen.

[2] Die CONH-Gruppen sind stark polar. Sie üben deshalb auf die ebenfalls polaren H_2O-Moleküle eine stark anziehende Wirkung aus, die naturgemäß um so stärker ist, je mehr CONH-Gruppen in der Kette vorhanden sind.

Unter Wasserabspaltung ergeben sich in mehreren Reaktionsstufen zunächst Zwischenprodukte mit linearen Makromolekülen, die sich in weiteren Kondensationsreaktionen zu einem engen räumlichen Netz verknüpfen (Bild 7.25).

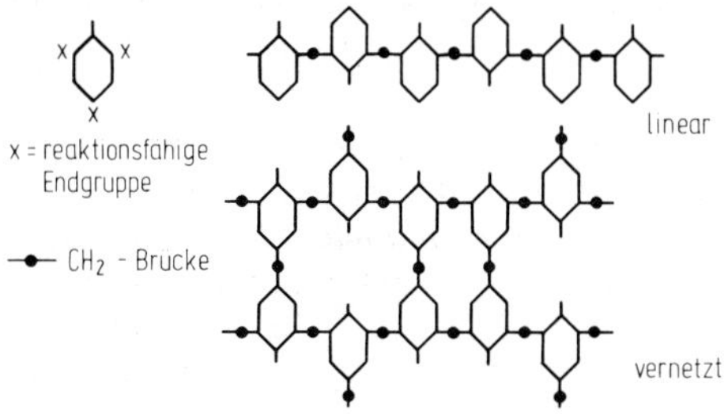

Bild 7.25 Vernetzung von Phenol-Formaldehyd-Harzen (schematisch)

Die Zwischenprodukte sind abhängig von:
- dem Mischungsverhältnis von Phenol und Formaldehyd,
- der Temperatursteuerung und
- dem verwendeten Katalysator.

Bei *basischem Katalysator* und Formaldehydzusatz in *ausreichender Menge* entsteht:
- in der ersten Reaktionsstufe **Resol** *(A-Zustand),* wegen seines linearen Aufbaus noch schmelzbar und löslich,
- in der zweiten Stufe (bei höheren Reaktionstemperaturen) **Resitol** *(B-Zustand),* bei bereits teilweise verknüpften Makromolekülen nicht mehr löslich, aber noch schmelzbar,
- in der dritten Stufe (bei weiterer Erwärmung) **Resit** *(C-Zustand),* das räumlich vernetzte, nicht mehr schmelzbare Endprodukt.

Die Vorprodukte, die zum Verarbeiter gelangen und erst bei der Formgebung unter Druck und Wärmezufuhr zum Resit aushärten, sind nur *begrenzt lagerfähig.*
Flüssige (z. B. in Alkohol gelöste) Resole dienen, abgesehen von ihrer Verwendung als Rohstoffe für Lacke und Kleber, zum Tränken von Füllstoffbahnen (Papier, Gewebe, Holzfurniere) und werden so zu Schichtpreßstoffen verarbeitet. Sie bilden weiter die Ausgangsstoffe für Phenolharz-Schaumstoffe mit Zellstruktur, wenn ihnen bei der Verarbeitung Treibmittel zugesetzt werden.

Wird dem Phenol Formaldehyd in nur *unzureichender Menge* zugesetzt und ein *saurer Katalysator* verwendet, dann entsteht **Novolak.**
Das aus der Schmelze erstarrte und gemahlene *lagerfähige* Zwischenprodukt dient dem Verarbeiter als Formmasse zum Herstellen von Preßteilen. Beim Warmverpressen werden Formaldehyd abgebende Substanzen zugemischt, die die Überführung in den Resitzustand, also die Vernetzung, bewirken.

Aminoharze haben als Ausgangsstoffe entweder Melamin oder Harnstoff in Verbindung mit Formaldehyd.
Die Polykondensation des ebenfalls ringförmig aufgebauten Benzolderivats Melamin zum **Melamin-Formaldehyd-Kunstharz** vollzieht sich in ähnlicher Weise wie bei Phenol (Bild 7.26).

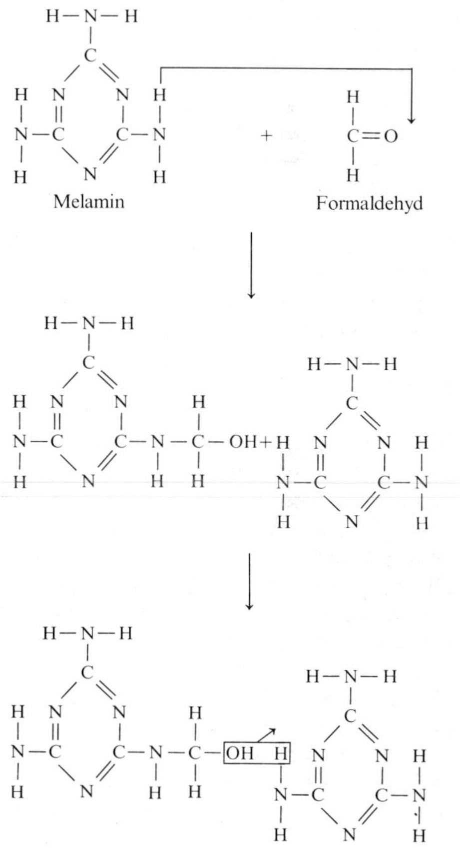

Bild 7.26 Reaktionsschema von Melamin-Formaldehyd-Kunstharz

In mehreren Reaktionsschritten entstehen zunächst ebenfalls noch linear aufgebaute Vorprodukte, die bei weiterer Kondensationsreaktion durch Vernetzung aushärten (Bild 7.27).

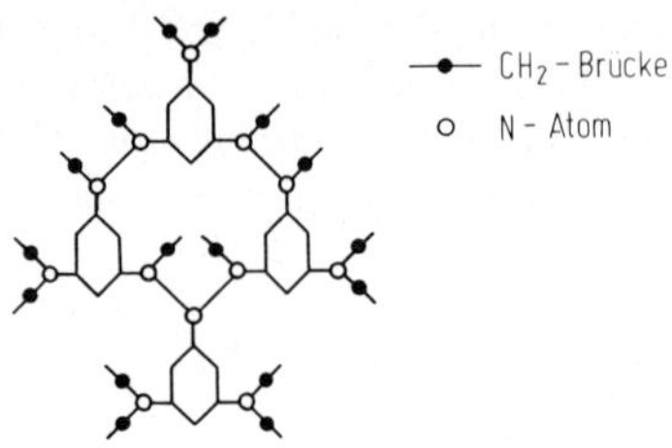

Bild 7.27 Schema der Vernetzung von Melamin-Formaldehyd-Harzen

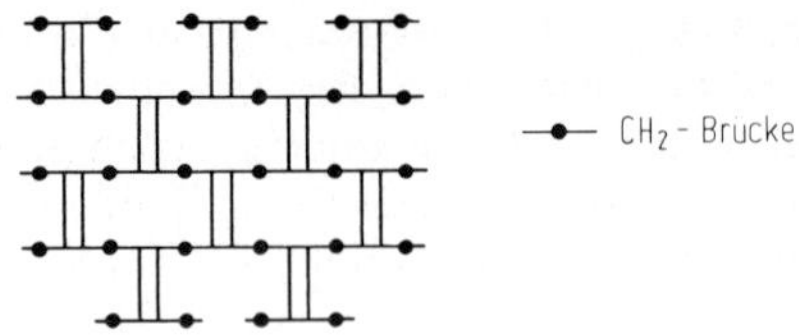

Bild 7.29 Vernetzungsschema von Harnstoff-Formaldehyd-Harzen

Die bei der Kondensation entstehende wäßrige Harzlösung wird entweder unmittelbar für Lacke, Kleber und zum Herstellen von Schichtpreßstoffen verwendet oder nach Trocknung zu Preßmassen weiterverarbeitet.

Die Moleküle des Harnstoffs, der im Verein mit Formaldehyd zur Herstellung von **Harnstoff-Formaldehyd-Kunstharzen** dient, haben ebenfalls mehrere funktionelle Gruppen (Bild 7.28).

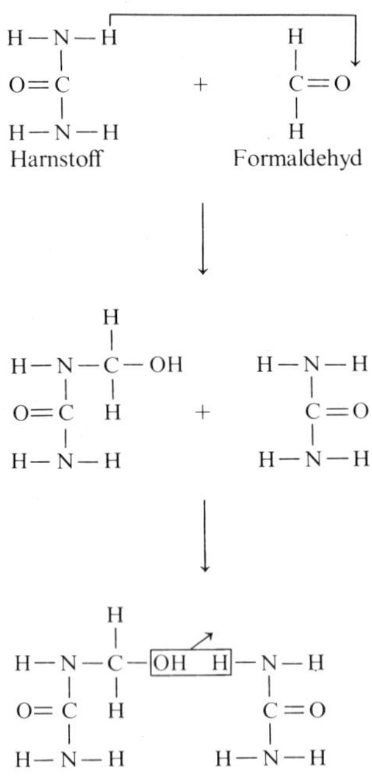

Bild 7.28 Reaktionsschema von Harnstoff-Formaldehyd-Kunstharz

Die Vernetzung (Bild 7.29) erfolgt auch hier als letzte Stufe bei der Verarbeitung der nach mehreren Zwischenreaktionen hergestellten linearen Vorkondensate.
Höhere mechanische Festigkeiten haben Polykondensate aus *Thioharnstoff*

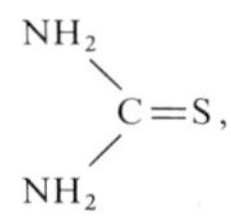

die in gleicher Weise hergestellt werden.
Die wäßrigen Vorkondensate werden in der Regel mit Cellulose oder Holzmehl vermischt und nach dem Trocknen zu Preßmassen zermahlen, die beim Verpressen im beheizten Formwerkzeug aushärten.

7.3.4 Polyaddition

Eine chemische Reaktion, bei der verschiedenartige Moleküle ohne Abspaltung von Nebenprodukten zu Makromolekülen verbunden werden, wird als **Polyaddition** bezeichnet.
Die Verknüpfung erfolgt hier durch eine *intramolekulare Umlagerung,* d. h., Wasserstoffatome, die sich relativ leicht aus den funktionellen OH-, NH_2- oder COOH-Gruppen lösen lassen, werden von einem Molekül zum anderen verschoben. Die dadurch am Molekül frei werdenden Valenzen bilden nun Hauptvalenzen, die die Verknüpfung der Moleküle bewirken.
Da Nebenprodukte, die zu einer Gleichgewichtseinstellung führen würden, nicht anfallen, ist die Polyaddition keine Gleichgewichtsreaktion wie die Polykondensation. Sie verläuft aber, wie diese, in Stufen. Die Reaktion hört auf, sobald den funktionellen Gruppen eines Ausgangsstoffes keine solchen der anderen Komponenten mehr zur Verfügung stehen. Zum vollständigen Ablauf der Polymerenbildung ist also eine genaue mengenmäßige Abstimmung der Ausgangsstoffe erforderlich.

Die entstehenden Makromoleküle sind *linear* bei zwei reaktionsfähigen Endgruppen. Sie bilden *räumliche Netzwerke,* wenn außer den funktionellen Gruppen an den Enden eines Moleküls noch weitere innerhalb des Moleküls vorhanden sind, z. B. bei dreiwertigen Alkoholen (Triolen) mit drei OH-Gruppen:

$$HO-R-\underset{\displaystyle OH}{\underset{|}{CH}}-R-OH$$

7.3.4.1 Polyaddukte

Polyurethane

entstehen durch Additionsreaktionen von Isocyanaten mit anderen Kohlenstoffverbindungen, die die vorher genannten funktionellen Gruppen mit »beweglichen« Wasserstoffatomen aufweisen. Isocyanate haben die Endgruppen $-N=C=O$, in denen das N die Fähigkeit besitzt, diese Wasserstoffatome aus benachbarten Molekülen an sich anzulagern und durch die frei werdenden Valenzen einen Zusammenschluß zu Polymeren zu bewirken.

Sind die Ausgangsstoffe bifunktionell, ergeben sich **lineare Polyurethane.**

Die hierfür meist verwendeten Ausgangskomponenten sind Dialkohole (Diole) und Diisocyanate:

$$\underset{\text{Diol}}{HO-(CH_2)_n-OH} + \underset{\text{Diisocyanat}}{O=C=N-(CH_2)_m-N=C=O} \rightarrow$$

$$HO-(CH_2)_n-O-\overset{\displaystyle O}{\overset{\|}{C}}-\underset{\displaystyle H}{\underset{|}{N}}-(CH_2)_m-N=C=O.$$

Deren Endgruppen bilden in weiteren Additionsreaktionen Polymerketten mit dem für Polyurethane charakteristischen Brückenglied:

$$-O-\overset{\displaystyle O}{\overset{\|}{C}}-\underset{\displaystyle H}{\underset{|}{N}}- \quad (\textit{Urethangruppe}).$$

Die Reaktion erfolgt in Lösung oder in der Schmelze unter Wärmeentwicklung. Das Polymer, als zähflüssige Schmelze anfallend, wird als Band abgezogen, zu Formmassen granuliert oder zu Fäden versponnen. Es besitzt *ähnliche Eigenschaften wie Polyamid.*

Als Vorprodukte für **vernetzte Polyurethane** werden an den Verarbeiter Reaktionsharze (Isocyanatharze) und Reaktionsmittel geliefert, die die Vernetzung bewirken.

Geeignete Di- oder Tri-Isocyanate sind ringförmig aufgebaute Derivate des Benzols mit zwei oder drei $-N=C=O$-Gruppen. Durch eine Addition als Reaktionsmittel an hochmolekulare Verbindungen mit endständigen OH-Gruppen, z. B. Polyester, entstehen Polymerketten, die sich in weiteren Reaktionsschritten je nach dem Mischungsverhältnis und der Art des Reaktionsmittels eng oder weitmaschig vernetzen. Der Vernetzungsgrad und damit die Härte des Endprodukts hängt von der Zahl der in den Komponenten vorhandenen funktionellen Gruppen ab. Er ist um so höher, je größer deren Zahl ist.

Durch die Vielzahl geeigneter Ausgangsprodukte und möglicher Vernetzungsreaktionen können somit hergestellt werden:

- Polyurethan-Formstoffe vom gummielastisch weichen bis zum harten Zustand,
- Spezialkleber mit besonderer Haftfestigkeit auf Metall und Glas,
- besonders wärmefeste Lacke.

Von besonderer technischer Bedeutung sind auch *Polyurethan-Schaumstoffe,* ebenfalls hart oder weich, die dann entstehen, wenn die Vernetzungsreaktion in einer wäßrigen Emulsion des Reaktionsmittels (Polyester) durchgeführt wird. Durch das Wasser wird ein Teil des Isocyanats zersetzt und CO_2 abgespalten, das das Produkt auftreibt:

$$OCN-R-NCO+2H_2O \rightarrow H_2N-R-NH_2+2CO_2.$$

Epoxidharze

Epoxide sind Kohlenstoffverbindungen mit den sehr reaktionsfreudigen Endgruppen

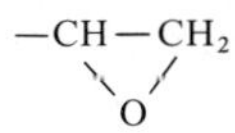
(Epoxygruppe).

Durch Wanderung von beweglichen Wasserstoffatomen aus den funktionellen Gruppen anderer Kohlenstoffverbindungen an den Sauerstoff bilden sich in einer Additionsreaktion Polymermoleküle nach der Beziehung:

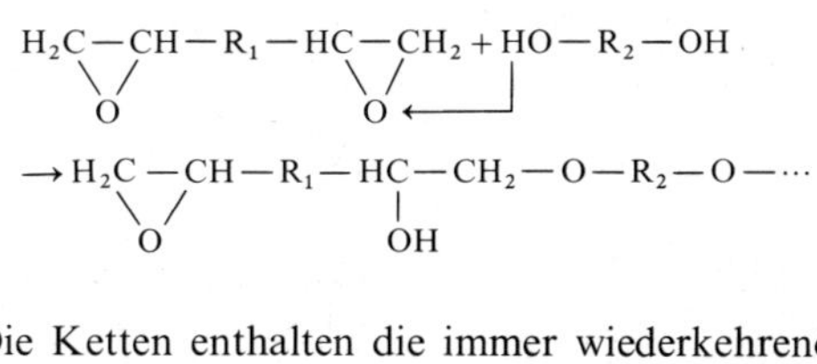

Die Ketten enthalten die immer wiederkehrenden Gruppen $-\underset{\displaystyle OH}{\underset{|}{CH}}-CH_2-$ und an den Enden Epoxy-

Gruppen. Sie stellen die *Vorprodukte* dar, die in weiteren Reaktionen vernetzt werden können, da sowohl die endständigen Epoxygruppen als auch die aus ihnen bei ihrer Öffnung entstandenen OH-Gruppen weiter reaktionsfähig sind.
Epoxidharze[1] sind demnach *Reaktionsharze,* deren Polymerketten durch Zugabe geeigneter Reaktionsmittel vernetzen. Die Bezeichnung gilt jedoch auch für die vernetzten Produkte, in denen nach dem Reaktionsablauf praktisch keine Epoxygruppen mehr vorhanden sind.
Als Reaktionsmittel, die oft als Härter bezeichnet werden, obwohl sie keine Katalysatoren, sondern Reaktionspartner sind, eignen sich fast alle Kohlenstoffverbindungen mit mindestens bifunktionellen Endgruppen. Die Vielfalt der Möglichkeiten in der Kombination der Ausgangsverbindungen führt demnach auch hier zu einer großen Anzahl verschiedenartiger Endprodukte. Deren Eigenschaften lassen sich durch Steuern der Reaktion in weiten Grenzen einstellen und abstimmen.
Die Vorprodukte sind zähflüssige oder schmelzbare feste Kunstharze. Ihre Aushärtung erfolgt ohne Abspaltung von Nebenprodukten. Die Verarbeitung kann deshalb drucklos erfolgen.
Der Prozeß läuft bei Verwendung flüssiger Vorprodukte und entsprechender Vernetzungsmittel, vorzugsweise mehrwertiger Amine, ohne Wärmezufuhr als **Kalthärtung** ab.
Zur andererseits möglichen **Warmhärtung,** die bei Temperaturen oberhalb 80 °C durchgeführt wird, werden schmelzbare Harze eingesetzt, die sich mit einer Vielzahl geeigneter Stoffe, wie Dicarbonsäuren, Polyestern, vorkondensierten Pheno- und Aminoplasten u. a., vernetzen lassen.
Außer ihrer mannigfaltigen Verwendung als hochwertige *Klebstoffe, Bindemittel, kalt- und warmhärtende Lacke,* dienen Epoxidharze als *Formmassen,* sowie *Gieß- und Laminierharze.* Diese stellen – ähnlich wie vernetzende Polyesterharze – besonders geeignete Werkstoffe für faserverstärkte mechanisch hoch beanspruchbare Erzeugnisse dar.

7.4 Aufbau und strukturelle Einflüsse

Ebenso wie bei den Metallen das jeweils vorliegende Gefüge einen wesentlichen Einfluß auf Eigenschaften und Verhaltensweisen hat, bestimmen bei den Kunststoffen die *Aufbauformen* ihrer Makromoleküle, deren Gestalt und Größe, sowie deren gegenseitige Zuordnung in beherrschendem Maße das Verhalten.
Sie sind maßgebend für die *mechanischen Eigenschaften,* wie Festigkeit, Härte und Steifigkeit. Sie wirken sich auch entscheidend aus auf das für die Kunststoffe so bedeutsame mechanisch-thermische Verhalten, das mit dem Begriff der *Formbeständigkeit in der Wärme* gekennzeichnet ist. Durch ihren Einfluß auf den *Erweichungsbeginn* und das *Schmelzverhalten* bestimmen sie die *Verarbeitungseigenschaften* bei der plastischen Formgebung und die Möglichkeit des *Umformens* und *Schweißens.*

7.4.1 Aufbauformen

Sieht man von den Einflüssen der chemischen Zusammensetzung ab, so ergeben sich allein aus den Aufbauformen der Makromoleküle so markante Unterschiede in den Verhaltensweisen der Kunststoffe, daß damit eine Abgrenzung nach bestimmten Anwendungs- und Verarbeitungsbereichen gegeben ist. Diese Unterschiede sind unabhängig davon, nach welcher chemischen Reaktion die Makromoleküle gebildet wurden.

Duromere haben stets *räumlich eng vernetzte Makromoleküle* (Bild 7.30).

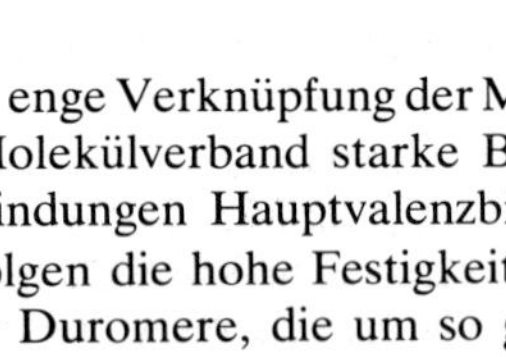

Bild 7.30 Räumliche Vernetzung (Duromer)

Durch die enge Verknüpfung der Moleküle bestehen im Molekülverband starke Bindungskräfte, da alle Bindungen Hauptvalenzbindungen sind. Daraus folgen die hohe Festigkeit, Steifheit und Härte der Duromere, die um so größer sind, je höher der Vernetzungsgrad ist. Eine übermäßig weit getriebene Vernetzung würde allerdings dazu führen, daß der Kunststoff versprödet, da eine an sich noch mögliche geringe (elastische) Verformung in unerwünschter Weise behindert würde.

Die enge Verknüpfung macht diese Stoffe nicht nur *unlöslich,* sie *verhindert* auch die *plastische Verformung,* denn weder ist ein Platzwechsel der

[1] Andere Bezeichnungen: Epoxyd- oder Epoxy-Harze

in den Molekülen fest eingebundenen Atome möglich noch können die Moleküle aneinander abgleiten. Ihre Beweglichkeit ist so stark eingeschränkt, daß auch bei Erwärmung keine merkliche Erweichung eintritt. Duromere sind daher *nicht schmelzbar* und somit auch *nicht schweißbar*. Überhitzung führt zur Zersetzung.
Die für alle Kunststoffe typische plastische Formgebungsmöglichkeit ist hier nur bei den noch unvernetzten Vorprodukten (härtbare Formmassen, Reaktionsharze, siehe S. 310) während einer begrenzten Verarbeitungszeit gegeben.

Weitmaschig verknüpfte Makromoleküle bedingen das typische Verhalten der **Elastomere.**
Die *große elastische Dehnbarkeit* dieser Stoffe hat ihre Ursache darin, daß die nur stellenweise verknüpften Makromoleküle bei äußerer Krafteinwirkung aus ihrer verknäuelten Lage gestreckt werden können, soweit es die Verknüpfungsstellen erlauben. Nach Beendigung der Krafteinwirkung gehen sie wieder in ihre ursprüngliche Lage zurück (Bild 7.31).

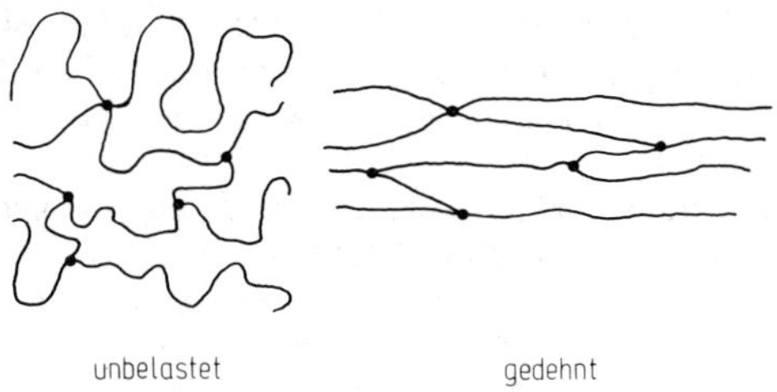

Bild 7.31 Weitmaschige Verknüpfung (Elastomer)

Da auch hier die Verknüpfung ein Abgleiten der Makromoleküle verhindert, ändern auch höhere Temperaturen – vor ihrer chemischen Zersetzung – an dieser Verhaltensweise nichts.

Kunststoffe mit *kettenförmigen* Makromolekülen, die entweder *linear* oder *verzweigt* vorliegen, sind **Plastomere** (Thermoplaste).
Der Zusammenhang des Molekülverbands ist hier nur durch die Nebenvalenzkräfte bestimmt. Werden diese durch äußere Krafteinwirkung vermindert oder gar überwunden, dann ist eine Auflockerung der molekularen Struktur, eine Streckung bisher verknäuelter Moleküle oder gar ein Abgleiten der Moleküle voneinander möglich. Begünstigt werden diese Vorgänge durch Wärmeeinwirkung, die zu einer gesteigerten Beweglichkeit der Makromoleküle führt. Das äußert sich in einer Erweichung und ermöglicht größere Formänderungen.
Plastomere besitzen somit allgemein eine *geringere Festigkeit* und Härte als Duromere. Sie sind in stärkerem Maße elastisch verformbar und ermöglichen durch ihre Fähigkeit, bei Erwärmung plastisch zu fließen, eine *wiederholbare plastische Formgebung*. Mit steigenden Temperaturen vermindert sich im Gegensatz zu den Duromeren ihre Festigkeit fortlaufend.
Unterschiede im Verhalten der Plastomere ergeben sich daraus, daß ihre kettenförmigen Makromoleküle wiederum in *verschiedenen Aufbauformen* anzutreffen sind.
Können die Moleküle ihrem Bestreben frei nachkommen, sich weitgehend zu verknäueln, zu verschlaufen, sich völlig regellos durcheinander anzulagern und zu verfilzen, so bilden sie eine Aufbauform, die recht anschaulich als *Wattebauschstruktur* bezeichnet wird. Ihr Zustand ist *amorph* (Bild 7.32).

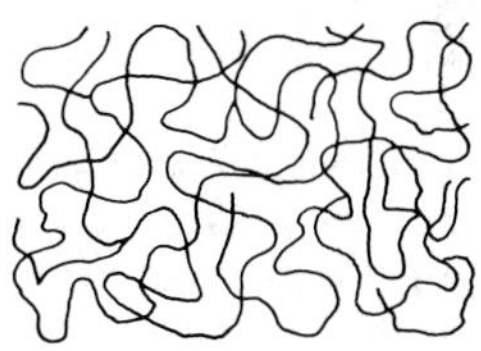
Bild 7.32 „Wattebauschstruktur“ (amorphes Plastomer)

Amorphe Plastomere verformen sich je nach dem Grad der Verknäuelung ihrer Makromoleküle unter Belastung mehr oder weniger stark elastisch. Die regellos verfilzten Makromoleküle werden aus ihrer verknäuelten Lage in Richtung einer angreifenden Kraft verzerrt und verstreckt; und zwar soweit, bis ihre Verschlaufungen und Verhakungen der Formänderung ein Ende setzen. Durch ihr Bestreben, den ursprünglichen Zustand der völlig ungeordneten Verknäuelung aber wieder herzustellen, geht diese Formänderung nach Entlastung wieder zurück.
Entsprechend der Definition der Entropie als Maß des Unordnungsgrades im stofflichen Aufbau wird dieses Verhalten als **Entropie-Elastizität** bezeichnet.[1] Kennzeichnend für *entropie-elastisches Verhalten* (auch gummielastisch oder kautschukelastisch genannt) ist, daß die Rückverformung eine gewisse Zeit beansprucht.

[1] Im Unterschied zur *Energie-Elastizität*, die infolge Änderung des Energiezustands von Atomen bei ihrem Platzwechsel während elastischer Verformung für Metalle charakteristisch ist, bei Kunststoffen aber nur in sehr begrenztem Maße auftritt.

Da sich während der elastischen Deformation Verschlaufungen lösen und ggf. neue bilden können, tritt auch während der Verformung bereits eine Entspannung ein *(Relaxation)*. Die Spannung ist also nicht der elastischen Dehnung proportional. Vielfach ist, besonders bei erhöhten Temperaturen, mit der Neubildung von Verschlaufungen auch bereits ein Abgleiten der Moleküle voneinander verbunden. Der elastischen Verformung ist dann ein Anteil von viskosem Fließen als bleibende Formänderung überlagert (siehe visko-elastisches Verhalten, S. 315).

Durch äußere Einflüsse, aber auch durch die Wirksamkeit unterschiedlicher Nebenvalenzkräfte, kann der völlig regellose Aufbau jedoch dahingehend geändert werden, daß die Makromoleküle in einer oder zwei Richtungen bevorzugt ausgerichtet sind. Durch solche **Orientierungen** werden die Eigenschaften stärker richtungsabhängig (anisotrop).

So ist z. B. die Festigkeit in Richtung einer Orientierung naturgemäß höher als senkrecht dazu, wo nicht Hauptvalenzbindungen, sondern hauptsächlich nur die weit geringeren Nebenvalenzkräfte zu überwinden sind.

Diese Orientierungen ergeben sich zwangsläufig bei der Formgebung, wenn den Makromolekülen im Verlauf der Abkühlung nicht genügend Zeit bleibt, sich wieder regellos zu verknäueln. Das Festigkeitsverhalten von Formteilen wird dann entsprechend beeinflußt (Bild 7.33).

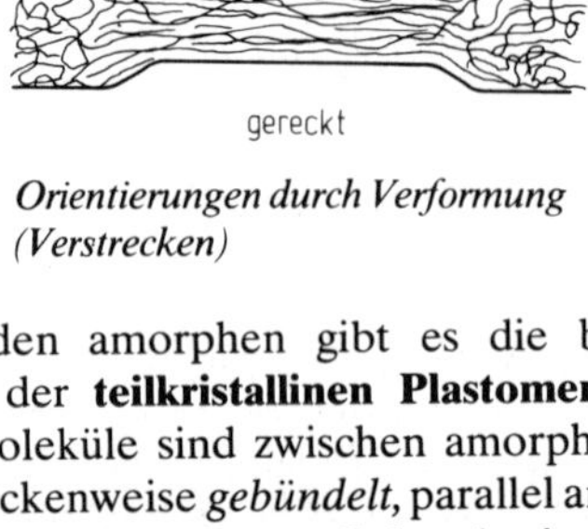

Bild 7.33 Orientierungen durch Verformung (Verstrecken)

Neben den amorphen gibt es die besondere Gruppe der **teilkristallinen Plastomere.** Deren Makromoleküle sind zwischen amorphen Bereichen streckenweise *gebündelt*, parallel aneinander gelagert oder auch in parallel verlaufenden Windungen *gefaltet*. Sie bilden auch Lamellenpakete, die, von einem Mittelpunkt ausgehend, sich kugelförmig mit jeweils tangentialem Verlauf der parallelen Bereiche anordnen *(Sphärolithe)* (Bild 7.34).

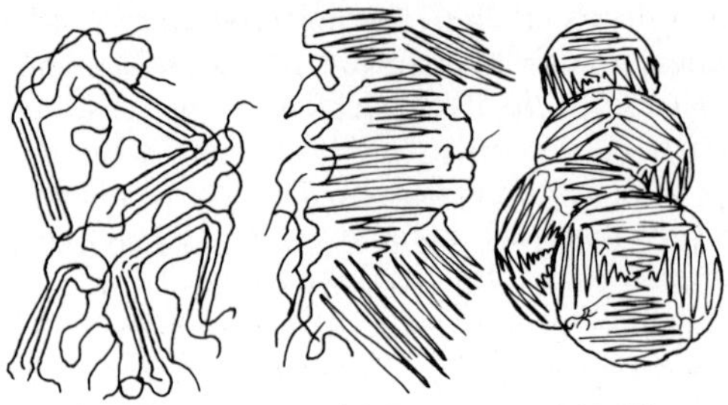

Bild 7.34 Struktur teilkristalliner Plastomere

Bei dieser parallelen Anlagerung befinden sich die Atome benachbarter Molekülketten in einer festen gegenseitigen Zuordnung, wie es einer kristallinen Struktur entspricht. Die zwischenmolekularen Kräfte in den parallel eng aneinander gelagerten Bereichen sind größer; die Festigkeit teilkristalliner Plastomere ist somit höher als die amorpher. Die zwischen den kristallinen Bereichen befindlichen amorphen Anteile gestatten den Kristalliten eine mehr oder weniger große Bewegungsmöglichkeit, da sie wie Gelenke in einem sonst starren System wirken. Dies begründet das *zäh-elastische Verhalten* teilkristalliner Plastomere bei hoher Widerstandsfähigkeit gegen mechanische Beanspruchung. Festigkeit, Härte und Steifigkeit sind um so größer, je höher der *Kristallisationsgrad* ist.

Da bei Erwärmung die Kristallite zunächst erhalten bleiben, vermindert sich die Festigkeit nicht sofort in gleicher Weise wie bei den amorphen Stoffen. Sie sinkt erst dann merklich ab, wenn bei höheren Temperaturen auch die kristallinen Anteile in den amorphen Zustand übergehen. Der Erweichungsbeginn ist also zu höheren Temperaturen verschoben, die *Formbeständigkeit* in der Wärme besser.

Die Neigung zur Kristallisation wird in erster Linie durch die chemische Struktur der Makromoleküle bestimmt. Der Kristallisationsgrad ist aber auch abhängig von den Verarbeitungsbedingungen, insbesondere den Abkühlungsverhältnissen aus der Schmelze und der Formgebung. So bewirkt eine langsame Abkühlung einen höheren, eine schnelle Abkühlung einen geringeren kristallinen Anteil, da die Wachstumsgeschwindigkeit der Kristallite aus der Schmelze temperaturabhängig ist. Auch eine mechanische Verstreckung kann durch parallele Verlagerung und Verschiebung der Moleküle eine Teilkristallisation bewirken oder begünstigen.

7.4.2 Strukturelle Einflüsse

Einflüsse, die von der Struktur der Makromoleküle ausgehen, lassen sich zurückführen auf:

- die Form und Länge der Polymerketten,
- deren gegenseitige Zuordnung und, damit im Zusammenhang stehend,
- die Art, Lage und Verteilung der in den Ketten vorhandenen Substituenten,
- die Art der die organischen Reste verbindenden Brückenglieder.

Die **Kettenlänge** bestimmt die *Molekülmasse* und wirkt sich aus auf:

- Festigkeit,
- Steifigkeit,
- Formbeständigkeit in der Wärme.

Bei kurzen Ketten, d. h. geringer Molekülmasse, bestehen wegen der vielen freien Kettenenden mehr Leerstellen im Molekülverband, die sich festigkeitsmindernd auswirken. Das kommt besonders zur Geltung, wenn die Ketten in Kraftangriffsrichtung orientiert sind.

Äußere Einflüsse, die zum Zerfall von Ketten führen, wie z. B. Überhitzung, chemische Zersetzung oder Strahlungseinwirkung, setzen demnach die Festigkeit des Kunststoffs bis zu seiner völligen Unbrauchbarkeit herab.

Bedeutet somit schon höhere Molekülmasse auch höhere Festigkeit, so werden die mechanischen Eigenschaften weiter davon beeinflußt, wie eng die Moleküle aneinander gelagert sind und wie hoch der Grad ihrer Verknäuelung ist. Diese gegenseitige Zuordnung hängt wiederum weitgehend von ihrer Gestalt ab.

Seitliche Verzweigungen behindern eine enge Anlagerung. Sie vermindern damit die Dichte und setzen die Festigkeit und Steifigkeit herab, wie es z. B. bei Polyäthylen niederer Dichte der Fall ist. Andererseits wird die Dehnfähigkeit bis zum Bruch um so höher, je lockerer der Molekülverband ist.

Moleküle mit sperrigen, relativ großen **Seitengruppen** können sich nicht geordnet aneinanderlagern, bilden also regellose amorphe Zustände. Die Form der Seitengruppen und ihre meist unregelmäßige räumliche Verteilung behindern die Bewegungsmöglichkeit der Moleküle und beeinträchtigen damit das Formänderungsvermögen.

Diese **sterische** (räumliche) **Hinderung** der Beweglichkeit durch sperrige Seitengruppen ist beispielsweise die Ursache für die Sprödigkeit von Polystyrol

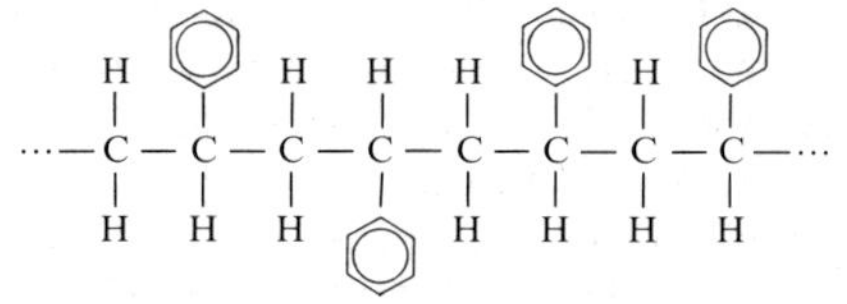

Eine Einschränkung der Beweglichkeit durch sterische Hinderung ist aber auch dann gegeben, wenn Seitengruppen aus *Atomen stark unterschiedlicher Größe* vorliegen. Das ist z. B. der Fall bei Polyvinylchlorid, wo den kleinen Wasserstoffatomen die relativ großen Chloratome benachbart sind. Hinzu kommt hier die Auswirkung der durch die *Dipole*[1] der C–Cl-Bindung bestehenden Kraftfelder, die zur Fixierung des Abstands und damit zu einer weiteren Versteifung der Ketten führen (Bild 7.35).

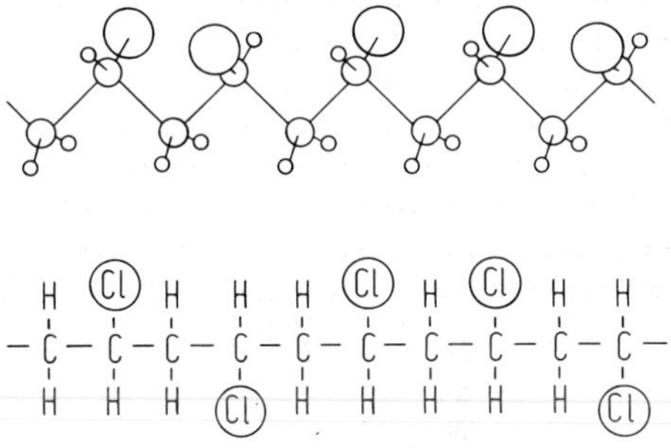

Bild 7.35 Sterische Hinderung durch unterschiedliche Atomgröße (PVC)

Allgemein zusammengefaßt, sind die Auswirkungen der sterischen Hinderung:

- Unterbleiben oder zumindest Beeinträchtigung der Kristallisation,
- Erhöhung der Festigkeit und Härte,
- Verminderung der Dehnung und Vergrößerung der Steifigkeit,
- Verschieben der Erweichung zu höheren Temperaturen.

[1] Das Maß für die Stärke eines Dipols ist sein Dipolmoment $Q \cdot s$, d. h. die Größe der im Abstand s wirkenden, entgegengesetzt gerichteten Ladungen Q. Während für die Ladungen die Elektronegativität bestimmend ist, ergibt sich ihr Wirkungsabstand s aus der Größe der den Dipol bildenden Atome bzw. Atomkerne.

Sie sind somit auch eine Ursache für den unterschiedlichen Erweichungsbeginn der verschiedenen Plastomere.

Unbefriedigende Steifigkeit und Wärmeformbeständigkeit amorpher Polymere können demzufolge verbessert werden, wenn in die Ketten sterisch hindernde Monomere durch Copolymerisation eingebaut werden.

Eine **parallele Anlagerung** der Makromoleküle ist um so leichter möglich, je symmetrischer sie gebaut sind. Das ist der Grund für die starke Kristallisationsneigung der ganz gleichmäßigen, nur aus CH_2-Gliedern bestehenden Polymerketten von Polyäthylen. Die kristallinen Anteile werden allerdings geringer, wenn sich als Folge anderer Herstellungsbedingungen an den Polymerketten seitliche Verzweigungen gebildet haben.

Eine *Kristallisation* ist aber auch möglich, wenn Seitengruppen (Substituenten) vorhanden sind. Sie wird dann wesentlich beeinflußt von deren räumlicher Verteilung.

An sich haben die Moleküle das Bestreben, sich bei der Polymerisation so miteinander zu verknüpfen, daß ihre Seitengruppen – insbesonders dann, wenn sie polaren Charakter haben und abstoßende Kräfte wirksam werden – in möglichst weitem Abstand voneinander stehen. Das würde zu einer regelmäßigen *Anordnung* führen, die als **syndiotaktisch** bezeichnet wird (Bild 7.36).

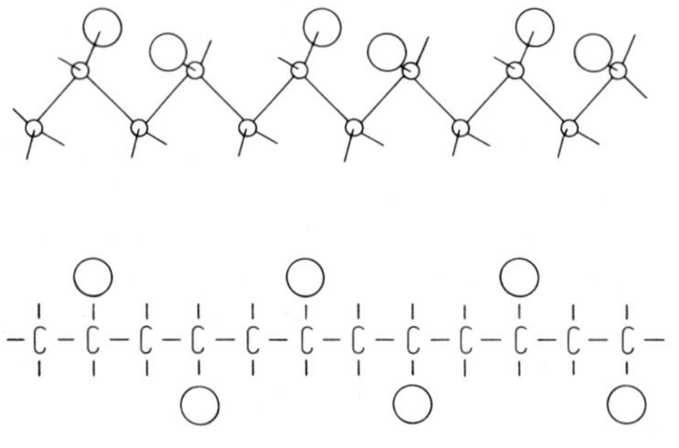

Bild 7.36 Syndiotaktische Anordnung

Da die zu diesem Ordnungsprozeß erforderliche Zeit während des Polymerisationsablaufs jedoch in der Regel fehlt, ordnen sie sich meist **ataktisch,** d.h. ganz unregelmäßig, an (Bild 7.37). Eine solche ataktische Anordnung erschwert aber wegen sterischer Hinderung die Kristallisation oder macht sie gar unmöglich.

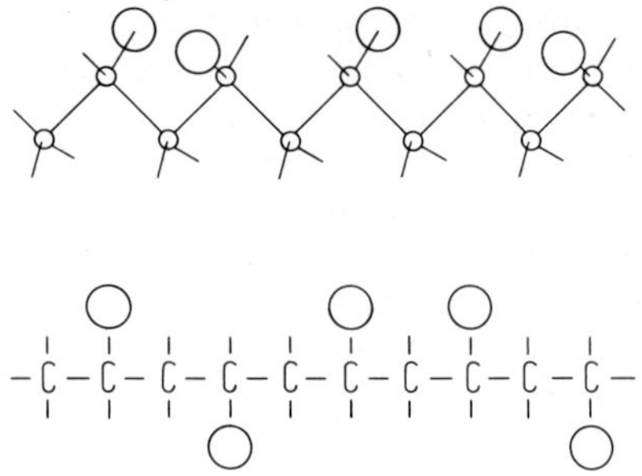

Bild 7.37 Ataktische Anordnung

Eine Möglichkeit, ja sogar eine starke Neigung zur parallelen Anlagerung besteht jedoch dann, wenn alle Seitengruppen einer Kette **isotaktisch,** d. h. einheitlich an einer Seite, geordnet sind (Bild 7.38). Das kann durch eine besondere Reaktionsführung bei der Polymerisation erreicht werden.

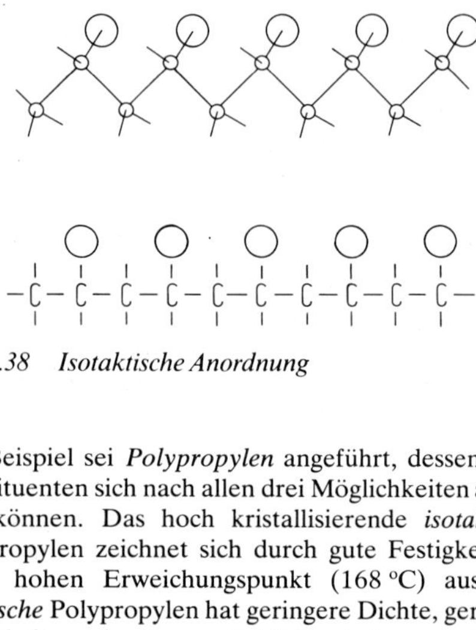

Bild 7.38 Isotaktische Anordnung

Als Beispiel sei *Polypropylen* angeführt, dessen CH_3-Substituenten sich nach allen drei Möglichkeiten anordnen können. Das hoch kristallisierende *isotaktische* Polypropylen zeichnet sich durch gute Festigkeit und einen hohen Erweichungspunkt (168 °C) aus. Das *ataktische* Polypropylen hat geringere Dichte, geringere Steifigkeit und einen erheblich niedrigeren Erweichungsbeginn (128 °C).

Zu den teilkristallinen Plastomeren gehören auch die *Polyamide.* Es hat sich gezeigt, daß sie am leichtesten kristallisieren, wenn die symmetrischen CH_2-Gruppen zwischen den CONH-Brückengliedern in ihrer Länge nicht zu unterschiedlich sind. Unterstützt wird hier die enge Anlagerung durch die Wirkung der *Wasserstoffbrücken* (siehe S. 321), die zwischen den Sauerstoff- und Wasserstoffatomen der Brückenglieder verschiedener Moleküle gebildet werden. Darauf beruhen die guten mechanischen Eigenschaften der Polyamide ebenso wie ihre hohe Verschleißfestigkeit, die allgemein mit dem Kristallisationsgrad wächst und hier zusätzlich durch die Wasserstoffbrücken gesteigert wird.

7.4.3 Strukturveränderungen

Gezielte Eigenschaftsänderungen können an Metallen häufig durch Beeinflussung des Gefüges (Wärmebehandlung, Kaltverformung) bewirkt werden. Dem Kunststoffverarbeiter sind hier engere Grenzen gesetzt, da der makromolekulare Aufbau der Vorprodukte durch die chemischen Reaktionen bei ihrer Herstellung grundlegend bestimmt wird.

Eine Steigerung des Vernetzungsgrades bei der Verarbeitung von *Reaktionsharzen* durch **Nachhärtung** (nachträgliche Erwärmung) ist zwar möglich und bisweilen nötig, aber aufwendig und damit oft unwirtschaftlich.

Bei *thermoplastischen Polykondensaten,* deren Kettenlänge allgemein geringer ist als die der Polymerisate, kann durch **Tempern,** eine nachträgliche Wärmebehandlung, eine *Weiterkondensation* bewirkt werden, die zur Verlängerung der Ketten führt.

Wesentliche Eigenschaftsänderungen lassen sich durch das **Verstrecken** amorpher oder teilkristalliner Plastomere erreichen. Dabei werden die Makromoleküle besonders stark orientiert und so dicht aneinander gelagert, daß die Nebenvalenzkräfte erheblich steigen.

Verstreckt wird entweder in unmittelbarem Zusammenhang mit der Formgebung, z. B. durch Steigerung der Abzugsgeschwindigkeit der aus der Düse austretenden Fäden oder Bänder, oder nachträglich an Halbzeugen in Temperaturbereichen erhöhter Beweglichkeit der Moleküle. Die Verstreckung wird dann meist in mehreren Richtungen durchgeführt.

Besondere Bedeutung hat die *Verstreckung von Polyamiden.* Hier können Festigkeitssteigerungen bis zum Zehnfachen des unverstreckten Zustands erreicht werden. Die bei diesen kristallisierenden Kunststoffen ohnehin bereits weitgehend parallel gelagerten Makromoleküle werden soweit verschoben, bis die polaren CONH-Brücken in enge Nachbarschaft geraten. Durch ihr gegenseitiges »Einrasten« werden zusätzlich die starken Anziehungskräfte der Wasserstoffbrücken wirksam (Bild 7.39).

Wenn trotz des so erreichten hohen Kristallinitätsgrades noch eine ausreichende Zähigkeit vorhanden ist, so beruht das auf dem Relaxationsvermögen der stets verbleibenden amorphen Anteile. Darüber hinaus wirkt die Neigung der Polyamide zur *Wasseraufnahme* der durch die gesteigerten Nebenvalenzkräfte möglichen Versprödung entgegen.

Eindringende Wassermoleküle, die stark polar sind, lösen nämlich einen Teil der Wasserstoffbrücken zwischen den Molekülen, indem sie selbst eigene Brücken

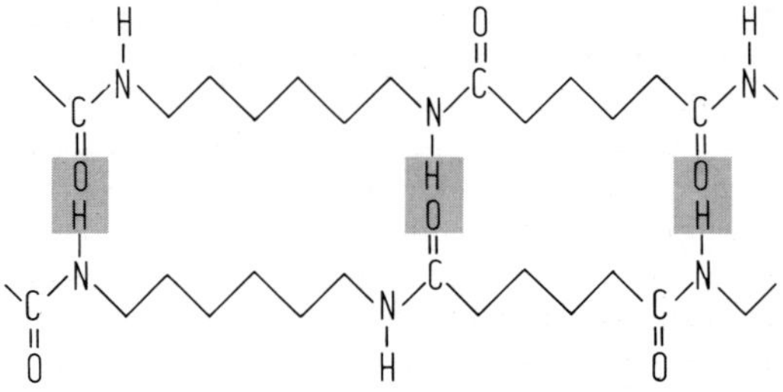

Bild 7.39 Wasserstoffbrücken PA 6 6

mit den polaren Gruppen bilden. Die so erfolgte Auflockerung erhöht die Gelenkigkeit des Verbandes und verbessert die Zähigkeitseigenschaften bei nur geringer Einbuße an Festigkeit.

Der Hersteller von Kunststoffen hat bereits viele Möglichkeiten, die Eigenschaften von Plastomeren durch Misch- und Copolymerisation zu beeinflussen. In die Makromoleküle werden entweder sterisch hindernde Komponenten eingebaut, die eine Verfestigung bewirken, oder gut bewegliche Elastomerkomponenten, die zu einem flexibleren Zustand der Endprodukte führen. Damit wird dem Verarbeiter bereits eine breite Palette für die Auswahl seiner Formmassen angeboten.

Die Bereitstellung solcher Formmassen ist jedoch nur dann wirtschaftlich tragbar, wenn sie sich mengenmäßig lohnt. Deshalb ist es für den Verarbeiter bedeutsam, auch eigene Einflußmöglichkeiten zu haben, die es ihm gestatten, sich den oft sehr unterschiedlichen Anforderungen an seine Produkte nicht nur qualitativ, sondern auch mengenmäßig anzupassen.

Einen breiten Spielraum hierfür bietet ihm der Umstand, daß sich das Verhalten amorpher Plastomere in erheblichem Maße variieren läßt, wenn den Formmassen bei der Verarbeitung Weichmacher zugesetzt werden. Besonders gut geeignet für eine solche *äußere Weichmachung* ist Polyvinylchlorid, bei dem deshalb auch in großem Umfang von dieser Methode Gebrauch gemacht wird.

Weichmacher sind *niedermolekulare* Substanzen polaren Charakters. Sie lagern sich zwischen den Makromolekülen an den in den Ketten vorhandenen Dipolen an und unterbinden dadurch teilweise deren Einfluß auf benachbarte Moleküle. Die Makromoleküle werden beweglicher, da ihre gegenseitige Fixierung mehr oder weniger aufgehoben wird.

Je nach der Menge des zugesetzten Weichmachers lassen sich so Zustandsänderungen vom harten über lederartigen, flexiblen bis zum gummiartigen

Gebrauchszustand bei Raumtemperatur gezielt einstellen.
Da Weichmacher *flüchtige Substanzen* sind, kann es allerdings geschehen, daß sie im Laufe längerer Zeit wieder aus dem Molekülverband entweichen (dann verhärtet sich der Stoff wieder) oder an die Oberfläche wandern (dann wird diese mehr oder weniger klebrig). Stehen in direkter Berührung mit den weichgemachten Polymerisaten andere, die möglicherweise stärker wirkende Dipole besitzen, dann können die Weichmacher zumindest teilweise in diese hinüberwandern. Das gleiche kann geschehen, wenn zwei Stoffe mit stark unterschiedlicher Weichmacherkonzentration in direktem Kontakt sind.
Dieser Gefahr der *Weichmacherwanderung* wird durch eine sorgfältige Auswahl von Weichmachern begegnet, die auf den Kunststoff abgestimmt und mit ihm verträglich sind. Sie kann weiter durch den Zusatz von Stabilisatoren erheblich eingeschränkt werden.
Unter besonders ungünstigen Umständen sind jedoch gelegentliche Mängel nicht völlig auszuschließen. Es wäre aber nicht vertretbar, zugunsten einer alleinigen *inneren Weichmachung* durch Copolymerisation auf ein Verfahren zu verzichten, dessen technische und wirtschaftliche Vorteile nicht gering einzuschätzen sind.

7.5 Anwendungsmöglichkeiten und -grenzen

Zum Beurteilen der Einsatzmöglichkeiten von Kunststoffen ist es entscheidend wichtig, die bestehenden Unterschiede in ihren Verhaltensweisen unter bestimmten Umständen klar zu erkennen. Dies gilt insbesondere dann, wenn sie an die Stelle von Metallen treten sollen.
Diese Erkenntnis ergibt sich aus den folgenden Gegebenheiten. In den Metallen besteht ein geordneter Atomverband, der trotz Unregelmäßigkeiten und Fehlstellen durch seine starken atomaren Bindungskräfte im ganzen doch fest gefügt ist. Er bleibt dies auch bis zu seiner Auflösung beim Aufschmelzen, wenn auch mit verminderter Zusammenhangskraft.
Thermoplastische Kunststoffe dagegen bestehen aus einem Haufwerk von wirr durcheinanderliegenden, verknäuelten, bestenfalls nur in Teilbereichen geordneten Makromolekülen unterschiedlicher Gestalt und ungleicher Länge. Ihr gegenseitiger Zusammenhalt wird durch relativ schwache zwischenmolekulare Kräfte bestimmt, die sich dazu noch in unterschiedlicher Weise auswirken.
Dadurch sind schon wesentliche Unterschiede in den mechanischen Eigenschaften beider Werkstoffgruppen bedingt und die Grenzen ihrer Beanspruchungsmöglichkeiten erkennbar. Weitere ergeben sich aus den Auswirkungen der anders gearteten Bewegungsfreiheit der Teilchen, welche die Stoffe aufbauen.

7.5.1 Wärmeeinflüsse

Die im festen Verband des kristallinen Systems um ihre Mittellage frei schwingenden Metallatome lassen sich durch die Vergrößerung ihrer Schwingungsweite bei Wärmezufuhr leichter gegenseitig verschieben. Nach Überschreiten einer definierten Schmelztemperatur löst sich der Verband auf, und die Atome werden in der Schmelze frei beweglich. Bei weiterer Erwärmung wird ihre Bewegungsenergie schließlich so weit gesteigert, daß sie auseinanderstreben. Damit ist der Übergang in den Dampfzustand erreicht.
Anders bei den Molekülen der Kunststoffe. Die Bewegungsmöglichkeit der Atome im Molekül ist hier gehemmt und nur soweit gegeben, wie es ihnen die Beweglichkeit der Moleküle selbst gestattet.

Im vernetzten Verbund der *Duromere* ist diese Bewegungsmöglichkeit nur in sehr geringem Maße vorhanden, eine gegenseitige Verschiebung sogar ganz ausgeschlossen. Somit ist auch bei Erwärmung weder eine plastische Verformung noch ein Aufschmelzen möglich.
Die gleiche Erscheinung zeigt sich bei den *Elastomeren.* Sie sind zwar wegen ihrer nur lose verknüpften Moleküle stark elastisch dehnbar und behalten diese Fähigkeit auch bei höheren Temperaturen bei, aber ein plastisches Fließen wird ebenso wie das Aufschmelzen durch die Verknüpfungen verhindert. Gesteigerte Wärmezufuhr führt am Ende bei beiden Stoffgruppen nur zur Zerstörung des Verbands und damit zur Zersetzung des Kunststoffs.
Bei den *Plastomeren* bleiben die kettenförmigen Makromoleküle auch bei Wärmezufuhr bis in den Schmelzbereich erhalten. Ihr Zerfall tritt erst ein, wenn die Schmelze überhitzt wird. Es folgt die völlige Zersetzung durch chemische Umwandlung.
In der *Schmelze* sind nicht die Atome, sondern nur die Makromoleküle frei beweglich. Die zwischen ihnen noch bestehenden relativ großen Reibungs-

kräfte beeinträchtigen jedoch ihre gegenseitige Bewegungsmöglichkeit so stark, daß nur ein zähflüssiger (viskoser) Zustand, vergleichbar dem von Honig, erreicht wird.
Beim *Abkühlen* vergrößert sich die Viskosität ständig. Die Beweglichkeit der Moleküle verringert sich in dem Maße, wie sie sich enger aneinander lagern (z. B. bei Entstehung kristalliner Bereiche) oder wie sich Verschlaufungen und Verhakungen bilden, die im Grenzfall nur noch ein freies Schwingen der Kettenenden zulassen.
Amorphe Plastomere nehmen folglich wegen der Beweglichkeit ihrer Moleküle eine Zwischenstellung zwischen Flüssigkeiten und Festkörpern ein. Ihr fester Zustand ist der einer *unterkühlten Schmelze,* deren Viskosität einen so hohen Grad erreicht hat, daß ihre Fließfähigkeit praktisch aufgehoben ist. Andererseits ist ihr auch bereits bei Normaltemperatur zu beobachtendes Kriechen (kalter Fluß) auf diesen Umstand zurückzuführen.

Beim *Erwärmen* tritt die Fließfähigkeit zunehmend wieder auf und führt über fortschreitende Erweichung zum schmelzflüssigen Zustand. Dessen Eintritt ist gegenüber dem plastisch fließbaren Zustand nicht exakt abzugrenzen, da die Moleküle wegen ihrer ungleichen Länge und ihrer unterschiedlichen Verknäuelung und Verschlaufung nicht zur gleichen Zeit ihre volle Beweglichkeit erhalten.
Eine definierte Schmelztemperatur liegt deshalb nicht vor. Es ist dies ein Charakteristikum aller makromolekularen Stoffe, ebenso, daß sie nicht in den Dampfzustand übergehen können.
Trotz solcher ineinander verlaufender Übergänge lassen sich jedoch in Abhängigkeit von der Temperatur bestimmte Zustandsbereiche abgrenzen, in denen das Verhalten der Plastomere deutliche Unterschiede zeigt.
Charakteristisch ist eine Verhaltensänderung, die beim Durchlaufen eines bestimmten Temperaturbereichs eintritt. Er wird erfaßt durch die **Glasübergangstemperatur** (GT), bisher auch als *Einfriertemperatur* (bei Abkühlung) bzw. als *Erweichungstemperatur* (bei Erwärmung) bezeichnet.
Unterhalb dieser Temperatur kommen die Schwingbewegungen der Makromoleküle zum Stillstand, sie »frieren ein«. Die zwischenmolekularen Anziehungskräfte werden voll wirksam und verleihen dem Material seine Festigkeit und Härte.
Zunächst noch in geringerem Umfang elastisch *(hartelastisch),* gehen die Plastomere mit weiter sinkender Temperatur in einen immer stärker ausgeprägten *glasig-harten Zustand* über, bis zur völligen Versprödung bei extrem tiefer Temperatur.
Mit dem Übergang von einem Zustand in den anderen ändern sich nicht nur mechanisch-technologische, sondern auch elektrische und andere physikalische Eigenschaften.

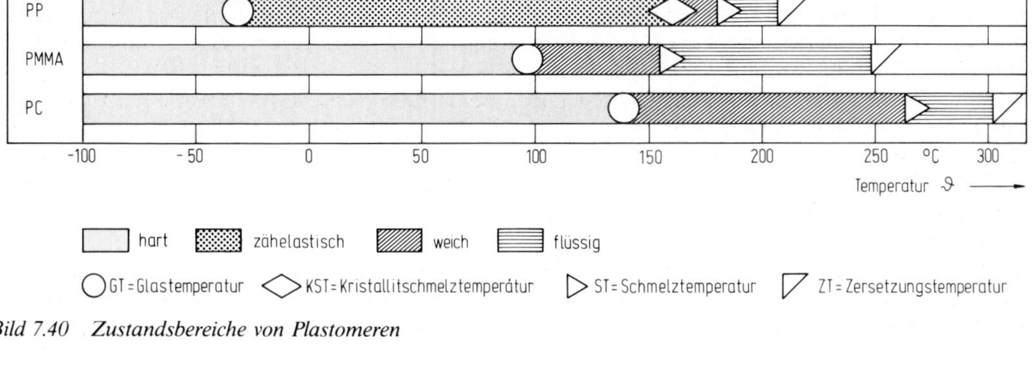

Bild 7.40 Zustandsbereiche von Plastomeren

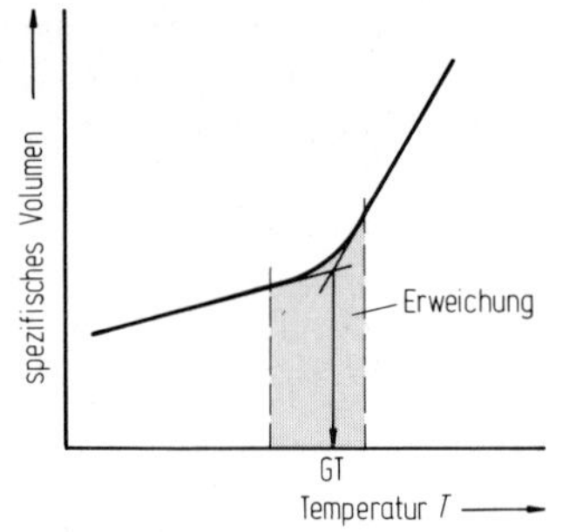

Bild 7.41 Bestimmung der Glasübergangstemperatur

Deutlich erkennbar – und deshalb zur exakten Bestimmung der Glastemperatur herangezogen – ist z. B. die Veränderung der spezifischen Wärme und des spezifischen Volumens mit der Temperatur. Der Kurvenverlauf (Bild 7.41) zeigt bei beginnender Erweichung eine Veränderung der Steigung, die sich über einen gewissen Temperaturbereich erstreckt. Die exakte Glastemperatur ergibt sich dann aus dem Schnittpunkt der an diese Kurven angelegten Geraden. Naturgemäß weist die größere Steigung oberhalb der Glastemperatur auch auf die stärker nachlassende Formbeständigkeit in den höheren Temperaturbereichen hin.

Die Höhe der Glastemperatur von Plastomeren ist unterschiedlich (Bild 7.40). Sie ist bedingt durch den verschiedenartigen makromolekularen Aufbau und die damit im Zusammenhang stehende Wirkung der Nebenvalenzkräfte.
Bei Überschreitung der Glastemperatur gelangen die Plastomere in den **Erweichungsbereich.** Infolge gesteigerter Beweglichkeit der Moleküle werden ihre zwischenmolekularen Kräfte weniger wirksam. Die bisher eingefrorenen amorphen Bereiche tauen auf. Die verknäuelten Moleküle geben äußeren Belastungen nach, sie lassen sich deformieren, begradigen, strecken, orientieren.
Diese Formänderungen sind zunächst elastischer Art (entropie-elastisch), da die Moleküle ihre alte verknäuelte Form wieder annehmen, sobald die Belastung aufhört.

Amorphe Plastomere verhalten sich somit in diesem durch die Wärmeeinwirkung bedingten Zustand **thermo-elastisch.** Erst bei weiterer Erwärmung lösen sich die Verhakungen und Verschlaufungen ihrer Moleküle so weit, daß sie mehr und mehr aneinander abgleiten können. Das Material wird **plastisch-fließbar.**

Der Übergang zur völlig freien Verschiebbarkeit der Makromoleküle ist nach Überschreiten der **Schmelztemperatur** (ST) erreicht. Zunächst noch zähflüssig, vermindert sich mit weiter steigender Temperatur im **Schmelzbereich** die Viskosität fortlaufend. Wenn die **Zersetzungstemperatur** (ZT) erreicht ist, setzt schließlich der Zerfall der Ketten ein.

In *teilkristallinen Plastomeren* erlauben die nach Überschreiten der Glastemperatur aufgetauten amorphen Anteile elastische Deformationen. Die kristallinen Anteile, die hier als sterische Hinderung wirken, setzen jedoch dieser Formänderung Grenzen und bewirken weiter durch ihren festen Zusammenhalt das *zäh-elastische* Verhalten dieser Stoffe bei unverminderter Formbeständigkeit. Der *Erweichungsbeginn* wird zu höheren Temperaturen verschoben. Er setzt ein, wenn sich bei Erreichen der **Kristallitschmelztemperatur** (KST) die Kristallite zunehmend auflockern und schließlich in den amorphen Zustand übergehen. Von da an erfolgt die Änderung vom plastisch-fließbaren in den schmelzflüssigen Zustand verhältnismäßig rasch.
Bei Abkühlung aus der viskosen Schmelze bilden sich mit der steigenden Wirkung der Nebenvalenzkräfte die Kristallite wieder neu. Der *Rekristallisationsgrad* ist von der Temperatur und von der Abkühlgeschwindigkeit abhängig.

Bei *Duromeren* wirkt sich das Überschreiten der Glastemperatur, da die Bewegungsmöglichkeit der Moleküle durch die engen Verknüpfungen ohnehin schon sehr stark eingeschränkt ist, nur so geringfügig aus, daß es praktisch bedeutungslos ist.
Bei *Elastomeren* liegt die Glastemperatur so tief, daß eine Versprödung erst bei Temperaturen eintritt, die weit unterhalb ihrer Einsatzgrenzen liegen.
Beide Stoffgruppen durchlaufen bei Erwärmung weder einen Erweichungs- noch einen Schmelzbereich. Ihr harter bzw. weichelastischer Zustand bleibt bis zur Zersetzungstemperatur erhalten.

7.5.2 Formgebungsmöglichkeiten

Die Herstellung von Kunststofferzeugnissen und ggf. erforderliche Formänderungen an Halbzeugen und Formteilen sind eng an die temperaturbe-

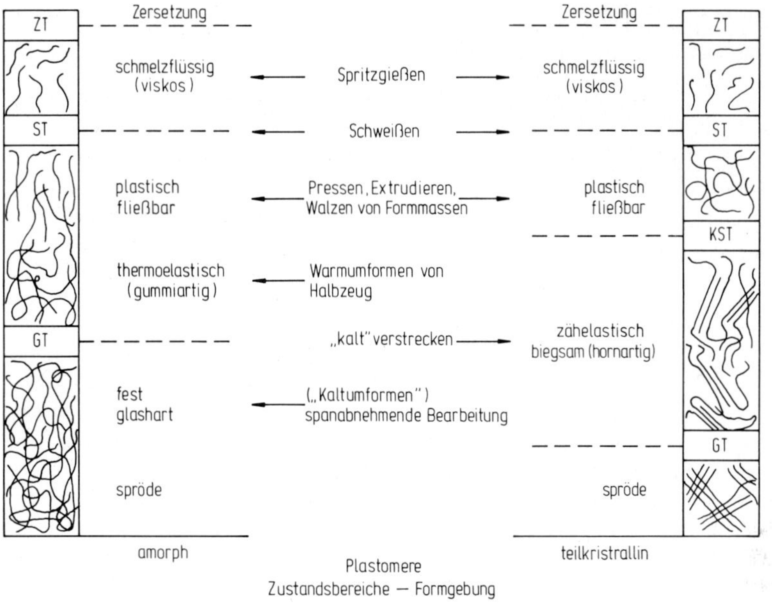

Bild 7.42 Zustandsbereiche und Formgebungsmöglichkeiten von Plastomeren

dingten Zustandsbereiche gebunden.[1] Bild 7.42 zeigt die Formgebungsmöglichkeiten von Plastomeren innerhalb dieser Zustandsbereiche.

Formänderungen an Duromeren können nur durch *spanabhebende Bearbeitung* erreicht werden. Dies ist bei hohen Schnittgeschwindigkeiten wirtschaftlich und in ähnlich einfacher Weise wie bei der Holzbearbeitung mit den dafür üblichen Werkzeugen möglich. In Sonderfällen, z. B. bei eingebetteten Glasfaserverstärkungen, sind Spezialwerkzeuge mit Diamantschneiden erforderlich.
Bei Plastomeren spielen spanabhebende Fertigungsverfahren jedoch allgemein eine untergeordnete Rolle, da deren Vorzug ja gerade darin liegt, daß sich Formteile auch recht komplizierter Gestalt rationell durch plastische Formgebung herstellen lassen.

Allgemein ist eine bleibende Formänderung *unterhalb der Glastemperatur* nicht möglich. Einige (verstreckbare) Plastomere können jedoch auch im hartelastischen Zustand umgeformt werden. Obwohl dies in der Regel oberhalb der Raumtemperatur, meist nahe am Erweichungsbereich, geschieht, spricht man von *Kaltumformung*. Die Kunststoffe werden dabei anisotrop.

Teilkristalline Plastomere werden unterhalb ihrer Kristallitschmelztemperatur »kalt« verstreckt.

Der bei amorphen Stoffen oberhalb der Glastemperatur auftretende thermoelastische Zustand ermöglicht größere Formänderungen durch **Warmumformung.**
Die in diesem Bereich durchgeführten Formänderungen bleiben jedoch nur dann stabil, wenn die elastisch verformten Makromoleküle durch unmittelbares Abkühlen noch im Formwerkzeug eingefroren werden. So führt auch eine nachträgliche Wiedererwärmung warm umgeformter Teile über ihre Glastemperatur dazu, daß sie sich in ihre ursprüngliche Ausgangsform zurückbilden (Bild 7.43).
Ausgelöst wird dieses Verhalten durch das **Rückstellbestreben** *(memory-effekt)* ihrer Makromoleküle, d. h. ihren Drang, die ursprünglich verknäuelte Form wieder einzunehmen.

[1] Von den speziellen, mit chemischen Reaktionen verbundenen Verarbeitungsverfahren für Gieß- und Laminierharze sowie aushärtenden Reaktionsmassen kann in diesem Zusammenhang abgesehen werden.

Bild 7.43 Rückverformung eines tiefgezogenen Bechers bei Wiedererwärmung

In manchen Fällen wird die Neigung der Makromoleküle genutzt, aufgezwungene Orientierungen durch Rückverformung wieder aufzuheben. So werden z. B. *Schrumpffolien* bei der Herstellung warm verstreckt. Bei ihrer Verwendung vom Verbraucher wieder erwärmt, bewirkt das Rückstellvermögen ihrer Makromoleküle eine mehr oder weniger starke Schrumpfung. Die Folie zieht sich dann stramm um einen von ihr bedeckten Gegenstand zusammen. Man erhält auf diese einfache Weise dichte, eng anliegende Schutzüberzüge, Abdeckungen von Behältern und formgetreue Verpackungen.

Die **plastische Formgebung** erfolgt bei höheren Temperaturen im Bereich des plastischen Fließens. Er wird bei amorphen Stoffen ohne ausgeprägten Übergang, bei teilkristallinen nach Überschreiten der Kristallitschmelztemperatur erreicht.
In diesem Bereich werden auch die aushärtbaren Formmassen der duromeren Pheno- und Aminoplaste zu Formteilen verpreßt, da diese Vorprodukte noch linear aufgebaut sind und sich somit wie Plastomere verhalten. Ihre Vernetzung erfolgt im aufgeheizten Formwerkzeug, das so lange unter Kraftschluß gehalten werden muß, bis die Aushärtung abgeschlossen ist und die bei der chemischen Reaktion entstehenden dampfförmigen Kondensate entwichen sind.
Verarbeitet werden gebrauchsfertige Granulate oder pulverisierte Formmassen. Die Formmassen werden aufbereitet, d. h. mit allen erforderlichen Zusätzen (Farbpigmente, Gleitmittel, Füllstoffe) versehen und durchgeknetet. Ihre Erwärmung auf die jeweils günstigste Verarbeitungstemperatur erfolgt im Formwerkzeug.

Neben dem *Pressen* von Formteilen hat besondere Bedeutung die Herstellung von Halbzeugen (Profile, Rohre, Platten) durch *Extrudieren.* Das ist ein Strangpressen, bei dem die plastifizierte Formmasse durch einen formgebenden Düsenansatz am Extruder ins Freie gepreßt wird. Ihre Formsteifigkeit erhalten die stranggepreßten Erzeugnisse durch Abkühlen im Wasserbad oder an der Luft.
Platten und vorzugsweise *Folien* werden in einem Mehrfachwalzwerk, dem Kalander, dem die durchgeknetete Formmasse aufgegeben wird, zwischen beheizten Walzen *ausgewalzt.*
Da die Makromoleküle im Fließbereich bereits mehr oder weniger aneinander abgleiten, ist ihre Rückstellung zwar weitestgehend ausgeschaltet, jedoch nicht völlig unterbunden. Denn auch in diesem Bereich sind den Verschiebungen noch elastische Formänderungen überlagert.
So ist z. B. beim *Extrudieren* nach dem Austritt aus der Düse eine Strangaufweitung zu beobachten. Sie ist zurückzuführen auf die Rückstellung der beim Durchgang durch die Düse orientierten Makromoleküle in einen wieder mehr verknäuelten Zustand.

Im Grenzbereich zwischen plastischem Fließen und voll aufgeschmolzenem Zustand ist auch das **Schweißen** von Plastomeren möglich. Im Gegensatz zum Schmelzschweißen von Metallen, das drucklos erfolgt, ist eine einwandfreie Schweißverbindung jedoch nur möglich, wenn die auf Schweißtemperatur erwärmten Verbindungsstellen unter Druck zusammengefügt werden. Die Haltbarkeit der Verbindung hängt nämlich davon ab, daß die Makromoleküle beider Randzonen ausreichend ineinander verschoben werden, sich gegenseitig durchdringen, verfilzen und verschlaufen.

Die völlig freie Verschiebbarkeit der Makromoleküle im *Schmelzbereich* ermöglicht die Herstellung von Kunststofferzeugnissen durch **Spritzgießen.** Das Verfahren bewährt sich hervorragend für die wirtschaftliche Massenproduktion auch kompliziert gestalteter Formteile.
Das der Spritzgußmaschine zugeführte Granulat wird in einem beheizten Zylinder aufgeschmolzen und durch eine Düse in die Form gespritzt. Dazu ist Druck erforderlich, um die Zähflüssigkeit der Schmelze zu überwinden und durch exakte Formfüllung die auftretende Schwindung auszugleichen.

Wichtig ist das Einhalten der optimalen *Schmelztemperatur,* von der die Viskosität der Schmelze abhängt. Hohe Temperaturen vermindern zwar die Viskosität, bringen jedoch die Gefahr mit sich, durch den einsetzenden Kettenzerfall die Qualität der Erzeugnisse zu verschlechtern.

Zur Beurteilung der Schmelze dient ihr **Schmelzindex.** Man versteht darunter die Menge der Schmelze, die aus einem aufgeheizten Zylinder unter festgelegtem Stempeldruck durch eine genormte Düse in einer bestimmten Zeit austritt. Der Schmelzindex wird in der Regel in g/(10 min) angegeben.

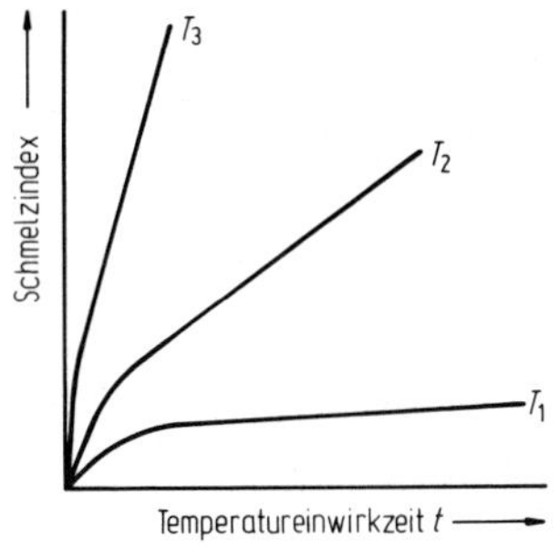

Bild 7.44 Schmelzindex bei verschiedenen Massetemperaturen (schematisch)

Wie Bild 7.44 schematisch zeigt, erhöht sich der Schmelzindex bis zu einer bestimmten Massetemperatur T_1 auch bei längerer Einwirkzeit nicht weiter nennenswert: die einmal erreichte Viskosität der Schmelze bleibt unverändert. Bei höheren Massetemperaturen T_2, T_3 steigt er jedoch im Laufe der Zeit stark an: das schnelle Absinken der Viskosität deutet auf einen Zerfall der Makromoleküle und damit auf eine Schädigung des Werkstoffs hin.

Je enger der Bereich zwischen Schmelz- und Zersetzungstemperatur ist, desto schwieriger ist es, spritzgegossene Formteile herzustellen. Während z. B. Polystyrol wegen seines großen Schmelzbereichs besonders gut für den Spritzguß geeignet ist, zeigt sich Polyvinylchlorid wegen des zeitigen Abbaus seiner Makromoleküle infolge Chlorabspaltung besonders empfindlich. Es wird deshalb weniger im Spritzguß, sondern vorwiegend durch Extrudieren und Walzen verarbeitet und ggf. im thermoelastischen Bereich umgeformt.

Zu den Eigenarten einer viskosen Kunststoffschmelze gehört es, daß ihre Makromoleküle selbst in diesem Zustand durch ihren Hang zur Verknäuelung noch eine gewisse Elastizität besitzen. Durch ihre Rückverformung können sich im Verein mit der bei der Erstarrung eintretenden Schwindung Maßänderungen am Formteil ergeben, die durch entsprechend vorgegebene Toleranzen auszugleichen sind.

Frieren bei der Formgebung entstandene Orientierungen bei der Abkühlung vorzeitig ein, dann treten **Orientierungsspannungen** auf, deren Ausgleich ggf. durch nachträgliches *Tempern* erreicht werden muß, da sich andernfalls das Formteil unter ihrem Einfluß bei Wiedererwärmung verziehen kann.

7.5.3 Verhalten im Gebrauchszustand

Es wurde bereits darauf verwiesen, daß die technologischen und physikalischen Eigenschaften in den verschiedenen temperaturabhängigen Zustandsbereichen merkliche Unterschiede aufweisen. Im Vergleich zu den Metallen machen sich solche Eigenschaftsunterschiede in wesentlich engeren Grenzen und bereits bei erheblich niedrigeren Temperaturen bemerkbar.

Da diese Zustandsbereiche zudem bei den einzelnen Kunststoffen durchaus unterschiedlich liegen, wirken sie sich auch auf die Verhaltensweisen im üblichen Gebrauchsbereich aus. Sie bestimmen und begrenzen damit die *Einsatzmöglichkeiten* und *Anwendungsbereiche* der Kunststoffe.

Formteile aus Plastomeren, die bestimmten Festigkeits- und Steifigkeitsanforderungen genügen müssen, befinden sich im Gebrauchszustand unterhalb ihrer Einfriertemperatur.

Der Übergang in den Erweichungsbereich setzt bei den *amorphen* Plastomeren je nach ihrem makromolekularen Aufbau bei Temperaturen oberhalb von etwa 60 °C bis 80 °C ein. Bis dahin sinkt ihre Festigkeit geringfügig ab (Bild 7.45), während die Dehnung entsprechend ansteigt. Sie erreicht ihr Maximum im thermoelastischen Bereich und fällt anschließend wegen des einsetzen-

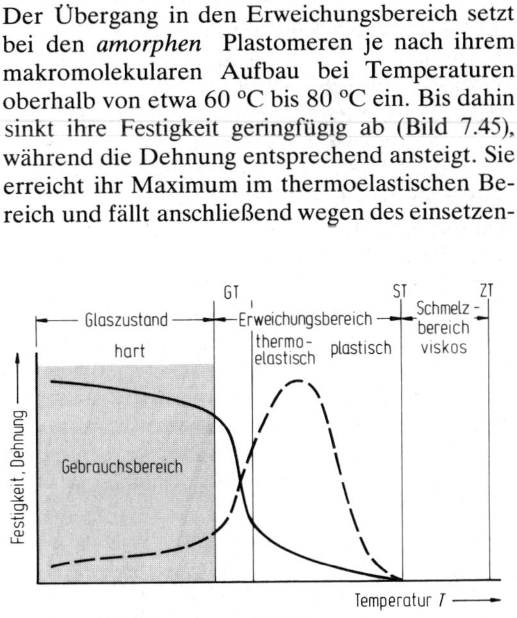

Bild 7.45 Festigkeit und Dehnung amorpher Plastomere in Anhängigkeit von der Temperatur

den Abgleitens der Makromoleküle bis zur Schmelztemperatur steil ab. Der Erweichungsbeginn ist durch das starke Absinken der Festigkeit gekennzeichnet.
Die Glastemperatur der *amorphen Anteile teilkristalliner Plastomere* liegt hingegen sehr tief, bei Polyäthylen beispielsweise bei 200 K. Die amorphen Stellen sind im Gebrauchsbereich bereits aufgetaut und ermöglichen durch ihre Beweglichkeit das stark elastisch-biegsame Verhalten dieser Stoffe, die deshalb auch als »unzerbrechlich« bezeichnet werden.
Die Zuordnung von Festigkeit und Dehnung und ihre Veränderungen in den einzelnen Bereichen gehen aus Bild 7.46 hervor.

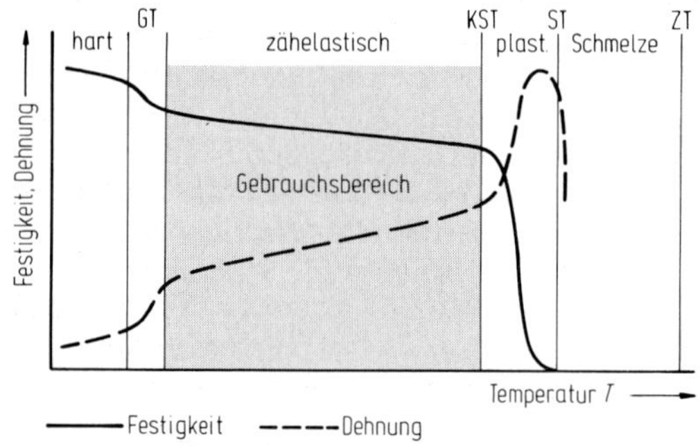

Bild 7.46 Festigkeit und Dehnung teilkristalliner Plastomere in Abhängigkeit von der Temperatur

Die Unstetigkeit in den Kurven für Festigkeit und Dehnung im Einfrierbereich weist auf das Auftauen der amorphen Anteile hin. Der steile Abfall der Festigkeit bei entsprechendem Anstieg der Dehnung erfolgt nach Erreichen der Kristallitschmelztemperatur.

Elastomere werden meist weit über dem Einfrierbereich ihrer lose verknüpften Moleküle eingesetzt, weil die Glastemperatur noch unter 200 K liegt. Die losen Verknüpfungen bedingen ihr gummielastisches Verhalten, verhindern jedoch plastisches Fließen und Aufschmelzen.
Im spröden Glaszustand sind sie technisch nicht nutzbar. Die Temperaturunterschiede im Gebrauchsbereich zwischen Einfrier- und Zersetzungstemperatur können bis zu 250 K betragen. Die hohe elastische Dehnung steigt mit der Temperatur noch etwas an (Bild 7.47).
Ähnlich verhalten sich *weichgemachte Plastomere*. Die zugesetzten Weichmacher verschieben die Glastemperatur so weit nach unten, daß diese Stoffe bei den üblichen Gebrauchstemperaturen

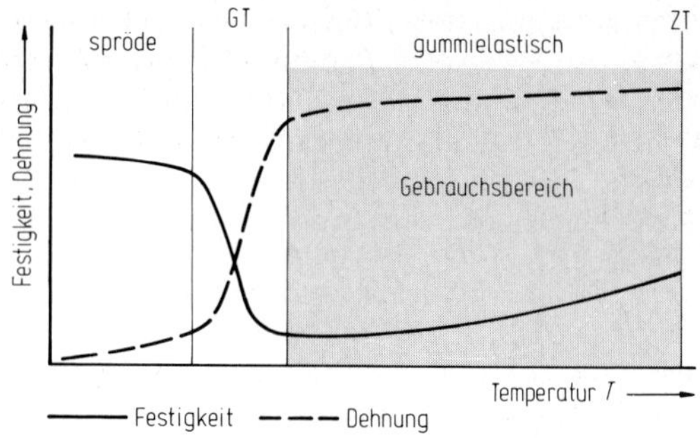

Bild 7.47 Festigkeit und Dehnung von Elastomeren in Abhängigkeit von der Temperatur

bereits ihr flexibles, gummiartiges Verhalten zeigen. Im Unterschied zu den Elastomeren bleibt dieser Zustand jedoch nicht bis zur Zersetzungstemperatur erhalten, da sie als amorphe unvernetzte Stoffe bei Temperatursteigerung sowohl den Fließ- als auch den Schmelzbereich durchlaufen.

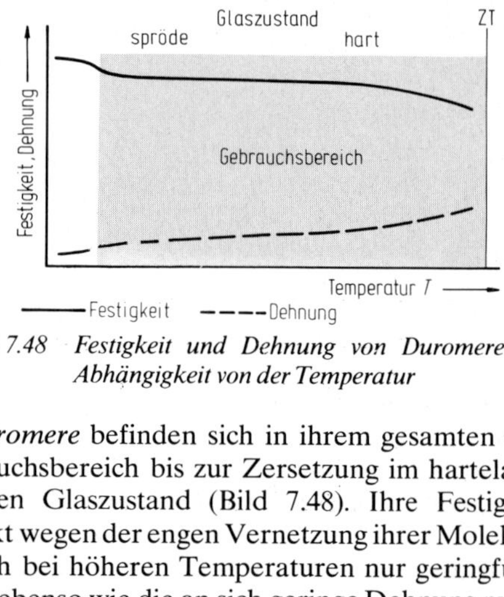

Bild 7.48 Festigkeit und Dehnung von Duromeren in Abhängigkeit von der Temperatur

Duromere befinden sich in ihrem gesamten Gebrauchsbereich bis zur Zersetzung im hartelastischen Glaszustand (Bild 7.48). Ihre Festigkeit sinkt wegen der engen Vernetzung ihrer Moleküle auch bei höheren Temperaturen nur geringfügig ab, ebenso wie die an sich geringe Dehnung nur in unerheblichem Maße ansteigt.

7.6 Kunststoffsorten

7.6.1 Duromere

Die Bildungsreaktionen bei der Herstellung von Duromeren führen zu räumlich verknüpften Netzwerken, die das typische Verhalten dieser Stoffe bestimmen.

Dem Verarbeiter werden noch linear aufgebaute Vorprodukte angeliefert. Sie können als Gießharze vergossen, als Laminierharze verstrichen oder als rieselfähige oder knetbare Massen verpreßt werden.
Bei *härtbaren Formmassen* erfolgt die endgültige Vernetzung während der Formgebung unter Druck und Wärmezufuhr. *Reaktionsharze* vernetzen, wenn ihnen unmittelbar vor der Verarbeitung Reaktionsmittel zugegeben werden, die ggf. auch eine drucklose Formgebung bei Raumtemperatur ermöglichen.
Die Ausgangsprodukte werden häufig gemeinsam mit *Füllstoffen* verarbeitet, deren Art und Menge die mechanischen und elektrischen Eigenschaften der reinen Harze weitgehend verändern.

Erzeugnisse aus Duromeren zeichnen sich durch hohe Festigkeit und große Oberflächenhärte aus. Sie verspröden in der Kälte nicht und behalten, da kein ausgeprägter Erweichungsbereich vorliegt, ihre Formsteifigkeit auch bei höheren Temperaturen bei. Ihre Anwendungs-Grenztemperaturen liegen, je nach Harzart und Füllstoff, in Bereichen zwischen etwa 80 °C und 150 °C. Ihre Kriechneigung ist gering und wird durch die zugesetzten Füllstoffe noch vermindert. Die Dehnung beim Bruch liegt nur zwischen 0,3 % und etwa 2 %. Ein örtlich begrenzter Spannungsabbau durch Fließen ohne Bruch ist daher, ebenso wie eine größere Arbeitsaufnahme, kaum möglich. Im Endzustand können Duromere nur noch spanabhebend bearbeitet werden.

Phenol-Formaldehyd-Kunststoffe (Phenoplaste) **PF**

Die in einer Kondensationsreaktion aus Phenol (Kresol) und Formaldehyd erzeugten Phenoplaste sind die ältesten synthetischen Kunststoffe. Sie werden seit 1910 großtechnisch hergestellt.

Vorprodukte sind *Resole,* die meist flüssig als Lösungen vorliegen, oder *Novolake,* die vorwiegend als Pulver verarbeitet werden (siehe S. 333).
Die reinen Harze können als *Gießharze* vergossen werden und härten dann bei mäßiger Erwärmung drucklos aus. Weit häufiger jedoch werden pulverisierte Resole oder Novolake als *Preßmassen* verwendet, die mit allen erforderlichen Zusätzen aufbereitet und zur genauen Dosierung bisweilen auch zu Tabletten vorgepreßt sind. Sie werden bei Temperaturen zwischen 140 °C und 180 °C verpreßt.

Die in DIN 7708 aufgenommenen typisierten Formmassen unterscheiden sich durch den Harzgehalt und die Art des Füllstoffs. Die Norm legt weiter die Mindestanforderungen an die wesentlichsten mechanischen, thermischen und elektrischen Eigenschaften fest. *Füllstoffe* sind anorganische körnige, faserige oder schuppenförmige Stoffe (Gesteinsmehl, Asbestfasern, Glimmer) oder organische Stoffe (Holzmehl, Zellstoff, Textilien) in faseriger oder geschnitzelter Form.

Phenolharze haben eine *gelb-braune Naturfarbe* und können somit nur in dunklen Farbtönen eingefärbt werden.
Ihre *chemische Beständigkeit* ist gut. Angegriffen werden sie nur von starken Säuren und Laugen. Gegen organische Lösungsmittel und Öle sind sie auch bei höheren Temperaturen absolut beständig. Die direkte Berührung mit Lebens- und Genußmitteln ist nicht zulässig.
Formstoffe, die aus den Preßmassen hergestellt sind, haben, je nach Füllstoff, eine *Dichte* von 1,4 g/cm^3 bis etwa 2,0 g/cm^3.
Ihre guten mechanischen Eigenschaften (Tab. 7.1), ihre hohe Wärmebeständigkeit und nicht zuletzt ihr günstiger Preis räumen ihnen unter den Duromeren eine bevorzugte Stellung ein.
Die *Anwendungsgrenztemperaturen* betragen bei anorganisch gefüllten Stoffen etwa 130 °C bis 150 °C, bei organisch gefüllten etwa 110 °C bis 120 °C.
Die Preßteile sind maßhaltig und neigen nur wenig zur Feuchtigkeitsaufnahme.

Der *Anwendungsbereich* von PF-Kunststoffen ist außerordentlich vielseitig. Hergestellt werden neben vielerlei Gegenständen des allgemeinen Bedarfs und zahlreichen Büroartikeln, wie Schalen, Kästen, Beschlägen, Untersätzen, auch mechanisch hoch beanspruchbare Formteile aller Art für den *Apparate- und Maschinenbau.* Da sie bei hohen Temperaturen nicht schmelzen, sondern nur stark verkohlen, haben sie auch Bedeutung in der *Raumfahrttechnik* gewonnen für Teile, die kurzfristig sehr hohen Temperaturen ausgesetzt sind.
Am umfangreichsten ist ihr Einsatz für Isolierteile in der *Elektrotechnik.* Er reicht von rationell in Vielfachwerkzeugen hergestellten Kleinteilen bis zu Schaltgeräten, Verteilerkästen und ganzen Gehäusen. PF-Kunststoffe werden bevorzugt in der Starkstromtechnik eingesetzt. Ihre Durchschlagfestigkeit ist hoch, ihre Kriechstromfestigkeit wird allerdings durch entstehende Kohlespuren beeinträchtigt.

Harnstoff-Formaldehyd-Kunststoffe UF
Melamin-Formaldehyd-Kunststoffe MF
(Aminoplaste)

UF- und MF-Preßmassen, die unter Beimischung von Füllstoffen aus den Aminoharzen (siehe S. 333 ff.) hergestellt werden, sind ebenfalls in DIN 7708 typisiert.

Aufbereitung und Verarbeitung der pulverisierten und gekörnten Massen erfolgen wie bei den Phenoplasten, denen sie auch in ihren Eigenschaften ähneln (Tab. 7.1). Im Unterschied zu diesen sind UF- und MF-Harze jedoch *glasig-farblos* und dunkeln auch unter der Einwirkung von Sonnenlicht nicht nach. Sie werden deshalb zumeist *hellfarbig eingefärbt* und mit sehr reinen *Füllstoffen,* feinfaseriger Cellulose oder Holzmehl, MF-Massen auch mit Gesteinsmehl oder Asbestfasern, verarbeitet.

Die maximale *Dauergebrauchstemperatur* von organisch gefüllten UF-Formteilen liegt bei etwa 80 °C, von MF–Formteilen mit anorganischer Füllung (Gesteinsmehl) bei etwa 130 °C.

Harnstoffharz-Preßmassen werden vorzugsweise für hellfarbiges *Elektro-Isolier-* und *Installationsmaterial* eingesetzt. Sie dienen weiter, bevorzugt in weißer Farbgebung, zur Herstellung von *sanitären Artikeln,* Tuben- und Behälterverschraubungen und *Haushaltsgeräten.* Für den Kontakt mit Lebensmitteln sind sie jedoch nicht zugelassen, da nachträglich geringe Mengen von Formaldehyd ausgeschieden werden können.

Bedeutsamer und umfangreicher sind die Einsatzmöglichkeiten von *Melaminharz-Preßmassen.* Ihre *Chemikalienbeständigkeit* ist günstiger als die der UF-Preßstoffe. Sie sind weniger feuchtigkeitsempfindlich und in höherem Maße auch gegenüber Heißwasser beständig. Da sie zudem *physiologisch unbedenklich* sind, eignen sie sich auch für die Herstellung von Eß- und Trinkgeschirr, das wegen seiner Kratzfestigkeit und Strapazierfähigkeit auch den besonderen Anforderungen in Kantinen und Krankenhäusern standhält.

Die hellfarbigen Elektro-Isolierteile zeichnen sich durch höhere Wärmebeständigkeit und insbesonders durch ihre hohe *Kriechstromfestigkeit* aus.

PF-, UF- und MF-Schichtpreßstoffe

Die Herstellung von Schichtpreßstoffen aus Phenol- und Aminoharzen erfolgt durch Warmverpressen harzgetränkter, geschichteter Bahnen aus
- Papier zu **Hartpapier Hp,**
- textilem oder Glas-Gewebe zu **Hartgewebe Hgw,**
- Holzfurnieren zu **Kunstharz-Preßholz KP**

in Form von Tafeln und Platten, gewickelten Rohren, Profilen und gepreßten Formteilen.

Halbzeuge und Formteile dieser Art haben erhebliche Bedeutung als *Baustoffe,* als *Konstruktionsteile* im Maschinenbau und als *Elektro-Isolierwerkstoffe.* Im Endprodukt ist das geschichtete Trägermaterial häufig nicht mehr erkennbar.

Sie sind beständig gegen sämliche organischen Lösungsmittel, Treibstoffe, Öle und Schmierfette. Von starken Säuren und Laugen werden sie angegriffen.

Die genormten Qualitäten sind in DIN 7739 mit den Mindestanforderungen an mechanische, elektrische und thermische Eigenschaften aufgeführt. Die verschiedenen Typen orientieren sich an den

Tab. 7.1: Eigenschaften von Duromeren

		PF	MF	UF
Elastizitätsmodul	N/mm^2	5 500...15 000	5 000...12 000	5 000...10 000
Zugfestigkeit	N/mm^2	15...50	20...50	25...50
Druckfestigkeit	N/mm^2	100...240	140...250	180...240
Biegefestigkeit	N/mm^2	50...70	40...80	50...80
Formbeständigkeit nach MARTENS	°C	125...150	120...130	100
spez. Durchgangswiderstand	Ω cm	$10^8 \ldots 10^{12}$	$10^8 \ldots 10^{11}$	10^{11}
Dielektrizitätszahl		4...15	5...10	5...7
Dielektrischer Verlustfaktor		0,03...0,1	0,1...0,3	0,1
Durchschlagfestigkeit	kV/mm	50...200	50...150	100...150

(je nach Füllstoffart und Menge)

oft recht unterschiedlichen Einzelanforderungen an mechanisches und elektrisches Verhalten sowie an den Verarbeitungseigenschaften.

Hartpapier wird überwiegend verwendet für Konstruktions- und Isolierteile in der Starkstrom-, Radio- und Fernmeldetechnik. Mit Kupferauflage dient es als Trägermaterial für gedruckte Schaltungen.
Aus *Hartgewebe* werden hochbeanspruchbare Konstruktionsteile für den Maschinenbau, wie z. B. Lagerschalen, Zahnräder, Druck- und Laufrollen, gefertigt. MF-Hartgewebe bewähren sich als kriechstromfeste Isolierstoffe in der Starkstromtechnik.
Dekorative Schichtpreßstoffplatten spielen in der Möbelindustrie in vielfältiger Ausführung eine große Rolle. Zur Verbilligung der Dekorplatten wird deren Kern aus PF-Hartpapier hergestellt und auf beide Seiten mit Melaminharz getränktes Papier aufgepreßt. Das Papier auf der Oberseite ist farbig, mit dekorativen Mustern oder Holzmaserbildern bedruckt. Die beidseitige Beschichtung ist erforderlich, da Melaminharz stärker schwindet als Phenolharz.

Kunstharz-Preßholz wird aus Rotbuchefurnieren in vielen Lagen geschichtet und meist mit PF-Harz verpreßt.
Die mechanischen Gütewerte der Formstoffe, die in DIN 7707 typisiert sind, hängen überwiegend von der Art der Schichtung ab, die kreuzweise, überwiegend parallel oder sternförmig verlaufen kann.

Verwendet wird es im Maschinenbau für Vorrichtungen, leicht zu bearbeitende Preßwerkzeuge, Bremsbeläge, Lagerschalen, Zahnräder und andere Maschinenelemente.

Glasfaserverstärkte Kunststoffe GFK

Die steigende Bedeutung und zunehmende Verwendung faserverstärkter Kunststoffe[1] sind darin begründet, daß ihre mechanischen Eigenschaften weitgehend den jeweils vorliegenden Anforderungen angepaßt werden können. Von Einfluß auf das Verhalten dieser Stoffe ist einmal die Art und Menge des eingebrachten Verstärkungsmaterials, zum anderen aber in erheblichem Maße auch die Form, in der es im Kunststoff eingebettet ist. Schließlich wirken sich auch die Fertigungsverfahren aus (ob laminiert, gepreßt oder gewickelt), nach denen die Formteile hergestellt wurden.

Die Verstärkung kann erfolgen durch **Glasfasern,** die in kurzen Stückchen von wenigen Millimeter Länge regellos im Kunststoff verteilt sind.
Wirkungsvoller in der Verbesserung der mechanischen Eigenschaften sind eingebettete **Matten,** die aus wirr durcheinanderliegenden Glasfaserstückchen oder langen Fäden mit oder ohne Bindemittel vorfabriziert sind.
Rovings sind aus einzelnen Fäden zusammengefaßte Stränge, die, parallel im Formteil angeordnet, zur gerichteten Festigkeitssteigerung in ihrer Längsrichtung führen.
Nach textilen Methoden aus Rovings oder Glasfäden hergestellte **Gewebe** ermöglichen schließlich, je nach Ausführung und Winkellage ihrer Kett- und Schußfäden zur Beanspruchungsrichtung, gezielte Festigkeitssteigerungen nach verschiedenen Richtungen.

Als Basismaterial für die glasfaserverstärkten Duromere dienen
- **ungesättigte Polyesterharze UP** und
- **Epoxidharze EP.**

Beides sind Reaktionsharze, die durch die Zugabe von Reaktionsmitteln, d. h. Härter und ggf. Beschleuniger, zum Duromer vernetzen (siehe S. 330 und 335).
Die zähflüssigen, je nach ihrem Gehalt an Lösungsmitteln *gieß- oder streichfähigen Vorprodukte* können drucklos verarbeitet werden, da die Vernetzungsreaktion (Copolymerisation bei UP, Polyaddition bei EP) ohne Bildung von Nebenprodukten abläuft. Werden neben den Härtern, die die Reaktion einleiten, noch Beschleuniger zugegeben, dann härten die Stoffe auch bei Raumtemperatur aus. Das erlaubt die handwerkliche Herstellung von Formteilen, auch großflächiger Bauteile, sogenannter *Laminate,* ohne aufwendige maschinelle Einrichtungen zur Druckerzeugung und Beheizung.
In industrieller Fertigung werden Formteile *kalt* oder *warm gepreßt* und in speziellen Anlagen Halbzeuge, Profile und Platten hergestellt. Rohre und Hohlkörper werden aus harzgetränkten Fäden, oft zu Bändern zusammengefaßt, über einen nachträglich zu entfernenden Kern *gewickelt.*

UP- und EP-Harze, die bereits alle erforderlichen Zusätze enthalten, werden auch als *Formmassen* verarbeitet. Fertig aufbereitet, werden sie in bröckeliger oder pulverisierter Form, meist jedoch als knetbare Massen mit untermischten Glasfaserstückchen *(Sauerkrautmassen)* zu Formteilen und Profilen verpreßt.

[1] Außer Glasfasern werden neuerdings auch andere Stoffe, z. B. Kohle- oder Borfasern, eingesetzt, die besonders hohen mechanischen und thermischen Belastungen standhalten. Wegen ihres hohen Preises ist ihre Verwendung jedoch auf spezielle Bauteile der Luft- und Raumfahrt begrenzt.

Die typisierten Formmassen sind in DIN 16 911 bis 16 913 aufgeführt.

UP-Harze sind *glasklar* und können in vielen Farben transparent und gedeckt eingefärbt werden. Sie sind brennbar.
Die verschiedenen Typen gliedern sich in:
- Normalharze für allgemeine Verwendungszwecke ohne spezielle Anforderungen,
- Harze mit besonderer Chemikalienbeständigkeit,
- selbstverlöschende Typen, die außerhalb des Wirkungsbereichs einer Flamme nicht weiterbrennen, und
- wärmestandfeste Typen, die auch bei höheren Temperaturen (je nach Glasgehalt bis etwa 180 °C) keine wesentliche Einbuße an Festigkeit erleiden.

Die Harze zeichnen sich bei guten *elektrischen Isoliereigenschaften* und günstigem dielektrischen Verhalten durch sehr gute Kriechstromfestigkeit aus.

Die Eigenfarbe von **EP-Harzen** ist *milchig-trübe*, Einfärbungen sind nur in geringem Umfang möglich, da sie häufig nicht lichtecht sind.
Sie sind schwer entzündbar, brennen aber auch außerhalb einer Flamme weiter.

Richtwerte für die kennzeichnenden Eigenschaften *Zugfestigkeit, Biegefestigkeit* und *Elastizitätsmodul* von *GFK-Laminaten* (GF-UP und GF-EP) sind in DIN 16 948 aufgeführt. Die Festigkeiten erreichen bei Glasgehalten um 65 % etwa die von Stahl; der Elastizitätsmodul liegt jedoch um eine Zehnerpotenz und mehr niedriger (Tab. 7.2).
Da die *Dichte* der Formstoffe (je nach Glasgehalt) etwa zwischen 1,6 g/cm^3 und 2 g/cm^3 liegt, ergeben sich somit bessere spezifische Festigkeiten (Verhältnis von Festigkeit zur Dichte) als bei metallischen Konstruktionswerkstoffen.
Die Dehnung beim Bruch beträgt etwa 2 %, ohne daß dem Bruch eine plastische Verformung vorangeht.
Die maximale *Gebrauchstemperatur* reicht, je nach Zusammensetzung und Glasgehalt, von mehr als 80 °C (meist 120 °C) bis zu 150 °C, bei Sondertypen noch höher.

Formteile aus *glasfaserverstärkten Epoxidharzen* (GF-EP) werden wegen besserer Eigenschaftswerte für *höchste mechanische, chemische und thermische Beanspruchungen* eingesetzt. Sie sind noch schlagzäher als GF-UP-Teile und wegen geringerer Schwindung besonders maßhaltig. Ihre *elektrischen Isoliereigenschaften* sind in weitem Temperaturbereich sehr gut, ihre Kriechstromfestigkeit ist hoch.

Als *Ausführungsbeispiele* von GFK-Teilen in verschiedenen Anwendungsgebieten seien genannt:
- im *Fahrzeug- und Flugzeugbau:* Karosserien, Bootskörper, Leitwerke, Tragflächen und andere flächige Großteile,
- im *Bauwesen* und der *Möbelindustrie:* Wellplatten, Profile, Rohre, Aus- und Umkleidungen, Lüftungskanäle, Lichtkuppeln, dekorative Gehäuse, Sitzmöbel, Tische,
- im *Behälterbau:* Lagertanks, Transport- und Druckbehälter,
- im *Maschinenbau:* Kopiermodelle und Formwerkzeuge für Metall- und Kunststoffverarbeitung, Vorrichtungen (für Meß- und Prüflehren werden bevorzugt EP-Harze wegen ihrer hohen Härte und Abriebfestigkeit eingesetzt),
- in *Haushalt* und *Industrie:* Elektrotechnische Bedarfsartikel und Isolierteile vielfältigster Art.

Tab. 7.2: Eigenschaften von GFK-Formstoffen

		GF-UP			GF-EP	
Glasgehalt		30 %	60 %	65 %	50 %	65 %
Elastizitätsmodul	N/mm^2	9 000...12 000	19 000	28 000	11 000	18 000...30 000
Zugfestigkeit	N/mm^2	120...160	340	630	230	340...750
Druckfestigkeit	N/mm^2	140	270	400	220	320...600
Biegefestigkeit	N/mm^2	130...160	350	550	280	420...500
Reißdehnung	%	2			2	

7.6.2 Plastomere (Thermoplaste)

Das Verhalten der Plastomere wird durch den linearen Aufbau ihrer Makromoleküle bestimmt. Sie sind nach Erwärmung wiederholt plastisch formbar, schmelzbar und können geschweißt werden. Ihre Eignung für Klebverbindungen hängt von der Polarität ihrer Makromoleküle ab. Unpolare Stoffe lassen sich nicht oder bestenfalls nur nach besonderer Vorbehandlung kleben.

Amorphe Plastomere sind von Natur aus *glasklar*. Sie können in allen Farben transparent und gedeckt eingefärbt werden. Im Gebrauchsbereich, der mit Ausnahme weichgemachter Sorten unterhalb ihrer Glasübergangstemperatur liegt, sind sie *starr und fest,* häufig spröde. Im thermoelastischen Bereich können Halbzeuge warm umgeformt werden.

Das Material verfestigt sich, wenn durch Recken die ungeordneten Makromoleküle teilweise orientiert werden.

Teilkristalline Plastomere sind ungefärbt *milchigtrüb,* durchscheinend. Ihr Gebrauchsbereich liegt oberhalb der Glastemperatur ihrer amorphen Anteile bis zur Kristallitschmelztemperatur. Sie sind in diesem Zustand *zäh-elastisch* und verspröden erst bei relativ tiefen Temperaturen. Durch starkes Verstrecken kann ihre ursprüngliche Festigkeit erheblich gesteigert werden.

Die obere Grenze der *Dauergebrauchstemperaturen* liegt bei den Plastomeren im Bereich zwischen etwa 90 °C und 150 °C. Einige erweichen bereits bei Temperaturen oberhalb 60 °C. Sie sind im allgemeinen *brennbar,* einige Typen schwer entflammbar.

Thermoplastische Formmassen werden bei Temperaturen von etwa 150 °C bis 250 °C durch Walzen (Kalandrieren), Extrudieren und Spritzgießen zu *Halbzeugen und Formteilen* verarbeitet. Sie können bei den gleichen Fertigungsverfahren auch mit Glasfasern *verstärkt* werden. Ihre Festigkeit wird dadurch verdoppelt bis verdreifacht; die Formsteifigkeit wird wesentlich erhöht und die Wärmeausdehnung stark vermindert. Spritzgegossene faserverstärkte Plastomere sind verzugsärmer als ungefüllte, da ihre Eigenspannungen wesentlich geringer sind.

Polystyrol PS

Das aus dem monomeren Styrol nach verschiedenen Polymerisationsverfahren (siehe S. 328) herstellbare Polystyrol gehört zu den ältesten Plastomeren. Infolge seiner amorphen Struktur ist der ungefärbte Kunststoff *glasklar* mit einem *brillanten Oberflächenglanz.* Er kann in allen Farben, auch undurchsichtig, eingefärbt werden.

Das Polymerisat hat eine *Dichte* von 1,05 g/cm^3. Es ist weitgehend chemisch beständig, z. B. gegen Säuren, Laugen, Mineralöl, wird jedoch von organischen Lösungsmitteln, z. B. Benzin, Benzol, angegriffen. Gegen Feuchtigkeit ist es unempfindlich.

Bei guten elektrischen Widerstandswerten zeichnet es sich vor allem durch hervorragende *dielektrische Eigenschaften* aus.

PS ist wegen des guten Fließverhaltens seiner Schmelze ein idealer *Spritzgußwerkstoff* und wird nach diesem Verfahren, um so mehr als die Rohstoffe relativ preiswert sind, für Massenartikel aller Art verarbeitet. Da die Schwindung sehr gering ist, werden die Teile sehr maßgenau. Durch Orientierungen der Makromoleküle können im Spritzgußteil allerdings Spannungen auftreten, die die Festigkeit quer zur Fließrichtung vermindern und unter Einwirkung von Lösungsmitteln zur Spannungsrißkorrosion führen.

PS-Formmassen sind in DIN 7741 genormt.

Homopolymerisate aus reinem Styrol *(Standardpolystyrol)* sind hart und steif, spröde und kerbempfindlich. Ihre Wärmestandfestigkeit ist gering; ihre *Dauergebrauchstemperaturen* liegen zwischen 60 °C und 90 °C.

Eine Erweiterung des Anwendungsbereichs bieten **Styrol-Co- und Mischpolymerisate.** Die zahlreichen auf dem Markt befindlichen Typen, deren Eigenschaften auch untereinander je nach Polymerisationsführung und Art- und Mengenverhältnis der Komponenten variieren, sind allesamt insbesondere weniger spröde als reines PS.

Die typisierten Formmassen sind in DIN 16 771 und 16 772 enthalten.

Styrol-Acrylnitril-Copolymerisate SAN

sind glasklar und von hoher Transparenz. Ihre chemische Beständigkeit ist besser als die von PS, vor allem gegen Öl und Benzin. Sie sind steifer und zäher, besitzen höhere Wärmeformbeständigkeit (einsetzbar bis 90 °C) und sind weniger spannungsrißanfällig.

Acrylnitril-Butadien-Styrol-Polymerisate ABS

bieten viele Variationsmöglichkeiten in Aufbau und Eigenschaften. Es sind Mischungen von SAN mit Butadien-Kautschuk (Polyblends) oder Pfropfpolymerisate von Styrol und Acrylnitril auf

Polybutadien. Wegen ihrer Kautschukkomponente sind sie *nicht* mehr *durchsichtig* und nur gedeckt einfärbbar. Sie bleiben bei niedrigen Temperaturen (bis −40 °C) zäh und behalten ihre Steifheit auch in höheren Temperaturbereichen (85 °C bis 100 °C) bei.

Schlagfeste Polystyrol-Polymerisate SB
sind, wie ABS, auch in vielen Varianten verfügbar. Sie sind entstanden durch Mischung von PS mit speziellen Kautschuksorten oder durch Pfropf-Copolymerisation von PS und Butadien. Je nach *Einstellung* kann ihre Zähigkeit bis zu *lederartigem Verhalten* variieren. Wie ABS auch bei tiefen Temperaturen (bis −40 °C) noch zäh und stoßfest, sind sie jedoch nur bis 75 °C wärmeformbeständig. Ihre chemische Beständigkeit, namentlich gegen Säuren und Laugen, ist geringer als die von PS.

Das *elektrische Isolierverhalten* der Polymerisate ist durchweg gut bis ausgezeichnet; die dielektrischen Verluste sind gering, wenn auch etwas höher als bei Standard-PS.
Außer *Spritzgußartikeln* werden *Platten* und *Folien* durch Extrudieren hergestellt, die bei Temperaturen zwischen etwa 110 °C und 160 °C umgeformt werden können. Hierfür werden vorwiegend SB und ABS eingesetzt, die sich hervorragend eignen.
Die ausgezeichneten *Kombinationsmöglichkeiten von mechanischen und elektrischen Eigenschaften* (Tab. 7.3) bei hervorragender Formgebungsmöglichkeit ermöglichen die Vielfalt von Erzeugnissen aus PS-Kunststoffen in den verschiedensten Anwendungsbereichen.

Hergestellt werden preiswerte *Massenartikel,* technische Spielzeuge, Leuchten mit Kristallglaseffekt für Innenräume, Haushaltsgeräte. Spritzgegossene *Präzisionsteile der Feinwerktechnik,* der Photo- und Büromaschinenindustrie sind ebenso anzutreffen wie tiefgezogene *Gehäuse* und *Verkleidungen* in der *Kältetechnik* und Ausrüstungsteile, z. B. Instrumentenbretter, Abdeckungen u. a. im *Fahrzeug- und Karosseriebau.*
Ihre hochwertigen elektrischen Eigenschaften prädestinieren sie für *Isolierteile der Elektronik* und *Fernmeldetechnik,* einschließlich schlagfester Gehäuse für Rundfunk-, Phono- und Filmgeräte.
Sehr umfangreich ist ihr Einsatz für *Verpackungen* aller Art, z. B. aus Folien tiefgezogene Wegwerfbehälter für Lebensmittel.
Durch Treibmittelzusatz hergestellte **PS-Schaumstoffe** besitzen bei außerordentlich geringer Dichte hohes Wärmeisoliervermögen. Sie bewähren sich als formgetreue Verpackungen und Versandbehälter für stoßempfindliche Geräte.

Polyvinylchlorid PVC
PVC-Kunststoffe sind amorphe Polymerisate polaren Charakters mit *hervorragender chemischer Beständigkeit* gegen Säuren, Laugen, Benzin und Öl. Wegen ihrer *abwandelbaren Eigenschaften* und vielseitigen Verarbeitungsmöglichkeiten vom dickwandigen harten Formteil bis zur extrem dünnen weichelastischen Folie sind sie ähnlich weit verbreitet wie PS. Die einzelnen Sorten werden nach Herstellungsverfahren (siehe S. 328) unterschieden, da hierdurch bereits gewisse Eigenschaften festgelegt sind (Tab. 7.4).

Tab. 7.3: Eigenschaften von PS und Copolymerisaten

		PS	SAN	ABS	SB
Elastizitätsmodul	N/mm²	3300	3000	1900...2700	1800...2500
Zugfestigkeit	N/mm²	45...65	75	32...45	26...38
Biegefestigkeit	N/mm²	90...110	135	55...80	40...80
Reißdehnung	%	3	5	30...15	60...25
Formbeständigkeit nach MARTENS	°C	85	72	66...78	58...66
spez. Durchgangswiderstand	Ω cm	10^{18}	10^{16}	10^{15}	10^{16}
Dielektrizitätszahl		2,5	2,9	3,2	2,6
Dielektrischer Verlustfaktor		0,0001	0,008	0,02	0,0004
Durchschlagfestigkeit	kV/mm	200	150	150	200

Tab. 7.4: Eigenschaften von PVC

		PVC	E-PVC	S-PVC
Elastizitätsmodul	N/mm^2	> 3000	2000...3000	2000...3000
Zugfestigkeit	N/mm^2	500...600		
Reißdehnung	%	> 40	10...50	10...20
Formbeständigkeit nach VICAT	°C	80	70...80	
spez. Durchgangswiderstand	Ω cm	$> 10^{15}$	10^{15}	$> 10^{16}$
Dielektrizitätszahl		2,7 ... 3,5		
Dielektrischer Verlustfaktor		0,02 ...0,03 (gedeckt) 0,013...0,015 (transparent)		
Durchschlagfestigkeit	kV/mm	20...40		

Emulsionspolymerisate E-PVC
sind durch den Emulgator-Restgehalt in ihrer Transparenz und in ihren elektrischen Isoliereigenschaften beeinträchtigt. Sie neigen zur Feuchtigkeitsaufnahme. Sie sind nur gedeckt einfärbbar.

Suspensionspolymerisate S-PVC
sind glasklar, elektrisch hochwertig und relativ wärmestabil.

Massepolymerisate M-PVC
ergeben besonders reine und hochwertige Produkte, die gut korrosionsfest und witterungsbeständig sind. Sie können, ebenso wie S-PVC, transparent und gedeckt in allen Farben eingefärbt werden.
In DIN 7746 bis 7749 sind Einteilung und Bezeichnung der handelsüblichen PVC-Polymerisate festgelegt. Die verschiedenen Formmassen werden nach ihren kennzeichnenden Eigenschaften in einem System von Kennbuchstaben und Kennzahlen gegliedert.
Weitere Sorten werden durch Copolymerisation von Vinylchlorid mit anderen polymerisationsfähigen Verbindungen hergestellt.

Die **PVC-Copolymerisate** haben je nach ihren Komponenten gegenüber den Homopolymerisaten im wesentlichen:
- verbesserte Zähigkeit,
- höhere Wärmestandfestigkeit und
- erhöhte chemische Beständigkeit.

Sie sind im allgemeinen leichter zu verarbeiten.

Die Einsatzmöglichkeiten von PVC können noch erheblich erweitert werden durch die Möglichkeit, den Formmassen *Weichmacher* zuzusetzen. Die dadurch erzielbaren Eigenschaftsänderungen sind so weitgehend, daß eine Gruppierung in weichmacherfreie und weichmacherhaltige Sorten erfolgt.

Weichmacherfreies PVC hart
hat bei guter Festigkeit hohe Steifheit und Härte; es ist kerbempfindlich. Das Material versprödet ab −5 °C, schlagfeste Sorten bei −25 °C. Gegen *Wärmeeinflüsse ist PVC hart empfindlich.* Die Festigkeit nimmt bereits oberhalb 40 °C merklich ab, insbesondere bei Belastung des Formteils. Die *Einsatzgrenzen* liegen bei etwa 60 °C, bei Copolymeren bei etwa 80 °C.
Bei der thermoplastischen Verarbeitung, die im Temperaturbereich von etwa 160 °C bis 180 °C erfolgt, ist besondere Sorgfalt erforderlich, weil die *Gefahr der Chlorabspaltung* besteht. Spritzgießen ist wegen Zersetzungsgefahr im eng begrenzten Schmelzbereich schwierig und erfordert den Zusatz von Stabilisatoren. Es werden deshalb *vorwiegend* Halbzeuge *durch Extrudieren* hergestellt, die im thermoelastischen Bereich (etwa zwischen 110 °C und 160 °C) umgeformt werden können.
PVC hart bewährt sich als *Isolierstoff für Leiter,* ist jedoch als *Dielektrikum* in der Hochfrequenztechnik wegen hoher dielektrischer Verluste *nicht geeignet.*

Der sehr vielseitige *Anwendungsbereich* von PVC-Produkten für technische Zwecke in der *chemischen Industrie,* im *Maschinenbau* und im *Bauwesen* ergibt sich in

erster Linie aus ihrer ausgezeichneten chemischen Beständigkeit; in der *Verpackungsindustrie* wegen ihrer physiologischen Unbedenklichkeit.
Hergestellt werden u. a. Rohre, Armaturen und Pumpenteile, Auskleidungen und Abdeckungen, Behälter, Lüftungskanäle, Fassadenelemente und Fensterprofile. In der *Elektroindustrie* wird PVC hart beispielsweise verwendet für Isolierrohre, Kabelkanäle, transparente Abdeckungen von Verteilerkästen, Tonträgerfolien.

PVC weich
Die Eigenschaften von Weich-PVC hängen in starkem Maße von der *Art und Menge der Weichmacher* ab, die den pulverförmigen Formmassen meist erst beim Verarbeiten zugesetzt werden. Es lassen sich alle Zustandsformen erreichen, vom lederartig harten über den flexibelschmiegsamen bis zum weichelastischen gummiartigen.
Die chemische Beständigkeit wird mit steigendem Weichmachergehalt geringer, ebenso die elektrische Isolierfähigkeit. Die dielektrischen Verluste sind hoch. PVC weich ist wegen möglicher Weichmacherwanderung *nicht* im gleichen Maße *physiologisch unbedenklich* wie PVC hart.
Festigkeit und Härte nehmen mit steigender Temperatur stark ab. Bei Temperaturen über 60 °C sind die Produkte (abgesehen von speziell thermisch stabilisierten Sorten) auch bei niedriger Beanspruchung kaum noch verwendbar. Bei *tiefen Temperaturen* – in Bereichen zwischen −10 °C und −50 °C – *verspröden* sie bis zur Gebrauchsunfähigkeit.
Bahnenförmiges Halbzeug und Folien aus Weich-PVC-Massen werden vorwiegend gewalzt (kalandriert), Voll- und Hohlprofile extrudiert. Ein thermoelastisches Warmumformen wie bei Hart-PVC ist nicht möglich.

Im *technischen Bereich* werden Schläuche, Dichtungen, Behälter und Planen hergestellt, des weiteren Spritzgußteile, z. B. Handgriffe, an Kabelisolierungen angespritzte Stecker und andere Isolierteile.
Außerordentlich umfangreich und vielfältig ist der *Anwendungsbereich* von Profilen, Platten und Folien im *Baugewerbe.* Er reicht vom Fußbodenbelag über Treppenhandläufe, Möbelumleimer, Dichtungsprofile bis zu Dachbelägen und Abdeckplanen.
In großem Umfang werden Folien aller Art und aller Dekors für *Polsterwaren* und Verkleidungen (auch im *Kraftfahrzeug- und Flugzeugbau)* verwendet und zu Täschnereiprodukten verarbeitet.

PVC-Schaumstoffe, die durch Zusatz von Treibmitteln erzeugt werden, sind durch Beimischen von Farbstoffen beliebig einfärbbar. Je nach Treibmittel- und Weichmachergehalt sind sie in verschiedenen Dichten von 0,07 g/cm³ bis 0,3 g/cm³ hart oder weich einstellbar.

Polyäthylen PE
Neben PS und PVC gehört Polyäthylen wegen der Vielseitigkeit seiner Anwendungsmöglichkeiten und seiner leichten Verarbeitbarkeit zu den meist verwendeten Plastomeren.
Der Kunststoff hat eine *teilkristalline Struktur* und ist deshalb nie völlig glasklar. Seine Eigenfarbe ist *milchig-trüb,* er ist in allen Farben einfärbbar. Die Oberfläche ist wachsartig, fettig, wenig kratzfest. Gegen wäßrige Säuren, Laugen und Salzlösungen ist PE beständig, ebenso gegen Alkohol und Öl, in einzelnen Sorten auch gegen Benzin. Von starken Oxidationsmitteln, z. B. konzentrierten Säuren und Halogenen, wird es jedoch angegriffen.
PE hat eine gegenüber anderen Kunststoffen relativ hohe *Gasdurchlässigkeit,* dagegen ist die Durchlässigkeit für Wasserdampf außerordentlich gering.
Der vom jeweiligen Polymerisationsverfahren (siehe S. 328) abhängige kristalline Anteil im Gefüge bewirkt das *zäh-elastische Verhalten* von PE-Erzeugnissen.
Die Glasübergangstemperatur der amorphen Anteile liegt, je nach Sorte, bei −50 °C und tiefer, die *obere Gebrauchstemperatur* zwischen etwa 80 °C und 105 °C.
PE ist *verstreckbar,* die maßgebende Festigkeitskenngröße demnach die Streckspannung.
Die Eigenschaften hängen wesentlich vom Grad der *Kristallinität* und vom *Polymerisationsgrad* ab. Da beides bei der Polymerisation einstellbar ist, ergeben sich zahlreiche Sorten mit unterschiedlichen Eigenschaften.
Mit steigender Kristallinität erhöht sich die *Dichte,* mit steigendem Polymerisationsgrad die *mittlere Molekülmasse.* Somit stellen Dichte und Molekülmasse die wesentlichen Unterscheidungsmerkmale der einzelnen Sorten dar (Tab. 7.5).

Die Formmassen gruppiert man in:
- **PE niederer Dichte** *(low density)* **LDPE**
  Dichte 0,918 g/cm³ bis 0,94 g/cm³,
  Kristallinität 40 % bis 55 %,
  mittlere Molekülmasse 20 000 bis 50 000.
- **PE hoher Dichte** *(high density)* **HDPE**
  Dichte 0,94 g/cm³ bis 0,96 g/cm³,
  Kristallinität 60 % bis 80 %,
  mittlere Molekülmasse 100 000.

Tab. 7.5: Eigenschaften von PE und PP

		LD-PE	HD-PE	PP
Elastizitätsmodul	N/mm^2	150...300	600...1000	1100...1300
Streckspannung	N/mm^2	8...10	20...30	32...37
Dehnung bei Streckspannung	%	20	12...15	12...16
Reißdehnung	%	>400	>500	600
Formbeständigkeit nach VICAT	°C	<40	60...65	90...100
Kristallitschmelzbereich	°C	105...110	130...135	155...165
spez. Durchgangswiderstand	Ω cm	10^{16}		
Dielektrizitätszahl		2,3		
Dielektrischer Verlustfaktor		0,0002...0,0007		
Durchschlagfestigkeit	kV/mm	110	150	100

Der Einfluß von Dichte und Molekülmasse (diese wird praktisch durch den *Schmelzindex* gekennzeichnet) zeigt sich u. a. in folgenden Eigenschaftsänderungen.
Mit höherer Dichte:
- steigen Steifheit, Festigkeit, Zähigkeit und Härte,
- die chemische Beständigkeit nimmt zu,
- die Durchlässigkeit gegenüber Gasen vermindert sich,
- die Wärmeformbeständigkeit wird erhöht,
- die Versprödung wird zu tieferen Temperaturen verschoben,
- die Neigung spritzgegossener Teile zur Spannungsrißbildung nimmt ab.

In gleicher Richtung, wenn auch in verändertem Ausmaß, wirkt sich die Erhöhung der Molekülmasse (verminderter Schmelzindex!) aus. Durch die Verminderung des Fließvermögens werden vor allem die Verarbeitungseigenschaften beeinflußt.
Praktisch unabhängig von Dichte und Molekülmasse sind die *sehr guten elektrischen Isoliereigenschaften.*
PE ist unpolar. Wegen seines außerordentlich niedrigen dielektrischen Verlustfaktors stellt es ein *hervorragendes Dielektrikum* dar, das von Temperatur und Frequenz kaum beeinflußt wird. Es ist damit ein unübertroffener Isolierstoff in der Hochfrequenz- und Nachrichtentechnik.
Die Breite des *Anwendungsbereichs* für technische Teile und Bedarfsartikel aller Art ergibt sich aus der Vielzahl der zur Verfügung stehenden Sorten mit jeweils nach Dichte und Schmelzindex differenzierten Gebrauchs- und Verarbeitungseigenschaften.
Die dem Verarbeiter bereits gebrauchsfertig gelieferten Formmassen, meist Granulate, nur in Sonderfällen Pulver, werden im *Extrusions- und Spritzgußverfahren* zu *Halbzeugen und Formteilen* verarbeitet.
Weiche, flexible *Folien* werden aus PE niederer Dichte hergestellt. Sie werden als Abdeck- und Dichtungsfolien und für Verpackungszwecke aller Art (Säcke, Beutel) verwendet. Da sie weichmacherfrei sind, können Eigenschaftsänderungen nicht eintreten. Wegen ihrer physiologischen Unbedenklichkeit und Gasdurchlässigkeit eignen sie sich auch besonders zur Verpackung von Lebensmitteln. Bei ihrer Herstellung verstreckte Folien werden auch als *Schrumpffolien* eingesetzt.
Tafeln aus PE hoher Dichte können warm umgeformt werden. Sie finden bevorzugt Verwendung im chemischen Apparatebau, wenn neben chemischer Beständigkeit auch gute Zähigkeit bei tiefen Temperaturen verlangt wird, ebenso *Rohre* aus weichen und harten PE-Sorten.

Kanal- und Wasserleitungsrohre werden aus hartem PE bis zu 1200 mm Durchmesser nahtlos extrudiert. Sie können bis 150 mm Durchmesser noch auf Trommeln aufgewickelt werden und sind somit leicht und wirtschaftlich in großen Längen (wenig Stoßstellen!) verlegbar. Sie bleiben auch bei großer Kälte so elastisch, daß sie durch gefrierendes Wasser nicht gesprengt werden.

Hohlkörper (Tuben, Flaschen, Kanister) aus weichen PE-Sorten sind nur elastisch deformierbar, folglich praktisch unzerbrechlich. Großbehälter und Transportkästen aus hartem PE sind beul- und stoßfest. Hochmolekulares PE wird auch für Benzin- und Heizöltanks eingesetzt.
Spritzgußteile werden aus allen PE-Sorten hergestellt. Sie ergeben bei niederer Dichte billige Massenartikel, bei hoher Dichte höher beanspruchbare technische Teile für den Maschinen- und Fahrzeugbau mit guter Maßhaltigkeit.
Für Produkte, die häufiger Lichteinwirkung ausgesetzt sind, werden mit Ruß *stabilisierte Sorten* eingesetzt. Dadurch wird eine durch Einwirkung von Lichtstrahlen mögliche Versprödung verhindert.
PE wird bei radioaktiver Bestrahlung nicht selbst radioaktiv. Es wird deshalb auch in der Kerntechnik zur Abschirmung von Reaktoren und Laborgeräten angewendet.

Polypropylen PP

Mit seiner *Dichte* von 0,9 g/cm^3 ist Polypropylen der leichteste aller Kunststoffe.
Höchste *Kristallinität* (60 % bis 70 %) hat PP mit rein *isotaktischer Struktur* seiner Makromoleküle (siehe S. 340). Es besitzt hohe Festigkeit und Steifheit, beginnt jedoch bereits bei Temperaturen wenig unter 0 °C zu verspröden.

Technisch bedeutsam als Konstruktionswerkstoffe sind jene Sorten, bei denen in die isotaktischen Ketten *ataktische Abschnitte* eingebaut sind oder die mit Äthylen *copolymerisiert* werden. Dadurch vermindert sich wegen der geringeren Kristallinität zwar die Kristallitschmelztemperatur und die Steifheit, verbessert wird jedoch insbesondere die Schlagzähigkeit in der Kälte.

Die verschiedenen Sorten ergeben sich durch die vorher angeführten Abwandlungen in der Struktur und durch unterschiedlichen *Polymerisationsgrad*. Zusätze von *Stabilisatoren* beeinflussen neben anderen Eigenschaften (z. B. Witterungsbeständigkeit) insbesondere ihre Wärmestandfestigkeit. Die *Gebrauchs-* und *Verarbeitungseigenschaften* ähneln jenen von PE. Im Verhalten gegenüber Chemikalien bestehen kaum Unterschiede. Ebenso sind die elektrischen Isoliereigenschaften gleich gut. Festigkeit, Härte, Steifheit und Formbeständigkeit in der Wärme sind jedoch höher, die Kerbschlagzähigkeit dagegen niedriger (Tab. 7.5).

Allgemein wird PP demnach für *technische Teile* eingesetzt, die auch *höheren Beanspruchungen* standhalten sollen. Sie werden beispielsweise verwendet in Haushaltsgeräten und Küchenmaschinen, für Armaturenteile im Maschinen- und Fahrzeugbau und für Isolierteile in elektrischen Geräten.
Besonderen Anforderungen, z. B. Beständigkeit gegen heiße Waschlaugen und Spülmittel von Auskleidungen und Funktionsteilen in Wasch- und Spülmaschinen, werden entsprechend stabilisierte Sorten gerecht.
Zusätze mineralischer *Verstärkungen* (Asbestfasern) ermöglichen die Herstellung besonders *wärmestandfester* Teile, wie Heizungskanäle im Automobilbau oder wärmebeanspruchte elektrische Isolierteile.
Aus höher molekularen Sorten werden Rohre, Platten und Formteile großen Formats sowie Behälter und Transportkästen hergestellt.
Folien werden als Verpackungs- und Elektroisolierfolien gebraucht. Verstreckbare Folien besitzen geringe Kristallinität, aber hohen Polymerisationsgrad.

Polyamid PA

Polyamide sind Polykondensate mit linearen Makromolekülen (siehe S. 331). Sie sind *teilkristalline* Plastomere mit kristallinen Anteilen bis zu etwa 60 %.
Wegen ihrer hervorragenden mechanischen Eigenschaften haben sie große Bedeutung als *Konstruktionswerkstoffe* für hoch belastbare Maschinenelemente. Hohe Festigkeit, große Zähigkeit und insbesondere starker *Widerstand gegen Verschleiß* sind ihre kennzeichnenden Eigenschaften.

Von Natur aus sind PA *milchig-durchscheinend,* können aber in allen Farben gedeckt eingefärbt werden. Gegen die meisten organischen Lösungsmittel, Öle, Fette und schwache Laugen ist PA beständig. Angegriffen wird es von starken Laugen und Säuren.
Im Unterschied zu anderen Plastomeren zeigt PA einen relativ *scharf ausgeprägten Schmelzpunkt* bei einem schmalen Erweichungsbereich. Die oberen *Dauergebrauchstemperaturen* liegen, je nach Sorte, zwischen 80 °C und 130 °C. Versprödung tritt erst unterhalb −40 °C ein.

Die Eigenschaften der PA sind abhängig von ihrem *Kristallisationsgrad* und, da sie besonders zur Feuchtigkeitsaufnahme neigen, von ihrem *Wassergehalt* (siehe S. 341).
Sorten mit hoher Kristallinität haben höhere Festigkeit, Härte und Steifigkeit, solche mit geringeren kristallinen Anteilen sind dagen zäher und flexibler. Durch *Verstrecken* kann die Kristallini-

tät stark erhöht und dadurch die Festigkeit bis auf das Zehnfache des ursprünglichen Wertes gesteigert werden.

Polyamide nehmen bei Lagerung in Wasser bis zu 10 % Feuchtigkeit auf. In Luft stellt sich im Laufe der Zeit in Anpassung an die Luftfeuchte ein Gleichgewichtszustand ein. Der Wassergehalt beträgt dann unter Normalumständen bis zu etwa 2 % bis 3 %.

Durch die *Wasseraufnahme* wird die Zähigkeit wesentlich erhöht. Bei noch guter Festigkeit und hohem Verschleißwiderstand ergibt sich damit eine optimale Kombination der Gebrauchseigenschaften. Allerdings erfolgt aus der mit der Wasseraufnahme verbundenen Quellung (linear etwa 0,1 % pro 1 % Wasseraufnahme) eine Beeinträchtigung der Maßhaltigkeit von Formteilen.
Die Formmassen müssen, um Blasenbildung im Formteil zu vermeiden, in völlig trockenem Zustand verarbeitet werden. Die trockenen Formteile sind meist spröde. Da die Wasseraufnahme unter normalen Umständen sehr langsam abläuft, beschleunigt man den Vorgang durch **Konditionieren.** Die Formteile werden in feuchtem Klima gelagert, bis sie einen Wassergehalt erreicht haben, der dem im Betriebszustand (bei Normalklima) zu erwartendem Sättigungsgrad entspricht.
Mit steigendem Wassergehalt vermindern sich die *elektrischen Isoliereigenschaften* der PA. Trotzdem sind sie auch luftfeucht noch gute Isolierstoffe für den Niederfrequenzbereich. Die Kriechstromfestigkeit ist gut, ihre statische Aufladung (wegen der Feuchte) sehr gering. Für den Einsatz in der Hochfrequenztechnik sind sie als *polare Stoffe mit hohen dielektrischen Verlusten* nicht geeignet.

Die thermoplastischen Formmassen sind in DIN 16 773 aufgeführt. Sie werden bezeichnet nach der Anzahl der Kohlenstoffatome in ihren Monomermolekülen (Tab. 7.6).
PA 6 und **PA 66,** beide mit einer *Dichte* um 1,14 g/cm^3, aber unterschiedlichem Kristallitschmelzpunkt, sind die mengenmäßig bedeutendsten. Sie neigen aber am stärksten zur Wasseraufnahme.
Bei beiden Typen sind auch Formmassen verfügbar, die mit kurzen *Glasfasern verstärkt* sind. Sie ergeben (bei verminderter Wasseraufnahme) Produkte mit erhöhter Festigkeit, Steifheit und Wärmestandfestigkeit, aber geringer Schlagzähigkeit.
Die Typen **PA 610** (*Dichte* 1,08 g/cm^3), **PA 11** (*Dichte* 1,04 g/cm^3) und **PA 12** (*Dichte* 1,02 g/cm^3) eignen sich wegen ihrer geringen Feuchtigkeitsaufnahme für Teile, von denen gute Maßhaltigkeit gefordert wird.
PA 11 und PA 12, vorwiegend für Präzisions-Spritzgußteile verwendet, sind auch in trockenem Zustand schlagzäh.
Polyamide finden in allen technischen Bereichen für Formteile und Bauelemente Verwendung, die *stoß- und schlagfest* sein müssen oder der Beanspruchung auf *Verschleiß* unterliegen.

Typische *Anwendungsbeispiele* sind Zahnräder, Laufrollen, Zahnrad- und Transportketten, Getriebe- und Kupplungsteile, wartungsfreie Lager, Gleitelemente.
Im *Kraftfahrzeugbau* werden sie für kraftstoff- und

Tab. 7.6: Eigenschaften von Polyamiden

		PA 6	PA 66	PA 610	PA 11	PA 12
Elastizitätsmodul	N/mm^2	1400	2000	1500	1000	1600
Streckspannung	N/mm^2	40	65	40	70	45
Reißdehnung	%	200	150	500	500	300
Formbeständigkeit nach VICAT	°C	> 180	> 200	170	170	165
spez. Durchgangswiderstand	Ω cm	10^{15}				
Dielektrizitätszahl trocken/feucht		4/7	4/6	3/4	3/4	4/4
Dielektrischer Verlustfaktor trocken/feucht		0,03/0,3	0,02/0,15	0,03/0,2	0,03/0,06	0,04/0,09

mineralölbeständige Teile (Filter, Ölwannen) eingesetzt; in der *Elektrotechnik* für abriebfeste Isolierungen und schlagfeste Gehäuse von Elektrogeräten, vom Staubsauger bis zur Schlagbohrmaschine.

Polymethacrylsäuremethylester PMMA
(Polymethacrylate)
Die Polymerisate der Methacrylsäuremethylester (siehe S. 328) ergeben *amorphe Plastomere,* deren hervortretendste Eigenschaften ihre gute *Lichtdurchlässigkeit* und ihre ausgezeichnete *Witterungsbeständigkeit* sind.
PMMA hat eine *Dichte* von 1,18 g/cm^3. Es ist chemisch beständig u. a. gegen wäßrige Säuren, Laugen, Terpentinöl, Benzin und mineralische Öle. Von Treibstoffgemischen, Äther, polaren Lösungsmitteln und konzentrierten Säuren wird es angegriffen.
Die *oberen Gebrauchstemperaturen* liegen bei Standardsorten um 65 °C, bei wärmestabilisierten Sorten reichen sie bis etwa 95 °C.
Die von Natur aus *kristallglasklaren* Erzeugnisse zeigen einen *brillanten Oberflächenglanz* und, transparent oder gedeckt eingefärbt, eine besonders *ansprechende Farbwirkung.*
Die mechanischen Eigenschaften sind gut. Die Oberfläche ist hart, aber nicht völlig kratzfest.
Die verschiedenen Sorten der Polymethacrylate, die auch als *Acrylgläser* bezeichnet werden, lassen sich gruppieren in (Tab. 7.7):
- **PMMA-Formmassen,** vorwiegend Suspensionspolymerisate, die als Granulate durch Spritzgießen und Extrudieren zu Formteilen und Halbzeug verarbeitet werden,
- **gegossenes PMMA,** das bei der Massepolymerisation unmittelbar zu Halbzeug (Blöcke, Tafeln, Rohre) polymerisiert,
- **Copolymerisate,** meist mit Acrylnitril, **AMMA,** die ebenfalls in Substanzpolymerisation hergestellt sind.

Die Formmassen sind in DIN 7745 mit ihren kennzeichnenden Eigenschaften aufgeführt. Die einzelnen Sorten unterscheiden sich infolge weichmachender Zusätze in ihren mechanischen Eigenschaften, ihrer Wärmeformbeständigkeit und in ihrer Schmelzviskosität.
Gegossenes Acrylglas aus Massepolymerisat ist *optisch besonders hochwertig.* Seine Lichtdurchlässigkeit beträgt 92 % und übersteigt damit die von Silikatglas. Auch bei dickwandigen und gebogenen Formteilen ist die Durchsicht klar und weitgehend verzerrungsfrei.
Bei nur halb so hohem Gewicht übertrifft es Silikatglas erheblich an *Schlagzähigkeit* und bildet, wenn es zu Bruch geht, keine scharfkantigen Splitter. Es ist allerdings weniger kratzfest. Durch *biaxiales Verstrecken* kann die Schlagzähigkeit und Bruchsicherheit so stark gesteigert werden, daß bei großen Dicken auch schußsichere Verglasungen möglich sind.
Thermoplastisch kann Massepolymerisat nicht verarbeitet werden. Es ist jedoch bei Temperaturen von 140 °C bis 170 °C thermoelastisch umformbar. Spanabhebend ist es gut zu bearbeiten.

Copolymerisate (AMMA) haben gegenüber PMMA erhöhte Festigkeit und Wärmeformbeständigkeit. Ihre Dehnung beim Bruch ist etwa um das Zehnfache höher.
Sie sind nicht in gleicher Weise glasklar wie PMMA, sondern haben eine gelblich transparente Eigenfarbe.
Alle Acrylgläser sind *physiologisch unbedenklich* und für den Kontakt mit Lebensmitteln zugelassen.

Anwendungsbeispiele für Polymethacrylate sind:
- sanitäres Installationsmaterial: Duschkabinen, Badewannen, Waschbecken,
- Geräte und Anlagen für die chemische und Nahrungsmittelindustrie, durchsichtige Rohrleitungen,

Tab. 7.7: Eigenschaften von PMMA und PC

		PMMA			PC
		Formmasse	gegossen	Cop.	
Elastizitätsmodul	N/mm^2	2000...3000	3300	4800	2200
Zugfestigkeit Streckspannung*	N/mm^2	50...80	80	90	60...70*
Druckfestigkeit	N/mm^2	120...135	140	140	80...85
Biegefestigkeit Grenzbiegespannung*	N/mm^2	100...140	135	165	90...105*
Formbeständigkeit nach VICAT	°C	80...110	125	95	145...165

- Verglasungen für Gewächshäuser, bruchsichere Dachverglasungen, gebogene Verglasungen für Omnibusse und Flugzeugkanzeln,
- Lichtbänder, Lichtkuppeln, Leuchtbuchstaben, transparente Verkehrsschilder
- Rücklichter an Kraftfahrzeugen, Blinkleuchten, Rückstrahler,
- Klarsicht-Demonstrationsmodelle, medizinische Geräte,
- Abdeckungen von Phonogeräten, Skalen, Schalterteile, Bedienungsknöpfe,
- Büroartikel, Füllhalter, Meß- und Zeichengerät,
- Linsen, Uhrgläser, Sonnenbrillen.

Polycarbonat PC

Polycarbonate sind Polyester der Kohlensäure (siehe S. 331). Die weitgehend *amorphen Plastomere* neigen trotz des rein linearen Aufbaus ihrer Makromoleküle nur sehr wenig zur Kristallinität. Sie verdanken ihre Bedeutung als *Konstruktionswerkstoffe* dem Umstand, daß sie – mehr als andere Kunststoffe – eine Reihe von günstigen Eigenschaften vereinigen. Dies sind:
- bleibend gute mechanische Eigenschaften in einem großen Temperaturbereich, sowohl in der Wärme als auch in der Kälte,
- Formsteifigkeit und hohe Schlagzähigkeit,
- hohe Wärmestandfestigkeit, Witterungsbeständigkeit,
- gute elektrische Isoliereigenschaften, die von der Temperatur praktisch unabhängig sind,
- nur geringe Feuchtigkeitsaufnahme, die auf die mechanischen und elektrischen Eigenschaften keinen Einfluß ausübt,
- gute Transparenz der Formteile auch bei großen Wanddicken.

Die Formteile sind ungefärbt *glasklar* mit leicht gelblicher Eigenfarbe. Einfärbung in allen Farben ist transparent oder gedeckt möglich.

PC hat eine *Dichte* von 1,20 g/cm^3. Es ist chemisch beständig gegen organische Lösungsmittel, verdünnte Säuren, Benzin, Fette, Öle. Angegriffen wird es von Alkalien, Ammoniak, Benzol. Als physiologisch unbedenklich ist es für den Kontakt mit Lebensmitteln zugelassen.

Die mechanischen Eigenschaften, Formstabilität und Schlagzähigkeit werden bis zur *oberen Gebrauchstemperatur* von 135 °C unvermindert beibehalten (Tab. 7.7). Eine merkliche Versprödung tritt erst unterhalb von –140 °C ein.

Der Kunststoff ist *brennbar,* aber selbstverlöschend.

PC ist in DIN 7744 genormt. Es wird in verschiedenen Sorten mit Molekülmassen von 20 000 bis 60 000 hergestellt. Sie unterscheiden sich vor allem in der *Schmelzviskosität* und somit in den *Verarbeitungseigenschaften.* Durch stabilisierende Zusätze ergeben sich Variationen für besondere Anforderungen, z. B. erhöhte Witterungsbeständigkeit, Beständigkeit gegen UV-Strahlung, besondere Flammwidrigkeit.

Glasfaserverstärkte Sorten zeigen erhöhte Festigkeit, aber geringere Zähigkeit.

Eingesetzt wird PC bevorzugt für *maßgenaue Formteile,* an die besondere Ansprüche an *Temperaturbeständigkeit* und *Schlagzähigkeit* gestellt werden.

Im *Spritzguß* hergestellt werden beispielsweise Lufträder, Ventile, Pumpenteile, Schutzhelme, Spulenkörper, Akkudeckel und temperatur- und schlagbeanspruchte Gehäuse, ebenso Abdeckungen für Schalt- und Meßgeräte.

Die gute *Lichtdurchlässigkeit* wird genutzt für schlagzähe Lichtbauelemente, wie Straßenleuchten, Verkehrsampeln, Signallichter und Lichtkuppeln.

Die *physiologische Unbedenklichkeit* erlaubt die Herstellung von hochwertigem Haushaltsgeschirr.

Extrudierte Tafeln werden verwendet für bruchsichere Lichtplatten und Sicherheitsverglasungen (Telefonzellen, schlagsichere Automaten- und schußfeste Schalterverglasungen). Sie dienen weiter als thermoelastisch umformbares Halbzeug für Bauelemente an medizinischen und elektrotechnischen Geräten.

7.7 Bestimmung von Kunststoffen

Trotz verschiedenartiger Eigenschaften sind sich die Kunststoffe in ihrer äußerlichen Erscheinung oft sehr ähnlich und im allgemeinen wesentlich schwieriger voneinander zu unterscheiden als Metalle.

Ihr zweckgerechter Einsatz erfordert jedoch eine sachdienliche Auswahl.

Es kann deshalb für den Anwender, dem Kunststoffprodukte unbekannter Herkunft oder unzureichend bekannter Zusammensetzung vorliegen, unerläßlich werden, sich Klarheit darüber zu verschaffen, welcher Art und Stoffgruppe sie zuzuordnen sind.

Die exakte Bestimmung eines Kunststoffs nach seiner genauen chemischen Zusammensetzung ist allerdings nur durch eine chemische Analyse oder durch Infrarotspektrographie möglich. Eine Reihe einfacher Untersuchungen ermöglicht bei sorgfältiger Durchführung jedoch die Identifizierung zumindest bestimmter Kunststoffgruppen mit einer Genauigkeit, die für den Anwendungspraktiker im allgemeinen ausreicht.

Tab. 7.8: Bestimmung von Kunststoffen

Merkmale		Kunststoffe	Plastomere																		Duromere			
			PP		PE w	PE h	PS rein		PS COP (ABS)		PVC weich		PVC hart		PA 6...12		PMMA		PC		PF	UF	MF	UP
Dichte (g/cm³)			0,9		0,92	0,96	1,05		≈ 1,1		1,2...1,35		1,38		1,0...1,13		1,18		1,2					
Schmelztemeperatur (°C)			(165)		105	130	240						180		> 185		160		≈ 265		-	-	-	-
Folien = F Massive Teile = M			F	M	F	M	F	M		M	F	M	F	M	F	M	F	M	F	M	M	M	M	M
Äußere Merkmale	Färbung	transparent																						
		glasklar																						
		durchscheinend																						
		hell-gedeckt (farbig)																x						
		dunkel																						
	Oberfläche	kratzempfindlich		x																				
		kratzfest																						
		wachsartig-fettig																						
	Zustand	spröde																						
		hart (h) schlagfest						h						h										
		biegsam, elastisch																						
		flexibel, gummiartig																						
		metallischer Klang																						
Brennprobe in offener Flamme	Brennbarkeit	brennt nicht																						
		brennt nur in der Flamme																						
		brennt weiter									(x)													
		verkohlt																						
	Flamme	gelb (leuchtend)									x													
		gelb, grüner Saum																						
		bläulich (farblos)																						
		blau, gelber Rand														x								
		knisternd																						
		rußend									x		x											
	Schmelze	tropft ab blasig																	x					
		tropft ab glatt															x							
		fadenziehend																						
Erhitzen im Reagenzglas	Schmelzverhalten	erweicht																						
		wird klar																						
		schmilzt																						
		zersetzt sich					vergast																	
		springt																						
	Färbung	dunkel																						
		braun-schwarz																				Aufblähen		
		schwarz																						
	Geruch der Rauchschwaden	süßlich					Leuchtgas																	
		stechend scharf																						
		fruchtartig																						
		paraffinartig																						
		nach Phenol (Formaldehyd)																					x	x
		nach Salzsäure																						
		nach Ammoniak																			x			
		nach verbranntem Horn																						
Reaktion der Schwaden a = alkalisch n = neutral s = sauer ss = stark sauer x = manchmal			n		n		n		n(s)		ss		ss		a		n		s		n(a)	a	a	n/a

Dies geschieht durch Ermittlung bestimmter charakteristischer Unterscheidungsmerkmale. Sie sind für die in diesem Buch behandelten Kunststoffe in Tabelle 7.8 zusammengestellt. Zu beachten ist jedoch, daß Füllstoffe und andere Zusätze die Merkmale verändern können.

Angewendet werden folgende Untersuchungsmethoden:

- **Unterscheidung zwischen Duromeren und Plastomeren**
  Sie erfolgt durch Erhitzen von zerkleinertem Probenmaterial (Spänen, Bröckchen, Pulver) auf einer Heizplatte oder im Reagenzglas.
  Duromere werden dunkel und zersetzen sich, *ohne* zu erweichen.
  (Noch nicht ausgehärtete Vorprodukte können vorübergehend erweichen, erstarren jedoch bei weiterer Erhitzung zu einem unschmelzbaren Harz, das sich schließlich zersetzt.)

  Plastomere erweichen und schmelzen vor der Zersetzung.
  Teilkristalline Plastomere (z. B. PE, PP, PA) werden, sofern sie nicht eingefärbt waren, vor dem Zersetzen glasklar.
- **Feststellung bestimmter äußerer Merkmale**
  Solche Merkmale, die bei einzelnen Kunststoffen deutlich erkannt werden, sind:

  Farbe, Transparenz, Oberflächenglanz, Oberflächenbeschaffenheit und -härte, sprödes oder biegsames Verhalten, charakteristischer Klang beim Anschlagen oder Hinwerfen.

  Eine Einordnung nach der Farbe ist nur begrenzt möglich, weil die meisten Kunststoffe in allen Farben transparent oder gedeckt eingefärbt werden können.
  Immer dunkelfarbig sind Phenolharze (PF) wegen ihrer gelbbraunen Naturfarbe.
  Durch besonderes gute Transparenz und brillanten Oberflächenglanz zeichnet sich PMMA aus.
  Glasklar, falls nicht gedeckt eingefärbt, sind u. a. vorwiegend PS, PC, UP.
  Nicht völlig glasklar, durchscheinend, ist PE (weich), milchig-weiß PE (hart).
  Kratzempfindlich sind PE und PMMA, unempfindlich gegen Kratzer: Duromere, PC u. a. Eine wachsartig fettige Oberfläche hat PE.
  Sprödes Verhalten (zerbrechlich) zeigt reines PS (seine Co-Polymerisate sind dagegen schlagfest, zäh).
  Stark biegsam (unzerbrechlich), besonders bei geringen Dicken, ist PE.
  Weichgemachte Kunststoffe, vorwiegend Weich-PVC, sind flexibel, gummiartig bis kernlederähnlich, Hart-PVC ist kernlederähnlich und härter. Besonders schlagfest ist PC.
  Einen deutlich erkennbaren metallischen Klang, der auch beim Schwenken dünner Folien auftritt, vernimmt man beim Anschlagen oder Hinwerfen von Produkten aus PS.
- **Brennversuch in offener Flamme**
  Kunststoffproben, die in eine offene Flamme gehalten werden, unterscheiden sich nach:
  - Entflammbarkeit,
  - Farbe und Art der Flamme,
  - Schmelzverhalten,
  - Auftreten von Rauchschwaden und deren Geruch.

  Der untersuchte Kunststoff
  - brennt nicht, wird nur angerußt, springt und zersetzt sich,
  - brennt innerhalb der Flamme, erlischt jedoch außerhalb,
  - brennt auch außerhalb der Flamme weiter und:
    - erweicht dabei,
    - schmilzt und tropft ab,
    - erkaltete Spritzer sind glatt oder blasig,
    - nach dem Ablöschen lassen sich Fäden ziehen,
  - die Flamme zeigt eine charakteristische Färbung,
  - die nach dem Ablöschen auftretenden Rauchschwaden unterschiedlicher Farbe haben einen charakteristischen Geruch.

  Alle Brennversuche erfordern Sorgfalt und Vorsicht! Abtropfende Kunststoffschmelzen können üble Hautschäden bewirken. Bei der Geruchskontrolle sind die Rauchschwaden nur kurz zuzufächeln, da giftige Substanzen auftreten können.
- **Erhitzen von kleinen Proben** (Pulver, Granulate, Schnitzel) **im Reagenzglas**
  Die Untersuchung ermöglicht eine deutlichere Wahrnehmung des *Geruchs* der Schwaden, der dann stärker ausgeprägt ist, und läßt eine Bestimmung der *Reaktion der Schwaden zu.*
  Angefeuchtetes Lackmuspapier färbt sich bei alkalischer Reaktion blau, bei saurer Reaktion rot. Bei sehr stark saurer Reaktion färbt sich zusätzlich in die Schwaden eingeführtes Kongopapier blau.
- **Bestimmung der Dichte**
  Ihrer Dichte nach lassen sich die häufigst verwendeten Plastomere und Duromere in die in Tabelle 7.9 aufgeführten Gruppen einordnen.

Untersuchungen auf Löslichkeit in bestimmten Lösungsmitteln bleiben in der Regel ausgebildeten Chemikern vorbehalten. Sie können jedoch

Tab. 7.9: Dichte von Kunststoffen

Dichte g/cm^3		
0,9 ... 1,0	PP, PE	(P)
1,0 ... 1,2	PS, SB, SAN, ABS PA, PMMA, PC	(P) (P)
1,2 ... 1,5	PVC weich, PVC hart PF, UF, MF (organisch gefüllt)	(P) (D)
> 1,5	PF, UF, MF (mineralisch gefüllt) GUP, GEP	(D) (D)

insbesondere zur eindeutigen Unterscheidung von Mischpolymerisaten erforderlich werden.
Der *Nachweis von Chlor* in einem Polymerisat kann dann bedeutsam werden, wenn dadurch die Einsatzmöglichkeiten des Kunststoffs beeinträchtigt werden. Er kann dadurch erfolgen, daß ein glühender Kupferdraht mit der Probe kurz in Berührung gebracht und dann erneut in die Flamme eines Bunsenbrenners gehalten wird. Chlorgehalt bewirkt Grünfärbung der Flamme.

7.8 Kunststoffprüfung

7.8.1 Mechanische Eigenschaften

Für die Erfassung der mechanischen Eigenschaften von Kunststoffen durch Werkstoff-Kenngrößen gelten im wesentlichen die gleichen Gesichtspunkte wie bei den Metallen. Die Eigenarten der Kunststoffe bedingen jedoch eine Reihe von Besonderheiten bei der Begriffsbestimmung, der Durchführung der Prüfverfahren und der Beurteilung der Versuchsergebnisse.
Die *Prüfmaschinen* müssen den Umständen der Kunststoffprüfung angepaßt sein, d. h. bei im allgemeinen niedrigem Kraftbereich eine weitgehende Variation der Prüfgeschwindigkeiten und erheblich größere Verformungswege zulassen.
Die genaue Einhaltung der geltenden Prüfbedingungen ist von besonderer Bedeutung.

7.8.1.1 Verhalten bei zügig gesteigerter Beanspruchung

Die Prüfung des mechanischen Verhaltens unter zügig gesteigerter Beanspruchung erfolgt durch den **Zugversuch für Kunststoffe** nach DIN 53 455.
Die wesentlich stärker als bei Metallen in Erscheinung tretende Abhängigkeit der geprüften Eigenschaften von der *Zeit* und der *Temperatur* wird berücksichtigt durch vorgeschriebene Prüfgeschwindigkeiten und sorgfältige Beachtung der einzuhaltenden Prüftemperatur.

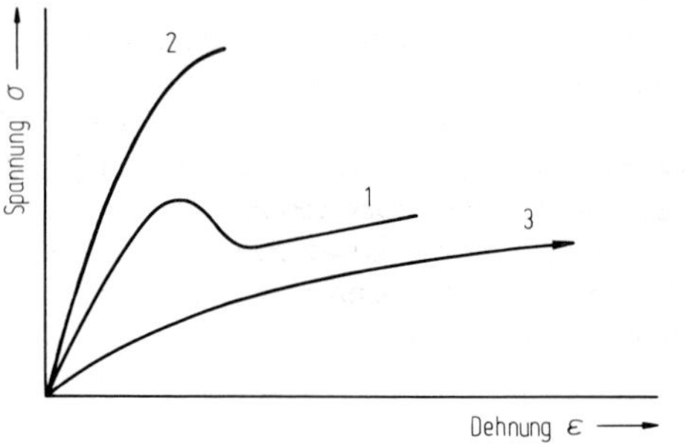

Bild 7.49 Spannung-Dehnung-Diagramm eines Plastomers bei verschiedenen Verformungsgeschwindigkeiten (schematisch)

Das (schematische) Spannung-Dehnung-Diagramm (Bild 7.49) zeigt das unter dem Einfluß der Verformungsgeschwindigkeit (oder der Temperatur) stark veränderte Verhalten eines thermoplastischen Kunststoffs.
Zeigt sich z. B. unter Normalumständen ein stark ausgeprägtes Fließen mit erheblicher Dehnung bis zum Bruch (1), so verlieren sich diese Eigenschaften bei hoher Belastungsgeschwindigkeit (oder tiefer Temperatur). Der Kunststoff ist weniger elastisch, verstreckt sich nicht mehr, versprödet (2). Umgekehrt führen sehr langsam steigende Belastungen (oder hohe Temperaturen) dazu, daß er sich immer stärker kautschukelastisch verhält. Seine Dehnfähigkeit nimmt bei erheblich sinkender Festigkeit stark zu (3).
Die gleichbleibend einzuhaltenden *Prüfgeschwindigkeiten* sind je nach Kunststoffsorte unterschiedlich und in den geltenden Kunststoffnormen festgelegt. Sie liegen zwischen 1 mm/min und 500 mm/min.
Temperatureinflüsse können sich bereits bei Schwankungen der Raumtemperatur bemerkbar machen. Dies gilt besonders für Plastomere im Übergangsbereich zwischen eingefrorenem (glasartigem) und thermoelastischem (gummiartigem) Zustand oder wenn teilkristalline Plastomere erhebliche Anteile an amorphen Strukturen aufweisen.
Zur Ausschaltung von *Umwelteinflüssen* schreiben die Prüfbedingungen eine zweckentsprechende *Vorbehandlung* der Proben durch Lagerung in Klimaschränken unter definierten Bedingungen

(Temperatur, Luftfeuchtigkeit, Zeitdauer der Lagerung) vor.
Das *Prüfklima* soll im allgemeinen bei (23 ± 2) °C und einer relativen Luftfeuchte von (50 ± 5) % liegen.
Die verwendeten *Proben* werden eigens aus Formmassen hergestellt – unter Beachtung der für das jeweilige Erzeugnis geltenden *Herstellbedingungen* – oder als Formstoff dem Formteil entnommen; Folien werden aus Bahnen geschnitten.
Die jeweilige *Probenform* richtet sich nach dem zu prüfenden Erzeugnis und ist mit ihren Abmessungen in der Prüfnorm festgelegt.

7.8.1.1.1 Festigkeits- und Verformungskenngrößen

Nach DIN 53 455 gelten (z. T. abweichend von denen der Metallprüfung) folgende Vereinbarungen und Begriffe:

- **Zugfestigkeit** σ_B ist die Zugspannung bei Höchstkraft,
- **Reißfestigkeit** σ_R ist die Zugspannung im Augenblick des Reißens,
- **Streckspannung** σ_S ist die Zugspannung, bei der im Kraft-Verlängerungs-Diagramm die Steigung der Kurve erstmalig gleich Null wird (beginnendes Verstrecken).

Das durch das Auftreten einer Streckspannung charakterisierte Verhalten ist zunächst einmal abhängig von der Art des Kunststoffs, d. h., es zeigt sich normalerweise nur bei bestimmten (verstreckbaren) Plastomeren. Zum andern aber wirken sich die Prüfbedingungen – und auf das Kunststoff-Erzeugnis übertragen die Belastungs- und Umweltbedingungen – aus. Die gleiche Kunststoffsorte, selbst der gleiche Typ innerhalb einer Sorte, kann also unter veränderten Umständen (Belastungsgeschwindigkeit, Temperatur, Zeit) dieses vorher nicht gezeigte Verhalten aufweisen.
Im Falle des Auftretens einer Streckspannung tritt diese an die Stelle der Zugfestigkeit.

- **x % Dehnspannung** σ_{Sx} ist die Zugspannung, bei der die Kraft-Verlängerung-Kurve um x % Dehnung vom anfänglich linearen Verlauf abweicht.

Sie wird festgestellt aus dem Schnittpunkt einer Parallelen im Abstand von x % der Meßlänge L_0 zur Anfangstangente mit der Kraft-Verlängerung-Kurve (Bild 7.50).
Der Betrag von x (z. B. 1 %) kann je nach Kunststoffsorte unterschiedlich festgelegt sein.

Der Begriff Spannung, soweit er in Definitionen für Kenngrößen verwendet wird, ist stets so auszulegen, daß die wirkende Kraft nicht auf den im augenblicklichen Prüfzustand vorliegenden, sondern auf den ursprünglich vorhandenen (kleinsten) Querschnitt S_0 bezogen ist, selbst dann, wenn sich auch schon bei kleinen Kräften im elastischen Verformungsbereich merkliche Querschnittsänderungen ergeben.
Spannungen und entsprechende Kenngrößen werden in N/mm^2 angegeben.[1]

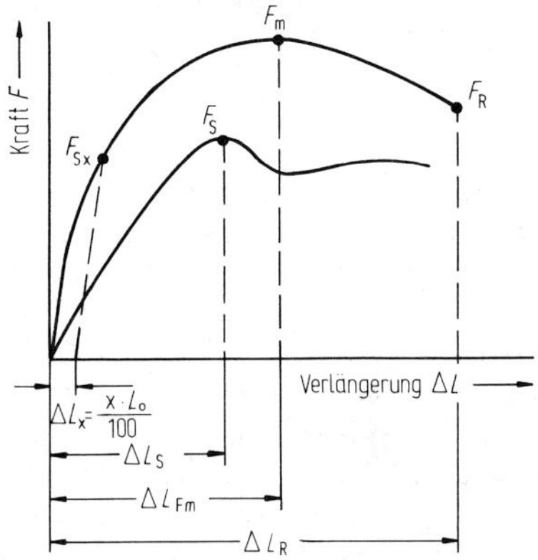

$$\sigma_B = \frac{F_m}{S_0} \qquad \varepsilon_B = \frac{\Delta L_{Fm}}{L_0}$$

$$\sigma_R = \frac{F_R}{S_0} \qquad \varepsilon_R = \frac{\Delta L_R}{L_0}$$

$$\sigma_S = \frac{F_S}{S_0} \qquad \varepsilon_S = \frac{\Delta L_S}{L_0}$$

$$\sigma_{Sx} = \frac{F_{Sx}}{S_0}$$

Bild 7.50 Ermittlung der Kenngrößen aus dem Spannung-Dehnung-Diagramm

Als Verformungskenngrößen sind üblich:

- **Dehnung bei Höchstkraft** ε_B,
- **Reißdehnung** ε_R,
- **Dehnung bei Streckspannung** ε_S.

Alle Kenngrößen werden als Mittelwerte aus den Versuchsergebnissen der Prüfung mehrerer (in der Regel 5) gleichartiger Proben berechnet.

7.8.1.1.2 Elastizitätsmodul

Der Elastizitätsmodul wird nach DIN 53 457 aus *Zug-*, *Druck-* oder *Biegeversuchen* bestimmt.

[1] Manche Kunststoffhersteller verwenden jedoch bei Festigkeitsangaben auch die Einheit MPa und für den Elastizitätsmodul die Einheit GPa.
1 MPa = 1 N/mm^2, 1 GPa = 1000 N/mm^2.

Während er bei den Metallen als Materialkonstante angesehen werden kann, ist dies bei den Kunststoffen wegen ihres visko-elastischen Verhaltens nicht der Fall. Er ist wie die anderen mechanischen Kenngrößen den angeführten Einflüssen unterworfen. Seine Ermittlung erfolgt deshalb nur im Bereich sehr kleiner Verformungen (<0,5 %), in dem das HOOKEsche Gesetz gilt, bei konstanten Verformungsgeschwindigkeiten, die etwa bei 1 %/min liegen. Definiert ist er als das Verhältnis von Spannung und Dehnung (bzw. Stauchung) bei ungehinderter Querschnittsveränderung nach der Beziehung

$$E = \frac{\sigma}{\varepsilon} = \frac{F \cdot L_0}{S_0 \Delta L}$$

Bei Ermittlung aus dem Biegeversuch wird er aus der Durchbiegung der Probe errechnet, die unter der Annahme einer linearen Spannungsverteilung im Querschnitt der Probe zu keinen größeren Dehnungen und Stauchungen der Randfasern führt als 0,5 %.

7.8.1.1.3 Beurteilung der Versuchsergebnisse

Die Einflüsse von Zeit, Temperatur und Klima auf die Eigenschaften von Kunststoffen erfordern zur Bestimmung der Kenngrößen die Einhaltung bestimmter Prüfbedingungen. Die Ergebnisse sind demzufolge auch nicht auf andere Bedingungen übertragbar. Die Bedeutung der mechanischen Kenngrößen liegt in erster Linie in der Möglichkeit und der Notwendigkeit einer *Qualitätskontrolle.* Ein Vergleich der mechanischen Eigenschaften selbst gleicher Kunststoffsorten verschiedener Hersteller ist nur dann exakt möglich, wenn den Lieferangaben die gleichen Herstellungs- und Prüfbedingungen zugrunde liegen. Zur eingehenden Beurteilung werden deshalb stets mehrere Prüfungen unter ggf. geänderten Bedingungen erforderlich sein.

Eine besondere Problematik liegt in der Vergleichbarkeit und Übertragbarkeit der an eigens hergestellten Proben ermittelten Eigenschaften und Verhaltensweisen. Die Eigenschaften fertiger Kunststoff-Erzeugnisse (Halbzeuge und Formteile) hängen erheblich von der Gestaltung und entscheidend von den Herstellungsbedingungen und Verarbeitungsumständen, d. h. ihrer *Vorgeschichte,* ab.

Aus diesem Grunde sind die Kenngrößen auch als Berechnungsunterlagen für die Dimensionierung von Kunststoff-Bauteilen nicht ausreichend und nur für erste grobe Abschätzungen geeignet.

7.8.1.2 Zeitstandverhalten

Wesentlich für die Beurteilung von Kunststoffen und ihren konstruktiven Einsatz ist ihr Zeitstandverhalten. Die im Laufe der Zeit auch bei konstanter Belastung ablaufende elastisch-plastische Formänderung (Kriechen) macht sich erheblich bemerkbar und tritt bereits bei Raumtemperatur ein.

Damit ändert sich im Laufe der Zeit das Verhältnis zwischen Spannung und Dehnung. Die für solche Fälle maßgebenden Werkstoffkenngrößen werden zeitabhängig. Sie sind nicht mehr Einzelprüfungen zu entnehmen, sondern aus Kurvenscharen abzugreifen, die, aus Versuchsserien erstellt, die jeweiligen Abhängigkeiten aufzeigen. Darüber hinaus sind bei langzeitigen Beanspruchungen die Umwelteinflüsse naturgemäß besonders wirksam.

Erfaßt wird diese Verhaltensweise im

- **Relaxationsversuch** nach DIN 53 441 und im
- **Zeitstand-Zugversuch** nach DIN 53 444.

Infolge der molekularen Relaxation klingt die durch eine spontan aufgezwungene Anfangsdehnung entstandene Spannung trotz unverändert bleibender Formänderung im Laufe der Zeit ab (Bild 7.51).

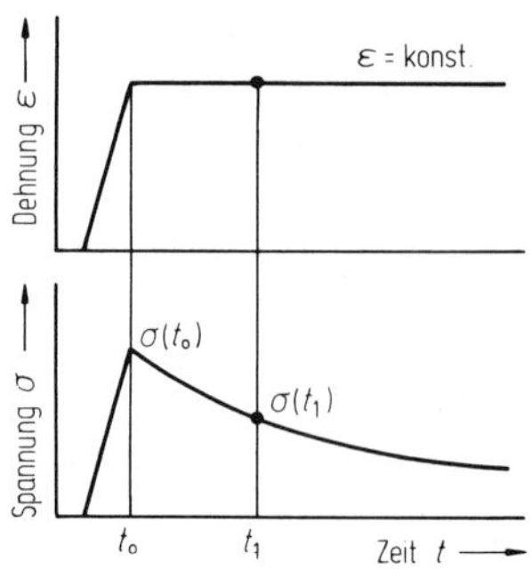

Bild 7.51 Spannungs-Relexation (schematisch)

Die **Zeitspanndehnung** $\varepsilon_{\sigma/t}$ ist dann die Dehnung, bei der sich nach der Zeit t die Spannung σ einstellt (Bild 7.52).

Das Verhältnis der *zeitabhängigen Spannung* zur *konstanten Dehnung* wird erfaßt durch den **Relaxationsmodul**

$$E_r(t) = \frac{\sigma(t)}{\varepsilon},$$

auch als *Entspannungsmodul* bezeichnet. Er ist von der jeweiligen Dehnung abhängig. (Konstant, also unabhängig von der Dehnung, ist er nur im

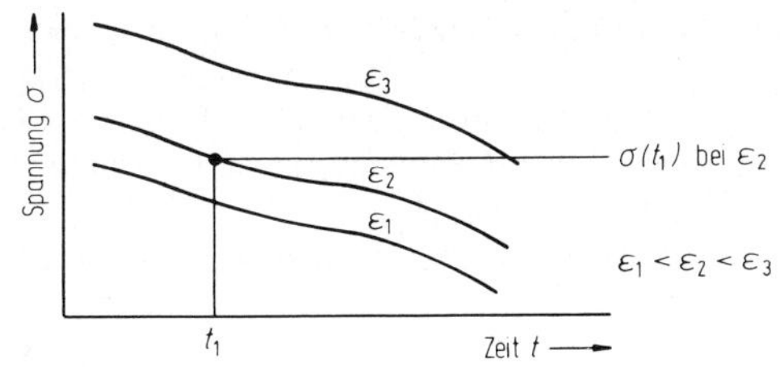

Bild 7.52 Zeit-Spannungslinien (schematisch)

kleinen HOOKEschen Bereich, in dem Proportionalität zwischen Spannung und Dehnung besteht.)

Im *Zeitstandversuch* wird die bei konstanter Belastung sich im Laufe der Zeit ändernde Dehnung ermittelt und durch die jeder Spannungshöhe zugeordneten **Zeit-Dehnlinien** erfaßt.
Nach Entlastung geht die Dehnung, ebenfalls zeitabhängig, wieder zurück. Die verbleibende *Restdehnung* $\varepsilon_{R(t)}$ ist dann die zur Zeit t nach Entlastung noch vorhandene (Bild 7.53).

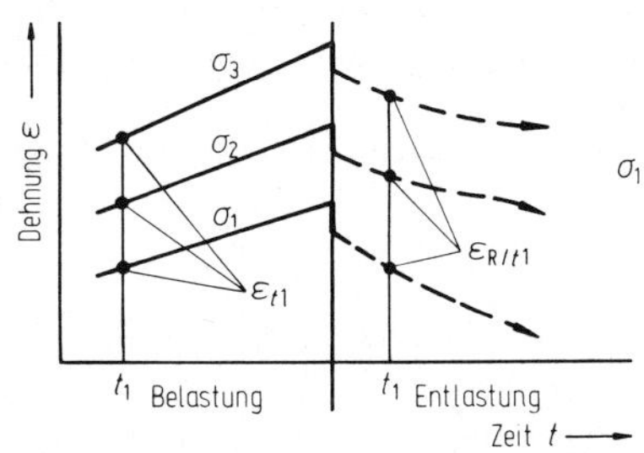

Bild 7.53 Zeit-Dehnlinien (schematisch)

Eine für die Beurteilung dieses Verhaltens wichtige Bezugsgröße ist die *1-Minuten-Dehnung* $\varepsilon_{1\,min}$, also jene Dehnung, die 1 Minute nach Aufbringen der Belastung vorhanden ist.
Die 1 Minute nach Entlastung vorhandene Restdehnung ist $\varepsilon_{R/1\,min}$.
Als **Zeitdehnspannung** $\sigma_{\varepsilon/t}$ ist die Spannung zu verstehen, die nach der Zeit t eine Gesamtdehnung von ε % bewirkt.
Die **Zeitstandfestigkeit** $\sigma_{B/t}$ ist jene Spannung, die nach Ablauf der Zeit t zum Bruch der Probe führt.
An die Stelle des Elastizitätsmoduls tritt der zeitabhängige **Kriechmodul**

$$E_c(t) = \frac{\sigma}{\varepsilon(t)},$$

d. i. das Verhältnis zwischen *konstanter Spannung* und *zeitabhängiger Dehnung.*
Der Kriechmodul, spannungsabhängig, nimmt mit der Zeit ab.

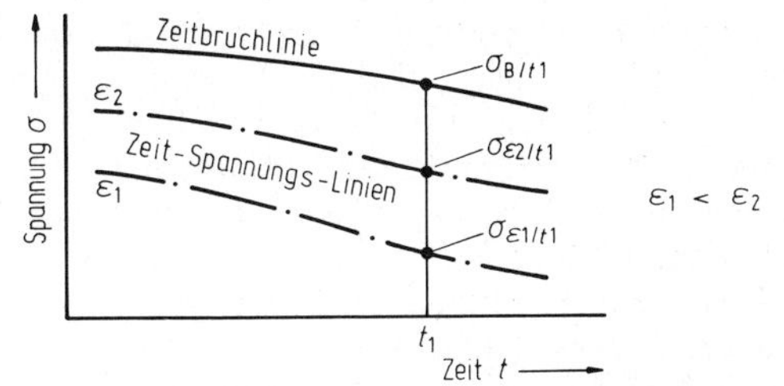

Bild 7.54 Zeitstandschaubild (schematisch)

Zeitstandfestigkeit und Zeitdehnspannung werden für die jeweils vorliegenden Umstände dem **Zeitstandschaubild** entnommen. Es wird aus den Zeitdehnlinien erstellt, indem die bestimmte konstante Dehnungsbeträge oder den Bruch bewirkenden Spannungen in Abhängigkeit von der Zeit aufgetragen werden und somit die Zeitbruch- bzw. Zeitdehnspannungslinien als Kurvenscharen ergeben (Bild 7.54). In gleicher Weise werden die aus den Zeitdehnlinien errechneten Kriechmoduln dargestellt (Bild 7.55).

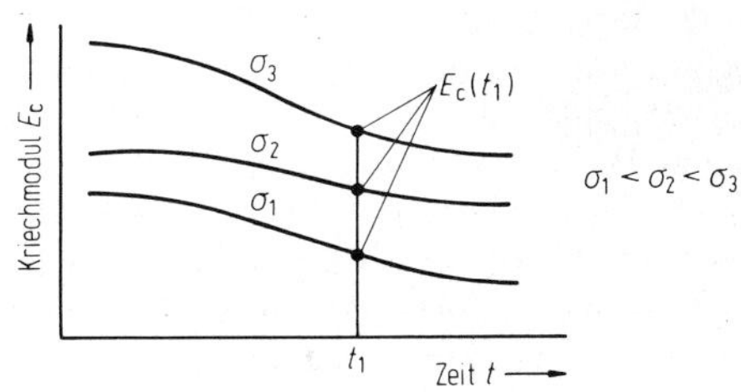

Bild 7.55 Kriechmodul-Linien (schematisch)

Die Dimensionierung von Bauteilen hat so zu erfolgen, daß in ihrem vorgesehenen Verwendungszeitraum (ihrer »Lebensdauer«) festgelegte Grenzwerte nicht überschritten werden.

7.8.1.3 Verhalten bei dynamischer Beanspruchung

Die für das Verhalten bei dynamischer Beanspruchung maßgebenden Kenngrößen, Dauerschwingfestigkeit, Schwell- und Wechselfestigkeit, werden analog der Metallprüfung im Dauerschwingversuch (DIN 50 100) durch Aufnahme der *WÖHLERkurven* ermittelt (siehe S. 104).
Grundlegende Unterschiede ergeben sich auch hier aus dem besonderen Verhalten der Kunststoffe. Ihr gegenüber den Metallen sehr viel geringerer Elastizitätsmodul bedingt niedrige Kraftbereiche und größere Verformungswege der Prüfmaschine. Die infolge der starken *Dämpfung* und geringer Wärmeleitung eintretende Erwär-

mung der Proben erfordert niedrige Prüffrequenzen und führt dazu, daß die Schwingfestigkeit frequenzabhängig wird. Zudem ergeben sich Unterschiede im Spannungsausschlag σ_a und Verformungsausschlag ε_a, da bei zeitlich konstantem ε_a ein Abfall des Spannungsausschlags eintritt. Der Einfluß des Prüfklimas und der Probenvorbehandlung ist besonders wirksam.
Die Ermittlung der Dauerfestigkeit wird üblicherweise für den Bereich von 10^7 bis 10^8 Schwingspielen durchgeführt. Die Prüffrequenzen liegen bei etwa 10 Hz.
Das *Dauerfestigkeitsschaubild* nach SMITH erfährt insofern eine Abwandlung, als die Spitzen, in die die Ober- und Unterspannungslinien auslaufen, nicht der Zugfestigkeit entsprechen, sondern der Zeitstandfestigkeit für jene Zeitdauer, die der ertragenen Grenzschwingspielzahl entspricht. Das bedeutet also, daß ein Kunststoffteil je nach der Belastungsfrequenz eine unterschiedliche Lebensdauer besitzt.
Die Schwingfestigkeiten der einzelnen Kunststoffe sind stark verschieden. Einflüsse der Vorgeschichte, der Form und Gestaltung und der Umweltbedingungen erfordern eine besonders kritische Beachtung.
Eigene Normen für die Prüfung des Dauerschwingverhaltens von Kunststoffen sind bisher nur für einige spezielle Anwendungsfälle aufgestellt worden.

7.8.1.4 Härte

Es liegt im Wesen der Härteprüfung, daß hierbei keine allgemeingültige Eigenschaft, sondern nur eine Kenngröße ermittelt wird, die durch das jeweilige Prüfverfahren bestimmt ist. So bedeuten auch die Versuchsergebnisse verschiedener Prüfverfahren zahlenmäßig nicht dasselbe und sind keinesfalls einander gleichzusetzen. Die Härteangaben selbst gleicher Verfahren stellen nur vergleichbare Kenngrößen für ganz bestimmte Vorgänge und Zustände gleicher Produkte dar. Daraus folgt, daß Härtevergleiche verschiedener Kunststoffe wenig sinnvoll sind und solche zwischen Kunststoffen und Stoffen anderer Struktur, z. B. Metallen, zu völlig falscher Beurteilung führen würden. Ebensowenig ist eine eindeutige Beziehung zwischen Zugfestigkeit und Härte möglich.
Die in der Metallprüfung häufig angewendeten Verfahren nach BRINELL und VICKERS sind für Kunststoffe nicht brauchbar, weil dort die Härte aus der plastischen Verformung bestimmt wird. Die Verformung von Kunststoffen ist jedoch überwiegend elastisch. Mögliche plastische Verformungen verändern sich zudem im Laufe der Zeit durch Kriechvorgänge.
Die Härteermittlung kann deshalb nur unter Last erfolgen und ist an bestimmte zeitliche Grenzen gebunden.
Bestimmt wird die Härte von Kunststoffen (einschließlich Hartgummi) mit dem **Eindruckversuch** nach DIN 53 456 als **Kugeldruckhärte** aus Prüfkraft und Eindruckoberfläche. Diese wird aus der Eindringtiefe einer mit der Prüfkraft belasteten Stahlkugel errechnet.
Hierbei wird die Prüfkraft in Anpassung an den Werkstoff in 4 bestimmten Laststufen so bemessen, daß die Eindringtiefe zwischen 0,15 mm und 0,35 mm liegt.
Um beim Wechsel von einer Prüfkraftstufe zur anderen einen möglichst kontinuierlichen Übergang der Härtewerte ohne Sprünge zu erreichen, wird die Härte aus einer »reduzierten Prüfkraft« und der auf 0,25 mm »reduzierten Eindringtiefe« bestimmt.
Die reduzierte Prüfkraft ist hierbei diejenige Prüfkraft, die die reduzierte Eindringtiefe bewirkt.
Die Härte wird in N/mm^2 angegeben und kann entsprechend der aufgebrachten Prüfkraft und der gemessenen Eindringtiefe aus der in der Norm enthaltenen Tabelle entnommen werden.
Wegen der Zeitabhängigkeit der Verformung erfolgt die Feststellung der Eindringtiefe nach 30 Sekunden.[1]
Für die Herstellung einer Bezugsebene zur Messung der Eindringtiefe wird zunächst eine kleine Vorlast aufgebracht (Nullpunkt der Messung), die nach etwa 5 s innerhalb von 2 s um die Prüfkraft gesteigert wird.
Es werden jeweils 10 Prüfungen durchgeführt und der Mittelwert angegeben.
Die Härteangabe erfolgt durch das Zeichen H mit Angabe der Prüfkraft, z. B. H49 bei einer Prüfkraft von 49 N.
An *weichen Kunststoffen* mit gummielastischem Verhalten, deren Härte nicht nach dem Kugel-

[1] Für eine Übergangszeit sind noch Zeiten von 10 s und 60 s zugelassen, da entsprechende Härteangaben in anderen Normen noch anzutreffen sind. In diesen Fällen erfolgt die Angabe der Beanspruchungszeit nach einem Schrägstrich, z. B. H132/10 bzw. H132/60.

eindruckverfahren geprüft wird, kann die Ermittlung der Härte nach der für Elastomere vorgesehenen **Härteprüfung nach Shore A oder Shore D** DIN 53 505 erfolgen.
Die Shore-Härte ist definiert als der Widerstand, den die Probe dem Eindringen eines Prüfkörpers bestimmter Form entgegensetzt. Dessen Druckkraft wird durch das Zusammendrücken einer geeichten Feder im Prüfgerät aufgebracht.

Die so festgestellte Härte wird an der Meßuhr des Prüfgerätes abgelesen und in Shore-Einheiten zwischen 0 und 100 angegeben.
Der Prüfkörper für Shore A hat die Form eines Kegelstumpfes, für Shore D die eines Kegels mit abgerundeter Spitze.
Während beim Kugeldruckversuch die Bezugsebene für die Messung der Eindringtiefe durch eine aufgebrachte Vorlast hergestellt wird, geschieht dies hier durch Andrücken der Auflagefläche der Shore-Prüfgeräte gegen die Probe bis zum satten Aufliegen mit Hilfe einer Einspannvorrichtung oder auch von Hand.
Die durch das Zusammendrücken der Feder im Meßgerät angezeigten Härteeinheiten werden nach 3 s Anpreßzeit (in Sonderfällen bei starkem Fließen nach 15 s) abgelesen.
Prüfungen nach Shore A (max. Federkraft bei 100 Einheiten 8,065 N) werden durchgeführt bei weichen, nach Shore D (max. Federkraft bei 100 Einheiten 44,50 N) bei Kunststoffen mit einer Härte über 70 Shore-A-Einheiten.
Wegen der Auswirkung der Verformungen muß die Probendicke mindestens 6 mm betragen.
Die Härteangaben erfolgen ganzzahlig als der mittelste Wert (Medianwert[1]) aus mindestens 3 Prüfungen mit der Bezeichnung des Prüfverfahrens und dem jeweiligen Zahlenwert, z. B. »Shore-A-Härte 75« oder kurz »75 Shore A«.

7.8.2 Mechanisch-thermisches Verhalten

7.8.2.1 Schubmodul und Dämpfung

Unter den Prüfverfahren zur Beurteilung des Verhaltens von Kunststoffen kommt dem **Torsionsschwingversuch** nach DIN 53 445 eine besondere Bedeutung zu. Ermittelt werden bestimmte temperaturabhängige Kenngrößen. Darüber hinaus aber gibt der Versuch auch weitgehend Aufschlüsse über das allgemeine Verhalten von Kunststoffen bei verschiedenen Temperaturen. Er ermöglicht somit die Feststellung der für ihre Eingruppierung wesentlichen Merkmale.

[1] Medianwert: Eine ungerade Anzahl von Einzelwerten wird nach steigenden Zahlen geordnet. Medianwert ist dann der in der Mitte stehende Zahlenwert.

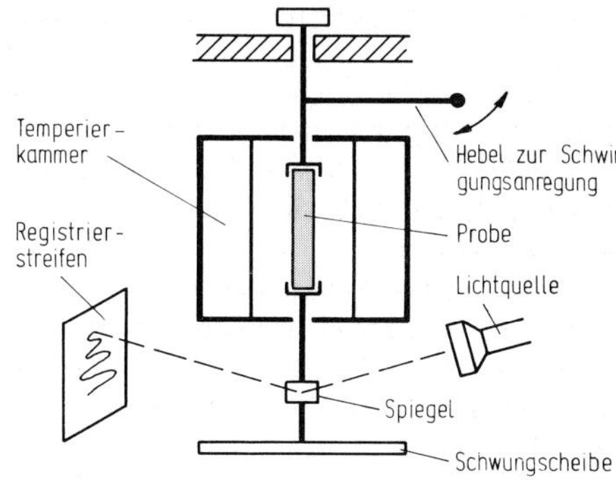

Bild 7.56 Torsionsschwinggerät (schematisch)

Untersucht wird das mechanisch-thermische Verhalten bei kleinen Verformungsbeanspruchungen und geringen Verformungsgeschwindigkeiten. Eine in das Prüfgerät eingehängte, mit einer Schwungscheibe beschwerte Probe wird in freie Torsionsschwingungen zwischen etwa 0,1 Hz und 10 Hz versetzt. Frequenz und Amplituden werden mit Hilfe eines Lichtstrahls über die Ablenkung durch einen Spiegel auf lichtempfindlichem Papier registriert. Die Erwärmung der Probe erfolgt in einer Temperierkammer, deren Regeleinrichtung die genaue Einhaltung der Prüftemperaturen in einem großen Bereich (meist von −60 °C bis 250 °C) gestattet (Bild 7.56).

Bestimmt wird der **Schubmodul** und die durch innere Reibungsverluste bewirkte **Dämpfung** der mechanischen Schwingung.

Sowohl Schubmodul als auch Torsionsschwingungsdämpfung sind physikalische Eigenschaftswerte. Die Prüfung liefert also – im Unterschied zu den sonst angewandten technologischen Prüfungen – exakte Ergebnisse, die unabhängig von Probenform und Prüfverfahren sind.

Beide Größen, in Abhängigkeit von der Temperatur aufgetragen, zeigen dabei charakteristische Besonderheiten, die eine genaue Beurteilung der bei den jeweiligen Temperaturen vorliegenden Werkstoffzustände und Verhaltensweisen ermöglichen. So kennzeichnen hohe Schubmoduln und damit in Beziehung stehende niedrige Dämpfungen den harten Zustandsbereich, während ein Abfall des Schubmoduls bei einem Ansteigen der

Dämpfung die Erweichung des Kunststoffs anzeigt.
Der Versuch ermöglicht somit das Erkennen des strukturellen Aufbaus, d. h. die Unterscheidung zwischen *Duromeren* und *Plastomeren* und die Feststellung, ob es sich um *amorphe* oder *teilkristalline* Plastomere handelt.
Darüber hinaus lassen sich aus der Lage und dem Verlauf der miteinander in Beziehung stehenden Kurven deutlich erkennen:
- die Temperaturbereiche, in denen sich Kunststoffe im harten, zäh-elastischen oder weichen Zustand befinden,
- die jeweilige Höhe der Einfriertemperatur und der Verlauf der nach ihrem Überschreiten einsetzenden Erweichung bis zum plastischen Fließen,
- das durch die erste geringe Erweichung verdeutlichte Auftauen amorpher Anteile und das Schmelzen der Kristallite bei kristallisierenden Kunststoffen. Die Schubmoduln fallen bei Beginn des plastischen Fließens stark ab, die Dämpfung zeigt ein Maximum (Bild 7.57).

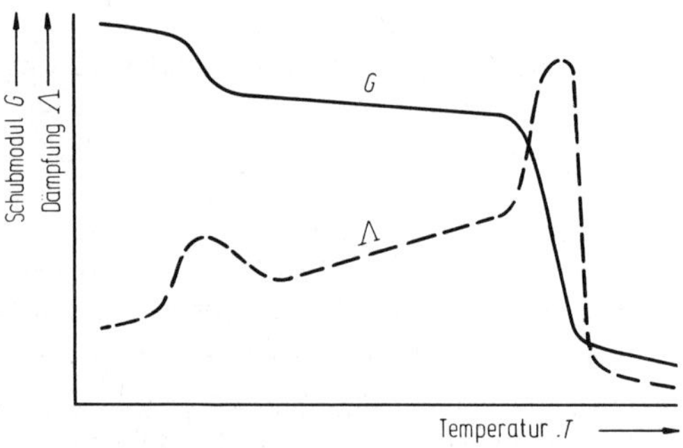

Bild 7.57 Schubmodul (G) und mechanische Dämpfung (Λ) eines kristallisierenden Kunststoffs in Abhängigkeit von der Temperatur

Der *Schubmodul G* ist der Quotient aus Schubspannung und elastischer Winkelverformung bei sehr kleinen Verformungen im HOOKEschen Bereich. Er wird berechnet nach der Beziehung

$$G = J \cdot f^2 \cdot F_g \cdot F_d - S_E$$

aus dem Trägheitsmoment der an der Probe hängenden Schwingmasse (J), der gemessenen Schwingfrequenz (f), den Probenabmessungen, enthalten im Faktor F_g, und dem Einfluß der Dämpfung (Faktor F_d) auf die Schwingfrequenz. Durch das Korrekturglied S_E kann der Einfluß der Schwerkraft auf das rücktreibende Drehmoment berücksichtigt werden.[1]
Als Maß für die mechanische Schwingungsdämpfung gilt das natürliche *logarithmische Dekrement der mechanischen Dämpfung Λ.*

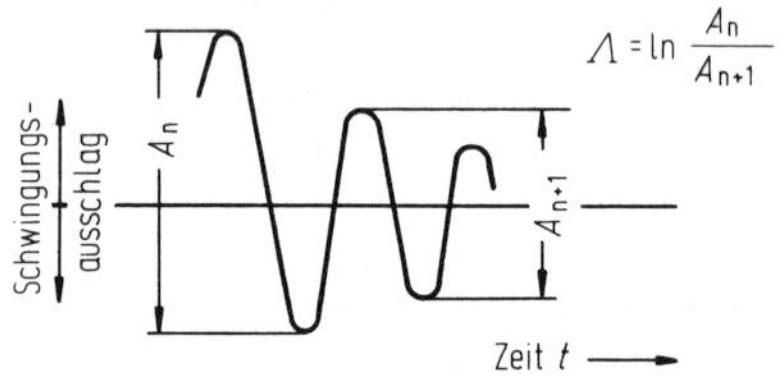

Bild 7.58 Dämpfung mechanischer Schwingung

Es wird bestimmt aus dem Unterschied der Amplituden aufeinanderfolgender Schwingungen nach der Formel (Bild 7.58):

$$\Lambda = \ln \frac{A_n}{A_{n+1}}$$

Da zwischen **Schubmodul *G*** und **Elastizitätsmodul *E*** die Beziehung

$$E = 2 \cdot G \cdot (1 + \mu)$$

(μ = POISSONsche Zahl) besteht, kann über den Torsionsschwingversuch auch die Bestimmung des temperaturabhängigen Elastizitätsmoduls erfolgen.
μ liegt bei Kunststoffen zwischen 0,35 und 0,5. Der Elastizitätsmodul beträgt somit etwa das Dreifache des Schubmoduls.

7.8.2.2 Formbeständigkeit in der Wärme

Zur Beurteilung des thermischen Verhaltens, das sich in der Verminderung des Widerstandes gegen Formänderungen ausdrückt, dienen mehrere Prüfverfahren. Sie sind dem unterschiedlichen Charakter der Kunststoffe angepaßt, also keinesfalls allgemein anwendbar und in ihren Ergebnissen auch nicht miteinander vergleichbar oder ineinander umrechenbar.

---

[1] Nach neueren Erkenntnissen kann für hoch gummielastische Kunststoffe wegen der mit der Verdrehung verbundenen Längenänderung kein exaktes Korrekturglied angegeben werden. Da zudem hier der Schubmodul von der Probenform abhängig ist, wird im *Torsionsversuch für Elastomere* (DIN 53 520) abweichend vor der o. a. Norm eine bestimmte Probenform vorgeschrieben und auf das Korrekturglied verzichtet. Ziel des Versuchs ist nicht die genaue Bestimmung des Schubmoduls, sondern die vergleichende Erfassung seiner Temperaturabhängigkeit.

Als typisch technologische Prüfungen, bei denen in die Erfassung einer bestimmten Verhaltensweise verschiedene Eigenschaften eingehen, liefern sie keine spezifischen Eigenschaftswerte. Die Prüfergebnisse sind selbst beim gleichen Werkstoff einer Reihe von veränderlichen Einflüssen (z. B. Probenzustand, Prüfzeit, Temperatur- und Belastungshöhe) unterworfen und somit an die genaue Einhaltung der Prüfvorschriften gebunden.
Die Prüfungen dienen der Kontrolle der gleichbleibenden Beschaffenheit eines Kunststoffs, d. h. der Überwachung der Herstellung von Formmassen und ihrer Verarbeitung zu Formstoffen. Sie bieten somit eine praktische Vergleichsgrundlage für die Beurteilung der Güte von Kunststofferzeugnissen gleicher Art.
Unter der **Formbeständigkeit in der Wärme** versteht man die Fähigkeit einer Kunststoffprobe, die unter Spannung steht, ihre geometrische Form bis zu einer bestimmten Temperatur weitgehend beizubehalten.
Ihre *Kenngröße* ist *die Temperatur,* bei der sich die Probe unter Biegebeanspruchung um einen festgelegten Betrag gebogen hat. Sie wird bestimmt durch die **Formbeständigkeitsprüfung nach Martens** (DIN 53 458) oder nach ISO/R 75 (DIN 53 461).
Bei der Prüfung nach Martens wird ein Probestab genau vorgeschriebener Abmessungen im Prüfgerät (DIN 53 462) senkrecht unten fest eingespannt. Am oberen Ende wird sie durch einen waagerecht angeklemmten Hebel mit einem Biegemoment belastet, das eine Biegespannung von bestimmter Höhe (ca. 5 N/mm²) bewirkt.

Die Martenszahl ist dann die Temperatur, bei der der Belastungshebel um 6 mm abgesunken ist. Die Temperatursteigerung (50 °C/h) erfolgt im Wärmeschrank unter schwacher Luftumwälzung.

Bei der Prüfung nach *ISO/R 75* erfolgt die Erwärmung in einem Flüssigkeitsbad mit einer Temperatursteigerung von 2 °C je Minute. Die Probe ist waagerecht beidseitig gelagert und in der Mitte belastet. Die Prüfkraft wird nach den in der Norm vorgeschriebenen Abmessungen der Probe so berechnet, daß eine Biegespannung bestimmter Höhe (A: ca. 1,8 N/mm², B: ca. 0,45 N/mm²) erreicht wird, und durch Gewichtsstücke auf den Biegedorn aufgebracht.
Als Kenngröße dient die Temperatur, bei der eine jeder Probenhöhe zugeordnete Durchbiegung erreicht wird (0,33 mm bis 0,21 mm für Probenhöhen von 9,8 mm bis 15 mm).

Ein weiteres Prüfverfahren ist die **Bestimmung der Vicat-Erweichungstemperatur** nach DIN 53 460 für nicht härtbare Kunststoffe (Plastomere).
Gemessen wird, bei welcher Temperatur eine Stahlnadel mit einem Querschnitt von 1 mm² unter einem bestimmten Gewicht um 1 mm senkrecht in die Probe eingedrungen ist.
Die Prüfung kann in Flüssigkeit oder Warmluft erfolgen, die entsprechend der zu erwartenden *Vicat-Erweichungstemperatur VST* vorgewärmt ist. Nach Belastung der Vicat-Nadel erfolgt die weitere Temperatursteigerung (um 50 °C/h) bis zum Erreichen der durch eine Signaleinrichtung angezeigten Eindringtiefe.
Es ist offensichtlich, daß die Prüfungsergebnisse nach Martens und ISO durch den *Elastizitätsmodul* beeinflußt sind, während bei der *Vicatprüfung* die *Ausgangshärte* eine Rolle spielt.
Nicht brauchbar sind Martensprüfungen für teilkristalline Kunststoffe, da dort mehrere Erweichungsbereiche vorliegen, also kein eindeutiges Ergebnis erzielt wird.

Alle angeführten Prüfverfahren lassen wegen ihrer Bindung an die Prüfbedingungen auch keine Rückschlüsse auf die maximale Gebrauchstemperatur von Kunststoffen zu.

7.8.3 Elektrische Eigenschaften

Während bei den Metallen die Untersuchung ihrer elektrischen Eigenschaften zwar von wissenschaftlichem Interesse ist, aber kaum Eingang in die allgemeine Werkstoffprüfung gefunden hat, haben solche Prüfungen bei Kunststoffen als *Isolierstoffe der Elektrotechnik* eine erhebliche praktische Bedeutung. Sie dienen als Abnahmeprüfungen für den praktischen Einsatz und ermöglichen eine vergleichende Beurteilung der durch Aufbau, Herstellung und Behandlung (Vorgeschichte) herrührenden Einflüsse. Sie lassen schließlich auch erkennen, ob und inwieweit sich elektrische Energieverluste, die sich in Wärme umsetzen, praktisch nutzen lassen, wie es z. B. bei der Erwärmung durch Hochfrequenz der Fall ist.
Die Untersuchungen bezwecken allgemein die Feststellung der Isoliereigenschaften und die Beurteilung des dielektrischen Verhaltens unter dem Einfluß von Wechselspannungen bei verschiedenen Frequenzen mit der Bestimmung hierfür charakteristischer Kenngrößen.

7.8.3.1 Isoliereigenschaften

Das elektrische Isoliervermögen wird erfaßt durch die **Bestimmung der elektrischen Widerstandswerte** nach DIN VDE 0303 Teil 3.
Geprüft werden:
- der Durchgangswiderstand R_D,
- der Widerstand zwischen Stöpseln R_S,
- der Oberflächenwiderstand R_O

bei Gleichspannung.

Zur Messung des **Durchgangswiderstands** werden Proben geometrisch einfacher Form, meist Platten (aber auch Zylinder, Rohrabschnitte), zwischen zwei satt anliegende Elektroden gebracht, deren Ausführungsformen in den Normen festgelegt sind. Als Meßspannung werden vorzugsweise 100 V oder 1000 V Gleichspannung angelegt. Um zu gewährleisten, daß nur der Strom gemessen wird, der zwischen den Meßflächen der Elektroden durch den Isolierkörper geht, ist die Meßelektrode von einem Schutzring umgeben, über den die Oberflächenströme zur Erde abgeleitet werden (Bild 7.59).

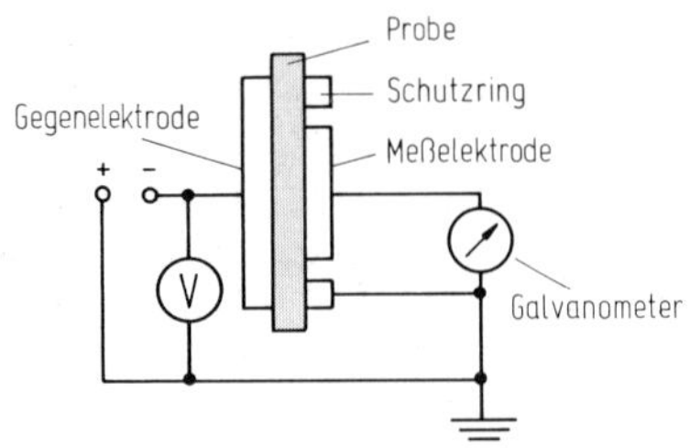

Bild 7.59 Messung des Durchgangswiderstands (Schaltschema)

Um vergleichbare Ergebnisse zu erhalten, werden die Proben einer in den Werkstoffnormen festgelegten Vorbehandlung zur Erzielung eines gleichartigen Zustands unterworfen.

Gegebenenfalls erfolgt eine besondere Behandlung dann, wenn bestimmte Einflüsse, z. B. mechanische Beanspruchung, Einwirkung von Chemikalien oder Feuchtigkeit, ermittelt werden sollen.

Aus dem gemessenen Widerstand

$$R_D = \frac{U}{I}$$

wird der **spezifische Durchgangswiderstand** ϱ_D[1] nach der Beziehung

$$\varrho_D = \frac{R_D \cdot A}{a}$$

mit A als Meßfläche der Meßelektrode und a als Dicke der Probe berechnet.

Die Messung des **Widerstandes zwischen Stöpseln** R_S wird durchgeführt, indem als Elektroden zwei konische Stöpsel in Bohrungen des Probekörpers in einem festgelegten Abstand eingeführt werden. Sie erfaßt naturgemäß außer dem Widerstand im Innern auch den Widerstand an der Oberfläche, läßt aber Rückschlüsse darauf zu, inwieweit das Isoliervermögen des geprüften Kunststoffs durch Inhomogenitäten im Werkstoff beeinflußt ist.

Die Prüfung wird auch insbesondere dann angewendet, wenn die Form des zu prüfenden Erzeugnisses die Entnahme des Probekörpers in der Größenordnung, wie sie für die Bestimmung des spezifischen Durchgangswiderstands erforderlich ist, nicht zuläßt.

Der **Oberflächenwiderstand** R_O kann nach verschiedenen Verfahren gemessen werden, die jeweils sicherstellen, daß nur der an der Oberfläche übergehende Strom erfaßt wird (Bild 7.60).

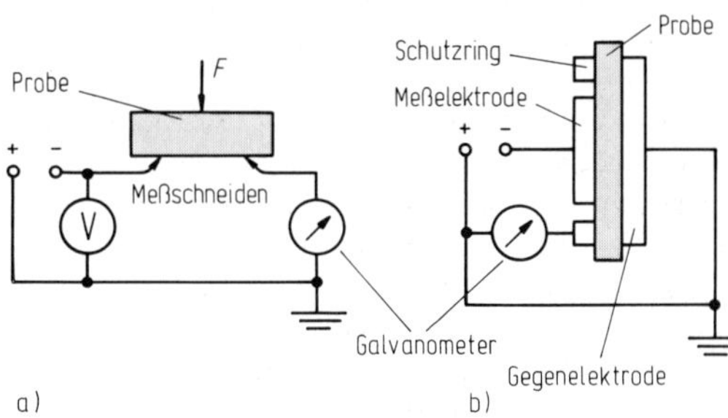

Bild 7.60 Messung des Oberflächenwiderstands (Schaltschema)

Als Elektroden dienen entweder *federnde Metallschneiden,* die in einem festgelegten Abstand voneinander an die Oberfläche angedrückt werden oder fest angepreßte kreisförmige *Haftelektroden* mit Schutzring. Erfaßt wird nur der Stromübergang zwischen Meßelektrode und Schutzring. Die Gegenelektrode ist geerdet.

Auf Formteile, deren Form die Verwendung dieser Elektroden nicht zuläßt, werden haftende *Strichelektroden* aus Leitsilber aufgebracht.

Bei Schneiden- und Strichelektroden wird der gemessene Oberflächenwiderstand direkt in Ω angegeben. Bei Haftelektroden wird sein Zahlenwert aus dem gemessenen Widerstand R_G, dem

[1] Der spezifische Durchgangswiderstand eines Stoffes ist definiert als der in Ω gemessene Widerstand eines Körpers von 1 cm^2 Querschnitt und 1 cm Länge und wird angegeben in den Einheiten Ω cm^2/cm, gekürzt zu Ω cm.

mittleren Durchmesser des Spaltes zwischen Meßelektrode und Schutzring d_m und der Breite des Spaltes g_b berechnet nach der Formel:

$$R_{OC} = \frac{d_m \pi R_G}{g_b}$$

Durchschlagfestigkeit
Beim Einsatz unter Wechselspannungen mit hohen Frequenzen zeigt sich die Güte eines Isolierstoffes darin, welche Spannungswerte er erträgt, ohne daß es zu einem Durchschlag kommt, d. h. einem Funken- oder Lichtbogenübergang durch den Stoff, der zu seiner Zerstörung führt. Beurteilt wird dieses Verhalten durch die Feststellung der Durchschlagspannung bzw. Durchschlagfestigkeit.

Die **Durchschlagspannung** ist der Spannungshöchstwert, der zum Durchschlag führt, die **Durchschlagfestigkeit** die auf die Probendicke bezogene Durchschlagspannung.

Da beide Werte nicht nur vom Isolierstoff, sondern von einer Vielzahl von Einflüssen (Probendicke, Geschwindigkeit der Spannungssteigerung, Zeitdauer der Belastung, Temperatur und Umweltbedingungen) abhängig sind, muß ihre Bestimmung unter den genau festgelegten Bedingungen erfolgen, wie sie in der Prüfvorschrift DIN VDE 0303 Teil 2 niedergelegt sind, um vergleichbare Werte zu erhalten.

Die Prüfungen dienen zur *Produktionskontrolle* und zur Bestimmung von *Typwerten.* Sie erfordern eine Hochspannungseinrichtung.

Die Messung erfolgt, indem an die Probe, deren Dicke 3 mm nicht übersteigen darf, eine Wechselspannung üblicher technischer Frequenzen gelegt wird. Die Spannung wird dann so weit und so rasch erhöht, daß der Durchschlag innerhalb von 10 s bis 20 s eintritt.

Die Messungen sind vorwiegend reine Vergleichsmessungen. Kennwerte für Durchschlagspannung und Durchschlagfestigkeit können nur dann ermittelt werden, wenn durch besonders ausgebildete Elektrodenformen die Entstehung eines weitgehend homogenen Feldes zwischen den Elektroden erreicht wird.

Aus der gemessenen *Durchschlagspannung* U_d ergibt sich die *Durchschlagfestigkeit* E_d durch Division mit der Probendicke.

Die Durchschlagspannung nimmt allgemein im Laufe der Zeit ab. Von praktischer Bedeutung ist deshalb häufig auch die Ermittlung der *Stehspannung,* d. h. jener Spannungshöhe, die von der Probe unter bestimmten Prüfbedingungen über bestimmte Zeiträume (in der Regel 1, 5, 10 und 30 min) ohne Zerstörung gerade noch ertragen wird.

Kriechstromfestigkeit
Kriechströme sind Ströme, die auf der Oberfläche eines im trockenen und sauberen Zustand gut isolierenden Körpers zwischen spannungführenden Teilen infolge von leitfähigen Verunreinigungen fließen. Ihre Entstehung ist also bedingt durch Verunreinigungen, die im Verein mit Feuchtigkeit einen Elektrolyten bilden. Ihre Auswirkung zeigt sich im Entstehen einer Kriechspur, die sich durch die Bildung kleiner Lichtbogen zwischen den spannungführenden Teilen in das Material einbrennt und ggf. Kohle- oder Salzablagerungen hinterläßt, die wiederum zur Verstärkung der Kriechströme führen.

Als **Kriechstromfestigkeit** wird die Widerstandsfähigkeit gegen eine solche Kriechspurbildung bezeichnet.

Die Beurteilung des Verhaltens von Isolierstoffen unter der Einwirkung von Kriechströmen erfolgt durch die **Bestimmung der Kriechstromfestigkeit** nach DIN VDE 0303 Teil 1/IEC 112.

Zwischen zwei im Abstand von 4 mm und unter einem Winkel von 60° auf die waagerecht liegende Probe aufgesetzte Elektroden, an denen eine Wechselspannung liegt, wird eine elektrisch leitende Prüflösung in Zeitabständen von 30 s aufgetropft (Bild 7.61).

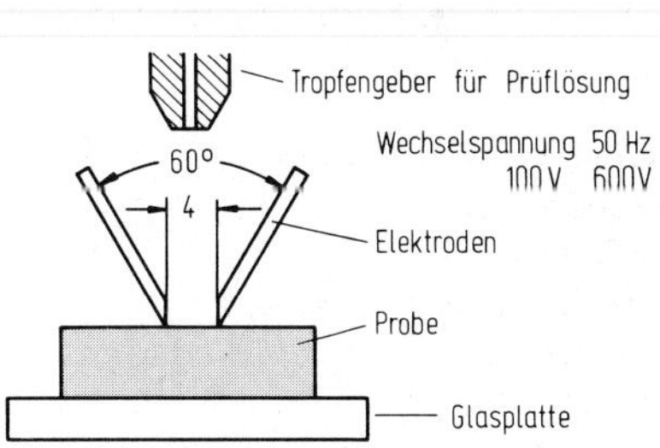

Bild 7.61 Bestimmung der Kriechstromfestigkeit

Als Maß für die Kriechstromfestigkeit gilt dann die höchste Spannung in einem einstellbaren Bereich von 100 V bis 600 V, die bis zur 50. Auftropfung keinen Kurzschluß verursacht. Für ein einwandfreies Prüfergebnis sind 5 Versuche erforderlich.

Angegeben wird die Stufe der Kriechstromfestigkeit mit dem Zahlenwert der ermittelten Spannung nach den Zeichen KC, z. B. *Stufe KC 125* bei 125 V Spannung.

7.8.3.2 Dielektrisches Verhalten

Zwischen den unter Spannung stehenden Platten eines Kondensators baut sich ein elektrisches Feld auf. Es ist um so größer, je geringer (bei gleicher Spannungshöhe) der Platten- bzw. Leiterabstand ist, da die Feldstärke

$$E = U/a$$

der Spannung U direkt und dem Plattenabstand a umgekehrt proportional ist.
Die Kapazität C eines Kondensators ist gegeben durch das Verhältnis der Ladungsmenge Q zur angelegten Spannung.

Es ist $C = \frac{Q}{U}$ und mit $U = Ea$ wird

$$C = \frac{Q}{Ea}.$$

Sie vergrößert sich also bei gleichbleibender Feldstärke mit der Verminderung des Plattenabstandes.
Eine weitere Kapazitätssteigerung erfolgt durch Einbringen eines Isolators zwischen die Kondensatorplatten als *Dielektrikum,* das ist ein elektrisch nicht leitender Stoff mit einem spezifischen Widerstand größer als $10^{10}\ \Omega\,\text{cm}$.
Das Verhalten dieses Dielektrikums ist dabei unterschiedlich, je nachdem, ob es sich um einen unpolaren, also elektrisch völlig neutralen Stoff, oder um einen solchen mit Dipolen handelt, bei dem die Schwerpunkte der positiven und negativen Ladungen im Molekül nicht zusammenfallen. Bei Kunststoffen sind beide Stoffgruppen vertreten.
Bei *unpolaren* Stoffen bewirkt das elektrische Feld eine Polarisierung, also eine Verschiebung der positiven und negativen Ladungen im Molekül (Verschiebungspolarisation). Bei *polaren* Dielektrika richten sich die Dipole im elektrischen Feld aus (Bild 7.62).

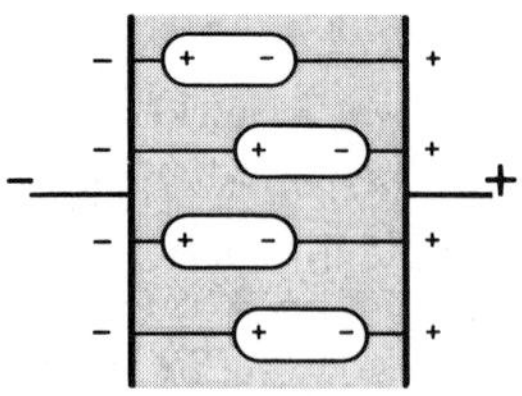

Bild 7.62 Dielektrikum im Kondensator

Die damit verbundene teilweise Beeinflussung (Verkürzung) der Feldlinien hat die gleiche Auswirkung wie die Verminderung des Plattenabstands, führt also zur Erhöhung der Kapazität.

Als Maß für die Erhöhung der Kapazität eines Kondensators durch das Einbringen eines Dielektrikums gilt die **Dielektrizitätszahl** ε_r. Sie ist ein materialabhängiger Faktor, der angibt, um wievielmal die Kapazität eines Kondensators mit Dielektrikum größer ist als die desselben Kondensators in Luft (oder im Vakuum).

Die **Dielektrizitätskonstante** des Isolierstoffs ist dann $\varepsilon = \varepsilon_r \cdot \varepsilon_0$, wobei ε_0 die Dielektrizitätskonstante des leeren Raums darstellt.

Dielektrische Verluste entstehen, wenn das Dielektrikum eine geringe Leitfähigkeit aufweist oder wenn es nicht völlig homogen aufgebaut ist. In einem wechselnden Feld (bei Wechselspannung) führt bei unpolaren Kunststoffen die zeitliche Verzögerung der Umpolarisation und bei polaren Stoffen das dann auftretende Schwingen der Dipole zu weiteren Energieverlusten. Sie bewirken eine Veränderung der Phasenverschiebung zwischen Strom und Spannung.
Beträgt der Phasenwinkel im verlustfreien Kondensator $\varphi = 90°$, so wird er durch die Verluste an Energie im Wechselfeld um den Winkel δ, als dem Ergänzungswinkel zu 90° verkleinert (Bild 7.63).

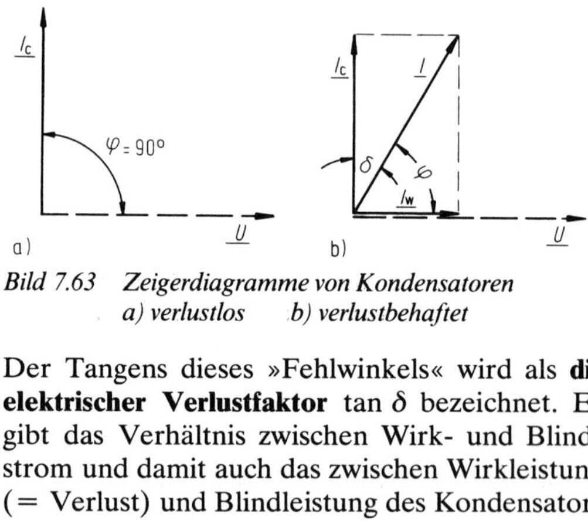

Bild 7.63 Zeigerdiagramme von Kondensatoren a) verlustlos b) verlustbehaftet

Der Tangens dieses »Fehlwinkels« wird als **dielektrischer Verlustfaktor** tan δ bezeichnet. Er gibt das Verhältnis zwischen Wirk- und Blindstrom und damit auch das zwischen Wirkleistung (= Verlust) und Blindleistung des Kondensators an.
Die **dielektrische Verlustzahl** ist dann:

$$\varepsilon''_r = \varepsilon_r \cdot \tan \delta.$$

Sie ist materialabhängig, also auch bei verschiedenen Kunststoffen unterschiedlich. Ihre Größe ändert sich mit der Frequenz und der Temperatur und wirkt sich insbesondere bei hohen Frequenzen zunehmend aus.
Dielektrische Verluste vermindern die Leistung

des Kondensators. Sie setzen sich in Wärme um. Kunststoffe mit sehr geringer dielektrischer Verlustzahl sind demnach hervorragende Dielektrika. Andererseits kann die innere Erwärmung von Kunststoffen mit höherem $\varepsilon_r \cdot \tan\delta$ bewußt und vorteilhaft technisch genutzt werden, wie es z. B. beim Hochfrequenzschweißen von PVC geschieht.

Die **Bestimmung der dielektrischen Eigenschaften** bei Wechselspannung erfolgt nach DIN 53 483. Wegen der Frequenzabhängigkeit wird die Prüfung bei den festgelegten Frequenzen 50 Hz, 1 kHz und 1 MHz durchgeführt.

Für Entnahme, Form und Anzahl der Proben gelten die in den einzelnen Werkstoffnormen angeführten Bedingungen. Die Prüfung soll den vorgesehenen Einsatzbedingungen der Isolierstoffe entsprechen, da neben der Frequenz- und Temperaturabhängigkeit sich noch andere Einflüsse, wie z. B. mechanische Beanspruchung, Feuchtigkeit, Einwirkung von Chemikalien, auswirken. Die Proben sind deshalb – zur Vergleichbarkeit der Ergebnisse – einer entsprechenden Vorbehandlung zu unterziehen.

Durch unmittelbar auf die Probenoberfläche aufgebrachte *Haftelektroden* (meist Platten-Elektroden mit Schutzring) oder aufgespritztes bzw. aufgedampftes Leitmaterial wird ein Kondensator mit Dielektrikum gebildet, dessen Kapazität mit geeigneten Meßgeräten direkt gemessen wird.

Die *Dielektrizitätszahl* ε_r wird dann aus der Kapazität dieses Kondensators C_x und der der gleichen Elektrodenanordnung in Luft C_0 berechnet nach der Beziehung

$$\varepsilon_r = \frac{C_x}{C_0}$$

Der dielektrische Verlustfaktor $\tan\delta$ ist bei gleicher Elektrodenanordnung an den hierfür geeigneten Meßgeräten direkt ablesbar oder aus den gemessenen Widerständen zu berechnen.

Die dielektrische Verlustzahl $\varepsilon''_r = \varepsilon_r \tan\delta$ wird aus den ermittelten Werten berechnet.

Ergänzende und weiterführende Literatur

Hellerich/Harsch/Haenle: Werkstoff-Führer Kunststoffe (Eigenschaften, Prüfung, Kennwerte), 2. Auflage, Hanser-Verlag, München, 1979

Saechtling, H.: Kunststoff-Bestimmungstafel, 8. Auflage, Hanser-Verlag, München, 1979

Saechtling, H.: Kunststoff-Taschenbuch, 23. Auflage, Hanser-Verlag, München, 1986

Schreyer, G.: Konstruieren mit Kunststoffen, Hanser-Verlag, München, 1972

Selden, P. H.: Glasfaserverstärkte Kunststoffe, Springer-Verlag, Berlin

Vieweg, R., Braun, D. u. a.: Kunststoff-Handbuch, Band I: Grundfragen des Aufbaus, der Verarbeitung und der Prüfung (die Bände II bis XI unterrichten ausführlich über die Einzelkunststoffe), Hanser-Verlag, München

Wagner, F.: Kunststoffe in der Praxis, Verlag Girardet, Essen, 1976

8 Schadensanalyse

Einwandfreie Berechnung und Konstruktion von Bauteilen, sorgfältige Werkstoffauswahl, sachgerechte Fertigung und ordnungsgemäßer Betrieb von Maschinen und Anlagen sollen gewährleisten, daß Schadenfälle nicht eintreten. Das Entstehen von Schäden wird dadurch zwar im allgemeinen zum Ausnahmefall, stellt aber trotzdem keine Seltenheit dar. Neben dem unmittelbaren Sachschaden ergeben sich als Folgen häufig Produktionsausfälle und manchmal auch Personenschäden. Nicht zuletzt aus diesem Grund ist das Vermeiden von Schäden eine der wichtigsten Aufgaben eines Ingenieurs.

Da das zum Schadenfall führende Versagen eines Konstruktionsteiles immer ein Versagen des Werkstoffes ist, wird als Schadensursache sehr häufig zunächst ein *Werkstoffehler* angenommen. Diese Annahme erweist sich meist als *falsch,* denn:

- ein Schaden ergibt sich überwiegend erst aus dem *Zusammentreffen mehrerer ungünstiger Bedingungen,*
- die *eigentlichen Werkstoffehler,* d. h. die Gußlegierung mit falscher Zusammensetzung, das fehlerhafte Schmiedestück oder Halbzeuge mit überdurchschnittlich viel Verunreinigungen, sind *äußerst selten* Ursache von Betriebsausfällen. Derartige Fehler werden in der Regel durch die Qualitätskontrollen der Werkstoffhersteller und -verarbeiter aufgedeckt.

Nach Angaben eines Maschinenversicherers beträgt die Häufigkeit der Schadensursache »Werkstoffehler« bei verschiedenen Maschinenarten und Konstruktionselementen zwischen 0,7 % und 30 %, im Mittel etwa 7 % (Tab. 8.1).

Die Vergleichswerte für zwei verschiedene Zeiträume zeigen, daß bei der Maschinen- oder Bauteilgruppe starke Schwankungen in der Verteilung der Schadensursachen möglich sind. Besonders deutlich wird dies bei den hydraulischen Kupplungen, bei denen eine Bauart-Neuentwicklung den Anteil der Werkstoffehler von 4 % auf 30 % veränderte. Die umgekehrte Tendenz ist bei Gasturbinen mit einer Abnahme der Werkstoffehler von 17 % auf 2 % festzustellen, als Zeichen dafür, daß Werkstofffragen im Gasturbinenbau besser beherrscht werden. Der Einsatz von Gasturbinen mit höheren Turbineneintrittstemperaturen, letztlich ein reines Werkstoffproblem, kann die Quote der *Werkstoffehler* wieder deutlich anheben.

Tab. 8.1: Relative Häufigkeit der Schadensursache »Werkstoffehler«, veröffentlicht 1984 (1976/1972)[1]

Maschinenart, Bauteil	Werkstoffehler %
Dampfturbinen	8,0 (9,1/8,0)
Gasturbinen	4 (2/17)
Turboverdichter, -gebläse	3 (3/9)
Wasserturbinen	11 (6,2/4)
Kreiselpumpen	7 (5/7)
Drehkrane, Verladebrücken	2,2 (3,1/–)
Fahrzeugkrane	0,5 (0,7/–)
mechanische Kupplungen	7,3 (7,3/3)
hydraulische Kupplungen	30 (30/4)
stationäre Getriebe	10,9 (10,9/7)

[1]nach ALLIANZ-Handbuch der Schadenverhütung

Die Zahlen in Tab. 8.1 enthalten aber neben anderen auch die Ursachen *Werkstoffverwechslung* und *falsche Wärmebehandlung.* Der Werkstoffehler im oben beschriebenen Sinne macht folglich nur einen Bruchteil der aufgeführten Prozentsätze aus.

Unabhängig davon, ob ein Werkstoffehler vorliegt oder nicht, erfordert die Ermittlung der Schadensursachen die genaue Kenntnis:

- des *Werkstoffverhaltens* unter der Wirkung der verschiedenartigen Einflüsse und
- der Möglichkeiten und Aussagegrenzen von *Werkstoffuntersuchungen* und *Werkstoffprüfungen.*

Folglich sind werkstofftechnische Fragen bei Schadensanalysen von entscheidender Bedeutung. Andererseits tragen Schadensanalysen dazu bei, die Aufgabe der Werkstofftechnik zu erfüllen, nämlich für ein technisches Erzeugnis die optimale Kombination aus Bauteileigenschaften, Fertigungsverhalten und Werkstoffpreis zu finden.

Die Vielfalt der Einwirkungen, die das Werkstoffverhalten beeinflussen können, gestattet meist nicht aus dem äußeren Zustand des beschädigten Bauteils sofort auf die Schadensursache(n) zu schließen. Die Durchführung einer gezielten Schadensanalyse erfordert folglich eine gewisse Systematik, um alle Einflüsse zu erkennen, die schadensauslösend waren.

8.1 Schadensuntersuchungen

Der Ermittlung des Schadensablaufs und der Schadensursache dient eine *Schadensuntersuchung*. Sie macht naturgemäß den größten Teil der Schadensanalyse aus und läßt sich in mehrere Teilschritte gliedern:

- Im *Schadensbefund* werden der äußere Zustand des beschädigten Teiles, das *Schadensbild*, und kennzeichnende Merkmale der Schadensart festgehalten. Bestandteile des Schadensbefunds sind neben Daten des Schadensteils, z. B. Werkstoff und Abmessungen, insbesondere
  - Oberflächenschäden infolge Verschleiß und/oder Korrosion,
  - makroskopische Bruchflächenmerkmale,
  - Risse und Verformungen.
- Der Schadensbefund ist zu ergänzen durch eine *Bestandsaufnahme*, in der allgemeine Informationen über die beschädigte Anlage und insbesondere über den Schadensablauf und die Vorgeschichte des Schadens erfaßt werden sollen.
- *Einzeluntersuchungen* sind meist zusätzlich zur Klärung des Schadensfalles erforderlich. Sie haben häufig die folgende Rang- und Reihenfolge:
  - mikroskopische Untersuchung von Oberflächenschädigungen und/oder Bruchflächen,
  - zerstörungsfreie Prüfungen, vor allem, wenn die beschädigte Konstruktion repariert werden soll,
  - mechanische Werkstoffprüfungen,
  - metallografische Untersuchungen,
  - physikalische und chemische Analyse,
  - Simulationsversuche.

Man beachte, daß die aufgeführten Einzeluntersuchungen einen zunehmenden Aufwand erfordern, der in einem angemessenen Verhältnis zu dem eingetretenen Schaden bzw. zu den erwarteten Aussagen für die Schadensverhütung stehen muß. Bei Inangriffnahme weiterer Untersuchungen ist folglich immer erst zu prüfen, ob ihre Durchführung wirtschaftlich vertretbar ist.

8.1.1 Untersuchung von Oberflächenschäden

Die Untersuchungen beschränken sich zunächst auf eine visuelle Prüfung der Oberfläche. Eine makroskopische Betrachtung gestattet im allgemeinen nur die Feststellung, ob eine Beeinträchtigung der Oberfläche durch *Verschleiß* oder *Korrosion* vorgelegen hat oder nicht. Soweit nicht charakteristische Merkmale den Schluß auf eine ganz bestimmte Art der Oberflächenschädigung zulassen, ist diese Feststellung meist unzureichend, und es werden mikroskopische Untersuchungen erforderlich.

Lichtmikroskope sind dafür nur beschränkt geeignet, weil die geringe Schärfentiefe bei höheren Vergrößerungen nicht ausreicht, um die durch die Oberflächenzerstörung erzeugten Unebenheiten zu erfassen. Eine genaue Analyse der Gestalt und damit der Art von Oberflächenschäden ist folglich nur mit Hilfe eines Raster-Elektronenmikroskopes möglich. Die Vorzüge dieses Gerätes werden allerdings erkauft durch einen relativ hohen apparativen Aufwand, die Deutung von Rasterbildern setzt entsprechende Erfahrung voraus.

Verschleißschäden (z. B. durch Gleitverschleiß, Wälzverschleiß oder Erosion) können, soweit sie nicht als normal anzusehen sind, auf folgende Ursachen zurückgeführt werden:

- zu hohe Belastung (Überbeanspruchung),
- zu hohe Geschwindigkeit (Überdrehzahlen, Strömungsgeschwindigkeiten),
- mangelhafte Schmierung,
- zu geringe Härte des Werkstoffes.

Die ersten drei Ursachen sind in der konstruktiven Auslegung oder in den Betriebsbedingungen begründet, lediglich die letzte könnte einen Werkstoffehler im weiteren Sinne enthalten. In diesem Fall läßt sich, z. B. durch Härteprüfung, nachweisen, ob die vom Konstrukteur festgelegten Werte eingehalten wurden.

Charakteristische Verschleißerscheinungen, wie z. B die **Grübchenbildung** *(pitting)* auf Zahnrädern oder in Wälzlagern (Bild 8.1), haben ganz bestimmte, hauptsächlich in den Einsatzbedingungen liegende Ursachen. Grübchen sind kleine, relativ flache Vertiefungen in der Oberfläche.

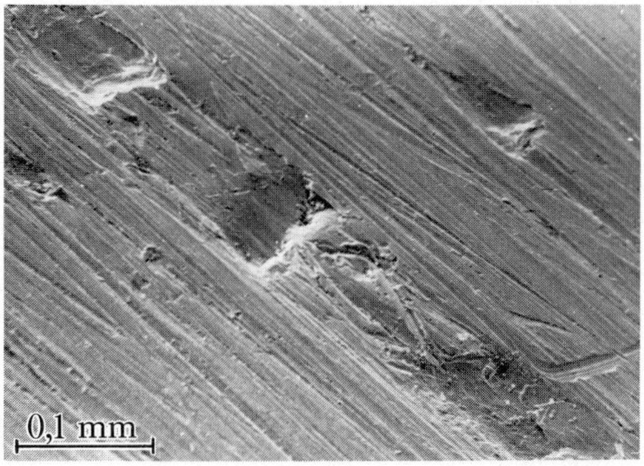

Bild 8.1 Grübchenbildung (pitting) an einem Zahnrad (REM-Aufnahme)

Auf den Zahnflanken von *Zahnrädern* können Grübchen dann entstehen, wenn durch zu hohe Belastung oder infolge unzureichender Schmierung Mischreibung vorliegt. Das Herausbrechen dünner Oberflächenteile ergibt sich hier aus dem Zusammenwirken plastischer Verformungen, hervorgerufen durch die metallische Berührung der Zähne, und der Bewegung des Ölstromes, der von den Zahnrädern gefördert wird. In *Wälzlagern* können Grübchen eine Folge des wiederholten Überrollvorganges sein. Ursache sind Daueranrisse an nichtmetallischen Einschlüssen, die sich unter der Oberfläche befinden. Aus diesem Grunde müssen Wälzlagerstähle besonders verunreinigungsarm sein.

Die mikroskopische Untersuchung der Oberfläche auf *Korrosionsschäden* dient insbesondere dem Feststellen von Korrosionsrissen, wenn die Möglichkeit besteht, daß ein Bruchschaden z. B. durch interkristalline oder transkristalline Korrosion ausgelöst sein könnte. Die weitere Untersuchung solcher Schäden erfolgt dann meist mit den Verfahren der Metallografie.

Flächenmäßige Korrosion und Lochfraß sind fast immer makroskopisch deutlich erkennbar. Für die Ermittlung der Korrosionsursache ist hier neben der Werkstoffuntersuchung oft die chemische Analyse der Korrosionsprodukte erforderlich.

8.1.2 Fraktografie

Die Fraktografie, d. h. die visuelle Untersuchung der Bruchfläche, ist der erste Schritt einer Schadensanalyse. Die verschiedenartigen Merkmale der Bruchfläche ergeben zumindest erste Anhaltswerte über:

- zeitlichen Ablauf: Gewaltbruch oder Schwingungsbruch,
- Bruchverhalten des Werkstoffes: Verformungs-(Zäh-)bruch oder Sprödbruch,
- Art der Beanspruchung: Zug, Druck, Biegung, Torsion,
- Höhe der Beanspruchung beim Schwingungsbruch,
- Einfluß von Kerben.

Die makroskopischen Merkmale von Bruchflächen sind:

- Lage der Bruchfläche zur Bauteilgeometrie oder zur Hauptbeanspruchungsrichtung,
- Struktur der Bruchfläche,
- Glanz und Farbe der Bruchfläche.

Enthält die Bruchfläche Bereiche mit deutlich unterschiedlichen Strukturen, so sind als zusätzliche Merkmale anzusehen:

- Flächenanteile der verschiedenen Bereiche und
- Anordnung der verschiedenartigen Teilflächen.

Für eine sichere fraktografische Analyse ist es erforderlich, die aus den verschiedenen Merkmalen gewonnenen Aussagen in ihrer Gesamtheit zu bewerten. Trotzdem kann die Betrachtung einzelner Merkmale allein ausreichen, wenn sie eindeutig sind.

Die *Lage der Bruchfläche*, d. h. ihre Neigung zur Bauteilachse bzw. zur Richtung der größten Hauptspannung, kann Hinweise geben auf die Art der Beanspruchung, auf das Bruchverhalten des Werkstoffes und auf die Bruchart (Gewaltbruch oder Schwingungsbruch). So kann z. B. eine Bruchfläche, die in einem langgestreckten Bauteil rechtwinklig zu dessen Achse liegt, durch schwingende Zug-Druck- oder Biegebeanspruchung verursacht sein. In einem zähen Werkstoff kann auch statische Torsionsbelastung, in einem spröden Werkstoff statische Zug- oder Biegebelastungen diese Bruchform hervorrufen. Welche dieser Möglichkeiten zutreffen, kann wiederum nur aus weiteren Merkmalen abgeleitet werden.

Für die *Struktur der Bruchfläche* gilt als grobe Regel, daß die Bruchfläche um so unebener ist, je stärker sich der Werkstoff verformt oder je grobkörniger er ist.

Eine ähnliche qualitative Abstufung ist durch *Glanz* und *Farbe der Bruchfläche* möglich. Mit zunehmender Verformung wirken die Bruchflächen im allgemeinen dunkler. Die Brüche feinkörniger Werkstoffe glänzen meist mehr als die grobkörniger. Auch das Gefüge wirkt sich auf den Charakter der Bruchfläche aus. So sind z. B. bei dem martensitischen Gefüge gehärteter Stähle hellgraue, samtartige Bruchflächen oft typisch.

Bruchflächen mit *Zonen deutlich unterschiedlicher Struktur* weisen fast ausnahmslos darauf hin, daß durch schwingende Beanspruchung ein Anriß hervorgerufen wurde. Die damit verbundene Verringerung des tragenden Querschnittes führt schließlich zu einem Gewaltbruch durch statische Überbeanspruchung.

Die Anrißfläche ist meist relativ glatt und eben. Sind auf ihr *Rastlinien* erkennbar (siehe Bild 3.48 und 3.49), so ist sie eindeutig als Daueranriß gekennzeichnet. Der Restbruch ist bei hoher Beanspruchung und gut verformungsfähigem Werkstoff stark zerklüftet. Mit abnehmender Beanspruchungshöhe und abnehmender Verformungsfähigkeit des Werkstoffes werden auch Restbruchflächen glatter. Die Höhe der Beanspruchung läßt sich auch aus den *Größenverhältnissen der Bruchflächenanteile* herauslesen. Ein im Verhältnis zur Anrißfläche kleiner Restbruch weist auf eine niedrige Nennspannung hin, während eine große Restbruchfläche durch eine hohe Nennbeanspruchung verursacht wird.

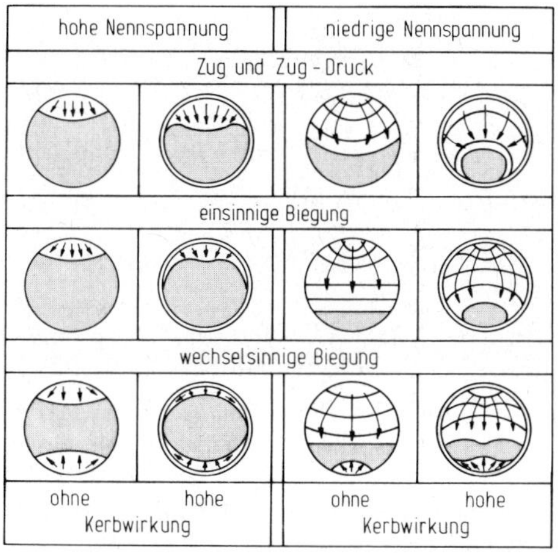

Bild 8.2 Ausbildung von Dauerbruchflächen (schematisch)

Die *Anordnung der Bruchflächenanteile* gibt Hinweise auf die Art der Beanspruchung und ggf. auf die Schärfe vorhandener Kerben. So ist z. B. bei Hin- und Herbiegung (Flachbiegung) häufig eine streifenförmige Restbruchfläche zwischen zwei Anrißflächen zu finden. Eine scharfe, umlaufende Kerbe führt dazu, daß sich der Anriß längs der Kerbe ausbreitet oder daß sich mehrere Anrisse annähernd gleichzeitig bilden. Einige Einflüsse von Nennspannung, Kerbschärfe und Beanspruchungsart auf die Ausbildung von Dauerbrüchen sind in Bild 8.2 zusammengestellt.

Nur wenn die Analyse der makroskopischen Bruchmerkmale nicht zweifelsfrei die Art des Bruches klären kann, ist es sinnvoll, eine *mikroskopische fraktografische Analyse* anzuschließen. Die Unebenheiten der Bruchfläche schließen dabei meist die Verwendung von Lichtmikroskopen aus, es können allenfalls Stereomikroskope mit mäßigen Vergrößerungen eingesetzt werden. Da bei diesen Vergrößerungen im allgemeinen keine Informationen gewonnen werden, die wesentlich über die der makroskopischen Analyse hinausgehen, wird die Anwendung von Stereomikroskopen meist noch der Makrofraktografie zugeordnet.

Durch die Anwendung von Raster-Elektronenmikroskopen ermöglicht die Mikrofraktografie eine zweifelsfreie Bestimmung der Art des Bruches, wenn bestimmte mikroskopische Merkmale festgestellt werden können. Es sind dies z. B. die *Wabenstruktur* des Verformungsbruches (siehe Bild 3.62), die *Spaltflächen* des transkristallinen Sprödbruches (siehe Bild 3.56), die *Kornflächen* bei interkristallinen Brüchen (siehe Bild 3.57).

Da aber gerade Mikromerkmale durch nachträgliche mechanische oder chemische Einwirkungen zerstört werden, sind sie bei Schadensanalysen häufig nur schwer zu identifizieren.

Die Fraktografie ermöglicht zwar die Ermittlung der Art von Brüchen, damit sind aber in den meisten Fällen die eigentlichen Schadensursachen noch ungeklärt. Um Werkstoffehler festzustellen oder auch auszuschließen, sind deshalb oft weitere mechanische, chemische und metallografische Werkstoffuntersuchungen erforderlich.

8.1.3 Werkstoffuntersuchungen

Härteprüfungen an geschädigten Bauteilen werden als erste mechanische Werkstoffuntersuchungen am häufigsten angewendet. Eine Aussage, die über die Härte hinausgeht, ist jedoch in den meisten Fällen kaum möglich. Die Abschätzung der Zugfestigkeit aus den Härtewerten ist oft mit einer 20%igen Unsicherheit behaftet. Wenn bei Berücksichtigung dieser Unsicherheiten nicht bereits eindeutig feststeht, daß die Festigkeit ausreichend war, müssen *Zugversuche* durchgeführt werden. Um dabei eine sichere Aussage zu erhalten, muß genügend Probenmaterial zur Verfügung stehen und die Probenentnahme sorgfältig geplant und durchgeführt werden.

Wesentlich schwieriger ist der Nachweis einer ausreichenden *Schwingfestigkeit.* Die wegen der üblichen Streuung der Versuchsergebnisse erforderliche große Anzahl der Proben und der mit deren Prüfung verbundene Zeitaufwand lassen im allgemeinen einen solchen Nachweis im Rahmen einer Schadensanalyse nicht zu. Das gilt ebenso für Simulationsversuche komplexeren Aufbaus.

Chemische Untersuchungen dienen dem Nachweis von Werkstoffverwechslungen. Daneben haben sie wegen der chemischen Analyse von Korrosionsprodukten insbesondere bei Korrosionsschäden Bedeutung.

Mit den Verfahren der *Metallografie* werden schließlich vorwiegend fehlerhafte Wärmebehandlungen oder Gefügeveränderungen infolge ungünstiger Betriebsbedingungen nachgewiesen. Die metallografischen und die fraktografischen Untersuchungen nehmen bei der Suche nach Werkstoffehlern meist den größten Raum ein.

8.2 Beispiele von Schadenfällen

Die nachfolgend zusammengestellten Schadenfälle können schon wegen ihrer geringen Anzahl nicht repräsentativ für die möglichen Schäden im Maschinenbau sein. Sie sind darüberhinaus zum Teil so ausgewählt, daß gerade ein Werkstoffehler im weiteren Sinne eine der Schadensursachen war. Nach den in Tabelle 8.1 aufgeführten Zahlen sind jedoch Werkstoffehler relativ selten.

8.2.1 Wasserschaden durch undichten Rohrentlüfter

In einem Büroraum war durch auslaufendes Wasser ein erheblicher Schaden entstanden. Als Schadensquelle wurde ein automatischer Rohrentlüfter im Wasserkreislauf der Klimaanlage ermittelt, der in der Zwischendecke über dem Büroraum angebracht war.

Der Rohrentlüfter besteht in seinen wesentlichen Teilen aus einem Messinggehäuse, in dessen Kuppe ein Ventileinsatz eingelötet ist (Bild 8.3).

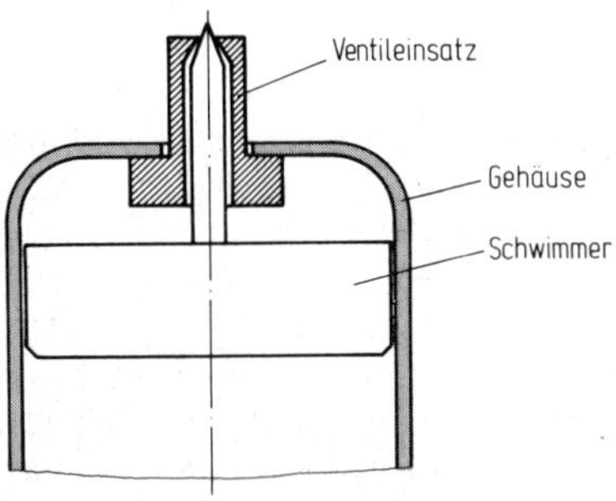

Bild 8.3 Querschnitt durch einen Rohrentlüfter (schematisch)

Bei senkrechter Anordnung wird das Ventil durch einen Schwimmkörper geschlossen. Sammelt sich Luft in dem Rohrentlüfter, so sinkt der Schwimmer ab, und die Luft kann entweichen. Durch das aufsteigende Wasser wird der Schwimmer wieder gegen den Ventilsitz gedrückt.

Das Gehäuse des schadhaften Rohrentlüfters hatte um den Ventileinsatz mehrere Risse und an einer Stelle eine ca. 40 mm^2 große Öffnung. Zeichen äußerer Gewalteinwirkung waren nicht erkennbar. Bild 8.4 zeigt den geschädigten Bereich nach dem Aufschneiden des Rohrentlüfters von innen. Der gezackte Rand des Loches setzt sich rißartig im umgebenden Werkstoff fort.

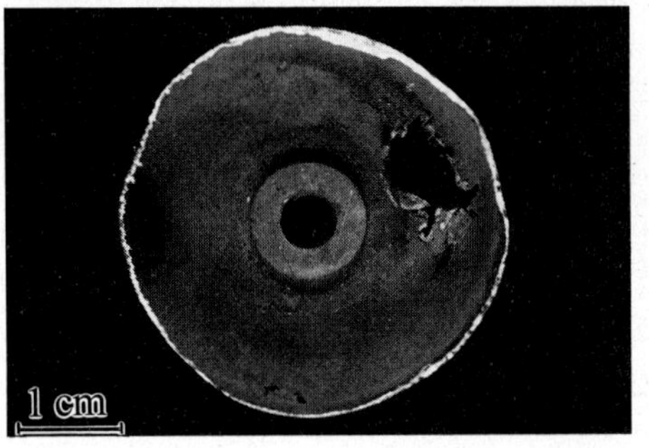

Bild 8.4 Innenansicht des geschädigten Rohrentlüfters

An den Rissen und am Lochrand waren die aus dem Wasser stammenden Eisen- und Kalkablagerungen flächig angehoben und teilweise abgeblättert. Darunter war ein rötlicher Belag, der im Stereomikroskop eindeutig als Kupferniederschlag erkannt wurde. Demnach hatte hier eine *Entzinkung* (siehe S. 61 und S. 245) stattgefunden. Im Querschliff ist die poröse Kupferschicht auf dem Messinggefüge deutlich sichtbar (Bild 8.5). Der flächenhafte Korrosionsangriff setzt sich dann in der Nähe des Ventilsitzes, wahrscheinlich unter der zusätzlichen Einwirkung von Eigenspannungen, bevorzugt interkristallin fort. Dadurch sind die Risse entstanden, die schließlich

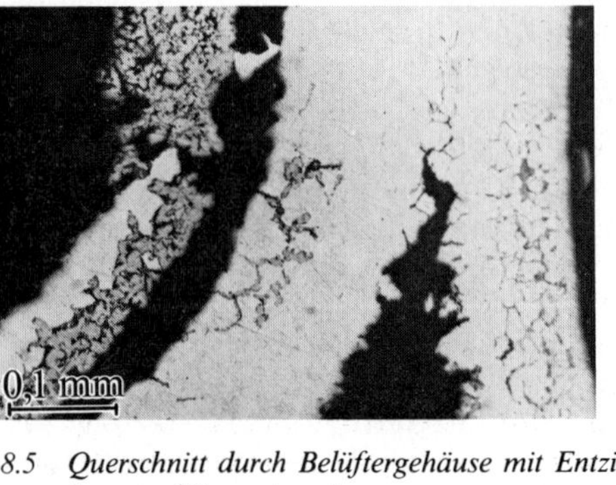

Bild 8.5 Querschnitt durch Belüftergehäuse mit Entzinkung und Korrosionsrissen

zum Herausbrechen eines Teils des Messinggehäuses infolge des Wasserdruckes führten.

Entzinkung von Messing kann auftreten, wenn in wasserführenden Armaturen die Messingoberfläche wechselnd mit Wasser und mit Luft in Berührung kommen. Diese Voraussetzungen sind bei dem Rohrentlüfter gegeben, aber auch bei vielen anderen Armaturen, ohne daß bei diesen Korrosionsschäden auftreten. Der Grund hierfür liegt darin, daß Armaturen im allgemeinen als Gußteile aus Sondermessingen hergestellt werden.

Diese Sondermessinge enthalten dann die Legierungselemente Phosphor oder Arsen in Zusätzen unter 0,1 % und sind dadurch unempfindlich gegen Entzinkung. Als Knetwerkstoffe sind solche Sondermessinge im allgemeinen nur in Form von Kondensatorrohren im Handel.

Bei dem vorliegenden Belüftergehäuse handelte es sich nicht um ein Gußteil, sondern es wurde augenscheinlich durch Tiefziehen aus Messingblech hergestellt. Tiefziehbleche sind meist von der Qualität CuZn37 nach DIN 17 660 und enthalten die obengenannten Elemente im allgemeinen nicht. Sie sind daher auch anfällig für die selektive Korrosion durch Entzinkung.

In dem Werkstoff des Belüftergehäuses konnte weder Arsen noch Phosphor nachgewiesen werden. Damit ist eindeutig eine *falsche Werkstoffwahl* als Hauptursache für den eingetretenen Schaden anzusehen.

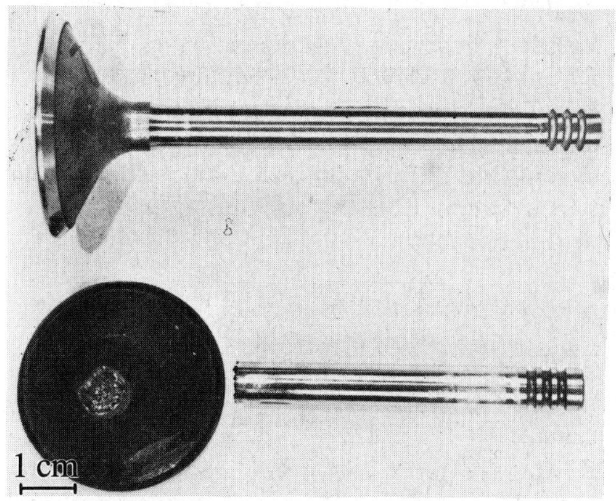

Bild 8.6 Gebrochenes und neuwertiges Ventil

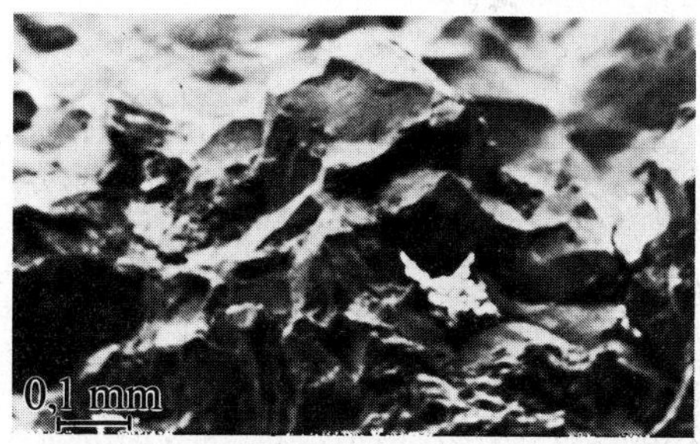

Bild 8.7 Teil der Bruchfläche im Ventilschaft (REM-Aufnahme)

8.2.2 Bruch eines Auslaßventils

Ein Auslaßventil in einem Fahrzeugverbrennungsmotor war nach relativ geringer Fahrleistung im Schaft gebrochen. Das gebrochene Ventil ist auf Bild 8.6 wiedergegeben. Die Bruchfläche durchsetzte den Schaft annähernd rechtwinklig zu dessen Achse und war stark zerklüftet (Bild 8.7). Sie wies keinerlei Verformungsspuren oder Merkmale eines Dauerbruches auf. Die zweite Bruchfläche am Ventilkegel war durch nachträgliche mechanische Einwirkungen zum Teil zerstört. Ein ca. 15 mm langes Teilstück des Ventilschaftes fehlte.

Der Ventilschaft bestand aus dem hochlegierten Vergütungsstahl X 45 CrSi 9 3 und der Ventilkegel aus der warmfesten und korrosionsbeständigen Nickellegierung NiCr20TiAl. Beide Teile waren durch Reibschweißen miteinander verbunden. Der Bruch lag nahe der Reibschweißung.

Eine genauere Untersuchung der Bruchfläche im Stereomikroskop ergab, daß diese nur an wenigen Stellen metallischen Charakter hatte und überwiegend mit einer fast schwarzen, kohleartigen Schicht bedeckt war. Diese Schicht ließ sich durch Ultraschallreinigung in Lösungsmitteln nur teilweise entfernen, sie war also mit dem metallischen Grundmaterial überwiegend fest verbunden.

Soweit sich die Deckschicht von der Bruchfläche entfernen ließ, waren die freigelegten Flächen metallisch glänzend und hatten einen deutlich kristallinen Charakter. Die Vermutung, daß hier ein *interkristalliner Sprödbruch* vorlag, wurde durch nachfolgende Untersuchungen im Raster-Elektronenmikroskop bestätigt. Auch die mikroskopischen Merkmale wiesen einen verformungslosen Bruch aus. Lediglich im Bereich der galvanischen Chromschicht auf der Oberfläche des Ven-

tilschaftes waren vereinzelt die Waben eines Verformungsbruches erkennbar.
Die an vielen Stellen der Bruchfläche freigelegten Kornflächen waren mit Ausscheidungen bedeckt, die nach ihrer Form als Chromkarbide anzusehen waren (Bild 8.8). Die übrigen Bereiche der Bruchfläche waren überwiegend mit Korrosionsprodukten bedeckt.

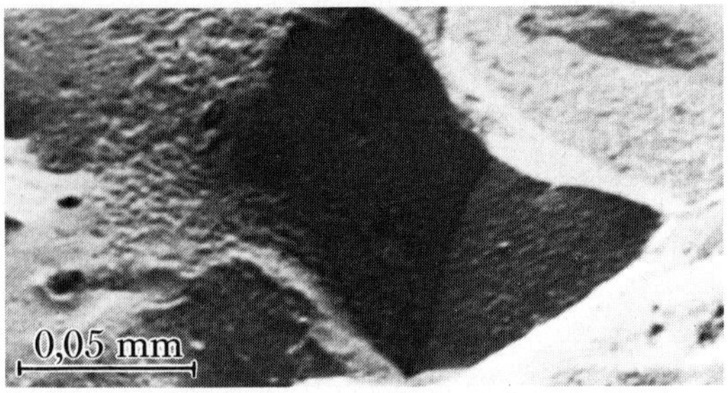

Bild 8.8 Durch interkristallinen Sprödbruch freigelegte Kornflächen (REM-Aufnahme)

Die Ursache des Versagens des Ventilschaftes mußte demnach Kornzerfall durch Versprödung der Korngrenzen sein. Im Mikroschliff wurde dies ebenfalls deutlich:
- Korngrenzentrennungen setzten sich von der Bruchfläche aus in der Nickellegierung fort (Bild 8.9),
- in einiger Entfernung von der Bruchfläche bestanden die verdickten Korngrenzen aus perlschnurartig aneinandergereihten Karbiden (Bild 8.10).

Die Reibschweißnaht war dagegen praktisch nur durch die Gefügeunterschiede der beiden Werkstoffe erkennbar.
Kornzerfall in warmfesten und korrosionsbeständigen Nickellegierungen kann auch durch eine *Sensibilisierung* (siehe S. 63 und 212) hervorgerufen werden. Da bei einem Massenartikel, wie dem Auslaßventil für den Motor eines Personenfahrzeuges, Fertigungsfehler zwangsläufig zu einer Häufung derartiger Schäden führen, kann die Sensibilisierung in einem Einzelfall nur durch extreme Betriebsbedingungen (z. B. Überhitzen des Motors) hervorgerufen worden sein. Als weitere Ursache, und dafür sprachen die kohleartigen Ablagerungen auf den Korngrenzen, kommen Verbrennungsrückstände ungeeigneter Kraft- oder Schmierstoffe in Frage. Vermutlich hatte erst das Zusammenwirken beider Komponenten zu dem Schaden geführt.

8.2.3 Bruch der Kurbelwelle eines Dieselmotors

Die sechshübige Kurbelwelle eines Dieselmotors war in der Wange zwischen dem 3. Grundlagerzapfen und dem 3. Kurbelzapfen gebrochen. Die Zapfen hatten jeweils 200 mm Durchmesser, Werkstoff der Kurbelwelle war der Vergütungsstahl 34 CrMo 4.
Die Bruchfläche (Bild 8.11) war makroskopisch durch eine Vielzahl von Rastlinien eindeutig als *Dauerbruch* gekennzeichnet. Der vermutlich relativ kleine Restbruchanteil war als solcher nicht mehr erkennbar, weil die Bruchoberfläche in diesen Bereichen völlig zerschlagen war.
Die Anbruchzone lag an der Hohlkehle zwischen Wange und Grundlagerzapfen, der Bruch durchsetzte die Wange als Biegedauerbruch. Solche Biegedauerbrüche können dadurch ausgelöst werden, daß sich infolge eines Lagerschadens die »Stützweite« zwischen den noch tragenden Lagern vergrößert. Damit werden die Biegemomente in diesem Wellenabschnitt erheblich erhöht und können, wenn die Motorleistung nicht gedrosselt wird, in den kritischen Hohlkehlenbereichen Werte annehmen, die das 3fache des normalen Biegemomentes betragen. Die Folgen sind dann

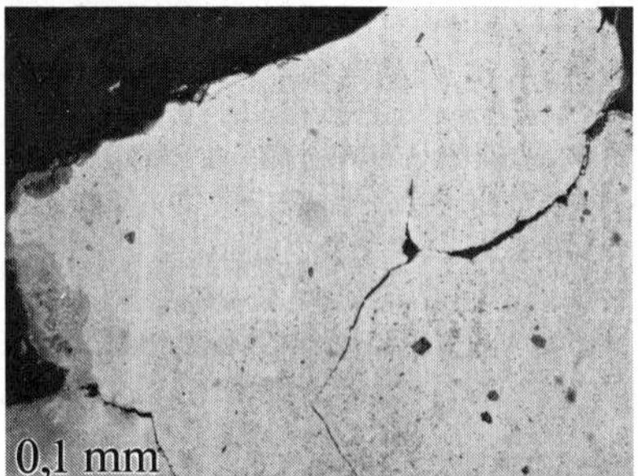

Bild 8.9 Korngrenzenrisse im Bereich der Bruchfläche

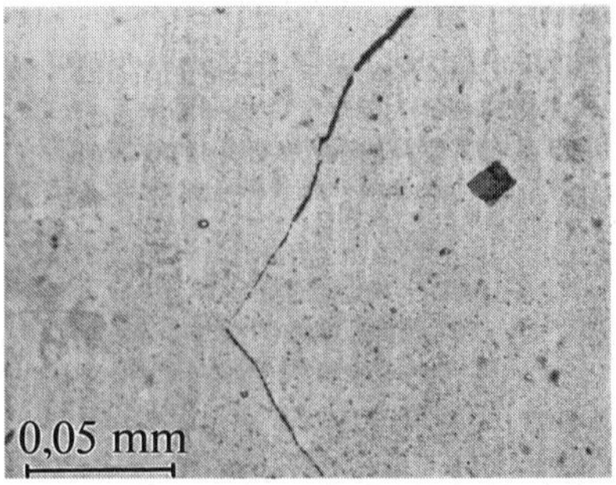

Bild 8.10 Korngrenzen mit Chromkarbiden

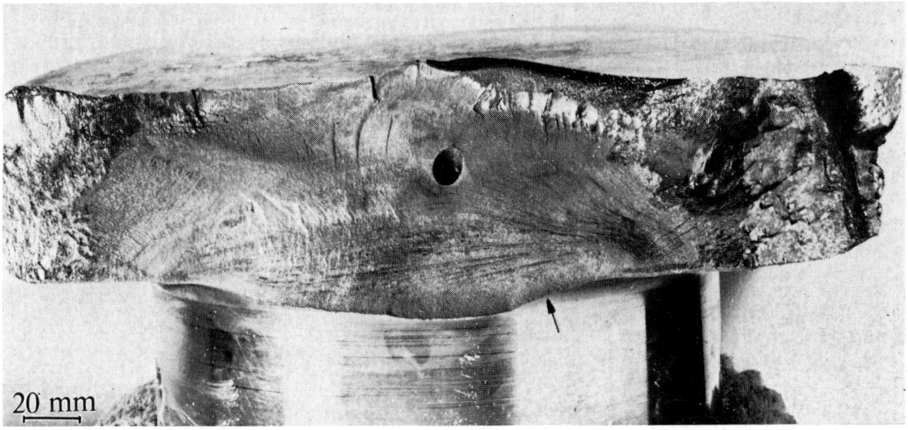

Bild 8.11 Dauerbruchfläche in der Wange einer Kurbelwelle (↑ Anrißstelle)

Daueranrisse, die sich unter der normalen Betriebsbeanspruchung langsam ausbreiten.
Im vorliegenden Schadenfall war eine Überbeanspruchung als Ursache für den Kurbelwellenbruch völlig ausgeschlossen. Zur Ermittlung der Ursache mußte deshalb eine eingehende Werkstoffuntersuchung vorgenommen werden.
Eine genaue fraktografische Makrountersuchung der Bruchfläche ergab, daß die mit bloßem Auge kaum wahrnehmbare Anbruchstelle aus der Hubebene versetzt etwa in der Mitte der Hohlkehle lag (Pfeil in Bild 8.11).

Anbruchlinsen entstehen, wenn sich ein Anriß im Innern des Werkstoffes ohne Luftzutritt bildet. Ursache solcher Anrisse sind z. B. Wasserstoffversprödung (siehe S. 151) oder spröde Gefügebestandteile an hochbeanspruchten Stellen. Das vorliegende Bild des Anbruches ließ vermuten, daß hier ein nichtmetallischer Einschluß in einer für einen Edelstahl ungewöhnlichen Größe vorhanden war.
Durch eine Analyse des Anbruchbereiches mit der Mikrosonde konnten die dort vorhandenen chemischen Elemente bestimmt werden. Die für

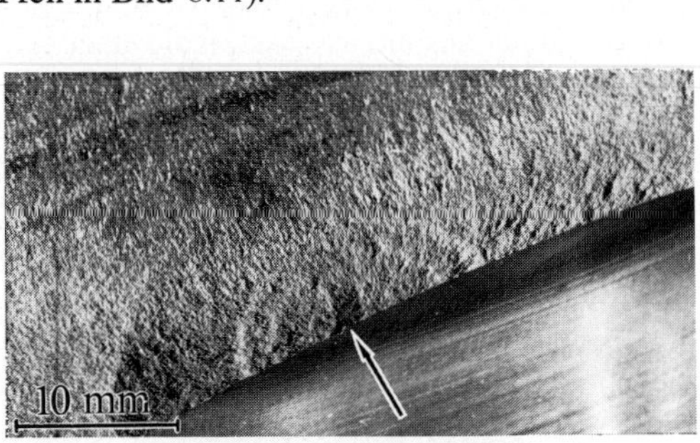

Bild 8.12 Anbruchstelle des Dauerbruchs

Bild 8.13 Anbruchlinse mit nichtmetallischem Einschluß

Bild 8.12 zeigt, daß diese Anbruchstelle von deutlichen Rastlinien umgeben war. In ihrem Zentrum, durch die Form der Rastlinien und den Verlauf der Bruchbahnen gekennzeichnet, war bei höherer Vergrößerung eine »Anbruchlinse« von ca. 1,2 mm Durchmesser erkennbar (Bild 8.13). Durch die Anbruchlinse verlief eine *langgestreckte Gefügeinhomogenität* von ca. 0,1 mm Breite und ca. 2 mm Länge.

die nachgewiesenen Elemente aufgenommenen Elementverteilungsbilder ergaben, daß der Einschluß im wesentlichen aus Sauerstoff, Aluminium, Silizium, Kalzium und etwas Mangan aufgebaut war. Es handelte sich demnach mit größter Wahrscheinlichkeit um ein Schlackenteilchen, das aus der Erschmelzung und Desoxidation des Stahles stammte.
Ein metallografischer Querschliff durch die

Bruchausgangsstelle ergab keinen Hinweis auf eine größere räumliche Ausdehnung des Einschlusses, er lag offensichtlich nadelförmig vor. Die übrigen nichtmetallischen Einschlüsse zeigten im Schliffbild normale Größe und Verteilung.

Die Ursache des Dauerbruches der Kurbelwelle war also ein *nichtmetallischer Einschluß ungewöhnlicher Größe,* der sich zudem noch zufällig an einer hochbeanspruchten Stelle, nämlich der Hohlkehle zwischen Lagerzapfen und Wange, befand. Es war dies einer jener relativ seltenen Fälle, bei denen ein Werkstoffehler im wahrsten Sinne des Wortes Ursache eines Schadens war.

8.2.4 Lochkorrosion in einem Wärmetauscher

Für eine Wärmepumpe zur Beheizung eines Gebäudes wurde als wärmespendendes Medium Brunnenwasser (Grundwasser) vorgesehen. Der erforderliche Wärmetauscher (Verdampfer) bestand im wesentlichen aus Rohren des rostfreien Stahles X 5 CrNi 18 9 (jetzt X 5 CrNi 18 10).

Bei Wiederinbetriebnahme zu Beginn der zweiten Heizperiode trat im Kältemittelkompressor ein Schaden ein, weil in das Kältemittel Wasser eingedrungen war. Als Ursache für den Wassereinbruch wurde eine Undichtheit im Wärmetauscher lokalisiert, die sich schließlich als ein einziges, stecknadelgroßes Loch herausstellte. Neben der Schadensstelle konnten weitere Oberflächenschäden festgestellt werden, die im Querschliff eindeutig das Schadensbild von Lochkorrosion ausweisen (Bild 8.14). Der Korrosionsangriff erfolgte von außen, wurde also durch das Wasser verursacht.

Lochkorrosion kann in rostfreien Stählen auftreten, wenn im angreifenden Medium Chloridionen vorhanden sind. Die Anwesenheit von Chlor konnte auf der Rohroberfläche durch eine energiedispersive Röntgenanalyse (siehe S. 134) qualitativ nach gewiesen werden.

Als primär schadensauslösend stellte sich schließlich die Betriebsweise heraus. Die Wärmepumpe war nämlich nicht wie vorgesehen mit Brunnenwasser, sondern mit Oberflächenwasser betrieben worden. Letzteres war zeitweise chlorhaltig, vermutlich infolge irgendwelcher Abwässer. Bei Kenntnis der anderen Betriebsweise hätte der Schaden durch Wahl eines Stahles höherer Korrosionsbeständigkeit vermieden werden können.

8.2.5 Bruch von Federringen infolge Wasserstoffversprödung

Federringe sollen bei Schraubenverbindungen die Vorspannung aufrechthalten, wenn die Schraube geringfügig kriecht (bzw. relaxiert). Das ist bei den meist hochbeanspruchten Schrauben auch bei Raumtemperatur der Fall. Bei Verlust der Vorspannung können die Schrauben in schwingend beanspruchten Konstruktionen brechen oder sich lösen und herausfallen.

Letzteres geschah in einer elektrischen Maschine und verursachte einen erheblichen Folgeschaden. Die Federringe waren alle flachgedrückt und zum Teil gebrochen. Die Brüche waren interkristallin mit aufgeweiteten Korngrenzen (Bild 8.15). Auf den Kornflächen sind häufig Mikroporen. Damit weist das Schadensbild alle Merkmale einer Wasserstoffversprödung auf.

Zum Korrosionsschutz waren die Oberflächen der Federringe galvanisch verzinkt und anschließend chromatiert. In beiden Prozessen und auch beim vorausgehenden Beizen kann atomarer

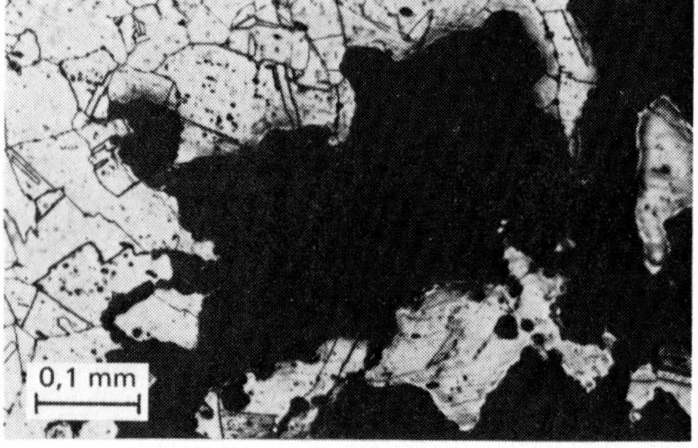

Bild 8.14 Lochkorrosion in einem Wärmetauscherrohr aus „rostfreiem" austenitischen Stahl

Bild 8.15 Interkristalliner Bruch eines Federringes infolge Wasserstoffversprödung

Wasserstoff in den Werkstoff eindiffundieren, der dann beim Aufbringen einer mechanischen Spannung den statischen Ermüdungsbruch (siehe S. 151) herbeiführt.
Wie aus den wenigen Beispielen hervorgeht, kann ein Werkstoffversagen durch falsche Werkstoffwahl, fehlerhafte Fertigung (einschließlich Wärmebehandlung), durch ungünstige Betriebsbedingungen aber auch durch gewaltsame Überbeanspruchung infolge fehlender oder versagender Sicherheitseinrichtungen hervorgerufen werden.
In all diesen Fällen sind häufig Werkstoffuntersuchungen an den geschädigten Bauteilen erforderlich, um die Schadensursachen zweifelsfrei zu klären. Zu einer Schadensanalyse bedarf es aber neben den Möglichkeiten der Untersuchungsverfahren vor allem gesicherter Kenntnisse über das *Werkstoffverhalten.*

Ergänzende und weiterführende Literatur

Allianz-Handbuch der Schadenverhütung, 3. Auflage, VDI-Verlag, Düsseldorf, 1984
Bruchuntersuchungen und Schadenklärung – Probleme bei Eisenwerkstoffen, Allianz Versicherungs-AG, München, 1976
Engel/Klingele: Rasterelektronenmikroskopische Untersuchung von Metallschäden, 2. Auflage, Hanser-Verlag, München, 1982
Engel/Klingele/Ehrenstein/Schaper: Rasterelektronenmikroskopische Untersuchung von Kunststoffschäden, Hanser-Verlag, München, 1978
Methodik der Schadensuntersuchung, VDI-Bericht Nr. 243, VDI-Verlag, Düsseldorf, 1975
Pohl, E. J. (Hrsg.): Gesicht des Bruches metallischer Werkstoffe, Band I/II und III, Allianz Versicherungs-AG, München, 1964
Pohl/Bark (Hrsg.): Wege zur Schadensverhütung im Maschinenbetrieb, Allianz Versicherungs-AG, München, 1964
Schmitt-Thomas, Kh. G. (Hrsg.): Begleitband zum Hochschulpraktikum Schadensanalyse, IST GmbH, München, 1987
VDI-Richtlinie 3822: Schadensanalyse, Blatt 1 bis 6, 1984

Sachwortverzeichnis

HARTMETALL FÜR DEN PRAKTIKER

Aufbau, Herstellung, Eigenschaften und industrielle Anwendung einer modernen Werkstoffgruppe

Wolfgang Schedler,
Hrsg. Plansee TIZIT GmbH

1988. XVII; 558 Seiten, mit 484 Bildern und 64 Tabellen.
Format 16,8 x 24 cm. Gebunden. ISBN 3-18-400803-7

Dieses grundlegende Werk über Hartmetalle und Hartstoffe faßt das gesamte Wissen auf dem neuesten Stand zusammen. Es enthält zunächst alles Wesentliche, um mit der Werkstoffgruppe Hartmetall vertraut zu werden und beschreibt die geschichtliche Entwicklung. Für den Hartmetall-Metallurgen und Werkzeug-Hersteller schließen sich Abschnitte über Herstellung, Eigenschaften, Bearbeitung, Hartstoff-Beschichtung und Verarbeitung zu Werkzeugen und Verschleißteilen an. Der breit angelegte Abschnitt „Anwendung von Hartmetall" richtet sich vor allem an die Anwendungstechniker in den verschiedensten Industriezweigen. Ein umfangreiches Schrifttumverzeichnis schließt das Werk ab.

VDI VERLAG